普通高等教育"十一五"国家级规划教材

沉积学

(第三版)

姜在兴　陈代钊　主编

中国石化出版社

内容提要

本书从沉积岩原始物质来源出发，以沉积过程为主线，以沉积特征为标记，以沉积岩(物)类型为对象，系统介绍了沉积学的概念、原理、特征和应用，重点阐述了源汇系统中的陆源碎屑岩、沉积物工厂中的内源沉积岩和来自地幔深处的火山碎屑岩及其与常规油气和页岩油气的关系。

本书可作为本科生和研究生"沉积学""沉积岩石学""沉积相""应用沉积学""沉积学原理"等课程的教材或教学参考书，还可作为石油勘探开发和地质研究工作者的培训教材或工具书。

图书在版编目(CIP)数据

沉积学/姜在兴，陈代钊主编．—3版．—北京：中国石化出版社，2021.12

ISBN 978-7-5114-6478-1

Ⅰ.①沉… Ⅱ.①姜…②陈… Ⅲ.①沉积学 Ⅳ.①P588.2

中国版本图书馆CIP数据核字(2021)第252530号

中国石化出版社出版发行

地址:北京市东城区安定门外大街58号

邮编:100011 电话:(010)57512500

发行部电话:(010)57512575

http://www.sinopec-press.com

E-mail:press@sinopec.com

北京富泰印刷有限责任公司印刷

全国各地新华书店经销

*

787×1092毫米16开本38.5印张906千字

2022年5月第1版 2022年5月第1次印刷

定价：88.00元

前　言

19世纪中叶，地质学家利用偏光显微镜对沉积岩的观察标志着沉积岩石学（sedimentary petrology）的诞生。20世纪30年代，德国人瓦德尔创造了沉积学（sedimentology）这一术语，标志着人类对沉积岩的认识步入了从特征描述到成因研究的阶段，沉积学成为一门独立的学科。进入21世纪，沉积学的基本理论和原理更加完善，在油气和其他矿产资源勘探、开采生产及环境保护中已得到广泛的应用。

自《沉积学》第二版出版以来已经10年了，期间又有数万名读者阅读了本教材，提出了很多宝贵的意见和建议。与此同时，沉积学理论、技术、方法和应用在这期间也有很多进展，特别是非常规油气，例如页岩油气突飞猛进的发展，极大地推动了沉积学的进展。这两方面的原因是我们编写第三版的动力。在编写中，我们试图表达：①沉积学是一门较为成熟的学科，它的概念、原理和方法是严格的；②它与其他学科的交叉使其发展和完善；③它在解决地球表层系统形成演化和油气储层预测中发挥了重要的作用。在此原则的指导下，本书对教材体系进行了优化调整，与第二版相比内容更新约40%。本书从沉积岩原始物质来源出发，以沉积过程为主线，以沉积特征为标记，以沉积岩（物）类型为对象，系统介绍了沉积学的概念、原理、特征和应用，重点阐述了源汇系统中的陆源碎屑岩、沉积物工厂中的内源沉积岩和来自地幔深处的火山碎屑岩及其与常规油气和页岩油气的关系。

全书分为四部分，共十三章。第一部分（第一章）系统介绍了沉积学的基本概念和分类、研究方法和意义；第二部分（第二章到第八章）阐述了源—汇系统中的陆源碎屑岩沉积学，包括陆源碎屑岩的形成过程、沉积特征、岩类学、沉积相模式和油区应用研究；第三部分（第九章到第十二章）重点阐述了沉积物工厂中的内源沉积岩沉积学，包括内源物质成因、岩石学、相模式和油区应用研究；第四部分（第十三章）阐述了来自地幔深处的火山碎屑岩特征、成因模式及其与油气的关系。

这次编写是在《沉积学》第一版和第二版的基础上进行修改完善的，由国内高校部分承担本课程教学的教师执笔，分工如下：第一章、第二章由姜在兴教授［中国地质大学（北京）］编写；第三章由邱隆伟教授［中国石油大学（华东）］编写；第四章第一、二节由姜在兴编写，第三节由郭岭副教授（西北大学）编写，第四节由操应长教授［中国石油大学（华东）］编写；第五章第一节由姜在兴编写，第二、三节由田继军教授（新疆大学）编写，第四、五节由李胜利教授［中国地质大学（北京）］编写，第六节由张建国副教授［中国地质大学（北京）］和姜在兴编写；第六章第一节由李胜利编写，第二节由袁静教授［中国石油大学（华东）］编写，第三节由李一凡副教授［中国地质大学（北京）］编写，第四、五节由魏小洁副研究员（中国地质科学院地质力学研究所）编写；第七章第一、二节由姜在兴编写，第三节由鲜本忠教授［中国石油大学（北京）］编写；第八章第一节由姜在兴编写，第二节由张元福教授［中国地质大学（北京）］、刘立安副教授（东北大学）编写；第九章第一、二、三节由姜在兴编写，第四节由陈代钊教授（中国科学院地质与地球物理研究所）编写；第十章由陈代钊编写；第十一章第一、二节由陈代钊编写，第三节由高志前教授［中国地质大学（北京）］编写；第十二章第一节由邵龙义教授［中国矿业大学（北京）］编写，第二、三节由姜在兴编写；第十三章由姜在兴编写。全书由姜在兴和特约主编助理徐杰副教授［中国地质大学（北京）］统稿。

由于编者水平所限，书中的表述和引文可能会有不当或遗漏之处，欢迎批评指正。

姜在兴

2021 年 5 月

E－mail：jiangzx@cugb. edu. cn

目　　录

第一部分　沉积学——研究地表沉积与资源环境的科学

第一章　概　论 …… (1)
第一节　沉积学与沉积岩 …… (1)
第二节　沉积岩的分类 …… (4)
第三节　沉积学研究意义和方法 …… (5)
参考文献 …… (7)

第二部分　从源到汇——陆源碎屑岩沉积学

第二章　陆源碎屑岩形成过程 …… (8)
第一节　陆源物质的形成 …… (9)
第二节　陆源碎屑物质的搬运与沉积作用 …… (18)
第三节　沉积后作用 …… (27)
参考文献 …… (28)
第三章　陆源碎屑岩的特征 …… (29)
第一节　陆源碎屑岩的组成 …… (29)
第二节　陆源碎屑岩的结构 …… (36)
第三节　沉积岩的构造和颜色 …… (54)
参考文献 …… (85)
第四章　陆源碎屑岩岩石学类型 …… (86)
第一节　砾岩 …… (86)
第二节　砂岩 …… (95)
第三节　细粒沉积岩与页岩油气 …… (105)
第四节　陆源碎屑沉积物（岩）成岩作用与致密储层评价 …… (130)
参考文献 …… (156)
第五章　陆源碎屑岩沉积相模式——陆相组 …… (160)
第一节　概述 …… (160)
第二节　冰川相 …… (164)
第三节　沙漠相 …… (173)
第四节　冲积扇相 …… (180)

第五节　河流相 …………………………………………………………………… (191)
第六节　湖泊相 …………………………………………………………………… (213)
参考文献 ………………………………………………………………………… (244)
第六章　陆源碎屑岩沉积相模式——过渡相组 ……………………………… (248)
第一节　三角洲相 ………………………………………………………………… (248)
第二节　扇三角洲相和辫状河三角洲相 ………………………………………… (274)
第三节　无障壁海岸相 …………………………………………………………… (286)
第四节　障壁海岸相 ……………………………………………………………… (294)
第五节　河口湾相 ………………………………………………………………… (307)
参考文献 ………………………………………………………………………… (311)
第七章　陆源碎屑岩沉积相模式——海相组 ………………………………… (314)
第一节　浅海陆架相 ……………………………………………………………… (314)
第二节　半深海及深海相 ………………………………………………………… (322)
第三节　重力流沉积及其相模式 ………………………………………………… (331)
参考文献 ………………………………………………………………………… (370)
第八章　油区陆源碎屑岩古沉积条件与沉积相研究 ………………………… (375)
第一节　古沉积条件分析 ………………………………………………………… (375)
第二节　沉积相分析与编图 ……………………………………………………… (392)
参考文献 ………………………………………………………………………… (424)

第三部分　沉积物工厂——内源沉积岩

第九章　内源沉积作用概述 …………………………………………………… (426)
第一节　化学搬运与沉积作用 …………………………………………………… (426)
第二节　生物搬运与沉积作用 …………………………………………………… (431)
第三节　热液沉积作用 …………………………………………………………… (434)
第四节　碳酸盐工厂 ……………………………………………………………… (436)
参考文献 ………………………………………………………………………… (439)
第十章　碳酸盐岩岩石学 ……………………………………………………… (441)
第一节　碳酸盐岩的成分 ………………………………………………………… (441)
第二节　碳酸盐岩的结构组分 …………………………………………………… (446)
第三节　碳酸盐岩的构造 ………………………………………………………… (468)
第四节　碳酸盐岩成岩作用与成岩环境 ………………………………………… (475)
参考文献 ………………………………………………………………………… (510)
第十一章　碳酸盐沉积（相）模式 …………………………………………… (518)
第一节　碳酸盐沉积的控制因素 ………………………………………………… (518)
第二节　海相碳酸盐沉积（相）模式 …………………………………………… (525)
第三节　碳酸盐岩岩相古地理研究方法与编图 ………………………………… (557)
参考文献 ………………………………………………………………………… (565)

第十二章　其他内源沉积岩沉积学 …………………………………………………… (572)
第一节　煤、煤层气及聚煤模式 …………………………………………………… (572)
第二节　蒸发岩 ……………………………………………………………………… (588)
第三节　硅　岩 ……………………………………………………………………… (593)
参考文献 ……………………………………………………………………………… (598)

第四部分　地幔来源的沉积物——火山碎屑岩

第十三章　火山碎屑岩 ……………………………………………………………… (600)
第一节　火山作用及其产物 ………………………………………………………… (600)
第二节　火山碎屑岩的特征 ………………………………………………………… (602)
第三节　火山碎屑岩的搬运与沉积作用模式 ……………………………………… (605)
第四节　火山碎屑岩与油气的关系 ………………………………………………… (607)
参考文献 ……………………………………………………………………………… (608)

第一部分
沉积学——研究地表沉积与资源环境的科学

第一章　概　论

第一节　沉积学与沉积岩

一、基本概念

沉积学(sedimentology)是研究沉积岩(sedimentary rock)、沉积物(sediment)及其形成过程的科学，与人类赖以生存的资源和环境关系密切。它比沉积岩石学(sedimentary petrology)研究的范围更广，后者主要研究沉积岩(沉积物)的自身特征和成因。

沉积岩是组成岩石圈的三大类岩石之一，它是在地壳表层(大气圈的下部、岩石圈的上部，称为沉积圈)条件下由母岩(parent rock，mother rock)(岩浆岩、变质岩、先成的沉积岩)的风化产物、盆地内部来源的物质、火山物质、宇宙物质等原始物质(被称为沉积物)，经过搬运作用(transportation)、沉积作用(deposition)和沉积后作用(postdeposition)而形成的岩石(图1-1)。

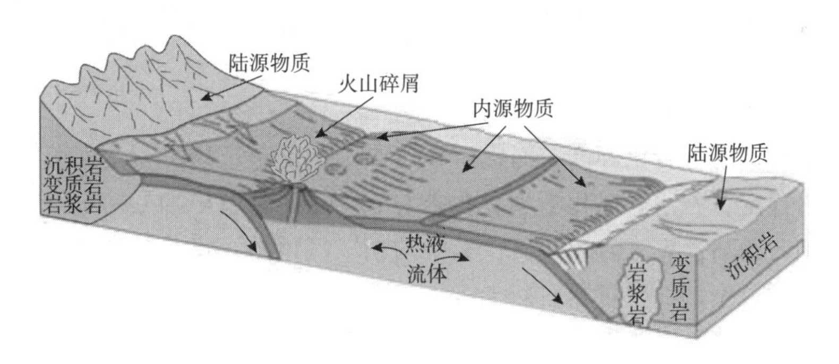

图1-1　沉积岩原始物质来源和形成过程及环境示意图

沉积岩形成的地壳表层称为沉积圈，有如下特点。

1. 温度和压力

与形成岩浆岩的高温、高压相比，沉积岩形成于常温、常压之下。地壳表层的温度变化范围不大，根据地理学的资料，地表的最高温度在非洲中部可达85℃，最低温度在北极圈维尔霍扬斯克附近为-70℃。所以就整个地球而言，每年最大温度差在50~160℃左右，一般在40~

50℃之间。现代沉积物一般形成于上述的温度范围之内。由沉积物到沉积岩的转变可位于地球的不同深度，成岩时的温度一般不会超过200℃，否则沉积岩将逐渐变为变质岩。

沉积物形成带的压力一般在 $1.01\times10^5\sim2.02\times10^6$ Pa 之间，高山地区不到 1.01×10^5 Pa，海平面是 1.01×10^5 Pa。由海平面向下压力逐渐增加，按海深每增加 10m 压力增加 1.01×10^5 Pa 计算，最深的洋底压力可达 11.11×10^7 Pa。压力的大小影响水中气体的含量，也影响沉积物的形成和变化。

2. 水和大气的作用

绝大多数沉积作用是在水中进行的，大多数沉积物和沉积岩也是在水中形成的。水是母岩风化的主要地质营力，也是风化产物、火山物质、宇宙物质等搬运和沉积的主要介质。因此，在沉积学发展的早期曾认为沉积岩都是“水成岩”。此外大气中的二氧化碳和氧也是沉积物、沉积岩形成的主要因素，它们对于母岩的破坏和沉积作用的进行都起着重要的作用。

3. 生物和生物化学作用

生物和生物化学作用对于沉积物和沉积岩的形成具有特殊的意义。有的沉积物和沉积岩本身就是由生物遗体直接沉积或经过成岩转化形成的，如生物礁灰岩、石油、天然气和煤等。生物和生物化学作用也可促进沉积物和沉积岩的形成。

二、沉积岩的一般特点

(一)沉积岩的化学成分

将沉积岩同岩浆岩的平均化学成分相比较可以看出(表1－1)，沉积岩的化学成分和岩浆岩是相近的，但由于沉积岩形成条件的不同，其在化学成分上和岩浆岩仍然有很大的差别，现归纳如下。

1. Fe_2O_3和 FeO 的含量

沉积岩和岩浆岩中铁的总量是接近的，而在岩浆岩中 FeO 的含量多于 Fe_2O_3，沉积岩中 Fe_2O_3的含量多于 FeO。岩浆岩(特别是侵入岩)是在地下深处缺氧的条件下形成的，铁多以亚铁的形式出现；相反，沉积岩是在地表条件下形成的，一般来说自由氧充足，多形成高价铁。

2. K_2O 和 Na_2O 的含量

在岩浆岩中，钠的含量比钾高，而在沉积岩中则相反。这是因为在沉积岩中富钾的白云母、绢云母相对稳定；岩浆岩风化后生成的胶体分散物(黏土矿物)易吸附钾，就导致沉积岩中钾含量的相对增高；岩浆岩风化后，其中的钠以氧化物、硫酸盐等可溶性盐的形式集聚于海水中，使沉积岩中钠的含量相对减少。

3. Al_2O_3含量

岩浆岩中的铝多以铝硅酸盐的形式出现，而在沉积岩中 Al_2O_3通常剩余而游离，这是沉积岩的主要化学特征之一。在大多数沉积岩中，Al_2O_3 含量大于 K_2O+Na_2O+CaO 含量之和。

4. H_2O 和 CO_2的含量

沉积岩形成于地表条件下，其中富含 H_2O 和 CO_2；岩浆岩形成于高温高压的环境，这两种成分极少或者几乎没有。

表 1-1　岩浆岩和沉积岩的平均化学成分(据冯增昭，1993)　　%

氧化物	沉积岩(按克拉克，1924)	沉积岩(按舒科夫斯基，1952)	岩浆岩(按克拉克，1924)
SiO_2	57.95	59.17	59.14
TiO_2	0.57	0.77	1.05
Al_2O_3	13.39	14.47	15.34
Fe_2O	3.47	6.32	3.08
FeO	3.08	0.99	3.80
MnO	—	0.80	—
MgO	2.65	1.85	3.49
CaO	5.89	9.99	5.08
Na_2O	1.13	1.76	3.84
K_2O	2.86	2.77	3.13
P_2O_5	0.13	0.22	0.30
CO_2	5.38	—	0.10
H_2O	3.23	—	1.15
总和	99.73	99.11	99.50

(二)沉积岩的矿物成分

地壳中的已知矿物在 3000 种以上。赋存于沉积岩中的矿物超过 160 种，但常见的不超过 20 种。在一种沉积岩石中，常见的矿物只有 5～6 种(表 1-2)。由于成因、形成条件的不同，沉积岩的矿物有与岩浆岩不同的特点：

表 1-2　沉积岩和岩浆岩的平均矿物成分(据曾允孚等，1986)　　%

矿物	沉积岩(按利思与米德，1915)	沉积岩(按克里宁，1948)	岩浆岩(65%花岗岩+35%玄武岩)
橄榄石	—	—	2.65
普通角闪石	—	—	1.60
普通辉石	—	—	12.90
长石	15.57	7.5	49.29
石英	34.80	31.50	20.40
云母+绿泥石	20.40	19.00	7.76
氧化铁矿物	4.10	3.00	4.6
玉髓	—	9.00	—
黏土矿物	9.22	7.50	—
碳酸盐矿物	13.63	20.50	—
石膏	0.97	—	—
炭质	0.73	—	—
其他	0.58	3.0	0.88

高温矿物少见。岩浆岩中主要造岩矿物中的铁、镁暗色矿物，如橄榄石、普通辉石等，都是在高温条件下形成的。这些成分复杂的硅酸盐矿物，一旦转入地表，极易分解，在极少的情况下，可以重矿物的形式保存于沉积岩中。

低温矿物富集。低温矿物，如石英和长石，在岩浆岩和沉积岩中的含量都很高。但长石中的钙长石、中长石等生成于岩浆结晶的早期和中期，形成时的压力、温度都较高，这些矿物处于地表条件下，容易遭受破坏，难以矿物碎屑的形式保存于沉积岩中；长石中的钾长石、钠长石形成于岩浆结晶的晚期，在地壳中易于呈碎屑保存下来，所以是沉积岩中常见的长石种属。石英的化学性质十分稳定，不仅在岩浆结晶晚期形成的能够保存下来，而且在地表条件下也可以自生形成蛋白石、玉髓和沉积石英，因此在沉积岩中石英的平均含量超过岩浆岩中石英的平均含量。

自生矿物。自生矿物是在沉积和成岩过程中产生的，这类矿物的特点是成分一般比较简单，如各种盐类、氧化物、氢氧化物、黏土矿物、碳酸盐矿物等。岩浆岩中一般不存在这些矿物。

岩浆岩和沉积岩在矿物成分上存在的上述差异，是两者的形成条件不同所决定的。岩浆岩中的主要造岩矿物是在高温、高压条件下形成的，这些矿物稳定于这样的环境，但在常温常压下易分解，这也是这些矿物在沉积岩中少见的原因。沉积岩中的自生矿物，是在地表常温常压环境下形成的，稳定于地表的条件，所以在沉积岩中十分丰富。

（三）结构、构造的特点

沉积岩的结构要比岩浆岩更为多样，其中碎屑结构、粒屑（颗粒）结构、生物结构都是沉积岩所特有的；晶粒结构虽与岩浆岩的结构相似，但它们形成的热力学条件迥然不同。

极大部分沉积物是在流体（空气、水）中进行搬运和沉积的，因此在沉积岩中常常具有成层构造、层内构造以及层面构造。尤其是层理构造，在岩浆岩中除少数情况（层状火成岩）外很少见到，所以层理构造是沉积岩的基本构造特征。此外，各种层面构造、缝合线、叠锥、结核、叠层构造等也都是沉积岩所特有的。

由于沉积岩是在地表或接近地表的压力条件下形成的，因而沉积岩可具有各种各样的孔隙，而结晶岩一般缺乏原生孔隙（曾允孚等，1986）。

第二节　沉积岩的分类

由于沉积岩原始物质来源决定着其特征和成因，因此沉积岩的分类首先要考虑其物质来源。母岩的风化产物——陆源物质中的碎屑组分，称为陆源碎屑（terrigenous clastic），如砾、砂、粉砂和黏土，以机械的方式被搬运到沉积盆地沉积埋藏，形成陆源碎屑岩（terrigenous clastic rock）；母岩风化中的溶解物质被水搬运到海（湖）盆，与来自海水自身和洋中脊的化学元素一起构成盆地水体中大量的溶解物质，这里同时还生活着数量巨大的生物和微生物，通过光合作用获取能量、汲取水中的化学溶解物质造就自身躯体（如生物礁、生物颗粒、钙藻），或通过改变躯体周围的微环境诱导溶解物质沉淀（如某些方解石、白云石），或水体强烈蒸发导致直接化学沉淀（如大部分蒸发矿物）而形成沉积岩，称为内源岩（endogenic rock）；火山的爆炸式喷发把地幔物质以碎屑形式带到地表，以机械方式搬运沉积，形成火山碎屑岩（pyroclastic rock）；在有些情况下陆源碎屑物质、内源物质和火山碎屑物质沉积在同一环境中，每一种组分含量均不超过50%，形成混合沉积岩或混积岩(hybrid rock)(图1－1、图1－2)。在物质来源分类的基础上，可以按照成分、粒级等进一步分类(表1－3)。

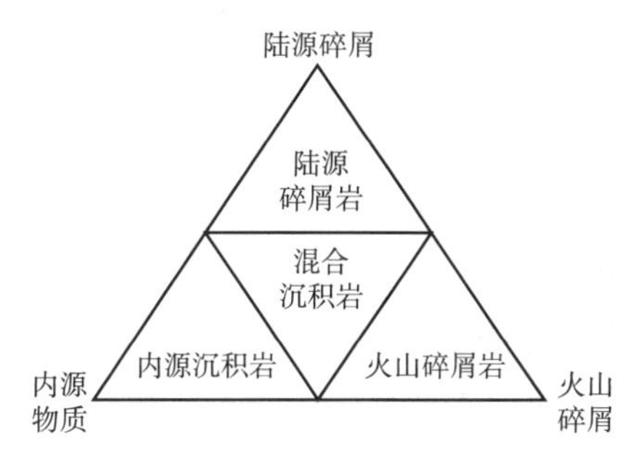

图1－2　基于原始物质来源的沉积岩分类

表1－3　沉积岩的分类

按来源	陆源碎屑岩	内源岩	火山碎屑岩	混积岩
按结构或成分	砾岩 砂岩 粉砂岩 黏土岩	碳酸盐岩 硅岩 硫酸盐岩 卤化物岩 煤	集块岩 角砾岩 凝灰岩	陆源—内源混积岩 内源—火山碎屑混积岩 陆源—火山碎屑混积岩 陆源—内源—火山碎屑混积岩

第三节　沉积学研究意义和方法

一、研究意义

虽然沉积岩只占岩石圈体积的5%，但在地壳表层出露最多的是沉积岩。陆地表面的75%为沉积岩或沉积物所覆盖，平均厚度1.8km，其余的25%是岩浆岩和变质岩；已探明的海底、洋底几乎全部由沉积岩(物)所组成，平均厚度1km。因此，沉积岩主要集中分布于地表，然而在地表它不是均匀分布的，各处厚度也很不均一。地槽区沉积岩厚度大，局部区域厚度可达30km，而在地台区则较薄，在岩浆岩、变质岩出露的地方没有沉积岩的分布。在太阳系中火星和金星也有沉积物分布。

从整个地壳发展历史来看，目前已经确定的地壳最老岩石的年龄为46亿年，而早在44亿年前的冥古宙地表就已有沉积物的形成(位于澳大利亚；Leeder，2011)，其中有生命记载的岩石年龄为31亿年。所以沉积岩是研究地球发展和演化历史不可缺少的宝贵资料。

岩石圈中沉积岩(物)总体积约为$4.4\times10^{8}km^{3}$。这其中蕴藏着丰富的矿产和能源资源。可燃性矿产(石油、天然气、煤层气、水合甲烷、煤和油页岩)、铝土矿、锰矿、盐矿以及钾盐矿等几乎全为沉积类型；极大部分铁矿、磷矿也属于沉积或沉积变质类型；在放射性原料、有色金属(铜、铅、锌)、稀有和分散元素、非金属(重晶石、萤石)等矿产中，沉积类型也占很大的比重；不少金、铂、钨、锡、金刚石等矿产也来源于沉积的砂矿。据估计，沉积和沉积变质型矿床可占世界矿产资源总储量的80%。

除了上述沉积矿产外，有些沉积岩本身就是多种工业的主要原料或辅助原料。如石灰岩及白云岩不仅可作为建筑材料，而且是冶金工业中常用的熔剂，石灰岩又是制造水泥和人造纤维的主要原料，白云岩则可作为镁质耐火材料；纯净的黏土岩按性质不同可作为耐火材料、陶瓷原料、钻井液原料、吸收剂、填充剂和净化剂；沉积石英岩及石英砂可作为玻璃原料。

通过沉积学的研究，可寻找地下油气或二氧化碳储库、蓄水层，解决水库、港口和河流的冲淤及土壤的侵蚀问题。此外，在国防上，如军港的设计、潜艇和海底导弹基地的建设等，均与沉积岩(物)的研究密切相关。

进入21世纪，随着油气勘探领域由中浅层向深层、由构造圈闭向地层—岩性圈闭、由盆地边缘向盆地腹地、由海岸浅海向半深海—深海、由常规油气向非常规油气特别是向页岩油气的进军，随着石油工程领域由二次采油向三次采油、减少地层伤害、开采剩余油、提高采收率、以效益为中心的转移，沉积学正发挥着越来越大的作用。

同时，沉积学也是与人类生存和可持续发展密不可分的，目前它在地质灾害预测研究和环境保护中正发挥着越来越大的作用，并产生了新的分支学科环境沉积学(environmental sedimentology)，它是研究人类活动和环境变化对地表沉积体系影响的学科，它的兴起是由于人们越来越意识到人类的活动能够影响到对沉积物的产生和循环(Perry 等，2007)。

二、基本研究方法

沉积学的研究方法可以分为野外和室内两个方面。沉积学是地质学的一个组成部分，沉积岩分布于地壳中成为一种地质体。因此，在野外对沉积岩进行研究时，首先要使用地质学的方法，即在野外研究沉积岩(物)的物质组分、结构构造、岩体产状、岩层间的接触关系、岩层厚度、各种成因标志和岩性组合在纵向和横向上的变化，并收集古流向资料，从而查明沉积岩体在时间和空间上的分布和演化特点。获得这些资料最基本的方法是系统测制沉积岩相剖面，并进行区域相剖面的分析与对比。

近年来，除了这种常规方法外，在沉积学研究中还引进了大量新技术新方法。在油气勘探中，地震技术和测井技术的应用产生了地震沉积学和测井沉积学，另外，如无人机遥感技术、钻探技术、深海钻探及采取长岩芯、测视雷达以及探测水下地形的声呐也在逐渐应用。

在室内研究中，显微镜薄片法仍是研究沉积岩最基本的方法，作为一个沉积学工作者必须熟练掌握。此外，常用的其他室内方法还有粒度(机械)分析、重矿物分析、不溶残渣分析、热分析、化学分析、光谱分析等。近年来，室内研究中亦引进了不少新的测试手段，如阴极发光显微镜、同位素分析(碳、氧、硫、锶)、扫描电子显微镜、X射线衍射仪、图像分析仪、电子探针、原子吸收光谱、红外光谱、气相色谱以及激光拉曼光谱和古地磁的研究等。同时，计算机技术已广泛应用于沉积学研究中，包括沉积过程和沉积体系的展布及储层分布的模拟和预测等。

这些新技术新方法的应用是促进沉积学发展的重要原因之一，使得沉积学在宏观领域和微观领域的研究深度、广度和成效大为提高，更使得对于沉积岩形成和分布的客观规律的研究与认识达到了一个新的水平。应该强调的是，必须将野外(或岩芯)和室内研究密切结合起来，室内研究是野外(或岩芯)研究的继续，野外(或岩芯)研究是室内研究的基础。此外，在对沉积岩进行研究时，必须要注意沉积形成作用和其他地质作用，特别是与构造作用的关系。要将其他有关地质学科的资料、知识恰当地运用到沉积学的研究上来，这样才能获得有关沉积岩(物)成因的全面的认识。

三、文献学习和调研

文献学习和调研也是沉积学研究的重要方面。沉积学自1850年诞生以来，经过170多年的发展，目前已成为一门较为成熟的学科，出版了大量的专著和论文。关于沉积学的文献可以追溯到19世纪，但是事实上，最先进的沉积学理念主要产生于最近的50年。

一些关于沉积学专题的论文集具有很好的借鉴意义，比如沉积地质学会SEPM(Society of Sedimentary Geologists)、国际沉积学家协会IAS(International Association of Sedimentologists)、美国石油地质家协会AAPG(American Association of Petroleum Geologists)的出版物都是不错的选择。然而，更多的研究论文发表于一些学术刊物，有兴趣的读者应该尤为关注目前最新的学术信息和观点。SEPM出版的《沉积学研究杂志》(Journal of Sedimentary Research)、IAS出版的《沉积学》杂志(Sedimentology)和Elsevier出版的《沉积地质学》杂志(Sedimentary Geology)，是目前最受关注的三个主要国际沉积学期刊。相关的期刊还有《地质学》(Geology)、《美国地质学会会刊》(Bulletin of the Geological Society of America)、《美国石油地质家协会会刊》(Bulletin of the American Association of Petroleum Geologists)、《地质学杂志》(Journal of Geology)、《海洋地质学》(Marine Geology)、《古地理学、古生态和古气候学》(Palaeogeography, Palaeoecology and Palaeoclimatology)等。国内的沉积学专业杂志有《沉积学报》《古地理学报》等，也可以到图书馆找到详尽的期刊列表。

最后，科学文摘、索引和书刊评述也是获取沉积学研究进展的重要来源，而且大部分期刊、书籍和学报都建立了在线数据库。此外，还有一些著名的学术搜索引擎，如Web of Science (Science Citation Index)、CNKI、CSCD等。读者可以方便地进行查询，从中可以获得关于沉积学特定专题的参考文献和资料。

参考文献

[1]Leeder M. Sedimentology and Sedimentary Basins[M]. UK: Wiley - Black well, 2011.

[2]Perry C, Taylor K. Environmental sedimentology[M]. London: Black well Scientific Publications, 2007.

[3]冯增昭. 沉积岩石学[M]. 北京：石油工业出版社，1993.

[4]曾允孚，夏文杰. 沉积岩石学[M]. 北京：地质出版社，1986.

第二部分
从源到汇——陆源碎屑岩沉积学

第二章　陆源碎屑岩形成过程

地壳上先形成的出露(或曾出露)的岩石叫作母岩，母岩可以是岩浆岩、变质岩或沉积岩。母岩分布的地区叫作母岩区(source area，provenance)。母岩区的剥蚀地貌与盆地区的沉积地貌是地球表面的两个基本地貌单元，两者之间通过沉积物搬运系统来进行物质变迁和交换。从剥蚀区形成的物源，包括机械风化剥落的颗粒沉积物和化学风化的溶解物，被搬运到沉积盆地中最终沉积下来的过程构成了源—汇系统(Source to Sink system，也被简称为“S2S”，图2－1)。沉积物从剥蚀区(源)到最终沉积在盆地中(汇)，不外乎剥蚀、搬运、沉积三种作用。沉积物在统一的源汇系统中扩散，受到一系列自生的、他生的过程作用及反馈机制的控制，源汇系统正是以此为研究对象(Sømme 等，2009)。20 世纪 90 年代由美国自然科学基金会主导了大陆边缘研究计划(MARGINS Program)，“从源到汇”作为其中的一个核心子计划，在过去十多年里取得了显著成果。该计划的核心科学目标是在各类沉积过程发生的时间尺度内综合研究关联了陆地与海洋的沉积物分散体系，通过观察、实验、理论综合研究系统内的各要素组成；核心问题围绕构造作用、气候变化、海平面升降等外部作用如何影响沉积物(包含颗粒沉积物和溶解物)的产生、搬运、堆积，揭示地球表面侵蚀作用发生与物质迁移的过程，以及沉积过程中的相互作用如何造就地层记录。源汇系统研究理念开始强调地表过程的定量化，并将沉积物通量与地质过程结合起来，是当前地球科学领域的重要课题。

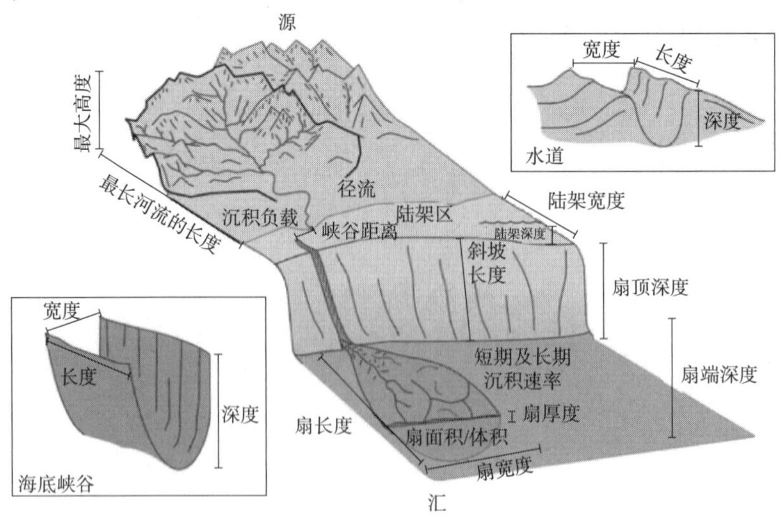

图 2－1　源—汇系统示意图(据 Sømme 等，2009)

第一节　陆源物质的形成

陆源物质是母岩风化作用的产物，包括陆源碎屑物质、化学溶解物质等，其中陆源碎屑物质经过搬运、沉积及成岩作用就形成了陆源碎屑岩。

陆源碎屑岩的形成是从母岩的风化作用开始的。

母岩区一般是山区或高原，约占陆地面积的五分之一。这里是水的源头和沉积物产生和剥蚀的重要场所，影响着沉积作用的发生。山的大小变化很大，从孤立的小山到横跨大陆绵延上万千米的巨型山系，如科迪勒拉山脉纵贯南北美洲大陆西部，北起阿拉斯加，南到火地岛，绵延约 1.5×10^4km，山系宽度较大，约 800～1600km，海拔较低，海拔 1500～3000m，是亚马孙河和密西西比河的发源地。又如我国的青藏高原西起帕米尔高原，东到横断山，北界为昆仑山、阿尔金山和祁连山，南抵喜马拉雅山，东西长约 2800km，南北宽约 300～1500km，总面积约 250×10^4km^2，是长江、黄河的发源地。山区有共同的特点，即坡陡、气候和植被分异，一般来说随着海拔高度增加、地形起伏变大，植被覆盖就会变差，降水、气温和风力就会更为极端，从而影响母岩的风化、剥蚀和沉积物的形成、搬运和沉积。

母岩的风化作用是复杂的，因为硅酸盐矿物通常由许多阴离子和阳离子组成，而且水和溶解离子的数量在时间和空间上都有不同。化学风化作用的四种主要机制有溶解、氧化、水解和酸水解。反应通常发生在非饱和渗流带中的矿物表面，靠近地表的岩石孔隙中含有大气、水、活着和死去的植被与细菌，它们都在风化过程中起着重要作用。化学风化作用的结果是形成风化层和土壤剖面，而其特征则取决于气候和岩石类型。

物理风化作用涉及对岩石和矿物不连续面施加的差异性应力。这些由于侵蚀卸荷、重力、风的剪切力、地下水的盐结晶、冻融和不均匀热膨胀所产生的应力会导致岩石和矿物的破碎。

一、母岩风化过程中元素的转移顺序

母岩在化学风化过程中表现为某些元素的淋滤分散和另外一些元素的残积富集两个方面。各种元素在特定的风化条件下迁移能力是不一样的，即各种元素从母岩中析出的难易程度不同，因而造成各种元素按一定顺序从母岩中分离出来，即元素的风化分异。

首先根据河水中元素的含量与该河流域的岩石中相应元素的含量相比较的办法，了解各种元素迁移的相对活动性，并得出元素迁移序列。在此基础上，提出用水迁移系数来衡量元素在风化带中的迁移能力。此系数为河水干渣中的元素含量与在该河流域岩石中相应元素含量的比值。K_X 值愈大，表明该元素从岩石淋溶进入水中的量越多，即迁移能力越强。计算公式如下：

$$K_X=\frac{m_X\cdot 100}{an_X}$$

式中　K_X 为 X 元素的水迁移系数；m_X 为 X 元素在河水中的含量，mg/L；a 为河水中矿物质残渣总量，m/L；n_X 为 X 元素在该河流域岩石中的平均含量,%。

利用河水中的元素含量和各元素在岩石圈中的平均含量，计算不同地质条件下元素的水迁移系数，得出了各元素在表生条件下的迁移能力顺序。将风化带中的元素分为以下五类：

(1)最易迁移元素($K_X=n\cdot10\sim n\cdot10^2$)：Cl、Br、I、S；

(2)易迁移元素($K_X = n \sim n \cdot 10$)：Ca、Mg、Na、F、Sr、K、Zn；

(3)迁移元素($K_X = n \cdot 10^{-1} \sim n$)：Cu、Ni、Co、Mo、V、Mn、Si(硅酸盐中)、P；

(4)惰性(微弱迁移)元素($K_X < n \cdot 10^{-1}$)：Fe、Al、Ti、Sc、Y、Tc(稀土元素)等；

(5)几乎不迁移的元素($K_X \approx n \cdot 10^{-10}$)：Si(石英)。

上述每一类元素又是按水迁移系数降低的顺序而排列的。从迁移序列中可看出，各种元素的迁移能力相差很大。最易迁移的元素 Cl、S 是 Si、Fe 元素迁移能力的上百倍到上千倍，这就形成了原来共生的元素在风化过程中因迁移能力不同而发生分异。迁移能力最强的 Cl、S 最先从风化带中流失；其次是 Ca、Mg、Na、F 等；而 K、Mn、Si、P 等元素迁移能力较弱；Al、Fe、Ti 等迁移能力很弱，往往残留原地形成红土和铝土矿。

元素的迁移能力与它们的物理化学性质不完全一致。例如，Na、K 的简单盐类的溶解度大致相同，但在风化带中 Na 的迁移能力比 K 要大；钙盐和镁盐($CaCO_3$、$CaSO_4$、$MgCO_3$)比钠盐和钾盐(NaCl、KCl)难溶得多，但 Ca、Mg 的迁移能力要大于 Na、K。这是由于风化过程中元素的迁移能力不单取决于离子特性，而且受到各种元素的影响。

一般影响元素迁移能力的因素有：①元素自身的原子和离子特性(离子半径、原子价、极化能力等)，这在很多情况下决定了离子由固体转变为溶液或由溶液转变为固体的难易性；②含有该元素的矿物特征和它对于风化作用的抵抗能力，例如钙长石要比钠长石易风化，所以在相同条件下 Ca 要比 Na 易于析出，而同样的 Ca 在石灰岩中要比钙长石中更易于析出；③介质的 pH 值和 Eh 值，例如 Fe 在氧化环境中迁移能力很小，但在还原环境中则显著增加，而 U 则相反；④生物及气候条件的影响，如潮湿炎热地区的 SiO_2 迁移能力要大大增加，几乎与 Ca 一样。

需要指出的是，上述迁移序列是最一般性的，主要是根据温湿气候条件下，硅酸盐岩石在氧化环境中发生风化计算所得。但在其他气候条件下及还原性强的环境中，元素的迁移顺序并不一定与上述相同(曾允孚等，1986)。

二、造岩矿物的风化及其产物

各种造岩矿物抵抗风化作用的能力，即它们在风化条件下的稳定性是很不相同的，这是由其元素构成等因素决定的。

1. 石英

石英占出露大陆地壳体积的 20%。它的晶体由螺旋状的硅氧四面体连接而成，因此石英晶格在酸性和中性 pH 值范围内极难受到水溶液的化学侵蚀。当晶体表面受到越来越有效的羟基化时，溶解度在 pH >9 时增加，特别是在 NaCl 和 KCl 的碱离子存在的条件下。羟基化是将一个或多个羟基(—OH)引入化合物或自由基，从而氧化它的过程。过饱和溶液中的聚合反应会形成硅胶或溶胶。大量证据表明，在孔隙水中溶解的铝能大大促进了石英的溶解(可能是几个数量级)。微裂纹和裂缝是石英溶解和破碎的主要途径。

2. 长石

长石的风化稳定性次于石英。在长石中，钾长石的稳定性较高，多钠的酸性斜长石次之，中性斜长石又次之，多钙的基性斜长石最低。因此，在沉积岩中钾长石多于斜长石。

钾长石的风化过程及其产物如下：

$$K[AlSi_3O_8] \longrightarrow K_{<1}Al_2[(Si,\ Al)_4O_{10}][OH]_2 \cdot nH_2O$$

（钾长石）　　　　　　　（水白云母）

$$\longrightarrow Al_4[Si_4O_{10}](OH)(\text{高岭石})\begin{cases} SiO_2 \cdot nH_2O(\text{蛋白石}) \\ Al_2O_3 \cdot nH_2O(\text{铝土矿}) \end{cases}$$

在钾长石的风化过程中，最先析出的成分是钾，其次是硅，最后才是铝。与此同时，OH^- 或 H_2O 也参加到矿物的晶格中来。随着钾、硅、铝的逐渐析出和水的加入，原来的钾长石就逐步地转变为水白云母、高岭石、蛋白石和铝土矿。钾长石是富钾的无水的铝硅酸盐矿物，架状构造，铝位于硅酸根的结晶格架中。水白云母中的钾已经比钾长石中的钾少了，硅也有所减少，部分的铝已从硅酸根的晶格中释放出来变为一般的阳离子，其结晶构造已不是架状而是层状的了，但仍然还是铝硅酸盐。高岭石与水白云母相比，又有了进一步的变化，钾已完全没有了，铝已完全从硅酸根中释放出来变为一般的阳离子，但高岭石仍然还是层状构造的硅酸盐矿物。蛋白石和铝土矿不是硅酸盐矿物，而是含水的氧化物矿物。由此可知，由原来的钾长石，到水白云母、高岭石，以至最后的蛋白石和铝土矿，是一个由量变到质变的、逐步的、有阶段性的风化过程。这一过程的总趋势是原来的钾长石不断地遭受破坏，最终变为在风化带中最为稳定的新矿物。铝土矿是风化带中很稳定的矿物，它是钾长石风化的最终产物。但是，只有在十分有利的条件下，钾长石才能完全风化成铝土矿，在一般情况下，钾长石大都转变为水白云母和高岭石。

斜长石的风化情况与钾长石类似。斜长石风化时，除一些成分(如钙、钠、硅等)从矿物中转移出去以外，常形成一些在风化带中相对较稳定的新矿物，如各种沸石、绿帘石、黝帘石、蒙脱石、蛋白石、方解石等，当然，这些新矿物在风化带中也不是十分稳定，也还会继续发生变化。基性斜长石的风化稳定性比酸性斜长石低，因此在沉积岩中，基性斜长石很少见到。

长石的溶解速率与温度密切相关，同时也是 pH 值的一个 V 形函数(图 2－2)。在低 pH 值条件下，长石风化反应只是铝键的酸化水解。大气和土壤的呼吸作用产生的二氧化碳是质子的主要来源。这种酸溶可能是土壤风化过程中最常见的形式，它导致白色黏土矿物、高岭石的沉淀，以及碱和碱土元素在溶液中的释放(如水合离子、碳酸盐或碳酸氢根离子)，二氧化硅有时也作为副产物生成。实验表明，二氧化硅可能是在酸性条件下缓慢析出的凝胶。由于硅键在碱性阳离子存在下易溶解，反应速率在中性 pH 值或接近中性 pH 值时较低，但在高 pH 值条件下发生羟基化反应而再次上升。钾长石在酸性条件下也不稳定，生成碳酸钾、高岭石和二氧化硅。长石风化反应的其他几种可能产物取决于当地的 pH 值条件，它们控制着溶解的 Al 的种类，其中性质最显著的是 $Al(OH)_3$。在极低的 pH 值(<3)条件下，反应会导致金属阳离子浸出，并形成一层厚的富硅表层。这种表面层不会在其他 pH 值条件下形成，溶解过程不是由表层的扩散控制的，而是由直接的化学键断裂和断裂键的捕集控制的。

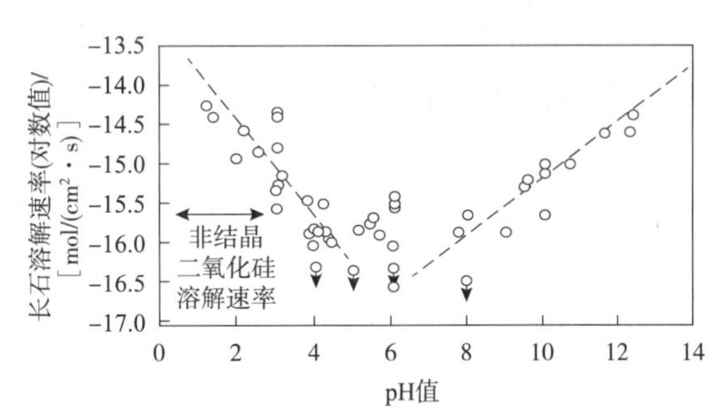

图 2－2　长石溶解速率与风化溶液 pH 值的函数关系(据 Leeder，2011)

3. 云母

云母具有独特的片状结构，其中八面体排列的Mg、Al和Fe离子位于(Si，Al)O_5四面体片层之间。阳离子置换产生负电荷层，在白云母(富钾云母)和黑云母(富铁云母)中被K的夹层中和。该夹层在风化过程中释放较快。骨架离子的风化反应较慢，主要受断裂金属—氧键的水化和羟基化控制，这一过程从边缘面逐渐向内进行。白云母对pH值呈典型的V型溶解速率曲线，最低速率在pH =6左右。黑云母在酸性pH值条件下的溶解速率与白云母相同，但由于液相氧化对Fe^{2+}的溶解作用，其速率通常高达白云母的五倍和斜长石的八倍。

在云母类中，白云母的抗风化能力较强，所以它在沉积岩中相当常见。白云母在风化过程中，主要是析出K和加入水，先变为水白云母，最后可变为高岭石。黑云母的抗风化能力比白云母差得多。黑云母遭受风化后，K、Mg等成分首先析出，同时加入水，常转变为蛭石、绿泥石、褐铁矿等。

4. 铁镁硅酸盐矿物

橄榄石、辉石、角闪石等铁镁硅酸盐矿物的抗风化能力比石英、长石、云母都低得多。其中以橄榄石最易风化，辉石次之，角闪石又次之。这些矿物在风化产物中保留较少，故在沉积岩中较少见。这些矿物在遭受风化时，Fe、Mg、Ca等易溶元素首先析出，硅也部分或全部析出，大部分元素呈溶液状态流失，一部分元素在风化带中形成褐铁矿、蛋白石等。

5. 黏土矿物

黏土矿物如高岭石、蒙脱石、水云母等，本来就是在风化条件下或者沉积环境中生成的，在风化带中相当稳定，但在一定条件下，它们也还要发生变化，转变为更加稳定的矿物，如铝土矿、蛋白石等。

6. 碳酸盐矿物

碳酸盐矿物，如方解石、白云石等，风化稳定性甚小，很易溶于水并顺水转移，因此在碎屑沉积岩中很难看到它们，只有在干旱的气候条件下，在距母岩很近的快速搬运和堆积中，才可能看到由它们组成的岩屑。

7. 硫酸盐矿物

硫酸盐矿物(如石膏、硬石膏)、卤化物矿物(如石盐)等的风化稳定性最低，最易溶于水，呈溶液状流失走。

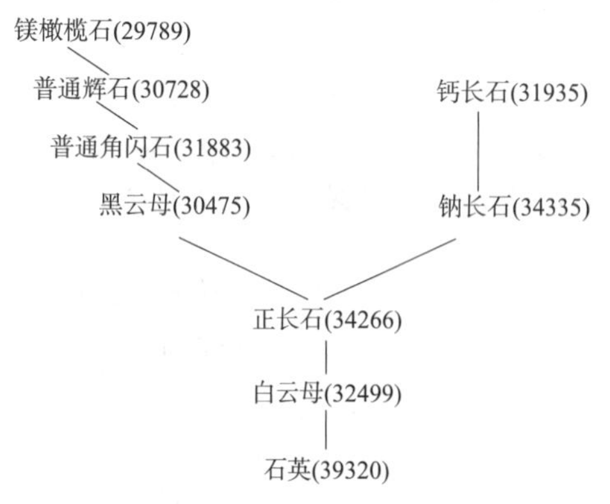

图2-3 鲍文反应系列及矿物风化作用相对稳定性(据冯增昭，1993)

图中数字是键强度，单位为cal/mol

8. 其他矿物

最后，在岩浆岩及变质岩中常见的一些次要矿物或副矿物，其风化稳定性的差别是很大的。风化稳定性较大的一些，如石榴子石、锆石、刚玉、电气石、锡石、金红石、磁铁矿、榍石、十字石、蓝晶石、独居石、红柱石等，在沉积岩中常作为重矿物出现。

用矿物的化学成分及其晶体构造的特征去寻求它们在风化作用过程中的相对稳定性，已经取得了一定的成果。例如，有人已经定量地计算出鲍文反应系列中各种矿物的氧和阳离子之间的键强度的总数(图2-3)。

从数字可以看出，鲍文反应系列下端的矿物，其键强度总数较大，所以其风化稳定性较高。当然，在这些数字中也有一定的矛盾现象，即白云母的键强度总数与序列中的顺序不符，这可能是由于氢氧根的存在，因为氢氧根的能量效应还是未知的。

三、岩石的风化及其产物

岩石是矿物的集合体，因此岩石的风化及其产物主要是由组成它的矿物的风化情况决定的。

花岗质的岩浆岩(包括花岗岩、花岗闪长岩等)及变质岩(如花岗片麻岩等)是分布最广的岩浆岩及变质岩，它们的风化是具有代表性的(表2－1)。

表2－1　花岗岩的风化作用(据冯增昭，1993)

<table>
<tr><th>矿物成分</th><th>化学组分</th><th>所发生的变化</th><th>风化产物</th></tr>
<tr><td>石英</td><td>SiO_2</td><td>残留不变</td><td>砂粒</td></tr>
<tr><td rowspan="3">钾长石
$KAlSi_3O_8$</td><td>K_2O</td><td>成为碳酸盐、氧化物进入溶液</td><td>溶解物质</td></tr>
<tr><td>Al_2O_3</td><td>水化后成为含水铝硅酸盐</td><td>黏土</td></tr>
<tr><td>$6SiO_2$</td><td>少部分 SiO_2 游离出来，溶于水中</td><td>溶解物质</td></tr>
<tr><td rowspan="4">斜长石
$NaAlSi_3O_8CaAl_2Si_2O_8$</td><td>$3Na_2O$</td><td>成为碳酸盐、氯化物进入溶液</td><td>溶解物质</td></tr>
<tr><td>CaO</td><td>成为碳酸盐，溶于含 CO_2 的水中</td><td>溶解物质</td></tr>
<tr><td>$4Al_2O_3$</td><td rowspan="2">同钾长石</td><td>黏土</td></tr>
<tr><td>$20SiO_2$</td><td>溶解物质</td></tr>
<tr><td rowspan="4">白云母
$KAl_2/$
$[AlSi_3O_{10}](OH)_2$</td><td>$2H_2O$</td><td rowspan="4">残留不变</td><td rowspan="4">云母碎片</td></tr>
<tr><td>K_2O</td></tr>
<tr><td>$3Al_2O_3$</td></tr>
<tr><td>$20SiO_2$</td></tr>
<tr><td rowspan="5">黑云母
$K(Mg, F_e)_3$
$[AlSi_3O_{10}](OH)_2$</td><td>H_2O</td><td>水溶液</td><td>水溶液</td></tr>
<tr><td>K_2O</td><td>成为碳酸盐、氯化物进入溶液</td><td>溶解物质</td></tr>
<tr><td>Al_2O_3</td><td>生成含水铝硅酸盐</td><td>黏土</td></tr>
<tr><td>$2(Mg, Fe)O$</td><td>成为碳酸盐、氯化物进入溶液，碳酸盐氧化为赤铁矿、褐铁矿等</td><td>溶解物质及色素</td></tr>
<tr><td>$3SiO_2$</td><td>部分 SiO_2 游离出来溶于水中</td><td>溶解物质</td></tr>
<tr><td rowspan="2">锆石
$ZrSiO_4$</td><td>ZrO_2</td><td rowspan="2">残留不变</td><td rowspan="2">砂粒(重矿物)</td></tr>
<tr><td>SiO_2</td></tr>
<tr><td>磷灰石
$Ca_5[PO_4]_3F$
$Ca_5[PO_4]_3Cl$</td><td>$Ca_5(PO_4)_3$
(F, Cl, OH)</td><td>溶解或残留不变</td><td>溶解物质或砂粒(重矿物)</td></tr>
</table>

中性和碱性侵入岩的风化情况与花岗质岩石相似。

基性和超基性侵入岩主要由较易风化的橄榄石、辉石、基性斜长石组成，远较花岗质岩石易风化。风化后，除部分易溶元素转移流失外，常在原地形成一些化学残余矿物，如蛇纹石、滑石、绿泥石、褐铁矿等。

火山岩及火山碎屑岩由于含有相当多的甚至大量的玻璃质或火山灰，故其风化速度大都相当快。如玄武岩在遭受风化时，除一部分易溶元素流失外，常形成蒙脱石、高岭石、铝土矿、褐铁矿等化学残余矿物，如风化较彻底，可形成风化残余的富铁的红土层。

沉积岩的风化情况比较简单，因为它们本身就主要是由母岩的风化产物组成的。其中，以蒸发岩(主要由卤化物及硫酸盐矿物组成)最易溶解、最易风化，碳酸盐岩次之，黏土岩、石英砂岩、硅岩等最难风化。

由于母岩的各种化学成分在风化作用中的转移性质的差异，因此母岩的风化作用过程就呈现出了阶段性。

与上述元素从风化壳中淋滤出的顺序相应，波雷诺夫将结晶岩的风化过程分为四个阶段，各阶段有其独特的风化产物。现以玄武岩为例(表 2 -2)加以说明。

表 2 -2　玄武岩的分解作用(据曾允孚等，1986)

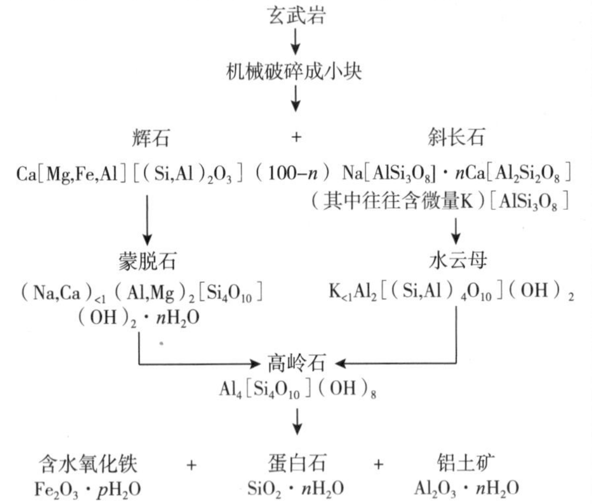

分解过程	带出物质	带入物质	介质性质	阶段
玄武岩 ↓ 机械破碎成小块 ↓	无	无		(1)
辉石 $Ca[Mg,Fe,Al][(Si,Al)_2O_3]$ + 斜长石 $(100-n)$ $Na[AlSi_3O_8]\cdot nCa[Al_2Si_2O_8]$ (其中往往含微量K)$[AlSi_3O_8]$	大部分 Ca、Na、Mg、K 及部分 SiO_2	H_2O，O	碱性或中性	(2)
↓ 蒙脱石 $(Na,Ca)_{<1}(Al,Mg)_2[Si_4O_{10}](OH)_2\cdot nH_2O$；↓ 水云母 $K_{<1}Al_2[(Si,Al)_4O_{10}](OH)_2$	几乎全部 Ca、Na、Mg、K 及大部分 SiO_2	H_2O，O	酸性	(3)
→ 高岭石 ← $Al_4[Si_4O_{10}](OH)_8$ ↓ 含水氧化铁 $Fe_2O_3\cdot pH_2O$ + 蛋白石 $SiO_2\cdot nH_2O$ + 铝土矿 $Al_2O_3\cdot nH_2O$	全部 Na、Ca、Mg、K 及极大部分 SiO_2	H_2O，O	酸性	(4)

表 2 -2 中的四个阶段如下：

(1)机械破碎阶段：以物理风化为主，形成岩石或矿物的碎屑。

(2)饱和硅铝阶段：其特点是岩石中的氯化物和硫酸盐将全部被溶解，首先带出 Cl^- 和 SO_4^{2-}、然后在 CO_2 和 H_2O 的共同作用下，铝硅酸盐的硅酸盐矿物开始分解，游离出碱金属和碱土金属(K^+、Na^+、Ca^{2+}、Mg^{2+})盐基，其中 Ca^{2+} 和 Na^+ 的流失比 K^+ 和 Mg^{2+} 要快些。这些析出的阳离子组成弱酸盐，使溶液呈碱性或中性，并使一部分 SiO_2 转入溶液。此阶段中形成胶体黏土矿物——蒙脱石、水云母、拜来石、脱石等。同时，溶解性较差的碳酸钙开始堆积。

(3)酸性硅铝阶段：几乎全部盐基继续被溶滤掉，SiO_2 进一步游离出来。因此，碱性条件逐渐为酸性条件所代替。Mg^{2+} 和 K^+ 的再次淋出使上个阶段所形成的矿物(蒙脱石、水云母)又被破坏而形成在酸性条件下稳定的，不含 K^+、Na^+、Ca^{2+}、Mg^{2+} 盐基的黏土矿物——高岭石、变埃洛石等。通常，将达到此阶段的风化作用称为黏土型风化作用。

(4)铝铁土阶段：这是风化的最后阶段。在此阶段，铝硅酸盐矿物被彻底地分解，全部可移动的元素都被带走，主要剩下铁和铝的氧化物及一部分二氧化硅。它们呈胶体状态在酸性介质中聚集起来，在原地形成铝土矿、褐铁矿及蛋白石的堆积。由于它是一种红色疏松的铁质或铝质土壤，所以也称为红土。达到此阶段的风化作用通常称为红土型风化作用。

上述四个阶段是一般的完整的风化过程，但在同一地区不一定都进行到底。风化作用的阶段常受母岩岩性、气候、地形等因素所控制。

四、母岩风化产物的类型

由上所述可知，地壳表层岩石的风化作用是一个十分复杂的地质过程。地壳表层岩石风化的结果形成了三种性质不同的风化产物。

(1)碎屑残留物质：这主要是指母岩的岩石碎屑或矿物碎屑。在风化作用的第一阶段，这种碎屑残留物质最发育；到第四阶段，这种物质就很少了，只有那些风化稳定性最高、极难风化的石英才可能留下来。这种物质在初始阶段大都残留在母岩区，后来就可能被各种营力搬运走。

(2)新生成的矿物：这主要是指在化学风化作用过程中新生成的一些矿物，如水白云母、高岭石、蒙脱石、蛋白石、铝土矿、褐铁矿等。这些物质在初始阶段也大都存在于母岩的风化带中，所以也常称为“化学残余物质”，后来它们也将被各种营力搬运走。

(3)溶解物质：这主要是指母岩在化学风化作用过程中被溶解的那些成分，如 Cl、S、Ca、Na、Mg、K、Si、Fe、Al、P 等。这些物质大都呈真溶液或胶体溶液状态顺水流走，转移至远离母岩区的湖泊或海洋中去。

由此可知，从母岩的风化作用开始，其物质成分的分异作用或沉积岩的形成作用就开始了。

风化彻底的岩石所提供的沉积物为成熟的沉积物，这类物质几乎全是由风化最终产物组成，即主要是黏土矿物和稳定的矿物碎屑、岩石碎屑。这些物质在搬运过程中进一步分选，成为分别由黏土矿物或碎屑物质组成的成分单一的沉积物，其中重矿物含量很少。相反，风化不彻底的岩石所提供的沉积物质则形成不成熟的沉积物。所谓风化不彻底，是指母岩在风化过程中，不仅所含的稳定矿物没有风化分解，就是稳定性较差的矿物也未风化或略风化。因而，风化不彻底的岩石所提供的沉积物成分复杂，稳定和不稳定的矿物碎屑都有，还有较多的各种岩石碎屑和重矿物，经搬运、堆积形成成分复杂的不成熟的沉积物。由此可见，陆源沉积岩的成分除了反映沉积物在搬运过程中所发生的变化外，在一定程度上也能反映母岩的风化程度。

虽然化学风化是复杂的，但存在一个简单的化学风化强度指数(CIA，chemical index of alteration)。它包括将上地壳的风化产物简化为长石和火山玻璃的组合，只涉及硅酸盐部分中最常见的氧化物：Al_2O_3、CaO、Na_2O 和 K_2O。CIA 为 100，$Al_2O_3/(Al_2O_3+CaO+Na_2O+K_2O)$，该值在 100 和 47 之间变化。原始的上地壳平均 CIA 值为 47，其中 100 表示全部碱土被风化掉。世界主要河流悬移质的 CIA 值确定了化学风化的路径(图 2-4)。由于占据主导地位的物理风化作用和较高的机械侵蚀率，构造活跃地区的河流 CIA 值较低。

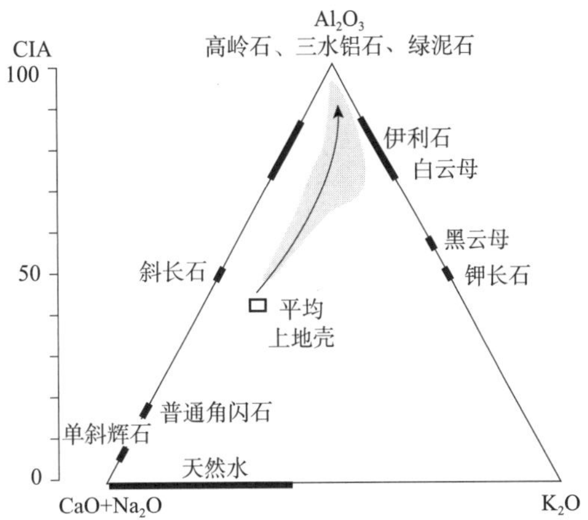

图 2-4　$Al_2O_3-(CaO+Na_2O)-K_2O$ 的三角图(据 Leeder，2011)

五、风化壳

地壳表层岩石风化的结果是，除一部分溶解物质流失以外，其碎屑残余物质和新生成的化学残余物质可以残留在原来岩石的表层。这个由风化残余物质组成的地表岩石的表层部分，或者说已风化了的地表岩石的表层部分，就叫作风化壳或风化带。风化壳的类型见表2-3。

表2-3　风化壳类型

气候条件	风化壳类型	特征
严寒、寒冻	碎屑风化壳	风化壳很薄。岩石的化学和生物地球化学风化作用弱。标志元素是H、Al，标志化合物是化学分解微弱的原生矿物。细土物质常填充于石缝内，风化壳中尚残留易风化的角闪石和辉石，黏土矿物以水化度低的水云母为主。一般呈中性
干旱、半干旱	含盐风化壳	盐分在风化壳中积累。在滨海地区，因海水浸淹亦可形成盐渍风化壳。标志元素是Cl、Na、S(Ca、Mg)，标志化合物是碱金属和碱土金属的氯化物和硫酸盐。呈碱性
暖温带及温带干旱、半干旱	碳酸盐风化壳	大部分易溶盐类淋溶，不易溶解的碳酸盐开始移动。碳酸盐中主要是$CaCO_3$。$CaCO_3$积聚的程度取决于生物气候条件和岩石中Ca的含量。标志元素是Ca、Mg，标志化合物主要是Ca、Mg的碳酸盐。Si、Fe、Al等很少移动。黏土矿物以水云母—蛭石为主。呈碱性
暖温带、温带和寒温带	硅铝风化壳	易溶盐类淋失殆尽，碳酸盐也基本淋失。标志元素是H、Al、Fe、Si，标志化合物为Al_2O_3、Fe_2O_3和SiO_2等。Fe从硅酸盐矿物中分离出来，由低价氧化物变成游离的氢氧化物，风化壳呈褐色或棕色。风化壳中Ca、Mg、K、Na的氧化物含量减少，硅铝率稍变小。黏土矿物为2:1型，蛭石和过渡矿物有明显增加。呈中性或微酸性
湿润的热带、亚热带	富铝风化壳	风化作用强烈，元素迁移活跃。硅酸盐原生矿物基本分解，硅强烈淋失，而Fe、Al、Ti的水化氧化物相对积聚，风化壳呈鲜明的红色。标志元素是H、Al、Si、Mn、Fe，标志化合物为Al_2O_3、Fe_2O_3、SiO_2的水化物。风化壳的硅铝率在2以上，黏土矿物以高岭石和三水铝矿为主。呈酸性
长期处于淹水还原条件下	渍水风化壳	Fe、Mn还原，使原来包裹土粒和结构物体表面的胶膜消散，并沿剖面向下移动，发生渍水离铁作用，并在一定部位出现锈纹和锈斑。标志元素是Fe、Mn，标志化合物是Fe、Mn的化合物。这个类型可以发育在上述各类型风化壳上

风化带一般具有三层结构(图2-5)：

(1)表层土壤，富含活、死的有机物质；

(2)化学蚀变的岩石，称为残积物，但保持其框架连贯性，没有体积损失(等体积风化)；

(3)化学成分上未改变，但通常物理上破碎(剥落)的基岩。

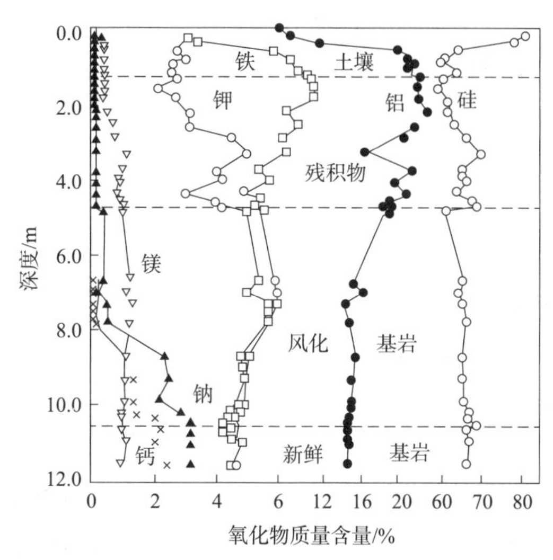

图2-5 美国佐治亚州花岗闪长岩基岩风化层的元素分布(据 Leeder，2011)

气候是影响风化作用的主要因素，所以不同气候条件下风化壳的类型、分层结构及厚度不同(图2-6)。

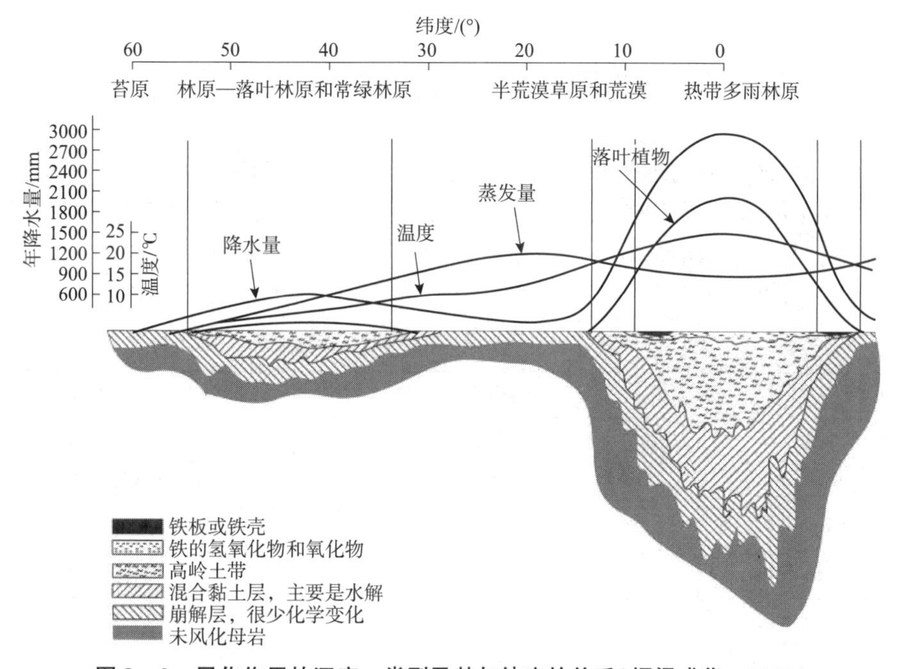

图2-6 风化作用的深度、类型及其与纬度的关系(据梁成华，2002)

风化壳分现代和古代的，二者常以古近纪作为划分界限。由于保存条件的限制，古风化壳大都已残缺不全了。另外，古风化壳由于已经经历了成岩作用及后生作用的变化，它们已与现代的风化壳有很大不同，它们实际上已经算是没有经过搬运的沉积岩了。古风化壳有很大的地质意义和经济意义，因为它是地壳上升、沉积间断、不整合的重要标志，它是古气候、古地理分析的重要依据，其中常蕴藏着一些重要的金属和非金属矿床(如高岭石矿、铝土矿、铁矿、镍矿等)，在古风化壳中或其下带可以形成油气藏，如潜山油气藏。

碎屑残留物质和新生成的矿物可合称为碎屑物质或陆源碎屑物质，它们与土壤中的有机质主要被固体、流体以物理或机械(部分以化学)方式搬运沉积下来，溶解物质则被流水以化学方式转移到海洋或湖泊中，构成内源岩的部分原始物质(图2-7)。

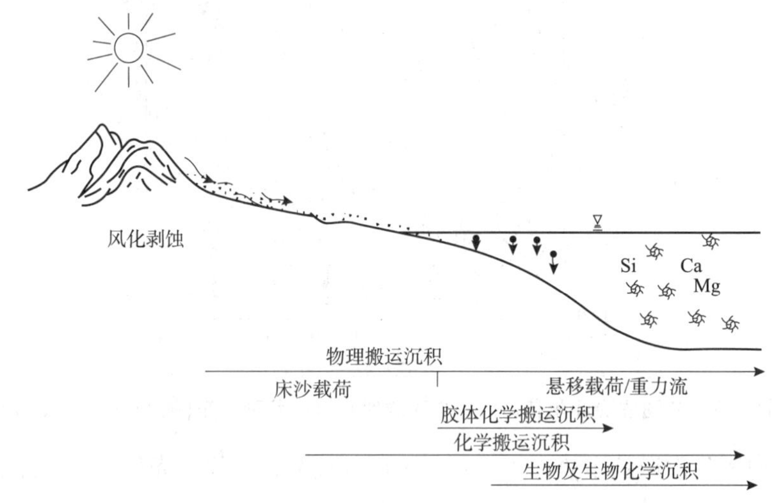

图2-7 源汇系统中风化剥蚀、搬运与沉积作用示意图

第二节 陆源碎屑物质的搬运与沉积作用

流体是陆源碎屑物质物理搬运与沉积的载体。自然界中的流体存在有两种基本类型，即牵引流(tractive current)与沉积物重力流(sediment gravity flow)，后者简称重力流。区分这两种沉积物流体，并识别牵引流和重力流所形成的沉积物，不仅具有理论意义，也有很大的实际意义(表2-4)。

表2-4 牵引流和重力流的区别

特　征	牵引流	重力流
流体性质	牛顿流体	非牛顿流体
密度	低	高(大于1.08g/cm^3，海水密度)
液固相	可分	不分
搬运介质	流水	沉积物
搬运动力	推力、负荷力	重力
搬运方式	滚动、跳跃、悬浮	悬浮
运动关系	水主动，颗粒被动	水被动，颗粒主动
搬运物质	碎屑物质、溶解物质	以碎屑物质为主
沉积作用	流速、能量减小	能量减小、转化或稀释
沉积环境	地形变化较小	山前或斜坡及其下游方向
沉积构造	多种类型交错层理等	递变层理等

一、有关流体力学的几个基本概念

牵引流和沉积物重力流在流体力学性质、沉积物的搬运方式和驱动力、流体与沉积颗粒之间的力学关系等方面都有显著差异，即它们的沉积机理是不一样的，从而形成的沉积物有各自的特点。

牵引流指的是能沿沉积底床搬运沉积物的流体，在沉积学范畴中牵引流是最常见的，例如含有少量沉积物的流水(包括河流、海流、波浪流、潮汐流和等深流等)和大气流。随着流体中碎屑颗粒数量的不断增加，逐渐向着重力流过渡，例如水中浓集有大量沉积物的浊流、泥石流等都属沉积物重力流。由于沉积物(岩)极大部分是在水的作用下形成的，所以这里主要介绍与水有关的牵引流和重力流的搬运和沉积机理，先介绍一下有关的流体力学基本概念和两种沉积物流体的基本特征。

(一)牛顿流体和非牛顿流体

从流体力学性质来看，凡服从牛顿内摩擦定律的流体称牛顿流体，否则称非牛顿流体。内摩擦定律可表示为：

$$\tau = \mu \frac{\mathrm{d}u}{\mathrm{d}y} v = \frac{\mu}{\rho} \qquad (2-1)$$

式中，τ 为单位面积上的内摩擦力，称为黏滞切力；$\frac{\mathrm{d}u}{\mathrm{d}y}$为流速梯度(或称剪切变形率)；$\mu$ 为反映流体黏滞性大小的一个系数，称为动力黏滞系数；u 为流速；v 为运动黏滞系数；ρ 为密度。

所谓服从内摩擦定律，是指在温度不变的条件下，随着$\frac{\mathrm{d}u}{\mathrm{d}y}$变化，$\mu$ 值始终保持一常数，牵引流就属于牛顿流体。若 μ 值随$\frac{\mathrm{d}u}{\mathrm{d}y}$变化而变，即不服从内摩擦定律，沉积物重力流属于非牛顿流体。

(二)沉积物物理搬运的方式和床沙形体(或称床面形态、底形)

1. 沉积物的物理搬运方式和驱动力

牵引流与重力流对沉积物的物理搬运方式和引起沉积物搬运的驱动力是不同的。牵引流既有推移方式(tractional)搬运，又有悬移方式(suspensional)搬运；而重力流则以悬移方式搬运为主。

牵引流的搬运力表现在两个方面：一是流体作用于沉积物上的推力(即牵引力)，推力的大小主要取决于流体的流速，推力愈大，能搬运的沉积物颗粒愈大；另一是负荷力(或称载荷力)，负荷力的大小取决于流体流量，负荷力愈大，能搬运的沉积物数量就愈多。推力大不一定负荷力就大，反之亦然。例如，山溪急流可以搬运达几十吨重的巨石，而浩瀚的长江尽管每年能搬运 4.8×10^{8}t 物质，却不能推动一块大的砾石。山溪急流的负荷力虽不大而推力却很大；长江推力不大而负荷力却很大。

由此可见，牵引流驱使沉积颗粒移动的动力是流体流动所产生的推力(牵引力)。大部分流体(如水)多半是由高处向低处流动的，沉积物亦由高处往低处搬运；但也有的流体可向高处流动，如风与海滩上的拍岸浪，可使沉积颗粒往高处搬运。

流体中被搬运的沉积物称为载荷，单位时间内流经某一横断面的沉积物总量(或称容量)称为载荷量。按沉积物搬运方式不同，可将载荷分为溶解载荷、悬移载荷、推移载荷或床沙载荷。当一流体不能再携带更多的沉积物时，那就是满载；随着流速降低，流量减小，流体的推力和负荷力就要减弱，形成超载，这时沉积物就会由粗到细依次发生沉积。

重力流的流动以及驱使沉积物发生移动的动力是重力。重力流是流体和悬浮颗粒的高密度混合体，它的流动主要是由于作用于高密度固态物质上的重力所引起的，因此重力流的流动都是沿斜坡向下移动的，使重力流沉积物大量分布在大陆斜坡边缘的盆地深处。

2. 床沙形体与弗劳德数

沉积物呈床沙方式搬运主要见于牵引流中。所谓“床沙载荷”(bedload)，是指直接覆于床底上的有两个(被搬运的)颗粒直径那么厚的层状运动的底部颗粒。随着流体流动强度的变化，在床沙表面会相应出现不同的几何形体，称为床沙形体(bedform，有人译为底形，在我国水力学中习惯称床面形态)。在明渠水流(包括河、湖、海中的水流)中，按流动强度的不同可出现急流、缓流和临界流三种流态，这三种流态的判别标志为弗劳德数(Froude number，Fr)。不同流态可出现不同类型床沙形体。

1)急流、缓流与弗劳德数

明渠水流的特点是存在有与大气相接触的自由表面，因而明渠水流是一种无压流。只有这种流动，才具有上述三种流态变化。

急流与缓流的判别准则是弗劳德数，即：

$$Fr = v/\sqrt{h \cdot g} \qquad (2-2)$$

式中　v 为平均流速；g 为重力加速度；h 为水深。

弗劳德数为一无量纲数，用它可以判别明渠水流的流态：$Fr<1$ 时，水流为缓流，也称临界下的流动状态或低流态，它代表一种水深流缓的流动特点；$Fr=1$ 时，水流为临界流；$Fr>1$ 时，水流为急流，也称超临界的流动状态或高流态，它代表一种水浅流急的流动特点。

2)床沙形体

床沙(bed)表面可随水流强度变化而出现各种类型的床沙形体，每一类型的床沙形体不是固定不动的，而是通过组成床沙的沙砾颗粒的滚动(rolling)、滑动(sliding)或跳跃(saltation)移动而使床沙形体发生顺流或逆流移动，这种现象在水力学上称沙波运动。

明渠水流随着流动强度加大在床面上会依次出现下列床沙形体：无颗粒运动的平坦床沙—沙纹—沙浪—沙丘—过渡型(或低角度沙丘)—平坦床沙—逆行沙丘—流槽和凹坑。由于床沙形体与层理之间的成因关系密切，有关床沙形体特征和弗劳德数之间的关系将在第三章中介绍。

3. 层流、紊流与雷诺数

自然界任何流体的流动特点有层流与紊流(或称湍流)两种流动形态。层流(laminar flow)是一种缓慢的流动，流体质点作有条不紊的平行和线状运动，彼此不相掺混。紊流或涡流(turbulent flow)是一种充满了漩涡的急湍的流动，流体质点的运动轨迹极不规则，其流速大小和流动方向随时间而变化，彼此互相掺混(图 2-8)。层流和紊流的水力学性质及对沉积物的搬运和沉积特点是不一样的。可以流水为例予以说明。

层流与紊流的判别准则是雷诺数(Re，Reynolds number)，即：

$$Re = \frac{vd\rho}{\mu} \tag{2-3}$$

式中，d 为管道直径；v 为流体运动速率；ρ 为流体的密度；μ 为流体的黏度。

经过许多试验，对于任何管径和任何牛顿流体，所得紊流转变为层流时的临界雷诺数(Re)大体是相同的，约为2000。故对管道流，当 $Re<2000$ 时，为层流；当 $Re>2000$ 时，为紊流。

对明渠流来说，则应该用水力半径(R)代替管道直径(d)来计算临界雷诺数，因 $R=1/4d$，所以明渠流的临界雷诺数应为500。

层流与紊流具有不同的力学特点。紊流不仅具黏滞切应力，而且还有流体质点的紊乱流动而引起的附加切应力(或称惯性切应力)；而层流只有黏滞切应力。因此，紊流的搬运能力要强于层流，并且紊流还有漩涡扬举作用，这是可使沉积物呈悬浮搬运的主要因素。

从沉积物沉积时遭受的阻力来说，紊流兼有黏滞阻力和惯性阻力，层流则只有黏滞阻力，因此沉积物不易从紊流中沉积下来，而在层流中则如同在静水中一样很容易沉积下来。

自然界中绝大多数水体是紊流运动。不过任何紊流的水体在与固体边界接触处(如河道底和两壁)，由于固体边界效应，在紧靠固体边界处的流动仍是黏滞力起主导作用下的流动，即流体运动形态仍属层流，所以称此层为层流底层(或叫黏性底层，图2-9)。层流底层的厚度是随雷诺数的增加而减小的。层流底层的存在对沉积物的搬运和沉积起着重要作用，使得沉积物与流体之间界面上不断发生的沉积和搬运的交替作用非常活跃。

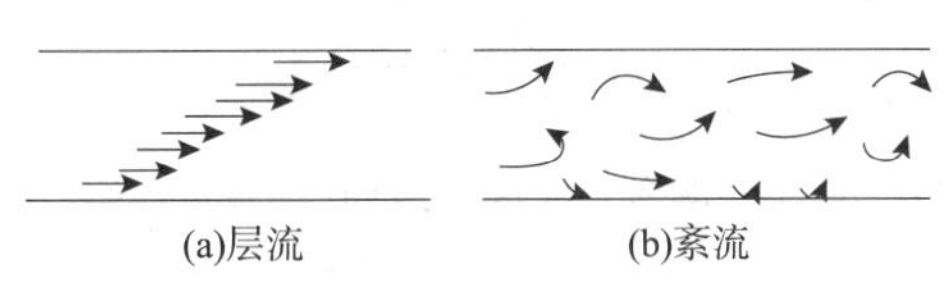

图2-8　层流、紊流的流动特点(据曾允孚等，1986)

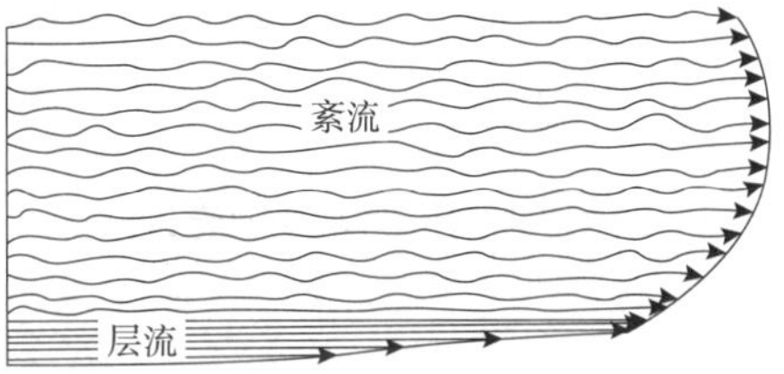

图2-9　平行流向的河流(据冯增昭，1993)

垂直剖面表示紊流及层流底层，流线长度代表流速大小

二、牵引流的物理搬运和沉积作用

(一)单向流水的物理搬运和沉积作用

碎屑颗粒在流水中的搬运和沉积，主要与水的流动状态关系密切，是层流还是紊流，是急流还是缓流；还与碎屑颗粒本身特点，如大小、密度、形状等，都有关系。由雷诺数和弗劳德数可看出，水流状态的变换在很大程度上取决于流速，并且还与水的黏度、密度、水深、水量、边界条件等因素有关。可见，受到多种因素的影响和制约，碎屑颗粒的搬运和沉积机理是个相当复杂的问题。

1. 碎屑颗粒在流水中的搬运作用

碎屑颗粒由静止状态进入运动状态时的临界水流条件称为碎屑颗粒的起动条件。碎屑颗粒之所以能起动，是由于促使颗粒运动的力超过了阻止颗粒运动的力，因此要研究起动条件，必须首先分析颗粒在水中的受力状况；也正由于受力状况不同，可出现滑动、滚动、跳动和悬浮等各种搬运方式。

1)碎屑颗粒在水中的主要受到的力

(1)有效重力(w)：颗粒在水中同时受到重力和水体浮力的作用(图2－10)，两者的差值称为有效重力。

(2)水平推移力(P_x)：水流作用于颗粒上的顺水流方向的力。

(3)垂直上举力(P_y)：为垂直向上的力，产生的原因如下。

①水体浮力，此力已计算在有效重力中。

②颗粒上下存在流速差所引起的压力差。由边界底部往上，水流流速逐渐增大，再加上水流遇到颗粒发生绕流运动(图2－11)，在颗粒上方流水断面变窄，流速进一步加大，也即上方的流速要明显大于下方，根据伯努利(Bernoulli)方程：

$$\frac{P}{\rho}+gy+\frac{v^2}{2}=\text{常数} \tag{2-4}$$

式中，P 为压力，y 为距某基准面高度，v 为流速，ρ 为流体密度。

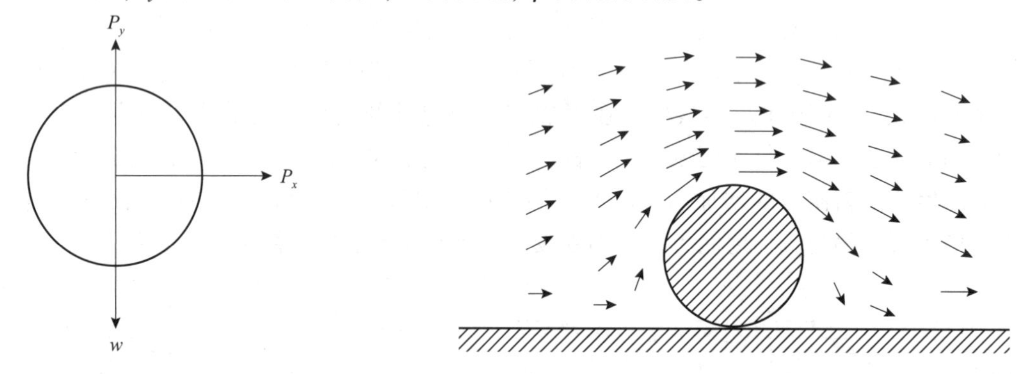

图2－10　碎屑颗粒搬运过程中的受力分析

图2－11　水流遇颗粒发生绕流运动(据曾允孚等，1986)

流线密集处流速较大

由上式可看出，流速大则压力高，反之则压力低。由此可见，水流作用于颗粒时，在其上下方存在有一个压力差，其方向是朝上的。

③在紊流中，除上述压力差外，还存在有涡流的扬举作用(或称上升涡力)。因此紊流的上举力要明显大于层流。

由此可见，上举力主要是由压力差及上升涡力所组成的。

(4)黏结力(P_C)：由多种因素造成，其中主要是由颗粒表面的水膜所造成的黏结力。其方向与 P_x、P_y和 w 相反。

上述几种作用力中，P_x和 P_y是促使颗粒移动的，而 P_C和 w 是抗拒颗粒移动的。碎屑颗粒的搬运和沉积就是这两类作用力相互作用的表现。

2)碎屑颗粒的搬运方式

碎屑颗粒在流水中以推移(床沙)载荷和悬移载荷方式被搬运。

(1)当 $P_x=0$ 或接近于零时，即静水或弱水流状态时，一般是悬移载荷，如黏土、粉砂的悬浮($P_y \geqslant w+P_C$)或沉积($w>P_y+P_C$)。

(2)当 $P_x>P_C$时，即有一定水流速度时，床沙和悬移载荷都发生搬运。对床沙载荷而言，当 $w \geqslant P_y+P_C$时，颗粒呈滑动或滚动式搬运；当 $P_y \geqslant w+P_C$时，颗粒呈跳跃式搬运(图2－12)。

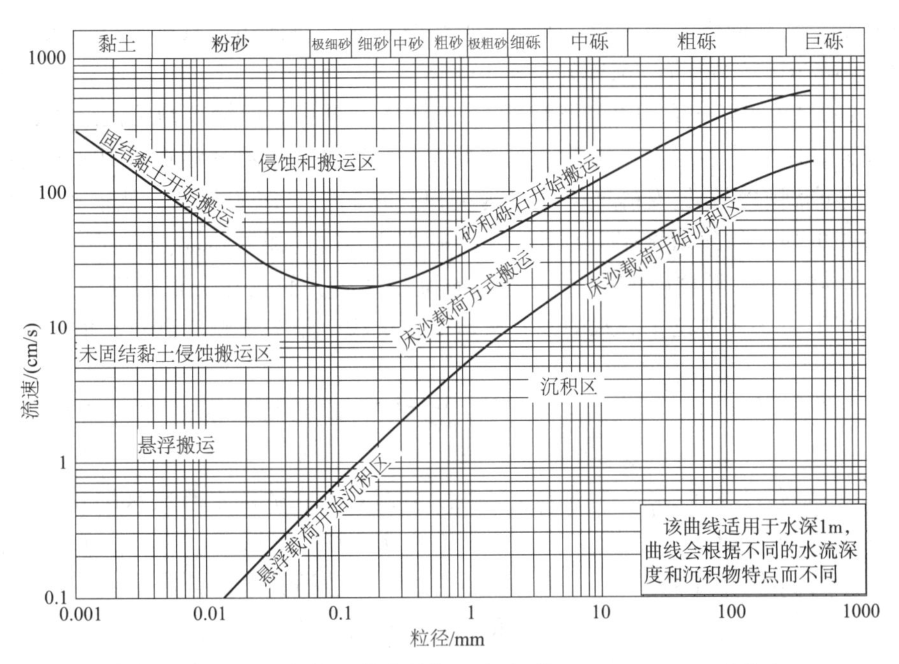

图2-12　碎屑颗粒在流体中的搬运方式(据 Nichols，2009，修改)

(3)碎屑颗粒搬运与沉积作用的条件通过碎屑颗粒在水中的受力分析可以看出，作用于碎屑颗粒上的力取决于颗粒大小、颗粒密度、水的密度、水的黏度、水流速度、水深等，这些因素又可简化为颗粒大小和水流速度两个主要参数。尤尔斯特隆图解(据 Nichols，2009 修改)定量表示了颗粒大小、流速与侵蚀、搬运和沉积之间的关系(图2-13)。图中的开始搬运流速指的是流水把处于静止状态的颗粒开始搬运走所需的流速，又叫起动流速；继续搬运流速是指维持颗粒搬运所需最小的流速，又叫沉积临界流速。显然，开始搬运流速要大于继续流速，这是因为开始搬运流速不仅要克服颗粒本身的重力，还要克服颗粒彼此间的吸附力。可见，当水流速度大于开始搬运流速时，沉积物将被侵蚀，因此，开始搬运流速曲线之上的范围叫作侵蚀区；而当流速小于继续搬运流速时，颗粒将发生沉积，因此，继续搬运流速曲线之下的范围叫作沉积区。当流速介于二者之间时，颗粒保持搬运状态，该速度区间叫作搬运区。

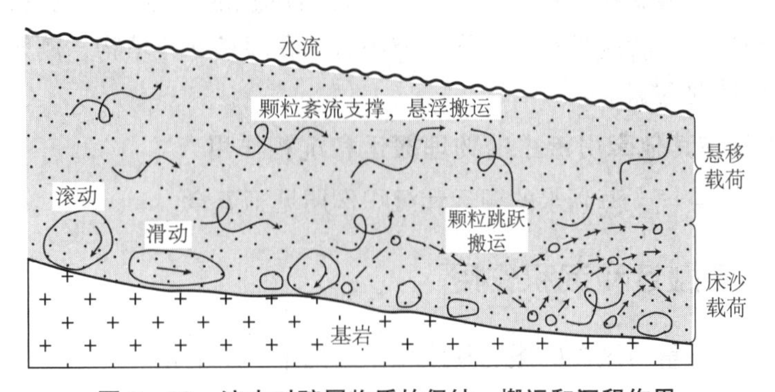

图2-13　流水对碎屑物质的侵蚀、搬运和沉积作用

从尤尔斯特隆图上还可看出：

(1)粒径大于2mm 的颗粒(粗粒)的开始搬运流速与继续搬运流速都很大，但差值小。

这表明砾石不易起动但很容易沉积，所以它们很难被长距离搬运，且都呈滑动或滚动方式移动。因此自然界中的砾岩(石)主要分布在近源区。

(2)粒径小于0.06mm的颗粒(细粒)的开始搬运速度大，但继续搬运流速小，二者之间流速差值很大。所以粉砂以下，尤其是泥质颗粒一旦起动，就可悬浮在水中被长期搬运，一直搬运到海洋或湖泊深处的安静环境才慢慢沉积。它们一旦沉积下来，就很不易再被搬运。再搬运时需要更强大的起动流速，并且常被冲刷成粉砂质或泥质碎块(即泥砾)。

(3)0.06～2mm的颗粒(中粒)所需的起动流速最小，而且与沉积临界流速间差值亦不大。这就说明了为什么砂粒在流水中既易搬运又易沉积，最为活跃。砂粒常呈跳跃搬运，分布较为广泛。

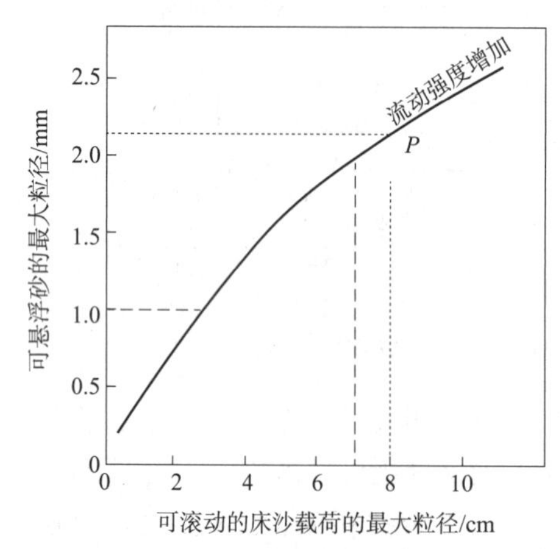

图2－14　随着流动强变的变化，流水所能悬浮和滚动的最大颗粒直径（据Walker，1975；转引自曾允孚等，1986）

尤尔斯特隆所提供的流速只适用于1m深的水流。

2. 碎屑颗粒在流水中的沉积作用

Walker(1975)根据流水的流动强度所能滚动和悬浮的最大粒径的关系，绘制了图2－14，该图可解释某些沉积现象：

(1)当流动强度为P时，它所能滚动的砾石最大粒径为8cm，同时所能悬浮的最大颗粒粒径为2.2mm。

(2)当流动强度小于P时，可使粒径为8cm的砾石和粒径2.2mm的颗粒同时沉积，从而可能形成双众数的砂砾岩。

(3)当流动强度在P附近反复变动时，即属持续水流。此时可形成砂质沉积与砾石质沉积的互层，其平均粒径应分别为2.2mm与8cm左右。

如果流动强度急剧减小，则可能造成分选极差的多众数的砾、砂、粉砂和泥的混合沉积物。

如图2－14中虚线所示，沉积粒径1mm的砂粒所需要的流动强度比沉积粒径7cm的砾石所需的强度小得多。因此在平均粒径为7cm的砾石沉积的孔隙中所充填的1mm粒径的砂不可能是同时沉积的，后者应是在水流强度减小后的孔隙渗滤充填物，例如冲积扇筛积物中的充填物就是这种情况。

(二)碎屑物质在其他牵引流中的物理搬运和沉积作用

陆源碎屑物质在空气、海湖水的搬运和沉积作用见第五章。

三、其他物理搬运和沉积作用

碎屑物质在冰川、重力流等的搬运和沉积作用见第五、七章。

四、搬运过程中碎屑物质的变化

碎屑物质在长距离搬运过程中，由于颗粒间的碰撞和摩擦、流体对颗粒的分选作用、持续进行的化学分解和机械破碎，使得它们的矿物成分、粒度、分选性和外形都要发生变化。

(一)矿物成分上的变化

由于搬运过程中的化学分解、破碎和磨蚀作用，随着搬运距离增长，不稳定组分如长石、铁镁矿物等就会逐渐减少，而稳定组分如石英、燧石等含量就会相对增加。

(二)粒度(颗粒大小)和分选性的变化

随着搬运距离的增长，沉积颗粒愈来愈细，从现代河流沉积物中可以看得很清楚。河流上游流速大，大小颗粒一起被搬运，随着流速减缓，被搬运颗粒就从大到小依次沉积下来，这就是水力分选作用。其次，磨蚀和破碎作用不断使颗粒变小，随着搬运距离的加大，也就使得细小颗粒不断地增加。

地形对粒度的变化也有影响。山区河流流速大，变化亦大，且磨蚀和破碎作用强烈，因而，粒度变化也剧烈；平原河流的粒度变化则缓慢得多。

一般说来，随着搬运距离增长，分选程度愈来愈高，即颗粒大小愈趋向于一致。但分选性还与粒度有一定关系，即愈趋向于细砂粒级，分选就愈好。这从尤尔斯特隆图解可得到解释。细砂最活跃，易于沉积也易于再搬运，因此可得到不止一次的分选。

(三)颗粒形状(圆度和球度)的变化

由于磨蚀作用，随着搬运距离的增长，颗粒的磨圆程度(圆度)与接近于球形的程度(球度)一般是愈来愈高。特别是在搬运初期，圆化较为迅速(图2－15)。但破碎作用的存在则可部分地抵消颗粒的圆化。

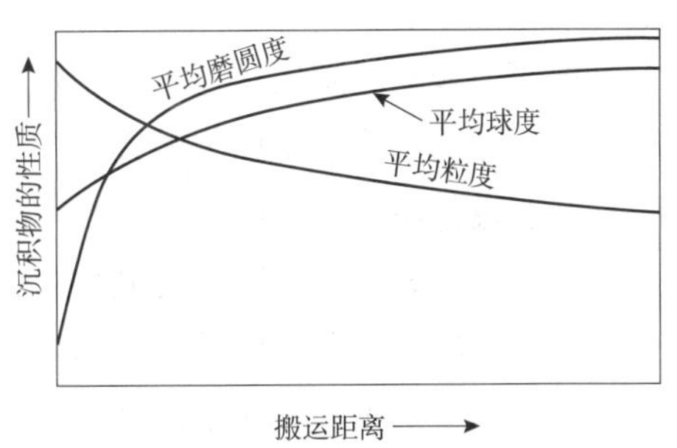

图2－15　在搬运过程中颗粒的粒度、圆度、球度的变化

碎屑的圆化还受到矿物物理性质、颗粒大小、搬运方式和搬运介质等因素的影响。

碎屑的球度变化受矿物结晶习性影响较大。片状矿物即使搬运很远，也不可能获得高球度；而等轴粒状矿物就易于达到高球度。搬运方式也有影响，床沙搬运的颗粒要比悬浮搬运的颗粒易于磨圆。

(四)沉积分异作用

母岩风化产物以及其他来源的沉积物，在搬运和沉积过程中会按照颗粒大小、形状、密度、矿物成分和化学成分在地表依次沉积下来，这种现象称地表沉积分异作用(sedimentary differentiation)。沉积分异作用早在20世纪30年代初就有人注意到，但进一步使其完善和系统化的是苏联学者普斯托瓦洛夫(曾允孚等，1986)。他将沉积分异作用分为主要受物理原理支配的机械沉积分异作用(见于碎屑沉积物中)和主要受化学原理支配的化学沉积分异作用(见于溶解物质沉积中)。

决定机械分异的主要因素是颗粒大小、形状、密度以及搬运介质的性质和速度。首先，沉积物会按照颗粒大小和密度发生分异(图2－16、图2－17)。这就有可能使密度大而体积小的矿物，与密度小而体积大的矿物堆积在一起，如含金砾岩。

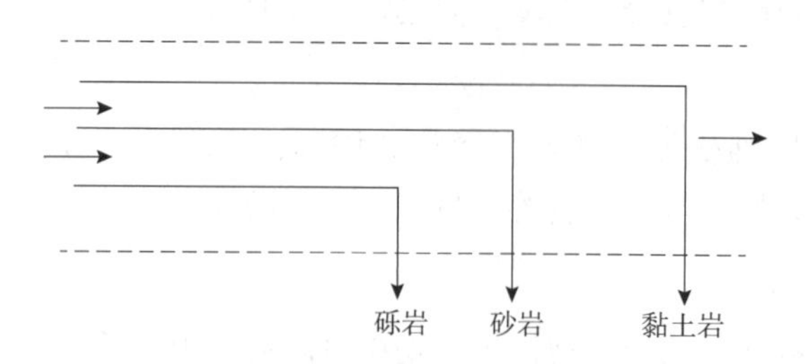

图2－16　沉积物按大小分异的示意图
（据曾允孚等，1986）

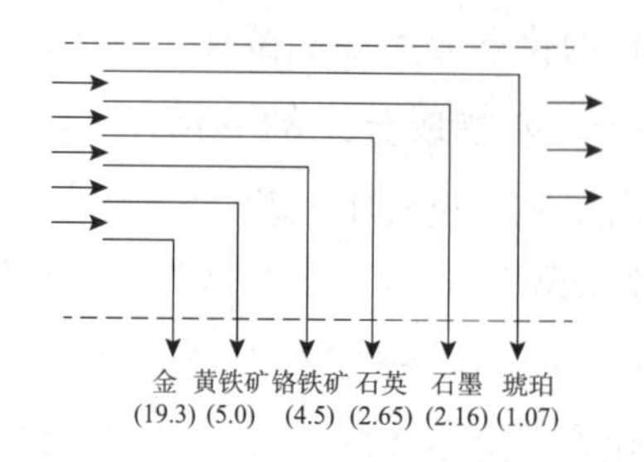

图2－17　沉积物按颗粒密度分异示意图
（单位：g/cm³）（据曾允孚等，1986）

颗粒形状也会影响着物质分异。片状矿物易悬浮而搬运得远些，等轴粒状者只搬运至近处，滚动搬运的颗粒圆度和球度高者易滚动而有利于被搬运。

颗粒的密度和形状与矿物成分密切有关，颗粒大小与矿物的物性有一定关系，如解理、脆性、硬度等均影响颗粒磨蚀和破碎的难易程度。因此，机械沉积分异在一定程度上取决于矿物的成分分异，所以，随着搬运距离的增长，碎屑物质的矿物成分也趋向简单，稳定组分增多，重矿物含量减少。

五、超细颗粒的搬运与沉积作用

上述碎屑颗粒的搬运和沉积作用机理是假设沉积物颗粒表现为单独的颗粒，并且在搬运过程中，它们的形式不受周围流体化学成分的影响。但对于直径在4μm以下的超细黏土颗粒，这些假设都不成立，因为它们是通过絮凝而沉积聚集的。黏土在搬运中的行为遵循胶体悬浮液规则：①黏土矿物颗粒足够小而产生近距离原子吸引力，这将单个黏土颗粒聚集在一起，因此沉积的黏土质河床具有相当大的凝聚力，紊流应力必须克服这种凝聚力才能侵蚀河床。②许多黏土矿物在其底晶格面上携带净负电荷，这是由离子替代引起的。Al^{3+}替代Mg^{2+}、Si^{4+}替代Al^{3+}都会产生负电荷。因此，在淡水紊流搬运过程中，两种黏土在面对面接触时会导致粒子排斥，即使存在较弱的阳离子种类。另一方面，淡水中黏土颗粒之间的吸引力取决于在黏土层的破碎边缘处存在的净正电荷，其中金属—氧键是断裂的。当粒子在紊流搬运过程非常接近时，这种边缘电荷参与了边缘与面的联系，结果产生了黏土矿物疏松状排列的聚集颗粒。③海水是一种强电解质，通过阳离子的作用，中和了周围流体中的面状负电荷，它们紧密地聚在一起形成了所谓的双电荷层。因为周围流体中的离子（如Na^+）浓度很高，几乎没有电位梯度，因此接近黏土颗粒表面时不再排斥，允许Vander Waals－London原子力来建立吸引力，这就是絮凝过程。该过程在盐度仅为千分之几的河口很重要，在这个过程中，更大的颗粒聚集体由无数单层形成的。在河口的上部，絮凝变得十分普遍，在那里与海水混合的紊流将淡水稀释，这种影响直接导致了浊度最大量的产生，甚至现流体泥（fluid－mud）。④黏土层聚集形成絮凝物是非常复杂的。在近乎静止流体中的最小的尺度上，沉积颗粒之间的碰撞是由于布朗运动或不同粒径颗粒的差异沉积所致。在层流边界层中，碰撞是由于速度梯度引起的差异剪切引起的。在紊流边界层中，接近一定临界尺寸的絮凝物与局部尺度的微观紊流相对应，在最高紊流产生区产生的紊流加速度持续分解，在速度梯度和加速度都较低的边界层中再次絮凝。详细的实验表明，在低紊流剪切条件下，浊度的增加会促进絮凝物的产生，但一旦流体剪切达到一定的临界值，絮凝物就会被破坏成较小的尺寸。絮凝体与有机物有着密切的联系，有机物的“黏性”克服了海水中的近程静电斥力，促使其聚集体形成不规则的较大的(几毫米)但较弱的絮凝颗粒。这些毫米级的絮凝颗粒在水流作用下沿底床滚动或跳跃搬运，类似床沙载荷，形成流水型波痕和低角度交错层理，这在水槽模拟实验和古代沉积中都有发现[图2-18(a)~(d)]。

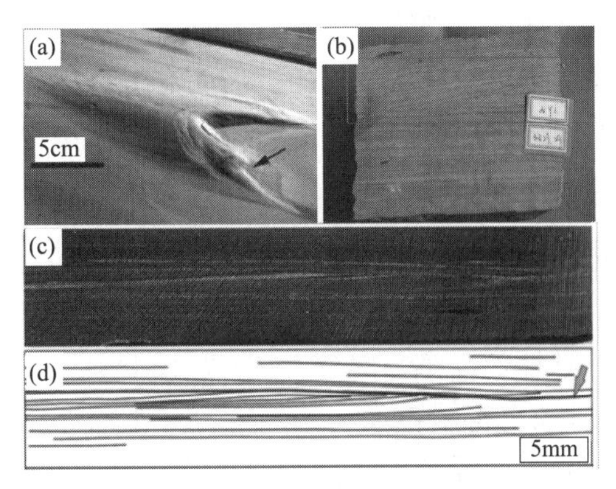

图2-18 胶体絮凝颗粒形成的新月形波痕(a)；东营凹陷古近系暗色泥岩中的交错层理和水平层理(b)；低角度交错层理(c)(d)(据姜在兴等，2013)

第三节 沉积后作用

沉积物沉积以后，由于温度、压力、地层水等作用，会使之由疏松的沉积物变成坚硬的岩石，当埋到一定深度后，会向变质岩演化，也可以由于构造抬升或基准面下降暴露于大气中发生风化作用。沉积物形成后到变质作用或风化作用之前所发生的作用叫作沉积后作用(postdeposition)，包括同生(syngenesis)、成岩(diagenesis)、后生(anadiagenesis)、表生(epigenesis)等阶段的变化(图2-19)，总称沉积后变化，而英美学者称为成岩作用(diagenesis)。

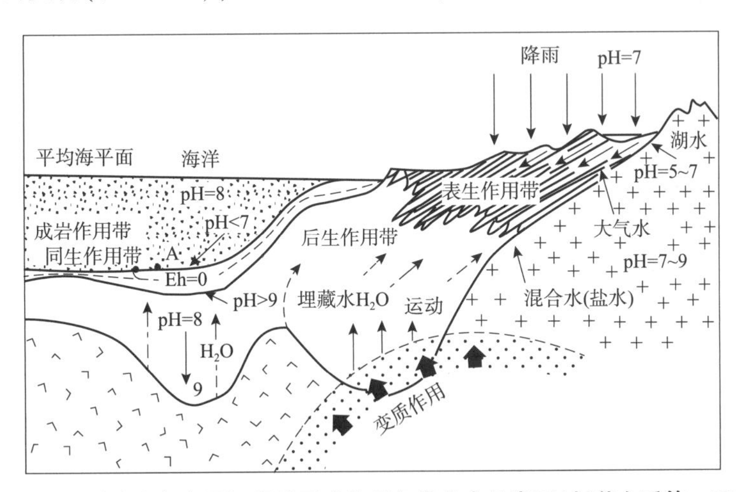

图2-19 地壳上部剖面沉积岩形成作用各带分布示意图(据曾允孚等，1986)

沉积后变化的每个阶段又可细分为若干亚阶段或亚时期。由于黏土或有机质对沉积期后的条件变化反映最灵敏，所以黏土沉积物和黏土质岩石(泥质岩)常作为压力变化的良好标志；煤和碳质有机物(烃类)对温度变化最灵敏，因而镜质组的反射率和折光率常可作为沉积后变化阶段细分的重要标志。各类沉积岩的成分(化学的及矿物的)、单矿物及其组合、沉积岩的密度及孔隙度、结构及构造、牙形石的颜色变化等，均可作为沉积后变化的各个阶段的鉴别标志。当然，沉积后变化是比较复杂的，不同地区、不同地质历史、不同岩类的各个阶段变化也是有所不同的，因而有时难以划分。

在沉积岩形成的各个阶段所发生的作用，决定着沉积岩层的成分、结构及储集性质以及其他许多特点。煤、石油、天然气及许多层控金属矿床的形成和聚集，常和这些特点有关，特别和沉积期后变化的一定阶段有关。

参考文献

[1]Leeder M. Sedimentology and Sedimentary Basins[M]. UK：Wiley – Black well，2011.

[2]Nichols G. Sedimentology and Stratigraphy，second Edition[M]. UK：Wiley – Blackwell，John Wiley & Sons Ltd，2009.

[3]Perry C，Taylor K. Environmental sedimentology[M]. London：Black well Scientific Publications，2007.

[4]Sømme T O，Helland – Hansen W，Martinsen O J，et al. Relationships between morphological and sedimentological parameters in source – to – sink systems：a basis for predicting semi – quantitative characteristics in subsurface systems[J]. Basin Research，2009，21(4)：361 – 387.

[5]Tucker M E. Sedimentary petrology[M]. London：Blackwell Scientific Publications，2001.

[6]冯增昭．沉积岩石学[M]．北京：石油工业出版社，1993.

[7]姜在兴，梁超，吴靖，等．含油气细粒沉积岩研究的几个问题[J]．石油学报，2013，34(6)：1031 – 1039.

[8]姜在兴．沉积学[M]．北京：石油工业出版社，2010.

[9]梁成华．地质与地貌学[M]．北京：中国农业出版社，2002.

[10]曾允孚，夏文杰．沉积岩石学[M]．北京：地质出版社，1986.

第三章　陆源碎屑岩的特征

陆源碎屑岩(terrigenous clastic rocks)是主要由陆源碎屑物质组成的沉积岩，包括砾岩、砂岩、粉砂岩和黏土岩。本章主要介绍陆源碎屑岩在组成、结构、构造和颜色等方面的特征。

第一节　陆源碎屑岩的组成

陆源碎屑岩中包含碎屑物质、胶结物、孔隙和裂缝等几个部分。碎屑物质可以是各个粒级的碎屑颗粒，也可以是杂基，而杂基和胶结物又统称为填隙物。因此陆源碎屑岩在结构上由碎屑颗粒、杂基、胶结物和孔缝(孔隙和裂缝)所组成(图3－1)。

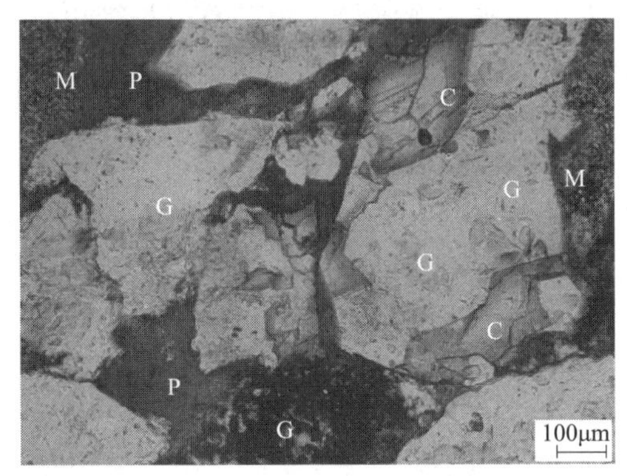

(a)杭锦旗，J116井，2987.61m，蓝色铸体，单偏光

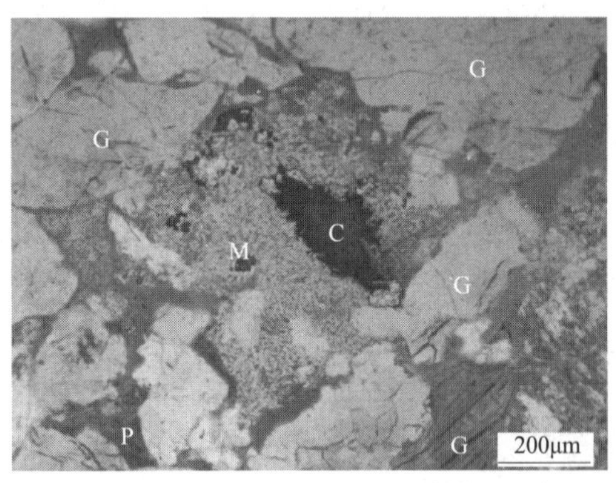

(b)孤北凹陷，古3井，4088.7m，蓝色铸体，单偏光

图3－1　陆源碎屑岩的组分类型

G—颗粒；C—胶结物；M—杂基；P—孔隙

一、碎屑颗粒

碎屑颗粒(grain，clastic particles)或简称碎屑(clastic)，是由母岩继承下来的由各种陆源碎屑物质所形成的沉积组分，占陆源碎屑岩组成的50%以上。陆源碎屑岩的性质在很大程度上是由碎屑颗粒组分的性质决定的。

陆源碎屑岩的颗粒(或碎屑)是母岩机械风化的产物经搬运和沉积作用所形成，包括陆源矿物碎屑和各种岩石碎屑(简称为岩屑)。后者是以矿物集合体的形式出现的，其成分直接反映着母岩的岩石类型。

(一)矿物碎屑

目前已经发现的碎屑矿物约有160种，最常见的约20种。但在一种碎屑岩中，其主要碎屑矿物通常不过3～5种。

碎屑矿物按相对密度可分为轻矿物和重矿物两类。前者相对密度小于2.86，主要为石英、长石；后者相对密度大于2.86，主要为岩浆岩中的副矿物(如榍石、锆石)、部分铁镁矿物(如辉石、角闪石)以及变质岩中的变质矿物(如石榴子石、红柱石)等。此外，重矿物中还包括沉积和成岩过程中形成的相对密度大于2.86的自生矿物(如黄铁矿、重晶石)，但它们属于化学成因物质范畴。这里仅介绍轻矿物及碎屑成因的重矿物。

1. *石英*

石英抗风化能力很强，具抗磨和难分解的特点，在多数岩浆岩和变质岩中石英含量较高，是含量最高的几种矿物组分之一，因此石英是陆源碎屑岩中含量高、分布最广的一种碎屑矿物。它主要出现在砂岩及粉砂岩中(平均含量可达66.8%)，在砾岩中含量较少，在黏土岩中则更少。

在结晶岩中，中酸性、酸性岩浆岩、石英—长石质片麻岩及片岩中均含有大量的石英，这是碎屑石英的主要来源。相对而言，来源于基性岩、中性岩，板岩、千枚岩、斜长角闪岩等岩石中的碎屑石英则少得多。

不同来源的石英往往具有不同的特点。注意观察石英中所含包裹体及波状消光现象，结合颗粒大小及颗粒形状等特征，有助于判断石英的来源。

在描述碎屑石英时，人们常用单晶石英和多晶石英这两个术语。单晶石英是指颗粒由单个石英晶体构成，可来自各种含有石英、较粗粒级的岩石；多晶石英指的是颗粒为多个石英晶体的集合体，是一种岩石碎屑。

1)来自岩浆岩的石英

其来源主要是中酸性、酸性岩浆岩，以及与岩浆、热液成因相关的脉岩，来自中、深成侵入岩中的碎屑石英更为多见。碎屑石英颗粒中常含有细小的液体包裹体、气体包裹体、矿物包裹体。矿物包裹体常见有含锆石、磷灰石、电气石、独居石等来自岩浆岩的副矿物。矿物包裹体颗粒细小，自形程度高，排列无一定方位；气体包裹体、液体包裹体一般非常细小，常在石英颗粒边缘或内部呈云雾状、尘状产出，可在一定程度上降低石英颗粒的透明度。

2)来自变质岩的石英

来自变质岩的碎屑石英颗粒常较细小，不含液体包裹体和气体包裹体，但矿物包裹体较为常见。多数的石英晶粒都具有波状消光，这是变质作用过程中由于过量的位错引起晶格呈扇状或不规则畸变的结果。

来源于区域变质岩及动力变质岩的石英常见明显的带状消光。在正交偏光镜下看，颗粒像碎裂成几个条带状的亚颗粒，各亚颗粒的消光位有所不同。这是由于石英受应力作用后，其光轴方向发生变化而引起的。

来自接触变质岩的石英可具有云朵状的波状消光。在正交偏光镜下看，石英像分成几个外形极不规则的颗粒，粒间界线曲折，轮廓不清楚，消光不一致。

3)再旋回石英

再旋回石英是来自形成于早期旋回的古老沉积岩中的碎屑石英颗粒。一般认为局部呈浑圆状或带自生加大边是再旋回石英的特征。再旋回石英可以是单晶石英，也见有多晶石英。在碎屑颗粒中有些石英颗粒甚至可能是多旋回的产物。

2. *长石*

碎屑长石主要分布于粗砂岩与中粒砂岩中，其次为细砂岩。在砾岩和粉砂岩中，长石矿物碎屑含量则较少。

在陆源碎屑岩中，长石的含量一般少于石英。自然界长石含量较高的花岗质岩石和片麻岩是碎屑长石的主要来源。据统计，砂岩中长石的平均含量一般为10%～15%，远比石英含量少，不同于岩浆岩中长石的平均含量则为石英的几倍。长石含量上的这种变化，是由于长石的风化稳定性远小于石英。从化学性质来看，长石很容易水解；从物理性质上看，它的解理和双晶都很发育，易于破碎。因此在风化和搬运的过程中，长石更容易被水解、破碎，其含量比石英降低的速度更快。

当然，事情并不是绝对的，在有些砂岩中长石的含量可以相当高。例如我国东部中生代、新生代陆相沉积的某些储油岩层中，长石的含量可达到50%。

地壳运动比较剧烈，地形高差大，气候干燥，以物理风化作用为主，搬运距离近以及堆积迅速等条件，是长石大量出现的有利因素。

不同类型长石的成因分布不同。透长石只生成于高温接触变质岩及火山岩中；而微斜长石广泛分布于深成岩浆岩及深变岩中，却从不出现在火山岩中。由此可见，在碎屑岩研究中，长石是重要的物源标志。

碎屑长石中也可存在再旋回长石，其特征是微斜长石、正长石或斜长石具有早期旋回的自生加大边。这种碎屑的自生加大边可较混浊或较干净，加大边不完整，与碎屑颗粒在形态上具有一体性，但在内部结构上却有明显的差异。早期旋回的加大边和本旋回砂岩成岩作用中形成的自生加大边也存在显著的不协调性。

3. *重矿物*

相对密度大于2.86(分离重矿物用的重液的密度)的矿物称为重矿物。重矿物在岩石中含量很少，一般不超过1%，在0.05～0.25mm的粒级范围内含量最高。

重矿物种类很多，根据重矿物的风化稳定性可将其划分为稳定的和不稳定的两类(表3－1)。前者抗风化能力强，分布广泛，离母岩愈远，其相对含量愈高。

表3－1　陆源碎屑岩中常见重矿物一览表

稳定的重矿物	不稳定的重矿物
石榴子石、锆石、刚玉、电气石、锡石、金红石、白钛矿、板钛矿、磁铁矿、榍石、十字石、蓝晶石、独居石	重晶石、磷灰石、绿帘石、黝帘石、阳起石、符山石、红柱石、硅线石、黄铁矿、透闪石、普通角闪石、透辉石、普通辉石、斜方辉石、橄榄石、黑云母

当然，这样对重矿物稳定性的两级划分是比较粗略的，同一类的不同重矿物，其稳定性也可能存在较大差异。在稳定重矿物中，锆石、金红石最稳定；而在不稳定的重矿物中，橄榄石最不稳定。

从砂岩成分来看，在成分纯、分选好的石英砂岩中重矿物含量少，而且其中只含有那些风化稳定性高的重矿物组分(如锆石、电气石、金红石等)；在成分复杂、分选差的岩屑砂岩中，则重矿物含量高，稳定的与不稳定的重矿物(如辉石、角闪石、绿帘石等)均可出现。

不同类型的母岩其矿物组分不同，经风化破坏后会产生不同的重矿物组合，因此利用重矿物恢复母岩是非常有用的。现将常见母岩的重矿物组合列表如下(表3－2)。

表3－2　陆源碎屑岩中常见重矿物组合与母岩的关系

母　岩	重矿物组合
酸性岩浆岩	磷灰石、普通角闪石、独居石、金红石、榍石、锆石、电气石、锡石、黑云母

续表

母　岩	重矿物组合
伟晶岩	锡石、萤石、白云母、黄玉、电气石(蓝色变种)、黑钨矿
中性及基性岩浆岩	普通辉石、紫苏辉石、普通角闪石、透辉石、磁铁矿、钛铁矿
变质岩	红柱石、石榴子石、硬绿泥石、蓝闪石、蓝晶石、硅线石、十字石、绿帘石、黝帘石、镁电气石(黄、褐色变种)、黑云母、白云母、硅灰石、堇青石
沉积岩	锆石(圆)、电气石(圆)、金红石

黑云母和白云母也是砂岩中常见的重矿物组分。由于云母是片状矿物，因此在搬运过程中表现出较低的沉降速度，常与细砂级甚至粉砂级的石英、长石共生，甚至在泥质岩的层面上有时也可见云母碎片的出现。黑云母的风化稳定性差，主要见于距母岩较近的砾岩或杂砂岩中，经风化及成岩作用常分解为绿泥石和磁铁矿，经海底风化还可海解为海绿石。白云母的抗风化能力要比黑云母强得多，相对密度也略小，常见其呈鳞片状在细砂岩、粉砂岩等的层面上沿层分布，有时会富集成层。

(二)岩屑

岩屑(rock fragment，lithic)是母岩的碎块，又称岩块，是保持着母岩结构的矿物集合体。因此，岩屑是提供沉积物来源区岩石类型的直接标志。

在砂岩的碎屑中，岩屑的平均含量为10%～15%。常见的岩屑类型有各类侵入岩、变质岩、喷出岩、硅岩、黏土岩、碳酸盐岩和砂岩的岩屑。由于各类岩石的成分、结构、风化稳定性等存在着显著差别，所以在风化、搬运过程中，各类岩屑含量变化极大。实际上，并不是各类母岩都能形成岩屑。岩屑含量决定于粒度、母岩成分及成熟度等因素。

首先，岩屑含量明显地取决于粒级，即岩屑的含量随粒级的增大而增加。砾岩中岩屑含量最高，中、细粒砂岩中岩屑含量总体显著降低，粉砂岩中则更低；对于母岩来说，如果其组成矿物的粒度相比于相应沉积岩粒级越小，则其更容易以岩屑的形式出现于沉积岩中；反之则趋向于以单晶颗粒的形式出现。

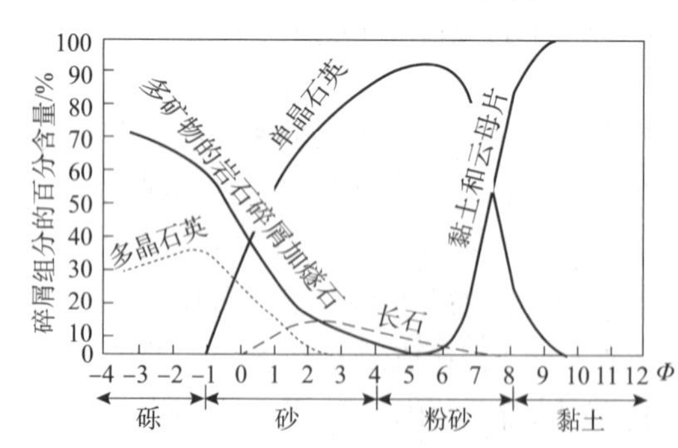

图3-2　碎屑岩中颗粒大小与碎屑成分之间的相互关系(据冯增昭，1993)

一种成分的颗粒常常只出现在某一定粒级范围内(图3-2)。由图可见，岩屑在粗砂以上(粗于1Φ)的粒级中发育；随着粒度的减小，岩屑的含量也迅速减少。多晶石英的含量变化规律与多矿物的岩屑一致。在中砂以下至粉砂粒级中，主要矿物碎屑为石英和长石。其中石英不仅在含量上显著地多于长石，而且粒度分布范围广，甚至在黏土粒级中亦含有一定数量的石英。而云母和黏土矿物则主要分布于粉砂及黏土粒级中。

其次，各类岩屑的丰度还取决于母岩性质和成分。细粒或隐晶结构的岩石如燧石岩、中酸性喷出岩等岩石的岩屑分布最广。而易受化学分解的石灰岩，除非在母岩区附近有快速堆积和埋藏的条件，否则很难形成岩屑。

再次，岩屑的含量与碎屑成熟度之间存在负相关关系。结构上较成熟的砂或砂岩，因碎屑的圆度和分选都较好，岩屑含量一般较低；而结构成熟度较低的砂或砂岩，其岩屑含量则往往较高。

二、填隙物

在陆源碎屑岩中，碎屑颗粒间的杂基（matrix）和胶结物（cement）统称为填隙物（interstitial fillings），但它们在性质、成因以及对岩石所起的作用等方面都是不同的。

（一）杂基

杂基是陆源碎屑岩中细小的机械成因组分，其粒级以泥为主，可包括一些细粉砂。杂基的成分中最常见的是高岭石、伊利石、蒙脱石等黏土矿物，有时见有灰泥和云泥。各种细粉砂级碎屑，如绢云母、绿泥石、石英、长石及隐晶结构的岩石碎屑等，也属于杂基范围。它们是悬浮载荷经卸载后形成的产物。

在不同的碎屑岩中，杂基含量不同，有的杂基含量甚高而有的却基本不含杂基。一般而言，杂基含量的高低是沉积作用过程和沉积环境的响应。碎屑岩中保留大量杂基，表明沉积环境中簸选作用不强，沉积物没有经过再改造作用，从而不同粒度的泥和砂混杂堆积。在低能环境中形成的砂岩，以及洪积和深水重力流成因的砂岩中都混有大量杂基，这正是不成熟砂岩的特征。

识别杂基不能只依据矿物成分，而应从是不是碎屑成因的角度来进行分析。原因在于碎屑岩中的黏土矿物并非全属杂基，因为有些并不是碎屑成因的。如有的黏土矿物是近岸地区的胶体沉积；砂岩粒间孔隙中常见有蠕虫状的高岭石晶体集合体，它们是以化学沉淀方式由孔隙水中析出的，它们都不属于碎屑成因，而是沉积岩中的自生矿物（authigenic minerals）。

（二）胶结物

胶结物是碎屑岩中以化学沉淀方式形成于粒间孔隙中的自生矿物。它们有的形成于沉积—同生期，但多数是成岩—后生期的沉淀产物。碎屑岩中胶结物主要有硅质、钙质（碳酸盐矿物）和一部分铁质（赤铁矿、褐铁矿）。此外，硬石膏、石膏、黄铁矿以及高岭石、水云母、蒙脱石、海绿石、绿泥石等黏土矿物也可以成为碎屑岩的胶结物。

1. 硅质

硅质常作为胶结物在砂岩里出现，出现的形式主要有非晶质的蛋白石、隐晶质的玉髓和结晶质的石英。

蛋白石可以围绕砂粒沉淀，形成自生环边；也可以大量充填孔隙，从而胶结砂岩。由蛋白石胶结的砂岩形成在埋藏较浅的层位中。其原因是非晶质二氧化硅的溶解度随温度的升高而显著增加，故当埋藏较深、成岩温度较高时蛋白石往往难于保存下来。

由于蛋白石是非晶质体，因此很不稳定。随着时间的延长，蛋白石会转变为玉髓，进一步重结晶则变为石英。这是因为从热力学观点上看，从非晶质到结晶质其内能变小，粗粒晶体的内能更小，是更稳定的状态。从地层剖面上看，时代较老的地层中难以见到蛋白石胶结物就是这一重结晶转变的结果。

在砂岩中，特别是在古老的石英砂岩中，自生加大石英是常见的。碎屑石英颗粒被光性与之连续的增生体（overgrowth）所包围，从而使石英颗粒长成自形轮廓或各晶粒间紧密镶嵌接触。

硅质胶结物是由砂岩中过饱和孔隙水中沉淀出来的，孔隙水中溶解的二氧化硅可以有以下不同的来源。

海相沉积物孔隙水中的二氧化硅，主要是由硅藻、放射虫、硅质海绵以及其他非晶质氧化硅骨骼的溶解提供的。循环的自流地下水携带着这些生物成因的氧化硅溶解物质至沉积物的孔隙中，便可再沉淀为蛋白石或自生石英。这两种沉积物的形成需要孔隙水在砂层中广泛地循环，因为只有这样才能为沉淀不断提供新的溶解物质。

在强大的压力作用下，碎屑沉积物中相邻的石英颗粒接触处会发生局部溶解，这部分溶解的二氧化硅也会进入孔隙水，这是形成硅质胶结物的又一物质来源。薄片中常会见到在石英颗粒间呈凹凸状接触，或在两个颗粒的接触处见有碎屑形状上的损失，这都是压溶作用的证据。

长石、黏土等硅酸盐矿物以及火山玻璃等物质，在风化带经渗滤地下水的作用，将会陆续分解。有相当数量的二氧化硅就是这类分解作用的直接产物。长石、黏土矿物等的分解会释放出二氧化硅；火山碎屑物质经脱玻璃化形成蒙脱石黏土或沸石类矿物，也会释放大量的二氧化硅。这些过程所释放的二氧化硅溶解物质可能会在不太远的地方，再以砂岩胶结物的形式沉淀出来。

2. 钙质(碳酸盐)

在砂岩中常见的钙质胶结物，主要为方解石、铁方解石、白云石、铁白云石，有时可见菱铁矿，因此也称为碳酸盐胶结物。钙质胶结物一般以微晶及亮晶形式充填于孔隙、裂缝中，以点接触形式分布于碎屑颗粒间，或以栉壳状等形式分布于碎屑颗粒边部。沉积岩中的钙质胶结物是成岩作用的产物，从同生作用到早期成岩作用、晚期成岩作用的各个阶段，都有碳酸盐胶结物的形成。

与方解石互为同质多像变体的文石在现代沉积中经常可见，但由于其性质不稳定，易逐渐转变为方解石，因此在古代砂岩中一般见不到文石胶结物。文石作为胶结物存在于沉积岩中，也可以在不同程度上对碎屑颗粒进行交代，从而改变碎屑颗粒的形状及其在沉积岩中的含量。碳酸盐胶结物的成因、特征及其对碎屑颗粒的影响见本书第七章的有关内容。

3. 铁质

铁质一般以氧化铁或黄铁矿的形式发育于沉积岩中。

氧化铁是一种较为常见的非碎屑成分，常作为砂岩的胶结物(赤铁矿)发育于陆源碎屑岩中。如河北省庞家堡中—新元古界串岭沟组的铁质石英砂岩，其胶结物成分为赤铁矿。塔里木盆地西南部柯克亚凝析气田储集砂岩中的赤铁矿以包壳的形式产于颗粒表面或与黏土杂基混合构成填隙物，导致岩石呈红色。

黄铁矿常呈等轴粒状、霉球状、分散状，或不规则集合体等形式出现于陆源碎屑岩中，并常对碎屑颗粒、填隙物等有明显的交代作用。

砂岩中的铁质胶结物，一部分是与碎屑颗粒同时从溶液中沉淀出来的原始孔隙充填物，其原始的沉积状态常为非晶质的三氧化二铁，经结晶或脱水作用而转变为针铁矿、褐铁矿或赤铁矿。另一部分铁质是含铁矿物的分解产物，如来源于火成岩或变质岩的角闪石、绿泥石、黑云母、钛铁矿、磁铁矿等均为含铁矿物，在成岩作用过程中，它们会不断被孔隙水分解，从而将氧化铁释放出来。

如果沉积岩的形成环境为还原环境，铁质则常以黄铁矿的形式产出。

4. 硫酸盐

硫酸盐胶结物常见为石膏和硬石膏。它们形成于处在蒸发环境的沉积盆地中，由渗透过沉积层的超盐度孔隙水沉淀而成。在成岩作用的早期一般以石膏的形式沉淀，随着埋深增加以及成岩程度的加深，则趋向于以硬石膏的形式沉淀；在这种成岩环境中，早先形成的石膏胶结物也会逐渐转化为硬石膏。

5. 海绿石

海绿石是一种化学成分与云母相似，但 Al/Si 值较小的含铁硅酸盐矿物。常以隐晶质胶结物的形式充填于碎屑颗粒间的孔隙中，在正交偏光镜下，海绿石可见小米粒状结构，并呈现集合消光特征。

一般认为海绿石具有沉积环境指示意义。但是关于海绿石的成因有不同看法，多数人认为海绿石在水深 100～300m 的浅海环境、缓慢沉积和有蒙脱石存在的条件下形成，海底软泥中的海绿石是典型的海洋沉积物。不过在现代湖泊沉积物中也有海绿石发现的报道。

6. 其他类型的胶结物

如长石、重晶石、天青石、磷灰石、萤石、高岭石、伊利石、蒙脱石、绿泥石、岩盐、沸石等，可在碎屑岩中呈加大边，孤立状、分散状、星散状，或呈结核状分布。其常表现为成分较纯，结晶颗粒较小，但晶形完好。

在陆源碎屑岩中，这些胶结物矿物一般只有很少的数量，但它们的出现对于陆源碎屑岩的沉积环境解释，以及成岩演化研究等具有重要意义。

三、孔隙和裂缝

陆源碎屑岩由颗粒、杂基、胶结物和孔缝(孔隙和裂缝)这几种结构组分所构成。岩石中未被固体物质(不包括沥青质)充填的空间叫孔隙(pore)或裂缝(fracture)，是油(含沥青质)、气、水的赋存场所。

孔隙可以分为原生孔隙(primary porosity)和次生孔隙(secondary porosity)两类。

原生孔隙是沉积时形成的碎屑颗粒原始格架间的孔隙。原生孔隙主要为粒间孔隙。其含量和原始沉积环境有较大关系，碎屑颗粒的粒度、分选性、球度、圆度和杂基含量等在很大程度上决定了原始孔隙的含量。通常当岩石粒度变大时，孔隙度增高。分选好的净砂岩比分选差的杂砂岩的孔隙度和渗透率高。此外，颗粒的排列方向也有很大的影响，砂粒沿长轴方向定向排列，其原始孔隙度低于定向程度更低或杂乱堆积的砂岩。

在成岩作用过程中，机械压实作用的加强将逐渐降低原始孔隙含量；胶结作用过程中由于胶结物的沉淀，也将不同程度降低原始孔隙含量，甚至可以将原始孔隙完全充填。

次生孔隙是沉积物沉积以后，以及在成岩作用过程中，岩石组分(颗粒、填隙物)发生溶蚀作用的所形成的孔隙。陆源碎屑岩中长石、碳酸盐、硫酸盐和氯化物矿物都是比较易于溶解的。一些相对难溶的硅酸盐矿物(如火山灰)则可能于成岩早期先为易溶矿物所交代(如沸石)，然后再发生溶解并产生次生孔隙。石英在碱性条件下也可被溶解而形成次生孔隙。

裂缝是岩石的破碎或收缩所产生一种储集空间类型，岩石在成岩作用过程中的机械压实，以及岩石固结成岩之后的构造作用，均可造成岩石中裂缝的发育。多数情况下，裂缝属于次生储集空间，其不属于陆源碎屑岩的原始结构组分。

四、成分成熟度

碎屑岩的成分成熟度(compositional maturity)是指碎屑沉积组分在其风化、搬运、沉积作用的改造下接近最稳定的终极产物的程度。岩石中石英等稳定矿物以及不稳定矿物间的相对含量是分析成分成熟度的重要参数。

石英抵抗风化能力最强，在搬运和沉积过程中的磨蚀变化都很小，是最稳定的组分，在碎屑岩中分布也最广。长石的稳定性就较石英低，其中钾长石和酸性斜长石的稳定性相对又要高一些。岩屑中除燧石和石英岩的碎屑外，一般稳定性都不高。随着碎屑岩的成分成熟度的增高，势必要使其中不稳定组分的含量减少，稳定组分含量要相对增加。

在砂岩的研究中，常用石英与长石加岩屑百分含量的比率(Q/F + R)作为成分成熟度(Cm)的衡量标志，即当 Cm 大于 10 为高成分成熟度，Cm 介于 1 ~ 9 之间为中等成分成熟度，Cm 小于 1 为低成分成熟度。在重矿物研究中，则常用 ZTR 指数，即锆石、电气石和金红石三种矿物占透明重矿物的百分含量来表示成分成熟度，其值愈大，成熟度愈高。参照 Cm 值，可把 ZTR 指数大于 9 作为高成分成熟度，ZTR 指数介于 1 ~ 9 之间为中等成分成熟度，ZTR 指数小于 1 为低成分成熟度。

应该指出的是，沉积后作用的影响会使砂岩的碎屑组分产生某些变化，因而在进行砂岩的成分成熟度的分析时，应尽量排除这些影响。

成分成熟度与风化、搬运作用的类型、强度和作用时间的长短有密切关系，而作用的强度和时间的长短又在很大程度上取决于气候条件和大地构造条件。陆源碎屑岩受到成岩作用的改造，也可以在不同程度上影响其碎屑颗粒的含量，这也是成分成熟度研究中需要考虑的因素。

第二节　陆源碎屑岩的结构

碎屑岩的结构是指陆源碎屑岩中各结构组分的特点和相互关系。如本章第一节所述，陆源碎屑岩的原始结构组分包括碎屑颗粒、填隙物(包括杂基和胶结物)和孔缝。因此，陆源碎屑岩的结构(texture)包括碎屑颗粒、填隙物和孔缝的特点，以及它们之间的相互关系。

一、碎屑颗粒的结构

碎屑颗粒的结构特征一般包括颗粒的粒度、球度、形状、圆度以及颗粒的表面特征。

(一)粒度

1. 粒度的概念

粒度是指碎屑颗粒的大小(grain size)。碎屑颗粒的外形常不规则。为表示粒度，可选用两种值，即线性值和体积值。

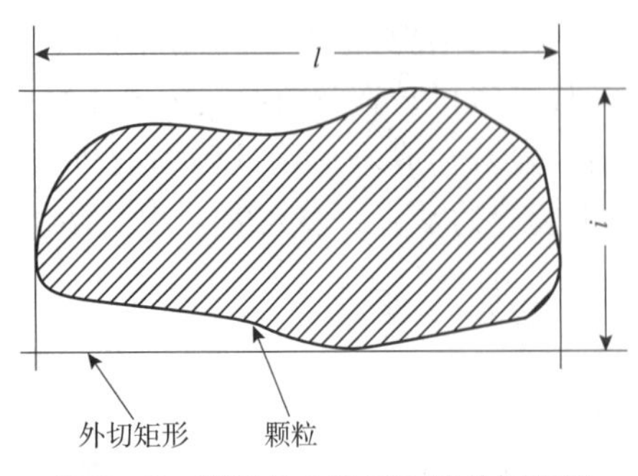

图 3 – 3　颗粒最大投影面的外切矩形

体积值可用标准直径(d_n)表示，它代表着与颗粒同体积的球体直径。线性直径是直观度量出来的，由于颗粒形状大都极不规则，因此通常要测量大、中、小三个直径，这三个直径可按下述步骤测量：①确定颗粒的最大投影面；②对最大投影面作外切矩形(图 3 – 3)，矩形的长边为颗粒的最大直径 l，短边为中间直径 i；③作垂直于最大投影面并通过颗粒的最长截线，这就是颗粒的最短直径 s。

在实际工作中常应用线性值，有人习惯上将颗粒的长、中、短直径分别称为 A、B、C 轴(或 l、i、s 轴)。在砾岩研究中有时也用体积值。

关于碎屑的粒度分级，目前有着几种不同的划分方案(表 3－3)。十进制是简便易行的一种方案，在岩石的宏观描述，以及显微镜下岩石鉴定、颗粒特征分析等方面应用广泛。国际上应用较广的是伍登—温特华斯(Udden Wentworth)的方案，可以称之为 2 的几何级数制。它是以 1mm 为基数，乘以 2 或除以 2 来进行分级。

2 的几何级数制所划分的粒度级别较多，造成在肉眼描述中应用的困难。但是，粒级划分的细致正好又是 2 的几何级数制的优点。它在各个粒间构成了 2 的几何级数的等间距，因此在室内粒度分析中为详细划分粒级、应用数理统计方法以及作图和参数计算等提供了方便。

克鲁宾(Krumbein，1934)将伍登—温特华斯的粒级划分转化为 Φ 值，即将 2 的几何级数制标度转化为 Φ 值标度。其转换公式为：

$$\Phi = -\log_2 D \tag{3-1}$$

式中，D 为颗粒的直径，mm。

因为 $D = 2^n$，所以 $\Phi = -n$。

Φ 值分级标准提出后受到广泛重视，并且很快得到推广和应用。该分级标准具备以下的优点：①将用毫米表示的分数(或小数)颗粒直径变成了整数；②大量出现的粗砂以下的较小粒度均表现为正数；③在作图时，可不用对数坐标纸，因为已经将对数等间距转换成了算术等间距。

常用的碎屑颗粒粒度分级见表 3－3。从表中可以看出，不同分类方案的粒级界限有着明显的差别，这也正是它们的分歧所在。

表 3－3　陆源碎屑的粒级划分

十进制		粒级划分	Φ 值制		
颗粒直径/mm	粒级		粒级	颗粒直径/mm	颗粒直径(Φ 值)
>100	粗砾	砾	巨砾	>256	小于－8
100～10	中砾		粗砾	256～16	－8～－4
			中砾	16～4	－4～－2
10～2	细砾		细砾	4～2	－2～－1
2～1	巨砂	砂	极粗砂	2～1	～1～0
1～0.5	粗砂		粗砂	1～0.5	0～1
0.5～0.25	中砂		中砂	0.5～0.25	1～2
0.25～0.1	细砂		细砂	0.25～0.125	2～3
			极细砂	0.125～0.0625	3～4
0.1～0.05	粗粉砂	粉砂	粗粉砂	0.0625～0.0312	4～5
			中粉砂	0.0312～0.0156	5～6
0.05～0.01	细粉砂		细粉砂	0.0156～0.0078	6～7
			极细粉砂	0.0078～0.0039	7～8
<0.01	黏土	黏土	黏土	<0.0039	>8

2. 陆源碎屑岩的粒度分类及命名

碎屑岩的粒度特征是碎屑岩分类和命名的基础，只需要把表 3－3 中各相应的粒级后面加一个“岩”字就行了，如中砾岩、粗砂岩或细粉砂岩等。

(二)球度

球度(sphericity)是一个定量参数，用来度量一个颗粒近于球体的程度。颗粒的三个轴越接近相等，其球度越高；相反，片状和柱状颗粒都具有很低的球度。

在搬运过程中，不同球度的颗粒表现不同。如在悬浮搬运组分中，球度小的片状颗粒最容易漂走，因此在细砂和粉砂甚至黏土岩层面上常聚集有较大片的云母碎屑或植物碎屑；在滚动搬运中，球度大的颗粒则更易于沿底床滚动。

(三)形状

颗粒的形状(shape)是由颗粒中的长轴(l)、中轴(i)和短轴(s)三个轴的相对大小决定的。根据这三个轴的长度比例，将颗粒分为四种形状(图 3－4)：①扁圆状：$l=i>s$，包括板状和圆盘状；②等轴状：$l=i=s$，包括立方形和球形；③片状：$l\neq i\gg s$；④拉长状：$l\gg i=s$。

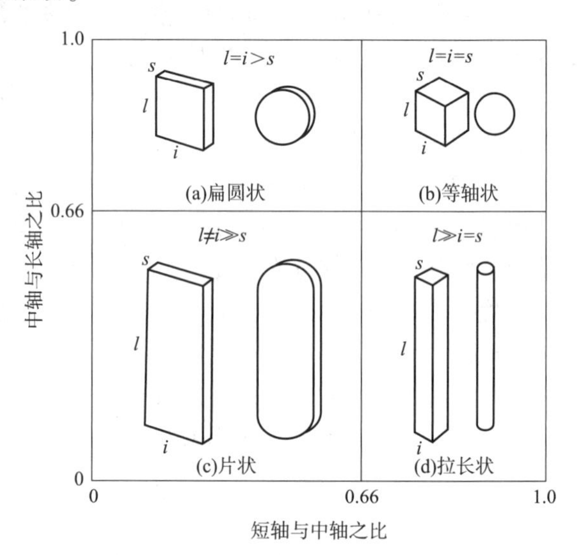

图 3－4　颗粒形状类型(据 Tucker，2001)

碎屑颗粒的形状是其原岩组构、矿物结晶习性、解理、硬度、颗粒大小和搬运—沉积介质条件等的综合响应。在较粗的粒级中颗粒形状差异较为明显，粒级越小，除云母等片状矿物碎屑外，多数具有向等轴粒状演化的趋势。对于砂粒形状的手工测量是很困难的，一般可根据薄片中所见的视长轴和视短轴的比率近似地求得，激光粒度分析仪可以通过长径比参数对颗粒进行形状测定。

(四)圆度

圆度(roundness，又叫磨圆度)是指碎屑颗粒的原始棱角被磨圆的程度，它是碎屑颗粒的重要结构特征之一。圆度在几何上反映了颗粒最大投影面的影像中的隅角曲率，它的定量定义是：

$$\text{圆度}=\frac{\sum r}{nR} \qquad (3-2)$$

式中，r 为隅角的内切圆半径；n 为隅角数；R 为颗粒的最大内切圆半径。

上式表明，圆度为角的平均曲率半径与颗粒最大内切圆半径之比(图 3－5)。圆度的数值变化在 0～1 之间，圆度越高，其数值越大。

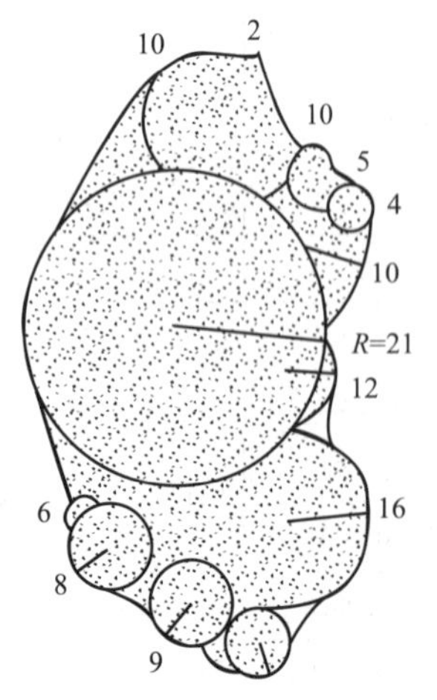

图 3－5　颗粒最大投影面上圆度的测量(转引自冯增昭，1993)

用上述方法求颗粒圆度要进行仔细的测量和计算，在实际工作中主要用估计方法确定颗粒圆度，手工的办法比较花时间，实际应用难度较大，现在可以用激光粒度仪或偏光显微镜下图像分析的办法来对圆度进行快速测定。

鲍尔斯(Powers，1953)曾作了一组图(图3－6)，用来表示从尖棱角状至滚圆状各级圆度的特征，并规定了各圆度级别的描述名称。

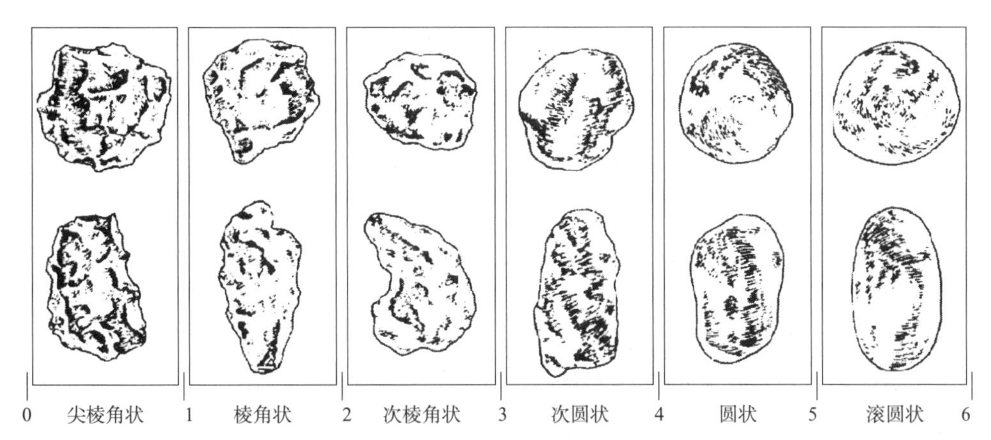

图3－6 圆度的形状和分级(转引自冯增昭等，1993)

同一方框的颗粒圆度相似但球度不同

为便于统计，福克(1955)提出了圆度标度，称之为ρ。ρ值范围从0(尖棱角状)至6(滚圆状)，他所规定的圆度级别与鲍尔斯的圆度标准一致。

碎屑的圆度一方面取决于它在搬运过程中所受磨蚀作用的强度，另一方面也取决于碎屑本身的物理化学稳定性、原始形状、粒度等。碎屑的圆度总是随着其搬运距离和搬运时间的增长而增高，这是碎屑颗粒圆度变化的总趋势。碎屑在搬运过程中受到的磨蚀作用愈强，其原始棱角被磨蚀得愈显著，结果圆度也就愈好。这对于粗碎屑，特别是滚动搬运的砾石，其表现得更为明显。

在河流环境中，砾石的磨圆度随着粒度的增大而增高，大砾石比小砾石表现出更显著的机械磨蚀。与砾石相比，砂级碎屑的圆化速度要慢得多，而且砂的粒级愈细，在搬运中遭受的磨损愈小。归纳起来可以认为，圆化作用随着搬运的时间(距离)而增加，开始时圆度很快提高，而后逐渐缓慢下来。

在同样的磨蚀条件下，不同性质的碎屑磨圆程度不同。例如，石灰岩的碎屑远较与之同粒级的石英砂岩碎屑易于磨圆，因为石灰岩在水中的物理化学稳定性远不如石英砂岩。

另外，一般滨海沉积比河床沉积的碎屑磨圆度好，风搬运又比水搬运的碎屑磨圆度好。

由于造成碎屑颗粒磨圆的因素是很复杂的，当利用碎屑的圆度特征来分析其沉积成因时，应以同一成分、同一粒级的碎屑为准。

形状、圆度，以及球度等参数不能对沉积环境提供直接的线索，但是可以从这些参数中解读有关沉积环境特征，以及搬运和沉积作用的方式与强度等方面的信息。如圆度和球度是沉积物成熟度的反映，圆度好及球度高，可直接说明沉积物的成熟度高。

还应当注意到，圆化良好的碎屑一方面可能是在一定环境中遭受强烈磨蚀的结果，另一方面也可能是由再旋回搬运造成的。已经在一定程度上圆化的碎屑颗粒，在再旋回搬运中进一步经受磨蚀作用，必然会使其圆化程度提高。有关的成因标志在碎屑鉴定中应注意观察。

（五）颗粒的表面结构（grain surface texture）

表面结构是碎屑颗粒表面的形态特征，一般主要观察表面的磨光程度及表面刻蚀痕迹两个方面。

1. 霜面（frosted surface）

霜面类似于毛玻璃，在反射光下看表面模糊不透明。一般认为霜面是沙丘石英砂粒的特征，在风力搬运过程中因砂粒之间频繁相互碰撞而形成。但也有人提出，引起毛玻璃化的主要因素是化学作用，在沙漠环境中溶解作用与沉淀作用交替进行从而形成了霜面，在这里风力仅起着次要作用。除砂粒外，沙漠卵石也以具有霜面为其重要特征。

2. 磨光面（smooth surface）

磨光面是光滑的磨亮的表面，由水力搬运的河流石英砂和海滩石英砂常具有这种外貌。

3. 碰撞痕（impact mark）

碰撞痕是由碰撞作用造成的表面痕迹。

在高速水流中，碎屑颗粒间的相互碰撞可以形成新月形撞痕和击痕。撞击作用也能在颗粒表面造成麻点，这种麻点的周围常伴有微细的裂纹。

在海滩带及海洋的近岸高能带，石英砂粒表面具有机械成因的 V 形坑，并可见到不同形状的槽沟及贝壳状断口。但在沙丘砂及港湾砂中，由于有化学作用的参加常使机械坑痕被削弱，从而表现出机械作用与化学作用叠加的表面特征。

水流搬运中的化学溶解作用也常在颗粒表面留下痕迹。如在碳酸盐岩砾石表面，由于溶解作用可产生一些侵蚀洼坑，甚至能够形成微岩溶现象。

在冰川环境可以形成擦痕砾石，这是在搬运过程中砾石被冰或坚硬的冰床基岩刻划造成的。性质较软的岩石如石灰岩砾石上常发育有清晰的擦痕。

（六）颗粒组构

组构（fabric）是指沉积岩中颗粒的定向排列、充填方式以及颗粒之间的接触关系（图 3－7），是沉积物结构的一个重要方面。

在很多砂岩和砾岩中，都可见砂和砾以其长轴方向沿某同一方向定向排列。这种定向排列是沉积介质（风、冰川、水）和沉积物相互作用的结果。在河流和其他水携沉积中，扁长砾石可能与水流方向垂直或平行。垂直排列现象是由于砾石滚动产生的，而平行排列由滑动形成。在冰川沉积中，碎屑的定向排列更普遍，且与冰川的移动方向平行。水携沉积物中扁长形砾石常常出现一种叠瓦状构造（imbricated structure），砾石相互叠置，并向上游方向倾斜，因此，叠瓦状构造可用于古水流方向的研究。

砂岩中长条形的颗粒既会沿水流方向排列，也会沿其垂直方向排列，只是沿水流方向的排列更普遍一些。颗粒的定向排列也能作为一种古水流方向的标志，尤其是在那些沉积构造发育不好的岩石中。除了这些碎屑颗粒以外，其他一些成分也会具有这种定向性，比如植物碎屑和化石。

沉积物颗粒的充填方式或填集性（packing）非常重要，因为它影响到孔隙度和渗透率。充填方式主要取决于颗粒的大小、形状和分选。现代海滩和沙丘沙由分选好、磨圆也好的颗粒组成，孔隙度可达 25% ～65% 以上。充填疏松，倾向于立方体形充填时，孔隙度高（图 3－7）；充填更致密，如呈斜方六面体（菱面体）形充填时，孔隙度也更低。分选差的沉积物颗粒间接触更紧密，粒度变化更大，颗粒间的孔隙被较细的成分充填，因而孔隙度更低。

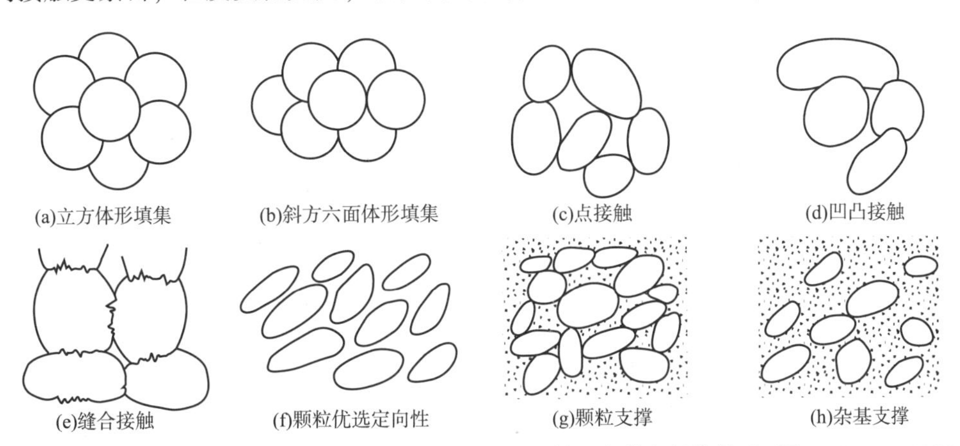

图 3－7 颗粒的组构、颗粒填集、接触、定向性及颗粒—杂基之间的关系(据 Tucker，1991)

(七)分选性

分选性也简称分选(sorting)，是碎屑岩中颗粒大小的均匀程度。也可以表达为围绕某一个粒度的颗粒集中趋势的大小离差程度，通常以主要粒级的含量来表示，大小均匀者，分选性好，大小混杂者，分选性差。分选性可以分为从很差、差、中等、好、很好 5 个等级(图 3－8)。从半定量角度，分选性习惯上可分为三级：

(1)分选好：主要粒级含量 >75%。

(2)分选中：主要粒级含量 50%～75%。

(3)分选差：没有一种粒级成分超过 50%。

分选性受沉积动力条件及自然地理条件控制。它可以反映沉积作用过程中，沉积动力的稳定程度或均匀程度，一般而言，风成沙分选最好，其次为海/湖环境的水下浅滩滩沙，然后是滨岸滩沙，河流沉积沙的分选性总体较差，泥石流沉积分选差，冰川沉积物往往分选性最差。

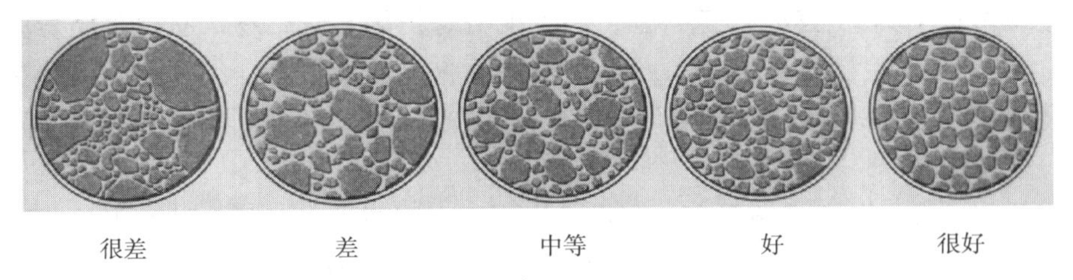

图 3－8 分选性对比图(据 Stephen Marshak，2001)

二、填隙物的结构

碎屑岩的填隙物包括杂基和胶结物。由于它们的成因不同，因此在结构上也表现着各自的特点。

(一)杂基的结构

杂基是碎屑岩中与粗碎屑一起沉积下来的细粒填隙组分[图 3－9(a)]，粒度小于 0.03mm(或大于 5Φ)，它们是机械沉积产物而不是化学沉淀组分。但这里指出的杂基粒度界限主要适用于砂岩；而对于更粗的碎屑岩，如在砾岩中，杂基也相对变粗，除泥以外可以包括粉砂甚至砂级颗粒。

杂基的含量和性质可以反映搬运介质的流动特征，反映碎屑组分的分选性，因而是碎屑岩结构成熟度的重要标志。

沉积物重力流中含有大量杂基，由此形成的沉积物以杂基支撑结构为特征；而牵引流主要搬运床沙载荷，最终形成的砂质沉积物以具有颗粒支撑结构为特征，杂基含量很少，粒间由化学沉淀胶结物充填。可见，杂基含量也是识别流体密度和黏度的标志。

同时，杂基含量也是重要的水动力强度标志。在高能量环境中，水流的簸选能力强，黏土会被移去，从而形成干净的砂质沉积物；相反，在水体分选能力较弱的环境中，砂岩中杂基含量则较高。

从成分上看，杂基多为黏土矿物，有时见有碳酸盐灰泥、云泥及一些细粉砂碎屑颗粒。

不过在填隙物中，杂基和胶结物有时并不容易区分开，成岩作用使沉积标志遭受改造后则会进一步识别上的困难。

杂基中大多数是同生期杂基。同生杂基可以代表原始沉积状态，因而也称为原杂基。原杂基表现为泥质结构，由未重结晶的黏土质点组成，可含有碳酸盐泥、石英、长石等矿物的细碎屑。原杂基与碎屑颗粒的界线清楚，二者间无交代现象。

在杂基支撑结构的砂岩中，原杂基含量可高于30%，同时碎屑颗粒常表现较差的分选性。

原杂基经成岩作用改造，明显重结晶后则转变为正杂基。正杂基在含量和分布上继承了原杂基的特点。因发生了重结晶作用，黏土物质再现为显微鳞片结构，当晶粒较粗时在偏光显微镜下常可分辨矿物的种类，可识别出高岭石质、水云母质、蒙脱石质或方解石质。在杂基与碎屑颗粒间常见交代现象。有时由于重结晶作用发育不均匀，局部仍可见残余的原杂基结构。原杂基和正杂基都可以作为沉积环境的标志。

在碎屑岩中还可见到一些与杂基极为相似的细粒组分。它们在成因上与杂基完全不同，可称之为“似杂基”，常见的有如下几种。

(1)淀杂基：是在成岩作用过程中，由孔隙水中析出的黏土矿物胶结物。虽然成分上是黏土(层状硅酸盐)矿物，这一点像杂基，但表现出的是化学胶结物产状。它们是单矿物质的，晶体干净，透明度好[图3－9(b)]，常见鳞片状或蠕虫状自生晶体集合体。在碎屑颗粒周围可呈栉壳状、薄膜状，或连片状分布。不同成岩时期形成的淀杂基可构成有层次的世代结构。

(2)外杂基：指碎屑沉积物堆积后，在成岩—表生期充填于其粒间孔隙中的外来杂基物质。外杂基在岩石中分布不均匀，是多矿物质的，常表现得污浊、透明度差[图3－9(c)]。外杂基主要出现在碎屑颗粒分选较好、原生粒间孔隙发育的部位，其成分、产状和原杂基一般具有显著不同，这一特点是与原杂基、正杂基的重要区别。

(3)假杂基：是软碎屑经压实、变形而形成的类似于杂基的填隙物。泥质岩屑、灰质岩屑，特别是具类似成分的盆内碎屑性质都很软弱，在压实作用下会被压扁、压断、压裂甚至压碎，从而形成假杂基[图3－9(d)]。假杂基在碎屑岩中以不均匀的斑块状产出为特征，这是识别假杂基的直接证据。

(二)胶结物的结构

胶结物的结构指的是胶结物本身的结晶程度、晶粒大小和分布的均匀性等特征。常见的胶结物的结构有以下几种类型(图3－10)：

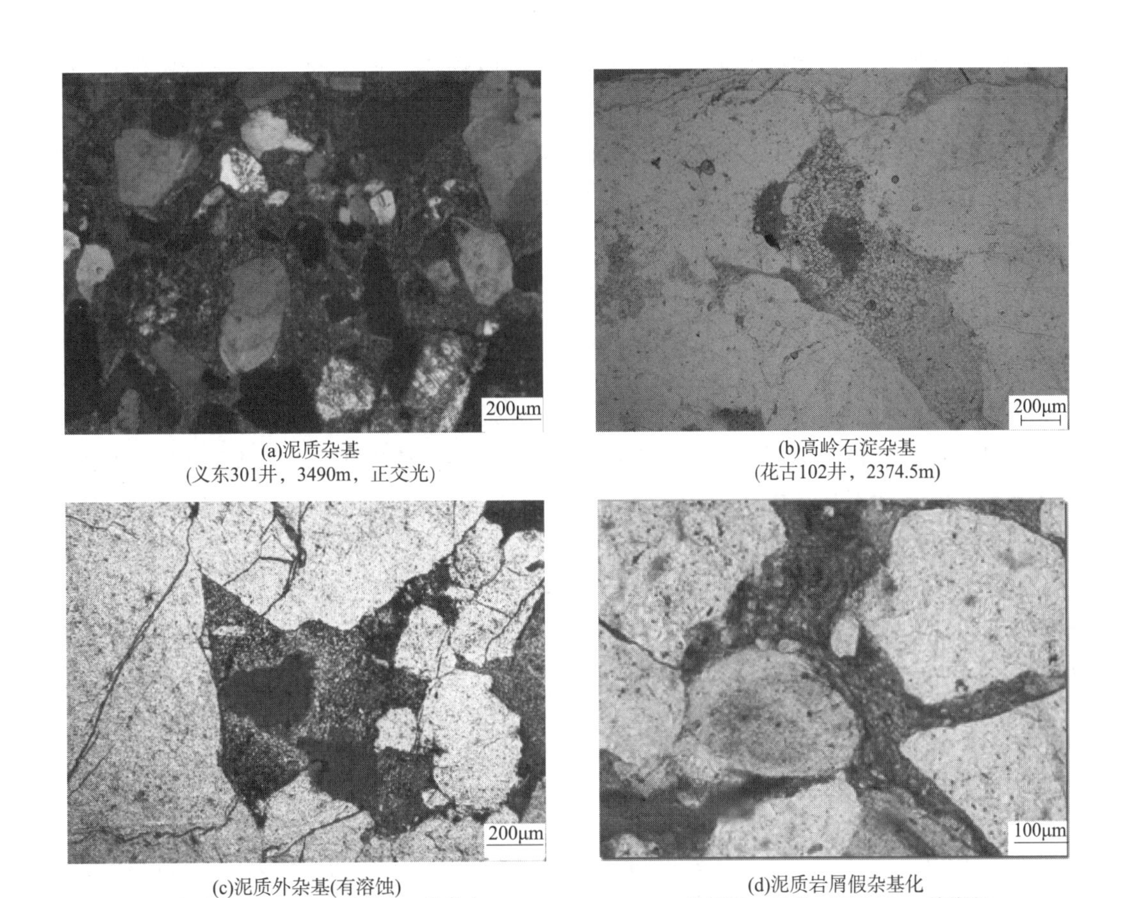

(a)泥质杂基
(义东301井，3490m，正交光)

(b)高岭石淀杂基
(花古102井，2374.5m)

(c)泥质外杂基(有溶蚀)
(孤北古3井，4086.7m，蓝色铸体，单偏光)

(d)泥质岩屑假杂基化
(杭锦旗，J53井，2909.25m，单偏光)

图3－9　杂基类型及其微观特征

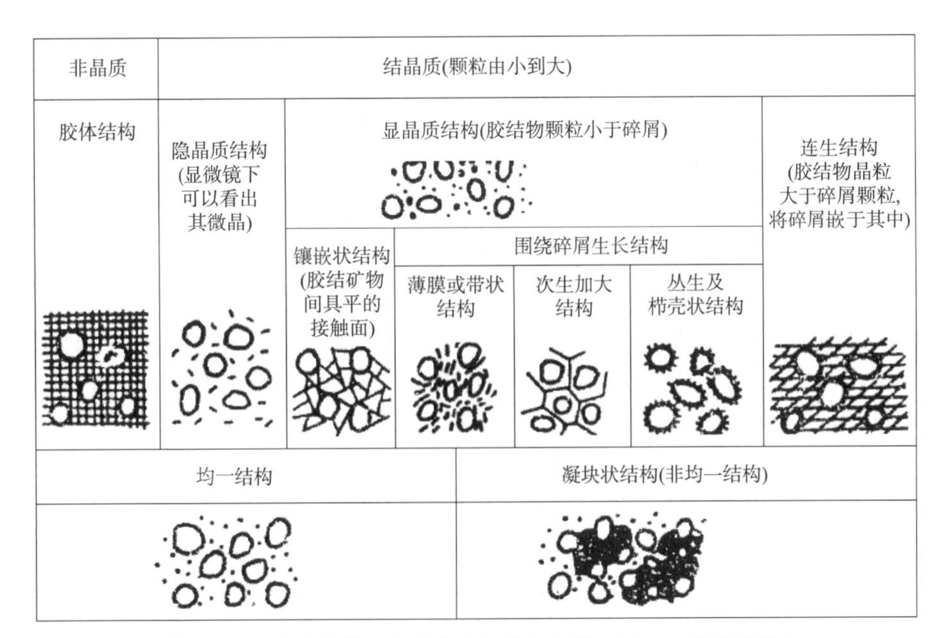

图3－10　胶结物的结构特征(据曾允孚等，1986，略有修改)

(1)非晶质结构：碎屑颗粒间为非晶质物质所胶结。呈此种结构的胶结物有蛋白石、铁质等。

(2)隐晶质结构：碎屑颗粒间的胶结物为隐晶质物质，如玉髓、隐晶质磷酸盐、碳酸盐等。

(3)显晶质结构：碎屑颗粒间为显晶质胶结物所胶结。如碳酸盐、硫酸盐、硅质、铁质等，最常见的如碳酸盐等胶结物。根据胶结物结构发育特征，显晶质结构可以表现为以下常见类型：

①带状(薄膜状)结构和栉壳状(丛生)结构：胶结物环绕碎屑颗粒呈带状分布称为带状胶结，如果胶结物呈纤维状或细柱状垂直碎屑颗粒表面生长称为栉壳状胶结。带状胶结和栉壳状胶结多形成于成岩期或同生期。

②再生(次生加大)结构：自生石英胶结物沿碎屑石英边缘呈次生加大边，而且两者的光性方位是大体一致的，这种石英胶结物称为石英的再生或次生加大。除石英的次生加大外，还有长石和方解石形成的次生加大结构。次生加大结构大都是在后生期形成的，但也有成岩期形成的。

③嵌晶(连生)结构：指胶结物在重结晶时形成很大的晶体，或者是从孔隙水溶液结晶的粗大晶体，往往将一个或几个碎屑颗粒包含在一个晶体之中。嵌晶结构是典型的后生阶段产物。

④凝块状或斑点状结构：是由于胶结物在岩石中分布的不均匀性所造成的。

三、孔隙结构

岩石未被颗粒、胶结物或杂基充填的空间称为岩石的孔隙空间。孔隙空间可以均匀地散布在整个岩石内，也可以不均匀地分布在岩石中形成孔隙群。岩石孔隙空间又可分为孔隙和喉道。一般可以将岩石颗粒包围着的较大空间称为孔隙，而仅仅在两个颗粒间连通的狭窄部分称为喉道(throat)。

孔隙结构(pore structure)是指岩石所具有的孔隙和喉道的几何形状、大小、分布及其相互连通关系。孔隙和喉道的配置关系是比较复杂的。每一支喉道可以连通两个孔隙；而每一个孔隙则至少可以与三个以上的喉道相连接，最多的可以与六个到八个喉道相连通。孔隙反映了岩石的储集能力，而喉道的形状、大小则控制着岩石的储集和渗透能力。

(一)喉道类型

流体沿着复杂的孔隙系统流动时，将要经历一系列交替着的孔隙和喉道。无论是在石油的运移过程中从孔隙介质中驱替充填于其中的孔隙水，还是在开采过程中石油从孔隙介质中被驱替出来时，都受流体通道中最小的断面(即喉道直径)控制。因此，喉道类型及其发育特征是影响储集岩渗透能力的主要因素。

陆源碎屑岩储层中，常发育以下四种孔隙喉道类型(图 3 – 10)：

(1)喉道是孔隙的缩小部分[图 3 – 11(a)]。

在以粒间孔隙为主或以扩大粒间孔隙出现的砂岩储集岩中，其孔隙与喉道差异较小。喉道仅仅是孔隙的缩小部分。岩石一般具有颗粒支撑、飘浮状颗粒接触以及无胶结物等特征。此类结构属于孔隙大、喉道粗的类型，孔喉直径比接近于 1。岩石的孔隙几乎都是有效的。

(2)可变断面收缩部分是喉道[图 3 – 11(b)]。

当砂岩颗粒被压实而排列比较紧密时，虽然其保留下来的孔隙还可以较大，然而由于颗粒排列紧密，喉道则显著变窄。此时，储集岩可能有较高的孔隙度，而只有很低的渗透率。此类结构属于孔隙大(或较大)、喉道细的类型，孔喉直径比很大。常见于颗粒支撑、接触式、点接触类型的砂岩中。

(3)片状或弯片状喉道[图3-11(c)(d)]。

当砂岩进一步压实或者由于压溶作用使晶体再生长时，其再生长边之间包围的孔隙变得较小，一般是四面体或多面体形。这些孔隙相互连通的喉道就是晶体之间的晶间隙。这种晶间隙视颗粒形状的不同又可分为片状的和弯片状的，其有效张开宽度很小，一般小于1μm，个别的有几十微米。此类结构的孔隙很小，喉道极细，所以其孔喉直径比可以由中等到较大。常见于接触式、线接触、凹凸接触式类型的砂岩中。

(4)管束状喉道[图3-11(e)]。

当杂基及各种胶结物含量较高时，原生的粒间孔隙有时可能完全被堵塞。在杂基及胶结物中的许多微孔隙(小于0.5μm的孔隙)，一般不会很高，只有中等或较低。其渗透率则极低，大多小于$0.1\times10^{-3}\mu m^2$。由于孔隙就是喉道本身，所以孔喉道直径比均为1。这类结构常见于杂基支撑、基底式及孔隙式、缝合接触式类型的砂岩中。

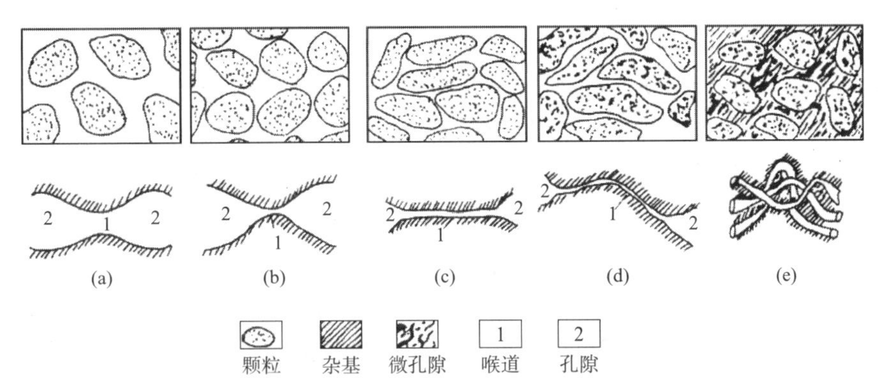

图3-11　孔隙喉道类型(据戴启德等，1996)

(二)孔隙结构类型

孔隙结构受控于颗粒间的接触方式和胶结特征，碎屑颗粒本身的形状、大小、圆度和球度也对孔隙有直接影响。孔隙结构分类需要考虑以下几个方面的因素：孔隙空间特征及其充填物特征，孔、洞、缝发育特征及孔喉组合，在此基础上也可以结合油气开发效果的影响来进行分类。

四、胶结类型和颗粒接触类型

在碎屑岩中，碎屑颗粒和填隙物间的关系称为胶结类型或支撑类型。胶结类型与碎屑颗粒、填隙物的相对含量有关，也和颗粒间的接触关系有关。

按碎屑和杂基的相对含量可以分为杂基支撑(matrix supported)和颗粒支撑(grain supported)两大类；按颗粒和填隙物的相对含量和相互关系可以分为基底式胶结(或半基底式胶结)、孔隙式胶结、接触式胶结等；按颗粒间的接触性质还可细分为若干类型。

基底式胶结一般对应于杂基支撑类型，孔隙式胶结、接触式胶结则属颗粒支撑类型(图3-12)。

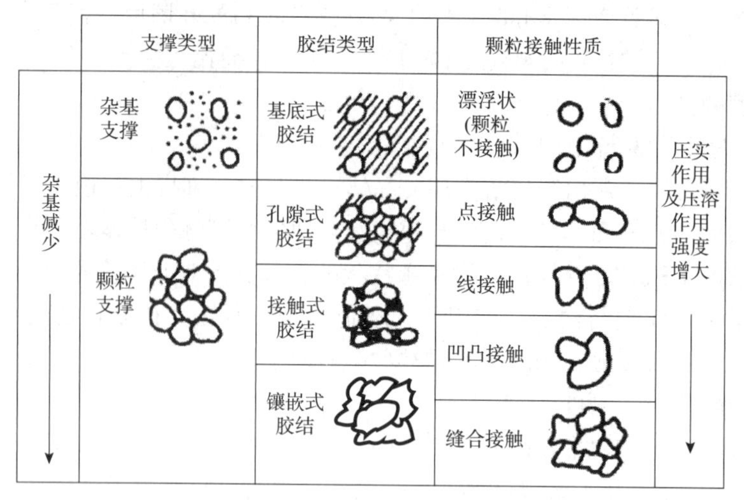

图3－12　支撑类型、胶结类型和颗粒接触关系(据曾允孚等，1986，修改)

(一)胶结类型

(1)基底式胶结：碎屑颗粒在杂基中大多彼此不相接触而呈漂浮状孤立地分布。基底式胶结形成于沉积期，一般反映快速堆积的密度流沉积特点。在个别情况下可见到化学胶结物构成的基底式胶结，如我国青海小柴旦盐湖(硼酸盐型)的现代湖滩岩即为柱硼镁石胶结物构成基底式胶结的细粒长石岩屑砂岩。

(2)孔隙式胶结：其大部分颗粒彼此直接接触，填隙物可以是黏土杂基，也可以是化学胶结物。反映了稳定水流沉积作用和波浪淘洗作用的特征。

(3)接触式胶结：属于颗粒支撑类型，胶结物只在颗粒接触处才出现。这种胶结方式只在比较特殊的条件下才能产生，如在干旱气候条件下形成的砂层，由于毛细管作用而使得溶液沿颗粒接触点的细缝流动、并发生矿物的沉淀作用而形成，也可以是原先具孔隙胶结的岩石在近地表处经大气水的淋滤而形成。

(4)镶嵌式胶结：在成岩期的压固作用下，特别是当压溶作用明显时，砂质沉积物中的碎屑颗粒会更紧密地接触。颗粒之间由点接触发展为线接触、凹凸接触，甚至形成缝合接触。这种颗粒直接接触构成的镶嵌式胶结，有时不能将碎屑与其硅质胶结物区分开，看起来像是没有胶结物，因此有人称之为无胶结物式胶结。镶嵌式胶结中碎屑颗粒和胶结物在阴极发光显微镜下是可以进行区分的。

(二)碎屑颗粒的支撑类型

碎屑颗粒的支撑类型包括杂基支撑与颗粒支撑。

在杂基支撑结构中，杂基含量高，颗粒在杂基中呈漂浮状。在颗粒支撑结构中，颗粒之间可有不同的接触性质，包括点接触、线接触、凹凸接触和缝合接触(图3－12)。这不仅仅是胶结形式上的差别，从成因上看，上述顺序即从点接触至缝合接触反映了沉积物在埋藏成岩过程中经受压实、压溶等成岩作用的强度和进程，颗粒间缝合接触是成岩程度很深的特征。

碎屑岩的胶结类型和颗粒间接触的性质不仅对沉积环境分析有意义，还可为碎屑岩的成岩阶段分析提供依据。

五、结构成熟度

结构成熟度(textural maturity)的概念首先由福克(1954)提出，指碎屑沉积物在其风化、搬运和沉积作用的改造下接近终极结构特征的程度。碎屑沉积物的理想终极结构应该是分选，磨圆都极好的的一种状态，碎屑颗粒接近于等大球体，而且还应为颗粒支撑、无杂基，但可由化学胶结物填隙。

结构成熟度的高低可以反映在碎屑的分选性、磨圆度以及黏土(或杂基)的含量上，按这三个标准可将结构成熟度分为四个等级(表3－4)。

表3－4 结构成熟度类型划分

<table>
<tr><th>成熟度类型</th><th>黏土含量/%</th><th>分选性</th><th>圆度</th></tr>
<tr><td>未成熟</td><td>>5</td><td>很差</td><td>尖棱角状—棱角状</td></tr>
<tr><td>次成熟</td><td rowspan="3"><5</td><td>较差</td><td>次棱角状</td></tr>
<tr><td>成熟</td><td>中等—好</td><td>次圆状</td></tr>
<tr><td>极成熟</td><td>很好</td><td>圆状</td></tr>
</table>

由于结构成熟度最终受复杂的搬运和沉积环境所控制，因此还可出现更为复杂的情况。如在风暴期，可使得成分单纯、圆度高、分选好的海岸砂和由较深水环境带来的大量黏土杂基、内源组分等相混合，致使浅海砂的结构成熟度降低；此外，生物的扰动也可以产生这种混合作用；这种现象称为结构退变。

六、粒度分析

粒度分析(grain size analysis)是沉积物(或沉积岩)中各种粒级碎屑颗粒百分含量及粒度分布研究的一种方法。碎屑颗粒粒度分布及分选性是搬运能力的度量尺度，是判别沉积时的自然地理环境以及水动力条件的良好标志。碎屑岩的储油物性也与其粒度特征密切相关。

(一)粒度分析方法的选择

粒度分析方法的选择因碎屑颗粒的大小和岩石致密程度而异。对于砾石，可以直接测量其线性值，也可以用量筒测其体积；砂或疏松的砂岩多采用筛析法；粉砂和黏土可用沉速法分析或激光粒度分析法；固结紧密无法松解的岩石可采用图像分析仪进行自动粒度分析。

(二)粒度资料图解

常用的粒度图件有直方图(histogram)、频率曲线(frequency curve)、累积曲线(cumulative curve)、概率值累积曲线(probability cumulative curve)、$C-M$图等。

1. *直方图和频率曲线*

直方图是最常用的粒度组分图件，它是由一系列相邻的长方块构成的(图3－13)。各长方块的底边等长，其长度代表粒度区间；长方形的高代表每种粒度区间的质量百分比(图3－13中的a)。横坐标曾用对数标度，现在应用更广的是Φ值标度；纵坐标是百分数坐标。这种图的优点是能一目了然地表现出样品的粒度变化和各粒级碎屑的百分含量。

将直方图上各方块的顶边中点连接起来，绘制成一条圆滑曲线，这就是频率曲线图(图

3－13 中的 b）。与直方图类似，频率曲线也表示了样品的粒度分布。通常把直方图中突出于周围方块之上的高方块或频率曲线中的高点称作峰（mode，亦称众数）。如果样品中只有一个峰，叫单峰；若有两个或两个以上的峰，则为双峰或多峰。

2. 累积曲线

这是用粒度分析成果中的累积质量百分数作成的图（图 3－13 中的 c）。横坐标仍然表示粒径，而纵坐标表示的是各粒级的累积含量。图中累积数据由粗粒级开始计算。累积曲线总是构成 S 形。但不同沉积环境形成的碎屑沉积物，其累积曲线形态是有差别的。滨海沉积和风成沉积的碎屑物质分选好，粒度范围窄，因而累积曲线很陡；洪流及冰川沉积分选差，粒度分布范围宽，累积曲线表现得平缓。

3. 概率值累积曲线

概率值累积曲线仍然用累积质量百分数作图。横坐标仍为粒径（Φ）值，而纵坐标改用概率百分数标度，这样做成的便是概率值累积曲线图（图 3－14），也称为粒度概率图。与算术坐标不同，概率百分坐标是以 50% 为对称中心的非等间距坐标，它是按单峰正态曲线分布的规律刻画的。

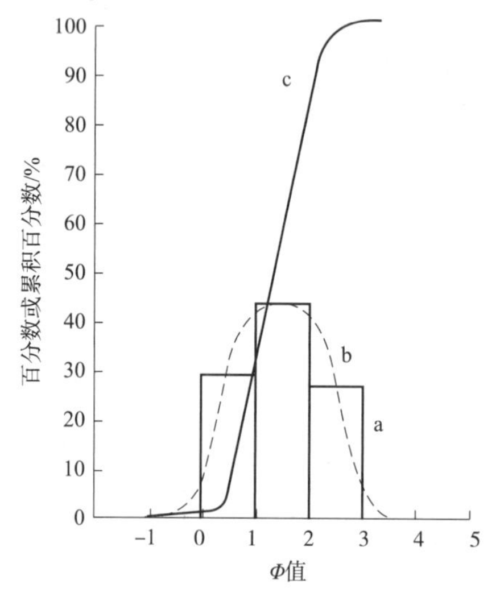

图 3－13　青岛海滩某沙样的粒度曲线（据冯增昭等，1993）

a—直方图；b—频率曲线；c—累积曲线

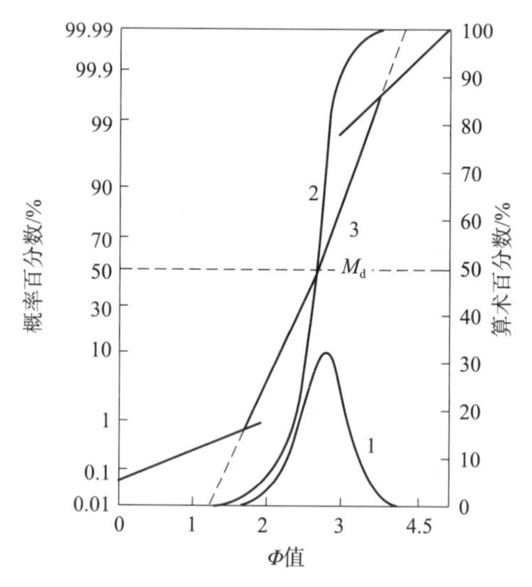

图 3－14　三种粒度曲线（据冯增昭等，1993）

1—频率曲线；2—累积曲线；3—概率值累积曲线

粒度概率图反映了粒度众数特征及其在概率坐标系中的分布特点。如果粒度分布符合通常所说的对数正态分布，那么用概率坐标在图上会得到一条直线。一般情况下碎屑沉积物的概率累积曲线总是表现为相交的数个直线段，其原因在于沉积物中包含着几个正态次总体。与 S 形累积曲线相比，概率值累积曲线是将碎屑组分中含量较少的粗、细尾部的特点放大了，因而相应粒级在图中显示得更加清楚。

不同成因的沉积物，其直线段数目、交切点和直线段的斜率等一般也会不同。借助粒度概率图可直观地比较沉积物之间的差别和辨别沉积环境。因而利用图的这些特征，便于识别不同的搬运和沉积作用（详见后述）。这对于沉积成因分析及在图解法中应用都显得更加方便。

（三）粒度参数的计算

粒度参数是沉积学研究中的常用指标，该类参数由累积曲线上读得某些累积百分数处的颗粒直径，然后用数学公式进行计算。常用的粒度参数及其计算公式见表 3－5。

表 3－5 常用的粒度参数及其计算公式(据冯增昭等，1993)

名称	特拉斯克	福克和沃德
中值	$M_d = P_{50}$	$M_d = \Phi_{50}$
平均粒径	$M = \frac{P_{25} + P_{75}}{2}$	$M_z = \frac{\Phi_{16} + \Phi_{50} + \Phi_{84}}{3}$
分选	$S_o = \frac{P_{25}}{P_{75}}$	$\sigma_1 = \frac{\Phi_{84} - \Phi_{16}}{4} + \frac{\Phi_{95} - \Phi_5}{6.6}$
偏度	$SK = \frac{P_{25} \cdot P_{75}}{M_d^2}$	$SK_1 = \frac{\Phi_{16} + \Phi_{84} - 2\Phi_{50}}{2(\Phi_{84} - \Phi_{16})} + \frac{\Phi_5 + \Phi_{95} - 2\Phi_{50}}{2(\Phi_{95} - \Phi_5)}$
峰度	$K = \frac{P_{25} - P_{75}}{2(P_{90} - P_{10})}$	$K_G = \frac{\Phi_{95} - \Phi_5}{2.44(\Phi_{75} - \Phi_{25})}$

注：P_{75}代表累积曲线 75% 处对应值的粒径，mm；P_{25}代表累积曲线 25% 处对应的粒径，mm；依次类推。Φ_{75}代表累积曲线 75% 处对应的 Φ 值；Φ_{75}代表累积曲线 25% 处对应的 Φ 值；依次类推。

每一种粒度参数都以一定的数值定量地表示碎屑物质的粒度特征。粒度参数有助于判断沉积物搬运—沉积时的水动力条件，因此粒度参数常被用作鉴别沉积环境的依据。

1. 平均粒径(mean)和中值(median)

这两个参数表示粒度分布的集中趋势。沉积岩中碎屑物质的粒度一般是趋向于围绕着一个平均的数值/分布，即平均或中值粒径。这些数值受两个因素的控制，一是沉积介质的平均动力能(速度)，二是来源物质的原始大小。

中值 M_d 是累积曲线上 50% 处对应的粒径，特拉斯克以毫米(mm)作粒径单位，福克等用 Φ 值表示粒径。中值的意义是指它在粒度上居于沉积物的中央，有一半质量的颗粒大于它，另有一半小于它。

平均粒径是累积曲线上 25%、75% 处对应粒径的平均，或 16%、50%、84% 处对应的粒径 Φ 的平均(表 3－5)。该参数可以反映搬运介质的搬运速度。

2. 标准偏差(standard deviation)和分选系数(sorting coefficient)

两者都是表示分选程度的参数，表示颗粒大小的离散或均匀程度。标准偏差用以表征颗粒大小偏离算术平均值的程度。标准偏差用 σ_1 表示，$\sigma_1 = \frac{\Phi_{84} - \Phi_{16}}{4} + \frac{\Phi_{95} - \Phi_5}{6.6}$。

前人基于近千个样品的分析，确定了用标准偏差(σ_1)确定分选级别的标准：分选极好，$\sigma_1 < 0.35$；分选好，$0.35 \leqslant \sigma_1 < 0.50$；分选较好，$0.50 \leqslant \sigma_1 < 0.71$；分选中等，$0.71 \leqslant \sigma_1 < 1.00$；分选较差，$1.00 \leqslant \sigma_1 < 2.00$；分选差，$2.00 \leqslant \sigma_1 < 4.00$；分选极差，$\sigma_1 > 4.00$。

分选性用 s_o 表示，$s_o = \frac{P_{25}}{P_{75}}$：$s_o \geqslant 0.75$，分选好；$0.5 \leqslant s_o < 0.75$，分选中等；$s_o < 0.5$，分选差。

3. 偏度(skewness)

偏度 SK_1 被用来判别粒度分布的不对称程度。$SK_1 \approx 0$ 时，频率曲线图中粒度中值和平均值一致，均位于峰值处，两侧曲线对称分布；$SK_1 < 0$ 时，中值小于平均粒径，曲线峰值小于中值粒径的不对称形态，$SK_1 > 0$ 则与之相反。

4. 峰度(kurtoisis)

峰度K_G用来衡量粒度频率曲线的尖锐程度。K_G值越大，频率曲线峰形越尖锐；K_G值越小，频率曲线峰形越平坦。

(四)粒度分析在区分沉积环境中的应用

沉积岩的粒度受搬运介质、搬运方式及沉积环境等因素控制，反过来，这些成因特点必然会在粒度特征上得到反映，这正是应用粒度资料确定沉积环境的依据。

1. 粒度判别函数

萨胡在碎屑沉积物研究中提出了沉积环境判别函数方法。他自世界各地采集了大量碎屑沉积物样品，其中有砾石、砂以及粉砂，采样的环境类型有河道、泛滥平原、三角洲、海滩、风成沙丘、浅海以及浊流。多数样品取自现代沉积物，只有浊流用的是岩石样品。在对这些样品进行分析研究的基础上，通过粒度参数求得了各类沉积环境间的判别函数(表3-6)。

表3-6　鉴别沉积环境的判别函数(转引自冯增昭等，1993)

鉴别沉积环境	判别公式	鉴别值	函数平均值
风成沙丘与海滩	$Y_{风成沙丘,海滩}=-3.568M_z+3.7016\sigma_1^2-2.07665SK_1+3.1135K_G$	风成沙丘：$Y<-2.7411$ 海滩：$Y>-2.7411$	$\overline{Y}_{风成沙丘}=-3.0973$ $\overline{Y}_{海滩}=-1.7824$
海滩与浅海	$Y_{海滩,浅海}=15.6543M_z+65.7091\sigma_1^2+18.1071SK_1+18.5043K_G$	海滩：$Y<65.3650$ 浅海：$Y>65.3650$	$\overline{Y}_{海滩}=51.9536$ $\overline{Y}_{浅海}=104.7536$
浅海与河流(三角洲)	$Y_{浅海,河流}=0.2852M_z-8.7604\sigma_1^2-4.8932SK_1+0.0482K_G$	浅海：$Y>-7.4190$ 河流：$Y<-7.4190$	$\overline{Y}_{浅海}=-5.3167$ $\overline{Y}_{河流}=-10.4418$
河流(三角洲)与浊流	$Y_{河流,浊流}=0.7215M_z-0.4030\sigma_1^2+6.7322SK_1+5.2927K_G$	河流：$Y>9.8433$ 浊流：$Y<9.8433$	$\overline{Y}_{河流}=10.7115$ $\overline{Y}_{浊流}=7.9791$
冰碛物与冲积扇	$Y_{冰碛物,冲积扇}=0.004050M_z+0.02381\sigma_1-0.05616SK_1+0.10365K_G$	冰碛物：$Y>0.12809$ 冲积扇：$Y<0.12809$	$\overline{Y}_{冰碛物}=0.16121$ $\overline{Y}_{冲积扇}=0.10225$
冰碛物与冰水沉积	$Y_{冰碛物,冰水沉积}=-0.00256M_z+0.03501\sigma_1+0.02578SK_1-0.01549K_G$	冰碛物：$Y>0.08133$ 冰水沉积：$Y<0.08133$	$\overline{Y}_{冰碛物}=0.11429$ $\overline{Y}_{冰水沉积}=0.04836$

2. 用概率累积曲线区分沉积环境

维谢尔对取自现代和古代不同沉积环境的样品用筛析法进行了粒度分析，对具有不同特征的概率累积曲线图进行了归纳和成因分类，同时研究和解释了沉积物搬运方式与粒度分布的关系，在此基础上提出了应用概率累积曲线图建立沉积环境的典型模式(Visher，1965，1969)。

沉积物的粒度一般不是表现为单一的对数正态分布，因此其概率图总是由几个相交的直线段(称为次总体，subpopulation)构成(图3-15)。

碎屑沉积物(或岩)一般包括三个次总体，受基本搬运方式不同的影响，搬运方式包括悬浮、跳跃和滚动三种，相应地在粒度概率曲线上形成了三个次总体，它们分别代表着样品中的悬浮搬运组分、跳跃搬运组分和滚动搬运组分。上述三个次总体也相应地被称为滚动次总体、跳跃次总体和悬浮次总体。

1)滚动次总体

代表了沉积物中粒度最粗的碎屑颗粒组分，其搬运方式一般是沿底床的滚动、滑动、拖曳。流速处于启动流速的临界点附近，流速稍有下降，滚动次总体即处于停滞状态，沉积下来形成滞留沉积，或等待下一次重新搬运。

2)跳跃次总体

粒度相对较细，在沉积介质中呈现跳跃式搬运特征。颗粒在沉积介质中可以在高于底床的一定范围内跳跃，并可形成一层明显的跳跃层。如果沉积介质扰动强度稳定，则该次总体粒级均匀变化而在粒度概率图中形成规则的直线段；反之，则可能使得该段形态发生复杂化，出现2段甚至更多段的折线状。受滨岸带冲刷、回流作用所造成的双向水流的影响，前滨沉积物的跳跃次总体常由斜率略有变化的两部分组成，中间出现一处拐点，称为冲刷—回流分界点(图3－15)。

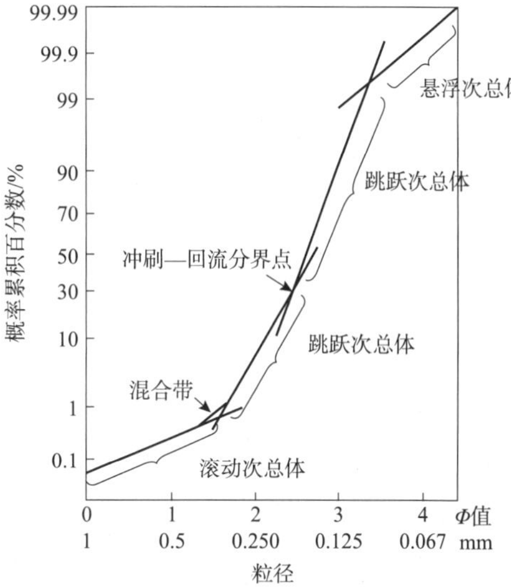

图3－15　粒度概率图(据冯增昭等，1993)

3)悬浮次总体

以悬浮搬运为主要特点。在牵引流沉积物中，悬浮次总体其颗粒一般很细，其粒径小于0.125mm；但在重力流沉积中，粒径或粒级可以有很宽的变化范围。悬浮颗粒粒级和水流扰动强度呈正相关关系，并可以呈现两种状态：一是均匀悬浮，或称完全悬浮，其粒度不随深度发生变化，在垂向上不存在粒度分异现象；二是递变悬浮，悬浮物质的密度随深度而增加，从上到下粒度逐渐变粗。

滚动次总体与跳跃次总体的交点称为粗截点(用C. T. 表示)，跳跃次总体与悬浮次总体的交点称为细截点(用F. T. 表示)。有些点不落在截点附近，可以构成短的弧线，称为混合带(图3－15)。

多数砂质沉积物都包括上述三种搬运方式所形成的组分，因此多数概率图包括三个直线段。由图3－15可见，每一个直线段有一定的粒度区间和一定的斜率，表明了沉积物中每一个粒度次总体都具有一定的平均粒径和标准偏差，直线段的斜率代表着分选性，线段愈陡，说明分选程度愈好。各直线段的交点称交切点。有的样品在两个粒度次总体间有混合带，在图3－15上则表现为二线段圆滑接触。为保证图的精度，每一条线至少要有四个粒度点控制。

沉积时流体的性质、搬运介质水动力条件的不同以及自然地理条件的不同，造成砂质沉积物被搬运和沉积上的差别，这些在概率图上会有所反映，具体表现为直线段数目、线段分布区间、含量百分数、线段斜率、混合带、线段间交切点以及粗细尾端切割点(粗截点、细截点)位置上的差异。不同沉积环境中砂岩沉积物的粒度概率图中所获得的参数特点常具有较大差异性(表3－7)。

表 3-7 不同沉积环境砂质沉积物的粒度概率图特征(据冯增昭等，1993)

沉积环境	跳跃组分(A)				悬浮组分(B)				滚动组分(C)				主要特征
	百分含量/%	分选	C. T.(Φ值)	F. T.(Φ值)	百分含量/%	分选	A. B 混合	F. T.(Φ值)	百分含量/%	分选	C. T.(Φ值)	A. C 混合	
风成沙丘	97~98	很好	1.2~2.0	3.0~4.0	1~3	中等	中等	4.0~>4.5	0~2	差	0~1.0	少	跳跃组分含量较高，分选极好
海滩	50~99	很好	0.5~2.0	3.0~4.25	0~10	中好	少	3.5~>4.5	0~50	中	-1.0~无极限	中等	跳跃组分含量高，分为二段直线
波浪带浅海	35~90	好 很好	2.0~3.0	3.0~4.5	5~70	中等 差	多	3.75~>4.5	0~10	差	0~无极限	少	三种组分都有，三段直线，以跳跃组分为主
河流(河床)	65~98	中	1.5~1.0	2.75~3.5	2~3.5	差	少	>4.5	变化	差	无极限	少	变化大，以跳跃组分为主，经常含有悬浮组分
天然堤	0~30	中	2.1~1.0	2.0~3.5	60~100	差	多	>4.5	0~5			无	单一种悬浮组分
浊流	0~70	中差	1.0~2.5	0~3.5	30~100	差	多	>4.5	0~40	中差	无极限	多	常只有悬浮组分，层内有递变现象

详细分析概率图的形态及其参数，有助于分析沉积动力、判断沉积环境，因此粒度概率图是沉积学研究中非常重要的手段。在沉积学研究中，既可以把不同样品的粒度概率图直接进行对比(图 3-16)，也可以针对不同沉积相类型进行粒度概率图，以及粒度参数的对比。

3. *C*-*M* 图解

C-*M* 图(*C*-*M* plot)是应用每个样品的 *C* 值和 *M* 值绘成的图形。*C* 值是累积曲线上 1% 处对应的粒径，*M* 值是累积曲线上 50% 处对应的粒径(图 3-17)。*C* 值与样品中最粗颗粒的粒径相当，代表了水动力搅动开始搬运的最大能量；*M* 值是中值，代表了水动力的平均能量。

帕塞加将搬运沉积物的底流分为牵引流和重力流两种形式。由于在搬运—沉积方式上存在的差异，两种底流所形成的沉积物的 *C*-*M* 图也存在显著不同。

1)牵引流沉积的 *C*-*M* 图

牵引流沉积完整的 *C*-*M* 图可以发育 *NO*、*OP*、*PQ*、*QR*、*RS* 几个段[图 3-17(a)]，每个段具有不同的沉积学意义。

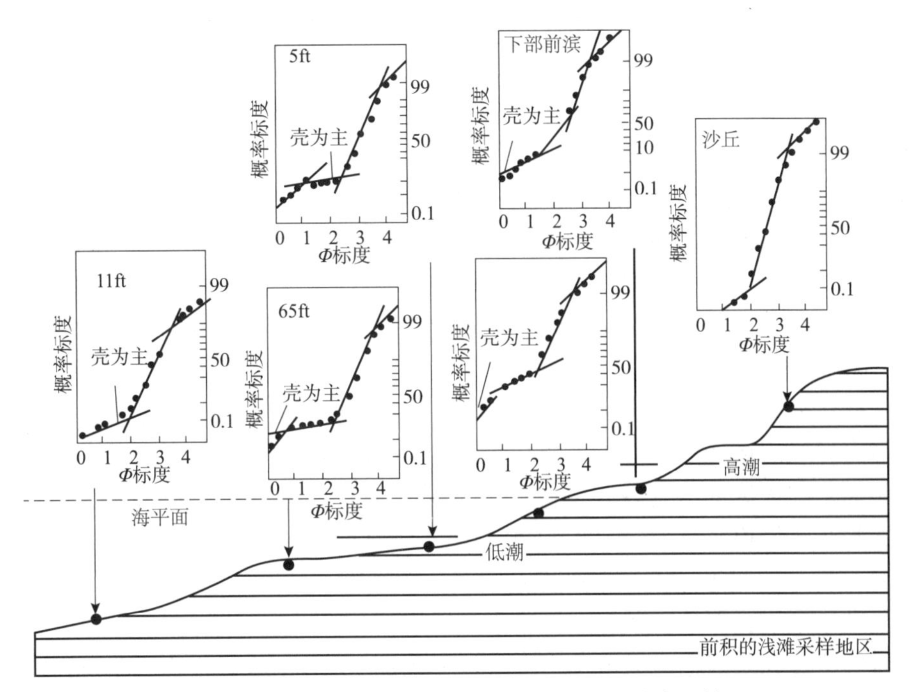

图3－16　海岸剖面不同位置粒度概率图的对比（据余素玉等，1989）

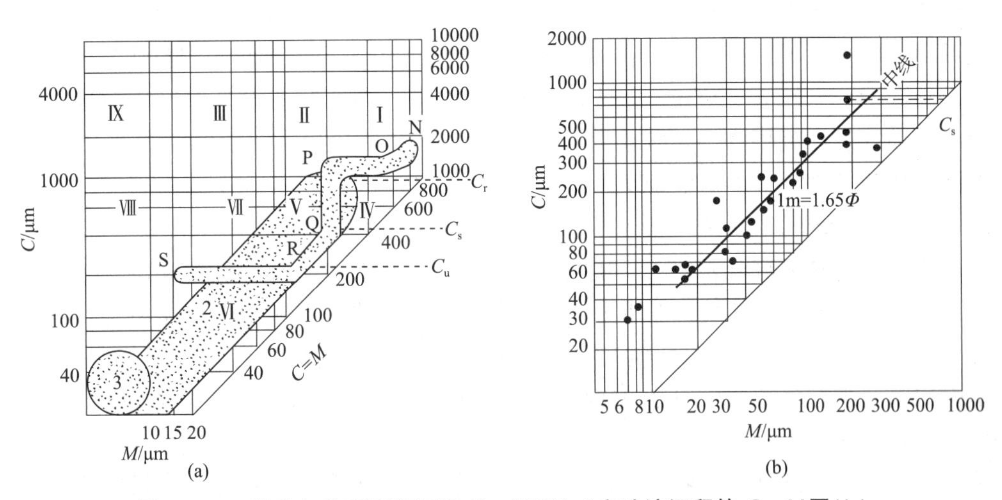

图3－17　帕塞加的牵引流沉积 $C-M$ 图（a）和浊流沉积的 $C-M$ 图（b）

1 表示牵引流沉积；2 表示浊流沉积；3 表示静水悬浮沉积；

Ⅰ、Ⅱ、Ⅲ、Ⅸ段表示 $C>1000\mu m$；Ⅳ、Ⅴ、Ⅵ、Ⅶ、Ⅷ段表示 $C<1000\mu m$

NO 段 *C* 值一般大于 1mm（1000μm），主要由滚动搬运的颗粒组成，代表了沉积物中粒度最粗的碎屑物质。

OP 段 *C* 值一般大于 800μm，也以滚动搬运组分为主，也有悬浮物质的参加。由于滚动组分与悬浮组分相混合，*M* 值有明显的变化。

PQ 段在形态上的特点是 *C* 值变化而 *M* 值不变。其原因和沉积物构成上以悬浮搬运为主有关。越向下游河流的地质营力的平均能量减弱，但与之相伴随的是滚动组分的颗粒也越来越小。*PQ* 可含有少量滚动组分，但由于其的数量并不多，因此 *M* 值基本不变。*PQ* 段 *P* 点

附近的 C 值以 C_r 表示，它代表该段中粒度最粗、最易滚动搬运的颗粒直径。

QR 段代表递变悬浮组分。这是在流体中下向上粒度逐渐变细、密度逐渐变低，但呈现悬浮状态的沉积组分。一般认为该组分位于水流底部，由于涡流发育造成悬浮状态，当涡流流速降低时，则迅速转化为滚动状态。递变悬浮沉积物的一个最大特点是 C 与 M 成比例地增加，即 C 值与 M 值相应变化，从而使这段图形与 $C=M$ 基线平行。在牵引流沉积的 $C-M$ 图中，C 值常指示最大的地质营力。QR 段 C 的最大值以 C_s 表示，代表底部的最大搅动指数；最小值以 C_u 表示，代表底部的最小搅动指数；两者分别反映了该段悬浮搬运的最大和最小粒级。

RS 段为均匀悬浮组分，是在该沉积环境中呈完全悬浮状态的组分，位于递变悬浮之上，属上层水流搬运方式，其粒径和密度不随深度变化。在弱水流中可能不存在递变悬浮，而是由均匀悬浮直接与底床接触。均匀悬浮的物质主要为粉砂和泥质的混合物，最粗粒度为细砂。由于均匀悬浮搬运常不受底流分选，在河流中从上游至下游沉积物的粒度成分变化不大，只是粗粒级含量相对减少。因此在 RS 段中 C 值往往基本不变，而 M 值向 S 端减小。RS 段的最大 C 值即 C_u，它代表均匀悬浮搬运的最大粒级。

具体到某一地层成因单位来看，其 $C-M$ 图常不是包含上述所有的段，而是只有少数几个段，各段的位置和大小亦不尽相同。如能抓住这些特点并结合沉积构造序列分析，将其与典型的 $C-M$ 图形进行对比，便可作出沉积成因解释。

在海滩地带，由于环境动荡，细的悬浮物质不沉降，因此粗颗粒不能被埋藏，滚动颗粒可以搬运很长距离后再沉积，所以在海滩沉积物中滚动组分很多。海滩沉积物的 $C-M$ 图表现为分散的图形，一般 $C>200\mu m$，$M>100\mu m$，样品点在Ⅰ、Ⅱ、Ⅲ、Ⅳ区中散布。远洋区集中了最细的悬浮沉积物，其颗粒均十分细小，在 $C-M$ 图上构成了 3 区。除深海外，深湖、潟湖、海湾、礁湖等静水盆地沉积也属于这一类型。

2)重力流沉积的 $C-M$ 图

重力流沉积与牵引流沉积在 $C-M$ 图上有着较明显的区别。将该 $C-M$ 图中 $C=M$ 的点连成一条线，构成 $C=M$ 基线；而重力流沉积物的样品点在 $C-M$ 图中总体呈现长条形的样品点分布区，其中线为一直线，形成很好的平行于 $C=M$ 基线的图形[图 3-17(b)]，其特点与牵引的递变悬浮沉积(Q R 段)相似，但是图中不出现其他段，这种图形也是重力沉积 $C-M$ 图的典型特征。

粒度分析可以提供沉积环境，特别是水动力条件方面的资料，但粒度分析方法并不是总能得到理想的结果。这是因为粒度分布是环境流体动力因素的产物，但类似的动力条件可以出现于不同环境；而不同成因的碎屑沉积物又可能混合出现。加上物源供应、构造条件等各种因素上的差别，情况常常十分复杂。因此，只有将粒度分析资料与沉积构造、生物特征、地质背景等结合起来共同作为环境判别的标志，才能得出正确的结论。

第三节　沉积岩的构造和颜色

一、沉积岩构造的概念及类型

沉积岩的构造(structure of sedimentary rocks)是指沉积岩各个组成部分之间的空间分布和

排列方式。它是沉积物沉积时或沉积之后，由于物理作用、化学作用及生物作用形成的。

沉积岩的构造分为沉积构造和次生构造(表3－8)。

沉积构造(sedimentary structure)也称为原生沉积构造，是沉积作用过程中或同生期、准同生期所形成，如各种波痕、层理构造等，能反映沉积岩沉积介质及沉积过程的重要特征。

次生构造是沉积物固结成岩之前或固结成岩之后，由非沉积作用本身因素所形成的各种构造，如同生变形构造和缝合线构造等。

表3－8　沉积岩构造的分类

物理成因构造			化学成因构造	生物成因构造
流动成因构造	暴露成因构造	同生变形构造		
(1)层理构造：块状层理、粒序层理、水平层理、平行层理、波状层理、交错层理、韵律层理 (2)层面构造： 波痕：流水波痕、浪成波痕、风成波痕、修饰和叠置波痕 线理：剥离线理、冲洗线理 流痕 (3)流动侵蚀构造：冲刷面、槽模、刻蚀模	干裂 雨痕 冰雹痕 泡沫痕	(1)层面变形构造：干裂和脱水收缩缝、雨痕、冰雹痕 (2)层内变形构造：负载构造、球枕构造、包卷层理、碟状构造、滑塌构造、碎屑岩脉	结核、晶体印痕、鸟眼构造、示顶底构造 缝合线构造(属次生化学成因) 叠锥构造(属次生化学成因)	(1)生物活动痕迹：停息迹、爬行迹、觅食迹、牧食迹、逃逸迹 (2)生物扰动构造 (3)生长痕：植物根迹、叠层构造

从成因角度看，流动成因构造、同生变形构造、暴露成因构造属物理成因。物理成因的及生物成因的构造均为原生沉积构造；化学成因的构造可有原生的，如同生结核等，也可有次生成因的，如缝合线构造、叠锥构造等。

二、沉积岩构造的特征

(一)流动成因构造

沉积物在搬运和沉积时，由于介质(如水、空气)的流动，在沉积物的内部以及表面形成的构造，属于流动成因的构造。流动成因的构造主要有各种层理构造、层面构造，以及流动侵蚀构造。

1. 层理构造

1)概述

层理构造简称层理(bedding，stratification)，是岩石性质沿垂向变化所呈现的一种层状构造，它可以通过颜色、矿物成分、结构构造、厚度等的变化而显现出来。层理是沉积岩中常见的原生沉积构造，是沉积介质(水、风等)流动特点及沉积物搬运、沉积特点的直接响应。

沉积地层在垂向上具有普遍的非均质性，这种非均质性由层的变化所导致。而层的垂向非均质性则通过层理而呈现出来。

层(bed)或一个单层是在基本稳定的介质条件下沉积的一个单元，是组成沉积地层的基本单位，它由成分上基本一致的沉积物组成。层与层之间有层面分隔，层面代表了短暂的无沉积或沉积作用突然变化的间断面。层的厚度变化很大，可由数毫米至数米。按层的厚度可分为：块状层(厚度大于2m)，厚层(厚度0.5～2m)，中层(厚度0.1～0.5m)，薄层(厚度

0.01 ~0.1m)，微层或页状层(厚度小于0.01m)。

组成层理的要素有纹层、层系、层系组。

纹层通常又称细层(laminae)，是组成层理的最小单位，其厚度一般很小，常以毫米计。同一纹层是在相同水动力条件下大致同时形成，往往具有比较均一的成分和结构，但有时也可以有粒度、成分的变化。纹层可以是平直的、波状的或弯曲的；纹层可以是连续的，也可以是断续的；纹层之间可以平行或不平行；纹层与层面之间可以平行或斜交。

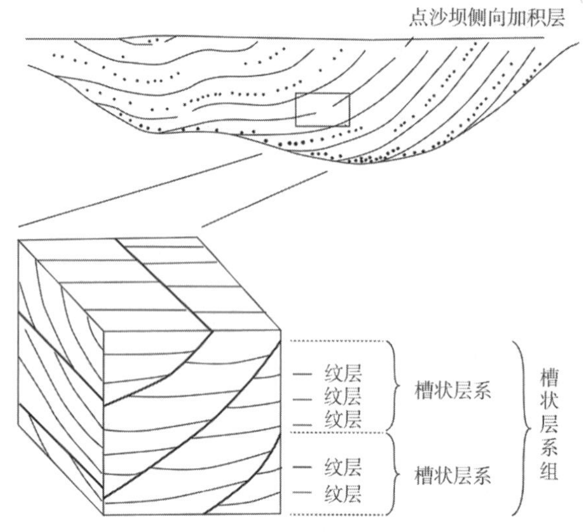

图3-18 层理及其界面(据Boggs，2014，修改)

层系(set)是由成分、结构和产状上相同的若干纹层组成的。层系是在同一环境的相同水动力条件下，不同时间形成的纹层依次沉积所组成。水平纹层(或细层)组成的层系，由于层系缺乏明显的划分标志，故一般难以划分层系。而由倾斜纹层组成的层系则易于识别，层系间有明显的层系界面分隔。层系的上、下界面之间的垂直距离即层系厚度，可从数毫米到数十米厚，一般为数厘米到数米。按层系界面的形态，可以将层系分为板状层系、槽状层系和楔状层系(图3-18)。板状层系界面为平面，且层系界面相互平行呈板状延伸；如果层系界面相互不平行则为楔状层系；槽状层系的底界面成槽状或杓状。

层系组(coset)是由两个或两个以上的相似层系组成的(图3-18)，是在同一环境的相似水动力条件下形成的，如图3-18中由厚度不等的板状层系所组成的层系组。

层理的名称常由层系/层系组的特征来确定，如槽状交错层理。

2)流态(flow regime，也译为流动体制)与层理的形成

层理的种类繁多(表3-8)，有关层理的成因，一直是沉积学研究中广受关注的问题。野外观察和水槽实验研究表明，层理的形成是一定的床沙形体在时间和空间上遵循一定的水动力学规律运动形成的(乐昌硕，1984)。在河床或水槽(flute)中，流水沿着河床上非黏性沉积物(如沙、粉沙)的床面上流动时，在沉积表面铸造的几何形态，称为床沙形体或底形(bedform)。

西蒙斯和理查德森(Simons 和 Richardson，1961)通过水槽实验发现，当流水在小于0.6mm沙粒粒径的平坦床沙上流动时，若流动强度很小或流速极缓慢，流水不能推动颗粒运动，则床沙物质并不移动，水中携带的悬浮物质沉积在床沙表面后即形成无运动的平坦床沙(flatbed)；当水流的强度增大，流速达到20cm/s时，床沙颗粒开始移动，由于有流动阻力的存在，在床沙表面形成向上游缓倾斜、向下游陡倾斜的不对称的沙波，其波高为0.5 ~3cm，波长小于30cm，很少超过60cm，这种床沙形体称为沙纹(ripple)；当水动力进一步增强，流速达到50cm/s时，沙纹的波高及波长逐渐增大，波高由3cm左右至10 ~20cm，波长可达数米，先后出现沙浪(sand wave)、沙丘(dune)两种床沙形体。由此可知，床沙形态的类型及其组合和流动条件关系密切。

底形和流动条件之间的关系称为流动体制。流动体制可以用弗劳德数（*Fr* 值）来表示。

弗劳德数（也称为佛罗德数，froude number）是一个水力学参数，是用来表示惯性力与重力之间比率的一个无量纲数。弗劳德数的公式为：

$$Fr = u/\sqrt{Dg}$$

式中，u 为明渠水流断面平均流速；g 为重力加速度；D 为水深。

弗劳德数是一个能反映流态的数值，也可以用于判断各种底形的形成。

Fr 小于 1 时，代表了水深流缓的流动状态，属稳定流态，称为低流态，又称为下部流动体制；可形成无运动平坦床沙（下平底）、波纹、沙丘等床沙形体（图 3－19）。

Fr 大于 1 时，代表的为水浅流急的流动状态，为高速水流，称为高流态，也称为上部流动体制；可形成平坦床沙（上平底）、驻波、逆行沙丘、冲槽、冲坑等床沙形体（图3－19）。

Fr 约等于 1 时，为过渡流态。

在流态特征上，沙纹、沙浪、沙丘都属于低流态，对应的弗劳德数（*Fr*）小于 0.8 或 1，水流流态为缓流。其流动的阻力大，沉积物的搬运相对少而不连续，颗粒沿着床沙形体的陡坡向下崩落，床沙形体连续缓缓地向前移动，水面波的起伏与床沙形体的起伏恰好相反，构成异相位。

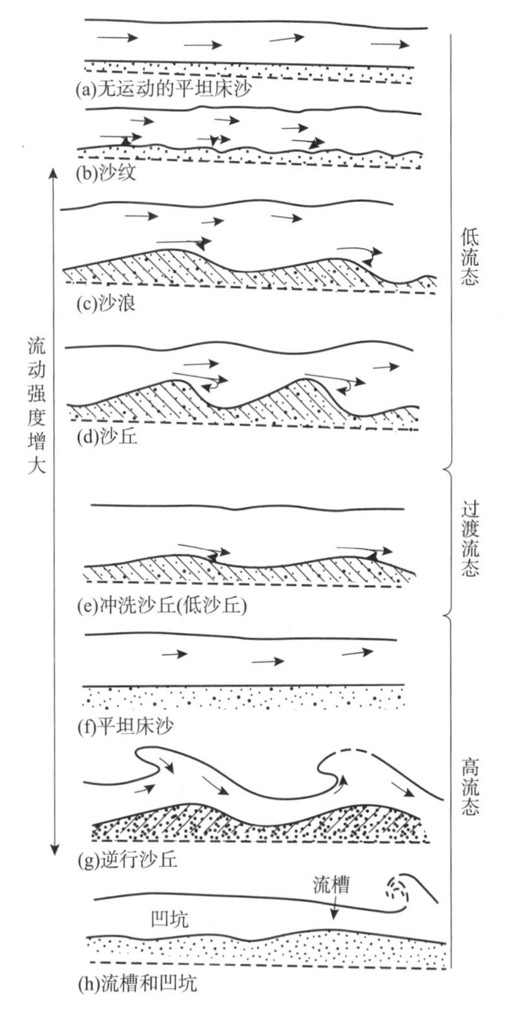

图 3－19　在准平衡的单向水流下形成的床沙形体类型（据曾允孚等，1986）

颗粒直径 0.6mm

当流动强度再增大时，弗劳德数接近于 1。波长急剧增大，流水以较大的剪切力削蚀沙丘并降低其高度，形成低角度的沙丘（倾角大约 10°左右）。此时的流态属于过渡流态；沉积物的搬运趋向连续，表面趋向于变平，与床沙形体的起伏无关。

当流动强度进一步增大，达到高流态（*Fr* 大于 1）时，流态属急流。低角度的沙丘渐消失，形成平坦的床沙，沙粒在平坦的床面上连续地滚动和跳跃，跳跃的高度大约等于颗粒直径的 2 倍，这种床沙形体称平坦床沙。若再增加水流的强度，则水面波又出现起伏，其起伏形态与床沙形体的起伏一致，构成同相位，表面波与床沙形体产生明显的相互作用。由于高的流速和大的弗劳德数值，使水面波增高，直至不稳定，向上游方向发生破碎。此时水流向下游方向的流动使床沙形体的陡坡一侧遭受侵蚀，并在下一个床沙形体的缓坡一侧产生加积，则床沙形体向上游移动，形成逆行沙丘（antidune）。当水流强度再增大，在有相当大的坡度和沉积物搬运量时，则构成大的沉积物丘，形成流槽（chute）和凹坑（pool）。

流槽向上游缓慢移动，每个流槽的终端同凹坑连接。平坦床沙、逆行沙丘、流槽和凹坑都属于高流态下所形成，其流动的阻力小，沉积物的搬运量大而且是连续运动，水面波的起伏和床沙形体的起伏是一致的，构成同相位。

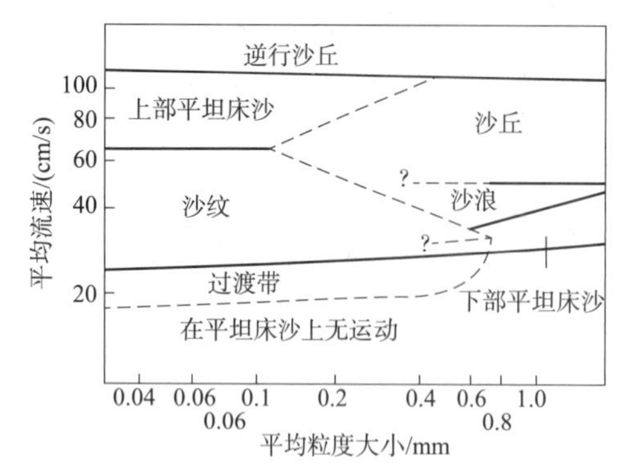

图 3-20 流速、粒度与床沙形体关系图
(据曾允孚等，1986)
实验水深 40cm，破折线及上的沙纹不稳定

实验研究证明，影响床沙形体大小和类型变化最重要的因素是流动强度、平均流速、颗粒大小及流动深度。可利用两个参数，如流动强度或平均流速与颗粒直径，绘出与床沙形体的关系图（图 3-20）。

从该图中可以看出，颗粒小于 0.2mm 的细粒沉积物，随着流速的增大，床沙形体的出现顺序为：无运动的平坦床沙→沙纹→上部平坦床沙→逆行沙丘；对于直径 0.2～0.6mm 的沙粒，随着流速的增大，床沙形体出现的顺序为：无运动的平坦床沙→沙纹→沙浪→沙丘→上部平坦床沙→逆行沙丘；对于直径大于 0.7mm 的沙粒，在流速低、相当沙纹出现的位置不出现沙纹，而是形成下部平坦床沙，因此床沙形体出现的顺序为：无运动的平坦床沙→下部平坦床沙→沙浪→沙丘→上部平坦床沙→逆行沙丘。

综上所述，流态可决定床沙形体的性质，而流体的流动产生了床沙形体的迁移，床沙形体迁移过程在层内留下的痕迹就是层理。如果属沙纹迁移，即形成小型交错层理；沙浪、沙丘迁移时能够形成中型或大型的交错层理；平坦床沙的迁移可形成平行层理。另外，按床沙形体脊的几何形态可分为：直线形、波曲形、链形、舌形、新月形和菱形（图 3-21）。脊的几何形态与交错层理的类型有密切的关系。如脊为直线状和微弯曲状，可形成板状交错层理；而当脊为弯曲状、链状、舌状和新月状时，则形成槽状交错层理。

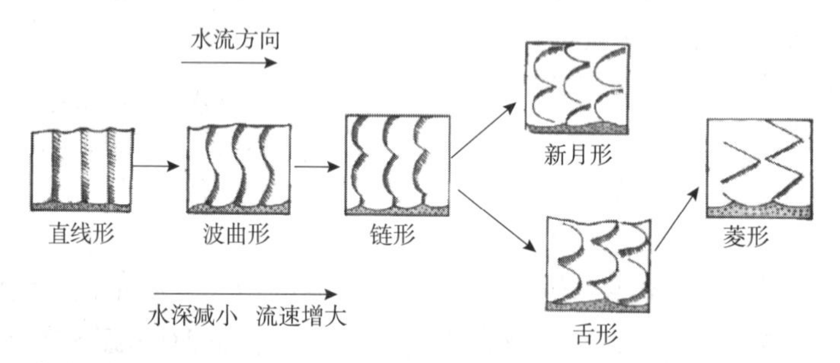

图 3-21 床沙形体或水流波痕的波脊形态（顶端）及其与水深与流速的一般关系示意图
（据 Nichols，2009，修改）

随着流水向前流动，床沙载荷不断地向前迁移。床沙形体的表面总是向下游倾斜较陡，而向上游倾斜较缓。在陡坡上加积形成的纹层称为前积层，而在缓坡上加积形成的纹层称为后积层。床沙形体迁移时，后积层不断地被侵蚀，前积层不断地加积。大约在迎水坡 2/3 处，向下游方向迁移的床沙物质可集中形成重流层。沙粒以不连续的运动方式沿着陡坡（崩落面）间歇性地崩落（图 3-22）。

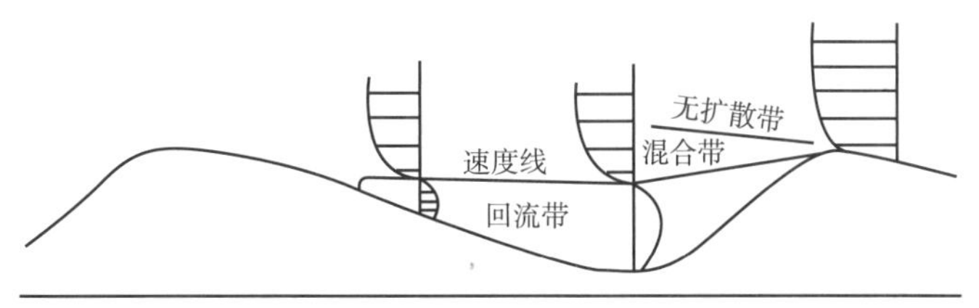

(a)背水坡上的速度分布、水流分离及三个主要带

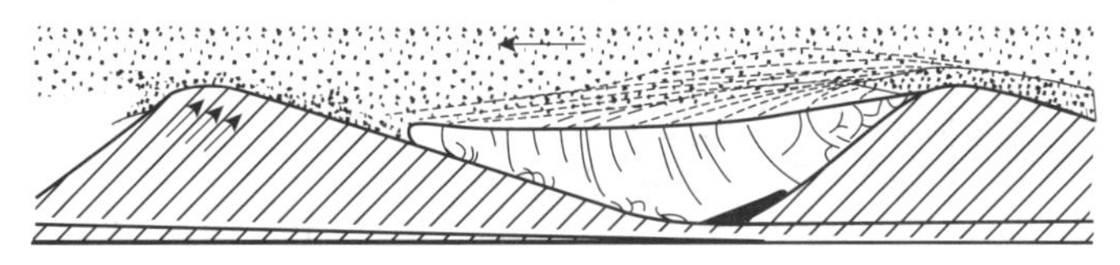
(b)重流层将颗粒堆积在脊上，沉积物再由此崩落到背水坡上

图3－22　在背水坡上的流动及沉积作用(据曾允孚等，1986)

另外，水流在床沙形体的脊或折点处，由于坡度的变化，产生流动分离现象，由此在背水坡可分为三个水动力带，即无扩散带、混合带和回流带[图3－22(a)]。无扩散带位于背水坡的上方，其速度不受紊流摩擦作用的影响，携带悬浮物向下游方向运动；混合带以大紊流为特征，水流速度迅速变化，将无扩散带的悬浮物带到回流带；回流带的水流方向则相反，顺着崩落面向上运动，因此，悬浮的沉积物除了直接沉降下来以外，还由回流带到崩落面上沉积下来。这样，重流层的沉积物沿着崩落面不断的崩落与回流带来的悬浮物交替沉积，遂形成崩落面(前积层)的粒度变化，而显示出交错的纹层[图3－22(b)]。

3)主要层理构造类型及其特征

(1)块状层理(massive bedding)。

层内物质均匀、组分和结构上无明显差异、不显纹层构造的层理，称为块状层理(图3－23)。块状层理在从泥岩到粗碎屑岩中均常见。一般认为，块状层理是由悬浮物的快速堆积、沉积物来不及分异形成的，因而不显纹层，如河流洪泛期快速堆积形成的泥岩层，以及沉积物重力流快速堆积而成的砂砾岩层；在某些情况下，块状层理也可以因强烈的生物扰动、重结晶或交代作用等破坏原生层理而形成。

(a)块状层理(紫红色含砾砂岩，山东莱阳)

(b)块状层理(灰绿色泥质粉砂岩，山东新泰)

图3－23　块状层理

(2)韵律层理(rhythmic bedding)。

韵律层理由层与层间平行或近于平行的、从数毫米至数十厘米的等厚或不等厚的两种或两种以上的岩性层按一定的变化趋势互层状重复出现所组成，常见砂质层和泥质的韵律互层，称为砂泥互层层理。韵律层理的成因很多，可以由潮汐环境中潮汐流的周期变化形成潮汐韵律层理；也可以由气候的季节性变化形成浅色层与深色层的成对互层，即季节性韵律层理；还可由浊流沉积形成复理石韵律层理(图3－24)等。

图3－24　韵律层理(山东灵山岛)

根据韵律层的纵向变化特征，韵律层理可以分为正韵律层理与反韵律层理。以砂泥互层韵律层为例，正韵律层理从下往上砂岩厚度、含量逐渐减小、变低，相应的泥质含量则逐渐变高，其厚度也逐渐变大。反之，为反韵律层理。这种韵律性的变化，在一定程度上反映了物源、水深等的振荡性变化趋势。

(3)递变层理(graded bedding)。

递变层理又称粒序层理，是层内粒度逐渐变化而形成的层理构造。从层的底部至顶部，粒度由粗逐渐变细者称正递变或正粒序，若由细逐渐变粗则称为反递变或逆粒序(图3－25)。递变层理底部常有一冲刷面，内部除了粒度渐变外，不具任何纹层。

(a)正递变层理(内蒙古测老庙)

(b)反递变层理(内蒙古测老庙)

图3－25　递变层理

递变层理有多种成因，可在不同的环境中形成。递变层理主要由悬移搬运的沉积物在搬运和沉积过程中，因流动强度减小、流水携带能力减弱、沉积物按粒度大小依次先后沉降而形成。递变层理是浊积岩中的一种特征性的层理，厚度从数毫米至数十厘米，也可以厚达一米至数米。一般来说，物质越粗，层的厚度越大，粒序层的厚度较稳定，侧向延伸较远。递变层理除了浊流成因以外，还有其他成因，如携带有大量悬浮物的河流、海流、潮汐流沉积，以及冰川季节性融化的冰湖沉积，甚至生物的扰动作用也可形成递变层理。这些递变层理厚度从数毫米至数厘米，很少超过数十厘米，横向分布不稳定，常被砂泥层中断。

(4)水平层理与平行层理。

①水平层理(horizontal bedding)。主要产于细碎屑岩(泥质岩、粉砂岩)和泥晶灰岩中，纹层平直并与层面平行，纹层可连续或断续状产出[图3－26(a)]。水平层理是在比较弱的水动力条件下悬浮物沉积而成的，因此出现在低能的环境中，如湖泊深水区、潟湖及深海环境等。

水平层理的纹层厚度小于1cm者称为页理，其集合形态类似书页[图3－26(b)]。具页理的岩石称为页岩，其岩石成分可以为泥质、钙质，也可以为粉砂质。

(a)水平层理泥岩(山东新汶)　　(b)页岩(山东莱阳)

图 3-26　水平层理与页理

②平行层理(parallel bedding)。主要产于粒度相对较粗的砂岩中，总体表现为纹层之间相互平行，并平行于层面，在外貌上与水平层理极相似。

平行层理是在较强的水动力条件下，高流态中由平坦的床沙迁移，床面上连续滚动的砂粒产生粗细分离而显出的平行状纹层[图 3-27(a)]，在含砾砂岩及其更粗的岩石中，纹层表现得可能不清楚[图 3-27(b)]，但是纹层的大致位置及方向还是能识别出来。

(a)平行层理(现代沉积剖面，内蒙古岱海)　　(b)平行层理(粗糙平行层理，内蒙古测老庙)

图 3-27　平行层理

平行层理中纹层的侧向延伸较差，有时可沿层理面剥开，在剥开面上可见到剥离线理构造(图 3-28)。

平行层理一般出现在急流及能量高的环境中，如河道、潮汐水道、重力流等环境中。平行层理常与大型交错层理共生，往往构成好的储层，如我国塔里木盆地柯克亚凝析气田的主力产层即为河流相红色平行层理砂岩，与之共生的沉积构造有大型槽状交错层理、板状交错层理、生物潜穴和剥离线理等。

图 3-28　剥离线理(现代沉积，山东威海)

(5)波状层理(wavy bedding)。

层内的纹层成连续的波状，这种层理称波状层理。如纹层不连续，称为断续的波状层理。形成波状层理一般要有大量的悬浮物质供应，当沉积速率大于流水的侵蚀速率时，可保存连续的波状纹层(图3－29)。

(6)交错层理(cross stratification)。

交错层理是最常见的一种层理。在层系的内部由一组倾斜的纹层(前积层)与层面或层系界面相交，所以又称斜层理。

根据交错层理内层系的形状不同，通常分为板状交错层理、楔状交错层理、槽状交错层理、波状交错层理等；按层系厚度不同，可分为小型(厚度小于3cm)、中型(厚度3～10cm)、大型(厚度10～200cm)、特大型(厚度大于200cm)交错层理。

按层系界面形态及其相互关系，交错层理可以划分为三种基本类型(图3－30)。

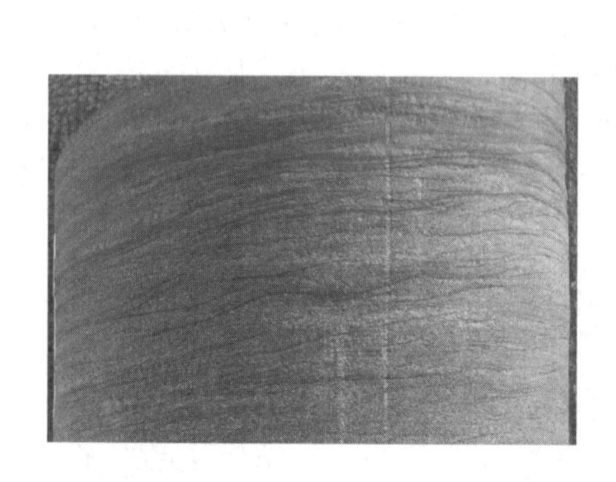

图3－29 波状层理(大21井，2612.55m)

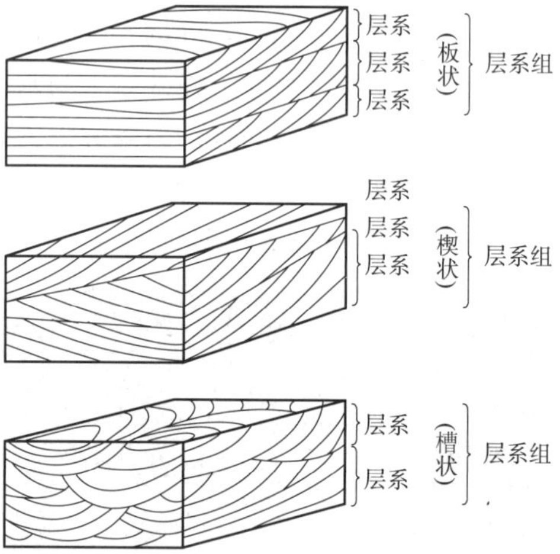

图3－30 交错层理的基本类型(据赵澄林，2001)

①板状交错层理。在与流水平行的断面上，纹层成单向倾斜，层系成板状[图3－31(a)]；而在与流水垂直断面上，纹层可以水平，也可以倾斜。

②槽状交错层理。在与流水垂直的断面上，层系成槽状[图3－31(b)(c)]；在与流水平行的断面上，层系可以呈单向倾斜的板状或舟状。

③楔状交错层理。层系界面平直的平面，相邻层系界面间相交成楔状[图3－31(d)]，无论是在平行于水流方向的剖面上，还是在垂直于水流方向的剖面上，纹层和层系界面之间可以呈现斜交，也可以近于平行。

交错层理的纹层面有斜度(纹层面与下层系界面的夹角)和方位(纹层面的倾向)的不同，在板状交错层中纹层面的倾向代表水流的流向，在槽状交错层中槽的长轴倾斜方向平行于水流的流向。

由于在不同的断面上，层系或纹层可以有不同的形态(图3－16)，在确定交错层理类型时，最好有三维空间或至少有两个方向断面的露头，才能对其进行准确判定。

交错层理可由不同的成因产生，除了由沙纹、沙浪、沙丘、逆沙丘等床沙形体迁移而形成小型、中型、大型的交错层理以外，还有曲流河的边滩，海滩滩面的侧向加积，风成沙丘和水下沙坝的迁移等都可形成交错层理。

(a)板状交错层理(河南云台山)

(b)小型槽状交错层理(山东灵山岛)

(c)大型槽状交错层理(阿联酋阿布扎比)

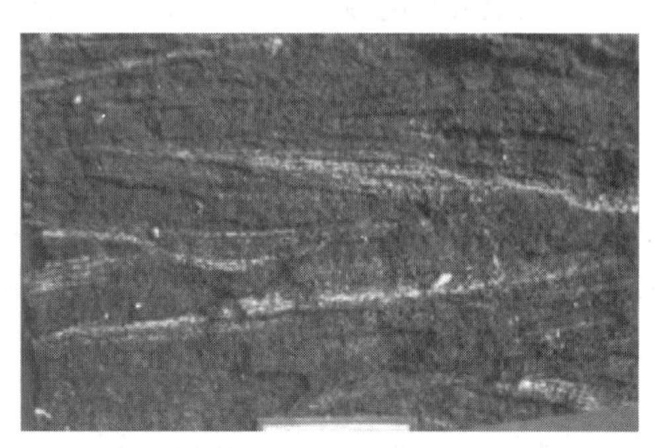

(d)楔状交错层理(草124井岩芯，1225.3m)

图3－31　交错层理基本类型的宏观形态

从成因角度看，交错层理可以出现以下几种常见类型。

①流水成因的交错层理。

a. 流水沙纹层理（小型交错层理）及爬升沙纹层理（climbing ripple bedding）。

在非黏性的细粒沉积物中，沉积物供给相对少而呈床沙搬运的条件下，由流水沙纹迁移形成流水沙纹层理。其层系的厚度小于3cm，呈板状、槽状，多数呈舟状，多层系；层系组内的前积层均为一个方向倾斜的小型斜层理。有大量的沉积物特别是以悬浮物供给时，沙纹不仅向前迁移，而且同时向上能建造成爬叠沙纹系列，后一个层系爬叠在前一个层系之上，称为爬升沙纹层理（图3－32）。

图3－32　爬升层理（心滩，现代沉积，黄河东营段，钟建华提供照片）

在露头上有时可见从保存有前积层和后积层的波状层理过渡到只保存前积层的爬升沙纹层理。这种层理类型的变化反映了悬浮物质/推移物质的比率关系。如果沉积物中悬移物质的沉积大于推移物质，后积层不被侵蚀，主要被从悬浮体中沉积下来的沉积物所覆盖，沙纹的脊稍有迁移并能完整地被埋藏和保存下来，形成波状层理；如果悬移物质/推移物质比率减小到近于相等，后积层逐渐被侵蚀，只保存前积层，形成爬升沙纹层理；如果推移物质大于悬移物质，沙纹只有向前迁移而没有同时向上增长，仅保存前积层形成沙纹层理。因此，沉积物周期性快速堆积的环境有利于爬升沙纹层理的形成。

沙纹层理、爬升沙纹层理可以出现在河流的上部边滩及堤岸沉积、洪泛平原、三角洲及浊流沉积环境中。

b. 中型至大型的板状(tabular)交错层理及槽状(trough)交错层理。

中型至大型的板状交错层理主要是由沙浪迁移形成的，层系呈板状，层系厚度大于3cm，可达1m或更厚。槽状交错层理主要是由沙丘迁移形成的，层系呈槽状或小舟状[图3-31(b)]，槽的宽度和深度都可从几厘米到数米，槽的宽深比常趋于固定值。

在 $Fr>1$、同相位、水浅流急的高流态条件下，逆沙丘迁移形成逆沙丘交错层理。这种层理的特点是：层系似透镜状，长1~6m，高1~45cm，纹层模糊，并以低角度(通常小于10°)倾斜，与上下交错层理的纹层倾向相反，并与平行层理共生。

在河流边滩及海滩等沉积环境均可见到这种层理。

②浪成沙纹层理(wave ripple bedding)。

由浪成沙纹迁移形成的交错层理即浪成沙纹层理。由对称波浪产生的浪成沙纹层理由倾向相反、相互超覆的前积层组成[图3-33(a)(b)]，在平行与波浪振动方向的剖面上，其内部具有特征的人字形构造。由不对称的波浪产生的浪成沙纹层理则表现为不规则的波状起伏的层系界面，前积纹层成组排列成束状层系，前积层可通过波谷到达相邻沙纹的翼上，前积层表现出人字形构造，即相邻层系前积层倾向相反[图3-33(c)]。由于波浪向岸和离岸运动的速度不同以及流水的叠加，浪成沙纹层理的前积层也可向一个方向倾斜，层系界面变

(a)相互超覆的前积纹层(山东灵山岛)

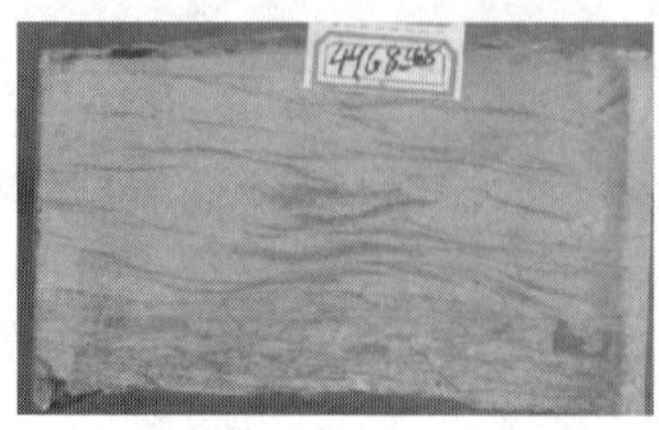

(b)纹层方向相反(征3井，4968.45m)

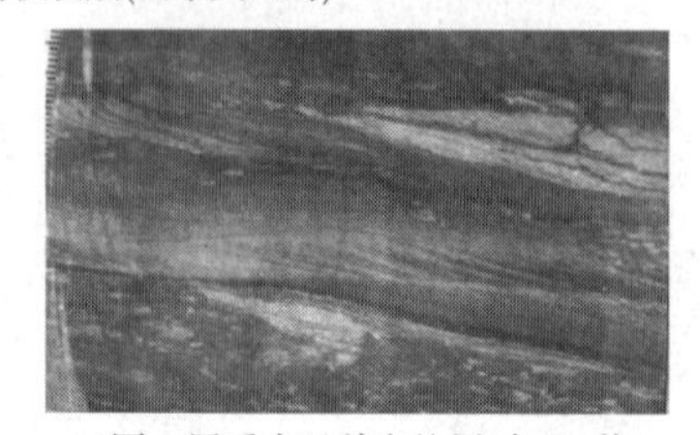

(c)同一层系内显单向纹层(吉174井)

图3-33 浪成沙纹层理

为缓的波状起伏。

浪成沙纹层理主要出现在海岸、陆棚、潟湖、湖泊等沉积环境中。

③丘状交错层理(HCS，hummocky cross stratification)和洼状交错层理(SCS，swaley cross stratification)。

在正常的浪基面以下、风暴浪基面之上的陆棚地区，由风暴浪形成一种重要的原生沉积构造，最早称为“截切浪成纹层”(C V Campbell，1966)，后来重新命名为“丘状交错层理”(Tucker，2001)。

丘状交错层理由一些大的宽缓波状层系组成，外形上像隆起的圆丘状(图3－34)，向四周缓倾斜，丘高为20～50cm，宽为1～5m；底部与下伏泥质层呈侵蚀接触(图3－35)，顶面有时可见到小型的浪成对称波痕；层系的底界面曾被侵蚀，纹层平行于层系底界面，它们的倾向呈辐射状，倾角一般小于15°；在一个层系内，横向上有规则地变厚，因此，在垂直断面上它们像“扇形”，倾角有规则地减小；层系之间以低角度的截切浪成纹层分开[图3－34(a)]。丘状交错层理主要出现于粉砂岩和细砂岩中，常有大量云母和炭屑。

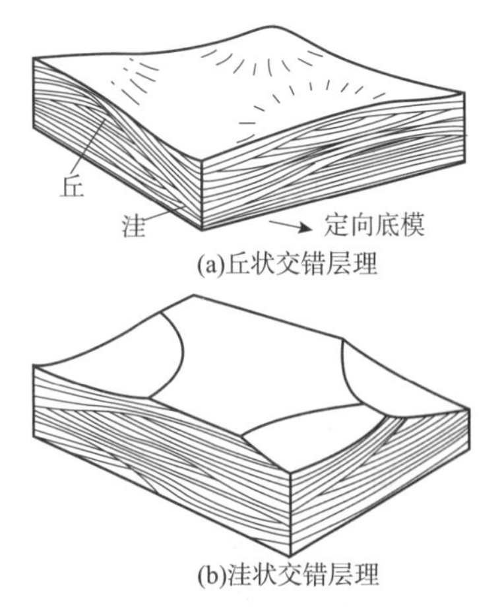

(a)丘状交错层理

(b)洼状交错层理

图3－34 丘状交错层理和洼状交错层理
(据冯增昭等，1993)

(a)丘状交错层理(加拿大安蒂科斯蒂岛)

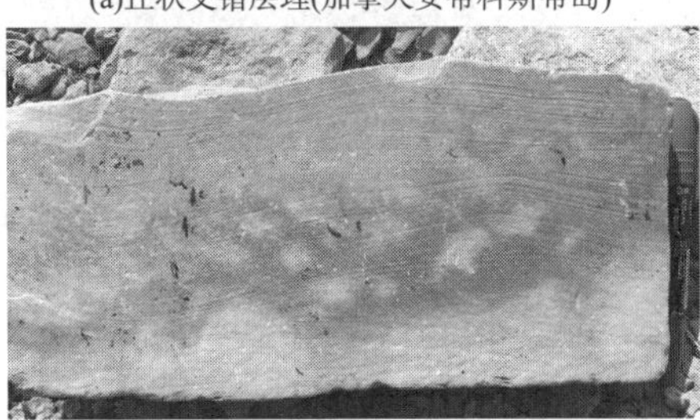
(b)丘状交错层理(加拿大安蒂科斯蒂岛)

(c)丘状交错层理(河44井，胜利油田)

图3－35 丘状交错层理(辽河油田)

洼状交错层理是彼此以低角度交切的浅洼坑[图3－34(b)]，浅洼坑的宽度一般为1～5m，其内充填的纹层与浅洼坑底界面平行，而向上变成很缓的波状并近于平行的层理

[图3－30(b)]。对洼状交错层理的研究程度不及丘状交错层理，概念还不十分明确，有人认为洼状交错层理是丘状交错层理的伴生部分，即向上凸起的丘之间的向下凹的部分，但在层序上，洼状交错层理常位于丘状交错层理之上。

关于丘状交错层理和洼状层理的形成过程，由于尚未能从自然界直接观察到，室内水槽实验也未成功。目前根据其沉积特征、分布层位和与其他沉积相的共生关系来推测，认为风暴掀起的巨浪触及海底，巨浪的峰和谷在沉积物的表面经过时，铸造成缓波状起伏的表面，由于巨浪无固定方向，使沉积物的表面形成丘状凸起及洼坑，在此起伏的表面上，碎屑物加积而形成丘状交错层理及洼状交错层理。

④冲洗交错层理(swash cross－bedding)。

当波浪破碎后，继续向海岸传播，在海滩的滩面上，产生向岸和离岸往复的冲洗作用，形成冲洗交错层理(图3－36)，简称冲洗层理。这种层理的特征是：层系界面成低角度相交，一般为2°～10°[图3－36(a)]；相邻层系中的纹层面倾向可相同或相反，倾角不同；组成纹层的碎屑物粒度分选好，并有粒序变化，含重矿物多；纹层侧向延伸较远，层系厚度变化小，在形态上多成楔状，以向海倾斜的层系为主。冲洗交错层理常出现在后滨—前滨带及沿岸沙坝等沉积环境中，也称海滩加积层理。

(a)石英砂岩中冲洗层理(山东长山岛)

(b)冲洗层理(庄5井，4295.18m)

(c)冲洗层理(含砾砂岩，青岛西海岸海滩沙)

(d)冲洗线理(现代沉积，青岛西海岸海滩沙)

图3－36　冲洗交错层理

在岩芯尺度上，冲洗交错层理常表现为似平行纹层的纵向叠加，纹层平直、连续、密集[图3－34(b)]。

冲洗交错层理一般发育在分选较好的砂岩中，但在含砾砂岩、砾石质砂岩等粒级的岩石或沉积物中也可以发育。由于冲洗交错层理在其形成过程中，沿层面常有大量云母碎片、介壳碎片、重矿物等的沉积，容易沿纹层剥离，并在纹层面上常见冲洗线理。

⑤潮汐成因的交错层理及其他构造。

除了形成与流水、波浪成因相同的交错层理以外，由于潮汐流是一种往复流动的水流，潮汐流也常形成一些特殊的层理和其他构造，如羽状(或人字形)交错层理、潮汐层理、再作用面构造等。

a. 羽状交错层理。

羽状交错层理又叫青鱼骨状交错层理(herringbone cross bedding)，由涨潮流形成的前积层与退潮流形成的前积层交互而成，在层面上层系互相叠置，相邻层系的纹层倾向正好相反，呈羽毛状或人字形(图3－37)；层系间常夹有薄的水平层。羽状交错层理一般出现在潮间带的下部及潮汐通道中。

图3－37　羽状交错层理(河南云台山)

b. 潮汐层理。

潮汐层理包括脉状层理(flaser bedding)、透镜状层理(lenticular bedding)及波状复合层理(图3－38)。这些层理主要出现在粉砂岩、泥质粉砂岩、粉砂质泥岩中。

压扁层理(脉状层理)是在波谷及部分波脊上含有泥质条纹的沙纹层理[图3－38(c)]。在涨潮流和退潮流的活动期，形成砂质沙纹，而泥质保持悬浮状态；在憩水期，悬浮泥质沉降覆盖在沙纹上，当下一个潮汐流的活动期开始时，波脊上的泥被削去而波谷中的泥被新沙纹覆盖而保存，从而形成压扁层理。

透镜状层理的特征是在泥质层中夹有砂质透镜体[图3－38(a)]。其形成的条件与脉状层理相反，它是在潮汐水流或波浪作用较弱、砂的供应不足、泥质比砂质的沉积和保存均有利的条件下形成的。

波状复合层理是上述两者之间的过渡类型，呈砂泥互层的波状层理[图3－38(b)]。

(a)透镜状层理
(岩芯照片，吉174井，188m)

(b)波状复合层理
(吉174井，3119.21m)

(c)压扁层理
(博991井，2453m)

图3－38　潮汐层理

这三种层理常相互伴生，主要出现在潮间坪及潮上坪沉积环境中，因此，也被称为“潮汐层理”。实际上，所谓的“潮汐层理”是在流水、波浪、沉积物供给等的共同作用下形成的，在三角洲前缘、浅水陆棚及河流的洪泛沉积中，当存在形成这些层理相似的水动力条件时，也可以出现。

c. 再作用面构造。

再作用面(reactivation surface)是指同一层系内的一个侵蚀面，其两侧的前积纹层的倾向是基本一致的。再作用面的形成与水流的方向或水位的变化有关。由于潮汐流的方向改变可以使先形成的前积层遭受侵蚀改造，当潮汐流的方向恢复原来方向时，在此侵蚀面上又重建另一组的前积层(图3－39)，这一侵蚀面即再作用面。

图3－39　再作用面

水位的变化也可形成再作用面构造，如在河床沉积物中，高水位时形成的前积层在低水位时受到流水的侵蚀，当再进入高水位时，在此侵蚀面上又重建相同的前积层。

d. 风成的交错层理(aeolian cross bedding)。

风的吹扬作用可以形成风沙流，风沙流的流动造成床沙形体的迁移，从而形成风成交错层理。由于风的搬运方式与流水有所不同，风成交错层理形成的机理与流水成因的交错层理有着重要差别：①风成沙纹主要是由跳跃和表面蠕动的颗粒向前移动形成的，沙纹脊之间的距离等于跳跃颗粒的轨道长度；②风成沙丘上的流动分离作用发生在折点处，因此，大多数情况下风成沙丘的背风坡的漩涡和回流是不重要的；③风的方向比流水方向更易变化，可以有横向风成沙丘(沙脊垂直主要风向)，也可以有纵向风成沙丘(沙脊平行主要风向)；④风成沙丘的大小不受流动深度的限制，主要和风速及所夹沙量有关，横向沙丘和纵向沙丘高0.1～100m，更复杂的大型锥状沙丘高可达20～450m。

图3－40　风成交错层理(内蒙古红碱淖)

风成沙丘形成的交错层理特点是：组分分选好、层理规模大，其层系的厚度一般由几十厘米到1～2m，有时可达10m以上(图3－40)，纹层倾角常较大，常可以形成中等，甚至高角度纹层。

(二)层面构造

当岩层沿着层面分开时，在层面上可出现各种构造和铸模，有的保存在岩层顶面上，如波痕、剥离线理、干裂纹、雨痕等；有的在岩层的底面上，特别是下伏层为泥岩的砂岩底面上成铸模保存下来，如沟模、槽模等，总称为层面构造。层面构造可以有流动成因的和暴露成因的，本节只介绍流动成因的层面构造。

1. 波痕

波痕(ripple mark)是非黏性的砂质沉积物层面上特有的波状起伏的层面构造。在砾岩和泥岩中见不到波痕。波痕是保留在层面上的床沙形体痕迹，在层内的痕迹就是层理。习惯上，用垂直波脊的剖面来描述波痕(图3－41)。波长(L)是垂直两个相邻波峰之间的水平距离，波高(H)是谷底至脊顶的垂直距离；脊顶(波峰)是波痕垂直剖面上最高的点，波脊是大于1/2波高向上凸出部分，波谷(或槽)是小于1/2波高向下凹的部分；波痕缓倾斜的部分称迎水坡(或迎风坡)，又称缓坡；陡倾斜的部分称背水坡(或背风坡)，又称陡坡；水流的流动分离点称波缘点。波痕指数(RI) = 波长(L)/波高(H)，表示波痕相对高度和起伏情况；波痕不对称指数(RSI) = 迎水坡水平长度(L_1)/背水坡水平长度(L_2)，表示波痕的不对称程度。

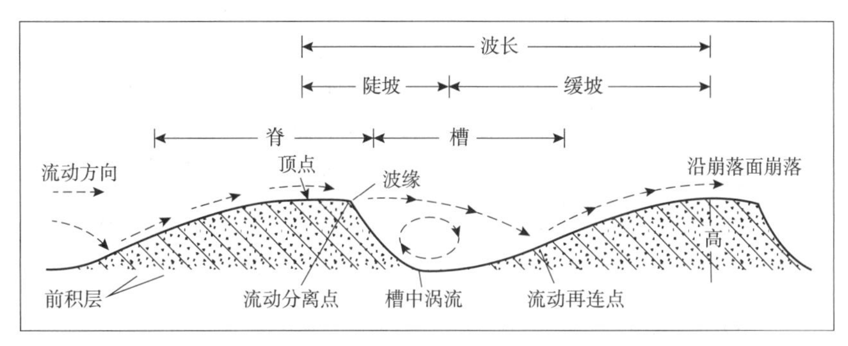

图3-41　波痕要素流动方式示意图(据曾允孚，1986)

波脊可以呈直线形、波曲形、舌形(脊向背水方向弯曲)、新月形(脊向迎水方向弯曲)(图3-21)；波脊之间可以平行、分叉或分叉合并、菱形等。按形成波痕的介质条件不同，可将其分为流水波痕、浪成波痕、风成波痕、冰成波痕。

按照不对称指数可将其分为对称波痕($RSI \approx 1$)，不对称波痕($RSI > 1$)。流水波痕和风成波痕属于不对称波痕，浪成波痕则对称和不对称均可出现。

现将主要的波痕类型及其特征叙述如下。

1)流水波痕

流水浪痕(current ripple mark)按大小及形态可分为三类：小型的，波长小于0.6m；大型的，波长0.6~30m；巨型的，波长大于30m。由于大型、巨型流水波痕的表面很容易被流水侵蚀而只留下内部构造，所以，沉积物中常见的是小型流水波痕。小型流水波痕波长为4~60cm，波高0.3~6cm不等，波痕指数大于5，多数在8~15之间。随着流动强度的增大，波脊由平直状变成曲脊、链状、舌状、新月状(图3-21)。平直状波脊的波痕从深水到浅水区都可出现，波状、舌状波脊的波痕常出现在浅水区。菱形波痕为两组不同方向的波脊相交似菱形，是在高流速并有回流作用或极浅水区有流水相互干扰的条件下形成的，所以菱形波痕常出现于河流边滩、海滩、潮坪及浅水湖等浅水环境中。

2)浪成波痕

浪成波痕(wave ripple mark)可分为对称的和不对称的两种。前者的特点是波脊两侧对称，波峰尖，波谷圆滑(图3-42)，大多数波脊平直，部分出现分叉，波长0.9~200cm，波高0.3~23cm，波痕指数4~13，大多数为6~7。

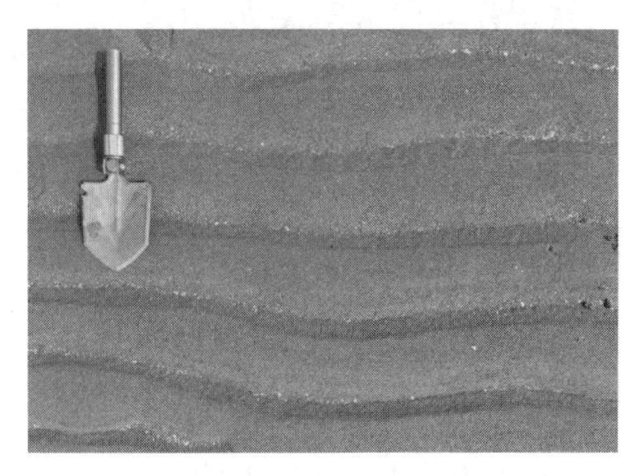

图3-42　对称的浪成波痕
(现代沉积，青岛西海岸)

至于不对称的浪成波痕，外形上与流水波痕相似，波长1.5~105cm，波高0.3~20cm，波痕指数为5~16，大多数在6~8之间，不对称指数为1.1~3.8。流水波痕的内部具有流水沙纹层理的特征。

浪成波痕的发育和水深有明显的关系，随

水深的变化，其形态及波痕指数也随之变化(图3－43)。

图3－43　小型浪成波痕(美国加尔维斯顿)

3)风成波痕(wind ripple mark)

风成波痕常具平直的、平行的波脊，形状不对称，波长约2.5～25cm，波高约0.5～1cm，波痕指数30～70或更大。波痕指数与粒度成反比，而与风速成正比；其不对称指数与粒度成正比，而与风速成反比。所以，在分选不好的粗砂中，风成波痕较陡，波痕指数10～15。

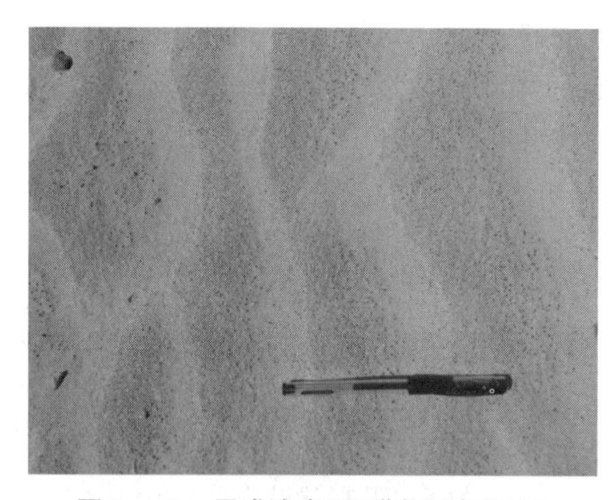

图3－44　风成波痕(阿联酋阿布扎比)

由于波脊上粗颗粒难以通过跳跃和碰撞作用发生运动，以致风成波痕的缓坡及脊部颗粒较粗，而陡坡(背风坡)颗粒较细(图3－44)，这与流水波痕不同。

4)修饰波痕和叠置波痕

由于水位、水流和波浪方向、浪基面的变化，而导致早先形成的波痕被修饰改造而形成修饰波痕(furnished ripple mark)，常表现为圆顶波痕和削顶波痕(图3－45)；或在早先形成的大波痕的基础上重叠小波痕，形成叠置波痕(superimposed ripple mark)(图3－46)。

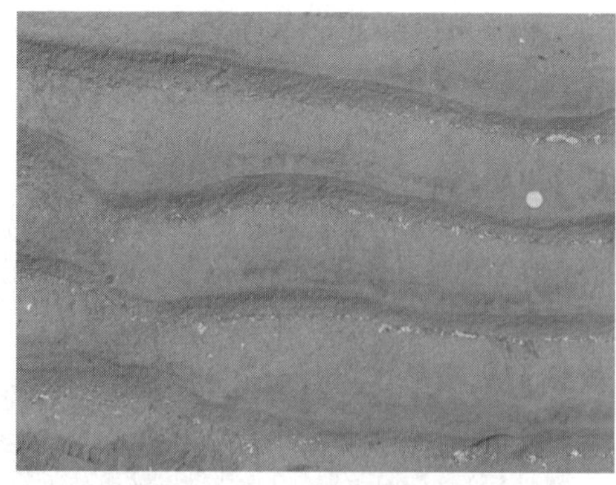

(a)不对称浪成波痕［具明显的修饰特征(圆顶化)］

(b)削顶波痕(修饰波痕)

图3－45　修饰波痕

如果水流、波浪的方向不同，形成的波峰互不平行，并为同时形成，即成干涉波痕。修饰波痕及叠置波痕都形成于浅水环境中。

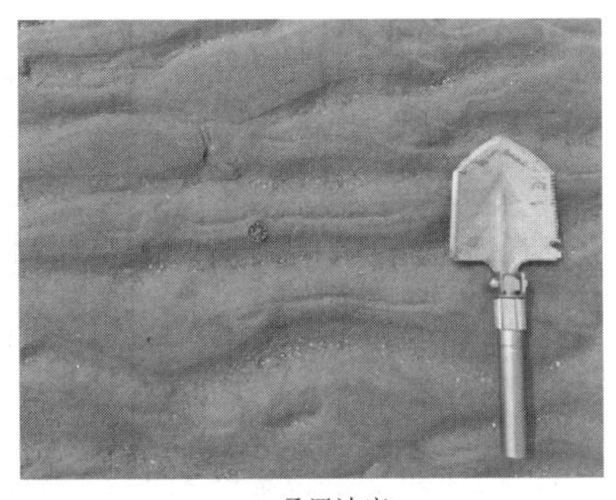

(a)叠置波痕

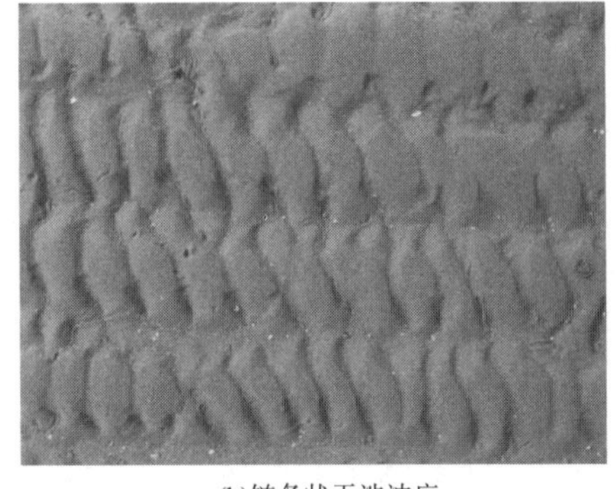

(b)链条状干涉波痕

图3-46　叠置波痕与干涉波痕(现代沉积，青岛西海岸)

波痕的环境意义：由于波痕的形成受到水动力条件及沉积物类型的控制，根据波痕的类型可以了解沉积物形成的条件并指示介质流动的方向(特别是不对称波痕)。虽然有些波痕、如流水波痕及浪成波痕，可以在不同的沉积环境中出现，但是它们的形态及分布，特别是相对丰度是不相同的。所以，波痕的类型和特征，仍是识别沉积环境的重要依据之一，在浅水砂质沉积环境中波痕最丰富。

2. 原生流水线理(primary current lineation)

常见有剥离线理和冲洗线理。

(1)剥离线理这种构造常出现在具有平行层理的薄层砂岩中，沿层面剥开，出现大致平行的非常微弱的线状沟和脊，常代表水流方向，所以斯托克斯(W L Stokes，1947)定为原生流水线理；因它在剥开面上比较清楚，所以又称剥离线理构造(parting lineation)。它是由砂粒在平坦床沙上连续滚动留下的痕迹，所以经常与平行层理共生(图3-26)。

(2)冲洗线理。冲洗线理(swashing lineation)是在冲洗—回流作用过程中所形成的。常出现于前滨环境中，和冲洗层理相伴生。实际上是冲洗层理在层面上的响应。

3. 底层面构造

1)冲刷面

由于流速的突然增加，流体对下伏沉积物冲刷、侵蚀而形成的起伏不平的面叫冲刷面(scour)，冲刷面上的沉积物比下伏沉积物粗(图3-47)，一般是河道或水道沉积的标志。水道之中常被冲刷下来的碎屑物质所充填，两者常统称为冲刷—充填构造。

2)槽模

槽模(flute cast)是在砂泥接触地层中，砂质沉积物底面上所发育的一些规则而不连续的舌状凸起(图3-48)，凸起稍高的一端呈浑圆状，向另一端变宽、变平逐渐并入底面中。槽模的大小和形状是变化的，可以成舌状、锥状、三角形等，形态上可对称或不对称；最突出的部分是原侵蚀最深的部分，高从几毫米到2~3cm；槽模长数厘米至数十厘米；槽模可以孤立或成群出现，但多数是成群出现的，顺着水流方向排列，而浑圆突起端迎着水流方向。

槽模是由于流水的冲刷，先在下伏泥质沉积物层面上形成的一系列凹坑，凹坑被砂质沉积物充填和覆盖，而在上覆砂岩的底层面上形成向下凸出的舌状凸起。因此，从成因上说，槽模实际上是发育在泥质沉积物的层面上冲坑的印模。槽模一般顺水流方向排列，可疏可密，其圆形突起一端迎向水流方向。

图 3-47　冲刷面(冲刷—充填构造，内蒙古岱海)

图 3-48　槽模
(据《沉积构造与环境解释》编著组，1985)

3)渠模

渠模(gutter cast)是一种特殊的冲刷—充填构造，冲刷壁较垂直，呈 U 形或 V 形(图 3-49)，不具定向性，是强水流作用的结果，一般形成于风暴回流作用。

4)截切构造(truncated structure)

截切构造表现为上覆泥岩冲刷下伏砂岩，砂岩表面起伏不平，一般也是风暴浪作用的产物(图 3-50)。

图 3-49　渠模(岩芯照片，大 356 井)

图 3-50　截切构造(岩芯照片，大 84 井)

5)沟模(groove cast)

沟模为纵长的、很直的、微微凸起和下凹的脊和槽，能延伸几厘米甚至几米(图 3-51)。沟模很少单独出现，一般成组出现，由底流(如浊流)携带的砾石等粗粒物质对下伏软泥的刻蚀沟被充填而成。

图 3-51　沟模(据 https://baike.so.com/doc/1008709-1066560.html)

6)跳模、刷模

跳模(bounce mark)、刷模(brush mark)经常与沟模共生。跳模的形态呈短小似梭形脊状体，大致成等间距分布。它是在流水流动的过程中，由某些跳跃的物体间断地撞击泥质物底床形成凹坑，而后为砂质物充填成印模。刷模的形态略呈新月形短小脊状体，其成因与跳模相同，不同之处是跳跃物体以较小的角度撞击泥质物底床，形成扁长的浅坑，并在前方堆积圆形的泥脊，然后被砂质物覆盖充填，在岩层的底面构成新月形印模，新月形端指示水流方向。

7)锥模(针刺模)

锥模(prod mark)，呈扁长半圆锥形或三角形的短小脊状体，其成因是刻蚀物体以相当大的角度撞击泥质物底床，可能稍有停顿，随后拔出进入水流，留下凹坑被砂质物充填而成。锥模一端低而尖(迎水流向)，一端高而宽(顺水流向)。

上述底层面构造，也称为底模构造(sole structure)，在浊积岩中最更为常见，在其他的浅水沉积环境中也可以形成，但由于沉积物易受到改造而被破坏，不易保存。

三、同生变形构造

(一)同生变形构造及形成机理

沉积物沉积后，在固结成岩之前，还处于富含孔隙水的状况下所发生的形变均称同生变形构造(syngenetic deformational structure)。变形的程度可以从轻微的扭曲层到复杂的“褶曲”层、破碎层及变位层。一般来说，这样的变形构造是局部性的，基本上局限于未形变层间的一个层，常出现在粗粉砂、细砂沉积层中，主要受颗粒的黏性、渗透性和沉积速率控制。

引起沉积物形变的机理有以下几种：

(1)密度大的沉积物(如砂层)覆盖在密度小的沉积物(如被水饱和的泥和粉砂层)之上，形成密度差，在不均匀压力的作用下，引起物质垂向移动。

(2)沉积物的液化和流化作用。如快速堆积的细砂、粉砂沉积物，在负荷压力、地震波及其他震动因素影响下，作用于原颗粒支撑的沉积物的有效压力被传递到孔隙流体中去，产生极高的超孔隙压力，使颗粒之间的摩擦力减小而被液化，使沉积物在很小的切应力下产生流动；如果沉积物中的孔隙水迅速向上泄去，颗粒受到孔隙水向上运动的拖曳力等于或大于颗粒下降的重力，这时沉积物处于暂平衡状态或向上运动而产生了流化。液化发生在整个砂层内，均匀通过砂层，流体来源于砂体内；而流化的液体来自层内或下伏层，流动的运动是局部的。自然界中流化和液化作用常是相互伴生的。

(3)沉积在斜坡上的沉积物因重力作用而产生移动及滑塌。

(4)由于流体流动施加给沉积物表面上的切应力而产生表层沉积物的形变。

在很多情况下，同生变形构造常是由上述机理中的两种或两种以上的作用产生的。

(二)常见的同生变形构造

同生变形构造包括包卷构造、重荷模构造、滑塌构造、球枕构造、碟状构造等。

1. 重荷模构造和火焰状构造

重荷模构造(load cast)又称负荷构造，是指覆盖在泥岩上的砂岩底面上的圆丘状或不规则的瘤状突起[图3-52(a)]。突起的高度从几毫米到几厘米，甚至达几十厘米。它是由于下伏饱含水的塑性软泥承受上覆砂质层的不均匀负荷压力，上覆的砂质物陷入下伏的泥质层中，而导致砂质沉积物所发生的变形同时泥质以舌形或火焰形向上穿插到上覆的砂层中，泥质物质或纹层发生缓慢变形并形成火焰状形态，称为火焰状构造(flame structure)[图3-52(b)]。重荷模构造与槽模的区别在于形状不规则，缺乏对称性和方向性；它不是一次性直接铸造的，而是砂质向下移动和软泥补偿性的向上移动使两种沉积物在垂向上再调整所产生的。

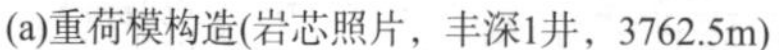

(a)重荷模构造(岩芯照片，丰深1井，3762.5m)

(b)火焰状构造(山东灵山岛)

图3－52　重荷构造与火焰状构造

(a)球枕构造(滨425，2632.9m)

(b)球枕构造［大83井，2(12/27)］

图3－53　球枕构造

2. 球枕构造

球枕构造(ball and pillow structure)主要出现在砂、泥互层并靠近砂岩底部的泥岩中，是被泥质包围了的紧密堆积的砂质椭球体或枕状体［图3－53(a)］，大小从十几厘米到几米，孤立或成群雁行排列，或呈复杂的似肠状［图3－53(b)］。球枕构造一般不具内部构造，如果原来的砂层内具有纹层，则在椭球体或枕状体内的纹层形变成为复杂小褶皱，很像“复向斜”，并凹向岩层顶面，所以，可利用砂球来确定地层的顶底。

库南(1968)曾通过对砂泥互层的沉积物施加震动，砂层断裂沉陷到泥质层中，形成极类似于自然界的砂球构造。大多数人认为，这种构造是沉积物液化和砂质组分的局部聚集的结果。

3. 包卷层理

包卷层理(convolute bedding)是在一个层内的层理揉皱现象［图3－54(a)］，表现为连续的开阔“向斜”和紧密“背斜”所组成(图3－54)。它与滑塌构造不同，虽然纹层扭曲很复杂，但层是连续的［图3－54(b)］，没有错断和角砾化现象，而且一般只限于一个层内的层理形

(a)大型包卷层理(山东灵山岛)

(b)小型包卷层理(山东灵山岛)

图3－54　包卷层理

变，而不涉及上下层；一般纹层向岩层的底部逐渐变正常，向顶部扭曲纹层被上覆层截切，表明层内扭曲发生在上覆层沉积之前。

包卷层理有多种成因，主要是由泥质组分的占优势的沉积物在重力作用下沿坡缓慢蠕动变形的结果；也可以是沉积层内的液化，在液化层内的横向流动产生了纹层的扭曲的结果。

4. 滑塌构造

滑塌构造(slump structure)是指已沉积的沉积层在重力作用下发生滑动所形成的同生变形构造。在沉积作用过程中，受沉积或构造等因素的影响，沉积物原来的平衡状态被打破，未固结的沉积物在重力作用下沿斜坡向下滑动，并在坡度变缓处停止下来，在滑动及停止过程中，沉积物发生皱曲状变形[图 3 -55(a)]，断裂、角砾化以及岩性的混杂[图 3 -55(b)]等。滑塌构造往往局限于一定的层位中，与上、下层位的岩层呈突变接触。其分布范围可以是局部的，也可延伸数百米甚至几千米以上。滑塌构造是识别水下滑坡的良好标志，一般伴随着快速的沉积而产生，多半出现在三角洲的前缘、礁前、大陆斜坡、海底峡谷前缘及湖底扇沉积中。

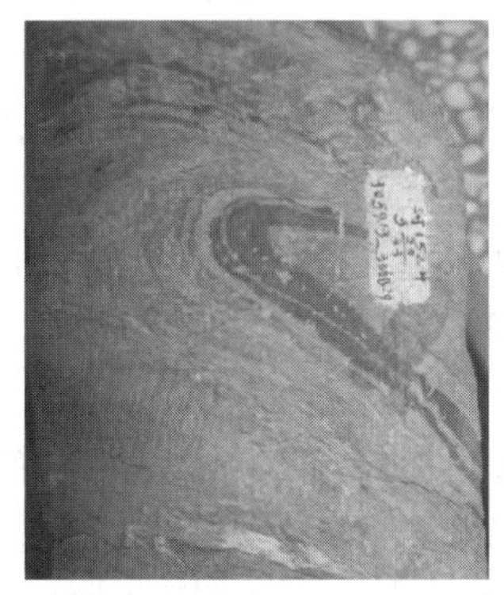

(a)纹层不连续［河154井，3(20/33)］

(b) 岩性混杂［阳25井，21(7/14)］

图 3 -55　滑塌构造

5. 碟状构造和柱状构造

碟状构造和柱状构造(dish and pillar structure)都属于泄水构造，是迅速堆积的松散沉积物内由于液化和高压孔隙水的泄出所形成的同生变形构造(图 3 -56)。在孔隙水向上泄出的过程中，破坏了原始沉积物的颗粒支撑关系，而引起颗粒移位和重新排列，使泄水管两侧的沉积物纹层发生碟状变形，或以砂质/砂砾质充填于泄水管中而分别形成碟状构造和柱状构造。

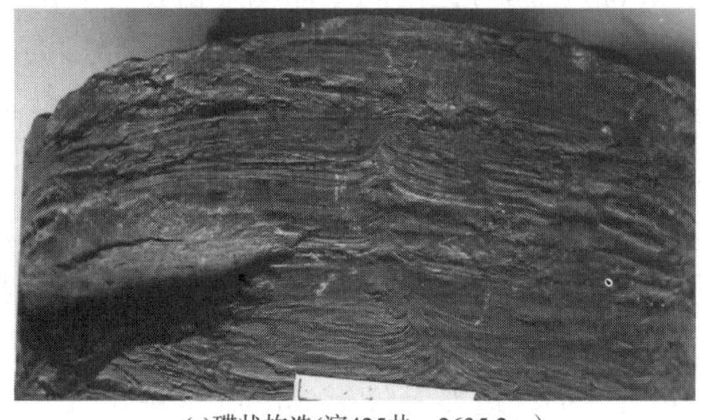

(a)碟状构造(滨425井，2635.2m)

(b)柱状构造(液化砂岩脉，丰11井)

图 3 -56　碟状构造与柱状构造

碟状构造常是砂岩和粉砂岩中的模糊纹层向上弯曲如碟形(图3－56)，直径常为1～50cm，互相重叠，中间为泄水通道的砂柱分开；有的碟状构造向上强烈卷曲变为包卷构造。泄水构造主要出现在迅速堆积的沉积物中，如浊流沉积、三角洲前缘沉积及河流的边滩沉积中。

柱状构造表现为泄水时携带的砂质物质随液化物上升、流动过程中充填于泄水通道中，从而形成柱状、脉状、薄板状等形态，剖面上看则具脉状特征[图3－56(b)]，因而也被称为液化砂岩脉。

四、暴露成因的构造

有些层面构造并非流动成因，而是沉积物露出水面(或在水面附近)，处在大气中，其表面干涸收缩或者受到撞击而形成的，如干裂、雨痕及冰雹痕、流痕、泡沫痕和冰成痕等。这些构造具有指示沉积环境及古气候的意义。

(一)干裂

图3－57　干裂(现代沉积，江西鄱阳湖)

干裂又称龟裂纹、泥裂(mud crack)，是指泥质沉积物或灰泥沉积物暴露干涸、收缩而产生的裂隙(图3－57)，在层面上形成多角形或网状龟裂纹，裂隙多成V形断面，也可呈U形。裂隙被上覆层的砂质、粉砂质充填。

干裂规模大小不一，多角形的宽度从几厘米到30cm以上，裂隙的宽度从1mm到35cm，深度1～2cm甚至几十厘米。

被水饱和的泥质沉积物间歇性暴露于地表，即有利于形成干裂纹(图3－57)。收缩裂隙也可以在水下生成，如胶状物质自行脱水产生的裂隙，泥质层中迅速的絮凝作用；在埋藏成岩作用早期的压实作用和脱水作用也可以形成收缩裂隙；泥质层中含盐度增高同样也可以产生收缩裂隙；它们与干涸失水收缩裂隙的不同之处是，裂隙发育不完全，在断面上不成V形。

(二)雨痕及冰雹痕

雨痕(rain impression)、冰雹痕(hail impression)是雨滴或冰雹降落在泥质沉积物的表面撞击成的小坑。雨滴垂直降落时，小坑呈圆形，否则成椭圆形，坑的边缘略微高起。只有偶尔阵雨形成的雨痕才能保存下来；如果连续的阵雨，就形成不规则相连的凹坑。冰雹痕似雨痕，但坑比雨痕大些、深些，且更不规则，边缘更粗糙些。

(三)流痕

流痕(rill mark)是在水位降低沉积物即将露出水面时，薄水层汇集在沉积物表面上流动时形成的侵蚀痕(图3－58)，一般呈齿状、梳状、穗状、树枝状、蛇曲状等。潮坪、海滩上形成的流痕主要与退潮流有关，河流中天然堤、边滩等处形成的流痕主要与河流水位降低有关。

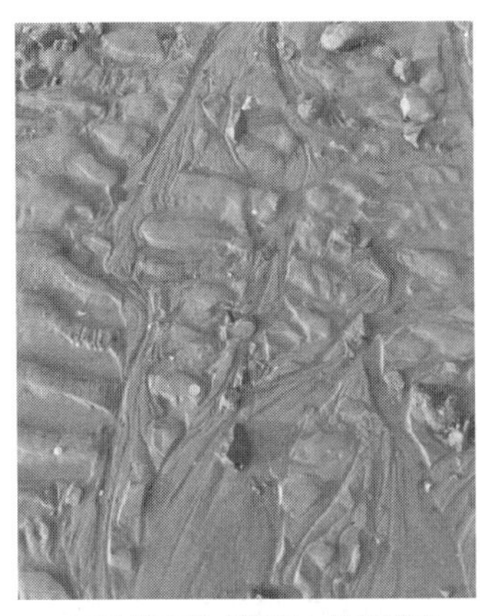

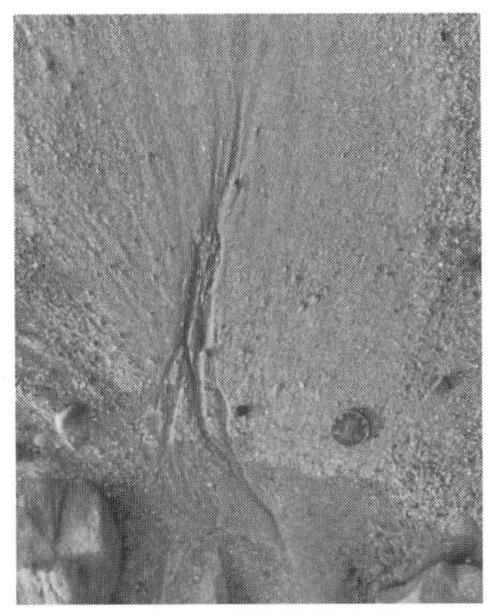

(a)叠置在浪成波痕上的细流痕　　(b)前滨下部发育的流痕

图 3－58　流痕(现代沉积，青岛金沙滩)

(四)泡沫痕(foam impression)

图 3－59　泡沫痕
(现代沉积，青岛金沙滩)

泡沫痕是沉积物近于出露水面时，水泡沫在沉积物表面短暂停留所留下的半球形小坑(图 3－59)，坑壁光滑，边缘无凸起，很像小的痘疤，常成群出现，大小悬殊。泡沫痕在前滨上部的较细粒沉积物中较为常见。

(五)晶体印痕

晶体印痕(crystal imprints)是在松软沉积物表面出现的盐类、冰晶等晶体结晶的痕迹。晶体分布于沉积层表面，或在一定程度上嵌入到有限深度的沉积物表层。由于晶体溶解度、融化、交代等因素的影响，晶体印痕常不稳定，因而自然界的沉积岩中多数晶体印痕都以假晶的形式出现。

图 3－60　冰成痕
(标尺长 20cm，黄河三角洲)

常见的盐类印痕有石盐、石膏等，在暴露、深水环境都可以发育。前者是干燥炎热气候环境下，蒸发浓缩作用的结果；后者是水深较大、水体分层条件下，水体高度浓缩、高盐度下的产物。

冰成痕包括冰晶印痕和冰融痕。冰晶印痕形成于寒冷气候环境中的地势较为低洼的地带；印痕常呈线状、放射状、树枝状的冰晶(假晶)集合体形态出现，单晶体大小相似、形态规则(图 3－60)；冰融痕是冰部分融化在沉积层表面所留下的痕迹，其形态多呈不规则圆状，是季节的标志。

五、化学成因的构造

有些构造(如结核、缝合线、叠锥等)与化学溶解、沉淀作用有关。

(一)结核

结核(concretion)是岩石中自生矿物的集合体。这种集合体在成分、结构、颜色等方面与围岩有显著不同，常成球状、椭球状及不规则的团块状，从几毫米到几十厘米，分布较广，主要出现在泥质岩、粉砂岩、碳酸盐岩及煤系地层中。结核可以孤立或呈串珠状出现。

结核按形成阶段可分为同生结核、成岩结核及后生结核(它们的区别特征见图3－61)。龟背石是一种特殊的成岩结核，表面存在多边形的同心环及放射状的细脉，因类似龟背的花纹而得名。它是在富水凝胶沉积物中析出的结核物质经脱水收缩而成裂隙，再被其他矿物充填而成。煤系地层中常见菱铁矿质的龟背石。

结核按成分可分为钙质结核、硅质结核、黄铁矿结核、磷质结核、锰质结核等。在碎屑岩中常见碳酸盐结核，结核的形状和大小与岩石的渗透性有关。由于砂岩中各向渗透性近于相等，结核常似球状；而泥岩的横向渗透性较好，结核即常成扁平状。煤系地层中常出现黄铁或菱铁矿结核，形成于中性还原介质环境。碳酸盐岩中常出现顺层分布的燧石结核，多形成于酸性弱氧化介质环境中。

结核的内部结构也很不相同，可以有均一的或同心状、放射状、网格状、花卷状，有的结核内还保存了围岩残余结构和构造。结核的形成一般是其形成物由内向外生长的结果。

(二)缝合线

缝合线(stylolite)最常见于碳酸盐岩中，但也出现在石英砂岩、硅质岩及蒸发岩中。在垂直层面的切面中呈锯齿状微裂缝，颇似头盖骨接缝，从立体上看则为参差不齐的垂直小柱(缝合柱)。缝合线的形态是多种多样的，如锯齿状及波状(图3－62)。缝合线的起伏幅度不一，从一毫米至几厘米甚至几十厘米。缝合线与层面，可以平行、斜交或垂直，也可以几组相交成网状。

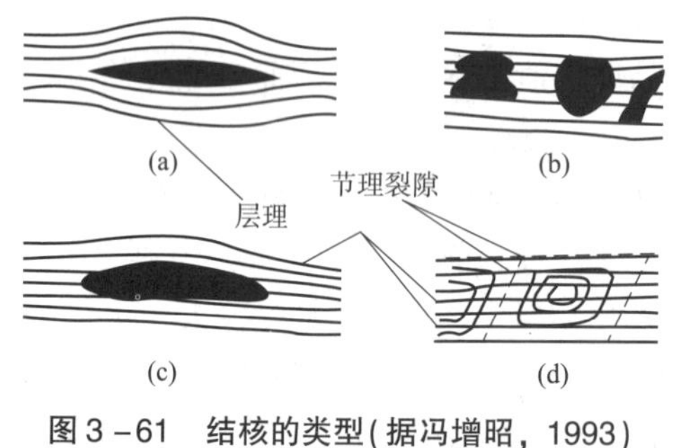

图3－61　结核的类型(据冯增昭，1993)

a—同生结核；b—成岩结核；
c—后生结核；d—假结核(风化环)

图3－62　缝合线构造(山东新汶)

关于缝合线的成因，假说很多，多数人接受压溶说，即在上覆岩层的静压力或构造应力的作用下，岩石发生不均匀的溶解而成。

六、生物遗迹构造

生物遗迹构造即生物遗迹化石或痕迹化石(trace fossil)，是指地质历史时期生物的各种生命活动，在沉积物层面或层内营造并遗留下来的痕迹，包括足迹、移迹、潜穴、钻孔和其他印痕和排泄物等。

(一) 常见遗迹化石的类型

遗迹化石一般有系统分类、保存分类、行为习性分类、形态分类等4种分类方法。本书主要介绍行为习性分类，按其形态及行为方式不同，遗迹化石主要分为以下七种常见类型(图3-63)。

1. 爬迹

爬迹(*Repichnia*)(图3-63)，也叫爬行痕迹(*crawling trace*)，是生物在沉积层层面或层中所留下运动痕迹的总称，包括所有由动物跑动、走动、慢步或快步爬行和蠕动爬行以及横穿沉积物犁沟式拖行等活动所建造的各种痕迹。其路线呈直线形、弯曲路线和无目的的紊乱划痕等(图3-64)。

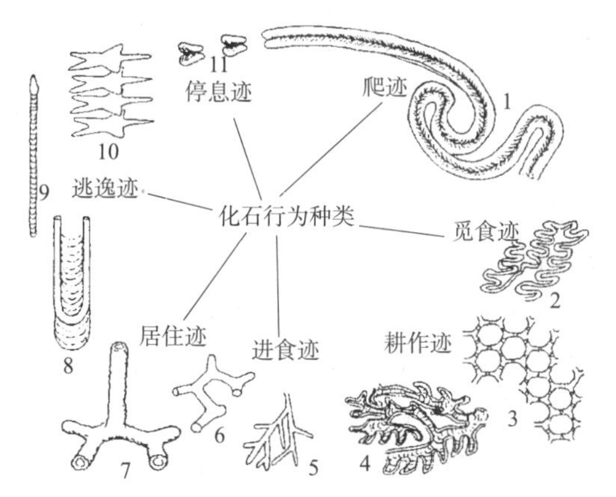

图3-63 遗迹化石的行为习性分类
(据 Ekdale 等，1984；转引自胡斌，2013)

图3-64 爬迹(现代沉积，南昌抚河)

爬迹(*Repichnia*)的典型实例有恐龙足迹、蜗牛拖迹以及能指示运动方向的三叶虫足迹。其他常见爬行痕迹化石还有二叶石迹(*Cruziana*)和环带迹(*Scolicia*)等。

爬迹在陆上、浅水到深水环境都有分布。

2. 牧食迹

牧食迹(*Pascichina*)，也称为觅食拖迹，是食沉积物生物在沉积物表面或表层边运动边觅食留下的痕迹(图3-65)。

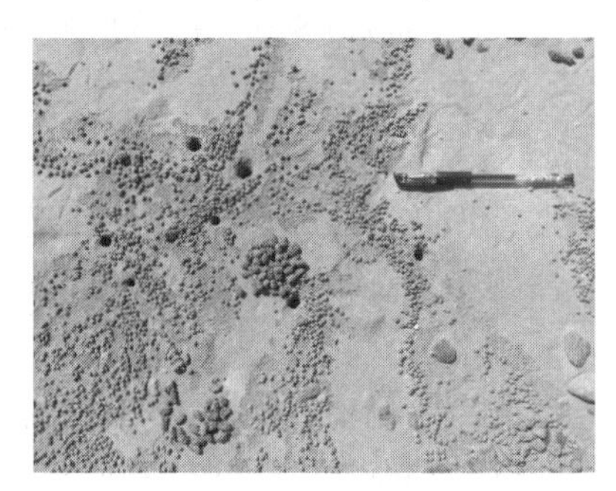

(a)螃蟹的星云状牧食迹

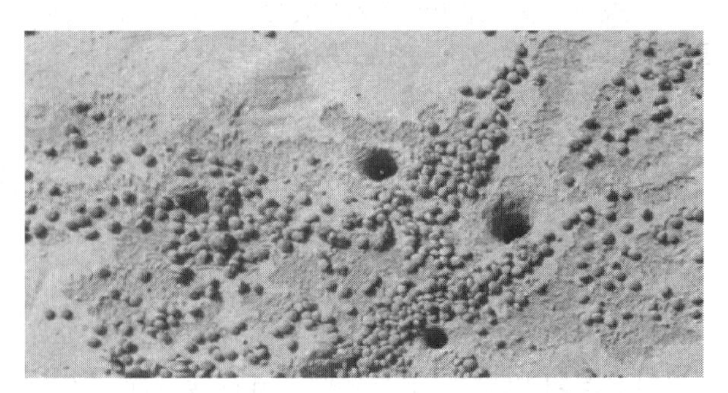

(b)觅食迹表面的刮痕及两种类型的球粒(觅食球粒与粪球粒)

图3-65 觅食迹(阿布扎比)

牧食迹是沿沉积物表层觅食其中的有机物而形成的，一般位于沉积物表面、表层，在滨岸相现代沉积的觅食迹中，还可以看到造迹生物(环节动物、软体动物、节肢动物等)所遗留刮痕[图3－65(b)]。在该类痕迹的形成过程中，造迹生物总是趋向于最大限度、最高效的方式从沉积物中获得食物，其形态常呈现螺旋形、蛇曲形(图3－63)，或呈现形态多样的新云状(图3－65)等。

3. 耕作迹

耕作迹常称为图案型潜穴(图3－63中的3、4)。在这种图案型潜穴系统中，动物营造永久性居住空间并以此进行进食活动，其活动方式为耕作或圈闭式，或二者兼有之。故这种潜穴系统为形态规则的水平巷道式潜穴。

耕作迹常见化石的形态有：复杂的蛇曲形，如丽线迹(*Cosmorhaphe*)；双螺旋形，如旋螺迹(*Spirorhaphe*)；古网形，如古网迹(*Paleodictyon*)等多边网格形等。

这类高等构造的潜穴和复杂的地道式潜穴是微小生物反复通过各种巷穴来回旅行以获得食物，如细菌和海底微生物。在具黏液衬壁的巷道壁中，这些作为食物的生物被圈捕或开垦。

耕作迹化石大多数出现在深海或较深水细粒沉积物中，尚未发现砂质潮间沉积环境中的化石代表。

图3－66　觅食构造中的月牙形横蹼
(据Jean Gerard等；转引自张昌民，2015)

4. 觅食迹

觅食迹(图3－63中的5、6)又称进食迹(*Fodinichina*)，或进食构造(feedding structures)，是食沉积物的内栖动物，如蠕虫类、节肢动物、软体动物等，活动时留下的层内潜穴。这种痕迹兼具半永久性居住，以及挖掘沉积物来吸取食物两个功能。

觅食迹一般形成于沉积物内部，其形态往往显示直—微弯曲的管状潜穴、单向分枝、星射状分枝状潜穴(图3－63中5、6)，也可以形成复杂分枝的潜穴系统。觅食迹具有与沉积物表面有开口的潜穴有沟通，觅食层趋向于平行层面分布，以及潜穴内可出现由残留物等所组成的缓慢主动充填构造所形成的较为规则的回填构造(如月牙形横蹼)(图3－66)等特点。

觅食迹多见于较深静水环境的细粒沉积物中。常见如树枝状的丛藻迹(*Chondrites*)，螺旋形的动藻迹(*Zoophycos*)等。

5. 居住迹

居住迹(*Domichnia*)(图3－62中的7、8)亦称居住构造(dwelling structure)或居住潜穴，是由潜底动物群或内栖动物群建造的。造迹生物包括食悬浮物和食沉积物的生物，甚至还有食肉动物。

居住潜穴有永久性和临时性之分，前者具有坚固、光滑的衬壁构造(图3－65)，如黏结的蠕虫管和具球粒衬壁的虾潜穴；后者往往是一些挖潜的两栖动物营造的无衬壁井形穴和巷形穴。显然，无衬壁的潜穴之所以能够保留，说明底层是比较固结的。已知现代营建居住迹的生物有多毛虫类、巢沙蚕、磷沙蚕、蜗牛等。

居住迹的形态各异，有垂直或斜向的管状潜穴，有U形或分枝的潜穴，甚至还有复杂的潜穴系统。常见的居住迹化石有石针迹(*Skolithos*)、砂蜀迹(*Arenicolites*)、蛇形迹(*Ophiomorpha*)等。

居住迹多分布于近岸浅水环境。

6. 逃逸迹

逃逸迹(*Fugichina*)亦称逃逸构造(escape structure)，是半固着生物或轻微活动动物在底层内快速向上移动或向下逃跑掘穴时遗留下来的痕迹(图3－63中的9)。逃逸迹的形成与某种事件性过程有关，如沉积物的快速加积和被冲刷侵蚀而导致的上覆沉积物快速减薄等因素密切相关。前者造成造迹生物快速向上逃逸(图3－67)，后者则使得造迹动物就得向下更深处掘穴(图3－68)。由于该过程具有突发性特点，潜穴一般直立产出，潜穴中回填构造不发育、形态不规则，在某些情况下也可出现V字形回填构造。

这样的潜穴构造在海滩层序、风暴沉积层和浊流砂层中比较常见。

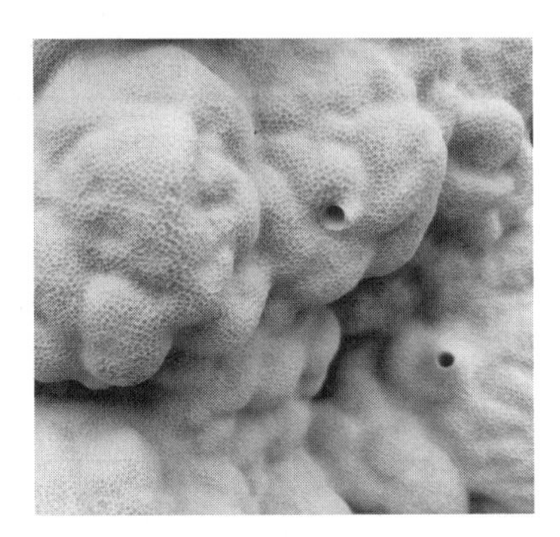

图3－67　珊瑚礁礁体中的居住迹(西沙赵述岛)

图3－68　逃逸迹(埕87井)

7. 停息迹

停息迹(*Cubichnia*)又称休息痕迹或栖息迹(resting trace)，包括动物的静止、栖息、隐蔽或伺机捕食等行为在沉积物底层上停止一段时间所留下的各种痕迹(图3－63中的10、11)。这类痕迹的形态常常呈星射状、卵状或碗槽状的浅凹坑，能反映动物的侧面或腹面的特征，多呈孤立的、有时呈群集保存于岩层层面上。

较为常见的停息迹化石为皱饰迹(*Rusophycus*)，是三叶虫或其他类似节肢动物挖的小坑穴；其次为似海星迹(*Asteriacites*)，是海星动物做前进运动时留下的压印痕。另外，由双壳动物留下的斧足迹(*Pelecypodichnus*)也是比较多见的类型。

停息迹主要分布于浅水环境。

(二)生物扰动构造

广义的生物扰动构造(bioturbation)即遗迹化石。

生物扰动是生物破坏原生物理构造，特别是成层构造的过程。生物扰动构造可以被看作是一种破坏机制，由于破坏程度不同(图3－69)，它不仅使不同的沉积物发生混合，而且也将地球化学和古地磁信息变得模糊。

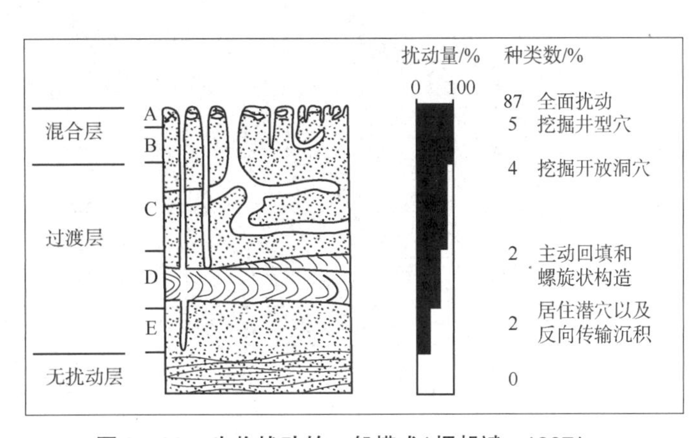

图3－69　生物扰动的一般模式(据胡斌，1997)

早期关于生物扰动程度的研究主要采用定性描述的方法，文献中常见这样一些术语，如强扰动、中等扰动、弱扰动等，但运用这种方法很难在不同的沉积物中建立一个生物扰动等级的对比标准。这也是多年来生物扰动构造并没有像单个遗迹化石那样引起人们广泛注意的原因。

生物扰动强度应是对整个沉积物受生物扰动程度的半定量化估计。根据受搅动或生物挖掘的那部分沉积物在整个沉积物中所占的百分数，可将生物扰动划分为7个(0~6)等级(表3-9)，每一个扰动等级均从生物潜穴的分异度、叠加程度和原始沉积构造的清晰度等几个方面存在差异。

该方案的优点是术语简单，易于识别，考虑了群落结构的影响，认识到高生物扰动强度往往是不同组合的遗迹相互叠加的结果。

表3-9　根据相对于原始组构改造量而划分的生物扰动等级(转引自胡斌，1997)

扰动等级	扰动量/%	描　述
0	0	无生物扰动
1	1~5	零星生物扰动，极少量清晰的遗迹化石和逃逸构造
2	6~30	生物扰动程度较低，层理界面清晰，遗迹化石密度小，逃逸构造常见
3	31~60	生物扰动构造程度中等，层理界面清晰，遗迹化石轮廓清楚，叠复现象不常见
4	61~90	生物扰动程度高，层理界面不清，遗迹化石密度大，有叠复现象
5	91~99	生物扰动程度强，层理彻底破坏，但沉积物再改造程度较低，后形成的遗迹形态清晰
6	100	沉积物彻底受到扰动，并因反复扰动而受到普遍改造

(三)植物根痕迹

植物根痕迹简称植物根迹，是植物根呈炭化残余或枝叉状矿化痕迹出现在陆相地层中所形成的一种遗迹化石(图3-70)。它们在煤系中特别常见，是陆相的可靠标志。地层中植物根常被铁和钙的碳酸盐所交代，形成各种形状的结核——植物根假象(图3-70)。有时可以成为一定层位的典型标志。在红层中，通常植物根完全烂尽，但有时可以根据模糊的绿色(或灰蓝色)枝叉状痕迹加以区别，这是由于氧化铁受到植物机体的局部还原作用造成的。

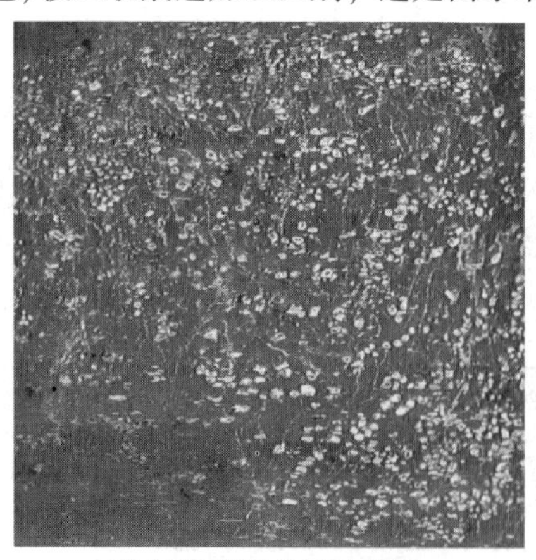

(a)草本植物根迹(吉木萨尔凹陷)

(b)木本植物根迹(丰斜12井)

图3-70　植物根迹

根系的发育具有植物就地生长的特点，这和可能由于流水冲刷、破碎、聚集而形成的植物碎屑，如茎、叶和枝杈等，在形态、产状上具有显著的不同。

另外，植物根在不同环境中产状是不同的，因此植物根痕迹可用来判断沉积环境(图3－71)。

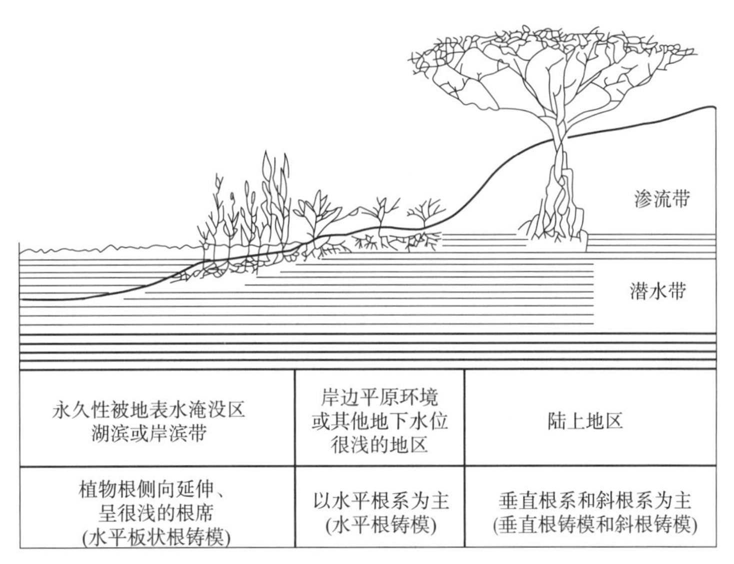

图3－71　植物根迹的产出特征(据胡斌，1977)

七、碎屑岩的颜色

碎屑岩的颜色是碎屑岩最醒目的标志，是鉴别岩石、划分和对比地层、分析判断古地理的重要依据之一。

(一)碎屑岩颜色的成因类型

碎屑岩的颜色按成因可分为三类，即继承色、自生色和次生色。

(1)继承色。继承色主要决定于碎屑颗粒的颜色，而碎屑颗粒是母岩机械风化的产物，故碎屑岩颜色是继承了母岩的颜色。如长石砂岩多呈红色，这是花岗质母岩中的长石颗粒是红色的缘故。同样，纯石英砂岩因为碎屑石英无色透明而呈白色。

(2)自生色。决定于沉积物堆积过程及其早期成岩过程中自生矿物的颜色。比如，含海绿石或鲕绿泥石的岩石常呈各种色调的绿色和黄绿色；红色软泥是因为其中含脱水氧化铁矿物(赤铁矿)。

(3)次生色。是在后生作用阶段或风化过程中，原生组分发生次生变化，由新生成的次生矿物所造成的颜色。这种颜色多半是由氧化作用、还原作用、水化作用或脱水作用、各种矿物(化合物)带入岩石中或从岩石中析出等引起的。比如，在有些情况下，含黄铁矿岩层的露头呈现红褐色，这是黄铁矿分解形成红褐色的褐铁矿所致；而在另一种情况下，同样是这样的露头，由于低价铁和高价铁硫酸盐的渗出而呈现浅绿—黄色。

继承色和自生色统称为原生色。

岩石颜色的原生性(继承色和自生色)和次生性(次生色)都可在一定程度上用作找矿标

志。例如，沉积岩层表面的赭石化，是沉积岩中铁含量较高的标志。沉积岩的颜色，更多的时候是用来大致判断其原始沉积环境的某种环境属性，如红色泥岩常可代表陆上氧化环境，灰黑色泥岩则一般是还原环境沉积的结果。

原生色与层理界线一致，在同一层内沿走向分布均匀稳定。次生色一般切穿层理面，分布不均匀，常呈斑点状，沿缝洞和破碎带颜色有明显变化。

（二）引起碎屑岩颜色的原因

碎屑岩的颜色主要决定于岩石的成分，即决定于岩石中所含的染色物质——色素。换句话说，碎屑岩的颜色多半是由于含铁质化合物（绿、红、褐、黄色）或含游离碳（灰、黑色）等染色物质即色素造成的。下面分别按不同色调加以说明。

1. 灰色和黑色

大多数岩石由暗灰色变为黑色，是因为存在有机质（碳质、沥青质）或分散状硫化铁（黄铁矿、白铁矿）造成的。岩石的颜色随着有机碳含量的增加而变深。

这种原生色往往表明岩石形成于还原或强还原环境中。

2. 红、棕、黄色

这些颜色通常是由于岩石中含有铁的氧化物或氢氧化物（赤铁矿、褐铁矿等）染色的结果。若系自生色，则表示沉积时为氧化或强氧化环境。大陆沉积物多为红、黄色，然而，海洋沉积物有时也呈红色，这多半是由于海底火山喷发物质的影响或海底沉积物氧化；也有的红色岩层是由于大陆形成的红色沉积物被搬运入海，处于近岸氧化环境或是迅速埋藏造成的。故通常所谓的红层不一定都是陆相沉积。

在红色地层中，有时发现绿色的椭圆斑点，或者在露头上较大范围内呈现出红、黄、绿、灰等色掺杂现象，这多半是氧化铁在局部地方发生还原的缘故。有时，沿着红层的节理发育有绿色边缘，这种现象可能与地下水的次生还原作用有关。

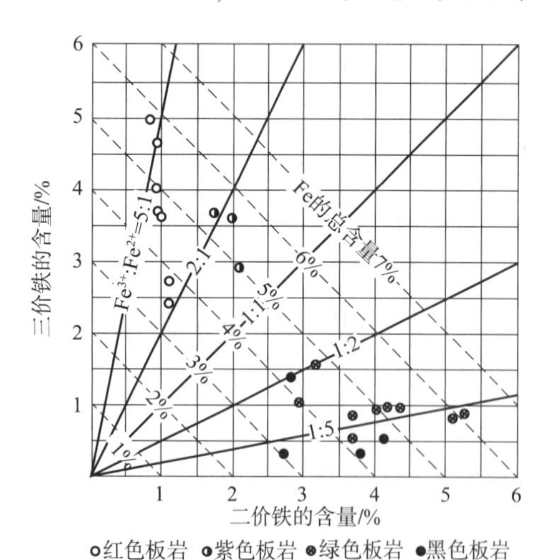

图 3－72　岩石颜色与 Fe^{3+}/Fe^{2+} 的关系（据冯增昭，1993）

3. 绿色

岩石的绿色多数是由于其中含有低价铁的矿物，如海绿石、鲕绿泥石等；少数是由于含铜的化合物所致，如含孔雀石而呈鲜艳的绿色。若系自生色，绿色一般反映弱氧化或弱还原环境。

除自生矿物外，碎屑岩的绿色有时由于含有绿色的碎屑矿物，如角闪石、阳起石、绿泥石、绿帘石等所致；而泥质岩的绿色还常因含伊利石而造成。

假如在岩石中同时存在高价铁的氧化物和低价铁的氧化物，那么，它的颜色与含铁量则无明显关系，而是取决于这两种组分比值（Fe^{3+}/Fe^{2+}）的变化。汤姆林森（Tomlinson，1916）在关于纽约及佛蒙特古生代板岩的研究中指出，在红色和紫色的板岩中，Fe^{3+}/Fe^{2+} 大于 1，而在绿色和黑色板岩中这种比率小于 1（图 3－72）。

这表明了岩石的颜色随着低价铁作用的加大而由红色到绿色甚至到黑色的变化情况。

必须指出的是，引起岩石颜色的染色物质——色素在岩石中含量极为微少。例如，只要有百分之几，有时甚至千分之几的有机物质，都可使石灰岩带深色；大致相同数量的铁，可使砂岩和黏土岩变成红色。

参考文献

[1]Boggs S Jr. Principles of sedimentology and stratigraphy[M]. New Jersey：Pearson，2014.

[2]Campbell C V. Lamina，Laminaset，Bed and Bedset[J]. Sedimentology，1967，8(1)：7－26.

[3]Ekdale A A. Pitfalls of Paleobathymetric Interpretations Based on Trace Fossil Assemblages[J]. Palaios，1988，3(5)：464－472.

[4]Folk R L. Student operator error in determination of roundness，sphericity and grain size[J]. Journal of Sedimentary Petrology，1955，25：297－301.

[5]Gerard J，Bromley R. Ichnofabrics in clastic sediments：applications to sedimentological core studies，a practical guide[M]. France：Esquieze－Sere，2008.

[6]Krumbein W C. Size frequency distributions of sediments[J]. Journal of Sedimentary Research，1934，4（2）：65－77.

[7]Powers M C. A new roundness scale for sedimentary particles[J]. Journal of Sedimentary Petrology，1953，23：117－119.

[8]Simons D B，Richardson E V. Forms of bed roughness in alluvial channels[J]. Journal of the Hydraulics Division，1961，87(3)：87－105.

[9]Stokes，W L. Primary Lineation in Fluvial Sandstones a Criterion of Current Direction[J]. The Journal of Geology，1947，55(1)：52－54.

[10]Tucker M E. Carbonate Sedimentology[M]. London：Blackwell Scientific Publications，1990.

[11]Tucker M E. Sedimentary Diagenesis[M]. London：Blackwell Scientific Publications，1990.

[12]Tucker M E. Sedimentary petrology[M]. London：Blackwell Scientific Publications，2001.

[13]Tucker M E. Sedimentary Petrology. An Introduction to the Origin of Sedimentary Rocks[M]. 2nd ed. Oxford，London，Edinburgh，Boston，Melbourne，Paris，Berlin，Vienna：Blackwell Scientific，1991.

[14]戴启德，狄明信，白光勇，等．孤东油田上第三系馆陶组上段储层非均质模式研究[J]．石油大学学报：自然科学版，1996，20(5)：1－7.

[15]冯增昭．沉积岩石学[M]．北京：石油工业出版社，1993.

[16]胡斌，龚一鸣，齐永安．遗迹化石与沉积环境[M].《中国沉积学》第二版(冯增昭主编)．北京：石油工业出版社，2013.

[17]乐昌硕．岩石学[M]．北京：地质出版社，1984.

[18]王观忠，胡斌．痕迹组构的概念、型式与分析[J]．地质科技情报，1993，12(2)：47－54.

[19]徐夕生，邱检生．火成岩岩石学[M]．北京：科学出版社，2010.

[20]余素玉，何镜宇．沉积岩石学[M]．武汉：中国地质大学出版社，1989.

[21]赵澄林．沉积学原理[M]．北京：石油工业出版社，2001.

[22]赵澄林．油区岩相古地理[M]．东营：石油大学出版社，2001.

[23]曾允孚，夏文杰．沉积岩石学[M]．北京：地质出版社，1986.

第四章　陆源碎屑岩岩石学类型

陆源碎屑岩主要是由陆源碎屑物质构成的沉积岩。陆源碎屑物质按照其粒度和搬运沉积作用的方式，可分为粗粒、中粒和细粒，分别对应砾、砂及粉砂和黏土。我国过去用的是十进制粒级划分，而国际上通用的是 Φ 值制，二者有较大差别(表 3 - 3)。陆源碎屑岩的岩石类型包括砾岩、砂岩、粉砂岩和泥质岩。

第一节　砾　岩

一、一般特征

砾岩(conglomerate，rudite)属于粗碎屑岩。

砾岩主要由粗大的碎屑颗粒——砾石组成，这决定了它的一系列特征。首要的特征是它的绝大部分碎屑都是岩屑而不是矿物碎屑；其次，碎屑的颗粒粗大，便于在野外或岩芯上进行研究，可以直接度量它的大小，详细地观察和描述其外形和表面特征并确定其成分，测定扁平的或伸长的砾石在空间的方位等。

作为填隙物质的杂基几乎总是存在的。与砂岩相比，杂基的粒度上限有所提高，通常为细粒的砂、粉砂和黏土物质，它与粗粒碎屑同时或大致同时地沉积下来。胶结物常是从真溶液或胶体溶液中沉淀出的一些化学物质，如方解石、二氧化硅、氢氧化铁等。

砾岩的沉积构造常见大型交错层理和递变层理。有时由于层理不明显而呈均匀块状，在这种情况下，层面往往极难分辨，甚至需要借助与其互层的其他岩石才能确定。另外，砾石排列常有较强的规律性。扁形砾石排列的规律性尤其明显，其最大扁平面常向源倾斜，彼此叠覆，呈叠瓦状构造，因为在强烈水流冲击下，砾石只有呈叠瓦状排列才最为稳定。

二、砾岩的分类

(一)根据砾石圆度的分类

首先根据砾石的圆度，可把砾岩划分为两个基本大类：

(1)砾岩：圆状和次圆状砾石含量超过 50%；

(2)角砾岩(breccia)：棱角状和次棱角状砾石含量超过 50%。

(二)根据砾石大小的分类

根据砾石的大小，可把砾岩分为四类：

(1)细砾(granule)岩：砾石直径为 2 ~ 4mm；

(2)中砾(pebble)岩：砾石直径为 4 ~ 16mm；

(3)粗砾(cobble)岩：砾石直径为16～256mm；

(4)巨砾(boulder)岩：砾石直径大于256mm。

(三)根据砾石成分的分类

根据砾石的成分，可以把砾岩划分为两类，即单成分砾岩与复成分砾岩。

1. *单成分(monomictic)砾岩*

单成分砾岩的砾石成分较单一，同种成分的砾石占75%以上，且多半是稳定性较高的岩屑或矿物碎屑，如石英岩和燧石等；为细砾岩时，也可以是石英，它代表改造作用比较彻底的产物。单成分砾岩一般分布于地形平缓的滨岸地带。在这里，砾石经过长距离的搬运，并受波浪反复地冲刷磨蚀，不稳定组分消失殆尽，只剩下磨圆度好及稳定性高的组分，故多为石英岩质砾岩。

但在母岩区成分单一的情况下，侵蚀区不坚固的岩石(如石灰岩或白云岩)遭受破碎，就地堆积或短距离搬运快速堆积，也可形成单成分砾岩，如渤海湾盆地常见此类碳酸盐质砾岩。

2. *复成分(polymictic)砾岩*

复成分砾岩的砾石成分复杂，有时在一种砾岩中可含十几种不同成分的砾石，各种类型的砾石都不超过50%，这主要取决于母岩成分及其风化、搬运及沉积的条件。这些砾石的抵抗风化能力大多不强，分选通常不好，磨圆度常不高。这种砾岩的层理以块状为主。它们多沿山区呈带状分布，厚度变化大，为母岩迅速破坏和迅速堆积的产物。

这种砾岩成因类型很多，以造山期后的河成砾岩及山麓洪积砾岩分布最广，其次为裂谷盆地裂陷期的陡坡带。例如，我国克拉玛依油田的砾岩储集层就是洪积成因的复成分砾岩，其砾石成分以变质泥岩(角岩)为主，其次为花岗岩，再次为砂岩、粉砂岩和黏土岩等。又如，胜利油田在20世纪90年代于东营凹陷北部陡坡带发现了一系列复成分(砂)砾岩体岩性油藏，属陆上—水下碎屑流沉积。

应当指出的是，砾石成分的简单和复杂在一定程度上可以反映其生成条件。如洪积和河成砾岩的砾石成分大多比较复杂，(缓坡带)海湖滨岸砾岩的砾石成分大多比较简单。但这只是一般情况，因为除此之外，它还取决于来源区的母岩性质。因此，在实际工作中，必须注意对具体问题进行具体分析。

(四)根据砾岩在剖面中的位置的分类

砾岩在地质剖面中的位置，即砾岩与相邻岩层尤其是下伏岩层的接触关系，具有很大的地质意义。根据这种关系，可以把砾岩分为底砾岩、层间砾岩和层内砾岩。

1. *底砾岩*

这种砾岩常常位于海侵层位的最底部，分布于侵蚀面上，与下伏地层呈假整合或不整合接触，为海进开始阶段的产物。

2. *层间砾岩*

层间砾岩的特点是整合地夹于其他岩层之间，它的存在并不代表有侵蚀间断，与下伏地层是连续沉积的。

3. *层内砾岩*

层内砾岩分布于岩层之内，厚度小。砾石是在准同生期尚处在半固结状态时，经侵蚀破碎和再沉积而成的。这种成因的砾石确切地讲应属于内碎屑，故又称同生砾岩，成分以泥砾为主，也见砂质砾。

三、主要成因类型及实例

Walker(1975)根据结构特点划分了六种类型的砾岩(图4－1)，Boggs(2009)根据形成机理和搬运沉积过程将砾岩分为九种基本类型：片状洪水(辫状河)砾岩、径流砾岩、波浪作用砾岩、波浪、风暴和海流作用砾岩、潮汐作用砾岩、融化/堆积砾岩、水下融化砾岩、陆上泥石流砾岩和再沉积砾岩。再沉积砾岩进一步分为水下泥石流砾岩、水下颗粒流砾岩和浊积砾岩(表4－1)。

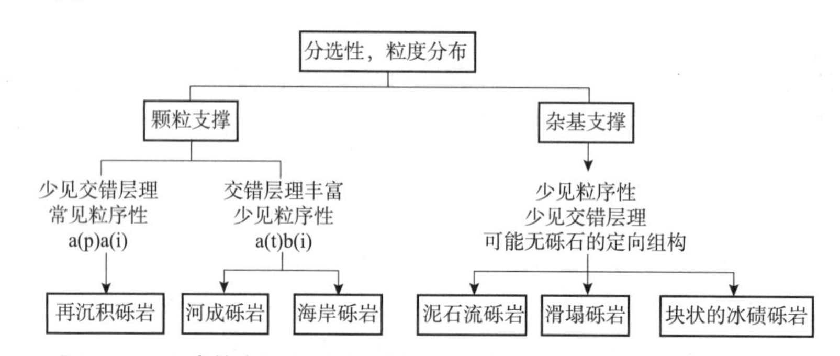

图4－1　砾岩的主要类型及特征(据Walker，1975；冯增昭，1993)

a(p)a(i)—砾石长轴平行水流，长轴呈叠瓦状排列；a(t)b(i)—砾石长轴垂直水流，中轴呈叠瓦状排列

表4－1　砾岩的主要搬运/沉积过程和沉积环境(据Boggs，2009，修改)

机理	流动或沉积过程的类型	根据过程提出的砾岩名称	沉积环境
流体(水)流	浅辫状河道中的片状洪水	片状洪水砾岩	冲积扇，冰前冰水扇，冰下带，扇三角洲
	较深河道水流	径流砾岩	冲积扇和冰水扇中的固定河道，冰下河道、非扇流河道、扇三角洲分流河道
	波浪反复冲洗	波浪作用砾岩	海(湖)滩
	涌浪的向岸运动；沿岸流和裂流，风暴流	波浪、风暴和海流作用砾岩	海(湖)岸
	潮汐水道流	潮汐作用砾岩	海洋近岸环境，尤其是潮汐通道
冰流	陆上冰川融化和冰川覆盖	融化/沉积砾岩	地面冰川融化带
	水下融冰、融水(牵引)潜流、冰漂流	水下融冰砾岩	冰前湖泊，冰前海洋环境，包括三角洲环境
沉积物重力流	陆上泥石流	地表泥石流砾岩	冲积扇、冰川前冲断扇、冰川边缘
	水下泥石流	水下泥石流砾岩	水下冰水沉积平原、海洋和湖泊三角洲和扇三角洲、海底水道和海底扇
	变密度颗粒流	水下颗粒流砾岩	
	高密度浊流	浊积砾岩	

1. 片状洪水(辫状河)砾岩

片状洪水(辫状河)砾岩沉积在偶发性水流能量通常很高的浅辫状河中。沉积物主要为颗粒支撑，以泥或砂为基质。单层通常没有递变，但是垂向序列通常显示向上变细的趋势。常见平行或交错层理，砾石构成叠瓦排列，向上游倾斜(图4－2)。

图4－2　分选较差、颗粒支撑、显正粒序的辫状河砾岩，砾石呈叠瓦状排列(青海湖黑马河)

2. 径流砾岩

径流砾岩是由较深河道中的洪水水流沉积而成的。它们也是典型的颗粒支撑，泥/砂基质含量不等。砾石粒度粗，具有向上游叠瓦状倾斜的特征，交错层理发育(图4－3)。

图4－3　颗粒支撑、砾石呈叠瓦状排列的河道砾岩(青海湖古沙柳河沉积)

3. 波浪作用海(湖)滩砾岩

波浪作用海(湖)滩砾岩出现在近岸碎浪带高能环境中。这里的波浪能量足以搬运由河流输入或海岸侵蚀提供的砾石。沉积物通常由砂质基质支撑；碎屑分选磨圆良好，向海呈倾斜叠瓦状，并具有平缓的向海(湖)倾斜的纹层(图4－4、图4－5)。

4. 波浪、风暴和海流作用(海岸和陆架)的砾岩

波浪、风暴和海流作用(海岸和陆架)的砾岩沉积在海岸破浪带和陆架上。砾石被波浪、沿岸流和撕裂流改造。沉积在这种环境中的砾岩的特征是分选差到中等，结构由颗粒支撑到(砂)基质支撑。单个层往往是很薄的，厚度在1m或以下。层理可以是交错层理，无结构层理，通常是递变的，或者在下部叠瓦状排列。碎屑通常显示双峰倾斜方向。滨岸沉积物可能以砾石为主，或者由夹薄层砾石层的砂组成(图4－6)。

图4-4　粒度较细、分选较好、成层性良好、沉积层向湖缓倾的滨岸砾岩(青海湖二郎剑)

图4-5　分选、磨圆好，颗粒支撑的现代海滩砾石，砾石倾向向海一侧(浙江舟山)

图4-6　滨岸相砂砾质沉积，以砂质沉积为主，中夹薄层细砾夹层，砾石的分选磨圆均较好，整体呈现向湖缓倾的低角度交错层理(青海湖二郎剑)

5. *潮汐作用砾岩*

潮汐作用砾岩通常为基质支撑，部分颗粒支撑；分选差至中等，磨圆从圆到极圆状。具有板状、槽状交错层理。单层上显示总体呈向上变细的趋势，碎屑的大小和含量均向上减少。

6. 融化/沉积砾岩

融化/沉积砾岩沉积在陆上。它们由因冰川融化而掉落的物质组成，形成分选差、富含基质的砾石沉积物，称为冰碛层或冰川沉积。它们通常是基质支撑的，分选很差。碎屑大小可以是米级，有刻面或条纹。碎屑的长轴通常平行于冰流向。

7. 水下融冰砾岩

水下融冰砾岩是由于砾石充填沉积代替融化的冰，在湖水环境或海洋环境中形成的。沉积可能是由冰界面退却前部的冰川下通道形成的高密度的冰下水流，或从浮冰中直接融化了冰层漂流的物质而形成的牵引毯状沉积所致。在这些环境中沉积的砾岩主要由基质支撑。分选差，磨圆从棱角状到圆状，主要取决于其来源，并且可见条纹、抛光和刻面。

8. 陆上泥石流砾岩

陆上泥石流砾岩是由陆上的泥石流产生的，特别是冲积扇和冰前冰水扇。陆上泥石流是由砾石大小的颗粒组成的沉积物重力流，其特征是存在黏土颗粒和细砂等黏性基质。这种用动能够搬运各种尺寸的物质，包括非常大的碎屑。因此，沉积物往往由基质支撑，分选差，较厚的层内通常具有较大的碎屑。

陆上泥石流沉积物通常是没有层理的，但一些层可能显示出正粒序或反粒序。沉积物中的碎屑通常没有显示出优选的方向，尽管可能存在平行流动的方向。它们通常不显示内部结构，但由于连续沉积，可能隐见层理(图 4－7)。

图 4－7　陆上泥石流砾岩，杂基支撑(青海湖大通山冲积扇)

9. 再沉积砾岩

再沉积砾岩是指通过搬运先前沉积物而形成的砾岩，这些沉积物以前在河流、湖泊、海岸或陆架环境中有沉积历史，随后被重力流重新搬运到更深的水中沉积。其搬运机制主要有水下泥石流、变颗粒密度流和高密度浊流是三种重力流形式。

这三种块体流之间存在着密切的成因联系，这些流体类型可能形成一个连续体。水下泥石流和颗粒流都可能随着下坡混合和稀释而演变成完全湍流的浊流。由于沉积过程中的这种密切关系，很难区分这三种类型流动的沉积物，这些沉积物也可能形成一个连续体。水下沉积物重力流可能发生在海洋和湖泊中，包括受冰川影响的海洋和湖泊环境。

水下泥石流砾岩、水下颗粒流砾岩和浊积砾岩的主要特征见表 4－2、图 4－8 ~ 图 4－10。

表4-2　再沉积砾岩的特征

特　征	水下泥石流砾岩	水下颗粒流砾岩	浊流砾岩
支撑结构	颗粒支撑到基质支撑；基质含量可能在层内向上增加	伴随沙、泥质或黏土基质的颗粒支撑	颗粒支撑到基质支撑；基质含量可能在层内向上增加
岩石结构	分选较差；磨圆度取决于沉积物来源；碎屑大小和地层厚度之间相关性差	分选差至中等；磨圆度变化较大	分选差至中等；磨圆度变化较大；在相关页岩(泥岩)中有化石
垂向粒度递变	通常无递变，但可能出现反递变、反递变到正递变、正递变	反递变特别常见，但有时无递变或正递变	正递变尤其常见
碎屑定向	发育不佳，但优于陆上泥石流砾岩	常见叠瓦构造；砾石的长轴平行于流体流动的方向	常见叠瓦构造；砾石的长轴平行于流体流动的方向
层理	内部不显层理；在砂砾岩层上或薄层泥/粉砂质夹层中，可能具有浪成层理	层理粗糙，规模大；可能被砂岩夹层隔开；在砾石层内部缺乏层理	平行层理到槽状交错层理，很少见块状层理；河道沉积物多于非河道沉积物
垂向序列	常见向上变细到砂质盖层的序列；常见基质含量向上上升的趋势	可能向上颗粒变细，粒度级别为砂粒	最常见的是向上变细、变薄的序列，向上变粗的序列较为罕见；向上可能出现砂质盖层

图4-8　泥石流砾岩(东营凹陷古近系)

图4-9　颗粒流砾岩(东营凹陷古近系)

图4-10　浊积砾岩(东营凹陷古近系)

10. *岩溶角砾岩*

岩溶角砾岩又称洞穴角砾岩。这种角砾岩的形成与下伏物质(如膏盐层)被溶解以及上覆地层的坍塌作用有关，尤其是石灰岩的坍塌。因此，在地下水活动的石灰岩发育区，常见到由溶洞顶壁垮塌堆积形成的角砾岩。这种角砾岩有广泛的分布，并且在地层上有固定的层位，一般在深处被膏盐层所取代。其特点是角砾通常为板状碎片及各种大小的石灰岩块，杂基仍是碳酸盐质的，或是风化的红土物质。角砾呈高度棱角状，毫无分选，成分单一。岩溶角砾岩一般因有大量碳酸盐岩细粒杂基而导致碎屑与杂基之间区分不清楚。这种角砾岩层厚度变化很大，由几厘米到十米或者更厚，角砾岩层顶、底界特征明显。

四、研究意义

砾岩的研究在地质理论和实际工作中都具有很大意义。

砾岩常形成于强烈构造运动后期，它的大面积出现常与侵蚀面相伴生，因此，在地层学上常作为沉积间断的标志和划分地层的依据。

砾岩的形成常与地壳运动有密切关系，而角砾岩的形成往往具有特定的成因意义，故对它的研究有助于了解地质发展历史，如地壳运动情况、古气候条件及冰川的存在等。

在古地理的研究中，砾岩起着极为重要的作用。根据砾岩的分布，可以了解古海(湖)岸线的位置、古河床的分布。通过对砾石的定向测量，可以了解古水流方向。根据砾石的成分，可以直接推测陆源区的位置和母岩成分。

未胶结或中等胶结的砾岩常常是含水层，在有些情况下，也可含有石油和天然气。随着砂岩油藏勘探程度趋向成熟，砾岩油藏的勘探越来越受到重视，在断陷湖盆陡坡带也发现了越来越多的砾岩油气藏。

(一)海拉尔—塔木察格盆地

对海拉尔—塔木察格盆地中生界砾岩油藏储层性质研究发现，其成因类型控制了储集性能，即滨岸砾岩和风浪改造的扇三角洲砾岩物性优于冲积扇和扇三角洲砾岩，因此加强其成因研究意义重大(表4-3)。

表4-3 海拉尔—塔木察格盆地中生界砾岩油藏储层成因类型与储层性质

砾岩成因类型	沉积特征	平均孔隙度/% / 平均渗透率/$10^{-3}\mu m^2$
冲积扇	砾岩层块状构造、不明显的递变层理 砾石棱角状，杂乱排列 分选、磨圆差 主要为红色、红棕色	5.7 / 0.23
扇三角洲	砾岩层块状构造，叠瓦状构造 砾石次棱角状—次圆状、杂乱排列 分选、磨圆较好 主要为灰绿色、灰色	8.1 / 0.18

续表

砾岩成因类型	沉积特征	平均孔隙度/% / 平均渗透率/$10^{-3}\mu m^2$
风浪改造扇三角洲	砾岩层块状构造 砾石次圆状—次棱角状，平行层面排列砾石层与杂乱排列砾石层互层出现 分选、磨圆好 主要为灰白色、灰色	9.2 / 3.24
砾质滩坝	砾岩层块状构造 砾石圆状—次圆状，平行层面排列 分选、磨圆好 主要为灰白色、灰色	8.7 / 0.56

(二)廊固凹陷古近系致密砾岩

廊固凹陷古近系大兴砂砾岩体的成因类型对于油气成藏、分布、产能等具有明显的控制作用，在微观上表现为对储集空间和孔渗特征的控制，在宏观上表现为对油气产能的控制。

碎屑流型近岸水下扇主要以中扇辫状水道为储层砂体，主要为白云岩、硅质白云岩砾石组成的粗—中砾岩，岩石为颗粒支撑，灰质胶结。其储集空间类型以砾石内溶蚀孔隙、晶间孔隙和裂缝为主[图4-11(a)~(c)]。一方面较大的白云质砾石继承了母岩丰富的溶蚀孔隙[图4-11(a)]，并被迅速埋藏得以保存，另一方面白云质砾石为主要组分、灰质胶结的颗粒支撑砾岩在深埋藏成岩阶段非常有利于次生孔隙和裂缝的发育。因此，碎屑流型近岸水下扇储层中发育非常丰富的储集空间，储层物性较好，孔隙度一般为5%~9%，平均为6.93%，渗透率一般为$6\times10^{-3}\sim14\times10^{-3}\mu m^2$，平均为$11.16\times10^{-3}\mu m^2$(表4-4)。

(a)硅质白云岩砾石中的蜂窝状溶蚀孔隙，兴9-9X井，4093.4m

(b)白云岩砾石中的晶间孔a，兴801井，3410.8m

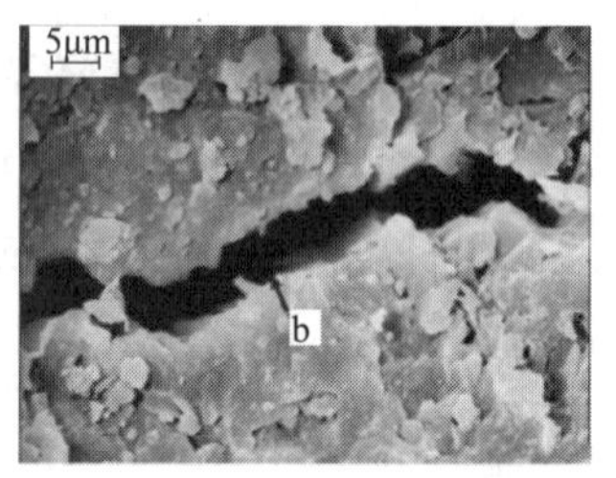

(c)白云岩砾石中的开启裂缝b，兴4井，3648.02m

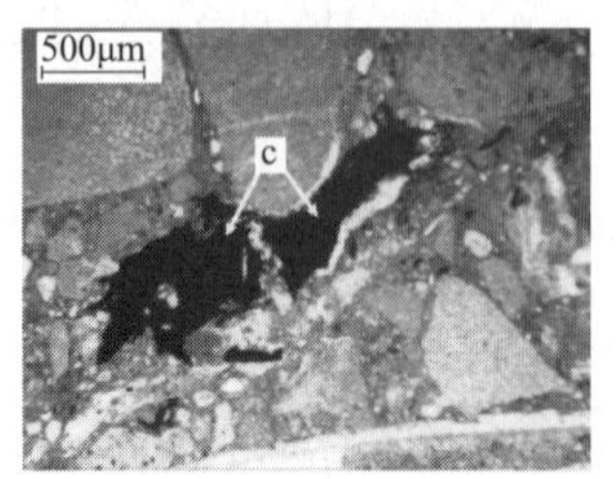

(d)竹叶状灰岩砾石内胶结物溶蚀孔隙c，桐35井，2714.75m

(e)砾石间灰质胶结物溶蚀孔隙d与裂缝e，桐43井，2876.35m

(f)灰岩砾石中的贴粒缝f，固15井，3902.21m

图4-11 砾岩体储集空间类型

表 4-4　不同成因类型砾岩体储层孔渗特征

成因类型	孔隙度/%				渗透率/$10^{-3}\mu m^2$			
	区间	一般	平均	样品数	区间	一般	平均	样品数
碎屑流型近岸水下扇	0.8~24.8	5~9	6.93	68	0.1~131.7	6~14	11.16	20
断槽重力流	0.6~16.5	3~7	5.83	48	0.1~47.2	3~6	4.99	30
泥石流型近岸水下扇	0.8~11.95	2~6	4.99	15	0.1~9.8	1~3	2.5	8

断槽重力流的储集层相带属于水道亚相，砾石以灰岩砾石为主，兼有部分白云岩砾石，岩石类型既有颗粒支撑灰质胶结的砾岩，又有杂基支撑的泥质填隙物发育的砾岩，其储层孔隙类型以次生孔隙为主，主要表现为碳酸盐岩砾石内组分的溶蚀以及砾石颗粒间灰质填隙物的溶蚀[图 4-11(d)(e)]，另外还发育一些裂缝[图 4-11(e)]。一方面灰岩砾石相对白云岩砾石不利于继承性孔隙的保存，同时在深埋条件下与白云岩砾石相比次生溶孔和裂缝发育程度较差；另一方面，杂基支撑砾岩由于泥质填隙物的发育，其孔隙和裂缝相对更不发育。因此其储层物性一般，孔隙度一般为 3%~7%，平均为 5.83%，渗透率一般为 3×10^{-3}~$6\times10^{-3}\mu m^2$，平均为 $4.99\times10^{-3}\mu m^2$(表 4-4)。

泥石流型近岸水下扇储层同样以中扇辫状水道为主要的储集砂体，岩石类型主要为由灰岩、白云岩及少部分碎屑岩砾石组成的中—细砾岩，岩石为杂基支撑，泥质含量较高，孔隙类型以砾内溶蚀孔隙为主[图 4-11(f)]，发育少量的砾内晶间孔，砾间孔隙及裂缝不发育，储层物性相对较差，储层孔隙度一般为 2%~6%，平均 4.99%，渗透率一般为 1×10^{-3}~$3\times10^{-3}\mu m^2$，平均 $2.5\times10^{-3}\mu m^2$(表 4-4)。

第二节　砂　岩

砂岩(sandstone)的分布远较砾岩广泛，在沉积岩中仅次于细粒岩而居第二位，约占沉积岩的 1/4 左右。它是最主要的储集油气的岩石之一。

一、砂岩的分类

最早的砂岩分类是 1904 年由葛利普(Grabau)提出的。上百年来，有关砂岩分类的论文几乎连续不断，至今已提出的分类方案达 50 多种。目前砂岩分类普遍采用三角形图解，但也有用表格形式的。就分类依据的组分而言，概括起来，可大致分为三组分和四组分两种体系，目前国际上流行的是四组分体系。

裴蒂庄早在他 1949 年的砂岩分类中就把黏土杂基作为分类依据之一。1954 年，他又把黏土杂基明确地由格架碎屑组分中区分出来，并与之并列，建立了四组分体系。他的理由是杂基可以指出介质的流动性质，并且与含有大量黏土悬浮物的浊流机理密切相关。他把反映成因的来源区、矿物成熟度及流动因素(介质的密度和黏度)作为砂岩分类的准则。首先，以杂基含量 15% 为界限把砂岩分为两大类：净砂岩和杂砂岩；然后，再以砂岩的主要碎屑组分——石英、长石和岩屑含量为三端元，分别用 Q(quartz)、F(feldspar)和 R(rock fragment)表示，进一步分类和命名。因此，他的分类可以反映砂岩的重要成因特征。

（一）分类原则和依据

首先，必须选择在客观上能够鉴定而又最能联系岩石成因的特征作为分类的依据。例如，可以利用岩石中的石英含量作为分类依据，但不能以抽象的石英来源作为依据。又如，虽然分类有可能区分开在不同环境中沉积的砂岩，但是不能用沉积环境来确定分类，因为它和来源一样都属于第二性的，只能推断而不能直接观测。其次，应当考虑分类方案既适用于野外工作，又适用于室内研究。

基于上述分类原则，砂岩分类应当反映岩石生成的三个主要问题：①来源区的母岩性质；②搬运和磨蚀历史，即岩石成熟度；③沉积时的介质物理条件，即流体性质。从具体标志来说，应当选择砂岩中的石英、长石、岩屑和黏土杂基四种组分作为分类依据。因为这些变量容易鉴别，又有成因意义，它们彼此间的数量关系可以反映砂岩的成因特征。

不稳定碎屑组分可反映物质来源。在多数情况下，长石是花岗质母岩的标志，岩屑则是火山岩、沉积岩和浅变质岩母岩的标志。长石和岩屑的比值（即 F/R，称来源指数）可以反映出来源区母岩组合的基本特征。至于石英（指单晶石英）碎屑颗粒，它的来源是多方面的，既可以来源于富含石英的石英岩、花岗岩、片麻岩等岩石，也可以是经历多次沉积旋回的产物。所以，石英与长石、岩屑不同，它不能完全反映来源区的母岩性质。应当指出的是，随着搬运过程中不稳定组分的不断淘汰和稳定组分的相对富集，砂岩组分与母岩性质的差别就会变得越来越大。换言之，来源区母岩性质这一影响因素只限于对某些类型的砂岩才能起作用。

搬运和磨蚀的历史可以通过稳定组分和不稳定组分的相对量比，即 $Q/(F+R)$，来表示。在一般情况下，成分成熟度越高，磨蚀程度越高，搬运历史也越长。

介质的物理条件或流体性质（密度和黏度）是影响碎屑物质机械沉积的重要因素。砂岩中杂基的有无和数量多少，是机械分异作用好坏的具体指标。介质的这种性态可以用颗粒或碎屑与杂基比值（即 G/M，称流动指数）来表示。G/M 比值可以直接反映砂泥混杂的程度，即岩石分选性的好坏。如果 G/M 比值很小，则砂泥混杂、分选性很差，说明簸选不彻底，沉积物堆积速度很快，一般是重力流沉积的标志；反之，则可能是牵引流的标志。

（二）分类方法

为与国际接轨，本书采用四组分三端元分类体系（图 4－12），四组分指的是杂基、石英（Q）、长石（F）和岩屑（R），三端元指的是石英、长石和岩屑。

首先按杂基含量 15% 将砂岩分为净砂岩（arenite，杂基含量小于 15%）和杂砂岩（wack，杂基含量 15%～50%）两大类。一般来说，杂基含量是流体性质和储层性质的标志，当其含量大于 15% 时，一般是重力流沉积，砂岩储集性能变差；当其含量小于 15% 时，一般是牵引流沉积，原始沉积孔隙度较高。

对于净砂岩，每一大类中的类型划分则要用到三端元，即由石英、长石、岩屑组成的三角图。为了使用方便，且更能指示砂岩的成因，这里的石英包括单晶石英颗粒、燧石和多晶石英；长石指的是长石颗粒，即钾长石和斜长石；岩屑指的是各种岩浆岩、变质岩和沉积岩的岩屑。需要强调的是，具体岩石类型的命名不能按照“三级命名法”，而是将长石或岩屑含量降至 25% 即可定本名，这是因为这两种组分在砂岩中各自的含量一般不超过颗粒组分的30%。

净砂岩分为七个类型[图4－12(a)]：石英净砂岩，F<5%，R<5%，Q>90%；亚长石砂岩，5%<F<25%，5%<R<25%，F>R；亚岩屑砂岩，5%<F<25%，5%<R<25%，R>F；长石砂岩，F>25%，F>R<10%；岩屑质长石砂岩，F>25%，F>R>10%；长石质岩屑砂岩，R>25%，R>F>10%；岩屑砂岩，R>25%，R>F<10%。

杂砂岩[图4－12(b)]的类型相对简单，分为三种：石英杂砂岩，F<5%，R<5%，Q>90%；长石杂砂岩，F>25%，F>R；岩屑杂砂岩，R>25%，R>F。

砂岩(杂砂岩)基本类型的划分根据主要的陆源碎屑组分，没有考虑次要矿物和特殊矿物。当砂岩中含有次生矿物时，可采用附加定名，如海绿石石英砂岩等。

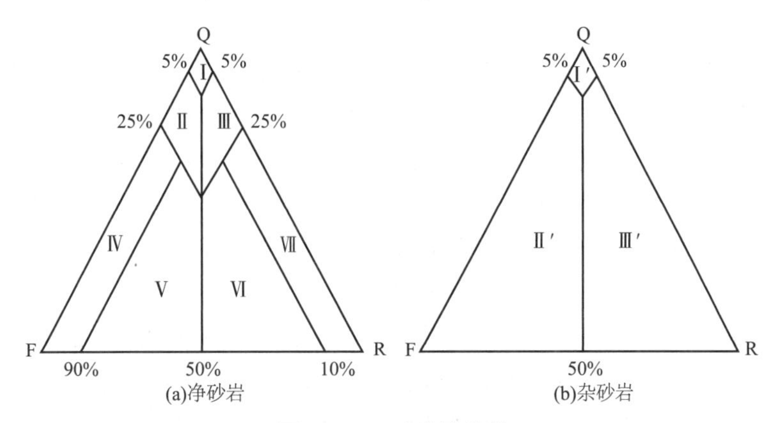

图4－12　砂岩的分类

Ⅰ—石英净砂岩(quartz arenite)；Ⅱ—亚长石净砂岩(subarkose)；Ⅲ—亚岩屑净砂岩(sublitharenite)；Ⅳ—长石净砂岩(arkose)；Ⅴ—岩屑质长石净砂岩(lithic arkose)；Ⅵ—长石质岩屑净砂岩(feldspathic litharenite)；Ⅶ—岩屑净砂岩(litharenite)；Ⅰ′—石英杂砂岩(quartz wacke)；Ⅱ′—长石杂砂岩(feldspathic greywacke)；Ⅲ′—岩屑杂砂岩(lithic greywacke)

二、砂岩的主要类型

1. 石英净砂岩(简称石英砂岩)

石英砂岩最突出特征是石英碎屑占90%以上，含有少量长石和燧石等岩屑。重矿物含量极少，往往不超过千分之几，且多为稳定组分，通常由极圆的锆石、电气石、金红石等组成，有时有钛铁矿及其衍生的白钛石。

长石主要是微斜长石、正长石和钠长石，通常在大多数比较细粒的石英砂岩中至少含少量长石。岩屑可能只包括少量磨蚀好的燧石和石英岩等，这些岩屑虽然含量很少，但可能是寻找来源区的线索。

胶结物大多为硅质，其次为钙质、铁质及海绿石等。

根据胶结物的成分，可将石英砂岩进一步分类和命名，如铁质石英砂岩、钙质石英砂岩及硅质石英砂岩等。在硅质石英砂岩中，根据胶结物性质又可划分以下三种：

(1)硅质石英砂岩：硅质胶结物常为蛋白石或玉髓，碎屑石英不具或很少见次生加大现象。

(2)石英岩状砂岩：大部分碎屑石英具次生加大现象。

(3)沉积石英岩：几乎全部碎屑石英具次生加大现象。这种岩石具有能反射光线的、边缘尖锐的小晶面，因此，在阳光下有明亮的“闪光”。由于具有很强的凝聚性，当岩石破碎时，断口会切穿颗粒，而不绕过颗粒。它在物理性质上的特点是坚硬、耐久、能抵抗侵蚀，在地貌上通常形成陡峭的高山峻岭，构成天然屏障，如安徽巢湖地区上泥盆统五通组的石英砂岩即属此种情况。

石英砂岩的颜色大都为灰白色，有些略带浅红、浅黄、浅绿等，少数为较深色调。砂岩的颜色主要取决于胶结物的颜色，如含海绿石，则岩石呈浅绿色调。有时碎屑石英表面包有一层赤铁矿薄膜，虽然它可能只占整个岩石的1%或更少，但却使岩石呈浅红或浅褐色。

石英砂岩中常见的沉积构造有波痕和冲洗交错层理、平行层理等(图4-13)。产状一般为厚度不大的稳定层状。时代分布也广，但以前寒武纪和早古生代为多，主要产于构造条件相对稳定地区。石英砂岩是高度成熟的砂岩，它是风化作用、分选作用和磨蚀作用持续较久和深化的终极产物。它的产出需要稳定的大地构造条件和砂的多旋回沉积作用。基于石英砂岩所具有的分选性最好、磨圆度最高、石英最富集、重矿物最少的特征，对这种砂岩的成因，多数人认为它不可能直接来源于花岗岩的风化，而是来自先前存在的砂岩。也就是说，它们是长期、多次再沉积的结果。因为只有在这种条件下，不稳定组分经过长期反复作用，才会彻底破坏以至完全消失，从而石英高度富集并被磨圆。这就是通常所称的石英砂岩形成的多旋回性。然而，对于另外一些砂岩，其磨圆度不够好，所含的多晶石英和波状消光石英比例较大，保留少量长石以及有多种重矿物，或至少有磨圆度不好的锆石和电气石，这种看来像是第一旋回特征的石英砂岩，不应排除它们直接来源于花岗岩质母岩的可能性。但是，这种区分通常很困难。

(a)冲洗交错层理石英砂岩（标签2cm）

(b)显微镜下特征（正交光，视域宽1mm）

图4-13 鄂尔多斯盆地上古生界太原组石英砂岩

根据砂的磨蚀实验和现代河流的河砂研究，一般认为，这类高成熟的砂岩无论作用时间多么长久，都不大可能简单地由河流环境产生。石英砂岩主要产于海洋环境，这可以由其所含的海相化石和海绿石以及与海相层系共生等得到证实。石英砂岩常与碳酸盐岩呈互层产出，甚至它们以不同比例随机混合，形成该二类岩石的多种过渡类型。

石英砂岩主要发育在稳定的地台区，因此，通常认为石英砂岩标志着稳定大地构造环境，并进而表明基准面的夷平作用以及长期的风化作用。

2. 亚长石砂岩

石英含量50%～95%，长石含量5%～25%，并且长石含量大于岩屑含量。

3. 亚岩屑砂岩

石英含量50%～95%，岩屑含量5%～25%，并且岩屑含量大于长石含量。

亚长石砂岩和亚岩屑砂岩是石英砂岩与长石砂岩和岩屑砂岩的过渡类型，其成因也介于上述三类岩石之间。

4. 长石砂岩

长石砂岩类包括长石砂岩和岩屑质长石砂岩。

长石砂岩主要由石英和长石组成，石英含量小于75%，长石含量大于25%，岩屑含量小于10%。长石以钾长石和酸性斜长石为常见(图4－14)，在较细粒的长石砂岩中可含较多云母。

(a)单偏光

(b)正交光

图4－14　长石砂岩单偏光和正交光显微特征(视域宽1.2mm)(济阳坳陷古近系)

岩屑在长石砂岩中通常作为附属成分，其种类因陆源区的母岩类型而异，因具有混合来源，在同一岩石中常会有多种岩屑类型。

重矿物一般比石英砂岩类的含量高，可达1%以上，成分较复杂，既有稳定组分，如锆石、金红石、电气石、石榴子石和磁铁矿等；还常见稳定性差的矿物，如磷灰石、榍石和绿帘石。

本类砂岩中含有少量黏土杂基，它总是很细而污浊，并常被氧化铁和有机物污染。只有当其重结晶为细粒集合体时，才有可能大致分辨其类别。一般是高岭石质的，有时为云母类和绿泥石类矿物。

胶结物常为钙质，有时为铁质，硅质的较少。较古老的砂岩可显出石英和长石的次生加大现象，而且当次生加大很完善时，可使砂岩很像花岗岩类的岩石，以致容易弄错。

长石砂岩的化学成分与其花岗岩质母岩极其相似，富含 Al_2O_3 及 K_2O，与杂砂岩不同，其 K_2O 常大于 Na_2O，Fe_2O_3 大于 FeO。在含有碳酸盐胶结物时，砂岩中 CaO 及 CO_2 的含量也随之增加。

长石砂岩以粒度较粗者常见，分选性和磨圆度变化很大，由分选差的棱角状的到分选好磨圆度高的均可出现。

在一般情况下，长石砂岩类常因钾长石含量多而呈肉红色；但也有不少长石砂岩呈灰色或白色，它们多是因为长石风化为高岭石，或是因为某些来自花岗岩质的母岩中含有灰色或白色的长石。

长石砂岩的形成在很大程度上取决于母岩成分，首先要富含长石的母岩如花岗岩、花岗片麻岩等，这是长石砂岩形成的物质基础；另外，还需要有利于母岩崩解的条件，主要是构造条件和气候条件。

在构造运动比较强烈的地区，形成高差较大的地形起伏，花岗质基底隆起，相邻地带发生沉陷，从而使母岩遭受剧烈侵蚀、快速堆积。由于风化时间短暂，主要是物理风化使其机械破碎，抵抗风化能力较弱，地形起伏低，侵蚀速度缓慢，并且由气候导致的分解速度与大地构造活动导致的侵蚀速度之间的平衡的结果所决定。

过去有人认为，长石砂岩是极其干旱或寒冷气候条件的产物，这种条件将使化学风化过程减慢或停止，导致不稳定组分得以保存。但是，许多资料表明，温湿气候条件也有长石砂岩的堆积。因此，构造条件所引起的地形起伏与气候条件二者相比，前者更为重要，即花岗质基底崩解产物的近源快速堆积，可能是长石砂岩形成的最主要的外界条件。

有的长石砂岩直接覆盖在花岗质结晶基底的侵蚀面上，它是古老花岗质岩石的崩解产物，在海侵过程中经过改造并在原地堆积而成。这类岩石常呈厚度不大的稳定层状，位于海侵岩系底部，故称残余长石砂岩或基底长石砂岩。这种砂岩颗粒较粗，呈棱角状，分选不好，在较大颗粒之间有棱角尖锐的较小碎屑和较多的黏土杂基。

5. *岩屑砂岩类*

岩屑砂岩(图4－15)类包括岩屑砂岩和长石质岩屑砂岩。

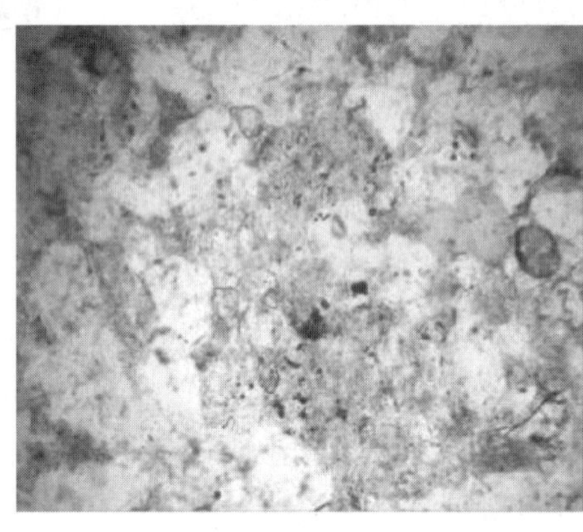

(a)单偏光

(b)正交光

图4－15　岩屑砂岩单偏光和正交光显微特征(视域宽1.2mm)(济阳坳陷古近系)

岩屑砂岩含有丰富的岩屑。在其碎屑含量中，岩屑含量超过25%，长石含量小于10%，石英含量在75%以下。

岩屑成分复杂，有时在一种砂岩之内岩屑可有20种之多，但一般只有几种是主要的。

石英一般也是岩屑砂岩的主要成分，在含有沉积岩屑的砂岩及杂砂岩中可能含有大量石英，它们大部分可能来源于先前存在的砂岩，其磨圆度通常比长石砂岩及杂砂岩中的石英要圆些。在富含变质岩屑的砂岩中，大部分石英可能是变质成的波状消光石英和多晶石英，这种石英往往呈棱角状至次棱角状。

长石含量一般较少，在岩屑砂岩中含有较多长石时，常可见到各种斜长石、正长石、条纹长石和微斜长石等，但主要的长石一般为酸性斜长石。有时，在同一岩石中可见云雾状的风化长石和表面光洁的新鲜长石并存。

在许多岩屑砂岩中，碎屑云母常是值得注意的组分，可以有黑云母和白云母。云母片一般平行于层理面富集，常常由于压实作用而发生变形，在相邻石英颗粒之间成弯曲状甚至破裂，这种现象在垂直层理的切片中观察最为清楚。它常见于泥质含量少的胶结紧密的砂岩中。然而，在胶结紧密的钙质砂岩中，变形云母很少见到，这可能是由于胶结作用是在云母碎屑埋藏深处受到挤压之前发生的。常见的重矿物有锆石、电气石、角闪石、绿帘石、斜黝帘石、榍石和石榴子石等，这些矿物广泛地分布于许多种源岩之中。其他常见的重矿物，如十字石、红柱石、蓝晶石和硅线石，肯定来源于变质岩；而辉石则是来源于基性火成岩。应当指出的是，在较为古老的地层中，因为稳定性差的矿物在成岩作用过程中常遭破坏，只有更稳定的矿物方可出现。

岩屑砂岩常有碳酸盐和氧化硅胶结物，当为氧化硅胶结时，碎屑石英可显次生加大现象。一般缺乏杂基物质，然而在压实作用较强的砂岩中，较软的泥质岩屑在石英颗粒间可以发生变形，出现假杂基。

岩屑砂岩分布也较广，估计占全部砂岩的 1/5 ~ 1/4。岩屑砂岩的形成条件与长石砂岩基本类似，需要有利于不稳定物质产生和沉积的条件。只有在这种条件下，强烈的物理风化和近源快速堆积，才可使大量母岩的崩解产物得以保存。随着远离母岩区，不稳定组分进一步破坏，稳定组分相对增加，就常过渡为岩屑石英砂岩。应当指出的是，上述形成条件对岩屑砂岩来说，不能一概而论，因为岩屑砂岩的成分在各类砂岩是最为复杂，需进行具体分析。如石灰岩屑和火山岩岩屑，需要在侵蚀时受到不完全风化、近源快速堆积才能保存，这种侵蚀是由高差大的地形起伏或干燥气候条件引起的；然而，燧石岩屑砂岩则相反，它表示构造条件稳定、地形起伏小、长距离搬运及较彻底的风化条件。岩屑砂岩常含有较多泥质岩屑(沉积的和浅变质的)，这些泥质物在机械上的软弱特征排除了长距离搬运的可能。因此，它可以作为局部来源区的标志，这种来源区甚至可能是在同一沉积盆地内的某些隆起部分。

6. *杂砂岩类*

杂砂岩一般富含石英，有不同比例的长石和岩屑，通常含少量云母碎屑(图 4 – 16)。

长石主要是斜长石，钾长石少见。岩屑主要是泥页岩、粉砂岩、板岩、千枚岩和云母片岩，燧石和细粒石英及多晶石英也可以较丰富。有些砂岩含具长石微晶的细粒火山岩屑，其中以酸性火山岩屑较常见，安山岩屑较少。

碎屑云母，如白云母和黑云母以及绿泥石化的黑云母是常见的，但不是丰富的组分。

在许多杂砂岩中，还有方解石、铁白云石等碳酸盐矿物。它们一般呈不规则斑点状产出，通常既交代杂基，又交代某些岩屑和长石颗粒。方解石外形常不规则，而铁白云石等晶体更趋于自形。然而，在杂砂岩中沉淀的胶结物比在纯砂岩中少见得多，这可能是由于存在不渗透性的杂基造成的，因为杂基的存在阻碍了溶液通过，且填塞了那些能够发生沉淀作用的绝大部分孔隙。

富含杂基是杂砂岩的基本特征，杂基含量似乎是砂级大小的函数，即颗粒越细，杂基含量越高。杂砂岩就是由这些紧密互生的绿泥石和绢云母以及石英、长石粉砂级细粒杂基黏合起来的，而不是像其他砂岩由充填孔隙的沉淀胶结物胶结在一起[图4－16(b)]。

(a)岩芯

(b)正交光

图4－16　石英杂砂岩的岩芯和正交光镜下特征(视域宽1.2mm)
(鄂尔多斯盆地上古生界气田)

杂砂岩一般呈暗灰色或黑色，但取决于其沉积环境。常具递变层理和底面印模构造，一般与泥岩或板岩呈韵律互层。磨圆度和分选性均不好，颗粒一般具尖锐棱角状，碎屑大小包括砂或细砾以至细小质点的所有粒级。颗粒之间为黏土杂基所填塞，以致较大颗粒显然被泥质所隔开而呈杂基支撑，渗透性较差。

杂砂岩的形成条件与长石砂岩类似，即需要侵蚀、搬运及沉积的快速进行，这可使物质不发生完全的化学风化。和长石砂岩一样，杂砂岩可在不同气候下形成，既可以形成于湿热条件，也可以形成于干旱的或寒冷的气候条件。

杂砂岩所反映的来源区与长石砂岩不同。长石砂岩反映了花岗质岩石的来源区；而杂砂岩由于含较多的石英和长石，并常混有低级变质岩屑，甚至火山岩屑，表明它比长石砂岩来源区更富于变化。

典型的杂砂岩通常堆积在急速沉降的地槽中，并且主要是在较老层系的复理式建造中，因此目前不少人认为大多数杂砂岩是海相浊积岩。20世纪80年代以来在湖相重力流沉积中，如渤海湾盆地古近系沙河街组中均发育有深湖相浊积岩。另外还应指出，杂砂岩虽常产于浊流成因的砂岩中，但浊积岩并不全属杂砂岩。

三、砂岩研究意义及实例

通过砂岩的研究能够恢复古构造、古气候、古物源、古沉积环境和沉积过程，同时砂岩是仅次于碳酸盐岩的油气储层，其物质成分、岩石类型、成因对储层评价非常重要，下面列举鄂尔多斯盆地致密砂岩油气储层研究予以说明。

(一)鄂尔多斯盆地二叠系致密气藏

太原组下段发育石英砂岩，见羽状、槽状、楔状交错层理，属于滨岸障壁岛沉积环境，储层物性好；太原组上段发育含砾岩屑砂岩、杂砂岩，见块状层理、楔状交错层理，储层物性相对较差(图4－17)。因此石英含量对储层控制显著(图4－18)。

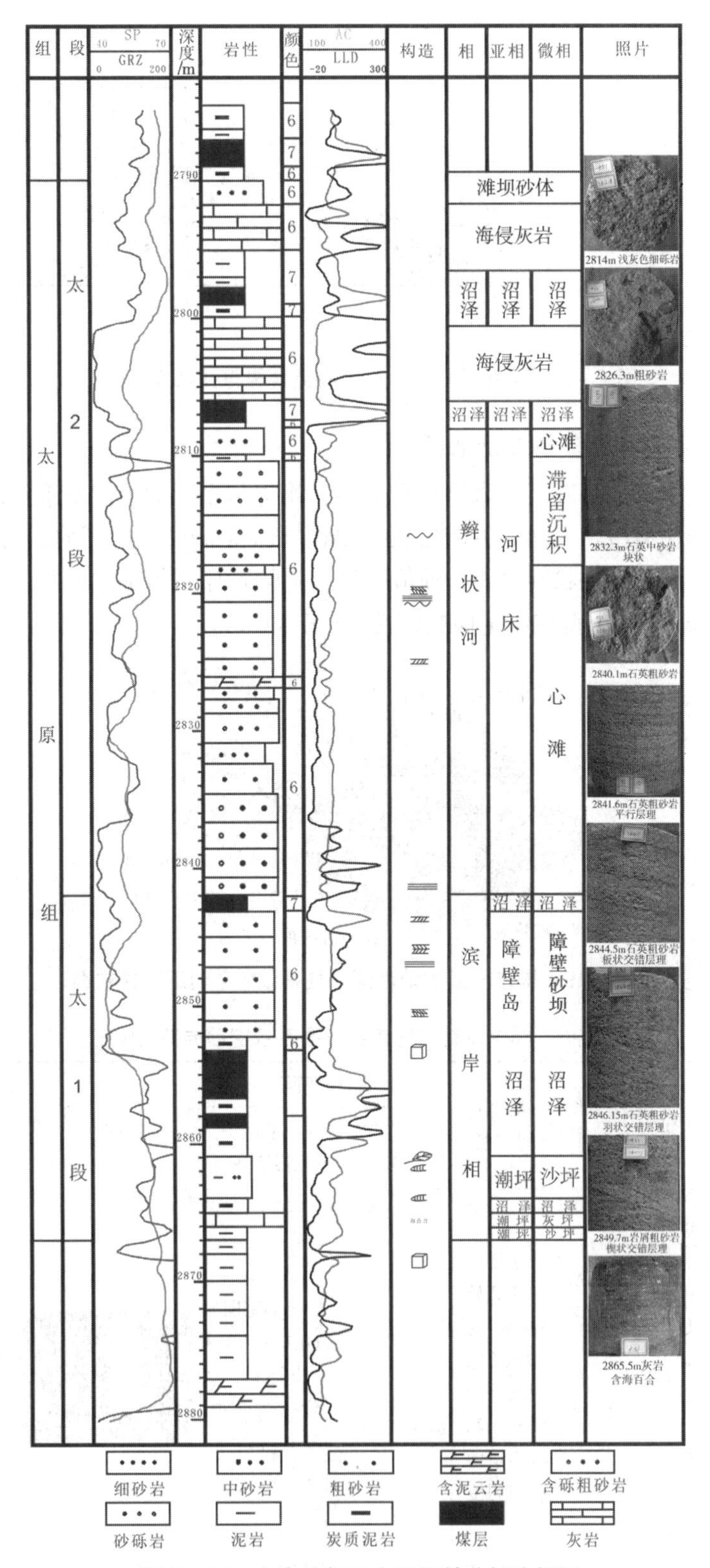

图4－17　大牛地气田太原组某井相分析图

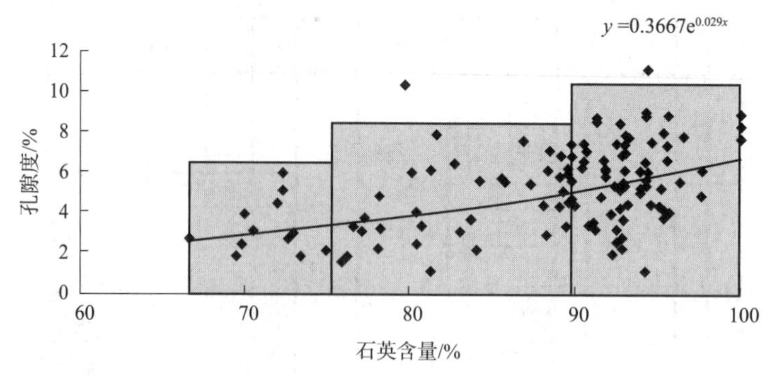

图 4－18　大牛地气田太原组石英含量与孔隙度关系图

(二)鄂尔多斯盆地三叠系致密油藏

依据岩性、沉积构造、厚度、岩性组合关系，将鄂尔多斯盆地三叠系致密油砂体的成因将其划分为四种岩相类型：风暴—风浪丘状—波状层理粉细砂岩相、滑塌—碎屑流近平行—变形层理砂岩相、颗粒流块状砂岩相、浊流—液化流鲍玛序列粉细砂岩相，其沉积模式如图 4－19 所示。岩相或成因类型控制了储层的性质(表 4－5)。

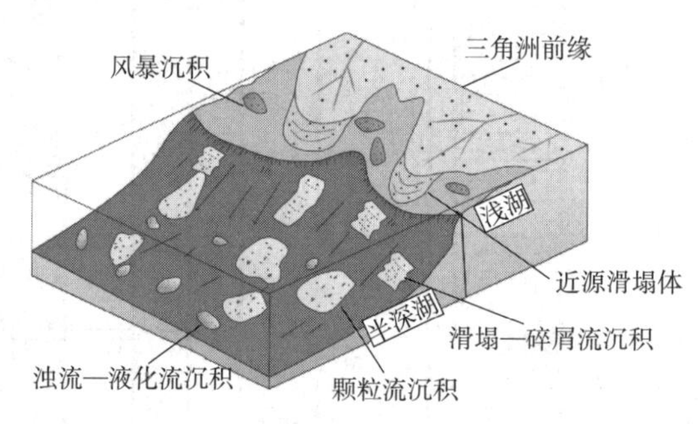

图 4－19　鄂尔多斯盆地南部三叠系致密砂岩沉积模式图

表 4－5　鄂尔多斯盆地南部三叠系致密砂岩储层特征

岩相	砂岩组成及结构	胶结构类型及含量	储集空间类型	物性特征		含油性	微观照片
				平均孔隙度	平均渗透率		
颗粒流块状砂岩相	组成：主要包括石英、长石、变质岩岩屑、中酸性岩浆岩屑及少量绿泥石颗粒，杂基含量极少； 结构：分选好，磨圆为次棱角—次圆状	粒缘绿泥石、少量方解石，硅质胶结构，胶结物含量为 3%～4%	主要以残余原始粒间孔(粒缘绿泥石保护作用)和次生溶蚀孔隙为主	分布范围为 4.3%～17.2%；平均值为 11.21%	分布范围为 $(0.12 \sim 1.43) \times 10^3 \mu m^2$；平均值为 $0.390 \times 10^3 \mu m^2$		

续表

岩相	砂岩组成及结构	胶结构类型及含量	储集空间类型	物性特征		含油性	微观照片
				平均孔隙度	平均渗透率		
滑塌—碎屑流近平行—变形层理砂岩相	组成：颗粒主要包括石英、长石、变质岩岩屑、中酸性岩浆岩岩屑及黑云母，杂基含量为8%～11%； 结构：分选较差—中等，磨圆为次棱角—次圆状	方解石，少量硬石膏，胶结构含量为4%～5%	以粒缘缝、次生溶蚀孔隙和晶间孔为主	分布范围为3%～10.25%；平均值为7.35%	分布范围为（0.006～0.318）$\times 10^3\mu m^2$ 平均值为0.094$\times 10^3\mu m^2$		
风暴—风浪丘状—波状层理粉细砂岩相	组成：主要包括石英、长石、变质岩岩屑、中酸性岩浆岩岩屑，黑云母含量为7%～15%；成层排列，杂基含量较少； 结构：分选中等—好，磨圆为次棱角—次圆状	以方解石为主，胶结物含量为7%～10%	主要以层理缝、次生溶蚀孔隙和晶间孔为主	分布范围为4.33%～9.31%；平均值为7.4%	分布范围为（0.011～0.039）$\times 10^3\mu m^2$ 平均值为0.025$\times 10^3\mu m^2$		
浊积—液化流鲍玛序列粉细砂岩相	组成：主要包括石英、长石、变质岩岩屑、中酸性岩浆岩岩屑，杂基含量为5%～7%； 结构：分选中等，磨圆为次棱角次圆状	以方解石为主、少量硅质胶结物，酸结构含量为2%～3%	以次生溶蚀孔隙和晶间孔为主	分布范围为2.56%～4.30%；平均值为3.3%	分布范围为（0.003～0.009）$\times 10^3\mu m^2$ 平均值为0.006$\times 10^3\mu m^2$		

第三节　细粒沉积岩与页岩油气

一、细粒沉积岩概述

细粒沉积物(fine－grained sediment)是指粒径小于63μm的黏土级和粉砂级沉积物，其成分主要包含黏土矿物、粉砂、碳酸盐、有机质等。黏土(clay)指粒径小于4μm的组分,粉砂(silt)是指粒径介于4~63μm的物质;泥质(mud)笼统地指黏土—粉砂级的混合物。由细粒沉积物组成的沉积岩称为细粒沉积岩(fine-grained sedimentary rock)或泥状岩(mudstone, mudrock),其中页理发育的称为页岩(shale),页理不发育的称为泥岩(mudstone)。而黏土岩(claystone)是指主要由黏土组成的细粒沉积岩。

细粒沉积岩是自然界中最丰富的沉积物,全球50%~75%的沉积岩(物)是由细粒物质组成的。近年来细粒沉积岩越来越引起人们的重视,究其原因主要有以下几个方面:首先,细粒沉积岩记录了沉积物在深水环境中的搬运路径,据此可以追溯古海洋/湖泊深水区水体的流动路径;其次,海洋中地球化学和生物循环过程与细粒沉积物中的元素迁移具有密切的关系(Eittreim, 1984);第三,细粒沉积岩多沉积在海洋/湖泊的深水区,几乎记录了连续的沉积历史,对地质历史的记录具有重大的意义;第四,细粒沉积岩中富有机质暗色泥岩类是石油和天然气的主要源岩,也可以作为非常规油气(如页岩油、页岩气)的储集层,同时也是V、Ni、Mo等金属元素的富集载体,具有重要的经济价值。

二、细粒沉积岩分类和主要类型

由细粒沉积岩的定义可知,细粒物质并不局限于黏土矿物,而是拥有复杂的物质构成。细粒沉积岩的岩石类型异常丰富,主要包含了硅质碎屑岩中的粉砂岩和黏土岩,石灰岩中的灰泥灰岩和部分黏结岩,甚至还包括细凝灰岩等,因此超出了单纯的陆源碎屑岩的范畴。如中国南方古生界海相"页岩"以石英和黏土矿物为主[图4-20(a)(b)],而中国东部湖相"页岩"细粒物质以碳酸盐、黏土矿物、粉砂和有机质为主[图4-20(c)(d)],甚至在多个盆地内的页岩中,碳酸盐矿物平均含量超过50%。

细粒沉积岩的室内分类,是在室内实验测试的基础上进行的分类,测试数据包括了矿物学数据、地球化学数据、有机质含量数据等。在制定划分方案时,应遵守"界线清晰、含义明确、简单实用、尊重传统"的原则,即不同类别细粒沉积岩要有准确的划分界线,不易产生混淆;分类名称应能反映该类别细粒沉积岩的主要特征,含义直观明确,分类方案不宜太过复杂,且应具有较强的可操作性,划分后的岩石种类在宏观与微观尺度上均能清晰辨识(周立宏,2016)。近年来,对细粒沉积岩的分类多以矿物成分为分类依据,采用三端元的方式来划分细粒沉积岩的类型。姜在兴等(2013)以细粒沉积岩的主要组分粉砂、黏土和碳酸盐为三端元,以各自含量50%为界,把细粒沉积岩分为4大类(图4-21)。前三大类岩石的详细分类可参照传统命名方式,结合沉积构造和组分含量(10%,25%,50%)进行划分。如黏土矿物含量为55%,碳酸盐含量为28%,粉砂含量为12%,且为纹层状应命名为页状含粉砂灰质黏土岩。又如粉砂质页岩实际应命名为页状粉砂质黏土岩。对于三端元组分含量相对均一(即没有一种组分含量超过50%)的第Ⅳ类混合型细粒沉积岩,可将粉砂和黏土共同作为一个端元(硅质碎屑端元),碳酸盐作为另外一个端元(碳酸盐端元),以硅质碎屑含量65%(碳酸盐含量35%)为界,分为硅质碎屑型混合细粒沉积岩(硅质碎屑含量大于65%)和碳酸盐型混合细粒沉积岩(碳酸盐含量大于35%)。在上述分类基础上,可结合研究区岩石具体特征进行更详细的划分。如针对以碳酸盐、黏土矿物和有机质为主的中国中东部湖相含油气细粒沉积岩,可以以有机质(TOC)、碳酸盐及黏土矿物三端元划分岩石类型(图4-22)。鉴于有机质在细粒物质沉积动力学、成岩作用和储层形成中的重要作用,建议首先以

TOC 2%和4%为界，划分出低有机质、中有机质和高有机质3大类；之后，根据碳酸盐和黏土矿物50%为界，进一步划分为6亚类：①高有机质页状灰岩；②高有机质页状黏土岩；③中有机质页状灰岩；④中有机质页状灰质黏土岩；⑤低有机质灰泥灰岩；⑥低有机质块状黏土岩。

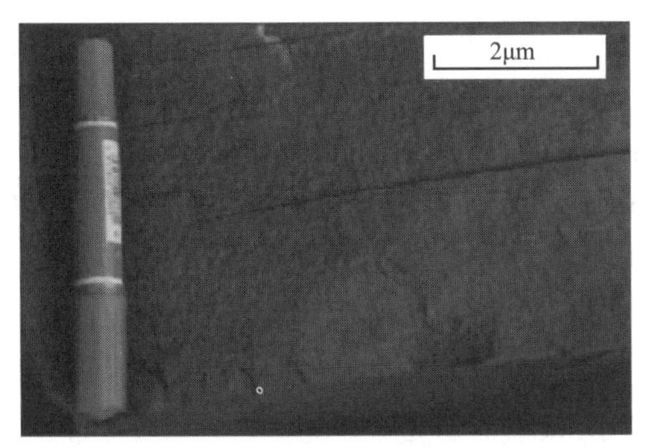

(a)海相“页岩”(志留系龙马溪组，彭水鹿角剖面)

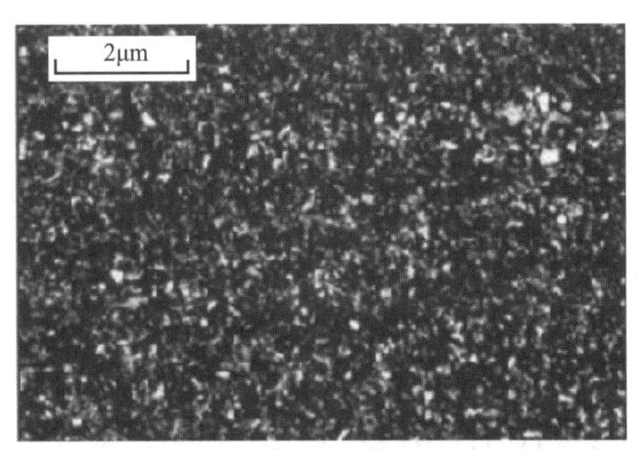

(b)海相“页岩”微观特征(成分以石英、黏土矿物为主，志留系龙马溪组，彭水鹿角剖面)

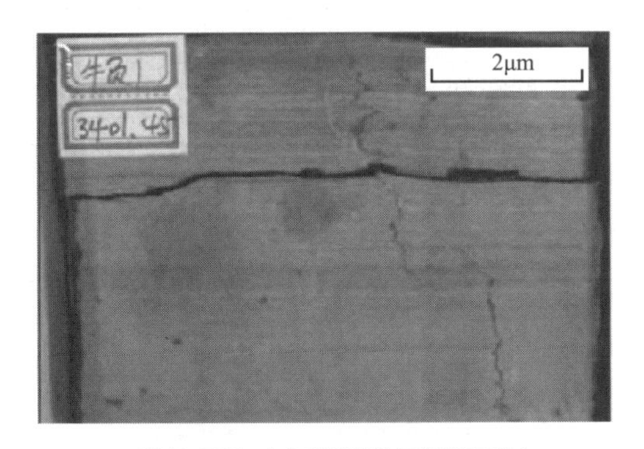

(c)湖相“页岩”［东营凹陷沙河街组四段上亚段(Es_4^s)，牛页1井，3401.45m］

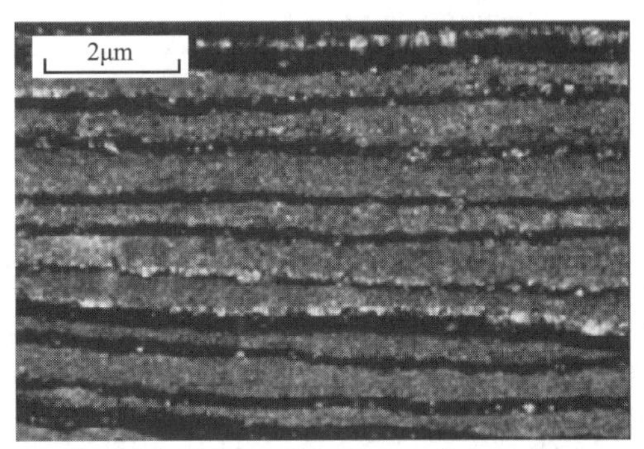

(d)湖相“页岩”微观特征(成分以碳酸盐、黏土矿物、粉砂及有机质为主，东营凹陷 Es_4^s，樊页1井，3385.54m)

图4-20　海、陆相“页岩”的宏、微观特征

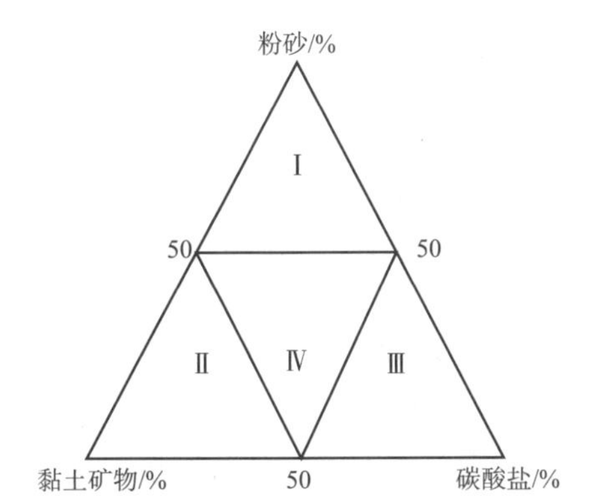

图4-21　细粒沉积岩“粉砂—黏土矿物—碳酸盐”三端元分类

Ⅰ—粉砂岩；Ⅱ—黏土岩；
Ⅲ—碳酸盐岩；Ⅳ—混合型细粒沉积岩

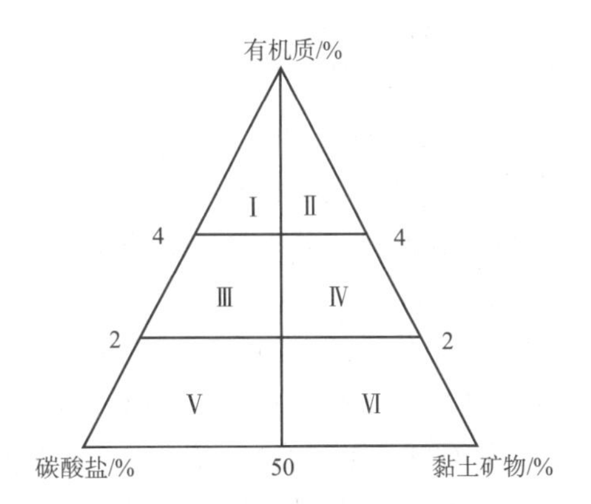

图4-22　湖相细粒沉积岩分类

Ⅰ—高有机质页状灰岩；Ⅱ—高有机质页状黏土岩；
Ⅲ—中有机质页状灰岩；Ⅳ—中有机质页状灰质黏土岩；
Ⅴ—低有机质灰泥灰岩；Ⅵ—低有机质块状黏土岩

(一)黏土岩

1. 黏土岩成分

构成黏土岩主要组分的黏土矿物大多数来自母岩风化的产物，并以悬浮方式搬运至水盆地，以机械方式沉积而成。已沉积但尚未完全固结成岩的黏土沉积物在重力流、风暴流和等深流等作用下还可以进一步向盆地深水区搬运，形成再沉积的深水黏土岩。由水盆地中 SiO_2 和 Al_2O_3 胶体的凝聚作用形成的自生黏土矿物，以及由火山碎屑物质蚀变形成的黏土矿物，在黏土岩中所占比例较少。因此，就形成机理而言，黏土岩类应归属陆源碎屑沉积岩。

黏土岩的矿物成分以黏土矿物为主，次为陆源碎屑矿物、化学沉淀的非黏土矿物及有机质。其化学成分以 SiO_2、Al_2O_3、H_2O 为主，次为 Fe、Mg、Ca、Na、K 的氧化物及一些微量元素。

1)黏土矿物

黏土矿物是一种含水的硅酸盐或铝硅酸盐，可分为非晶质和结晶质两类。后者又分为层状和链层状两种结构类型(表 4－6)。最常见者为层状结构的黏土矿物。

表 4－6　黏土矿物分类简表

<table>
<tr><td></td><td colspan="3">结构单元层类型</td><td>层间物</td><td>族</td><td>种</td></tr>
<tr><td rowspan="8">晶质的</td><td rowspan="7">层状的</td><td rowspan="5">简单层状的</td><td rowspan="2">1 : 1
$[Si_4O_{10}](OH)_8$</td><td rowspan="2">有或无水分子</td><td>高岭石</td><td>高岭石、地开石、珍珠陶土等</td></tr>
<tr><td>埃洛石</td><td>埃洛石(多水高岭石)、变埃洛石等</td></tr>
<tr><td rowspan="2">2 : 1
$[S_4O_{10}](OH)_2$</td><td rowspan="2">阳离子或
水化阳离子</td><td>蒙脱石</td><td>蒙脱石、拜来石、绿脱石、皂石</td></tr>
<tr><td>水云母</td><td>水云母(伊利石)、海绿石</td></tr>
<tr><td>2 : 1 : 1
$[Si_4O_{10}](OH)_2$</td><td>氢氧化物</td><td>绿泥石</td><td>各种绿泥石、单热石等</td></tr>
<tr><td rowspan="2">混层状的</td><td>有序混层</td><td colspan="3">水云母—蒙脱石组合、绿泥石—蒙脱石组合等</td></tr>
<tr><td>无序混层</td><td colspan="3">水云母—蒙脱石组合、水云母—绿泥石组合
水云母—蒙脱石—绿泥石组合等</td></tr>
<tr><td colspan="2">链层状的</td><td>2 : 1</td><td>水化阳离子</td><td>海泡石</td><td>海泡石、坡缕石(凹凸棒石)</td></tr>
<tr><td colspan="4">半晶质和非晶质的</td><td colspan="3">伊毛缟石、水铝英石等</td></tr>
</table>

2)非黏土矿物

非黏土矿物包括陆源碎屑矿物和化学沉淀的自生矿物。陆源碎屑矿物中有石英、长石、云母、各种副矿物。其中最主要的还是石英，呈单晶出现，圆度差，边缘较模糊，多分布于不纯的黏土岩中。

黏土岩中化学沉淀的自生矿物主要有铁、锰、铝的氧化物和氢氧化物(如赤铁矿、褐铁矿、水针铁矿、水铝石)、含水氧化硅(如蛋白石)、碳酸盐(如方解石、白云石、菱铁矿)、硫酸盐(如石膏、硬石膏)、磷酸盐(如磷灰石)、氯化物(如石盐等)。它们都是在黏土形成过程中生成的，其含量一般不超过 5%，是黏土岩形成环境及成岩后生变化的重要标志。

3)有机物质

黏土岩中常有数量不等的有机物质。而有机质的丰度以岩石中剩余有机碳含量、氨基酸的总量以及氨基酸总量/剩余有机碳的比值作衡量标准。剩余有机碳、氨基酸含量高、氨基酸/剩余有机碳比值低，则有机质丰度高，此类黏土岩即为良好的烃源岩。此外还可以作为页岩油/气的储集岩。这类黏土岩常呈深灰、灰黑、黑色，多形成于受限制的安静低能还原环境，如潟湖、海湾、深水陆棚、海湖深水盆地等。这种环境对硫化铁的生成也是有利的，因此硫化铁矿物(如黄铁矿)常与富有机质的暗色黏土岩共生。

有些黏土岩含有大量的分散炭质，是成煤的原始有机物质。

4)黏土岩的化学成分

黏土岩的化学成分主要为 SiO_2、Al_2O_3及 H_2O，在一般黏土岩中，三者总量可达 80% 以上；其次为 Fe_2O_3、FeO、MgO、CaO、Na_2O、K_2O 等。不同黏土岩，化学成分变化较大，这主要取决于它的矿物成分、混入物、吸附的阳离子类型及含量。如高岭石黏土岩富含 Al_2O_3，水云母黏土岩富含 K_2O，海泡石黏土岩富含 MgO，陆源混入物含量较多的粉砂质黏土岩 SiO_2 含量高。

黏土岩的化学成分与沉积环境有一定关系。有人认为，淡水黏土中高岭石含量较高，故 K_2O、MgO 含量低于海相或潟湖相黏土；硼和某些放射性元素的含量在海相和非海相黏土中差异较大。

2. 分类

黏土岩是细粒沉积岩的重要组成部分，目前黏土岩的分类尚无一个完善而又统一的方案。原因是黏土岩的成分和成因较复杂，组成黏土岩的颗粒又极细小，精确鉴定和含量统计都很困难，成岩作用中又极易变化。现有的分类，一般先按黏土岩在成岩作用中的变化，如按固结程度及沉积构造划分大类，进一步按黏土岩的结构、矿物成分及混入成分再细分。其综合分类见表 4 -7。

在黏土岩矿物成分分类中，按黏土矿物的类型和含量还可分为单矿物黏土岩和复矿物黏土岩。前者以一种黏土矿物为主，其含量 >50%，如高岭石黏土岩、蒙脱石黏土岩等。后者由两种或两种以上黏土矿物组成，可采用复合命名，如高岭石—蒙脱石黏土岩等。每类黏土岩又可按其固结程度分为黏土、页岩和泥岩，如高岭石黏土、高岭石泥岩、高岭石页岩等。泥板岩类因固结和重结晶作用较强，已是向变质岩过渡的类型，一般不再细分。

表 4 -7　细粒岩中黏土岩的综合分类

<table>
<tr><td colspan="2" rowspan="3">固结程度结构及成分</td><td colspan="4">岩石名称</td></tr>
<tr><td rowspan="2">未—弱固结
(未重结晶)</td><td colspan="2">固结(未—中等重结晶)</td><td rowspan="2">强固结(重结晶矿物 >50%)</td></tr>
<tr><td>无页理</td><td>有页理</td></tr>
<tr><td rowspan="3">结构
(粉砂或砂含量)</td><td><10%</td><td>黏土</td><td>泥岩</td><td>页岩</td><td rowspan="10">泥板岩</td></tr>
<tr><td>10% ~25%</td><td>含粉砂(砂)黏土</td><td>含粉砂(砂)泥岩</td><td>含粉砂(砂)页岩</td></tr>
<tr><td>25% ~50%</td><td>粉砂(砂)质黏土</td><td>粉砂(砂)质泥岩</td><td>粉砂(砂)质页岩</td></tr>
<tr><td rowspan="7">黏土矿物成分</td><td>高岭石</td><td>高岭石黏土(高岭土)</td><td>高岭石泥岩</td><td>高岭石页岩</td></tr>
<tr><td>蒙脱石</td><td>蒙脱石黏土(膨润土)</td><td>蒙脱石泥岩</td><td>蒙脱石页岩</td></tr>
<tr><td>伊利石</td><td>伊利石黏土</td><td>伊利石泥岩</td><td>伊利石页岩</td></tr>
<tr><td>海泡石</td><td>海泡石黏土</td><td>海泡石泥岩</td><td>海泡石页岩</td></tr>
<tr><td>高岭石、蒙脱石</td><td>高岭石—蒙脱石黏土</td><td>高岭石—蒙脱石泥岩</td><td>高岭石—蒙脱石页岩</td></tr>
<tr><td>高岭石、伊利石</td><td>高岭石—伊利石黏土</td><td>高岭石—伊利石泥岩</td><td>高岭石—伊利石页岩</td></tr>
<tr><td>蒙脱石、伊利石</td><td>蒙脱石—伊利石黏土</td><td>蒙脱石—伊利石泥岩</td><td>蒙脱石—伊利石页岩</td></tr>
</table>

续表

固结程度结构及成分		岩石名称			
		未—弱固结（未重结晶）	固结（未—中等重结晶）		强固结（重结晶矿物 >50%）
			无页理	有页理	
混入物成分	钙质		钙质泥岩	钙质页岩	泥板岩
	铁质		铁质泥岩	铁质页岩	
	硅质		硅质泥岩	硅质页岩	
	有机质		碳质泥岩 暗（黑）色泥岩	碳质页岩 黑色页岩 油页岩	

（二）粉砂岩

主要由 0.01 ~0.1mm 粒级（含量 >50%）的碎屑颗粒组成的细粒碎屑岩称粉砂岩。通常，按颗粒大小又可分为粗粉砂岩和细粉砂岩两种，前者粒级范围是 0.05 ~0.1mm，后者是 0.01 ~0.05mm。

粉砂岩的进一步分类可根据粒度、碎屑成分和胶结物成分。根据粒度，除一般分为粗粉砂岩和细粉砂岩之外，如果粉砂岩中混有较多的砂和黏土时，亦可按三级复合命名原则来命名，如含砂泥质粉砂岩、含泥砂质粉砂岩等。

根据碎屑成分中石英和不稳定组分的含量，可将粉砂岩分为单成分粉砂岩和复成分粉砂岩；前者以石英为主，后者除石英外，含较多长石，云母或其他碎屑。

此外，还可根据胶结物的成分对粉砂岩命名，如铁质粉砂岩和钙质粉砂岩等，山东莱阳上侏罗统白云质粉砂岩。

黄土为粉砂质沉积的典型代表之一，它是一种半固结泥质粉砂岩。其中粉砂含量超过 50% ~60%；泥质含量常可达 30% ~40%；再次为砂粒，粒径一般 <0.25mm，含量约 10%。碎屑成分以石英、长石为主，重矿物有电气石、锆石、铁云母等，含量可达 50%。黄土中常含有形态奇特的钙质结核，俗称姜石。一般认为黄土是风成的，即认为粉砂岩是由沙漠地区被风吹扬搬运至他地堆积而成。我国黄土主要分布在西北的黄土高原上，其次分布在华北平原及东北的南部。

三、细粒沉积岩构造特征

当黏土岩与粉砂和砂质物质混合或互层沉积时，沉积构造发育良好（图 4 -23）。泥岩粒度细的特点造成肉眼可观察到的宏观构造发育较差，但当岩石切成薄片后在 X 射线摄影下就可以看到很多构造现象。如果细粒岩中的沉积构造被块体运动和生物扰动破坏，则可形成多种多样的沉积构造（表 4 -8）。

(a)砂质碎屑流中发生变形且有一定定向的泥岩碎块

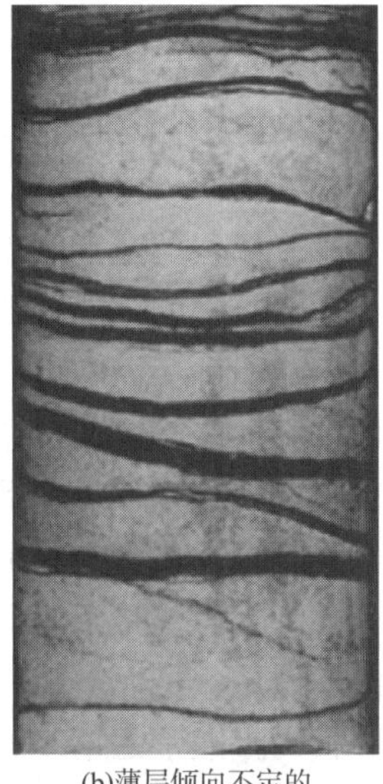

(b)薄层倾向不定的泥岩薄层(潮汐)

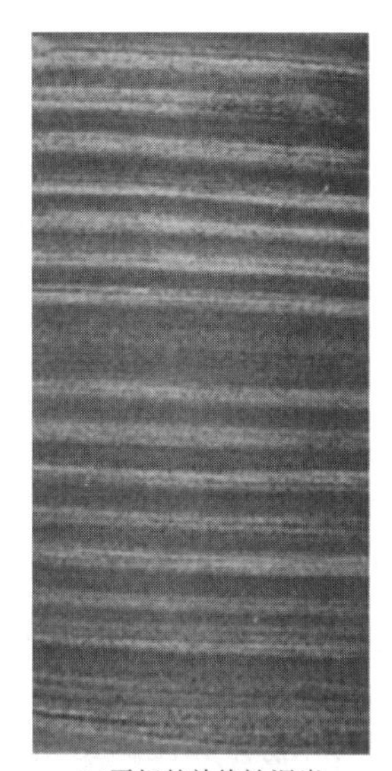

(c)平坦的韵律性泥岩和粉砂岩(潮汐)

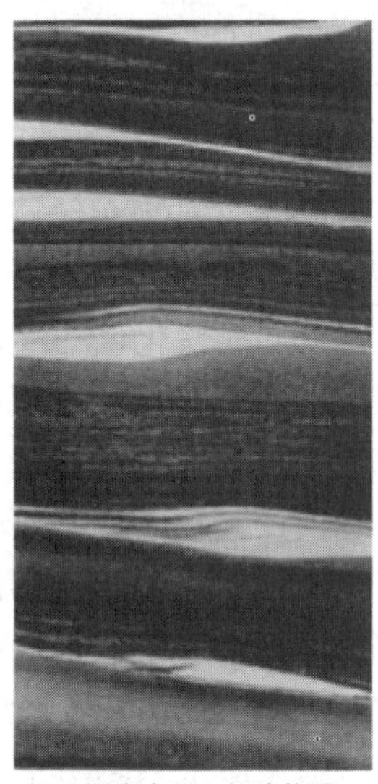

(d)泥岩中孤立的波状层(海湾沉积中的远端扇体)

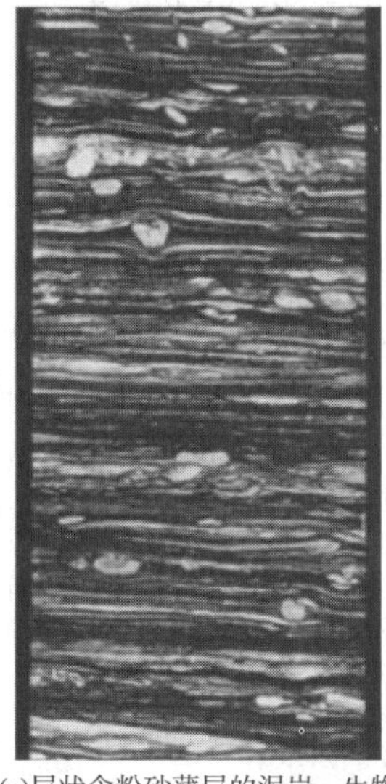

(e)层状含粉砂薄层的泥岩，生物扰动构造发育(三角洲前缘)

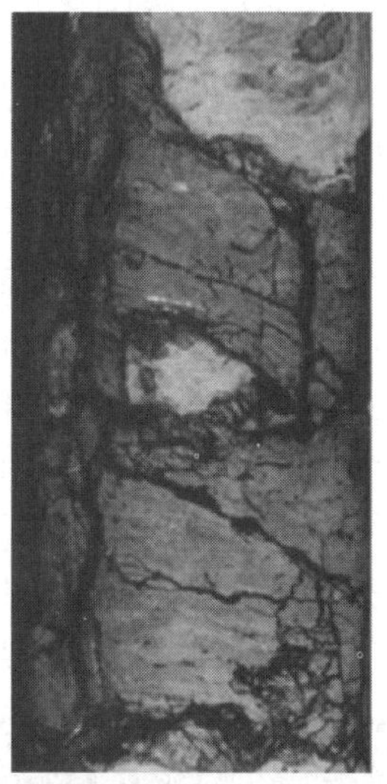

(f)灰色块状粉砂，其中含白色钙质的藻类球体

图4－23　西印第安纳伊利诺斯盆地宾夕法尼亚系泥岩中的沉积构造(据 Barnhill 等，1996)

表4－8　黏土岩(泥岩)中常见的沉积构造及其意义

过　程	结　果
远源浊流	交错层或交错层理，弱的侵蚀(冲刷)构造，水动力弯曲层，底痕，粒序层
风暴	丘状层和侵蚀(冲刷)构造
等深流	交错层理或交错层，少量侵蚀(冲刷)构造
弱的潮汐流	纹层和小的侵蚀(冲刷)构造
悬浮沉降	水平的薄粒序层或非粒序层
微生物藻席	波状、褶皱的纹理
块体运动	滑动、滑塌、泥浆和微断层(塑性沉积物变形)
底栖生物	生物扰动和生物爬痕(生物扰动的强弱和类型取决于水深和水底的氧含量)

泥岩和多数粉砂岩沉积层中小于10mm的层状结构广泛发育。水平层理、微波状层理和粒序层理是泥岩中发育最广泛的沉积构造。泥和粉砂级的颗粒可以形成水平层理和粒序层理，但交错层理通常只发生在粉砂和细砂岩中。泥质沉积物主要以悬浮沉降的方式沉积，因此纹层在泥岩中发育广泛。大多数泥岩中纹层的厚度小于10mm。

纹层广泛发育并富含黏土矿物是泥岩沉积的重要特征。纹层发育有多种形式，如黏土矿物成层分布，黏土纹层与粉砂纹层互层，粉砂、泥和生物化学沉积层共生形成的纹层等。纹层的形成需要陆源碎屑、化学或生物沉积的交替出现。通常情况下，单个纹层之间通常有一个突变的界面，这个突变界面可以由粒度变化、云母、重矿物或有机质引起。

在快速沉积和贫氧条件下，生物扰动现象稀少。单个纹层可以呈波状、倾斜状，甚至只有少量粉砂颗粒组成。纹层的厚度薄，它们可能是由远洋悬浮或风成沉积形成。细粒的黏土和粉砂如果一起沉积则可形成不连续的纹层，进而形成一些压扁层理，这是泥岩中较为常见的一种现象。粉砂和泥的交互沉积在横向上通常是连续的，这代表弱水动力条件下的远洋浊流沉积。在纯泥岩中也有由颗粒的微小变化形成的纹层，它们代表了远洋幕式悬浮沉降过程，这些碎屑物质可能来自陆地，也可能是生物来源的。由陆源物质形成的纯泥岩中，纹层可能有浊流携带的粉砂形成，也可以由三角洲地区洪水携带的泥流形成。生物和化学作用所形成的纹层通常是季节性的，或者是上部水体具有特殊的化学条件；丰富的有机质含量和温度适宜的海水是生物生产力增大的重要原因。泥岩中常见平坦的毫米级的颜色纹层，这些颜色纹层的形成可能有三种类型：①纹层由被有机质侵染的细粒物质所形成；②风所携带的沙漠灰尘所形成；③周期性的水体底部富氧造成的沉积物被氧化，形成氧化色的纹层，如红色、黄色纹层等。呈层不明显的泥岩可能是生物扰动结果或高密度泥流所形成的沉积体。

包卷构造、火焰状构造和负荷构造是未固结细粒岩中物理作用形成的一些构造，它们均属于变形构造的范畴。包卷构造(包卷层理)是在一个层内的层理揉皱现象，表现由连续的开阔“向斜”和紧密“背斜”所组成，一般细层向岩层的底部逐渐变正常，包卷层理向顶部扭曲，细层被上覆层截切，表明层内扭曲发生在上覆层沉积之前。包卷构造和火焰状构造可能是沉积物—水界面处流体拖动泥质沉积物形成，也可能是未固结泥质沉积物沿下倾方向的滑动或已固结沉积体的滑动形成。负荷构造是指覆盖在泥质岩之上砂岩底面上的不规则瘤状突起。当泥质沉积物尚未固结，处于可塑状态时，由于不均匀的负荷作用，上覆的砂质陷入泥质沉积物中，结果在上覆岩层底面上产生突起的重荷模，突起部常由砂或细砾组成(图4-24)(Schieber，2011)。负荷构造常呈圆丘状或不规则瘤状突起，排列杂乱，大小不一，可从几毫米到几十厘米，突起高度从几毫米到十几厘米，但在同一层面上的形状和大小比较接近。重荷模可以指示沉积先后顺序，即突起部指向底层，凹陷部指向顶层。负荷构造在我国

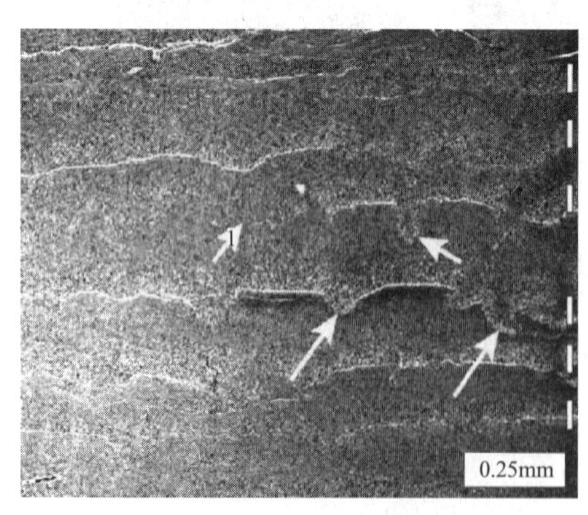

图4-24　用环氧树脂浇灌固定厚度的南美东北部现代沉积物，其中含水量高的泥质快速沉积，受上覆砂质含量高的负载作用形成负荷构造(据Schieber，2011)

很多盆地中都有发育，并且作为一种典型的沉积构造，用于识别沉积相类型。泥火山构造及与之相关的一些管状构造是泥质沉积物液化的结果。泥质沉积物经液化后可沿泄水沟流动，向上注入上覆沉积层并穿过层理溢出层面，并在出口处呈火山锥状的泥质小锥体，即形成泥火山构造。滑动褶皱是块体滑塌的结果，上部超压物体或陡峭层的滑塌、变形并沿斜坡向下移动形成滑动褶皱。由于流体是沿广阔的斜坡向下运动，滑塌褶皱是泥质盆地中指示斜坡方向的一个可靠标志。

环状构造(或称旋卷构造)也是细粒沉积岩中常见的构造，一般认为是生物的潜穴，这种环状构造被解释为沿潜穴边缘的化学沉淀作用形成(Bromley，1996)。Schieber 在一个实验中把深浅两种颜色的蛋糕面糊搅混到一起模拟灰色和黑色页岩均处于液体状态时的互层条件，一个塑料做的假蠕虫拽过不同颜色的液态面糊层来模拟蠕虫穿过两种液态沉积物的情形，在这个实验中，Schieber 及他的团队成功模拟出了类似于岩石中的环状构造(图 4－25)。

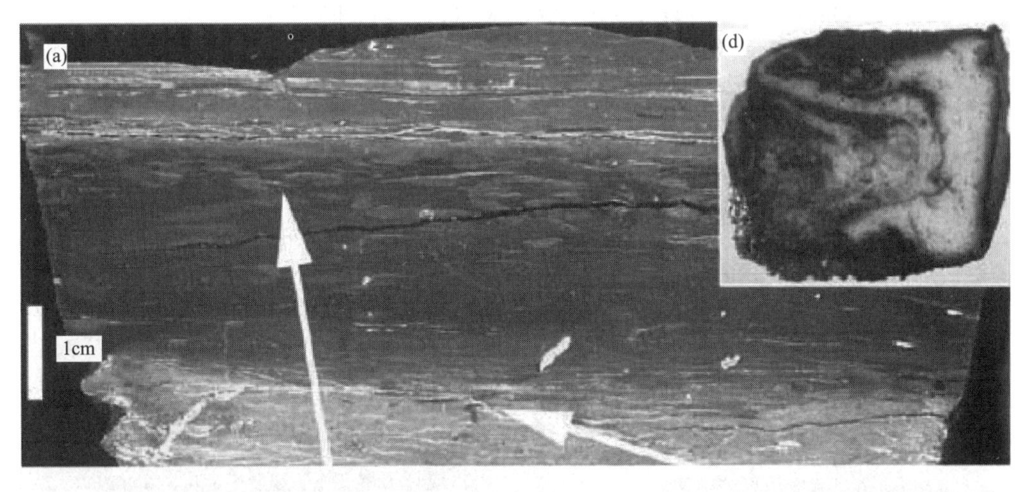

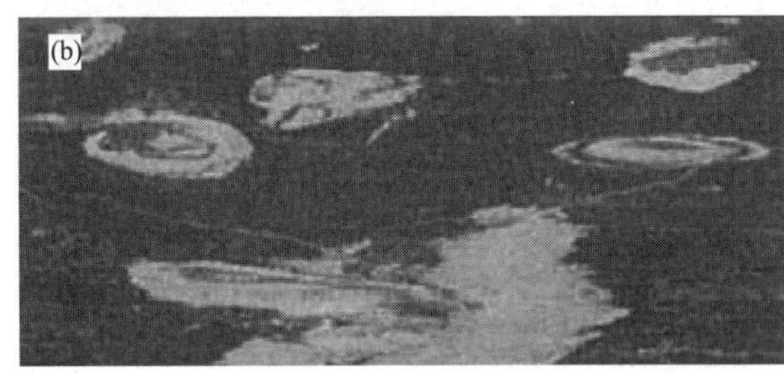

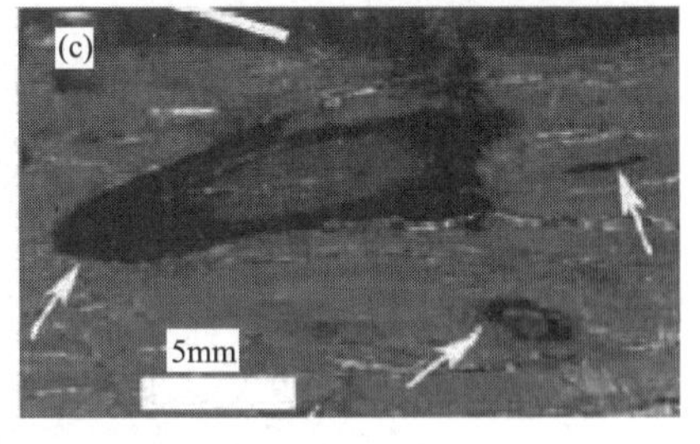

图 4－25　Chattanooga 页岩内的旋卷构造与实验模拟出来的旋卷构造(据 Lobza 和 Schieber，1999)

(a)深灰色页岩互层内夹有生物扰动构造；(b)深灰色细粒岩中夹有浅灰色旋卷构造；(c)浅灰色细粒岩中夹有深灰色旋卷构造；(d)实验中用不同颜色奶油模拟出来的旋卷构造，注意岩层内的旋卷构造与模拟出来的旋卷

关于细粒沉积物的沉积特征，很多学者利用水槽进行了实验研究，其中 Schieber 在所做的细粒沉积物水槽实验中发现，在 5cm 深度水流，黏土浓度 1～2g/L，水流速度高达 10～26cm/s 的高流速条件下，在底床上可以形成由絮凝体组成的波纹，形态类似于砂质波纹，宏观上表现为水平纹层(图 4－26)，可以观察到波纹前进形成的斜纹层。波纹彼此相距 30～40cm，波高 1cm(压缩后小于 5mm)，波长大于 16cm(图 4－27)，底床上缓慢地移动，移动速度只有相同水流条件下形成砂质波纹移动速度的四分之一到三分之一。根据实验 Schieber

还对细粒沉积物波纹的形成给出了沉积模式(图4－28)。这是细粒沉积物领域研究中的一项重大突破，这使得人们对泥岩、页岩等细粒沉积岩的沉积环境进行重新认识。

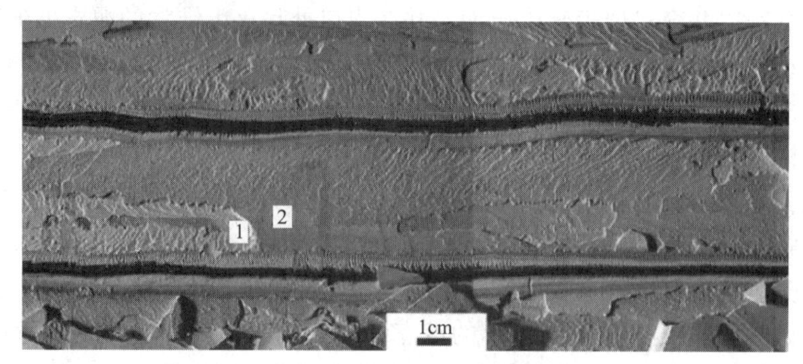

图4－26 细粒沉积物由波纹迁移形成的层状地层(据Schieber，2009)

沉积物表面可见到波纹，用铲子去除局部沉积物后，在剖面上可见水平纹层

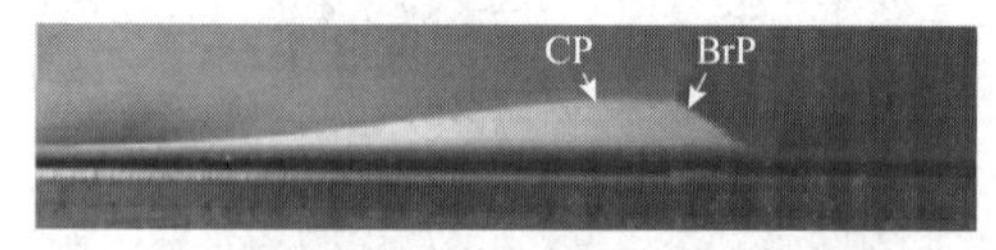

(a)黏土波纹(波高1cm，波长约17cm)

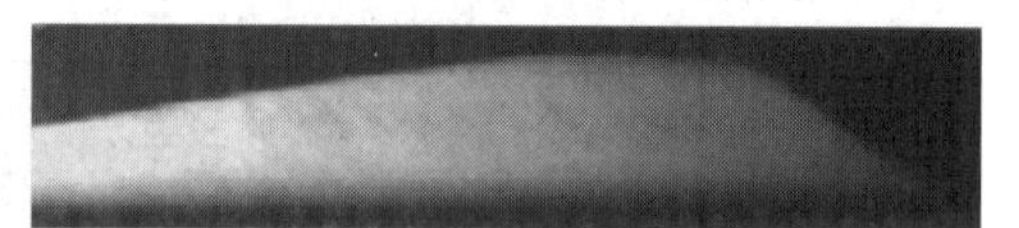

(b) 图(a)的放大图(可见到明细的斜纹层)

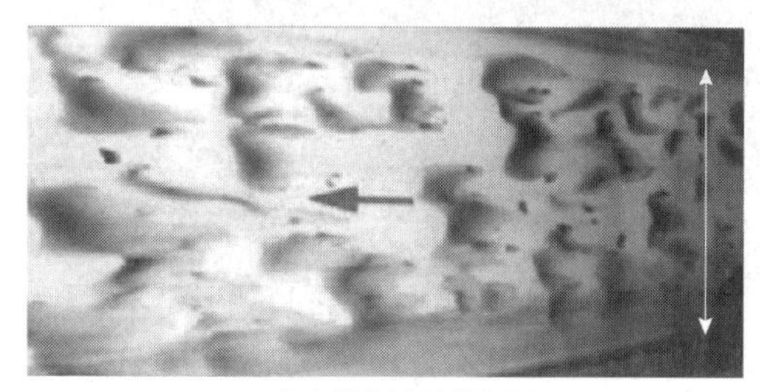

(c)为水槽内波纹俯视图
(波纹间距可达30~40cm，水槽宽度为25cm)

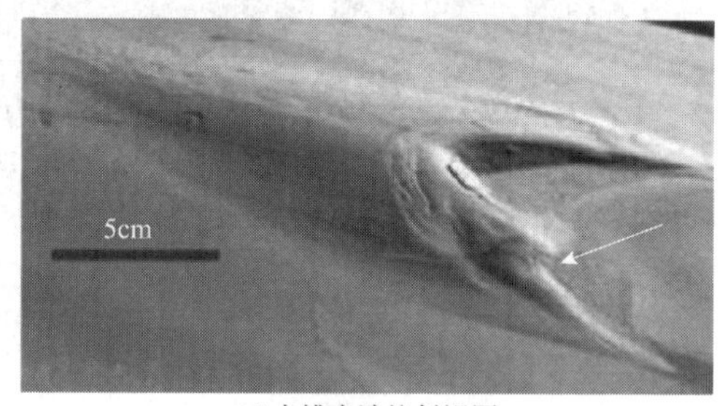

(d)水槽内波纹斜视图

图4－27 细粒沉积物水槽实验(据Schieber等，2007；Schieber，2009)

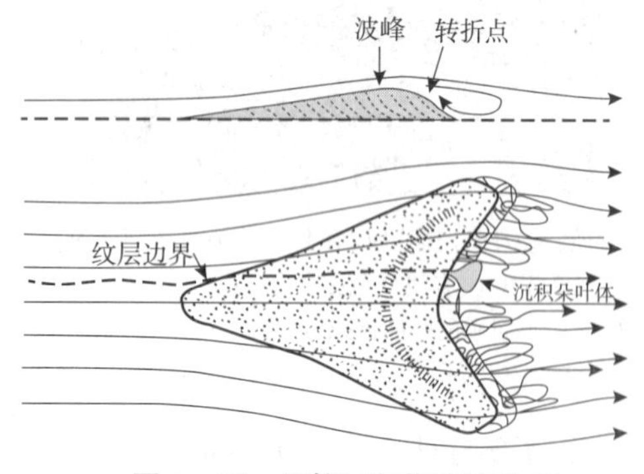

图4－28 细粒沉积物波纹形成的模式图(据Schieber，2009)

泥质沉积物表层的底栖生物是纹层和一些水动力构造破坏的主要原因。底栖生物在泥质沉积物表面挖掘或深或浅的洞穴，它们通过吸取泥质或搅动泥质来完成洞穴的建造。觅食是这一过程的主要目的，此外也可以是躲避捕食者或再生产。通常这些生物体未被保存而仅仅是这些生物的遗迹被保存下来，因此它们又称为遗迹化石。遗迹化石是黏土岩中一中非常重要的沉积构造。常见的遗迹包括足迹、钻孔、爬行迹、粪便和遗物等(Frey和Pemberton，1985；Gingras等，1999；龚一鸣，1994；张建平和李明路，2000；周志澄，1995)。生物对层理的破坏作用称为生物扰动作用，生物扰动作用类型多样(图4－29)，底层水体氧含量是控制生物扰动的决定性因素。通过对生物扰动遗迹的类型、规模、颜色、与地层的关系等可以半定量的恢复古代泥质盆地的氧含量水平。此外，遗迹化石还可以提供动

物如何利用空间的信息、底层的固结程度信息和沉积层是快速还是缓慢沉积的信息，利用化石在平面和垂向上的组合也可以推断古水体深度。

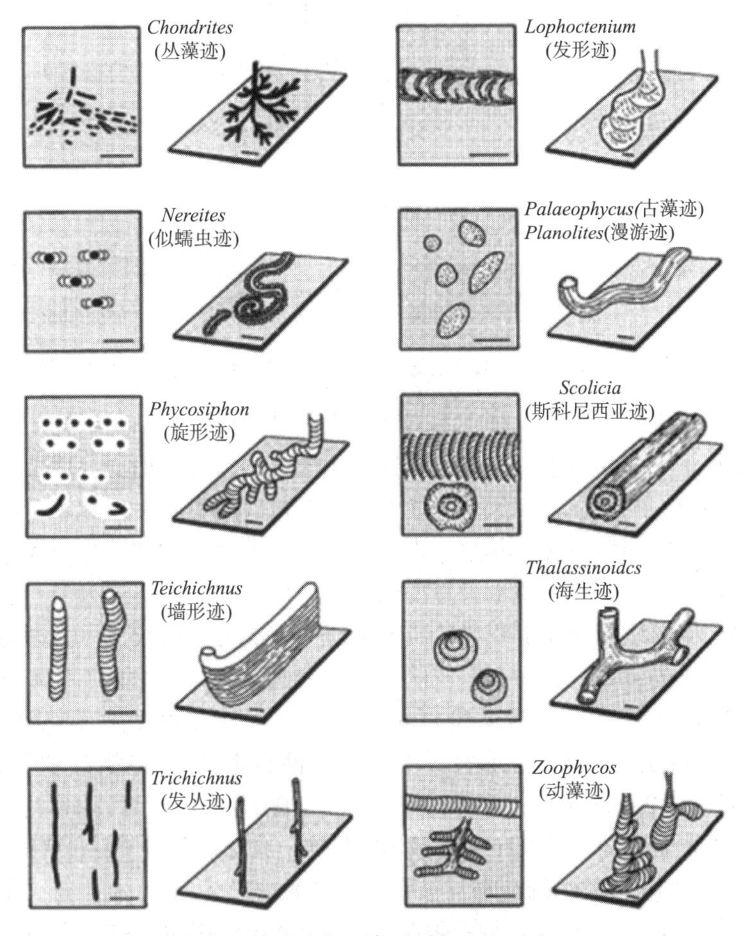

图 4－29　泥岩中常见的遗迹化石类型(据 Wetzel 和 Uchman，1998)

在氧较为充足，沉积速度缓慢的地区，生物扰动可能破坏原生沉积构造，因此泥质沉积环境解释时，需要把主要的沉积构造、遗迹化石、岩石颜色和有机质含量等要素综合考虑。对于多数细粒物质的搬运和沉积来讲，幕式的洪水、陆架边缘的风暴、斜坡滑塌形成的浊流等都是重要的过程，相反，等深流在陆架深水地区具有重要的作用(高振中等，1995；何幼斌和高振中，1998；王玉柱等，2010)。

四、细粒沉积物的来源和搬运与沉积过程

陆源颗粒直径小于 4μm 的黏土级的物质主要来自地球表面岩石的化学风化作用，此外还包括一些火山灰和冰川作用产生的岩石粉屑(Potter 等，2005)。粉砂级(4～63μm)细粒物质的来源和黏土级的细粒物质有很大不同，粉砂级的细粒物质主要是由物理作用过程产生的，如岩屑在搬运过程中的破碎、切削、冰冻及融化、热扩张、表面脱落和围岩压力的释放等。动植物等生物作用可以使较大的颗粒物质破碎，形成粉砂级物质。泥岩特别是中生代以来的泥岩中还包含黏土和粉砂级的生物成因碳酸盐和硅酸盐物质。图 4－30 说明了黏土和粉砂级物质的来源。

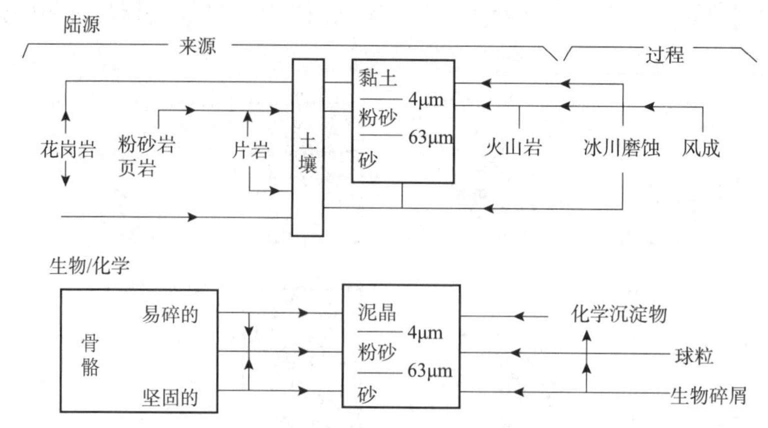

图 4－30　陆源、生物、化学作用来源的细粒物质的产生过程(据 Potter 等，2005)

陆源的泥和粉砂级物质包括土壤、河间地带未固结的粉砂和黏土级物质、水沟和溪流沿岸的崩塌、火山灰、干旱—半干旱地区风吹蚀作用产生的粉砂和泥土，以及冰川作用所形成的细粒冰水沉积物等。此外，水下风化作用(如富铁和镁的皂石、绿鳞石)和海底所形成的海绿石也可以提供一些细粒物质。其中，来自土壤、火山喷发的细粒物质和冰川磨蚀作用产生的黏土—粉砂级物质是细粒物质最为重要的来源。

河流携带的碎屑物质是细粒沉积物的主要来源，其次为火山灰、风力搬运的碎屑物、生物碎屑物质以及少量的化学沉淀物和宇宙物质(Gorsline，1984)。细粒碎屑物质由陆地向深水区的搬运过程多种多样，包括低密度的羽状流(<10μg/L)、河口附近的高密度流(>10mg/L)、风暴流引起的底部沉积物再悬浮、浊流和多种类型的块体运动(Kane 和 Pontén，2012；Li 等，2012；Lowe，1982；Stow 等，2001)。

细粒沉积岩主要是由悬浮搬运的黏土和推移质、部分悬浮质的粉砂级颗粒组成(郭岭等，2016)。搬运动力来自河水的流动、波浪、潮汐流、重力流、风暴流、洋流和深海—半深海中的等深流等(图 4－31)。虽然在地质历史时期冰川作用对细粒沉积物的搬运与沉积具

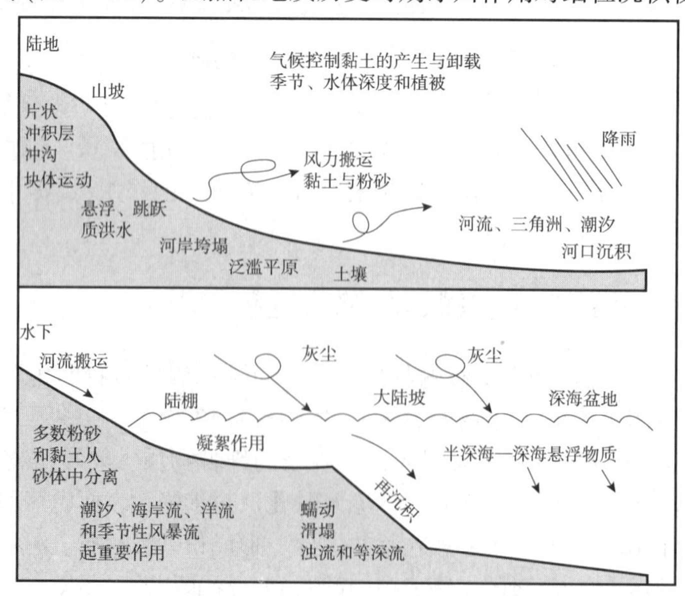

图 4－31　细粒物质搬运能量及过程简图(据 Potter 等，2005)

有重要的作用，但大多数细粒物质是通过河流和三角洲搬运至湖泊和海洋中的。滑动和滑塌是重力流的主要来源，这一过程把大量的泥质和粉砂质搬运至深水中。此外，细粒物质由风也可以搬运至深水中，进而像在陆地上的黄土层一样在深水中形成大面积的细粒沉积层。这些过程与层序及沉积构造具有很大的关联性（表4－9），层序和沉积构造是恢复盆地充填过程和恢复古水流体系的重要参考。沉积构造可以用来预测垂向和横向上沉积相的变化，更重要的是能够认识表面上看起来呈块状的泥岩的旋回和层序。

表4－9　泥、粉砂和砂水动力条件对比（据 Potter 等，2005）

搬运过程的区别	
泥质	弱的水流条件下片状或颗粒状长距离搬运。在有机物质和化学物质的作用下，泥和粉砂等聚合在一起形成较大的颗粒，进而较快的沉淀下来，大多数泥质是通过聚合体而不是单个片状或板状沉积下来的。聚合作用某种意义来讲取决于水的化学性质如淡水、盐水和生物球粒的多少等。水底的扰动控制泥质的沉积，而不是水体的深度控制泥质沉积。一旦沉积下来，泥质纹层或厚层黏合力很大，需要较强的水动力才能侵蚀，这个水动力条件比侵蚀粗粉砂和细砂还要大。风成的泥质沉积识别难度大，可能还没有被完全识别出来
粉砂	粉砂可以通过滑动、滚动、跳跃和悬浮方式搬运。平行层理和斜层理是很典型的构造，并且有多种形式。粉砂主要是通过风和水来搬运的
砂	多数是通过河流的牵引和滚动，洪水中悬浮和跳跃，重力流，碎浪带和沙漠中的风力搬运
相似点	
颗粒大小及地层厚度	颗粒大小和沉积层的厚度有很大的关系，细粒的形成薄层，相对较粗的常形成厚层
筛选作用	在碎浪带细粒物质从分选较差的碎屑物中分选出来，这一过程中风可以携带走泥和粉砂，水流携带走细粒物质，最后留下来砂、砾和生物壳体
幕式搬运与沉积	除深海外，在其他很多环境中，幕式的洪水、风暴和海啸等形成事件性的泥质沉积；火山喷发和斜坡的滑塌在大多数环境中都可以形成事件性的沉积层

（一）块体重力搬运

块体重力搬运作用通常被认为是再沉积作用，按照内部离解作用逐渐增加的次序，可以分出下列水下块体重力搬运过程：①岩崩（rock fall），往往是大块的岩块由于自由掉落而移动，这种作用趋向于和泥石流伴生。②滑动（sliding）和滑塌（slumping），即通常是半固结的沉积物块体沿破裂的底面移动，并且保持某种内部（层内）粘连性。这里滑动主要强调沉积物块体的横向移位，而滑塌强调它的内部变形或是指旋转运动。③沉积物重力流（sediment gravity flow）也称块体流（mass flow）、沉积物流（sediment flow），即沉积物和液体的混合流的总称，其中层内粘连性被破坏，单个颗粒在液体介质中移动并推进液体介质。根据颗粒支撑的机理，可以分出四种沉积物重力流类型，即泥石流（debri flow）（由基质支撑碎屑）、颗粒流（grain flow）（由颗粒间的相互作用支撑）、流体化沉积物流（fluidized sediment flow）（由逸出的孔隙液体支撑）和浊流（液体湍流支撑），其中流体化沉积物流和浊流是细粒沉积物搬运的重要形式。

（二）浊流

在现代和古代的深海碎屑序列中都报道有大量的泥岩和页岩的浊积岩（Rupke 和 Stanley，1974）。在巴利阿里深海平原的一系列岩芯中，一半以上沉积物厚度由浊积泥组成（Rupke 和

Stanley，1974；Rupke，1975）。在东阿尔卑斯白垩纪复理石的浊积岩序列中，约80%的细粒层是浊流成因的（Hesse，1975）。Stanley（1985）在研究地中海边缘和深水处第四纪沉积物时发现富泥的沉积物主要通过重力流（块体流和沉积物重力流）形式搬运沉积的，而不是悬浮沉积。因此，浊积泥岩在相序上位于浊积砂岩之上、悬浮沉积的泥岩之下。浊流成因的泥岩是由浊流诱导产生的，但这并不意味着以浊流的流态沉积，随着浊流能量的降低，细粒物质不断与水融合，形成大量的“悬浮云”，并以正常的悬浮方式沉积，它们在沉积物来源、沉积速率、沉积特征等方面与以浊流方式沉积的泥岩具有较大相似性，而与正常的远洋泥有较大区别。浊积泥岩的典型性质是：①其下部显出细微纹层；②它们是递变的；③它们是均质的，不含或很少含砂级质点（图4－32）。相反，半远洋泥质层的性质是：①具生物扰动，构造不发育；②含有砂级质点（约15%），主要由有孔虫及翼足类的骨骼遗体组成；③分选性差，粒度分布基本上是对数正态的（Ruple，1975）。

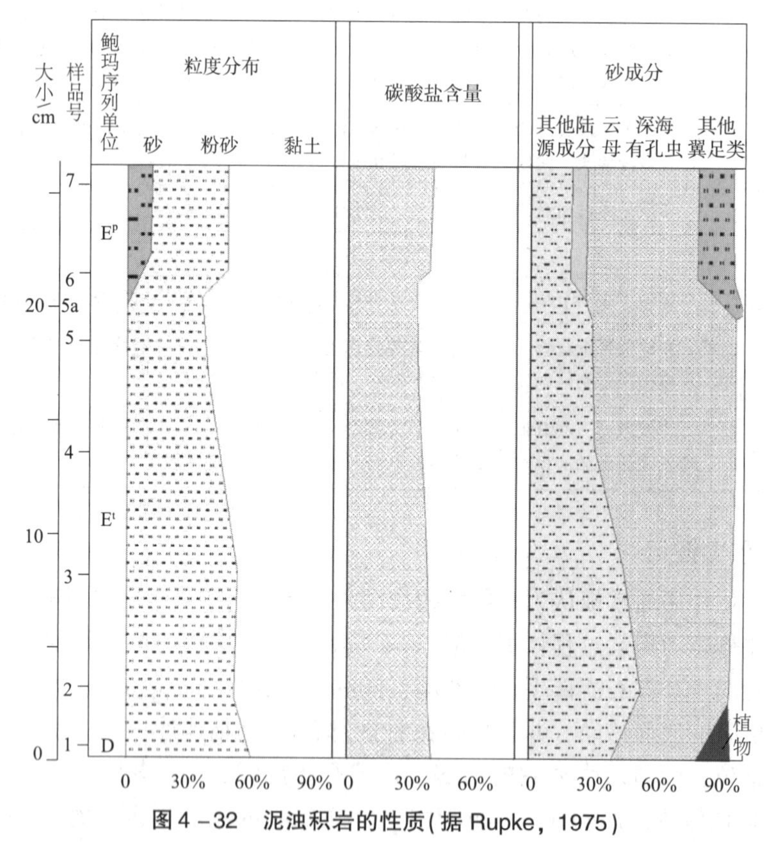

图4－32　泥浊积岩的性质（据Rupke，1975）

泥浊积岩由粉砂纹层（鲍玛序列D段）、浊积岩泥层（单位E^t）和上覆半远洋泥层（单位E^p）组成，注意浊积岩泥层中结构和成分的递变；D和E^t单位中砂的绝对含量太少，图中未画出

（三）沉降、悬浮作用

重力沉降、凝絮作用和球粒化作用是控制片状黏土矿物搬运和沉积的重要因素。互层状的粉砂和细砂中沉积构造的形成主要由沉积过程控制，其中沉积物—水界面处水流剪切应力起主导作用。以小于15μm的粉砂和泥质颗粒为例，因为它们与较粗的砂岩具有相似的底床形态。

首先以单个颗粒的悬浮为例，颗粒能保持悬浮状态的条件是水体的上流速度大于或等于颗粒下降的速度w，即：

$$w=\frac{1d^2g}{18u}\Delta\rho=\frac{2r^2g}{9u}\Delta\rho$$

式中，d 和 r 分别为颗粒的直径和半径；g 是重力加速度；u 为动态黏度；$\Delta\rho$ 为颗粒和流体的密度差，该公式即为斯托克斯定律。该定律适用于直径小于 180μm 颗粒在等温安静水体中的沉降。表 4－10 是根据斯托克斯定律计算出的不同颗粒大小的物体沉降 1m 所需要的时间。

表 4－10　根据斯托克斯定律计算的颗粒沉降速度（据 Potter 等，2005）

颗粒直径/μm	沉降 1m 所需的时间			沉降速度/(cm/s)
	天	时	分	
60	0	0	5	0.223
30	0	0	30	0.0558
16	0	2	0	0.0139
8	0	7	48	0.00349
4	1	6	0	0.00087
2	5	6	0	0.000217
1	21	10	0	0.000054
0.5	89	0	0	0.000013

斯托克斯定律能够很好地解释泥岩为什么具有很大的侧向连续性。假设有两个颗粒，一个是细砂岩颗粒，一个是片状的黏土，它们均在流速为 v、深度为 D 的水中沉降。砂的沉降速度为 w_s，而黏土的沉降速度为 w_c，由表 4－11 可以看出 w_s 比 w_c 大很多，可达 1000 倍。颗粒沉降至水深为 D 所需的时间分别为 t_s 和 t_c，则：

$$D/w_s=t_s$$

$$D/w_c=t_c$$

因此给定一个任意的水流速度 v，两种颗粒在深度为 D 的水中搬运的距离可以用 vt_s 和 vt_c 表示。由于黏土的沉降速度仅为砂质颗粒沉降速度的 1/1000，它在水中悬浮的时间比砂质颗粒长达 1000 倍，因此其在水中的侧向搬运距离比砂质颗粒要远 1000 倍，甚至更多。

总之，在沉积盆地中，不论其大小，假设盆地中没有环流，悬浮沉积物的沉降速度小，进而具有更远的侧向搬运距离。

利用斯托克斯定律也可以推测不规则颗粒的沉降速度，直径为 100μm 的细砂沉降速度比直径为 30μm 的粉砂的沉降速度大 9 倍，比直径为 9μm 的粉砂颗粒沉降速度大约 140 倍，比直径为 1μm 的泥质颗粒的沉降速度大将近 6600 倍。即使是很小的上升环流，其速度也是大于黏土颗粒的沉降速度的，但与粉砂或砂质颗粒相比，上升环流对沉降速度的影响很小。换言之，对处于弱水动力条件下的黏土颗粒来讲，上浮力和下降力几乎相等，而对砂质颗粒而言，下降力则大于上浮力。砂主要在河流的底部、浅水风暴流和深水浊流中搬运，而泥和细粉砂可以在流速慢的水体中搬运很远的距离，并且以悬浮状态存在于沉积盆地的大面积区域。在盐化的沼泽地带，芦苇等作为障碍物，减缓了水流速度，进而使沉积物沉积下来。

除颗粒大小外，黏土在水中的凝聚程度和水的盐度对沉降速度也有很大的影响。当凝聚超过 20g/L 时，沉降受到阻碍，形成稀释的半流态的泥流，这种现象在泥质供应充足的河口和海岸地带非常普遍。海岸带这种泥流的出现抑制了海岸的波浪，减小了波浪的侵蚀作用，使高能海岸变为低能海岸，进而泥质得到富集。当盐度增大时，流体密度加大，沉降作用得到抑制。

自然界中黏土颗粒并非都是以单个颗粒的形式沉积下来，越来越多的研究表明，现代泥质沉积物都是以凝絮体和球粒的形式沉积下来(图4－33、图4－34)，凝絮是物理和生物作用过程的结果，物理过程主要是通过分子间的范德华力使颗粒凝絮在一起。过量的负电荷集中在黏土颗粒表面，使黏土颗粒远离凝絮体，但如果海水中铁离子较多的时候，凝絮体容易形成。这些铁离子所带的电子中和了黏土颗粒表面的负电子，使黏土矿物颗粒凝絮在一起。这就是河水中的黏土颗粒是分离的，而到了海水中就大量凝絮在一起的原因。自来水或污水净化正是依靠硫酸铝使黏土级颗粒凝絮在一起进而起到净化作用(汪晓军等，1998；王士才和李宝霞，1997)。沉积物的富集和湍流增大了颗粒的碰撞机会，因而也会增加颗粒的凝聚机会。

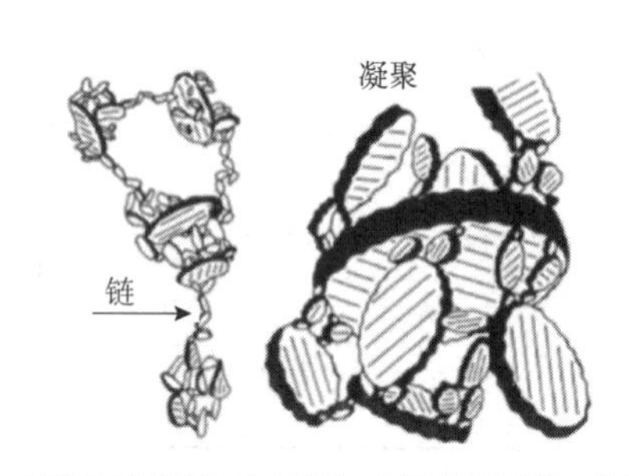

(a)疏松的不规则黏土矿物、粉砂级的石英、长石、粪球粒和生物碎屑链状物（据Pusch，1970）

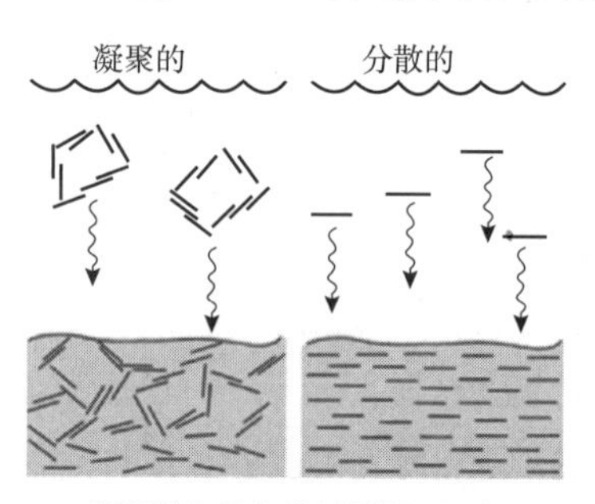

(b)凝聚体与单个黏土颗粒沉积过程对比（据O'Brien和Slatt，1990）

图4－33　凝絮体示意图

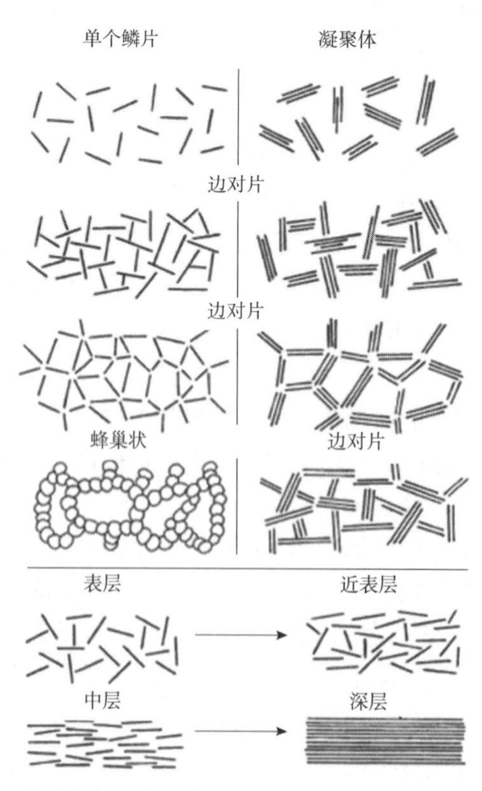

图4－34　开启组构的凝絮体的形式及深埋后内部组构示意图(据Allen，2012)

生物作用引起的颗粒物聚集也是一种重要的过程。海藻、细菌等所分泌的黏液能够使小的颗粒物黏结在一起，形成比自身大很多的凝絮体。在沉积物—水界面处细菌分泌的黏液对颗粒的黏结也起到重要的作用(Noffke 等，2001)。由于细菌、有机质以及人类活动的作用，河流、港湾、河口和海洋中均可以发生凝絮作用。与生物凝絮作用不同的是黏土级的粉砂、细砂级凝絮体是在有膨胀性黏土的情况下形成的。

水体中黏土级颗粒如果凝絮在一起，沉积物内部的空间是开启的，其中可以充满水，造成其稳定性变弱。如果没有凝絮在一起，沉积物内部具有近似平行的结构，其中含水少，因此造成其具有较大的密度和剪切强度，沉积体较为稳定。

黏土级颗粒沉积在底部水动力较弱的地带，浅至潟湖区，深至数千米深的远海盆地。在有机物质出现的地方，它们与泥质颗粒凝聚在一起，较低的密度造成沉降速度很慢。因此有机质含量与沉积物颗粒大小呈反比例关系，即粉砂和细砂的含量越大，有机质含量通常就越小。这也就是各种环境中的低洼水流不畅的地带暗色富有机质泥页岩富集的原因。

泥质基底中水的含量，生物作用，碳酸盐含量，生物去黏液作用和黏土的矿物学性质等都会影响泥质基底携带沉积物的速度。黏结物多的水体中凝絮物快速以凝絮体的形式沉积下来；当水中黏结物少，凝絮作用弱的时候泥质沉积物沉积的速度变慢。弱的水动力能够搅动和侵蚀泥质的凝絮物，而黏结在一起的伊利石黏土矿物则需要较强的水动力才能够搅动。

五、成岩作用

(一)成岩作用类型

对于细粒沉积岩特别是泥岩来讲，其成岩作用类型多样，主要包括压实作用、胶结作用、溶蚀作用、黏土矿物转化、有机质—无机成岩相互作用等(Awwiller，1993；Schieber等，2000；Behl，2011；胡文瑄等，2019)。

1. 压实作用

压实作用是泥页岩中最重要的成岩作用，其不仅可以使泥质沉积物固结成岩，而且可以排除泥质沉积物的孔隙水，致使泥页岩的孔隙度降低，并且压破原生的絮凝团，使片状结构平行排列。泥质沉积物沉积时期，主要呈现由片状黏土矿物搭建的格架中含有少量的粉砂及有机质的结构，原始孔隙度可达到70%～80%，随着埋深的增加，压实作用使黏土矿物格架变形，云母和塑性黏土矿物等将重新排列、变形或破裂(图4－35)。致使泥页岩孔隙度在数百米埋深之内就下降到40%左右，随着埋深的继续增加，孔隙度最终减少到只有百分之几的数量级。

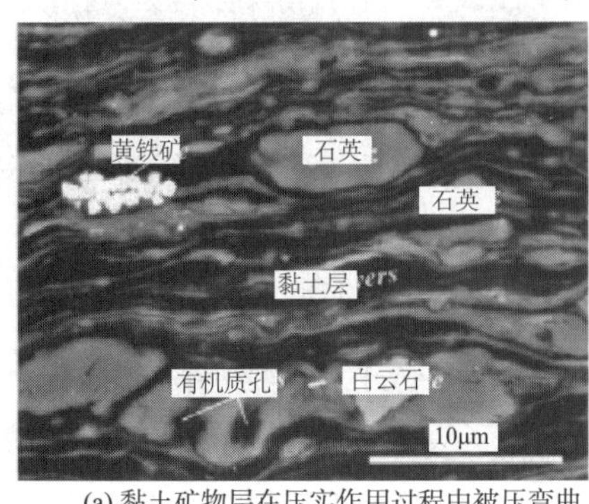

(a) 黏土矿物层在压实作用过程中被压弯曲

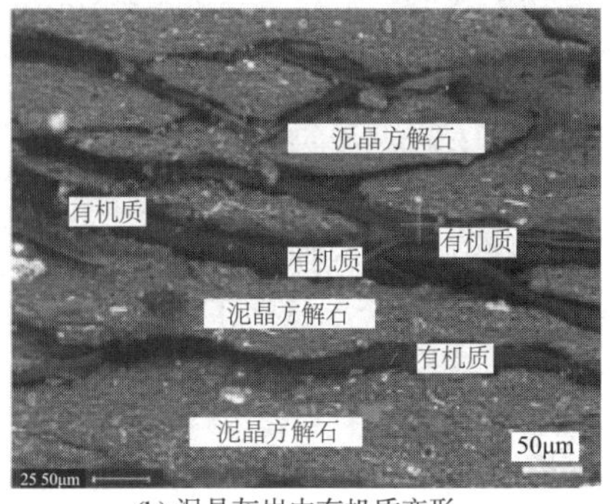

(b) 泥晶灰岩中有机质变形

图4－35　细粒沉积岩压实作用特征(据 Liu 等，2019)

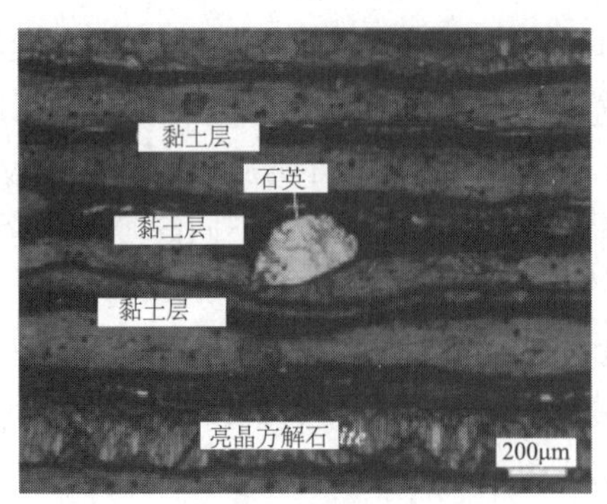

(c) 压实作用过程中硬度较高的石英颗粒压入下部纹层中

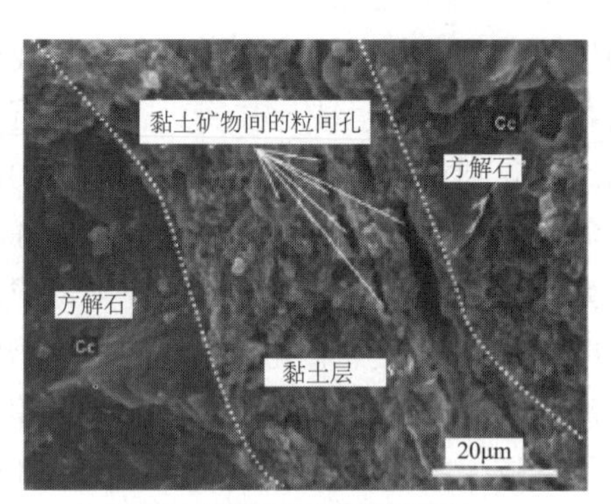

(d) 黏土矿物层压实作用过程中发生变形现象

图 4－35　细粒沉积岩压实作用特征(据 Liu 等，2019)(续)

我国东部渤海湾盆地东营凹陷的泥岩在 3000m 以上范围，压实作用是造成孔隙度降低的主导因素。在深度 3000m 以下，孔隙度迅速升高，除了黏土矿物转化的因素外，主要是受生烃增压的影响。在深度大约 4000m 以下，黏土矿物的转化基本完成，由此产生的流体作用逐渐消失，压实作用又发挥主导作用，致使孔隙度再度降低。

2. 胶结作用

当流体携带着溶解的成岩组分在泥页岩的孔喉网络或裂缝中运移时，由于流速变化或化学平衡反应，导致自生矿物沉淀，充填储集空间。胶结物主要发育在裂缝和较大的孔隙中，当流体成分充足孔隙空间足够大时，晶体形态多发育完整。页岩中常见的胶结作用主要包括碳酸盐、黄铁矿以及硅质胶结(图 4－36)，无论是哪种胶结作用，胶结物都在孔隙中充填，从而致使页岩孔隙度减少。

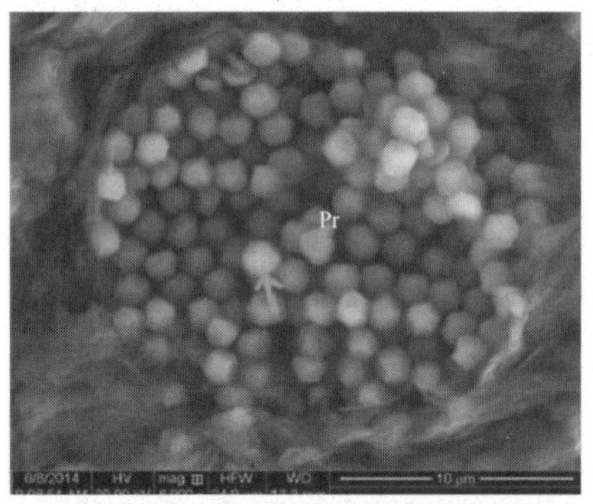

(a)页岩中草莓状黄铁矿胶结(花X28井，3655.55m)

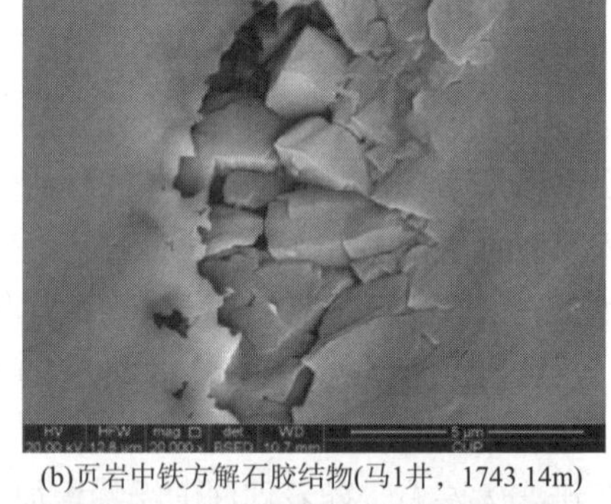

(b)页岩中铁方解石胶结物(马1井，1743.14m)

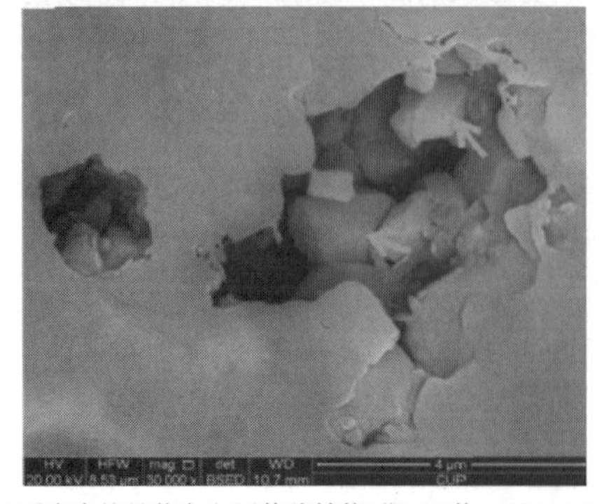

(c)页岩中柱锥状自生石英胶结物(花X28井，3655.55m)

(d)页岩丝絮状伊利石胶结物(马1井，1743.14m)

图 4－36　苏北盆地阜二段页岩中常见的胶结物特征(据马存飞，2017)

3. 溶蚀作用

相对封闭的泥页岩系统，在地层温压条件下，成岩流体性质对细粒物质的影响更为直接快速，直接控制储集空间及其组合类型的发育、改造及演化(张顺，2018)。有机质成熟过程中产生的有机酸或酸性水与溶蚀作用密切相关，干酪根随着有机质的成熟经热裂解而产生羧酸和 CO_2，同时会排出酸性有机热液，孔隙水因为融入有机酸和 CO_2 而向中性、酸性过渡，在孔隙水受压实作用影响而加速流动时，酸性孔隙水对长石、早期碳酸盐岩胶结物等不稳定矿物进行溶蚀，就能够形成次生溶蚀孔缝[图4－37(a)]。溶蚀过程中，如果个别矿物被完全溶蚀或不完全溶蚀，还可以形成铸模孔或者粒内溶蚀孔[图4－37(b)～(d)]，这对页岩储集空间和运移通道均起到了建设性作用。

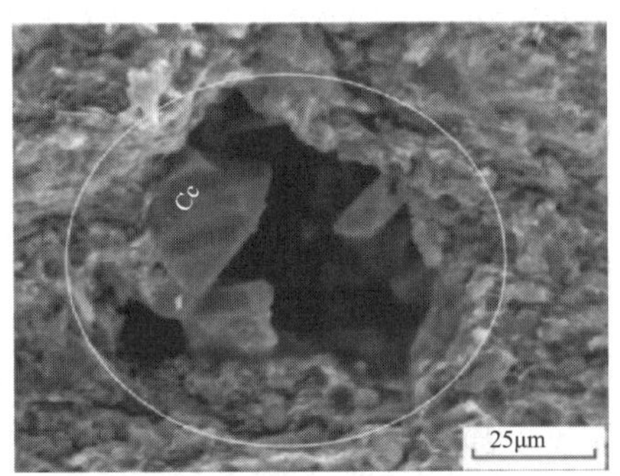

(a)页岩中方解石溶蚀孔隙
(东营凹陷沙河街组，樊页1井，3033.04m)

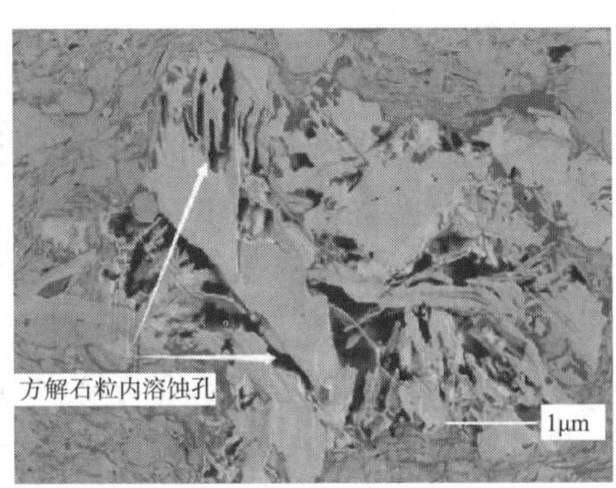

(b)页岩中方解石粒内溶蚀孔隙
(松辽盆地嫩江组，松科1井)

(c)页岩中长石被溶蚀
(苏北盆地河参1井，3164.77m)

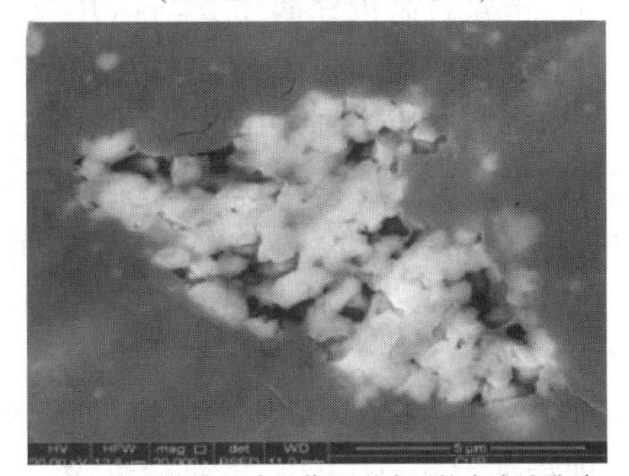
(d)页岩中黄铁矿溶蚀作用形成了粒内溶蚀孔隙
(苏北盆地单1井，2100.85m)

图4－37　溶蚀作用特征

4. 黏土矿物转化

泥页岩中黏土矿物含量通常很高(如我国南方龙马溪组页岩中黏土矿物含量通常大于40%)，黏土矿物的转化作用是黏土矿物形成无机质孔隙的重要成岩过程，主要是伴随着热演化程度进行的。黏土矿物类型的不同及其所占比例不同对成岩过程能够提供重要的阶段划分信息。由于泥质沉积物在成岩作用过程中其中的黏土矿物会发生转化，下面主要讨论成岩作用期间泥质岩中黏土矿物的变化和成因。

1)高岭石

高岭石在成岩作用的早期和中期阶段是丰富的，而在晚期阶段通常缺失。它是一种硅铝酸盐矿物，通常是长石的蚀变产物，扫描电镜下呈书页状、手风琴状，多以孔隙充填的形式存在于粒间孔隙[图4－38(a)]。其晶间结构比较松，在流体的冲刷下容易随流体移动，堵塞、分割孔隙和喉道，尤其在细小喉道中，影响很大，是重要的速敏矿物。通常，一旦氯化物盐溶液从泥质沉积物中被排挤出来，这个系统的 pH 值就会变为偏碱性的。当温度升高到

100℃以上时，高岭石就会溶解或转变成其他矿物。当孔隙溶液中 K^+/H^+ 比值升高时，高岭石发生伊利石化。在高温下，高岭石与白云石和氧化硅反应产生镁绿泥石、方解石和 CO_2。不过，如果有 $Fe(OH)_3$ 存在，就会形成铁镁绿泥石，这是一种在成岩作用中极常见的产物。

2)伊利石

伊利石是一组具有云母型构造的铝硅酸盐矿物，常呈丝絮状、片状等贴附于颗粒表面或充填于粒间孔隙内[图4－37(d)]。片状等微晶把孔隙分割成许多小孔隙，增加了迂回度；丝絮状的伊利石容易被水冲移，堵塞孔隙和喉道，降低孔隙度和渗透率。

3)蒙脱石

蒙脱石在扫描电镜下呈絮状、蜂窝状，絮状蒙脱石堆积常形成织物状结构形态，孔隙极为发育，连通性较好[图4－37(b)]。叠层结构层面之间形成面状或线状孔隙。蒙脱石蜂窝状结构表面常出现微裂缝，裂缝内部发育大量织状、层状微孔，成为气体赋存的有利空间。蒙脱石在温度大大高于成岩作用期间的温度时是稳定的。不过，孔隙间溶液的化学成分是使蒙脱石转变为伊利石的最重要的因素。离散的蒙脱石在成岩作用的中期或晚期阶段常常含量较多。成岩作用深部带出现的任何离散的蒙脱石通常认为是热液现象造成的。

4)绿泥石

绿泥石是一种铝硅酸盐矿物，常与自生石英共生，呈针叶状、玫瑰花状，在孔隙中的产状有孔隙衬垫及孔隙充填。一般针叶状绿泥石多为孔隙衬垫包于颗粒表面，绒球状和玫瑰花状的则充填在孔隙中[图4－37(c)]。绿泥石可由黑云母、角闪石、蒙脱石等矿物转化而来，自生绿泥石一般富含高价铁离子，与钻井液中的HCl等酸液作用容易产生沉淀，而造成储层伤害，是酸敏性矿物。在成岩作用早期或中期阶段的泥质沉积物中，成岩期的绿泥石很少见。可能是由于有机质脱碳作用产生的 CO_2 存在，使孔隙水变成酸性的。在pH值低的情况下，绿泥石溶解。由于绿泥石在酸性介质中当温度约为80～100℃时不稳定，所以可以把它从含高岭石和绿泥石的标本中分离出来。在成岩作用晚期，如果有非晶质氧化硅、铝、铁和镁存在，则由Al、Si、Fe和Mg可以形成绿泥石。

5)伊/蒙混层

伊/蒙混层是蒙脱石向伊利石过渡的矿物，呈蜂窝状、半蜂窝状、丝絮状等[图4－38(d)]，随埋深加大和温压的升高而含量增多，有较强的水敏性，混层状硅酸盐出现在成岩作用的早期阶段。一旦间隙的孔隙水中出现钾和铝，而温度又介于90～100℃之间，蒙脱石就会转变成伊利石。此外，随着泥页岩埋藏深度的增大，富钾离子、偏碱性的成岩流体环境也有利于蒙脱石向伊利石转化，并产生晶间孔隙(张顺，2018)。

(a)书叶状、手风琴状自生高岭石充填粒间孔隙
(川东北元坝地区陆相储层须二段)

(b)泥岩中蜂窝状、丝状蒙脱石充填在粒间孔隙中
(鄂尔多斯盆地北部山西组储层)

图4－38 碎屑岩储层中常见的黏土矿物扫描电镜下的特征

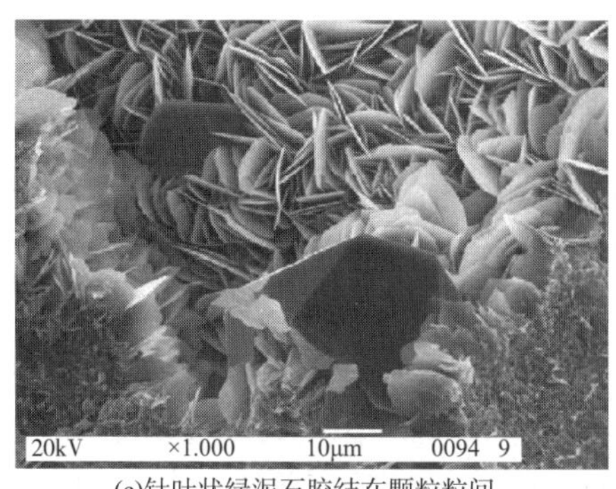

(c)针叶状绿泥石胶结在颗粒粒间
(川西北部地区上三叠统须家河组)

(d)蜂窝状、丝絮状伊蒙混层矿物
(川东北元坝地区陆相储层须二段)

图 4-38 碎屑岩储层中常见的黏土矿物扫描电镜下的特征(续)

在沉积盆地中，随着埋藏深度及成岩作用的演化，不同黏土矿物可实现转化(图 4-39)。可以看出随着演化程度的增强高岭石的含量明显降低，伊利石和伊/蒙混层矿物含量增加，绿泥石含量无明显变化。孔隙体积方面，成岩作用早期到中成岩作用 A 期，随着压实作用的增强，中孔(2~50nm)和大孔(>50nm)体积均逐渐减小，这主要是由于压实作用造成的；从中成岩作用 B 期到成岩作用晚期，中孔和大孔体积又逐渐增大，这主要与新的微裂缝形成有关；微孔(<2nm)在整个成岩作用过程中其体积变化不大。

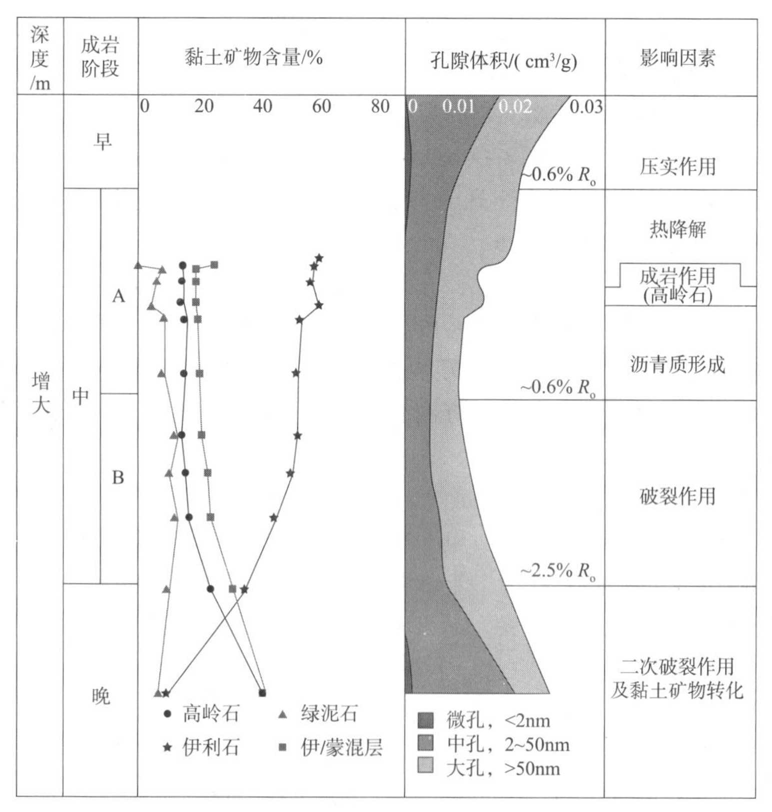

图 4-39 泥岩黏土矿物和孔隙体积等随埋藏深度和成熟度增大的演化模式图(据 Guo 和 Mao，2019，修改)

5. 有机—无机相互作用

泥岩特别是富有机质泥岩是非常重要的烃源岩，其成岩作用由于有机质的存在相比于其他类型的碎屑岩有其特殊性。有机质的热成熟演化与有机质孔隙的形成具有非常紧密的联系。干酪根在生油窗内发生热解并向相邻孔隙中排出沥青，这个过程可以使干酪根内部产生有机质孔隙，干酪根内部的和迁移到外部的沥青在生气窗内会发生二次裂解而转化为富含孔隙的固体沥青，沥青的二次裂解可以使其内部形成气泡状的有机质孔隙。随着页岩层系勘探开发和理论研究的不断深入，越来越多的学者发现方解石和白云石等不稳定矿物溶蚀形成的次生溶蚀孔隙是页岩层系中最为重要的储集空间之一。烃源岩在热成熟过程中可以产生大量的有机酸和 CO_2。水热模拟实验表明，有机酸的生成量相当于有机碳含量(TOC)的 1% ~ 2%，CO_2的生成量相当于 TOC 的 1% ~10%。当大量的有机酸和 CO_2生成后，优先在烃源岩内部或靠近烃源岩的地方溶蚀不稳定矿物组分，产生次生溶蚀孔隙，从而改善储层质量。因此有机—无机相互作用也是泥岩中非常重要的一类成岩作用。

(二)有机质—无机成岩作用及其对泥页岩储层的影响

除机械压实作用、溶解、胶结等成岩作用外，有机质演化对泥岩孔隙也具有重要的影响。研究表明，泥页岩孔隙演化主要受控于干酪根热演化，而与基质矿物孔隙演化关系不大(Modica 和 Lapierre，2012)。有机质热演化和生、排烃过程中释放的有机酸和 CO_2溶蚀铝硅酸盐矿物和碳酸盐矿物能够产生的最大次生孔隙度分别可达 4.49% ~7.48% 和 1.54% ~ 2.56%(远光辉等，2013)。酸性流体溶解页岩中的泥晶方解石，致使方解石发生再沉淀而重结晶，在此过程中会产生重结晶晶间孔、溶蚀孔缝及层间缝等，有效地提高了泥页岩的孔隙度，并且改变了岩石的力学性质，岩石变得脆性更大(姜在兴等，2014)。

通常情况下泥页岩储层在深度 3000m 以上范围内，压实作用是造成孔隙度降低的主导因素。在深度 3000m 以下，孔隙度迅速升高，除了黏土矿物转化的因素外，主要是受生烃增压的影响。在深度大约 4000m 以下，黏土矿物的转化基本完成，由此产生的流体作用逐渐消失，压实作用又发挥主导作用，致使孔隙度再度降低(图 4 -40)。中国东部中新生代泥页岩储层孔隙演化划一般可以分为 3 个阶段，不同阶段经历了不同的成岩作用类型，其中有机质演化对页岩储层孔隙的形成有重要影响(胡文瑄等，2019)。现对每个阶段的成岩作用和孔隙演化特征进行简单介绍，以解释有机质演化不同阶段，各类成岩作用对页岩储层发育的影响。

(1)未成熟阶段：浅埋藏早期成岩阶段，有机质处于未成熟阶段，成熟度参数镜质体反射率(R_o)小于 0.5%，主要为未成熟油和生物气。该阶段成岩作用以机械压实作用为主，上覆压力增大，颗粒间紧密接触，孔隙中丰富的自由水受压实作用影响而快速排出，孔隙度急剧变小，同时孔隙的数量也急剧减少。黏土矿物层间孔和收缩孔缝为该阶段孔缝发育的主要类型；

(2)低成熟—成熟阶段：该阶段又可以分为两个亚段。①低成熟阶段(R_o = 0.5% ~ 0.7%)，该阶段有机质演化生成油气，并伴有有机酸和 CO_2等大量产出，可对碳酸盐矿物和长石等硅酸盐矿物进行溶蚀。由于钾长石遭受溶蚀，引发钾离子的释放，进一步促进了蒙脱石向伊利石的转化。岩石在该阶段会形成各种孔缝，为油气和有机酸等流体提供运移通道，对碳酸盐矿物的重组起明显的促进作用。②成熟阶段(R_o =0.7% ~1.3%)当 R_o值大于 0.7% 时，生烃作用产生的流体形成高压，有效地缓解了因地层压力加大对孔隙进行的机械压实；

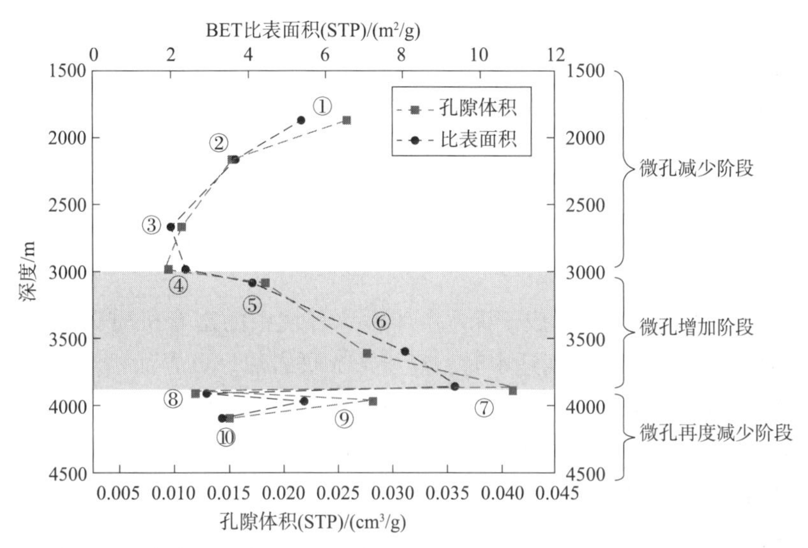

图4-40 渤海湾盆地东营凹陷沙河街组泥岩微孔发育特征随深度变化关系(据胡文瑄等，2019)

而此时蒙脱石向伊利石转化明显，蒙脱石完全伊利石化，随之发生的是孔隙直径明显增大，致使细介孔的体积分布降低明显，粗介孔比例明显升高，中介孔也有所增加。由于热演化程度的增高，在 R_o 值达到0.9%时，有机质裂解生烃形成有机质孔。随着埋藏深度的增加，有机质孔大量生成，增加了泥页岩的孔隙度。

(3)高成熟—过成熟阶段：进入高成熟阶段(R_o =1.3% ~2.0%)的富有机质泥页岩由生油为主逐渐转化为生气为主，地层流体溶液趋于饱和，从而产生较多沉淀，裂缝和孔隙往往被各种新生矿物充填胶结，导致孔隙度的降低。地层流体排出后，岩石内部流体压力降低，部分裂缝相应闭合，由于有机质生气形成大量纳米级的有机质孔，致使泥页岩孔隙中值半径降低明显。到过成熟阶段(R_o >2.0%)后，孔隙系统保持稳定阶段，此时有机质生烃高峰已过，仅有少量残留的有机质发生裂解反应。该阶段岩石已处于成岩作用晚期，骨架的抗压能力与稳定性均大大提高，因此压实作用对岩石孔隙结构的影响不大，相对稳定的流体环境降低了矿物内部无机孔的发育比例，整体孔隙系统处于相对稳定状态，孔隙度变化不大(张顺等，2018)。

六、与页岩油气的关系

细粒物质沉积成岩研究不仅具有重要的科学意义，同时，随着页岩油气勘探开发如火如荼地展开，还存在重要的工业价值(姜在兴等，2013)。细粒沉积岩作为页岩油/气的储集层越来越受到重视。目前，页岩油气革命正在进行时，石油工业处于从常规到非常规的转换新阶段，正在完成从寻找油气藏、评价目的层和直井式开发，到寻找非常规油气甜点区、评价甜点段和水平井井工厂开发的新跨越(邹才能等，2020)。

页岩油气革命扩展油气资源，助推油气储量产量增长并重塑全球能源版图，影响各国能源战略格局。页岩油气革命使美国油气自给率大幅提高，2018年，美国能源消费总量为23×10^8t油当量，生产总量为21.1×10^8t油当量，对外依存度仅为8.3%，已实现天然气净出口1085×10^8m^3，由能源进口国转变为部分出口国。中国页岩油气革命正在发生，正深刻影响着理论进步、科技创新和储产配置，通过“立足常规、突破非常规”保障中国油气生产供给。

页岩油在油气生产中占有重要的地位。美国的 Bakken 页岩和 Eagle Ford 页岩是产量最大的两个页岩油区。高产页岩油区页岩油成藏特点表现为：具有有机质丰度高，以易生油有机质为主，演化程度适中，脆性矿物含量高，地层压力高和油质轻等特点。下面从生油物质、储层特征、赋存状态、聚集模式、分布规律和生产特点方面简单介绍美国页岩油的特征。

(1)生油物质及形成条件：形成于深水、半深水环境中的富有机质页岩以偏生油的Ⅰ型和Ⅱ型干酪根为主，当热演化程度适中时，宜于形成页岩油。页岩油相对于常规油藏对源岩的分布和生烃能力的要求更高，需要有大面积分布的生烃能力强的源岩。

(2)储层特征：主要储集空间为泥页岩系基质微孔和微裂缝、页岩裂缝及页理、非泥页岩薄夹层。泥页岩基质孔隙度小、孔喉半径小、渗透率低，属于典型的致密储层。当裂缝发育时，渗透率可有较大增加。

(3)赋存状态：页岩油以游离、吸附和溶解等状态赋存于有效生烃泥页岩层系中，主要赋存于泥页岩及其他岩性夹层的(微)孔隙和(微)裂缝中，其赋存状态主要受介质条件、原油物性和气油比等因素控制。

(4)聚集模式和油藏类型：页岩油属于典型的自生自储聚集模式；由于泥页岩层系内生烃增压等容易形成异常压力，低渗透性泥页岩层系内部相对封闭的体系也为其保存提供了条件，典型的页岩油常具有高异常地层压力特征；根据页岩油资源主要储集空间类型，将页岩油划分为基质型页岩油聚集、裂缝型页岩油聚集和夹层型页岩油聚集三种类型。

(5)分布规律：由于不受浮力作用控制，页岩油的发育和分布不需要常规圈闭的发育和存在。页岩油没有明显的物理边界，没有明显的油水界面，其形成条件不需要考虑输导体系和运移等。盆地或凹陷沉降—沉积中心及斜坡带常是页岩油形成与分布的有利部位，页岩油常可与稠油及天然气等形成共生过渡关系(如南得克萨斯州的 Eagle Ford 页岩油)，向沉降—沉积中心方向，湿气、凝析气及干气逐渐增多；向盆地斜坡及边缘方向，轻质油、中质油及稠油逐渐增多。

(6)生产特点：初产高、递减快、生产时间长。目前最有效的页岩油开发方式是水平井钻井配合分段压裂，在页岩油开发早期由于裂缝连通性好和异常压力高等原因产量较高，但随着压力的降低产能递减也很快，通常一年内的产量会递减 30% ~90%。稳产后，泥页岩层系中基质孔隙的石油是产能的主要贡献者，由于石油在低物性页岩层系中的流动性有限，日产油率并不高，但稳产时间相对较长。

我国陆相盆地页岩油勘探也获得了一定的突破，目前我国已报道的页岩油研究地区包括松辽盆地大庆长垣、齐家古龙凹陷、松南地区，渤海湾盆地辽河坳陷西部凹陷、济阳坳陷沾化和东营凹陷，临清坳陷，东濮凹陷，南襄盆地泌阳凹陷，苏北盆地高邮凹陷，江汉盆地潜江凹陷，准噶尔盆地吉木萨尔凹陷，三塘湖盆地条湖凹陷，鄂尔多斯盆地鄂南地区，四川盆地川中、川北地区。

页岩也是页岩气的烃源岩和储集层。页岩气在我国也已经实现了商业性开发，其中重庆涪陵页岩气田是我国第一个探明并投入商业开发的大型页岩气田。2018 年涪陵页岩气田年产量达 $60 \times 10^8 m^3$。

中国南方海相页岩气在泥页岩厚度、有机质丰度、储集物性与压裂品质等基本地质特征方面与北美相似，但同时又具有晚期改造强烈、构造复杂的特点。郭旭升等(2014)提出了南方海相页岩气“二元富集”理论认识，即深水陆棚优质泥页岩发育是页岩气“成烃控储”的基础，良好的保存条件是页岩气“成藏控产”的关键。

深水陆棚相带形成的页岩有利于有机质的富集与保存，其有机质类型好，页岩热演化程度适中、生烃强度高，有机孔发育，高 TOC 值与高硅质含量利于储集层改造，是页岩气“成烃控储”的基础地质条件。保存条件与构造形态无关，后期构造作用的强度与持续时间决定了页岩气保存条件。良好的页岩顶底板条件，从页岩生烃开始就有效阻止烃类纵向散失而滞留聚集，是页岩气富集的前提。断裂作用与页岩侧向出露是导致页岩气散失的主要作用方式，构造抬升作用时间较晚，有利于页岩气保存。保存条件好、含气性好、页岩储集层(超)高压，高孔隙度和高含气量，有利于形成页岩气富集高产区(郭旭升等，2017)。

粉砂岩也可以作为储层，特别是作为致密砂岩气的储层。西加拿大盆地三叠纪 Montney 组主要沉积一套滨海相粉砂岩是该盆地重要的致密气储层(Wood 等，2015)。Wood 等(2015)研究还发现，相比粉砂岩的粒度、分选性、黏土矿物含量和胶结物含量等因素，其中的沥青质的含量对储层孔隙度和渗透率影响最大，并提出固态沥青导致了 Montney 粉砂岩储层物性的破坏，图 4-41 展示了 Montney 粉砂岩中孔隙、颗粒及沥青质的分布和发育特征。

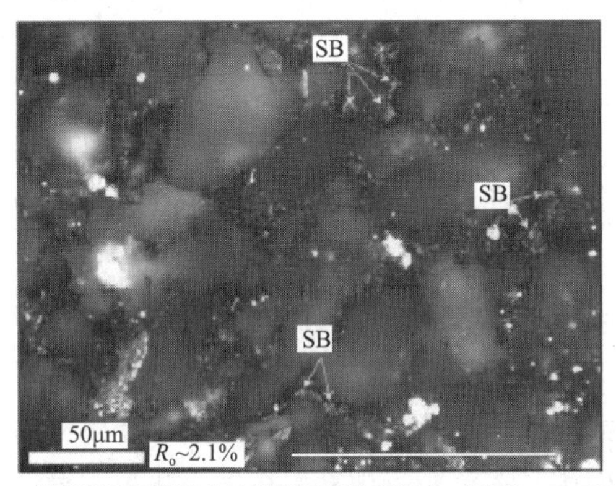

(a)粉砂岩粒间孔隙中被固态沥青质充填(solid bitumen,SB)

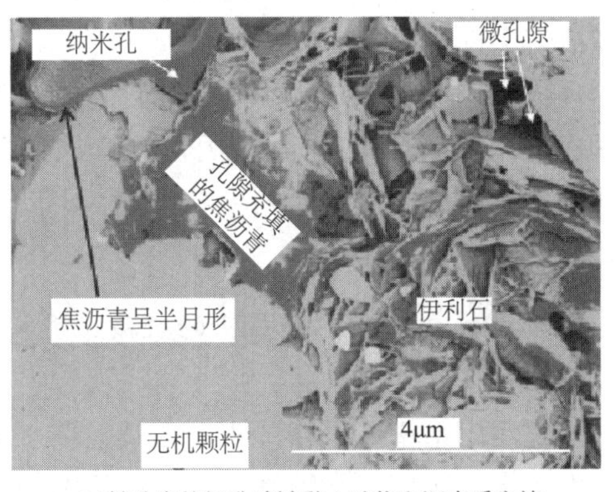

(b)粉砂岩粒间孔隙被黏土矿物和沥青质充填

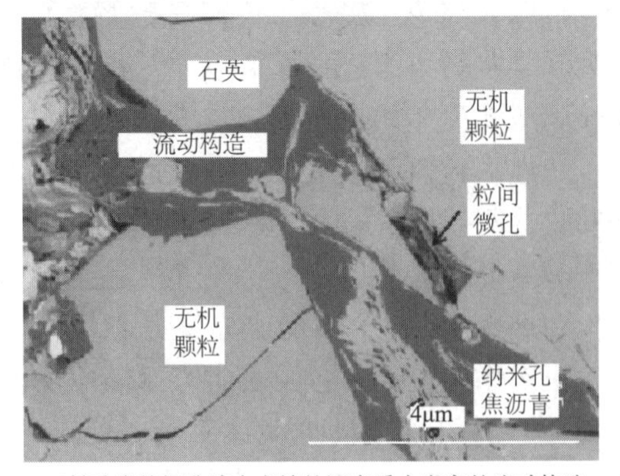

(c)粉砂岩粒间孔隙中充填的沥青质内发育的流动构造

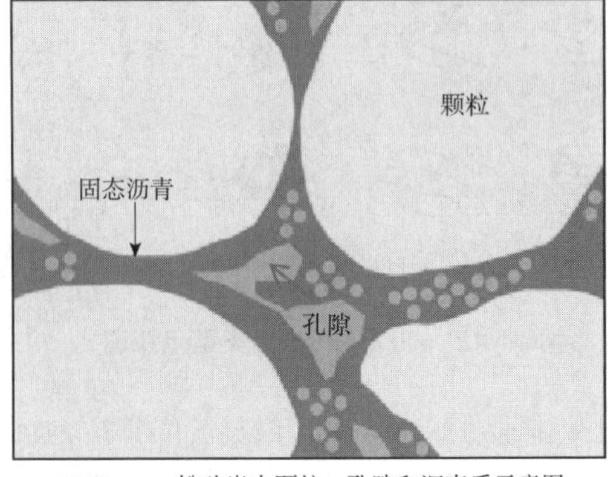

(d)Montney粉砂岩中颗粒、孔隙和沥青质示意图

图 4-41　Montney 粉砂岩中孔隙、颗粒及沥青质的特征

我国大庆油田喇嘛甸油田主力产层萨零组储层主要为含长石石英粉砂岩。该粉砂岩结构成熟度高，分选较好，磨圆以次圆状或次棱角状为主。填隙物中杂基含量较少，主要为方解

石胶结。此外在四川盆地志留系小河坝组的粉砂岩储层中也获得了油气勘探的突破。

从以上油气勘探实践可以看出，细粒沉积岩作为油气的储集岩越来越显得重要，因此研究细粒沉积岩的沉积过程、沉积环境、矿物组成、成岩作用和储层等特征对我国油气特别是非常规油气的勘探开发具有重要的理论和现实意义。

第四节　陆源碎屑沉积物(岩)成岩作用与致密储层评价

一、成岩作用类型

成岩事件是指沉积物(岩)在成岩过程中发生的具有独立特点的作用，或者是在成岩演化过程中发生的成岩变化。这些变化是受相互依存的各种因素控制的物理条件和化学条件，如物理化学条件(温度、压力、水介质的 pH 值、Eh 值等)、埋藏的速率、沉积物的成分和构造、沉积环境和构造环境、化学反应速率、水动力梯度和地温梯度以及其他因素。由于成岩作用过程中，沉积物所处的物理化学环境不断发生变化而引起物理变化、化学变化，如压实作用、压溶作用、胶结作用、溶解作用、交代作用等，因此，根据变化的性质，成岩作用或者成岩事件可划分为物理成岩作用、化学成岩作用以及物理化学成岩作用，如压实作用属于物理成岩作用、压溶作用属于物理化学成岩作用、胶结作用、交代作用、溶解作用等属于化学成岩作用。此外，沉积物(岩)在成岩演化过程中存在生物作用，且生物作用对某一成岩产物的形成起到关键性的决定作用，将此类成岩事件或成岩现象称之为生物成岩作用。

(一)压实作用

1. 砂岩、砾岩等粗碎屑岩的机械压实作用和压溶作用

1)机械压实作用

压实作用系指沉积物沉积后在其上覆水层或沉积层的重荷下，或在构造形变应力的作用下，发生水分排出、孔隙度降低、体积缩小的作用。在沉积物内部可以发生颗粒的滑动、转动、位移、变形、破裂，进而导致颗粒的重新排列和某些结构构造的改变(图 4－42)，如碎屑颗粒因压实发生转动而呈现定向分布的压实定向，塑性颗粒因压实发生塑性变形而出现的假杂基化，刚性颗粒在构造形变应力作用下发生刚性破裂而出现颗粒的碎片化等。上述变化仅发生物理变化，而岩石的成分无变化。

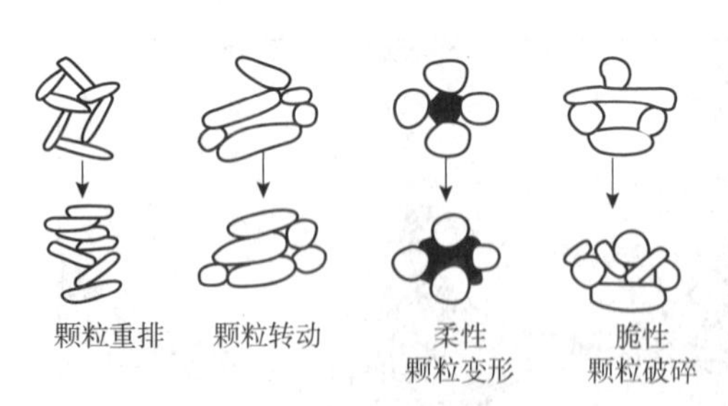

图 4－42　机械压实作用类型示意图

压实作用最明显的结果是沉积物体积缩小和发生排水、脱水作用，最显著的特征是沉积物(岩)的孔隙度随埋藏深度或压实作用增强逐渐降低，其在沉积物埋藏的早期阶段表现得比较明显(图 4－43)。石英砂岩的原始孔隙度为 40% 左右，在 3000m 深处其孔隙度降至 30% ~10%。碎屑沉积物在 300m 深处时，75% 以上的水已被排出，所排出的水是孔隙流体的主要来源之一。碎屑沉积物沉积后作用的绝大部分变化都是在流体中发生的。因此，压实作用有助于其他后续作用的发生。

时间/Ma	成岩事件	SW6井2020.7m处，扇三角洲 孔隙度/%	SW6井2020.7m处，扇三角洲 渗透率/$10^{-3}\mu m^2$	SW6井2027m处，扇三角洲 孔隙度/%	SW6井2027m处，扇三角洲 渗透率/$10^{-3}\mu m^2$	SW6井2012.36m处，辫状河三角洲 孔隙度/%	SW6井2012.36m处，辫状河三角洲 渗透率/$10^{-3}\mu m^2$
132	压实作用	33.53	1189.89	33.53	843.09	33.73	1271.63
118	压实作用 长石、岩屑溶蚀作用	15	29.29	14.2	1.55	15	1.86
89	压实作用 碳酸盐胶结作用	9.89	0.46	8.4	0.27	16.87	4.7
31	压实作用	5.6	0.07	8.0	0.23	3.87	0.028
0		5.3	0.06	7.8	0.21	3.8	0.027

图4－43　机械压实过程深度与孔隙度关系图(据蒽克来等，2013)

2)压溶作用

沉积物随埋藏深度的增加，碎屑颗粒接触点上所承受的来自上覆地层的压力或来自构造作用的侧向应力超过正常孔隙流体压力时(达2~2.5倍)，颗粒接触处的溶解度增高，将发生晶格变形和溶解作用。此时，砂质沉积物进入了化学压实或压溶作用的阶段。从本质上讲，压实作用和压溶作用是同一物理—化学作用的两个不同阶段，它们是连续进行的，只不过压实作用是由物理因素引发，压溶作用是物理—化学因素共同引发的，但起主要作用的还是物理因素。

随着颗粒所受应力的不断增加和地质时间的推移，颗粒受压溶处的形态将依次由点接触演化到线接触、凹凸接触和缝合接触(图4－44)。在砾岩中，常见砾石呈凹凸状接触，形成压入坑构造；在砂岩中，常见相邻石英颗粒呈缝合接触(图4－45)；这都是压溶作用的结果。从线接触至缝合接触，代表孔隙度逐渐降低和埋藏深度逐渐增加的过程。不过石英颗粒的缝合接触不一定都是由压溶作用造成的，它也可以是相邻的石英颗粒次生加大、胶结物相对干扰生长的结果。

图4－44　颗粒的接触类型

石英大约在500~1000m深处发生压溶和次生加大生长现象。据此推测，压溶作用应是500~1000m以下深埋藏成岩作用的特征，其强度随埋深的增加而增加。

3)压实、压溶作用的控制因素

随埋藏深度和地温增加，砂质沉积物(岩)的压实和压溶强度增加。美国怀俄明州两口井侏罗系、白垩系砂岩的压实和压溶强度与埋藏深度有明显关系。井深900m处，压实强度最弱的点接触占52%；井深1700m处，尚未出现压实强度最强的缝合接触；至井深2200m处，点接触消失而代之以压实强度较强的线接触和凹凸接触，并出现了32%的缝合接触。地温梯度与砂岩孔隙度的关系(图4－46)表明了低地温场盆地的砂岩孔隙度衰减较缓慢，有效储层保存的深度较大，高地温场盆地则反之；同时，解释了低地温场盆地往往发育深埋高孔储层和较高地温场盆地形成浅埋低孔储层的成因。如塔里木盆地各构造单元的平均地温梯度在1.7~2.6℃/100m，埋深5000~6000m仍发育20%~25%孔隙度的砂岩；而东濮凹陷地温梯度约为3.4℃/100m，大于3500m埋深的砂岩孔隙度已多小于15%，结果造成有效油气勘探深度的很大差异。在埋藏深度和地温相似条件下，压实和压溶强度与地层时代有明显关系。随地层时代变老，砂岩的压实和压溶程度增加。

图4-45 石英压溶成缝合接触（陕甘宁盆地，侏罗系，延9砂岩，正交偏光，×120）

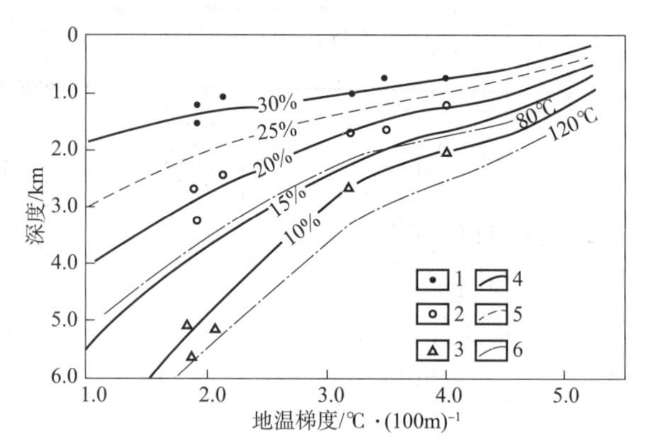

图4-46 地温场与（长石）岩屑砂岩孔隙度的关系（据寿建峰等，1998）

资料取自塔里木、准噶尔、开鲁、大庆和东濮等盆地，
1—30%孔隙度点；2—20%孔隙度点；3—10%孔隙度点；
4—等孔隙度线；5—内插孔隙度线；6—等地温线

颗粒的成分、粒度、形状、圆度、分选性等对压实作用的效应都有明显的影响。由于粗的砂粒一般磨圆度好，表面光滑，受压后砂粒容易转动、位移和重新排列，因此，压实作用对粗粒度的砂质沉积物影响较明显。因为细的砂质沉积物，特别是粉砂的磨圆度差，表面粗糙，受压后砂粒间不易转动、位移和重新排列，所以压实作用对其影响较小。压溶作用则相反，在杂基含量接近的情况下，由于细粒沉积物单位体积的砂粒接触点比粗粒沉积物多，更易受压溶作用的影响。碎屑矿物组分同样影响压实作用。在其他条件相似的情况下，砂质沉积物中塑性组分越多越容易压实。由于泥质杂基具可塑性易变形，因此，使砂质沉积物迅速被压实，粒间孔消失。泥质杂基含量越高，越容易压实。砾岩的压实效应较砂岩弱，这是由于砾岩的体积比砂岩大，除某些碎屑流类型的砾岩由杂基支撑外，大多数砾岩中的砾石是颗粒支撑。在压实作用过程中砾石会相应地发生一定程度的转动，以至扭曲变形或破裂。

压实、压溶作用的强度也受到孔隙流体性质（成分、流动性等）的影响。地下任一孔隙性体系中，其总负荷压力总是由沉积物骨架应力和孔隙流体压力共同支撑。当总负荷压力一定时，如果流体静压力超过了正常压力，则沉积质点间的骨架应力就减小了。导致沉积物（岩）与相同埋藏深度正常压实带相比，压实强度低，出现欠压实带。欠压实带砂质沉积物（岩）的压实强度小，孔隙度大。孔隙水的存在和交替对压溶作用的发生和持续发展是十分必要的条件。溶解物质要以水为介质进行扩散、搬运。否则，溶质在水中达到饱和时就会阻止压溶作用的进行。由于油层中大部分孔隙空间都充满了油，只有少量呈束缚状态不易交替的水，因此，砂岩油层的压溶强度一般都小于同一埋藏深度和时代的水层砂岩。

2. 泥岩等细碎屑岩的压实作用

泥岩在初始沉积时有70%~90%的孔隙，当埋深达到6000m深度和200℃时，孔隙度降低到小于5%，矿物集合体在硅质碎屑泥岩中占主导，由石英、伊利石和绿泥石组成。随埋藏深度的增加，在上覆水体和沉积物负荷的重压下，黏土质点将重新排列、变形或破裂，孔隙水不断排出，使得黏土沉积物的孔隙度大大降低、体积缩小，最后被压实固结成为黏土岩。从富含水的泥质沉积物到页岩的转变，是由物理和化学过程共同作用的结果，即压力和温度共同作用的结果。机械压实作用为岩石组分、有效应力、流体含量的函数，主导了浅层(2～4km以上)的成岩作用。化学压实作用主导了较深层(2～4km以深)的成岩作用，温度是主要控制因素。泥岩从机械压实到化学压实的转换，主要受原始矿物稳定性和埋藏史的影响(Bjørlykke，1997，1999；Peltonen等，2009)。

在多数的硅质碎屑泥岩中，温度低于70℃时，机械压实是其主要的成岩过程。压实是由增加的有效应力驱使的，压实速率主要由颗粒大小决定，细粒泥质有高的沉积孔隙，从而更具可压实性。不同矿物可压实性存在显著差异，细粒的蒙脱石实质上要比粗粒的高岭石压实性差，Mondol等(2007)通过模拟实验证实，在50MPa(有效应力相当于5000m埋深)时，纯高岭石只有10%的压实性，而蒙脱石有35%的压实性(图4－47)。此外，泥岩的压实作用使泥质颗粒具有一定定向性，这也与岩石组分及粒度密切相关。一般而言，蒙脱石较高岭石具有更高的定向性。Fawad等(2010)选取了5组不同比例的粉砂—黏土进行压实实验，分析了黏土矿物及粉砂在不同压力下的微观结构特征及对储集性的影响。

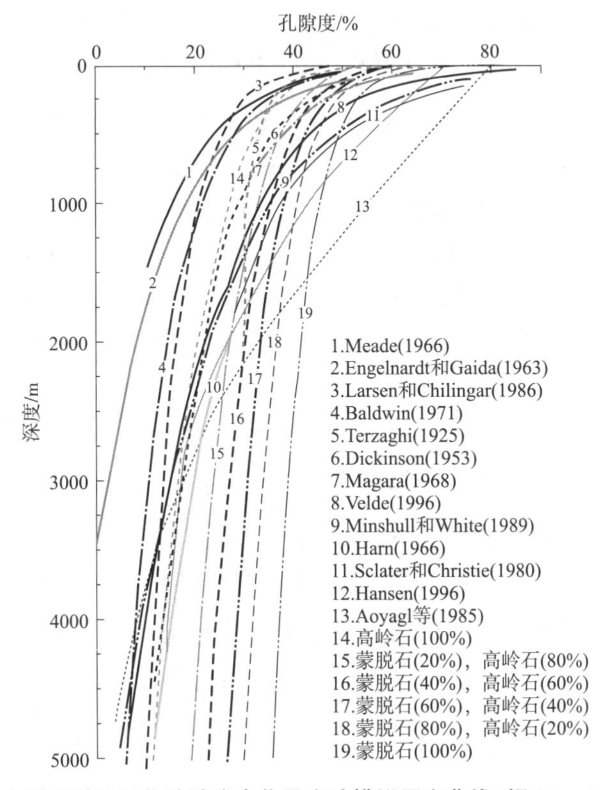

图4－47　实测泥质沉积物孔隙度变化及实验模拟压实曲线(据Mondol等，2007)

此外，黏土矿物的压实作用常受到孔隙溶液中电解质浓度的影响。在低压范围内，当压实作用过程中NaCl的浓度增加时，粗粒伊利石产生较大孔隙体积，蒙脱石和细粒的伊利石则相反，而Na蒙脱石比Ca蒙脱石或Al饱和的蒙脱石能保持较大的孔隙体积，Al饱和的高岭石比Ca高岭石或Na高岭石亦保持较大的孔隙体积。压实速度和黏土矿物的定向性也明显地受电解质含量的影响。国外黏土矿物成岩作用的研究表明，压实速度与孔隙溶液中NaCl的含量成正比，对于高岭石、蒙脱石成分的黏土来说，在每平方厘米数千牛的压力下，孔隙溶液NaCl的含量越高，黏土小片越易沿垂直于压力方向排列。另外，电解质含量也影响孔隙结构。孔隙溶液含有较高电解质者，大孔隙与小孔隙并存，且大小相差悬殊，渗透性高，在压力作用下不易定向；含电解质少者，孔隙结构较均一，孔径较小，渗透性低，在压力作用下也易定向(图4-48)。

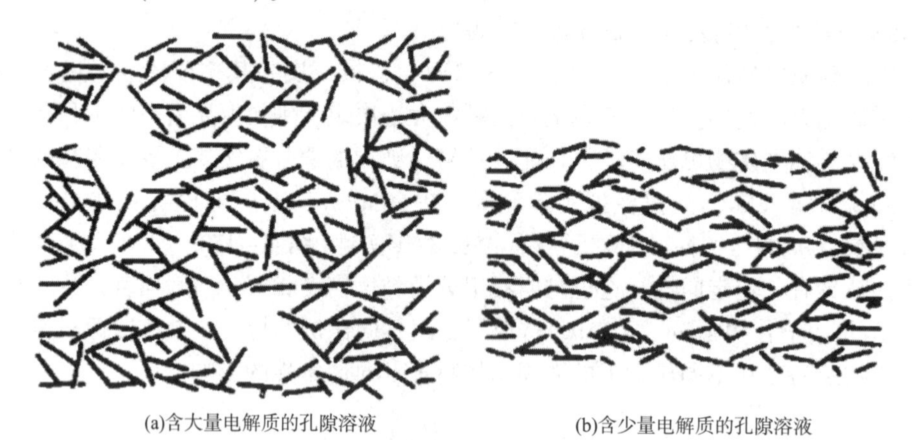

(a)含大量电解质的孔隙溶液　　(b)含少量电解质的孔隙溶液

图4-48　黏土压实过程中电解质含量不同的孔隙结构(据冯增昭，1993)

黏土沉积物在被压实的过程中，孔隙度的减小和埋深的增加并非直线关系(图4-49)。当埋深在300~500m以内时，黏土物质中所饱含的孔隙水很容易排出，故在这个深度范围内，孔隙度急剧降低；埋深超过500m时，孔隙度降低显著变慢，其原因是大量孔隙水排出后，孔隙度再继续降低就要靠排出与黏土物质结合紧密的层间水和结构水来实现，随着深度的增加，层间水和结构水的排出将愈来愈困难。因此，当埋深在2000m时，孔隙度为10%~15%；埋深达4000m，孔隙度仍为5%~10%；至6000m时，为3%~3.5%。

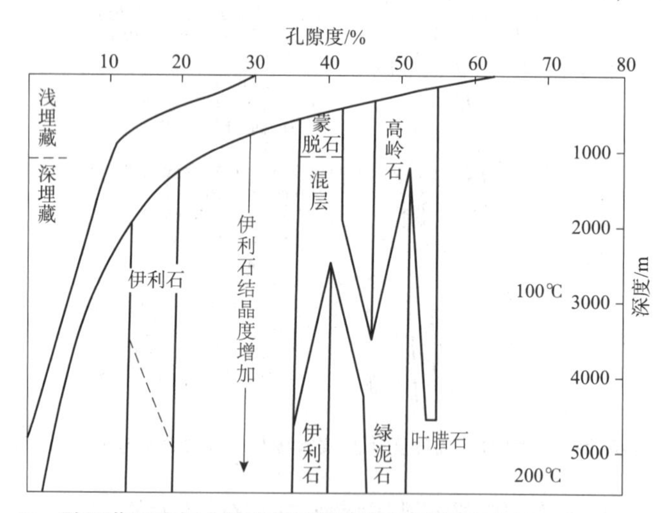

图4-49　随埋藏深度加大黏土岩孔隙度降低示意图(据Fuchtbauer，1978)

压实作用结果包括孔隙的减小和孔隙流体的排出，压实速度由渗透率控制。当上覆沉积物使得压力增加速率超过流体消散压力的速度时，超压产生。泥岩的渗透率范围跨度可高达10个数量级，单一孔隙有三个数量级的差别。渗透率和孔隙大小紧密相关，因此，泥岩孔径的分布及其毛管封闭性能也受到了颗粒大小和矿物成分的强烈控制。相同孔隙度条件下，细粒富黏土泥岩比富粉砂泥岩孔径更小。因此，富黏土泥质在沉积水界面几百米内可形成毛管封闭，而富粉砂泥则需要在更大的机械和化学压实后才可形成有效的毛管封闭。因此，由压实作用导致的孔隙度和岩石密度的变化与泥质组分密切相关。

(二)胶结作用

胶结作用是指矿物质从孔隙溶液中沉淀，将松散的沉积物固结为岩石的作用。在多数情况下，胶结物都来自孔隙水，此外，砂质沉积物中的黏土杂基，在压实作用过程中发生脱水并向砂粒表面黏附，也能起到固结碎屑颗粒的作用；不同碎屑颗粒间发生反应，形成第三种矿物的反应边，由此发生的固结作用等也属于胶结作用的范畴。胶结作用是沉积物转变成沉积岩的重要作用，也是使沉积层中孔隙度和渗透率降低的主要原因之一。胶结作用可以发生于成岩过程的各个阶段，胶结物的形成具有世代性，后来的胶结物可以取代早期胶结物；胶结物形成后也可以发生溶解(即去胶结)作用，形成次生孔隙。

胶结物在生长时，既可以在同成分的底质上形成次生加大，如氧化硅在碎屑石英颗粒上形成次生加大(图4－50)，此外，长石、方解石、白云石、锆石、电气石、石榴子石等都可以产生次生加大现象；也可以在不同的底质上沉淀，如碎屑颗粒边缘的黏土矿物等的衬边胶结(图4－51)、分布于碎屑颗粒间的碳酸盐晶粒胶结以及石膏、沸石类矿物胶结等。

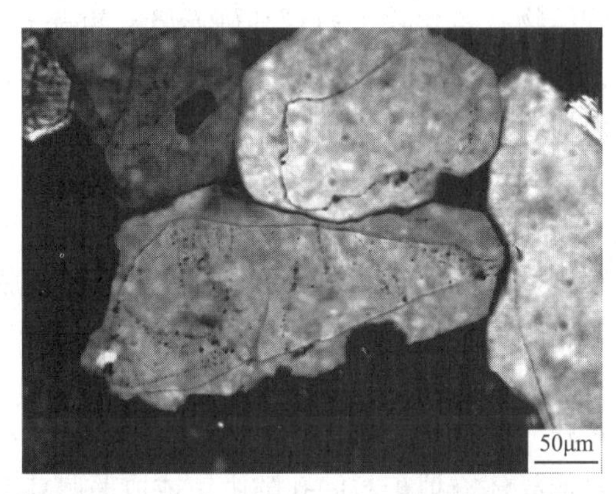

图4－50　石英的次生加大(东营凹陷王580井，古近系沙河街组，正交光)

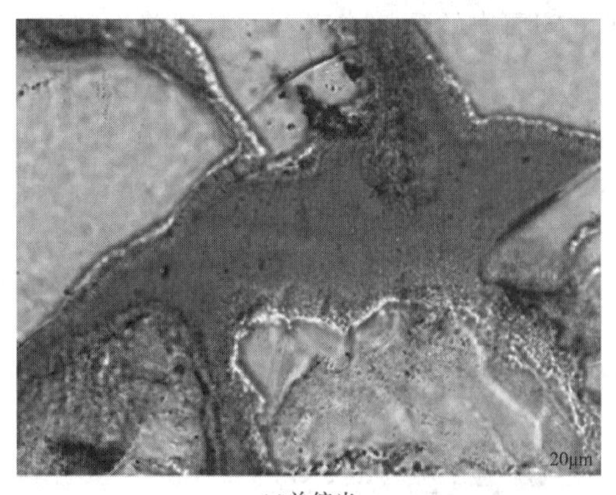

(a)单偏光

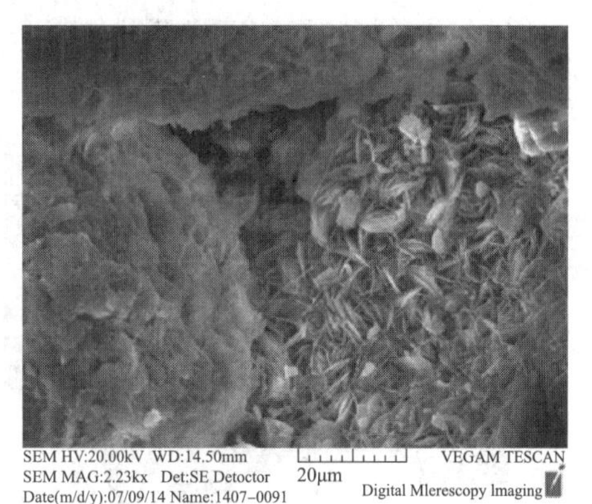

(b)扫描电镜

图4－51　绿泥石衬边胶结(鄂尔多斯盆地，三叠系延长组)

胶结物结晶的大小与晶体生长速度以及底质的性质有关。一般来说，小晶体生长速度快，大晶体生长速度慢。孔隙胶结物的结构特征是紧靠底质处的晶体小而数量多，具有长轴垂直底质表面的优选方位；远离底质向孔隙中心，晶体大、数量少。如果有两种以上的胶结物，靠近底质的形成早，在孔隙中心的形成晚，依次可形成若干个世代的胶结物(图4－52)。

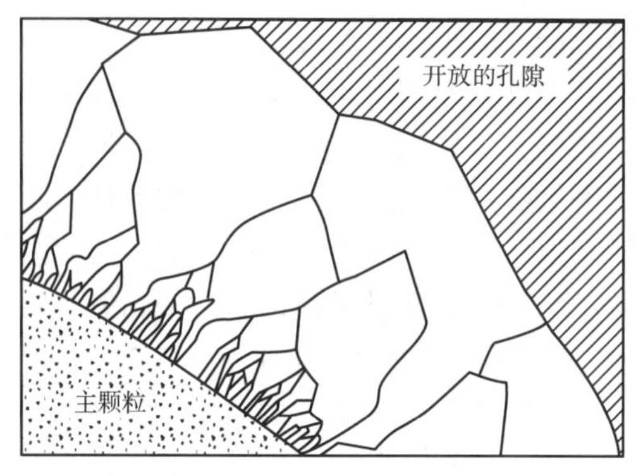

图4－52　粒间胶结物特征(据裴蒂庄，1972)

通过孔隙溶液沉淀出的胶结物的种类很多，但就数量而言，主要的胶结物有碳酸盐和氧化硅两类。其他较常见的胶结物有氧化铁、石膏和硬石膏、重晶石、磷灰石、萤石、沸石、黄铁矿、白铁矿等。此外，黏土矿物作为胶结物在陆源碎屑岩中也有广泛的分布，也是碎屑岩中常见的胶结物类型，但情况较复杂。

1. 碳酸盐胶结作用

1)碳酸盐胶结物的类型及分布

碳酸盐胶结物包括方解石、铁方解石、白云石、铁白云石、菱铁矿、菱镁矿、文石、高镁方解石等。其中，分布最广和最常见的是方解石，而文石及高镁方解石只在现代的砂岩中发现。

方解石胶结物可以呈粒状、镶嵌状、衬边状或栉状(图4－53)产出，也可呈次生加大环边出现。白云石常成菱形自形晶体充填于粒间孔隙中，或成薄膜状胶结分布于碎屑颗粒周围(图4－54)。菱铁矿常环绕碎屑、充填孔隙，或呈结核方式产出；此外，在砂岩和粉砂岩中还可以见到由分散凝胶聚集而成的球状菱铁矿。碎屑岩的颗粒或岩石的微裂缝为碳酸盐矿物特别是方解石充填胶结的现象也是常见的。

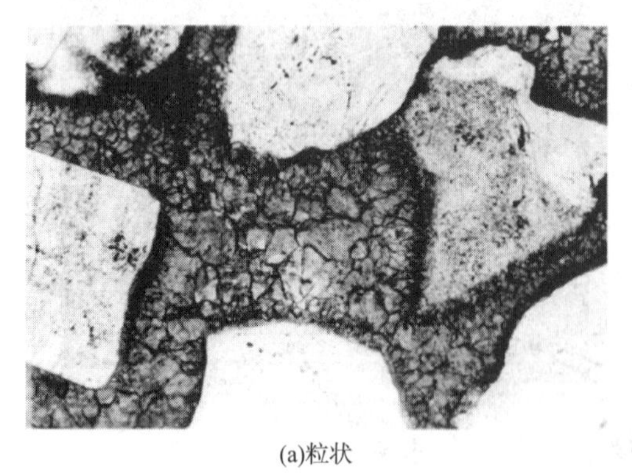

(a)粒状　　(b)衬边状及栉壳状

图4－53　方解石胶结物呈粒状、衬边状及栉壳状产出

(a)菱形自形晶

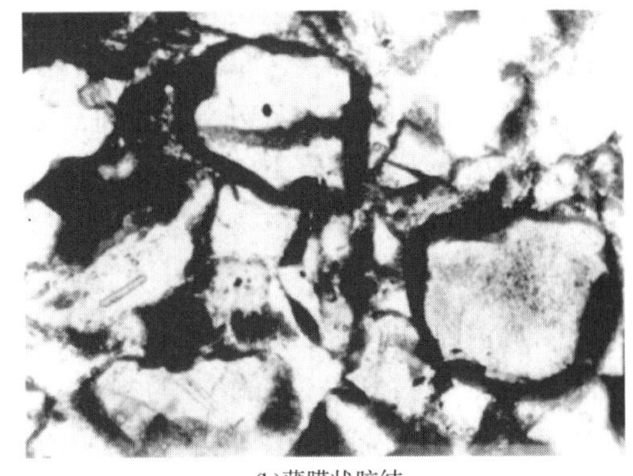
(b)薄膜状胶结

图 4－54　白云石呈菱形自形晶及薄膜状胶结形式产出

碳酸盐胶结物可以形成于成岩作用的各个阶段。同生期形成的胶结物一般结晶程度较差，呈现隐晶—微晶，常围绕碎屑颗粒呈环边状分布，或分布于松散接触的碎屑颗粒之间；早成岩期和晚成岩期形成的胶结物则一般晶粒较大，粉晶—粗晶常见，因形成时间较晚，沉积物已遭受明显或强烈压实，胶结物充填于较紧密接触及紧密接触的粒间孔中并常对碎屑颗粒有不同程度的交代作用。

2）碳酸盐胶结物的来源（砂泥互层地层中 Ca 来源）

碳酸盐矿物的沉淀和环境溶液中一定的碳酸盐组分浓度分不开，同时也和溶液的 pH 值密切相关，这就需要有充足的碳酸盐来源。海水和流动的孔隙水能持续地带入溶解的碳酸盐，为碳酸盐胶结物的主要来源。孔隙水溶解碎屑沉积物中的介壳和碳酸盐颗粒，溶解的物质又作为成岩期的胶结物沉淀下来。

碳酸盐矿物对压溶作用十分敏感，在埋藏作用过程中，砂岩中碳酸盐颗粒的压溶，以及砂岩层上下碳酸盐岩地层的压溶能提供大量的碳酸盐胶结物。这是较深处碳酸盐胶结物的主要来源之一。深部页岩层的半渗透膜效应，可使深处的碳酸盐组分增多。孔隙水中的溶解物质是以离子形式存在的。那些带电少和离子半径小的阳离子，可通过黏土层的半渗透膜作用（即盐类的过滤作用）向上逸出；而大量的阴离子和离子半径大的阳离子和 Ca^{2+} 则残留在黏土层半渗透膜之下。虽然深部压力的增加可以稍微提高那些离子的溶度积，但前者半渗透膜效应是主要的。所以当砂岩深埋时，往往有铁方解石或者白云石沉淀于孔隙之中，甚至交代碎屑和其他组分。

碳酸盐胶结物的存在对储层的发育起着双重影响，一方面，碳酸盐的胶结会堵塞孔隙，大幅度降低砂岩的孔隙度和渗透率；另一方面，胶结物在储层中的沉淀可以起到支撑作用，有效降低砂岩的压实程度，为后期的酸性水溶蚀和次生孔隙的形成创造了有利条件。

2. 氧化硅胶结作用

1）氧化硅胶结物的类型及特征

氧化硅胶结物是砂岩中主要的胶结物类型，它可以呈非晶质和晶质两种矿物形态出现于碎屑岩中。非晶质氧化硅胶结物为蛋白石，晶质氧化硅胶结物有方石英、玉髓和石英等。

蛋白石为非晶质，它在古近纪、新近纪和较年轻的砂岩中分布广泛，可以交代方解石介壳或直接沉淀出来。方石英则一般呈现纤维状雏晶出现，组成碎屑颗粒的环边。方石英除可以从溶液中直接沉淀，也可以由蛋白石转变而成。玉髓的原子排列和石英完全一样，是一种隐晶、微晶状的石英变种，常呈细小粒状、纤维状及放射状球粒等形式出现。石英是碎屑岩中最常见的硅质胶结物，它可以呈微、细粒状充填于孔隙中，但更常见的是以碎屑石英自生加大边胶结物出现。碎屑石英边部在沉积时往往有氧化铁、黏土等的分布，发生加大后这些物质仍可以以杂质形式保留下来，从而在碎屑石英和其加大边之间形成一条“尘线”，据此可以把两者区分开来。

2）氧化硅胶结物的形成

氧化硅胶结物的形成受溶解度的制约，而其溶解度又受 pH 值及温度的控制。实验表明，在酸性至弱碱性条件（pH < 9）下，SiO_2 的溶解度基本不受 pH 值的影响，但 pH > 9 时，其溶解度随 pH 值的增大而开始急剧上升（图 4－55）。因此，氧化硅的沉淀需要酸性环境。

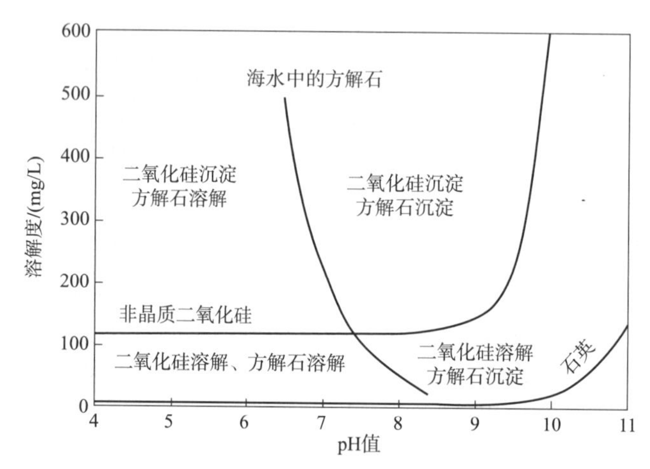

图 4－55　pH 值与方解石、非晶质 SiO_2 和石英的溶解度关系图（据布拉特，1972）

石英加大作为碎屑岩中最主要的氧化硅胶结类型，它的形成是在碎屑石英颗粒上以雏晶的形式开始的，然后，逐渐发育成具有较大晶面的小晶体，最后使碎屑石英恢复其规则的几何多面体形态（图 4－56）。根据加大过程中自生石英的发育特征和加大程度，石英加大可以划分为三个阶段（表 4－11）。石英的次生加大过程是随埋深和成岩作用程度的增加而增加的，因而，石英加大的阶段性可以作为成岩阶段划分以及储层储集性能判断的依据。

(a) Ⅰ阶段　(b) Ⅱ阶段　(c) Ⅲ阶段

图 4－56　石英加大的阶段性（据陈丽华等，1994）

表 4-11 石英次生加大发展阶段(据陈丽华等，1994)

石英次生加大发育阶段	特 征	成岩作用阶段	与储集性能的关系
Ⅰ	在基本晶体表面呈核心式的锥状晶体在生长，基本未占据孔隙空间，这些石英锥晶似“小火山”，无明显晶面	早成岩 A、B	发育于埋藏浅、储集性能好的地层中
Ⅱ	Ⅰ阶段的石英锥晶局部重叠消失，发育成具有大晶面的再生长，与石英锥晶组成相互连的交织系统	晚成岩 A 期	发育于埋藏中等，储集性能中等的地层中
Ⅲ	Ⅱ阶段的石英如果存在充分的孔隙空间，可以扩大包于核心形成完整的多面体石英	晚成岩 B、C 期	发育于埋藏深的地层中

3)氧化硅胶结物的来源

氧化硅胶结物可有以下几种来源：地表水和地下水、硅质生物骨壳的溶解、碎屑石英压溶作用、黏土矿物的成岩转化、硅酸盐矿物的不一致溶解、火山玻璃脱玻化、海底火山喷发等。

3. 黏土矿物胶结作用

黏土矿物胶结物在碎屑岩中有广泛的分布，常见的黏土胶结物类型有高岭石、蒙脱石、伊利石、伊/蒙混层黏土矿物和绿泥石等。自生黏土矿物的形成要求一定的介质条件，在富钾的碱性条件下有利于形成伊利石，在富钙的条件下有利于形成蒙脱石，而在酸性条件下则有利于形成高岭石。同时，与砂岩中原有矿物的成分密切相关，如长石砂岩有利于高岭石和伊利石的形成、岩屑砂岩及杂砂岩中以形成伊利石为主，而蒙脱石则主要见于火山碎屑岩中。

在碎屑岩中自生黏土矿物的产状主要有以下四种(图 4-57)。

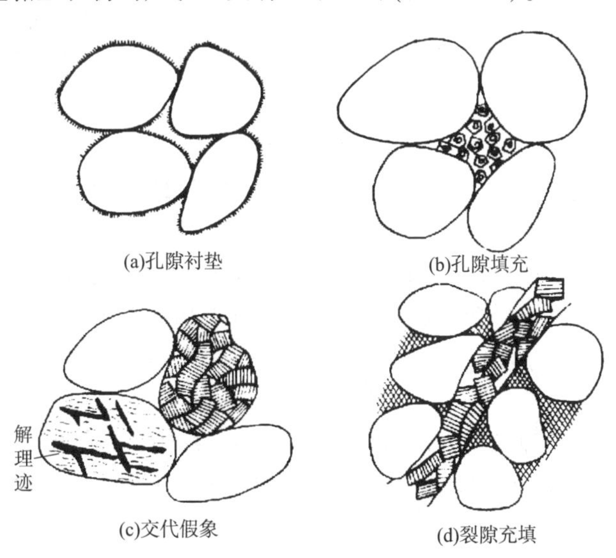

图 4-57 砂岩中自生黏土矿物的产出类型示意图(据 M D Wilson 等，1997)

(1)孔隙衬垫(也称黏土膜或颗粒包壳)。黏土矿物单体或集合体垂直或平行碎屑颗粒表面生长，并形成黏土包壳。

(2)孔隙充填。黏土矿物分布于碎屑岩的粒间孔隙中，黏土矿物单体或集合体的排列与碎屑颗粒表面无关。

(3)交代假象。黏土矿物部分或全部交代碎屑颗粒，或充填了碎屑颗粒溶解所留下的孔隙。被替代的颗粒主要是火山玻璃、中基性岩岩屑、长石、碳酸盐岩屑或化石碎片等。

(4)裂隙或晶洞充填。黏土矿物充填在岩石或颗粒的裂隙中，或充填在切穿一系列碎屑颗粒的晶洞中。

4. *长石胶结物*

自生长石是陆源碎屑岩中常见的一种自生矿物。在陆源碎屑岩中，它可以呈碎屑长石的次生加大边(图4-58)，也可以在基质中呈小的自形晶体产出。它既可以在石英砂岩中出现，也可以在杂砂岩中出现。它在各类砂岩中的丰度一般都很低，甚至仅是偶尔见到，但局部也可以富集。如我国云南中部中生界含盐岩系中，局部自生钠长石可达80%以上；美国蒙大拿州格洛谢尔人民公园上寒武统地层中，自生的正长石占岩石的40%；长石的加大幅度也可以很大，如泌阳凹陷核桃园组储层中，长石加大边局部可以达到0.25mm(图4-59)。

图4-58 长石的次生加大
(东营凹陷王斜583井，古近系，沙河街组)

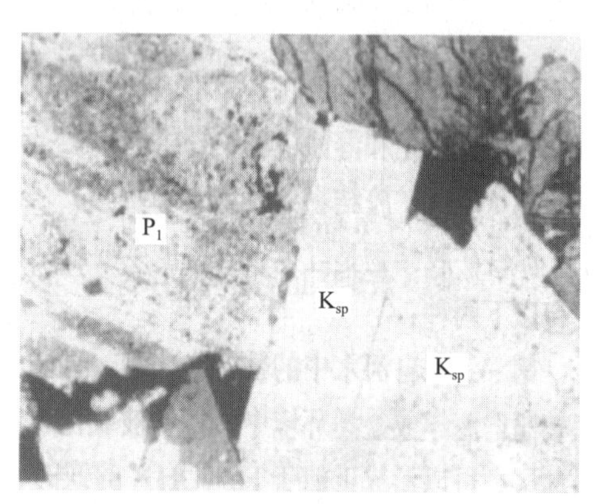

图4-59 长石加大及粒间充填的自生长石
(泌阳凹陷核桃园组)
K_{sp}—钾长石；P_1—斜长石

长石次生加大主要是钾长石的加大，也有钠长石的加大。自生长石的形成，要求孔隙溶液中有足够的溶解氧化硅和Al_2O_3的浓度以及足够的Na^+/H^+和K^+/H^+比值，和比较高的温度。在形成时间上，长石的加大一般形成于晚成岩期。

自生长石除形成较完好的晶形外，常有一些在岩浆岩和变质岩中的长石所见不到的双晶，如在自生微斜长石中的跳棋盘状的四联双晶、自生钠长石中的罗斯特涅双晶(一种卡钠复合双晶的四联双晶)。

5. *沸石胶结作用*

碎屑岩中常见的沸石类胶结物有方沸石、片沸石、浊沸石及斜发沸石等，呈晶粒状、板状、纤维状、针状及束状产出(图4-60)，可形成于成岩作用的各个阶段，成分与长石相似。沸石常见于富含火山碎屑和长石的砂岩中，它常是火山碎屑和长石与地下水相互作用的产物。有利于形成沸石的介质条件是高的pH值和富含SiO_2及Ca^{2+}、Na^+、K^+，以及高矿化度的孔隙水和适当的二氧化碳。如：

$$\underset{(钙长石)}{CaAl_2Si_2O_8} + 2SiO_2 + 4H_2O = \underset{(浊沸石)}{CaAl_2Si_4O_{12} \cdot 4H_2O}$$

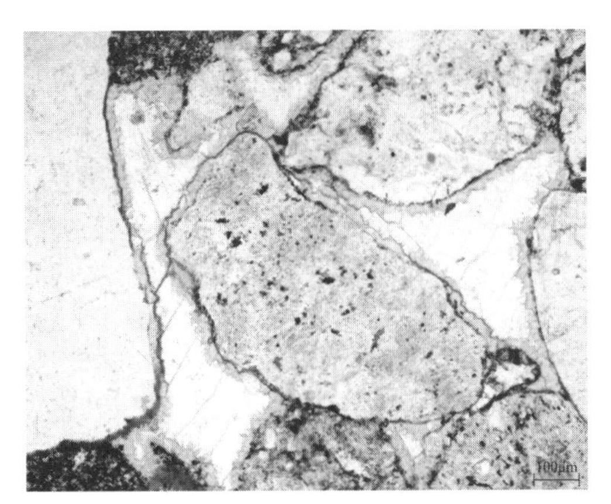

图 4-60　砂岩中孔隙式胶结的浊沸石

（边缘为绿泥石包膜，准噶尔盆地盐 002 井，下乌尔禾组，单偏光）

在我国的一些油区，沸石是常见的自生矿物。如松辽盆地下白垩统、准噶尔盆地上二叠统、鄂尔多斯盆地三叠系延长组等。陕北延长组中的浊沸石多数呈孔隙充填，少量交代长石或火山碎屑，出现于埋藏深度小于 2500m，估算形成温度 50～80℃，属低温成因。松辽盆地浊沸石出现于 1900～2200m 以下，推算地温为 120～140℃。克拉玛依上二叠统乌尔禾组为一套火山碎屑砂砾岩和长石砂岩，有方沸石、片沸石等，呈良好的三八面体和板状或柱状自形晶充填于孔隙中，或呈马牙状围绕碎屑呈衬边生长，方沸石分布井深为 2600～3100m，形成温度为 70～80℃。

6. 硫酸盐胶结作用

碎屑岩中最常见的硫酸盐胶结物是石膏和硬石膏，此外还有重晶石和天青石。

石膏和硬石膏常呈连晶状充填于孔隙中（图 4-61），也可交代其他矿物产出。形成于沉积期和早成岩期的往往与强蒸发作用有关，晚成岩期往往与早期石膏的溶解和再沉淀作用有关。地层水与沉积物相互反应或不同地层水的混合也可析出石膏与硬石膏。陕甘宁盆地侏罗系延 10 砂岩的石膏是油气运移期不同层位地层水相互反应的产物（朱国华，1984）。来自延 10 地层低矿化度的 Na_2SO_4 型水和来自下伏三叠系的高矿化度的 $CaCl_2$ 型水混合相互反应析出硬石膏。渤海湾盆地东营凹陷沙河街组四段石膏和硬石膏是干旱气候背景下富含 Ca^{2+} 和

(a)单偏光

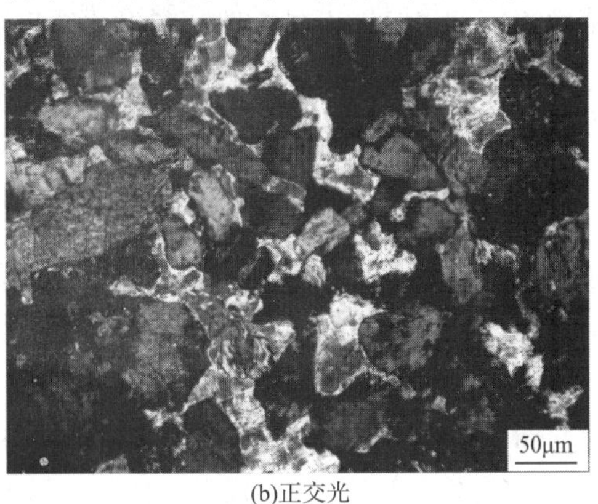

(b)正交光

图 4-61　砂岩中孔隙式胶结的石膏和硬石膏

（东营凹陷，官 120 井，沙四下亚段）

SO_4^{2-}的孔隙水浓缩沉淀而成的(王健等，2016)。石膏和硬石膏的转化是可逆的，它取决于孔隙水的盐度、温度和压力。随埋藏深度的增加，温度和压力或盐度亦相应地增加。石膏可发生脱水作用转变为硬石膏，反之，硬石膏可发生水化作用而转变为石膏。在酒泉盆地中、新生界和鄂尔多斯盆地中、新生界砂岩中，石膏和硬石膏的转变深度为7000m左右。

砂岩中亦常可见到少量重晶石，个别情况下为重晶石—天青石。它们常呈晶粒状、板条状或连晶斑块，充填在孔隙中或交代其他碎屑颗粒。形成重晶石所需要的钡离子，可以由钾长石高岭石化和溶蚀过程中提供。

7. 其他胶结作用

在成岩作用过程中，还可以形成一些其他类型的胶结物，它们在数量上并不重要，但它们的存在对于研究成岩历史以及推测各种自生矿物的共生和起源都有重要意义。

1)赤铁矿胶结物

赤铁矿胶结物是红色砂岩中的主要胶结物之一，也可以与黏土矿物混合充填孔隙。其形成方式有以下两种。

(1)来自河水中铁的水化物主要呈还原形式被搬运，当与沉积物一起沉积到pH值较高的海洋或盐湖环境中，将会被氧化成非晶质氧化铁及$Fe(OH)_3$的水化物。在湿热气候地区，可以形成近似于$Fe(OH)_3$的铁的氧化物，并可搬运到干燥的地区沉积下来。黄褐色到黄棕色的非晶质氢氧化铁和氧化铁埋藏后陈化(陈化作用指在沉淀生成后，将沉淀与母液一起放置一段时间。通过陈化作用，可以获得晶形完整、粒大而纯净的沉淀)脱水，可转变成晶质的针铁矿，针铁矿进一步脱水又可能变成赤铁矿。

(2)和碎屑沉积物一起沉积的含铁矿物，在成岩过程中，将遭受含氧孔隙水的分解，从而转变成赤铁矿胶结物。含铁矿物主要来自岩浆岩和变质岩，如角闪石、黑云母、绿泥石和其他富铁矿物。它们受含氧孔隙水分解后释放出二价铁，与氧结合形成氢氧化铁，向孔隙中运移集中，逐渐形成赤铁矿胶结物。

2)黄铁矿胶结物

黄铁矿胶结物可以形成于成岩作用的各个阶段，是强还原介质条件下的产物。同生期和成岩早期形成的黄铁矿多呈莓状；成岩中晚期形成的黄铁矿多呈晶粒状，从自形到它形，也可成结核状。黄铁矿的生成与沉积物中所含有机质有关，因为有机质常含S和C，而其中的硫常被氧化，同时提供电子使铁转变成二价铁，并与硫结合成黄铁矿。

很多砂岩油藏中，黄铁矿倾向于分布在油水边界部位。此外，砂岩中也偶见少量闪锌矿和方铅矿等硫化物的胶结物。

3)海绿石

在碎屑岩中，海绿石呈圆形或肾形等绿色小鳞片集合体产出。海绿石既可以呈小鳞片集合体充填在孔隙中，也可以构成碎屑石英的外膜或磷质结核的外壳，或充填在碎屑颗粒的裂隙中，亦可交代硅质和钙质生物壳，还可充填到有孔虫的房室中等。

海绿石形成于同生成岩阶段，它是在Fe^{3+}/Fe^{2+}保持一定的比值，pH=7~8、Eh=0~100mV缓慢沉积的条件下产出的，一个直径2mm的海绿石约需100~1000a才能形成。目前，较流行的认识是：海绿石由铁镁矿物海解作用生成。现代形成海绿石的海底水温为15℃，判断海绿石是在5~25℃之间较冷的水温条件下形成的。

(三)交代作用

1. 常见的交代作用

交代作用(replacement)是指一种矿物代替另一种矿物的现象。交代作用过程中通过物质的进入和带出而使矿物在成分上发生变化，它的实质是被交代矿物的溶解和交代矿物的沉淀同时进行并进而导致替代现象的发生。交代作用不仅是胶结物对碎屑颗粒的替代，晚期形成的胶结物也可以对早期形成的胶结物进行交代。交代矿物一般首先交代颗粒的边缘，使其成锯齿状或鸡冠状等不规则形态，随着交代作用的加强其幅度也越来越大，甚至可以完全交代碎屑颗粒，从而成为它的假象；交代彻底时，甚至可以使被交代的矿物全部消失，岩石的结构亦发生显著变化。与此同时，岩石的孔隙度和渗透率也会发生相应的变化。当交代过程中发生原地转化，新形成的矿物保持原有矿物的假象时，称为假象交代作用，交代过程服从体积保持定律及质量作用定律。这种情况对孔隙度和渗透率的影响不大。

交代作用是体系的化学平衡及平衡转移的结果。当体系内的物理化学条件(温度、压力、浓度、流体成分、pH 值、Eh 值等)发生改变时，原来稳定的矿物或矿物组合将变得不稳定，发生溶解、迁移或原地转化，形成在新的物理化学条件下稳定存在的新矿物或矿物组合，在此过程中往往伴随着一些重要的成矿作用。

碎屑岩中常见的交代作用如下。

1)氧化硅与方解石的相互交代作用

砂岩中方解石(也可见铁方解石、白云石和铁白云石)交代氧化硅或氧化硅交代方解石(也可见铁方解石、白云石和铁白云石)的现象都是常见的。有时在同一块标本中既能见到方解石交代氧化硅，也能见到氧化硅交代方解石。

氧化硅与方解石之间的相互交代作用除与物质本身的性质有关外，主要的控制因素是 pH 值和温度，其次是压力。氧化硅的溶解度随 pH 值的升高而增大，方解石则相反。当 pH 值在 9 以下时，方解石易溶而氧化硅则较稳定(图 4-55)，在这种情况下，碎屑岩中的方解石将被溶解，孔隙溶液中的氧化硅将沉淀，这就可能导致氧化硅交代方解石现象的出现。当 pH 值大于 9 时，氧化硅及石英的溶解度开始增加，方解石却能稳定存在，从而可能导致方解石对氧化硅及石英的交代。

2)方解石对长石的交代作用

方解石或其他碳酸盐矿物交代长石(特别是钾长石)也是常见的现象。方解石常沿长石边缘、解理缝或双晶缝进行交代，甚至可以深入长石碎屑晶体内部。关于方解石交代长石的机理，目前尚不清楚。这两种矿物在 pH 值高时稳定性均增加，pH 值低时则易于溶解。有人认为，方解石对长石的交代现象可能是由于长石的溶解度随温度的增高而增加，而碳酸盐的溶解度则降低，也可能是富含 Ca^{2+} 和 CO_3^{2-} 离子的溶液有溶解长石晶格的能力等因素作用的结果。

3)黏土矿物对长石的交代作用

在碎屑岩中，与石英相比，长石属于相对不稳定的组分。其中，斜长石又较钾长石的稳定性差。

由于长石类矿物的不稳定性，使得其有可能在埋藏深度不太大，CO_2 分压较高和 pH 值较低(约等于 5)的酸性环境中，以及被埋藏到深处时受来自富含有机质的泥质层中由于有机质热演化而形成的酸性孔隙水的影响等情况下，都可以被黏土矿物交代，如发生高岭石化。

成岩作用形成的高岭石一般呈蠕虫状，它可以占据长石内被溶蚀后的孔洞或边缘部位，未被彻底交代的长石的溶解现象可以从颗粒边缘的溶蚀和内部孔洞辨认出来。

长石被黏土矿物交代的现象并不全是在成岩过程中发生的，部分长石在风化和搬运过程中即可发生水解作用和高岭石化作用。

4）碳酸盐胶结物之间的相互交代作用

常见的碳酸盐胶结物主要有方解石、铁方解石、白云石、铁白云石等。在砂岩中，碳酸盐矿物全部充填或部分充填于孔隙中，对碎屑颗粒可以产生不同程度的交代作用；同时，由于不同碳酸盐胶结物在孔隙水中沉淀的时间一般是不相同的，后形成的往往对先形成的碳酸盐矿物有不同程度的交代作用。在多数情况下，方解石和白云石为早成岩期形成的，而铁方解石以及铁白云石多为晚成岩期沉淀的，这两种胶结物常交代早期形成的方解石或白云石。在有的情况下，方解石和白云石之间，以及铁方解石和铁白云石之间，也可存在相互交代关系。

碎屑岩中胶结物之间的交代关系还有很多，如方解石交代黏土矿物、黏土矿物交代石英、黏土矿物之间的相互交代等，在此就不一一叙述了。

2. 交代作用的标志

交代作用一般都有明显的标志，根据矿物的交代关系可以确定矿物的生成顺序，交代矿物形成晚于被交代矿物。交代作用的主要标志如下（图 4－62）。

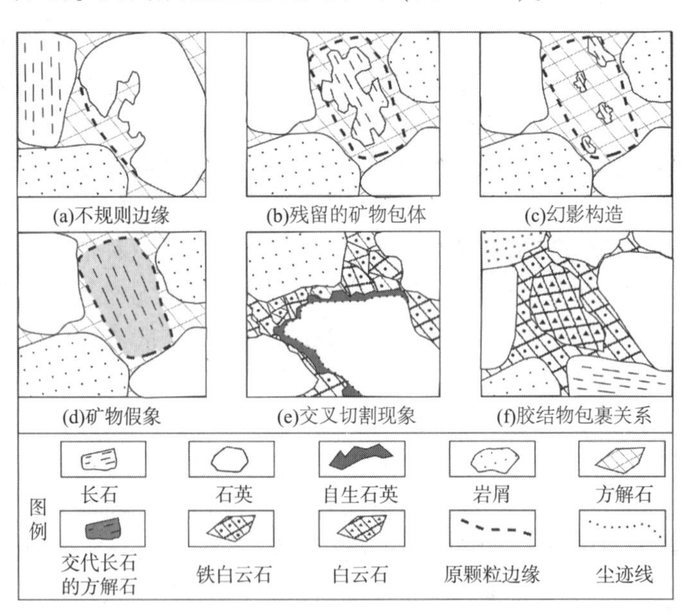

图 4－62 交代作用主要标志示意图

1）不规则边缘

当一种矿物不完全交代另一种矿物时，交代矿物常呈港湾状伸入被交代矿物中，被交代矿物颗粒的边缘呈不规则状，如港湾状或锯齿状。

2）残留的矿物包体

随着交代作用的增强，被交代矿物形成残留的矿物包体。残留的矿物包体表示外面矿物是交代矿物，被包矿物是被交代矿物。

3）幻影构造

岩石受到强烈的交代作用，原生颗粒只留下模糊的轮廓，称为幻影构造。如方解石强烈交代长石颗粒，长石颗粒内部或边缘有长石包裹体残存，显示出颗粒幻影。

4）矿物假象

矿物的原生成分被完全交代，但交代矿物具有被交代矿物的晶体形态。

5）交叉切割现象

矿物或颗粒被自形晶体或镶嵌结构的晶体切割或溶（侵）蚀，以及交代矿物沿微裂缝对矿物或颗粒的交代。

6）胶结物间的包裹关系

晚期形成的胶结物常围绕早期形成的胶结物周围形成包裹或加大，实际上这常常也是交代作用的结果，如碳酸盐胶结物之间的交代。

（四）溶解作用

1. 溶解作用的类型

溶解作用是岩石中矿物组分在侵蚀性流体作用下晶体结构被破坏并将溶出元素释放到孔隙水中的化学过程。砂岩中的任何碎屑颗粒、杂基、胶结物和交代矿物（后两者统称为自生矿物），在一定的成岩环境中都可以不同程度地发生溶解作用。从矿物的酸碱稳定性而言，方解石、白云石、长石、沸石等是储层中典型的酸不稳定性矿物，易在酸性地层水中发生溶解（图4－63），而通常较稳定的石英和硅质胶结物为碱不稳定矿物，在一定的碱性条件下可被溶解。

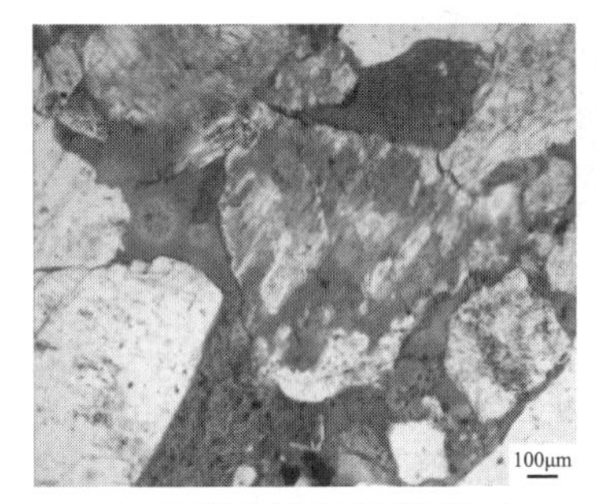

(a)长石次生溶孔(南堡凹陷，柳160X1井，3471.15m，单偏光)

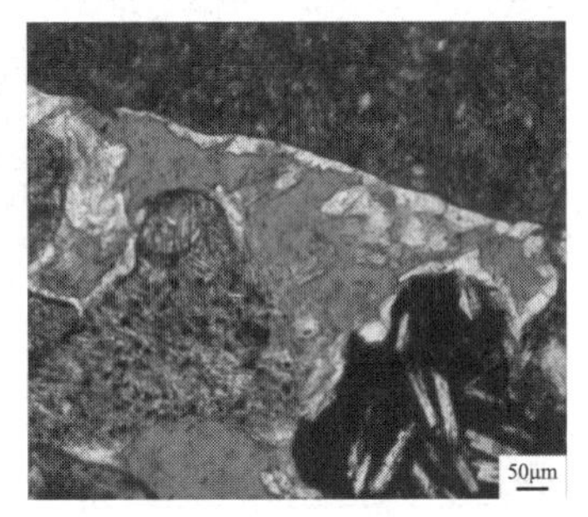

(b)浊沸石溶孔(准噶尔盆地，拐103井，3487.23m，单偏光)

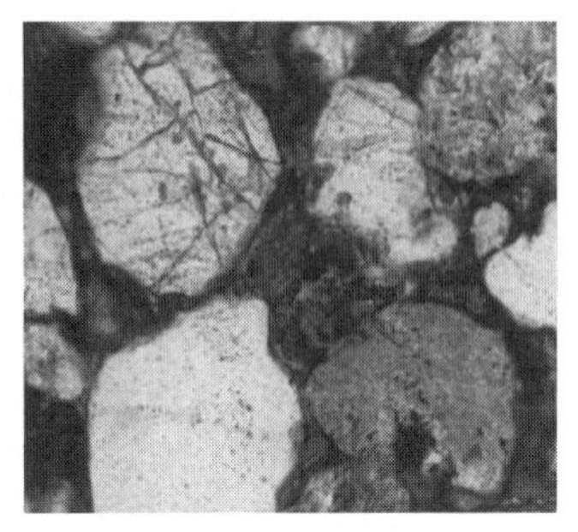
(c)方解石溶孔(高41-1井，1301.5m，单偏光，×100)

图4－63　砂岩储层中常见的溶解作用和次生孔隙

砂岩中单一类型矿物组分的溶解包括两种方式，即一致溶解和不一致溶解。前者指的是对特定矿物组分的直接溶解，如纯的 NaCl、SiO_2、$CaCO_3$等的溶解，在发生溶解的区域组成矿物晶体的元素全部同时释放出，未溶解的固相的新鲜面成分上没有变化；岩石中特定矿物组分的不一致溶解也称为溶蚀作用，它指的是溶解过程中组成某种矿物晶体的元素的释放具有选择性和先后性，部分易溶元素（如长石中 K^+、Na^+等）被有限释放到孔隙水，矿物中残留下来的未溶组分成分有所改变，并形成和被溶矿物化学组成相近的新矿物，如含油气盆地中砂岩储层中的长石矿物在溶解过程中还发生高岭石化和伊利石化。

含油气盆地砂岩中矿物的溶解作用可以发生在从地表向深层—超深层埋藏的各个阶段，且不同阶段侵蚀性流体的来源不同。在浅层地表，岩石中矿物的溶解作用主要通过大气淡水提供碳酸酸性流体发生；在埋藏成岩的生油窗阶段，储层中矿物的溶解主要通过烃源岩中干酪根热演化生成有机酸和 CO_2 等酸性流体来进行(Schmidt 等，1979；Sudram 等，1984)；在埋藏阶段的深层—超深层生气窗阶段，储层中矿物的溶解主要通过原油高温水氧化作用生成 CO_2 等酸性流体来进行(Yuan 等，2019)；这些不同来源的酸性流体在岩石由浅层向深层的埋藏过程中形成有效接力，为储层中溶解作用的持续进行提供了保障。除此之外，岩石埋藏演化过程中黏土矿物转化生酸、黏土—碳酸盐矿物反应生酸、硅酸盐矿物逆风化生酸、烃类生物降解生酸和硫酸盐热化学氧化还原反应生酸以及深部热液也能提供酸性流体来源；干旱碱性湖盆中碱性地层水能够提供碱性流体，可促进石英矿物发生碱性溶蚀作用(邱隆伟等，2001)。由于岩石中矿物组分和成岩环境的复杂性以及矿物化学反应动力学的约束，砂岩储层中矿物的溶解作用常常在不同矿物组分间表现出一定的选择性特征，如在近地表和靠近断裂的相对开放水文体系中，砂岩储层中碳酸盐胶结物的溶解要显著快于长石等铝硅酸盐矿物，但在埋藏条件相对封闭的成岩体系中，砂岩储层中的长石等铝硅酸盐矿物更倾向于发生溶解作用，而碳酸盐矿物的溶解会受到抑制(Yuan 等，2015)。

2. 溶解作用的识别标志

碎屑岩储层中岩石组分发生溶解后，可以形成一些具有特征性岩石学标志的次生孔隙(缝)，在岩石薄片中，可以通过以下八种岩石学标志来识别溶解、溶蚀型次生孔隙(图 4 -64)。

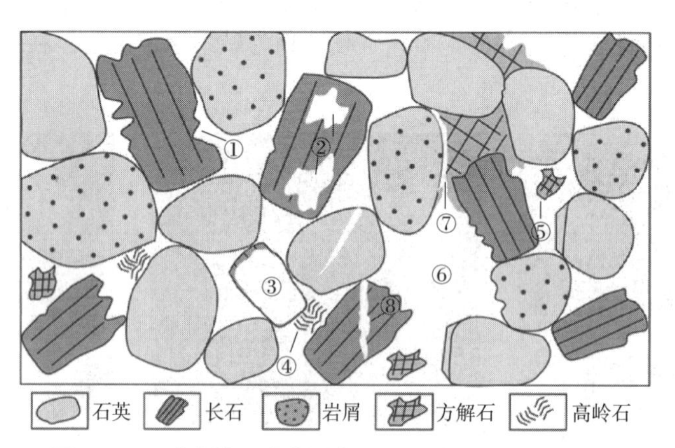

图 4 -64　砂岩储层中典型次生孔隙的识别标志示意图

①粒缘溶孔；②粒内溶孔；③铸模孔；④晶间孔；⑤胶结物溶蚀残余；⑥超大孔；⑦贴粒孔；⑧溶扩缝

(1)粒缘溶孔：陆源碎屑颗粒边缘被部分溶解使得其边缘呈现港湾状形态形成的次生孔隙。

(2)粒内溶解：陆源碎屑颗粒内部被部分溶解形成的次生孔隙。

(3)铸模孔：陆源碎屑、盆屑、生物碎屑或自生矿物被基本全部溶去后而保留其碎屑颗粒原貌的一种孔隙。

(4)晶间孔：自生黏土矿物等沉淀后的晶片集合体之间所发育的微孔隙；微孔隙一般显微镜下看不出孔隙的大小，只有在电镜下才能分辨清楚。

(5)残余胶结物(或基质)：胶结砂粒的自生矿物大部分被溶解，仅有部分残余的现象。一种情况是粒间孔隙中零星地分布着残晶；另一种情况是残留的自生矿物在岩石内呈斑点或斑块状分布，斑块边缘有溶蚀痕迹。

(6)超大孔隙：孔隙明显大于其周围的最大颗粒(若干倍)。这种孔隙只能是沉积物固结后发生溶解作用形成的。有的超大粒间孔隙在岩芯上就能看出。

(7)贴粒孔：指在自生矿物胶结的砂岩中，出现在自生矿物和砂粒相邻部位的孔隙。常呈叶片状、透镜状或串珠状分布于砂粒周围。它不可能是自生矿物沉淀时留下的孔隙，而是成岩过程中孔隙水沿砂粒与胶结物间的微孔隙流动，将紧靠砂粒的胶结物溶去而形成的。

(8)溶扩缝：溶蚀作用沿颗粒内微裂缝发生溶蚀，而使得裂缝被扩大的现象。

3. 溶解作用与次生孔隙

溶解作用的结果导致了岩石中次生孔隙的形成。不同于粒间原生孔隙，岩石中的次生孔隙是成岩过程中岩石中不同矿物组分(颗粒、胶结物或杂基)被溶解以及岩石组分发生破裂和收缩作用所形成的孔隙。由长石等骨架颗粒溶蚀后形成的次生孔隙为粒内次生孔隙，伴随长石矿物溶蚀而沉淀的自生高岭石和自生伊利石内微孔隙为晶间次生孔隙，这些次生孔隙在岩石中容易识别。由碳酸盐胶结物和沸石胶结物等早期粒内胶结物溶解而形成的次生孔隙为粒间次生孔隙，但该类次生孔隙的识别和定量统计较难，同时埋藏条件下该类次生孔隙的发育规模仍有着较大争议。

由于岩石中溶蚀性流体规模、流动速度等约束，不同地质背景条件下形成的次生孔隙，其储层质量响应不同。在相对开放的成岩体系中，高流/岩比、高流体流速条件下矿物溶解后释放的元素能被及时带离溶解区而避免就近沉淀作用的发生，该种条件下形成的次生孔隙能够提高孔隙度和渗透率，属于增孔型次生孔隙。而在相对封闭的成岩体系中，低流/岩比－低流速条件下矿物溶解后释放的元素不能被及时带离溶解区，元素在附近原生孔隙或次生孔隙中发生就近沉淀，如中深层埋藏条件下长石溶蚀作用常常将原生粒间孔隙转化为粒内次生孔隙和自生黏土矿物晶间孔隙，该种条件下形成的次生孔隙对孔隙度影响不大，但黏土矿物的沉淀会降低储层渗透率，该类型次生孔隙属于调配型次生孔隙(Giles，1990；Yuan 等，2015)。

次生孔隙形成后也不是一成不变的，早期形成的次生孔隙可被后来的胶结物充填，后期形成的交代矿物也可对碎屑和先形成的胶结物进行再交代，而无论是碎屑颗粒还是胶结物，随着孔隙水性质的演化，还可再度发生溶解，这些复杂的成岩作用使得砂岩的孔隙结构可以发生极大的变化。需要指出的是，岩石中颗粒在风化和搬运过程中也可以生成一些粒内溶解孔隙并保存在沉积物(岩)中，该类溶解孔隙发育在沉积之前，应归属于原生孔隙，但目前难以区分。

对于次生孔隙，施密特和麦克唐纳(Schmidt 和 McDonald，1977、1979)首次对砂岩中次生孔隙的成因类型、岩石学识别标志等进行了系统的归纳，并指出在砂岩中至少有 1/3 以上的孔隙属于次生孔隙，同时还指出，随着研究工作的进展，很可能会发现砂岩中次生孔隙的量多于原生孔隙。目前，深层碎屑岩油气储层和致密油气储层的研究成果已充分说明次生孔隙是世界上许多油气储集层的主要储、渗孔隙。我国近年来也发现了许多以次生孔隙为主要储集空间的油气储集层。如我国河套地区古近系渐新统，在埋深 4158.4～4440.2m 的井段中，发现了孔隙度为 20.5%～26.4%、渗透率为(81.9～1954.0)$\times 10^{-3}\mu m^2$的次生孔隙砂岩，在鄂尔多斯、准噶尔、渤海湾、南襄、苏北、松辽等盆地，都发现了以次生孔隙为主的砂岩储集层。对溶解作用和次生孔隙的研究，已成为当前碎屑岩成岩作用研究的一个重要方面。

(五)重结晶作用

1. 晶体大小的变化

在成岩作用过程中，砂岩中的各种组分都可以通过溶解、局部溶解和固体扩散等方式，使物质质点发生重新组合，由非晶质变成结晶质，或由小颗粒集合成粗大的晶粒，这就是重结晶作用(recrystallization)。重结晶现象多发生于黏土矿物以及早期充填粒间的方解石等填隙物中。

高岭石随埋深的增加、温度和压力的升高，可重结晶成鳞片状或蠕虫状晶形粗大的高岭石；碳酸盐矿物则通过重结晶作用由微晶形成细粒、粗粒甚至成连生胶结物(图4－65)；玉髓重结晶成石英等属于重结晶现象，在转变过程中仅发生了晶体大小的变化。玉髓是一种隐—微晶状(<0.1mm)的石英，常呈细小粒状、纤维状及放射球粒状。隐—微晶及细晶石英的集合体，统称为燧石。随着温度、压力等条件变化燧石重结晶，晶体长大成石英。

较小晶体具有大的比表面自由能，且在过饱和溶液程度不断降低的过程中呈不稳定状态，一般通过溶解而为大晶体的生长提供物质来源。此外，粒内晶格缺陷能、晶粒边界能、化学自由能、外部附加的弹性应变能也是重结晶的重要驱动力(Urai，1986；Prior，2004)。

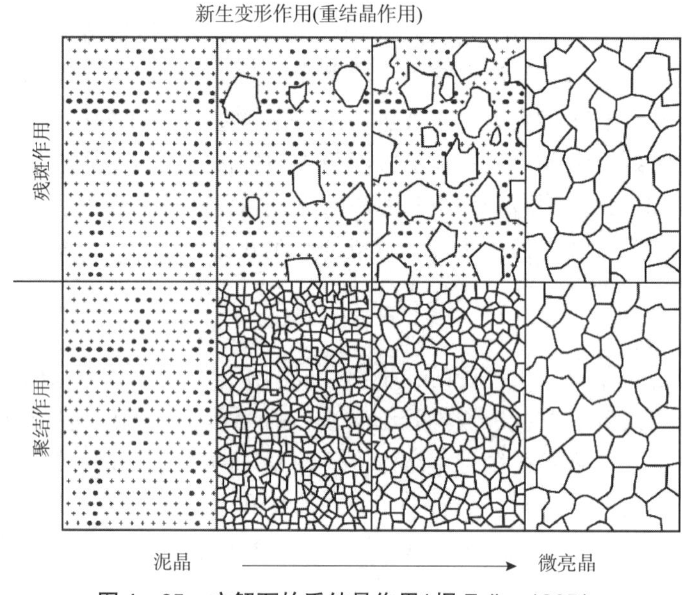

图4－65　方解石的重结晶作用(据Folk，1965)

2. 晶体结构的变化

矿物的多形转变(polymorphic transition)指的是一种矿物转变为另一种更稳定的矿物相的作用，它也可以视为广义的重结晶作用的一种类型。隐晶质的胶磷矿转变为显晶质的磷灰石、蛋白石转变成纤维状玉髓进一步重结晶则形成微晶石英、文石胶结物向方解石的转化、高镁方解石转变为低镁方解石、莓球状黄铁矿变为立方体黄铁矿等都是矿物的多形转变现象。在转变过程中，晶格类型、形状及大小等都可能发生变化。

蛋白石($SiO_2 \cdot nH_2O$)是非晶质的二氧化硅，根据其内部结构有序度不同，可分为蛋白石－A、蛋白石－CT和蛋白石－C三种类型。蛋白石－A内部结构基本无序，蛋白石－CT是由低温方石英和鳞石英呈无序混层构成，也称无序方石英；蛋白石－C则相当于有序的

α－方石英。随着含水量和热力条件的变化，蛋白石－A转变为蛋白石－CT和蛋白石－C，进而脱水重结晶形成隐晶状玉髓。

在镁方解石转变过程中，Mg^{2+}的丰度对晶体生长起束缚作用。在Mg^{2+}浓度高的水溶液里，方解石晶体侧向生长明显受到抑制，形成纤维状和偏三角面体的高镁方解石。在Mg^{2+}及Na^{+}丰度比较低的环境中，方解石晶体的侧向生长快，多形成多面体、菱面体，甚至形成扁平的云母片状晶形。由此可见，晶体习性是环境介质Mg^{2+}丰度的一种标志。

（六）矿物的转化作用

在成岩环境中，黏土矿物的生成有两种方式：一是在水溶液中直接结晶而成，如砂岩、砾岩粒间孔隙中沉淀的自生黏土矿物；二是由原先存在的黏土矿物发生转化而成，在成岩作用中，随埋深的增加、地层温度和压力的升高、黏土矿物层间水的释放以及在阳离子的移出等因素的影响下，黏土矿物将与水溶液发生反应而形成新的黏土矿物。黏土矿物的转化是黏土岩中重要的成岩作用类型，它是黏土矿物本身的性质和成岩环境共同作用的结果。

大约70℃以上，黏土矿物成分的变化逐渐成为泥岩物质变化的重要驱动因素。

1. 蒙脱石

蒙脱石是碱性介质中形成的外生矿物，主要由火山灰及凝灰岩分解而成。在晶体结构上，蒙脱石是一种典型的以水合阳离子以及水分子作为层间物的2∶1型黏土矿物。在被埋藏后，随温度和压力的增加，层间水将逐渐被释放出来，造成层间塌陷，形成伊利石/蒙脱石混层，进而逐渐向伊利石转化。肖（Shaw，1980）认为，温度在蒙脱石的转化过程中起着重要的作用，当温度在80～110℃时，蒙脱石转变为伊利石/蒙脱石混层矿物；当温度升高至130～180℃时，转变为伊利石。除温度外，层间溶液的化学成分也起着至关重要的作用，因为如果溶液中有足够的K^{+}离子存在，就可以在一定程度上降低转化的温度；而如果层间溶液中有Fe^{2+}、Mg^{2+}的存在，蒙脱石则可能形成蒙脱石/绿泥石混层矿物，并最终转变为绿泥石（图4－66）。伊利石化一般认为是动力学控制反应，此过程中，蒙脱石层通过伊/蒙混层向伊利石转变（Eberl 和 Hower，1976）。该反应需要钾源（Hower 等，1976；Berger 等，1999），大多数来自钾长石溶解。

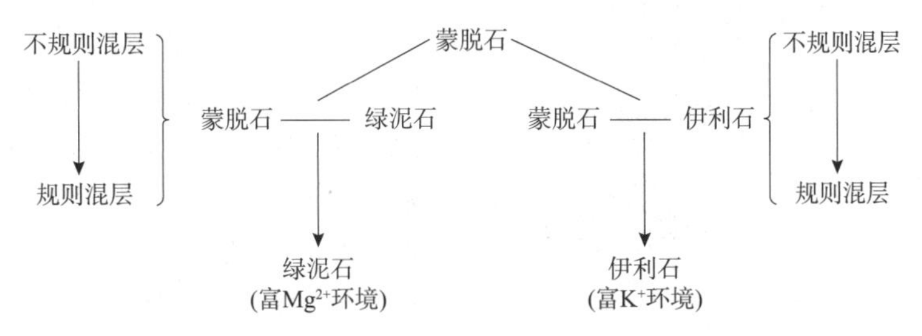

图4－66　蒙脱石成岩转化示意图

蒙脱石的伊利石化经历无序蒙脱石S—随机间层I/S（I5Sm95）—混层I/S（I60Sm40）—有序I/S（I80Sm20）—伊利石I的转化，其反应过程可简单描述为：

蒙脱石＋钾长石＝伊利石＋石英＋绿泥石＋水

伊利石化将一直进行直到钾供给耗尽，一般到钾长石耗尽。如果温度大于130℃时钾仍可用，高岭石也向伊利石转化。由于蒙脱石比伊利石有更多的硅质，伊利石化析出二氧化硅（Towe，1962；Hower 等，1976），他们将传输到邻近砂岩作为硅质胶结的重要物质来源（图

4－67），也可以保存于泥岩内部以微晶石英沉淀下来（图4－68）。Peltonen等（2009）认为伊利石化及伴生的石英沉淀往往与声波速度、密度及其岩石硬度的增加相伴生，对于页岩物理性质有着重要的意义（Marion等，1992；Draege等，2006）。

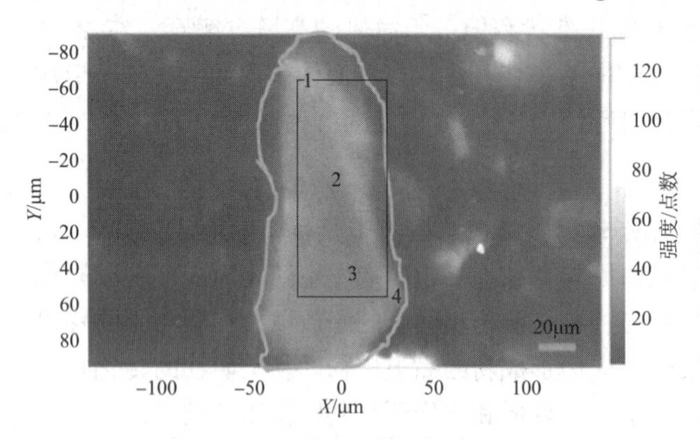

图4－67　泥岩中石英颗粒次生加大

济阳坳陷古近系页岩，牛页1井，3453.3m

图4－68　泥岩中黏土矿物包裹的微晶石英

济阳坳陷古近系页岩，樊页1井，3308.4m

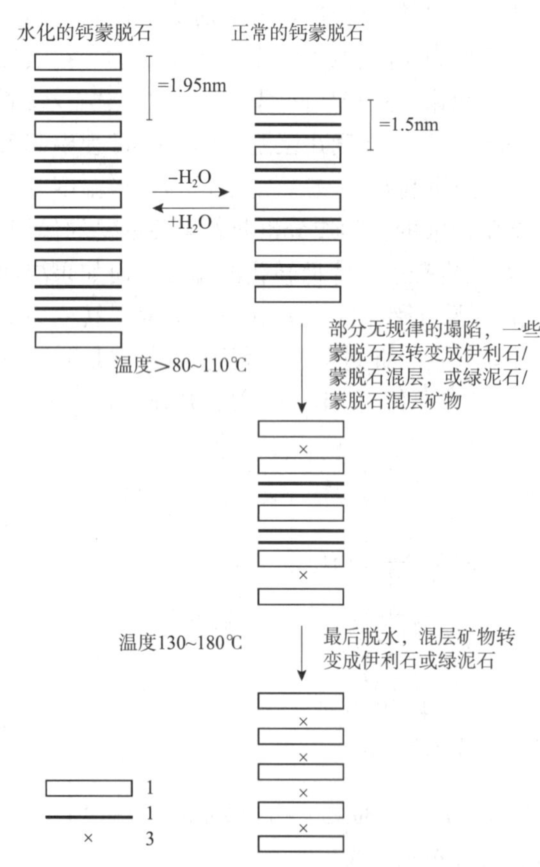

图4－69　钙蒙脱石在成岩作用期间脱水与矿物转化示意图（据Shaw，1980）

1—黏土矿物结构单元层；2—蒙脱石的层间水；3—伊利石的K^+或绿泥石的$(Fe^{2+}，Mg^{2+})(OH)_6$

2. 混层黏土

碎屑沉积岩中常见的混层黏土矿物有伊利石/蒙脱石混层和绿泥石/蒙脱石混层，分别简写为伊/蒙混层（I/S）和绿/蒙混层（C/S）等。混层黏土矿物是一种黏土矿物向另一种黏土矿物转化的中间产物。肖（Shaw，1980）以一个简明的图示说明了混层黏土矿物形成和转化的过程（图4－69）。在温度、压力以及溶液等因素的影响下，由于层间水移出而导致的层间塌陷使得蒙脱石晶体结构中形成少量伊利石或绿泥石的结构层，它们杂乱或有规律地分布于蒙脱石结构层之间而形成混层黏土。在埋藏成岩作用的早期，伊/蒙混层和绿/蒙混层黏土中的伊利石层或绿泥石层的含量很少，在蒙脱石层之间无规律分布；随成岩作用程度的增强，伊利石层以及绿泥石层在混层黏土中的相对含量逐渐升高，分布也逐渐变得有规律，即由无序混层逐渐过渡为有序混层，蒙脱石层最终消失，混层黏土矿物也由此转化为伊利石或绿泥石。混层黏土矿物中蒙脱石层的含量和成岩作用的强度成反比，正因为如此，它可以反过来指示岩石所经历的成岩作用的强度。

3. 伊利石和绿泥石

伊利石是在碱性介质中由长石等铝硅酸盐矿物以及云母等风化而成的，在电子显微镜下常呈不规则的鳞片状集合体，绿泥石则是在碱性介质中由角闪石、黑云母等矿物蚀变而成的。正如前面所述，该两种矿物也可以由高岭石、蒙脱石转化而成。在成岩作用过程中，如果介质保持碱性，伊利石和绿泥石都可以稳定存在，相应的变化是结晶度的增加；如果水介质变为酸性，二者均将变得不稳定，可能消失也可能转化成高岭石。

4. 高岭石

高岭石多数是在表生和风化作用阶段，在酸性水的作用下，由长石以及其他铝硅酸盐矿物分解而形成的。酸性孔隙水是高岭石稳定存在的必要条件。在成岩作用过程中，如果孔隙水始终保持其酸性特征，则随埋深的增加和地层压力的加大，高岭石将向结构有序度较高的同族矿物—地开石转化，或在有的情况下转化为珍珠陶土。然而在多数情况下，黏土矿物微粒间的孔隙水是浓缩的、碱性的，这使得高岭石常不稳定。这时孔隙水中如有 K^+ 存在，则向伊利石转化；如孔隙水中有 Ca^{2+}、Na^+ 或 Mg^{2+} 存在，则可以转化成蒙脱石或绿泥石（图4－70）。高岭石的存在和转化也和地层温度以及埋深有一定的关系，如一般认为高岭石消失的最大温度区间为80～140℃，通常为90～110℃，相应的埋深区间为几百米到几千米。

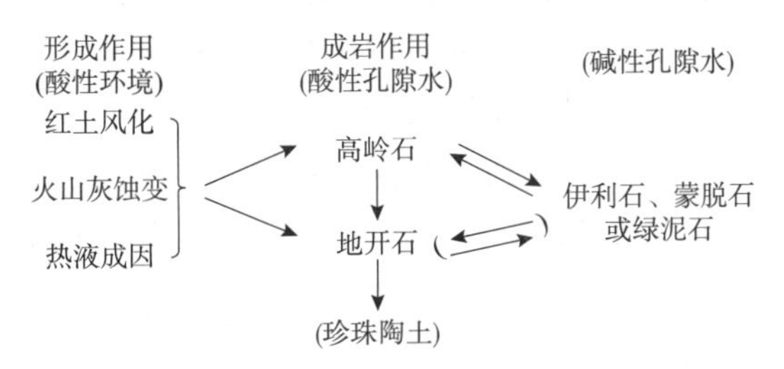

图4－70　高岭石矿物形成与转化示意图（据 Shaw，1980）

（七）矿物的脱水作用

黏土沉积物沉积后，水可以占沉积物总体积的70%～80%。水在沉积物中通常以四种方式存在：①孔隙水，存在于黏土微粒间的孔隙中，可以自由流动，又称粒间水或自由水；②吸附水，吸附于黏土颗粒表面；③层间水，是以水分子的形式存在于黏土矿物结构单元层之间的水；④结构水，是以 OH^- 的形式存在于黏土矿物晶体结构内部的水，也称为化合水。泥质沉积物中所含的水主要为孔隙水。

黏土沉积物被埋藏之后，在上覆地层压力的作用下，首先排出孔隙水，孔隙水存在于黏土矿物晶体结构之外，很容易被排出，在埋深达到几百米的位置，可以有多达近90%的孔隙水被排出；随着埋深的加大，不仅孔隙水继续被排出，吸附水、层间水乃至结构水都可以依次释出。在层间水和结构水的排出过程中，由于晶体结构发生变化，将发生黏土矿物的转化作用。黏土沉积物的脱水过程除受埋深的影响外，还受温度以及孔隙水化学成分等因素的影响，但埋深和温度的作用是主要的。在不同的埋深和地层温度的作用下，黏土沉积物（岩）的脱水过程也呈现不同的特征。现以蒙脱石为例，来说明黏土岩的脱水过程。

根据伯斯特（Burst，1969）的研究，蒙脱石的脱水作用过程可以分为三个阶段：

第一阶段，脱水作用主要由压实作用引起，埋深1000～1500m，黏土沉积物脱去孔隙水和部分层间水，黏土岩中的含水量减至30%（其中，20%～25%为层间水，5%～10%为残留孔隙水)，脱水作用主要是由压实作用引起的。这是黏土沉积物脱水速度最快的阶段。

第二阶段，埋藏深度大于1500m，地温60～130℃，主要是热力作用脱去残留层间水，蒙脱石也转化为混层黏土矿物(如伊利石/蒙脱石混层黏土)，并且随埋深的加大，伊利石/蒙脱石混层黏土矿物中蒙脱石层的比例逐渐减少。该阶段是原生孔隙水排出后最主要的一次脱水作用，可失去的水量为被压实体积的10%～15%。

第三阶段，埋深大于2700m，地温常大于130℃，甚至大于170℃。随埋深的增加和地温的进一步升高，在伊利石/蒙脱石混层黏土矿物中，蒙脱石层继续脱去层间水而转化为伊利石层，蒙脱石层的比例进一步减小，直至蒙脱石脱去最后一层残留的层间水，最终转变为非混层的伊利石。

二、碎屑岩成岩作用阶段

在碎屑岩成岩作用的各个时期，成岩环境(diagenetic environment)、成岩事件(diagenetic event)及其所形成的成岩现象等都各有其特点，据此可以把成岩作用划分为不同的阶段。对于成岩阶段的划分，不同的学者在具体的阶段划分、命名、划分依据等也各不相同(表4－13)，如有的按埋藏深浅及岩石物理性质的变化，有的按自生矿物组合及其转变情况，有的偏重于黏土矿物及其物理化学性质，而有的则偏重于有机质的热成熟度及其相应标志，还有的依据地球化学环境及地质物理环境来划分。

在成岩阶段划分上，有许多学者进行过有益的尝试(表4－12)。本教材采用中国石油天然气行业标准"碎屑岩成岩阶段划分(SY/T 5477—2003)"，主要考虑与古地温等有关的五方面依据。

(1)自生矿物分布、形成顺序；

(2)黏土矿物组合、伊利石/蒙脱石(I/S)混层黏土矿物的转化以及伊利石结晶度；

(3)岩石的结构、构造特点及孔隙类型；

(4)有机质成熟度；

(5)古温度：①流体包裹体均一温度；②自生矿物形成温度；③伊利石/蒙脱石(I/S)混层黏土矿物的演化。

表4－12 成岩阶段划分对照表

<table>
<tr><th colspan="2">鲁欣(1956)</th><th colspan="2">费尔布里奇(1967)</th><th colspan="2">叶连俊(1973)</th><th colspan="2">冯增昭(1982)</th><th colspan="2">中国石油天然气行业标准(2003)</th></tr>
<tr><td rowspan="7">石化作用</td><td>同生作用</td><td rowspan="3">同生成岩作用</td><td>初始阶段</td><td rowspan="6">成岩作用</td><td>海解作用
(陆解作用)</td><td>同生作用</td><td>同生作用
准同生作用</td><td colspan="2">同生成岩阶段</td></tr>
<tr><td rowspan="2">成岩作用</td><td rowspan="2">早埋阶段</td><td rowspan="2">早期成岩作用</td><td colspan="2" rowspan="2">成岩作用</td><td rowspan="2">早成岩阶段</td><td>A期</td></tr>
<tr><td>B期</td></tr>
<tr><td rowspan="3">进后生作用</td><td colspan="2" rowspan="3">后生成岩作用</td><td rowspan="3">晚期成岩作用</td><td rowspan="4">后生作用</td><td rowspan="3">深层后生作用</td><td rowspan="2">中成岩阶段</td><td>A期</td></tr>
<tr><td>B期</td></tr>
<tr><td colspan="2">晚成岩阶段</td></tr>
<tr><td>退后生作用</td><td colspan="2">表生成岩阶段</td><td colspan="2">表生再造作用</td><td>表层后生阶段</td><td colspan="2">表成岩阶段</td></tr>
</table>

依据上述碎屑岩成岩阶段划分依据，碎屑岩成岩阶段(diagenetic stage)可划分为同生成岩阶段(syndiagenetic stage)，早成岩阶段(early diagenetic stage)，中成岩阶段(middle diagenetic stage)，晚成岩阶段(late diagenetic stage)和表生成岩阶段(epidiagenetic stage)；早成岩阶段可进一步划分为早成岩阶段A期、B期，中成岩阶段可进一步划分为中成岩阶段A期、B期。

三、致密碎屑岩储层评价

致密碎屑岩作为一种特殊的油气储层，目前不同国家和地区对其界定标准尚不统一，我国将致密碎屑岩定义为孔隙度小于10%，地面空气渗透率不大于$1\times10^{-3}\mu m^2$(或原地覆压渗透率不大于$0.1\times10^{-3}\mu m^2$)的碎屑岩(邹才能等，2012)。致密碎屑岩油气是指赋存于致密碎屑岩储层中，无自然产能，需要经过大规模压裂或特殊开采工艺技术才能产出具有经济价值的石油或天然气(邹才能等，2012)。一般情况下，致密碎屑岩储层岩石粒度细，以细砂岩、粉砂岩及泥质粉—细砂岩为主，平面上大面积展布，垂向上相互叠置，形成连片分布；岩石组分复杂，除石英、长石及岩屑等陆源碎屑之外，也含有盆内碎屑及火山碎屑等的混合。致密碎屑岩储层物性极差，尤其是渗透率极低，储集空间类型多样，原生孔隙与次生溶蚀孔隙普遍发育，并常见微裂缝和黏土矿物晶间孔隙；储层孔喉细小，连通性差，主要为微纳米级孔喉系统，空间分布非均质强。因此，致密碎屑岩储层储集性能的评价，分析控制其储集性能的控制因素，对于有效储集体的预测具有重要的作用。致密碎屑岩储层综合分类评价主要包含储层有效性评价参数选择、有效储层控制因素和储层综合分类评价三个关键组成部分。

(一)储层有效性评价参数

储层有效性评价参数的选择主要是通过选择能够表征储层综合特征的定量参数，通过该参数的大小来定量反映储层的优劣，如常规储层常采用孔隙度、渗透率作为综合评价的参数，来开展储层综合分类评价。致密碎屑岩储层与常规储层相比，具有孔喉微细、类型多样、结构复杂、孔渗相关性差、非线性渗流、微裂缝发育、非均质强等特征，传统的采用孔隙度和渗透率作为有效性评价参数的方法已经不能完全满足致密碎屑岩储层评价的参数要求。根据致密碎屑岩储层致密化过程研究的结果，针对不同成因的致密储层，采用统一的评价参数同样不能达到进行有效评价的目的。同时，评价参数的选择还需要考虑可操作性，虽然部分的微观参数对表征致密碎屑岩储层综合特征有较好的效果，但考虑到这些微观参数的获取耗时耗力，同样不具备广泛推广应用的价值。

研究表明，从可操作性和普遍适用性考虑，储层品质指数(RQI)和渗透率(K)是目前评价致密碎屑岩储层较为合理的参数(操应长等，2019)。储层品质指数是孔隙度(ϕ)和渗透率(K)的函数，可以表示为$RQI=(K/\phi)^{0.5}$，储层品质指数与储层的微观孔喉结构参数之间多存在较好的相关关系，是能够有效表征储层微观孔喉结构特征的宏观参数之一。根据成岩—油气成藏系统分析可知，对于“先成藏后致密”型致密油气储层，油气充注时，储层物性相对较好，为常规充注过程，现今储层表现出“大孔细喉”的特征，储层评价中应该重点关注储集性能的好坏，因而与常规储层类似，孔隙度即可作为其有效性评价的合理参数。而对于“先致密后成藏”型致密油气储层，油气充注时，物性差，孔喉细小，为非达西充注过程，现今储层表现出“小孔细喉”的特征，储层评价中应该重点关注渗流能力的强弱，在这种情况下储层品质指数可作为其有效性评价的关键参数。

以松辽盆地南部白垩系泉头组四段“先致密后成藏”型致密砂岩油气藏和东营凹陷古近系沙河街组三段“先成藏后致密”型致密砂岩油气藏为例，对于“先成藏后致密”型致密砂岩油气藏，储层含油饱和度与储层品质指数之间的相关性差，而与储层孔隙度之间具有较好的正相关关系[图4－71(a)]。对于“先致密后成藏”型致密砂岩油气藏，储层含油饱和度与孔隙度之间无明显的相关关系，而与储层品质指数之间具有良好的正相关关系[图4－71(b)]。因此，储层品质指数可以作为“先致密后成藏”型致密砂岩油气储层评价的关键参数，而孔隙度是“先成藏后致密”型致密砂岩油气储层评价的较优参数。

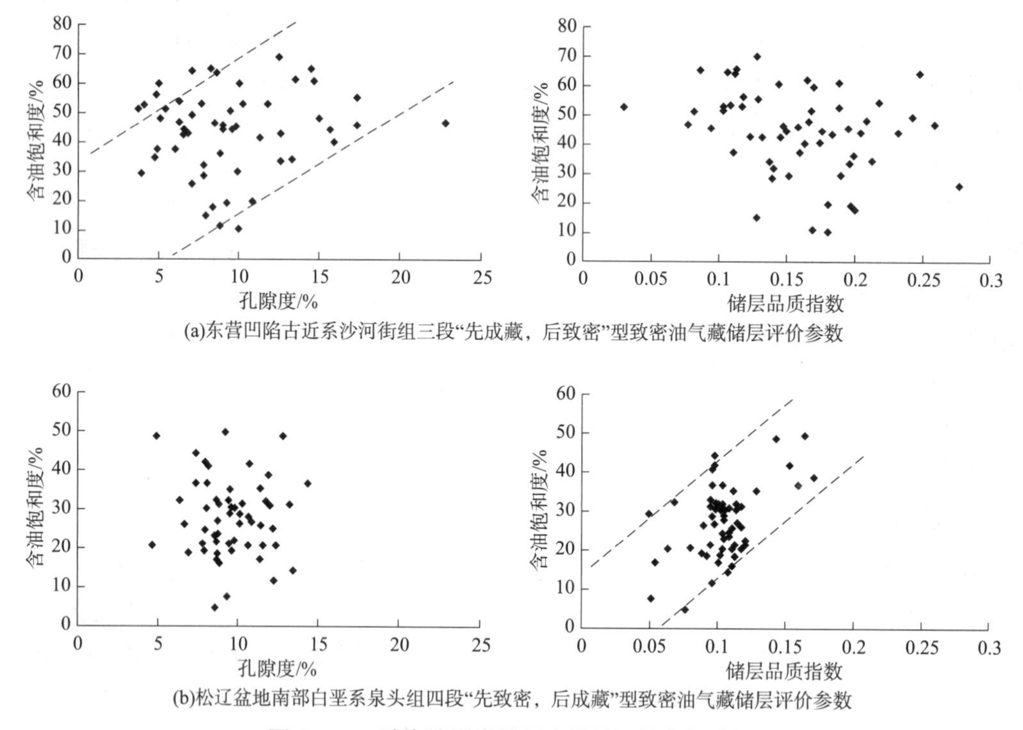

图4－71　致密碎屑岩储层有效性评价参数选择

在明确评价参数之后，要真正的评价储层的有效性，需要对其界限值进行确定，即高于该界限值才能称为有效储层，该界限值也被称为物性下限。物性下限被作为确定有效储层与非有效储层的物性分界，在储层评价中发挥着重要的作用。随着对储层物性下限的深入研究，相继提出了有效储层物性下限、有效储层含油物性下限、有效储层采出物性下限、储层临界物性、有效储层成藏物性下限等。实际上，有效储层包含了油层和水层，有效储层物性下限与有效储层含油物性下限有严格的区分。王艳忠等(2008)发展了有效储层物性下限的概念，提出了有效储层储集物性下限和有效储层采出物性下限的概念。有效储层储集物性下限与已有认识的有效储层物性下限等同；有效储层采出物性下限是指能够储集和渗流流体，并在现有的工艺技术条件下能够采出具有工业价值产液量(烃类或烃类与水的混合)的储集层所具有的最低孔隙度和渗透率(操应长等，2009)，以单层产液量1t/d作为有效与非有效储层的分界。但是，油气即使能够被有效采出，受经济成本的制约，也不一定具有开发价值(收入大于支出)。在上述认识的基础上，为了更好地指导油气开发，将经济效益与储层产液量相联系，提出碎屑岩储层有效开发物性下限的概念：指能够储集和渗流流体，并在现有的工艺技术条件下能够采出满足最低经济效益烃类的储集层所具有的最低孔隙度、渗透率值。

有效开发物性下限的求取主要在充分考虑生产成本、原油价格等约束条件下，通过建立经济极限初产油随深度、原油价格变化的图版和不同埋深区间低渗透储层单位厚度日产液量与平均渗透率相关关系，求取不同开发厚度低渗透储层经济极限初产油约束下的有效开发渗透率下限，以孔喉结构类型和孔渗相关关系为依据，求取不同孔喉结构约束下的孔隙度下限。重点解决了现阶段低渗透碎屑岩储层有效开发物性下限求取中不同埋藏深度储层经济条件约束、开发厚度、孔喉结构类型对有效开发物性下限的影响问题。针对“先成藏后致密”型致密油气储层，通过求取有效开发孔隙度下限值，作为有效储层与非有效储层的分界；针对“先致密后成藏”型致密油气储层，通过求取有效开发渗透率下限值和孔隙度下限，计算储层品质指数下限值，作为有效储层与非有效储层的分界。

(二)有效储层控制因素

在明确储层有效性评价参数和下限的基础上，针对不同成岩—成藏演化系统储层，可以进一步对有效储层的控制因素进行分析，从而达到通过控制因素的分析来预测储层有效性的目的。控制因素的分析多通过控制变量法对比不同控制因素控制的有效储层的比例的相对高低，特别是对宏观定性参数的定量化分析具有重要意义。现阶段考虑的有效储层的控制因素多包含沉积相带、沉积物粒度、砂体厚度、地层压力、成岩相、含油性等。针对“先成藏后致密”型致密油气储层，通过求取储层孔隙度值(实际孔隙度与孔隙度下限的差值)与储层有效开发孔隙度下限的差值，以消除埋深对储层评价带来的影响，将差值大于零的作为有效储层；针对“先致密后成藏”型致密油气储层，通过求取储层品质指数与储层有效开发储层品质指数下限的差值，将差值大于零的作为有效储层。计算不同控制因素控制下有效储层的百分含量，对比不同控制因素控制的有效储层百分含量的高低，从而明确不同控制因素对有效储层控制作用的强弱，作为有效储层勘探预测的依据。以东营凹陷沙三段为例，通过储层物性下限计算，统计不同控制因素控制的有效储层比例(图4－72)。通过有效储层百分含量分布直方图可知，地层压力对储层控制较弱，除中超压控制的有效储层含量较低，其他压力条件控制的有效储层百分含量基本一致。沉积物粒度和含油性是控制储层有效性的重要因素，沉积物粒度越粗，控制的有效储层含量越高；储层含油性越好，控制的有效储层的含量越高。成岩相同样对有效储层发育有明显控制作用，强溶蚀成岩相控制的储层有效储层比例最高。

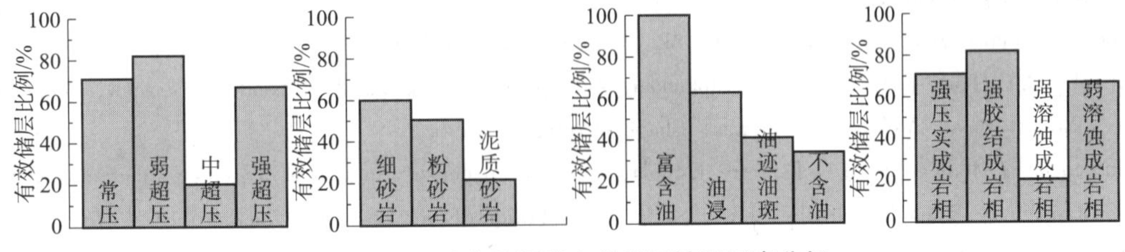

图4－72　致密碎屑岩有效储层控制因素分析

(三)储层综合分类评价

开展储层综合分类评价，需要在评价参数选择和控制因素分析的基础上，确定不同的控制因素对储层综合质量影响的权重系数，进而来实现综合分类评价。其中，权重系数的确定是核心关键，目前主要采用专家打分、灰色关联分析、层次分析、主成分分析、因子分析、神经网络分析等方法确定不同控制因素的权重系数(操应长等，2015)。专家打分和层次分析法确定权重系数时会加入主观判断，主成分分析和因子分析不能明确单一控制因素的影响，神经网络分析需要大量的训练数据，而灰色关联分析是一种完全通过数学计算确定权重系数的定量分析方法。此外，目前兴起的机器学习和大数据分析等方法为更加准确的确定权重系数提供了新的思路。

以灰色关联法为例，对致密碎屑岩储层的综合分类评价可以首先在致密化成因分析的基础上，选择适当的评价参数作为评价的母因子，以表征储层的综合特征。如对于“先成藏后致密”型储层以孔隙度差值为母因子，对于“先致密后成藏”型储层以储层品质指数为母因子。以有效储层控制因素作为子因子，如地层压力、沉积物粒度、含油性和成岩相等。然后求取储层物性下限值(孔隙度、渗透率或储层品质指数下限值)，作为判断储层有效性的标准，计算不同控制因素控制下的有效储层百分含量，作为子因子单项评分的依据，并实现对定性参数的单项评分。然后根据灰色关联度的计算公式：

$$\gamma_{0t}(i)=\frac{m+\xi M}{\Delta_t(i)+\xi M}$$

式中，M 为各子因子与母因子之间绝对差值的最大值；m 为绝对差值最小值；$\Delta_t(i)$ 为 t 井第 i 个评价参数相对母因素的绝对差值，取分辨系数 ξ 为 0.5。

计算得到任意评价参数相对于母因素的关联系数，归一化处理后得到每个评价参数的权重系数。根据各评价参数的权重系数，分别乘以单项评分，求得单项权衡分数，单项权衡分数相加即得到综合评价分数。根据综合评价分数的大小，即可实现对储层综合分类，然后根据不同类型储层经济产能的高低，明确不同类型的相对优劣，实现综合评价(操应长等，2015)。

参考文献

[1] Andreas Wetzel, Alfred Uchman. Deep - Sea Benthic Food Content Recorded by Ichnofabrics: A Conceptual Model Based on Observations from Paleogene Flysch, Carpathians, Poland[J]. PALAIOS, 1998, 13(6): 533 - 546.

[2] Awwiller D N. Illite smectite formation and potassium mass - transfer during burial diagenesis of mudrocks - a study form the Texas Gulf - coast Paleocene - Eocene[J]. Journal of sedimentary petrology, 1993, 63(3): 501 - 512.

[3] Berger G B, Velde T. Aigouy. Potassium sources and illitization in Texas Gulf Coast shale diagenesis[J]. Journal of Sedimentary Research, 1999, 69: 151 - 157.

[4] Boggs S J. Petrology of Sedimentary Rocks[M]. 2nd ed. Cambridge University Press, 2009.

[5] Bromley R. G. Trace Fossils. Biology, Taphonomy and Applications[M]. 2nd ed. London, Glasgow, Weinheim, New York, Tokyo, Melbourne, Madras: Chapman & Hall, 1996.

[6] Christopher J Modica, Scott G. Lapierre. Estimation of kerogen porosity in source rocks as a function of thermal transformation: Example from the Mowry Shale in the Powder River Basin of Wyoming[J]. AAPG Bulletin, 2012, 96(1): 87 - 108.

[7] Draege A, Jakobsen M, Johansen T A. Rock physics modeling of shale diagenesis[J]. Petroleum Geoscience, 2006, 12: 49 - 57.

[8] Eberl D, Hower J. Kinetics of illite formation[J]. Geological Society of America Bulletin, 1976, 87: 1326 - 1330.

[9] Eittreim S L. Marine geological and geophysical investigations of the Antarctic continental margin[R]. U. S. Geological Survey Circular Number 935, 1984.

[10] Fawad M, Mondol N H, Jahren J, et al. Microfabric and rock properties of experimentally compressed silt - clay mixtures[J]. Marine and petroleum geology, 2010, 27(8): 1698 - 1712.

[11] Frey RW, Pemberton SG. Biogenic structures in outcrops and cores . 1. approaches to ichnology[J]. Bulletin of Canadian petroleum geology, 1985, 33(1): 72 - 115.

[12] Gingras M K, Pemberton S. G. , Saunders T. The ichnology of modern and Pleistocene brackish - water deposits at Willapa Bay, Washington; variability in estuarine settings[J]. Palaios, 1999, 14: 352 - 374.

[13] Gorsline D S. Introduction to a symposium on fine - grained sedimentology[J]. Geo - Marine Letters, 1984, 4: 133 - 138.

[14] Grabau A W. On the classification of sedimentary rocks[J]. American Geologist, 1904, 33: 228 - 247.

[15] Hesse R. Turbidites and non - turbiditic mudstone of Cretaceous flysch sections of the Eastern Alps and other basins[J]. Sedimentology, 1975, 22: 387 - 416.

[16] Kane I A, Ponten A S M. Submarine transitional flow deposits in the Paleogene Gulf of Mexico[J]. Geology, 2012, 40(12): 1119 - 1122.

[17] Lobza V, Schieber J. Biogenic sedimentary structures produced by worms in soupy, soft muds: observations from the Chttanooga Shale(Upper Devonian) and experiments[J]. Journal of sedimentary research, 1999, 69(5): 1041 - 1049.

[18] Lowe D R. Sediment gravity flows; II, Depositional models with special reference to the deposits of high - density turbidity currents[J]. Journal of Sedimentary Research, 1982, 52 (1): 279 - 297.

[19] Marion D, A Nur, H Yin, et al. Compressional velocity and porosity in sand - clay mixtures[J]. Geophysics, 1992, 57: 554 - 563.

[20] Mondol N H, Bjorlykke K, Jahren J. Experimental mechanical compaction of clay mineral aggregates - Changes in physical properties of mudstones during burial[J]. Marine and petroleum geology, 2007, 24(5): 289 - 311.

[21] Noffke N. Extensive microbial mats and their influences on the erosional and depositional dynamics of a siliciclastic cold water environment[J]. Sedimentary Geology, 2000, 136(3 - 4): 207 - 215.

[22] O'Brien N R, Slatt R M. Argillaceous Rock Atlas[M]. New York: Springer, 1990.

[23] Peltonen C, Marcussen O, Bjorlykke K, et al. Clay mineral diagenesis and quartz cementation in mudstones: The effects of smectite to illite reaction on rock properties[J]. Marine and Petroleum Geology, 2009, 26(6): 887 - 898.

[24] Potter P E, Maynard J B, Depetris P J. Mud and Mudstone[M]. Springer Science & Business Media, 2005.

[25] Pusch R. Microstructural changes in soft quick clay at failure[J]. Can. Geotech. J. , 1970, 7 (1): 1 - 7.

[26] Rapke N A. Deposition of fine - grained sediments in the abyssal environment of the Algero - Balearic Basin, Western Mediterranean Sea[J]. Sedimentology, 1975, 22: 95 - 109.

[27] Richard J Behl. Chert spheroids of the Monterey Formation, California (USA): early - diagenetic structures of bedded siliceous deposits[J]. Sedimentology, 2011, 58(2): 325 - 335.

[28] Rupke N A. , Stanley D. J. 1974. Distinctive properties of turbiditic and hemipelagic mud layers in the Algero - Balearic Basin, Western Mediterranean Sea[J]. Smithson. Contrib. Earth Sci. , 1974, 1 - 40.

[29] Schieber J, Krinsley D, Riciputi L. Diagenetic origin of quartz silt in mudstones and implications for silica cycling[J]. Nature, 2000, 406(6799): 981 - 985.

[30] Schieber J, Southard J B. Bedload transport of mud by floccule ripples - Direct observation of ripple migration processes and their implications[J]. Geology, 2009, 37(6): 483 - 486.

[31] Schieber J, Southard J, Thaisen K. Accretion of Mudstone Beds from Migrating Floccule Ripples[J]. Science, 2007, 318(5857): 1760 - 1763.

[32]Schieber J. Reverse engineering mother nature: shale sedimentology from an experimental perspective[J]. Sedimentary Geology, 2011, 238: 1 – 22.
[33]Schmidt V, McDonald D A. The role of secondary porosity in the course of sandstone diagenesis[J]. SPEM Special Publication, 1979(6): 175 – 207.
[34]Stanley D J. Mud redepositional processes as a major influence on Mediterranean margin basin sedimentation [M]. // Stanley D J, Wezel F C. Geological Evolution of the Mediterranean Basin, New York: Springer, 1985, 377 – 410.
[35]Stow D, Huc A Y, Bertrand P. Depositional processes of black shales in deep water[J]. Marine and Petroleum Geology, 2001, 18(4): 491 – 498.
[36]Surdam R C, Boese S W. The chemistry of secondary porosity[J]. Classic Diagenesis, 1984: 127 – 150.
[37]Towe K M. Clay mineral diagenesis as a possible source of silica cement in sedimentary rocks[J]. Journal of Sedimentary Petrology, 1962, 32: 26 – 28.
[38]Walker R G. Generalized Facies Models for Resedimented Conglomerates of Turbidite Association[J]. GSA Bulletin, 1975, 86 (6): 737 – 748.
[39]Wood J M, Sanei H, Curtis M E et al. Solid bitumen as a determinant of reservoir quality in an unconventional tight gas siltstone play[J] Int. J. Coal Geol., 2015, 150: 287 – 295.
[40]Yuan G H, Cao Y C, Gluyas J. et al. Feldspar dissolution, authigenic clays, and quartz cements in open and closed sandstone geochemical systems during diagenesis: Typical examples from two sags in Bohai Bay Basin, East China[J]. AAPG Bulletin, 2015: 99 (11): 2121 – 2154.
[41]Yuan G, Cao Y, Jia Z, et al. Selective dissolution of feldspars in the presence of carbonates: The way to generate secondary pores in buried sandstones by organic CO_2[J]. Marine and Petroleum Geology, 2015, 60: 105 – 119.
[42]Yuan G, Cao Y, Schulz H M, et al. A review of feldspar alteration and its geological significance in sedimentary basins: From shallow aquifers to deep hydrocarbon reservoirs[J]. Earth – Science Reviews, 2019, 191 (1): 114 – 140.
[43]操应长，王艳忠，徐涛玉，等．东营凹陷西部沙四上亚段滩坝砂体有效储层的物性下限及控制因素[J]. 沉积学报，2009，27(2)：230 – 237.
[44]操应长，葸克来，李克，等．陆相湖盆致密油气储层研究中的几个关键问题[J]. 中国石油大学学报(自然科学版)，2019，43(5)：11 – 20.
[45]操应长，葸克来，赵贤正，等．廊固凹陷沙四上亚段储层成岩相及其测井识别[J]. 中南大学学报(自然科学版)，2015，46(11)：4183 – 4194.
[46]操应长，杨田，王艳忠，等．济阳坳陷特低渗透油藏地质多因素综合定量分类评价[J]. 现代地质，2015，29(1)：119 – 130.
[47]陈丽华，郭舜玲，王衍琦，等．中国油气储层研究图集[M]. 北京：石油工业出版社，1994.
[48]段瑶瑶．松辽盆地上白垩统嫩江组泥页岩孔隙特征及其与成岩作用关系—以松科 1 井、2 井为例[D]. 北京：中国地质大学(北京)，2017.
[49]冯增昭，王英华，刘焕杰，等．中国沉积学[M]. 北京：石油工业出版社，1994.
[50]冯增昭．沉积岩石学[M]. 北京：石油工业出版社，1993.
[51]高振中，罗顺社，何幼斌，等．鄂尔多斯地区西缘中奥陶世等深流沉积[J]. 沉积学报，1995，13(4)：16 – 26.
[52]龚一鸣，刘本培．新疆北部泥盆纪火山沉积岩系的板块沉积学研究[M]. 武汉：中国地质大学出版社，1993.
[53]郭岭，封从军，郭峰．细粒沉积岩沉积环境与沉积相[M]. 北京：中国石化出版社，2016.
[54]郭旭升，胡东风，李宇平，等．涪陵页岩气田富集高产主控地质因素[J]. 石油勘探与开发，2017，44

(4)：481－491.
[55]郭旭升．南方海相页岩气“二元富集”规律——四川盆地及周缘龙马溪组页岩气勘探实践认识[J]. 地质学报，2014，88(7)：1209－1218.
[56]何幼斌，高振中，罗顺社，等．等深流沉积的特征及其鉴别标志[J]. 江汉石油学院学报，1998，20(4)：1－6.
[57]胡文瑄，姚素平，陆现彩，等．典型陆相页岩油层系成岩过程中有机质演化对储集性的影响[J]. 石油与天然气地质，2019，40(5)：947－956.
[58]姜在兴，梁超，吴靖，等．含油气细粒沉积岩研究的几个问题[J]. 石油学报，2013，34(6)：1031－1039.
[59]姜在兴，张文昭，梁超，等．页岩油储层基本特征及评价要素[J]. 石油学报，2014，35(1)：184－196.
[60]林世国．川西北部地区须家河组致密砂岩气成藏地质条件研究[D]. 北京：中国地质大学(北京)，2015.
[61]马存飞．湖相泥页岩储集特征及储层有效性研究[D]. 青岛：中国石油大学(华东)，2017.
[62]盘昌林，刘树根，马永生，等．川东北须家河组储层特征及主控因素[J]. 西南石油大学学报(自然科学版)，2011，33(3)：27－34.
[63]邱隆伟，姜在兴，操应长，等．泌阳凹陷碱性成岩作用及其对储层的影响[J]. 中国科学(地球科学)，2001，31(9)：752－759.
[64]任淑悦．致密砂岩气藏储层微观孔隙结构及渗流特征研究—以苏里格气田东区陕 234－陕 235 井区为例[D]. 西安：西北大学，2018.
[65]寿建峰，朱国华．砂岩储层孔隙保存的定量预测研究．地质科学，1998，33(2)：244－250.
[66]寿建峰，朱国华．砂岩储层孔隙保存的定量预测研究．地质科学，1998，33(2)：244－250.
[67]汪晓军，肖锦，崔蕴霞．强化絮凝净化法脱除水中的残留铝[J]. 工业水处理，1998，18(4)：4－6.
[68]王健，操应长，王艳忠．断陷湖盆缓坡带薄互层砂体沉积特征及储层成岩作用——以东营凹陷早始新世沉积为例[M]. 北京：科学出版社，2016.
[69]王士才，李宝霞．聚合硫酸铝絮凝剂的研究及其在水处理上的应用[J]. 工业水处理，1997，17(2)：17－19.
[70]王艳忠，操应长，宋国奇，等．试油资料在渤南洼陷深部碎屑岩有效储层评价中的应用[J]. 石油学报，2008，29(5)：701－706.
[71]王玉柱，王海荣，高红芳，等．等深流作用机制和沉积的研究进展[J]. 古地理学报，2010，12(2)：141－150.
[72]葸克来，操应长，蔡来星，等．松辽盆地梨树断陷营城组低渗透储层成因机制[J]. 现代地质，2013，27(01)：208－216.
[73]张建平，李明路．遗迹学研究现状及其在层序地层学中的应用潜力[J]. 沉积学报，2000，18(3)：389－394.
[74]张顺，刘惠民，王敏．东营凹陷页岩油储层孔隙演化[J]. 石油学报，2018，39(7)：754－766.
[75]张顺．东营凹陷页岩储层成岩作用及增孔和减孔机制[J]. 中国矿业大学学报，2018，47(3)：562－578.
[76]周立宏，浦秀刚，邓远，等．细粒沉积岩研究中几个值得关注的问题[J]. 岩性油气藏，2016，28(1)：6－15.
[77]周志澄．生物成因的构造在环境解释中的应用—遗迹学研究的新进展[J]. 古生物学报，1995，34(2)：228－249.
[78]朱国华，裘亦楠．成岩作用对砂岩储层孔隙结构的影响[J]. 沉积学报，1984，2(1)：1－17.
[79]邹才能，潘松圻，荆振华，等．页岩油气革命及影响[J]. 石油学报，2020，41(1)：1－12.
[80]邹才能，朱如凯，吴松涛，等．常规与非常规油气聚集类型、特征、机理及展望－以中国致密油和致密气为例[J]. 石油学报，2012，33(2)：173－187.

第五章　陆源碎屑岩沉积相模式——陆相组

第一节　概　述

陆源碎屑物质形成后经过搬运作用，最终将在沉积环境中沉积下来，沉积环境及其岩石记录就构成了沉积相。

一、沉积相有关的概念

在近两个世纪的沉积学发展过程中，相、沉积环境、相模式、沉积体系、源汇体系等概念依次提出，并成为沉积学不同发展时期的重要里程碑(姜在兴等，2016)。

1. 相(facies)与岩相(lithofacies)

"相"这一概念最初由瑞士地质学家 Gressly 于 19 世纪 30 年代末引入沉积岩研究中。他认为"相是沉积物变化的总和，表现为这种或那种岩性的、地质的或古生物的差异"。不同的沉积学家对这一概念有着不同的理解。在我国一般认为"相"即"沉积相"(sedimentary facies)，定义为"沉积环境及在该环境中形成的沉积岩(物)特征的综合"(姜在兴，2003)。从定义来看，相既包含了描述属性(物质组成)，又包含了解释属性(沉积环境)。岩相(lithofacies)是一定沉积环境中形成的岩石或岩石组合，它是沉积相的主要组成部分。

在地质记录中，某一特定的"相"有相似的岩性的、物理的及生物构造等特征，可区别于与其相邻近的上覆的、下伏的及侧向的"相"(图 5-1)。因此，特定的"相"形成于特定的环境。通过对"相"的分析，可以推演其形成时的沉积环境。实际上，"相"的概念产生以后，沉积相研究的目的就集中在沉积环境的解释上，以判定相参数或环境边界条件为手段。例如，我们可以通过研究某沉积单元的平面形态是否朵状、有无海陆生物混生现象、沉积相序是否为向上变粗的序列等，来判定一个沉积体是否属于三角洲环境。沉积相的分析过程受控于第一手资料，更多地用于局部沉积过程恢复、沉积环境的解释上。例如，要研究图 5-1 中相 A 与相 B 沉积时期的沉积过程与沉积环境，需要分别对其岩性、结构、构造、古生物等资料进行详细的研究，对于 A、B 之外的沉积过程与沉积环境，需要借助其他资料进行研究。

2. 沉积环境(sedimentary environment)

物理上、化学上及生物学上均有别于相邻地区的一块地球表面的地理景观单元即为沉积环境。沉积环境由下述一系列环境条件所组成：①自然地理条件；②气候条件；③构造条件；④沉积介质的物理条件；⑤介质的地球化学条件等。

图5－1　岩性不同的两种相

沉积环境是沉积作用发生的场所，也是形成沉积岩的基本原因与决定性要素。上文中相的概念，其解释属性已经包含了沉积环境。例如三角洲相，是指海(湖)陆过渡沉积环境下河流与蓄水体之间相互作用产生的物质记录。相解释的最终目的是为了恢复古沉积环境。但这个过程在实际工作中是比较困难的，因为如上所述，限制某一沉积环境的充分必要条件很少。有些条件是必要而非充分的；也有些条件是充分而非必要的。因此沉积环境的解释是一个多种边界条件综合解释的结果，具有多解性。另外，由于沉积环境的恢复很大程度上依赖于相分析的研究方法，因此沉积环境的解释通常也是高度依赖于第一手资料的、局部范围的研究。

3. 相模式(facies model)

相模式或沉积模式的概念由著名沉积学家 Roger Walker 提出。自 1979 年《Facies Models》(Walker，1979)一书出版以来，相模式一直被视作现代沉积学史上的一座丰碑。相模式是以图解、文字或数学等方法表现的一种理想的和概括的沉积相，并能有助于了解复杂的沉积水动力机制和作用过程。相模式是基于沉积过程中水动力机制的变化会产生不同的物质记录(包括沉积物的结构、构造等)，是对沉积环境、沉积过程及其产物的高度概括：不同的沉积环境，具有不同的沉积过程和水动力机制，形成不同的物质记录，因此具有不同的相模式。

4. 沉积体系(depositional system)

这一概念首先由美国得克萨斯经济地质局于 20 世纪 60 年代末期应用于墨西哥湾，之后定义为过程或成因相关的沉积相的组合体，或者沉积环境及沉积过程具有成因联系的三维岩相组合体，这一概念目前仍被广泛应用。因此，具有成因联系的相，是构成沉积体系的基本单位。鉴于“相”的概念使用已十分广泛，Galloway(1986)建议使用“成因相”来表示沉积体系的基本构成单元，即特定的沉积体系由特定的“成因相”组合而成。在沉积体系内部，不同的成因相在空间上是相互联系、有规律配置的。构成同一沉积体系的各种成因相，并非孤立存在，而是彼此之间也同样具有成因联系：它们由一种或几种沉积作用联系起来。沉积体系也暗含了时间的概念，强调了沉积过程和成因联系的沉积相组合体的演化过程。一个沉积体系的物质表现是由不整合或沉积间断面限定的一个三维沉积地质体。

进行沉积体系综合研究，是对沉积相分布规律概括的过程，也是盆地分析与中尺度古地理复原的基础。因此，沉积体系的概念的提出，使沉积学的研究尺度在局部相模式的建立、沉积环境解释的基础上，进一步扩大(何起祥，2003)，是沉积相研究的继续和发展(王成善等，2003)。沉积体系分析方法站在了各类沉积过程的制高点上，以更高的角度进行沉积过程研究，指出有成因联系的相是作为体系而存在的。因此沉积体系研究以研究沉积过程、成因关联的沉积相组合体的演化过程为重点。沉积体系也逐渐成为沉积过程研究的基本单位。

5. 源—汇系统

源—汇系统的概念见第二章。在源—汇系统中保存下来的地质信息，是从剥蚀区到沉积区的整个地球表层动力学过程的记录，它把沉积物的形成、搬运到最终沉积保存作为一个整体的过程来研究。这一概念的提出，使沉积学的研究在沉积体系的基础上进一步整体化。各类沉积体系在统一的源—汇系统中相互作用，互为因果(林畅松等，2015)。

二、沉积相的分类

沉积相可根据沉积环境中所形成的沉积物质的不同进行分类，如可分为陆源碎屑岩沉积相和碳酸盐岩沉积相。进一步的分类通常以沉积环境中占主导地位的自然地理条件为主要依据，并结合沉积动力、沉积特征和其他沉积条件进行。本教材对陆源碎屑沉积相的划分按照源—汇体系划分为陆相组、过渡相组和海相组，分别位于源—汇系统的上部(湖泊相除外)、中部和下部(图5－2、表5－1)。陆相组分布在陆地上，包括冰川、沙漠、冲积扇、河流和湖泊等；海相组则分布在波浪基准面以下的海洋中，包括浅海陆架、半深海和深海相；过渡

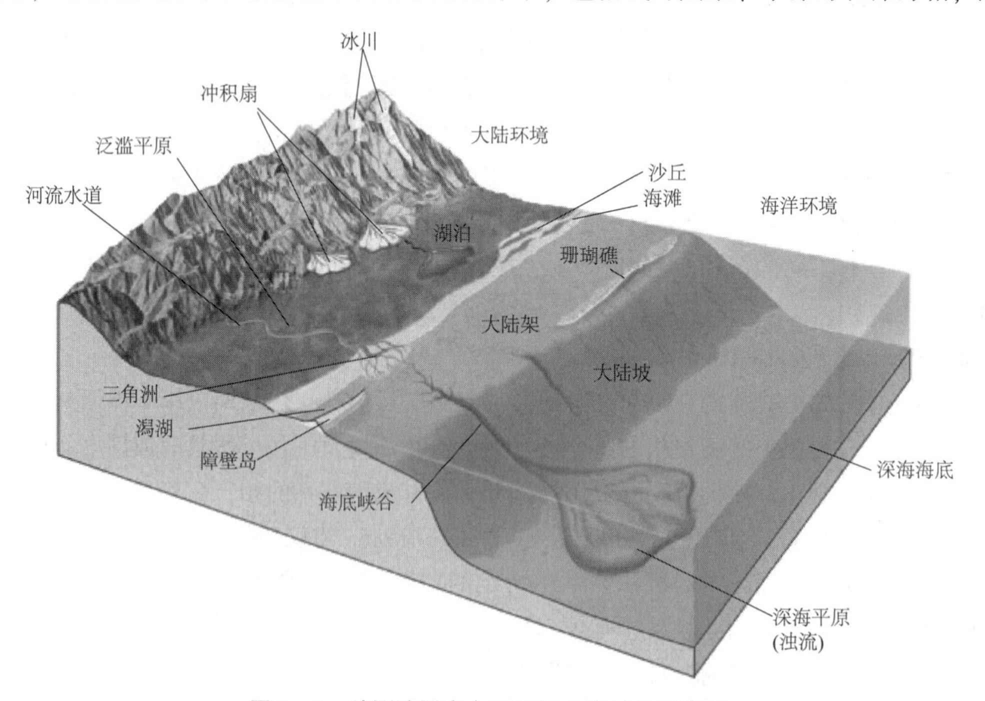

图5－2 陆源碎屑岩主要沉积环境(相)示意图

相组是陆地与海洋或湖泊的连接地带，位于三角洲的顶端或最大高潮线到波浪基准面之间的地带，包括三角洲、海岸等相类型。分类表中的“相组”和“相”分别为一级相和二级相。在此基础上可进一步划分出“亚相”和“微相”，即三级相和四级相，这将在以后章节中分别介绍。

表5－1 陆源碎屑沉积相的分类

相　组	陆相组	过渡相组	海相组
相	冰川相 沙漠相 冲积扇相 河流相 湖泊相 沼泽相	三角洲相 扇三角洲 辫状河三角洲相 无障壁海岸相 障壁海岸相 河口湾 滨岸相	浅海陆架相 半深海相 深海相

三、沉积相的控制因素

层序地层学的出现为沉积相的研究提供了新的强有力的工具。控制层序的四个主要参数——海平面变化、气候、构造、沉积物的供给也是控制沉积作用和沉积相主要因素，层序地层格架中沉积相类型及其组合是有规律的。

碎屑岩沉积相的变化主要受外部因素控制，其中构造运动就起很重要的作用。隆起的物源区通过河流携带粗碎屑物质，不同类型的河流如曲流河和辫状河产生不同的沉积，其中沉积物的组成和结构差异会非常明显；地震活动的增加导致更多的重力流沉积，同时再沉积作用和沉积后作用对沉积物的改造也很普遍。在断陷和伸展性盆地中，同沉积断裂活动对沉积相和沉积厚度有重要的控制作用。许多沉积体和活动断层有紧密关系，如冲积扇和扇三角洲。板块运动，如断裂形成、洋壳闭合和造山带的隆升，都会影响沉积环境。构造活动在砂岩组成中的重要性已经讨论过，除此之外，构造活动对砂岩孔隙的发育也有重要的影响。

气候变化也起很大作用。气候越干旱，河流就越不稳定，进而产生辫状河，此时可能发育红层沉积、钙结岩、蒸发岩和风成砂岩，地表风化作用（以物理风化作用为主）产生很多硅质碎屑物质。随着湿度的增加，植物可能会越来越茂盛，进而产生煤；物源区更强烈的化学风化作用会产生更多的黏土物质；在早期成岩阶段，颗粒的分解作用也很普遍。

海平面变化对碎屑物质的沉积有重要的控制作用，比如随着相对海平面的变化，三角洲的旋回沉积能够重复出现，海水可能淹没碎屑海岸并被陆架上的沉积物所覆盖。随着海平面的降低，浊流沉积会越来越发育，这时河流沉积可能推进到陆架边缘地区。

二级到三级（$10^6 \sim 10^7$a）海平面变化（不考虑盆地边缘的沉降）是许多层序产生的原因（图5－3）。

对于厚达几百米的地层，沉积相序列甚至都可以预测，它们沉积在相对海平面变化曲线某个阶段形成的体系域内（图5－3）。在相对海平面上升阶段形成的海侵体系域，浅海相、海岸相及海岸平原相沉积体都具有上超（退积）特征。高位体系域主要是加积和进积（退覆和下超），浅海及海岸平原相沉积占主导地位，此后河流和三角洲沉积就会慢慢占据主导地

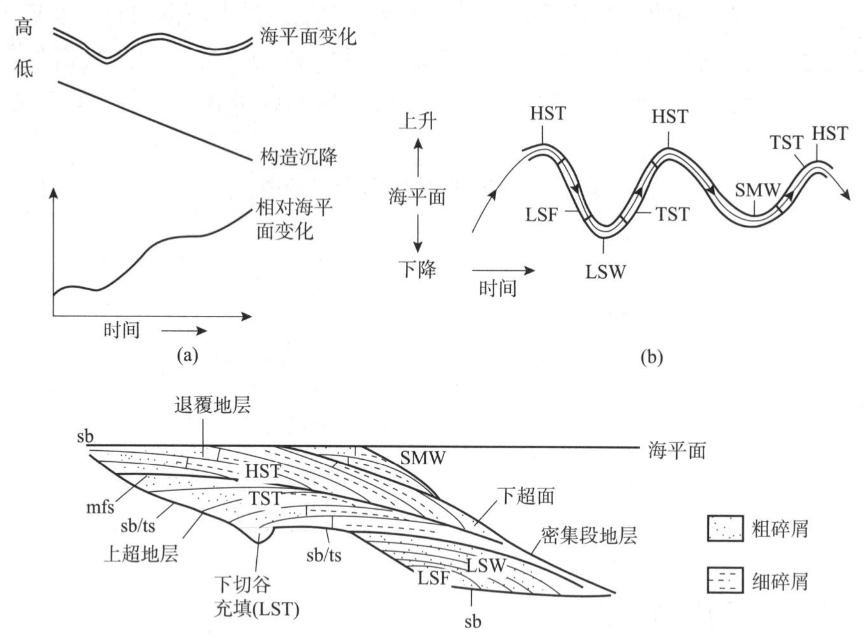

图5－3　层序地层、体系域、相对海平面变化曲线和沉积相带分布(据Tucker，2001)

LSF—低位扇；LSW—低位楔状体；TST—海侵体系域；HST—高位体系域；

SMW—陆架边缘楔状体；sb—层序界面；ts—退积面；mfs—最大海泛面

位。在海侵体系域和高位体系域形成时期，外陆架及深海平原地区缺乏沉积物，此时就形成了密集段的水平地层(如海绿石和磷灰石)。此后相对海平面下降，形成层序边界。不同的海平面下降幅度可以产生两种类型的体系域：如果海平面下降到陆架坡折以下，就会形成低位体系域，在陆架上会出现河道下切，在陆架斜坡底部会形成水下扇和扇裙[低位扇(LSF)和低位楔状体(LSW)，见图5－2]。如果海平面没有下降到陆架坡折以下，就会形成陆架边缘体系域，陆架上就会有海岸、海岸平原及河流碎屑沉积体，它们会随着海平面的再次上升形成上超的沉积体。这些体系域可能是由10^4～10^5a尺度的海平面变化产生的小旋回(准层序组)组成。

考虑到上文提到的相对海平面变化产生的沉积序列在某种意义上揭示了沉积环境和沉积相模式(即便是相对海平面变化的特定时期具有局限性)，那么在高位体系域晚期和低位体系域早期，三角洲沉积就比较常见；在低位体系域时期，下切谷、浊积扇和浊积扇裙就比较典型；在海侵体系域和高位体系域早期，滩砂、障壁岛和陆架砂体就比较发育。

第二节　冰川相

一、概述

冰川(glacier)是陆地上的降雪经过堆积和固化而形成的一种流动的冰体体系。在地质历史时期，一般认为明显的冰期有3次，第一次发生在元古代末期(前寒武晚期大冰期)；第二次发生在古生代后期(石炭纪—二叠纪大冰期)；第三次发生在第四纪(第四纪大冰期)。这些曾经发生过冰川事件的阶段，在漫长的地质时期中显示出独特的性质，是地质历史中的特殊事件(图5－4)。它们在地层中保存有广泛的遗迹，即冰川沉积岩(glacial sedimentary rock)，或冰碛物(moraine)。

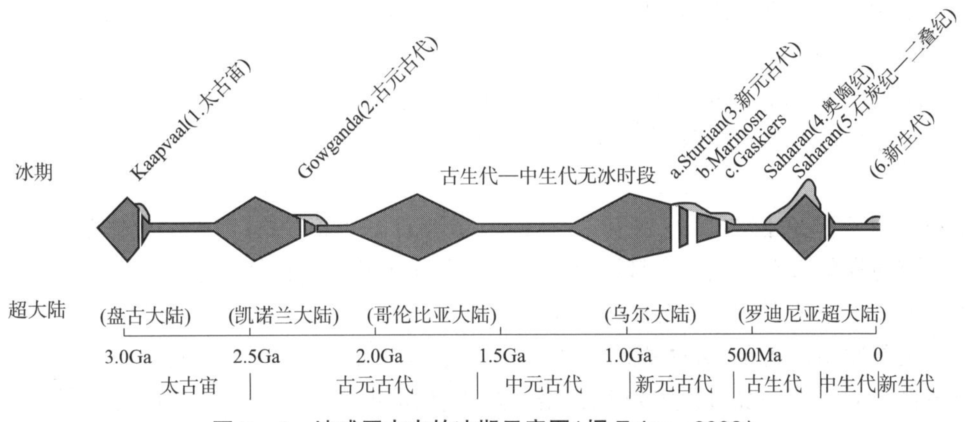

图5－4　地球历史中的冰期示意图(据Eyles，2008)

现代的冰川(包括中低纬度山地冰川和极地冰盖)在世界上分布不广，据统计约占地表面积的10%，主要分布在南极大陆和北半球格陵兰岛，青藏高原以及美洲高山地区(Jain，2014)，我国冰川主要分布在天山、昆仑山、青藏高原、祁连山等地区，分布于海拔4500m以上的高山区。现代冰川作用可以通过观察冰川形成的地貌及留下的沉积物(即冰碛层)来识别；古代冰川作用及大冰期的存在只有靠地层中的冰碛层来确认。

冰川的出现可以破坏自然界的水文系统，使许多地质作用发生重大的变化或中断。在冰川时期，大量的降水聚集在冰川区，不能直接注入海洋，结果海面开始下降，河流系统被重新改造。冰川运动可以强烈地侵蚀、改造原有的大陆地形，并将侵蚀下来的碎屑物搬运到冰缘地区沉积，冰川是塑造地表形态最积极的外营力之一。在冰盖区，巨厚的冰体重力可将地壳压迫成洼地；融化的冰水流向冰缘则可形成冰水湖(梁宇晨，2016)。在冰体覆盖的地区，生物遭到毁灭性打击，有的因不能适应冰期环境而灭绝；有的虽能幸存，但其种属与个体的数量却大大减少。因此，冰期是地质历史上一种罕有的灾难性事件。

冰川是固体物质，它的移动机理包括两个方面。一是塑性流动，由于冰川自身重力使其下部处于塑性状态，称可塑带；上部则为脆性带。可塑带托着脆性带在重力作用下向前运动，由于底部有摩擦阻力的缘故，运动速度有向下变缓的趋势。二是滑动，由于冰融水的活动或冰川底部常处于压力融化(冰的熔点每增加一个大气压就要降低0.0075℃)状况下，所以冰川底部与基岩并没有冻结在一起，冰体可沿冰床滑动。此外，还可沿着冰川内部一系列的破裂而滑动，这是由于下游冰川消融变薄而速度降低，上游运动较快的冰川向前推挤，形成一系列滑动面。冰川移动速度每年可由数十米到数百米。

冰川主要搬运碎屑物质，它们可浮于冰上或包于冰内。碎屑物质可来自冰川对底部和两壁基岩的侵蚀，或由两侧山坡崩塌而来。由于冰川是固体搬运，因而搬运能力很大，可搬运直径数十米、重达数千吨的岩块。由于碎屑不能在冰体中自由移动，彼此间极少撞击和摩擦，因此碎屑缺乏磨圆与分选，大小混杂堆积在一起。碎屑与底壁基岩间的磨蚀和刻划，以及塑性流动所产生的部分岩块间的摩擦，都可产生特殊的冰川擦痕(钉子头抓痕)。

冰川流动到雪线以下就要逐渐消融，所载运的碎屑就沉积下来。沉积作用主要发生在冰川后退或暂时停顿期，随着冰川的消融就有冰水产生，冰碛物遭到流水的改造即成为冰水沉积物(glacial deposit)。

当冰川入海裂为冰山后可到处漂浮流动，浮冰融化后，冰体所含碎屑即行下沉，形成冰川—海洋沉积。现代南极四周、阿拉斯加北部陆架上部均广泛分布有这种沉积。

冰川的分类一直没有得到很好的解决，目前常用的是将冰川分为山谷冰川(valley glacier)、山麓冰川(piedmont glacier)和冰盖(ice sheet)或冰帽(ice cap)三种类型。也有人将冰川分为山岳冰川和大陆冰川两种类型，我国的冰川都属于山岳冰川(图5－5)。

1. 山谷冰川

山谷冰川又称谷地冰川(谷冰川)、冰河，指沿着山谷运动的冰体；由降落在雪线以上的积雪在重力和压力下形成。具有明显的粒雪盆和冰舌两部分，规模较大，长达几公里至几十公里，厚度可达几百米。形态多样，可分为单式山谷冰川、复式山谷冰川、树枝状山谷冰川和网状山谷冰川，还有一些特殊的类型。山谷冰川是山岳冰川成熟的标志，具有山岳冰川的各种特性，对周围环境有巨大影响，是冰川工作研究的重点。例如新疆温宿的托木尔冰川、祁连山老虎沟12号冰川为典型的山谷冰川。

2. 山麓冰川

山岳冰川的一种，往往由多条山谷冰川向山麓作扇形伸展，相互连接而成，为介于山岳冰川和大陆冰川之间的一种类型。山麓冰川运动速度很慢，分布不受下伏地形限制。在我国山麓冰川主要分布在青藏高原以及周围的高山，天山，帕米尔高原等地。国外比如北美洲阿拉斯加的马拉斯皮纳冰川是典型的山麓冰川。

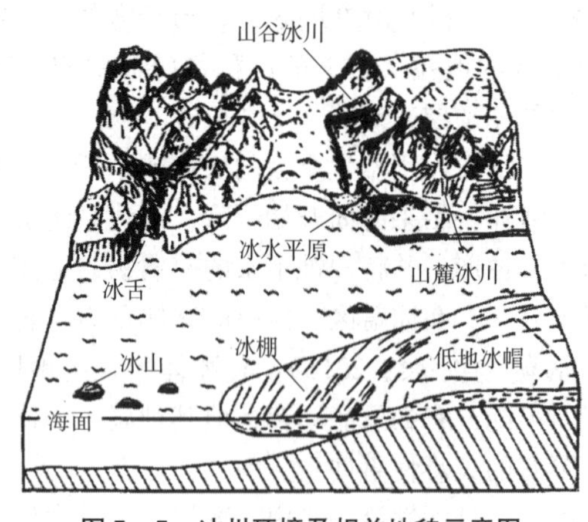

图5－5　冰川环境及相关地貌示意图
(据Edwardes，1978)

3. 冰盖或冰帽

是扩展到大面积陆地或高原的巨大冰块。这种冰块出现在雪线特别低的地区，覆盖陆地面积不到50000km²，厚度可达千米。与冰川有关的沉积环境，是围绕冰川边缘并受其强烈影响的冰前环境，其中包括冰河、冰湖和冰海等(图5－5)。

二、冰川的侵蚀、搬运和堆积作用及冰水沉积

冰川发育在雪线以上的积雪地带。当降雪聚积时，呈六边形冰晶的雪片尖端开始融化并移向中心，最后形成大小约1mm的重结晶的椭圆形冰粒，这种冰粒称为雪粒。积雪加厚时，松散的雪粒被上覆积雪压缩，同时每天温度的变化和因上覆压力融化的水渗入孔隙并冻结，使之变成彼此镶嵌的冰晶块体。冰体稍受压力，冰晶之间即可出现暂时性融水(薄膜水)，引起冰晶变形。因此，当冰体达到某一临界厚度时，只要有相应的坡度，即可发生流动。

冰川以其与流水作用显著不同的特殊方式搬运和堆积沉积物。在活动冰体之下，融水渗入到岩石的节理和裂隙之中，并在其中冻结膨胀，使岩石松散、破裂。松散的岩块冻结在冰川底部，并被冰川体从基岩上刨蚀出来混入到活动的冰体之中(图5－6)，这种作用称为刨蚀作用。带棱角的岩块和冰体冻结在一起，镶嵌在冰川体上，成为像锉刀一样研磨与刨蚀基

岩的工具。在上覆冰体的压力作用下，带棱角的岩块变成侵蚀作用很强的营力，它能把基岩上大量的岩块磨蚀下来，并在基岩表面刻画成沟槽和擦痕。磨蚀产生的细粒岩粉尤如磨料，能把基岩表面磨光，同时碎屑本身也可因磨蚀形成带擦痕的磨光面。冰川的这种作用称为磨蚀作用。在冰川活动过的基岩面上，可以找到冰川侵蚀的证据，如磨光面、羊背石和擦痕等。羊背石是冰川磨蚀成的流线型小丘，小丘的上游部分平缓圆滑，下游部分则因冰川刨蚀呈陡坎和凹凸不平状。基岩上的冰川擦痕大小不一，小者仅仅是些头发丝状的擦线，大者可以是长达 1km 以上的擦沟，其方向与冰流方向一致。中国东部山岳冰川侵蚀地貌特征显著（李兴中等，2013），冰川侵蚀作用形成大量的地质遗迹景观。

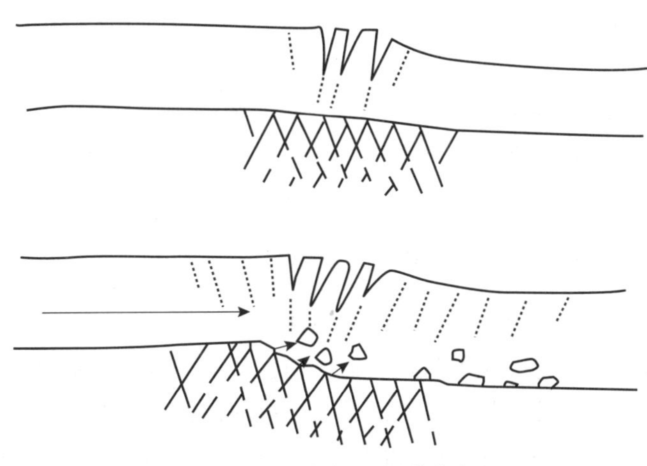

图 5－6　冰川的刨蚀作用（据姜在兴，2003）

冰川是一种流速极其缓慢的层流。其流速每天只有几毫米至几米，偶尔也可因底面突然发生滑动引起急冲。在雪线以上的冰川累积区，由于冰川近底部分受压力较大，塑性变形也强烈，所以其最大流速靠近底部。而在雪线以下的消融区，最大流速则在冰川的近表层部分。

混入在冰体中的碎屑呈“悬浮”状态随冰川整体运动。处于搬运状态的冰川沉积物，地貌工作者称为冰流（ice streams），有时也指沉积下来的沉积物（图 5－7）。沿冰川边缘搬运的沉积物称为侧碛，两个冰川汇合在一起，侧碛汇合成中碛。陷入冰川裂隙或冰洞中的碎屑称为内碛。内碛降落或冰川刨蚀产生的底部碎屑称为底碛。当冰川消融时，各种冰碛混合在一起，最终在冰川前缘沉积，称为终碛（图 5－8）。终碛不是一种搬运产物，而是一种沉积物。冰川搬运过程是带塑性的巨厚冰体夹带泥砂石块缓慢运动，可以而且必然将冰川源头处的直径数米以至二三十米的巨石直接运至冰川末端停积，而不出现大石块砾径迅速变小的现象（童潜明，2017）。

直接由冰川堆积的沉积物称为冰碛物。它是一种未经分选的由泥质质点、砂粒、砾石以至巨大的岩块混合而成的块状堆积物。其中细粒的碎屑主要由冰研磨而成，没有明显的风化痕迹；较粗的颗粒表面常具有钉子形擦痕和光面。冰碛物的石化产物称为冰碛岩。冰碛岩常常与碎屑流沉积混淆，但是，如果这类沉积停积在具有沟槽、擦痕和磨光面的基底之上，那么无疑就是冰川成因的了。

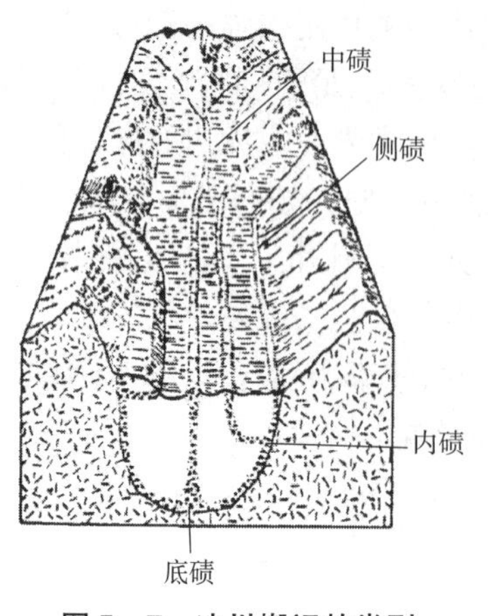

图 5－7　冰川搬运的类型
（据刘晶晶等，2009，修改）

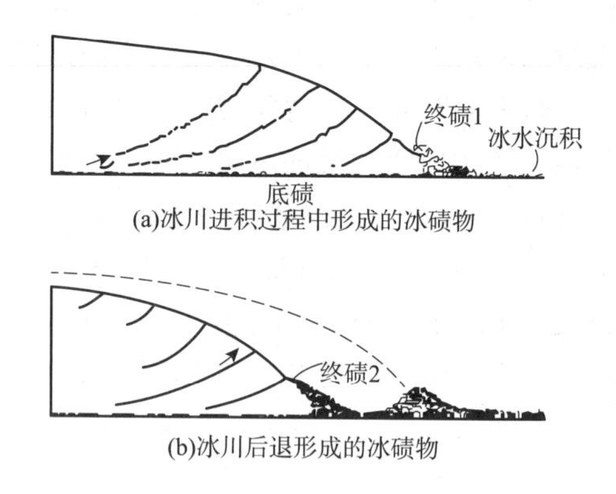

图 5－8　因冰川间歇后退形成的终碛
（据 Fllint，1977）

三、冰川沉积（glacial deposit）

由冰川搬运来的后经融冰水再搬运并沉积下来的物质称为冰川沉积，统称为冰碛沉积。冰川沉积既有冰川作用的痕迹，又有流水改造作用的特征。冰川沉积的重要特征是具有一定的层理和分选性，因此，又称为层状冰碛。按其堆积的位置可分为以下两类：

（1）冰前沉积（frontal aprons）：在冰川界限以外形成的沉积，如冰水平原、冰湖和冰海沉积。

（2）冰界层状沉积（ice boundary stratified deposits）：是在与冰川接触部分形成的一种融冰水沉积，如蛇丘（esker）、冰碛阜（moraine mound）等。

冰川沉积序列的一般模式（图 5－9），可反映冰川堆积作用的特点和冰川事件的历史过程。冰川沉积序列的基本特点是：最底部为冰蚀面，是冰川刨蚀作用的产物。当底床是坚硬的岩石时，冰蚀面易于识别；若底床为易于风化的松软岩石时，则与一般的不整合面相似，

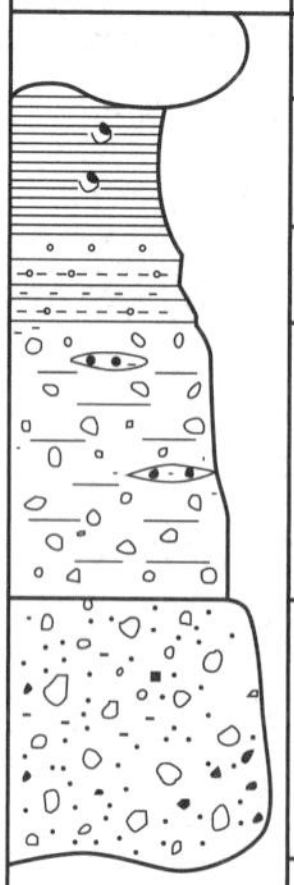

剖　面	岩　性	解　释
	纹泥岩，具水平纹理，含落石	冰湖或冰海
	层状含砾砂岩，含交错层理	滨岸带
	层状杂砾岩，夹杂砂岩透镜体	冰下融碛、水下碛或冰前河道
	块状杂砾岩	冰川底碛
	冰蚀面	冰川刨蚀

图 5－9　冰川沉积序列（据梁宇晨，2016）

只是没有磨圆度很好的底砾岩。往上是块状杂砾岩，厚度不稳定，一般较厚，偶尔夹有透镜状杂砾岩，代表冰川底碛(包括滞碛及冰下融冰碛)堆积物。其上为弱层状或层状杂砾岩，夹杂砾岩透镜体，有时夹板状含砾砂岩，为融冰碛。水下冰碛、冰水及冰前河道堆积物。再往上为层状含砾砂岩，具交错层理，为冰湖或冰海滨岸沉积物。向上渐变为具水平纹理的泥岩、粉砂岩或细砂岩，具落石或其他卸落构造，代表冰前湖泊或冰海沉积物。冰川沉积序列是向上变细的退积型正旋回沉积序列(梁宇晨，2016)。

1. 蛇丘和冰碛阜沉积(moraine mound deposit)

蛇丘主要是由冰体下部隧洞流出的融冰水堆积的沉积物，形态呈伸长的曲线状，像一道墙，其方向大致与冰体运动方向一致。如果蛇丘沉积物经过分选，有时也可具有粒序、冲淤构造、交错层理及水平层理。底碛被运动的冰川改造成的流线状小丘称为鼓丘。冰碛阜是冰川表面的冰水沉积，在冰体融化后，沉落在底床上的沉积体。因此多呈孤立的丘状，内部常具有同心状构造，层理与冰碛阜外形一致(图5－10)。

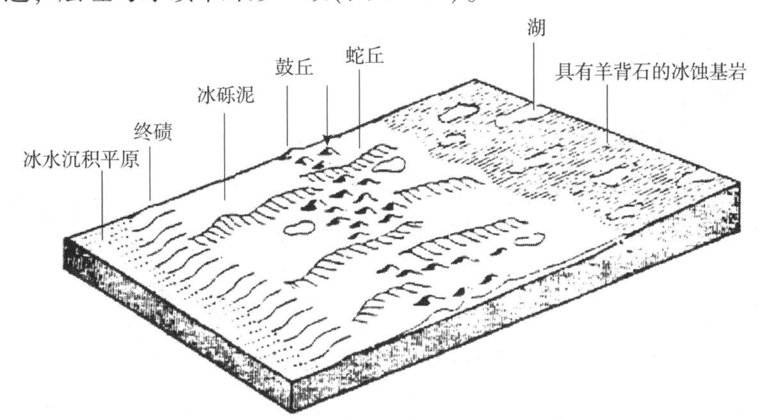

图5－10　冰川作用区的地貌特征(据Homles，1965，修改)

2. 冰水平原沉积(glacial plain deposit)

当融冰水切过终碛堤，在外围所形成的扇形堆积体称为冰水扇。几个冰水扇相连接可以构成起伏平缓的冰水平原(glacial plain)。冰水平原沉积主要是由砂砾组成的层状的冰河沉积。相邻沉积层间粒度变化很大，其中偶尔也可见到大的冰川漂砾。特征的沉积构造有冲淤构造、水平层理与交错层理等，冰水平原向下可过渡为辫状河沉积。

冰水平原分为两类：①接冰的冰水沉积。沉积物和地貌与冰川体直接接触，分布在冰川范围内，冰面湖泊原是负地形，接受冰水搬运的物质，形成有斜层理的砾石层，冰体消退后，这些冰水物质落到冰川底床，形成小丘状的堆积地貌，称为冰砾阜。冰下河流搬运的砂砾，在出口处堆积成锥体，随着冰体消退，冰下河流出口也逐渐后退，锥体不断向上延伸而成砂砾堤，高数米至十几米，长可达数千米至数十千米，蜿蜒曲折，故名蛇形丘。这类冰川沉积地貌主要发育于大陆冰盖或巨大山麓冰川前缘，山地冰川区少见。②不接冰的冰水沉积。分布在冰川沉积区以外，与冰川体无直接接触，地貌形态主要是冰水扇和冰水平原，前者多见于山地冰川区，后者多分布在大陆冰盖区。冰水沉积物的结构与山区河流沉积物相似，层理较粗，颗粒较粗大，分选不太好。有时含粉沙及黏土透镜体。冰水沉积物以富含粉砂为特征，为冰川研磨的结果。中国西部山区冰水湖泊沉积物中，粉砂含量多达60%～70%。受冰水补给的湖泊沉积，因夏季冰水流量大，带入湖泊的物质以沙为主；冬季冰川停止消融，冰水断流，湖泊沉积主要为黏土和有机物，在一年中形成了层理很薄、粗细交替的韵律层，称为纹泥或季候泥。根据纹泥层的层数，可追溯冰川消退的年代。

3. 冰湖沉积(ice lake sediments)

在冰前地带冰融水因为受阻可以聚集成冰水湖。其规模与历史长短可以有很大不同，但是该湖可以随着逐渐后退的冰缘扩展，以致冰湖沉积覆盖很大的区域。

冰川湖地形发生在接近于所有主要山谷和低洼地区的冰水堆积物中(Hickin 等，2016)，在冰川湖的边缘可以形成旋回构造发育的小型扇三角洲，通常其前积层陡倾，向下坡渐变为细粒的湖底沉积物。如果波浪作用活跃，在湖滨地带也可发育薄层的分选良好的砂和砾(图 5－11)。

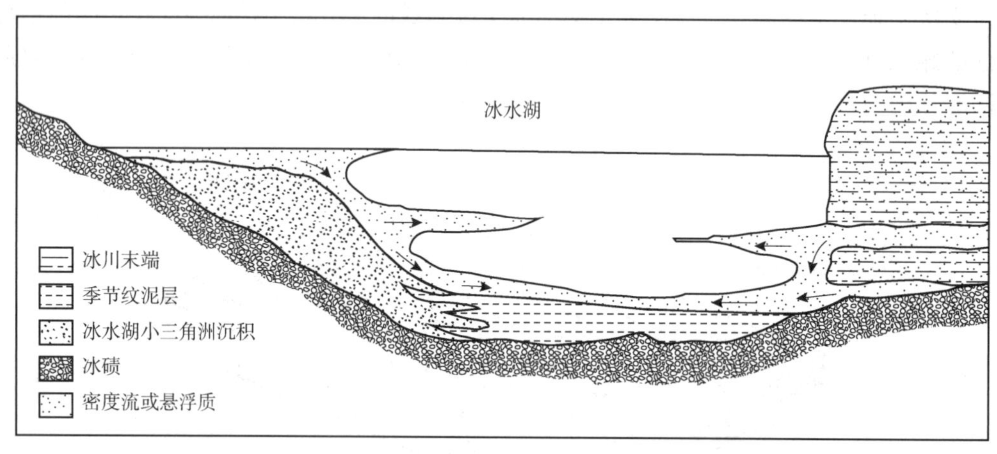

图 5－11　冰湖沉积作用示意图(据 Edwards，1978)

当冰川在静滞的湖泊中终止时，水下可以形成粗粒的冰水沉积。在淡水湖或半咸水中，这些沉积物很快就过渡为纹泥。浅湖底部的典型沉积是纹泥。纹泥是一种由薄的浅色的细砂、粉砂层和暗色的泥质层交替而成的向上变细的韵律沉积。在夏季，气温高，冰川融水多，形成以砂土为主、略厚的浅色层；而在冬季，冰川融水少，冰水只能携带细小的黏土物质，形成以黏土为主、略薄的暗色层。每年形成一层，每层厚仅 0.5～5.0cm，从夏季开始，到冬季结束，构成一个沉积旋回，这种纹层称为季候泥。季候泥不仅可以计算沉积物的年代，而且是很好的古气候记录的载体。淡色的粗沉积也可以是高密度的冰河沿湖底注入而成的。在冰湖纹泥中偶尔也可见到少数坠落石，它们是从浮冰中坠落的。

4. 冰海沉积(ice deposits)

冰海环境是指漂浮有冰川冰以及与冰川邻接的海。这些冰块通过筏运和对海水的温度、盐度、密度、悬浮沉积物的浓度改变，影响沉积物的搬运。

冰海沉积突出的特征是坠落石，它是随浮冰(冰山)筏运入海，沉积在较细粒基质中的较粗碎屑物。如果基质是纹层状的，那么坠落石可以刺穿或者压弯下伏的纹层。在差异压实作用下，坠落石周围的纹层被压缩。坠落物也可以是冰川冰融化释放的冰碛物团块。与冰海有关的沉积物主要有三种类型：在冰川末端的下面，大量的冰碛物释放，形成无层理的基底冰碛物。向海方向为层状冰碛物，只含少量粗粒沉积物，它们可能是冰山搬运来的，也可能是冰川释放的。最外带为具有坠落石的纹层泥。基底冰碛物无层理，缺乏分选，不含原地的生物，而冰海沉积含有原地的生物化石，黏土含量较多，但沉积物具有一定的分选性和层理。

冰海沉积过程可概括为：冰块冲击陆地会对地面或陆架等造成侵蚀效应，留下巨大的砾石。融化的雪水在冰川下面流动会形成一个通道会一直通向海洋的底部，在这些被切割的通道中会充填沉积碎屑物。因此在浅海地层如大陆架的部分会发现有冰川遗迹。冰川骨架上的沉积物从陆到海方向由于水流的影响会呈现由粗变细的规律，并且由于冰山可以携带巨大的砾石漂浮到远处，因此在远离数百千米处的细粒深海沉积泥中也可以有这些陆源坠石发现。

冰海沉积物是一种混杂沉积物，兼备冰川和海洋的双重成因特性(王春娟等，2014)。例如根据表 5－2 提出的冰海沉积物划分依据，南极海域的冰海沉积物呈现了几种副冰碛物特征，即基本缺乏粉砂、泥的 I_{A} 型残副冰碛物、含粉砂和泥的 I_{B} 型残副冰碛物、含砂砾的 II_{A} 型及基本缺乏砂砾的 II_{B} 型混合副冰碛物。

表 5－2　冰海沉积物类型的划分方案(据石丰登等，2006)

<table>
<tr><td colspan="5">冰海沉积物</td></tr>
<tr><td rowspan="3">正冰碛物</td><td colspan="4">副冰碛物</td></tr>
<tr><td colspan="2">残副冰碛物</td><td colspan="2">混合冰碛物</td></tr>
<tr><td>I_{A}</td><td>I_{B}</td><td>II_{A}</td><td>II_{B}</td></tr>
<tr><td rowspan="2">无层理，缺乏分选；不含海洋生物化石；几乎未受底流的改造</td><td>以砂砾为主，基本缺乏粉砂、泥</td><td>以砂砾为主，含粉砂、泥</td><td>以细粒泥、粉砂组分为主，含砂砾</td><td>以细粒泥、粉砂组分为主，基本缺乏砂砾</td></tr>
<tr><td colspan="4">经受不同程度的海流改造，含丰富的海洋生物化石</td></tr>
</table>

四、冰川冻土与天然气水合物

冰川冻土(glacial permafrost)是指零摄氏度以下，并含有冰的各种岩石和土壤。冻土具有流变性，其长期强度远低于瞬时强度特征。随着气候变暖，冻土在不断退化。

天然气水合物(gas hydrate)(因可以燃烧，俗称可燃冰)是在低温高压条件下由轻烃、二氧化碳及硫化氢等小分子气体与水相互作用形成的白色固态结晶物质，是一种非化学计量型晶体化合物，或称笼形水合物(cage hydrate)、气体水合物(gas hydrate)。自然界中存在的天然气水合物中天然气的主要成分为甲烷(含量超过 90%)，所以又常称为甲烷水合物(methane hydrate)。

宏观上天然气水合物主要有 3 种赋存方式：①呈分散状胶结沉积物颗粒；②以结核状、弹丸状或薄层状的集合体形式赋存于沉积物或岩石中；③以细脉状充填于沉积物或岩石的裂缝中。

地球上的天然气水合物蕴藏量十分丰富，大约 27% 的陆地(大部分分布在冻结岩层)和 90% 的海域都含有天然气水合物(图 5－12)。最可能形成天然气水合物的两个区域是：

(1)一般认为，当海水深度超过 500m 时，海底沉积物所处的温度、压力条件就能够满足天然气水合物的形成条件。海域的天然气水合物主要赋存于陆坡、岛坡和盆地的上表层沉积物或沉积岩中。

(2)高纬度陆地(冻土带)和大陆架。极地或高纬度地区的永久冻土带，主要是北半球的西伯利亚、阿拉斯加、加拿大北缘的波弗特海(Beaufort sea)和马更些三角洲等地以及中—低纬度地区高山冻土带等。陆地上的天然气水合物存在于200～2000m深处，主要分布于高纬度极地永久冻土带之下，或者大陆边缘的斜坡和隆起处，这里温度很低。发育于极地地区永久冻土带的天然气水合物通常位于冻土层之下100～1000m的地层中。全球极地的永久冻土带地区面积约为 $1.1\times10^7km^2$，其中我国青藏高原永久冻土带面积为 $1.588\times10^6km^2$，并在祁连山冻土区首次探获天然气水合物，水合物稳定带可达400m（图5－13）。

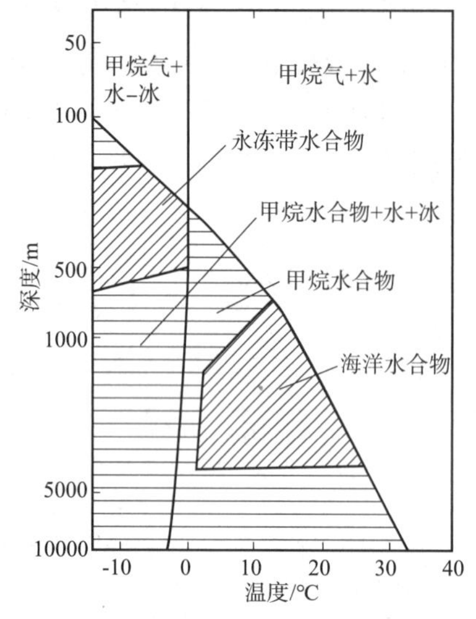

图5－12　大陆和海洋天然气水合物形成和稳定的温度与深度条件（据Max等，2006）

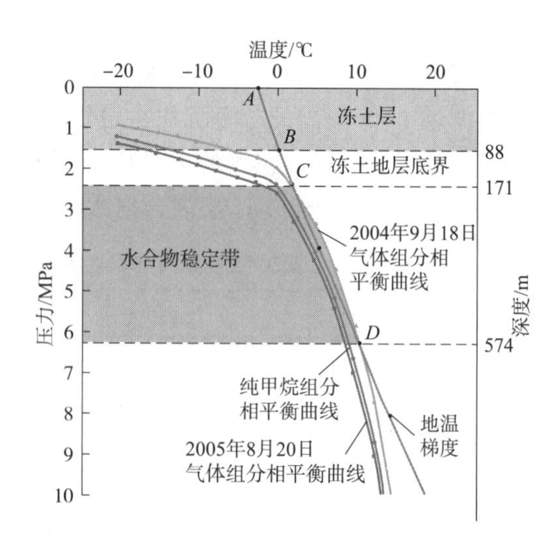

图5－13　祁连山木里地区天然气水合物的温压条件（据王超群等，2017）

*A*点—年平均地表地温；*B*点—冻土层底界；*C*点—水合物稳定带顶界；*D*点—水合物稳定带底界；*AB*线—冻土层内地温梯度；*BD*线—冻土层下地温梯度

祁连山冻土区天然气水合物是在"气源—岩性—构造—冻土"耦合机制体系下成藏的，冻土是陆域天然气水合物形成的必要条件，甲烷通常为生物成因，但深部的水合物有时含有一定量的乙烷、丙烷，多为生物和热解气混合成因。形成一个经由断裂系统连接的深部烃类储层—中部水合物储层—浅部天然气藏系统（图5－14）。

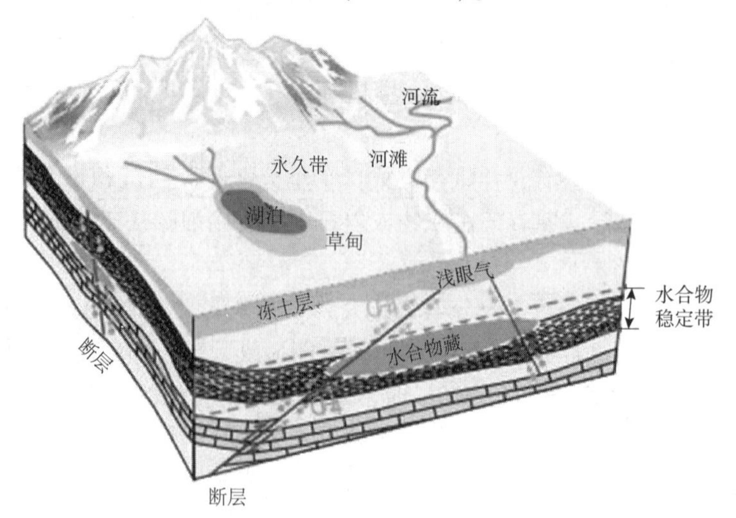

图5－14　冻土区天然气水合物成藏系统（据王平康等，2019）

第三节 沙漠相

一、概述

沙漠相(desert facies)是沙漠环境沉积的产物，后者主要是指地面完全被沙所覆盖、植物非常稀少、雨水稀少、空气干燥的荒芜地区，年平均降雨量极低，降雨频率每年几次或每隔10年至20年一次，而且常常是剧烈降雨，蒸发量常是降雨量的数倍，故极少或几乎没有植物生长。因其蒸发量很大，又缺乏植被，所以风的作用十分强烈，一般是风成地貌(aeolian landform)。在炎热的沙漠地带，年平均降雨量少于25cm，但蒸发量往往是平均降雨量的几倍。在北极地区，年平均降雨量更低，因酷寒植物也难以生存，故称之为寒漠(cold desert)。通常所说的沙漠即指热沙漠(hot desert)。

沙漠分布的面积很大，通常可达数百至数万平方千米(撒哈拉沙漠 $906\times10^4km^2$)，厚达几十米至数百米。与沙漠有关的干旱与半干旱气候区，约占现代大陆面积的三分之一。它们主要分布在赤道两侧15°~30°范围内的副热高压带及信风带。在高山环绕的大陆内部，因山脉阻挡，湿冷空气难以到达，也可出现干旱带。例如我国的新疆、内蒙古和北美的西部大陆等地。沙漠化是一种地质过程，地质历史中的沙漠虽然大部分已经消亡，却在岩石地层中保留了相应的物质记录，风成砂就是其最重要的识别标志(王凤之和陈留勤，2018)。因此，地质记录中的沙漠沉积可以作为一种古气候和古纬度的标志，用于判断大陆块在地质历史的演变过程中所处的地理位置。

实践证明，沙漠沉积与矿物储藏有着密切的关系，例如有些矿物在干燥区域形成，地面的水溶解矿物质，然后把它集中在地下水面的附近，成为容易开发的储藏。盐滩上有很多水蒸发之后留在表面的矿物质，如石膏，盐(包括钠硝酸盐、氯化钠和硼酸盐)。从硼砂和其他硼酸盐炼出来的硼，是玻璃、陶瓷、搪瓷、农业化学制品，软水剂和西药的一种基本成分。类似的还有沙金等。

沙漠沉积，特别是沙丘砂岩(dune sandstone)还是重要的烃类聚集场所，其储层的油气地质意义已被国内外很多油气田证实。例如，欧洲的赤底统沙丘砂岩在天然气母岩(煤系)之上和蔡希斯坦(镁灰岩)蒸发盖层之下，而成为荷兰格罗宁根大气田，英国莱曼、不屈气田等北海盆地大型天然气田的主要储层。

二、沙漠形成的主要因素

沙漠的形成与气候、地形、水三因素密切相关。

首先，气候对热沙漠的形成起着决定性的作用。热沙漠形成需要干燥炎热的气候，降雨量少，气温高，当蒸发量长期超过降雨量时，就形成了热沙漠。地球上干热气候带的分布和大气环流分带有着密切的关系，主要是分布在副热高压带和信风带上。因为从全球降水的纬度分布来看有两个高峰地带：一个是在赤道低压带，因为这里有辐合上升气流，能产生大量的对流雨；另一个是中纬度西风带，它处于冷暖气团交接的锋带上，气旋活动频繁，因而降水也多。在赤道低压多雨带与西风多雨带之间是副热高压带和信风带，盛行下沉气流和干风，为地球上最大的干旱带。地球上多数热沙漠就是分布在上述区域中。另外季风对气候的影响也很大，可造成旱季和雨季分明的气候，这对远离海洋的内陆沙漠的形成起着一定的作用。地史上，北美石炭纪到侏罗纪的沙漠沉积就是在信风和季风的作用下形成的(Johansen，1988)。

地形对沙漠形成也起着重要的作用。如盆缘的高地，对大气水起着隔绝的作用。当温暖潮湿的盛行风吹向山岭时，由于地形的阻挡而沿山坡上升，在此期间空气以湿绝热直减率(大约5℃/km)冷却，其水汽含量逐渐达到饱和，转化为雨。因而当气流越过山岭时，气流的温度变得很低。而空气在背风面下降时，以干绝热直减率(10℃/km)增暖，温度越来越高，造成焚风(foehn)现象，助长了气候的干旱程度，使之有利于沙漠的发展。另外，盆地内部地形起伏对风的搬运和沉积有着控制作用。地形较高时使风加速，有利于沙的搬运，而遇到低地时由于气流的垂向膨胀而减速，结果使沙沉积下来。

水对热沙漠的形成是必不可少的。首先水能为热沙漠形成打下物质基础。这是由于大陆水可带来大量洪冲积物，海水在海退时也可将许多沙滩暴露于空气中，它们是沙漠形成的主要物源。水对沙漠的壮大也起着控制作用，它可不断地提供新的物源，不断地打破风蚀平衡，从而使沙漠得以不断地发展。同时水的多少对沙漠的消亡也有控制作用，大量的水分可使驻沙植物繁衍，使沙漠消亡。水体的淹没也可直接导致沙漠的灭亡。反之，超干旱气候也可导致沙漠作用的减缓或停止。这是由于在长期的干旱条件下，风蚀作用的结果可产生戈壁滩(或称砾石铺盖)，它对下伏细粒物质起保护作用，致使供沙量减少，耗尽。除非平衡被新的冲积系统打破。另外，热沙漠的降雨频率为每年几次或每隔10~20年才有一次，常是骤降暴雨，短时间内降下大量的雨水，由于植物稀少，径流湍急，常形成洪暴，在旱谷形成洪积物，有时水可注入盆地中部洼地，发育成沙漠湖(desert lake)或内陆盐碱滩(sabkha)。

三、沙漠的沉积类型及特征

沙漠按其沉积性质的不同，可分为岩漠(hamada)、石漠(戈壁)(rock desert)、风成砂(aeolian sand)、旱谷(arroyo)、沙漠湖和内陆盐碱滩等沉积类型，下面简述它们的特征。

1. 岩漠沉积

岩漠是以剥蚀作用为主的平坦的岩石裸露地区，风的吹扬作用带走了细粒物质，仅在大石块背后的区域偶尔残留有少量棱角状砾石或石块，植被覆盖率5%以下。岩漠沉积位于沙漠沉积层序的最底部，分布于风蚀盆地和旱谷深处，但在地层剖面中很难见到其保存。岩漠包括干旱岩漠和高寒岩漠。我国干旱岩漠主要分布于天山南坡、昆仑山北坡、吐鲁番和哈密南部，北塔山及准噶尔西部山地的丘陵区；高寒岩漠主要见于昆仑山及阿尔金山、阿尔泰山及天山的高海拔山区，植被稀少或贫乏(杨发相，2019)。

2. 石漠沉积

石漠又称为“戈壁”，主要见于山麓冲积平原和冲—洪积平原的上、中部及洪积平原区。山地经过长期风化剥蚀产生的基岩碎屑物，经流水搬运堆积于山麓地带或平原形成石漠，植被覆盖率在5%以下(杨发相，2019)。主要组分为粗砂、砾石或卵石，分选差至中等，频率曲线为双峰式。砾石以稳定组分为主，其表面有撞击痕和破裂现象，风的磨蚀作用可形成风棱石(ventifacts)。细砾石在强风作用下可形成砾石丘，常具有大型交错层理。沉积厚度较薄，一般仅数厘米，但分布和延伸较远。石漠沉积也可以与沙丘砂成互层产出，或呈沙丘砂层间的薄砾石夹层。现代石漠在中亚和非洲均有分布，多分布在撒哈拉中部和东部地势较高的地区，如廷埃尔特石漠、哈姆拉石漠、莎菲亚石漠等，尼罗河以东的努比亚沙漠主体，我国西北地区的戈壁亦属于石漠沉积。

3. 风成砂沉积

风成砂沉积，实际上是狭义的沙漠沉积。主要沉积物为风成砂，成熟度高，稳定矿物组分多，黏土含量低，分选极好，频率曲线为单峰；若为双峰，就有两种分选好的砂粒存在。风成砂的粒度中值为0.15～0.25mm，颗粒磨圆度高。扫描电镜下，石英颗粒表面发育碟形撞击坑和新月形撞击坑，SiO_2溶蚀作用形成的鳞片状剥落和溶蚀坑以及SiO_2沉淀形成的硅质球和硅质薄膜。风成砂中典型的表面附生物质有“沙漠漆”、龟裂纹等，这是由于毛细管作用，地下水上升蒸发后，在颗粒表面沉淀了一层氧化铁和氧化锰，呈黑色酷似油漆，故因此得名，它在次生氧化作用下多变成红色，这也是古沙漠沉积多为紫红色的原因，它是风成砂独有的标志(龚政等，2015)。

风成砂沉积是一种干旱—半干旱气候环境下的沉积物，宏观上以大型板状交错层理为识别标志，前积层倾向一般指示古风向，对古气候和古环境重建具有重要意义(图5－15)。

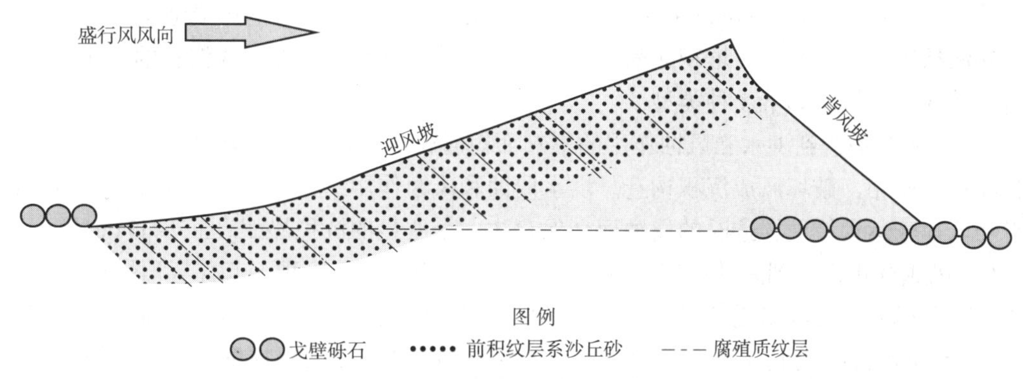

图5－15　新月形沙丘剖面(据李孝泽等，2003，修改)

风成砂沉积形成需要具备3个条件：沙源、风力和堆积床面。沙源一般来自多方面，比如早期堆积的未固结沙丘、岩石和土壤的风化剥蚀以及河流、湖泊沉积物等，沙源的复杂性导致风成砂的平均粒径和分选系数变化很大。风力的大小关系到沙粒运输的远近和沉积，其负载能力和风速成正比。经过风力搬运的沙粒在堆积床面沉积，床面形态对风成沙丘的堆积极为重要，堆积床面通过影响风速来影响风力的负载能力，使其携带的沙粒发生沉降，在堆积床面上堆积。有植被的堆积床面或早期的风成沙丘有利降低风速，促进堆积。

风成砂可进一步分为沙流(sand drift)、沙盖(sand cover)和沙丘(sand dunes)三种沉积类型。沙流又称为沙影，是指携砂风因障碍或通道开放而减速，将沙粒堆积在障碍物后或下风口形成的堆积，砂体呈舌状，内部具倾斜纹层。沙盖是一种分布广而又平缓的堆积。砂的分选良好，具有水平层理，常夹薄砾石层。

沙丘是风成砂的最主要堆积类型(图5－16)。沙粒被风力从沙源搬运，在堆积床面堆积，形成零星分布的沙丘。零星分布的沙丘是一种良好的堆积床面，很适合接受沉积。同时这些早期的沙丘不断迁移，形成沙丘群，最后形成风成沙丘堆积区，固结成岩(图5－16)(王凤之和陈留勤，2018)。其内部具有特征的风成交错层理(aeolian cross bedding)，前积细层倾角为25°～34°，细层厚一般为2～5cm，层系厚可达1～2m，最厚达数米。此外还可见厚为数毫米的极薄的水平纹层，纹理清晰，有时为重矿物与轻矿物分别富集的纹层显现而成。

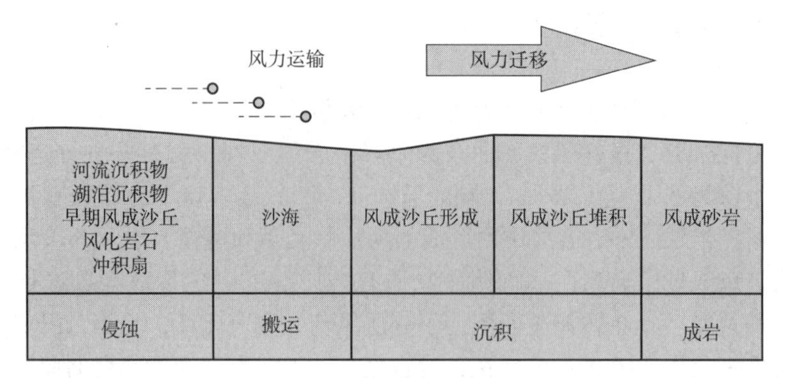

图5－16　风成沙丘堆积—成岩过程(据王凤之和陈留勤，2018，修改)

在地下水参与的潮湿环境中，地下水和毛细管边缘与风成沙丘相互作用，水分对沙丘的堆积起着积极作用。风成沙丘堆积后，水分使沙粒之间的凝聚力提高，沙粒不容易受风蚀作用被带走，沙丘和丘间(interdune)同时沉积，形成沙丘和丘间夹层的风成地层。

沙源枯竭、风力变化、堆积床面不再接受沉积等因素都可造成风成沉积的停止。沉积结束后，其保存环境有如下3种类型。

(1)风成沉积遭到洪水和风蚀作用的影响而短暂侵蚀，泛滥洪水和风蚀作用会侵蚀沙丘亚相和丘间亚相，破坏风成沉积构造。洪水侵蚀和风蚀作用结束后，风成沙丘重新接受沉积或者随着地壳运动掩埋，这时的侵蚀面会保存为一个明显的沉积界面[图5－17(a)]。

(2)风成沉积仅遭到风蚀作用影响，侵蚀后的沙丘和丘间沉积一起保存[图5－17(b)]。风成沉积形成后，最容易受到风蚀作用的影响。风蚀作用将沙丘亚相和丘间亚相侵蚀到地下水位线(静止水位线或上升水位线)位置时，出露的潜水面和沉积物发生反应，形成胶结物覆盖在表面以抵御风蚀作用或者促进潮湿表面的植被发育，抵抗风蚀作用。这种情况和第一种情况相似，在最后会形成一个地层界面。上面两种情况还可能存在一种极端情况，即沙丘在形成后，沉积区遭到强烈的洪水冲蚀或风蚀作用直接消失。

(3)风成沉积没有遭到任何破坏，沙丘亚相、丘间亚相完整保存下来，植物大面积拓殖而稳固沙丘[图5－17(c)]。这种保存状态对解释古气候条件和沉积环境具有重要意义。此外，风成沉积也可以保存在特殊的沉积环境中。如果海岸风成沙丘在风成沉积形成后遭到海侵，泛滥海水淹没风成沙丘，海洋沉积物覆盖在风成沉积表面，就会保护风成沉积不被破坏(王凤之和陈留勤，2018)。

沙丘沉积层序的底部为分选差至中等、水平或倾角很小的粗粒层状沉积物，其上为分选好、具有大型交错层理的砂层，交错层细层倾角陡，倾斜度极为一致。在沙漠盆地边缘，风成层序底部具有石漠或戈壁沉积物，其上为旱谷(干河床)与风沙沉积的互层，再上部为沙丘沉积，常与局部的内陆盐碱滩沉积共生。

沉积地层中的风成砂最早可以追溯到太古代。风成砂岩是一类特殊的沉积岩石，是干旱半干旱气候条件下的典型代表。

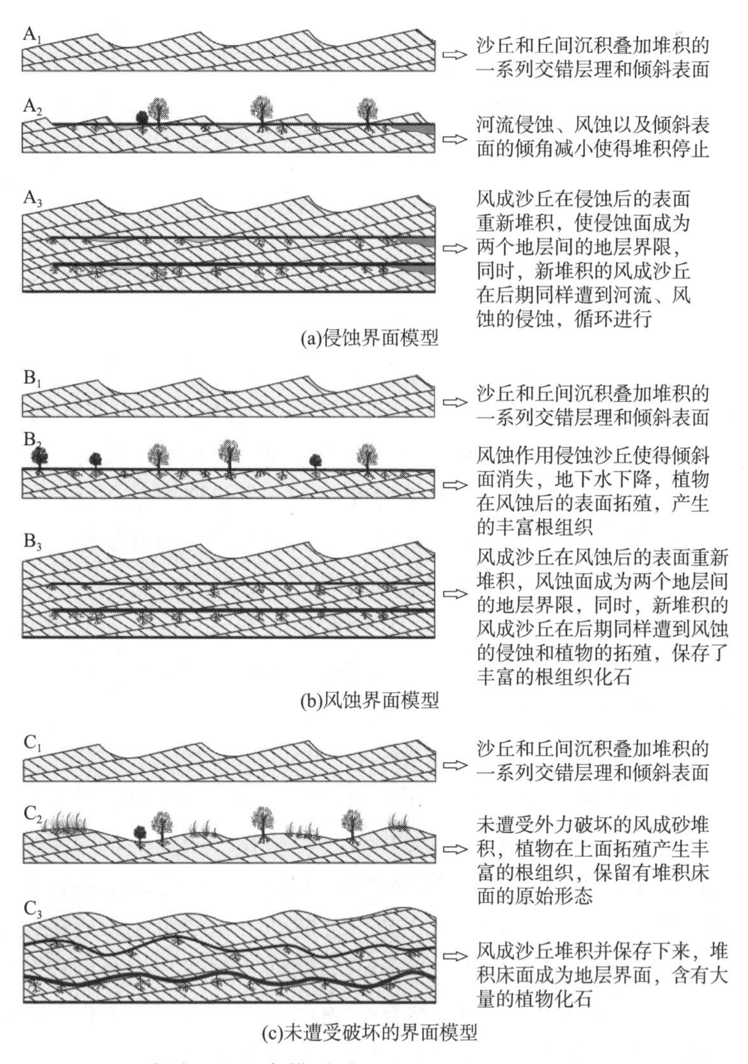

图 5－17　风成砂沉积保存模型(据 Bristow 和 Mountney，2013，修改)

风成砂沉积作为沙漠沉积的一种类型，很多情况下并不是孤立分布的，而是与冲积扇(alluvial fan)、河流、湖泊等沉积物在空间上形成交互堆积。在早期的研究中，部分风成砂沉积被误认为是河流相、湖泊相沉积。从20世纪80年代开始，随着国内对风成砂研究的开展，不同时期的风成砂岩被识别出(崔晓庄等，2012)，逐渐得到沉积学家的重视。风成砂岩大多具有厚层块状构造及较高的结构成熟度，良好的孔隙度和渗透率使之成为极佳的油气储集层和含水层(崔晓庄，2012)。由于其均质性好、抗风化能力强、颗粒细易于雕刻等特点，又是古代文化传承和丹霞地貌(danxia landform)集中发育的位置(Chen 等，2014)。

4. 旱谷沉积

旱谷又称为干河洼地，是沙漠中长期干旱的河流，只有降雨才会有水流过。旱谷在干旱季节时是风沙沉积区，具有干丘间的特点。当潜水面抬升或雨季来临而暂时性积水形成水成环境，沉积了紫红色泥岩或粉砂质泥岩，同时也会改造原先的风成沉积物，常见小型的交错层理、波状层理、水平层理及生物扰动等沉积构造。由于旱谷中的水流是暂时性的，在强蒸发的作用下，常发育因干涸而形成的泥片、泥裂，而泥裂又被下一次风力携带的风沙填满而形成砂柱状沉积构造，其沉积厚度一般较小，分布范围局限。旱谷干涸无水时，可被风成沉积掩埋；下次洪水到来时，若风成沉积未被全部蚀去，则会被掩埋在新的水流沉积之下。在旱谷中，水流一方面破坏和改造了原先沉积的风成砂，另一方面带来了粗粒和细粒组分，所以旱谷沉积物的分选一般不是很好，跃移、滚动、悬移组分均占一定比例，在概率累计曲线图上无明显的粗截点和细截点(刘立安等，2011)。在剖面上，旱谷的水流沉积常与风成沉积交替呈互层出现。以旱谷砂质沉积物为例，其粒度组成与沙丘和干丘间沉积物有明显区别。

例如，在江汉盆地的江陵凹陷，其沙漠相可分为戈壁、旱谷、沙丘、丘间、沙漠湖五种亚相，主要是为干旱区突发的间歇性水道含砾中粗砂岩沉积，因此亦称为“干旱谷”。多发育于沙漠盆地边缘，但有时因季节性河流的远距离延伸也可在沙漠腹部夹层产于沙丘砂岩层之间及丘间亚相之中。在平面上从盆地边缘的冲积扇、旱谷扇向沙漠区演变为旱谷河道、水道，到沙漠内部变薄直至消失，代之而发育沙丘；在垂向上可与冲积扇、沙丘、丘间沉积交互叠置，在强烈风蚀作用下进一步形成戈壁残留物。

沙漠盆地边缘的旱谷沉积，一般厚度大，粒度粗，垂向剖面中向上因较强的风蚀作用代之而发育由交错层理发育的橘红色中细砂岩组成的沙丘甚至丘间砂、泥质沉积，因此构成多个旱谷—沙丘(丘间)的旋回性叠置组合(罗旋，2012)。

5. *沙漠湖和内陆盐碱滩沉积*

沙漠湖是沙漠盆地中因构造或风蚀作用形成的较大范围的洼地，也可以是在降雨或潜水面上升时形成的水体较浅的湖泊，还可以是由分布范围较小的潮湿丘间演化而成的、规模变大的小型沙漠湖泊(罗旋，2012)。湖水主要来自间歇性洪水或渗入地下的地下水。这些湖泊在一年中大部分时间是干涸的，但也有半永久性的。沉积物由流水或风搬运而来，主要为粉砂或黏土沉积，各薄层常见递变层理。在湖泊间歇性干涸时，也会沉积薄层的风成砂，在垂向上和侧向上与沙丘沉积过渡。一些小型的沙漠湖与旱谷在沉积上很难区别，往往呈线状分布的为旱谷，呈片状分布的则为沙漠湖；沙漠湖水体存在时间一般比旱谷长，泥质沉积更厚；旱谷水流构造明显，沉积物中常见小型交错层理。

例如，江汉盆地的江陵凹陷，沙漠湖在侧向和垂向上常与沙丘过度演变，因此以细碎屑岩(泥质岩)为主的沙漠湖沉积中可夹存厚度不大的风成沙丘砂岩沉积；当沙漠边缘旱谷(辫状水道)延伸至沙漠湖时，水流可将各种粒度的碎屑带入湖内。沙漠湖多发育在旱谷亚相前缘向沙漠腹地方向。沉积砂、粉砂、黏土、石膏，石盐等盐类沉积，表现为细粉砂岩与砂质泥岩、石膏、石盐不等厚互层状(罗旋，2012)。

如果沙漠中的风蚀洼地不积水成湖而只出现潮湿的盐壳，便演化成内陆盐碱滩或干盐湖、内陆萨布哈，常见砂、粉砂、黏土、石膏或其他盐类等沉积(图5-18)。在我国西北地区的塔里木盆地、吐鲁番盆地、柴达木盆地的大沙漠中均有内陆盐碱滩存在。沉积物常为砂、粉砂、黏土和蒸发矿物组成的韵律层，蒸发矿物包括方解石、白云石、石膏、硬石膏和岩盐等。

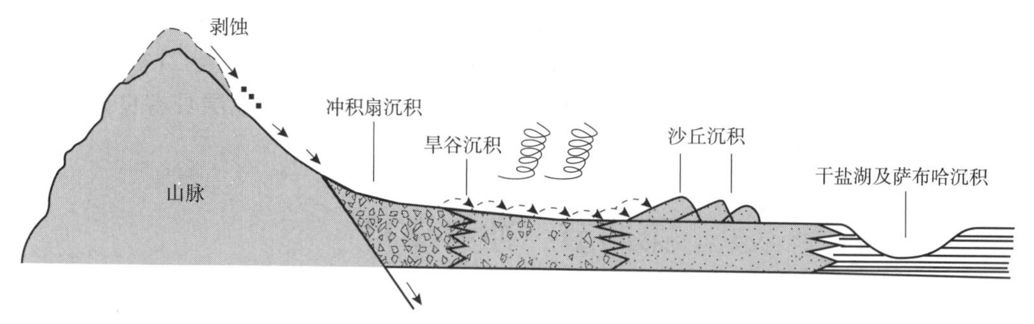

图 5－18　衡阳盆山型沙漠沉积体系剖面示意图（据黄乐清等，2019）

四、沙漠沉积与油气的关系

沙漠沉积储集性能好，可以作为它源油藏的有利储集层，国内外的勘探实践已经证实沙漠沉积储层有重大油气地质意义。

位于北美洲大陆东南沿海的墨西哥湾油气资源丰富，为世界著名的深水“金三角”之一（赵阳等，2014）。美国墨西哥湾沿岸诺夫莱特组等古风成沉积体系由于其在岩石记录中的厚层堆积、有储存大量碳氢化合物的潜力而得到了广泛的研究。风沙沉积由于具有连通的孔隙喉道和较高的孔隙度，而被证明是良好的储层。诺福莱地层存在广泛埋藏的风成砂岩，首先在 1922 年在阿肯色诺夫利特被发现，在路易斯安那、密西西比州、亚拉巴马州和佛罗里达州的空中范围延伸数千平方千米，并蔓延至墨西哥湾水域。研究表明，在诺夫莱特组内发现了 7 组风成沉积相，显示了一系列沙丘和沙丘间元素。将这些岩相组合成四个岩相组合，即颗粒流、风波纹、湿沙丘间和改性风成岩相（Douglas，2010）。

该组地层广泛沉积于晚侏罗世牛津阶，风成沉积增长最快的时候正是斯马科弗海越过海岸线掩埋整个系统之前。诺夫莱特组沉积模式表现了风成沉积的重要意义（图 5－19），由火成岩高地向冲积物及季节性河流转变，远端冲积层与风成体系相互作用，之后新月形沙丘向似新月形沙丘转变，风成体系横向成熟，风成沉积相包括干湿丘间、改造风成岩相等（Douglas，2010）。

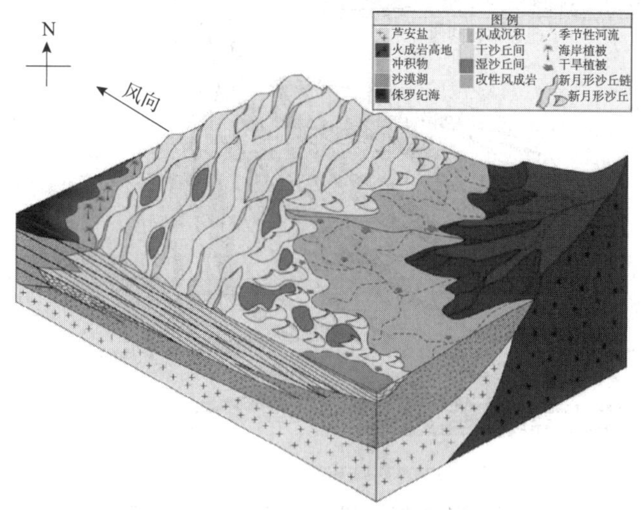

图 5－19　美国墨西哥湾东部深水区晚侏罗世牛津阶诺夫莱特组沉积模式示意图（据 Douglas，2010）

钻井揭示其岩性为石英砂岩、长石石英砂岩，其中石英含量高达83%，细粒至中粒，次圆状至圆状。原生粒间孔隙保存较为完好，孔隙度为15%～25%（平均21%），渗透率为（50～1000）×$10^{-3}\mu m^2$。总体来看，包括诺夫莱特组在内的风成砂地层具有良好的储层物性，具备很大潜力。

第四节　冲积扇相

一、概述

当山谷中的季节性洪水进入盆地时，由于坡降变缓，水的流速急剧降低，水流分散，形成许多分流河道，于是洪水所携带的大量碎屑物质便在山口外顺坡向下堆积，形成冲积扇（alluvial fan）沉积。它们通常发育在那些地势起伏较大而沉积物补给丰富的地区，那些地区的降雨虽然很少但很猛烈而迅速，所以侵蚀作用进行得很迅速（里丁，1985）。垂向上一般发育于沉积旋回的下部，往往又分布于盆缘或湖区的最外缘（王振彪等，1991；莫多闻等，1999）。上升的隆起区或山区与盆地之间往往有同生断层发育，当断层持续活动时，可发育很厚的冲积扇，形成独特的沉积层序。冲积扇的形成和发展受自然地理、气候条件和地壳升降运动等因素的制约。造山运动越强，地形高差越大，气候越干旱，冲积扇就越发育。随着冲积扇的发展，其范围逐渐扩大，山前的冲积扇彼此相连和重叠，形成沿山麓分布的带状或裙边状的冲积扇群或山麓堆积（talus），又称为山麓—洪积相。

冲积扇在空间上是一个沿山口向外伸展的巨大锥形沉积体，锥体顶端指向山口，锥底向着平原，其延伸长度可达数百米至百余千米。在纵向剖面上，冲积扇呈下凹的透镜状或呈楔形，横剖面是上凸状。冲积扇的表面坡度扇根处可达4°～10°，远离山口变缓，为1°～6°（图5－20）。冲积扇的面积变化较大，其半径可从小于100m到大于150km以上，但通常小于10km。其沉积物的厚度变化范围可以从几米到8000m左右。冲积扇沉积主要受汇水盆地

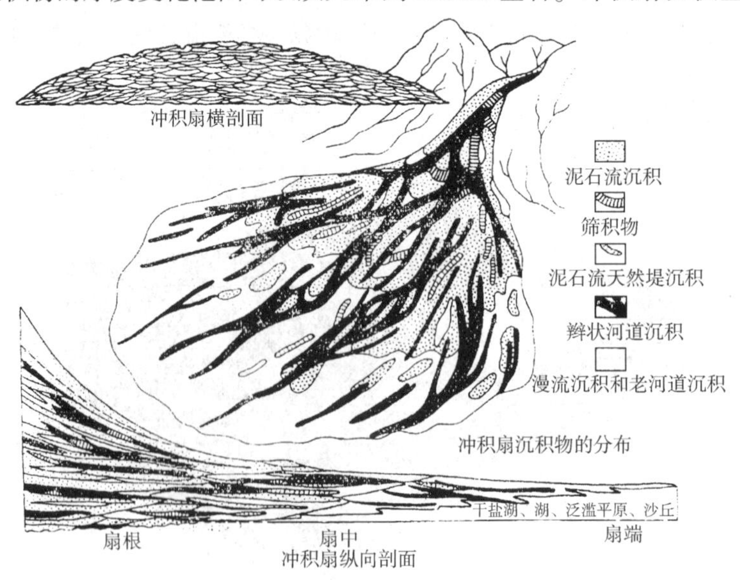

图5－20　一个理想冲积扇的地貌剖面和沉积物分布（据曾允孚等，1986）

大小、气候等多因素的控制。一般来说，汇水盆地越大，气候越潮湿，则冲积扇沉积面积越大，且冲积扇的沉积作用也存在差异。根据气候条件，冲积扇可分为潮湿型和干旱型两种类型(图 5－21)。潮湿型冲积扇单个扇体大，河流作用明显；干旱型冲积扇单个扇体小，泥石流作用明显。另外，根据物源供情况，冲积扇也可分为长期稳定的继承性单物源冲积扇和受局部构造控制的多物源冲积扇(据郑占等，2010)。

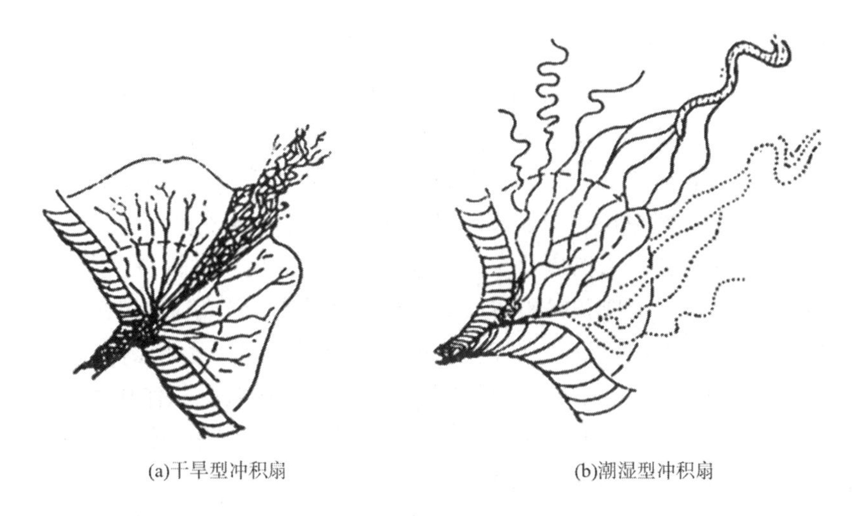

图 5－21　干旱型和潮湿型冲积扇平面分布图(据 Galloway，1996)

前陆盆地的活动大地边缘带是冲积扇最为发育的场所，可以发育各种大小不同的冲积扇，冲积扇规模受到上升的逆冲断层前缘的影响，同时大的冲积扇还受到生长褶皱的影响(图 5－22)。

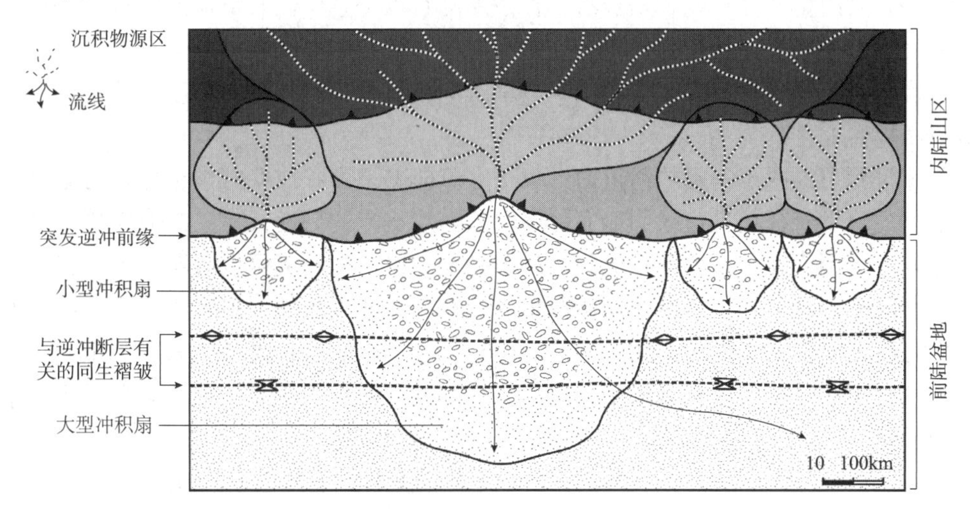

图 5－22　前陆盆地的活动大陆边缘的不同规模冲积扇示意图(据 Barrier 等，2010)

在我国，新构造运动十分活跃，加之除东部沿海地区之外，多属大陆性气候环境，因此冲积扇广泛发育于我国的现代沉积中，如西北地区各构造盆地边缘，华北盆地的燕山、太行山和大别山山麓，四川盆地的龙门山山麓等。我国的古代冲积扇也很发育，主要出现于晚古生代、中生代和古近纪，特别是自中新生代以来，形成许多内陆断陷盆地，在盆地边缘经常有冲积扇沉积，如克拉玛依的三叠系、酒泉盆地的白垩系、渤海湾盆地的古近系等。在以粗碎屑为主的冲积扇内，常有良好的孔隙性和渗透性，可以形成巨大的地下天然水库，也可成为石油和天然气的储集场所。

二、冲积扇的沉积作用及沉积模式

（一）冲积扇的沉积作用

根据冲积扇形成过程中流体的流动特点，其沉积作用可分为两种类型：一种类型起因于暂时性水流的沉积作用；另一种起因于泥石流及其相关的沉积作用。暂时性水流的沉积作用主要是指那些发生在河流体系中的作用，它们以悬浮、跳跃和滚动方式搬运沉积物为特征。因此，暂时性水流沉积一般成层性好，含有指示不同流态的各种沉积构造，而且杂基含量少，呈碎屑支撑，并含有叠瓦状构造及与流动方向有关的其他定向构造。泥石流及其相关的沉积作用的特点是含有大量泥质和粉砂质杂基。这些细粒物质支撑碎屑颗粒，并以黏性流体的块体方式进行搬运。因而泥石流及其相关沉积通常成层性差，几乎很少显示沉积构造(包括叠瓦状构造)，但具有大量黏土杂基，呈杂基支撑。因此按照沉积作用发育的位置和沉积物特征，冲积扇可进一步划分为泥石流沉积、河道沉积、漫流沉积和筛状沉积。

1. *泥石流沉积*(debris flow deposition)

泥石流是由碎屑沉积物和水混合在一起的一种高密度和高黏度的流体。泥石流沉积是冲积扇的主要沉积类型之一，且为陆上泥石流，其最大的沉积特征是分选极差，砾、砂、泥混杂，而且粒级大小相差悬殊，甚至可含有几吨重的巨砾。砾石多呈棱角状至次棱角状，也可见磨圆较好的砾石[图5－23(a)]。层理不发育或不清楚，一般呈块状，但有时可见不明显的递变层理。其组构特征，或者是板状、长条形砾石以垂直于泥石流流向的直立定向排列为主，或者是呈水平或叠瓦状排列。上述构造和组构特征与泥石流的黏度有关。一般来讲，黏度不大的泥石流沉积可具有递变层理，砾石呈水平或具叠瓦状构造；黏度大的泥石流多是块状，其砾石以直立排列为主。

泥石流沉积可局限于一定的河道内，也可在侧向上呈席状或朵状体延伸到河道间或扇端地区。它们的典型特征是其边缘明显而陡厚，这与泥石流的黏度大有关。但席状沉积物中部的厚度较均一，因而在露头上泥石流的沉积较稳定。单个泥石流可以有明显的水道，以及在流体最发育时期由水道侧翼沉积作用所产生的发育良好的天然堤。沿着泥石流沉积的边缘或脊，有时还可见到墙式的粗粒物质。另外，泥石流沉积常与水携(牵引流)沉积交互出现，因而在这两种沉积互层的沉积剖面中，泥石流沉积表现得相当明显，往往成为判断古冲积扇的一个重要标志。

泥流(mudflow)是泥石流的一个变种，其沉积物较细，主要由砂和泥混合而组成，一般不含4mm以上粒径的颗粒。泥裂是富含黏土质泥流沉积的一个特征。由于泥流的黏度变化可以很大，与泥石流沉积相类似，其沉积形态的变化范围也可以从薄而广的席状到具有明显边缘的、厚的朵状体。泥流沉积既可沉积在冲积扇的河道中，也可以发育在非河道地区。

2. *河道沉积*(stream channel deposition)

冲积扇上的河道沉积是指暂时切入冲积扇内的河道的充填沉积，故又称为河道充填沉积。它们是水携沉积物中粗粒的和分选差的沉积部分，但向扇端方向沉积物变细。典型的扇根河道直而深；至扇中和扇端地区则河道变浅，大多为辫状河道；平面形态上一般为窄而长的带状。

河道沉积物由砾石和砂组成，分选较差，层理不发育，多呈块状。其单层厚度一般为4～60cm，有时可达2m以上。但有时发育有不明显的单向板状交错层理，或不明显的平行层理，具叠瓦状构造[图5－23(b)]。有时在剖面中也可见到明显的河道冲刷—充填构造。河道沉积的底部一般凸凹不平或呈下凹状，与侧翼和下伏沉积物呈冲刷侵蚀接触关系，并且向周围常常过渡为泥石流或泥流沉积。

3. 漫流沉积(sheetflood deposition)

漫流沉积又称片流沉积，是冲积扇中最常见的一种沉积类型。携带着沉积物的水流，从冲积扇上的河道末端或两侧漫出，形成了宽阔的浅水带，或席状漫流(其水深一般不超过30cm)。由于水深和水流速度同时减小，以及扇端地区坡度较低缓，而使其所携带的沉积物迅速地沉积下来，形成了席状的砂、砾沉积物，但有时可被低洪时期小而浅的河道切开。

漫流沉积物通常由砂、砾石和含少量黏土的粉砂组成，分选中等。其沉积构造为块状层理、交错层理和水平或平行纹理，有时也见有小型冲刷—充填构造。漫流沉积常与上述的河道充填沉积物相伴而生，与河道沉积物相比较，其粒度较细，分选性变好。

4. 筛状沉积(sieve deposition)

筛状沉积是冲积扇上最富有特色的一种沉积作用。当物源区供给冲积扇主要为砾石而无或极少细粒物质(砂、粉砂和泥)时，在冲积扇的表层形成舌状的砾石层。由于砾石层具有较好的孔隙性和渗透性，使洪水在流到冲积扇趾部以前就从其中完全渗漏到地下，不能形成地表水流。因为水是从砾石层中渗掉而不是从上面流走的，所以它们就像筛子那样，只允许水渗走，而阻止粗粒物质继续搬运并堆积下来，故称为筛状或筛余沉积[图5－23(c)]。

(a)泥石流沉积物
(山东惠民凹陷古近系)

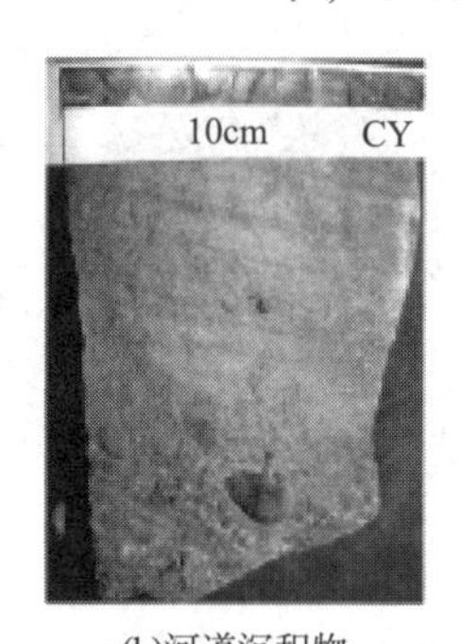

(b)河道沉积物
(山东惠民凹陷古近系)

(c)筛余沉积物
(新疆天山南侧现代沉积)

图5－23　冲积扇沉积物

筛状沉积主要由棱角状至次棱角状的砾石组成，其中充填以砂粒，多形成具双众数分布特征的砂砾岩。其层与层之间的接触界限不清，呈块状构造。显然，筛状沉积的分布不如其他水携沉积物普遍，只是局部的堆积现象。

冲积扇可以由某种单一沉积类型组成，如泥石流的单一沉积，但大多数冲积扇是由上述几种沉积类型共同组合而成的。当多种沉积作用类型共存时，其在空间分布上具有一定的规律性。泥石流沉积常产出在扇根附近；漫流沉积则分布于扇中和扇端地区，主要分布于河道交会点以下；河道沉积主要分布在该区交会点以上(图5－24)。

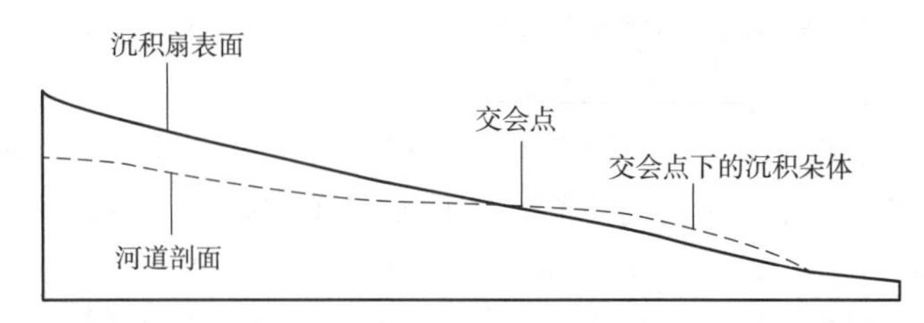

图 5－24　穿过冲积扇河道交会点的理想剖面(据 Hooke，1967)

根据起主导作用的沉积作用类型的不同，冲积扇可以分为三种类型，即碎屑流冲积扇、漫流冲积扇、水道化冲积扇(图 5－25)。

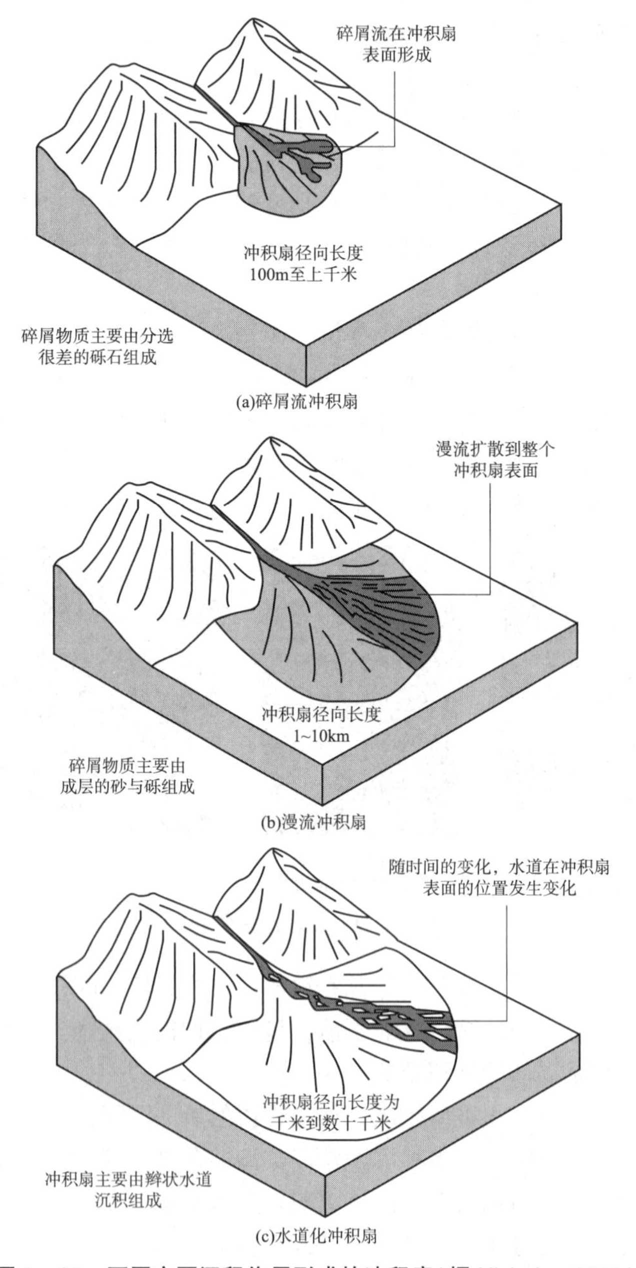

图 5－25　不同主要沉积作用形成的冲积扇(据 Nichols，2009)

(二)冲积扇的沉积模式

根据现代冲积扇地貌及沉积物的分布特征，冲积扇可进一步划分为扇根、扇中和扇端三个亚相(图 5－26)，每个亚相又可细分出不同的微相类型(表 5－3)，具体微相名称目前尚未统一，不同研究者常根据实际情况进行划分。

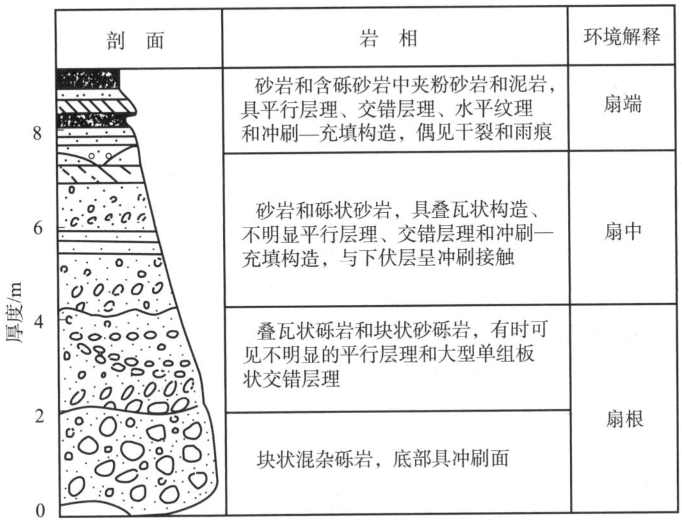

剖面	岩相	环境解释
	砂岩和含砾砂岩中夹粉砂岩和泥岩，具平行层理、交错层理、水平纹理和冲刷—充填构造，偶见干裂和雨痕	扇端
	砂岩和砾状砂岩，具叠瓦状构造、不明显平行层理、交错层理和冲刷—充填构造，与下伏层呈冲刷接触	扇中
	叠瓦状砾岩和块状砂砾岩，有时可见不明显的平行层理和大型单组板状交错层理	扇根
	块状混杂砾岩，底部具冲刷面	扇根

图 5－26　冲积扇亚相分类及岩相特点

表 5－3　准噶尔盆地克拉玛依油田六区克下组冲积扇沉积微相与岩石相对应关系(据郑占等，2010，修改)

亚相		微相	岩石相
扇根		砾石坝	中砾岩相
		主沟道	粗砂岩相
		漫溢砂	泥质砂岩相
		漫溢细粒沉积	泥岩相
扇中	扇中内缘	砂砾坝	砂砾岩相
		辫流水(沟)道	粗砂岩相
		漫溢砂	泥质砂岩相
		漫溢细粒沉积	泥岩相
	扇中外缘	辫流水道	细砾岩相、粗砂岩相
		漫溢砂	泥质砂岩相
		漫溢细粒沉积	泥岩相
扇端(缘)		径流(小型)水道	中—细砂岩相
		漫溢砂	泥质砂岩相
		湿地	泥岩相

1. 扇根

扇根(the upper fan)分布在邻近冲积扇顶部地带的断崖处，其特点是沉积坡角最大，并发育有单一或 1～3 个直而深的主河道或主沟道。其沉积物主要是由分选极差的、无组构的混杂砾岩或具叠瓦状的砾岩、砂砾岩组成。一般呈块状构造，其砾石之间为黏土、粉砂和砂的杂基所充填。但有时也可见到不明显的平行层理、大型单组板状交错层理以及流速衰减而形成的递变层理，单期递变层理底部主要为粗砾、中砾、局部分布有巨砾，向上可渐变为中砾，顶部主要为细砾。因此，扇根沉积物主要为泥石流沉积和主河(沟)道充填沉积。

2. 扇中

扇中(the mid fan)位于冲积扇的中部，并为其主要组成部分。它以具有中到较低的沉积坡角和发育的辫状河道为特征。因此，沉积物主要由砂岩、砾状砂岩和砾岩组成。与扇根沉积相比较，砂与砾比率增加。砾石分选、磨圆均差，多呈叠瓦状排列(图5－26)；在交错层中，它们的扁平面则顺倾斜的前积纹层分布。在砂岩和砾状砂岩中，则出现主要由辫状河流作用形成的不明显的平行层理和交错层理，甚至局部可见逆行沙丘交错层理。河道冲刷—充填构造较发育，也是扇中沉积的特征之一。沉积物的分选性相对于扇根来说，有所好转，但仍然较差。扇中也可根据情况划分出扇中内缘与扇中外缘两个带，均以辫流(水道)带为特征，其中内缘水道更为发育，叠置程度更明显(图5－27)。扇中辫流水道中牵引流和重力流常呈混杂沉积(据王勇等，2007)。

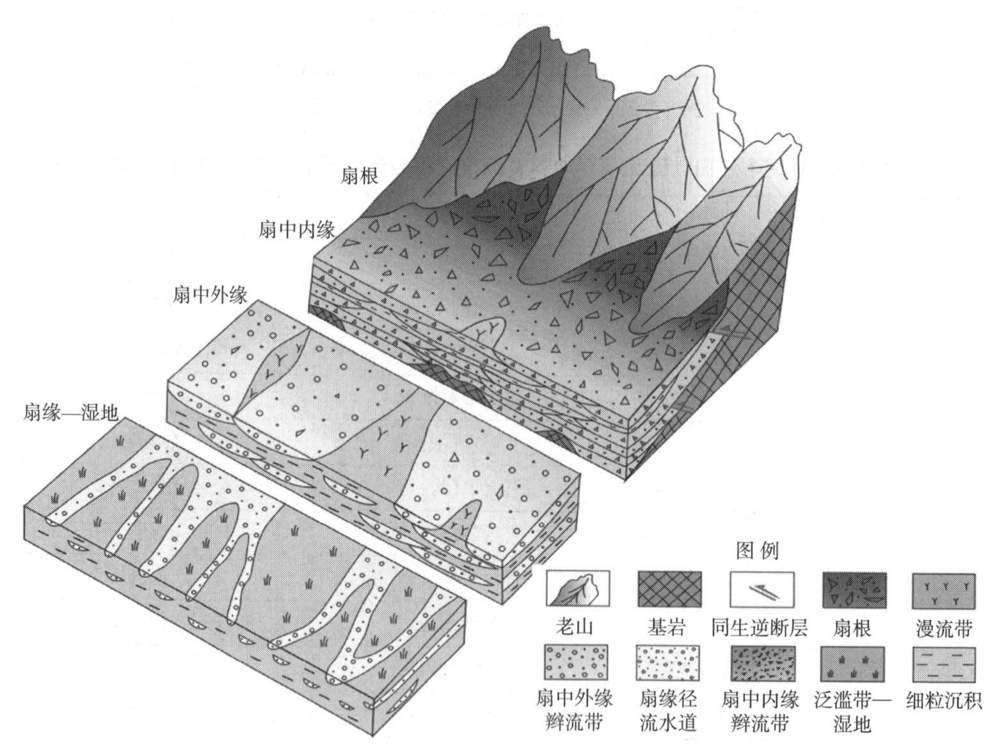

图5－27　克拉玛依油田克拉玛依组冲积扇沉积模式(据伊振林等，2010)

3. 扇端

扇端(the lower fan)出现在冲积扇的趾部，又叫扇缘，其地貌特征是具有最低的沉积坡角且地形较平缓。沉积物通常由砂岩和含砾砂岩组成，夹粉砂岩和黏土岩；但有时细粒沉积物较发育，局部也可见有膏盐层。其砂岩粒级变细，分选性变好。在砂岩和含砾砂岩中仍可见到不明显的平行层理、交错层理和冲刷—充填构造外，粉砂岩和泥岩则可显示块状层理、水平纹理以及变形构造和暴露构造(如干裂、雨痕)。

总之，对于同一期沉积而成的冲积扇而言，其沉积作用及其产物空间上一般存在一定的发育规律。由扇根到扇端，沉积物粒度变细，沉积物分选性变好，沉积厚度变薄，沉积构造规模变小，且沉积序列也不同(图5-28)。扇根的沉积序列主要为块状混杂砾岩和具叠瓦状组构砾岩组成的正韵律沉积组合。扇中的沉积序列自下而上为具叠瓦状的砾岩及不明显的平行层理、交错层理砾状砂岩、砂岩组成。扇端的沉积序列通常为具冲刷—充填构造的含砾砂岩、交错层理和平行纹理砂岩，以及水平纹理粉砂岩和块状层理泥岩，但有时也发育有变形构造，如旋卷纹理及球枕构造。

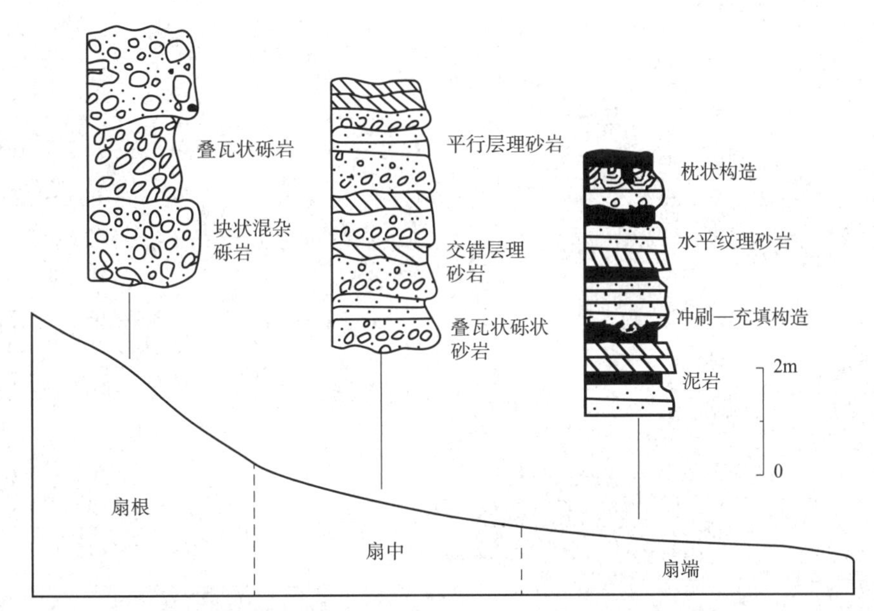

图5-28 冲积扇各亚相的沉积序列(据孙永传等，1985)

三、古代冲积扇的识别标志及其与油气的关系

(一)古代冲积扇的识别标志

1. 岩性

冲积扇在岩性上差别较大，这主要是由于源区母岩性质不同。冲积扇中岩石碎屑粒度变化很大，粗砾到细砂再到块状泥岩均可出现(图5-29)，但总体以粗粒沉积为主，通常分选与磨圆较差。大部分冲积扇多以砾岩为主，砾石间充填有砂、粉砂和黏土级的物质，有些冲积扇也可由含砾的砂、粉砂岩组成。扇根部分以砾、砂岩为主；扇缘部分砾岩减少，砂、粉砂、泥质岩增多，层的厚度变薄；扇体与平原过渡地带则以黏土沉积为主。

冲积扇沉积中常含有碳酸盐、硫酸盐等矿物，如方解石、石膏等。它们是和碎屑物质几乎同时沉积或是作为地表物质风化结果而堆积下来的。冲积扇的源区母岩性质不同，则所含的盐类矿物就可能出现明显的变化。故根据盐类矿物的差异，在一定条件下有可能推断出源区母岩的性质。

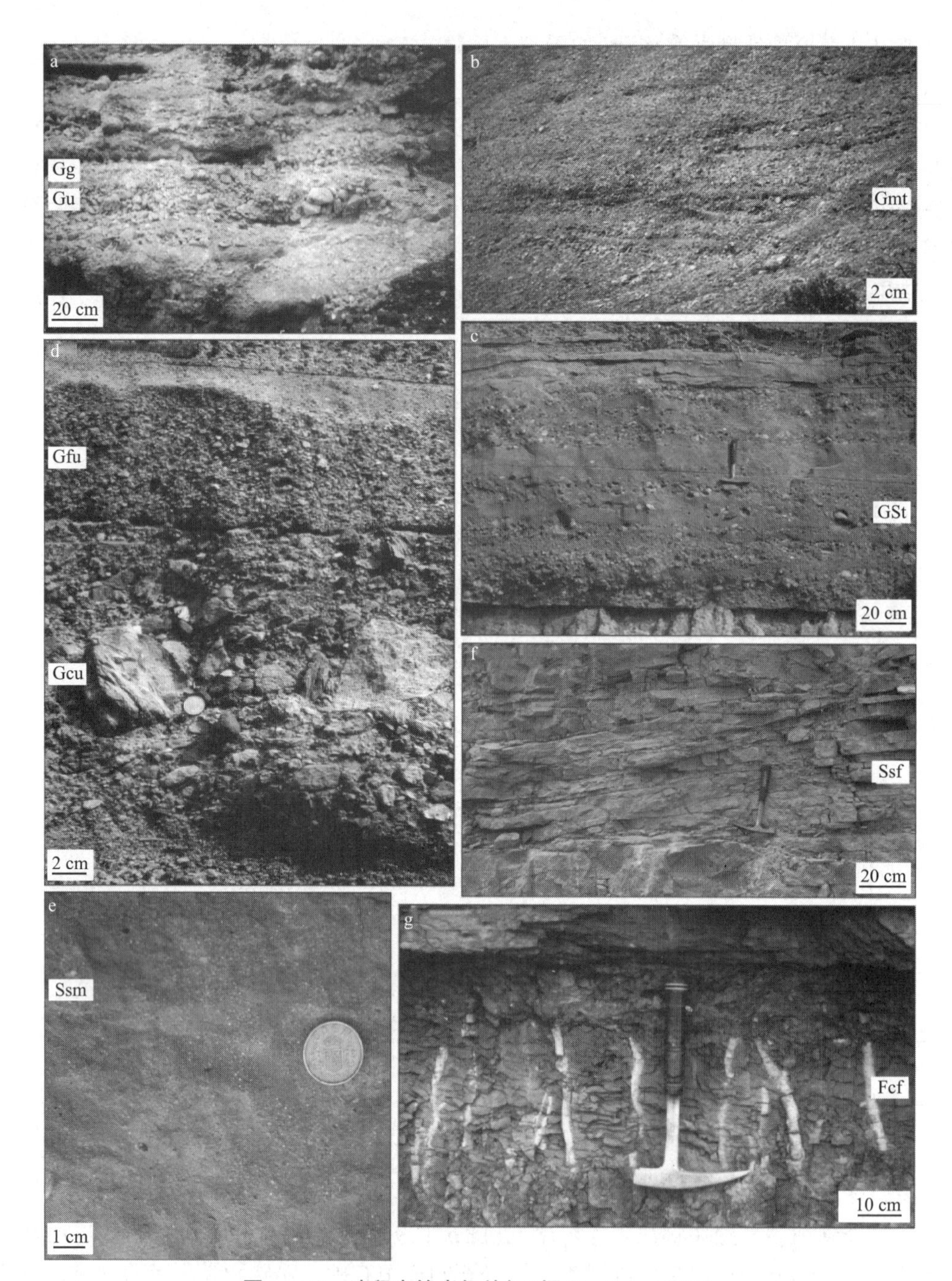

图5－29　冲积扇的岩相特征(据 Barrier，2010)

a—粗砾—巨砾，颗粒支撑、贫基质的砾石；b—粗砾—巨砾，颗粒支撑且富含基质、成层性的砾岩；c—中砾—粗砾，颗粒支撑且富含基质、成层性砾岩；d—中砾—粗砾，颗粒到基质支撑，块状砾岩；e—粗粒，块状砂岩；f—细粒，层状砂岩；g—块状泥岩

2. 结构

粒度粗、成熟度低、圆度不好、分选差是冲积扇沉积的重要特征。然而不同沉积类型，其分选亦有较大差别。在垂向上和平面上，粒度变化较快。从扇根至扇缘粒度逐渐变细，分选、圆度逐渐变好。但有时因河床切割—充填沉积的影响，也会使粗粒沉积物位于扇体的中部或下部。冲积扇砂质沉积物的粒度概率曲线一般为三段：滚动组分含量为1%～3%，跳

跃组分含量为50% ~60%，悬浮组分含量为10% ~30%。从扇根向扇缘方向，滚动组分和跳跃组分含量降低，悬浮组分含量增高。冲积扇中不同类型的沉积物具有不同特征的 $C-M$ 图(图5 -30)。漫流沉积与河床充填沉积在 $C-M$ 图上为一弯曲图形，与帕塞加牵引流标准 $C-M$ 图相比，缺少 RS 段，而只有 $P-Q-R$ 段图形，说明均匀悬浮沉积对冲积扇来说是无特征的。图形 PQ 段代表冲积扇河床充填沉积；QR 段大致与 $C=M$ 线平行，C 与 M 成比例增加，C 与 M 值接近，说明分选好，这一段代表浅的面状水流沉积，即漫流沉积。泥流沉积是一个近于与 $C=M$ 线平行的长条状图形，与帕塞加的浊流沉积 $C-M$ 图接近。所不同的是，浊流 $C-M$ 图中线(线两边的样品点数相等)上的样品点，C 是 M 值的2.3 ~4.2倍，而泥流 $C-M$ 图中线上各点，C 是 M 值的40 ~80倍，这说明泥流比浊流在分选上要差得多，黏度和密度也大得多。

3. 沉积构造及颜色

冲积扇沉积由于属间歇性急流成因，故层理发育程度较差或中等。泥石流沉积显示块状层或不显层理，细粒泥质沉积物可见薄的水平层理，粗粒碎屑沉积有时亦可见不太明显和不太规则的交错层理，斜层倾向扇缘，倾角为10° ~15°。在垂向上，层理构造表现为流水沉积物与泥质沉积物复杂交互的构造序列(图5 -31)。

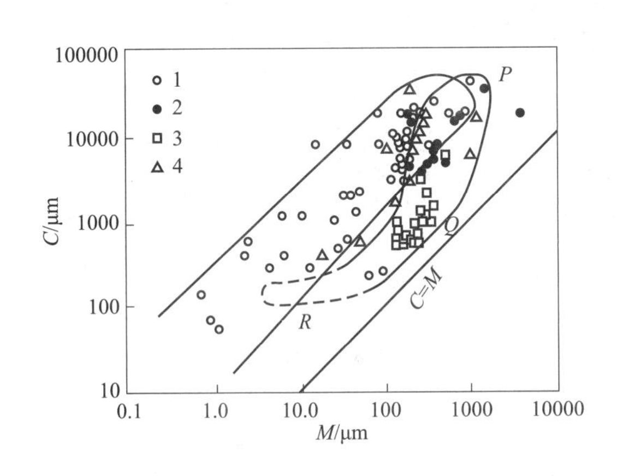

图5 -30　加利福尼亚弗斯诺郡西部冲积扇各沉积类型的 $C-M$ 图(转引自冯增昭和赵澄林，1993)

1—泥流沉积；2—河床沉积；3—漫流沉积；4—泥流和牵引流过渡沉积

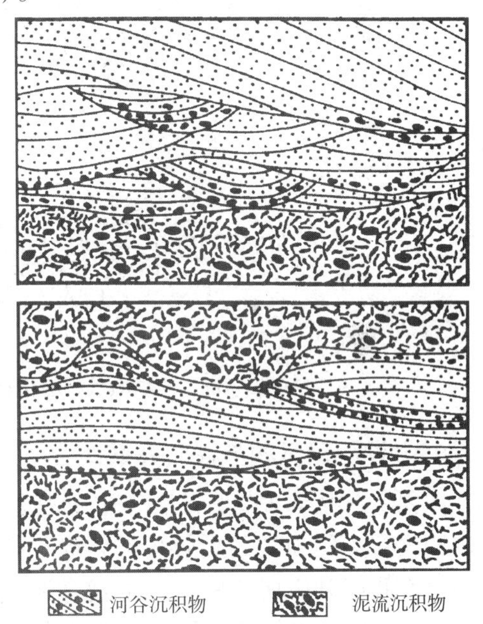

图5 -31　冲积扇层理构造的垂向序列(据冯增昭和赵澄林，1993)

冲积扇的粗碎屑沉积中常见冲刷—充填构造，主要发育在扇顶附近。砂质沉积局部可见流水波痕。砾石若有定向排列，则呈“向源倾斜”，倾角30° ~40°。泥质表层可发育泥裂、雨痕、流痕等。

冲积扇是间歇性急流堆积的产物。沉积物质经常暴露地表，遭受着不同程度的氧化作用，故缺少还原性的暗色沉积物，泥质沉积的颜色一般带有红色，这是干旱和半干旱地区冲积扇的重要特征。

4. 生物化石

冲积扇中几乎不含动植物化石，也很少含有机质。

5. 垂向层序及沉积相组合

冲积扇在形成和发育过程中发生进积和退积作用，使其垂向沉积层序有着明显的不同。当冲积扇向源区退积时，形成下粗上细的退积正旋回层序；否则，相反。在扇体的不同部位，其沉积层序也不相同。

冲积扇在横向上，向源区方向与残积、坡积相邻接，向沉积区常与冲积平原组合或风成—干盐湖相相接(图5－32)，与河流或湖泊、沼泽沉积呈超覆或舌状交错接触。有时也可直接与滨海(湖)平原共生。有些扇体甚至可以直接进入湖泊或海盆地的安静水体，形成水下扇或扇三角洲。

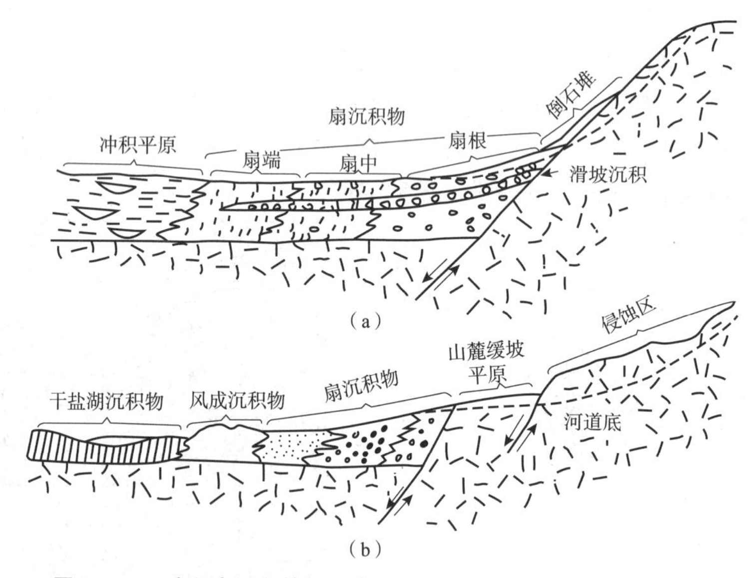

图5－32　冲积扇沉积的相组合剖面(据冯增昭和赵澄林，1993)

(二)冲积扇沉积与油气关系

冲积扇在我国现代大陆沉积中及地质历史时期的古代沉积中不乏其例，且发现了多个与冲积扇有关的油气藏，如我国新疆克拉玛依油田二叠系—三叠系冲积扇就是典型实例之一。在我国几乎所有中、新生代含油气盆地中均分布有不同规模的冲积扇体，是一类重要的油气储集体，占我国碎屑岩储集层6.0%(裘怿楠等，1997)。勘探表明，冲积扇沉积与储层有着密切的关系，其内形成的油藏具有“自我保护”的能力；另外，冲积扇的形成很可能导致上覆地层形成扇背斜油藏，也可能导致下伏基岩形成基岩风化壳油藏(王勇等，2007)。

新疆克拉玛依油田二叠系—三叠系砂砾岩分布于老山山前的断裂带，呈条带状分布于沉积时期的古盆地边缘，由七个冲积扇彼此相互连接构成一个冲积裙带(图5－33)。其岩性为一套较厚—巨厚的粗粒碎屑岩，砾岩厚度占总沉积厚度的60%～90%以上，砾石直径为1～60mm，分选极差，多呈棱角状，砾石成分90%以上为紧邻物源区的母岩碎块(变质砂泥岩块)。杂乱堆积的砾石在剖面上频繁地粗细交替，组成不明显的洪积层理和韵律层，并具清晰的冲刷面。其中所夹的棕红色—灰色、紫色泥岩透镜体含有砾石、粗砂和较多的粉细砂，无层理，无生物化石。这些特征反映其是在强氧化环境中由间歇性洪水所形成的、不稳定性的非连续沉积物，且经历了多次加积作用，而发育成如此巨厚的冲积扇沉积。

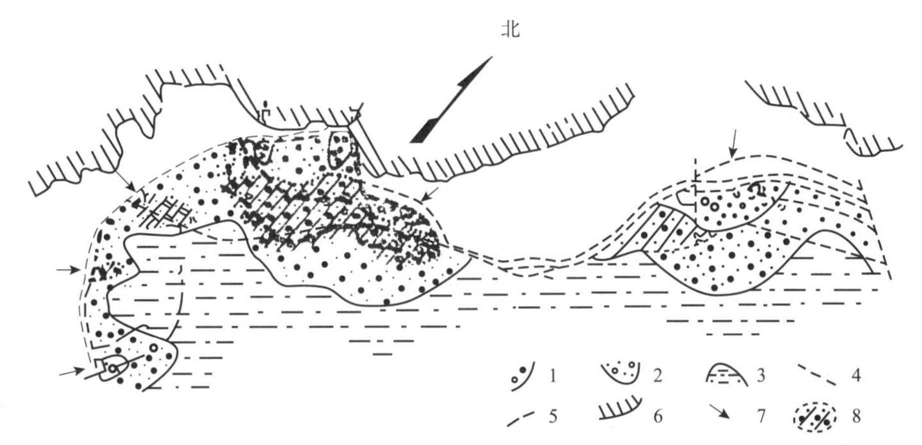

图5－33　克拉玛依油田冲积扇及含油情况示意图(据冯增昭和赵澄林，1993)

1—扇根；2—扇中；3—扇缘；4—断裂；5—地层尖灭线；
6—老山边界；7—陆源方向；8—含油良好地带

在每个扇体的扇中部位发育的砂砾岩体厚度大，颗粒粗，向扇体两侧变薄变细；且扇中部位的连片河床沙砾岩层，粒度适中，分选较好，胶结疏松，孔隙性和渗透性相对较好，为油气储集的有利相带。但同生断裂带的发育和不整合面的存在，也是该区油气藏形成所不可缺少的地质条件。

冲积扇中不同亚相带隔夹层的样式差异较大：扇根亚相带隔夹层呈整体不连续分散状，由多个不同级次的小规模细粒沉积物组成；扇中亚相带隔夹层整体以相对稳定隔层和侧向分隔夹层为主；扇缘隔夹层整体呈“千层饼”状，内部储集体呈透镜状分布(印森林，2013；图5－34)。

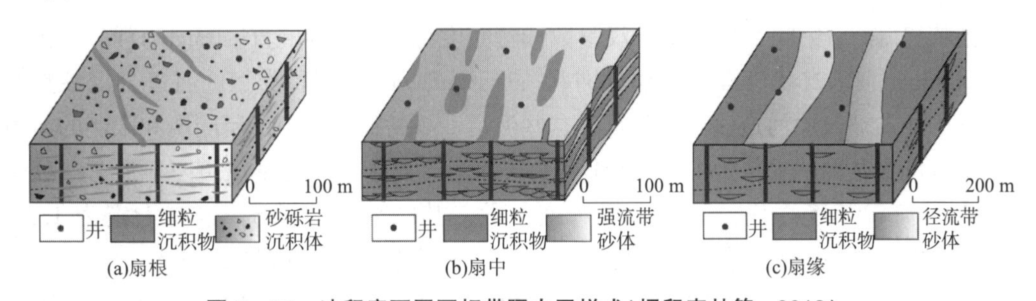

图5－34　冲积扇不同亚相带隔夹层样式(据印森林等，2013)

第五节　河流相

一、概述

河流(stream，river)是陆地表面上经常或间歇有水流动的线形天然水道(channel)，是陆地上最活跃、最有生气的侵蚀、搬运和沉积地质营力。河流的侵蚀作用使河谷不断地加深和拓宽，导致河床的左右迁移。河流源源不断地把沉积物由陆地搬运到湖泊和海洋中去，同时在搬运过程中形成了广泛的河流沉积。在适宜的构造条件下，有时可发育上千米厚的河流沉积。

河流沉积广泛发育于现代和古代地层中。现今中国境内广泛发育了类型各异的河流，仅流域面积在 1000km^2 以上的就有 1500 多条，主要河流多发源于青藏高原。中国河流分为外流河和内流河。注入海洋的外流河流域面积约占全国陆地总面积的 64%；流入内陆湖泊或消失于沙漠、盐滩之中的内流河流域面积约占全国陆地总面积的 36%。在古代地层中，河流沉积物占有极大的比例，是陆相地层的主要组成部分，也是重要的含油气相带。

二、河流的分类及特征

(一)河流的类型

不同类型的河流，在河道的几何形态、横截面特征、坡度大小、流量、沉积负载、地理位置、发育阶段等方面都存在着差别。这些因素通常作为河流类型划分的依据。

按照地形及坡降，可将河流分为山区河流和平原河流。前者地形高差和坡降大，向源侵蚀作用强烈，河岸陡而河谷深，河道直而支流少，水流急而沉积物粗；后者地形高差及坡降小，向源侵蚀停止，侧向侵蚀强烈，河道弯曲而支流多，故平原河流多为弯曲河流。

按照河流的发育阶段，可将河流分为幼年期、壮年期和老年期。同一河系，上游河流属幼年期，多为山区河流，以侵蚀作用为主，许多支流汇成主流；中游河流为壮年期，形成泛滥平原；下游的海、湖岸边的河流属老年期，与幼年期支流汇集河网的情况相反，产生很多的分流，呈网状分汊，最后流入湖泊或海洋。大量的沉积作用发育在壮年期和老年期的平原河流。

拉斯特(Rust，1978)根据河道分汊参数和弯曲度将河流分为顺直(straight)河、曲流或蛇曲(meandering)河、辫状(braided)河、网状(anastomosing)河四种类型。河道分汊参数是指在每个平均蛇曲波长中河道沙坝的数目。这些河道沙坝是被河流中线所围绕和限制的河道砂体。河道分汊参数的临界值为 1，小于 1 者为单河道，大于 1 者为多河道。河道弯曲度是指河道长度与河谷长度之比，通常称为弯度指数，其临界值为 1.5，也有人定为 1.3(如 Schumm，1985)，小于 1.5 者为低弯度河，大于 1.5 者称高弯度河(图 5－35)。

王随继和任明达(1999)通过解析拉斯特(Rust，1978)和钱宁(1985、1987)以河道平面形态为标准的河流分类方案之后，把冲积河流分为辫状河、曲流河、分汊河、网状河和直流河五类(图 5－36)。他们认为，钱宁所称的一部分分汊河(一个河曲波长范围内含有一个以上沙洲的河段)被包含在网状河之中，其余的分汊河未被包括。分汊河在内涵和外延上是不同于网状河的，网状河以多河道为特征，分汊河以单河道和分汊河道交替为特征。

除了上述分类外，还有人根据河流负载类型及搬运方式将河流分为底负载型河(bed－load fluvial)、混合负载型河(mixed－load fluvial)、悬浮负载型河(suspended－load fluvial)

(Schumm，1972、1977；Galloway，1996)(图5-37)。辫状河主要为底负载型河流，曲流河和分汊河主要为混合负载型和悬移负载型河流，网状河主要为悬浮负载型河流。在研究地质时期古河流沉积时，由于古河道的弯曲度难以直接判别，而河流的负载类型与河流沉积的层序结构关系密切，因此这种分类有助于恢复古代河流沉积环境。

从山区到汇水盆地，在不同的坡度与地形条件下，发育不同类型的河流(图5-38)，尤其是地形与坡度条件决定了河流的弯曲程度。

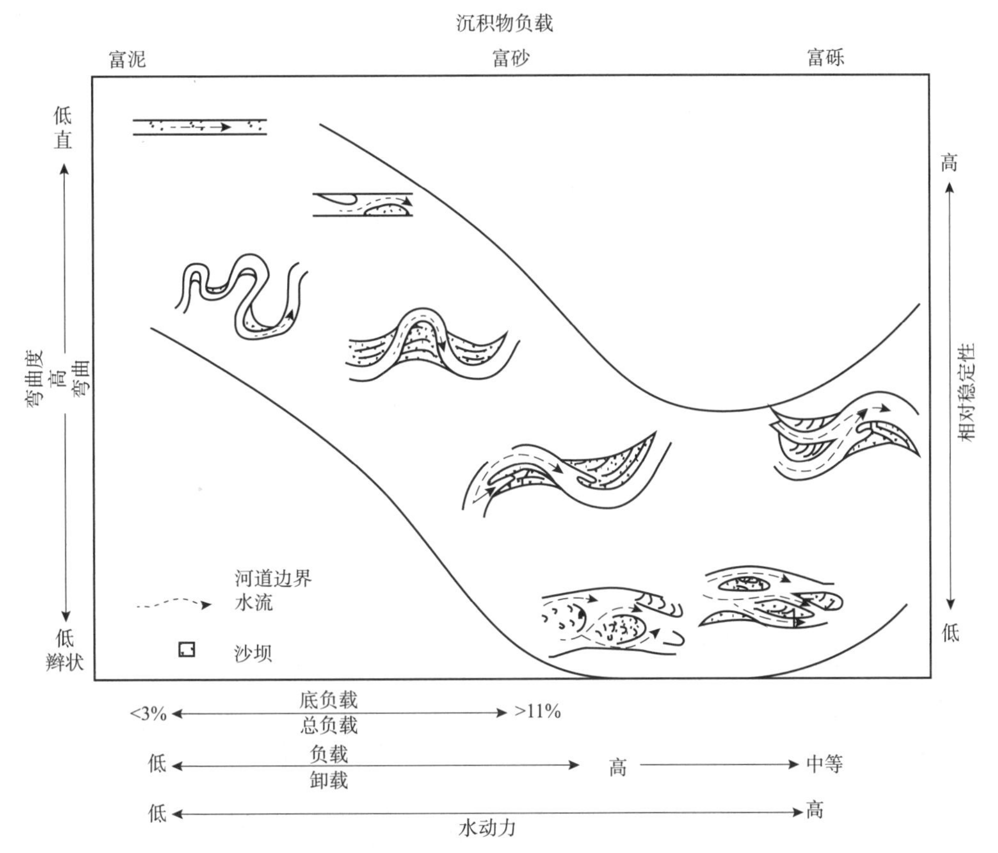

图5-35 河道样式与水动力、沉积物之间的关系(据Galloway等，1996)

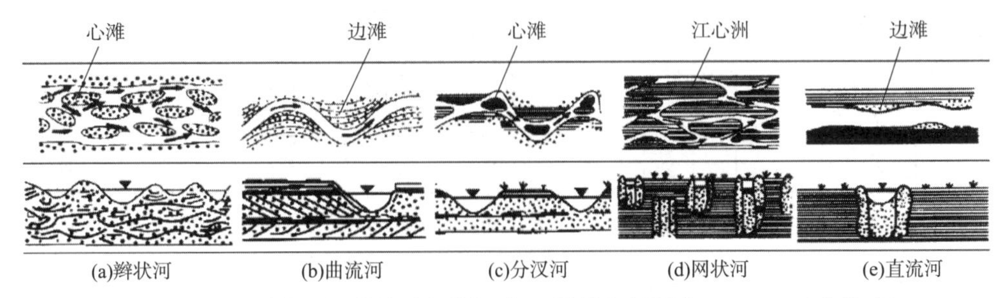

图5-36 五种类型河道的形态特征(据王随继和任明达，1999，略有修改)

上—河道平面形态；下—河道剖面形态

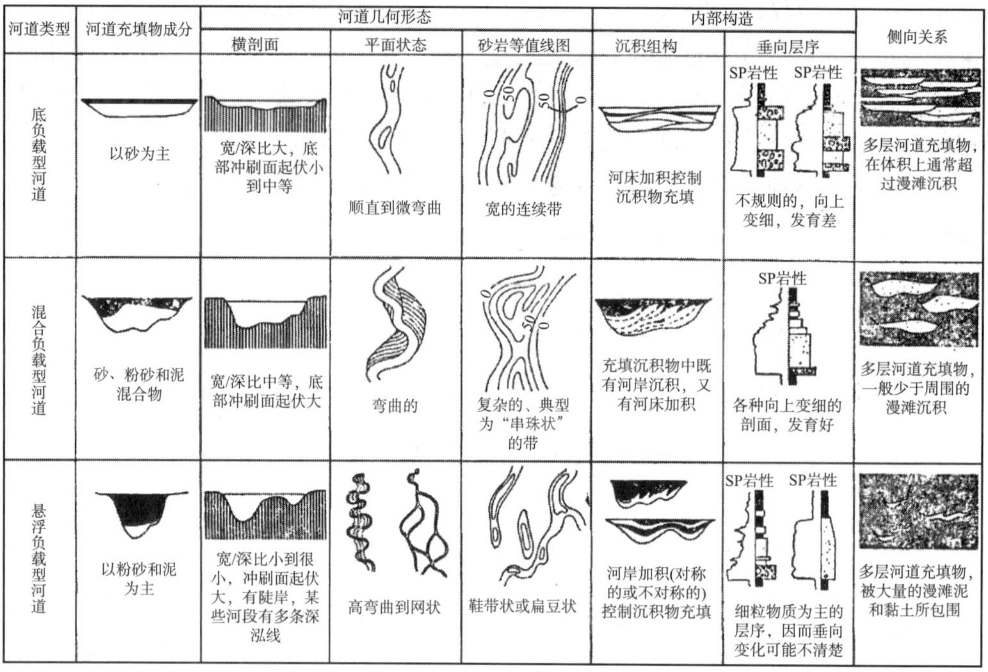

河道类型
河道充填物成分
河道几何形态
横剖面
平面状态
砂岩等值线图
内部构造
沉积组构
垂向层序
侧向关系
底负载型河道
以砂为主
宽/深比大，底部冲刷面起伏小到中等
顺直到微弯曲
宽的连续带
河床加积控制沉积物充填
SP岩性
SP岩性
不规则的，向上变细，发育差
多层河道充填物，在体积上通常超过漫滩沉积
混合负载型河道
砂、粉砂和泥混合物
宽/深比中等，底部冲刷面起伏大
弯曲的
复杂的、典型为“串珠状”的带
充填沉积物中既有河岸沉积，又有河床加积
SP岩性
各种向上变细的剖面，发育好
多层河道充填物，一般少于周围的漫滩沉积
悬浮负载型河道
以粉砂和泥为主
宽/深比小到很小，冲刷面起伏大，有陡岸，某些河段有多条深泓线
高弯曲到网状
鞋带状或扁豆状
河岸加积(对称的或不对称的)控制沉积物充填
SP岩性
SP岩性
细粒物质为主的层序，因而垂向变化可能不清楚
多层河道充填物，被大量的漫滩泥和黏土所包围

图 5－37　底载、混载和悬载河道及其沉积物的几何形状和沉积特点(据 Galloway 等，1996)

主要斜坡区域
易发生洪泛的区域
满岸时期
Aa+
>10%
A
4%~10%
B
2%~4%
C
<2%
D
<4%
DA
<0.5%
E
<2%
F
<2%
G
2%~4%
横剖面
平面分布特点
河流类型
Aa+
A
B
C
D
DA
E
F
G

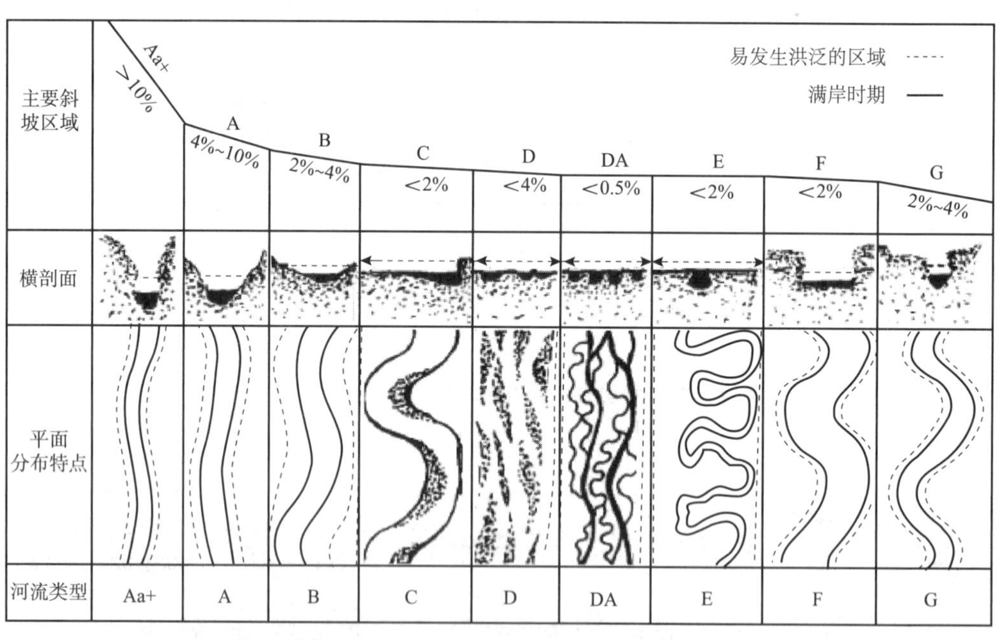

图 5－38　不同地形坡度条件下河流发育的类型(据 Rosgen，1994)

(二)不同类型河流的主要特征

1. 辫状河(braided river)

辫状河多发育在山区或河流上游河段以及冲积扇上，多河道、多次分汊和汇聚构成辫状[图 5－36(a)]。河道宽而浅，弯曲度小，其宽/深比值超过 40，弯度指数小于 1.5，河道沙坝(心滩)发育。河流坡降大，河道不固定，迁移迅速，故又称“游荡性河”。由于河流经常

改道，河道沙坝位置不固定，故天然堤和河漫滩不发育。由于坡降大，沉积物搬运量大，并以底负载搬运为主。

2. 曲流河(meandering river)

曲流河又称蛇曲河，单河道，其弯度指数大于1.5，河道较稳定，宽深比低，一般小于40。侧向侵蚀和加积作用使河床向凹岸迁移，凸岸形成点沙坝或边滩[图5-36(b)]。由于河道极度弯曲，常发生河道截弯取直作用。曲流河河道坡度较缓，流量稳定，搬运形式以悬浮负载和混合负载为主，故沉积物较细，一般为泥、砂沉积。因河道较为固定，其侧向迁移速度较慢，故泛滥平原和点沙坝较为发育。曲流河主要分布于河流的中下游地区。现代世界上一些著名大河的中下游，如密西西比河和长江，都具有曲流河的特征。

3. 分汊河(anabranched river)

分汊河一般河道弯曲，且以单河道和分汊河道交替为特征[图5-36(c)]。Brice(1982)给这一类型下了明确的定义：网状河流与分汊河流的差别在于，前者是由江心洲分割开的，后者是由很多坝(心滩)分割开的。江心洲相对于河宽来说，尺寸比较大。分汊河各汊道之间明显分开，相距较远，位置更为固定。在正常水位下某一段汊道不一定过水，但它们仍是一条活跃的、明显可辨的河槽，并未被植被堵塞。同时，分汊河流比较稳定，有别于摆动频繁的游荡型辫状河流。分汊河多发育在河流的中、下游地区。

4. 网状河(anastomosing river)

网状河具弯曲的多河道特征，河道窄而深，顺流向下呈网结状[图5-36(d)]。河道沉积物搬运方式以悬浮负载为主，沉积厚度与河道宽度成比例变化。河道间被半永久性的冲积岛和泛滥平原或湿地所分开，故常为限制型河道。冲积岛和泛滥平原或湿地主要由细粒物质和泥炭组成，其位置和大小较稳定，与狭窄的河道相比，占据了约60%~90%的地区。网状河多发育在河流的下游地区。

5. 顺直河(straight river)

顺直河弯度小，弯度指数小于1.5，通常仅出现于大型河流某一河段的较短距离内，或属于小型河流。河道内凹岸为冲坑(深槽)，沿此发生侵蚀作用，凸岸因加积作用形成浅滩[图5-36(e)]，可产生侧向迁移而逐渐向曲流河发展。

由于受地形坡度、流域岩性、气候条件、构造运动以及河水流量、负载方式等因素的影响，在同一河流的不同河段或同一河流发育过程的早期和晚期，其河道形式可有不同变化。甚至在同一时期的同一河段，因水位不同，河型亦有变化。如高水位时为曲流河，低水位时表现为辫状河。从辫状河到曲流河通常不是截然变化，而是可以存在一种过渡类型(李胜利等，2017)。辫状河通常表现为多河道，弯曲度较小，心滩坝使河道呈辫状形态；曲流河常表现为单河道特点(多次河道迁移可形成曲流河道带)，河道弯曲度通常较大，导致点坝比较发育；而辫—曲过渡型河流兼具辫状河与曲流河的特征，表现为心滩坝与点坝一起出现的特点(图5-39)。河流的辫曲转换过程中，起决定作用的是地形与坡度条件，既可以从辫状河向曲流河过渡，也可以从曲流河向辫状河过渡(图5-38)。

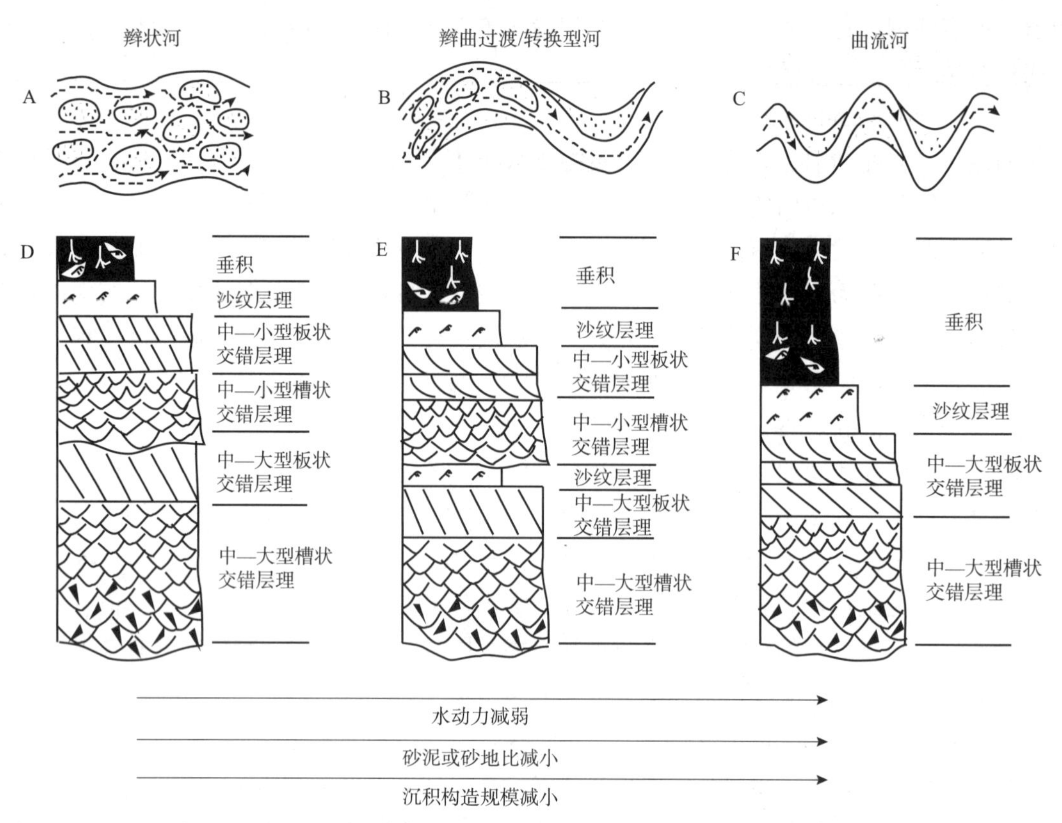

图 5－39　辫状河—辫曲转换河—曲流河沉积特征示意图（据李胜利，2017）

三、河流的沉积过程

河流在流动过程中，顺流方向上可发生 6 种河道变迁过程（图 5－40），而沉积物在河流中的搬运和沉积主要受河道流、越岸流及河道废弃的作用。

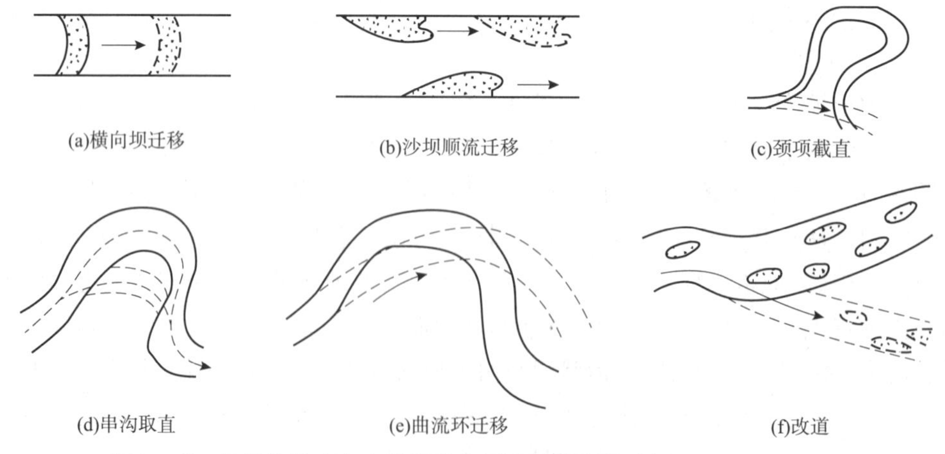

图 5－40　河流顺流方向上的河道变迁过程示意图（据 Schumm，1985）

（一）河道流（channel flow）

河道内流水的侵蚀、搬运和沉积作用是同时发生的，河流的水流结构是决定这些作用的直接因素。正是曲流河道和直流河道中河流的水流结构差异，决定了曲流河道和直流河道中沉积物发生侵蚀、搬运和沉积作用的差异。

1. 曲流河道的水流结构与点坝(边滩，point bar)的形成

曲流河道中的水流结构是一种螺旋形前进的不对称横向单环流体系(图5-41)。横向环流是由表流和底流构成的连续的、螺旋形向前移动的水流。在曲流河道中，表流的主流线靠近河流的凹岸(图5-41)，受惯性作用，在凹岸产生壅水现象。由于水流受阻以及在重力作用下被迫向下流动，形成下切的底流，并侵蚀河底；同时，水流又沿河底由凹岸流向凸岸，形成向前向上的底流。当到达表层时，又转变为由凸岸流向凹岸的表流，从而构成了一个向前的横向环流，且环流的主线偏向河道的凹岸一侧。在偏斜的表流和下切底流构成的不对称横向环流作用下，造成曲流河道的凹岸不断坍塌后退和坡度变陡，另一岸即凸岸在流速逐渐减缓的上升流影响下，底负载迅速沉积形成凸向河道的点坝。在横向环流的水动力作用下，沉积点坝的凸岸与具有深潭的凹岸沿河交替出现在两岸。这种水流结构控制了曲流河道的沉积作用。

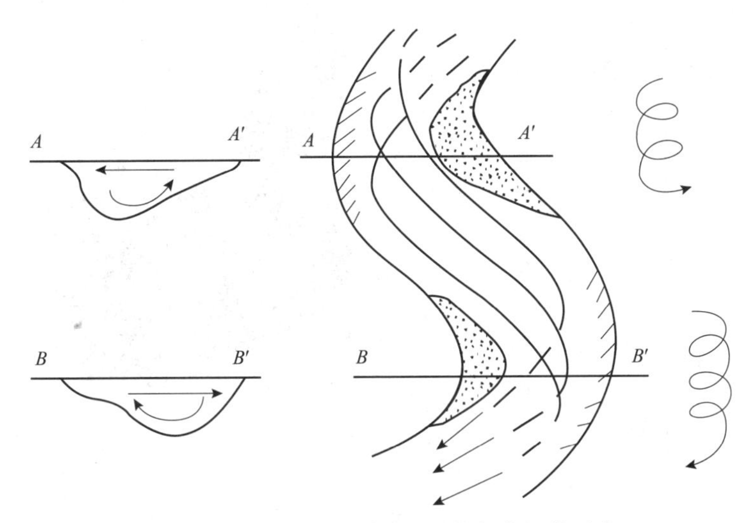

图5-41 曲流河道的水流结构与点坝的形成

2. 直流河道的水流结构与辫状坝(心滩，braided bar)的形成

直流河道中的水流结构是一种螺旋形前进的对称横向双环流体系(图5-42)。横向环形水流也是由表流和底流构成的。但在直流河道中，表流为发散水流，表流的主流线位于靠近河道中心上部，由中部向两岸流动，并冲刷侵蚀两岸；底流由两岸向河流中心辐聚，并携带沉积物在河床中部堆积下来，从而形成辫状坝或心滩。因此，在直流河道中形成了分布于主流线两侧的、螺旋形前进的对称环流体系。这种环流体系控制了直流河道中沉积物的沉积作用，遇河流的洪水季节，这种堆积作用尤为显著。

(二)溢岸流(overbank flow)

当满载沉积物的洪水溢出河岸时，就在泛滥盆地中发生加积作用。河流水体的上部携带大量的悬浮物质，当河水溢岸的时候，水流速度会突然降低，这时携带的物质会迅速沉积下来，砂质的碎屑物质沉积在河道边缘，粉砂和黏土物质沉积在离河道较远处。最终沉积物沿

着河道边缘渐渐堆积，进而形成了稳定的天然堤，同时河道间的泛滥盆地沉积也逐渐向上加积。

当洪水通过局部的缺口流出主河道时，河流就会决口。流过堤岸的水流会侵蚀并加深泄水水道，结果主河道里的水流到泛滥平原上，这时水流携带的碎屑物质也沉积在泛滥平原上(图5－43)。

决口水道里的沉积物主要是悬浮物质和细粒的河道底部物质。当河流决口时，水流会迅速分成多个支流并漫溢到决口扇的表面上，这时沉积物会迅速沉积下来(图5－43)。在小规模的河流中，由于河流的突然决口、河道及溢岸流的不同，产生的沉积物也多种多样。半干旱地区的水流通常是间歇性的，在泛滥平原上沉积席状砂和点坝。

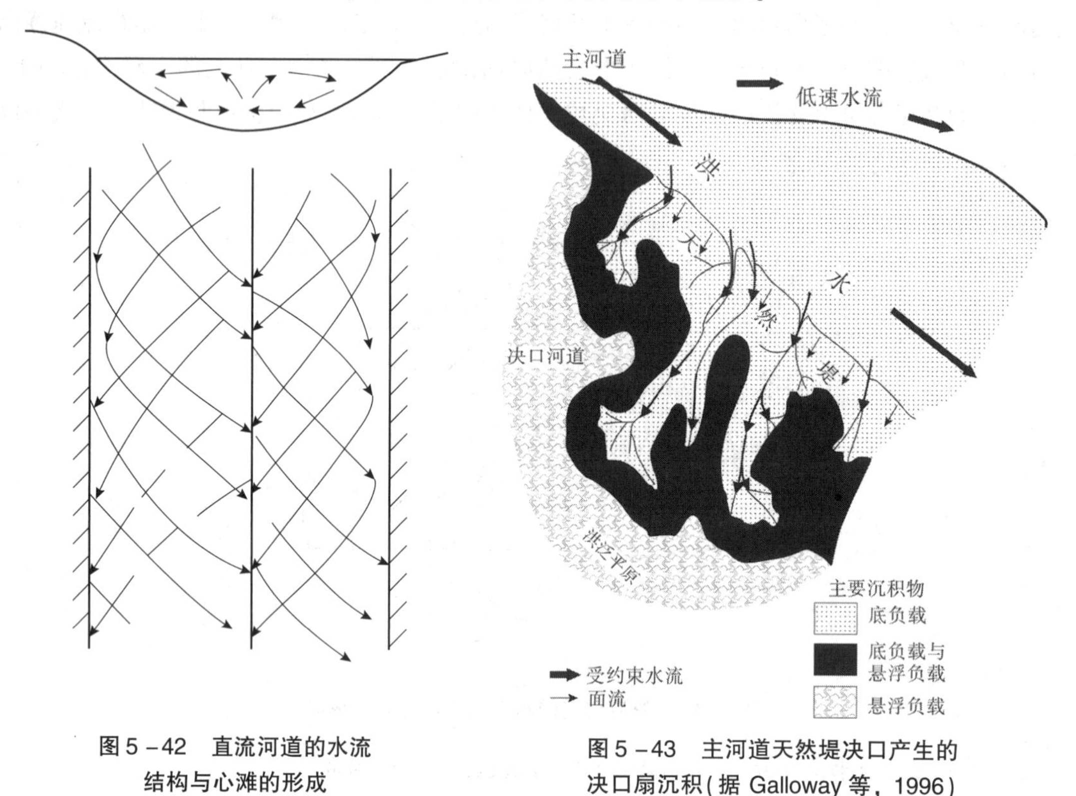

图5－42　直流河道的水流结构与心滩的形成

图5－43　主河道天然堤决口产生的决口扇沉积(据 Galloway 等，1996)

天然堤和决口扇发育在活动性的河道边缘部位，而泛滥平原沉积在河道外并向外延伸数千米。泛滥平原加积的速度通常是非常慢的，即使在沉积比较活跃的地区，每年也只能沉积数厘米。因此在地质历史时期，泛滥平原的冲积表面都是比较稳定的。

(三)河道废弃(channel abandonment)

河道的往复摆动是冲积平原的重要特点。在局部地区，由于水流的冲蚀和下切作用，环状的河道通常被切断。在较大的范围内，河流的决口或者河流的改道常常引起河道逐渐或者突然的废弃。伴随着幕式的水流，天然堤及泛滥平原逐渐在河道周边形成。这时，河道就在周围的冲积平原上摆动，最终导致天然堤破坏，新的河道在相对低的泛滥盆地中再次形成。同河道逐渐的侧向迁移不同，河流的决口是一个瞬间的过程，它打断了河流逐渐往上加积的过程。

新形成的河道通常与原来河道的轴向平行，也可能占据原来的河道，这时河道中的沉积物就会慢慢堆积。在这期间，由于小幅度的构造沉降以及前期沉积的砂泥质物质比较容易侵蚀，分汊的河道就容易相互汇合。在河道决口地区，废弃的河道在低能的泛滥平原上慢慢形成了小的河流，或者是形成一些孤立的河漫湖泊。除了靠近河流决口的上游地区外，其余大部分废弃河道是在物源区比较活跃的地方形成，而不是在河流主干或者支流所形成的泥质泛滥盆地中形成。

由于河流可以从辫状河逐渐过渡到曲流河，这种变化过程中弯曲度也在发生变化，导致废弃河道的产生与废弃特点也会有所不同，通常可存在三种废弃过程(李胜利等，2017)，也即三种类型的废弃河道(表5－4、图5－44)。

表5－4　不同弯曲度河流的废弃河道特征表(据李胜利等，2017)

废弃过程	弯度(*S*)范围	废弃河道砂泥比	废弃特点	主要发育的河流类型
Ⅲ型：河道分汊为主	1.05≤*S*<1.3	砂/泥高，泥塞规模小，砂塞明显	高能缓慢废弃，易复活	低弯型曲流河 辫—曲过渡型河 包括三角洲曲流型分流河道
Ⅱ型：串沟取直为主	1.3≤*S*<2.0	砂/泥中等，泥塞规模中等，砂塞可发育	逐渐废弃，能量中等，可复活	高弯型曲流河
Ⅰ型：颈项截直为主	*S*≥2.0	砂/泥低，泥塞为主，砂塞不发育	低能快速废弃，难复活	特高弯型曲流河 包括三角洲网状分流河道

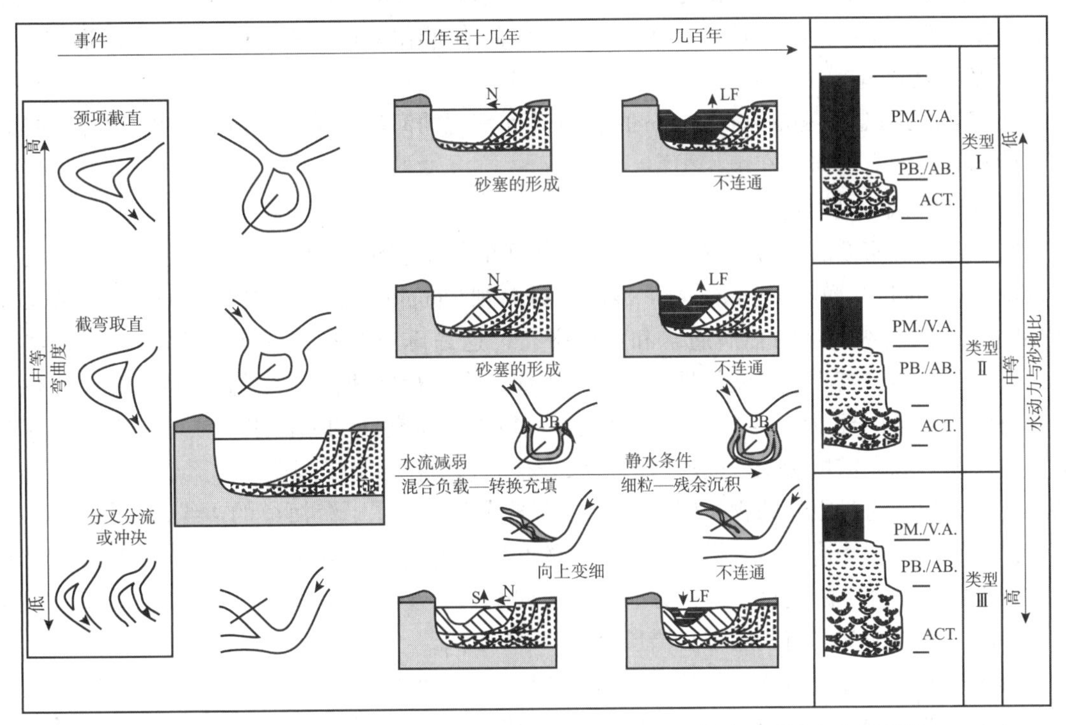

图5－44　废弃河道沉积特征与沉积模式(据Toonen，2012，修改；转引自李胜利等，2017)

PM./V.A.—泥塞/垂积；PB./AB.—砂塞/渐弃砂；ACT.—活跃槽状交错层理河道沉积

四、河流的沉积模式

河流相由四个亚相组成(表5－5)，包括河道充填、废弃河道、河道边缘和泛滥盆地。

表5－5　河流体积沉积相组成(据Galloway等，1996)

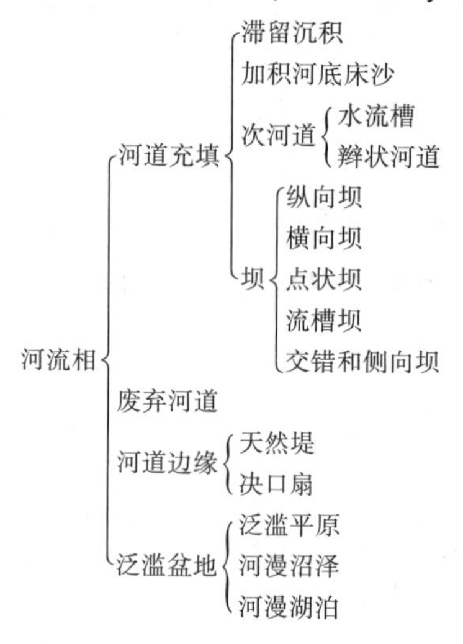

(一)河道充填(channel－fill)亚相

河道沉积由河流携带的大部分底负载沉积物组成，形成了河流体系的骨架沉积，它包括垂向加积和侧向加积的沉积单元。河道充填沉积的内部结构主要取决于河道的几何形态。

1. 低弯度河道

低弯度河道(low－sinuosity channel)在富砂和富泥的河流体系中都以可出现(图5－45)，每一种都具有特有的河道充填相类型。

1)富砂的低弯度河道

底负载或者富砂的低弯度河道一般是辫状河的特征(图5－45)，微相类型有辫状河道(braided channel)、横向坝(transverse bar)、纵向坝(longitudinal)、侧向(lateral bar)或交错坝(alternating)。纵向坝的轴向通常和水流平行，这是砾质辫状河的典型特征(图5－45)。在洪水泛滥期间，较浅的水流从坝上流过，进而产生平行层理，坝下游边缘的沉积产生低—中等角度的交错层理[图5－45(a)]。辫状坝可以被洪水期间的流槽水道或低水期的辫状水道切割。侧向或交错坝沿低弯度河道的边缘分布。它们在河流干涸期间暴露出水面，在洪水期间又被淹没，这时粗粒的物质就会从坝的顶部冲走，并在下游河道的边缘部位沉积下来。其中，主要的沉积构造类型有板状和低角度的交错层理[图5－45(a)]。横向坝在砂质辫状河道中很典型，往下游迁移、排列方向与水流向垂直。在洪峰期，坝上游的沉积物往下游倾泻，在坝内形成崩落的前积层和交错层[图5－45(b)]。

辫状河道充填透镜体相互贯穿并且切割坝砂体。砂质、砾质河道沉积体中构造现象较少，在合适的水动力条件下形成的向下游迁移的水下沙丘里，有时可以见到槽状层理[图5－45(b)]。河道阻塞沉积物在大多数粗粒的低弯度河道中较少见，但它们确实形成了局部薄层的粉砂质泥沉积，并充填在废弃的辫状水道中。

富砂的低弯度河道充填沉积的垂向层序较乱，略显向上变细，但粗粒沉积自下而上都有。其内部构造主要有冲刷面、水平层理、平行层理、交错层理和再作用面构造，少见波状层理。

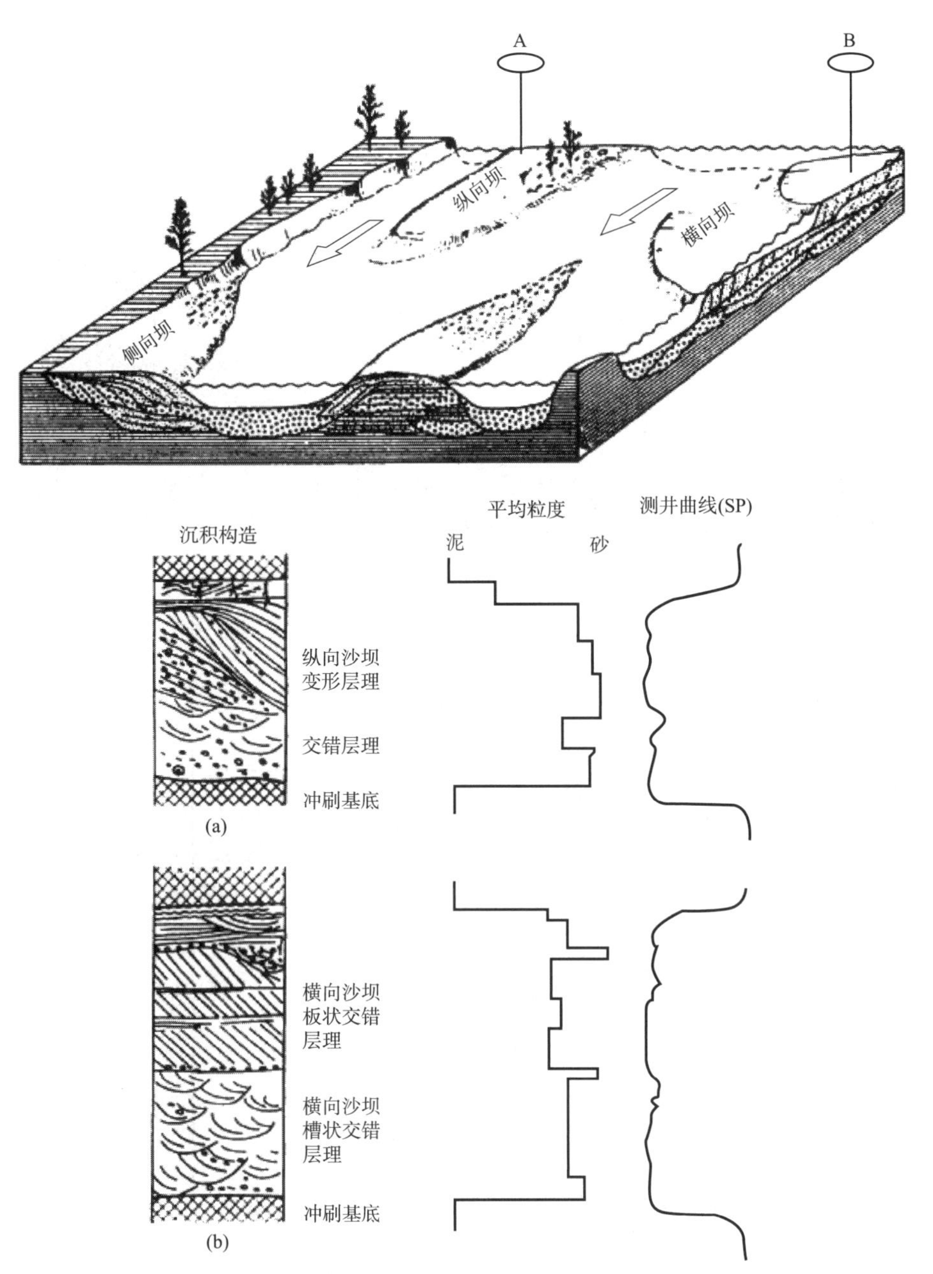

图 5－45　低弯度辫状河道沉积模型(据 Galloway 等，1996)

(a)剖面是由砾石质纵向坝迁移产生的；(b)剖面记录了辫状河道充填沉积上部连续的横向坝沉积

2)富泥的低弯度河道

富泥的低弯度河道一般是网状河的特征，与相应的粗粒低弯度河道沉积大不相同。河道横切面通常是凸的并且对称。交错坝可能在富泥的低弯度河道中形成，但是当河流水动力条件减弱或者废弃河道的堤岸形成时，就产生了对称的河道沉积单元。图 5－46 是一个富泥的低弯度河流沉积模式。河道充填呈长而窄的透镜状体，底部冲刷面起伏很大。宽厚比低(通常小于25∶1)、河道充填的垂向叠置是其典型特征。砂体走向通常平行于沉积斜坡，但常见分汊或者网状河道样式、流向多变。河道充填由富粉砂和黏土的砂质沉积物组成。粗粒物质(砾石、内碎屑以及植物碎屑)通常很少，分布在滞留沉积中。河道充填序列通常具有向上变细的特征[图5-46(a)(b)]。大至小型槽状交错层理为内部主要的沉积构造；软质沉积物变形通常很普遍。泥质沉积物中发育波状层理、波纹层理和平行层理；原地的生物扰动明显。主要沉积构造是植物根迹。

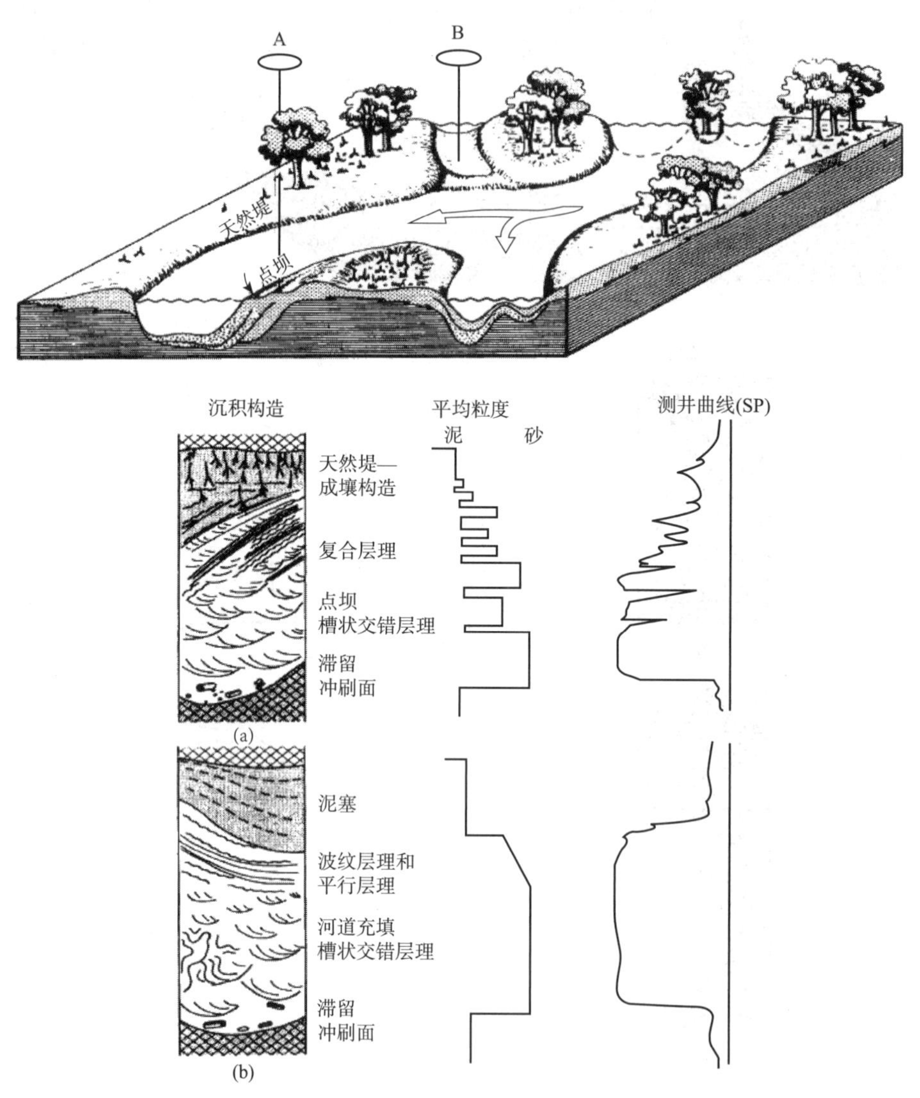

图5-46　网状河道沉积模型、代表性的垂向序列以及理想化的SP测井曲线(据Galloway等，1996)

2. 高弯度河道

高弯度河道(high-sinuosity channel)是曲流河的特征，微相单元有河床(channel floor)、点坝(图5-47)、流槽及流槽坝(chute bar)(图5-48)和废弃河道。河床或谷道(thalweg)是河道的最深部位，是河流搬运的最粗物质的沉积部位。河床滞留沉积位于或在底部侵蚀面之上，由泥砾和源自堤岸和底部侵蚀的块体、水淹的植物碎屑、河床负载的粗砾石和砂等原地搬运物质组成(图5-47、图5-48整个层序)。最厚的和最粗的滞留沉积物聚集在冲刷槽中。迁移的水下沙丘覆盖了活动的河床，因此大到中型槽状交错层理是其主要的内部沉积构造[图5－47(a)(b)]。当沉积物向上搬运到平缓斜坡内部河岸的相对低速流和低紊流区域时，就形成了侧向加积的点坝(图5－47)。

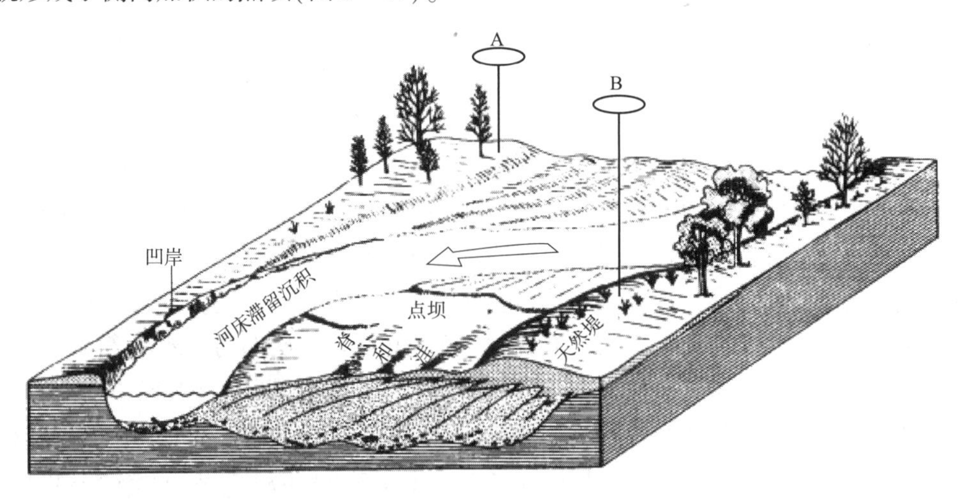

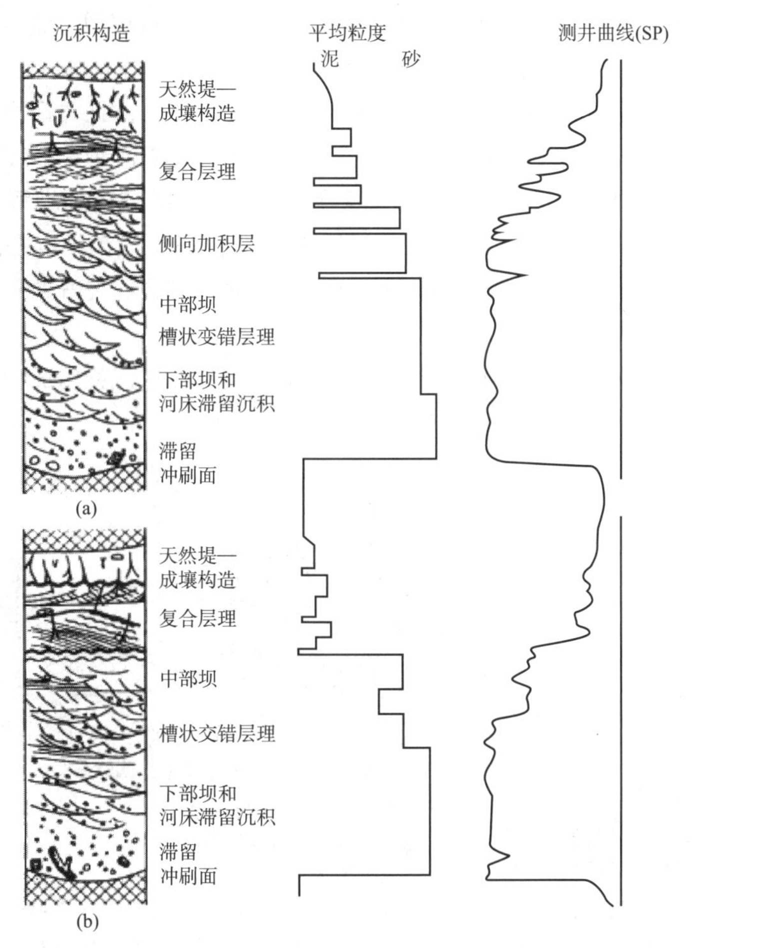

图5－47　高弯度河道的沉积模型、垂向序列以及测井曲线(据Galloway等，1996)

测井曲线为自然电位SP；剖面(a)表示完整的向上变细的点坝序列；剖面(b)表示的是削蚀点坝的垂向序列

曲流带的曲率趋向于逐渐增大。因为沉积物会由河道向上和向外移向点坝，因此垂向上粒度的减小是点坝的垂向序列的典型特征。点坝表面的脊—洼地形(即曲流内侧坝)(图5－47)和S形侧向加积层理(ε形交错层理)反映了点坝的增生结构。洪水期越过点坝表面的细粒沉积物可能沉积于洼地中形成泥质透镜体和泥塞。点坝早期沉积部分通常被植被覆盖和被细粒的天然堤和泛滥平原沉积覆盖(图5－47)，形成从粗粒的河床滞留沉积向上变细的旋回。

砂质通过沙丘的迁移越过坝的中下部而发生搬运，因此中到大型槽状交错层理是这部分砂体的特征[图5－47(a)]，层理规模向上减小。板状交错层理在点坝中上部较少出现。点坝上部粒度更细，水深浅，流速低，以发育波纹层理、爬升—波纹层理、板状交错层理为特征。坝体表面可能被片流、沟蚀以及暴露地表期的植被和潜穴所改造。在点坝上游末端形成的斜坡上洪峰期的河道高速水流将在其上流散。在这里，点坝底部到上部粒度的连续变化受到抑制，细粒的堤岸沉积可能突然覆盖于粗粒的点坝沉积之上[图5－47(b)]。

洪水期形成的流槽和流槽坝是河流直接切割点坝表面的一部分。此时，主要的粗粒底负载沉积物流出主河道进入一个或多个流槽和水道，并冲刷点坝的上游末端(图5－48)。当水流越过点坝表面时，底负载颗粒发生沉积，在点坝顶部形成流槽坝。流槽中发育在主河道中可见的粗粒滞留沉积物。流槽坝由坝脊背流面的水流分散作用而成的相对粗粒沉积物组成。流槽坝在水流重返主河道和坝进积到河道或早期流槽相对深水的地方沉积厚度大。流槽复合体的主要沉积构造包括叠瓦状砾石层理、平行层理、流槽河道上游部位的泥质透镜体[图5－48(a)]、流槽远端和边缘部位的槽状交错层理、流槽坝内的大型板状交错层理或斜层理[图5－48(b)]。侵蚀和充填伴随冲蚀植被或其他障碍而流动，也是流槽改造的点坝的主要特征。粗粒底负载沉积物的透镜状单元沉积和点坝序列顶部发育的超大型沉积构造是流槽发育的本质结果。

河道充填沉积由河床滞留沉积、点坝砂和粉砂、河岸顶层沉积组成(图5－47)。侧向加积层是河流点坝序列的典型特征(图5－49)。

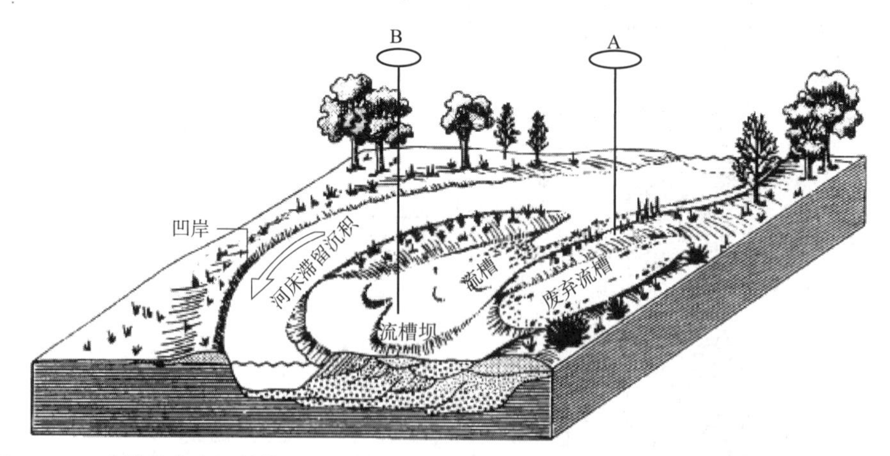

图5－48　流槽改造点坝的简化沉积模型、垂向序列以及测井曲线(据Galloway等，1996)

点坝上游部分被流槽河道沉积覆盖[剖面(a)]；下游部分河道和点坝低部位沉积被流槽坝沉积覆盖[剖面(b)]

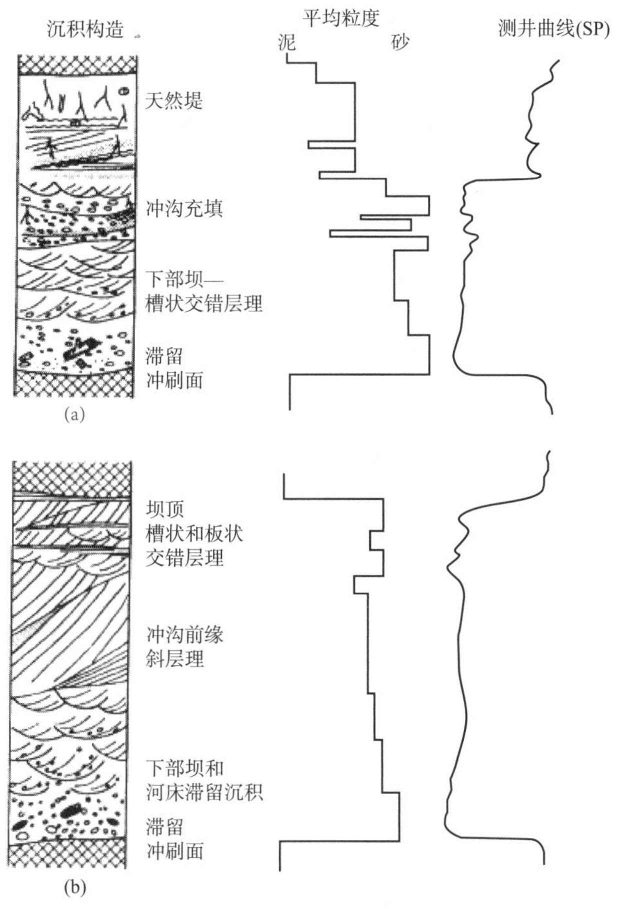

图 5-48　流槽改造点坝的简化沉积模型、垂向序列以及测井曲线(据 Galloway 等，1996)(续)

点坝上游部分被流槽河道沉积覆盖[剖面(a)]；下游部分河道和点坝低部位沉积被流槽坝沉积覆盖[剖面(b)]

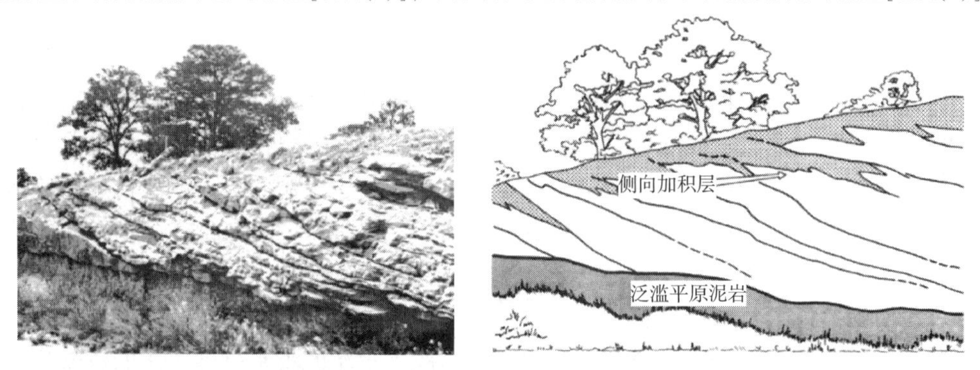

图 5-49　高弯度河道段点坝沉积的侧向加积层(据 Galloway 等，1996)

(二)河道边缘(channel margin)亚相

在洪水期，当河水漫过堤岸或者沿决口倾泻时，一些底负载和相当多的悬浮质沉积物沿着河道边缘沉积。这些额外的水流通常是不受约束的，远离河道时流速迅速降低，夹带的砂快速沉积。只有最细粒的悬浮沉积物被搬运到河道间的泛滥盆地。存在两种不同的河道边缘环境：①天然堤，它约束河道；②决口扇，它从决口处或天然堤的低部位延伸到泛滥盆地(图 5-50)。

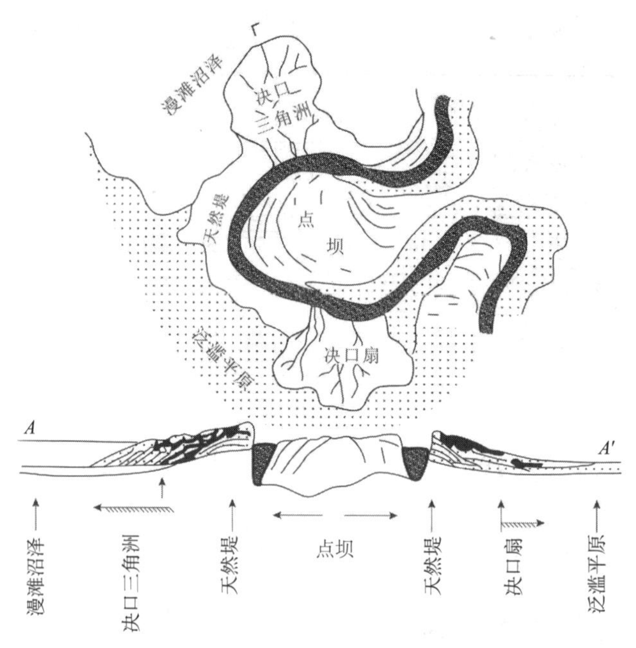

图 5－50　河道边缘和河道间泛滥平原沉积(包括决口扇和天然堤)(据 Galloway 等，1996)

1. 天然堤(natural levee)

当水流减速时，富含悬浮物质的河水溢出堤岸，细砂、粉砂和黏土沿着河道边缘沉积。

随着一次次的泛滥，沉积物在逐渐增加，形成天然堤。较长时期无沉积作用、暴露地表、快速沉积是其特征。沉积构造主要包括波纹层理、爬升—波纹层理、波状层理、平行层理、纹层状泥层和植物根扰动带[图 5－48(a)(b)的上部]，也会出现局部软的沉积物变形和冲刷—充填构造。天然堤遭受反复的浸湿和烘干，因此，沉积物受压实、氧化以及淋滤等作用。土壤中碳酸盐和氧化铁结核常见。

2. 决口扇

天然堤的局部决口使得水流从河道向外倾泻，悬浮质和底负载沉积物向泛滥盆地邻近河道部分扩散形成决口扇(图 5－50)。小规模的网状、分汊或者辫状河道体系在决口扇体表面延伸，在洪水期，水流既可沿河道流动，也可以是不受河道限制的流动；决口扇的建造可以是底负载和悬浮质沉积物沿扇体表面延伸的逐级加积，也可以向漫滩沼泽和河道间湖泊进积(图 5－47)。在易发洪水的河流相中，决口扇的规模可能变得相当大，可以覆盖几平方千米，并且与主河道侧翼宽阔的冲积平原接合(图 5－51)。

决口扇的内部沉积构造是复杂的，表明它们形成于多次的洪水事件、浅的急流状态以及快速沉积。在由永久的河道间湖泊组成的泛滥盆地中，决口扇的进积形成一个类似于小型湖泊型或吉尔伯特型三角洲的垂向序列(图 5－50)。多重复合沉积单元包括小到大型冲积河道和冲刷面、河道间漫流残余、泥质披盖和古土壤。

(三)河道间泛滥盆地(interchannel flood basin)亚相

细粒的底负载和悬浮质沉积物在洪水期向河道间地区冲积形成泛滥盆地或泛滥平原。泛滥平原沉积物的量、纹理结构以及随后的沉积演化主要受控于水流能量和沉积物特征。因此，泛滥平原相特征在某种程度上是不同类型河道的特征。

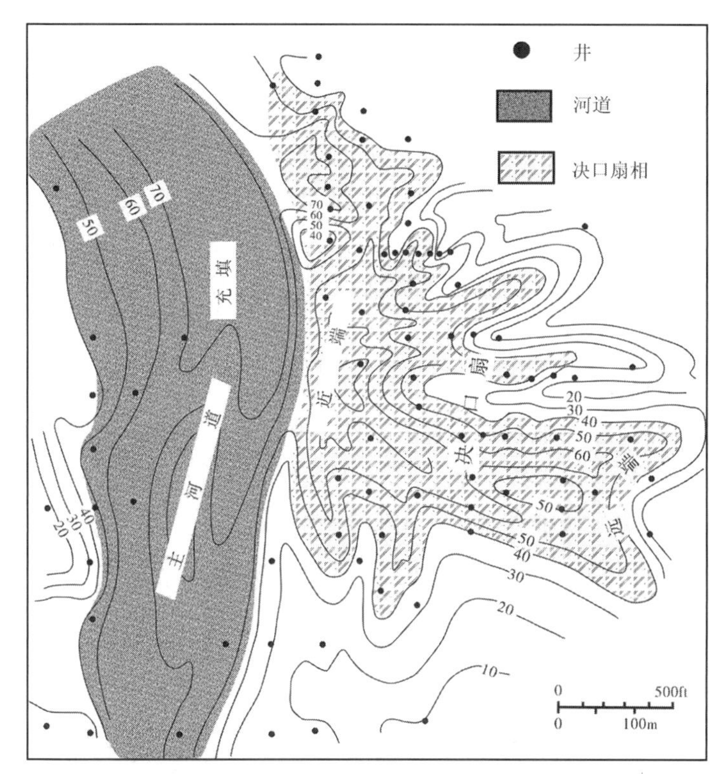

图 5 -51　曲流河道充填边缘大型决口扇的砂岩等值线图(据 Galloway 等，1996)

扇体厚度接近于主河道的厚度；决口扇沉积不均匀地混合细到粗砂、
泥质透镜和砾石；美国得克萨斯州海岸平原渐新统

泛滥平原相的基本沉积单元是具有明显的底部向上变细的薄层，厚度在几个到几十个厘米。总体上沉积速率是低的，被生物钻孔、植物生长改造，并且成壤过程通常破坏主要的沉积构造。在干旱气候条件下，潜水面较低，泛滥盆地是一个干旱的泛滥平原，它可能被树或草等植被覆盖或局部被迁移的风成沙丘覆盖。湿润气候下，在高潜水面的情况下，在泛滥盆地中形成河漫沼泽(岸后沼泽，backswamp)和河漫湖泊的沉积环境。高的生物生产率、低的陆源沉积物供给速率以及高的潜水面使得漫滩沼泽成为植物碎屑沉积和保存的理想环境。主要的泥炭沉积可能因此聚集在漫滩沼泽和湖泊环境中。

(四)废弃河道充填亚相

废弃河道或牛轭湖形成了一个体积有限但是重要而特别的亚相，即废弃河道充填(图 5 -52)。

此种河道充填由泥质砂至较纯黏土组成，通常比主河道充填沉积物细。废弃河道充填相与周围活动河道相可以是渐变也可以是突变接触，取决于河道废弃是突然的还是逐渐的。泥质河道充填是废弃河道的一个缩影，因此，充填河道是窄而长(几十到几百米)的。在复杂的曲流带沉积序列中，河道充填复杂地分割了其

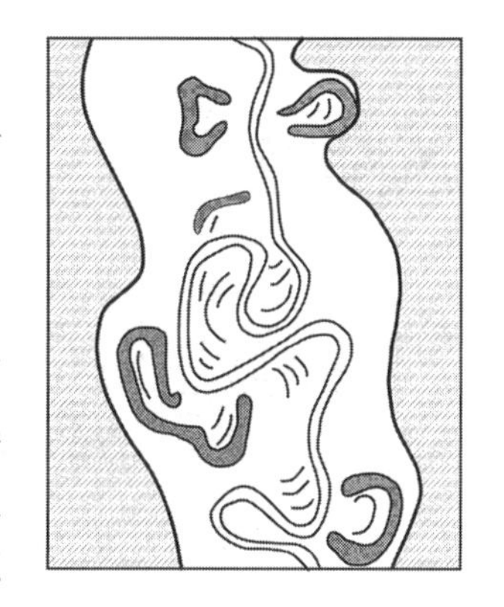

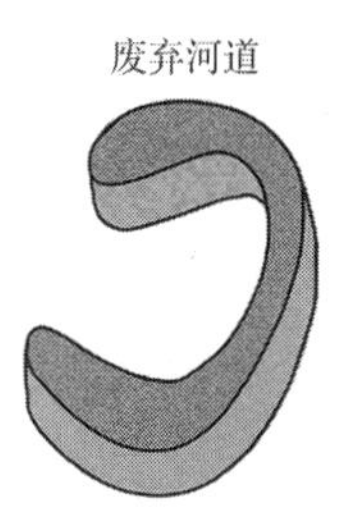

图 5 -52　曲流带砂体中的废弃河道(泥质)充填(据 Galloway 等，1996)

他横向延伸的曲流带砂体的上部(图5－52)。它们的几何形态、河道充填砂体单元内或顶部的位置以及相对粒度这些鉴别标志，在测井曲线中可以很容易识别出。但是，单个废弃河道充填砂体的精细刻画要求密集井距的数据。

取决于气候和潜水面深度，废弃河道部分可能形成永久的或季节性的河道间湖泊。这些湖泊充填的是局部次生的泛滥平原沉积物、洪水期冲积的悬浮质河流沉积物、盆地内沉积物、通常泥质的不相称水流，或者异常独特的成分，比如气降火山灰或泥炭。沉积构造是典型的淡水湖泊的沉积构造，包括陡倾三角洲前积、负载和流体逸出构造(泄水构造)、细的纹层、生物钻孔和根迹。

(五)河流的构型特点

在冲积平原上，最主要的地貌特征是河流作用所形成的河谷。河谷又可再细分为次一级的地貌单元，如河道(床)、天然堤、泛滥平原及废弃河道等。其中河道不仅是搬运沉积物的通道，同时也是河流发生侵蚀和沉积作用的主要场所。

1985 年，A D Miall 根据他多年的研究，将河流分成了 12 类，并同时提出了一种新的研究方法，即构型(或建筑结构)要素分析法(architectural element analysis)，并指出无论现代还是古代，每条河流都具有其特殊的一面，传统的河流分类相模式存在着较多的局限性。由此，他提出了 8 种河流的基本构形要素(图 5－53)。

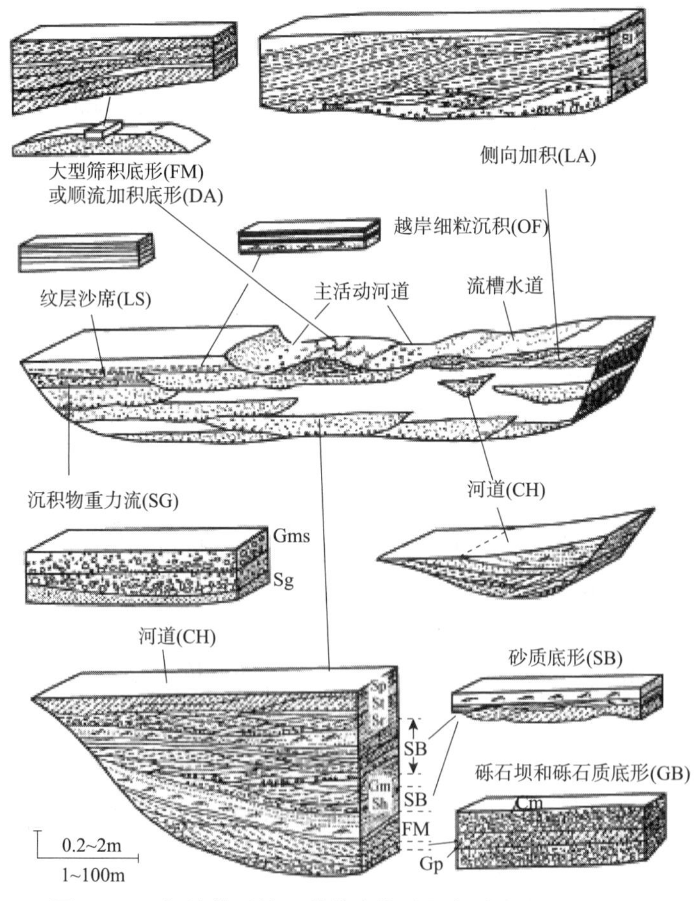

图 5－53　河流体系的 8 种基本构形要素(据 Miall，1985)

界面分级(bounding surface hierarchy)岩相类型及构形要素三大内容构成了这种分析方法的基本框架与研究内容。其中可以将构形要素理解为:

构形要素 = 岩相组合 + 砂体几何形态

构形组成要素:

A D Miall 在 1985 年的第二届国际河流会议上提出了这一概念，划分了七个界面界别和八种构造单元(表 5 -6、表 5 -7)。

表 5 -6 河流相砂体中沉积单元规模的范围(据 Miall，1985)

界面级别	沉积单元的侧向延伸	沉积单元厚度/m	沉积单元面积/km^2	成　因	地下填图方法
7	200km × 200km	0 ~ 30	4×10^4	段或亚段、隐蔽构造控制	区域性电测井曲线对比
6	1km × 10km	10 ~ 20	10	河道成因的席状砂体	油田内电测井曲线对比，三维地震
5	0. 25km × 10km	10 ~ 20	2. 5	带状河道砂体	除非井距很小，填图困难，三维地震
4	200m × 200m	3 ~ 10	0. 04	巨型底形单元(侧向加积、顺流加积)	在岩芯上可识别 3、4 级界面倾角
3	100m × 100m	3 ~ 10	0. 01	巨型底形的活化	在岩芯上可识别 3、4 级界面倾角
2	100m × 100m	5	0. 01	类似交错层理的岩相的层系组	岩芯岩相分析
1	100m × 100m	2	0. 01	单个交错层系	岩芯岩相分析

表 5 -7 河流沉积中的构造单元(据 Miall，1985)

构形单元	符　号	主要岩相组合	几何形态及相互关系
河道	CH	任意组合	指状、透镜状；上凹侵蚀基底，规模和形态变化很大，内部第二次侵蚀面普遍
砾石坝和砾石质底形	GB	Gm、Gp、Gt	透镜状、毯状，通常为板状体，夹 SB
床沙底形	SB	St、Sp、Sh、Si、Sr、Se、Ss	透镜状、席状、毯状、楔状，存在于河道充填中，决口扇、沙坝扇、沙坝顶、小沙坝
顺流加积底形	DA	St、Sp、Sh、Si、Sr、Se、Ss	位于扁平状或河道基底之上的透镜体，内部和顶部夹有向上凸的 3 级界面
侧向加积沉积	LA	St、Sp、Sh、Si、Sr、Se、Ss、G 和 F 少见	楔状、席状、舌状，具有内部侧向加积的特征
沉积物重力流	SG	Gm、Gms	舌状、席状，通常夹有 SB
纹层沙席	LS	Sh、Si、少量 St、Sp、Sr	席状、毯状
越岸细粒沉积	OF	Fm、Fi	薄—厚毯状，通常夹有 SB，可能充填有废弃河道沉积

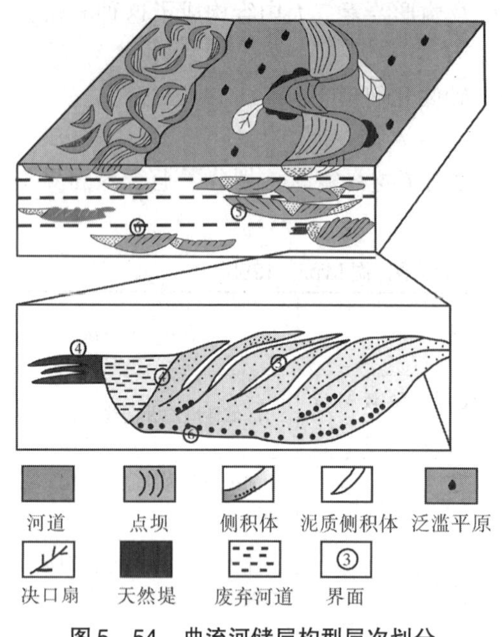

图 5－54　曲流河储层构型层次划分
（转引自吴胜和等，2008）

河流储层构型的定量研究目前主要集中在曲流河构型建模方面，曲流河储层构型从大到小可分为三个层次（图 5－54），包括河道砂体层次、点坝层次和侧积体层次（吴胜和等，2008）。

1. CH——河道（channels）

被扁平状或上凹的侵蚀面分隔，河流体系中存在多个这样的河道。较大的河道通含有复杂的充填物，这些充填物由一个或多个其他构形单元类型组成。

2. GB——砾石坝和砾石质底形（gravel bars and bed forms）

平板状或交错层理砾石组成简单的纵向沙坝或横向沙坝。

3. SB——床沙底形（sandy bedform）

低流态的底形产生的岩相有：St、Sp、Sh、Si、Sr、Se 和 Ss。它们相互组合形成一系列不同几何形态的构形单元。最能体现床沙底形的构形单元为板状或席状砂体，它们常常位于河道的底部、砂坝顶部或决口扇处。

4. DA——顺流加积底形（downstream accreting macroform 或 foreset macroform）

1985 年，A D Miall 将此定义为 FM（foreset macroforms），即前积大型底形。然而，到 1988 年，他在 AAPG 发表河流砂岩储层非均质性一文中，则将 FM 改成了 DA（downstream accreting macroform），即顺流加积大型底形。这足以说明前积与顺流加积的内涵有所差别，前者多指三角洲形成的沉积作用，但后者的外延则更广。

这种构形单元（DA）具有内部和顶部分界面向上凸的特征。大型底形（DA）的各个组分在水动力条件下是相互联系的，表明分界面的倾斜方向平行或亚平行于古水流方向，由此可知这种构形单元类型代表了顺流加积形成的复杂沙坝沉积。

5. LA——侧向加积沉积（lateral accretion deposit）

底形指示出的古水流方向与内部加积面的倾向之间的夹角较大，表明该构形单元通过侧向加积而发育，这就是众所周知的点沙坝，主要发育在曲流河之中，以凹岸侵蚀、凸岸加积为特色。

6. SG——沉积物重力流（sediment gravity flow）

主要通过碎屑流（泥石流）而形成的砾石沉积，岩相 Gms 是其主要的岩相类型，即沉积速率快、泥质含量高。

7. LS——纹层沙席（laminated sand sheet）

主要有岩相 Sh 和 Sl 级成，这种组合表明为高流态平坦床沙的产物。

8. OF——越岸细粒沉积（overbank fine）

由泥岩、粉砂岩和少量形成于洪泛平原和废弃河道环境中的细砂岩组成。通常发育在决口扇、天然堤及泛滥平原之中。

五、古代河流的识别标志及其与油气关系

(一)古代河流的识别标志

1. 岩石类型及其组合

河流相发育的岩石类型以碎屑岩为主，其次为黏土岩，碳酸盐岩较少出现。在碎屑岩中，又以砂岩和粉砂岩为主，砾岩多出现在山区河流和平原河流的河床沉积中。

碎屑岩的物质成分复杂，它与源区以及河流流域的基岩成分有关。一般不稳定组分高，成熟度低。砾岩成分复杂，砂岩以长石砂岩、岩屑砂岩为主，个别出现石英砂岩，泥质胶结者居多，间或有钙、铁质胶结者。

大多数河流的水介质是弱氧化的，并几乎都是中性至弱酸性的，故河流相沉积中不出现海绿石，菱铁矿等二价铁矿物也不常见，黏土矿物高岭石较多，伊利石较少。

2. 结构

河流相碎屑沉积物以砂、粉砂为主，分选差至中等，分选系数一般大于1.2。粒度频率曲线常为双峰。粒度概率曲线显示明显的两段型，且以跳跃总体为特征，其分布范围为$1.75\Phi \sim 3.0\Phi$之间，跳跃总体与悬浮总体之间的截点在$2.75\Phi \sim 3.5\Phi$之间，悬浮总体的含量为2%～30%。

河流的水流属牵引流，故河流相沉积在牵引流综合$C-M$图上呈S形，它有较发育的PQ、QR和RS段。

3. 沉积构造

河流相层理发育，类型繁多，但以板状层理和大型槽状交错层理为特征。细层倾斜方向指向砂体延伸方向，倾角15°～30°。在河流沉积的剖面上，大型板状、槽状交错层理发育在下部，小型的板状、槽状交错层理发育在上部，波状层理发育在剖面顶部。

河流沉积中常见流水不对称波痕，也可见砾石的叠瓦状排列，扁平面向上游倾斜，倾角约为10°～30°。

河流沉积的最底部常具明显的侵蚀、切割及冲刷构造，并常含泥砾及下伏层的砾石。

4. 生物化石

河流相生物化石一般保存不好，通常较难见到动物化石及较完整的植物化石，所见到的常是破碎的植物枝、干、叶等。河床亚相典型的指相化石为硅化木，它是植物的干或茎在开放系统条件下硅化而成的。河漫沼泽沉积中可见炭化植物屑或完整的植物化石，它们多是在封闭缺氧条件下保存下来的。在时代较新的河流相地层中可见到脊椎动物化石。

5. 沉积层序

在沉积剖面上，自下而上表现为下粗上细的间断性正韵律或正旋回，每个旋回底部发育有明显的底冲刷现象。典型的曲流河流沉积剖面应具有完整的河流沉积层序，即具有完整的“二元结构”，从下而上由河床滞留沉积开始，向上依次出现边滩或心滩以及泛滥平原沉积，且底层沉积与顶层沉积厚度近似相等(图5－55)。而辫状河的“二元结构”中底层沉积发育、厚度较大，顶层沉积不发育或厚度较小(图5－56)。

6. 砂体形态

河流砂体在平面上多呈弯曲的长条状、带状、树枝状等。在横切河流的剖面上，呈上平

下凸的透镜状或板状嵌于四周河漫泥质沉积之中，如辫状河心滩砂体，总是呈透镜状成群出现，交错叠置，四周为泥质沉积所包围，显示河道的多次往复迁移。

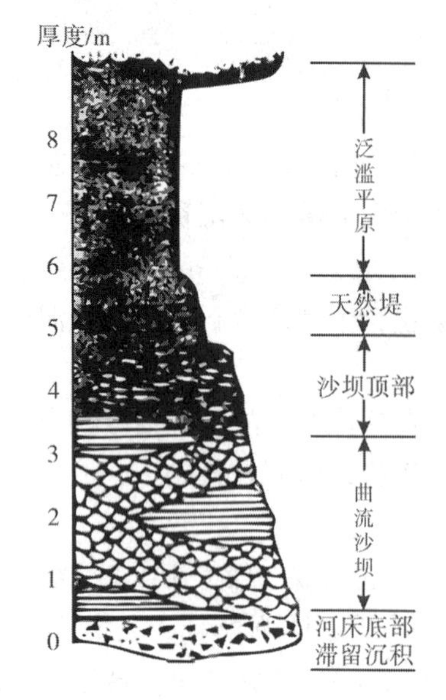

图5－55　曲流河沉积的标准垂向模式（转引自冯增昭和赵澄林，1993）

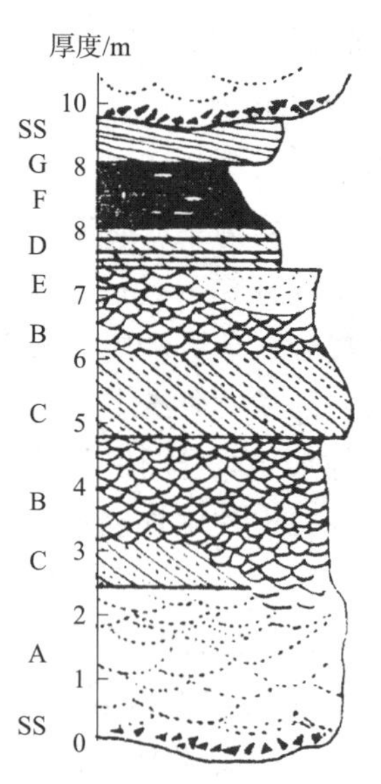

图5－56　加拿大魁北克省泥盆纪巴特里角砂岩辫状河垂向层序（转引自冯增昭和赵澄林，1993）

SS—侵蚀冲刷接触；A—大型槽状交错层理含砾粗砂层；B—槽状交错层理粗砂岩；C—板状交错层理砂岩；D—小型板状交错层理砂岩；E—大型水道冲刷充填交错层理砂岩；F—垂向加积沉积波状交错层理粉砂岩和泥岩互层；G—角度平缓的交错层理的砂岩

（二）河流相与油气的关系

河流不仅是沉积供源的主要搬运载体，还为湖、海盆带来养分，为生物生长提供养料，间接为烃源岩母质形成提供了条件。营养物质是有机物生长的最重要因素，石炭纪以后河流是全球含油气盆地中营养物质的主要来源；中国中生代—新生代湖盆周围河流发育，其内营养物质丰富；而新生代海相烃源岩与河流关系密切，已发现的大—中型气田均位于大型河流前缘（三角洲内）（邓运华，2010）。

河流相沉积砂体是油气储集的良好场所。古河流砂体如果接近油源，可成为油气的储集岩。由于河流砂体岩性变化快，其内部储油物性的非均质性较为明显。垂向上以旋回下部河床亚相中的边滩或心滩砂质岩储油物性最好，向上逐渐变差；横向上透镜体中部储油物性较好，向两侧变差。

古河流砂体可形成岩性圈闭油藏、地层—岩性圈闭油藏以及构造—岩性圈闭油藏。如渤海湾盆地新近系自下而上发育典型的辫状河、曲流河和网状河沉积，目前在这三种河流相中均发现了大型油气田。以中国东部渤海湾盆地为例新近系馆陶组与明化镇组为例，河流相储层十分发育，其中馆陶组以大型辫状河沉积储层为主，而明化镇组曲流河砂体比较发育；而明化镇组大套泥包砂体的曲流河沉积提供了良好的油气封盖条件。

第六节　湖泊相

一、概述

湖泊是大陆上地形相对低洼和流水汇集的地区。一般而论，湖泊相对海洋来说，面积和深度都较小。湖泊四周为陆地，湖泊与周围陆地之间和湖泊本身的地形变化都较大，随之引起水动力和水化学条件的变化，使沉积物的岩性、分布和厚度的变化都较快。

目前全球现代湖泊总面积约 $250\times10^4km^2$，占陆地面积的18%。我国现代湖泊的总面积只有约 $8\times10^4km^2$，不到全国陆地面积的1%。我国最大的鄱阳湖、洞庭湖、青海湖等面积约有 4000 ~ 5000km²。然而在中—新生代时期，我国湖泊却相当多，而且面积大的湖泊也不少，如渤海湾盆地古近系湖泊面积达 $11\times10^4km^2$，松辽盆地上白垩统的湖泊面积高达 $15\times10^4km^2$，鄂尔多斯盆地上三叠统的湖泊面积达 $18\times10^4km^2$，其他面积上千平方千米的湖泊还有很多。

和海洋相比，湖泊面积小、区域气候条件对湖泊的影响很明显，如气候冷热和干湿的变化引起母岩风化速度和产物、河水流量和泥沙含量、湖水蒸发和湖平面升降的变化，相应地引起湖泊水动力和地球化学条件的改变，使湖泊沉积的分布范围和厚度、岩性和相带、有机质类型和含量都有所不同。此外，当靠近海洋的近海湖泊与海洋间存在连通的通道时，全球性海平面变化也将引起湖平面及湖水性质的变化。总之，区域构造、地形、气候和物源对湖泊沉积环境及其相应沉积物的控制比对海洋更为直接和明显。其中，构造和气候是对湖泊的形态和水体地球化学条件的主控因素。构造常控制湖泊的规模、形态、地貌起伏特征等，气候则控制了湖泊水体的水位、地球化学条件等。在不同大地构造区、不同气候带、不同的地理和物源区，湖泊沉积具有十分大的差别。

湖泊沉积具有良好的油气生成和储集条件，目前我国发现的大多数油田储量主要来自中生代—新生代湖泊沉积。此外，湖泊沉积中还蕴藏着盐、铁、煤、油页岩、硅藻土等矿产。同时，湖泊又是一个相对独立的体系，经历了较长的地质历史，并具有较高的沉积速率，因此，湖泊沉积地层可提供区域环境、气候和事件的高分辨率连续沉积记录，是全球气候变化和恢复研究的重要方面。

二、湖泊的环境特征、分类及沉积演化

(一)湖泊的环境特征

1. 湖泊环境的水动力特征

湖泊的水动力条件与海洋有相似之处。湖泊中也有波浪和湖流作用，从湖岸到湖心，水动力强度逐渐减弱，相应地出现沉积物由粗到细的岩性岩相分带。湖盆愈大，则与海盆相似性也愈大，尤其是与那些潮汐作用不显著的浅海。但是，一般而言，湖泊的水体比海洋小得多，无潮汐作用，波浪和湖流作用的强度也弱得多，同时，湖泊受气候、河流等外界因素影响较大。因此，湖水运动是十分复杂的。风、河水、大气加热、气压差和重力作用等因素，均可导致湖水产生不同程度的运动。在各种作用中，湖浪和湖流作用是影响湖泊沉积最明显

的水动力作用。

1)湖浪(lake wave)

在风力的直接作用下，湖泊的水面可形成较强的波浪，即湖浪。湖浪的发生、停息、强度和范围主要取决于风速、风向、吹程和持续的时间以及湖泊的水深等因素。风速大、吹程远(湖泊面积大)、持续时间长、湖水深，则产生大浪。湖浪所形成的水体波动的振幅随水体深度的增加而减小，当达到1/2个波长时，水体质点运动几乎等于零，故常把此水深的水平界面称为“浪基面”或“浪底”(wave base)。浪基面以下的湖水较平静。由于湖泊面积小，湖浪的规模也小，浪基面的深度比海洋小得多。在风暴浪活动时期，浪基面要比平时低得多，这一浪基面称为“风暴浪基面”(storm wave base)。

湖浪作为一种侵蚀和搬运的动力在湖滨浅水区非常活跃。湖浪对湖岸和湖底进行冲刷并搬运碎屑物质，形成各种侵蚀和沉积地形，如浪蚀湖岸、湖滩、沙嘴和障壁沙坝等。风暴浪还可在较深水区形成具有丘状交错层理的砂质堆积体，但丘状交错层理的规模比广海陆架环境的丘状交错层理小得多。风的剪切和低的气压将造成湖水体的大规模起伏，这种波动称为假潮(seiche)。这是由于水在湖面的一端堆积，堆积的力量释放后，水就沿湖的延长方向传播，形成一种大规模波浪状起伏运动。水从任何一端回跳，都会引起湖面波动。假潮的周期与湖泊的大小和水深有关，许多大湖泊都有明显的假潮，如休仑湖潮差最大幅度达0.76m。

2)湖流(lake current)

湖流是湖水大规模的、有规律的、流速缓慢的流动。按其成因可分为风生流、河水吞吐流和入湖河水的惯性流。

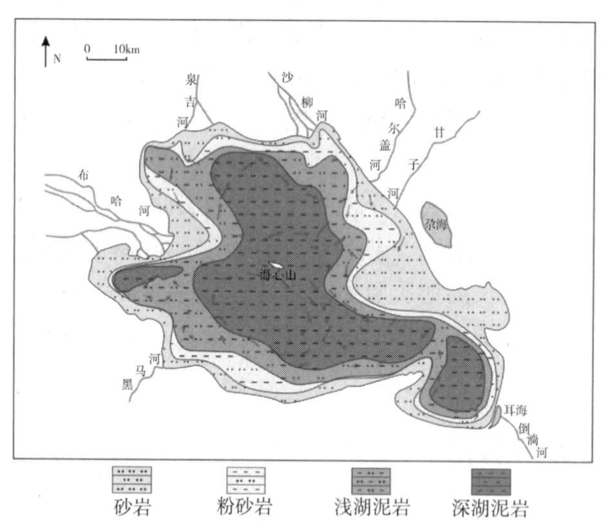

图5-57 青海湖水动力平面图(转引自姜在兴，2016)

风生流是由风对湖面的摩擦力和风对波浪迎风面的压力作用下使表层湖水向前运动。由于水的黏滞力作用，表层水又带动下层湖水同时向前流动。风生流的流速随深度加大而减小。风生流是大型湖泊中最常见的一种湖流，它能引起全湖广泛的、大规模的水流流动。我国许多现代湖泊在盛行风的作用下，在开敞湖面常形成闭合型环流。如青海湖盛吹西风，主环流呈顺时针方向运行(图5-57)；云南滇池受西南季风的影响，环流呈反时针方向运行。

河水吞吐流是由于河湖的水量交换引起湖面倾斜，入流处水量堆积，出流处水量流失，从而形成水力梯度使湖水向前运动。吞吐流主要受河水水情控制。当汛期出入水量显著时，流速增大；反之，则减小。入湖水流不断向湖中扩散，越向湖泊中心其流速减小。河水吞吐流流速还受湖底地形影响。

入湖河水的惯性流是指河流入湖后，由于流水的惯性作用在湖泊内继续向前运动的流体。一般河流入湖后迅速分散并与湖水混合，同时卸下其中较粗的负载，形成三角洲沉积体；而在有的情况下，河流入湖后继续向前流动，而几乎不发生扩散，即形成惯性流。惯性流的强度取决于河流的流水能量和湖泊水体的能量差异。惯性流可见于湖水任何深度，流动状态取决于两种水体密度的相对大小。由于温差，当注入河水的密度低于湖水时，河水呈羽状体出现；当河水密度大于湖水的密度时，则形成密度流，很多深湖中都出现有这种密度流，如浊流。

湖流通常很少是单一流，常相互结合形成混合湖流，因此，不同的湖泊，由于其形态、湖底地形、水情、气候条件等差异，所形成的湖流规模、形式也有很大差别。湖流的平面和垂向变化随时间、水情、地形的影响不断变化，通常流速缓慢，一般很少超过2m/s。因此，一般湖流仅能搬运细粒(细砂及粉砂)的底负载，形成小规模的底形。

3)湖泊的水动力特征与沉积作用

在淡水湖泊中，碎屑物质大部分是由河流以底载或悬载的形式带来的，湖泊的水动力特征控制了此类湖泊的沉积作用。从沉积水动力条件角度，可将淡水湖泊湖区划分为以河流作用为主的区域和以波浪作用为主的区域(图5-58)。前者包括河口附近的三角洲沉积区，以及扩散更广的河水羽状流(惯性流)区；后者主要受风力所制约(与风速、持续时间和方向等有关)。在浪基面之上，表现为岸滩侵蚀以及碎屑物质向岸外搬运，这个过程在大型湖泊中尤为明显。在浪基面以下，湖底以沉积作用为主；当坡度增大时，松软物质将顺坡运动，转化为沉积物重力流，在深湖湖底沉积下来。

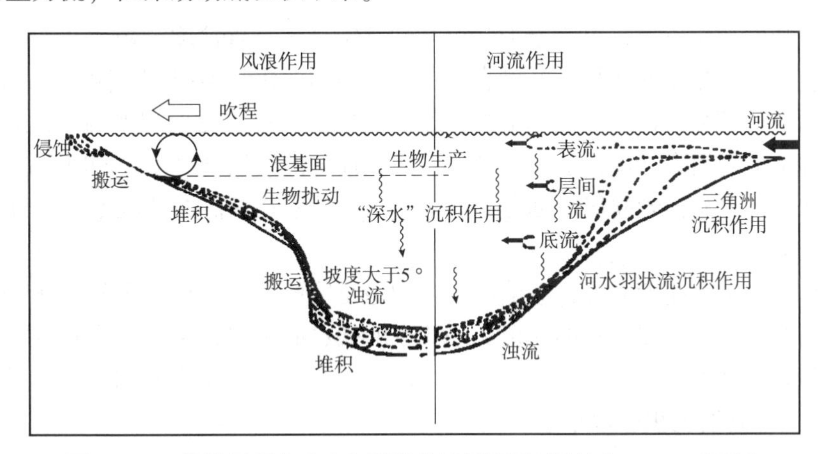

图5-58 湖泊沉积水动力与沉积作用示意图(据Hakanson，1997)

2. 湖泊的物理化学条件

水体分层是湖泊体系的重要特点之一。在水体表面由于热对流和风吹掺混，水面附近的水体产生混合，水温趋于一致，这部分水体称同温层，下部为较冷的、温度梯度小的湖底滞温层，这两层被温跃层隔开(图5-59)。温度分层现象在水体较大的湖泊中比较显著，而在浅水湖泊中不明显。如我国水深最大的云南抚仙湖(水深156m)存在湖水的热分层现象(图5-60)，而太湖、鄱阳湖(水深几米到十几米)等浅水湖泊的垂直分层不明显。湖水分层也有种种变化，夏季表层水温比底层高，属于正温层分布；冬季表层水温比底层低，属于逆温层分布。两种相反的垂直分层，在春秋两季相互更替时，湖水上下交换，便是所谓回水，这种湖称双循环湖；在高原和寒冷区，表层水温从未超过4℃，每年只有一次回水(如夏季)，这种湖属单循环湖。有些深湖的底部水体稳定，只有上部水层参加上下循环，称局部循环湖。

湖水表层到底部的盐度差异也可以促进湖水分层。由于蒸发作用等使水体盐度增高，从而使湖水在纵向上产生密度差，随之高盐度水体下沉到湖底。盐度分层把低盐度的表层水和通常含硫化氢的高盐度的底层水分开，这一现象也称为湖水的化学分层。

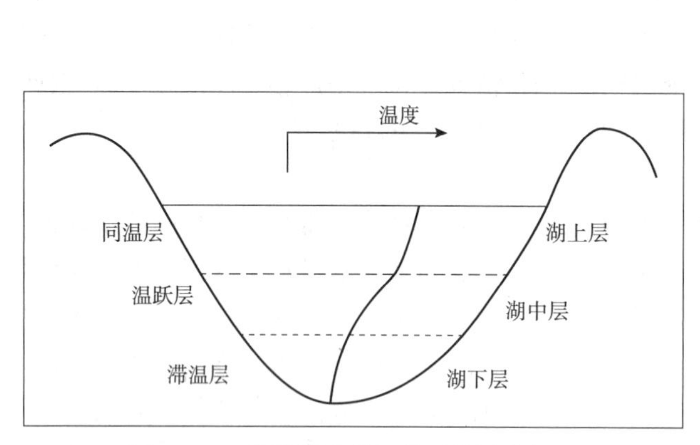

图 5－59 湖中温度分层典型的温度剖面
（据 De Deckker 和 Forester，1987）

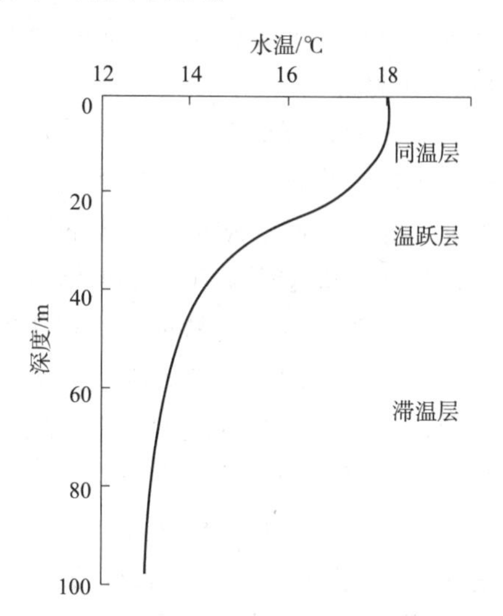

图 5－60 云南抚仙湖水的热分层现象

湖水的含盐度变化较大，由小于 1% 至大于 25%，这与含盐度一般为 3.5% 的海水则有明显的不同。湖水含盐度的变化，既可直接反映出湖泊的化学类型，又能间接反映湖泊盐类物质积累或稀释的环境条件。决定湖泊含盐度高低的主要因素是气候和流域地球化学特征。干旱气候条件下的湖泊含盐度普遍高于潮湿气候条件下的湖泊含盐度。同时，湖泊内水动力条件和生物作用等对湖泊含盐度平面分布影响较大，特别是湖流、波浪等水动力促进了湖水含盐度的均匀分布。

湖泊沉积环境中除盐度之外，湖泊沉积物的稳定同位素、稀有元素等与海洋也有一定的差别。如湖泊中 $^{18}O/^{16}O$、$^{13}C/^{12}C$ 的比值比海相中的低；而海相碳氢化合物的硫同位素 $^{34}S/^{32}S$ 的比值较为稳定，湖相中变化大；微量元素 B、Li、F、Sr 在淡水湖泊中含量比海洋中少，Sr/Ba 比值在淡水湖泊沉积中常小于 1。

3. 湖泊的生物特征

取决于盐度条件，湖泊环境中常发育良好的淡水生物群，也可以发育微咸水—咸水生物，如腹足类、瓣鳃类等底栖生物，以及介形虫、叶肢介、鱼类等浮游和游泳生物，此外还常发育有藻类等低等植物。石油的生成首先依赖于各种生物体中有机质的大量产生。对于陆相湖盆来说，沉积物中的有机质除部分来自陆生植物残体外，主要是湖盆水域水生生物的大量繁殖和富集。

我国东部中生代—新生代湖泊十分发育，多次受到海侵影响，其生物特色表现为：

（1）具有海相生物与陆相生物混生标志。典型的陆相化石有壳变形虫、轮藻、淡水植物的种子、孢粉与海相有孔虫、半咸水介形虫混生。

（2）广盐性生物发育丰富，具有大量广盐性有孔虫、介形虫、硅藻等。例如，广盐性钙质壳有孔虫希望虫、诺宁虫、卷转虫、假上穹虫等；广盐性胶结壳有孔虫砂粟虫、砂杆虫、砂轮虫、拟单栏虫等；广盐性介形虫瘤正星介、中华丽花介、新单角介、细花介等；广盐性硅藻有圆筛藻、马鞍藻、布纹藻等。

(3)生物壳体形态变异，表现为壳壁变薄、壳饰减弱、壳体变小、壳体畸形等。

(二)湖泊的分类

由于研究目的不同，湖泊的分类方案很多。本书分别从湖泊的成因、盐度、沉积物和可容空间特点等方面介绍几种常见的分类方法。

1. 湖泊的成因分类

按照成因可将湖泊划分为构造湖、河成湖(如鄱阳湖)、火山湖(如吉林长白山的天池)、岩溶湖(石灰岩发育区岩溶作用形成的湖泊)、冰川湖(如瑞士的康斯坦茨湖)等。其中，在地质历史上，存在时间较长、面积较大、矿产较多和最有研究价值的是构造湖。构造湖可进一步分为断陷型(裂谷型)、坳陷型、前陆型三个基本类型和一些复合类型(如断陷－坳陷复合型)。

断陷型(裂谷型)湖泊多分布在断陷盆地的各个凹陷内，其构造活动以断陷为主，横剖面呈两侧均陡的地堑型或一侧陡一侧缓的箕状型[图5－61(a)]。陡侧为正断层，断层倾角高达30°～70°，落差几千米，具有同生断层的性质；缓侧一般为宽缓的斜坡。箕状湖盆内部可分为陡坡带、缓坡带和深洼陷带，沉降中心位于陡坡带坡底，沉积中心位于中部偏陡坡侧。凹陷内部还有主干断层控制的次级沉积中心和水下隆起分布。我国东部古近纪的一系列含油气盆地，如渤海湾盆地、南襄盆地、江汉盆地、苏北盆地等，均属于断陷型湖泊，并以箕状居多，多数具有大陆边缘裂谷性质，少数为山间小断陷湖泊；我国中西部内陆的一些断陷型湖泊多属山间或山前的小断陷湖泊，多沿区域大断层分布，往往位于次一级断层与主断层的交汇处。

坳陷型湖泊及其所在的沉积盆地以坳陷式的构造运动为特点，表现为较均一的整体沉降，湖底的地形较为简单和平缓，边缘斜坡宽缓，中间无大的凸起分割，水域统一形成一个大湖泊[图5－61(b)]。沉积中心与沉降中心一致，接近湖泊中心，但在演化过程中略有迁移。在坳陷型湖泊中，粗粒和富含碎屑的相带将集中分布于湖泊边缘，而较细的沉积物则发育于碎屑沉积物非补偿的盆地中心区域(如松辽盆地白垩系沉积)。

前陆型湖泊是指沿造山带大陆外侧分布的沉积盆地，分布于活动造山带与稳定克拉通之间的过渡带[图5－61(c)]。在山前出现强烈沉降带，向克拉通方向沉降幅度逐渐减小，沉积底面呈斜坡状。自近造山带向克拉通可分为冲断带、沉降带、斜坡带和前缘隆起，沉积剖面呈不对称箕状。在我国中西部中生代较为发育。

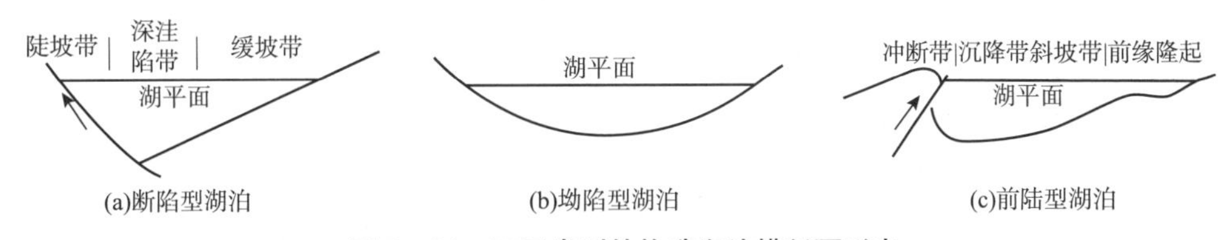

图5－61　不同类型的构造湖泊横剖面形态

2. 湖泊的盐度分类

湖泊按照盐度有两种划分方案，一种是按照含盐度可将湖泊分为淡水湖泊和咸水湖泊，以正常海水的含盐度的3.5%为划分界线；另一种是按照湖泊盐度划分出四类：

(1)湖水盐度小于0.1%，称为淡水湖；

(2)湖水盐度0.1%～1%，称为微(半)咸水湖；

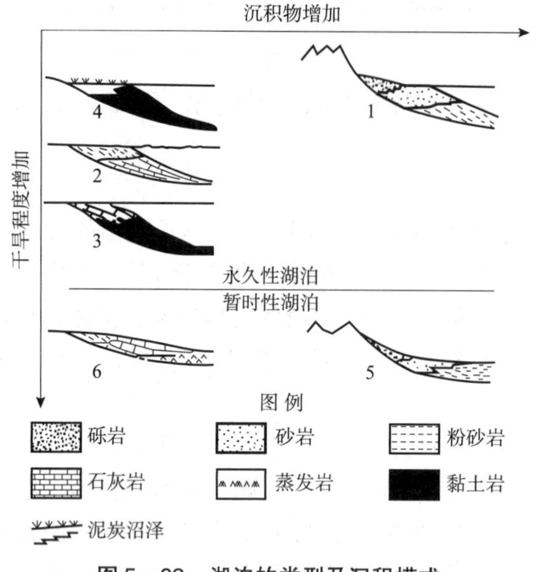

图5-62 湖泊的类型及沉积模式

1—陆源碎屑湖泊；2—内源型化学湖泊；3—内源型生物湖泊；4—沼泽化湖泊；5—干盐湖；6—内陆萨布哈沉积

(3)湖水盐度1%～3.5%，称为咸水湖；

(4)湖水盐度大于3.5%，称为盐湖。

3. 按沉积物的性质和气候环境分类

湖泊的沉积类型主要取决于气候条件和物质来源，尤其是气候条件对湖泊的沉积模式起着控制作用。库卡尔(Kukal)和赛利(R C Selly)根据气候条件的干燥程度、地理环境和沉积物供给的充分程度将湖泊划分出六种类型(图5-62)。

4. 按可容空间、水和沉积物产生速率分类

沉积物可容空间(主要是构造产生)、水和沉积物充填速率(主要是气候的函数)的相对平衡控制了湖泊的发育、分布和特征以及地层结构。可容空间与盆地内最低点和盆地水系溢出点之间的高差有关。溢出点限制了湖泊高水位期的最终高度。溢出点高度通常是由隆起控制的，被侵蚀作用和河流袭夺所改造。和湖平面一样，沉积物和水的供给与气候有紧密的联系。按可容空间与水和沉积物产生速率之间的关系将古湖盆分为三类：过充填(overfilled)、平衡充填(balanced fill)和欠充填(underfilled)(图5-63)。在过充填湖盆中，水和沉积物的注入速率一般大于可容空间增长的速率。由于水的注入量几乎与流出量是相等的，所以气候影响湖平面波动很小。这类淡水湖盆与河流体系和沼泽有紧密联系。湖盆既可能很深，也可能很浅，这主要取决于构造控制的盆地几何形态。河流—湖泊相在盆地充填中占主导。

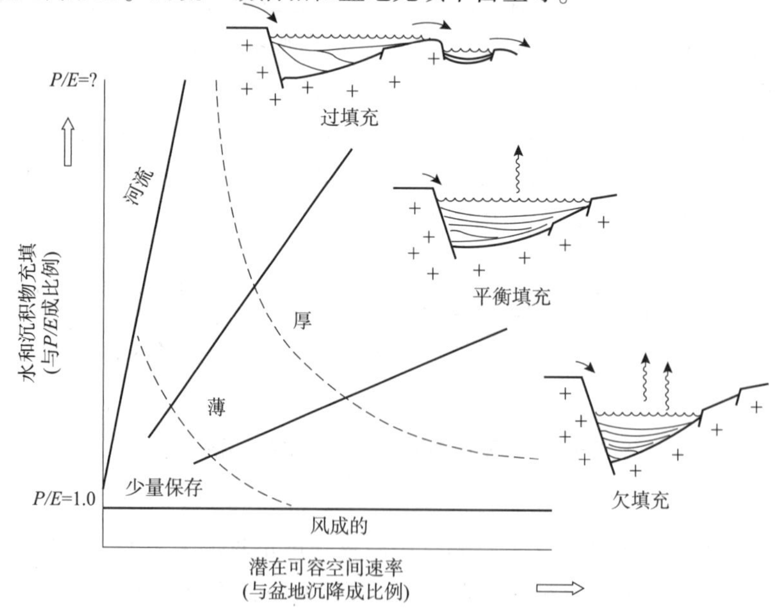

图5-63 湖泊类型模式图解(据Carroll等，1999)

P/E 为降水与蒸发的比值

在平衡充填湖盆中，可容空间的增长几乎与水、沉积物的注入速率相等。前期水和沉积物供给充足，充填湖盆一直到溢出面，并且甚至形成流出面，但是湖平面可能很快再下降到溢出面。不稳定深湖相在盆地充填中占主导，并且通过进积和干裂作用记录了岸线的迁移。

在欠充填湖盆中，可容空间的速率持续超过水和沉积物的供给速率。湖平面不可能或很少达到溢出点，蒸发相是典型的盆地充填相，也可能与风成的和冲积扇地层形成互层。

大部分湖盆充填从过充填(淡水湖泊)开始，经平衡充填(咸水湖泊)到欠充填(超咸水湖泊)，然后又回到平衡充填和过充填。这个演化的早期部分可能由可容空间的增加或者气候湿度的减小所引起，但是后期部分主要由湖盆构造变化所产生。

(三)湖盆沉积演化

1. 断陷型湖泊

断陷型湖泊在其发育过程中经历了初期裂陷、中期深陷扩张和晚期抬升收缩三个演化阶段，各发育阶段的沉积特征不同。

1)断陷型湖泊的初期裂陷阶段

这一时期湖泊中的沉积物的分布较复杂，受构造活动、气候和物源影响较大。有的断陷型湖泊在一开始断陷作用表现得较强烈，造成了明显的地形高差，为形成粗碎屑沉积物提供了条件。湖泊边缘发育有洪积扇、扇三角洲沉积，向盆地方向可出现浅水湖泊或膏盐湖；有的断陷型湖泊的初期裂陷活动较弱，地形起伏较小，湖盆处于一种浅水充氧的环境，形成大面积分布的洪水成因的砂体。

2)断陷型湖泊的中期深陷扩张阶段

这一阶段的湖泊常表现为山高、坡陡、水深的特征。若陆源碎屑物质供给的速度赶不上湖盆的沉降速度，湖盆处于欠补偿状态，则湖水愈来愈深，面积也逐渐扩大。这时最主要的沉积是厚层暗色泥页岩，生油有机质的数量大、质量好，是断陷湖泊的主要生油岩沉积时期。

对于单断式湖盆来说，陡坡带主要发育有近岸水下扇、扇三角洲等沉积砂体，缓坡带主要发育有三角洲、滩坝等沉积砂体，湖盆的轴向上也主要发育河流、三角洲砂体，深湖区还发育了丰富的湖底扇、滑塌浊积岩等砂体。

3)断陷型湖泊的晚期抬升收缩阶段

湖盆经过深陷扩张期后，盆地基底又逐渐抬升，并由于大量沉积物的充填，地形起伏减小，湖泊变浅且有所缩小，特别是深湖区明显缩小甚至消失。这时各类近岸浅水砂体十分发育，短轴陡坡和缓坡的扇三角洲、长轴的三角洲最为普遍。盆地消失后的披覆沉积由河流相粗碎屑沉积组成。

2. 坳陷型湖泊

坳陷型湖泊的构造演化以较均匀的整体升降活动为主。如我国松辽盆地中生代、新生代湖盆经历了四个演化阶段：初期的热隆张裂阶段、中期的裂陷扩张阶段、晚期的坳陷阶段和后期的萎缩褶皱阶段。

湖盆的沉积中心和沉降中心一致，接近湖泊的中心，演化过程中略有迁移。裂陷扩张阶段，深湖区面积大，但水深不一定很深，滨浅湖相带较窄并呈环状分布于深湖区的周围，生油岩分布范围大且质量好，该时期砂体较不发育。短轴陡坡方向可能发育有近岸水下扇、扇三角洲。短轴缓坡和长轴方向变化较大，若有充足的陆源碎屑，可发育三角洲、滩坝等砂体；反之，则为泥滩沉积。深湖区可发育一些滑塌浊积岩。

进入湖盆抬升收缩阶段，由于地形平缓和湖水不深，故近岸浅水砂体发育，尤其是长轴方向的河流—三角洲砂体最为典型。

3. 前陆型湖泊

前陆型湖盆早期冲断带位于沉积基准面或湖平面之下，进入湖泊的水系及相应的碎屑物质供给区主要来自克拉通方向，且碎屑物中石英含量较高。若冲断带不断抬升，并位于基准面之上，进入湖泊的水系及相应碎屑物供给区则是双向的，既有来自克拉通方向的，也有来自冲断带方向的，后者碎屑物中富含岩屑、长石。冲断带一侧相带窄，主要发育扇三角洲砂体；靠近克拉通一侧相带宽，主要发育河流—三角洲砂体。沉降中心位于山前沉降带，沉积中心向克拉通方向偏移。

三、碎屑岩型湖泊沉积模式

(一)水动力带划分

湖泊虽然类型很多，但其亚相划分原则基本相同，即从湖泊整体着眼，根据所在位置和湖水深度两个基本条件划分。具体划分时，用正常浪基面、风暴浪基面、枯水面和洪水面四个界面(图5－64)。这四个界面既反映亚相分布位置和湖水深度，也反映水动力条件；而且生、储油层的分布与这四个界面密切相关，如好的生油层分布在浪基面以下，大部分储集砂体(如三角洲、扇三角洲、滩坝等砂体)位于枯水面和浪基面之间，而浊积砂体位于风暴浪基面以下。浪基面又称为浪底，是指波浪(正常波浪、风暴浪)搅动的有效深度，包括正常浪基面和风暴浪基面。正常浪基面又称为晴天浪基面；风暴浪基面位于正常浪基面之下，是风暴浪作用深度的下限。可见浪基面以下是相对静水和还原环境，对有机质保存有利。但是，浪基面不是固定不变的，可受到风速、风的持续时间以及湖泊水体大小等因素影响。因此，不同湖泊、不同时期，浪基面的位置不同，一般在20m深左右。枯水面是枯水期湖水的界面，界面以下是始终有水的稳定湖区。洪水面是洪水期湖水的最高界面。有的湖泊的枯水面和洪水面相差很大，如我国现代的鄱阳湖，枯水面和洪水面高度相差10m，湖水面积相应地由1000km^{2}扩张到4000km^2。

根据洪水面、枯水面和浪基面，把湖泊相划分为滨湖亚相、浅湖亚相、半深湖亚相和深湖亚相(图5－64)。

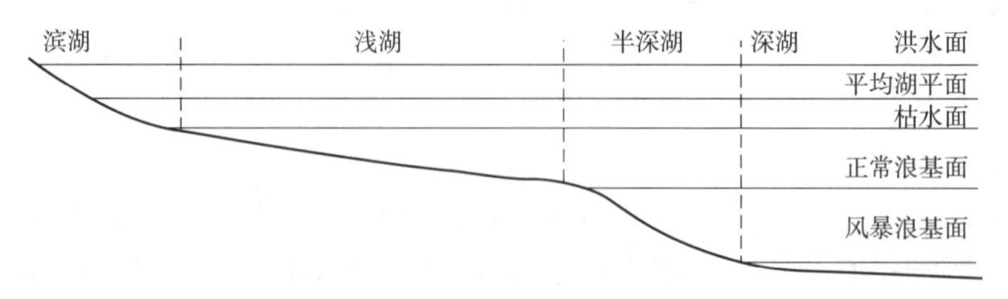

图5－64　湖泊亚相划分剖面示意图

(二)沉积亚相类型及特征

湖泊类型众多，这里主要介绍大型陆源碎屑深水湖盆相模式。这类盆地规模大，地质记录多，也是湖相油气最重要的聚集场所。其相带的划分可以参考海相模式，并考虑地貌和湖水深度两个基本条件，把湖泊相划分为湖岸沙丘、滨湖、浅湖、半深湖、深湖亚相，及受地形、水深和物源控制的三角洲(长轴方向或缓坡)、扇三角洲、辫状河三角洲(短轴方向或陡坡、浅水)、近岸水下扇(陡坡、深水)、湖底扇(深湖)、风暴沉积(半深湖)等亚相(图5－65)。

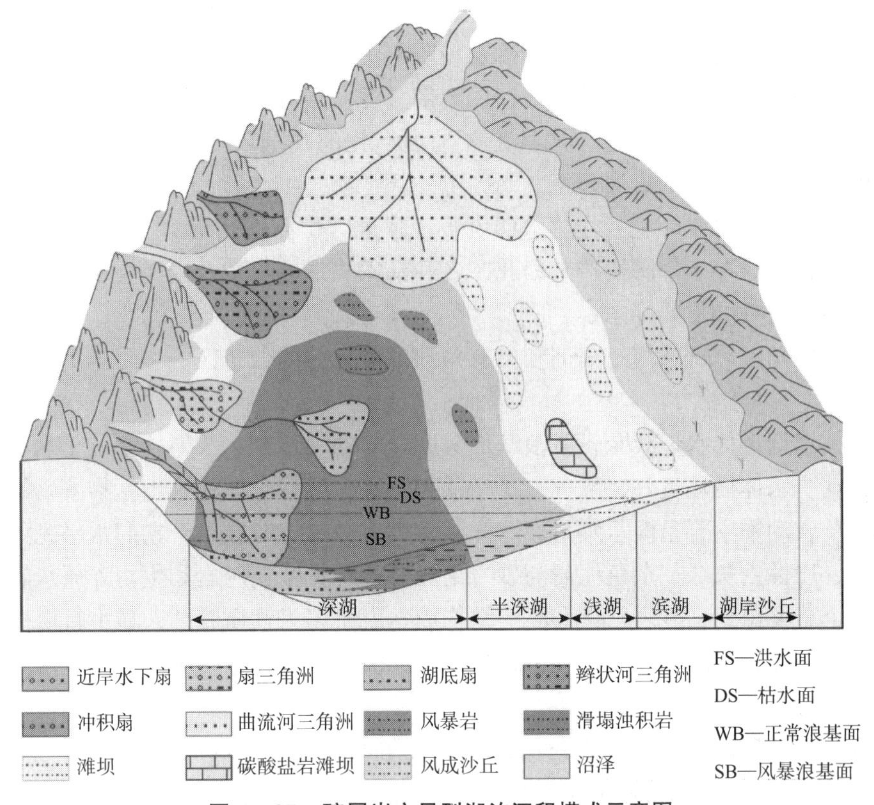

图5－65　碎屑岩主导型湖泊沉积模式示意图

1. 湖岸沙丘

湖岸沙丘发育在洪水期岸线以上广阔的平缓地带，其成因与海岸沙丘类似。现今的青海湖岸沙丘主要集中分布在青海湖东岸滨湖平原和湖西岸滨岸带上。风成砂堆积成外貌呈新月形或链状金字塔形沙丘与沙山，平行于湖岸方向呈带状展布，宽2km，长可达12km。沉积物为细粉砂，分选性、磨圆度均较好。湖岸沙丘形态呈新月形沙丘和新月形沙丘链，迎风坡向湖一侧坡度缓。在迎风坡发育风成波痕，形状不对称。

2. 滨湖

滨湖位于洪水面与枯水面之间，其相带的宽度变化很大，主要取决于洪水期和枯水期的水位差和湖岸地形。如箕状断陷湖泊，陡岸区滨湖相带很窄；而坡度平缓的缓岸区滨湖相带宽度很大，可达数千米。

滨湖是湖泊沉积物堆积的重要地带，发育沿岸沙坝。沉积物的组分和分布受湖岸地形、水情、盛行风情(速度、风向等)以及湖流的影响，沉积类型非常复杂。主要沉积物有砾、砂、泥和泥炭。砾质沉积一般发育在陡峭的基岩湖岸，砾石来自裸露的基岩，在地层中常呈透镜状层出现。砾石层具叠瓦状组构，扁平砾石最大扁平面向湖倾斜，最长轴多平行岸线分布。砂质沉积主要是在汛期被河流带到湖中，又被波浪和湖流搬运到滨湖带堆积下来。由于经过河流的长距离搬运，又经过湖浪的反复冲刷，一般都具有较高的成熟度，分选磨圆都比较好。主要成分为石英、长石，也混有一些重矿物。沉积构造主要是各种类型的水流交错层理和波痕。滨湖砂常形成厚度较大的滩坝围绕在湖泊外围。砂体的宽度及粒度变化与盛行风情的强度和风向有关。在迎风岸，波浪较大，砂体宽度大，粒度较粗，分选性高；在背风岸，发育程度相对要差一些。滨湖砂质沉积中化石较稀少，可有植物碎屑、鱼的骨片、介壳碎屑等，有时可见双壳类介壳滩，在细砂及粉砂层中常见有潜穴。泥质沉积和泥炭沉积物主要分布在平缓的背风湖岸和低洼的湿地沼泽地带。泥质层具水平层理，粉砂层具小型波痕层理。有的湖泊泥炭沼泽极为发育，尤其是在湖泊演化的晚期阶段，整个湖泊可完全被沼泽化。所以滨湖带又是重要的聚煤环境。

滨湖带是周期性暴露环境，在枯水期由于许多地方出露在水面之上，常形成许多泥裂、雨痕、脊椎动物的足迹等暴露构造。因此，各种暴露构造的出现及沼泽夹层就成为滨湖沉积相区别于其他相类型的重要标志。

滨湖还是三角洲、辫状河三角洲和扇三角洲平原部分的分布区。

3. 浅湖

浅湖指枯水期最低水位线至正常浪基面深度之间的地带，水浅但始终位于水下，遭受波浪和湖流扰动，水体循环良好，氧气充足，透光性好，各种生态的水生生物繁盛。植物有各种藻类和水草，动物主要是淡水腹足、双壳、鱼类、昆虫、节肢等，它们常呈完好的形状出现在地层中。岩性由灰绿、杂色泥岩与砂岩组成，并常见鲕粒灰岩和生物碎屑灰岩。炭化植物屑也是一个重要组分，砂岩常具较高的结构成熟度，多为钙质胶结，显平行层理、浪成沙纹层理和中小型交错层理等多种层理，还常见浪成波痕、垂直或倾斜的虫孔、水下收缩缝等沉积构造。

浅湖区有多种砂体发育，如三角洲、辫状三角洲和扇三角洲的前缘部分、滩坝(近岸、远岸沙坝)等，它们对油气的聚集非常有利。

4. 半深湖

半深湖位于正常浪基面以下、风暴浪基面以上的湖底范围，地处弱还原环境，沉积物主要受湖流和风暴浪作用的影响，一般的波浪作用已很难影响沉积物表面，在平面分布上位于湖泊内部，在断陷湖盆中偏于靠近边界断层一侧或深洼外侧中。

岩石类型以黏土岩为主，常具有粉砂岩、化学岩的薄夹层或透镜体，黏土岩常为有机质较丰富的灰绿、灰色泥页岩或粉砂质泥页岩。水平层理发育，间有细波状层理。各种化石类型丰富，保存较好，可见菱铁矿等自生矿物。

湖岸沙丘—半深湖的砂体分布模式见图 5－66。

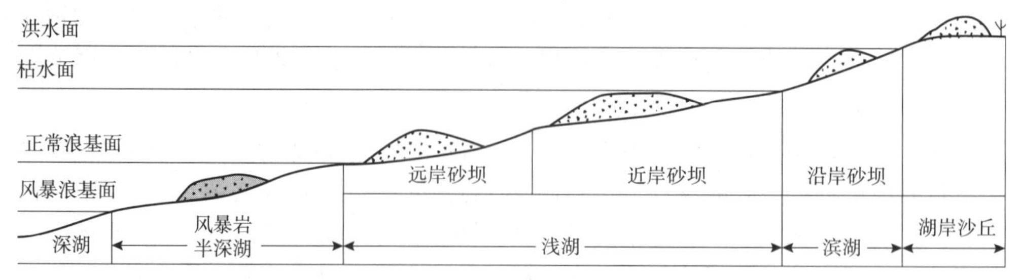

图 5－66　湖岸沙丘—半深湖的砂体分布模式图

5. 深湖

深湖亚相位于湖盆中水体最深部位，在断陷湖盆中偏于靠近边界断层的断陷最深的一侧。波浪作用已完全不能涉及，水体安静，地处缺氧的还原环境。

岩性的总特征是粒度细，颜色深，有机质含量高。岩石类型以质纯的泥页岩为主，主要为水平层理和细水平纹层。无底栖生物，常见介形虫等浮游生物化石，保存完好。黄铁矿是常见的自生矿物，多呈分散状分布于黏土岩中。岩性横向分布稳定，沉积厚度大，是最有利于生油的地带。

在许多深湖亚相中，都有湖泊重力流的形成，是岩性圈闭油藏勘探的重要目标。

在垂向上，湖泊相由深湖—半深湖—浅湖—滨湖构成变浅、变粗的反序(图 5 - 67)。

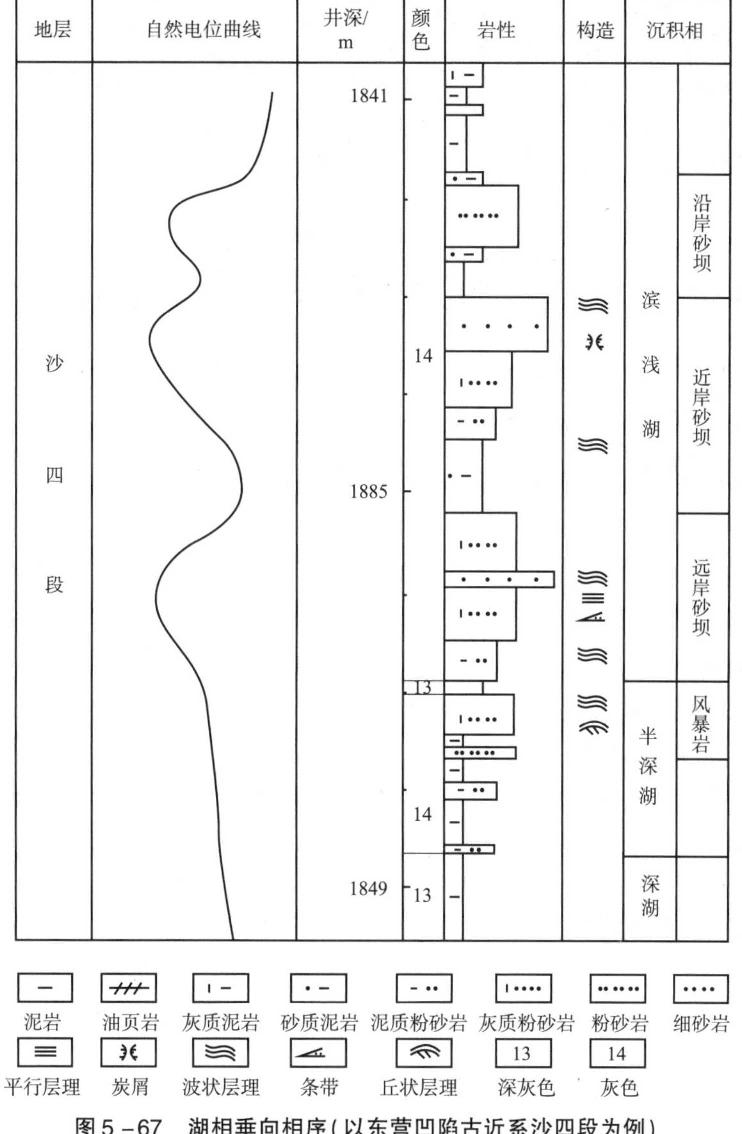

图 5 - 67　湖相垂向相序(以东营凹陷古近系沙四段为例)

6. 三角洲

三角洲砂体是湖泊中最常见的砂体之一，是在河流与湖泊共同作用下形成的。其基本特点与河流入海形成的三角洲十分相似，但由于湖水作用的强度和规模一般要比海洋小得多，且没有潮汐作用，因此湖泊三角洲主要为河控三角洲，平面上多呈鸟足状或舌状。但也不排除一些规模较小的三角洲或间歇性河流形成的三角洲受到湖泊波浪的改造，具有浪控三角洲的特征。其沉积特征及沉积模式见三角洲相相关内容。湖泊三角洲一般发育在湖盆缓坡带或湖盆的长轴方向上，多出现于湖盆深陷后的抬升期，如我国松辽盆地大庆长垣三角洲、东营凹陷东营三角洲等著名含油气三角洲均发育于该时期。图 5 - 68 为东营凹陷东营三角洲剖面图，其顶积层、前积层和底积层的三层结构特征明显。

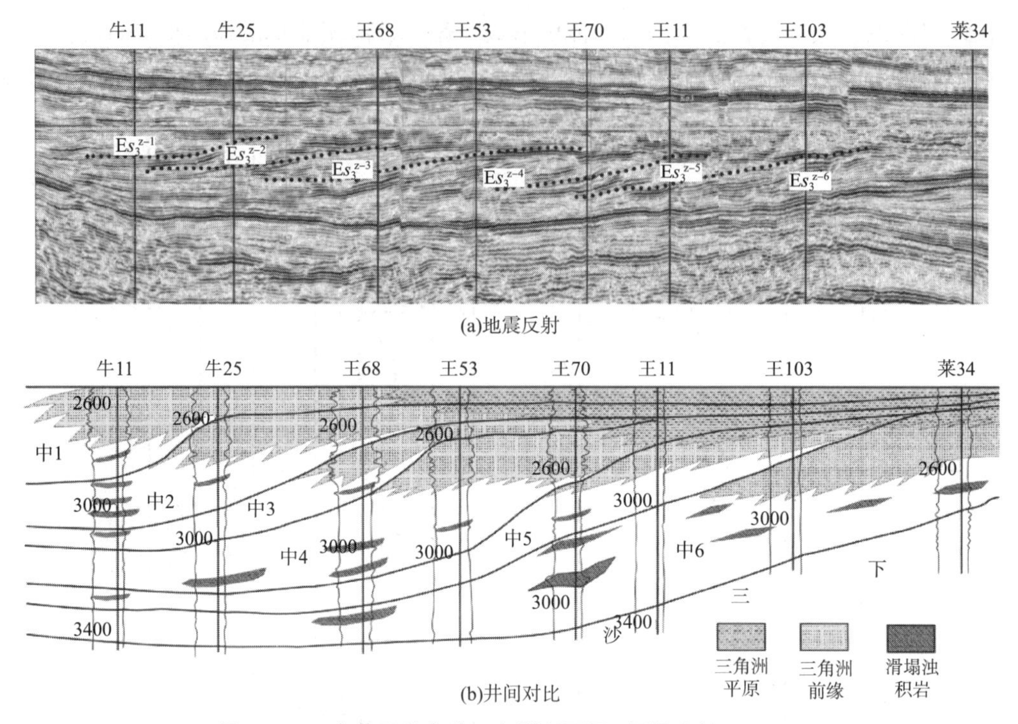

图 5 - 68　东营凹陷东营三角洲剖面图(据操应长，2007)

7. 扇(辫状河)三角洲

扇(辫状河)三角洲是湖泊中常出现的砂体。在湖盆发育初期，地形陡，湖泊小，斜坡陡，任何一侧都可发育扇(辫状河)三角洲。随着湖盆扩大，陡坡、缓坡清楚分异时，扇(辫状河)三角洲多分布于短轴陡坡一侧，而正常三角洲分布于长轴缓坡侧。

8. 风暴沉积

风暴沉积在湖泊中也广泛发育，虽然规模比海洋风暴小，但具海洋风暴沉积的特征。风暴沉积是原始沉积物(滨浅湖地区的浅水沉积如三角洲、扇三角洲、滩坝等砂体)经过风暴浪的扰动和改造又在正常浪基面和风暴浪基面之间沉积下来的沉积物，并发育丘状交错层理、渠模、生物逃逸迹、递变层理等沉积构造，垂向上相序具有似鲍玛序列的特征(图5 - 69)。

9. 重力流水道及扇体沉积

水下重力流沉积包括重力流水道及水道末端的扇体沉积。目前重力流扇体的名称较混乱，如水下扇、水下冲积扇、湖底扇、近岸水下扇、斜坡扇、浊积扇等等。本教材根据扇体的分布位置、物质来源以及形成机制，结合我国东部古近纪断陷湖盆中重力流扇体沉积特征，将其归纳为近岸水下扇、湖底扇和滑塌浊积(扇)三种类型。

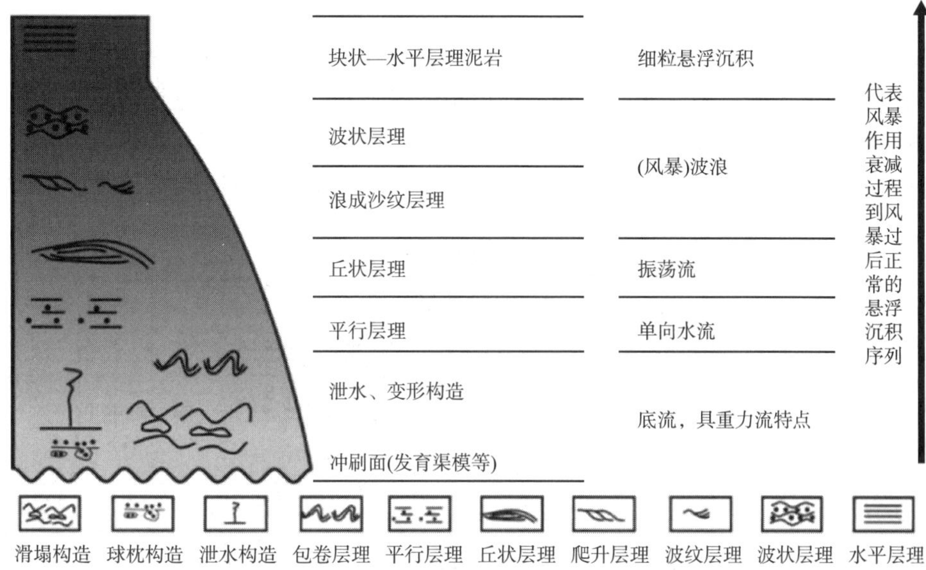

图 5-69　风暴岩的沉积特征(据姜在兴，2016)

1)重力流水道沉积

在湖泊沉积环境，特别是我国东部断陷湖盆中，断槽型重力流沉积最为典型，即断层控制所形成的断槽。断槽按断层的控制特点可分单断式和双断式，单断式指一条断层控制所形成的箕状断槽，双断式指两条倾向相反的断层控制所形成的地堑状断槽，在我国断陷型湖盆以单断式断槽较常见。

断槽型重力流分布广泛，在湖盆的陡岸、中央隆起带、斜坡带均有分布。断槽型重力流的类型多样，按重力流的来源方向可分为拐弯型和直流型(图 5-70)；按重力流的物质来源可分为洪水型和滑塌型。其中，洪水型断槽重力流是指山区洪水携带沉积物直接流入断槽而成；滑塌型断槽重力流是指三角洲或扇三角洲前缘发生滑塌，然后流入断槽中而成。

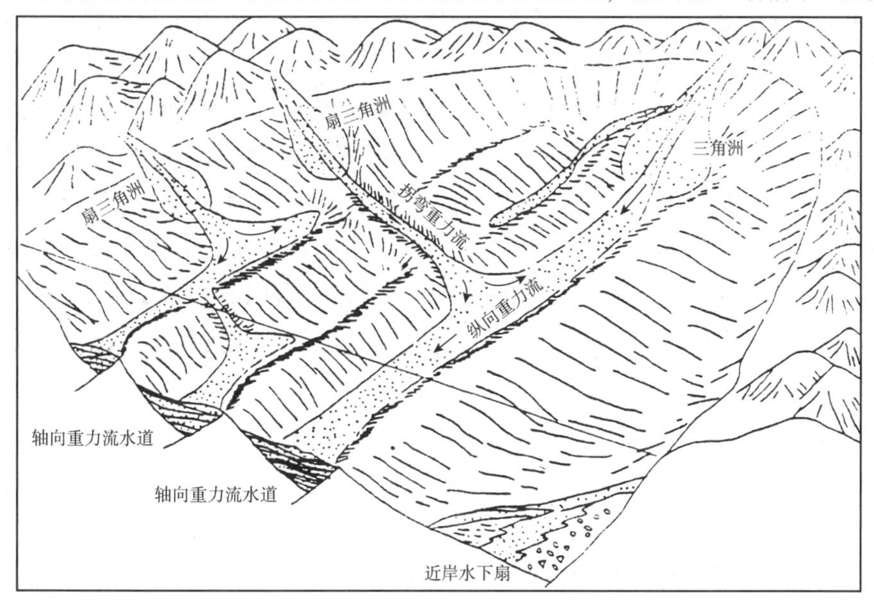

图 5-70　东濮凹陷古近系沙三段重力流水道沉积模式(据赵澄林，1992)

2）近岸水下扇

近岸水下扇发育在陡岸靠近断层下降盘的深水区，在盆地的深陷扩张期有较多的分布。泌阳凹陷南面边界大断层下降盘在渐新世核桃园组三段发育的双河镇近岸水下扇体为例阐述近岸水下扇的特征。该扇体面积 73～120km²，厚度达 500m，平面为扇形，倾向剖面上扇体呈楔状，根部紧贴基岩断面，由近源至远源可细分为内扇、中扇和外扇三个单元（图 5－71）。

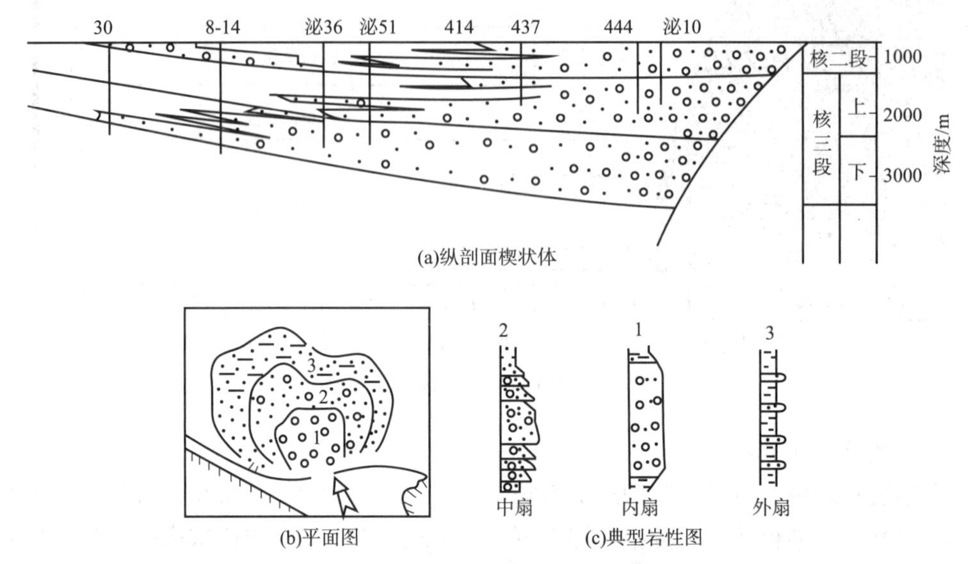

图 5－71　泌阳双河镇近岸水下扇的平面与剖面形态和岩性示意图

内扇主要发育一条或几条主要水道，沉积物为水道充填沉积、天然堤及漫流沉积。主要由杂基支撑的砾岩、碎屑支撑的砾岩夹暗色泥岩组成。杂基支撑的砾岩常具漂砾结构，砾石排列杂乱，甚至直立，不显层理，顶底突变或底部冲刷，并常见到大的碎屑压入下伏泥或凸于上覆层中，一般认为是碎屑流沉积。碎屑支撑的砾岩和砂砾岩多为高密度浊流沉积产物，单一序列由下往上常由反递变段和正递变段组成，有时上部还可出现模糊交错层砂砾岩。SP 曲线多为低幅齿状，亦可见箱状。

中扇为辫状水道区，是扇的主体。由于辫状水道缺乏天然堤，水道宽且浅，很容易迁移。水道的迁移常将水道间地区的泥质冲刷掉，因而垂向剖面上为许多砂岩层直接叠置，中间无或少泥质夹层，但冲刷面发育，形成多层楼式叠合砂砾岩体。中扇以砾质砂质高密度浊流沉积为特色。单一序列多为 0.5～20m。向盆地方向粒度变细，分选变好，水道浊积岩以砂质高密度浊流层序为主，水道不明显的浊积砂层顶部可出现低密度浊流沉积序列。水道之间的细粒沉积以显示鲍玛序列上部段为主。扇中自然电位曲线为箱形、齿化箱形、齿化漏斗－钟形等。

外扇为深灰色泥岩夹中薄层砂岩，砂层可显平行层理、水流沙纹层理，以低密度浊流 T_{bcde} 沉积序列为主，自然电位曲线多为齿状。

3）湖底扇

湖底扇这一概念是由海底扇借用来的，在湖泊中一般指带有较长供给水道的重力流沉积扇，因此，有人也称为远岸浊积扇。在湖滨斜坡上若有与岸垂直的断槽，岸上洪水携带的大量泥沙通过断槽进行搬运，直达深湖区发生沉积，形成离岸较远的重力流沉积扇。实际上是由一条供给水道和舌形体组成的重力流扇体系，可与 Walker(1978、1979)的海底扇相模式相对比。典型的例子有东营南斜坡梁家楼湖底扇(图 5-72)。湖底扇也可进一步划分为供给水道、内扇、中扇和外扇几个相带。

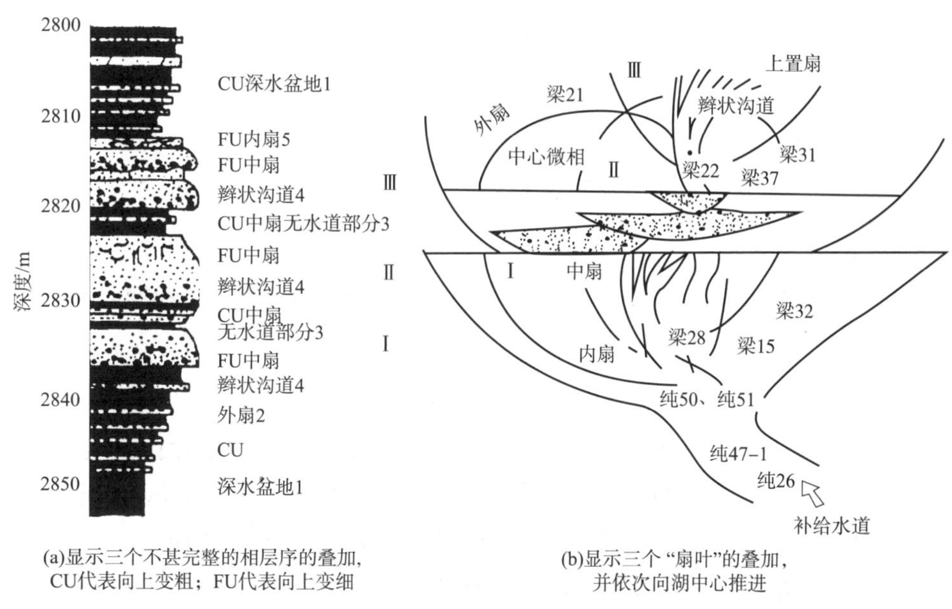

图 5-72　东营凹陷纯梁地区古近系沙三中亚段湖底扇相模式及相层序(据赵澄林，1981)

供给水道沉积物较复杂，可以是充填水道的粗碎屑物质，如碎屑支撑的砾岩和紊乱砾岩、砾状泥岩和滑塌层等，也可以完全由泥质沉积物组成。

内扇由一条或几条较深水道和天然堤组成。内扇水道岩性为巨厚的混杂砾岩和碎屑支撑的砾岩和砂砾岩组成，天然堤沉积显鲍玛序列，为经典浊积岩。

中扇辫状水道发育典型的叠合砂(砾)岩，单一层序粒级变化由下向上是砾岩-砂砾岩或砾状砂岩—砂岩，主要为砾质至砂质高密度浊流沉积。中扇前缘区水道特征已不明显，粒度变细，以发育具鲍玛层序的经典浊积岩为主。

外扇为薄层砂岩和深灰色泥岩的互层，以低密度浊流沉积层序 T_{bcde} 和 T_{cde} 为主。与海底扇相模式相似，远岸浊积扇体也可以是由多个舌形体组成的复合体，在垂向剖面上总体呈水退式反旋回，而其中每一个单一砂层均呈正韵律特征。

4)滑塌浊积岩

滑塌浊积岩大多是由浅水区的各类砂体，如三角洲、扇三角洲和浅水滩坝等，在外力作用下沿斜坡发生滑动，再搬运形成的浊积岩体(图 5-73)，其砂体形态有席状、透镜状和扇状等。滑塌浊积岩体的岩性变化大，与浅水砂体的岩性密切相关。

以三角洲为物源的滑塌浊积岩体的粒度较细，沉积剖面中以砂岩、粉砂岩及暗色泥岩为主。砂岩中常见完整的和不完整的鲍玛层序，并普遍发育有明显滑动和滑塌作用的特征标志，常有滑动面、小型揉皱、同生断层、变形构造和底负载构造，以及具有砂泥混杂结构的混积岩。垂向上可以看到三角洲与滑塌浊积层的上、下层序连续沉积的关系，横向上反映出三角洲与前缘深水斜坡上滑塌浊积层的分布关系。东营凹陷内东营三角洲砂体的前方和侧缘，在前三角洲泥和湖底泥中发现了许多浊积岩透镜体，呈马蹄形分布，这些小的滑塌浊积岩小砂体叠加连片，形成了储量可观的岩性油藏。

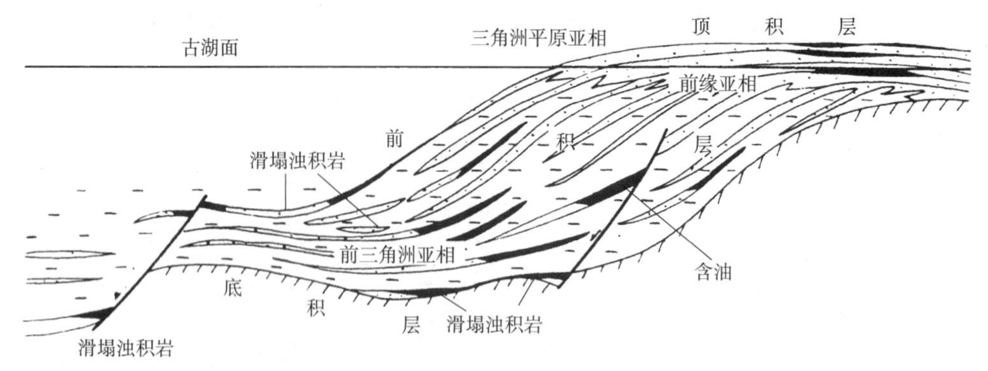

图5－73　东营凹陷南部古近系沙三段三角洲—滑塌浊积岩的沉积模式(据赵澄林，1992)

湖盆边缘的扇三角洲砂体厚度大，形成一定坡度，处于不稳定状态，很容易产生滑塌再搬运，在其前方深洼处形成滑塌浊积岩体。这类滑塌浊积岩的成分与提供其物源的扇三角洲相似，粒度比其后方的扇三角洲细，但仍含大量的粗碎屑物质。沉积剖面以砂砾岩、砂岩和深灰色泥岩的互层为主。除发育完整的和不完整的鲍玛序列的浊流沉积外，尚发育大量不宜用鲍玛层序描述的高密度浊积岩，并常见滑动和滑塌构造及各种泄水构造。

(三)风动力场作用下的碎屑岩沉积体系分类

在湖泊体系中，几乎只有受到风的作用才会出现波浪。其中，正常浪基面之上的滨岸带，是湖浪显著作用的地区，波浪会对湖岸和湖底的沉积物进行侵蚀、搬运和再沉积，形成各种侵蚀和沉积地貌单元，例如浪蚀湖岸、滩坝沉积等。在风暴浪活动时期，正常浪基面到风暴浪基面之间会发育风暴沉积。这些都是风场对湖泊沉积体系沉积物改造作用的结果。另外，发育于浅水地区的三角洲体系，在风浪的作用下也能发生沉积物的再分配。例如三角洲前缘的席状砂、侧缘的沙嘴，都是波浪作用对三角洲改造的结果。如果波浪较强，克服了河流作用，甚至会发生河口偏移。在整个湖泊沉积体系中，除了浪基面之下的近岸水下扇、湖底扇部分几乎不受波浪作用的影响之外，浪基面之上的各类沉积都会或多或少受到风浪作用的影响。

除了波浪的作用，风对湖面的摩擦力和风对波浪迎风面的压力作用会使表层湖水向前运动，形成风生流。风生流是大型湖泊中常见的一种湖流，能引起全湖广泛的、大规模的水流流动。最新的研究表明，风生流有表流和底流之分，并能作用于沉积物，改造湖泊沉积体系(图5－74)。表流一般在风的作用下、在湖泊范围内指向下风向，会对岸线附近的沉积物发生改造，以形成沙嘴、障壁沙坝为特征；表流最终会在迎风岸线汇聚，并形成下降流并由底流补偿。底流一般与风向相反，与表流一起形成“风生水流循环”。补偿底流一般发生在浪基面之下，在风暴作用期间会携带沉积物向深水方向搬运，依次形成水下前积楔和沉积物牵引体。这种受风生流控制显著的湖泊可称为“风驱水体”。实际上，风生流的流动方式可能更加复杂。

通过上述分析可知，风作为一种重要的地质营力，作用于水体产生湖浪、湖流、风生水流、风浪、风暴潮，在水盆地中形成广阔的滨岸带，控制滨岸及浅水地带的沉积作用，也影响着较深水地带的沉积作用。风驱动水产生湖浪和湖流，作用于湖泊滨岸带的结果是各种侵蚀和沉积地貌单元，如浪蚀湖岸、滩坝沉积。因此可以根据沉积体系与风向之间的关系对其形成和分布加以研究。

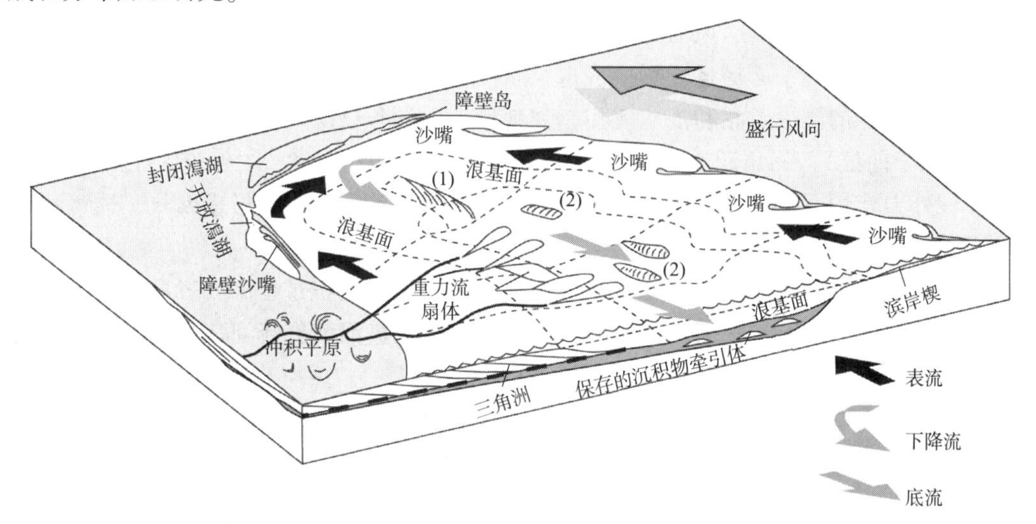

图5-74 “风驱水体”控制下的沉积模式图(据 Nutz 等，2015)

浪基面以上，岸线附近的沉积物在风生表流作用下形成沙嘴、障壁沙坝等；
在下风向岸线处形成补偿底流(下降流)，在浪基面之下发生回流(底流)，相应地形成水下前积楔和沉积物牵引体；
(1)—水下前积楔；(2)—沉积物牵引体

根据风力、风向与物源的关系，沉积体系可分为三大类：迎风体系、背风体系、侧风体系(图5-75)。

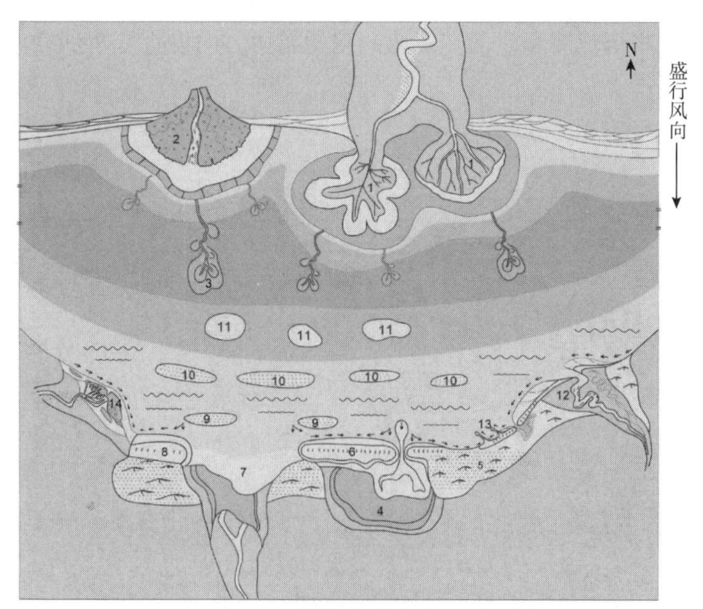

图5-75 风动力影响下的沉积体系分类平面图

1—河控三角洲；2—扇三角洲；3—水下扇；4—潟湖；5—风成沙丘；6—障壁沙坝；7—河口湾；8—沿岸沙坝；
9—近岸沙坝；10—远岸沙坝；11—风暴沉积；12—浪控三角洲；13—沙嘴；14—破坏型辫状河三角洲

在迎风一侧，风浪作用强烈且持续，滨岸亚相位于正常浪基面与海/湖平面之间广阔的平缓地带，发育与无障壁海岸类似的微相单元，由陆向盆地中心可以划分出风成沙丘、前滨和临滨三个微相。浅水亚相位于正常浪基本面以下、风暴浪基面以上的水底范围，猛烈的风暴浪对滨岸带进行猛烈冲刷，风力减退时，风暴回流携带大量从滨岸带冲刷侵蚀下来的碎屑物质呈悬浮状态向盆地中心搬运，形成浅水风暴沉积。

而在背风一侧的滨岸亚相和浅水亚相，受地形、水深和物源共同控制，发育三角洲平原(分布区相当于前滨)、三角洲前缘(分布区相当于临滨)和前三角洲(分布区相当于浅水)，这些砂体在外力作用下沿斜坡发生滑动和再搬运，在较深水区沉积，形成席状、透镜状和扇状的水下扇。

在侧风位置，风动力水动力与物源输入斜交，沉积物在沉积过程中或者沉积后接受波浪作用的破坏和改造。主要包括浪控三角洲，如青海湖哈尔盖河南支流河口区沉积，以及破坏性辫状河三角洲，如哈尔盖河北支流河口区沉积。

以东营凹陷沙四上亚段为例，该时期古东亚季风已经形成。其中，冬季风(偏北风)的强度要强于夏季风(东南风)。在冬季风的作用下，波浪由东营凹陷北部向南部方向传播，从而在南部缓坡带(迎风侧)形成大范围的波浪影响区(图5－76、图5－77)。由于东营凹陷南部地形相对平缓，水体浅，波浪作用及冲浪回流作用强烈，在鲁西隆起北部形成大面积滩坝。这种持续的波浪作用，也能够将凹陷东南部发育的三角洲前缘的沉积物再分配，形成三角洲前方和侧缘的滩坝(图5－76、图5－77)。夏季风一般要弱于冬季风，在夏季风驱动下的向北传播的波浪将北部滨县凸起南坡的扇三角洲砂体进行二次分配，形成扇三角洲前的滩坝。由于偏弱的风场及较陡的地形，东营凹陷北部的滩坝沉积较南部发育局限。波浪在传播过程中，遇到正向地貌单元能量衰减，并可能作用于湖底，发生沉积物的侵蚀、搬运、卸载，在中央凸起带也将形成滩坝。而在东营凹陷的东西方向发育三角洲—湖泊—扇三角洲沉积体系(图5－78)。

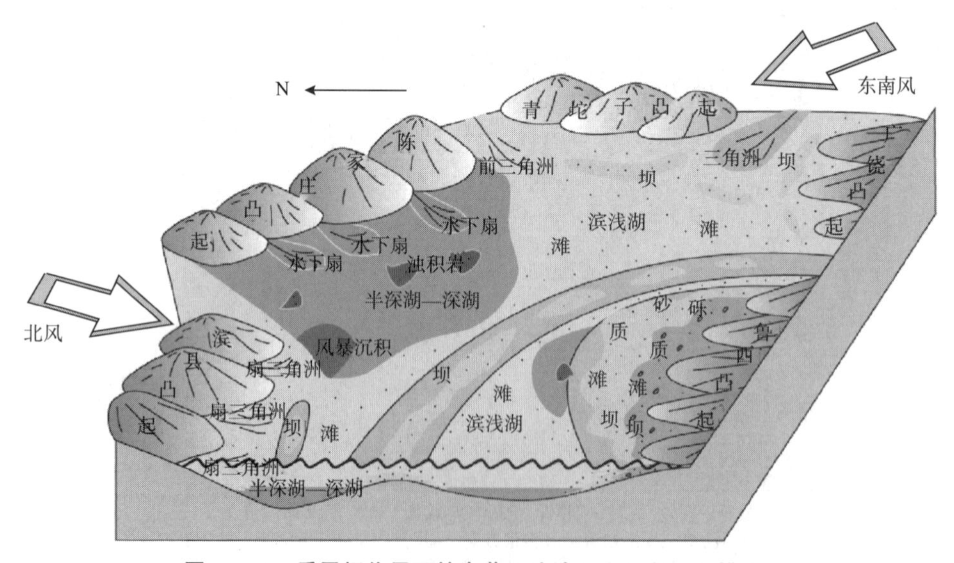

图5－76　季风场作用下的东营凹陷沙四上亚段沉积模式图

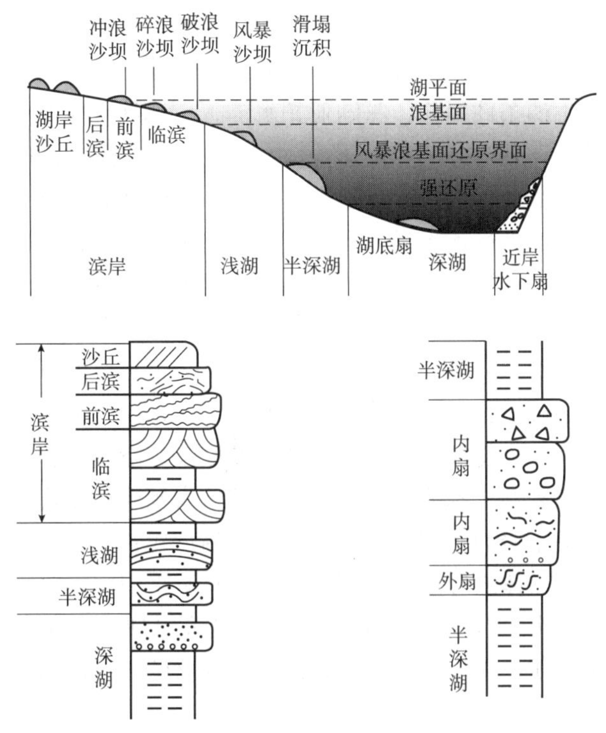

图5-77　东营凹陷沙四上亚段南北向剖面沉积相图

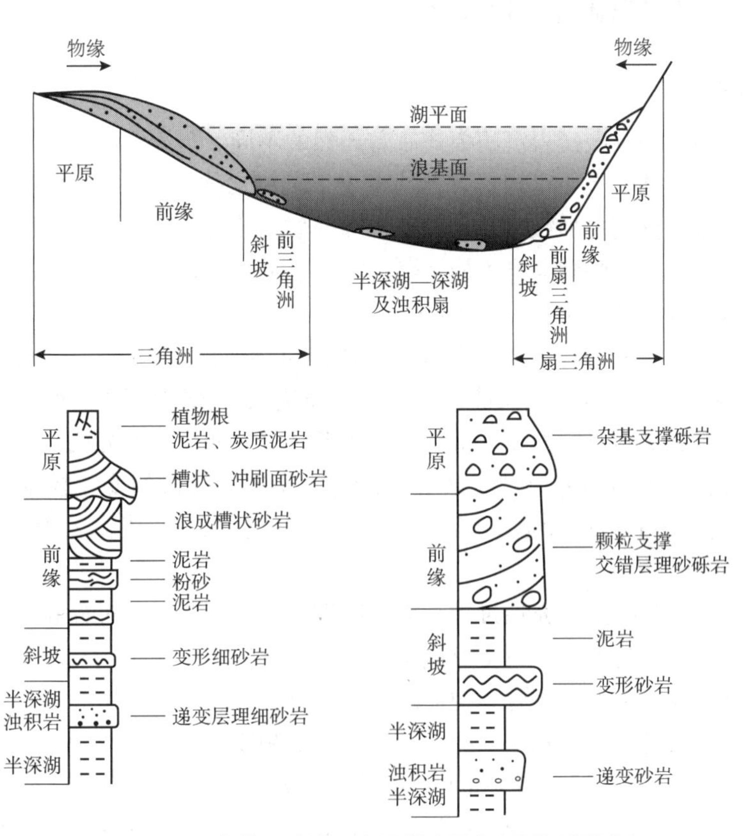

图5-78　东营凹陷沙四上亚段东西向剖面沉积相图

(四)碎屑岩湖泊沉积与油气关系

碎屑湖泊相常具有油气生成和储集的良好条件，目前我国发现的大多数油气田都分布在碎屑湖泊相沉积中。就生油条件而论，深湖亚相水体深，地处还原或弱还原环境，适于有机质的保存和向石油的转化，是良好的生油环境。在这种环境中形成的暗色黏土岩可成为良好的生油岩，如我国的松辽盆地、渤海湾盆地和苏北盆地的生油岩系就分别是白垩系和古近系深湖亚相的暗色泥岩，其厚度可达千米以上。碎屑湖泊沉积中发育各种类型的砂体，如三角洲砂体、水下重力流砂体、滨浅湖滩坝砂体等，它们常因具有分布广、厚度大、近油源、粒度适中、生储盖组合配套等特点而成为油气储集的良好场所。东营凹陷是渤海湾盆地中富油气凹陷之一，古近纪为典型的断陷型盆地，盆地北部陡坡带主要发育了近岸水下扇、扇三角洲、辫状河三角洲等储集砂体，南部斜坡带主要发育了三角洲、滨浅湖滩坝等储集砂体，中部长轴带以河流三角洲沉积为特征，洼陷带发育了湖底扇、滑塌浊积扇等储集砂体。

从湖泊的发育和演化来看，湖泊裂陷扩张期，湖盆大幅度持续稳定下沉，有利于深湖亚相的发育，即有利于以黏土岩为主的生油岩系及盖层的形成；湖盆的抬升收缩期，有利于三角洲、滨浅湖滩坝等储油砂体的形成。若湖泊的发育具有多旋回性，在垂向剖面上可出现多个生储盖组合，而且第一个组合的盖层即为第二个组合的生油层，从而造成生储盖组合的垂向叠合。目前勘探结果表明，潮湿气候区多旋回近海湖盆的中部旋回生储盖组合最发育，油气资源最丰富。

四、碳酸盐岩型湖泊沉积模式

(一)相带类型

湖相碳酸盐与海相碳酸盐岩沉积模式有着天然的不同。与海洋相比：①湖泊缺少海洋中常见的潮汐作用；②湖泊是一个相对封闭的系统，沉积水体和沉积物规模都要远小于海洋；③湖泊对环境的改变反应更加敏感，局部环境和气候变化可导致水化学性质迅速改变；④湖泊溢出点水位高低往往反映湖盆自身的沉降、形态、局部构造运动，可控制湖盆的可容纳空间(Renaut 和 Gierlowski - Kordesch，2010)。

湖相碳酸盐岩的沉积过程主要有湖水蒸发浓缩沉淀碳酸盐岩(化学作用)、生物诱导沉淀碳酸盐岩(生物作用)、水携或风携碳酸盐岩物质输入(物理作用)三种沉积作用过程，沉积过程主要取决于湖盆本身的性质、沉积物的来源及气候变化三个方面。此外，湖相沉积相带一般比较狭窄，且湖泊的滨岸带波动更容易受到构造和气候的变化控制(Platt 和 Wright，1991)。换而言之，湖相碳酸盐岩的沉积模式是千变万化的，是因湖盆而异、因物源而异、因气候而异的。

相对于碎屑岩沉积搬运—充填过程而言，碳酸盐岩由于其形成过程和生物 - 化学作用更加密切相关，尤其在生物的参与下常形成生物礁、滩建造。生物礁指造礁生物原地堆积形成的一种能抵抗波浪作用的有坚固骨架构造的块状生物岩体，它们不但有不断向上生长形成生物骨架的能力，而且还能包裹黏结、捕获其他碎屑沉积物。礁在湖泊中较少见，我国目前报道的礁有两种，即藻礁(叠层石礁)和龙介虫礁(金振奎，2013)。不同礁类型形成模式大不相同，如叠层石礁的形成过程是建立在先期形成的丘的基础之上，而珊瑚礁有不断发育茂盛的生长能力，本身就是坚固骨架构造的群体生物。

前人根据湖盆发育阶段、构造背景和构造位置、水文状况、水深和水动力条件、生物和相带发育特征等标志，建立了类型众多的湖相碳酸盐岩沉积模式（杜韫华，1990；王英华，1993；赵澄林，2001；Platt 和 Wright，1991；Gierlowski - Kordesch，2010），比较有代表性的湖相碳酸盐岩沉积模式主要有以下几种：

1. 根据湖盆发育的不同阶段分类

管守锐等（1985）以山东平邑盆地为例，对应湖盆早期断裂深陷、中期坳陷扩展、晚期填集或蒸发收缩各阶段的特征，总结出内源/外源混合沉积型、藻滩型、浅水蒸发台地型三种沉积模式。

2. 按照水深和水动力条件划分

周自立和杜韫华（1986）以济阳坳陷湖相碳酸盐岩为研究对象，从整个湖盆出发，分析沉积条件、沉积特征及与陆缘碎屑岩的组合关系，将湖相碳酸盐统一在滨湖、浅湖、半深湖和深湖相的框架之下，再分出若干亚相。随后，杜韫华（1990）在总结渤海湾地区湖相碳酸盐岩发育的剖面模式和平面模式后，发展成为湖相碳酸盐岩综合模式（图 5 – 79）。

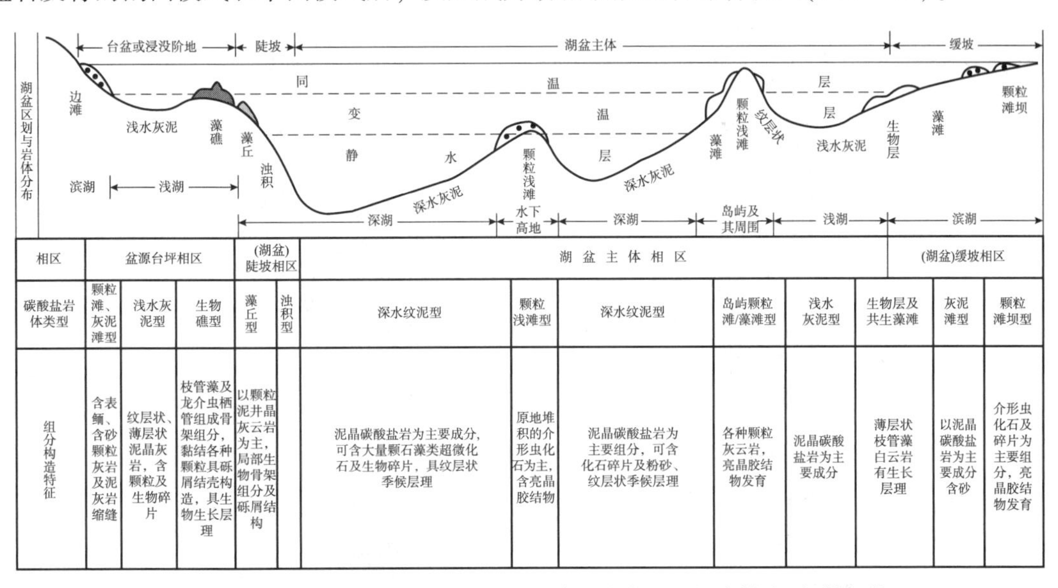

相区	盆源台坪相区			(湖盆)陡坡相区		湖盆主体相区					(湖盆)缓坡相区		
碳酸盐岩体类型	颗粒滩、灰泥滩型	浅水灰泥型	生物礁型	藻丘型	浊积型	深水纹泥型	颗粒浅滩型	深水纹泥型	岛屿颗粒滩/藻滩型	浅水灰泥型	生物层及共生藻滩	灰泥滩型	颗粒滩坝型
组分构造特征	含表鲕、含砂颗粒灰岩及泥灰岩缩缝	纹层状、薄层状泥晶灰岩，含颗粒及生物碎片	枝管藻及龙介虫栖管组成骨架组分，黏结各种颗粒具砾屑结壳构造，具生物生长层理	以颗粒泥井晶灰云岩为主，局部生物骨架组分及砾屑结构		泥晶碳酸盐岩为主要成分，可含大量颗石藻类超微化石及生物碎片，具纹层状季候层理	原地堆积的介形虫化石为主，含亮晶胶结物	泥晶碳酸盐岩为主要组分，可含化石碎片及粉砂、纹层状季候层理	各种颗粒灰云岩，亮晶胶结物发育	泥晶碳酸盐岩为主要成分	薄层状枝管藻白云岩有生长层理	以泥晶碳酸盐岩为主要成分含砂	介形虫化石及碎片为主要组分，亮晶胶结物发育

图 5 – 79　基于水深和水动力的济阳坳陷湖相碳酸盐岩沉积综合模式（据杜韫华，1990）

3. 按照湖盆水文状况和水动力条件划分

将湖泊视为一个完整的系统，先根据湖泊水文情况分为水文开口湖和水文封闭湖两类，分别代表两类湖盆的演化方向（Bohacs 等，2000）。其中水文开口湖可分为盆地相和盆地边缘相，湖盆边缘相可进一步根据湖底地貌形态及水动力条件划分出四种模式，分别为低能阶地、高能阶地、低能斜坡、高能斜坡（图 5 – 80；Platt 和 Wright，1991；Renaut 和Gierlowski – Kordesch，2010）。

4. 根据沉积构造背景和在湖盆中的构造位置划分

赵澄林等（2001）分别以渤海湾盆地及四川盆地为代表，总结概括出断陷咸水湖盆边缘模式、中央台地沉积模式和拗陷淡水湖盆沉积模式。

5. 根据沉积水动力和碳酸盐岩分布位置划分

姜在兴等（2018）研究东营凹陷沙四上亚段湖相碳酸盐岩，建立了半孤立碳酸盐岩台地模式，进一步在其中识别出台缘礁滩、台内礁滩、浅滩、滩间、台内洼地、台内缓坡、斜坡及半深湖—深湖8个微相(表5-8)。

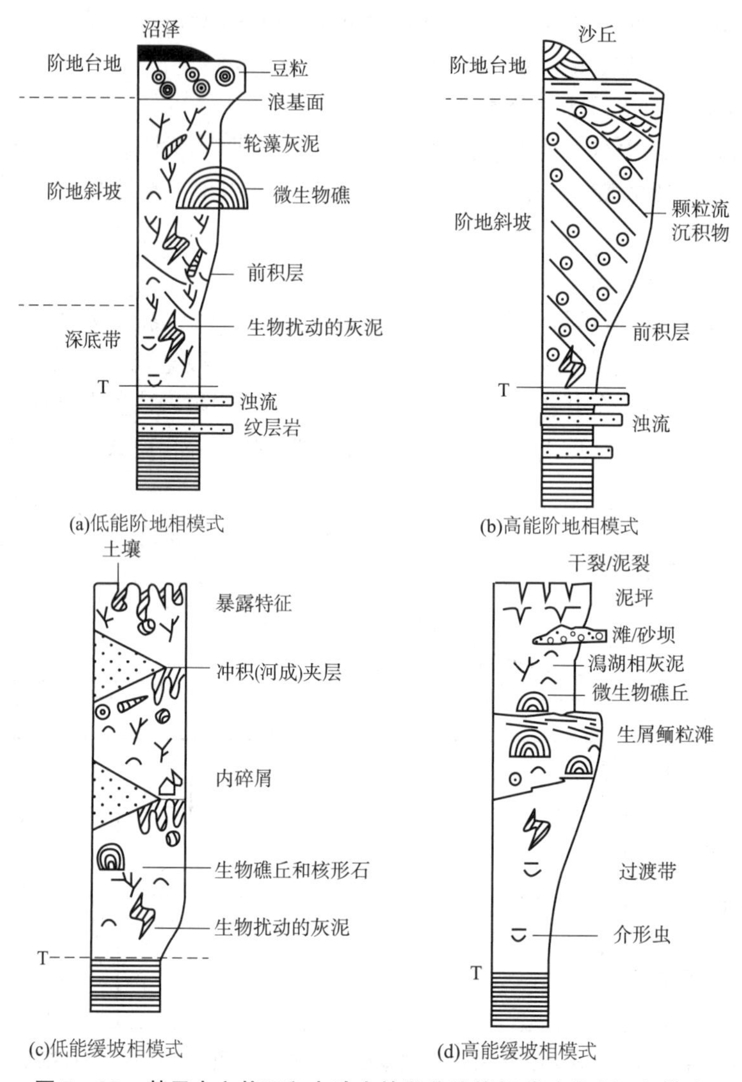

图5-80 基于水文状况和水动力的湖盆边缘相碳酸盐岩沉积模式

表5-8 东营凹陷西部碳酸盐岩台地沉积微相主要类型及特征(据姜在兴，2018)

微 相	岩石类型	层 理	颗粒/生物类型
台缘礁滩	枝管藻灰(云)岩	块状	枝管藻、藻屑、介形虫、螺
	藻黏结灰(云)岩	块状	砂屑、介形虫及螺的碎片
台内礁滩	枝管藻灰(云)岩	块状	枝管藻、介形虫、螺
	藻黏结灰(云)岩	块状	砂屑、介形虫及螺的碎片
	叠层石云岩	球状、柱状	砂屑、介形虫碎片、螺
浅滩	亮晶颗粒灰(云)岩	块状	砂屑、藻屑、鲕粒、生屑
	泥晶颗粒灰(云)岩	块状、层状	砂屑、藻屑、鲕粒、生屑

续表

微　相	岩石类型	层　理	颗粒/生物类型
滩间	泥晶颗粒灰(云)岩	块状、层状	砾屑、砂屑、似球粒、介壳碎片
	颗粒泥晶灰(云)岩	块状、层状	砾屑、砂屑、完整介形虫及碎片
台内洼地	颗粒泥晶灰(云)岩	块状、层状	少量介屑、内碎屑
	泥晶灰(云)岩	块状、层状	少量介屑
台内缓坡	颗粒泥晶灰(云)岩	块状、层状	介壳碎片
	泥晶灰(云)岩	层状为主	少量介屑
斜坡	泥晶砾屑灰(云)岩	块状	砾屑、少量介屑
	泥晶灰(云)岩	块状、层状	少量介屑
半深湖—深湖	泥质灰(云)岩	层状为主	很少量介屑
	灰质泥岩	层状为主	很少量介屑
	泥岩/油页岩	层状为主	很少量介屑

1)台缘礁滩

台缘礁滩是发育在碳酸盐岩台地边缘、毗邻深水且开阔平坦的地带，此处湖水流通性好、风浪作用强，风驱水流作用强。该相带主要发育枝管藻灰(云)岩、藻黏结灰(云)岩，由于枝管藻本身抗浪作用一般，易受到强风浪的改造破坏，礁体规模通常不大，往往形成点礁，零星散布。在风浪作用下，藻礁或者早期固结半固结的沉积物被重新改造，通常与点礁共生形成藻屑滩、砂屑滩等，垂向上相互叠置构成礁滩复合沉积。

该相带岩石多为块状，孔洞发育，物性和含油性好，疏松多孔，岩芯通常比较破碎。在该相带中可见枝管藻格架灰(云)岩或藻黏结灰(云)岩，与砂屑、介形虫和螺等生物碎片共生，完整的生物壳体也很常见，反映生物礁在原地建造的过程中捕捉、黏结颗粒的特征。

2)台内礁滩

台内礁滩是发育在碳酸盐岩台地内部、开阔的平坦地带，此处湖水流通性较好、风浪作用较强，与台缘礁滩相比，其湖水开阔程度较小，总体上礁体发育的规模较小，沉积环境整体能量相对于台缘礁滩也弱一些。台内礁滩主要产出形式也为点礁和颗粒滩的复合沉积，规模上相对较小一些。该相带亦是高能的地带，岩石多为块状，内部杂乱，见黏结构造，孔洞发育，胶结作用也相对较强。

在该相带中岩芯和薄片观察结果与台缘礁滩中相差不大，常见枝管藻格架或藻黏结砂屑、介形虫和螺等生物碎片，内部夹层相对台缘礁滩明显。此外，局部还见到叠层石礁(或礁丘)，规模很小，系蓝细菌作用黏结泥晶方解石形成。偶尔可见多毛类龙介虫栖管，属于山东龙介虫属 *Serpula Shandongensis*，是一种广盐性的居礁生物。

3)浅滩

浅滩多发育在台地顶部水体较浅的水域，一般位于正常浪基面之上，发育在礁滩微相的外围，颗粒成分上也和礁滩密切相关，水体整体能量较强，受风浪、风驱水流的搬运和改造，一般颗粒分选、磨圆都相对较好，平面上呈面状展布，分布范围较大。

岩芯上呈块状，基本不显层理，致密者保存相对完整，疏松者大多较为破碎。主要由生屑灰岩、砂屑灰(云)岩、鲕粒灰岩及复合颗粒灰(云)岩组成，颗粒支撑，杂基含量很低，是判断强水动力较为可靠的相标志。颗粒的成分主要为砂屑，为风浪改造的藻砂屑或内碎屑。其次比较常见的还包括球粒、鲕粒、生屑如介形虫碎片、腹足类碎片等。内部结构通常为块状，亦可见到冲刷构造。

4)滩间

滩间微相的发育范围和浅滩范围基本是一致的，处于滩体之间的相对低能部位沉积，较大程度上受礁滩、滩对波浪作用的障壁作用，类似于台地边缘内带的中—低能粒屑滩。成分上和浅滩一致，主要由生屑泥晶灰(云)岩、砂屑泥晶灰(云)岩、泥晶砂屑灰(云)岩等组成，然而簸选作用较浅滩为弱，泥晶含量也相对较高，可见较完整的介壳或完整的生物化石。岩芯上块状致密，基本不显层理，偶见冲刷构造。此外，可见泥灰岩中混有少量砾屑，磨圆分选较差，局部见砾屑灰岩，为风浪改造的内碎屑就近堆积的产物。

5)台内缓坡

台内缓坡是发育于台地内部的，是浅水向深水缓慢过渡的地带，坡度缓，相对台地顶部的礁滩相带水深稍大，平面上与台内洼地相毗邻，或者远端变陡过渡为深洼区。该相带受正常风浪作用影响较小，水体能量较弱，风暴作用形成的沉积较容易保留。岩芯上主要为泥灰岩，深灰色，水平层理，薄片观察岩性组合主要为泥晶生屑灰(云)岩、生屑泥晶灰(云)岩、泥晶灰(云)岩及泥质灰(云)岩等，生屑通常为介形虫碎片、鱼骨碎片等，砂屑等颗粒沉积物少见。

6)台内洼地

台内洼地发育于台地内部，是由于台地内部次级断层的活动形成的地貌洼地，水体相对较深。位置上处于台地内部，尚未达到半深湖环境。平面上与台内斜坡、台内缓坡毗邻，接受来自斜坡或者缓坡的沉积物，也可以接受风暴流改造的来自浅水的事件沉积物的堆积。总体该相带水体能量弱，岩石类型主要为颗粒泥晶灰(云)岩、泥质灰(云)岩、灰质泥岩及泥岩组合，颜色深灰色为主，发育块状层理、水平层理。

7)斜坡

斜坡发育于台地内部或边缘的断裂带附近，相带窄，受控于具有同沉积性质持续作用的断层，断层下盘快速持续下降，导致地形坡度较大，水深很快即达到浪基面以下。该相带沉积物堆积速率较高，以颗粒泥晶灰(云)岩、泥晶灰(云)岩为主，并且容易受事件作用如风暴回流产生的重力流影响，形成泥晶砾屑灰(云)岩等快速堆积。岩芯上块状致密，基本不显层理，“漂浮状”灰砾常见，在岩芯上形成正序或反序的粗尾粒序层。其中，正序居多，底部对下伏地层强烈冲刷，上部常含较多灰泥撕裂屑。

8)深湖

深湖主要是指位于正常浪基面及风暴浪基面以下的水体环境，该相带一般情况下很少受到波浪作用，主要沉积泥晶灰岩、泥岩及油页岩，水平层理发育。此外，与斜坡相邻的半深水—深水区域，常受到浊流作用影响。

垂向上，碳酸盐岩发育于水深较大的高位体系域时期(图5－81)。平面上，迎风侧发育礁滩沉积，而背风侧发育浅滩沉积(图5－82)。

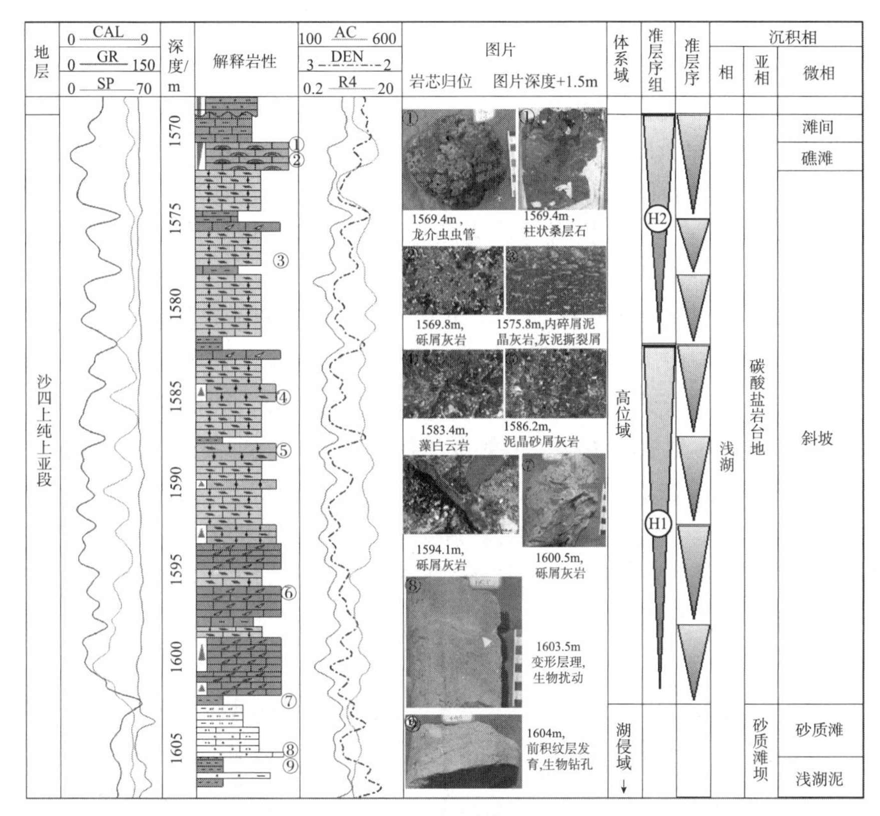

图5－81　东营凹陷滨197井单井沉积相分析图(据姜在兴，2018)

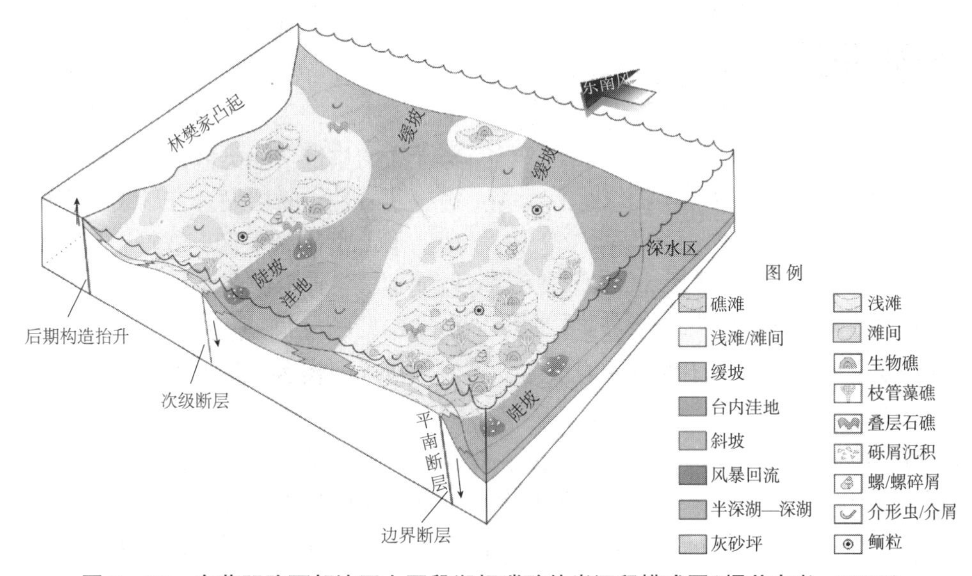

图5－82　东营凹陷西部沙四上亚段湖相碳酸盐岩沉积模式图(据姜在兴，2018)

(二)湖相碳酸盐岩控制因素

相对于海相碳酸盐岩，湖相碳酸盐岩，形成于湖盆特定的发展阶段，对气候、陆源输入、构造运动、湖平面变化等参数十分敏感，各个因素共同控制了碳酸盐岩的类型、展布规律、沉积模式。钱凯和王淑芬(1986)认为湖相生物礁灰岩分布受构造—地貌控制明显，濒临深水区的平缓的水下隆起、清水环境下最有利于大规模生物礁的发育。姜秀芳(2011)从湖盆的尺度出发，认为湖相碳酸盐岩的发育主要受四个因素的影响，干旱的古气候是前提，盆缘古碳酸盐岩是物质基础，古构造运动影响分布，大型砂砾岩扇体起抑制作用；高晓鹏(2012)认为在相似的气候条件与水介质环境下，构造运动和湖平面的升降是控制湖相碳酸盐岩的主要因素。宋国奇等(2012)通过对古气候、古地貌、古物源、古水深和五个因素综合论述，总结出了的"五古"控制模式，认为湖相碳酸盐岩滩坝的形成过程中：古气候是基础，古地貌和古物源是条件，古水深是关键，古盐度是保障。王延章(2011)认为古水深控制了碳酸盐岩的产率及化学岩沉积序列，从而控制了不同类型碳酸盐岩的沉积。

以东营凹陷沙四上亚段碳酸盐岩为例，姜在兴(2018)综合分析并提出了东营凹陷西部沙四上湖相碳酸盐岩沉积模式为一种风浪控制下的半孤立型碳酸盐岩台地，其形成受古地貌、古水深、古风场、古气候、古盐度及物质来源的共同影响。温湿的古气候、贫陆源碎屑输入、隆起宏观古地貌、较高的湖水盐度及丰富的离子来源，为碳酸盐岩的形成提供了"暖、清、浅、咸"的沉积环境，构成了有利碳酸盐岩形成的区域背景条件。其中，古地貌(微古地貌)、古水深(湖平面变化)及古风场(风浪作用)三个因素为东营凹陷西部沙四上碳酸盐岩沉积体系展布及演化的主控因素。

1. 古地貌

宏观的古隆起古地貌是湖相碳酸盐岩广泛发育的地貌基础。前人在总结济阳坳陷生物礁灰岩分布规律时，发现其发育和分布规律受断陷盆地结构控制明显，与构造—地貌密切相关，主要发育于三种宏观地貌背景(图5-83)：①平缓的水下隆起顶部，一般濒临深水区，受较大断裂带控制，沉积环境与平缓的构造台地类似，水体不深；②凸起边缘断阶带，断层发育，形成阶梯状构造台地，平台紧邻深水区；③凸起一侧缓坡带，坡度平缓，地形起伏小，没有断阶。这三种地貌背景的共同点是坡度缓，而对于陡坡带，长期遭受断裂剥蚀，硅铝质变质岩裸露，碎屑颗粒入湖较多，基本很少发育碳酸盐岩。

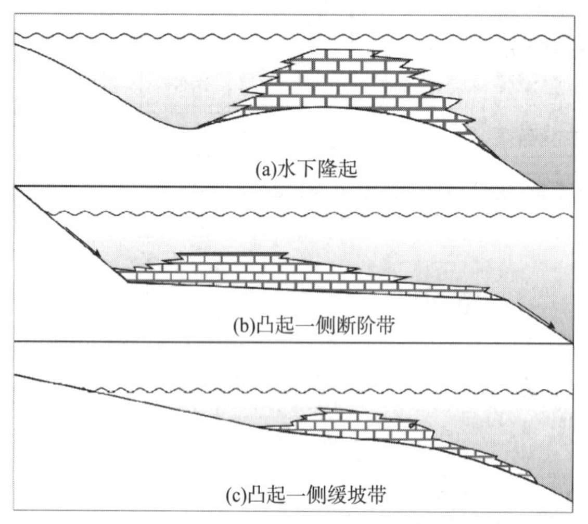

图5-83　济阳坳陷生物礁发育宏观地貌示意图

2. 古水深

古水深是碳酸盐岩沉积的重要控制因素，控制了岩石类型及岩性组合。正常浪基面以上为滨湖环境，碳酸盐岩浓度高，发生过饱和沉淀，且水体能量强，形成的岩石类型以藻礁灰岩及颗粒灰岩为主，相应的沉积相为生物礁、礁滩、颗粒滩等。水深增大，波浪的影响作用减弱，正常浪基面到风暴浪基面之间，一般风浪对其影响较弱，风暴作用沉积常见，沉积物以分选不好的、泥晶含量高的岩石类型组合为主，如泥晶颗粒灰岩、颗粒泥晶灰岩、砾屑灰岩等。当水深至风暴浪基面以下时，碳酸盐岩溶解度发生跃变，导致碳酸盐岩开始不饱和，至补偿深度(CCD)以下时，碳酸盐岩因欠饱和而溶解，形成无碳酸盐岩的沉积带(图5-84)。当水深过浅时(<3m)，碳酸盐岩虽然产率高，但是保存的可容纳空间较小；当水深过大时(>30m)，碳酸盐岩产率明显下降(王延章，2011)。

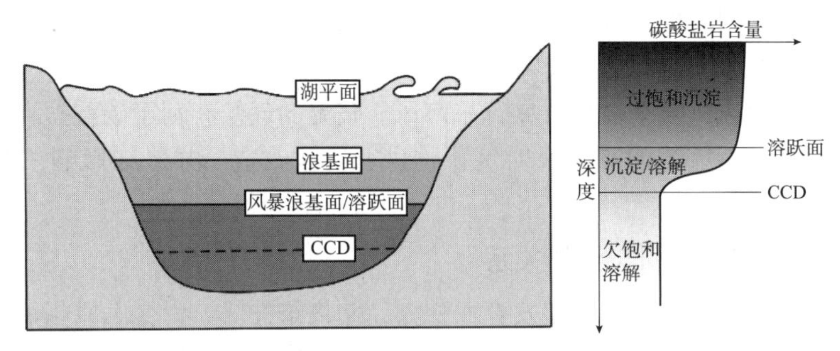

图5－84　湖盆碳酸盐岩沉积和水深变化关系(据姜在兴等，2013)

3. 古风场

风作为大气流场活动的表现形式，是一种普通、常见但重要的地质营力，风作用于水产生风浪，是控制碳酸盐岩沉积的重要因素，尤其是对礁、滩的发育。风浪可以作用于碳酸盐岩沉积，形成碳酸盐滩坝。这种碳酸盐岩滩坝形成于贫物源区背景下，陆源碎屑输入可以基本忽略，而风浪作用成为沉积物再分配的主要动力。

风场也控制湖相碳酸盐岩沉积的展布。以东营凹陷沙四上亚段为例，研究区沉积相在平面上构成了两列明显的礁滩—滩沉积(图5－85)，且主要呈NE—SW走向，反映了受到东南

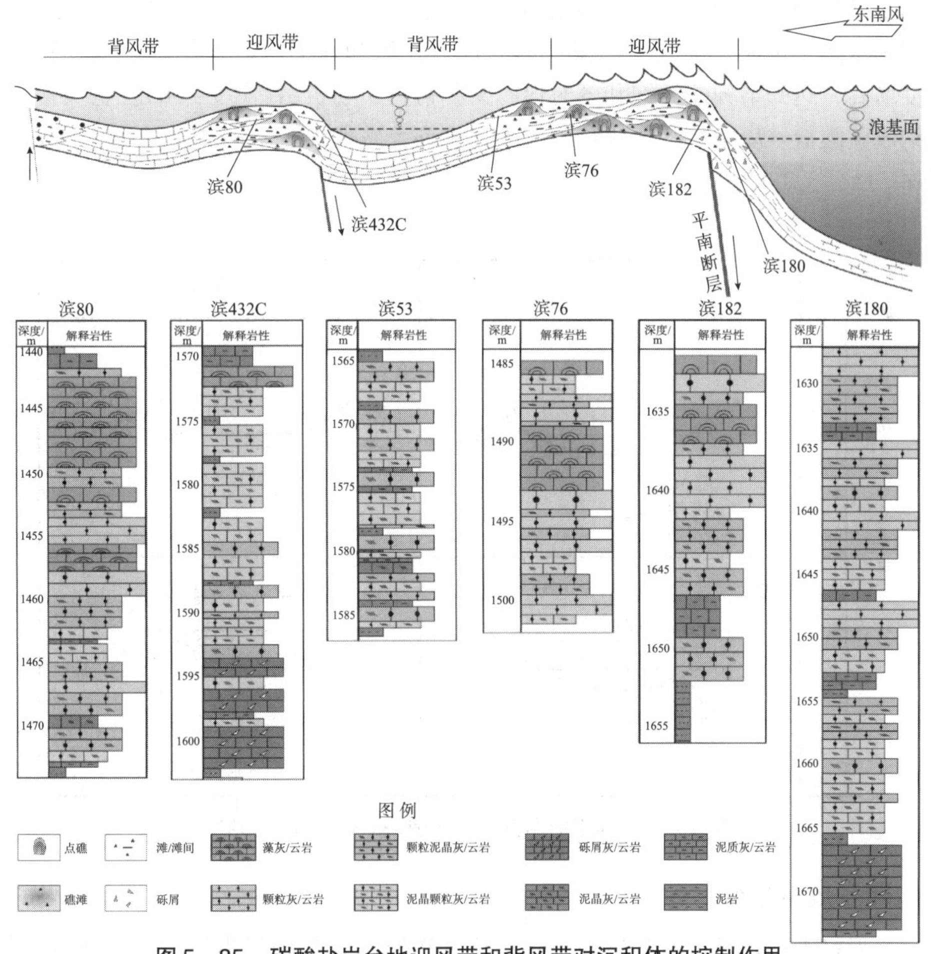

图5－85　碳酸盐岩台地迎风带和背风带对沉积体的控制作用

风的主要影响，这和同时期东营凹陷碎屑岩滩坝所揭示的古风场规律是一致的。沙四上时期(约45～42Ma)，中国东部形成了较明显的季风气候——古东亚季风气候，冬夏气候分异，冬季干冷，盛行偏北风，夏季暖湿，盛行东南风。暖湿的气候有利于碳酸盐岩的形成及枝管藻等造礁生物的生长，盛行的东南风对沉积物进行二次改造，并最终影响了沉积体系展布(图5－82)。

(三)碳酸盐岩湖泊沉积与油气关系

湖相碳酸盐岩平面上礁滩及浅滩发育面积大，储集条件好。台缘礁滩相带生物礁与浅滩形成复合沉积体，相互之间连通性好，可以形成较大规模的油气聚集。台地顶面上浅滩和滩间相带发育，侧向上岩性尖灭，可以形成岩性圈闭。缓坡背景中偶见的小型凸起，水体能量相对稍强，亦可以形成有利的浅滩沉积。此外，斜坡带中发育滑塌砾岩等事件沉积体，虽然规模不大，但是距离油源更近，物性亦相对较好，也可作为有利的储集体。一般地，礁滩微相储层物性好，浅滩微相次之，此外滩间和斜坡砾屑灰岩发育区亦可能存在较好的储层，具有一定的勘探前景。

五、蒸发盐岩型湖泊沉积模式

盐湖是以沉积蒸发盐矿物为主的湖泊，并以硫酸盐和氯化物盐类矿物为特色。在干旱气候下，当湖水蒸发量大于湖区降雨量、四周地表径流和地下水输入量较小时，湖水逐渐浓缩，盐度增高，达到某种盐类饱和度时便有某种盐类矿物析出(图5－86)。盐类矿物常按阴离子归纳成碳酸盐、硫酸盐和氯化物三大类，这亦大致代表了不同盐类的溶解难易和析出的先后顺序。

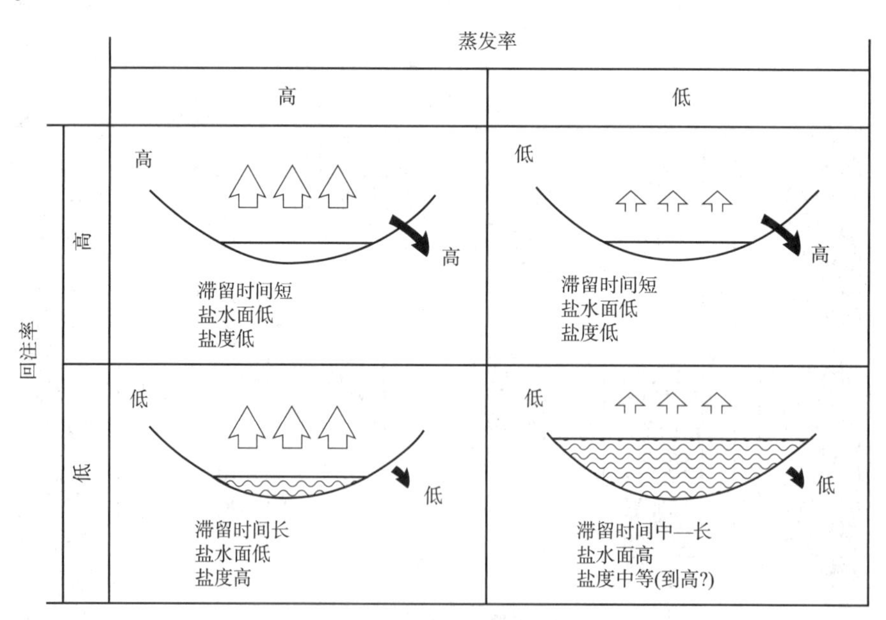

图5－86　封闭盐湖蒸发模式图(据Kendall，1992)

(一)蒸发成因分类

在蒸发岩盆地中，各地质因素通过影响盐类物质来源和湖盆水体浓缩这两大主控因素，进而控制着蒸发岩盆地中蒸发岩的沉积序列。依据上述两大主控因素在蒸发岩盆地形成中的主导性，蒸发岩成因可以分为两大类：封闭蒸发成因和深部热卤水成因。

1. 封闭蒸发成因

在封闭蒸发成因的蒸发岩盆地中，一般盐类物质的来源为海侵残留水或者大气水循环等带来的盐类，原始盐类物质浓度相对较低，蒸发岩的形成需要湖盆水体有一个持续的浓缩作用，湖盆水体浓缩是蒸发岩形成的主导因素。此类蒸发岩主要发育于干旱气候条件下相对封闭的沉积环境，湖水蒸发作用大于大气降水，导致水体浓缩而沉淀成盐。我国西部的柴达木盆地古近系和新近系蒸发岩为典型的封闭蒸发成因，柴达木盆地古近纪和新近纪时为干旱气候，盆地周缘有下古生界碳酸盐岩地层出露，大气水循环对出露地层的溶蚀产物为盐类物质的主要来源，在干旱气候下，湖水蒸发而浓缩成盐，形成膏盐沉积。

2. 深部热卤水成因

在某些蒸发岩盆地中膏盐层发育厚度可达数百米，对于如此巨厚的膏盐层，其盐类物质来源仅用封闭蒸发成因难以进行解释。因此，一些学者通过对大地构造和深部热流体等方面的研究，认为其深部热卤水是这种蒸发岩盆地盐类物质的主要来源。对于此类成因的蒸发岩盆地，盐类物质来源是蒸发岩形成的主导因素。深部来源的热卤水中原始盐类物质浓度较大，对成盐水体的浓缩作用要求不高，甚至在局部非干旱气候区也可以发育此类蒸发岩。我国东部的东濮凹陷蒸发岩为典型的深部热卤水成因，古近纪和新近纪东濮凹陷深部张性断裂十分发育且呈周期性活动，东濮凹陷热卤水活动有 4 期，对应 4 套巨厚的膏盐沉积。东非裂谷马加迪湖广泛发育盐湖沉积，分析表明蒸发盐岩的物质来源是断层将深部卤水携带而来(图 5－87)。

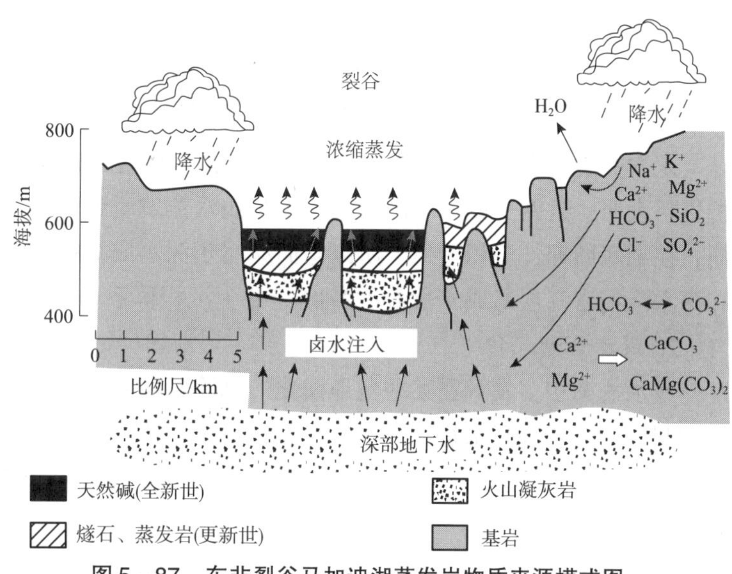

图 5－87　东非裂谷马加迪湖蒸发岩物质来源模式图

(二)蒸发盐岩的类型

盐湖沉积可出现在湖盆发育的深陷期和衰亡期；许多盐湖发育的某个阶段或晚期，由于湖水干涸或盐度增高均可形成盐湖。从盐类分布环境看，有的盐类沉积于深水湖区，有的盐类属浅水湖甚至干盐湖沉积。

1. 深水盐湖沉积

深水盐湖沉积在我国东部几个沉积盆地中皆有发育。盐类富集的层位多属盆地的深陷期或其前期，亦即生油期或其前期，如江汉盆地潜江组，盐类沉积和砂泥沉积在平面分布上有明显的分带性，从远离物源区向陡坡带物源方向，依次出现蒸发岩沉积和碎屑岩沉积(图 5－88)。

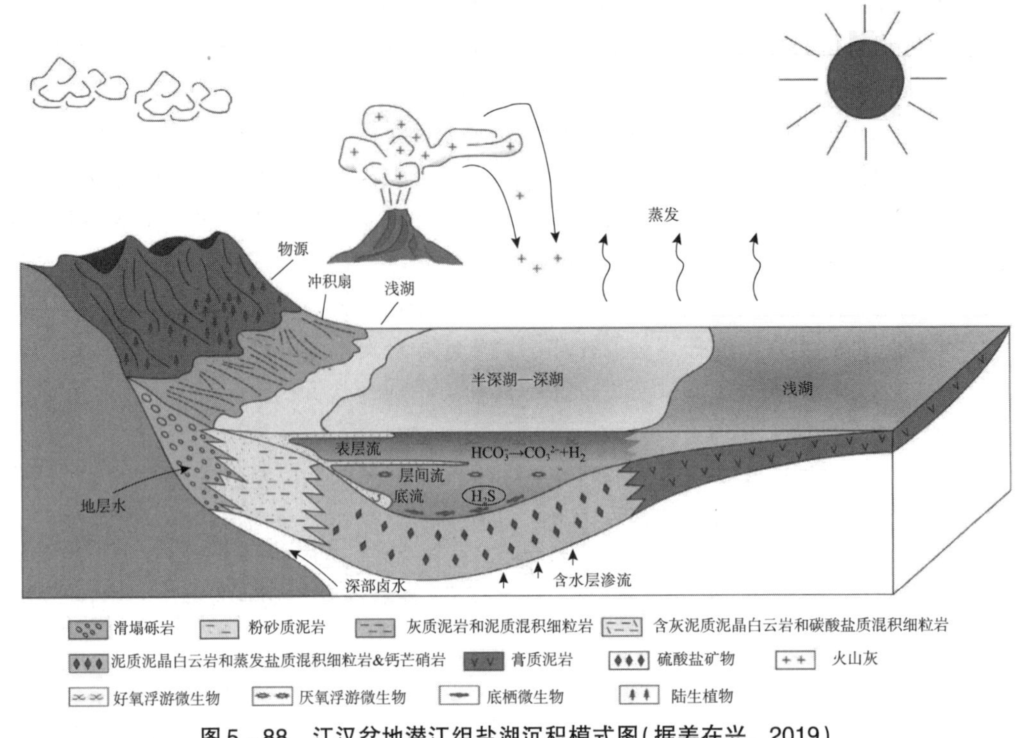

图 5－88　江汉盆地潜江组盐湖沉积模式图（据姜在兴，2019）

东濮凹陷古近系沙三段上千米厚的膏盐层与暗色泥岩、页岩和细粒浊积岩共生。化学分析资料表明，这两个湖泊中的膏盐层不是浅水蒸发所致，而主要是深层热卤水沿深大断裂上涌，在湖底周期性沉积所致，所以它们应属于深水成盐模式。因其为深水膏盐、深水有机岩和深水浊积岩互层组成，故简称“油盐”共生沉积体系。

2. 浅水盐湖沉积

浅水盐湖相多发育在某些盆地演化的坳陷阶段和衰亡阶段。由于受其所在的自然地理环境控制，入流量和降水量较少，一般湖水深度均比较小，例如柴达木盆地的盐湖水深都非常浅，一般只有数十厘米。在这些盐湖中，不同成分盐类的分布状况大多不呈同心环带状（图 5－89）。

3. 干盐湖相

干盐湖通常分布于盐湖的外围或盐湖发育的晚期，它是盐湖湖水被蒸干或基本蒸干而裸露在地表的干盐滩（图 5－90）。如美国绿河组组的 Gosiute 湖是一个干盐湖复合体。Gosiute 湖内及周围的沉积岩层可划分为三种不同的岩相：①边缘粉砂和砂岩相；②碳酸盐泥坪相；③湖相。边缘相以含方解石结核和钙质胶结物为特征；泥坪相以方解石和白云石为特征；湖相则以天然碱（碳酸钠）或油页岩（方解石或白云石质）为特征。岩相的平面分布呈同心带状：中心的湖相被泥坪相所包围，而泥坪相又被边缘相所环绕，油页岩形成于湖泊高水位期，而天然碱则形成于湖泊的低水位期。

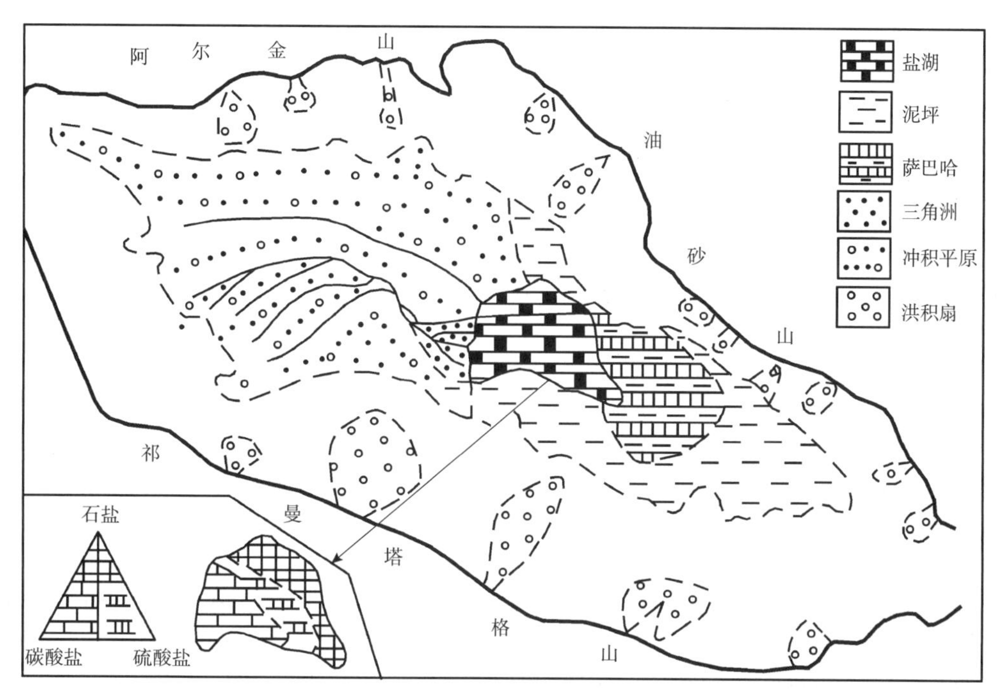

图5－89 柴达木盆地现代京斯盐湖及其周围地区的沉积相和盐湖内盐类沉积的分区

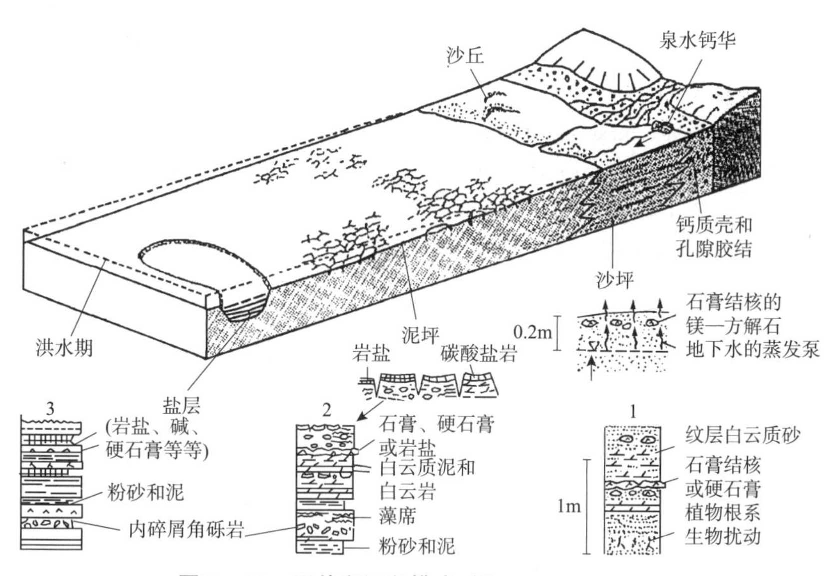

图5－90 干盐湖沉积模式(据 Einsele，1992)

(三)蒸发盐岩湖泊沉积与油气关系

盆地水体咸化过程中虽然生物种类在不断减少，但有机质却很容易被保存下来。闭塞的水体表面强烈蒸发便会有蒸发盐矿物析出，这些蒸发盐矿物下沉至水体底部直接覆盖在由河流输运来的或者由盆地水体内部形成的有机物质上。蒸发岩的沉积使盆地水体底部形成了还原环境，使有机物质与氧化环境隔离开而保存下来。实验研究表明，盐类矿物的存在还可以使有机物质的热敏性增强而较早地进入“生油门限”，此时含盐类矿物的有机物质产气量比不含盐类矿物的有机物质产气量增加了很多。这就是为什么在咸化盆地中优质生油岩常常与蒸发岩共存，如我国东部许多陆相含油气盆地中蒸发岩发育的层位与生油岩发育的层位完全共存在一起。柴达木盆地古近系—新近系蒸发岩由盆地边缘向中心依次为陆源碳酸盐岩、硫酸盐岩和卤盐岩，相应的盆地水体的古盐度也依次增加，碳酸盐沉积区的泥页岩有机碳含量一般在 0.6% 以下，有机碳含量大于 1% 的烃源岩几乎全都分布在硫酸盐和卤盐沉积区。

蒸发岩是一类非常重要的油气藏盖层。与泥质岩类、碳酸盐岩类盖层相比，蒸发岩的排替压力高、韧性大，具有良好的封闭性能。

参考文献

[1] Bohacs K, Carroll A, Nede J E, et al. Lake - Basin Type, Source Potential, and Hydrocarbon Character: An Integrated Sequence - Stratigraphic - Geochemical Framework[M]// Gierlowski - Kordesch H. Kelts K R, ed. Lake basins through space and time: AAPG Studies in Geology 46, 2000: 3 - 34.

[2] Brice J. Stream channel stability assessment[R]. Federal Highway Administration, Offices of Research and Development, 1982.

[3] Bristow C, Mountney N P. Aeolian Stratigraphy[M]. Academic Press, 2013.

[4] Carroll A R, Bohacs K M. Stratigraphic classification of ancient lakes: Balancing tectonic and climatic controls [J]. Geology, 1999, 27(2): 99 - 102.

[5] David L R. A classification of natural rivers[J]. Catena, 1994, 22(3): 169 - 199.

[6] Douglas S W. The Jurassic Norphlet Formation of the Deep - Water Eastern Gulf of Mexico: A Sedimentologic Investigation of Aeolian Facies, their Reservoir Characteristics, and their Depositional History[D]. Texas, Waco: Baylor University, 2010.

[7] Eyles N. Glacio - epochs and the supercontinent cycle after ~3.0 Ga: tectonic boundary conditions for glaciation [J]. Palaeogeography, Palaeoclimatology, Palaeoecology, 2008, 58: 89 - 129.

[8] Foster H F, Holmes G W. A large transitional rock glacier in the Johnson area, Alaska Range [R]. U. S. Geological Survey Professional Paper 525 - B, 1965.

[9] Galloway W E, Hobday D K. Terrigenous Clastic Depositional Systems[M]. 2nd Ed. New York: Springer - Verlag, 1996.

[10] Gierlowski - Kordesch E H. Lacustrine Carbonates[J]. Developments in Sedimentology. 2010, 61, 1 - 101.

[11] Haq M A, Jain K, Menon K P R. Modelling of Gangotri glacier thickness and volume using an artificial neural network[J]. International Journal of Remote Sensing, 2014, 35(16): 6035 - 6042.

[12] Hickin A S, Lian O B, Levson V M. Coalescence of late Wisconsinan Cordilleran and Laurentide ice sheets east of the Rocky Mountain Foothills in the Dawson Creek region, northeast British Columbia: Canada[J]. Quaternary Research, 2016, 85(3): 409 - 429.

[13] Hook E R. Processes on arid - region alluvial fans[J]. Geol. , 1967, 75: 438 - 460.

[14] Investigation of Aeolian Facies, Their Reservoir Characteristics, and Their Depositional History[D]. Texas, Waco: Baylor University, 2010.

[15] Johansen S J. Origins of Upper Paleozoic Quartzose Sandstones, American Southwest[J]. Sedimentary Geology, 1988. 56(1 - 4): 153 - 166.

[16] Laurie B, Jean - Noël P, Thierry N, et al. Control of Alluvial Sedimentation at Foreland - Basin Active Margins: A Case Study from the Northeastern Ebro Basin (Southeastern Pyrenees, Spain)[J]. Journal of Sedimentary Research, 2010, 80 (8): 728 - 749.

[17] Mail A D. Architectural - element analysis: A new method of facies analysis applied to fluvial deposits[J]. Earth - Science Reviews, 1985, 22(4): 261 - 308.

[18]Max M D, Johnson A, Dillon W P. Economic Geology of Natural Gas Hydrate[M]. Berlin: Springer, 2006.
[19]Nichols G. Sedimentology and Stratigraphy, second Edition[M]. UK: Wiley - Blackwell, John Wiley & Sons Ltd, 2009.
[20]Nutz A, Schuster M, Ghienne J F, et al. Wind - driven bottom currents and related sedimentary bodies in Lake Saint - Jean (Québec, Canada)[J]. Geological Society of America Bulletin, 2015, 127: 1194 - 1208.
[21]Renaut R W, Gierlowski - Kordesch E. H. Lakes. in James N. P. , Dalrymple R. W. , Facies Models 4[M]. Geological Association of Canada, 2010: 541 - 576.
[22]Rust B R. A classification of alluvial channel systems[M]// Miall A D. Fluvial Sedimentology. Calgary: Canadian Society of Petroleum Geologists Memoir 5, 1978: 187 - 198.
[23]Schumm S A, Mosley M P, Weaver W E. Experimental fluvial geomorphology[M]. New York: Wiley, 1987.
[24]Schumm S A, Khan H R. Experimental study of channel patterns[J]. Geological Society of America, 1972, 83(6): 1755 - 1770.
[25]Schumm S A. Fluvial paleochannels[M]// Rigby J K, Hamblin W K. Recognition of Ancient Sedimentary Environments: Soc. Econ. Paleontologists Mineralogists Spec, 1972: 98 - 107.
[26]Schumm S A. Patterns of Alluvial Rivers[J]. Annual Review of Earth and Planetary Sciences, 1985, 13(1): 5 - 27.
[27]Schumm S A. The fluvial system[M]. New York: Wiley, 1977.
[28]Toonen W H J, Maarten, Kleinhans M G, et al. Sedimentary architecture of abandoned channel fills[J]. Earth Surface Processes and Landforms, 2012, 37(4): 459 - 472.
[29]Tucker M E. Sedimentary petrology[M]. London: Blackwell Scientific Publications, 2001.
[30]Walker R G. Facies Models[M]. Geoscience Canada Reprint Series, J Geol Soc Canada Waterloo, 1979.
[31]Weyhenmeyer G A , Hakanson L, Meili M. A validated model for daily variations in the flux, origin, origin, and distribution of settling particles within lakes[J]. Limnology and Oceanography, 1997, 42(7): 1517 - 1529.
[32]操应长，刘晖．湖盆三角洲沉积坡度带特征及其与滑塌浊积岩分布关系的初步探讨[J]．地质论评，2007，53(4)：454 - 459.
[33]曾允孚，夏文杰．沉积岩石学[M]．北京：地质出版社，1986.
[34]崔晓庄，江新胜，伍皓，等．青藏高原东缘盐源盆地古近纪风成沙丘及其古地理意义[J]．古地理学报，2012，14(5)：571 - 582.
[35]杜韫华．渤海湾地区下第三系湖相碳酸盐岩及沉积模式[J]．石油与天然气地质，1990，11(4)：376 - 392.
[36]高晓鹏．沾车地区沙四上亚段湖相碳酸盐岩沉积特征研究[D]．北京：中国地质大学(北京)，2012.
[37]龚政，吴驰华，伊海生，等．滇西思茅盆地景谷地区曼岗组石英颗粒表面特征及其指示意义[J]．地质学报，2015，89(11)：2053 - 2061.
[38]管守锐，白光勇，狄明信．山东平邑盆地下第三系官庄组中段碳酸盐岩沉积特征及沉积环境[J]．华东石油学院学报(自然科学版)，1985，3：9 - 21.
[39]何起祥．沉积地球科学的历史回顾与展望[J]．沉积学报，2003，21(1)：10 - 18
[40]黄乐清，黄建中，罗来，等．湖南衡阳盆地东缘白垩系风成沉积的发现及其古环境意义[J]．沉积学报，2019，37(4)：735 - 748.
[41]姜秀芳．济阳坳陷沙四段湖相碳酸盐岩分布规律及沉积模式[J]．油气地质与采收率，2010，17(06)：12 - 15.
[42]姜在兴，王俊辉，张元福．滩坝沉积研究进展综述[J]．古地理学报，2015，17(4)：427 - 440.
[43]姜在兴，王雯雯，王俊辉，等．风动力场对沉积体系的作用[J]．沉积学报，2017，35(5)：863 - 876.

[44]姜在兴．沉积学[M]．北京：石油工业出版社，2003.
[45]姜在兴．风场－物源－盆地系统沉积动力学：沉积体系成因解释与分部预测新概念[M]．北京：科学出版社，2016：1－256.
[46]李胜利，于兴河，姜涛，等．河流辫—曲转换特点与废弃河道模式[J]．沉积学报，2017，35(1)：1－9.
[47]李孝泽，姚檀栋，屈建军，等．普若岗日冰原西侧冰前风沙地貌的形成与我国冰川型沙漠的发现[J]．中国沙漠，2003，23(6)：703－708.
[48]李兴中，王立亭，刘家仁，等．梵净山第四纪冰川地质研究[J]．贵州地质，2013，30(3)：202－212.
[49]里丁 H G. 沉积环境和相[M]．周明鉴，陈昌明，张疆，等．译．北京：科学出版社，1985.
[50]梁宇晨．塔东北库鲁克塔格地区震旦系、奥陶系事件沉积特征及意义研究[D]．成都：成都理工大学，2016.
[51]林畅松，夏庆龙，施和生，等．地貌演化、源—汇过程与盆地分析[J]．地学前缘，2015，22(1)：9－20.
[52]刘晶晶，程尊兰，李泳，等．西藏终碛湖溃决形势研究[J]．地学前缘(中国地质大学(北京)；北京大学)，2009，16(4)：372－380.
[53]刘立安，姜在兴．四川盆地古近系沙漠沉积特征及古风向意义[J]．地质科技情报，2011，30(2)：63－68.
[54]刘孟慧，赵澂林．渤海湾地区下第三系湖底扇的沉积特征[J]．华东石油学院学报(自然科学版)，1984：223－236.
[55]罗旋．沙漠沉积相特征分析研究[D]．湖北：长江大学，2012.
[56]莫多闻，朱忠礼，万林义．贺兰山东麓冲积扇发育特征[J]．北京大学学报(自然科学版)，1999，35(6)：816－823.
[57]钱凯，王淑芬．济阳坳陷下第三系礁灰岩及礁灰岩油气藏[J]．石油勘探与开发，1986，(5)：1－7
[58]钱宁，张仁，周志德．河床演变学[M]．北京：科学出版社，1987.
[59]钱宁．关于河流分类及成因问题的讨论[J]．地理学报，1985，40(1)：1－10.
[60]裘怡楠，薛叔浩，应凤祥．中国陆上油气储集层[M]．北京：石油工业出版社，1997.
[61]宋国奇，王延章，路达，闫瑞萍，杨静．山东东营凹陷南坡地区沙四段纯下亚段湖相碳酸盐岩滩坝发育的控制因素探讨[J]．古地理学报，2012，(5)：565－570.
[62]孙永传，李蕙生．碎屑岩沉积相和沉积环境[M]．北京：地质出版社，1986.
[63]王超群，丁莹莹，胡道功，等．祁连山冻土区 DK－9 孔温度监测及天然气水合物稳定带厚度[J]．现代地质，2017，31(1)：158－166.
[64]王成善，李祥辉．沉积盆地分析原理与方法[M]．北京：高等教育出版社，2003.
[65]王凤之，陈留勤．风成砂沉积和古气候研究[J]．沉积与特提斯地质，2018，38(1)：71－81.
[66]王平康，祝有海，卢振权，等．青海祁连山冻土区天然气水合物研究进展综述[J]．中国科学：物理学力学 天文学，2019，49(3)：034606－1—034606－20.
[67]王随继，任明达．根据河道形态和沉积物特征的河流新分类[J]．沉积学报，1999，17(2)：240－246.
[68]王延章．古水深对碳酸盐岩滩坝发育的控制作用[J]．大庆石油地质与开发，2011，(6)：27－31.
[69]王英华，周书欣，张秀莲．中国湖相碳酸盐岩[M]．徐州：中国矿业大学出版社，1993.
[70]王勇，钟建华，王志坤，等．柴达木盆地西北缘现代冲积扇沉积特征及石油地质意义[J]．地质论评，2007，53(6)：791－796.
[71]王振彪，裘亦楠．大港枣园油田冲积扇储层研究[J]．石油勘探与开发，1991(4)：86－92.
[72]吴靖，姜在兴，潘悦文，等．湖相细粒沉积模式——以东营凹陷古近系沙河街组四段上亚段为例[J]．石油学报，2016，37(9)：1080－1089.

[73]吴靖，姜在兴，王欣．湖相细粒沉积岩三—四级层序地层划分方法与特征——以渤海湾盆地东营凹陷古近系沙四上亚段为例[J]．天然气地球科学，2018，29(2)：199－210.

[74]吴胜和，岳大力，刘建民，等．地下古河道储层构型的层次建模研究[J]．中国科学D辑：地球科学，2008，38：111－121.

[75]吴世强，陈凤玲，姜在兴，等．江汉盆地潜江凹陷古近系潜江组白云岩成因[J]．石油与天然气地质，2020，41(1)：201－208.

[76]杨发相，李生宇，岳健，等．新疆荒漠类型特征及其保护利用[J]．干旱区地理，2019，42(1)：12－19.

[77]伊振林，吴胜和，杜庆龙，等．冲积扇储层构型精细解剖方法——以克拉玛依油田六中区下克拉玛依组为例[J]．吉林大学学报(地球科学版)，2010，40(4)：939－946.

[78]印森林，吴胜和，冯文杰，等．冲积扇储集层内部隔夹层样式—以克拉玛依油田—中区克下组为例[J]．石油勘探与开发，2013，40(6)：757－763.

[79]赵澄林，刘孟慧，纪友亮．东濮凹陷下第三系碎屑岩沉积体系与成岩作用[M]．北京：石油工业出版社，1992

[80]赵澄林．油区岩相古地理[M]．东营：石油大学出版社，2001：1－314.

[81]赵阳，卢景美，刘学考，等．墨西哥湾深水油气勘探研究特点与发展趋势[J]．海洋地质前沿，2014，30(6)：27－32.

[82]郑占，吴胜和，许长福，等．克拉玛依油田六区克下组冲积扇岩石相及储层质量差异[J]．石油与天然气地质，2010，31(4)：463－471.

[83]周自立，杜韫华．湖相碳酸盐岩的沉积相与油气分布关系—以山东胜利油田下第三系碳酸盐岩为例[J]．石油实验地质，1986，(2)：123－132.

第六章　陆源碎屑岩沉积相模式——过渡相组

过渡相组主要指海(湖)陆过渡地带，是陆地与开阔海洋或湖泊的连接，包括三角洲、扇三角洲、辫状河三角洲和海岸等相类型。

第一节　三角洲相

一、概述

三角洲(delta)相位于海(湖)陆之间的过渡地带，是海陆过渡相组的重要组成部分。

三角洲的概念是地质学中最老的概念之一，实际上可追溯到约公元前400年，当时，古希腊历史学家希罗多德看到尼罗河口的冲积平原同希腊字母Δ的形状相似，于是三角洲这个词就产生了。

但有关三角洲的现代定义是在20世纪初才提出的。目前一般认为，三角洲是指曲流河或网状河流入海(湖)盆地的河口区，因坡度减缓，水流扩散，流速降低，遂将携带之泥沙沉积于此，形成近于顶尖向陆的三角形沉积体。其规模大小主要取决于河流的大小，大河三角洲面积可达几万到几十万平方千米，如我国长江三角洲的面积约为$51.8\times10^3km^2$。

从20世纪20年代以来，由于石油地质勘探工作的实践，发现许多油气田与三角洲沉积有关，而且其中往往是大型或特大型油气田。如科威特布尔干油田为世界上第二特大油田，其可采储量为9.4×10^9t；委内瑞拉马拉开波盆地玻利瓦尔沿岸油田，为世界第三特大油田，它们的主要产油层均属三角洲沉积。另外，墨西哥湾盆地是美国产油最多的一个盆地，它的石油产自白垩系、始新统、渐新统和中新统的砂岩中，其中大部分油气藏与三角洲沉积有关。我国也发现了许多湖相三角洲油田，如东营三角洲、大庆长垣三角洲油田等。

二、三角洲沉积动力学及其沉积作用

三角洲是河流在一个稳定的蓄水体(海洋、湖泊)中形成的、部分露出水面的、分布于河口地区的沉积体，是河流与蓄水体(海洋、湖泊)相互作用的产物。三角洲发育受多因素的控制，既有来自河流的，如河流的流量和输沙量，这是形成三角洲的物质基础；也有来自蓄水体的，如蓄水体的水动力条件、盆地地形特征、水体介质密度等。正是如此，也决定了三角洲沉积区的水动力条件最为复杂，既存在来自河水的惯性力，也存在来自蓄水体的波浪、沿岸流等，海洋环境还存在潮汐，复杂多变的水动力条件控制了三角洲形成和演化，以及三角洲沉积体的沉积物性质、分布、形态等特征。

一个三角洲是由河流体系的建设性沉积作用和蓄水体对沉积物改造与再分布之间进行的

竞争所最终形成的。根据定义，在一个三角洲体系内，河流在这种相互作用中至少保持着适当的优势。

(一)建设作用

水从河道经河口进入无限制的蓄水盆地的流动，是三角洲少数几种独有的水动力作之一。越岸泛滥以及由此产生的泛滥平原和天然堤的加积作用，以及河道的下切、迁移和充填作用，同它们在河流体系内的相应部分类似，都反映在三角洲相中。同时，在河流沉积中固有的其他作用，包括冲裂和决口作用，在三角洲中也很重要。

1. 河口作用

贝茨(Bates，1953；转引自冯增昭等，1993)对三角洲形成的水动力学进行了研究。他将三角洲河口比拟为水力学上的一个喷嘴。河水通过河口流入蓄水体时，形成自由喷射，自由喷流可分为轴状喷流和平面喷流两种流动类型：

(1)轴状喷流。轴状喷流是河水与蓄水体水的混合作用发生在三维空间(立体的)，其混合作用较快，致使水流速度迅速降低。

(2)平面喷流。平面喷流是河水与蓄水体水的混合作用发生在二维空间(平面的)，其混合作用较慢，故向盆地方向较远的地方仍可保持较高的流速。

但是，当一条河流注入相对静止的水体中时，如果没有波浪和潮汐作用较大影响的话，其流动类型取决于这两种水之间的密度差异。密度的差异有以下三种可能性：

(1)流入水密度较高(高密度流)。当流入水的密度大于蓄水体的水密度时，这种高密度流的流动是沿着水底发生的平面喷流(图6－1)。这种情况常发生在大陆坡上，未固结的海底沉积物因受重力或其他外力作用而发生滑塌或滑动，其结果可形成浊流。这种浊流能侵蚀海底峡谷，并沿海底峡谷流动，在峡谷口附近形成海底扇。另外，当冰冷的水流注入较温暖的湖泊中，或者含有大量悬浮负载的洪水水流进入湖泊中时，也可产生类似的流动类型，并形成浊流。但一般含泥沙的河水密度很少超过海水密度，故不能产生这种流动类型。

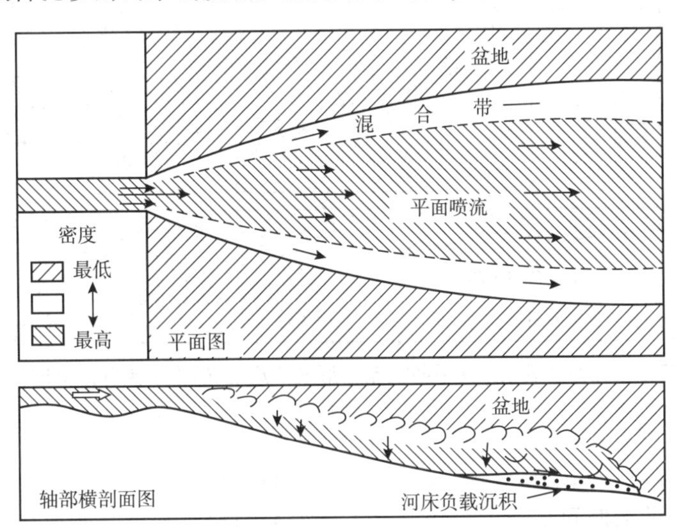

图6－1 河水密度大于蓄水体密度(属平面喷流，出现浊流，形成海底扇)(转引自冯增昭等，1993)

(2)流入水和蓄水体水密度相等(等密度流)。当河水注入淡水湖泊时，出现这种情况。其结果可产生轴状喷流类型，两种水体发生三维空间的混合作用，而且水流速度迅速降低。

在河口附近，底负载迅速堆积，而悬浮负载可沉积在较远处，形成湖泊型三角洲(或称为吉尔伯特型三角洲，现称为扇三角洲)，这种沉积的分布范围一般较小(图6－2)。

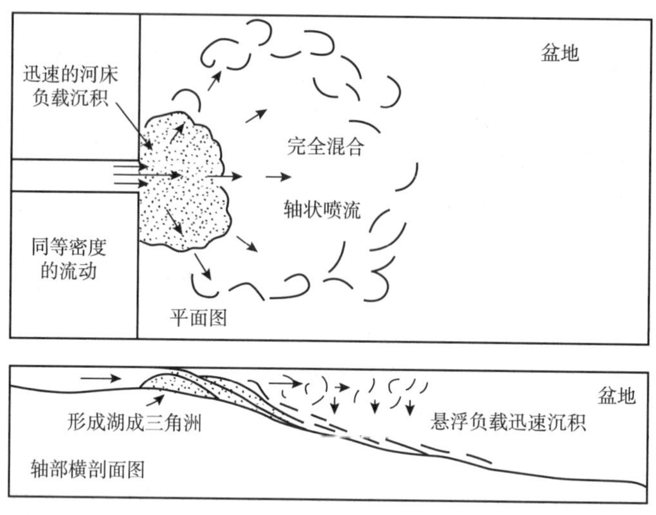

图6－2　河水密度等于蓄水体密度(属轴状喷流，形成湖泊三角洲)(转引自冯增昭和赵澄林，1993)

(3)流入水密度较小(低密度流)。这种情况发生在河流入海处。河水中虽含有悬浮物质使其密度增加，但与咸水的密度相比仍是微不足道的。这种低密度水流在咸水面上向海水流动，属于平面喷流类型(图6－3)。水流量大的河流河水沿水平方向能向外散布很远，可以形成以河流作用为主的海岸三角洲。

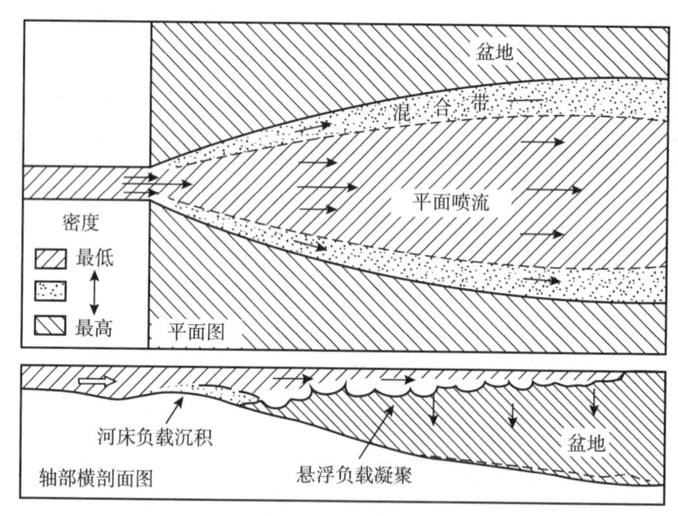

图6－3　河水密度小于蓄水体密度(属平面喷流，形成海成三角洲)(转引自冯增昭和赵澄林，1993)

2. 决口改道作用

沿三角洲分流体系形成的决口扇在三角洲平原的发育中是非常重要的。同在河流体系中一样，决口扇是在洪水期间水和沉积物通过天然堤上的缺口涌出时所形成的。然而，许多三角洲平原分流决口扇的形成比河流中决口扇的形成更复杂(图6－4、图6－5)。实际上，决口扇可以变成进积到边缘三角洲间海湾的子三角洲。黄河现代三角洲由五期决口改道形成的亚三角洲依次叠置而成(图6－6)。

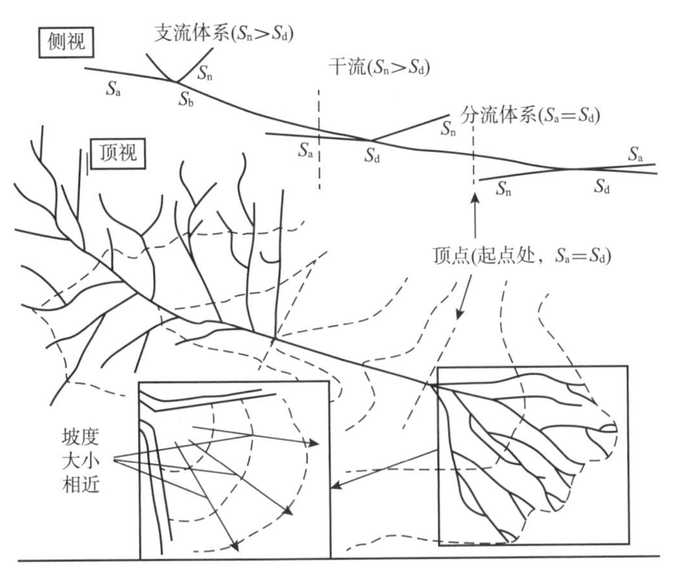

图6－4　支流体系与分流体系(据 Olariu 等，2006)

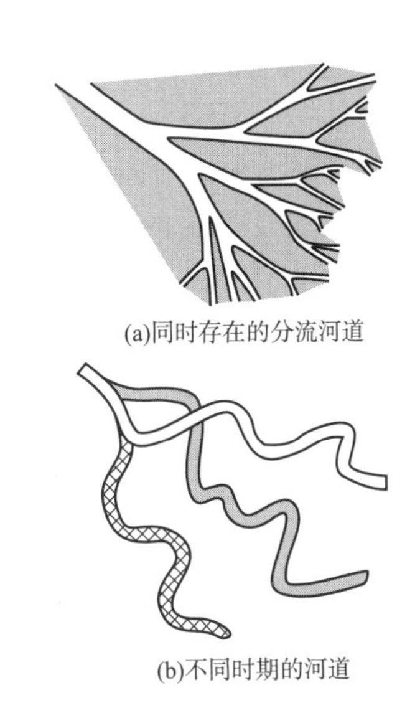

图6－5　同期分流河道与不同时期叠加河道示意图(据 North 等，2007)

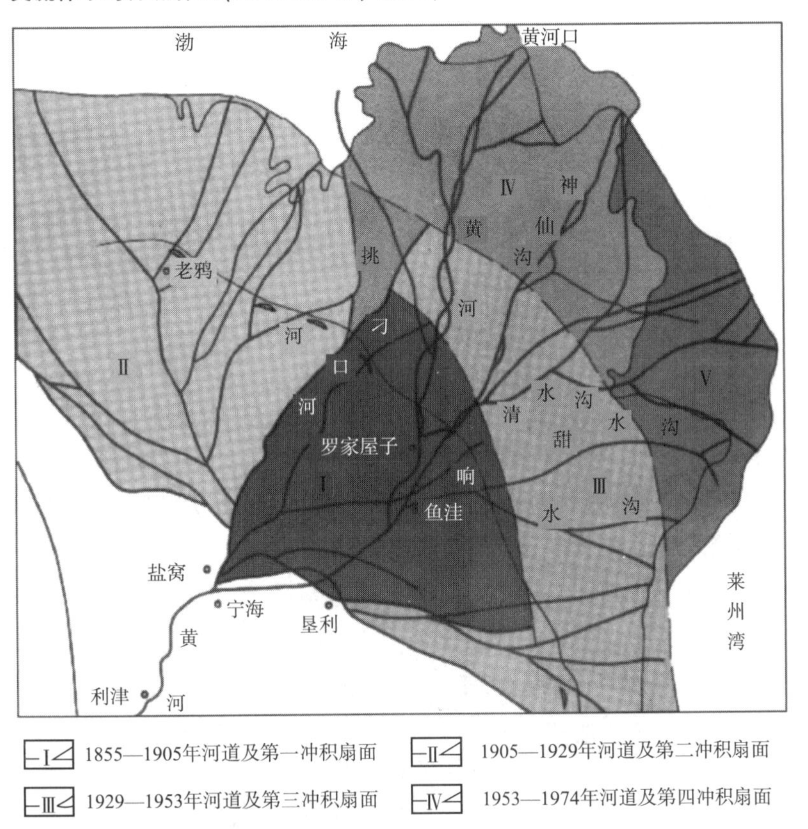

图6－6　现代黄河三角洲体系(据成国栋等，1991)

(二)破坏作用

三角洲破坏作用是各种对沉积物进行改造、改变、再分布或迁移等过程，包括波浪能通量、潮能通量、侵入的恒定盆地流、季节性的风力流，以及由盆地边缘与盆地之间高度差产生的重力势能。

1. 波浪和水流的再分布

在几乎所有的蓄水体中均存在波浪能，无论是海洋还是湖泊。潮流和恒定性海流在较大的海盆中是较为常见的形式。在三角洲河口坝或决口分流中的推移质沉积物的沉积作用，使它处于波浪和潮汐改造作用的最佳位置。河口坝脊上的破浪会加强混合作用，产生紊流，使沙子沿岸流的方向进行重新堆积。沉积在河口的沙就这样在侧向上重新分布，如果没有多少沙被重新移动，由河道进积作用所产生的沙带就只是简单的扩宽；如果大部分的河口坝被改造，三角洲前缘可能逐渐变为一系列联合的弧形滩脊(有时称其为沿岸障壁坝)，而泥质仍呈悬浮状态并被从三角洲前缘搬运走。相反地，潮流在河口处的流入流出，会使河流的水流交替增强和减弱，或者发生倒流。重新活动的沉积物沿倾向移动，在分流河口内形成长形沙坝，并向海扩展成宽阔的水下三角洲前缘台地。海水的侵入，使水流散布、减速和混合，促进了推移质和悬移质在河口处的沉积，并加宽了分流河道的下游段，形成漏斗状或港湾状的几何形态。波浪和潮汐对河口坝和三角洲前缘沉积物的改造会进一步改善分选状况。

2. 压实和块体重力搬运

河口沉积物及其海洋改造过的三角洲沉积物，位于由重力势能改变、破坏或重新活动的理想位置。首先，砂沉积在前三角洲泥质台地的顶部，该台地一般是迅速沉积而成的，其饱和水、欠压实且厚度巨大；其次，砂沉积位于倾斜的前三角洲裙的顶部，虽然三角洲前缘的坡度很少超过几度，但是这样的坡度在未固结的水下沉积物中是不稳定的；其三，大型河流体系的沉积物注入以每年几千万吨来计量，并且在时间与空间上都是不规则分布的。

砂在较大分流河口处的迅速沉积增加了下伏前三角洲泥的负荷，从而产生密度倒置。泥因其高的含水量(达 80%)，所以在其受力时表现为可塑性。欠压实的、低密度的、低渗透率的前三角洲沉积物，其不稳定性因细菌分解有机碎屑生成油气而进一步增加。沉积物的负荷引起差异压实和流动或前三角洲泥的断裂。在最活跃负荷位置之下的横向和垂向流动，会形成叫作“泥丘”的泥底辟。前三角洲斜坡上的形变作用还产生各种层内构造(图 6－7)。边缘断层和滑塌形成于活动河口、河口坝及其伴生相的附近。大型的弧形滑塌断块常沿三角洲台地和前三角洲斜坡上部的边缘发育，它也可能表现为穿透下伏陆架层序和上斜坡层序长期活动的主生长断层的一部分(图 6－7)。

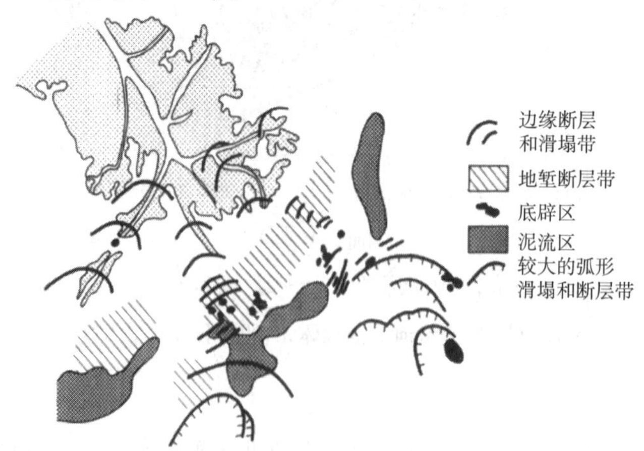

图 6－7　沿着活跃的进积三角洲前缘重力再沉积作用和变形作用的类型(据 Galloway 等，1996)

该图说明了密西西比河三角洲体系的深水朵叶体边缘一带各种地形特征的位置和密集度

除了层内形变和差异压实外，沉积在三角洲台地顶部的沉积物还可以重新活动并向坡下迁移。表层滑塌和泥流沉积在进积作用活跃的三角洲前缘是很常见的现象(图6－7)。沉积物在前三角洲斜坡顶部的迅速沉积，可能会导致浅处沉积层的过陡，由此产生重力滑动、一定的滑塌或沉积物的液化。滑塌和风暴会周期性地扰动与活化前三角洲台地的沉积物。沉积物一旦被携带，就可能以块体流或浊流沿前三角洲斜坡向下流动，在前三角洲相层序中沉积或过路进入下邻的斜坡/盆地中。三角洲前缘层序呈现出多变的沉积特征，例如广阔的席状砂、陡峭的或平卧的褶皱层、递变层理、球枕构造和底面印痕。这些特征组合与海底斜坡体系一致，前三角洲与斜坡体系的边界很难确定。然而从古地理以及经济的观点来看，关键因素在于发育一个独立的水下沉积物分散体系，它能将大量的过路推移质沉积从其原始沉积位置三角洲台地的顶部，推至斜坡和盆地的底部。在陡的构造活动盆地边缘，重力流搬运会成为一种具重要意义的甚至是主要的三角洲破坏作用。

沉积物重力流是阵发性的、瞬间的、短暂的快速沉积事件的产物，流体中含有大量悬浮物质，因而密度大，最大可达1.5～2.0g/cm^3，其中悬浮物质为砂、粉砂和泥质物，有时还挟带砾石。根据运移的沉积物内部块体解体程度，可将块体重力搬运作用及其沉积产物区分为以下几类：岩崩(rock fall)、滑动(sliding)和沉积物重力流。Middleton 和 Hampton(1973)根据碎屑支撑机理，即碎屑呈悬浮状态的机理，将重力流分为碎屑流或泥石流(debris flow)、颗粒流(grain flow)、液化流(fluidized flow)和浊流(turbidity current)四种类型。上述这些作用，在一次块体搬运事件中，可能一起发生，且可以相互转化。

(三)朵叶体的废弃和旋回的破坏

海洋作用和重力作用都会持续地对活动的三角洲边缘进行改变或改造。然而，在以朵体的生长与废弃为特征的三角洲体系中，破坏作用和建设作用是交替进行的，这便产生了三角洲沉积中特有的旋回层序。

三角洲朵体的废弃，减少或终结了向三角洲前缘的河流沉积物的供应。然而，海洋作用仍会继续改造和改变三角洲的边缘。再有，当快速沉积、饱含水的前三角洲底泥层持续压实引起三角洲朵体的沉降和海侵时，海洋作用的影响会进一步扩大，盆地的沉降会进一步加速沉陷。最后，不活动朵体的大部分或全部表层沉积物会遭受淹没和海洋的改造，从而形成一个上、下均以海相陆架为沉积边界的层序。

(四)三角洲的形成和发育

影响三角洲形成和发育的因素是很复杂的，一般来讲有以下几种：

(1)河流的流速、泄水量、搬运来的泥沙的数量和比例；

(2)泄水和蓄水体的性质，尤其是其相对密度的大小；

(3)蓄水体作用营力的类型(波浪、潮汐、海流)和强度，特别是与沉积物输入量的相对关系；

(4)三角洲向海推进处的深度；

(5)蓄水体底层的性质；

(6)沉积盆地的构造性质，其中包括沉积盆地的稳定性、沉降速度和海水进退等。

三角洲的形成发育过程实质上是分流河道不断分汊和向海方向不断推进的过程(图6－8)。在河流入海的河口附近，由于海底坡度减缓，水流分散，流速突然降低，大量底负载物质便堆积下来，形成河口坝或分流河口坝，我国长江口中的崇明岛属典型实例。

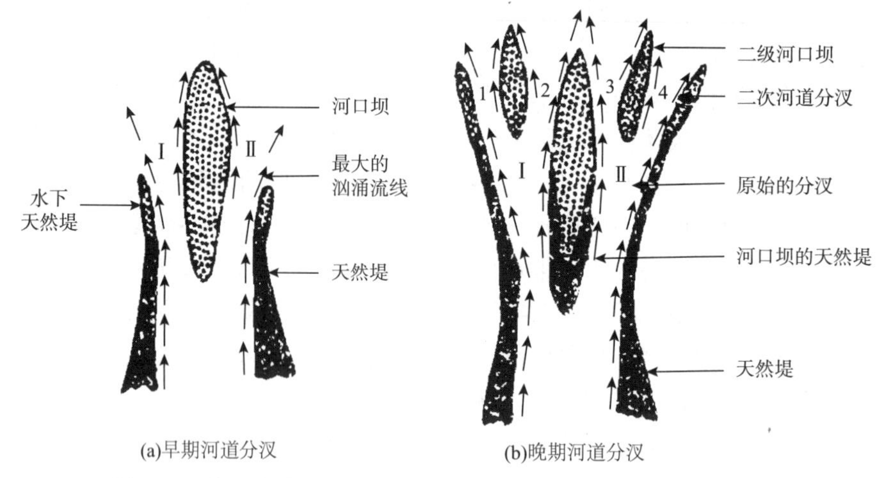

图6－8　河口坝和分流河道的发育过程(转引自冯增昭等，1993)

但是，三角洲分流体系向海方向推进，不会无限制地发展下去。分流过分扩展最终会造成河流改道，从而流入坡度较陡的河道，或者由于决口而使主河流改道，致使原来的三角洲废弃。当海水入侵时，其上部沉积物受到海水作用的改造，开始了三角洲的破坏时期。

与此同时，一个新的三角洲便在其附近又开始生长。有时，一个三角洲尚未结束而另一个三角洲已经开始形成。经过一段时间以后，主河道也可以回到原来三角洲废弃的地区，再度产生新的三角洲。总之，上述现象可以多次重复出现，致使各个三角洲之间彼此交错、相互重叠，形成了复合三角洲体系。

三、三角洲的类型

三角洲的形成、发育和形态特征主要受河流作用和蓄水体能量的相对强度所控制。三角洲主要是因河流带来大量泥沙并迅速堆积而成；而海水则对三角洲起着改造、破坏和再分布的作用。因此，在河流与海水相互作用下可产生各种类型的三角洲。

三角洲的分类得益于对现代三角洲沉积的综合研究。斯考特和费希尔等(1969；转引自冯增昭等，1993)曾根据河流、潮汐、波浪作用强弱将三角洲分为建设性(constructive)三角洲和破性(destructive)三角洲两种类型。建设性三角洲是在以河流作用为主、泥沙在河口区堆积的速度远大于波浪所能改造的速度的条件下形成的，其特点是增长速度快、沉积厚、面积大、向海突出、砂泥比低。大型河流入海多形成此类三角洲，且大多数湖泊三角洲也属于此类。当海洋作用增强而超过河流作用时，波浪、潮汐、海流的能量等于或大于河流输入泥沙的能量，河口区形成的泥沙经海洋水动力的改造和破坏，甚至阻止了三角洲向海洋中的推进，此时形成的是破坏性三角洲。此类三角洲形成时间短，分布面积小，多为中、小河流入海所形成。

Galloway(1996)根据上述三种作用的相对关系，对世界各大河的三角洲进行了分类，提出了三角洲的三端元分类方案(图6－9)。三角形三个端元分别代表了以河流、波浪、潮汐作用为主的三角洲类型，包括以河流作用为主的河控三角洲(fluvial－dominated delta)，以波浪作用为主的浪控三角洲(wave－dominated delta)和以潮汐作用为主的潮控三角洲(tide－

dominated delta）。前者属于建设性三角洲，后两者属于破坏性三角洲。除上述河控、浪控和潮控三种极端类型的三角洲之外，在它们之间尚有一系列过渡类型的三角洲。此外有些学者根据近些年对于现代和古代三角洲的观察解剖，根据三角洲发育的构造背景、水深、盆地中的位置等条件，还提出浅水三角洲（shallow water delta）和陆架边缘三角洲（shelf - margin delta）的概念。

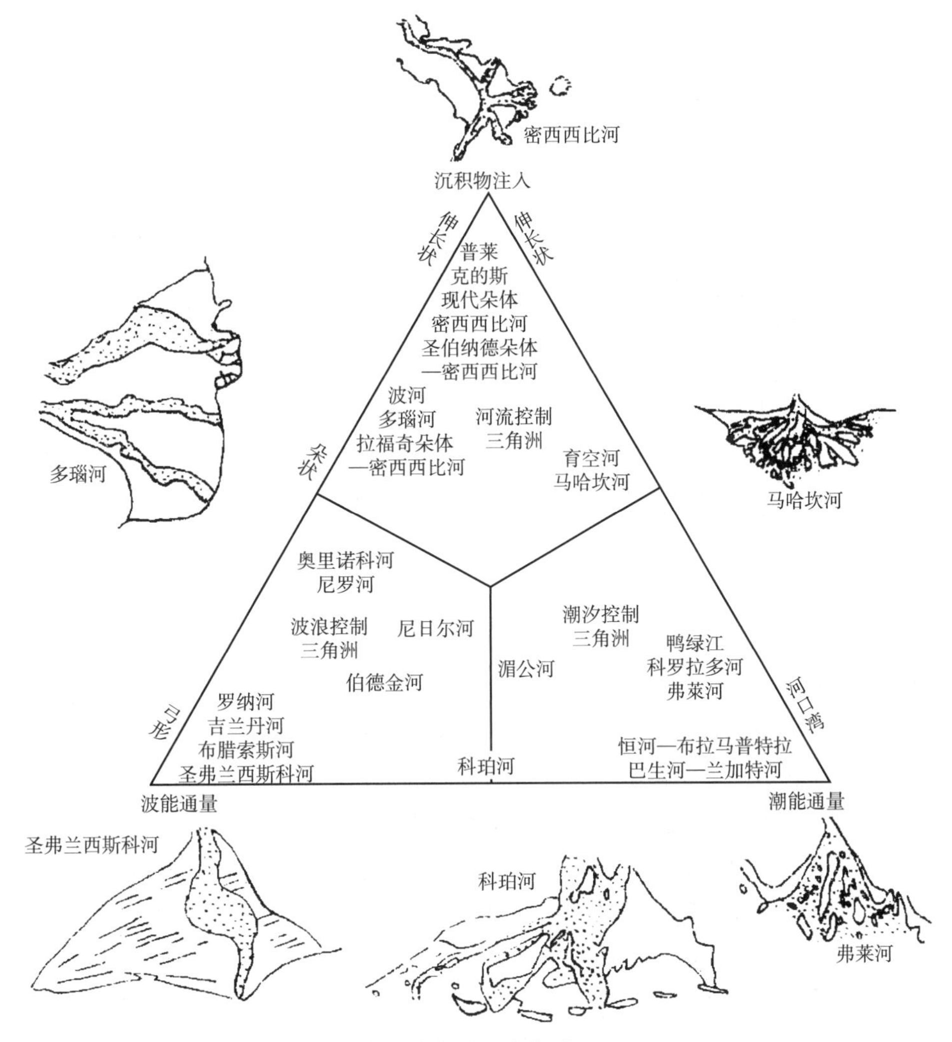

图6－9　三角洲类型的三端元分类（据 Galloway，1996）

（一）河控三角洲

1. 鸟足状三角洲

鸟足状三角洲是以河流作用为主的高建设性三角洲，又称为舌形或长形三角洲。由于海水作用弱，河流的泥沙输入量大，特别是砂与泥比值低，悬浮负载多，有较发育的天然堤和较固定的分流河道，同时也可沉积很厚的前三角洲泥。分流河口坝也发育，且顺着分流河道前延伸，形似鸟爪（图6－10）。

2. 朵状三角洲

朵状三角洲的形态像一个向海方向突出的半圆形（图6－11）。与鸟足状三角洲相比，此类三角洲的泥沙输入量相对少一些，砂泥比值较高，海水波浪作用有所加强，但河流输入沉积物的数量仍高于波浪和潮汐作用改造的能力。三角洲前缘伸向海洋的指状砂体受到海水冲刷、改造和再分配而形成席状砂层，使三角洲前缘变得较为圆滑而近似于半圆形。欧洲的多瑙河三角洲、非洲的尼日尔三角洲以及我国的黄河三角洲(图6－6)也都属此类型。

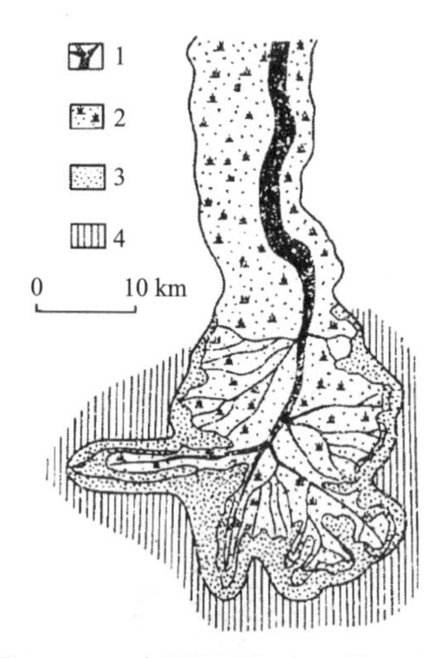

图6－10　密西西比河鸟足状三角洲

1—分流河道、天然堤、决口扇；
2—三角洲平原(沼泽、湖泊、分流间湾)；
3—三角洲前缘(包括河口坝、席状砂)；
4—前三角洲

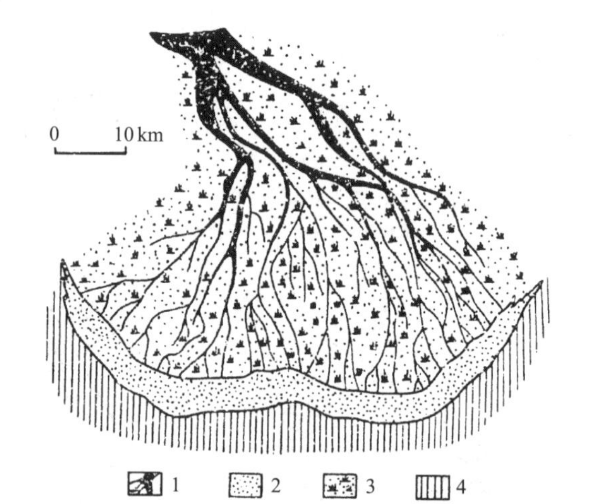

图6－11　密西西比河全新世朵状三角洲
(转引自冯增昭和赵澄林，1993)

1—分流河道、天然堤、决口扇；
2—三角洲前缘(包括河口坝、席状砂)；
3—三角洲平原(沼泽、湖泊、分流间湾)；
4—前三角洲

(二)浪控三角洲

浪控三角洲的平面形态呈鸟嘴状，又称为鸟嘴状三角洲。其特点是一般只有一条或两条主河流入海，而分流河道不多也不大；河流输入海的泥沙量少，砂与泥比值高；而且波浪作用大于河流作用。因此，由河流输入的泥沙很快就被波浪作用再分配，于是在河口两侧形成一系列平行干海岸分布的海滩脊砂或障壁沙坝；而只在河口处才有较多的砂质堆积，形成向海方向突出的河口，形似弓形或鸟嘴状。巴西圣弗兰西斯科河三角洲(图6－12)或罗纳河三角洲可作为典型实例。若波浪作用进一步加强，几乎完全克服了河流作用，同时又有单向的强沿岸流，则会使河口偏移，甚至与海岸平行。在河口前面建造成直线型障壁岛或障壁沙坝，挡住河口，形成掩闭型的鸟嘴状三角洲，如非洲西岸的塞内加尔河三角洲(图6－13)。此三角洲在高能波浪及单向强沿岸流的联合作用下，使砂体的分布和排列发生强烈变化。塞内加尔河的总流向自东向西，但在接近海岸时转向南—西南方向，致使河口偏移约160km，三角洲平原内的废弃河道也有南偏趋势。

(三)潮控三角洲

有些河流注入在海水潮汐作用较强的地区。由于潮汐作用远大于河流作用，注入港湾内的河流带来的沉积物只能充填在港湾内堆积成小型三角洲。因其外形受港湾控制，故又称港湾三角洲。如潮汐作用加强，双向的潮汐流和河流洪水的冲刷作用常将河流带来的沉积物在河口的前方改造成线状潮汐沙坝。这些沙坝平行于潮流方向，在河口的前方呈裂指状放射分布，它们充填于潮沟之内或其两侧。澳大利亚北部的巴布亚湾三角洲就是这类三角洲的典型例子(图 6-14)。此外，我国的珠江三角洲、越南的湄公河三角洲和巴布亚湾三角洲也属此类型。

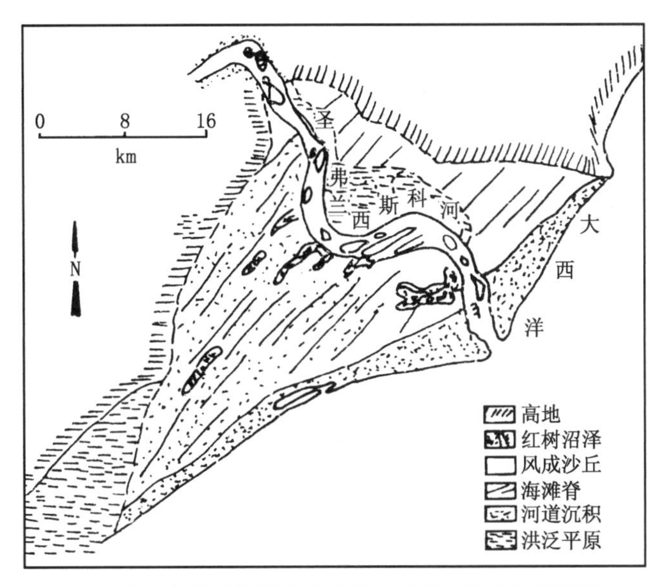

图 6-12 巴西圣弗兰西斯科河鸟嘴状三角洲(转引自冯增昭，1993)

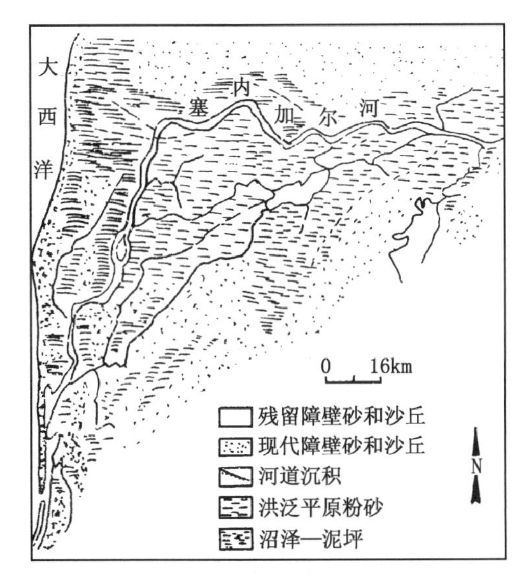

图 6-13 非洲西海岸塞内加尔河鸟嘴状三角洲
(转引自冯增昭和赵澄林，1993)

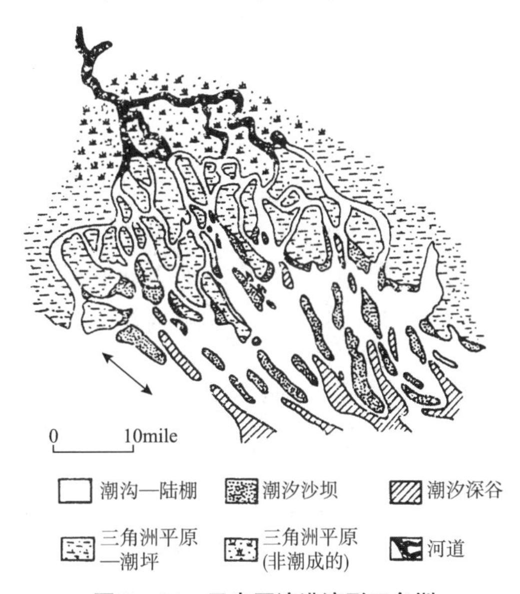

图 6-14 巴布亚湾港湾形三角洲
(转引自冯增昭和赵澄林，1993)

一般来讲，潮汐作用强烈的地区不容易形成三角洲。相反，潮汐对已有的三角洲起着侵蚀和破坏的作用，并将沙子带入海中较远处，而不在河口附近堆积下来，使河口形成具明显特征的喇叭形，并向海方向扩展为较开阔的海湾，即通常所说的河口湾环境。另外，Orton (1998、1993)在上述分类基础上，结合不同三角洲的主要沉积物粒度，提出了三角洲的四端元分类方案(图 6-15)。

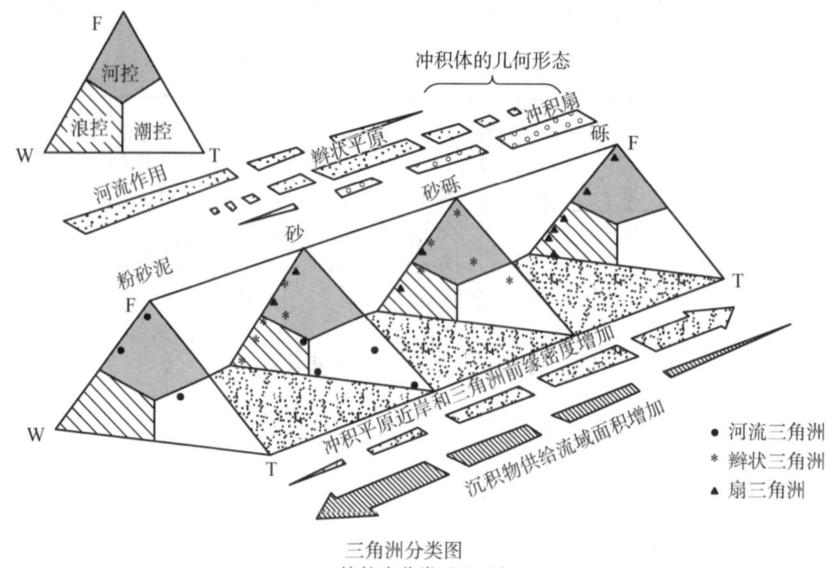

三角洲分类图

(a)按粒度分类（1988）

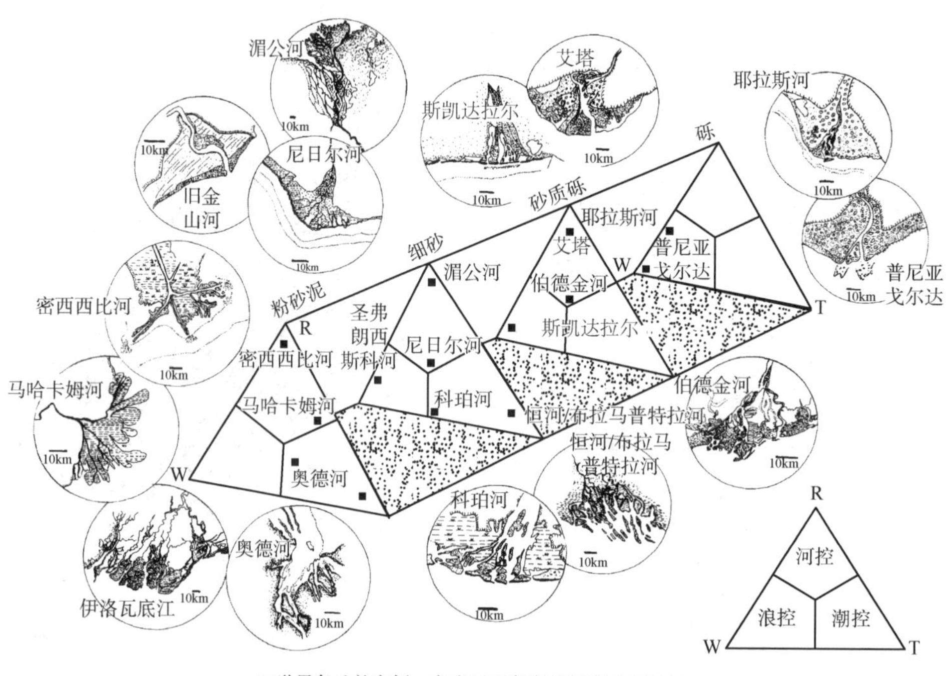

(b)世界各地的实例，考虑了三角洲的粒度（1993）

图6－15　结合粒度的三角洲分类(据 Orton，1988、1993)

(四)浅水与深水三角洲

Fisk(1961)将河控三角洲分为深水型及浅水型三角洲(Donaldson，1974)。Postma(1990)系统提出了深浅水三角洲的分类(图6－16)，国内学者借国外专家的分类把坳陷湖泊三角洲分为浅水三角洲与深水三角洲两大类(邹才能 等，2008)，其中浅水湖泊三角洲在近年受到更多关注。

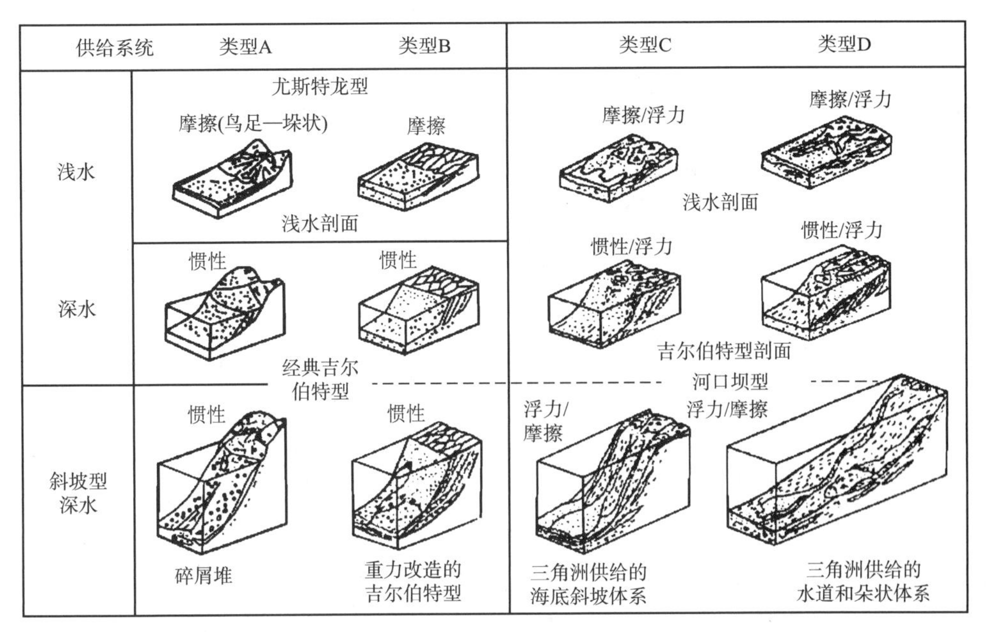

图 6－16 深水与浅水三角洲分类(据 Postma，1990，修改)

构造稳定、地形平缓、水体较浅、水平面变化频繁、物源充足等条件有利于浅水三角洲的形成。沉降缓慢且构造相对稳定的台地、陆表海、坳陷湖盆或断陷湖盆拗陷期容易形成地形平缓、盆浅湖(海)阔的相对低能环境是浅水三角洲发育的有利地区。与一般三角洲类比，考虑到浅水三角洲发育的环境下湖(海)岸线摆动频繁，通常将浅水三角洲相划分为 4 个亚相，三角洲平原、三角洲内前缘、三角洲外前缘和前三角洲或上三角洲平原、下三角洲平原、三角洲前缘和前三角洲(邹才能 等，2008)。但在沉积微相划分的过程中，尚未将周期性地出露水面、处于水下的微相独立出来研究。浅水三角洲向湖(海)推进的距离较远，三角洲分布范围广，不具备 Gilbert 典型三角洲顶积层、前积层和底积层三元结构及向上变粗的反序列特征。

(五)陆架与陆坡三角洲及重力流滑塌

国内外学者在研究三角洲是依据不同的因素进行了分类，其中依据三角洲在陆架与陆坡不同的发育部位将三角洲分为陆架型三角洲、陆坡型三角洲、吉尔伯特型三角洲(图 6－17)。

陆架边缘三角洲(shelf－margin delta)是一种发育于陆架或近陆坡的三角洲。在相对海平面下降期，三角洲发育进积为主的沉积样式，向海推进，逐渐在陆架区堆积，当三角洲自身无法在陆架区有限的可容空间内消化这种进积变化时，会在陆架边缘区沉积巨厚的地层，形成陆架边缘三角洲。其越过大陆架坡折向陆坡延伸，随着物源不断向陆坡方向推进，陆架坡折也逐渐向远陆方向迁移，陆架的坡度一般小于 1°，陆坡坡度一般为 3°～6°，最高可达 8°。碎屑物在向陆坡方向搬运的过程中，形成发育于陆架边缘上的巨厚前缘沉积层，由于断裂活动、物源供给等因素的影响，相当一部分沉积物会在自身重力的作用下越过陆架坡折发生再沉积，成为深水区沉积物源的主导。Porebski(2003)据前人的研究成果，根据外部形态和内部重力诱导机制的强弱，将陆架边缘三角洲划分为稳定陆架边缘三角洲和不稳定陆架边缘三角洲(图 6－18)。

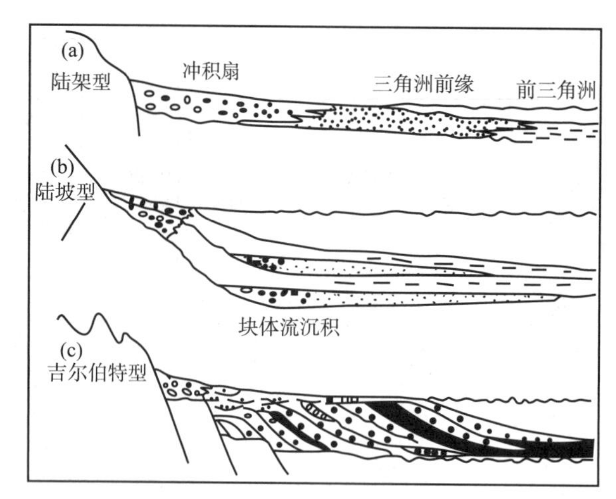

图6-17　吉尔伯特型、陆坡型、陆架型扇三角洲沉积模式图

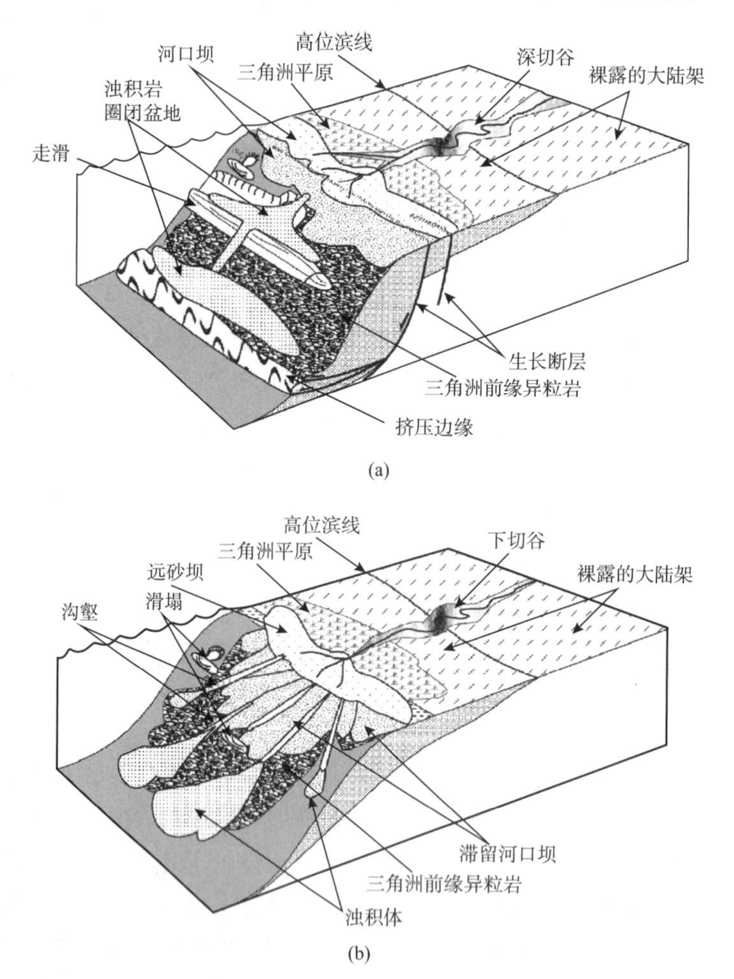

图6-18　两种类型的陆架边缘三角洲沉积模式(据 Porebski，2003)

(a)和(b)分别代表了不稳定和稳定陆架边缘三角洲，由于陆架边缘下的海平面下降，两种陆架边缘三角洲在进积过程中三角洲平原和上三角洲前缘都受到剥蚀作用的影响

不稳定陆架边缘三角洲的特征主要表现为大套沉积物厚度(高达几百米)，并且伴随有铲状生长断层，这些断层常沿陆架边缘形成逆牵引构造。斜坡上部常出现走滑现象，而挤压

边缘影响斜坡的末端构造。若斜坡很长，上述不规则性将导致斜坡上存在砂质浊积岩和异粒岩。

稳定陆架边缘三角洲的特征表现为光滑的陆架边缘形态特征，陆架边缘不存在或只存在很小的生长断层。大规模的滑动或滑塌并不常见，尽管有时可容空间很大，最大程度也只是导致河口坝的滑塌。斜坡总体上比较光滑，沟壑中没有较大的峡谷也没有任何深切谷破坏陆架边缘。

无任何外界触发机制作用下，三角洲前缘滑塌浊积体产生的根本原因是前缘砂体的压实沉陷作用。前缘主沟道入水口处的砂体在自身重力作用下向下部泥岩压实沉陷，从而导致三角洲前缘局部位置的滑塌，并进一步产生远距离搬运的浊积砂体。

四、三角洲的沉积模式

三角洲发育在滨岸带，尤其是在海退旋回中更易出现，通常由海岸平原向盆地内部扩展，受前述三种地质营力(河流、波浪及潮汐)的影响，在滨岸带形成三种不同类型的三角洲(图6－19)。

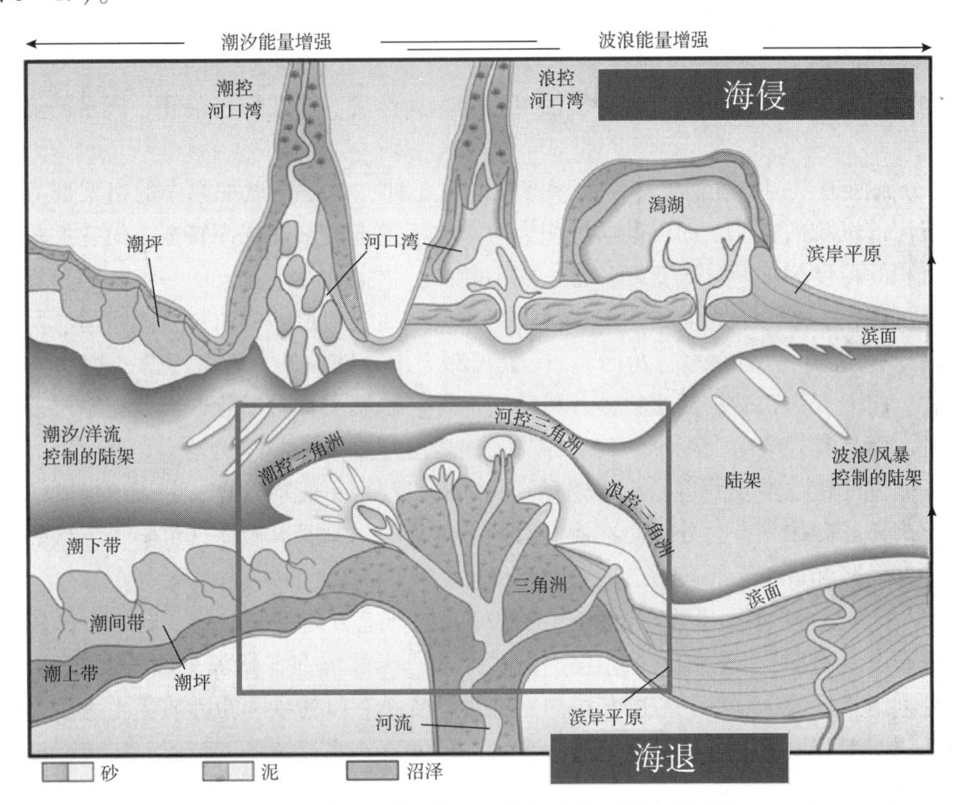

图6－19 海退海进旋回中不同类型的三角洲沉积体系示意图(据Boyd等，1992)

(一)河控三角洲沉积模式

河控三角洲能形成厚度大、面积广的大型三角洲，且在地质历史中易于保存和识别。根据沉积环境和沉积特征，可将三角洲相分为三角洲平原(deltaic plain)亚相、三角洲前缘(deltaic front)亚相和前三角洲(prodelta)亚相(图6－20)。

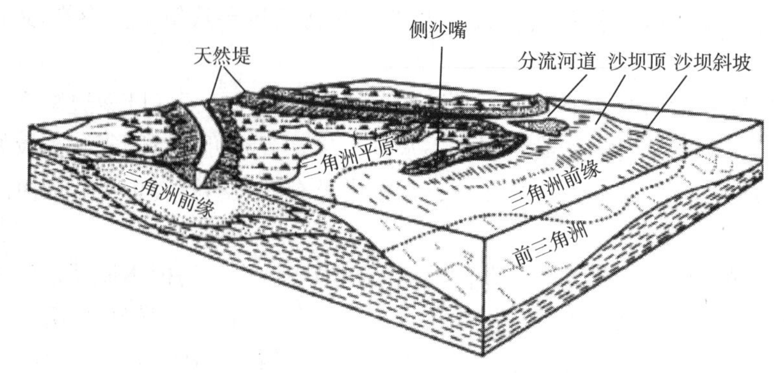

图6－20　三角洲的立体模式(转引自冯增昭等，1993)

1. 三角洲平原亚相

三角洲平原亚相是三角洲的陆上沉积部分，其范围包括从河流大量分汊处位置至海平面以上的广大河口地区。三角洲平原沉积的亚环境多种多样，以分流河道(distributary，分支河道)为格架，分流河道的两侧有天然堤、决口扇，而分流河道间地区常发育有沼泽、湖泊和分流间湾等。其中最主要的是分流河道砂沉积与沼泽的泥炭或(和)褐煤沉积，这是与一般河流的重要区别。

三角洲平原亚相可进一步分为分流河道、陆上天然堤、决口扇、沼泽、淡水湖泊等沉积微相。

(1)分流河道微相：是河流体系河床沉积向下延伸，是三角洲平原中的格架部分。通常具有一般河道沉积的特征，即以砂质沉积为主，向上逐渐变细的层序特征。但它们较中、上游河流沉积的粒度为细，分选变好，常呈现不断向汇水盆地逐渐分支的特点，因为又不是典型的河流沉积，一般可分为非典型辫状河道、非典型曲流河道、辫曲过渡式河道、网状河道及废弃河道(李胜利，高兴军，2015)。一般底部为中—细粒砂，常含泥砾、植物干茎等残留沉积物，向上变为粉砂、泥质粉砂及粉砂质泥等。砂质层具有槽状或板状交错层理和波状交错层理，而且其规模向上变小。其底界与下伏岩层常呈侵蚀冲刷接触。

由于分流河道位置较固定，而且较直，所以曲流沙坝一般不发育。分流河道砂体的形态在平面上为长形砂体，有时分叉；在横剖面上呈对称的透镜状。砂体常沉陷于下伏的泥岩层内，其中部最厚和最粗，而向两端变薄和变细。

(2)陆上天然堤微相：位于分流河道的两旁，向河道方向一侧较陡，向外一侧较缓。这种天然堤系由洪水期携带泥沙的洪水漫出淤积而成。天然堤在三角洲平原的上部发育较好，但向下游方向其高度、宽度、粒度和稳固性都逐渐变小。以粉砂和粉砂质黏土为主，而且由河道向两侧变细和变薄。水平纹理和波状交错纹理发育。水流波痕、植屑、植茎、植根和潜穴等较常见。有时见有雨痕和干裂等暴露成因的构造。

(3)决口扇微相：三角洲决口扇与河流的决口扇沉积亦很相似。但由于这种天然堤稳定性较差，故它们较河流中下游更为发育，而且有的面积较大，可形成席状砂层。

(4)沼泽微相：位于三角洲平原分流河道间的低洼地区，分布最广，约占三角洲平原面积的90%。它们具有一般沼泽所具有的特征。这种沼泽的表面接近于平均高潮面，是一个周期性被水淹没的低洼地区；其水体性质主要为淡水或半咸水。这种沼泽中植物繁茂，均为芦苇及其他草本植物，为一停滞的弱还原或还原环境。其岩性主要为暗色有机质泥岩、泥炭或褐煤沉积，其中常夹洪水沉积的薄层粉砂岩。常见有块状均匀层理和水平纹理，生物扰动作用强烈，有时见有潜穴。常含植屑、炭屑、植根、介形虫和腹足类以及菱铁矿等。

（5）淡水湖泊微相：位于三角洲平原之上相对低洼的蓄水体，一般面积小，水体浅，一般2～4m。沉积物主要为暗色黏土物质，夹有泥砂透镜体。可见水平层理、生物扰动等沉积构造。

2. 三角洲前缘亚相

三角洲前缘亚相位于三角洲平原外侧至波浪基准面之间，呈环带状分布于三角洲平原向海洋一侧边缘，即分流河道的前端。三角洲前缘是三角洲最活跃的沉积中心。三角洲前缘亚相可分为水下分流河道（underwater distributary channel）、水下天然堤（underwater levee）、分流间湾（interdistributary bay）、河口坝（mouth bar）、远砂坝（distal bar）、前缘席状砂（sheet sand）等沉积微相。

（1）水下分流河道微相：为陆上分流河道的水下延伸部分，也称水下分流河床。在向海延伸过程中，河道加宽，深度减小，分汊增多，流速减缓，堆积速度增大。沉积物以砂、粉砂为主，泥质极少。常发育交错层理、波状层理及冲刷—充填构造，并见有层内变形构造。在垂直于流向的剖面上呈透镜状，侧向则变为细粒沉积物。

（2）水下天然堤微相：是陆上天然堤的水下延伸部分，为水下分流河道两侧的沙脊，退潮时可部分地出露水面成为沙坪。沉积物为极细的砂和粉砂。粒度概率曲线为单段或两段型。基本上由单一的悬浮总体组成。常具少量的黏土夹层。以流水形成的波状层理为主，局部出现流水和波浪共同作用形成的复杂交错层理。其他尚有冲刷—充填构造、虫孔、泥球和包卷层理等。有时可见植物碎片。

（3）分流间湾微相：为水下分流河道之间相对凹陷的海湾地区，与海相通。当三角洲向前推进时，在分流河道间形成一系列尖端指向陆地的楔形泥质沉积体，称为“泥楔”。故分流间湾以黏土沉积为主，含少量粉砂和细砂。砂质沉积多是洪水季节河床漫溢沉积的结果，常为黏土夹层或呈薄透镜状。具水平层理和透镜状层理。可见浪成波痕及生物介壳和植物残体等，虫孔及生物搅动构造发育。在层序上，下部为前三角洲黏土沉积，向上变为富含有机质的沼泽沉积。

（4）河口坝微相：也称为分流河口坝微相，是由于河流带来的砂泥物质在河口处因流速降低堆积而成。其岩性主要由砂和粉砂组成，一般分选较好，质较纯净。砂层呈中层至厚层状；发育有楔形交错层理或S形前积纹理和水平纹理。其前积纹层的倾向多变，反映水流方向的变化。偶见水流波痕和波浪波痕等层面构造。砂层中化石稀少，但有时可见到由其他环境搬运来的介壳。

河口坝的形态在平面上多呈长轴方向与河流方向平行的椭圆形，横剖面上呈近于对称的双透镜状，其周围为前三角洲泥沉积。当砂泥供应量大，而且砂与泥比率低时，河口坝发育，在其向海方向推进过程中可形成所谓的指状沙坝。

（5）远砂坝微相：位于河口坝前较远的部位。沉积物较河口坝为细，主要由粉砂和少量黏土组成，只有在洪水期才有细砂沉积，并偶见递变层理。沉积构造以水平纹理和颜色纹理为特征。但同时亦具有波状交错层理和脉状—波状—透镜状复合层理。沿纹层面分布较多的植屑和炭屑。生物扰动构造和潜穴发育，贝壳零星分布。

（6）前缘席状砂微相：由于三角洲前缘的河口坝经海水冲刷作用，使之再行分布于其侧翼而形成的薄而面积大的砂层。这种砂层分选好，质较纯净，可成为极好的储集层。其沉积构造常见有平行纹理和水流线理。

3. 前三角洲亚相

前三角洲亚相位于三角洲前缘的前方，是三角洲体系中分布最广、沉积最厚的地区。前三角洲的海底地貌为一平缓的斜坡。其沉积物完全是在海面以下，而且大部分是在海水波浪所不能及的深度下沉积的。岩性主要由暗灰色黏土和粉砂质黏土组成，可以有三角洲前缘滑塌来的浊积砂。多发育水平纹理和块状层理，偶见透镜状层理。其中发育有生物扰动构造和潜穴，并含有广盐度的化石种属，如介形虫、瓣鳃类和有孔虫等。但随着向海方向过渡，海生生物化石逐渐增多。前三角洲的暗色泥质沉积物富含有机质，而且沉积速度和埋藏速度较快，故有利于有机质转化为油气，可作为良好的生油层。

4. 平面相组合及垂向层序

三角洲沉积体系在平面上由陆地向海方向为三角洲平原环境（三角洲的陆上部分，主要由分流河道和沼泽沉积组成）→三角洲前缘环境（三角洲的水下部分，主要由河口坝和远砂坝沉积组成）→前三角洲环境（海底厚层泥质沉积）。这三种环境大致呈环带状依次分布。由于沉积环境的变化，其沉积物和生物特征也发生规律性的变化：从三角洲平原到前三角洲其粒度由粗变细；植屑和陆上生物化石减少，而海相生物化石增多；底栖生物的扰动程度增加；多种类型的交错层理变为较单一的水平纹理；有机质含量增高，颜色变暗等等。

对于河控三角洲来说，由下至上依次为前三角洲泥、三角洲前缘砂和粉砂（含滑塌层）、三角洲平原分流河道和沼泽泥沉积，因此，沉积相序的下部为下细上粗的反旋回沉积，上部为局部出现三角洲分流河道下粗上细的间断性正旋回沉积，顶部出现夹炭质泥岩和薄煤层的沼泽沉积（图 6－21）。

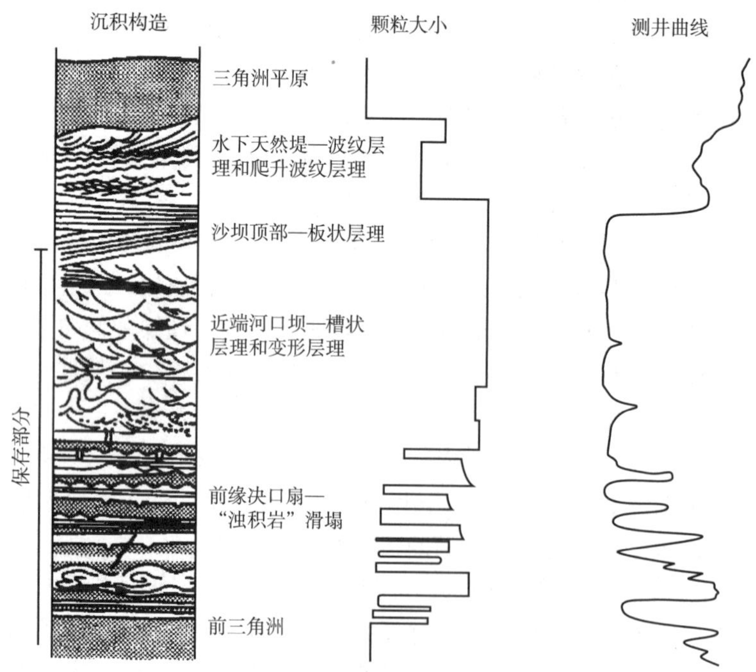

图 6－21　河控三角洲的沉积序列（据 Galloway 等，1996）

（二）浪控和潮控三角洲沉积模式

1. 浪控三角洲

浪控三角洲如同河控三角洲一样，也可划分出三角洲平原亚相、三角洲前缘亚相和前三角洲亚相。浪控三角洲平原亚相的沉积特征类似于河控三角洲平原，但在浪控三角洲前缘中，波浪作用能使大多数供给三角洲前缘的沉积物发生再分配。河口坝的形成受到阻碍，三角洲前缘斜坡较陡，进积作用沿整个三角洲前缘发生，而不是集中在一个点上进行。它的进积作用比河控三角洲前缘进积要慢，但对这类三角洲的沉积亚相、微相沉积特征还缺乏深入研究。

浪控三角洲的沉积序列通常仍为下细上粗的反旋回沉积，但以具有浪蚀海滩脊序列为特征，而且层序顶部一般都出现三角洲平原的沼泽和分流河道沉积［图6－22（a）］，以此区别于海岸沉积的海滩脊层序。浪控三角洲层序底部是含生物扰动的前三角洲沉积，向上过渡为互层的泥、粉砂和砂的沉积，砂质层中具有波浪引起的冲刷构造、递变纹理和交错层理，最后演变为具低角度交错层理的分选好的高能海滩砂以及沼泽沉积。

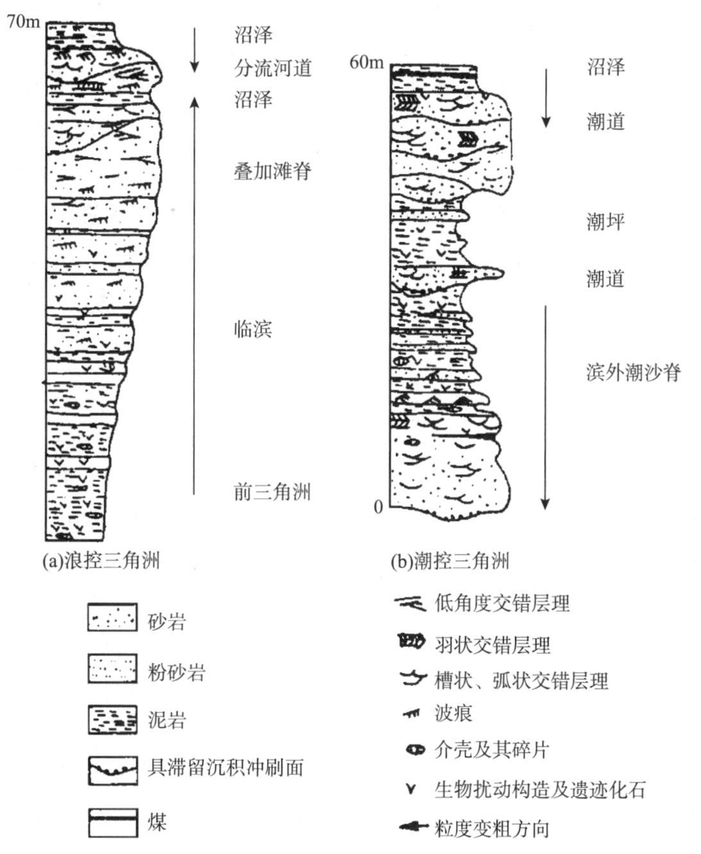

图6－22　浪控和潮控三角洲垂向层序（转引自冯增昭和赵澄林，1993）

2. 潮控三角洲

潮控三角洲也可划分出三角洲平原亚相、三角洲前缘亚相和前三角洲亚相。但潮控三角洲一般发育于中高潮差、低波浪能量、低沿岸流的盆地狭窄地区。潮汐作用不仅影响着三角洲前缘地带，而且对三角洲平原也有明显的影响。在具有中高潮差的三角洲平原地区，潮流在涨潮时入侵分流河道，溢漫河岸，淹没附近的分流河道间地区。在潮汐平静时期，这些潮水暂时积蓄起来，然后在退潮时又退出去。因此，在潮控三角洲平原分流河道的下游以潮流为主，而在分流河道间地区则以潮间坪沉积为特征。潮汐影响的分流河道具有低弯度、高宽深比和漏斗状形态。在此河道中主要底形是沙丘，分流河道下游主要底形是平行于河道走向排列的线状沙脊。一般来说，该沙脊长数千米，宽数百米，高几十米，反映了潮流对河流体系所提供沉积物的搬运作用。受潮汐影响的分流河道的沉积层序自下而上为含海相动物碎片的粗粒层滞留沉积、槽状交错层理砂岩潮汐水道沉积、生物扰动多的泥炭沼泽沉积或海岸障壁砂沉积。潮控三角洲平原分流河道间地区包括潟湖、小型潮沟和潮间坪沉积。在潮汐旋回期间，整个分流河道间地区先被淹没，然后出露水面。在潮湿气候地区，分流河道间地区多为被分流河道和弯曲潮沟所切割的沼泽沉积；在较干旱地区，分流河道间为干燥的泥坪和沙坪沉积。因此，潮控三角洲平原是由受潮汐影响的分流河道序列和潮坪组成的。

在潮控三角洲前缘斜坡沉积区，存在着许多从分流河口呈放射状分布的、长几千米的潮流沙脊，沙脊之间的潮汐水道里有许多浅滩和河心岛。

到目前为止，有关潮控三角洲的沉积序列综合研究得还很不够。图 6-22(b)所表示的潮汐三角洲层序是概括性的，而且部分是推测的。在潮控三角洲中有时也可见到下细上粗的反旋回沉积序列。如在奥德河三角洲的现代沉积物中，就发育有这种类型的沉积序列。据科尔曼等(1975)的研究，该层序的下部主要是以潮汐沙脊为特征的三角洲前缘的进积作用所产生的向上变粗的序列(厚 20~60m)；上部主要为三角洲平原的潮坪和潮汐水道沉积，其潮汐水道规模较小。但不管是哪种形式的沉积序列，看来潮控三角洲的沉积剖面以出现潮汐沙脊、潮坪和潮汐水道沉积为特征。它们与潮坪和河口湾沉积的主要区别可能在于其层序顶部往往发育沼泽和分流河道沉积，而且其沉积厚度较大，常与其他类型三角洲沉积相伴而生。

3. *破坏性环境和相*

破坏相是在三角洲朵叶体被废弃之后，沉陷、海侵和海洋的改造作用产生的沉积相。在密西西比河三角洲体系中，当波浪改造河口坝和三角洲前缘的表层砂时，一个典型的相带从覆盖在废弃朵叶体远端部分顶上的薄层含化石的泥和砂质泥开始，形成薄层海侵滩脊和障壁沙坝的一个退积序列(图 6-23)。海侵沙嘴和坝可能沉陷，被改造成水下浅滩或薄层席状体。这种被改造之后的沙富集了现成的最粗物质，包括大量介壳。牡蛎礁可能生长在由废弃的分流河道和相伴生的天然堤形成的较为稳定的基底之上，薄层的泥和牡蛎壳堆积在海湾内。在内陆，部分的三角洲平原被淹没，形成开阔的和侧向延伸的盐沼泽。因此，泥炭覆盖了大片地区，并记录了泛滥作用在内陆的最大影响。

滨外障壁沙坝和滩脊的弧形不连续带勾画出密西西比河三角洲体系中已废弃的和部分被淹没的较老朵叶体的轮廓。由破坏性作用造成的砂体一般比较薄，很少超过 6m，并且窄，呈明显透镜状。

破坏相在地层上的重要性在于它们的区域分布连续性和可预测的横向关系，这有利于利用它们在三角洲复合体内进行对比。对厚三角洲层序的仔细分析往往发现薄层页岩、不纯的石灰岩、含钙泥质砂岩或煤层，它们的连续性非常好，并且可作为三角洲内其他非均一地层的标志层。此外，虽然破坏相沙坝在河控三角洲体系中占的比例较小，但这类沙坝是被包裹在不渗透泥中的孤立砂体，可以形成岩性圈闭。

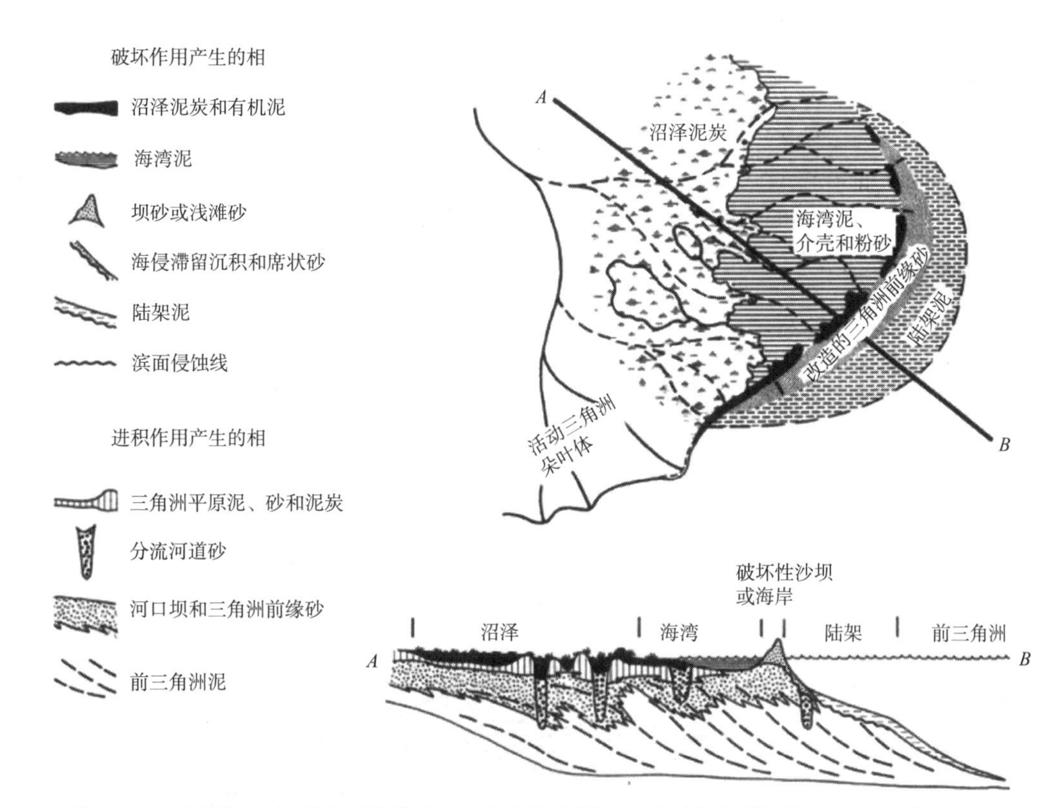

图6－23　由河控三角洲朵叶体的废弃、沉降和海侵产生的破坏相带（据 Galloway 等，1996）

五、古代三角洲沉积的识别标志及其与油气关系

（一）古代三角洲沉积的识别标志

1. *岩石类型*

三角洲沉积以砂岩、粉砂岩、粉砂质泥岩和泥岩为主，往往夹有暗色有机质细粒沉积、泥炭层或煤层，无或极少砾岩和化学岩。

2. *沉积构造*

沉积构造类型多样，河流作用和海洋波浪作用、潮汐作用形成的沉积构造同时发育。如砂岩和粉砂岩中见流水波痕、浪成波痕、板状和槽状交错层理，泥岩中发育水平层理。此外还发育有波状层理、透镜状层理、包卷层理、冲刷—充填构造、生物扰动构造等。

3. *粒度分布特征*

由陆向海方向，三角洲砂岩中的碎屑颗粒粒度和分选有变细和变好的总趋势。在粒度概率图上，远砂坝沉积的粒度分布主要由细粒的单一悬浮总体组成；河口坝砂岩的概率图有三个总体发育，其中以跳跃总体为主，其粒度区间为$2\Phi \sim 3.5\Phi$，分选好，其他二个总体含量少，而且分选差，反映沉积时水流作用不是很强，但具有一定的波浪改造作用。在从 $C-M$ 图上，三角洲前缘显示了牵引流型图式，可分为二段，即 QR 段和 RS 段，其中 RS 段很发育。这种粒度分布特征反应主要是悬浮搬运方式为主，滚动搬运方式很少。

4. *生物化石*

在三角洲沉积地层剖面中具有海陆生物混生的现象，这表明正常盐度的、半咸水的和淡水的沉积环境皆有发育。而且在一个沉积层序中自下而上海生生物减少，淡水生物和植物化石增多，甚至最后出现炭质页岩或褐煤层。

5. 沉积层序

从岩性和测井曲线来看，自下而上为由细逐渐变粗的反旋回进积型沉积层序。但在层序的上部可以出现下粗上细的正韵律的分流河道沉积。它反应在沉积环境上自下而上依次为前三角洲→远砂坝和河口坝(三角洲前缘)→三角洲平原的沼泽和分流河道。一个完整三角洲沉积旋回的厚度一般为25~100m。在浪控三角洲中有时见到退积型沉积序列。

6. 砂体形态

砂体在平面形态上呈朵状或指状，垂直或斜交海岸线分布，剖面上呈发散的扫帚状，向前三角洲方向插入泥岩沉积之中，与前三角洲泥呈齿状交叉(图6-24)。建设性三角洲河口常发育“指状沙坝”，其延长方向与岸线垂直(图6-25)；破坏性三角洲的边缘则发育与岸线平行的沙坝或沙堤(浪控型)，或者呈不连续的与岸线垂直的窄条状分布(潮控型)。

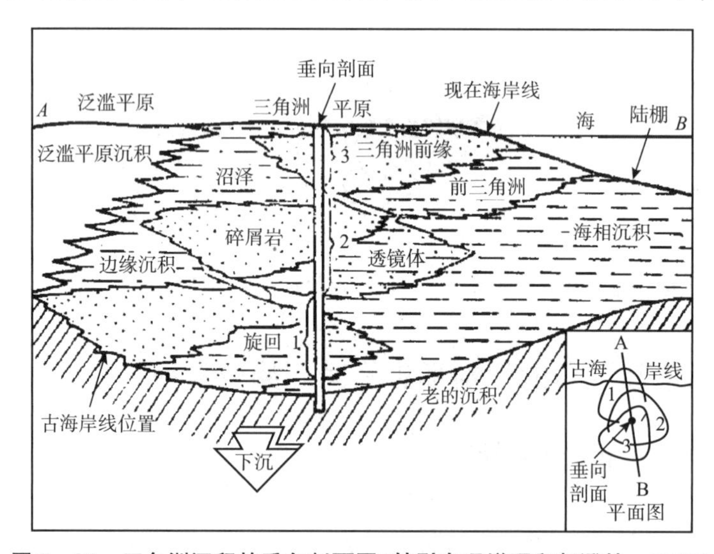

图6-24　三角洲沉积的垂向剖面图(转引自冯增昭和赵澄林，1993)

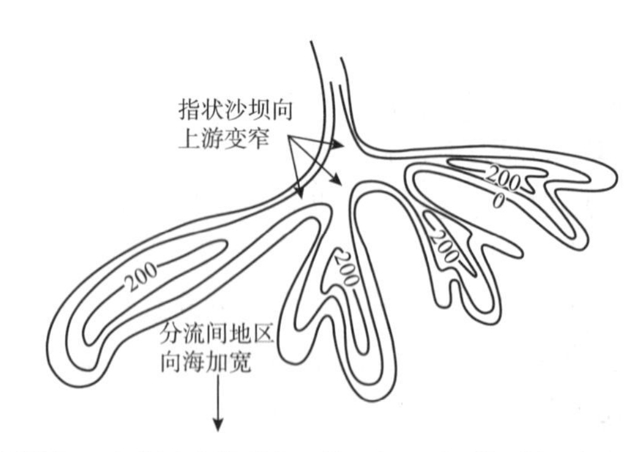

图6-25　密西西比河三角洲“指状沙坝”的几何形态(转引自冯增昭和赵澄林，1993)

7. 地震反射和测井响应特征

三角洲在地震反射上表现为S形前积结构，反映了三角洲平原、三角洲前缘和前三角洲的亚相构成。在SP测井曲线上反序特征明显，自下而上构成深水滑塌浊积岩—三角洲沉积的序列，在东营凹陷古近系三角洲中尤为典型(图5－68)。

Galloway等(1996)总结了三角洲类型可以通过以下特征加以识别：①进积砂体的几何形态和方向；②进积砂体与分流河道的空间关系；③分流河道充填的几何形态(表6－1)。

表6－1　三角洲体系的沉积特征

类型	河控三角洲	浪控三角洲	潮控三角洲
朵叶体几何形态	狭长状到叶状	弧状	港湾状到不规则
总成分	泥质到混合质	砂质	泥质到砂质
骨架相	分流河口坝和三角洲前缘席状砂、分流河道充填砂	沿岸障壁砂、分流河道砂	潮汐沙脊、河口湾分流河道充填砂
骨架方向	变化很大，一般平行于沉积斜坡	主要平行于沉积走向，其次是倾向方向	平行于沉积斜坡，如果没有被盆地的局部形态歪曲变化，被潮汐改变形态
一般的河流类型	悬浮负载型到细混合负载型	混合负载型到底负载型	—

(二)三角洲沉积与油气的关系

勘探生产的实践已证明，三角洲沉积有利于油气聚集。根据国内外油气勘探资料的研究，油气主要聚集在三角洲沉积发育的海陆过渡地带，即海岸线附近的地带。因为这个地带在地质发展历史中，由于盆地的不断缓慢下沉，海水反复的进退可形成很厚的三角洲沉积。

这种沉积为油气生成和聚集创造了有利的条件。而且石油主要聚集在过渡带与浅海沉积犬牙交错相间互层的地带，而不是产于过渡带与陆相犬牙交错的地层中，后者和距离油源较远或无生油岩有关。

三角洲沉积与油气生成和聚集有着密切的关系。众所周知，一个具有远景的油气田，必须具备有以下几项基本地质条件：生油岩、储油岩、盖层、圈闭、后期储油构造未被破坏等。这些条件存在与否、质量好坏以及相互配合的关系如何，将直接影响油气藏形成及其规模。三角洲沉积体系一般具备上述各项条件。

1. 生油层

前三角洲的暗色泥岩可作为良好的生油层。河流不仅为三角洲沉积带来大量的泥沙，而且带来了大量的有机物质。这些有机质随着悬浮的泥质一起在前三角洲地区沉积下来。它们为湖盆或海盆中的生物提供了丰富的营养，促使生物得以大量繁殖、生长。因此，前三角洲的泥岩中含有丰富陆源的及原地生长的有机物质。另外，前三角洲环境一般是处在波浪所不能及的还原或弱还原环境，加之三角洲的沉积和埋藏都比较迅速，有利于有机质的保存和转化。因此，前三角洲泥岩和粉砂质泥岩可作为良好的生油岩。

2. 储油岩

在三角洲沉积中，良好的储油砂岩体是很多的。如河控三角洲中的河口坝、前缘席状砂以及分流河道砂，浪控三角洲中的海滩沙和障壁沙坝等都具有良好的储油性能。其中分流河道砂岩一般由于距油源区远，不如其他砂体有利。因此在古代三角洲沉积中，主要的储集层是三角洲前缘砂和与三角洲破坏密切共生的海岸砂。例如，墨西哥沿岸盆地新生界下威尔克格斯(Wilcox)群中已知的油气田主要分布在一个相对狭窄的三角洲前缘砂分布的地带内。在这里，三角洲前缘砂与邻近的前三角洲泥呈指状穿插，从而构成了复式储集层，形成良好的油气聚集条件。

3. 盖层

在三角洲沉积中，盖层是大量存在的，如沼泽沉积、分流间湾、陆架和前三角洲泥等皆可作为盖层。而且，在三角洲形成的进退过程中，它们和生油层、储油层共同构成了良好的生储盖组合。

4. 圈闭

在三角洲沉积中，上述储油砂岩除席状砂和分流河道砂体外，大多数砂体呈透镜体状产出，这就容易形成地层岩性油藏，当然也可形成构造油藏。如在河控的三角洲沉积中，常有同生断层和由此而产生的牵引构造、底辟构造和盐丘构造伴生，因而可形成多种圈闭类型。

上述圈闭大多是在沉积过程中形成的，其形成时间较早，有利于油气的聚集和形成，如美国墨西哥湾中生代、新生代油气田即与此有关。

(三)研究实例

中国陆相湖泊中，三角洲沉积与油气富集相关性更为密切。这是因为湖泊作为陆相生油的关键场所，与三角洲有着天然的“近水楼台”关系，前三角洲泥常与湖相泥岩难以区分，而三角洲前缘与平原中发育良好储集砂体，与前三角洲泥或湖相泥岩常呈指状穿插接触关系，非常利于油气的生运聚。下面以胜利油田的东营凹陷古近系东营三角洲为例(据陈秀艳等，2014)加以阐述。

1. 三角洲期次划分与砂体分布

利用岩性变化、测井曲线叠加样式及地震反射特征，对沙三中亚段准层序组进行划分。将沙三中亚段划分为一个 T－R 层序，即仅发育快速湖侵和湖退两个体系域，进一步划分为八个准层序组，对应东营三角洲八个期次。湖侵体系域包括准层序组 PS8，湖退体系域对应准层序组 PS1～PS7。沙三中亚段沉积时期是东营三角洲快速进积的鼎盛时期，砂体类型丰富，以三角洲前缘分流河道、河口坝、席状砂及其相伴生的坡移堆积体、滑塌浊积岩和远源浊积岩为主(图 6－26)。

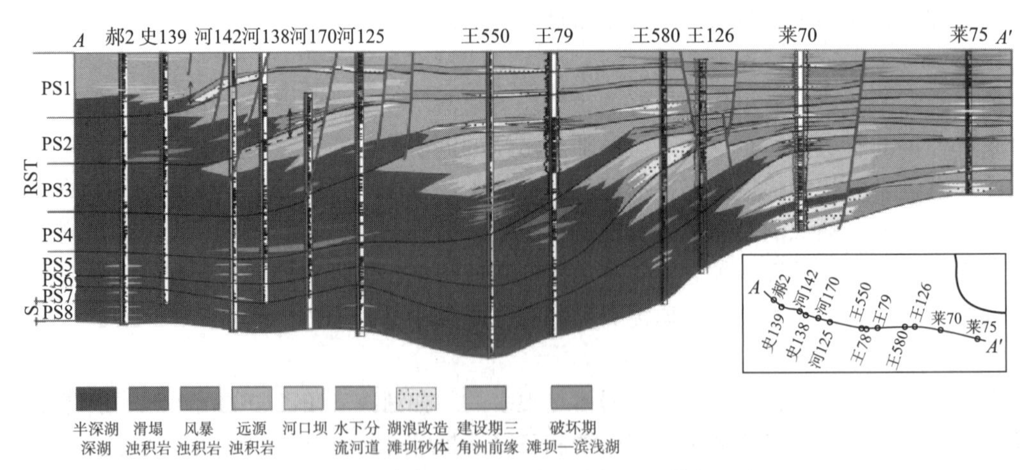

图 6－26　东营三角洲期次划分与沉积微相展布

湖侵体系域准层序组 PS8，东营三角洲由湖盆东部向西部延伸，但此时河流输送能力小于波浪作用能量，导致三角洲规模很小，局限分布在东部入口处。东营凹陷南部缓坡带滨浅湖地区受波浪改造形成孤立滩坝砂体，西北部深水区发育小规模滑塌浊积岩和远源浊积岩。湖退体系域早期准层序组 PS7 ~ PS4，物源供给增强，东营三角洲由东营凹陷东南部向西北方向快速进积，三角洲朵体发育，河道分流作用较强，发育河口坝和水下分流河道沉积，在波浪的强烈改造作用下，局部水下分流河道沿岸横向迁移分汊或造成局部河口坝砂体长轴方向与岸线近平行。在准层序组之间小型湖泛面附近发育席状砂，近平行于湖岸线呈条带状展布。此时，三角洲前缘坡度较陡，沿主方向向湖盆 深处发育各种类型重力流复合叠置砂体。准层序组 PS4 是过渡时期，在东部地区先期沉积的三角洲朵体已经废弃，发生湖湾沼泽化，活动的三角洲朵体之后由南向北部迁移，并在前缘局部地区发育河口坝和水下分流河道的席状砂化。湖退体系域晚期准层序组 PS3 ~ PS1，物源供给继续增强，三角洲前缘坡角变缓，三角洲河道沉积快 速向盆地西北方向大规模延伸，交织成网状，河口坝和席状砂较发育，湖盆深处发育少量滑塌浊积岩(图 6 - 27)。

图 6 - 27　东营三角洲沙三中亚段砂体展布图

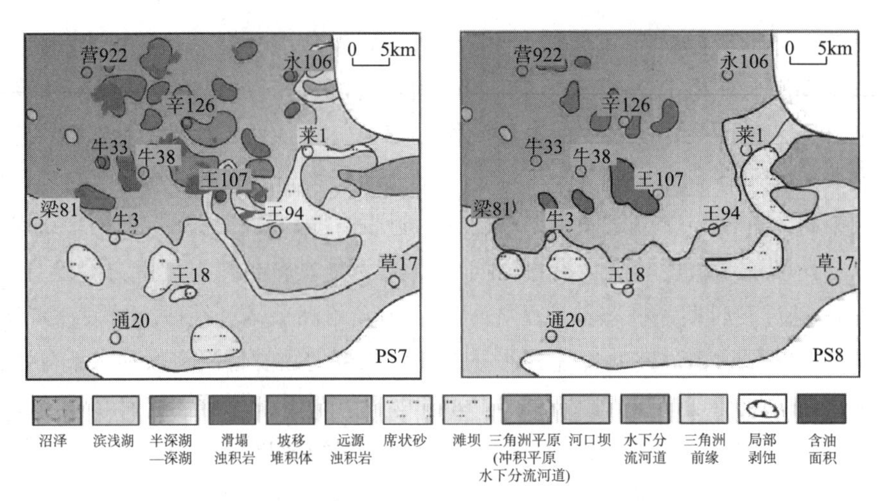

图6-27　东营三角洲沙三中亚段砂体展布图(续)

2. 沉积动力分区

波浪与河流的相互作用贯穿东营三角洲的整个沉积过程。根据波浪和河流两大作用力的分布，可将三角洲沉积分为5个水动力区带(图6-28)。

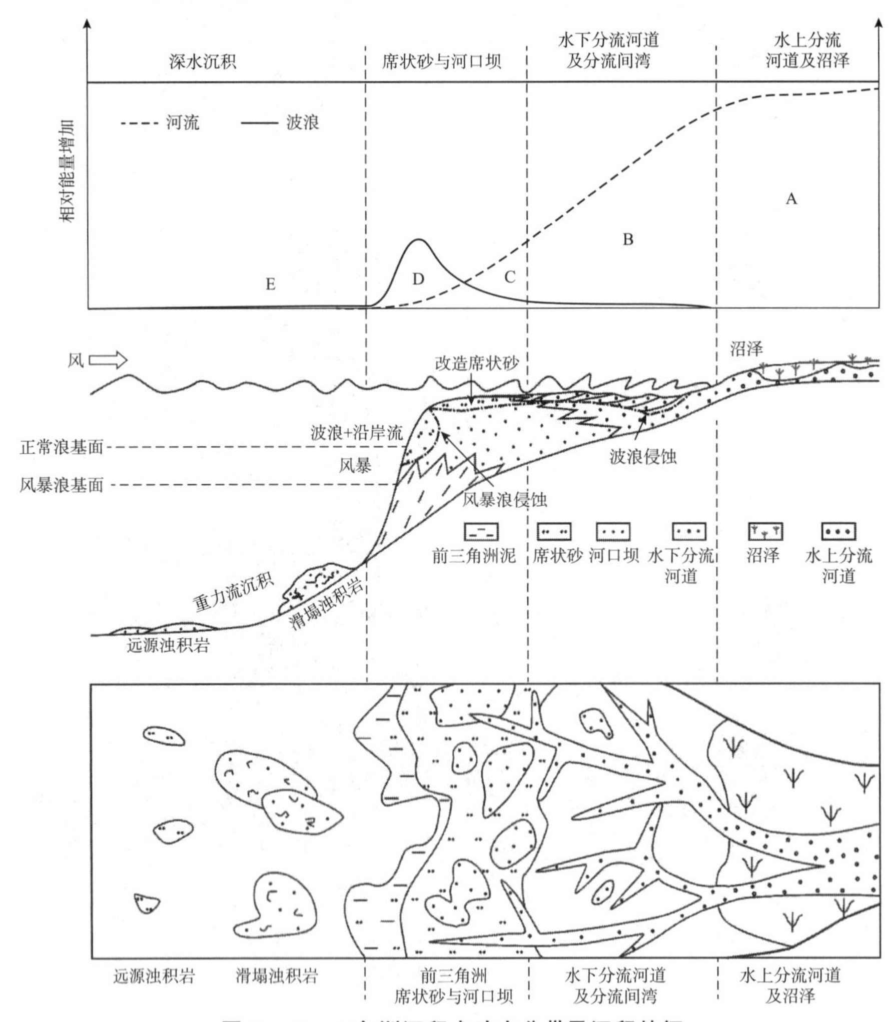

图6-28　三角洲沉积水动力分带及沉积特征

A 区带仅有河流作用力，以河流自旋回为主，发育三角洲平原水上分流河道及沼泽沉积。B 区带仍以河流作用力为主，波浪作用较小，河流为维持流速，不断分汊为细小河流，形成多条水下分流河道与岸线近垂直或大角度斜交向湖方向呈网状延伸，局部波浪侵蚀也可改变水下分流河道的方向，使其与岸线夹角减小。C 区带河流末端能量稍大于波浪，形成河口坝，而 D 区带波浪能量逐渐大于河流能量，波浪及风暴浪侵蚀改造河口坝及部分水下分流河道形成大面积席状砂。C、D 区带是波浪与河流能量相抗衡的过程，正是二者的往复作用才形成厚度较大的三角洲楔状体叠加区。当河流与波浪能量相抵消时，沉积正常湖相泥岩薄夹层，随着三角洲沉积期次间小型湖泛发生，波浪与河流抵消点向岸迁移，从而形成向岸的泥岩楔。E 区带深水沉积区，无波浪及河流作用，只有受外部其他触发作用力才能形成深水重力流沉积砂体。

3. 控制因素与油气聚集

东营三角洲湖侵体系域准层序组 PS8 和湖退体系域晚期准层序组 PS3 ~ PS1，含油性较差，而湖退体系域早期准层序组 PS7 ~ PS4，是主要的含油层位。湖平面变化、构造沉降(主要为断层活动)及沉积物供给速率控制了不同沉积期次，不同砂体类型的含油性差异。研究表明，沙三中亚段沉积时期，湖平面变化经历了快速上升、开始缓慢下降和迅速下降的过程；构造沉降速率经历了缓慢、迅速加快和减慢的过程；沉积物供给速率经历了缓慢、加快和迅速增加的过程。湖侵体系域准层序组 PS8 时期，湖平面快速上升，构造沉降速率缓慢，可容纳空间迅速增加，沉积物供给速率相对缓慢，形成退积准层序组(图 6 - 29)。该时期以半深湖—深湖相为主，局部夹孤立分散的滑塌浊积岩，并发育少量滩坝及三角洲砂体。砂体相对不发育，是含油性较差的主要原因。

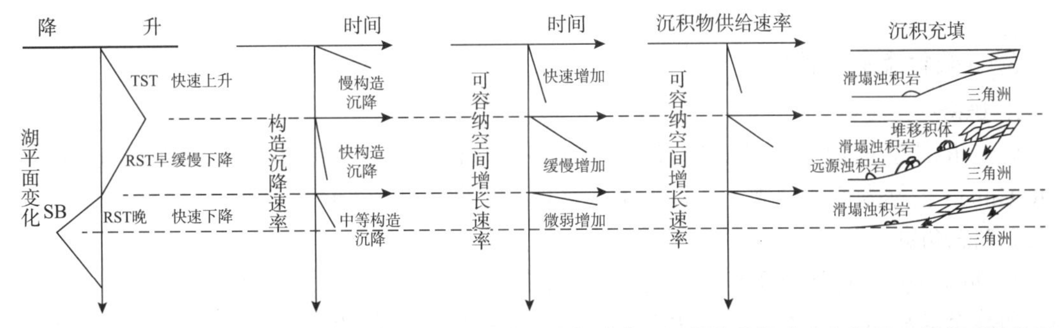

图 6 - 29　湖平面变化、构造沉降速率、可容纳空间增长速率、沉积物供给速率与沉积充填样式的关系

湖退体系域早期 PS7 ~ PS4 时期，湖平面开始缓慢下降，构造沉降速率迅速加快，可容纳空间缓慢增加，沉积物供给速率加快，形成进积准层序组。在这一过程中伴随明显的小型湖泛作用，向岸沉积泥岩楔，用以抗衡河流的供给作用，但仍以河流作用为主，形成进积准层序组。湖平面开始下降，断层活动强烈，犹如打开了沉积物向深水区供应的开关，开始形成大量的重力流沉积。因此，该时期地形较陡，三角洲前缘高角度进积，同时在其前方发育大量坡移堆积体、滑塌浊积岩和远源浊积岩。这些重力流砂体处于异常超压系统，自身具有良好的生储盖条件并形成有效的砂岩透镜圈闭，油气在砂岩透镜体中充注强度可达 29.02% ~ 90.11%，平均 59%。部分油气在断层与油源的沟通作用下会继续充注准层序组界线附近由次级湖泛作用沉积的泥岩楔侧向封堵的席状砂及少量河口坝，形成砂岩上倾尖灭油气藏或与断层组合为断层—岩性油气藏。同时湖平面频繁波动，波浪与河流的往复运动，导致在准层序组 PS4 时期，大量分流河道迁移改道，形成三角洲朵体的废弃而发育湖湾沼泽化，湖湾泥岩、油页岩和薄层砂进一步向岸延伸，扩大了区域盖层的范围，更有利于完善 PS7 ~ PS4 砂岩中的岩性圈闭，进而聚集油气。

湖退体系域晚期 PS3 ~ PS1 时期，湖平面迅速下降(次级湖泛作用明显减小)，构造沉降速率减慢，可容纳空间增加速率进一步减小，而沉积物供给速率迅速增加(图 6 – 29)。在前期填平补齐沉积过程后，地形变缓。沉积物开始在向岸一侧堆积，在深水的沉积物数量减少。因此，该时期发育大型低角度进积准层序组，大型建设期三角洲极其发育，而其前端发育极少量滑塌浊积岩。厚层储集砂体虽然发育，但断层活动减弱，与油源沟通差，因此导致含油性也较差，仅在断层附近圈闭条件较好的席状砂、河口坝和河道砂体局部含油。

综上，对于沉积期间的小型湖泛作用要加以重视，它有助于形成良好的储盖组合，并完善圈闭条件。换言之，在砂岩沉积区不缺少有利储层的情况下，要更加关注泥岩沉积的分布，它对于油气藏分布具有重要意义。

第二节　扇三角洲相和辫状河三角洲相

在较早的沉积学研究中，扇三角洲与辫状河三角洲均属于粗粒三角洲。直到 20 世纪 60 年代 Holmes(1965)提出扇三角洲的概念，80 年代 McPherson(1987)提出辫状河三角洲的概念，将其从扇三角洲中分离出来，扇三角洲与辫状河三角洲才从三角洲中独立出来，成为与三角洲并列的两种沉积相类型。

一、扇三角洲

(一)概念及主要类型

1. 概念

扇三角洲是成因类型名词，并非指形状似扇形的扇状三角洲。1885 年美国学者 G. K. Gilbert 根据湖滨的地貌特征提出了有名的吉尔伯特三角洲的沉积模式，被认为是第一个关于扇三角洲的描述。

A. Holmes(1965)最早明确地提出扇三角洲的概念，并将其定义为“由邻近高地推进到海、湖等稳定水体中的冲积扇”。1971 年 McGowen 和 Scott 指出扇三角洲沉积中由河流与海洋的相互作用形成了特殊的扇三角洲前缘相，以此区别于冲积扇沉积。McPherson(1987)从地貌和沉积学特征角度提出扇三角洲形成于冲积扇末端，具有大量块体流沉积物。Nemec 和 Steel(1988)在《扇三角洲：沉积学和构造背景》中指出：扇三角洲是由冲积扇提供物源，并沉积在活动的冲积扇与稳定水体(湖、海)之间的、全部或主要位于水下的楔形沉积体。扇三角洲可以出现在从湖泊到开阔海等多种环境中，但大型扇三角洲最常发育在大陆裂谷盆地内和大陆与岛弧聚敛的板块边缘(Wescott 和 Ethridge，1980)。

2. 主要类型

扇三角洲的分类及其划分标准有许多方案。常见的分类方案包括：①按构造地理环境将其分为牙买加型(斜坡型)，阿拉斯加型(缓坡型)和吉尔伯特型(陡坡型)(Ethridge 和 Wescott，1984)；②按陆上沉积作用与海洋改造性质将其划分为河控扇三角洲、浪控扇三角洲和潮控扇三角洲(薛良清和 Galloway，1991)，③按发育位置将其划分为靠山型和靠扇型

(吴崇筠和薛叔浩，1992)，④按蓄水盆地性质将其划分为入海(海洋)扇三角洲和入湖(湖泊)扇三角洲(李思田等，1988)，⑤按气候条件划分为“干扇”和“湿扇”(只要它们能动地与海或湖接触)(Nemec 和 Steel，1988)等，但都存在一定的局限性。

目前，为学者们广泛接受的扇三角洲分类方案是牙买加型(斜坡型)，阿拉斯加型(缓坡型)和吉尔伯特型(陡坡型)。

1)牙买加型

牙买加型扇三角洲复合体陆上面积小，而水下面积较大，重力流水道发育，波浪影响强烈，具有水上扇三角洲平原、海岸过渡带、水下扇三角洲环境。牙买加东南海岸的现代 Yallahs 扇三角洲是这种型式的典型实例(图 6－30)。该扇三角洲的形态一方面受山麓地貌的控制，重力流水道发育；另一方面其前缘还受大高差、陡坡度的滨外斜坡破碎浪的影响。

根据 Ethridge 和 Wescott(1984)的研究，牙买加型扇三角洲属斜坡型模式，也可称其为陆坡型模式。从大地构造背景上看，斜坡型扇三角洲形成于裂谷或离散板块边缘、聚敛板块碰撞前缘和大洋走向滑移断层边界。从陆上沉积作用与蓄水盆地改造性质角度划分，Yallahs 扇三角洲受到滨外陡斜坡破碎浪的影响，是一个浪控扇三角洲的极好实例。

2)阿拉斯加型

阿拉斯加型扇三角洲以阿拉斯加东南海岸的主要河流——Copper 河向深水推进，在构造上活动的阿拉斯加湾北部大陆架上建造的受海洋控制的 Copper 河扇三角洲(图 6－31)为典型实例。该扇三角洲复合体具有坡降小、高差小的沉积背景和开阔的沿海岸线伸长型形态，由广阔的水上扇三角洲平原和边缘没于水下的浅水台地构成。沉积体呈指状插入海相地层，并出现在构造活动的开阔海盆地边缘，是这类扇三角洲的重要识别标志之一，有人称之为陆架型模式。

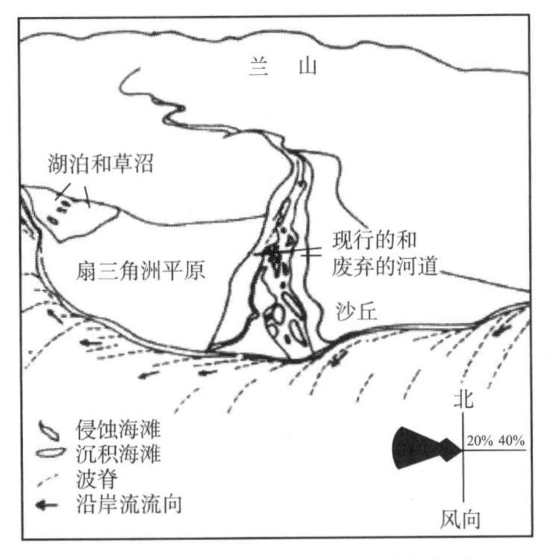

图 6－30　Yallahs 扇三角洲略图
(据 Wescott 和 Ethridge，1980)

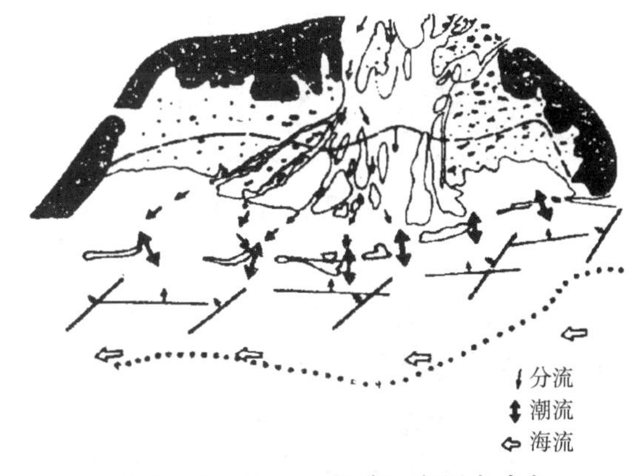

图 6－31　Copper 河扇三角洲水动力结构图(据 Galloway，1976)
潮汐和波能变化改造扇三角洲边缘，沿岸流使沉积中心偏离河流轴部而向西转移

从陆上沉积作用与蓄水盆地改造性质角度，Copper 河扇三角洲已被描述为浪控与潮控混合影响的沉积复合体。其三角洲复合体主要位于水上，水下面积较小，主要亚环境有：①陆上辫状河平原，由沼泽泥和海湾辫状分流河道充填所组成；②潮汐潟湖，由掺夹潮道充填复合体的砂坪和泥坪组成；③边缘障壁岛和沙坝；④前三角洲—陆棚泥岩。

阿拉斯加型扇三角洲与牙买加型扇三角洲是潮湿地区碰撞海岸粗粒扇三角洲的两个典型

地层模式。前者为建立直接进入较陡的海底斜坡上被截断的潮湿地区的古代粗粒扇三角洲地层模式提供了有用资料(滑塌作用更为多见),后者则提供了一种推进到坡度较缓的陆棚或岛棚上的发育更为完整的扇三角洲模式。两者具有一些共同特征:①分布于岛弧或大陆碰撞海岸;②沉积粒序向上变粗;③单个物源;④沉积形态呈现为由粗碎屑物质组成的邻近上升的物源区楔状或棱柱状沉积体;⑤以河流沉积为主的陆上扇逐渐递变为以海相沉积为主的过渡带,且二者呈指状接触(Handford,1980;Wescott 和 Ethridge,1980,认为④和⑤是鉴别地下扇三角洲沉积的关键)等。

3)吉尔伯特型

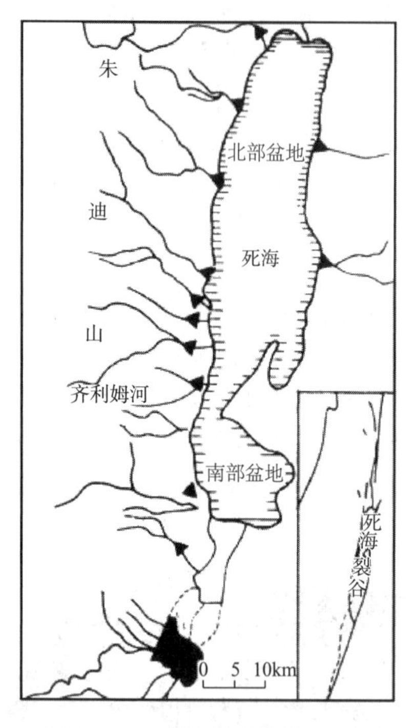

图6-32 死海裂谷及其扇三角洲
(据 Sheh,1979)

吉尔伯特型扇三角洲也称为断陷湖盆型扇三角洲,主要发育于湖滨地带,由河流出山口入湖形成,以明显的底积层、前积层、顶积层三层结构为特征,并具有陡的水下斜坡。比较好的实例为死海裂谷及其扇三角洲:河流由 Lisan 湖(死海前身)的入口处注入,形成许多小的受周期突发洪水泛滥和河口的消能作用控制的扇三角洲(图6-32)。其特征包括:①由略显层理的砾岩及具平行层理和交错层理的砂岩组成的冲积扇沉积;②由具波状交错层理的砂岩与厚薄不均的泥岩互层构成的数千米宽的扇前端沉积带;③广阔的席状碎屑纹层状白垩相。值得注意的是,由于死海湖泊水面的快速上升和湖进,这些扇三角洲形成向上变细的层序。这正反映了湖泊扇三角洲与海洋扇三角洲的重要区别——湖盆水体的快速升降对沉积粒序产生重要影响。

我国唐古拉山北麓纳木湖、祁漫塔格山南麓的阿克库木湖岸和青海湖北岸、准噶尔盆地西北缘的三叠系克拉玛依组、吐鲁番盆地北缘的三叠系—侏罗系、柴达木盆地西北缘的第三系以及东部中新生代盆地都发现有较典型的湖泊扇三角洲沉积。

在箕状断陷湖盆中,沉积体系及其相带不对称分布。陡坡由于断裂活动强烈,物源供给充足,常发育沉积厚度大、相带窄、相变快、岩性粗而杂的扇三角洲复合体,其平原相带较窄,发育不完整,滨岸过渡带也窄,而水下前缘相带甚宽,常是扇三角洲的主体沉积。这种陡坡型扇三角洲与海岸系统的陡坡型扇三角洲相似。缓坡带由于山体上升量小,物源供给相对较少,所形成的扇三角洲砂体分布范围较小,沉积厚度较薄,平原相带和滨岸过渡带较宽,但前缘相带较窄,入水后较快变为开阔湖沉积。故缓坡型扇三角洲与海岸系统的陆架型扇三角洲有相似之处,但规模却相差甚大。这两类扇三角洲我国古代湖盆沉积中均有发育。陡坡型的如辽西凹陷东侧兴隆台扇三角洲、泌阳凹陷双河油田扇三角洲等;缓坡型的如辽西凹陷西斜坡高升—西八千扇三角洲等。

(二)发育条件和一般特征

1. 发育条件

发育扇三角洲的重要条件是海、湖岸附近地形高差大,岸上斜坡陡窄,物源近,碎屑物质供应充足。湖泊扇三角洲常与同沉积期大型断裂带相伴，主要分布于邻近高差大、坡度陡的隆起区湖盆边缘。国外的如东非裂谷和贝加尔裂谷；我国的如青海湖、云南第三纪至现代的湖泊、塔里木盆地白垩纪和古近纪前陆盆地、渤海湾第三纪的湖泊扇三角洲等，都与断裂有关。当然也有克拉通区持续下沉时期形成的湖泊及其扇三角洲沉积，如我国松辽盆地白垩纪的坳陷期，国外的乍得湖和埃尔湖等，但它们提供碎屑物相当缓慢。

除了活跃的构造和较陡的地形，干旱—半干旱的气候条件因有利于母岩物理风化，且易于出现洪水，也是扇三角洲发育的有利条件。

2. 一般特征

1)水动力特征

扇三角洲以陆上沉积作用占优势，海、湖边缘坡度变缓，向蓄水盆地推进一定深度为其特征(Wescott 和 Ethridge，1980)。沉积物供应的体积、密度和丰度的相互作用以及滨岸带、浅海或湖泊作用的强度和持续时间决定了扇三角洲陆上和滨岸带的沉积相特征。受波浪和潮汐控制的水道分汊、河口坝淤塞和迁移是扇三角洲形态特征的重要控制因素(Kleispehn 等，1984)。由于湖泊动力一般较小，如现代洱海最大波高仅 1.3m，湖流最大流速仅 10.8cm/s，无潮汐作用，由此湖盆的波浪、潮汐和水流对扇三角洲的影响通常都相当小，破坏型扇三角洲在古代湖盆中也并不多见。

总体而言，扇三角洲水动力特征继承了冲积扇的特点，其沉积作用多以事件性洪流沉积为主，兼具牵引流、泥石流、漫流沉积。洪水入湖具有复合型水动力机制，兼具牵引流、碎屑流和浊流沉积的特征。在海相环境中，扇三角洲的发育还受波浪、潮汐等的控制。

2)沉积物成分和结构特征

由于扇三角洲紧邻基岩物源区，流程短，因此沉积物受物源区母岩控制，粒度粗，且砂砾混杂，泥质含量高，分选性和磨圆度较差，矿物成分成熟度也较低。除个别地区，世界上所有的扇三角洲多具有砂砾粗碎屑比例较大的特点。我国东部辽河、泌阳、东营等凹陷的扇三角洲储层均以砾质和含砾为特征，而如塔里木盆地白垩纪和古近纪以粉—细砂岩为主要储集岩石的扇三角洲则很少见。

(三)沉积相类型和相模式

扇三角洲向陆方向通常以断层为界，具有明显的陆上、过渡区和水下沉积部分(Wescott 和 Ethridge，1980；Ethridge 和 Wescott，1984)。借鉴三角洲的亚相划分方案，将其划分为扇三角洲平原、扇三角洲前缘和前扇三角洲三个亚相(图 6－33)。

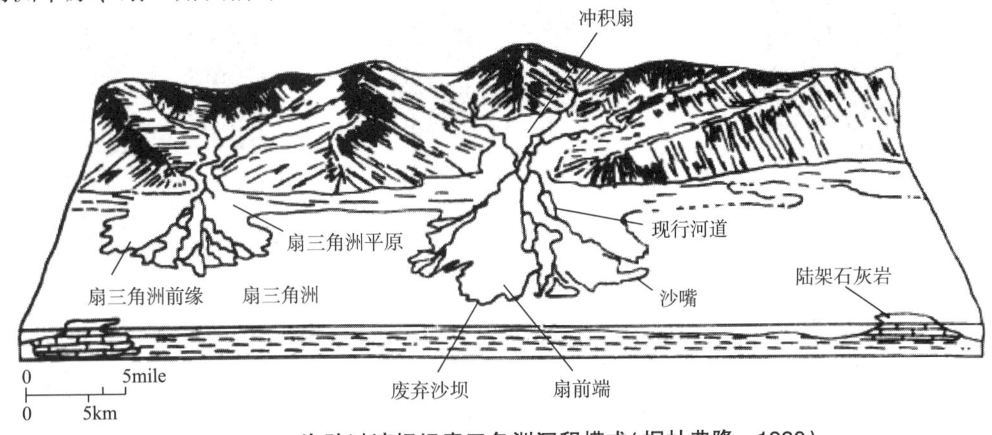

图 6－33　海陆过渡相组扇三角洲沉积模式(据杜弗隆，1980)

1. 相类型

1) 扇三角洲平原亚相

扇三角洲的陆上部分主要是冲积扇，可称为扇三角洲平原，多表现为近源的砾质辫状河沉积，也常含有泥石流(碎屑流)沉积，没有曲流河段，因此以洪水流和沉积物重力流的粗粒沉积物为特征。其主要沉积物为成分成熟度和结构成熟度都较低的砂砾岩夹杂色泥岩，发育不明显的平行层理、块状层理或较大型的板/槽状交错层理，总体上成层性较差，砂/砾比率向下端增加。

2) 扇三角洲前缘亚相

扇三角洲前缘也称为过渡带，以较陡的前积相为特征，是扇三角洲最主要的沉积相带和砂体发育区。该亚相牵引流构造很发育，常见大、中型交错层理，向下方渐变为前扇三角洲沉积。由于坡度较陡，沉积迅速，扇三角洲前缘大量斜坡物质以滑坡或滑塌的形式交错叠置，主要包括水下碎屑流(袁静等，2018、2019)、水下辫状河道(最主要)、水下分流河道间、河口坝及席状砂五个微相。

碎屑流是在重力作用下沿斜坡向下流动的砂、砾、黏土物质和水的混合物高密度流体(Lowe，1979)，入水后受坡度差异影响，会经历不同的演化过程。总体上该微相颗粒分选磨圆差，从砾岩到细砂岩均有发育，基质含量高，可见砾石悬浮其中，且常见定向排列的泥岩撕裂屑，垂向序列多呈块状，偶见反粒序[图6-34(a)]。

水下辫状河道是陆上辫状河道的水下延伸，向前变浅、消失，从洪水急流转为正常水流。其沉积物以砂砾岩为主，相较于陆上，分选变好，粒度变细；可见较大型的交错层理、平行层理、粒序层理或块状层理；垂向上具有多层叠置的正韵律特征[图6-34(b)]。

水下辫状河道间为被水下辫状河道围限或分割的低能浅水区域，一般为灰色、灰绿色泥页岩和泥质粉砂岩沉积，发育水平层理或波状层理，有时夹洪水越岸形成的较粗粒沉积。

(a)中细砾岩与含砾砂岩，块状层理和平行层理，东营凹陷，沙三上亚段

(b)中砾岩，叠覆冲刷构造，东营凹陷，沙四上亚段

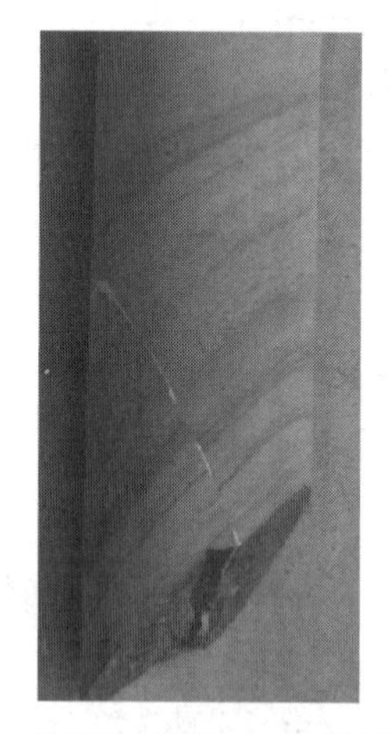
(c)细砂岩夹泥岩，界面处发育生物扰动构造，山东近海盆地，白垩系莱阳群

图6-34　扇三角洲相部分沉积构造

河口坝的发育需要相对稳定的河道提供物源供给以抵御蓄水体的改造破坏，而辫状河道频繁侧向迁移的性质造成在其河口沉积下来的碎屑物质由于缺少持续的物源补给而很易被湖浪淘洗破坏，因此扇三角洲前缘河口坝砂体规模一般不大。由于水下辫状河道能量较强，其

河口坝沉积物以砂为主，分选较好，常与灰绿色泥岩夹互层，可见平行层理和中小型交错层理，无明显冲刷构造。垂向上河口坝构成均质韵律或反韵律。

受湖浪冲击改造，部分河口坝沉积物可沿其边缘呈片状分布而形成席状砂；若水下辫状河道迁移迅速，会在河口外缘直接形成席状砂。席状砂沉积以细、粉砂为主，分选较好；发育小型交错层理、波状层理和生物潜穴[图6-34(c)]；垂向上具有逆韵律特征。

3)前扇三角洲亚相

前扇三角洲亚相位于浪基面之下，沉积物以灰色泥岩和粉砂岩为主，发育水平层理和波状层理，可见介形虫等生物化石。由于扇三角洲前缘堆积迅速，砂体厚度较大且紧邻控盆断裂的陡坡带发育，在地震等触发机制下常可形成较大规模的滑坡或滑塌，因此前扇三角洲泥质沉积物中常夹有滑塌成因的砂(砾)岩体。

2. 相层序和相模式

通常，一个完整的建设型扇三角洲连续的沉积层序自下而上为：前扇三角洲泥岩—扇三角洲前缘末端细砂岩—扇三角洲前缘河道砂岩、含砾砂岩—扇三角洲平原砂砾岩和砾岩(图6-35)。

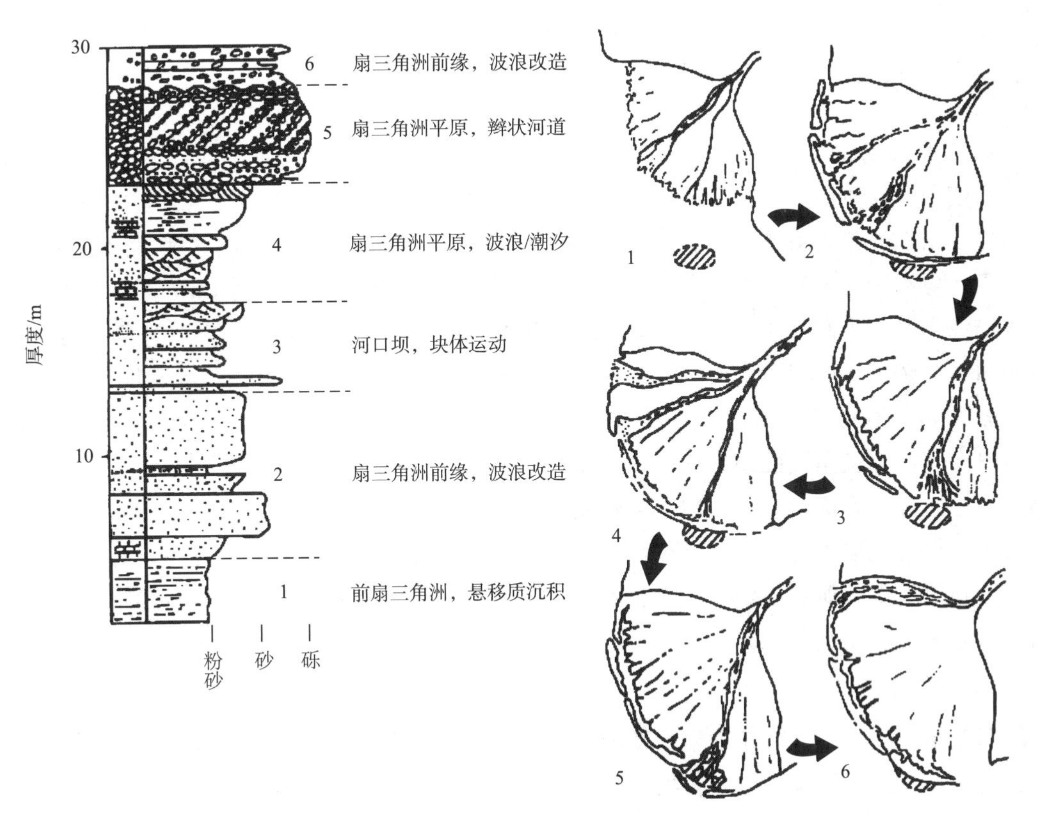

图6-35　由于河道迁移产生的扇三角洲沉积层序(据Kleinspehn等，1984)

扇三角洲可以在洪水期间和在风暴间歇期侵蚀海底后的回流过程中迅速向海建造，推进作用会使扇三角洲产生从细粒的陆棚砂到粗砾石层的不规则的向上变粗的层序。如洪都拉斯扇三角洲在洪水期迅速推进，但在间洪期受波浪冲击、海岸回流和沙嘴逐渐减缓生长的改造，其规模和地貌形态受到风暴频率和强度、供给沉积扇的沉积物的体积和结构、风暴浪方向和能量以及由风暴引起的海平面上升高度的控制(Schumm，1987)。

受盆地演化背景的影响，发育于盆地构造演化不同阶段的扇三角洲可以形成不同的垂向沉积层序。在盆地演化早期往往为向上变细的退积型层序，其后可逐渐演化为加积型层序或进积型层序(图6-36)。在断陷湖盆中，受湖平面频繁升降的影响，扇三角洲易于形成多个复合韵律层序。

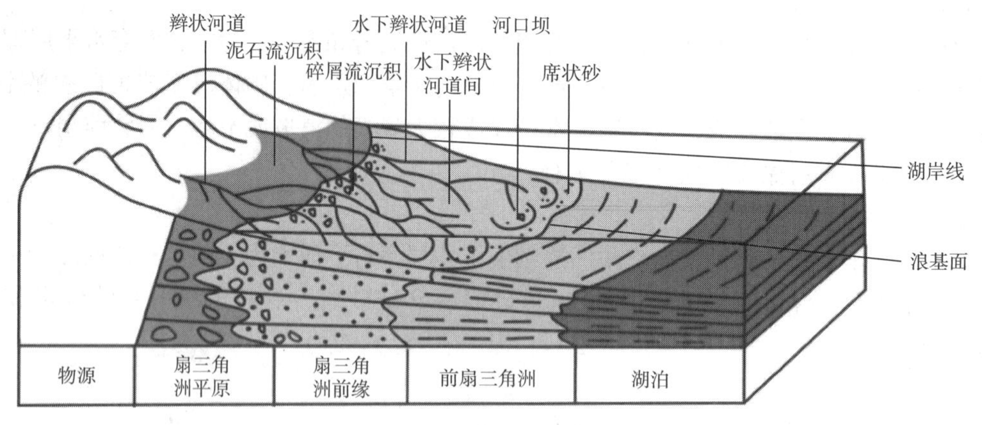

图6-36 前陆盆地扇三角洲沉积相模式

3. *形态及面积*

扇三角洲在剖面上是由粗碎屑物质组成的楔状或棱柱状沉积体，具体形态取决于物源供给条件及扇前缘是否被改造或破坏等条件，平面上多为扇形、叶状，向盆地方向变薄变细。

扇三角洲个体面积小，一般为几到几十平方公里，有的甚至不到1km^2，如美国得克萨斯西南海岸的一个扇三角洲仅0.37km^2，比较大的阿拉斯加东南海岸一个扇三角洲为446km^2(Reimnitz，1966)。我国断陷湖盆面积较小，在中新生代发育的扇三角洲面积一般为30～300km^2，如双河扇三角洲为30～50km^2，辽河西八千、双台子等扇三角洲为72～293km^2；云南洱海现代扇三角洲面积约0.5～0.9km^2。而正常河流三角洲的规模则是相当惊人的，仅以陆上面积计，我国黄河三角洲达9000km^2，是世界上现代大三角洲之一。扇三角洲单个规模虽小，但常成群出现，构成总体面积可观的扇三角洲群。如非洲大裂谷在死海形成裂谷型地堑，晚更新世死海裂谷处于干旱、不均匀的下沉环境，沿死海裂谷西侧断崖发育了一系列的小型湖泊扇三角洲沉积。

(四)与油气的关系

扇三角洲相一般具有粒度粗、厚度大的特点，其前方紧靠生油凹陷区，油源充足，尤其是其前缘部分，砂质粒度适中，物性较好，具备良好的油气储集条件，常常形成构造—地层圈闭。正因如此，在前陆盆地和陆内裂谷盆地中，扇三角洲砂体是很常见，同时也是很重要的油气储集体。

例如辽河西部凹陷沙二下段齐欢双扇三角洲(吴崇筠，1992)，平面呈扇形，面积约250km^2，剖面呈透镜体，最厚处200m。以水下河道砂的前部及其前端的河口坝物性最好，面孔率达20%，渗透率一般为$n\times10^2\times10^{-3}\mu m^2$，个别高达$2\times10^4\times10^{-3}\mu m^2$。多个类似的扇三角洲砂体并列在西斜坡上，侧向连接成平行于斜坡走向的带状砂带，前方邻近同层的深湖亚相，又紧靠下伏沙三段的深湖亚相，油源充足，成为凹陷中油气最富集地带。又如准噶尔盆地玛湖凹陷及其周缘地区上二叠统上乌尔禾组—下三叠统百口泉组厚达数百米的厚层砂砾岩体(于兴河等，2014；唐勇等，2014、2018)是在平缓斜坡背景下的大型浅水退覆式复合扇三角洲，平面上叠置连片，面积大，延伸远。其侧翼及上倾方向由扇三角洲平原相致密带形成有效遮挡，具备形成大面积岩性圈闭群的地质条件；同时，扇三角洲前缘相带紧邻玛湖富烃凹陷，有通源断裂沟通下伏油源，成藏条件优越，目前已获得较大规模的工业储量。

二、辫状河三角洲

(一)概念

辫状河三角洲(也叫辫状三角洲)的概念最早由 McPherson(1987)提出，其定义为由辫状河体系(包括河流控制的潮湿气候冲积扇和冰水冲积扇)前积到停滞水体中形成的富含砂和砾石的三角洲，其辫状分流平原由单条或多条底负载河流提供物质。从地貌和沉积学特征角度，McPherson 等认为辫状河三角洲主要受河川径流控制或与辫状平原铸型相当，是介于粗碎屑的扇三角洲和细碎屑的正常三角洲之间的一种具独特属性的三角洲，从而将辫状河三角洲从扇三角洲中分离出来。其具体理由有两个：一是辫状河和辫状平原与冲积扇不存在必然联系，如在阿拉斯加和冰岛海岸发现的冰水辫状河与冰水辫状河平原；二是与冲积扇毗连的辫状河冲积平原通常是几十公里甚至上百公里长，严格地说，已经并不真正属于冲积扇复合体的组成部分。

辫状河三角洲的平面形态通常亦呈“扇”形(图 6－37)，这种“扇”形是三角洲建造过程的结果。图 6－37(b)所示为具辫状分流平原的辫状河三角洲，该辫状平原向上游未过渡为冲积扇沉积物，即辫状河或辫状平原与冲积扇并置，这种辫状河三角洲可能形成于裂谷拉张性盆地的发育晚期。在我国古代陆相盆地中，这种辫状河三角洲特别发育，如济阳坳陷胜坨油田沙二段发育距离物源区数十公里的冲积平原上的辫状河分支直接入湖形成的辫状河三角洲(卜淘等，2000)；再如西部吐哈盆地(李文厚，1996；周丽清等，1998、2000)、三塘湖盆地(朱筱敏等，1998)侏罗系、塔里木盆地库车坳陷白垩系(马文杰等，2016)也广泛发育有辫状河三角洲。

(二)地质发育背景

辫状河三角洲作为辫状水流进入稳定水体(海、湖)形成的粗碎屑三角洲，其发育受季节性洪水流量或山区河流流量的控制。冲积扇末端和山顶侧缘的冲积平原或山区直接发育的辫状河道经短距离或较长距离搬运后都可直接进入海(湖)而形成辫状河三角洲。因此，同扇三角洲和正常三角洲相比，辫状河三角洲在远离无断裂带的古隆起、古构造高地的斜坡带，沉积盆地的长轴和短轴方向均可发育。

辫状河三角洲与扇三角洲在拉张盆地中可发生时空转换：在断陷湖盆演化早期，扇三角洲的发育与盆缘活动断裂关系密切，随着源区高地的不断剥蚀，盆地部分充填，冲积扇被冲积平原与稳定水体隔开，扇三角洲转化为辫状河三角洲。

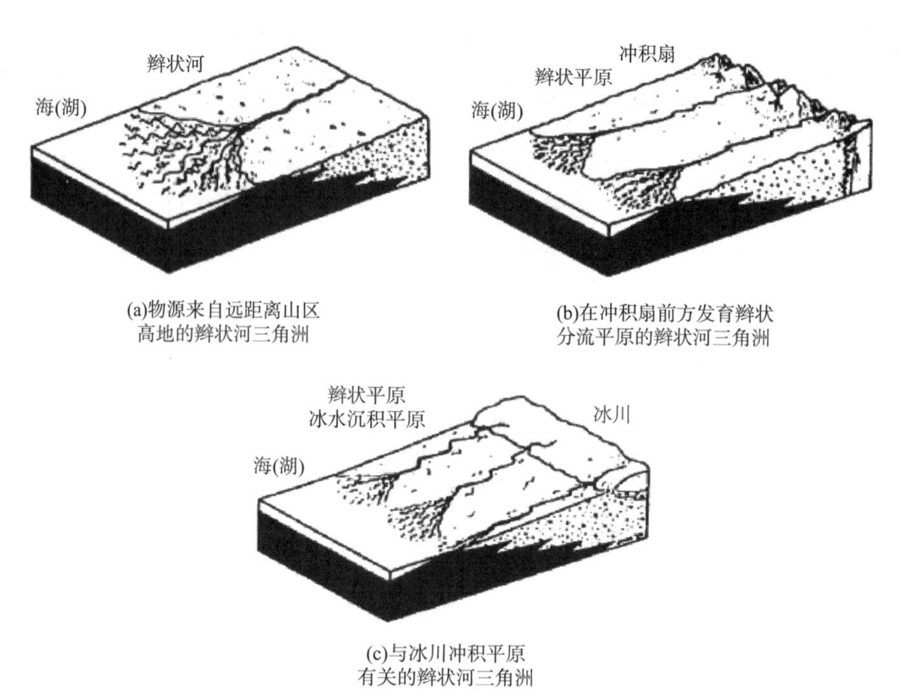

图 6－37 辫状河三角洲的类型(据 McPherson 等，1987)

(三)相类型及相模式

辫状河三角洲同扇三角洲和正常三角洲一样，由辫状河三角洲平原、辫状河三角洲前缘和前辫状河三角洲三个亚相单元组成。

1. 相类型

1)辫状河三角洲平原亚相

辫状河三角洲平原亚相主要由辫状河道和冲积平原组成，潮湿气候条件下可有河漫沼泽沉积。

辫状河道沉积主要由砂岩所组成，也常见砾岩，以色杂、粒粗、分选较差、不稳定矿物含量高、具大型板状和槽状交错层理、平行层理、底部发育比较平缓的冲刷充填构造为特征。辫状河道侧向迁移加积频繁，其充填物为宽/厚比高的、宽平板状的、沿倾向的多侧向砂岩带。

冲积平原由辫状河道的迁移摆动形成，多为含砂砾的粉砂质泥岩或砂砾质沉积，一般范围较宽，如河北秦皇岛大石河冲积平原约 5～6km 宽(赵澄林等，1997)，以砂砾质沉积为主。潮湿气候条件下可发育河漫沼泽沉积，由棕褐色泥岩、泥质粉砂岩与煤层构成。

与扇三角洲相比，高度的河道化、持续深切的水流、良好的侧向连续性是辫状河三角洲平原亚相的典型特征。与正常三角洲相比，辫状河三角洲由限定差的底负载辫状河道控制，粒度更粗，层理类型更复杂，而正常三角洲平原亚相的沉积物由限定性极强的分流河道和分流河道间组成。

2)辫状河三角洲前缘亚相

辫状河三角洲前缘亚相主要发育水下分流河道、水下分流河道间、河口坝、远砂坝和席状砂五个微相。

水下分流河道是平原辫状河道在水下的延伸部分，沉积物粒度较细，其他沉积特征与辫状河道相似：以砂砾岩为主，发育大型板、槽状交错层理和平行层理，向上粒度变细，多期河道叠置形成正韵律，单砂体厚度减薄(图6－38)。水下分流河道在辫状河三角洲中所占的厚度最大，是其主体沉积。

(a)含泥砾细砂岩，具平行层理和叠覆冲刷构造

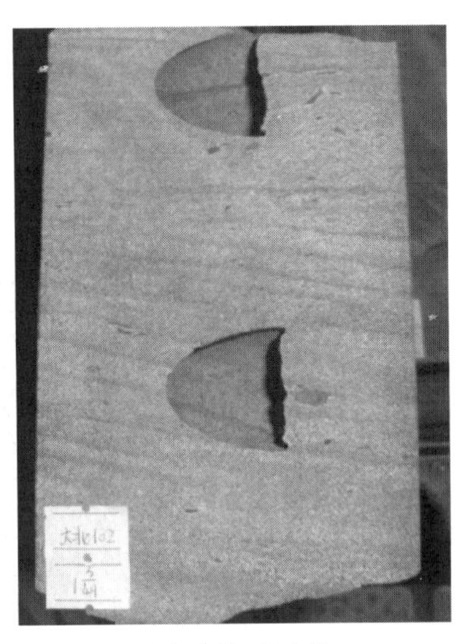

(b)细砂岩，具交错层理和平行层理

图6－38　塔里木盆地库车坳陷白垩系巴什基奇克辫状河三角洲沉积特征

水下分流河道间沉积为洪水期漫越河道形成于两侧积水洼地中的细粒物质，主要为粉砂岩和泥岩沉积，发育波状层理和水平层理，可见大量虫孔以及生物扰动构造。由于水下分流河道侵蚀能力较强且改道频繁，河道间沉积往往不太发育。

平原辫状河道入水后，携带的砂质由于流速降低而在河口处沉积下来即形成河口坝。然而一方面由于流体能量较强，辫状河道入水后并不立即发生沉积作用，而是在水下继续延伸一段距离，因此河口坝大多数发育于离海(湖)岸线较远处(水下分流河道末端)。另一方面，由于辫状河三角洲通常由湍急洪水或山区河流控制，水下分流河道迁移性较强，河口不稳定，难以形成正常三角洲前缘那样的大型河口坝，而与扇三角洲相似，河口坝不发育或规模较小。辫状河三角洲前缘河口坝砂体主要为中细砂岩，也可见含砾砂岩和粉砂岩，在垂向上一般呈下细上粗的反韵律，砂体中可见平行层理和交错层理。

远砂坝与河口坝为连续沉积的砂体，位于河口坝的末端，接近浪基面。与河口坝相比，远砂坝砂体厚度较薄，岩性较细，多为细砂岩和粉砂岩，泥质沉积物含量增多，常见生物扰动构造。

席状砂为辫状河三角洲前缘连片分布的砂体，形成于波浪作用较强的沉积环境，其成因与扇三角洲前缘河口坝类似。席状砂一般为粒度较细的砂岩、粉砂岩与泥岩互层，颗粒分选性和磨圆度较好，垂向上呈反韵律或均质韵律。

3)前辫状河三角洲亚相

前辫状河三角洲沉积主要为泥岩和粉细砂质泥岩，颜色较深，有时见水平层理。若辫状河三角洲前缘沉积速度快，可形成滑塌成因的砂体包裹在前辫状河三角洲或深水盆地泥质沉积中。

2. 相层序和相模式

辫状河三角洲可以由直接来自母岩区的辫状河或辫状平原直接供源，也可以由向上游过渡为冲积扇边缘的辫状河供源(图6－39)。其垂向沉积序列具有两种韵律结构，一是向上变细的退积型辫状河三角洲，剖面上表现为多个水流作用由强至弱向上变细的正韵律组合；二是向上变粗的进积型辫状河三角洲，由多个向上变粗的沉积旋回组成。地质记录中以进积型辫状河三角洲垂向层序更常见，由下向上依次为前辫状河三角洲—辫状河三角洲前缘—辫状河三角洲平原—滨浅湖—辫状河。由于水动力条件和古地形条件的变化，辫状河三角洲垂向层序往往保存不完整，常以平原亚相和前缘亚相呈互层沉积出现在剖面上。

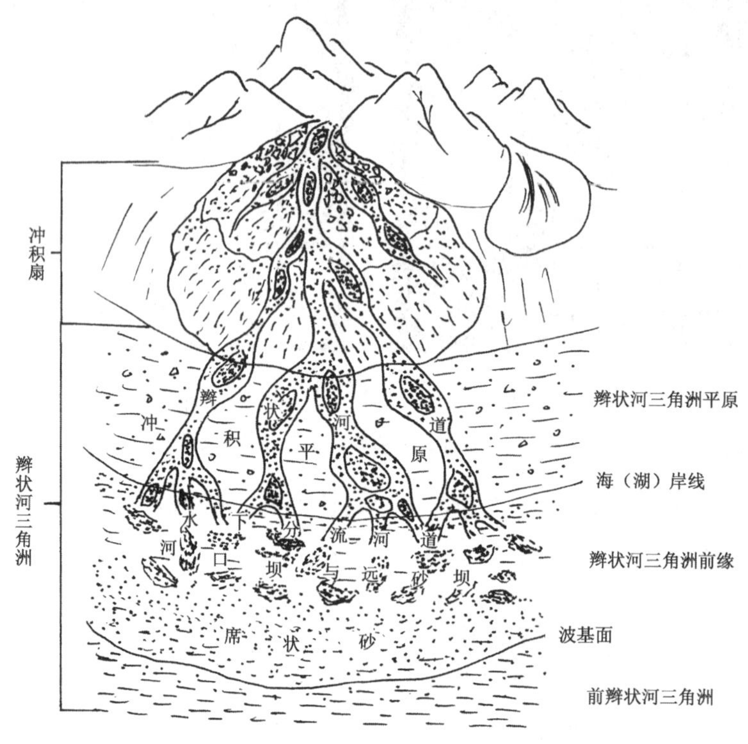

图6－39 冲积扇—辫状河三角洲沉积体系

(四)与油气的关系

辫状河三角洲岩石粒度较粗、分选较好，杂基含量较低，往往孔隙度和渗透率较高而储集性能良好。如塔北三叠系辫状河三角洲砂体平均孔隙度达20.61%，平均渗透率达$540\times10^{-3}\mu m^2$；柴达木盆地油砂山辫状河三角洲分流河道砂体平均孔隙度高达27.27%，平均渗透率达$402.72\times10^{-3}\mu m^2$。

不仅如此，辫状河三角洲平原和前缘亚相的砂砾岩体均具有较好的侧向连续性和连通性，有利于油气在其中运移聚集；如辫状河三角洲前缘水下分流河道为南海珠江口盆地油田群的主要储层类型，其单一河道宽度介于200～500m，深度为3～7m，单一河道间具有垂向孤立式、垂向叠加式、侧向叠加式、无序叠加式等不同的叠置样式(万琼华等，2019)。同时，由于辫状河三角洲面积达数百平方公里，特别是水下分流河道的砂砾岩与烃源岩呈频繁互层沉积，可成为油气初次运移的有利场所，而辫状河三角洲平原亚相的冲积平原或河漫沼泽沉积由于物性较差，可作为区域性盖层或烃源岩，从而在垂向上构成良好的生储盖组合。

从油气勘探成果来看，辫状河三角洲相单独或与其他因素匹配，可形成岩性圈闭、构造圈闭、构造—岩性圈闭等多种类型的油气藏，目前已在我国东部和西部、陆上和海上众多含油气盆地发现了以辫状河三角洲砂(砾)岩为储集岩的油气田。

三、扇三角洲、辫状河三角洲与正常三角洲的区别

扇三角洲、辫状河三角洲与正常三角洲有类似之处，即都处于海陆过渡带，具有三层结构，三者的区别主要体现在以下几个方面。

1. 地形坡降

据研究，长河流三角洲河口地区至曲流平原，坡降在0.1‰左右，如我国长江三角洲为0.1‰~0.7‰。而扇三角洲的河流坡度(或扇坡度)一般是三角洲的几倍到几十倍，如牙买加东南海岸为15‰，阿拉斯加东南海岸为2‰~17.6‰，我国云南洱海阳溪等现代扇三角洲为15‰~53‰，辽河裂谷下第三系的扇三角洲为18‰~35‰。发育辫状河三角洲所需沉积地形和坡度一般比扇三角洲缓，比正常三角洲陡，但也有在较大地形坡度下形成的辫状河三角洲(坡度可达20°以上)。

2. 向陆方向的相邻沉积相

扇三角洲向陆一侧为冲积扇或物源老山，岸上斜坡短而陡，甚至水体直抵山根。辫状河三角洲(有人称之为短河流三角洲)向陆侧与辫状河相邻，岸上斜坡变长，坡度变缓。正常三角洲(长河流三角洲)的向陆方向与曲流河相邻，距离物源远，岸上从山麓到湖岸有较长的平缓斜坡，或是河流来自盆地以外。

3. 流体性质

扇三角洲的流体类型兼具沉积物重力流和牵引流；其中，扇三角洲平原流体特征类似冲积扇，为漫流、碎屑流和辫状河道互层沉积，前缘亚相还受到波浪和海(湖)流的作用。辫状河三角洲流体类型以牵引流为主，平原为位于陆上的辫状河组合，辫状河道具有稀性和亚稀性泥石流性质，缺少碎屑流。三角洲的流体类型则基本为牵引流。

4. 砂体岩性

扇三角洲沉积岩性粗，扇三角洲平原沉积类似辫状河，甚至就是冲积扇，砾石含量很高；前缘亚相沉积物也较粗，可含粗砂和砾石，水下河道更为发育，由于河道通常不稳定，河口坝发育较差。正常三角洲岩性较细，三角洲分流平原沉积似曲流河或网状河，但碎屑粒级稍细，以砂为主，含少量砾石；三角洲前缘亚相以细砂和粉砂为主。同样条件下，辫状河三角洲砂体粒度、分选和基质含量等一般介于扇三角洲细和正常三角洲之间，砂/地比相对较高。

5. 砂体形态和分布

扇三角洲个体小而个数多，常成群出现，沿湖盆短轴陡坡侧分布；平面形态为扇形，纵剖面上呈厚而短的楔状体，向湖方向很快尖灭，砂体侧向连续性较差。辫状河三角洲复合体面积可达数十平方公里到数百平方公里，分布于湖盆长轴短轴或缓坡侧；短轴陡侧经过靠山型扇三角洲向靠扇型扇三角洲的发育演化，岸上斜坡增长变缓，也会演变成辫状河三角洲；其平面形态常为舌形到轻度的伸长状，纵剖面上呈较长的楔状体，向湖方向延伸一定距离，砂体侧向连续性较好。如塔里木盆地库车坳陷白垩系巴什基奇克组沉积时期，在南天山冲断带(陡坡)发育扇三角洲群，在塔北隆起中东部(缓坡)发育大型辫状河三角洲。正常三角洲

砂体的个体大而个数少，经常单独发育或少数相邻，分布于湖盆长轴或近长轴的短轴缓坡侧；纵剖面上呈较大的透镜体，向湖内延伸较远。

第三节 无障壁海岸相

一、关于海岸带的概念

海岸带或滨岸带是指风暴潮面(最大潮面)到浪基面之间的范围。这一地带是人们最容易直接接触到的，也是目前研究最好的地区。海岸带实际上就是分隔大陆与开阔海的过渡地貌单元。换句话说，也就是连接大陆与开阔海的过渡带，或者是纽带。从广义的角度讲，海岸环境沉积单元丰富，包括三角洲、河口湾、障壁岛、潮坪、潮汐涌道、潟湖、滨岸等(图6－19)，而各沉积单元的形成则受河流、波浪、潮汐等水动力条件，以及沉积物源来源的影响(图6－40)。本章节所要讨论的海岸带则是狭义上的海岸带，即不包含河流作用的海岸带，我们也可以把它称为滨海或者滨线(shoreline)。海岸带缺乏河流作用，其主要的水动力来源是波浪和潮汐作用。受河流作用影响的三角洲和河口湾则在其他章节中单独讨论。

依据波浪和潮汐作用的相对强弱以及岸线的发育情况，海岸带可分为以下两种情况：

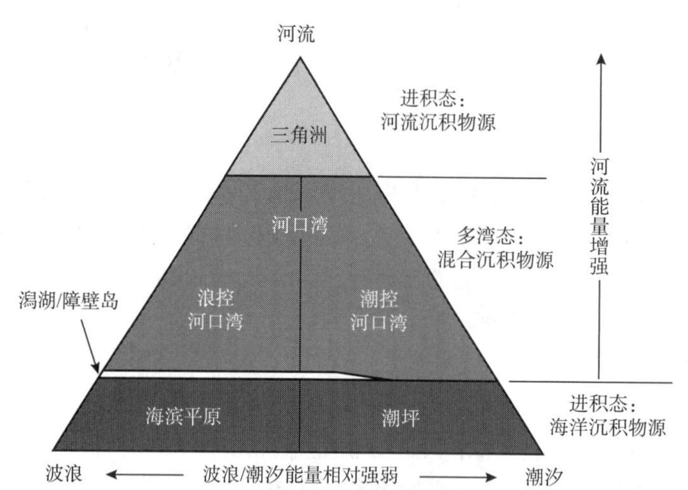

图6－40 基于水动力条件(波浪、潮汐、河流)和沉积物源输入方向的海岸沉积单元分类方案(据Boyd等，2006)

(1)海岸线较平直，向广海没有障壁。波浪是这类海岸带的主要水动力条件，水动力条件很强，这类海岸也称为无障壁海岸带。

(2)海岸线是曲折的，向广海一侧发育有很多的障壁(沙洲、沙坝)，这样的海岸称为障壁海岸。障壁海岸带的水动力条件则明显受潮汐作用影响(图6－40)，因为障壁岛阻碍了波浪的作用，无障壁的地方也由于曲折的地形而消耗掉了波浪的能量。

另外，按照沉积类型可把海岸分为侵蚀海岸和沉积海岸，沉积海岸可进一步分为砾质、砂质、泥质海岸；按能量大小可分为高能海岸和低能海岸等。

二、沉积环境划分

无障壁滨岸相的沉积环境是无障壁岛遮挡、海水循环良好的开阔海岸带。进一步按照海岸水动力状况和沉积物类型分为砂质或砾质高能海岸及粉砂淤泥质低能海岸两种类型。它们的宽度随海岸带地形的陡缓而定。在陡岸处宽度仅数米，平缓海岸其宽度可达10km以上。古代海岸因岸线不断迁移，可形成宽而厚的砂质海岸沉积，成为油气储集的良好场所。

高能海岸环境以砂质类型者居多，砾质者少见。按海岸地貌特征可划分为海岸沙丘（coastal dune）、后滨（backshore）、前滨（foreshore）、临滨（shoreface）等几个次级环境单元（图6－41）。

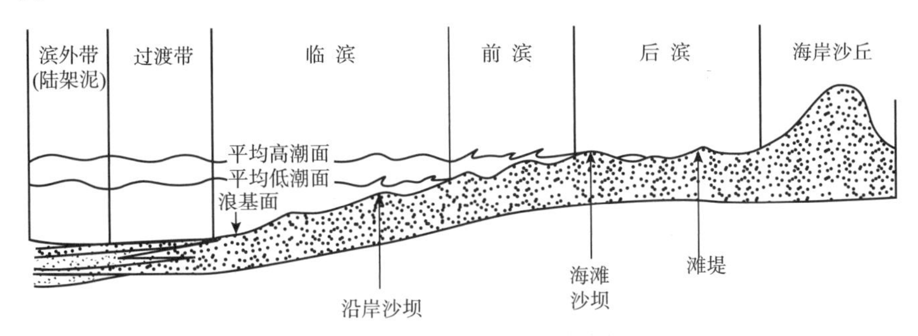

图6－41　砂质海岸带沉积环境划分示意图

砂质高能海岸的海岸沙丘位于潮上带的向陆一侧，即特大风暴期潮水所能到达的最高水位，是海岸沙丘的下界。后滨属潮上带，位于海岸沙丘下界与平均高潮线之间，平时暴露地表经受风化作用，只有在特大高潮和风暴浪时才能被海水淹没。前滨位于平均高潮线与平均低潮线之间，属潮间带。近滨也称为临滨，位于平均低潮面和浪基面之间，属于潮下带。浪基面以下向浅海陆棚过渡，其间通常有一个明显的坡折。过渡带位于浪基面和这个坡折的折点之间，它实际已属于浅海沉积，沉积物以粉砂为主，过渡带的外侧为滨外陆棚环境。

在低能海岸带，以潮流作用为主，为粉砂淤泥质海岸。海岸坡度平缓，具有较宽阔的潮间带（潮滩），缺失后滨带（图6－42），如苏北沿海地区即属于此类型。

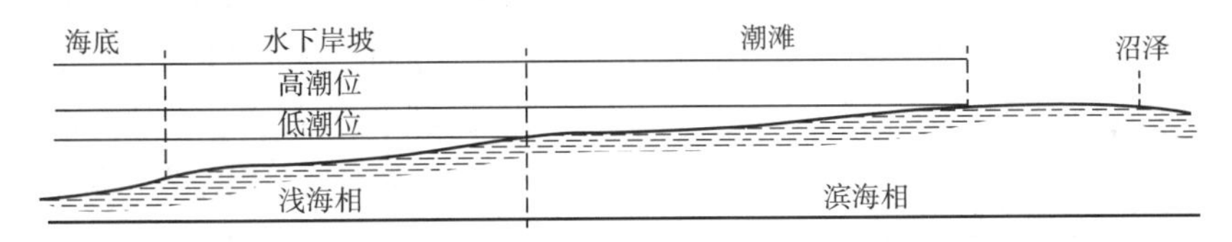

图6－42　粉砂淤泥质低能海岸环境剖面示意图（据任明达，1985）

三、海岸水动力学及搬运沉积特点

滨岸环境是水动力作用强烈而复杂的地区。波浪、潮汐及其所派生的沿岸流强烈地冲刷、改造着海岸和沉积物，其强度要比河流大100倍。而波浪则是控制海岸水动力学特征和海岸发育状况的主导因素，海洋因风的吹程大，故其波浪的波长较大，一般为40～80m左右。波浪作用随水深而急剧减小，大致在1/2波长的深度波浪作用已接近于零，因此海洋浪基面大致在20～40m左右。海洋中也可出现波长为400m的巨浪，故一般认为200m水深是浪基面的理论深度，也是划分浅海下限深度的根据之一。前已述及，在水深＜1/2波长的浅水区，深水波变为浅水波，波浪触及海底，水体质点运动的圆形轨迹变为椭圆形，向下越接近海底，椭圆半径越小，而且椭圆的垂直半径越小于水平半径，直至海底垂直半径趋近于零，水体质点只发生往复运动。在向岸方向，越近岸边，水体越浅，水体质点运动的轨迹变为不对称的椭圆，并在同一波浪周期中，水体质点向岸运动的速度大于向海运动的速度，而且越向海岸，这种速度的不对称性愈加明显，波浪变形也就越加强烈（图6－43）。

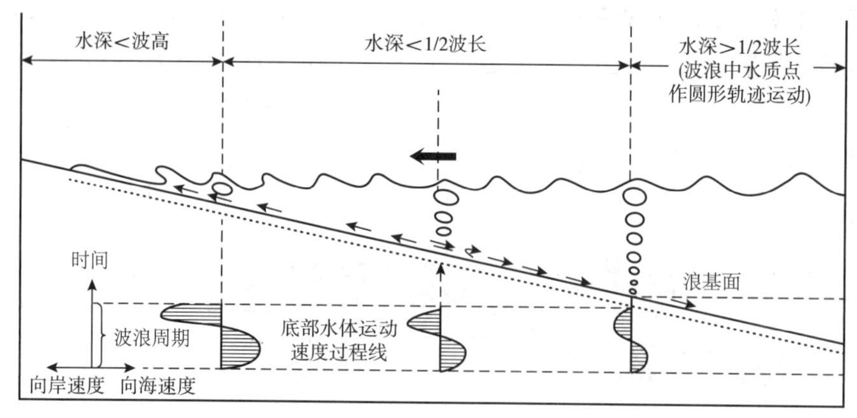

图 6 - 43　海岸带波浪底部水体运动及沉积物移动状况(据冯增昭，1994)

海岸带的不同环境和不同深度，波浪的特征及其对沉积物搬运、沉积作用的影响亦不相同。在滨外陆棚带，由风等因素引起的波浪称为涨浪，它因不能触及海底而对海底沉积物较少影响。至近滨带，海底在浪基面以上，波浪因触及海底而使波能增加，波高增大，称为升浪(swell)。这时水体向岸运动速度虽略大于向海速度，但波浪向岸方向运动携带泥砂要克服重力作用，向海运动携带泥砂还另加有重力作用，且后者的力量大于前者，结果细粒泥砂向海运动。随着波浪向岸传播，水深愈小，波高亦逐渐增大，当水深为波高的 2 倍时，波浪开始倒卷和破碎，称为“破浪”(breaker)，此地带亦称为“破浪带”。此带内波浪变形强烈，对海底的冲刷及对碎屑物质的簸选、淘洗强烈，波浪向岸的推动力克服重力和摩擦阻力，使较粗的碎屑向海岸方向运动，堆积成沿岸沙坝。再向岸方向，深度相当于一个波高，波峰发生完全倒转和破碎，称为“碎浪”或“涌浪”(surf)，此带亦称为“碎浪带”或“涌浪带”。碎浪带的存在与否及其宽窄程度，主要受海滩坡度和潮汐状况的控制。海底坡度较大，不形成碎浪带，破浪发生在岸边，形成拍岸浪；海底坡度平缓，可形成较宽的碎浪带；中等坡度的海底，除高潮时无碎浪带外，其他时间都有碎浪带存在(图 6 - 44)。当碎浪或涌浪进入前滨带后，海水借惯性力冲向海岸，形成“冲浪”，称为“冲浪带”或“冲流带”(swash wave)，它包括惯性力作用下的进浪和重力作用下减速回返海中的退浪或回流。冲流带波浪反复地冲刷、淘洗，形成了成分成熟度和结构成熟度都较高的砂质海滩堆积。风暴浪时期，海水携带碎屑物质进入后滨带，在海滩外侧形成平行于海岸的连续的线状沙脊，称为“滩脊”(chenier)。滨岸带不同沉积环境中水动力状况及沉积物的搬运和沉积作用特点见图 6 - 45。

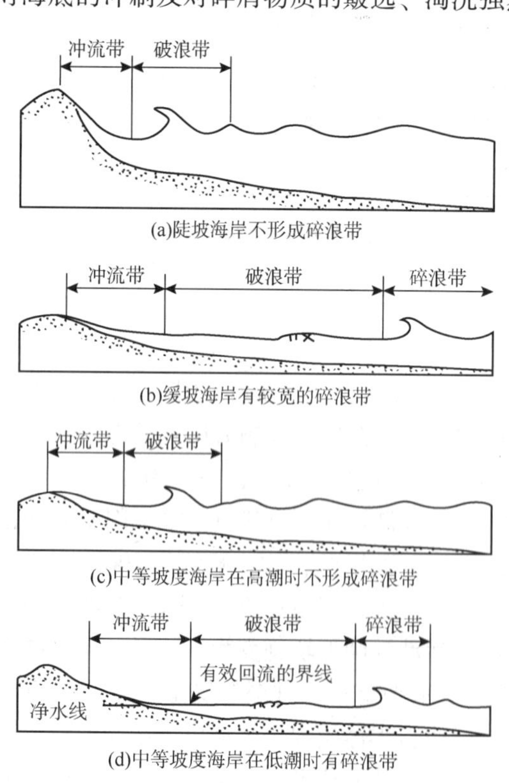

图 6 - 44　海滩坡度和潮汐状况对碎浪带的形成和宽度的影响(据 Ingle，1996)

环境	滨外	滨岸（或海岸）						滨岸沙丘
亚环境	陆棚	近滨				前滨	后滨	沙丘
波浪状态	涨浪	升浪	破浪	碎浪		冲浪	风暴浪	
水体运动形式	振荡运动		波浪崩碎	波浪传播，沿岸流向海回流，裂流		冲洗，回冲，裂流		
剖面及地貌	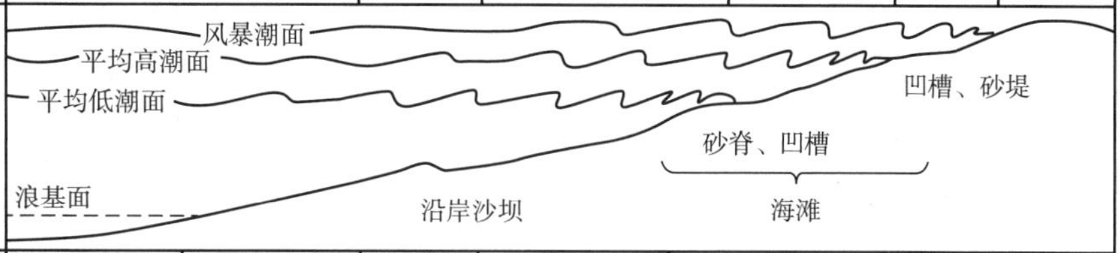 风暴潮面；平均高潮面；平均低潮面；浪基面；沿岸沙坝；砂脊、凹槽；海滩；凹槽、砂堤							
沉积物	细	较细	最粗	中等程度		较粗	细	
主要作用	加	积	侵蚀	搬运		侵蚀+加积	加积	
能量	低	较低	高	中等		较高	低	
床沙特征	水平状	不对称沙纹	新月形沙垄	平坦状	沙纹状	平坦状	水平状	
构造								

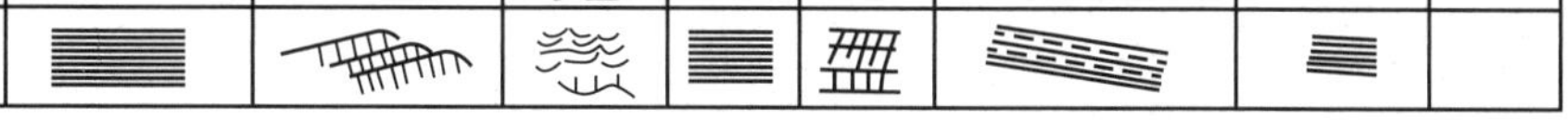

图 6－45　滨岸带不同沉积环境中水动力状况及沉积物搬运、沉积作用特点（据刘宝珺等，1985，修改）

当波浪与海岸斜交时，在海岸坡度平缓的碎浪带，将产生与海岸几乎平行的沿岸流。沿岸流沿着沿岸沙坝及海滩脊间的沟槽系统流动，经数米或数十米后，至沟槽末端则改变方向，近乎垂直地向海方向流去，形成所谓的裂流或离岸流（图 6－46）。沿岸流和裂流在海滩和沟槽中可形成各种形状和大小的波痕。

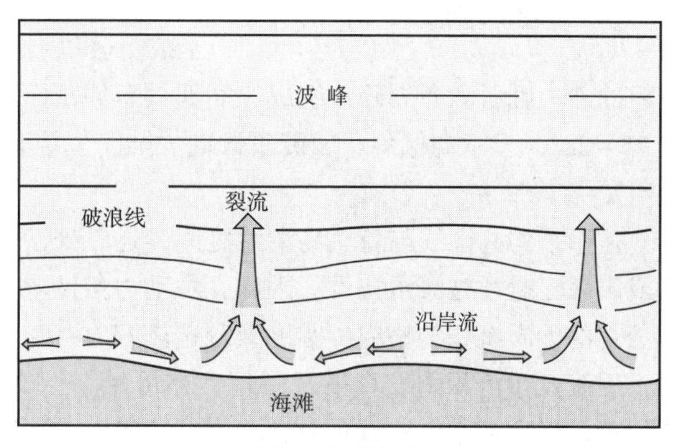

图 6－46　滨岸带沿岸流与裂流示意图（据 Clifton 等，2006）

斜交海岸的波浪可使碎屑物质沿波浪作用力和重力这两者的合力方向移动，其移动的路径呈“之”字形。当波浪运动与海岸呈45°交角时，碎屑物质的搬运几乎平行海岸进行（图 6－47）。波浪在纵向运动过程中，遇海岸发生转折或海湾水体加深，流速骤减，碎屑物质可形成各种形状的沙嘴。

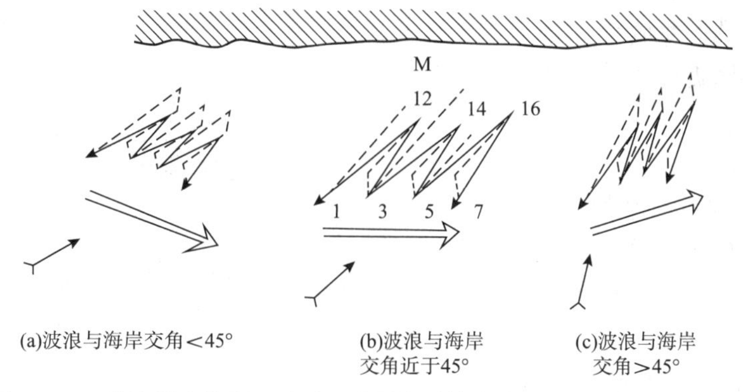

图 6－47　波浪斜交海岸运动时，碎屑物质的移动状况（据冯增昭，1994）

四、亚相类型及特征

按照地貌特点、水动力状况、沉积物特征，可将滨岸相划分为海岸沙丘(coastal dune)、后滨(backshore)、前滨(foreshore)、临滨(shoreface)四个亚相。

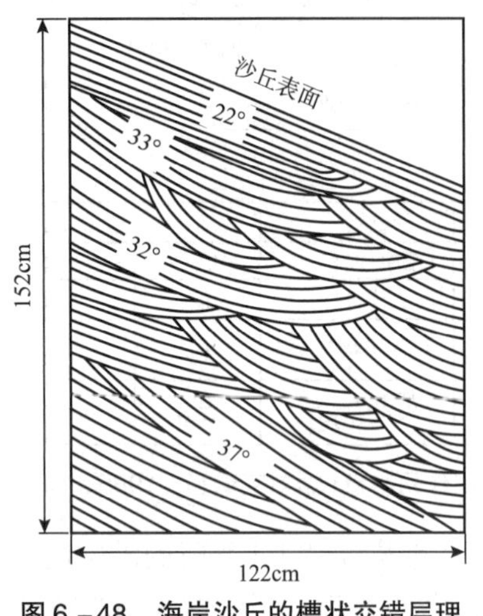

图6-48 海岸沙丘的槽状交错层理
(据冯增昭，1994)

1. 海岸沙丘亚相

位于潮上带的向陆一侧，即特大风暴期潮水所到达的最高水位以上。它包括海岸沙丘和海滩脊等沉积单元。

海岸沙丘是由波浪作用从近滨搬运至前滨和后滨而处于海平面之上的海岸砂，再经过风的吹扬改造而成。常呈长脊状或新月形，宽可达数千米，其沉积物的圆度和分选性好，细—中粒，成熟度高，重矿物富集。具有大型槽状交错层理(图6-48)，细层倾角陡，可达30°~40°，层系厚数十厘米，也常出现层系界限为上凸形的前积交错层理。

在最大高潮线附近出现的线状沙丘称为“海滩沙脊”或“海滩脊”，可高达数米，宽数十米，长达数百米至数十公里。它可呈平行海岸的单脊或成组出现。常由较粗的砂、砾石和介壳碎片组成，底部具有冲刷面和水平层理，上部具有交错层理，细层倾角7°~28°，多双向倾斜，较陡者倾向大陆，较缓者倾向海洋。

2. 后滨亚相

位于平均高潮线与特大高潮线之间，通常处于暴露状态，遭受风力作用，只有在特大高潮或风暴浪时才被海水淹没，因此，水动力条件弱，沉积物主要为粒度较细的砂，但比海岸沙丘带的砂质沉积物略粗，圆度及分选较好。

后滨亚相沉积物发育平行层理，亦可见小型交错层理。当后滨中有较浅的洼地并被充填时，可形成低角度的交错层理。坑洼表面因风吹走了细粒物质而遗留和堆积了大量生物介壳，其凸面向上。坑洼边缘可形成小型逆行沙丘层理。浅水洼地内可见藻席，并发育虫孔和生物搅动构造。风暴期在后滨与海岸沙丘交界附近因水的分选可使重矿物集中而成砂矿。

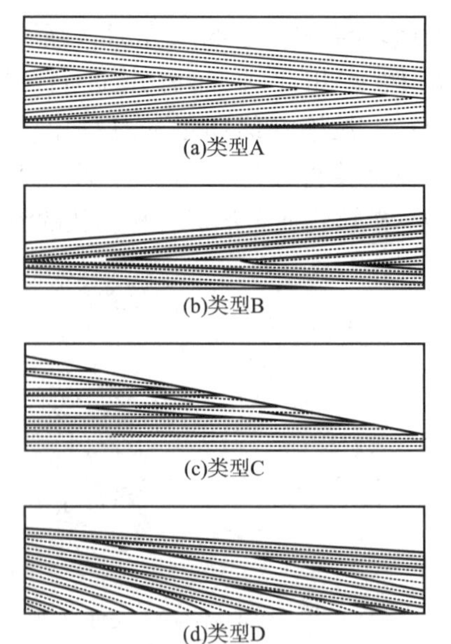

图6-49 前滨沉积物的四种主要交错层理
(据冯增昭，1994)

3. 前滨亚相

位于平均高潮线与平均低潮线之间的潮间带，地形平坦，起伏较小，并逐渐向海倾斜。

前滨亚相的沉积以中砂为主，分选较好。典型的沉积构造是冲洗交错层理(图6-49)，其中纹层倾角小(小于10°)，延伸远(平行海岸延伸可达30m，垂直岸线可达10m)，均向海方向倾斜，仅因倾角大小不同而交错，层系平直，厚度一般只有 10 ~ 15cm。前滨的层面构造极为发育，如对称波痕、不对称波痕、菱形波痕、变形的平脊波痕、流水波痕、冲刷痕、流痕以及生物搅动构造等，反映该区水深极浅及间歇性暴露。

前滨下部沉积物分选比上部差，并含有大量贝壳碎片和云母等，贝壳排列凸面朝上，属于不同生态环境的贝壳大量聚集，也可以作为鉴别古代海滩砂体的标志。

4. 临滨亚相

位于平均低潮线至浪基面之间的潮下带，也称为潮下浅海、临滨或滨面(shoreface)亚相。临滨带全部处于水下环境，是浅水波浪作用带，沉积物始终遭受着波浪的冲洗、扰动。根据波浪活动的特点及地形表现，可将临滨带区分为下临滨、中临滨和上临滨三个部分(图 6 - 50)。

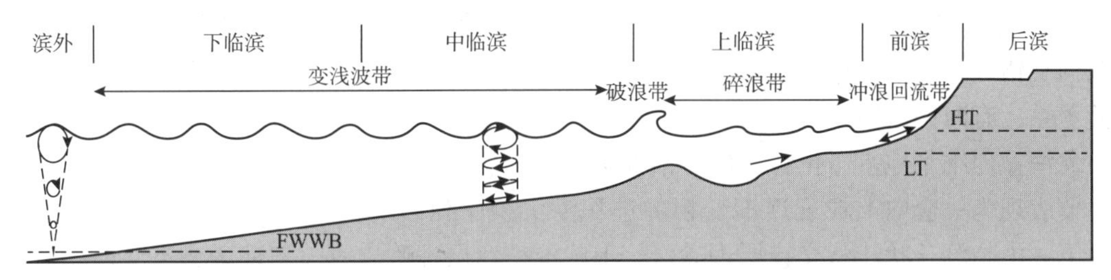

图 6 - 50　浪控滨岸相沉积模式图(据 Dashtgard 等，2012)

FWWB—晴天浪基面；HT—平均高潮面；LT—平均低潮面

下临滨是临滨带最深的部分。下界位于正常浪基面附近，与浅海陆棚过渡；上界在破浪带以外，大致相当于深水波开始变浅的孤立波带。下临滨是波浪刚开始影响海底的较低能带。这里既遭受微弱的波浪作用，同时也有远滨浅海陆棚作用。在孤立波的作用下，沉积物的运动方向是向陆作缓慢的移动。但在强风暴的影响下，由于风暴浪基面的降低，沉积物常遭受风暴浪的侵蚀。该带的沉积物主要是细粒的粉砂和砂，并含有粉砂质泥的夹层。沉积构造主要是水平纹层和小波痕层理，可见风暴作用形成的丘状—洼状交错层理(图 6 - 51)。含有正常海的底栖生物化石。底栖生物的大量活动，形成丰富的遗迹化石，生物扰动构造非常发育，强烈的生物扰动常严重地破坏了原生沉积构造，可形成均匀的块状层理。

(a)34/10-23井，4152m　(b)34/10-23井，4143m　(c)34/10-23井，4197m　(d)34/11-1井，4219m

图 6 - 51　北海盆地维京地堑布伦特群砂岩下临滨典型丘状—洼状交错层理(据魏小洁，2016)

中临滨出现在海滩坡度突然变陡的向陆侧，即在水深变浅的破浪带内，为高能带。地形坡度较陡(1 : 10)并有较大的起伏，平行岸线常发育有一个或多个沿岸沙坝和洼槽。沙坝的数目与坡度大小有关。坡度愈平缓，沙坝愈多，最多可达 10 列之多，相互间隔大约 25m (Kindle，1963)，更常见的是 2 ~ 3 列，沙坝长度可达几千米至几十千米。沙坝的深度随离岸距离的增加而增大，外沙坝水深一般比内沙坝(近岸沙坝)的深度大。破浪带是决定沙坝离岸距离、规模和深度分布的主要因素。每一个沙坝都与一定规模的破浪带相适应。很陡的海滩一般没有沿岸沙坝。中临滨的沉积物主要是中、细粒纯净的砂，并夹有少量粉砂层和介壳层。总的粒度变化是随着离岸距离变小粒度变粗，但由于有沿岸沙坝和洼槽相间发育，粒度也相应有所变化。一般在沙坝处粒度较粗，洼槽处粒度变细。沉积构造主要为各种大、小的波痕交错层理。层理类型也随沙坝—洼槽的起伏而变化。

上临滨与前滨紧密相邻，位于破浪带内近岸的高能带，由于受潮汐水位波动的影响，其位置常发生一定程度的摆动迁移，因此有人将其与前滨带合并在一起(Davis 等，1971)，也有人将其称为临滨—前滨过渡带(Howard，1982)。上临滨的沉积物从细砂至砾石(高能海滩)都可出现，但以纯净的石英砂最常见。沉积构造多为大型的槽状交错层理，常夹有低角度双向交错层理和冲洗层理或平行层理。生物成因构造也常见，但并不丰富。与前滨相多呈过渡关系，有时两者不易区分。

北海盆地维京地堑布伦特群砂岩浪控临滨较为发育，单个完整的浪控临滨沉积，在垂向上主要表现为一套向上粒度逐渐变粗的进积型沉积序列(图 6－52)，自下到上分别为滨外泥、下—中临滨丘状洼状交错层理砂岩，上临滨交错层理砂岩，前滨冲洗交错层理砂岩以及后滨沉积。

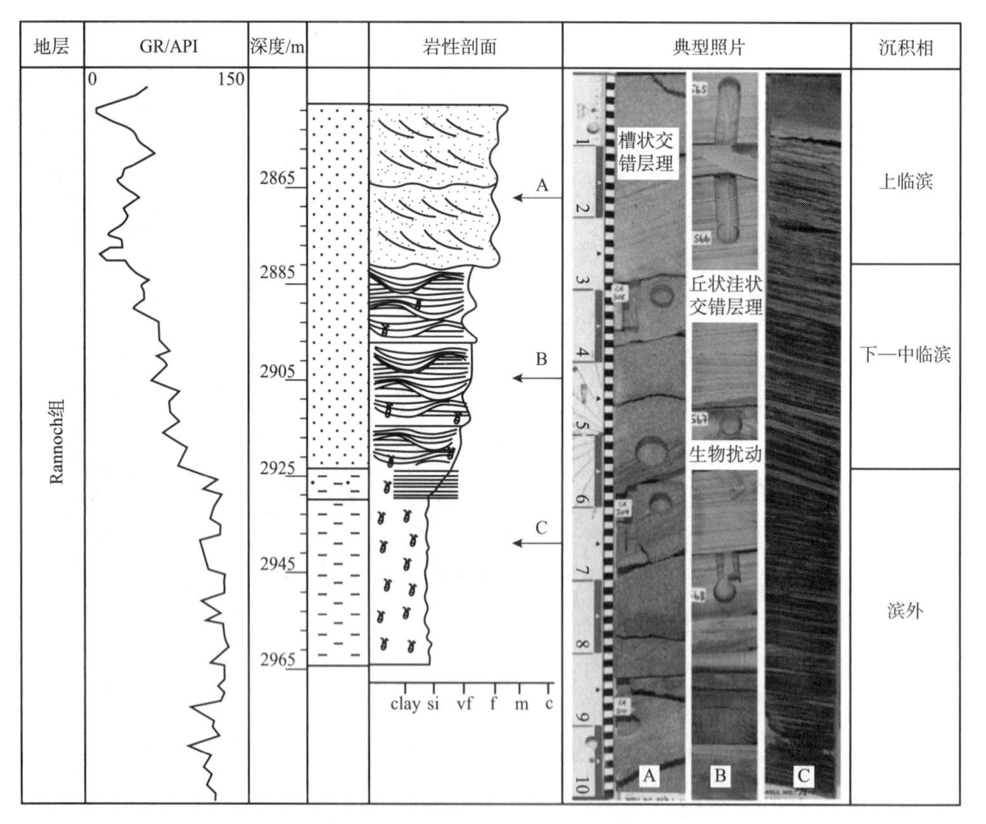

图 6－52　浪控临滨典型垂向剖面(34/8－1 井为例)(据魏小洁等，2016)

5. 垂向序列

在海岸发展的地史进程中，随着海进、海退的发生，可形成进积型和退积型的海岸垂向沉积序列。一般来说，在古代地层剖面中以进积型垂向序列最常见。在进积海岸序列中，根据海岸能量和沉积物组成的不同，可划分为砂质高能海岸、砾质高能海岸及泥质低能海岸沉积序列。其中以进积砂质高能海岸最为常见，其特点是自下而上呈现由细变粗的反旋回[图6－53(a)]。进积型砾质高能海岸垂向序列和砂质海岸类似，不同的是粒度稍粗，在近滨带出现砾岩或含砾粗砂岩。进积型泥质低能海岸沉积是在海岸地形较为平缓的低能条件下形成的，其特征是泥坪沉积发育，次为粉砂沉积，其垂向序列见图6－53(b)。

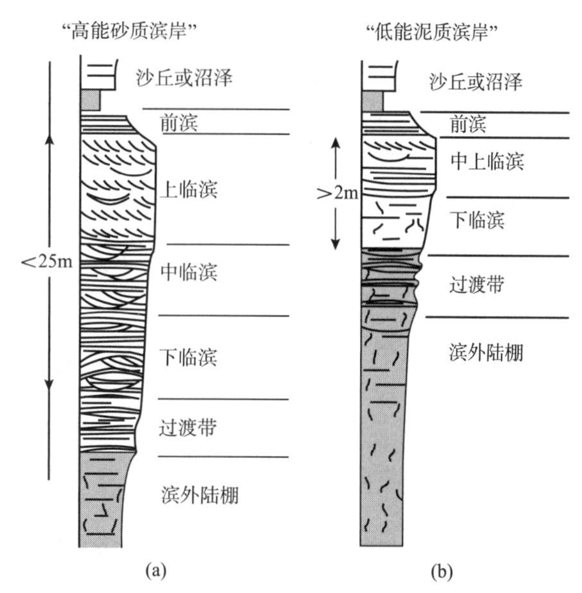

图6－53　典型高能和低能进积滨岸序列
(据Clifton等，2006；Galloway和Hobday，1996)

五、滨岸相的主要鉴别标志

综合现代和古代海岸的沉积特征，滨岸相的主要鉴别标志归纳如下：

(1)岩矿特征：海岸沉积的砂质较纯，石英等稳定组分含量高，重矿物相对较富集，圆度、分选较好，成分成熟度和结构成熟度较高。

(2)粒度分布特征：海岸砂的粒度分布特征较均一，概率图上显示跳跃总体发育，斜率大、分选好，有时明显地存在着两个次总体，这是由于波浪的冲刷与回流作用造成的。

(3)沉积构造特征：临滨带槽状和板状交错层理发育，临滨下部可见丘状－洼状交错层理、水平层理及生物潜穴。前滨带发育有大型海滩冲洗交错层理，沿层理面见有水流线理或剥离线理，沿层面还常发育有各种浪成波痕、菱形波痕、细流痕以及其他层面构造。其中，尤以大型冲洗交错层理是海岸沉积最典型的标志。

(4)生物学特征：海岸沉积中常含有数量不等的各门类海相生物化石及其碎片，有时在滨线一带可形成薄的介壳层，它们多属于不同生态环境的生物所构成的生物组合，生物介壳一般都具有破碎、磨损和圆化现象。

(5)垂向沉积序列：以进积型沉积序列最发育，呈现出下细上粗的反旋回特征。自下而上依次出现滨外沉积—近滨沉积—前滨沉积—后滨沉积。

(6)砂体形态：海岸砂体常平行于海岸线走向呈线状分布，并往往成排出现，剖面上常呈下平上凸的透镜状或席状。

六、与油气的关系

无障壁滨岸相以砂质沉积为主，砂质颗粒的分选性好，磨圆度高，填隙物含量低，岩性均一、横向分布稳定，是有利的油气储集体。

塔里木盆地东河砂岩段是中国首例获高产工业性油气流的海相滨岸沉积。它是泥盆纪初期海侵阶段的沉积产物，包括底部砾岩、中部块状砂岩和上部含砾砂岩沉积。东河砂岩段主体岩性为中细石英质砾岩和岩屑质细砂岩，具有中等偏高的成分和结构成熟度、酸性岩浆岩的重矿物组合、海相沉积物的微量元素特征，发育不同类型的交错层理、平行层理、冲洗层理以及生物扰动构造，垂向上构成河口湾(河流)和滨岸沉积序列。底部砾岩形成于受古地形控制的砾质河流沉积环境；中部块状砂岩和上部含砾砂岩形成于河口湾和前滨、临滨沉积环境(朱筱敏，2004)。前滨沉积的自然伽马曲线为齿化箱形或齿化指形的组合。临滨在测井曲线上为异常幅度不大的钟形。在地震剖面上，前滨沉积响应为中振幅中连续或强振幅强连续平行反射。

第四节　障壁海岸相

一、潮汐作用特征及其标志

与无障壁海岸不同，有障壁海岸环境的形成明显受潮汐作用的影响，因此，这里有必要将潮汐作用进行系统的阐述。

(一)潮汐作用特点

潮汐是海水在日、月等天体的引力和地球的自转离心力的共同作用下的规则运动(图6－54)，其具体表现为海平面的垂直升降运动和海水的周期性水平流动。潮汐流是造成海岸带剥蚀、搬运和沉积的重要地质营力。潮汐具有周期性作用特征，基本潮汐周期包括半日潮、全日潮和混合潮。除了基本潮汐日作用周期，潮汐作用还具备半月周期，如大—小潮，大潮期间潮水位高，流速大，搬运能力强，小潮则反之。除此之外，潮流自身还具备如下几个特点：①双向性作用特点：即涨潮流和落潮流水流方向相反；②完整的潮汐周期：具有明显的活动期(涨潮流和落潮流)和平潮期(憩水期)，且活动期和平潮期二者频繁交替出现。值得注意的是，潮汐有两种主要表现形式，旋转潮(rotary tide)和线形潮(rectiliner tide)，前者即旋转潮，并不具备憩水期；③水位频繁变化：涨潮期水位上升，落潮期水位下降。潮汐作用独特的特征，会产生一系列相关的独特沉积作用标志。

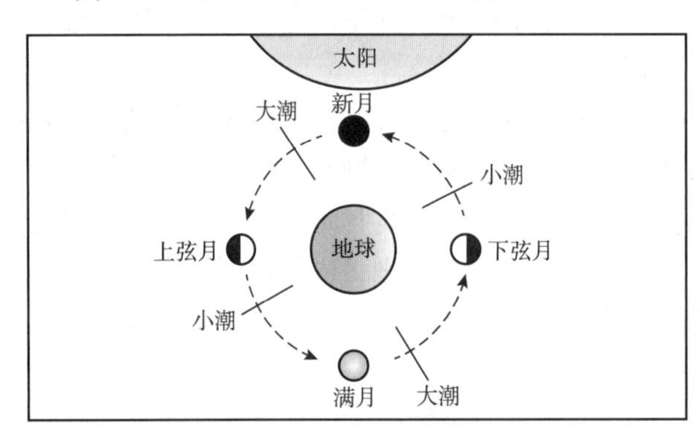

图6－54　日—地—月天体相对位置与大小潮周期
(据Longhitano等，2012)

(二)潮汐作用沉积体系

潮汐作用标志在三角洲、河口湾、陆架、海湾或海峡等沉积体系，以及潮坪、潮汐水道、潮汐沙坝、涨潮/落潮三角洲、潮汐通道、潮沟等沉积相带内，均发现了潮汐作用标志。潮汐作用沉积体系包括潮汐影响和潮汐主控两种类型。其中潮汐影响沉积体系，在海岸环境中较为广阔，潮汐作用标志或直接或间接表现出来。在海岸环境中，不同海岸区域潮汐沉积体系变化较大，根据潮差大小，可以将潮汐沉积体系划分为以下三种类型(图6－55)：浪控

(wave - dominated)沉积体系，如海岸(beaches)和障壁岛(barrier island)等，以及波浪—潮汐混合作用(mixed wave - tide dominated)沉积体系，如潮汐三角洲(tidal deltas)，潮汐通道(tidal inlets)等，主要发育于小潮差(microtidal)(0 ~ 2m)到中潮差(mesotidal)(2 ~ 4m)环境；潮控(tide - dominated)沉积体系，如潮坪(tidal flats)、河口湾(estuaries)、潮汐沙脊(tidal sand ridges)等，主要发育在中潮差到大潮差(macrotidal)(4 ~ 6m)或巨潮差(megatidal)(6 ~ 8m)环境。

1. 巨型和大型潮汐体系

该类型沉积体系主要出现在河口湾等沉积环境中，产生于巨型和大型潮差(潮差大于4m)的环境(图6 - 55)。典型代表包括布里斯托海峡、英国的赛文河，以及法国的圣米歇尔山海湾。现代沉积研究统计数据表明，大约1/3的现代海岸均为大型潮汐沉积体系，多数河口湾为巨型潮汐潮汐沉积体系。

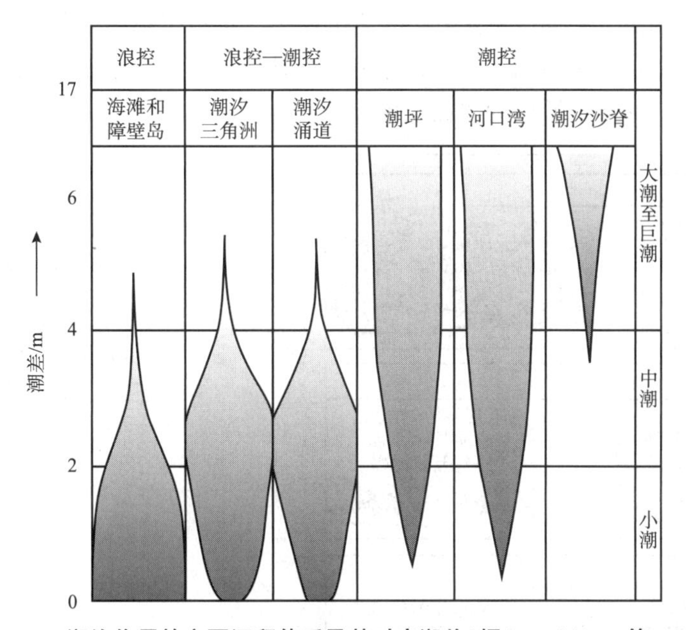

图6 - 55　潮汐作用的主要沉积体系及其对应潮差(据Longhitano等，2012)

2. 中型潮汐体系

其对应的潮差范围为2 ~ 4m，该类沉积沉积体系内通常具有复合的沉积水动力机制，潮汐作用局部明显，一般来讲，波浪作用和河流作用也比较重要。典型的中型潮汐体系包括障壁海滩、潮汐三角洲(涨潮三角洲，退潮三角洲)，以及浪控河口湾等。

3. 小型潮汐体系

通常发育在潮差小于2m的浪控海岸环境，该类型潮汐体系内，波浪作用占据主导地位，潮汐作用占据次要地位。在小型潮汐体系中，由于频繁受到波浪、沿岸流、河流洪水、风暴等事件沉积的影响，潮汐作用标志不易保存。

(三)潮汐作用标志

结合潮汐作用特点，可以推测，潮汐作用产物，一般具有周期性或规律性产出的特征。关于潮汐作用识别标志，主要包括双黏土层、再作用面、羽状交错层理和潮汐束(tidal bundles)等传统作用标志，此外，诸如复合沙丘(compound dunes)、浮泥(fluid mud)和潮汐韵律层(tidal rhythmites)等现象近年来也被认为是潮汐作用的典型标志。为了便于理解以及解释潮汐作用过程，下文将对这些主要的、传统的以及新型的潮汐作用标志特征及其形成机理进行概述。

1. 双黏土层(double mud drapes)

双黏土层是典型的潮汐作用标志，主要表现为两个厚的砂层和其上披覆的薄泥层，其中两个砂层的厚度不一致，分别代表了主要潮流和次要潮流的产物，其上覆的薄泥层则分别代表了两个憩水期的产物。双黏土层其形成过程大致可以概括为以下四个作用阶段(图6-56)：第一个阶段，即在主要潮流期，当潮流速度超过沙丘(dune)的移动速度时，主要表现为砂体朝向沙丘顶部迁移汇聚，形成前积纹层；第二个阶段，即在平潮期时，水体中富集的悬浮沉积物则主要沿着沙丘的向流面汇聚；第三个阶段，即次要潮流活动期，砂体覆盖在先前形成的泥岩之上，由于沙丘顶部潮汐能量相对较强，造成顶部泥岩部分被侵蚀掉；第四个阶段，即次要潮流平潮期，再次发生泥岩的汇聚，形成了第二期薄的泥岩层。由于沙丘底部低洼处，潮汐能量作用不到，可以较好地保存黏土层，最终造成的结果即是两个砂岩层和两个泥岩层互层，形成了所谓的双黏土层。

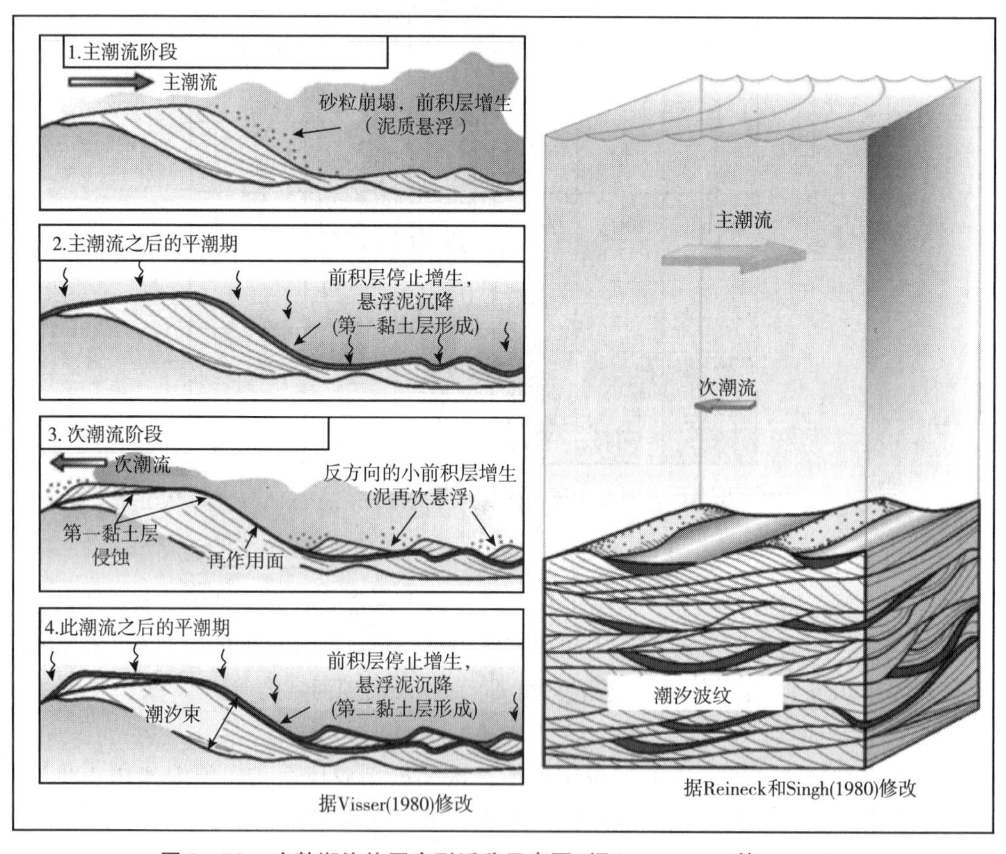

图6-56　完整潮汐旋回底形迁移示意图(据Longhitano等，2012)

2. 复合沙丘/交错层理

复合沙丘(compound dunes)或者复合交错层理(compound cross-bedding)主要表现为厚层的、规律性叠置的、具有多套层系的交错层理砂岩(图6-57、图6-58)，其厚度通常在几分米到几米之间，最大叠加厚度可以达到几十米，其主要出现在潮汐作用能量较强的环境，如潮控河口湾，潮控三角洲前缘，以及陆架等沉积环境。该类型的交错层理砂岩的规律性和大规模(厚层)特征，使其区别于河流沉积环境中的交错层理。由于潮汐作用具有周期性作用特征，且在强潮汐环境里，其持续性作用，可以造成该类型交错层理砂岩具有较好的规律性叠置方式且在一定的可容纳空间内，可以形成较大规模，或者较厚层交错层理砂岩，然而河流作用形成交错层理砂岩则通常表现为无规律性叠加特征。底形在迁移过程中随着潮汐水流速度的变化，而形成不同厚度的交错层理。在较强潮流作用下，底形伴随主水流迁移富集，最终形成不同尺度的几何形态(图6－59)，级次从小到大分别为潮汐沙丘，潮汐复合沙丘，以及潮汐沙席。该类型交错层理砂岩，往往是较长时间潮汐作用且较强潮流作用下的产物，整体而言，该类砂体的形成过程中，主要潮流相较于次要潮流对该类型砂岩的形成贡献相对较大。

(a)平面示意图(虚线所示为沙丘脊线)

(b)剖面示意图(虚线所示为交错层系)

图6－57　复合沙丘(compound dune)现代沉积实例(加拿大芬迪湾)(据 Dalrymple，2010)

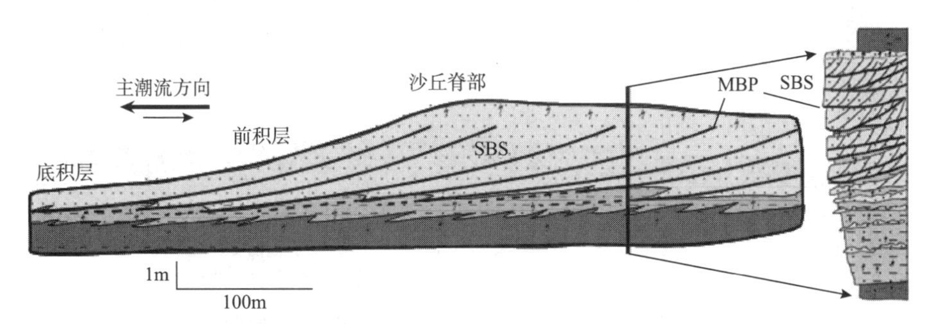

图6－58　单个复合沙丘剖面示意图(据 Olariu 等，2012)

MBP—主要层理面；SBS—S形层系

该类型的厚层级次性叠加的交错层理砂岩，其形成过程具体可以概括如下(图6－59)：代表最小底形单元的沙丘(simple dune)，在主要潮流作用下迁移叠加形成较大规模的新的砂体底形或者前积层，即单一沙丘堆叠成复合沙丘；在次要潮流作用期间，当潮汐能量不足以搬运下一期沙丘时，在新的底形槽部，即低洼处，倾向于形成代表低能产物的纹层砂岩，单个沙丘或者生物扰动泥岩层，构成了该类型砂体的底积层；下一次主潮流到来时，再重复上述过程，只是该过程往往伴随复合沙丘的形成以及堆叠，即复合沙丘与复合沙丘的堆积，最终形成更高级次的沙丘复合体，同时伴随着砂体在潮汐作用下的侵蚀；在新的次要潮流期到来时，有利于形成新的底积层，或者当次要潮流足够强时，可以搬运沙丘继续堆叠形成新的前积层，底积层将不再产生。该过程重复发生，最终形成了低级次的潮汐沙丘、中等级次的

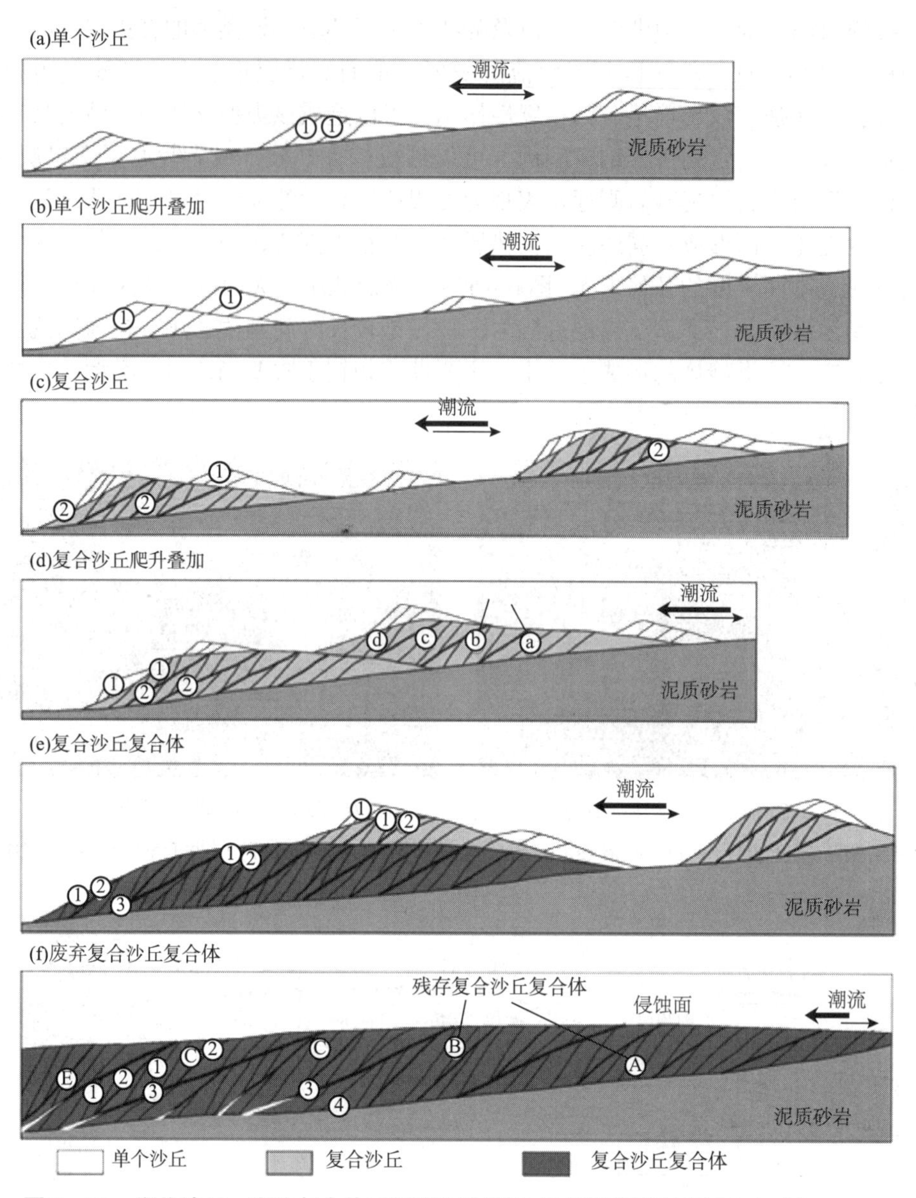

图6-59 潮汐沙丘、潮汐复合沙丘和潮汐沙垄形成过程概要图(据 Olariu 等，2012)

潮汐复合沙丘或者更高级次的潮汐沙席。除了厚层的、规律性叠加的交错层理自身是很好的潮汐作用标志，与之相伴生的往往还有双黏土层，潮汐韵律层，潮汐束，再作用面等典型沉积构造。因此，近年来，越来越多的学者认为，在潮汐主导的富砂的沉积环境中，如海洋边缘或开阔海环境，潮汐沙丘是最能反映强烈潮汐作用的标志。

3. 浮泥(fluid mud)

浮泥(fluid mud)是非常重要的判定潮汐影响的分流河道内部沉积的一个重要证据。从形态上看，其表现为厚度大于1cm的，缺乏生物扰动和纹层的纯净泥岩。该类泥岩主要出现在河道的底部，一般和粒度相对较粗的砂岩或者含砾砂岩伴生出现，形成了河道底部鲜明的、突变的差异性粒度特征。从其成因来讲，该类泥岩的形成与高浓度(>10g/L)的悬浮物聚集有关，通常在河口湾中部最大浑浊带(turbidity maximum zone)或者三角洲平原河道向海一侧，易于聚集和形成了高浓度悬浮絮凝沉积，其为浮泥的产生提供了物质基础。从水动力机制及形成过程来讲，其形成主要是受到了大潮期间较强的潮差及潮流作用的影响。浮泥可以出现在多种类型的沉积环境中，当其出现在河口湾或者三角洲平原分流河道内时，可以将其作为较好的潮汐作用标志。

二、障壁海岸概述

障壁海岸相(barrier coast)是受障壁的遮挡作用在海岸带发育起来的，障壁海岸相主要由下列三部分组成(图6－60)：

(1)与海岸近于平行的一系列障壁岛(堡岛链)(barrier island)；

(2)障壁岛后的潮坪(tidal flat)和潟湖(lagoon)；

(3)潮汐水道系统(tidal channel)，它连接着岛后潟湖、潮坪与广海，包括进潮口、潮汐三角洲(tidal delta)和潮汐涌道(tidal inlet)。

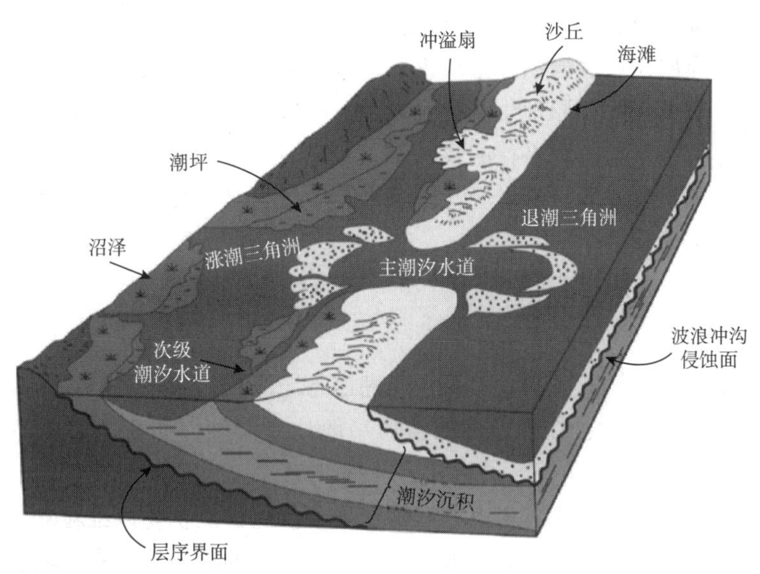

图6－60　障壁海岸相沉积环境示意图(据Dalrymple和Choi，2007)

潟湖和障壁岛可在两种情况下形成。一种情况是在坡度平缓(0.001°～0.005°)的砂质海岸带，波浪垂直海岸运动。近岸浅水区波浪触及海底，摩擦作用增强，能量消耗，砂质颗粒平行海岸堆积成岗垅状砂体，称为水下沙坝。沙坝因海面下降或在波浪作用下向海岸迁移而出露水面，并对其内侧的水体与外海水体的循环起着遮拦和阻隔作用，故称为障壁岛，也称为“堡岛”或“堤岛”。其内侧受遮拦而循环不畅的水体就称为海岸潟湖。

潟湖和障壁岛形成的另一种情况是波浪斜交或平行海岸运动，这时形成沿岸流，并从三角洲或河口携带大量流砂沿海岸向一定方向运动；若遇到海岸线发生转折变化或海水变深的港湾，则流速骤减，砂质沉积，形成一端与陆地相连一端伸入海中的箭形沙嘴(spit)。沙嘴受冲刷与海岸脱离形成障壁岛，其内侧形成潟湖。

在障壁岛内侧，因与广海呈半隔绝状态，波浪作用微弱，很难形成高能环境。然而受潮汐作用的影响，可在潟湖周围广阔而平坦的地区，形成宽阔的潮汐带，称为潮坪。

三、障壁岛相

障壁岛是平行海岸、高出水面的狭长形砂体，以其对海水的遮拦作用而构成潟湖的屏障。障壁岛是由水下沙坝或沙嘴发展而成，故其下部由沙坝或沙嘴构成底座，上部则由海滩、障壁坪、沙丘三部分组成(图6-61)。海滩位于障壁岛向海一侧，并向滨岸沉积过渡；障壁坪居于障壁岛向潟湖一侧，为一宽缓的斜坡带；沙丘位于障壁岛顶部，出露于水面之上，是由海滩沉积经风的改造作用而成。

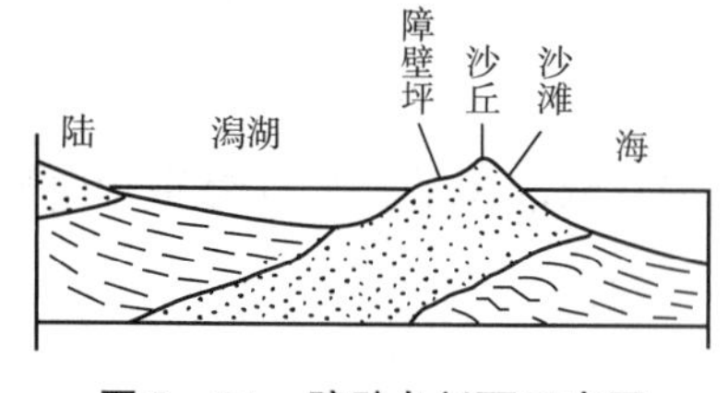

图6-61 障壁岛剖面示意图
(据冯增昭，1994)

障壁岛相的岩石类型主要为中—细粒砂岩和粉砂岩，重矿物较富集。颗粒的分选和圆度较好，多为化学物质胶结。向海一侧的沉积富含生物贝壳和云母，上部沙丘因风的改造，砂质纯净，颗粒表面呈毛玻璃状，圆度和分选好。障壁坪沉积常掺杂粉砂，粒度比沙丘砂细。

障壁岛相具有厚层楔状、槽状交错层理，也可发育低角度板状交错层理，常具有不对称波痕及冲蚀痕迹，可见虫孔。原地生物化石较少，生物介壳多为异地埋藏。

障壁岛相砂体形态呈与海岸平行的狭长带状，笔直或微弯曲，甚至具有微弱分支。据对现代障壁岛调查，其长度一般几千米至几十千米，宽数百米至数千米，厚数米至数十米，剖面上呈底平顶凸的透镜状。

四、潟湖相

潟湖是被障壁岛所遮拦的浅水盆地，它以潮道与广海相通或与广海呈半隔绝状态。现今海岸的13%属于障壁型海岸，在障壁岛的背后一般均有潟湖，如我国海南岛沿岸的莺歌海潟湖、小海潟湖等。

潟湖中波浪作用较弱，其环境相应地变得安静、低能，沉积物以细粒陆源物质和化学沉积物质为主。由于障壁岛的遮拦、潟湖水体的蒸发、淡水的注入等因素影响，都将使潟湖的含盐度高于或低于正常海水，由此形成淡化潟湖和咸化潟湖。淡化潟湖形成于气候潮湿、雨量丰富、有大量淡水供给的条件下，其沉积物主要为钙质粉砂岩、粉砂质黏土岩和黏土岩；当潟湖底部出现还原环境时，可形成黄铁矿、菱铁矿等自生矿物。交错层理不发育，一般为水平层理；若有波浪作用时，也可有浪成波痕和浪成交错层理。生物种类单调，以适应淡化水体的广盐性生物为主，如腹足类、瓣鳃类、苔藓类、藻类等数量大为增多，并有变异现象，如出现个体变小、壳体变薄、具有特殊纹饰等反常现象。淡化潟湖由于河流的注入、沉积物的淤积，则逐渐沼泽化，形成沼泽化潟湖，也称为“滨海沼泽 ”。其沉积物特征与淡 化潟湖类似，但沼泽中植物丛生，可形成大量泥炭堆积，泥炭被埋藏后便形成煤。

在干旱气候区，由于蒸发量很大，潟湖水体浓缩，盐度升高，则形成咸化潟湖。其沉积物以粉砂岩、粉砂质泥岩为主，并可夹有盐渍化和石膏化的砂质黏土岩，几乎无粗碎屑岩沉积，可出现石膏、盐岩夹层。潟湖若为清水沉积时，则主要是石灰岩、白云岩，并夹石膏及盐岩层，可出现天青石、硬石膏、黄铁矿等自生矿物，沉积构造以水平层理及塑性变形层理为主，斜层理不发育。生物种属单调，以广盐性生物最发育，特别是腹足类、瓣鳃类、介形虫等，数量大为增加。适应正常盐度的生物，如珊瑚、棘皮类、头足类、大多数腕足类、苔藓虫等全部绝迹。当盐度增高至一定限度时（一般不超过5%～55%），大部分生物即行灭绝。

五、潮汐通道和潮汐三角洲相

（一）潮汐通道（tidal inlet）

潮汐通道也称为潮道、潮沟、潮渠，是位于障壁岛之间的连接潟湖与海洋的通道。其发育程度取决于潮差，潮差小则很少形成潮道。它们的宽度可从几百米到几千米，深度一般为4.5～40m不等，这主要取决于潮汐强度和持续时间。

潮汐通道属于潮下高能环境。其沉积物主要是由沿平行海岸方向的侧向迁移形成的（图6－62），与曲流河的侧向迁移相类似。

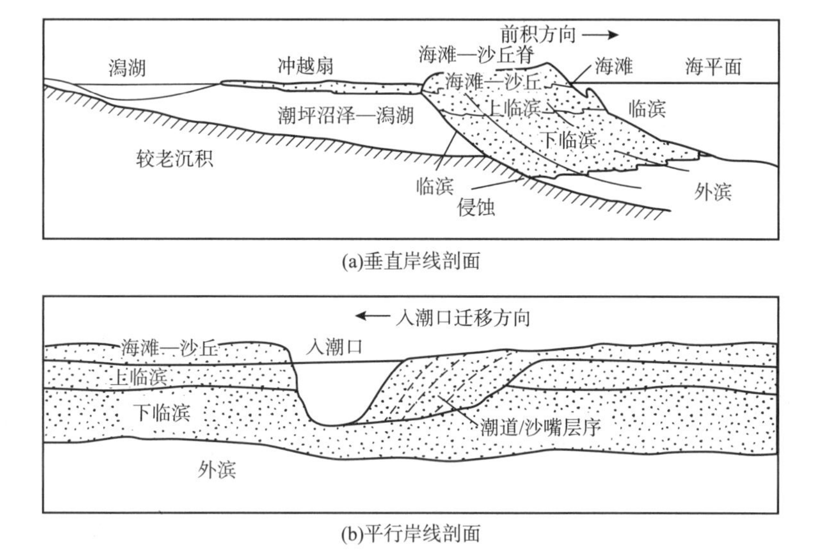

图6－62　平行海岸剖面上潮汐通道侧向迁移示意图（据麦克卡宾，1982）

潮汐通道沉积特征有些类似曲流河道，其沉积物主要由侧向加积而成。在垂向上自下而上具有粒度由粗变细、交错层规模和厚度变小变薄的正旋回序列。其底部为残留沉积物，通常由贝壳、砾石及其他粗粒沉积物组成，并具有侵蚀底面；下部由较粗粒砂组成的深潮道沉积，具有双向大型板状交错层理和中型槽状交错层理；上部为中细砂组成的浅潮道沉积，具有双向小型到中型槽状交错层理和平行层理及波纹层理。

（二）潮汐三角洲（tidal delta）

潮汐三角洲和潮汐通道密切共生，它是由于沿潮汐通道出现的进潮流和退潮流在潮汐口内侧和外侧发生沉积作用而形成的。在入潮口向陆一侧（内侧）由涨潮流形成者称为进潮或涨潮三角洲（flood－tidal delta），入潮口向海一侧形成的称为退潮三角洲（ebb－tidal delta）。由于受障壁岛的遮挡，涨潮三角洲很少受海浪作用的影响。哈伯德等（1976）曾提出一个代表涨潮三角洲的垂向沉积序列模式，其序列底部为双向交错层理，代表了沉积作用的早期阶段；中部为向陆和向海方向槽状交错层理的互层，代表退潮屏障发育之前的沉积作用；上部为向陆方向的交错层理，厚度向上变小，代表了涨潮斜面坡上的沉积作用。整个沉积层序总厚度约10m左右，常与潟湖、潮坪沉积共生。退潮三角洲由于受海浪和沿岸流的影响，沉积构造在垂向上和平面上变化都较大。与涨潮三角洲的主要区别在于其交错层是多峰型，而涨潮三角洲则是双峰型。

(三)冲溢(越)扇(washover fan)

冲溢(越)扇是在风暴期从障壁岛上侵蚀下来的砂质沉积物被搬运到潟湖一侧形成的扇状沉积体。在某些情况下，携带沉积物的水呈席状流超越障壁岛顶部，在局部地方冲蚀出冲溢沟。每次冲溢水流沉积的都是薄层状的砂，底部为不平坦的侵蚀面。冲溢扇的主要沉积构造为平行层理，但在其边缘部分可出现向陆倾斜的中型前积层，在潮湿的气候条件下可以遭受生物扰动。其中最易保存下来的部分是与潮坪、沼泽和潟湖沉积物呈指状交错的远端部分。在现代沉积中，单个冲溢扇的沉积单元自下而上有如下序列：冲刷面—含混合生物介壳的基底层—具有平行层理、沙纹层理或逆行沙丘纹层的砂质沉积。

六、潮坪相

潮坪又称为潮滩，主要发育在波浪作用较弱的中—大潮差海岸，并同海湾、潟湖、河口湾以及受潮汐影响的三角洲环境伴生。潮坪的主要部分位于潮间带，其中除了被潮道和潮沟切割外，几乎是一个没有什么特征的向海缓倾的平坦地带。潮坪上潮汐水位升降的幅度(即潮差)一般为2~3m，最大可达10~15m，因此，在平面上可出现相当宽阔的潮间带。如德国北海潮坪的潮差为2.4~4m，其潮间带宽度可达7km。在涨潮期，潮水进入潮道，然后漫过堤岸，淹没邻近的潮坪；平潮期之后，潮水又经过潮道外泄，潮坪又重新出露(图6-63)。

图6-63 德国北海亚德湾潮坪
(据Reineck和Singh，1973)
1—陆地；2—潮间坪；3—潮下带；4—5m等深线

(一)水动力条件

潮坪上的水动力条件总的说来是从潮下带向潮上带逐渐减弱的。潮道和潮沟是潮流通过的地方，水动力最强，而且呈双向流动，因此沉积物最粗，发育人字形交错层理。潮坪表面水流样式比较复杂，水流和波浪的流向与强度变化较大。在未露出水面时，水流方向受水位差的控制。当一部分潮坪露出水面时，水流方向受地形、坡度控制。强劲的风也可影响水流方向，因此潮坪上的波浪方向变化很大。

潮汐的周期性变化对沉积物有深刻影响。在低潮线附近，波浪的活动与潮坪较高部位相比要强一些，作用的时间也长。因此，主要为砂质沉积，称为砂坪。而簸选出来的泥主要沉积在高潮线附近的泥坪，其原因除了水动力条件较弱之外，还由于在高潮期沉积细粒沉积物的低流速期比低潮期要长得多。砂坪和泥坪之间为砂与泥质的混合沉积带，称为混合坪。

(二)沉积特征

1. 砂坪沉积

主要为具有小型流水沙纹交错层理的砂岩，有时也有人字形交错层理及再作用面(图6－64)。

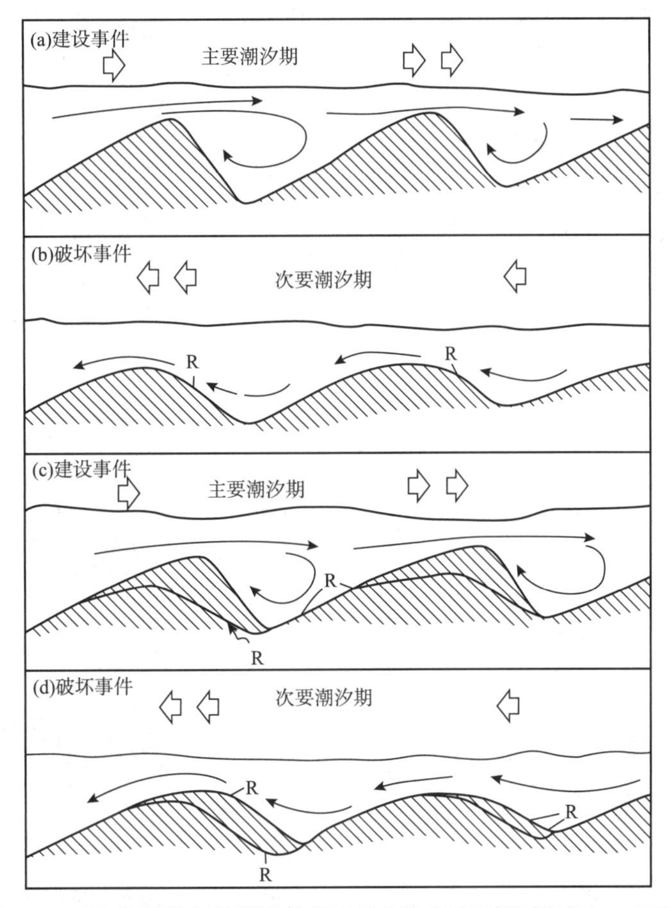

图6－64　与潮汐流相关的再作用面(R)的成因图解(据Klein，1990)

2. 混合坪沉积

主要为砂岩与泥岩的薄互层。典型的沉积构造为压扁层理、波状层理和透镜状层理以及砂、泥薄互层状的潮汐韵律层理等复合层理。它们是潮流活动期的砂质沉积与憩流期的泥质沉积交替出现的结果。

在砂坪及混合坪沉积中有丰富多样的流水与浪成波痕，它们可以相互叠加，也可因出露水面被改造为圆脊尖谷波痕或平脊波痕。

北海盆地布伦特群砂岩发育典型的砂泥混合坪沉积，沉积构造主要为水平纹层、小规模波痕层理、透镜状层理、浪成沙纹层理，偶见含双黏土层的交错层理(图6－65)。

3. 泥坪沉积

主要为厚的泥质沉积，常夹有薄的砂质层，发育水平纹层或水平波状纹层。在干燥气候条件下，泥坪由于强烈的蒸发形成石膏和石盐晶体，可使原始层理破坏。泥坪上生物较多，扰动现象强烈，藻类生物亦较发育，如藻叠层及藻席等。干裂、雨痕、冰雹痕、鸟眼、足迹、爬痕、虫孔等常见，并可被流水破碎，改造为泥屑透镜体。

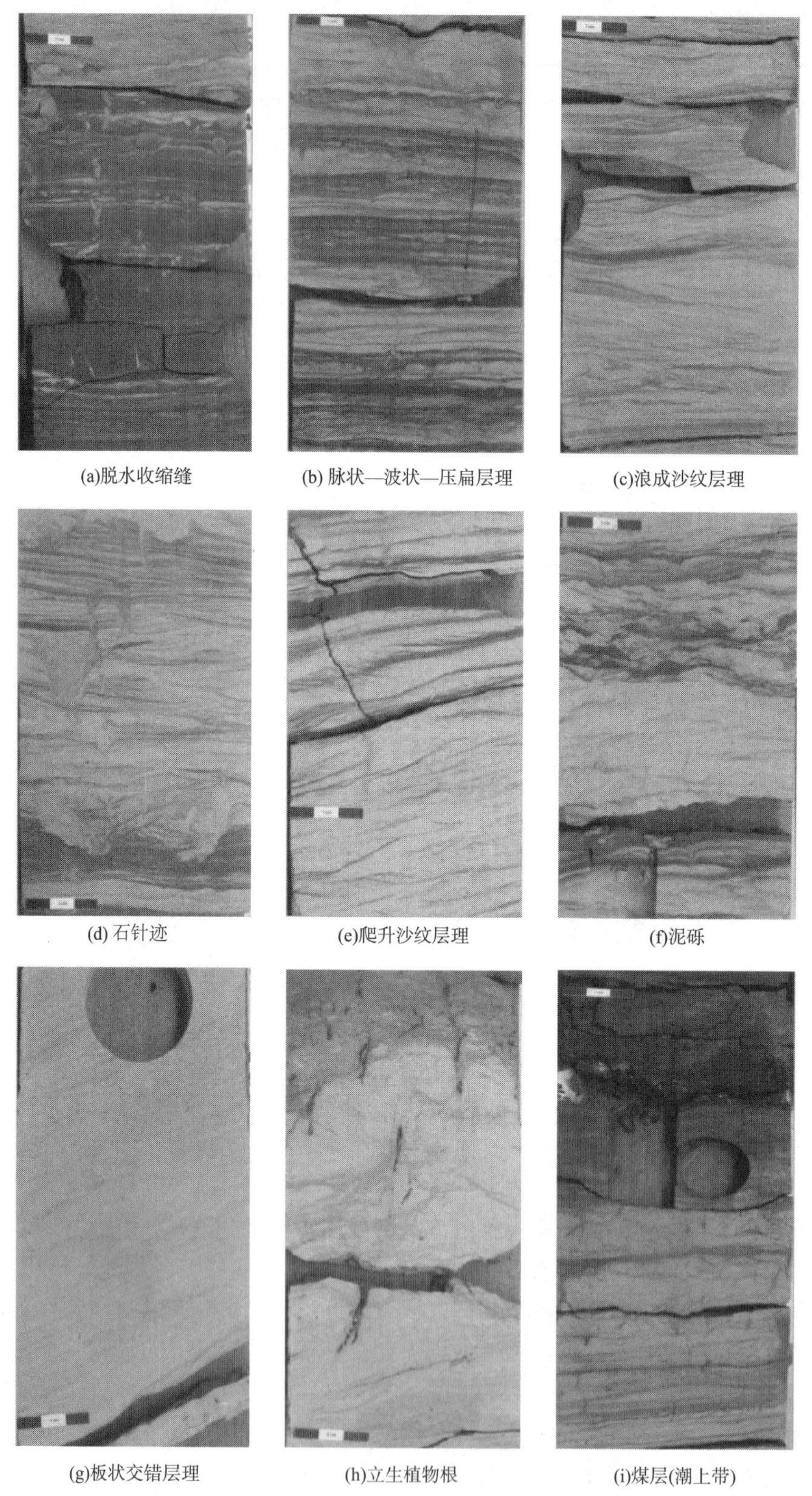

(a)脱水收缩缝　(b) 脉状—波状—压扁层理　(c)浪成沙纹层理

(d) 石针迹　(e)爬升沙纹层理　(f)泥砾

(g)板状交错层理　(h)立生植物根　(i)煤层(潮上带)

图 6－65　北海盆地布伦特群砂岩混合坪典型沉积构造(Ness 组中段)(据魏小洁，2016)

4. 潮上盐沼(supratidal salt marsh)或沼泽(swamp)沉积

盐沼和沼泽主要分布于潮上带。由于它们长期处于暴露状态，水动力条件最弱，所以沉积物很细。在温湿气候区，潮上带长满植物；而在干旱气候区，则发育盐沼(萨布哈)，具有不规则波纹状层理，干裂发育，还可见石膏和石盐晶体及动物足迹。

5. 潮道(潮沟)沉积

潮道(潮沟)是涨潮和退潮的通道，水流较急。大的潮道主要为砂质沉积，并富含介壳和泥砾等滞留沉积。砂体在剖面上呈水道状透镜体，发育双向水流成因的人字形交错层理、羽状交错层理和再作用面(图6-68)。再作用面是两个倾斜基本一致的积纹层间向下游倾斜的侵蚀间断面。它们是次要潮流期的潮流对主要潮流期形成的沙纹或沙丘表面冲刷改造而成的一种波状起伏面，反映双向流水的特征。

(三)潮坪沉积的识别标志和剖面序列

潮坪沉积在古代沉积层中十分常见，其突出的沉积特征可以归纳为以下几点：

(1)具有流水方向截然相反的人字形交错层理和再作用面。

(2)压扁层理、波状层理及透镜状层理发育，反映流水强弱的交替出现。

(3)具有干裂、雨痕、植物根迹、动物足迹、蒸发岩、泥炭和薄煤层等反映间歇性陆上暴露的标志。

(4)具有水道冲刷、泥质碎片和簸选的砂质透镜体等暴露与沉积交替出现的标志。

Ginsburg(1975)认为，上述沉积构造可以用于古潮坪沉积的识别。如果在沉积剖面中具有前述的全部构造组合或者前三种标志，那么就可以把它们解释为潮坪；如果只有组合中的两种标志，就难以做出肯定的结论。

潮坪沉积是一个向上变细的沉积序列(图6-66)。下部为潮下带的潮道沉积，通常为块状砂岩，具有滞留沉积和人字形交错层。其上为砂坪沉积，具有人字形交错层和再作用面等双向流水构造以及反映水位变化和间歇暴露的标志。再上为粉砂岩和泥岩组成的混合坪沉积，潮汐层理发育。泥坪沉积具有发育的干裂，有时顶部还可出现潮上湖沼或盐沼沉积。按Klein的意见，低潮坪(砂坪)至高潮坪(泥坪)的厚度相当于潮坪形成时的古潮差。

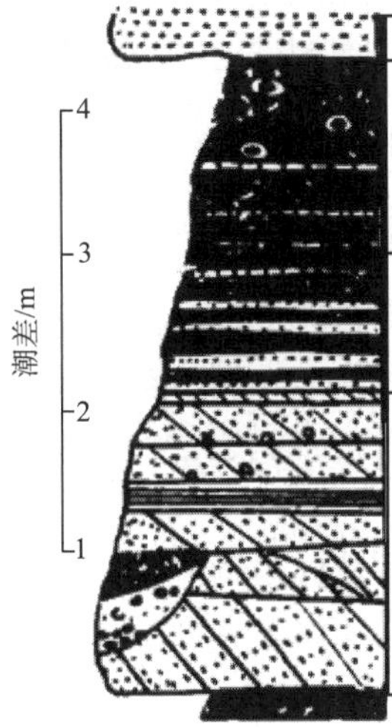

潮差/m: 4, 3, 2, 1

岩性	沉积构造	解释
红褐色泥岩	结核	潮上坪
红褐色、褐色泥岩	水平及波状粉砂岩纹层	高潮泥坪
泥岩和石英砂岩互层	干裂纹、交错纹层、脉状、透镜状、波状层理	中潮坪
石英砂岩	平行层理、流动卷痕、波痕及交错层理、人字形构造、再作用面	低潮坪
	大型交错层理、块状砂岩、潮渠、人字形构造、再作用面	浅的潮下带

图6-66　潮坪沉积的理想序列(据A J Tankerd，1977)

七、障壁海岸相沉积组合及其与油气的关系

(一)沉积相组合

障壁海岸相发育于海陆过渡地带，平面上向海方向以障壁岛与滨岸相相衔接，向陆方向以潟湖或潮坪与大陆沉积相组的沼泽相或冲积相相毗邻。因此，横向上，在海陆过渡地带构成了障壁岛—潟湖—潮坪组成的有障壁海岸沉积体系或沉积相组合。

根据相对海平面和沉积供给能力的变化，障壁岛海岸相发育三种不同的垂向沉积序列或相组合：进积型、海侵型和障壁岛—涌道型(图 6－67)。当沉积供给能力大于相对海平面上升时，障壁岛海岸表现为进积型，此时，沉积相带整体向海的方向迁移，在垂向剖面上自下而上表现为粒度变粗的粒序变化[图 6－67(a)]，依次为滨外陆棚、临滨、前滨、后滨和海岸沙丘，顶部则被潟湖或潮坪相的泥岩所覆盖。

海退型则发育于海平面快速上升阶段，一般在地质记录中较为少见。此时，障壁岛砂体向岸的方向迁移，直接上覆于潟湖之上，形成了完全不同的向上变粗的垂向变化序列，自下而上依次为：潟湖、涨潮三角洲、潮坪、冲溢扇水道、沼泽、冲溢扇和海岸沙丘。而在潮汐涌道横向迁移过程中则会形成障壁岛—涌道型的垂向组合。

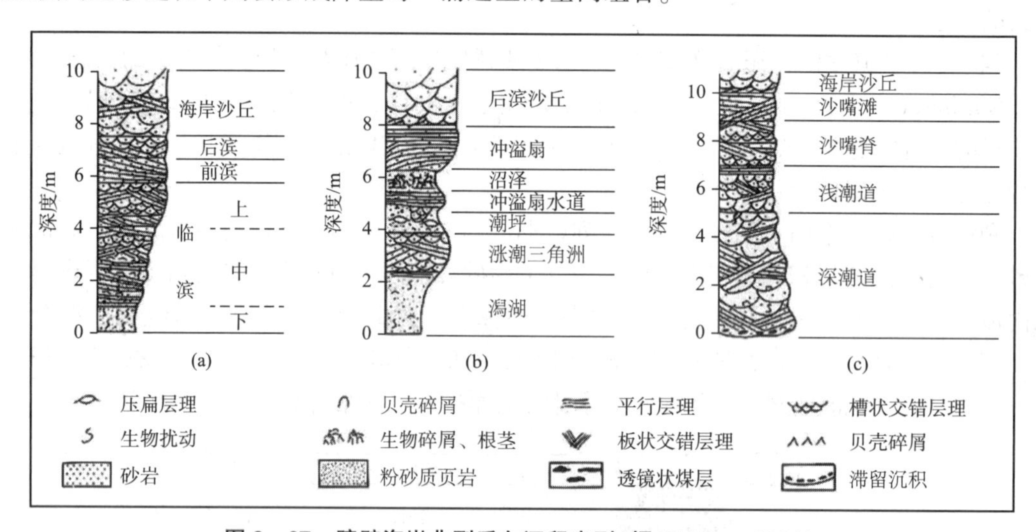

图 6－67　障壁海岸典型垂向沉积序列(据 Walker，1984)

(二)与油气的关系

潟湖、障壁岛、潮坪的环境和沉积特征决定了它们具有良好的生、储、盖条件。

在潟湖环境中，生物种类单调但数量多，且水体安静，有利于有机质的堆积；潟湖底部常形成富 H_2S 的还原环境，有利于有机质的保存和向石油的转化，故潟湖相乃是良好的生油相带。

障壁岛及潮坪相都发育有不同类型的砂体，有利于油气的储集。尤其障壁岛砂体，砂质碎屑的粒度适中、分选好、岩性均一，横向上与潟湖、浅海等有利生油的相带相邻，对油气的储集更为有利。

潟湖、潮坪广泛发育泥质岩类，也可以成为良好的盖层。

由于海侵和海退的交替变化，使潟湖、潮坪、障壁岛相在垂向上作有规律的递变，有利

于形成完整的生、储、盖组合。

第五节　河口湾相

一、环境特征

河口湾是被海水淹没的河口地区，也可以看成是位于河口的海湾。河口湾发育于潮汐作用强烈的海岸河口地区。当海水大规模入侵时，海岸下沉，河流下游的河谷沉溺于海平面之下，在海岸河口地区形成了向海扩展的漏斗状或喇叭状的狭长海湾，就称为河口湾或三角港(图6－68)。

河口湾的发育与潮汐作用、河流作用的强弱有密切关系。在强潮汐河口地区，其潮差一般>4m，如果河流规模小，泥砂供应不足，此时的潮汐作用远大于河流作用，有利于河口湾的形成。如我国的钱塘江口属于强潮汐河口，因此发育典型的河口湾。中等潮汐河口(潮差为2～4m，如长江口)和弱潮汐河口(潮差<2m，如珠江口)，两者的河流作用大于潮汐作用，不形成河口湾而发育成为三角洲。值得注意的是，当三角洲平原经历了海侵过程时，即三角洲平原破坏阶段，可能在三角洲平原之间局部形成河口湾，如印度河三角洲废弃河道之间发育了诸多不同规模的河口湾(图6－69)。

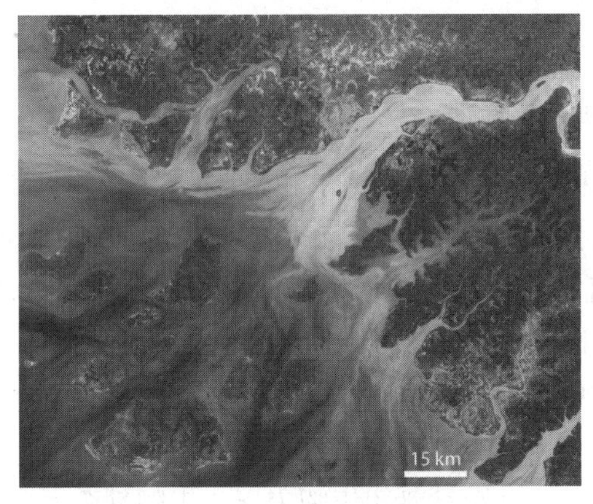

图6－68　西非几内亚比绍河口湾卫星图(据NASA，2018)

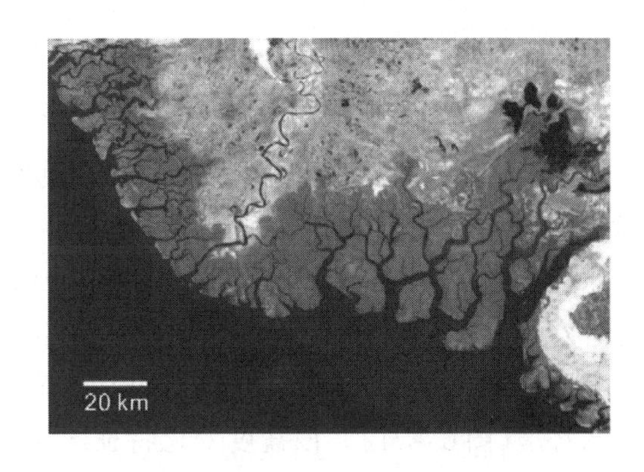

图6－69　印度恒河三角洲及大型三角洲平原间河口湾卫星图(据Dalrymple和Choi，2007)

根据水动力机制分类，可以将河口湾划分为：潮控河口湾(tide－dominated estuary)和浪控河口湾(wave－dominated estuary)。一般来讲，浪控河口湾主要发育于障壁海岸，潮汐强度以中小潮为主，水动力能量分布上表现为“两头强，中间弱”的特征，即向海一端和向河一端分别受波浪和河流作用控制，水动力很强，中间潟湖能量最弱，与之对应的沉积粒度分布也表现为“粗细粗”平面分布特征(图6－70)；相较而言，潮控河口湾则多发育于下切河谷，潮汐强度绝大部分为大潮，地质记录中较为普遍。本章节以下将具体讨论潮控河口湾的特征。

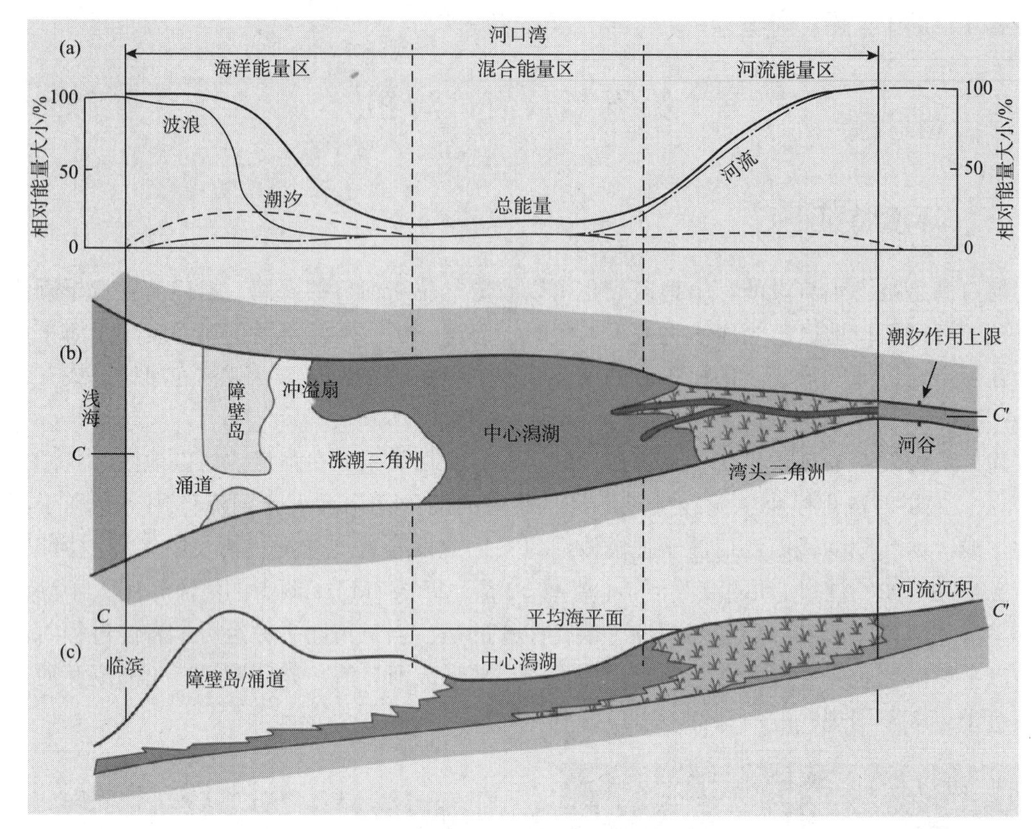

图6－70　浪控河口湾沉积动力机制及相带分布示意图(据Boyd和Dalrymple，2006)

河口湾地区是河流水流与潮汐水流强烈交锋和汇合处。由于河水和海水的密度不同，密度大的海水沿底部侵入河口，致使上、下两层的水流方向相反。河流和潮汐的流量关系决定了水体的分层和混合特性。潮汐作用弱，河流流量占优势时，低密度的淡水位于盐水楔之上，水体呈明显的层状，随着潮汐作用逐渐增强和河流流量减弱，咸淡水垂向的梯度变化逐渐减小，直至最后完全混合而呈现均匀状态，使河口湾地区形成了海陆过渡、咸淡混合的半咸水环境(图6－71)。该盐度变化特征同时造成了在河口湾上—中游以发育半咸水生物为主，而在河口湾下盐度较大，基本呈海相环境，因此以发育海相生物为主，生物种类较多，丰度较大。

河口湾地区的潮流是往返的双向流。涨潮时，潮水顺河口溯河而上，形成河流壅水现象；退潮时，潮流强烈地冲刷河床，引起河口湾的加深和展宽，其结果更有利于潮汐、波浪大规模入侵，使河口湾两岸产生沉积物流，形成河口湾浅滩。由于科里奥利力的影响，河口地区涨潮、落潮流的路线常常不一致，它们往往沿着相距很近但又分离的路线各自流动，故在涨潮、落潮之间的河口区形成了顺流向展布的冲刷沟和狭长形的线状潮汐沙坝(图6－72)。较大规模的沙脊高达10～22m，宽300m，长达2000m左右。

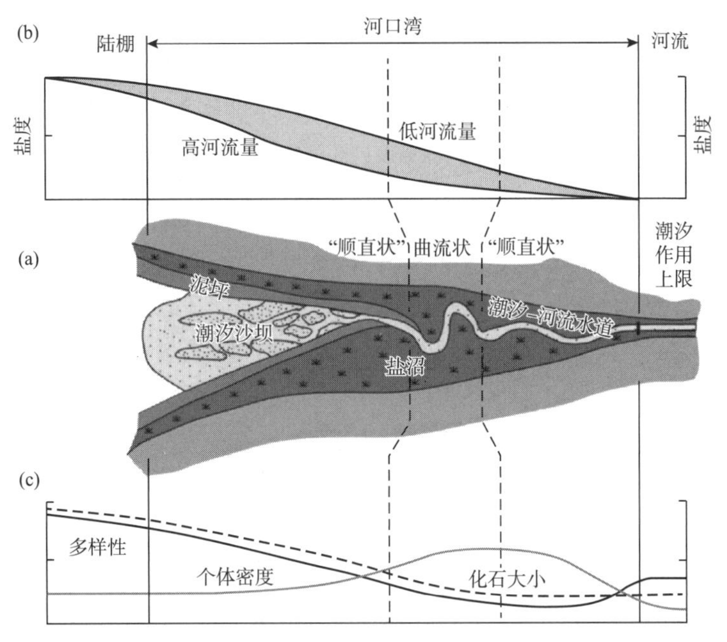

图6-71　潮控河口湾盐度—生物特征变化示意图(据Dalrymple和Choi，2007)

在河口湾内部，有三种类型的水动力机制占据主导作用：河流、波浪和潮汐。从轴向剖面上来看(图6-73)，由陆向海，河流能量逐渐减弱，即河流能量在上游较大，向下游逐渐减弱；波浪作用在河口处达到最大，由河口向陆传播过程中，随着水体深度减小，底形摩擦力逐渐增大，导致波浪能量逐渐衰减；由于潮汐作用与河口形态、输砂量、潮差等密切相关，最终表现为由陆地向海，先增强后减弱的趋势[图6-73(b)]，最大潮流作用出现在河口湾中部相对局限区域，该区域称作最大能量区域(UFR，upper flow regime)。潮控河口湾体系内，潮汐—河流水道(tidal-fluvial channel)发育于河口湾向陆地一侧，主要受到退潮流作用(ebb currents)的影响，潮汐沙坝(tidal sand bars)代表了河口湾的主体部分，主要受到涨潮流作用(flood currents)的影响(图6-72)。

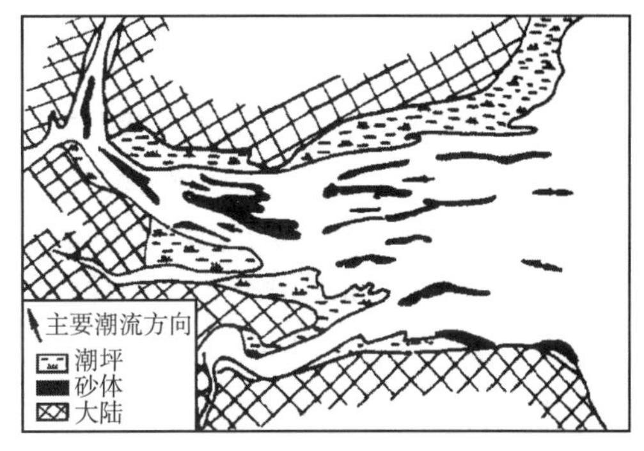

图6-72　河口湾潮汐沙脊的分布特征(据海斯，1976)

在河口湾靠近陆源一侧，由于河流流量大，主要卸载粗粒砂岩[图6-73(c)]，该处悬浮沉积物含量较低，几乎为零；随着河流向河口湾逐渐注入，在河流—海洋转换带，即河口湾河道发育的位置，砂岩粒度相对变细，且悬浮沉积物含量增加；而在海口湾下游，即河口湾河道完全被淹没区域，以发育分选较好的细砂岩到中砂岩为主[图6-73(c)]。

二、沉积特征

(1)岩性特征：以分选、圆度较好的细砂和泥质沉积为主，砂、泥比例取决于潮汐和河流作用的强度以及泥砂的供应状况。在潮汐河口的砂质沉积物中常夹有泥质薄层。这种夹层

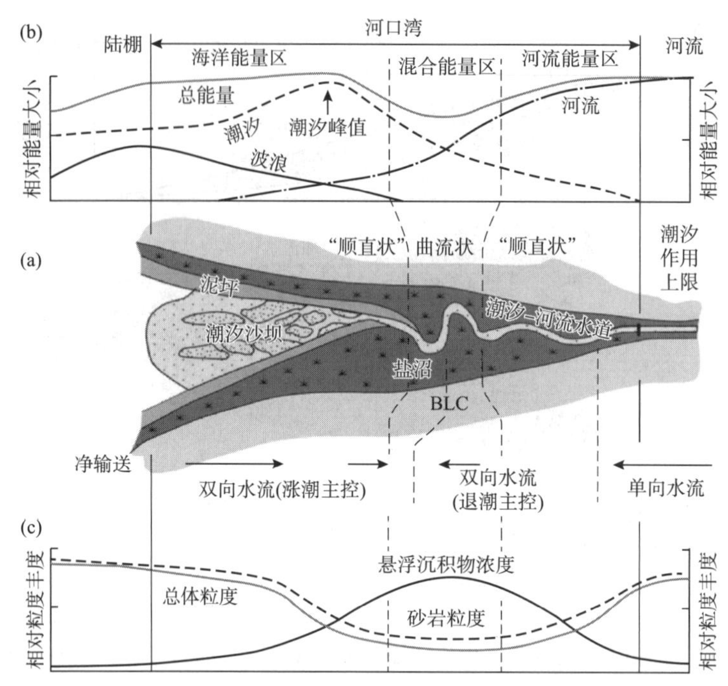

图6－73　潮控河口湾沉积动力机制示意图(据 Dalrymple 和 Choi，2007)

BLC—推移质汇聚(bedload convergence)

是由于因强潮流强烈扰动而呈悬浮状态搬运的沉积物，在高潮、低潮或平潮和停潮时期流速最小时发生沉积所致，它是判别潮汐河口环境沉积的重要标志之一。

(2)沉积构造：河口湾沉积中常发育着各种复杂多样的层理构造。它既有潮汐环境中常见的透镜状层理、脉状层理、波状层理、羽状交错层理，也可见到因河流作用而形成的板状交错层理、槽状交错层理等。

由于河口湾环境的水文状况复杂，常形成各种类型的波痕，如削顶的、双脊的、单峰的、对称和不对称的、小型和巨型的波痕等，波痕的走向受到干扰的现象极为普遍。

(3)生物化石：河口湾环境中以含有较多的受限制的或半咸水动物群为特征，常见的有介形虫、腹足类、瓣鳃类等广盐性生物。生物个体由陆向海变多、变大。特征的遗迹化石很少，主要为多毛类潜穴，局部见有大量软体动物和棘皮动物遗迹，节肢动物的潜穴为蛇形迹。生物扰动构造较为发育，由陆向海数量和类型增多，并可见有树干和植物碎片等。

(4)岩体形态：砂体长轴与河口湾轴向平行，且纵向延伸较远，宽度数十米至数百米；垂向剖面上出现细分层现象，并呈现有旋回性。由于河口湾中河谷的多次迁移，可产生多层透镜状砂体，底界具有明显的冲刷接触。

三、沉积序列

潮控河口湾的主要沉积单元是河道、潮汐—河流水道、潮汐水道、潮汐沙坝、盐沼(沼泽)、滨外泥等沉积单元组成。潮汐水道的水动力条件和沉积特征类似于进潮口，是砂质的沉积场所。潮道的充填序列自下而上通常为：基底冲刷面—含介壳的滞留沉积—大型双向交错层理浅滩砂岩—平行纹层或低角度交错纹层砂岩。细粒河口湾沉积由砂泥薄互层组成(图

6-74)，反映水流强度的周期性变化。特征的层理为透镜状层理、波状层理和压扁层理。

随着河口湾的充填，砂质沉积可因潮水道的迁移而扩大面积。沉积序列以潮汐水道为代表，上面可以被泥炭沼泽沉积覆盖。河口湾沉积局限于古老的河谷之内，它的存在意味着以前曾发生过大幅度的海平面下降，之后又是河口湾的沉没或者海平面的上升。

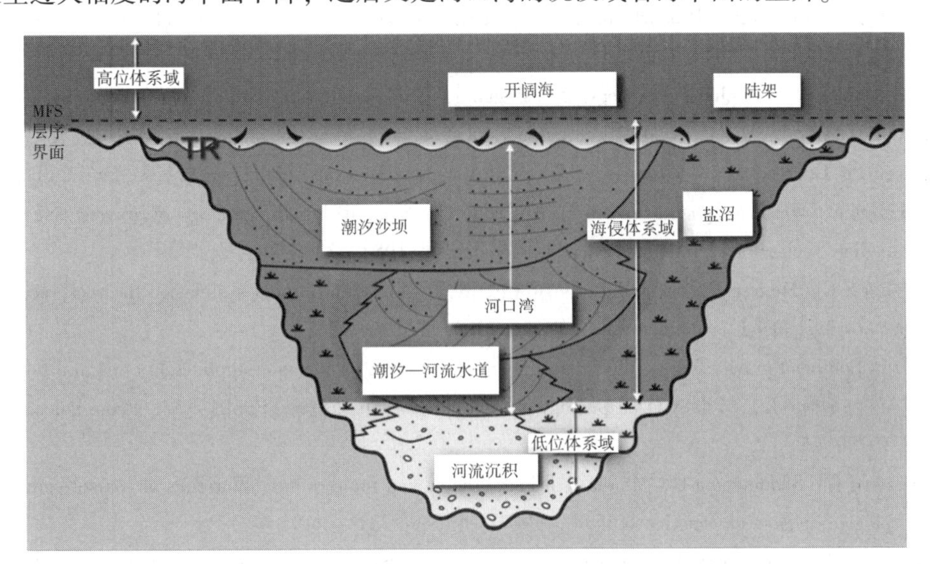

图6-74　潮控河口湾垂向充填演化序列(据R W Dalrymple和K Choi，2007)

MFS—最大海泛面

参考文献

[1] Clifton H E A Re-examination of facies models for clastic shorefaces[M]//Posamentier H W, Walker R G. Facies Models Revisited. Tulsa: SEPM Special Publication No. 84, 2006.

[2] Boyd R, Dalrymple R W, Zaitlin B A. Estuarine and incised-valley facies models[J]. SPECIAL PUBLICATION-SEPM, 2006, 84: 171.

[3] Boyd R, Dalrymple R, Zaitlin B A. Classification of clastic coastal depositional environments[J]. Sedimentary Geology, 1992, 80: 139-150.

[4] Dalrymple R W, Choi K. Morphologic and facies trends through the fluvial-marine transition in tide-dominated depositional systems: a schematic framework for environmental and sequence-stratigraphic interpretation[J]. Earth-Science Reviews, 2007, 81: 35-174.

[5] Dalrymple R W. Tidal depositional systems[M]//James N P, Dalrymple B W. Facies Models 4. St. Johns, Newfoundland: Geological Association of Canada, 2010: 201-231.

[6] Dalrymple R W, Choi K. Morphologic and facies trends through the fluvial-marine transition in tide-dominated depositional systems: a schematic framework for environmental and sequence-stratigraphic interpretation[J]. Earth-Science Reviews, 2007, 81, 135-174.

[7] Dashtgard S E, MacEachern J A, Frey S E, et al. Tidal effects on the shoreface: towards a conceptual framework[J]. Sedimentary Geology, 2012, 279: 42-61.

[8] Donaldson A C. Pennsylvanian sedimentation of central Appalachians[J]. Geological Society of America, 1974, 148: 47-78.

[9] Ethridge F G, Wescott W A. Tectonic Setting, Recognition and Hydrocarbon Reservoir Potential of Fan-Delta Deposits[J]. Sedimentology of Gravels and Conglomerates—Memoir 10, 1984: 217-235.

[10] Fisk H N. Bar – finger sands of the Mississippi delta[M]// Peterson J A, Osmond J C, Geometry of sandstone bodies a symposium, American Association of Petroleum Geologists, 1961: 29 – 52.

[11] Galloway W E, Hobday D K. Terrigenous clastic depositional systems[M]. 2nd Edition. New York: Springer Verlag Berlin Heideberg, 1996.

[12] Handford C R, Dutton S P. Pennsylvanian – early Permian depositional systems and shelf – margin evolution, Palo duro basin, Texas[J]. The American Association of Petroleum Geologists bulletin, 1980, 64(1): 88 – 106.

[13] Holmes A. Principles of physical geology[M]. England, London: Thomas Nelson and Sone, 1965.

[14] Klein G D. Clastic Tidal Facies[M]. Continuing Education Publishing Co. Champaign, Ill, 1977.

[15] Kleinspehn K L, Steel R J, Johannessen E, et al. Conglomeratic fan – delta sequences, Late Carboniferous – Early Permian, Western Spitzbergen[M]//Koster E H, Steel R J. Sedimentology of gravels and conglomerates. Canadian Society of Petroleum Geologists Memoir 10, 1984: 279 – 294.

[16] Longhitano S G, Mellere D, Steel R J. Ainsworth, R. B. Tidal depositional systems in the rock record: A review and new insights[J]. Sedimentary Geology, 2012, 279: 2 – 22.

[17] Lowe D R. Sediment gravity flows: their classifications and some problems of application to natural flows and deposits[M]// Doyle L J, Pilkey O H. Geology of Continental Slopes. Spec. Publ. – Soc. Econ. Paleontol. Mineral. 27, 1979: 75 – 82.

[18] Mcpherson J G, Shanmugam G, Moiola R J. Fan – deltas and braid deltas: Varieties of coarse – grained deltas [J]. Geological society of America bulletin, 1987, 99(3): 331 – 340.

[19] Middleton G V, Hampton M A. Sediment gravity flows: mechanics of flow and deposition[M]// Middleton G V, Bouma A H. Turbidity and Deep Water Sedimentation. Anaheim: SEPM, Pacific Section, Short Course Lecture Notes, 1973: 1 – 38.

[20] Nemec W, Steel R J. Fan deltas – sedimentology and tectonic setting[M]. London: B1ackie and Son, 1988.

[21] Olariu C. Terminal Distributary Channels and Delta Front Architecture of River – Dominated Delta Systems[J]. Journal of Sedimentary Research, 2006, 76(2): 212 – 233.

[22] Olariu M I, Olariu C, Steel R J, et al. Anatomy of a laterally migrating tidal bar in front of a delta system: Esdolomada Member, Roda Formation, Tremp - Graus Basin, Spain[J]. Sedimentology, 2012, 59(2): 356 – 378.

[23] Orton G J, Reading H G. Variability of deltas in terms of sediment supply, with particular emphasis on grain size[J]. Sedimentology, 1993, 40: 475 – 512.

[24] Orton G J. A spectrum of Middle Ordovician fan deltas and braidplain deltas, North Wales: a consequence of varying fluvial clastic input[M]// Nemec W, Steel R J. Fan deltas: Sedimentology and tectonic settings. London: B1ackie and Son, 1988.

[25] Postma G. Depositional architecture and facies of river and fan deltas: a synthesis[M]// Colella A, Prior D B. Coarse – grained Deltas, International Association of Sedimentologists, Special Publication, 1990(10): 13 – 27.

[26] Reineck H E, Singh I B. Depositional sedimentary environments[M]. New York: Springer, 1980.

[27] Szczepan J P, Ronald J S. Shelf – margin deltas: their stratigraphic significance and relation to deepwater sands [J]. Earth – Science Reviews, 2003, 62(3 – 4): 283 – 326.

[28] Tankard A B, Hobday D K. Tide – Dominated Back – Barrier Sedimentation, Early Ordovician Cape Basin, Cape Peninsula, South Africa[J]. Sedimentary Geology, 1977, 18: 135 – 159.

[29] Walker R G. Facies Models[M]. 2nd ed. Geoscience Canada Reprint Series 1. Toronto: Geological Association of Canada, 1984.

[30] Wescott W A, Ethridge F G. Fan deltas – alluvial fans in coastal settings[M]// Rachocki A H, Church M. Alluvial fans: a field approach. New York: Wiley, 1990: 195 – 211.

[31]Wei X, Steel R, Ravnas R, Jiang Z, Olariu C, Ma Y. Anatomy of anomalously thick sandstone units in the Brent Delta of the northern North Sea. Sedimentary Geology[J]. 2018, 367, 114－134.
[32]Zavala C, Arcuri M, Di Meglio M, et al. Deltas: a new classification expanding Bates's concepts[J]. Journal of Palaeogeography, 2021, 10(23): 1－15.
[32]卜淘，陆正元．湖泊辫状河三角洲特征、储集性及分类[J]．沉积与特提斯地质，2000，20(1)：78－84.
[33]陈秀艳，姜在兴，杜伟，等．东营凹陷沙三中亚段东营三角洲沉积期次成因及对含油性的影响[J]．沉积学报，2014，32(2)：344－353.
[34]成国栋．黄河三角洲现代沉积作用及模式[M]．北京：地质出版社，1991.
[35]冯增昭，王英华，刘焕杰，等．中国沉积学[M]．北京：石油工业出版社，1994.
[36]李胜利，高兴军．坳陷湖盆三角洲分流河道沉积构型与流动单元建模[M]．北京：地质出版社，2015.
[37]李思田．断陷盆地分析于煤聚积规律——中国东北部晚中生代断陷盆地沉积、构造演化和能源预测研究的方法与成果[M]．北京：地质出版社，1988.
[38]李文厚，柳益群．吐鲁番—哈密盆地的辫状河三角洲[J]．西北大学学报(自然科学版)，1996，26(1)：69－73.
[39]刘宝珺，曾允孚．岩相古地理基础和工作方法[M]．北京：地质出版社，1985.
[40]唐勇，徐洋，李亚哲，等．玛湖凹陷大型浅水退覆式扇三角洲沉积模式及勘探意义[J]．新疆石油地质，2018，39(1)：16－22.
[41]唐勇，徐洋，瞿建华，等．玛湖凹陷百口泉组扇三角洲群特征及分布[J]．新疆石油地质，2014，35(6)：628－635.
[42]万琼华，刘伟新，王华，等．珠江口盆地陆丰凹陷辫状河三角洲前缘储层沉积构型模式[J]．天然气地球科学，2019，30(12)：1732－1742.
[43]魏小洁．北海盆地维京地堑中侏罗统布伦特群砂岩沉积特征及成因研究[D]．北京：中国地质大学(北京)，2016.
[44]吴崇筠，薛叔浩．中国含油气盆地沉积学[M]．北京：石油工业出版社，1993.
[45]薛良清，Galloway W E. 扇三角洲、辫状河三角洲与三角洲体系的分类[J]．地质学报，1991(2)：141－153.
[46]于兴河，瞿建华，谭程鹏，等．玛湖凹陷百口泉组扇三角洲砾岩岩相及成因模式[J]．新疆石油地质，2014，35(6)：619－627.
[47]袁静，谢君，董志芳，等．山东省灵山岛早白垩世莱阳群沉积特征及演化模式[J]．中国石油大学学报(自然科学版)，2019，43(5)：53－64.
[48]袁静，钟剑辉，宋明水，等．沾化凹陷孤岛西部斜坡带沙三段重力流沉积特征与源—汇体系[J]．沉积学报，2018，36(3)：542－556.
[49]赵澄林，李儒峰，周劲松，等．华北中新元古界油气地质与沉积学[M]．北京：地质出版社，1997.
[50]赵澄林，朱筱敏．沉积岩石学(第三版)[M]．北京：石油工业出版社，2001.
[51]周丽清，熊琦华，吴胜和，等．辫状河三角洲前缘沉积模式及砂体预测——以吐哈盆地温米油田中侏罗统为例[J]．新疆石油地质，1999，20(5)：402－404
[52]周丽清，吴胜和，熊琦华，等．吐Ⅱ合盆地 WM 油田辫状河三角洲前缘砂体分析[J]．沉积学报，2000，18(2)：248－252.
[53]朱筱敏，康安，王贵文，等．三塘湖盆地侏罗系辫状河三角洲沉积特征[J]．石油大学学报(自然科学版)，1998，22(1)：14－17.
[54]邹才能，赵文智，张兴阳，等．大型敞流坳陷湖盆浅水三角洲与湖盆中心砂体的形成与分布[J]．地质学报，2008，82(6)：813－825.

第七章　陆源碎屑岩沉积相模式——海相组

海相组位于浪基面之下，不受陆源动力的影响，完全受海洋动力的作用，按照水深、地貌和位置，进一步分为浅海陆架相、半深海和深海相。

第一节　浅海陆架相

一、概述

浅海陆架环境包括临滨以外至大陆坡折之间部分(图7－1)，亦常称之为陆架(shelf)或陆棚。其上限位于浪基面附近，下限水深一般在200m左右，宽度由数千米至数百千米不等。我国的东海大陆架是世界上最著名的宽阔陆架之一，宽度10～500km不等，水深一般在50m，最大的深约180m，而日本群岛的大陆架只有4～8km宽。

浅海陆架的水动力条件复杂多样，其中包括有海流、正常的波浪和潮汐流、由风暴引起的波浪和潮汐流等，它们可以单独或共同作用来控制和影响浅海陆架沉积物的搬运和沉积，但一般来讲，这种影响有随深度加大而减弱的趋势。

陆架浅水区(内陆架，inner shelf)阳光较充足，水扰动可使底层水中氧气充分，底栖生物繁盛；而深水区(外陆架，outer shelf)则因阳光和氧气不足，底栖生物大为减少。

按照地貌特征陆架可分为陆缘型(pericontinental)和陆表型(epicontinental)。前者分布在大陆边缘，具有清晰的滨岸、陆架和陆坡地貌单元；后者通常是大陆地区局部封闭的海，只有简单的向海倾斜地貌。从大地构造来说，大型陆架分布在被动大陆边缘，大量的陆源碎屑物质被搬运到这里来形成向海加厚的沉积体。在活动大陆边缘，陆架可以分布在会聚边缘上，会有快速沉积；也可以在前陆盆地，形成广阔的快速沉积的大陆架沉积。

按位置和水深，陆架可分为内陆架和外陆架(图7－1)，前者沙泥互层，后者以泥质沉积为主。按主要的优势水动力条件，将浅海陆架划分为四类：潮控陆架、风暴控陆架、海流控陆架和河流控陆架。

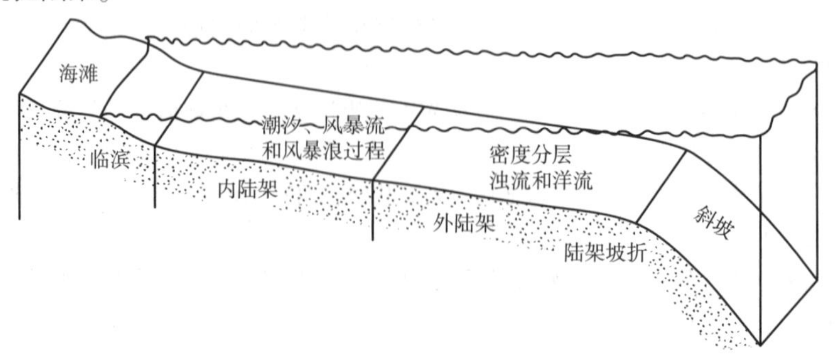

图7－1　内陆架和外陆架的划分及其沉积动力特征(据Galloway等，1996)

二、潮控浅海陆架环境和沉积特征

（一）潮控浅海陆架的环境特点

潮汐主要是由于月球对地球表面水的引力产生的。内海或与大洋只有一个小的连接口的海通常无潮汐或仅有弱的潮汐。在开阔大洋，潮流是椭圆的轨迹；而在陆架较局限的海区中，由于海底的浅滩效应和盆地底形的约束，水质点可以表现为直线型的往返模式；在开阔陆架宽阔的海湾中，由于地球自转产生的科里奥利效应可使潮流经常改变方向，使水质点在平面上沿着椭圆形的路线前进，形成回转潮流。回转潮流在北半球多为逆时针方向旋转；在南半球多为顺时针旋转。

在强潮陆架，大潮表层流速可达 60 ~ 100cm/s。当潮流穿过狭窄的水域如马六甲海峡、英吉利海峡、琼州海峡时，其速度还会增大。潮流能量的绝大部分消耗在与海底的摩擦中。潮流能够有效地搬运大量泥砂沉积物质。由于潮流的涨落速度和持续时间常常不等，在直线型的往复潮流中，流速大的优势潮流决定了沉积物的主要搬运方向；而在回转潮流中，涨潮流和落潮流沿着相互不同的流动路线前进，这都使得潮流搬运沉积物的路线基本是单向的，经其他海流加强的潮流可以加强沉积物搬运的这种方向性。

（二）潮控陆架的沉积特征

潮控陆架沉积物有砾、砂、泥。顺优势潮流方向上游为砾石区，中游为砂区，泥区常位于潮流搬运路线的末端，由于波浪干扰大部分泥区水深超过 30m，按砂砾沉积体形状、规模、内部构造，可以分为大型纵向沉积底形的沙垄（sand wave）、潮汐沙脊（tidal ridge）、中小型横向沉积底形的沙波和沙纹（sand ripple）及沙斑等，其中以沙垄、沙波、潮汐沙脊最为重要（图 7－2）。

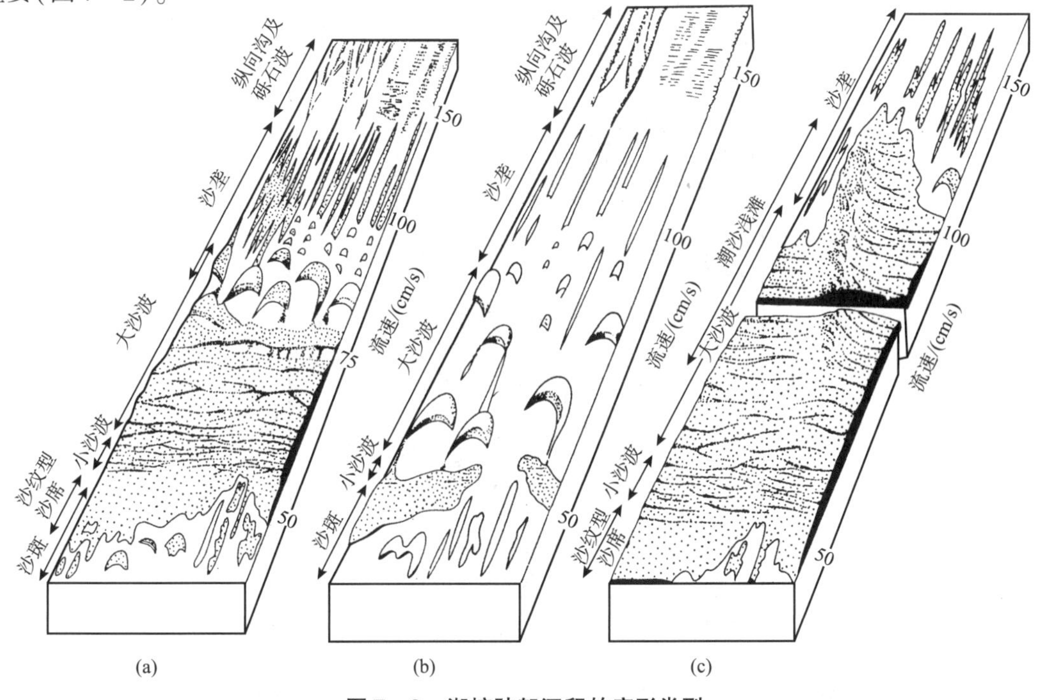

图 7－2　潮控陆架沉积的底形类型

1. 沙垄

沙垄主要发育在砂级沉积物供应不足、潮流流速大的海区，表现为平行潮流方向的纵向砂体。常由长达15km、宽200m、厚度不超过1m的沙垄和沙带组成，其间为砾石条带。沙垄的发育水深一般在2～100m之间。

2. 沙波

沙波是一种大型的横向坝形体，形成于富含砂质的潮控浅海，是许多现代潮汐陆架中具有特征性的底形。波长范围在几十到几百米之间，波高在几米至十几米。沙波的形态可以是对称的，也可以是不对称的，不对称的沙波主要由双向潮流强度不等造成的。波脊可以由长而平直过渡到弯曲断开，方向不断变化的潮流可以在沙波上形成一系列低角度的(5°～15°)再作用面。沙波表面带叠加有频繁迁移的波痕，可以形成多种交错层理。

在陆架浅水区，波浪的作用可以破坏沙波的形成，故沙波一般发育在浪基面以下至潮汐水流作用的极限深度之间。

3. 潮汐沙脊

潮汐沙脊是平行于或近平行于最大潮流方向的水下凸起沙坝。沙脊一般高10～15m，最高可达40～50m，宽约几百米，长则达几千米，至几十千米，长宽比通常大于40：1，脊线平直或弯曲。潮汐沙脊常成群出现，脊间距离一般几千米，水深数十米，而脊峰处水深一般几米至十几米。

潮汐沙脊一般形成在沙源充足的地带，表层潮流速度要超过50cm/s。按分布特征，潮汐沙脊可以分为四类：①平行海岸的潮汐沙脊，如西欧北海南部；②岸外放射状潮汐沙脊，如我国南黄海的辐射沙脊群(图7－3)；③河口湾潮汐沙脊；④海峡潮汐沙脊。

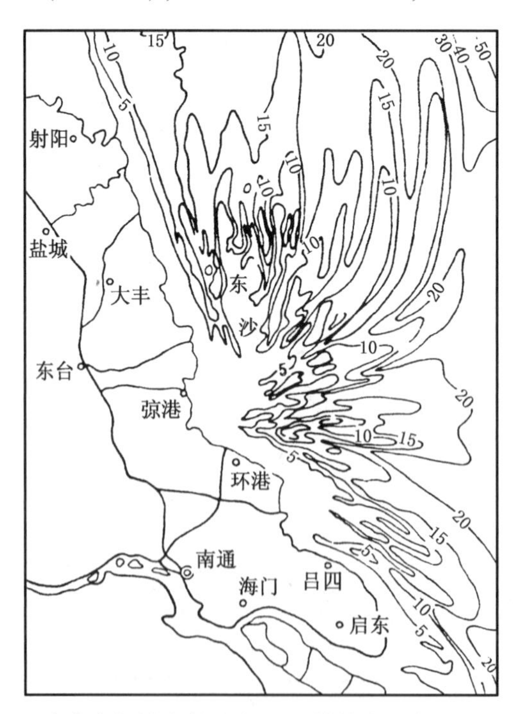

图7－3　南黄海辐射沙脊群地形图(等值线为水深，单位：m)

潮汐沙脊两侧的潮流一般为反方向的双向流，沙脊沿较弱水流的方向侧向迁移。沙脊的形态在横剖面上不对称，具有较陡的坡面一侧朝向沙脊的迁移方向。

潮汐沙脊通常由分选良好的细—中砂组成，含有贝壳碎片。底部冲刷面之上可出现由砾石、粗的贝壳碎片等组成的滞留沉积，平面上这些滞留沉积主要分布在脊间的沟槽中。在潮流的作用下，砂级沉积物的搬运是由沟槽底部向沙脊顶部进行的，这有些类似于曲流沙坝的形成。潮汐沙脊的侧向迁移可以形成一系列倾向相同或不同的交错层理，同时形成了整体向上变细的垂向沉积序列，但如果沙脊是由近岸带向外陆架纵向迁移，则在该方向上形成下细上粗的逆旋回。

双向或多向交错层理、再作用面、薄的黏土夹层也是潮汐沙脊中常见的沉积现象。

三、风暴浪控浅海陆架环境和沉积特征

现代风暴浪控浅海陆架多为陆缘海及面向盛行西风的陆架，如白令海陆架、华盛顿－俄勒冈陆架、我国的东海陆架和南海陆架。而半封闭和背风陆架，风暴作用不强烈，如美国东部陆架、我国黄海陆架等。

（一）风暴浪控浅海陆架的环境特征

正常天气的波浪除了对浅滩顶部有影响以外，对整个大陆架的沉积作用影响很小。而季节性的台风或飓风所引起的风暴浪波及的深度远远大于正常天气，一般超过40m，最大可以达到200m。

猛烈的风暴浪在向岸方向传播时，巨大的能量可以在沿岸地带形成雍水，使水平面大幅度抬升形成风暴潮，对海岸地带进行强烈的冲刷。风力减退时，风暴回流（退潮流）携带大量从临滨带冲刷侵蚀下来的碎屑物质呈悬浮状态向海洋方向搬运，形成一个向海流动的密度流。这种流体的流速很高，在大陆架上穿越的距离可达几十千米以至几百千米，对海底有着明显的侵蚀和冲刷。随着能量衰减，流速变小，密度流中的碎屑物质发生再沉积作用，形成浅海风暴流沉积（图7－4）。

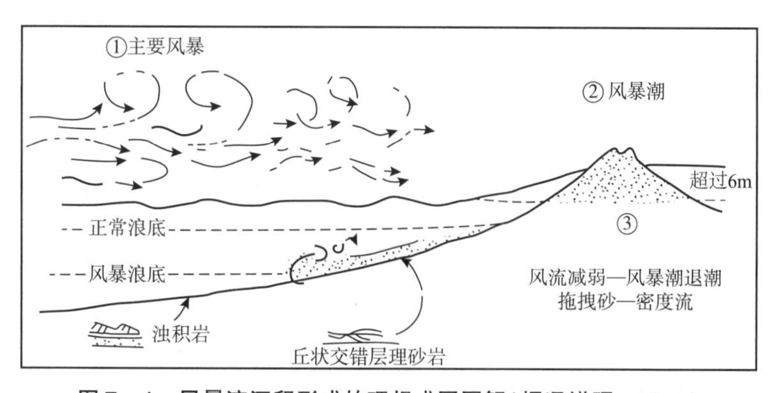

图7－4　风暴流沉积形成的理想成因图解（据冯增昭，1993）

（二）浅海风暴流沉积特征

一次风暴形成的风暴层厚度约几厘米至几十厘米，向上粒度变细。一个完整的风暴沉积层序由下向上包括四个部分：①粒序层或滞留沉积段（Sa），有侵蚀的底；②平行层理段（Sb）；③丘状交错层或浪成交错层理段（Sc）；④泥岩和页岩段（Sd）（图7－5、图7－6），构成似鲍玛层序。

上述垂向层序与风暴作用的过程密切相关。风暴活动过程可分为成长期、高峰期、衰减期和停息期几个阶段，不同阶段沉积征各不相同。

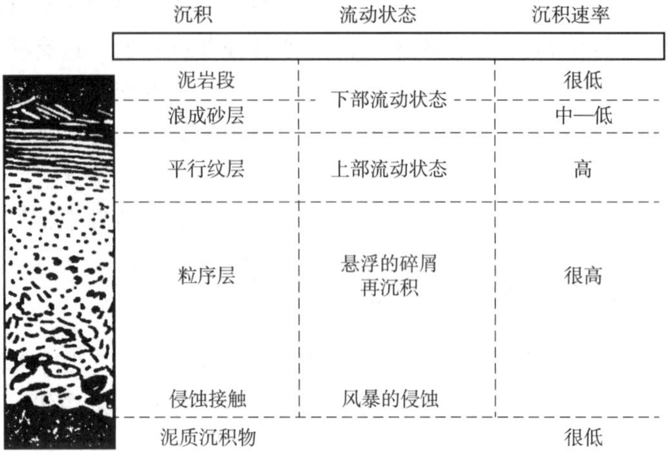

沉积	流动状态	沉积速率
泥岩段	下部流动状态	很低
浪成砂层		中—低
平行纹层	上部流动状态	高
粒序层	悬浮的碎屑再沉积	很高
侵蚀接触	风暴的侵蚀	
泥质沉积物		很低

图7－5　似鲍玛层序的理想风暴岩垂向层序（据冯增昭，1993）

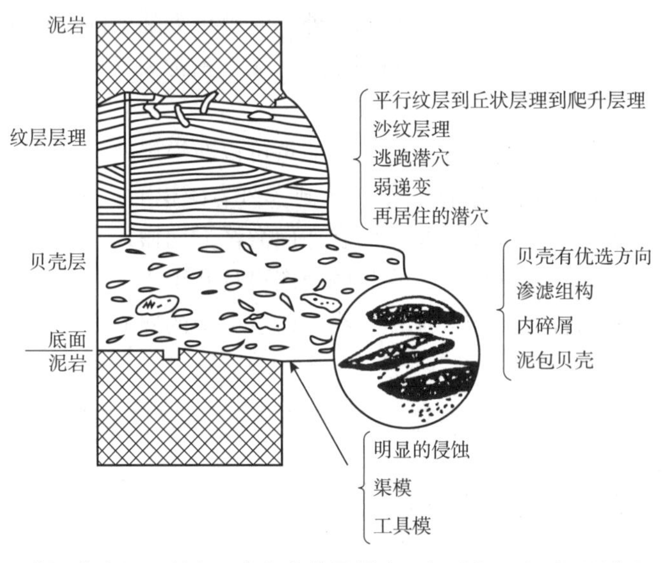

图7－6　美国弗吉尼亚州上—中奥陶统风暴岩理想垂向层序（据冯增昭，1993）

风暴成长期以侵蚀作用为主。侵蚀作用在风暴高峰期达到最强，此期风暴浪引起的涡流和风暴回流强烈地冲刷海底，形成明显的冲刷面，并出现扁长沟槽状的侵蚀充填构造（称为“渠模”以及各种工具痕）。

经风暴浪搅动，较细的物质悬浮起来，而一些大的介壳和粗的内碎屑、砾石则被风暴簸选并残留下来形成滞留沉积。一般都是经过原地簸选、改造和扰动，常具有一定的优选方位，多数呈凸面向上。在风暴衰减期，由于细粒物质的沉积，在贝壳层中可以形成渗滤组构，如遮蔽孔隙、遮蔽沉积等。

当风暴稍减弱或风暴密度流流速开始降低时，沉积物按粒度大小依次沉积，形成向上变细的粒序层。这种粒序层在风暴浪基面以下的浅海地带最容易保存。

在风暴衰减期，风暴流的能量减弱，回流的流速开始减小，细粒碎屑物质迅速从悬浮状态沉积下来，形成细砂与粉砂组成的纹层段。底部的强烈的剪切水流可以形成平行层理，随后风暴流进一步减弱的浪生振荡水流则形成丘状交错层理和浪成沙纹层理，并向上逐渐过渡为爬升波纹层理。

在风暴停息期，水流更为缓慢，风暴流携带的悬浮物质最终沉积下来，形成了细粉砂和泥或以泥为主的泥岩段，以及正常天气条件下所形成的页岩段，常发育生物潜穴和生物逃逸痕迹。

丘状交错层理和浪成沙纹层理是风暴浪沉积的最好证据。

风暴沉积层序总的来说是一个向上变细的旋回，但在一个沉积剖面上往往发育不全。

风暴流(storm current)和浊流(turbidity current)都是密度流，都具有类似向上变细的垂向层序，故风暴岩(tempestite)和浊积岩(turbidite)容易混淆。但二者在成因、形成环境、沉积构造等许多方面都有明显不同。二者的区别见表 7－1。

表 7－1　风暴岩和浊积岩的区别

特　征	风暴岩	浊积岩
形成作用	风暴浪作用及风暴回流作用	密度流的流动作用
形成环境	主要出现在正常浪基面以下至风暴浪基面以上的陆架环境	主要出现于陆架以外的深水环境
层理特征	主要有波浪作用及流动成因形成的层理，如丘状交错层理、平行层理、浪成上攀沙纹层理等	只有具流动成因的层理，缺少波浪用形成的层理
其他沉积构造	具侵蚀充填构造，如渠模及工具痕，工具痕的方向是变化的甚至是相反的，并具有渗滤组构及逃逸潜穴	主要发育印模及各种工具痕
垂向层序	粒序层厚度不均匀，可变薄、变厚或呈透镜状，粒序层与纹层段间的粒度是突变的	粒序层厚度均匀，侧向延伸远，粒序层与平行层段间粒度是递变的

风暴岩和浊积岩可以共生(图 7－4)。浊积岩位于风暴岩之上，表示为海进层序；浊积岩位于风暴岩之下，表示为海退层序。如贵州南部中三叠统新苑组地层剖面层序的下部出现风暴流沉积，中部出现浊流沉积，上部出现等深流沉积，属于陆架－斜坡的海进层序；加拿大阿尔伯达侏罗系费尔尼组风暴流沉积剖面，下部为浊积岩，向上变为具丘状交错层理砂岩的风暴流沉积，顶部为海滩沉积，是一个典型的海退相序。

四、海流控浅海陆架环境和沉积特征

(一)海流控浅海陆架环境特征

海流对大陆碎屑沉积亦存在影响，规模较大的海流主要与洋流的入侵有关，洋流的速度可以从几厘米/秒至 200cm/s 以上。虽然巨大的洋流位于陆架边缘的向洋一边，但大洋水和陆架水之间却经常交换，表现为大的涡流旋转离开主流到外陆架上去。一般地，外陆架受强劲海流的影响，中陆架主要受环流控制，内陆架则主要受沿岸流的影响。

(二)海流控浅海陆架沉积特征

总体上讲，对海流控浅海陆架沉积的研究还比较少。不同的海流所形成的沉积物会有一定的差别。

受强劲海流影响的外陆架可以东南非洲大陆架为例(图7－7)。东南非洲大陆架外缘水深约100m，直接朝向广阔的印度洋。大陆架下部的大陆坡较陡(12°)，使厄加勒斯海流能量影响外陆架。在大陆架外缘，海流表层流带可达150～250cm/s。在海流的影响下，东南非洲大陆架沉积物具有明显的分带性：A带(水深小于40m)为近岸浪控沉积带；B带(水深40～60m)为骨屑砂沉积，形成一系列纵向展布的大沙波；C带(水深60～100m)内侧为骨屑砂，形成一系列平行海流方向的沙垄，外侧则为残留沉积的砾石层。

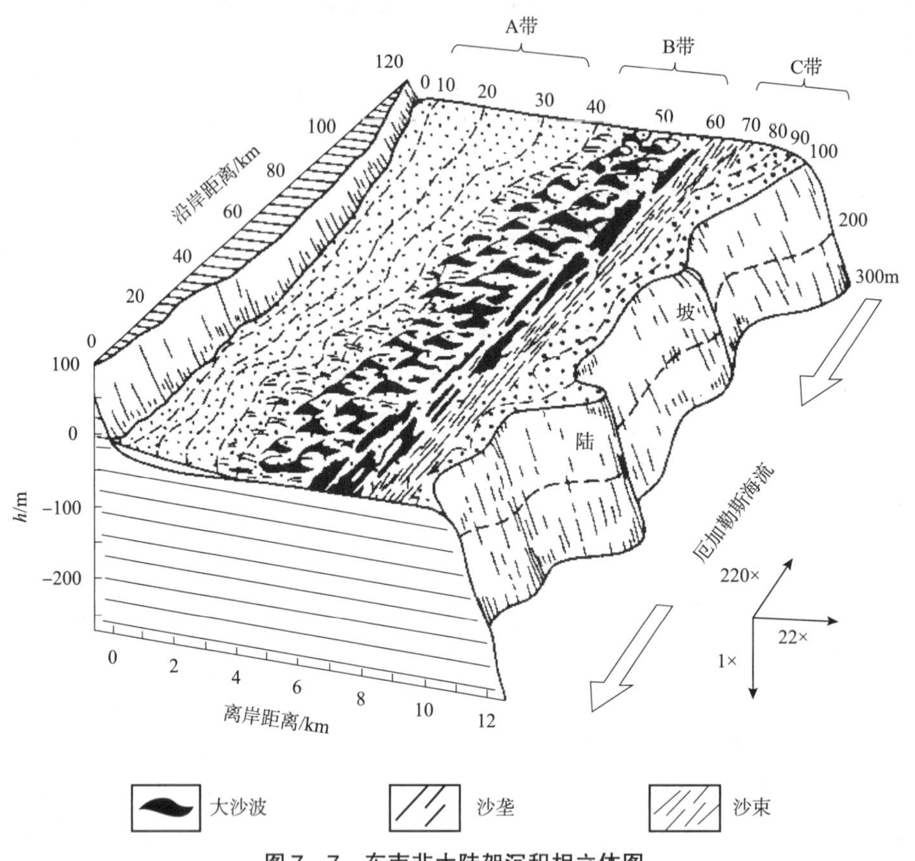

图7－7　东南非大陆架沉积相立体图

在北黄海中部、南黄海中部以及东海东北部发育有三个小型环流。环流中心流速较小，表面流速一般为5～15cm/s，越向下流速越小(刘敏厚等，1987)，流速值沿半径向外逐渐增大，达到最大后因外围阻力而逐渐减小。由于受流速值的分布控制，环流中心沉积物主要为泥。向外粉砂的含量逐渐增多，使流控陆架泥质沉积成补丁状分布。环流沉积多发育在波浪、潮汐作用不强的外陆架(沈锡昌等，1993)。

五、河控陆架

河流大量淡水或沉积物的输入会影响某些陆架，形成河控陆架(如黄海和东海)。河流、河口湾和陆架动力在这里共同作用，形成富泥质体系，在这里流体泥的作用过程与沉积物氧气浓度、有机质含量和生物扰动诸因素就十分重要。例如亚马孙河每年会给亚马逊陆架输运 1.2×10^6t 的陆源碎积物，分布在 100km×400km、深达 70m 的陆架上。沉积物在河口为砂，向海水深 40~60m 为弱纹层状泥质沉积物分布带，沉积速率快、底栖生物丰富。富有机质纹层在陆架上分布广泛，形成于河流季节性输入或浮游生物的繁盛。其中高达 31000km^2 的沉积物由于陆源或海相有机质的分解而富含天然气（Perry，2007）。

六、浅海陆架相与油气的关系及研究实例

陆架沉积含有丰富的正常海相生物群落。其中外陆架泥岩微生物丰富，富含有机质，具有生烃潜力；内陆架上的各种砂体是良好的储层。因此，陆架沉积构成有利的生储盖组合。

近年来，我国在塔里木盆地古生界志留系的海相碎屑岩中，取得了较大的油气勘探突破。通过钻井及岩芯的揭示，柯坪塔格组上段厚度 280~300m，岩性主要为灰色、褐灰色砂泥岩互层，发育冲洗交错层理、含泥砾层的递变层理及平行层理，具有滨岸相的沉积特征；中段厚度 40~120m，岩性主要为深灰色泥岩，发育水平层理，含大量生物化石，如笔石、双壳类、腕足类等，具有明显浅海陆架泥沉积特征；下段厚度 350~400m，主要为灰色、绿灰色砂泥岩互层，泥岩与中段陆架泥岩的特征相似，其砂岩沉积构造具有浅海陆架潮汐和风暴作用的特征，反映其与上段沉积环境差异较大而与中段沉积环境相近，为古浅海陆架沙脊和陆架泥沉积。利用岩芯和测井资料，根据古陆架沙脊的岩性、沉积特征和测井曲线形态等因素，将陆架沙脊划分为 6 个岩性相：块状层理中—细砂岩性相（FA1）、丘状交错层理中—细砂岩性相（FA2）、含撕裂状泥砾的中—细砂岩性相（FA3）、双向交错层理含黏土层的中—细砂岩性相（FA4）、潮汐层理的细砂岩与泥岩互层岩性相（FA5）和水平层理陆架泥岩性相（FA6）。根据古陆架沙脊的岩性相的组合规律、沉积构造特征和测井曲线形态等因素，将陆架沙脊划分为 4 个沉积微相：沙脊核微相（FA1－FA2－FA3）、沙脊内缘微相（FA4）、沙脊外缘微相（FA5）和陆架泥微相（FA6）。

由于陆架沙脊内不同沉积微相储层的物性差异，导致陆架沙脊内部不同沉积微相及岩性相的含油性都不尽相同。通过对沉积微相、岩性相与含油气性关系的统计，发现油浸和油斑主要出现在沙脊核微相中（如 S9，903 井）；沙脊内缘微相的油气显示主要为含气（如 S904，S10 井）；沙脊外缘微相一般为荧光或无油气显示（如 S1 井）[图 7－8（a）]。油气显示较好的岩性相多为块状层理、丘状层理或双向层理的含泥砾细砂岩岩性相。

从图 7－8（a）中可以看出，陆架沙脊整体呈底平顶凸的不对称丘状，迎水流一侧缓、背水流一侧陡。陆架沙脊的底部为薄层的陆架泥岩打底，顶部被厚层的陆架泥岩披盖，而且陆架沙脊内部存在若干个薄泥岩夹层。结合油气显示结果，横向上油气分布受沉积微相控制，油气主要分布在丘状沙脊的核心部位；垂向上油气分布除受沉积微相控制外，还受沙脊内部泥岩隔层的影响。

由于陆架沙脊砂体横向变化快，砂体多呈现脊状或丘状，导致其在埋藏过程被生长背斜披盖，加之后期的差异压实作用，形成了同沉积的微幅背斜—岩性圈闭，为油气聚集的提供了有利场所[图 7－8（b）]。

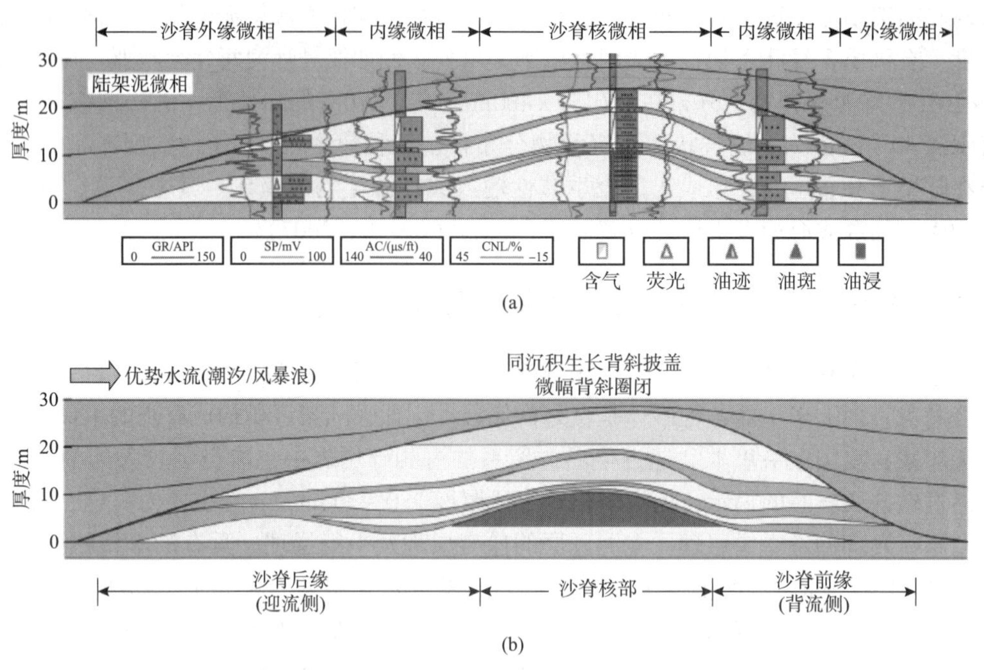

图7－8　陆架沙脊沉积微相和储层砂体剖面对比图

第二节　半深海及深海相

一、概述

半深海(hemipelagic，semi－deep sea)相的位置相当于大陆坡，是浅海陆架环境与深海环境的过渡区。现代大陆边缘陆架坡折主要位于90～180m的深度，坡底陆隆下部则可以达到3700m。由于阳光的穿透力有限，故此环境无植物发育。波浪、潮汐、洋流等也可以带入部分溶解物质，使该地带可以出现腹足类、瓣鳃类、腕足类等底栖生物，但随水深增加而逐渐减少以至消失。另外，在水动力较微弱的条件下，深部水体常常由于温度或盐度差异呈现密度分层现象，所造成的底部贫氧层可能覆盖斜坡和盆底的广大地区，其水深在几百米或者上千米，贫氧层的存在有利于有机质的保存并限制生物的生存和扰动。

深海(pelagic，deep sea)相发育于大洋盆地，水深在2000m以下，平均深度4000m。深海海底阳光已不能到达，氧气不足，底栖生物稀少，种类单调。现代深海沉积物主要为各种软泥，其中大部分为深海沉积物，即主要由繁殖于大洋表层水体中的微小浮游生物的钙质骨骼和硅质骨骼下沉堆积而成的软泥；另一部分是由底流活动、冰川搬运、浊流、滑坡作用等形成的陆源沉积物，以及局部地区各种矿物的化学和生物化学沉淀作用形成的锰、铁、磷等沉积物；此外，尚有少量风吹尘、宇宙物质等。对深海沉积有影响的主要因素是表层水域的密度、碳酸钙的补偿深度、大洋底流、沿大陆坡峡谷向下流动的重力流以及距大陆的距离。

海洋科学和油气钻井深海科学考察颠覆了对半深海和深海沉积的传统认识。现已证实深水沉积类型丰富，既有静水悬浮细粒沉积，也有沿着大陆斜坡向下流向深海的重力流沉积，还有深水牵引流(如等深流、潮汐、风驱水流等，图7－9)沉积，这其中蕴藏着丰富的传统油气资源，还有储量巨大的页岩油气及天然气水合物或可燃冰资源，是人类开发利用化石燃料最大和最后的领域。限于篇幅，本节重点介绍深水牵引流沉积和深水悬浮细粒沉积。

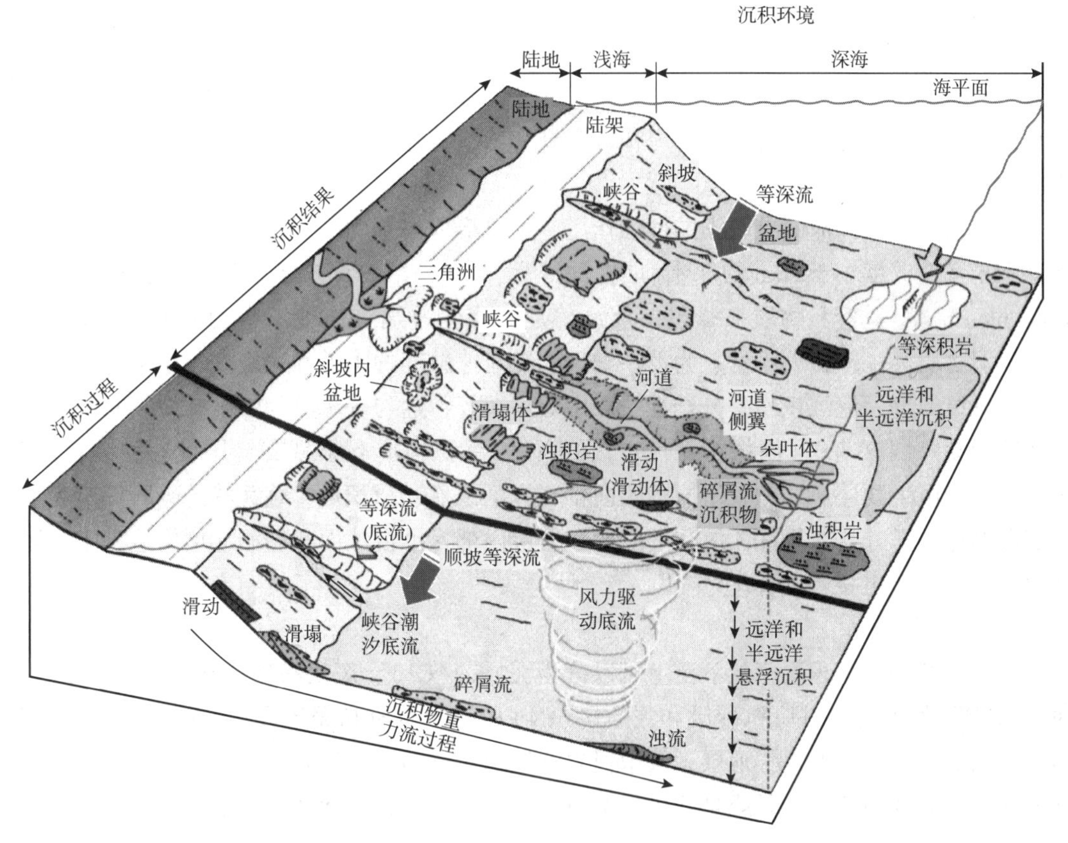

图7－9　半深海—深海沉积模式图(据Shanmugam，2017)

二、深水牵引流沉积

全球海洋深层水团是由温度和盐度的差异引起的。极地大陆架海域冻结形成海冰，由于结冰脱盐作用和温度下降造成海水盐度相应增长。位于冰盖正下方的冷盐水密度增加(即温盐)导致水团沿大陆斜坡沉降并扩散到海洋的其他部分，被称为温盐水团。水团大规模水平运移被称为“温盐环流”(THC，thermohaline current)，在某些部位会出现下沉和上升。

深水牵引流按其成因可分为温盐引起的自转型等深流、风力驱动底流、潮汐驱动底流(大多在海底峡谷)、内波/内潮汐驱动的斜压流4种基本类型，主要发育在半深海大陆斜坡地带，均常见牵引流沉积构造(Shanmugam，2017)。

(一)等深流沉积

1. 沉积特征

等深流(contour current)又叫地转流(geostrophic current)，是发生在半深海地区沿大陆坡等深线流动的深海底流，这个概念是 Heezen(1966)在对北大西洋陆隆沉积物研究之后首先提出来的。现代深海调查表明，起因于深水地转流的等深流是最常见的底流类型之一。从水深超过 5000m 的深海平原到水深 500 ~ 700m 的较深水台地都存在这类等深流沉积。

等深流的形成主要起因于南北两极与赤道地区海水温度的差异和水平方向上盐度差异所形成的密度梯度力，并通过地球旋转产生的科里奥利力影响着流体的运动方向。另外，风力和海底地形对等深流的流速也会造成一定的影响。现代海洋中等深流的流速一般为 5 ~ 20cm/s，有的可达 500cm/s，个别如靠近直布罗陀海峡地区最大流速可达 10 ~ 250cm/s。一般来讲，在深海水道、深海海沟、海槽、洋脊和斜坡等地区，流速较高；而在深海盆地及平原内，流速则较缓慢。

流速较快的等深流具有较强的侵蚀作用，可以形成一系列平行水流方向的几千米长、几米至十米宽、深度小于 20m 的深水海渠(沈锡昌，1993)。等深流沉积形成的岩石叫等深积岩(contourite)，其沉积物质来源包括陆缘碎屑、生物碎屑、侵蚀下来的海底早期沉积物、火山碎屑物质等。颗粒大小一般为泥—细砂，在流速较高的水道和海底峡谷中可以出现砂级乃至细砾级的等深流沉积物。分选性一般中等到较好，这与等深流的强度、持续时间、物源及生物活动等因素有关(高振中，1996)。常见的沉积构造有小型交错层理、透镜状层理、波状层理，由生物碎屑、颗粒组成的定向排列，刻蚀痕、障积痕、叠瓦状的砾石等所表现出的定向构造。另外，在等深流沉积的底部和岩层内部常见侵蚀面和冲刷充填构造，生物潜穴和生物扰动构造也相当发育。

2. 沉积模式

经典的等深流沉积层序从下至上可以分为泥质段(C1)、斑块粉砂质和泥质段(C2)、砂质、粉砂质段(C3)、斑块粉砂质和泥质段(C4)和粉砂质段和泥质段(C5)，总体呈现细—粗—细的旋回特征。但是，地层记录中很少能见到完整的沉积序列，常见不对称的细—粗—细的序列，以及缺乏某一段或是几段的沉积序列，具有不完整性特征(图 7 - 10)。

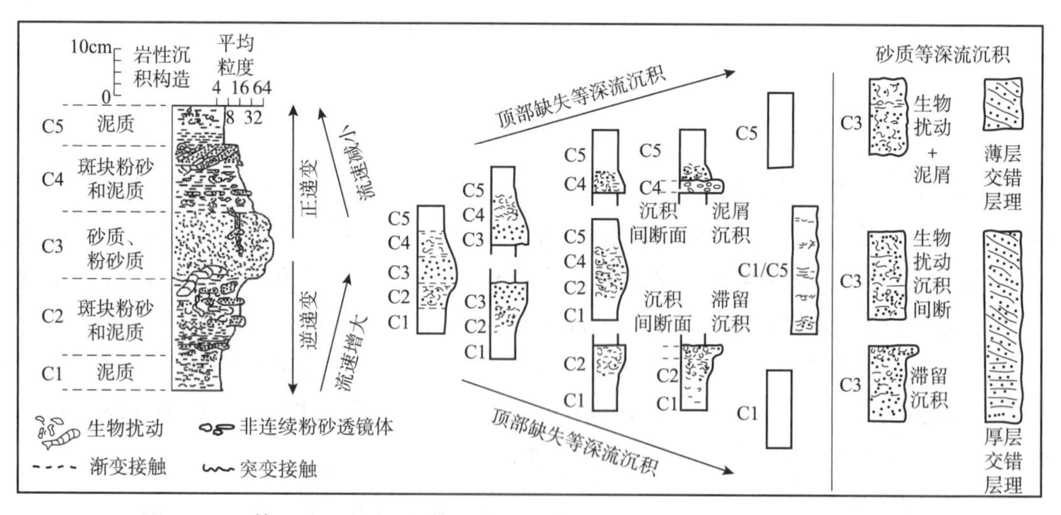

图 7 - 10 等深流沉积序列(等深流沉积模式分为了三类)(据李华等，2017)

(1)简单路径模式：本模式等深流运移路径较为单一，底形差异较小，螺旋型水流可形成丘状漂积体，层状水流多形成席状漂积体和沉积物波。其多出现在构造活动较弱，底形较简单地区，如巴西斜坡和欧洲北部大陆边缘。

(2)复杂路径模式：该模式底形差异较大，等深流主要为螺旋型，次生环流较为明显，可形成丰富的丘状漂积体和沉积物波，如大型长条状漂积体、限制性漂积体等，同时可见侵蚀底形(沟道、沟渠)。多出现在构造活动较强烈，地形较为复杂地区，如主动大陆边缘、加迪斯海湾。

(3)等深流与重力流交互作用模式：在重力流水道和滑塌区，重力流在沿斜坡向下运动过程中的，等深流可对重力流沉积进行改造、搬运、再沉积。等深流可对水道迎流一侧的堤岸进行改造，在顺流一侧产生沉积，进而形成不对称的堤岸沉积。而在水道内侧积体发育，整体呈现出单向迁移的特征，迁移方向与等深流运动方向相同。本模式在重力流活动活跃地区较为常见(图 7－11)。

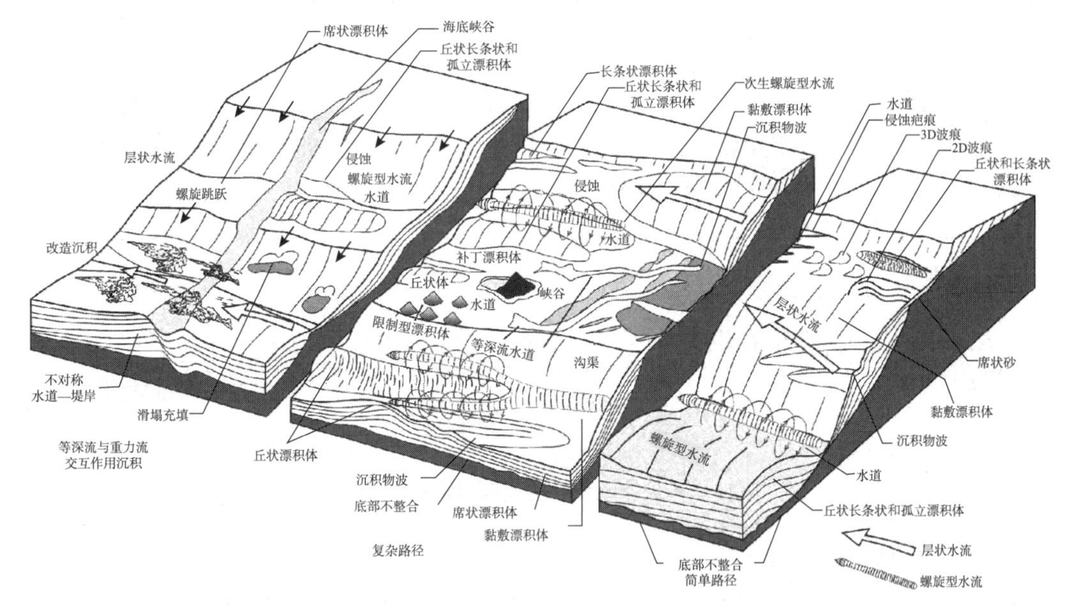

图 7－11　等深流沉积模式(据 Hernandez－Molina 等，2008)

3. *砂体形态*

结合外形和等深流沉积形成过程，将等深流沉积体分为长条形丘状漂积体(elongated, mounded drifts)、水道型漂积体(channel－related drifts)、补丁型漂积体(patch drifts)、断控型漂积体(fault－controlled drifts)、席状漂积体(sheeted drifts)、限制型漂积体(confined drifts)、填充型漂积体(infill drifts)及复合型漂积体(mixed drifts)(图 7－12)。大型长条形丘状漂积体剖面为丘状，平面上呈条带状或长条形，大致平行斜坡分布。水道型漂积体多发育在大型水道或海峡，由于限制环境，流体速度较高，能量较强。补丁状漂积体形态各异，规模一般较小，主要受地形控制。断层可以控制底形及底形高低差异，因而控制等深流沉积形成断控型漂积体。席状漂积体外形多为席状，在深海平原较为常见。限制型漂积体为丘状，发育等深流水道(moat)，多形成于限制型的低洼底形。填充型漂积体多发育在滑塌处。复合型漂积体为等深流与其他性质(如重力流)的水动力综合作用形成的沉积体。

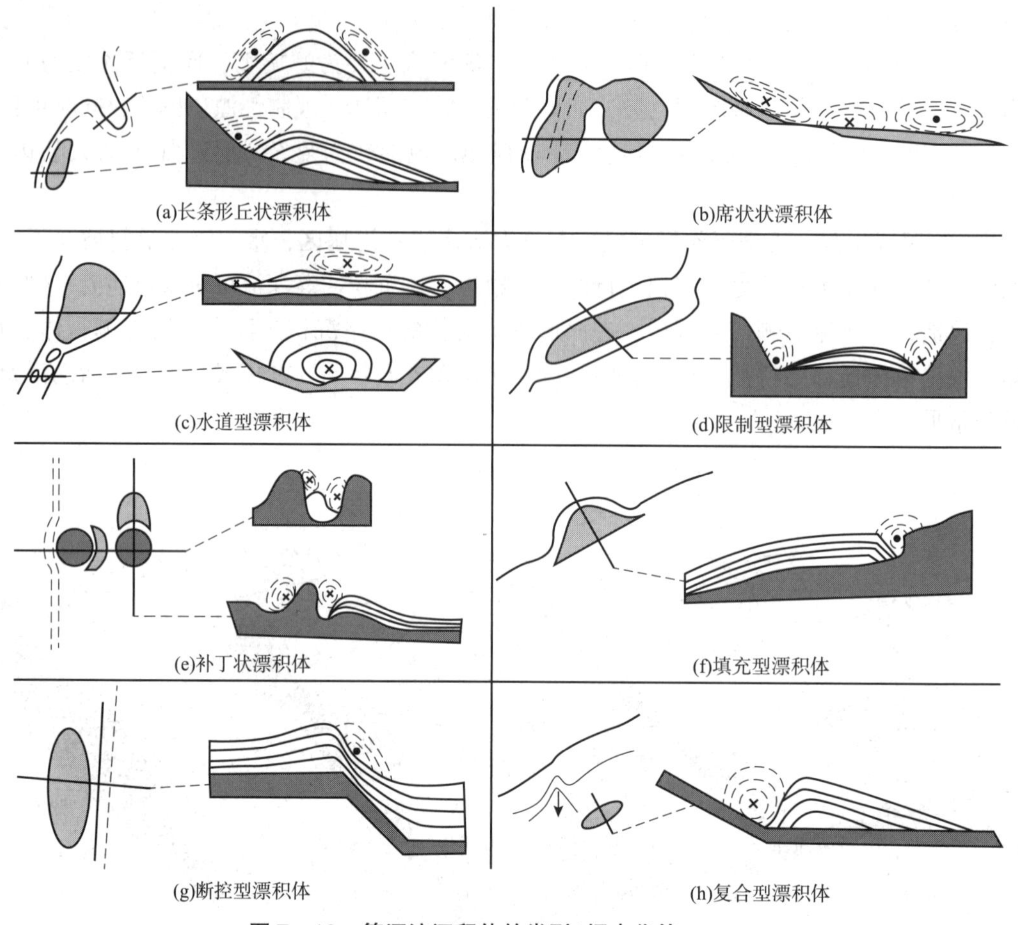

图 7－12　等深流沉积体的类型(据李华等，2017)

(二)风力驱动底流

风力驱动底流是由海面风应力(即大气外力作用)形成的，它可以使底流垂向上一直延伸至数千米的海底，这在全球海洋领域均有据可查。例如，起源于弗罗里角的湾流是一支强劲、温暖、流速很快的大西洋海流，在穿越大西洋之前沿美国和纽芬兰岛东海岸流动。湾流向西逐渐增强，很大程度上是由风应力驱动。在墨西哥湾东部的 Loop 海流是风力驱动表面流，这些流体可以改造海底的细砂岩。目前在墨西哥湾水深 3091m 的海底砂中形成的流水波痕，是风力驱动底流活动的最有力的证据。另一个风力驱动底流的例子是向东流动的南极绕极流，影响了 Falkland 海槽西斜坡和底部的沉积物，在这里风力驱动底流的轴部受地形限制。这种深水流(低于 3000m)在海槽底部产生了一个对称的沉积物漂积体，在坡脚的非沉积边缘显示出更高的流速。Loop 海流的沉积物在墨西哥湾上新统—更新统尤英浅滩(Ewing Bank)826 区块岩芯中得到解释。尤英浅滩 826 区块位于墨西哥湾北部，距路易斯安那海岸近 100km，该油田产油储集层为底流改造砂岩，其与邻近区域的岩芯均可见牵引流沉积构造，如水平层理、低角度交错层理、波状交错层理、脉状层理、近岸泥质沉积、被侵蚀和保存的波痕以及逆递变层理。

(三)潮汐驱动底流

尼日利亚近海和孟加拉湾的深水砂岩储集层发育双黏土层和平行层理。其中，双黏土层是浅水和深水环境下的潮汐底流沉积物的特有标志(图7-13)；而平行层理不具备特有性，有时会被错认为是Bouma序列Tb段，使储集层被误解为浊积岩。

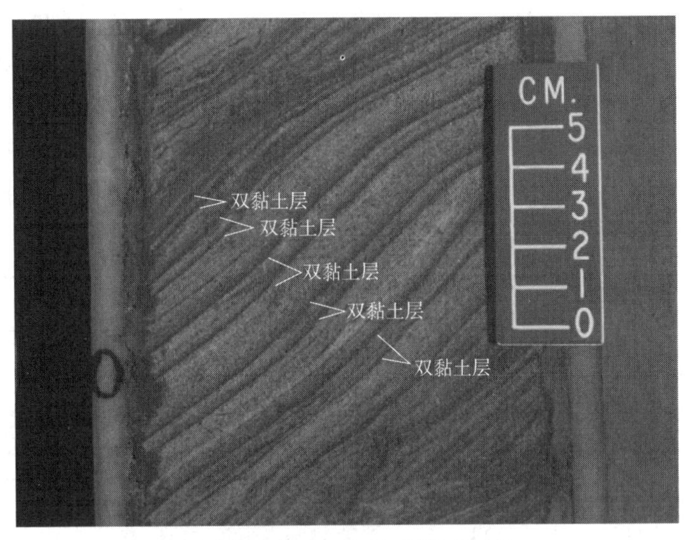

(a)尼日利亚近海Edop油田上新统双黏土层，显示为海底峡谷中深海潮汐流沉积

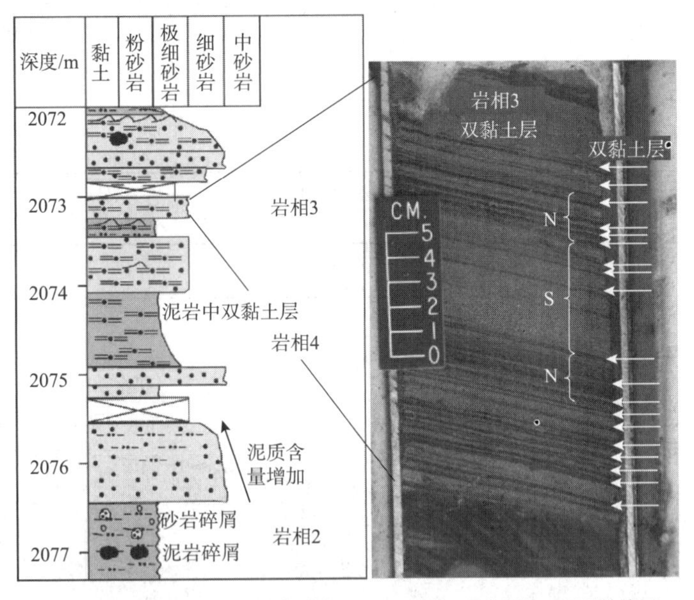

(b)井2岩芯沉积录井，显示砂岩(岩相3)和泥岩(岩相4)交替，双黏土层连续存在，近底部发育泥质碎屑沉积相(岩相2)

(c)岩相3岩芯照片，显示韵律层(N—薄纹层，S—厚纹层)和双黏土层

图7-13　潮汐底流沉积的双黏土层结构

(四)内波/内潮汐驱动的斜压流

内波是沿两个不同密度水层(即密度跃层)界面振荡的重力波：在正压(表面)波中整个水柱中的流体团沿同一方向、以同一速度一起移动，而在斜压(内部)波中，浅层和深层水柱中的流体团则沿不同方向、以不同速度移动。Shanmugam对与内波和内潮汐相关的斜压流进行沉积学和海洋学研究，内波是沿海洋密度跃层振荡的重力波[图7-14(a)]。在一个分

层海洋环境中，内潮汐普遍产生于陡峭的海底地形之上，如陆架坡折、海山等。Brandt 等研究数据显示存在 3 种大振幅的内孤立波。脉冲型的内孤立波扰动可朝北—北西方向直立传播至巴西陆架。这些内波的特点是最大水平速度约 200cm/s、最大垂直速度约 20cm/s。在日本的骏河海槽，底流的半日潮汐振动明显，在水深 1730m 处波动总幅度达 50cm/s。这些底流均与内潮汐有关。在台湾西南海域高平海底峡谷，测得的与内潮汐相关的流速最大值超过 100cm/s，在这样的流速下，甚至砾级颗粒都可以被斜压潮汐底流剥蚀、搬运和再沉积。事实上，Lonsdale 等在深度 1630 ~ 1632m 的中太平洋平顶海山的平坦顶部记录了用侧视声呐和照片观察到的不对称沙丘和不对称波痕[图 7 - 14(b)]。

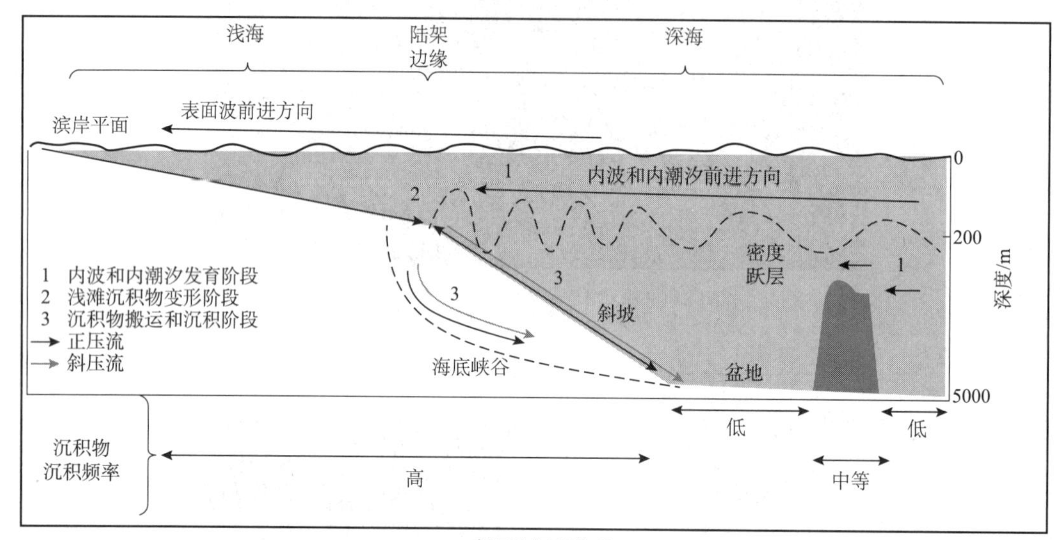

(a)斜压流沉积模型

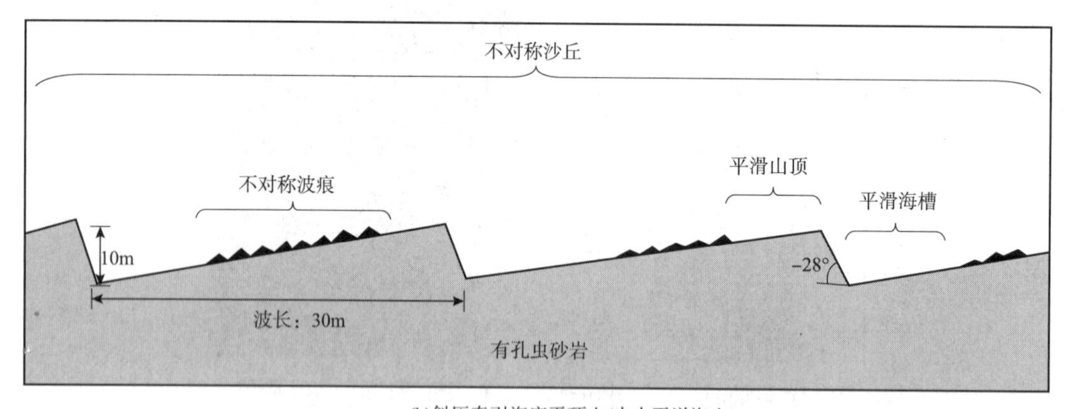

(b)斜压牵引海底平顶山(中太平洋海山)

图 7 - 14 斜压流沉积

(a)大陆斜坡海底峡谷和平顶山上斜压流沉积海洋学和沉积学概念框架；在大陆斜坡上和海底峡谷中，沉积分 3 个阶段：①内波和内潮汐发育阶段，②浅滩沉积物变形阶段，③沉积物搬运和沉积阶段；大陆斜坡和海底峡谷被认为是具有很大斜压流沉积潜力的环境；在开阔海洋里，斜压流可以在高耸的平顶海山的平坦顶部再改造沉积物，不需要在大陆斜坡沉积所需的 3 个阶段；在这个模型中，认为盆地平原不适合斜压砂沉积；模型未考虑比例；(b)横剖面显示基于侧视声呐和照片证据发现的中太平洋海山的平顶海山阶地不对称沙丘和不对称波痕，底形测深：1630 ~ 1632m，沙丘高度(10m)按声影长度估计

三、深水细粒沉积

海洋的透光层(深度 <200m)的生物生产力是由于充足的阳光，使原始生产者—浮游生物茁壮成长和进行光合作用，形成海洋食物链的基础。现在卫星通过定期测量海洋表面叶绿素含量，来获得原始生产水平。主要的浮游植物类群是硅藻、钙质的纳米浮游球藻和有机质壁的沟鞭藻。原始生产力是指海洋表层光合作用每日固定产生的碳量，约占地球总碳量的一半。整个海洋的碳产量变化超过两个数量级，固定碳量最高可达 $200g/(m^2 \cdot a)$。约 1% 的碳以有机沉积物的形式到达海底，定义为表层有机碳泵的大量沉降。剩余的碳通过水柱作用于细菌的呼吸。再加上 $CaCO_3$沉淀造成的碳损失，导致沿岸羽流、有机质、硅质蛋白石和碳酸钙的无机碎屑物质不均匀、不稳定的沉降到海底。这种不稳定是一个季节，一年，十年或较长期水质特征的响应，包括元素供应，有机输入，营养成分，温度，光照强度等。这些因素的变化导致了近表层水浮游生物的大量繁殖，有机/无机物质聚集的可能性增加和沉积物夹层的产生。亚热带环流的表层水生产力低。产量最高的地区是受大规模河流营养物质输入影响的地区，这些地区的营养丰富的深水、冷水被迫上涌。在低表层水生产力地区，硅藻群的升降促使养分垂向上的输送，使得在没有原地养分的情况下，仍可以产生表层水生产力。

海水中存在两个与沉积有关的重要化学“界限”：①碳酸盐岩沉积和溶解的界面，即碳酸盐岩补偿深度(CCD，carbonate compensate depth)；②富氧与贫氧的结合点。海水中的氧是通过大气扩散作用、波浪引起的对流混合作用、羽流和喷流的侧向侵入作用，以及光合作用的副产物等途径获得的。通常近表层水氧含量达到饱和，但随着深度的增加(50 ~ 100m)氧含量会下降。缺氧状态(anoxic states)是指长期的一个低氧状态，而(hypoxia)缺氧则是季节性的产物。

1. 远洋沉积物

在 CCD 以下的海洋环境中，和硅藻类浮游生物的表面水生产力低的地区，主要沉积物类型是“红黏土”(实际上是巧克力色—红褐色的粉砂质黏土)。红黏土层的沉积速率很低 $(0.1 \sim 1.0) \times 10^{-3}mm/a$，主要由黏土矿物(伊利石、绿泥石、高岭石)，其组成反映了大陆气候风化情况，或海洋内的火成源岩(蒙脱石)组成。生长缓慢的锰结核在红黏土沉积的某些地区很常见。

在 CCD 之上的海底，主要沉积生物钙质软泥，通常为浮游颗石藻、有孔虫和翼足类生物的尸体，它们作为“海雪”(marine snow)(图 7 - 15)的一部分或以较高食物链捕食者排泄物的形式落入海洋。绘制海底沉积物中钙质软泥的分布和厚度图，为研究海洋随时间变化的化学动力学提供了重要的证据。钙质软泥主要分布于洋中脊的顶部和侧翼，在那里沉积的沉积物可能受到生物活动、局部重力流、密度流和海底流的强烈影响。据估计，远洋钙质浮游生物每年产生 $(0.72 \sim 1.4) \times 10^9 t$ 碳，是浅水珊瑚礁和陆架碳酸盐区产量的 2 ~ 4 倍；然而，许多远洋产物经过死后溶解返回到水层中，既在 CCD 之下的水层中，也在沉积物的孔隙水中。其他关于古海洋生产力的估计是通过计算底栖和浮游有孔虫的比例，前者的丰度反映了可供应到海底合适的有机物数量。

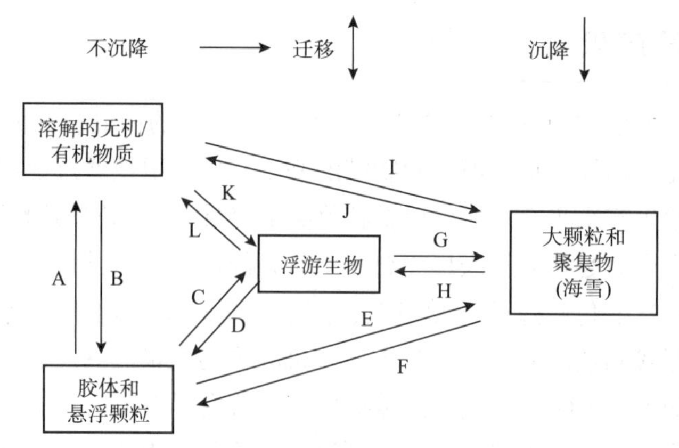

图 7－15　深海中溶解的有机质和无机质、胶体和细粒悬浮物质
与浮游微生物聚集成“海雪”（据 Leeder，2010）

硅质软泥的组成成分是浮游硅藻、硅鞭毛虫和食肉的原生动物放射虫的蛋白石骨架。蛋白石的保存在很大程度上与水深无关，即没有二氧化硅补偿深度。因此，如果能够估计沉积后的溶解量，硅质生物沉积物可能是一个很好的指示海洋表面生产力的指标。硅藻软泥是目前典型的高纬度沉积物，南极水域硅藻软泥含量占世界蛋白石产量的 50% 以上。在过去，情况并非总是如此，尽管放射虫总体而言在低纬度地区更常见，现在某些低纬度地区（如加利福尼亚湾）仍然有大量的硅藻。含蛋白石地层的分布反映了海洋的高肥力区，以沿海上升流、表层水辐散（如在东太平洋等赤道地区）或辐合（如在南极极锋）为主要标志。在这些地区，每年的温跃层分解、深水混合的过程导致产生高含量的磷酸盐和硝酸盐。

2. 缺氧远洋沉积物

在光区以下，海水的含氧量由于有机物的氧化而降低。在较深的水中，如果陆架边缘的羽流或冷的、富氧的温盐洋流侵入，氧含量可能会再次上升。广阔的海洋区域在 1000 ~ 2000m 深处显示出明显的缺氧。

富含有机质的沉积物被称为腐泥（腐殖质），通常呈棕黑色，呈层状沉积，未受生物扰动。它们在地层记录中为黑色页岩提供了参照，腐泥除了具有较高的有机碳含量外，还富含铀，因此释放的伽马射线很容易被记录下来，这一特征使得其在无取芯的勘探井中更容易识别和对比。铀富集的原因是，在还原性沉积物的孔隙水中溶解的铀化合物被还原为不溶性 U_4O_2，其积累速率与在沉积物—水界面发生铀氧化还原边界的深度成反比。许多中生代黑色页岩层大面积分布，事实上这可能标志着全球范围内有机碳的埋藏，也被称为海洋缺氧事件（OAE，ocean anoxic event）。有学者提出了关于 OAE 可能的触发机制，例如在大火成省形成时期或海底扩张加速时期，岩浆活动激增引起的大气中二氧化碳含量增加。

黑海可能是最大、最著名的海洋周期性缺氧的实例。这个局限盆地有 2200m 深，在平均约 100m 深处存在一个 O_2/H_2S 界面（化学跃层）。全新世腐泥沉积只有几厘米到几分米厚，含有 10% 的有机质。广泛发育纹层泥沉积，深色的微纹层源于浮游细菌的季节性大规模死亡。

地中海东部第四纪周期性的缺氧事件导致形成了几厘米到几米厚的腐泥层，这些腐泥层的特点是缺少底栖微化石，并存在异常浮游有孔虫，这些有孔虫大部分对盐度非常敏感。在腐泥沉积过程中，消耗 $\delta^{18}O$ 的碳酸盐岩和消耗 δD 的有机质均有降低盐度的作用。有机碳含量高(>2%)主要是由于保存完好的硅藻。

四、半深海—深海沉积的含油气性

半深海—深海沉积的泥岩是良好的生油岩，夹于其中的等深流、重力流碎屑物质是储集层，这种有利的组合使得半深海—深海沉积具有很好的含油气性，也是21 世纪剩余油气(含天然气水合物)资源最丰富的相带和勘探目标。

据 Stow 等统计，全球约有 1300 个已勘探和开发的油气田分布于深海扇浊流沉积及相关的低位体系域中。中国南海也是深水油气勘探的有利区，它处于古陆架与古陆坡的过渡带，向南进入海盆，主要分布于珠江口盆地南缘。这些地带广泛发育低水位沉积体，包括下切谷充填、海底峡谷、深水滑塌物、盆底扇、斜坡扇与低位进积复合体等。位于珠江口外深水区的白云凹陷是珠江口盆地中面积最大、沉积最厚的巨型凹陷。白云凹陷深水区是南海发育深水低位扇并具有极好油气勘探潜力的地区。目前我国在深海油气勘探方面已取得突破，中国海洋石油总公司和加拿大哈斯基公司发现的荔湾 301 大气田就位于白云凹陷中央水深 1500m 深水扇处，是首个在中国领海内发现的深海油气田。该气田潜在天然气储量可能超过 $1000\times10^{8}m^{3}$。

等深流沉积的油气地质意义主要体现在储层和烃源岩两个方面。等深流的长时间持续作用，可以对早期重力流沉积进行改造，进而提高重力流沉积储集性能(改造砂)。而砂质、砾质等深流沉积本身具有良好的储集性能。对墨西哥湾两种改造砂的物性进行了对比研究，其含砂率最高达 80%，孔隙度 25% ~40%，渗透率$(100\sim1800)\times10^{-3}\mu m^{2}$。巴西 Campos 盆地、西非、中国南海等地也见等深流(底流)改造砂作为重要储层。另外，阿拉伯克拉通白垩系等深流沉积也具丰富的油气资源，其已具有数十年的开发历史。泥质等深流沉积可作为良好的烃源岩。徐焕华等对贺兰山拗拉槽奥陶系等深流沉积进行了有机碳和氯仿沥青“A”测试分析。研究结果表明：克里摩里组泥晶石灰岩有机碳含量 0.1% ~1.08%；总烃含量多大于 60%，多数为腐泥型，可作为较好的烃源岩。泥质与粗粒的等深流沉积互层可以形成良好的生储盖组合，可能具备良好的油气勘探潜力(李华等，2017)。

第三节　重力流沉积及其相模式

一、沉积物重力流的类型

(一)重力流沉积研究历史

重力流(gravity flow)是指由重力驱动所形成的流体。具体的驱动力可以来自流体中携带的沉积物，也可以来自不同流体的密度差。沉积物重力流(sediment gravity flow)是一种来自斜坡沉积物重力驱动下发生流动的弥散有大量沉积物的高密度流体，其中沉积物主要呈悬浮或块体方式搬运，与牵引流的滚动、跳跃搬运方式不同。

沉积物重力流是自然界中沉积物搬运的主要动力之一，常被简称为沉积物流或重力流。自 Kuenen 和 Migliorini(1950)提出“递变层理是浊流标志”并建立浊流经典模式(Bouma，1962)之后，重力流研究得到迅速发展。回顾沉积物重力流的研究历史，可以将其分为 5 个阶段(鲜本忠等，2014 修改)。

(1)1950 年以前，随机观察阶段。以 Forel(1887)对瑞士湖密度流现象的描述、Milne(1897)对水下垮塌冲断电缆的首次发现和 Johnson(1938)引入浊流(turbidity current)概念为代表。

(2)1950—1960 年代，理论体系建立阶段。以 Kuenen 和 Migliorini(1950)提出浊流是正递变层理的成因为起点，以现代海洋浊流沉积的发现(Heezen 和 Ewing，1952)和颗粒流(Bagnold，1954)、浊积岩(Turbidite)(Kuenen，1957)、碎屑流(Crowell，1957)概念的提出以及“鲍玛序列”的建立(Bouma，1962)为代表。

(3)1970 年代，沉积模式建立阶段。以 Normark(1970)引入的现代扇模式、Mutti 和 Ricci(1972)建立的古代扇模式和 Walker(1978)提出了海底扇综合沉积模式为代表。此外，该时期 Hampton(1972)首次开展了水下碎屑流的沉积物理模拟实验，证明了沉积物中仅含 2% 黏土时仍然可以形成碎屑流沉积，开始对水下碎屑流的深入研究。

(4)1980—1990 年代，工业应用与质疑阶段。以 Kvenvolden(1981)对深海成因的油气成因探讨为起点，开始根据实际资料不断修正早期模式，建立新的沉积模式。在相序模式方面，Bouma(1962)建立“鲍玛序列”之后，Lowe(1982)针对砾质和砂质“高密度浊流”，Stow 和 Piper(1984)针对细粒低密度浊积补充建立了对应相序模式。在沉积模式方面，Reading 和 Richards(1994)提出基于沉积物组成和供给系统的重力流沉积模式，展现了重力流沉积的复杂性。Shanmugam(1996)提出了“砂质碎屑流(sandy debris flow)”，重新认识“高密度浊流”中底部流体的性质，提出将碎屑流细分为砂质碎屑流和泥质碎屑流的新思路。

(5)2000 年后，理论再认识阶段。现代河流中异重流和现代水下重力流沉积过程的监测，深化了人们对重力流沉积触发机制及其沉积过程的认识(Mulder 等，2003；Kazava 等，2010)。此外，长期工业化应用和野外露头的研究揭示了重力流沉积过程的复杂性，提出了“混合海底流(hybrid submarine flows)”及其沉积响应——“混合事件层(HEB，hybrid event bed)”(Haughton 等，2009；Talling，2013)等新的概念。这些新概念的提出，促进了对重力流沉积模式的重新思考与发展。

(二)沉积物重力流的类型

根据不同的划分标准，重力流有以下不同的分类体系(赵澄林等，1988)。

(1)按物质来源，可分为陆源碎屑型、碳酸盐碎屑型、火山碎屑型。

(2)按触发机制，可分为洪水型、滑塌型、火山喷发型。

(3)按颗粒支撑机制，可分为泥石流、碎屑流、颗粒流、液化沉积物流、浊流。

(4)按照形成环境，可分为海洋重力流、湖泊重力流、陆地重力流等。

Kruit(1975)和 Nardin 等(1979)认为，无论陆源碎屑型或内源碳酸盐型沉积物重力流，从岩崩、滑坡、块体流到流体流，在力学性质上均可构成弹性、塑性、黏性块体运动过程的连续统一体(表 7 -2)。

表 7 -2　根据力学性质划分的块体搬运类型(据 Nardin，1979)

<table>
<tr><th colspan="4">块体搬运作用</th><th>力学性质</th><th>沉积物搬运和支撑机理</th><th>沉积物构造</th></tr>
<tr><td colspan="4">岩崩</td><td rowspan="2">弹性</td><td>沿较陡的斜坡以单个碎屑自由崩落为主，滚动次之</td><td>颗粒支撑的砾石，无组构，在开放网络中杂基含量不等</td></tr>
<tr><td colspan="2" rowspan="2">滑坡</td><td colspan="2">滑动</td><td>沿不连续剪切面崩塌，内部很少发生形变或转动</td><td>层理基本上连续未变形，可在趾部和底部发生某些塑性变形</td></tr>
<tr><td colspan="2">滑塌</td><td>塑性界限</td><td>沿不连续剪切面的崩塌，伴有转动，很少发生内部形变</td><td>具有流动构造，如褶皱、张断层、擦痕、沟模、旋转岩块</td></tr>
<tr><td rowspan="5">沉积物重力流</td><td rowspan="2">块体流</td><td colspan="2">岩屑流</td><td rowspan="2">塑性</td><td rowspan="2">剪切作用分布在整个沉积物块体中，杂基支撑强度主要来自黏附力，次为浮力，非黏滞性沉积物由分散压力支撑，流动高浓度时呈惯性，低浓度时呈黏性，一般发育在较陡的坡度</td><td>杂基支撑，随机组构，碎屑的粒级变化大，杂基含量不等，可有反向粒级递交，流动构造，撕裂构造</td></tr>
<tr><td>颗粒流</td><td>惯性
黏性</td><td>块状，长轴平行流向并有叠覆构造，近底部具有反向递变层理</td></tr>
<tr><td rowspan="3">流体流</td><td colspan="2">液体流</td><td>流体界限</td><td>松散的构造格架被破坏，变为紧密格架，流体向上运动，支撑非黏性沉积物，坡度大于 3</td><td rowspan="2">泄水构造，砂岩脉，火焰状—重荷模构造、包卷层理等</td></tr>
<tr><td colspan="2">流化流</td><td rowspan="2">黏性</td><td>孔隙流体逸出支撑非黏性沉积物，厚度薄(小于 10cm)，持续时间短</td></tr>
<tr><td colspan="2">浊流</td><td>由湍流支撑</td><td>鲍玛序列等</td></tr>
</table>

下面介绍沉积物重力流的细分方案。

1. 基于颗粒支撑机制的重力流分类

Middleton 和 Hampton(1973、1976)按支撑机理把沉积物重力流划分为碎屑流(泥石流)、颗粒流、液化沉积物流和浊流 4 种类型(图 7 -16)。该分类提出早、影响大，是目前沉积学界沉积物重力流影响最广的分类方案。

1)碎屑流

碎屑流(debris flow)的概念最早由 Crowell(1957)提出，指一种砾、砂、泥和水混合，由基质强度支撑的沉积物重力流。泥和水混合组成的杂基具有一定的屈服强度，支撑着砂、砾，使之呈悬浮状态被搬运(图 7 -16)。因此，基质强度(matrix strength，泥质—水基质的内聚力)支撑是碎屑流的主要特征。碎屑流的搬运能力是基质强度和密度的函数，基质强度和密度越大，搬运能力越强，能搬运的颗粒越粗。

碎屑流不仅广泛发育于陆上，而且大量形成于海洋、湖泊等水下环境。在中国，山麓环境中形成的碎屑流也称为泥石流。如果流体中含粗碎屑很少则称为泥流，其以水和黏土的混合物为主，一般比泥石流少见。泥石流或泥流中含水量约 40% ~60%，密度为 2.0 ~ 2.4g/cm^3，黏度可高达 190Pa · s(纯水仅 0.001Pa · s)。相对陆上碎屑流而言，对水下碎屑流的研究较晚，直到 Hampton(1972)通过物理模拟实验研究了水下碎屑流的动力学特征和碎屑流—浊流之间的转换关系，才开启了对水下碎屑流的科学研究。

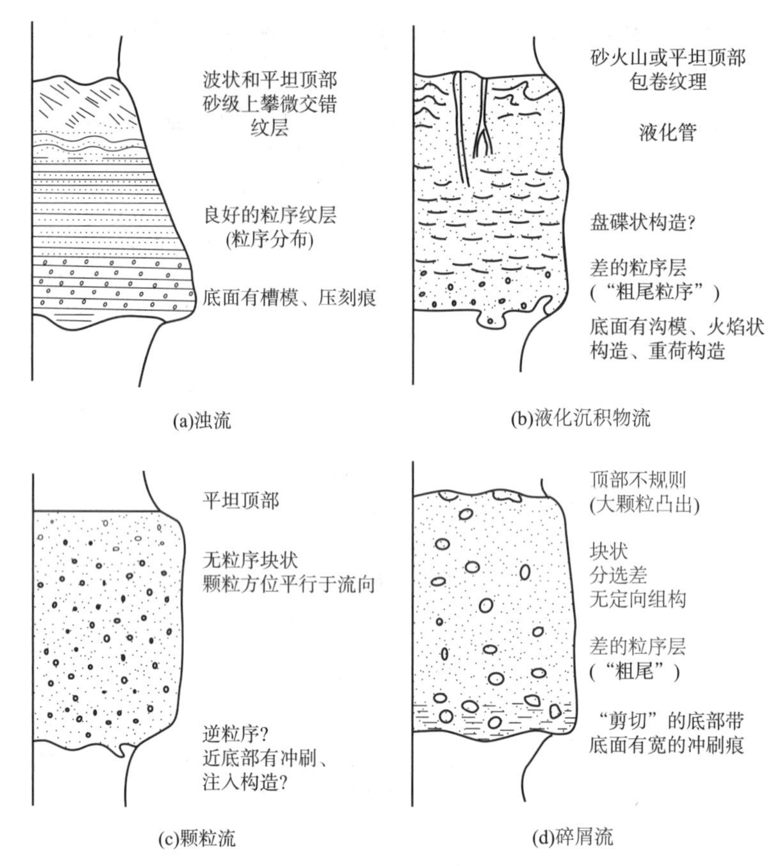

图 7－16　单一支撑机制形成的沉积物重力流沉积结构、沉积构造和接触面的垂向序列
（据 Middleton 和 Hampton，1973、1976）

2）颗粒流

颗粒流（grain flow），又称沙流（sand flow），最早由 Bagnold（1954）提出，指由颗粒互相碰撞（grain interaction）产生的分散应力支撑碎屑颗粒的一种沉积物重力流。这种分散应力可以支撑粗砂和砾石，因而颗粒流沉积中也常含有较粗大的颗粒。

颗粒流沉积物的粒度范围可以由黏土到砾石，但主要是砂质沉积。其规模通常不大，砂级颗粒流沉积的厚度通常仅数厘米，含砾的颗粒流沉积厚度一般也仅数十厘米，粒间基质含量很少，其中下部可发育下细上粗的反递变层理，其顶部则仍常出现正粒序，底面上可见底模（图 7－16）。

自然界中颗粒流常见于沙漠环境沙丘中，也可发育于水下环境。由于颗粒流的形成要求坡度较高，而沉积盆地中并不常具备这种条件，因此颗粒流沉积并不常见。

3）液化流

液化流（liquified flow）或液化沉积物流（fluidized sediment flow），又叫流体化流（fluidized flow），是超孔隙压力引起的向上粒间流支撑砂级颗粒的流体流。

液化沉积物流由粒间超孔隙压力的流体向上逃逸产生的迁移力支撑颗粒。形成液化沉积物流沉积的关键条件是快速堆积和沉积物中饱含水，多发生在沉积物较细的情况下。沉积物形成后，其上覆沉积物的压力通过颗粒传递使沉积物固结，这种压力称有效压力。沉积物本身还有一种孔隙压力，是通过孔隙溶液传送的。当孔隙压力等于沉积物中流体的静水压力时，沉积物保持稳定平衡。如沉积物沉积较快，其中水分来不及排除，或者从外部渗流进入孔隙空间的水分过多，都可造成孔隙压力大于沉积物中流体的静水压力而降低沉积物的固结强度，甚至引起内部沸腾化。这样，沉积物中的流体就连同颗粒一起向上移动，变得像流沙一样，即所谓"液化"。在此过程中，部分流体会上逸至砂的表面。在重力作用下，沸腾化的沉积物沿3°或4°以上的斜坡迅速运动，形成液化沉积物流。在流动过程中，孔隙压力很快消散，液化沉积物流减速，可直接堆积层状悬浮沉积物，堆积物常为颗粒支撑的细砂和粗粉砂，呈块状或具泄水构造，其他特征包括各种底面铸模、火焰状构造、包卷层理和砂火山等(图7-16)。若液化流加速导致紊动，则向颗粒流或浊流转化。

液化沉积物流沉积整层通常为块状，底部稍显正粒序，向上有不太发育的平行纹理，再向上为发育的碟状构造段，有时可见泄水管构造(图7-16)。单元层顶底界面清楚，与上下层呈突变接触，但无明显的侵蚀面，底可具沟模。以中、细砂岩为主，成分及结构成熟度均低，单层厚1m左右。

4)浊流

浊流(turbidity current)的概念最早由Johnson(1938)提出，用来描述一种含有较多泥沙的流体流动的自然现象。后来，浊流指沉积物由流体湍流(fluid turbulence)悬浮支撑的一种沉积物重力流(Sanders，1965)。浊流通常是一种快速移动的水下流体，由于其密度比周围水体大，携带沉积物的水体沿着斜坡向下流动。浊流的驱动力来自作用于悬浮的高密度沉积物中的重力。半悬浮的固体使含沉积物水体的平均密度大于周围未受扰动的水的平均密度。当这些流体流动时，常常具有"雪球效应"(snow-balling-effect)，冲刷和侵蚀流经的底床，从而在流体中汇聚更多的沉积颗粒。

浊流通常发育于陡峭的水下斜坡、海沟斜坡及被动大陆边缘的陆坡，触发于海底地震产生的斜坡不稳定性。当流速增大，则湍流增加，携带沉积物增多。随着深海探测的开展，人们已知在远离大陆的洋底有大量浊流存在。海洋中的大规模的浊流一般属于突发的或阵发性的，具高速度和高密度，其沉积物一般为砂级物质(甚至含有卵石)与黏土成软泥互层。

2. 其他沉积物重力流分类

1)砂质碎屑流的提出及沉积物重力流分类

高黏土含量(或富黏土杂基)并非碎屑流形成的必要条件。Hampton(1975)通过物理模拟实验表明，在黏土含量2%甚至更低的情况下，仍然可能快速流动形成细砂质碎屑流沉积。Shanmugam(1996、2000)在Hampton(1975)和Shultz(1984)等研究基础上，将黏土含量低、砂质颗粒含量高的碎屑流定义为"砂质碎屑流"，而将传统的碎屑流称为"泥质碎屑流"。

Shanmugan(1996)认为液化流往往是形成其他重力流的过程或改造性作用，不能独立作为一种重力流。据此，将沉积物重力流分为颗粒流、浊流、砂质碎屑流和泥质碎屑流(图7-17)。

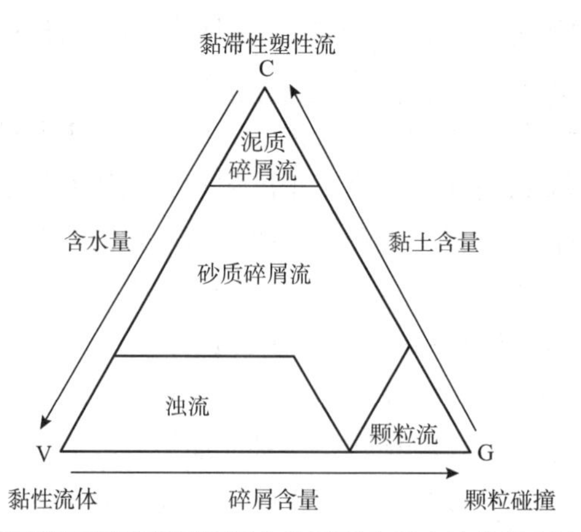

图 7－17　基于砂质碎屑流与泥质碎屑流细分的沉积物重力流分类（据 Shanmugan，1996）

砂质碎屑流是介于传统（泥质）碎屑流和颗粒流之间的过渡类型，代表了黏性和非黏性碎屑流之间的连续作用过程，从流变学特征看属于塑性流，其中颗粒由基质强度（黏土—水基质的内聚强度）、分散压力（由颗粒碰撞产生的摩擦强度）和浮力（由水和细粒物质混合产生）共同支撑（Shamugam，1996）。物理模拟实验（Marr 等，1997）及在 Canary 岛 0. 05 度的微斜坡上观测到的 400km 砂质碎屑流搬运（Gee 等，1999）均验证了砂质碎屑流的存在及解释的合理性。砂质碎屑流可能是基质含量低、洁净的水下块状砂岩的成因。

物理模拟实验揭示"高密度浊流"可以分为下部碎屑流和上部浊流两部分（Postma 等，1988）。据此，Shamugam（1996）提出了"高密度浊流"并非一种单一流体，而是由砂质碎屑流和"低密度浊流"复合而成的新认识（图 7－18）。

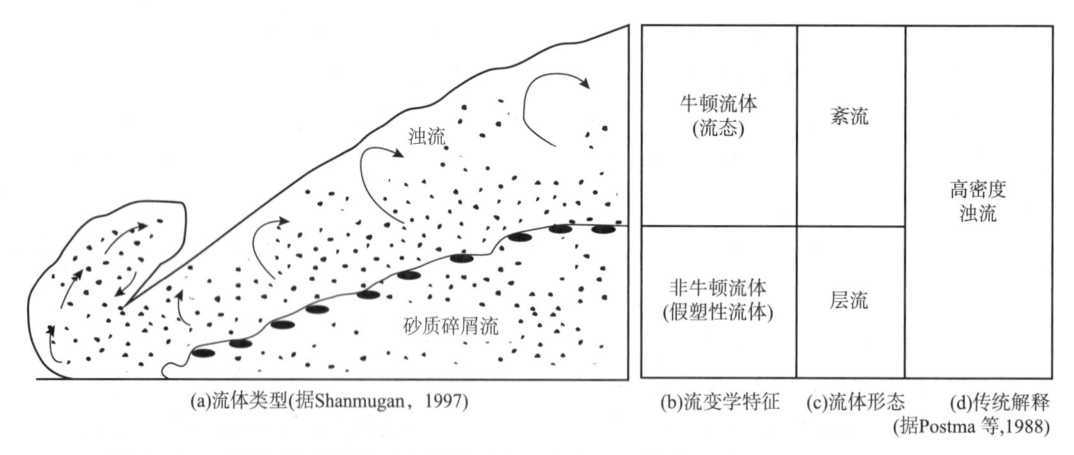

图 7－18　基于物理模拟的砂质碎屑流与浊流分层解释模型（据 Shanmugam，1997）

2）高密度流、超高密度流的提出及重力流分类

经过 20 世纪 80～90 年代的积累，Mulder 和 Alexander（2001）基于流体密度、颗粒支撑机制提出了水下沉积密度流从浊流、浓密度流、超浓密度流到碎屑流的四分体系（图 7－19）。与上述讨论中认为碎屑流存在非黏结性的认识不同，作者强调了只有黏结流体方可称为碎屑流。该分类很简单，体系完整，回避了"高密度浊流"中流体分层后底部层流部分流体性质的问题，但"浓密度流"的识别标志不清楚，在实际操作中识别难度较大。

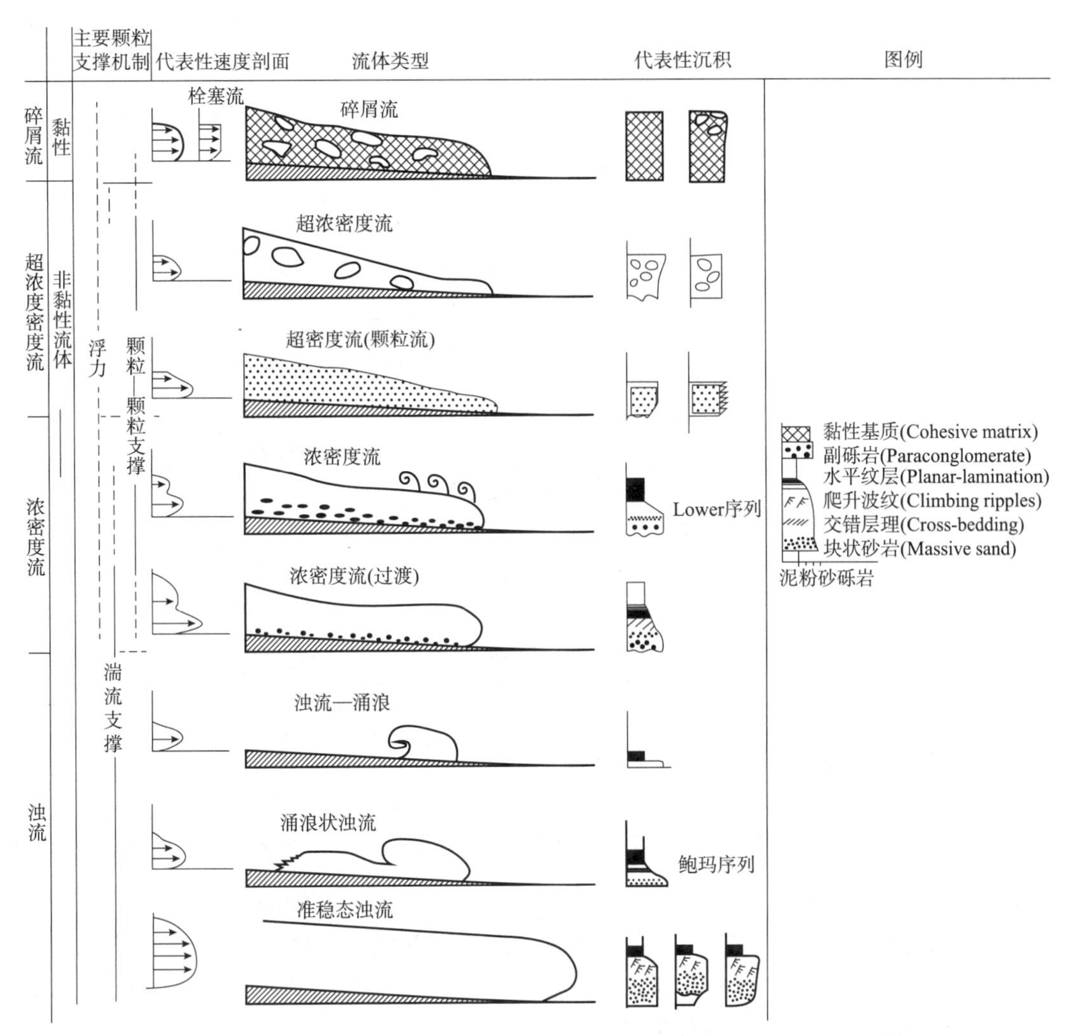

图7-19 根据沉积物浓度、流变行为和颗粒支撑机制的沉积物密度流分类图解
(据 Mulder 和 Alexander, 2001)

3)复合流体或混合流体(composite flow 或 hybrid flow)与重力流分类

近期的研究表明，浊流与碎屑流之间存在连续性的变化或过渡发育过程(Dasgupta, 2003)，进而提出了兼具浊流和碎屑流动力学特征的混合沉积物重力流(hybrid sediment gravity flow)(Haughton 等，2009)或混合海底流(hybrid submarine flow)或复合流体(composite flow)(Talling, 2013)的概念及其沉积形成的混合事件层(HEB, hybrid event bed)(Haughton 等，2009)。混合事件层是指由同期重力流发生流体转换事件而形成的成因上存在关联、流变学性质及其沉积形成的岩性、结构、构造上存在明显差异的浊流沉积与碎屑流沉积的垂向组合(谭明轩等，2016)。混合事件层的发现为具有碎屑流和浊流双重沉积特征的流体转化沉积提供了更为合理的成因解释，同时也极大推动了重力流的流变学、流体转化及沉积过程等研究的发展。

通过对北海盆地北部等地区深水沉积岩芯与露头的研究，识别出一种同时包括浊流和海底碎屑流的特殊流体，被称之为混合海底流(hybrid submarine flow)(Haughton 等，2009)。该种流体是紊流支撑的浊流与基质强度支撑的碎屑流之间的过渡性流体，其流体性质和流速剖面特征均介于碎屑流与浊流之间(图7－20)。由于搬运过程中对沿途沉积物的侵蚀作用和砂质沉积物的沉积作用引起的沉积物浓度变化，可导致流体中泥质含量升高而出现浊流向碎屑流转换的现象。考虑其流体性质更接近浊流或碎屑流，复合流体(composite flow)可以细分为三种，其沉积响应存在明显差异(图7－20)(Haughton等，2009)。

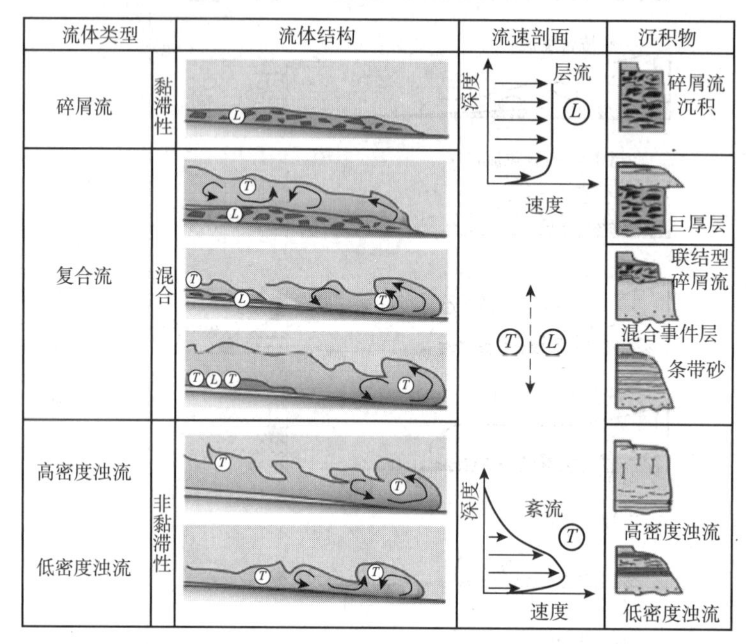

图7－20　考虑碎屑流与浊流间复合流体的重力流分类方案(据Haughton等，2009)

Talling等(2007)首次报道了西北非近海中单次流动距离达1500km的混合重力流，这种重力流沉积中发育“联生碎积岩”，并认为这种流体是由浊流转化而来。Haughton等(2009)、Talling(2013)综合多地深水沉积的相关研究，提出了混合事件层的“五段式”正韵律沉积序列，进一步丰富了混合重力流的转化过程。

二、沉积环境与形成条件

(一)重力流发育环境

自然界中，重力流(gravity flow)沉积除了大量发育在半深海至深海环境以外，还经常发育于湖泊、冲积扇等陆相环境中。

1. *冲积环境与重力流沉积*

当山谷发生季节性洪水、溃坝作用或者山体滑坡时，均有可能形成携带大量陆源碎屑物质的山区泥石流事件。泥石流也称碎屑流，是一种具有黏滞性能、主要由基质强度支撑的陆上沉积物重力流。在中国的西部和北部、中东阿富汗等许多气候干旱地区，泥石流事件频发，成为一种影响广泛、破坏能力强的地质灾害。

在气候干旱的山区形成的泥石流除了少量沉积于山谷内以外，大部分受山区高坡降背景下重力作用的影响而持续搬运进入到山前冲积平原。由于地势突变，进入冲积平原的山区泥石流速度快速降低，在山前冲积扇的扇根、主河道及部分辫状河道内发生快速沉积而形成厚度较大、边缘明显而较陡(与其冻结式沉积作用有关)的泥石流沉积。受季节性洪水等因素控制的泥石流沉积常与洪水间歇期的牵引流沉积交互出现于冲积扇沉积剖面中。

泥石流中碎屑物质及其中黏土物质的含量变化大。当其中总沉积物含量降低或粗碎屑含量低而细碎屑含量增高时，其流变学性质将发生很大的变化，可以形成薄而广的席状到厚而窄的舌状体沉积。

受到山区泥石流性质、规模、持续时间及支流汇聚等因素的影响，山前泥石流的搬运距离、沉积位置及沉积特征表现出多变性。除了大部分泥石流沉积于冲积扇环境外，在其前端发育的辫状河中也可能在特大泥石流事件后发生泥石流、甚至浊流沉积。

关于冲积环境中重力流沉积特征，详见第五章第四节内容。

2. 三角洲与重力流沉积

三角洲是河流进入湖泊或海洋后由其所携带的碎屑物质所建造的部分暴露、部分沉没于水下的沉积产物。从陆上的三角洲平原进入到水下的三角洲前缘，形成了一个坡度从3°~5°到大于20°沉积斜坡(clinoform)区。坡度的变化与三角洲发育背景关系密切，从正常三角洲到陆架边缘三角洲，其沉积斜坡的坡度、高度、规模存在巨大差异。

三角洲环境中河流的注入和前缘斜坡的发育，为沉积物重力流的形成提供了物质和环境基础。当受到地震、风暴、海啸、火山喷发等因素的触发时，三角洲前缘的沉积斜坡可能发生滑动(sliding)与滑塌(slumping)，引发大规模碎屑物质二次搬运与沉积，形成滑塌型重力流沉积。此外，受洪水作用影响，河流注入的水体可能富含泥沙而形成高密度流体(异重流)，进入前缘斜坡后坡度变大而沿底部加速形成一种持续时间较长的浊流事件。

1)滑塌作用与重力流

由于沉积迅速、欠压实、饱含水且规模较大(大型河流体系的沉积物注入以每年几千万吨来计量)，而且存在前缘沉积斜坡和持续不断的加积及进积作用，三角洲河口沉积物位于重力势能改变、破坏或重新活动的理想位置，稳定性差，极易发生失稳而形成滑塌型重力流沉积。

由于基准面的波动，三角洲沉积中砂岩、泥岩互层特征明显，这加重了三角洲前缘斜坡的不稳定性。伴随着三角洲前积作用，越来越重的、迅速沉积的上覆砂增加了下伏三角洲泥的负荷，产生密度倒置，形成过度负载(overload)。三角洲的前积作用也可能导致沉积斜坡过陡而产生重力滑动、滑塌。此外，泥中含水率高(可达60%)而具有可塑性，以及前三角洲泥中有机质的生物化学生气作用，均加剧了三角洲前缘斜坡沉积物的变形和流动能力。

当然，地震、海啸等地质事件可能才是三角洲前缘斜坡发生滑塌作用的最重要的触发机制。因此，在断裂活动频繁的裂谷盆地，各级断层的活动可以触发三角洲沉积产物发生规模不一的滑塌作用，导致三角洲前缘或平原的沉积物重新活动而向坡下搬运、沉积的现象。

沉积物一旦被携带，就可能以块体流或浊流沿三角洲斜坡向下运动，在前三角洲环境中沉积或过路进入下邻的斜坡/盆地中。因此，三角洲前缘层序可能呈现出多变的沉积特征，例如广阔的席状砂、陡峭的或平卧的褶皱层、递变层理、球枕构造和底面印痕。这些组合特征与海底斜坡体系相似，导致前三角洲与斜坡体系的边界很难确定。从古地理以及经济的观点来看，三角洲前缘斜坡的滑塌体系形成了一个独立的水下沉积物分散体系，它能将大量的陆源碎屑沉积从其原始沉积位置推至斜坡和盆地的底部。在构造活动盆地边缘，重力流搬运会成为一种具重要意义的、甚至是主要的三角洲破坏作用。

在渤海湾盆地的东营凹陷沙河街组中发育规模较大的东营三角洲，至少发育了6期三角洲的前积作用，与之伴生的是在半深湖—深湖中发育了数量众多的浊积岩油藏，上报探明储量至少5×10^8t，成为湖相沉积盆地岩性油气藏勘探开发的重要领域(鲜本忠等，2016)。

波浪、潮汐活动和重力滑塌作用会持续地对三角洲地区的岸线进行改造。以沉积朵体的生长为特征的三角洲建设作用和重力滑塌为特征的三角洲破坏作用是交替进行的。其过程受到海平面(或湖平面)升降、沉积物供给速率、构造活动强度等因素的联合控制，具有较强的规律性。

2)洪水作用与重力流

除了早期三角洲沉积物的滑塌作用可以形成重力流外，洪水期河水悬浮沉积物浓度增大也可导致异重流的发育而形成的一类特殊的重力流沉积。异重流(hyperpycnal flows)是指河流因携带大量沉积物而导致其密度大于汇水体密度而产生密度差、形成沿汇水体底部流动的一种高密度流体(Bates，1953)。在自然界，由受洪水触发形成的异重流从河口到汇水盆地主要经历“早期沉积—侵蚀过路—晚期沉积”的沉积过程，在沉积近端以侵蚀充填沉积为主，远端以持续沉积为主。

控制该类重力流发育的关键在于河水密度需要高于受水体(湖泊或海洋)密度。考虑到湖泊与海洋水体密度不同，以及不同类型湖泊水体密度的差异，不同受水体中形成异重流的河水密度或沉积物浓度要求也存在明显的差异。一般地，在正常海水中形成异重流的沉积物浓度为35～45kg/m^3，而在淡水湖泊中形成异重流的沉积物浓度仅需超过1kg/m^3(Mulder等，2003)。异重流形成的相关沉积岩统称为异重岩(hyperpcynite)(Mulder等，2003)。

异重流的形成及其沉积主要受地形、气候、物源的控制，地形高差大、半干旱气候条件、丰富的细粒悬浮沉积物供给有利于异重流形成(杨田等，2015)。异重流研究丰富和完善深水重力流的认识，并为探究古气候变化、古洪水作用规律和合理建立深水重力流沉积模式、指导深水常规和非常规油气勘探提供了依据(Xian等，2018)。

3. 深水沉积环境与重力流沉积

一般地，重力流主要发育于海洋环境中的深水环境——陆坡及大洋盆地，即半深海—深海环境。

半深海又称次深海，位置和深度相当于大陆坡，是浅海陆棚与深海环境的过渡区。平均坡度为4°，最大倾角可达20°。大多数情况下，大陆坡具有界线清楚的洼地、山脊、阶梯状地形或孤立的山，有时被许多海底峡谷所切割。大陆坡上的海底峡谷横断面呈“V”字形，可以从陆棚一直延伸到大陆坡。海底峡谷是陆源沉积物搬运的主要通道。海底峡谷的前端经常发育海底扇。

深海分布于深海平原或远洋盆地中，通常是一些较平坦的地区，水深在2000m以下，平均深度为4000m。在有些地区由于火山的发育而形成海山(可高出海底1km)、平顶海山(被海水夷平的海山，一般被淹没于水下)、海丘(其突起程度较海山小)。大洋盆地中有一些比较开阔的隆起地区，其高差不大，无火山活动，是海底构造活动比较宁静的地区，称海底高地或海底高原。无地震活动的长条形隆起区称为海岭。

除了深水的海洋环境外，在湖泊中波基面(或风暴波基面)以下的半深湖—深湖环境也是重力流较为发育的一类深水沉积环境。在湖泊沉积中，三角洲的前三角洲泥与半深湖—深湖的界限难以明确。加之湖泊中风浪较小，波基面深度一般只有数米至十几米。因此，一般将三角洲前缘斜坡之前的区域都理解是湖泊中重力流发育的有利环境。受深水区范围和水深有限等因素的影响，湖泊中重力流沉积的规模一般较小。但如果物源供给充分，在深水区较大的湖泊中重力流沉积的规模也可以非常可观，比如在中国中部的鄂尔多斯盆地延长组7段中重力流沉积的面积可以达到$3\times10^4km^2$以上，成为该盆地中非常重要的油气勘探开发领域(Chen等，2021)。

值得注意的是，世界上陆续报道了在特殊情况下浅海陆棚环境中也可以发育规模可观的重力流沉积，比如中国南海海域的莺歌海盆地(王华等，2015；Wang等，2021)。

4. 火山喷发与重力流沉积

火山喷发为地表提供了一类新的物质来源和动力条件。尤其是爆发式火山喷发提供的火山碎屑物质及不同动力条件、不同环境下的喷发、沉积过程为我们了解和认识火山喷发引发的重力流沉积作用提供了机会。在火山学中，根据喷发能量的来源，将喷发样式分为岩浆喷发(magmatic eruption)、射汽喷发(phreatic eruption)和岩浆—射汽喷发(phreatomagmatic eruption)三种。后两种意味着地表水或近地表的地下水的广泛参与，主要取决于岩浆/水的比率(Lorenz，1973；Wohletz，1986)。

在火山学中，根据火山碎屑物质的搬运和沉积过程，可以分为空落沉降沉积和喷发供给型密度流沉积两大类。其中，喷发供给形成的密度流又可以根据碎屑成因和搬运的样式细分为火山碎屑流、喷发供给密度流和熔浆流供给密度流3种类型(White，2000)。

1)火山碎屑流

主要由火山喷发柱及其垮塌形成，形成气体支撑的高密度流流体。由于火山碎屑流浓度高且具有较短暂的高温环境，导致部分浆屑或玻屑的塑性变形存在，形成(含角砾)熔结凝灰岩(Kokelaar和Königer，2000；Kokelaar和Busby，1992)。

2)喷发供给的密度流

属于岩浆—射汽喷发，是间歇性爆发过程中较高—低浓度的、水体支撑的火山碎屑物流动而成，根据碎屑浓度变化具体包含高—低密度浊流、颗粒流和碎屑流，形成块状沉积或具鲍玛序列的火山碎屑岩。

3)熔浆流供给密度流

由水体支撑、动力—热力淬火作用和剥离作用而成，水蒸气膨胀所成气泡可能在其部分层中发育(White，2000；Kano等，1996)。

除了上述环境外，雪崩、岩崩、沙丘环境中也发育有不同规模的重力流沉积。

(二)重力流形成条件

有利于形成沉积物重力流的条件包括以下四个。

1. 足够的水深

足够的水深是保证重力流沉积物形成后不再被冲刷破坏的必要条件。因为形成重力流沉积的环境不同，有助于重力流沉积保存的水深也存在差异。Galloway(1996)认为，以重力流沉积为重要特征的大陆斜坡及坡底沉积体系主要形成于陆架坡折以下的相对深水区。一般认为，在被动大陆边缘型盆地水深1500~1800m有利于半深海—深海环境中重力流沉积的保存，但在大洋拉分盆地中这个深度可能会更小些。对于水体较为封闭的浅海陆棚环境和陆相的湖泊环境中的重力流沉积而言，常缺乏海流或洋流，风暴波基面之下即可得以较好保存。

此外，由冲积环境中泥石流的发育可知，重力流并非仅发育于水下环境。因此，足够的水深仅是有利于水下重力流沉积物保存的条件。

2. *足够的坡度角和密度差*

为保持足够的重力驱动，要求有稳定的补给能量，即适当的坡度。足够的坡度角是造成沉积物不稳定和易受触发而作块体运动的必要条件。通过对现代海底发生滑动、滑塌作用的斜坡坡度的统计表明，大部分滑动、滑塌发生于坡度为1°～4°的缓坡背景下(Booth等，1993)。图7－21中，尽管存在部分滑动、滑塌发生于角度较大的斜坡上，但很少见到滑动和滑塌发育于坡度大于10°的斜坡，这可能与研究区海底地形自身特征有关。

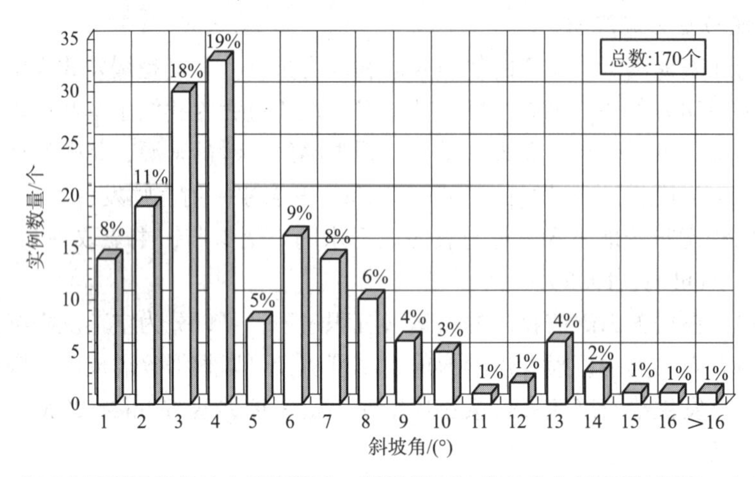

图7－21　美国大西洋陆架斜坡中海底滑动、滑塌发育坡度角分布频率图(据Booth等，1993)

大多数滑动出现在坡度小于4°的缓坡中

需要说明的是，形成沉积物重力流和继续保持重力流流动的坡度需求不同，前者较大，而重力流一旦形成却可以在坡度小(甚至小于0.05°)很多的海底或湖底继续流动很远的距离。

此外，不同的沉积物重力流中沉积物含量不同，其密度也不同。由于沉积物的重力作用是驱动流体运动的主要动力，因此重力流与受水体的密度差与地形坡度之间存在互补关系。有效的密度差与地形坡度结合，引起侧向流动。流体运动又反过来在流体中支撑沉积物呈悬浮状，不至于沉淀下来而使浊流消散。

3. *充沛的物源*

充沛的物源也是形成沉积物重力流的必要条件。洪水注入的碎屑物质、火山喷发—喷溢物质、浅水或斜坡的碎屑物质和碳酸盐物质发生滑坡、垮落以及风暴浪作用等，都可为沉积物重力流提供物质来源。

物源的成分影响重力流沉积的类型。随着物源成分的变化，重力流沉积物的类型也按规律变化。陕西洛南上张湾罗圈组重力流沉积物由下部的碎屑流和颗粒流演化到上部的浊流，相应的碳酸盐物质成分减少，陆源碎屑物质成分增多，表现出渐变的演化过程。

4. *一定的触发机制*

重力流沉积物的形成属于事件性沉积作用，起因于一定的触发机制，诸如在洪水、地震、海啸巨浪、风暴潮和火山喷发等阵发性因素直接和间接诱导下，会导致块体流和高密度流的形成。除洪水密度流直接入海或入湖外，大多数斜坡带沉积物必须达到一定的厚度和重量，再经滑动—滑塌等触发机制，才能形成大规模沉积物重力流。当重力剪切力超过沉积物抗剪强度时，引起斜坡沉积物重新启动；当重力剪切力超过摩擦能量损失时，已经运动起来的沉积物发生重力加速运动；只要重力仍作为流动的主动力，搬运作用就会继续，并可能会将沉积物搬运到盆地底部。

一些研究者认为，在大陆边缘斜坡处的沉积物通常不稳定，地震、海啸、风暴浪、滑坡等种种原因会造成大规模水下滑坡，使沉积物在滑动和流动过程中不断与水体混合，并在重力作用推动下不断加速，同时掀起和裹挟周围的水底沉积物增大自身体积，逐渐形成高密度的浊流。自从发现1929年加拿大Grand Banks地震引发滑塌(slumping)和滑动(sliding)形成浊流、导致著名的海底电缆中断事件以来，在Cascadia俯冲带、北San Andreas断层、欧洲及北美湖泊、日本湖泊及海洋地区地震触发的浊积岩时有发现。

此外，当河水中悬浮沉积物浓度增大导致的河水密度大于稳定水体(海洋或湖泊)时，也能在河口区及前端深水环境形成一种特殊的浊流，称为异重流(hyperpycnal flow)。大多数河流在风暴(storms)、洪水(flood)、冰川爆发(glacier outbursts)、堤坝决口(dam breaks)和火山泥流(lahar flows)等异常事件下才会产生异重流。

三、沉积特征与沉积模式

(一)重力流沉积特征

重力流沉积常指不同类型重力流沉积的综合。与此相关的另一个概念是浊积岩。当前，学术界和工业界对浊积岩(turbidite)存在两种理解：广义的浊积岩和狭义的浊积岩。

广义的浊积岩泛指各种重力流成因的沉积物或沉积岩。按成因和组构特征，可将广义浊积岩(重力流沉积物)划分为若干类型，每一种类型有其自身的成分、结构、构造特征。

狭义的浊积岩仅指由浊流形成的沉积物或沉积岩。因为浊流只是沉积物重力流中的一种类型，所以狭义的浊积岩也只是广义浊积岩中的一部分。通常，狭义的浊积岩被称为典型的浊积岩，其他的浊积岩则被称为非典型浊积岩。

1. 重力流沉积基本特征

本小节讨论的重力流沉积即广义的浊积岩。

1)岩石成分

物源的成分和搬运过程中的分异作用决定重力流沉积物(岩)的成分特征。沉积物重力流可以发育于从冲积扇到湖泊、海洋等多种环境，因此其沉积产物的矿物成分差异较大，成分成熟度可以从很低到很高。一般地，陆相(含湖泊)中重力流沉积产物中成分成熟度低，而海相中重力流沉积产物的成分成熟度较高。

2)沉积结构

虽然浊积岩与牵引流的矿物组成差异可能较小，但是二者的沉积结构特征却差异明显。

浊积岩的结构特征受重力流类型及碎屑物质的搬运、沉积方式的控制。由于重力流的主要搬运方式是悬浮、递变悬浮或块体搬运，沉积速率较快，甚至发生冻结式沉积，其中碎屑物质的分异度差，因此其杂基含量高、分选差，颗粒之间经常出现的杂基支撑便成为重力流沉积产物的重要特征。粒度的概率累积曲线图呈现一条斜度不大的直线或微向上凸的弧线，说明只有一个递变悬浮次总体，粒度范围分布很广，分选差(图7-22)。其特征在粒度的各项参数，如平均粒径、标准偏差、偏度和尖度等，以及由粒度参数所制作的概率图、$C-M$图、判别函数等方面均有良好反映。在$C-M$图上，浊流沉积的点平行于$C-M$线分布，属于粒度悬浮区，反映了递变悬浮为主的特征(图7-23)。

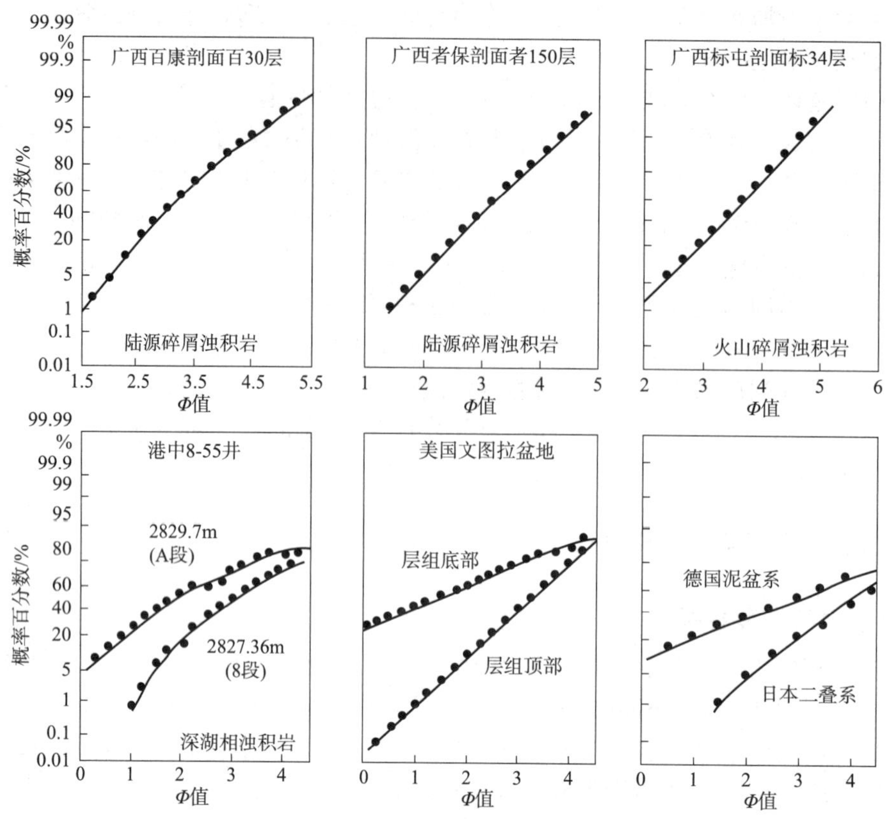

图7-22 重力流沉积的粒度累积概率曲线图特征
(据洪庆玉等，1979；转引自赵澄林等，2001)

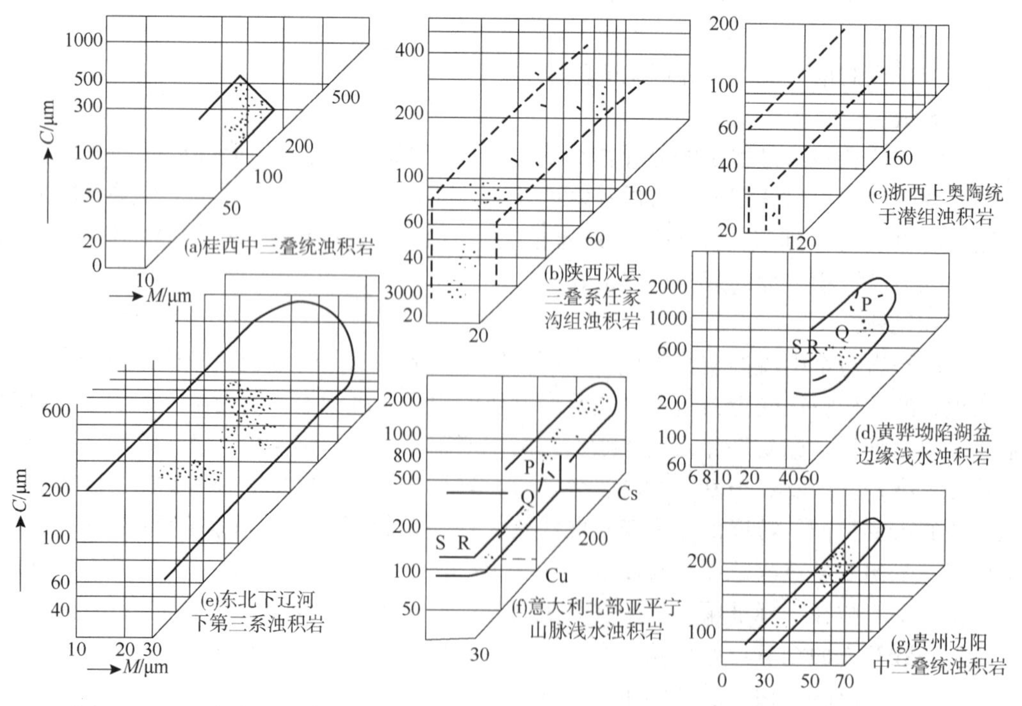

图7-23 重力流沉积的 C-M 图特征(据洪庆玉等，1979；转引自赵澄林等，2001)

当然，由于沉积物重力流实际可以分为搬运和沉积方式存在明显差异的多种类型。因此，不同类型的重力流沉积在杂基含量、颗粒接触关系、分选和磨圆、粒度参数等方面均存在较大差别，需要注意区分。

3)沉积构造

由于重力流沉积物(岩)的多样性，而导致其构造特征的复杂性。在重力流沉积物(岩)中，递变层理、叠覆递变层理、平行层理、波状层理、包卷层理、滑塌变形层理、块状层理常见，有时可伴有少量反映牵引流水流机制的交错层理和斜波状层理(表7-3)。

表7-3　浊积岩沉积构造成因分类

成　因	作　用	沉积构造名称
重力流流动	流体的侵蚀冲刷 携带物体的刻蚀、拖曳 跳动 滚动 不均匀负载	槽模 沟模 跳模、刷模、锥模 滚痕模 重荷模、火焰构造
重力作用	触发变形 滑塌—滑动	岩枕构造 滑塌褶曲、滑塌角砾岩
牵引流+重力流	牵引流与重力流复合	旋圈层理(包卷层理)
生物	动物觅食和栖居	生物扰动构造

除层理类型外，槽模、沟模、重荷模、撕裂屑、变形砾、直立砾、漂浮砾、液化锥、液化管、碟状构造、水下岩脉和水下收缩缝等特殊构造类型分布虽然并不普遍，但一旦出现就有良好的指相性。

除指示深水环境的实体化石如有孔虫、放射虫、钙质超微化石外，深水的遗迹化石如觅食迹、进食迹、耕作迹等更具良好指相性。

值得注意的是，不同类型的重力流沉积构造存在较大差异。比如，包卷层理、滑塌变形构造，证明发生滑动、滑塌和沉积物液化。浊流、碎屑流及混合流体的沉积构造及岩相特征详见后续相关内容的讨论。

2. 浊流沉积与鲍玛序列

浊流是水下环境中最常见的沉积物重力流类型，以液体的湍流支撑碎屑颗粒使之呈悬浮搬运状态进行流动。当海洋的浊流达到深海平原(洋底)等较平静的水域，浊流携带的颗粒就会沉降下来形成浊积沉流或浊积岩(turbidite)(Kuenen等，1957)。

浊流沉积(或浊积岩)是研究得最早的重力流沉积，也是研究最为透彻的重力流沉积。Bouma(1962)发现浊流沉积形成的浊积岩具有特征的层序，即鲍玛序列或鲍玛层序(图7-24)。一个鲍玛序列是一次浊流事件的记录。Middleton和Hampton(1976)对鲍玛序列沉积时的水动力学状态进行了解释，对其进行了完善。一个完整的鲍玛层序分为五段(图7-24)。

A段(T_a)——底部递变层段：主要由砂组成，近底部含砾石，厚度常较其他段大，是递变悬浮沉积物快速沉积的结果。粒度递变清楚，一般为正粒序，反映浊流能量衰减过程。底面上有冲刷—充填构造和多种印模构造如槽模、沟模等。实验证明，A段是经直接悬浮沉积作用由高密度浊流中堆积的。

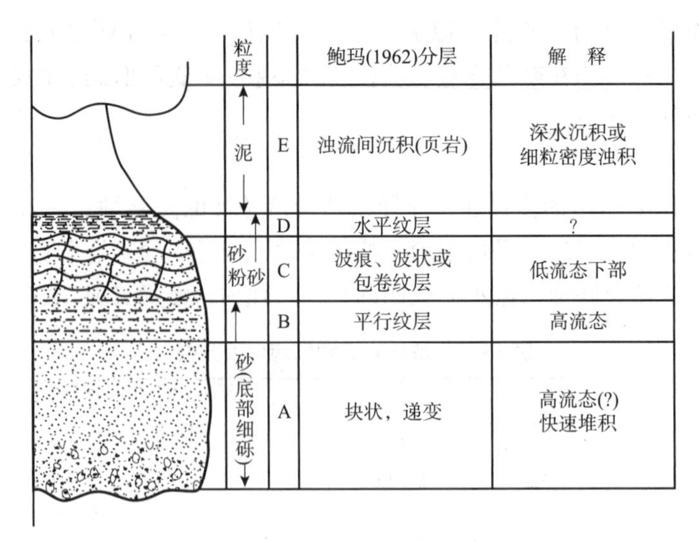

图7-24　鲍玛层序及其解释(据 Bouma，1962)

B段(T_b)——下平行纹层段：与A段粒级递变过渡，常由中、细砂组成，具平行层理，同时也具不大明显的正粒序。纹层除粒度变化外，更多的是由片状炭屑和长形碎屑定向分布所致，沿层面揭开时可见剥离线理。

C段(T_c)——流水波纹层段：与B段连续过渡，厚度较薄，常由粉砂组成，可含细砂和泥。发育小型流水型波纹层理和上攀波纹层理，并常出现包卷层理、泥岩撕裂屑和滑塌变形层理，表明在A段和B段沉积后，高密度浊流转变为低密度浊流，出现了牵引流水流机制和重力滑动的复合作用。C段与B段为连续过渡关系。根据B、C的牵引沉积构造，可知质点沉落床面的同时，伴随有底形沿流向上的运动。

D段(T_d)——上平行纹层段：由泥质粉砂和粉砂质泥组成，具断续平行纹层。此段反映更为直接的悬浮沉积作用，即主要是垂向沉落，但质点在堆积时或堆积前也因牵引流作用而产生微细纹层和结构分选。D段若叠于C段之上，二者连续过渡；若D段单独出现，则与下伏鲍玛单元间有一清楚界面。它是由薄的边界层流(一种低密度浊流)造成的，厚度不大。

E段(T_e)——泥岩段：下部为块状泥岩，具显微粒序递变层理，和D段均属细粒浊流沉积，为最细粒物质在深水中直接沉降的结果；上部泥页岩段，为正常的深海深水沉积的泥页岩或泥灰岩、生物灰岩层，含浮游生物及深海、半深海生物化石。显微细水平层理，与上覆层为突变或渐变接触。

Bouma(1978)推断浊积岩的各个层段在平面上呈舌状展布，较细的段比其下较粗的段有更大的展布面积，这是因沿流动方向上流速和粒径都逐渐减小造成的(图7-25)。鲍玛还指出，由于受到再一次浊流的侵蚀冲刷，或当第一次浊流发生沉积作用后不久又发生第二次浊流，后者前锋赶在第一次的尾部前沉积；或位于海底扇的末梢部分，则仅有上部层段的较细粒物质沉积，即浊积岩层序的完善程度由浊流的频率和强度所决定。结果就形成了缺失底部的层段、顶部层段被削蚀的或者顶部底部层段均缺失的各种层序，如ABCDE、BCDE、CDE、DE以及AB、BC、CD等各种层序。

自然界中，浊积岩的鲍玛层序常常因其形成后的多次浊流作用而发育不全。Bouma 认为有完整鲍玛序列的浊积岩仅占 10% ～20%，许靖华（1978）更认为序列完整的浊积岩不到 1%。

粒度对浊流中沉积物的搬运具有重要影响。对于由粗砂以上质点组成的浊流，当质点浓度小于 20% 时即趋于不稳定，除非有极大的紊动提供支撑力，流动将因卸载而崩溃；而由中砂以下质点组成的浊流，在各种浓度下都可以稳定。所以，根据粒度可将浊流划分为两类，即表现为中砂以下质点被紊动支撑于流体中的低密度浊流和由浓度相当高的粗砂、砾石碎屑构成的高密度浊流（Lowe，1982）。Lowe（1982）总结了砂质高密度浊流通过牵引沉积、牵引毯沉积和悬浮沉积作用堆积的理想序列（图 7－26）。当浊流中的粗碎屑沉积以后，仍含相当多细粒悬浮物的残余紊流沿坡向下继续运动，最后将在深湖（海）平原低能环境中沉积下来，这可能是形成低密度浊流的一个主要途径。

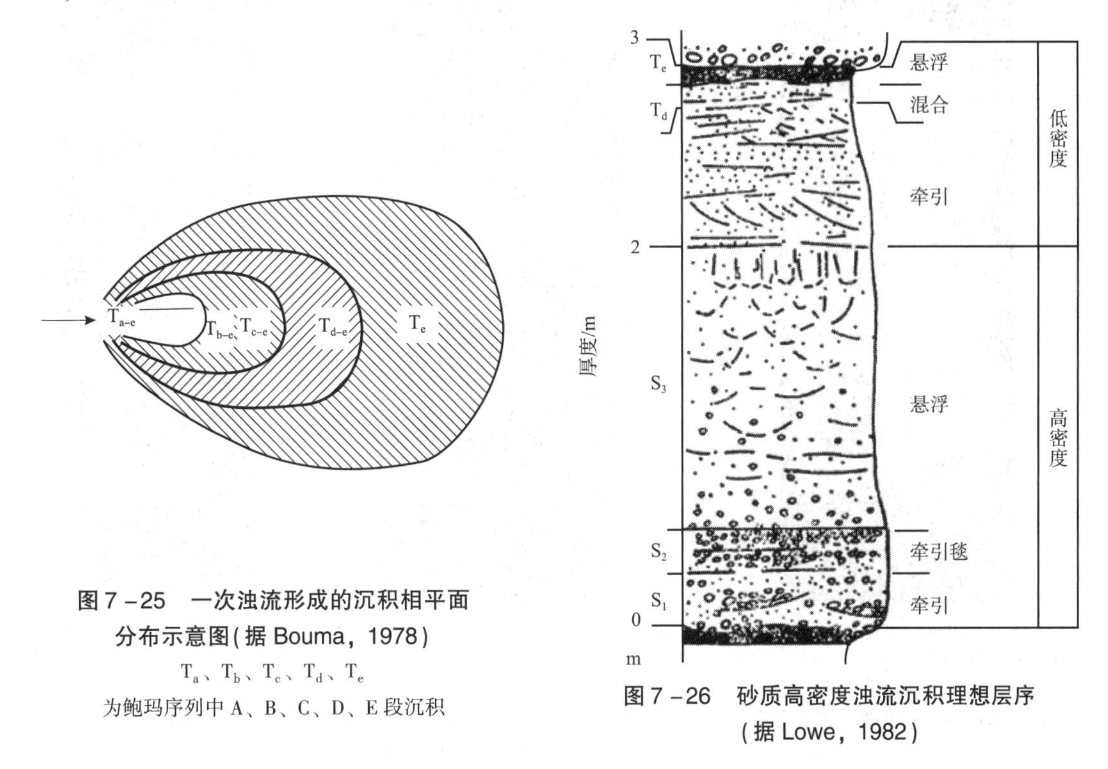

图 7－25　一次浊流形成的沉积相平面分布示意图（据 Bouma，1978）

T_a、T_b、T_c、T_d、T_e 为鲍玛序列中 A、B、C、D、E 段沉积

图 7－26　砂质高密度浊流沉积理想层序（据 Lowe，1982）

低密度浊流为工程学家所重视，高密度浊流在深海和深湖油气勘探中有重要意义。

3. 碎屑流沉积及其相序特征

当流速减低，流体内驱动力等于或小于流体的屈服强度时碎屑流中搬运的碎屑物质发生快速堆积而成的产物称为碎屑流沉积（debrite）。碎屑流沉积通常由粒度范围宽广（粒径数毫米至数米）的沉积物组成，多为厚层块状、富黏土杂基、无分选的黏土质砂砾沉积或砂砾质黏土沉积（图 7－27）。

由于沉积物含量及配比可以存着巨大差异，碎屑流也可以分为不同类型。综合考虑物质组成和沉积物支撑机制可将碎屑流分为砂质碎屑流、泥质碎屑流和泥流（图 7－27）（Xian 等，2018）。砂质碎屑流以砂为主，泥、砾含量低；基质强度、分散压力和浮力等复合支撑；砂质碎屑流屈服强度较大，通常为稀性碎屑流；其沉积厚度较大(30～300cm 居多)，常呈含少量漂浮状砾石的纯净砂岩，砾石成分较单一[图7－27(a)]。泥质碎屑流中泥、砂、砾混杂，基质强度支撑；流体屈服强度大，通常为黏性碎屑流；沉积厚度可达几十米，砾石呈漂浮状，成分复杂[图7－27(b)]。泥流中细粉砂、泥等细粒组分占绝对优势(80%以上)，砾石含量变化大，常见漂浮状砂质团块或泥岩撕裂屑，也可含典型外源砾石；屈服强度低，通常为半黏性碎屑流；基质强度和浮力支撑，沉积厚度变化大(可能与遭受后期侵蚀有关)[图7－27(c)]。

(a)辛139井，2840.6m，灰白色块状中—细砂岩，含磨圆良好的漂浮砾石，顶底见泥岩撕裂屑，呈似平行状分布

(b)河168井，3328.3m，杂基支撑砾岩质砂岩，部分砾石次圆状、圆状，分选差，上部见直径10cm左右的泥质砾石

(c)辛斜160井，3108.2m，含紫红色漂浮状泥砾的块状泥岩，泥砾磨圆好，示意其搬运距离较远。

图7－27　沉积物组成差异决定的砂质碎屑流、泥质碎屑流和泥流沉积岩芯照片(据Xian等，2018)

Sm—块状砂岩相；Sfc—含漂砾块状砂岩相；Smsp—似平行层理砂岩相

Tailling等(2012)从流变学性质出发，认为碎屑流可以分为黏结性碎屑流、弱黏结性碎屑流和非黏结性碎屑流。其中，又将黏结性碎屑流细分为低强度、中等强度和高强度黏结性碎屑流，其沉积产物分别为低强度泥质碎屑流沉积(D_{M-1})和高强度泥质碎屑流沉积(D_{M-2})，前者泥质含量低、漂浮碎屑含量也低，砂质杂基支撑为主；后者泥质含量增加、漂浮碎屑含量提高，碎屑粒径和流体密度都增大；弱黏结碎屑流中黏结强度不足以支撑砂质颗粒，产出洁净砂质碎屑流沉积(D_{CS})；非黏结性碎屑流中不含黏结性泥，孔隙压力快速递减，搬运距离短，可产出非常洁净砂质碎屑流沉积(D_{VCS})。此外，密度流形成的泥岩中除了浊流成因的T_{E-1}和T_{E-2}以外，还发育碎屑流成因(T_{E-3})，其层流泥层可远距离搬运至盆地低洼处形成巨厚泥岩沉积。所以，Tailling等(2012)实际划分出了5种碎屑流沉积类型(图7－28)。

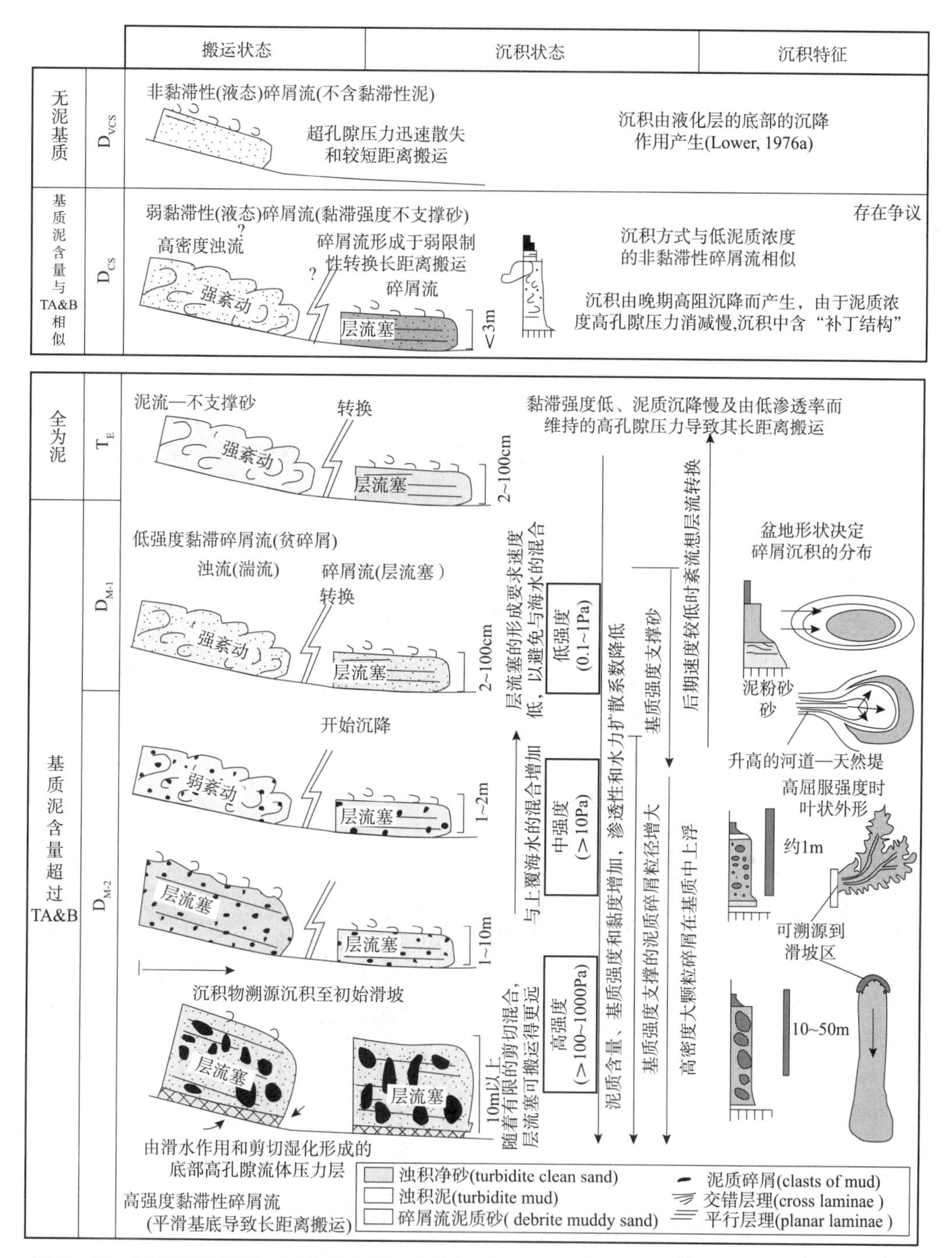

图 7－28　碎屑流的搬运、沉积状态及沉积特征(据 Tailling 等，2012；转引自鲜本忠等，2014)

根据沉积环境，存在陆上碎屑流和水下碎屑流之分。基于地质灾害防治，人们对陆上碎屑流沉积已有较深入的研究。因为现场(海底、湖底)直接测量的困难，实验室物理模拟仍然是获取流体内部流变学特征、流体性质及沉积产物特征的主要手段。尺度(比例)的合理性和深水高压环境是目前实验室物理模拟难以克服的两大障碍。尽管如此，模拟实验仍然是开展水下碎屑流搬运和沉积机制研究的重要手段，并取得新的进展。

Mohrig 等(1998)通过模拟实验首次提出了水下碎屑流“滑水机制(hydroplaning)”，认为水下碎屑流前端滑翔碎屑流和滑块之下的润滑水层(薄层水膜)的存在减少了阻力，提高了流头速度，导致水下碎屑流在低角度坡度下长距离、弱侵蚀搬运成为可能。Gee 等(1999)报道的 0.05°微斜坡上砂质碎屑流的搬运超过了 399km；Carter(2001)报道的流经新西兰聚合板块边缘由几期滑塌构成的太平洋深层西部边界流(DWBC)流程达 200km；Marr 等(2002)报道的含有大量黏土和粉砂的大规模沉积物在 Bear 岛附近搬运了 100～200km；Georgiopoulou 等(2010)报道的西北非 Sahara 大型海底沉积物搬运近 900km；Talling 等(2007)报道了目前水下碎屑流最远搬运距离(1500km)的北非海底扇。以上实例都证实了该搬运机制的合理性，也突显了水下碎屑流沉积的规模性。

此外，Harbitz 等(2003)用力学方法分析了该机制的形成条件；Elverhoi 等(2005)用数值方法建立了实际海底碎屑流头部形成滑水机制后的动力学模型；Ilstad 等(2004)用模拟实验得出了只有沉积物中黏土矿物含量足够高的碎屑流才容易形成滑水机制的新认识，提醒人们并非所有的碎屑流均可形成滑水机制。

与浊流相比，碎屑流的流变学性质不同，沉积物搬运方式不同，因此其沉积相序组成也与浊流的鲍玛序列(Bouma Sequence)完全不同。陆上的碎屑流沉积通常具有上下两层韵律结构特征，上部为“刚性”筏块状层理段，下部为层流段。王德坪(1987、1991)对中国东部渤海湾盆地东营凹陷沙河街组的研究中提出水下碎屑流自下而上发育流动阻滞段、层流段和刚性筏的韵律性沉积特征。与王德坪(1987、1991)在沉积特征、沉积过程与有所不同，Xian 等(2017)提出了一个理想的水下碎屑流沉积具有三段式相序模型。该模型认为水下碎屑流沉积自下而上一般由三个沉积单元组成(图 7－29)。

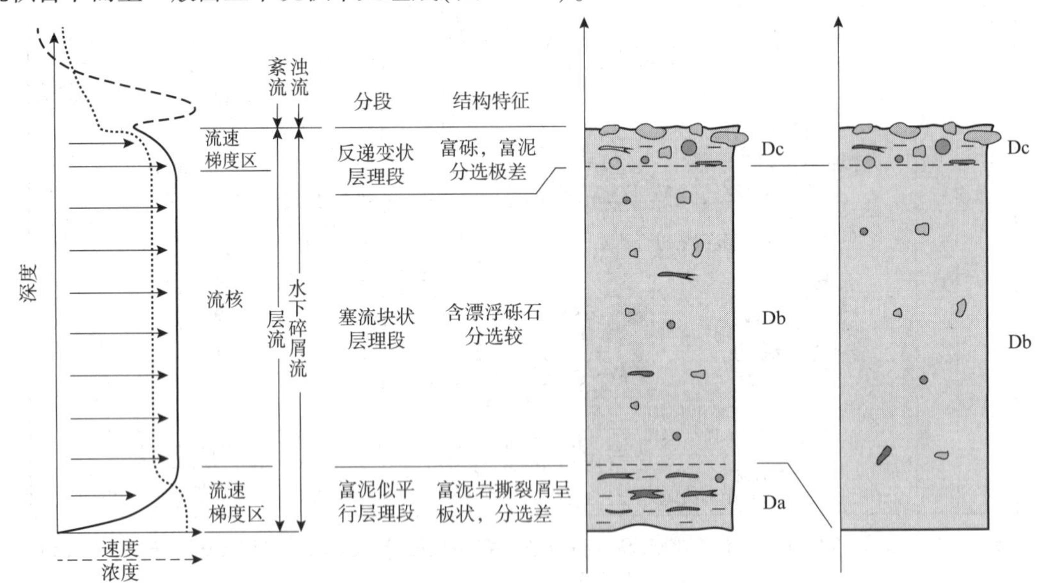

图 7－29　水下碎屑流流体特征及相序组成示意图

(1)似平行层理段(Da，pseudo－parallel division)。

位于水下碎屑流沉积底部，底床对水下碎屑流的摩擦减速导致的沉积作用和高黏度层流内部泥砾或砂质团块的定向排列控制了富泥 Da 的发育。

(2)塞流块状层理段(Db，plug flow massive division)。

中部匀速流动的 plug flow 导致的块状搬运、冻结式沉积控制了 Db 的沉积。

(3)反递变层理段(Dc，inverse graded division)。

位于水下碎屑流沉积顶部，由于受到上覆水体或浊流的层间摩擦减速，Dc 通常富泥。同时，因为流体屈服应力和颗粒碰撞成因的动力筛作用可使砾石上升而导致 Dc 富砾。砾石向顶部的富集形成了其反递变层理。

相较而言，由于陆上碎屑流顶部与空气摩擦阻力较小，Dc 缺乏或不明显。此外，由于水下环境中半固结沉积物更易于侵蚀形成泥质或砂质撕裂屑或团块，因此水下碎屑流沉积中泥岩撕裂屑、砂质团块常见而陆上碎屑流中缺失。当然，水下碎屑流的相序组成也不总是稳定，将随着其物质组成、浓度及搬运—沉积过程而发生变化。通常地，在砂质碎屑流中三个单元发育相对完整，在泥质碎屑流中多见底部 Da 和 Db，而泥流或存在滑水搬运(hydroplaning transportation)的砂质碎屑流中多见 Db 和 Dc(Xian 等，2017)。

长期以来，水下碎屑流的成因被认为与陆上碎屑流相似。实际上，水下碎屑流的形成过程要比陆上碎屑流复杂得多。水下碎屑流至少存在三种成因：①水下斜坡失稳(slope failure)引发滑动、滑塌，液化转换为碎屑流(滑塌型水下碎屑流，slump - style subaqueous debris flow)，进一步液化则可以转换为浊流；②陆上碎屑流、火山碎屑流直接入湖或入海或水下喷发的火山碎屑流，因流体性质得以继承而形成水下碎屑流(继承性碎屑流，inherited subaqueous debris flow)；③水下浊流侵蚀早期沉积捕获沉积物(尤其是泥质沉积物)后导致流体性质转换形成水下碎屑流(转换型碎屑流，transformed subaqueous debris flow)(Xian 等，2017)。

4. 混合事件沉积相序特征

随着国内外学者开始从水动力学角度探究重力流的沉积特征，很多人逐渐意识到不能形而上地将大多数重力流划分为浊流和碎屑流两方面，二者之间实质上存在连续性变化的过程。随着重力流的流体转化过程逐渐受到重视，而与其相关联的混合事件层概念也应运而生。

混合事件层(hybrid event bed，简称 HED)，又称混合层(hybrid bed)，是由同期重力流事件沉积形成的、成因上存在相互关联的浊积岩和碎屑流沉积(debrites)组合，本质上是在流体转化作用下单次重力流能够在不同时间内在垂向上形成浊积岩、碎屑流沉积的沉积组合，反映了单次碎屑流或浊流流体转化，是多种流变学特征流体过程的垂向沉积组合(Haughton 等，2009)。该序列对不同层段进行岩相描述和解释。整体上混合层表现为典型的正韵律特征，与 Bouma 层序颇为相似。典型混合事件层沉积序列具有五段式的特征，即纯净砂岩段 H_1、条带状砂岩段 H_2、黏性碎积岩段 H_3、波状层理段 H_4、块状泥岩段 H_5，其内部通常存在岩性突变界面(图 7 - 30)。

1)纯净砂岩段(H_1)

H_1段通常为相对纯净的中细砂岩(杂基含量一般小于 5%)，分选相对较好，具有块状层理或者正递变层理，偶见漂浮泥砾，有时可见泄水构造、碟状构造等同生变形构造，单层沉积厚度为 0. 1 ~ 1. 0m。纯净砂岩段一般是由流体转化所成的浊流沉积，因此岩相特征类似于 Bouma 层序 T_a段。此外，中等黏度碎屑流或弱黏度碎屑流也能形成质纯砂岩 H_1 段，但其沉积厚度较薄。

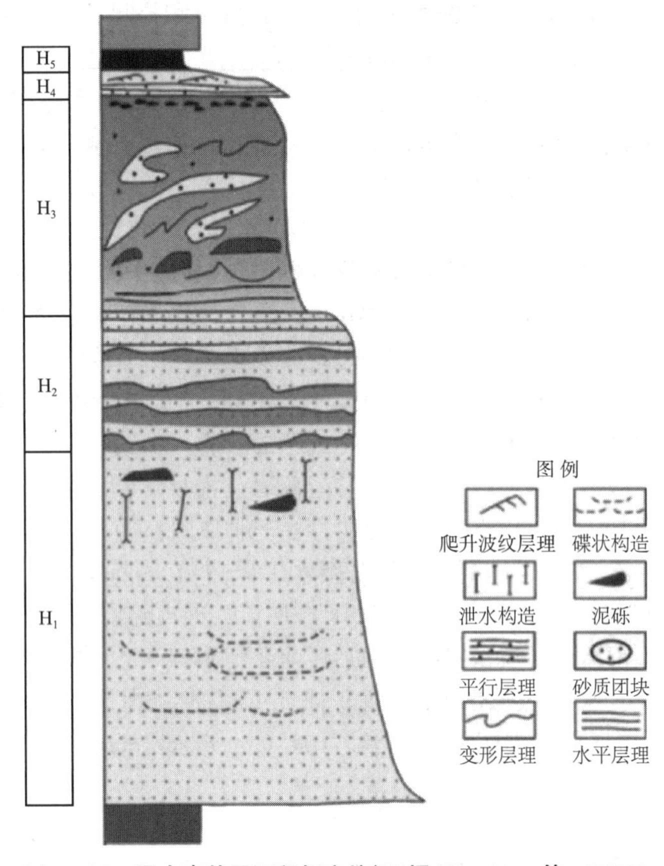

图 7-30　混合事件层沉积相序特征（据 Haughton 等，2009）

2）条带状砂岩段（H_2）

H_2段通常为明暗相间的砂岩或砂泥岩互层。互层砂泥岩中同生剪切变形较为发育，整体上呈波浪起伏的条带状，其厚度通常为 0.01～0.5m。其中，暗色部分岩性为泥质粉砂岩、粉砂质泥岩，黏土矿物、云母类矿物以及含量较高的碳质碎屑，以杂基支撑为主，成层性较差。而浅色部分则是相对纯净的细砂岩、粉砂岩，泥质含量较低，底部呈不规则接触，顶部则为突变接触。H_2段的确定为浊流与碎屑流转化过程中过渡性流体的存在提供了可能性。

3）黏性碎积岩段（H_3）

黏性碎积岩段（H_3）主要为（黏土）杂基支撑细砂岩、细粒杂砂岩，甚至细砂质泥岩，杂基含量相对较高（一般大于 10%）。不同地区发现的混合层中 H_3 段岩相特征是存在差异的，大体可分为三种类型。一种是富含有机质的块状杂砂岩，一种是富含粒度大小不一的泥砾、泥岩撕裂屑或砂质团块的杂砂岩，另外一种是不含泥质碎屑的块状杂砂岩、砂质泥岩。

4）波纹层理段（H_4）

H_4段主要为粉细砂岩，具有波状交错层理、爬升波纹层理及水平层理，沉积厚度相对较薄。H_4段主要由低密度浊流向牵引流转化过程中沉积所成。

5）块状泥岩段（H_5）

最顶部为块状泥岩段（H_5），一般由泥质颗粒悬浮沉积所成。

总而言之，典型混合层沉积序列纯净砂岩段（H_1）对应 Bouma 序列底部递变层段（T_a），波状层理段(H_4)对应流水纹层段(T_c)和上平行纹层段(T_d)，块状泥岩段(H_5)对应深水泥岩段(T_e)。然而条带状砂岩段(H_2)与黏性碎积岩段(H_3)的发育反映了不同流体转化过程中表现出的过渡性特征，也是混合事件层序列与 Bouma 序列最为明显的差异。

5. 沉积过程及岩相组合

陆架或陆坡沉积物的滑塌是形成深水环境中沉积物重力流最重要的触发机制。滑动或滑塌体既可能经过液化形成具有黏滞性、高沉积物密度的碎屑流，也可能彻底液化形成高浓度浊流或低浓度浊流，进而形成从具有漂浮砾石的块状砾岩到具牵引构造砾岩、块状砂岩和经典浊积岩的岩相发育演化特征(图 7－31)。

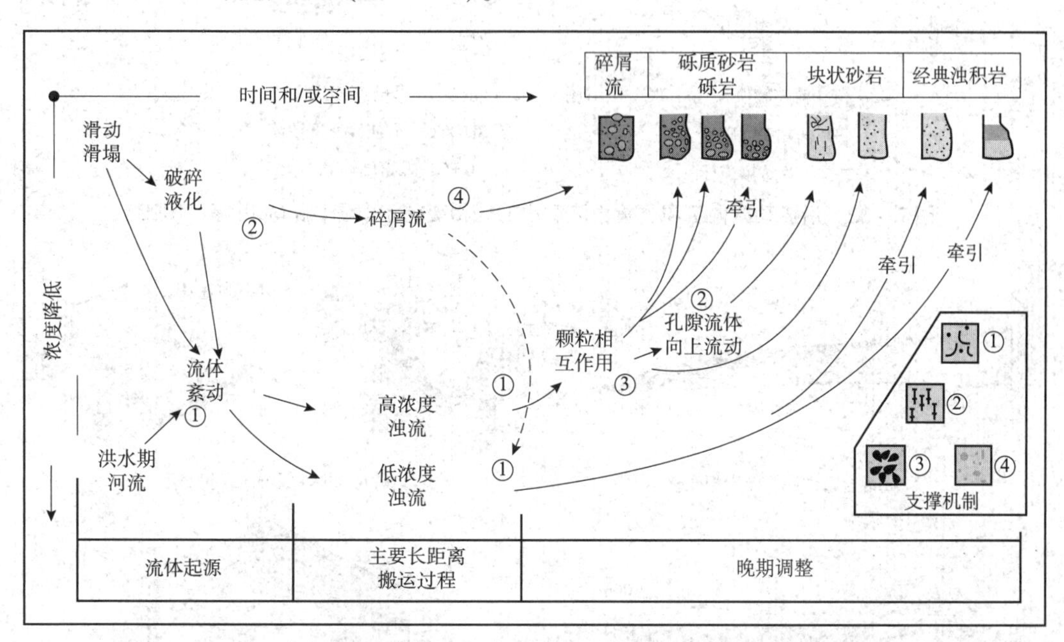

图 7－31 沉积物重力流搬运过程及沉积响应示意图(据 Walker，1978)

图中右下角碎屑支撑机制分别为：1—湍流，2—受阻沉降，3—分散压力，4—基质强度；纵坐标轴代表沉积物浓度，横坐标轴代表时间和/或空间

此外，洪水期、高密度河水的直接注入也可形成高浓度浊流或低浓度浊流，从而发育经典碎屑流之外的岩相组合序列(图 7－31)。在沉积过程和岩相组合方面，滑塌与洪水触发形成的沉积物重力流存在一定差异的同时也表现出普遍的共性特征。

后来，Mutti 等(1999)进一步总结了从黏滞性碎屑流到高浓度流、砾质高密度浊流、砂质高密度浊流和低密度浊流的流体转换，并识别出 9 种岩相(图 7－32)。

根据上述沉积重力流类型划分的讨论可知，沉积物重力流实际包括流体性质、流动方式、支撑机制和沉积机制不同的多种类型。下面对最重要的几类沉积物重力流的沉积特征进行介绍。

混合事件层发育于粗粒三角洲内部、海底扇和水道与舌状体过渡区、舌状体侧缘、远端及限制性的微型盆地边缘地区，其垂向叠置厚度可达数十米(图 7－33)。混合事件层的发现对重力流流体转化、重力流沉积物空间流变学性质研究具有重要意义，同时也推动了油气储层构型和非均质性研究，为进一步寻找深水有利储集砂体提供了新思路。

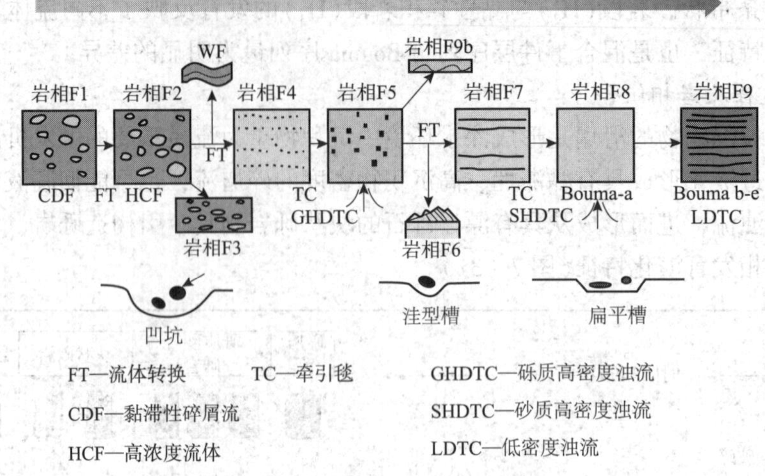

图7-32　沿流动方向沉积物重力流沉积的岩相变化示意图(据Mutti等，1999)

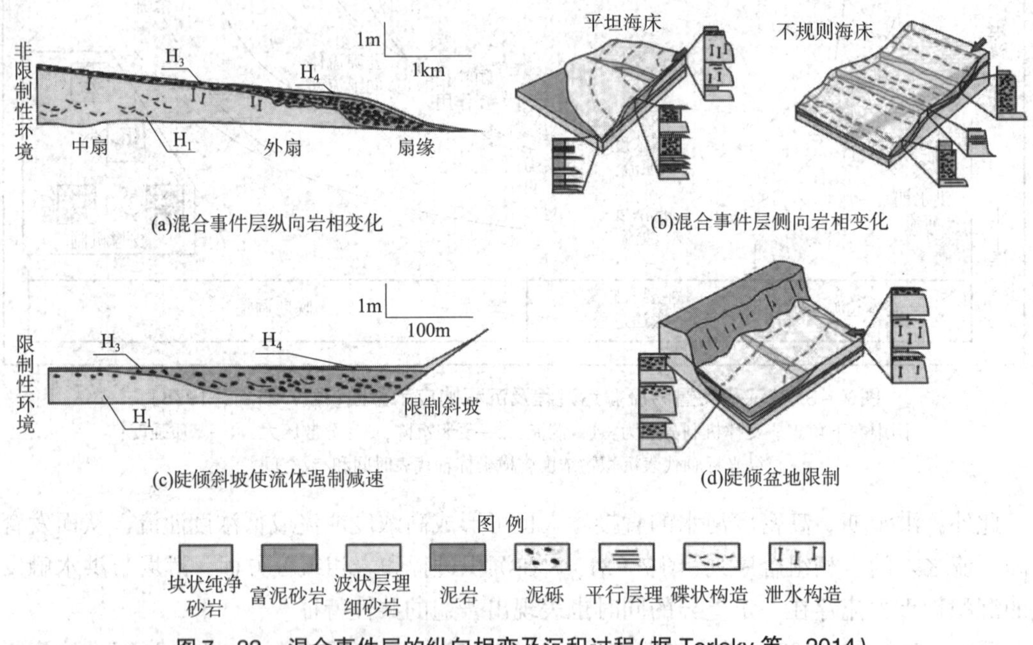

图7-33　混合事件层的纵向相变及沉积过程(据Terlaky等，2014)

(a)非限制性环境中单期混合层的纵向岩相变化；(b)非限制性环境中多期混合层侧向岩相变化特征；(c)限制性环境中单期混合层的纵向岩相变化；(d)限制性环境中多期叠置混合层沉岩相组成特征

(二)沉积模式

1. 主要沉积单元及其沉积特征

沉积单元(depositional element)也称为沉积构型单元、沉积要素。Reading & Richards(1994)提出深水重力流的沉积单元包括楔形体(wedge)、水道(channel)、朵叶体(lobes)、板状砂(sheet)、杂乱丘状沉积(chaotic mounds)5种类型。Chapin等(1994)在研究墨西哥湾深水沉积时强调了3种主要的沉积单元：席状砂(sheet sand，层状和复合状)、水道(channel，单层和多层)、天然堤(levee sediments)。Beaubouef等(2003)认为深水沉积的主要单元包括：峡谷、侵蚀型水道、沉积型水道、天然堤 - 溢岸沉积(levee - overband)、板状砂(sheet sand)、块体搬运沉积(mass - transport deposits)等。综上所述，不同沉积单元分布在特定的环境中并具有典型的沉积特征，但目前对沉积单元仍缺乏统一的划分方案，其中水道、天然堤及溢岸沉积、朵叶体、块体搬运沉积、浊积席状砂是其中最具共识性的单元类型。

1)水道

重力流水道，也简称为水道，多发育在水下斜坡或近斜坡的深海平原环境。水道可表现为侵蚀特征，也可表现为沉积特征。侵蚀水道一般出现在重力流加速的斜坡最陡部位，沉积水道常与天然堤复合体一起，在流体减速的较低斜坡和斜坡底部形成。与地表河流相似，水道随沉积载荷与卸载之比或斜坡梯度和基准面的边界条件的改变，可能由侵蚀型转变成沉积型。侵蚀水道显示出具有台阶状或三角形岸 U 形或 V 形到宽阔、平缓向上凹的流槽。在许多文献中，典型的侵蚀水道也常称为峡谷(canyon)，但是本书认为侵蚀水道和峡谷之间存在基本差别：①前者保留了与水道的密度流的大小成比例的流体横剖面，后者是由作为斜坡侵蚀的再均夷作用一部分的物质坡移所形成的；②峡谷壁可能是斜坡体系的地层不整合，水道堤岸仅代表短暂的沉积间断；③一般峡谷比水道大得多。

综合其沉积作用及沉积物组成，水下水道可以形成一个从砂砾为主到泥为主的连续序列(图 7 - 34)。粗粒水下水道具有宽阔的、低起伏的平底到宽阔的凹形和低弯曲度的特点。多砾石沉积体系形成了低起伏的流槽，天然堤发育很差，而且水道迅速变动和迁移形成辫状带。随着泥质含量的增加，天然堤逐渐发育，水道的稳定和弯曲度也随之增加。高弯曲的水道往往对应于极低坡度的泥质斜坡(Galloway 等，1996)。

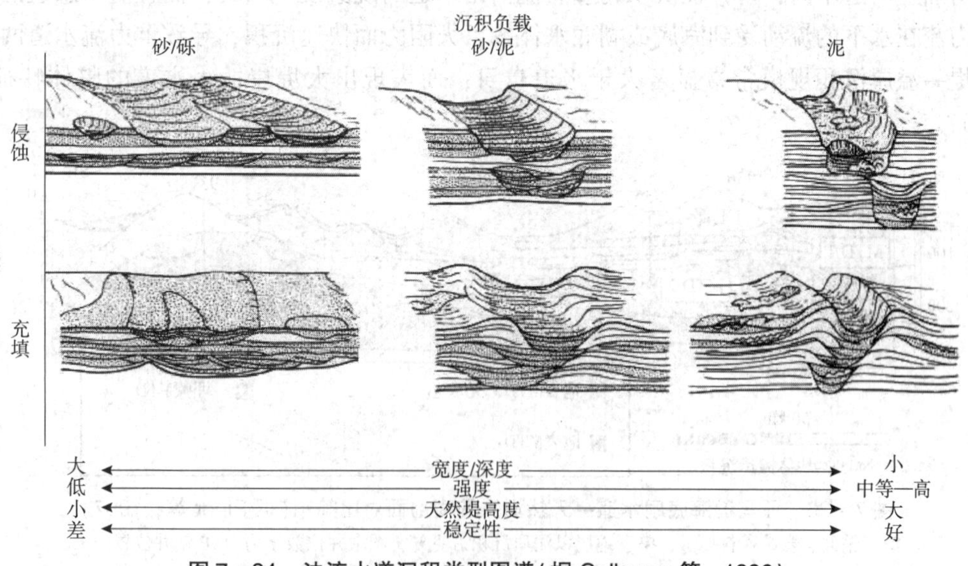

图 7 - 34　浊流水道沉积类型图谱(据 Galloway 等，1996)

在砂泥混合的斜坡体系中，天然堤的薄互层砂岩、粉砂岩和泥岩形成了水下沉积水道充填的界线。富泥天然堤形成明显的丘状，在水道—天然堤复合体的地震剖面上，为“鸥翅状”。天然堤高度可以超过 100m，而且天然堤的陡翼可以滑塌进入水道和水道之间的平原上。水道充填在横向上渐变，或侵入到一般由细粒浊积岩组成的漫滩相中(图 7 - 35)。

粗粒水道充填的测井响应一般呈箱形，也可能向上变薄，充填部分的富含泥质碎屑的浊积岩或碎屑流沉积而呈钟形。尽管大规模的水道充填可以在地震剖面上清晰成像，但传统地震勘探不能够很好地解决水道—天然堤的精细识别问题。一般的孤立水道可以通过一个或两个反射削截、微小凹形反射、波形幅度和波形特征的变化加以识别。

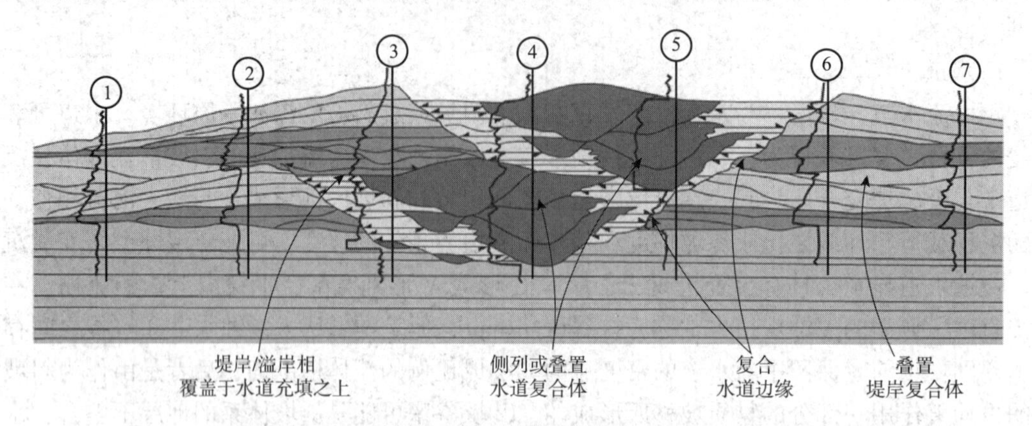

图 7－35　水道—堤岸系统横剖面连井对比结果（据 Beaubouef，2004，修改）

井旁测井曲线为 GR 或 SP；图中展示了两个尺度的天然堤：一是主水道外侧的天然堤，二是主水道内部、与较小水道有关的天然堤

2）天然堤及溢岸沉积

天然堤及溢岸沉积主要由泥质、粉砂和薄层砂或砂岩组成，常与沉积型水道伴生，分布于沉积型水道两侧。天然堤—溢岸沉积形成于溢过水道漫溢而出的沉积物重力流中的细粒沉积。与陆上河道不同，事件性沉积物重力流溢出水道的现象发生频繁，而且溢出水道的沉积物重力流在水下的流动受到海底或湖底水体的巨大阻力而快速沉积，导致重力流水道两侧的天然堤—溢岸沉积规模常常显著大于水道自身，而表现出大堤岸、小水道的整体特征（图 7－36）。

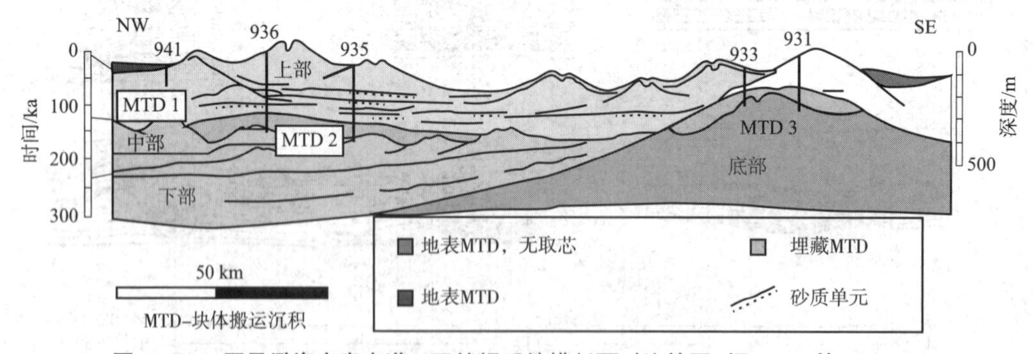

图 7－36　亚马逊海底扇水道—天然堤系统横剖面对比简图（据 Piper 等，1997）

钻井、岩芯资料揭示，整套地层以泥质沉积占主导；图中井位数字为 ODP 钻井位置

天然堤及溢岸沉积物可分为近端天然堤、远端天然堤、决口扇及沉积波等，平面上沿水道分布（图 7－37）。天然堤形成于重力流水道发生越岸或溢流时期。此时，粗质碎屑不能越过天然堤，仍然在水道内部被搬运到远端，而细粒沉积物则越过河岸发生沉积而形成天然堤。越靠近水道，天然堤沉积越厚，从水道边缘向远端逐渐降低，因此剖面上天然堤呈楔形状。过去人们认为，天然堤—溢岸沉积基本为泥质沉积物，最多夹薄层砂岩。实际上，天然

堤—溢岸沉积常夹具Bouma序列组合特征的平行层理砂岩(T_b)和波状层理薄层粉—细砂岩(T_c)，有时候也能形成高孔高渗的薄储层。薄层天然堤砂岩和泥岩互层且侧向尖灭，可能形成很好的地层、岩性油气藏(隐蔽油气藏)。近年来，随着井筒成像测井和岩芯分析的广泛应用，该类油藏的认识得以深化而逐渐被识别。但天然堤—溢岸沉积油气藏往往开始产量高，然后迅速衰减，最后一直维持在低产能的水平(Browne 和 Slatt，2002)。

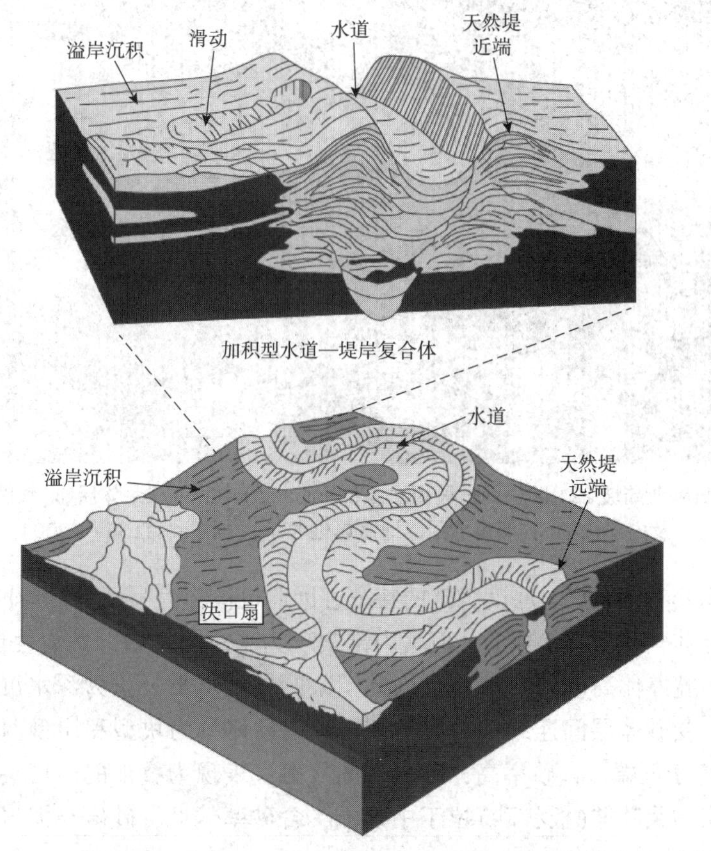

图7－37　水道—天然堤体系立体示意图(据Roberts和Compani，1996，修改)

包括水道、天然堤近端、天然堤远端、决口扇、溢岸沉积及其内部可能发育的滑动块体

近端天然堤的砂岩含量相对较高，由于侵蚀面的存在致使垂向和侧向连通性好，但地层方向多变。远端天然堤及溢岸沉积物表现为低砂质含量和侧向连续性好，但垂向连通性差，其地层倾角和方位相对均一。另外，溢岸成因的决口扇主要分布在曲流水道的堤外低洼处，也可能形成规模较小的优质储层。

3)朵叶体

沉积朵体的概念最初由Mutti 和Ricci(1972)提出。后来，Mutti 和Normark(1987、1991)将其应用于现代扇研究，用来指代那些重力流水道前端的扇形或叶状沉积。在三维地震资料中刻画限制性和非限制性的水道时，将水道末端沉积的叶状外形的沉积体称为朵体，其沉积环境在重力流水道末端、湖盆等深水区域。对尼日利亚大陆坡上一个次洼带(minibasin)的三维地震资料解释可知该区发育一个铲状沉积朵体，其振幅属性分析显示其中包含三个发育于水道末端的较小的朵叶状(图7－38)。Galloway(1998)将水道末端的朵体进一步划分为近端朵体和远端朵体，认为近端朵体主要是由一系列发散状的重力流分支水道沉积及席状砂

(sheet sands)沉积所组成，而远端朵体则只由薄层状的席状砂(sheet sands)组成(Galloway, 1998)。

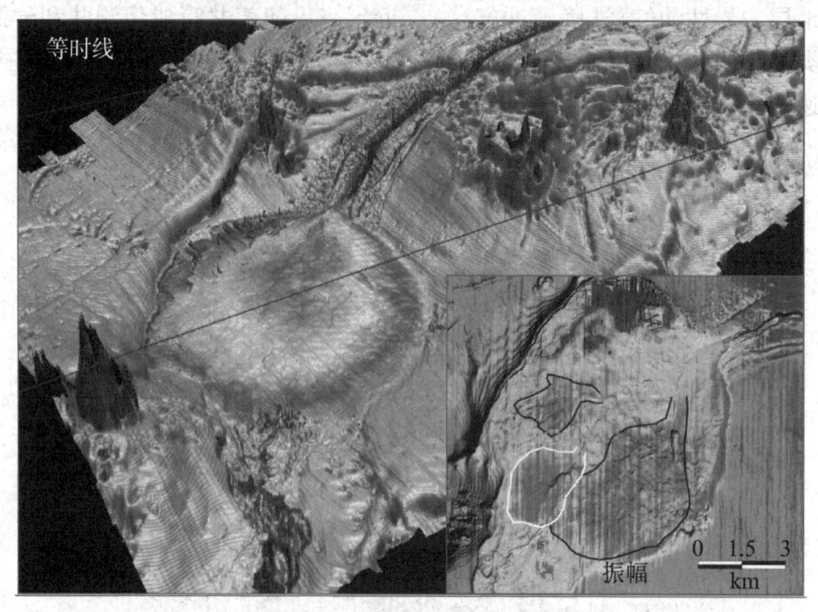

图7－38 尼日利亚陆坡221区块同一坡内次洼(minibasin)中的沉积朵体展布(大图，海底等深图)及内部构成(右下角小图，地震属性显示)(据Pirmez等，2000)

朵叶体沉积具有分布广、厚度稳定的特征，因此也被称为“板状砂”(sheet sands)。在地震剖面上，朵叶体整体呈丘状外形，但其内部表现为平行强反射，其岩性单一、结构简单、侧向连续性好，宽厚比高(＞500∶1)。因此，朵叶体砂岩被公认为深水沉积中高产、高采收率的油气藏。受砂体层间连续性的影响，朵叶体砂体分为块型和层型两类。块型朵叶体(板状砂)常发育于近端，含砂率高，砂岩层间接触，表现为叠加的砂层夹少量泥岩，垂向连通性好。而层型朵叶体(板状砂)位于中远端，含砂率偏低，砂岩与泥岩互层，垂向连通性较差(Chapin等，1994；Weimer和Slatt，2006)。

构成朵体的单期浊流沉积为向上变细的正韵律沉积，但由于形成朵叶体的前积作用将更粗的沉积物逐渐搬运至朵体的更远端而形成整体上向上变粗、变厚的叠置样式。多期沉积复合而成的朵叶体厚度可到数十米至数百米、宽度可到几公里到数十公里。

近年来，石油工业界对朵叶体的钻探结果证实，很多朵叶体并不是真实的板状，而是非限制环境中发育的复合河道砂体，表现为块状层理或递变层理，底部无侵蚀，反映沉积物来自其上部的限制性水道。根据上述分析可知，朵叶体储层的复杂性受控于以下因素：①砂层被供给水道切割的程度；②沉积时海底地貌形态；③内部泥质夹层的发育对其垂向连通性的影响。

4)块体搬运沉积

块状搬运沉积(MTDs，mass transport deposits或MTC，mass transport complex)是当重力的剪切应力超过了沉积物的剪切强度时，沉积物重新开始向坡下移动而再搬运所形成，常以泥质为主，直接发育于层序界面上，对下伏地层侵蚀明显，其上被河道—天然堤沉积覆盖。只要重力一直作为流体的动力，搬运作用将持续进行。惯性流体可能进一步延伸到相邻盆地的底部。地震剖面上，块状搬运沉积常具丘状外形和特殊的内部反射结构，内部结构变化较大，可能发育平行、逆冲、旋转块、杂乱、空白反射，连续性差、振幅多变(Weimer, 1989)。

块状搬运沉积包括滑塌、滑块、块体流、碎屑流、坡身失稳复合体、块体复合体等，倾角测井、岩芯和井底成像资料证实其内部沉积物常有大量变形(图7-39)(Piper等，1997)。黏滞性块体流沉积物形成分散的沉积物块体，具有席状、朵叶状和舌状。一个理想的滑塌体包含几个带(图7-39)，在黏滞性滑块或碎屑流中多少都发育。滑塌体头部位于拉张和滑塌带，以滑脱崖、沉陷、正断层、地层产状反向和变薄为特征。向堆积带的搬运作用主要发生在滑动面与斜坡合并为微弱的侵蚀滑槽之中。堆积最厚处以丘状体和不规则的丘状起伏面为特征。滑塌体的受压前端出现逆断层、褶皱和加厚层。在前端之外，液化的浊积岩层可能延伸到盆地底部。偶尔，滑塌沉积物的凝聚体可能推进到前端之外。

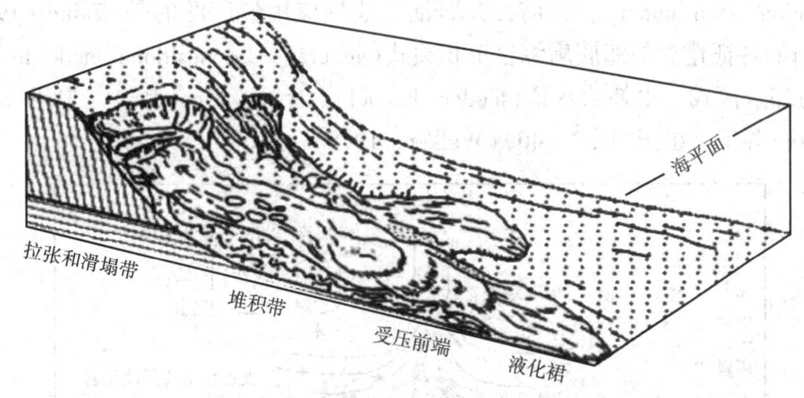

图7-39　滑动、滑塌和碎屑流沉积模式(据Galloway等，1996)

在许多盆地中，在半深海斜坡—深海盆地相中发育了不规则区域延伸的物质搬运复合体，有时也称为巨型浊积岩。其单一个体一般超过100km^2，厚度可能达到数十米。大型的滑动和滑塌体形成的物质搬运复合体可以在地震上清晰地识别出来；而小型滑塌和碎屑流产生不连续的、丘状起伏—混乱反射特征。黏滞性滑塌朵叶体具有不规则、高地形的丘状形态。

尽管不是主要的勘探目标，但块状搬运沉积在当今深水沉积中具有举足轻重的作用，主要原因有：①其是深水沉积重要组成部分，许多沉积盆地中块状搬运沉积在沉积层序可占厚度的50%以上(Beaubouef等，2003；Newton等，2004)；②其可成为区域重要的盖层；③控制油气在层序中的分布；④浅层块状搬运沉积容易造成地质工程事故，延长钻井时间等(Shipp等，2004)。

5)浊积席状砂

浊积席状砂(turbidite sheets)，也称浊积薄层砂(turbidite thin bed)是泥质、低密度浊流在斜坡内凹陷、斜坡水道间及深海盆地平原的低洼区沉积的产物，其特征包括：延伸范围大和可对比性强，以鲍玛序列中Tc-e和Td-e为特征，厚度薄，常夹于深海、半深海泥岩中。沿顺流方向，岩层厚度变薄，分选变好，粒度变小。

在深海盆地或深海平原，席状浊积岩将向盆地中心方向渐变为泥质沉积物，单层可以延伸100km。然而，在狭窄的构造槽和像天然堤、滑塌体或碎屑流丘等沉积障碍间也常发育浊积席状砂。在这种情况下，其沉积形态受控于外部边界的轮廓，在地震上一般表现为平行—亚平行—发散状、低到高振幅的反射特征。

2. 扇相沉积模式

1）海底扇沉积模式（submarine fan model）

20 世纪 50～60 年代，在沉积物理模拟和现代沉积研究的基础上建立并完善了颗粒流、碎屑流等沉积物重力流基本概念。之后，随着对现代海洋探测技术的进步，人们发现浊流沿海底峡谷流动，穿过大陆斜坡流入深海盆地时，常在谷口—深海平原处形成海底扇。

Normark（1970）在现代海底地貌调研的基础上，引入叠置扇（suprafan）以描述重力流水道末端形成的多期叠置发育的朵叶状重力流砂岩，提出现代扇模式（modern－fan model）。紧接着，Mutti 和 Ricci（1972）通过对野外露头资料的研究，第一次应用“沉积朵叶体（depositional lobe）”的概念，建立了包括上扇（upper fan）、中扇（middle fan）和下扇（lower fan）的古代扇模式（ancient－fan model）。目前，在石油工业界应用最广泛的是 Walker（1978）结合现代扇和古代扇的特征建立的海底扇综合沉积模式（generalised depositional model for a submarine fan）。海底扇综合模式，由补给水道（feeder channel）、上扇（upper fan）、中扇（middle fan）、下扇（lower fan）等单元组成（图 7－40）（Walker，1978）。

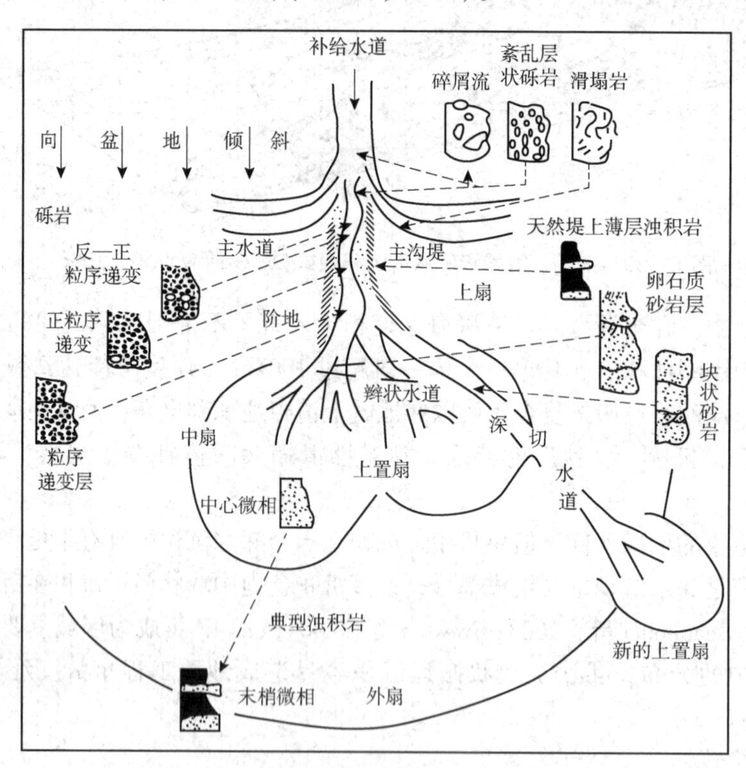

图 7－40 海底扇相模式（据 Walker，1978）

（1）补给水道。

海底峡谷成为海底扇的补给水道，其作用类似于三角洲体系的河道，将陆源碎屑物质输送到深水区，常被粗粒碎屑物质（滑塌块、碎屑流及其他粗粒物）或细碎屑物质（泥岩）充填。细粒沉积的充填通常是由于海平面的相对升高，原有物源被切断造成的。一个很好的例子是密西西比补给水道，它已被废弃并由泥质充填。

(2)上扇亚相。

上扇包括斜坡脚、有天然堤的主水道及主水道两侧的低平地区。在地貌单元上，这个亚相位于大陆斜坡脚的峡谷出口处。在斜坡脚地带沉积物较粗，主要有滑塌层、基质支撑的砾岩(泥石流沉积)及其他类型的砾岩。在主水道向下的延伸方向上，依次出现紊乱砾岩层、反粒序至正粒序砾岩、有层理砾岩等水道充填物，是内扇的主体，浊流间歇期的细粒沉积物被后来发生的浊流侵蚀掉而不能保存下来。在天然堤、天然堤外或阶地外缘，漫出水道的细粒薄层浊流沉积与浊流间歇期的深海、半深海沉积层形成间互层，构成 T_c-T_e序列的浊积岩(图 7－40)。

该亚相沉积物的分布严格受地形控制，砾岩更是严格地受水道的限制。水道深度和宽度因地而异，其深度可达 100～150m，宽度有 2～3km。由于水道的迁移和加积作用，可使砂砾岩分布的宽度变得更大。在水道里，特别在内扇主水道的末端，也可有颗粒流和浊流沉积。

(3)中扇亚相。

中扇位于内扇以外、外扇以内，常形成叠覆扇叶状体(叠覆扇舌)。

每个叶状体分为上部或近源的辫状水道部分和下部或远源的无水道部分。上部的辫状道没有天然堤，常发生淤塞和侧向迁移；但细粒沉积物常被冲刷掉，以沉积卵石质砂岩(或含砾砂岩)和块状砂岩为主，有时见颗粒流和液化流沉积，不含或很少含有泥岩夹层。在水道间以 T_a-T_e和 T_b-T_e序列的浊积岩为主。

辫状水道一般宽 300～400m，深 10m 以内。由于扇表面辫状水道的迁移和加积作用，可使颗粒流沉积的卵石质砂岩和块状砂岩连续出现，从而形成孔隙度和渗透率都非常好的优质厚层油气储集层。

中扇下部，水道逐渐消失，在无水道部分以漫溢沉积的 T_b-T_e、$T-T_e$ 序列典型浊积岩为特征。

(4)下扇亚相。

中扇之外比较低平的部分是下扇。下扇亚相基本无水道，沉积物分布宽阔而层薄，主要是 T_c-T_e序列和 T_d-T_e序列的末端型浊积岩。浊流间歇期沉积的泥质沉积物保存较好，所占比例也较高。

下扇向外逐渐过渡到深海盆地，这时的重力流沉积有低密度底流的特点，除局部地区因填平有所加厚外，在深海平原广阔面积上以远积典型浊积岩为特征。厚度很稳定，呈薄层状夹于深海沉积的泥质岩中，有的薄粉砂层可以侧向追踪几十至数百千米。

(5)深切扇。

粗碎屑扇上深切水道在外扇亚相或以外形成的新的上置扇(suprafan)，即深切扇(图 7－40)。深切扇以水道(深切水道)为主，其“扇叶”可达深水平原区，具有很大的含油气潜力。

(6)海底扇沉积相序特征。

推进的海底扇形成一个类似三角洲的向上变厚、变粗的沉积层序(图 7－41)。层序中的砂层都是具正粒级递变层理和各种浊流成因砂岩，它们与深海沉积的泥质岩呈互层状。

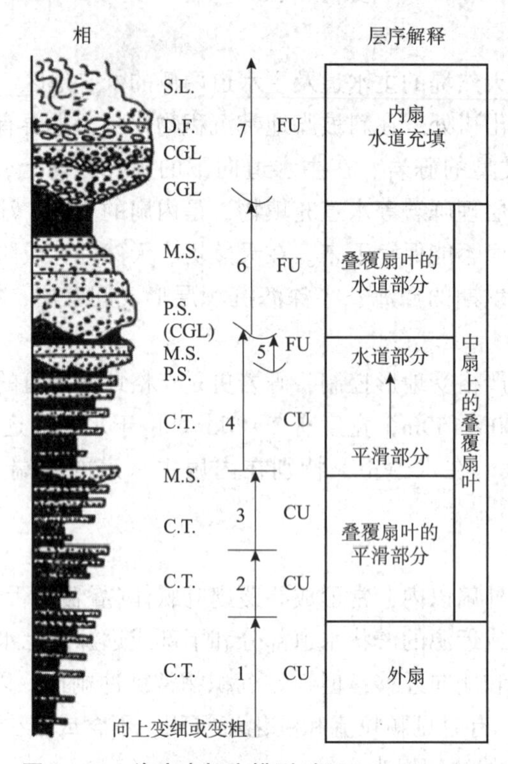

图7-41　海底扇相序模型(据 Walker，1978)

CU—向上变厚和变粗；FU—向上变薄变细；C. T. —典型浊积岩；M. S. —块状砂岩；
P. S. —卵石质砂岩；CGL—砾岩；D. F. —碎屑流；S. L. —滑塌

下部是下扇沉积，砂层为远源浊积岩，砂层较薄且间距较大，常构成向上变粗、变厚的次级旋回。层序的中部为中扇沉积。中扇向上变粗、变厚的层序由几个叠覆扇叶状体向上变粗、变厚的小旋回组成。每个朵叶体旋回下部的砂层都是典型的浊积岩及近源浊积岩层，上部变为分流水道块状浊流砂岩。越靠上部的旋回，水道沉积物占的比例越大。靠近上扇部位，水道构成厚层的向上变细、变薄的次级层序。最上部为上扇沉积，由块状砾岩、含砾砂岩及滑塌沉积物构成，是整个扇体沉积物中最粗的部分。

海底扇沉积规律及沉积特征受到地形、沉积物供给影响巨大。按扇体与物源关系，划分出四种重力流沉积样式：点物源(峡谷)型[图7-42(a)]、弧线物源(三角洲前缘)型[图7-42(b)]、线物源(陆架边缘)型[图7-42(c)]和线物源(陆坡块体崩塌)型[图7-42(d)]重力流沉积(Galloway 等，1996)。

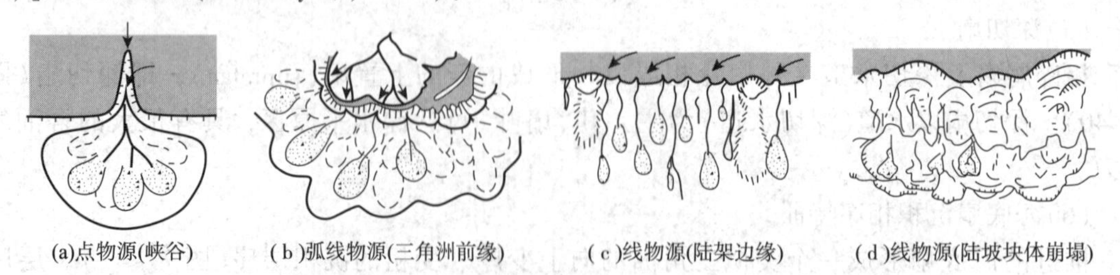

图7-42　物源供给样式和斜坡沉积体系组合形态(据 Galloway 等，1996)

2)湖相扇沉积模式

尽管湖泊与海洋在重力流的触发机制上比较相似，但由于二者在构造作用、地形地貌、深水环境的水深及规模、水动力条件和物源供给条件都存在明显的差别，湖相重力流沉积与海相重力流沉积的特征也必然存在一定差异性。结合我国40年来对湖相重力流的研究进展，下面按照物源供给条件将湖相扇状重力流沉积分为砂质点物源、弧线物源（三角洲前缘）湖相扇形重力流沉积和砾质点物源、砾质线物源湖相扇形重力流沉积。通常，砂质物源发育于构造相对稳定、地形坡度较小的断陷盆地缓坡带或坳陷盆地，而砾质物源则发育于构造活跃、地形坡降大的断陷盆地陡坡带（图7－43）。

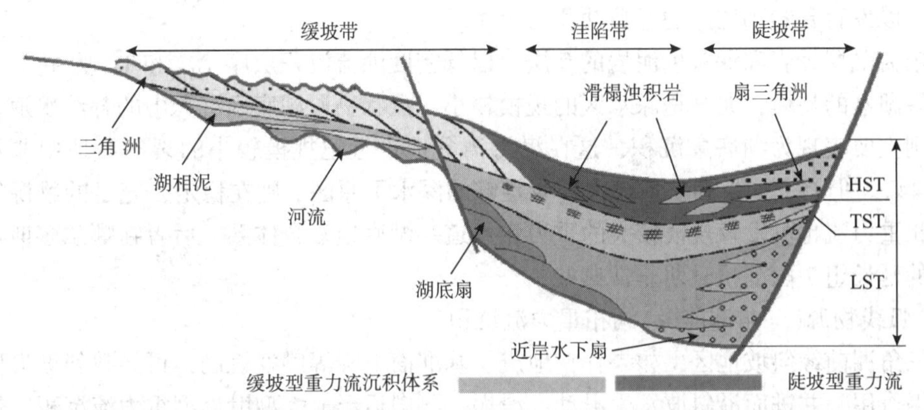

图7－43 断陷盆地不同构造单元沉积相带划分及重力流沉积分布示意图

（1）点状物源湖底扇沉积模式。

湖底扇这一概念是由海底扇借用来的，在湖泊中一般指带有较长供给水道的重力流沉积扇，因此，有人称之为远岸浊积扇。由一条供给水道和舌形体组成的湖底扇体系，可与Walker（1978、1979）的海底扇相模式相对比。

渤海湾盆地东营凹陷南斜坡梁家楼湖底扇是非常典型的点状物源湖底扇沉积实例（图7－44）。湖底扇也可进一步划分为供给水道、内扇、中扇和外扇几个相带。

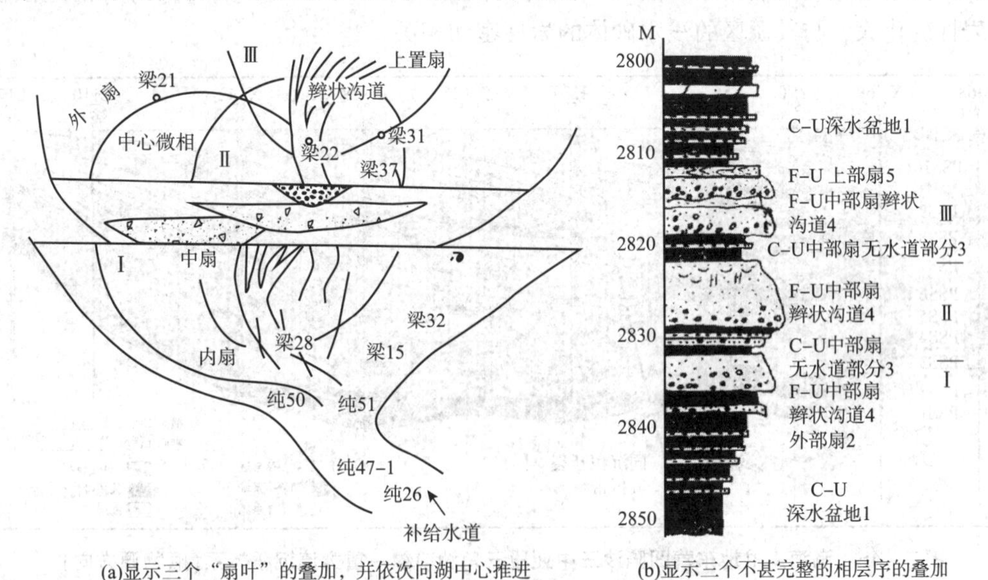

(a)显示三个“扇叶”的叠加，并依次向湖中心推进　　(b)显示三个不甚完整的相层序的叠加

图7－44 东营凹陷纯梁地区古近系沙三中亚段湖底扇相模式及相层序（据赵澄林，1984）

C－U代表向上变粗；F－U代表向上变细

供给水道沉积物较复杂，可以是充填水道的粗碎屑物质，如颗粒支撑的砾岩和紊乱砾岩、砾状泥岩和滑塌层等，也可以完全由泥质沉积物组成。

内扇由一条或几条较深水道和天然堤组成。内扇水道岩性为巨厚的混杂砾岩和颗粒支撑的砾岩和砂砾岩组成，天然堤沉积显鲍玛序列，为经典浊积岩。

中扇辫状水道发育典型的叠合砂(砾)岩，单一层序粒级变化由下向上是砾岩—砂砾岩或砾状砂岩—砂岩，主要为砾质至砂质高密度浊流沉积。中扇前缘区水道特征已不明显，粒度变细，以发育具鲍玛层序的经典浊积岩为主。

外扇为薄层砂岩和深灰色泥岩的互层，以低密度浊流沉积层序 T_{bcde} 和 T_{cde} 为主。

如果湖盆的规模，尤其是深水区的规模较小，点状物源湖底扇沉积中的补给水道发育长度较小则主要表现为湖底扇沉积，这在渤海湾盆地古近纪规模较小的裂谷盆地中非常显著(图 7-44)。但是，如果湖盆规模大，有足够的深水平原区，则在稳定、充足的物源供给条件下湖相重力流也可发育规模较大的重力流水道—湖底扇复合体系。后者在鄂尔多斯盆地晚三叠世的延长组 7 段沉积时期非常典型。

(2)弧线物源(三角洲前缘)湖相重力流沉积。

在三角洲前缘斜坡地区，如果存在地震、基准面下降等触发机制，可导致斜坡失稳形成大型滑塌作用，并进而沿斜坡发生滑动、滑塌，再搬运形成大型滑塌型重力流沉积。受控于河口位置的迁徙变动和三角洲朵体的建造，三角洲地区的岸线形态通常呈现弧线形态。因此，将由三角洲前缘斜坡滑塌作用所形成的重力流沉积称之为弧线物源或三角洲前缘供给型湖相重力流沉积。

渤海湾盆地东营凹陷始新统湖相三角洲供给型重力流包括滑动、滑塌、碎屑流和浊流 4 类 9 种沉积过程(鲜本忠等，2016)。三角洲前缘斜坡脚和同生断层下降盘控制了主要滑动、滑塌体的分布，而断层活动微弱的深水低洼区控制了碎屑流沉积；碎屑流主控下的重力流水道可能因为滑水搬运机制而缺乏连续性砂岩沉积(图 7-45)(Xian 等，2018)。滑塌浊积岩体的岩性变化大，与其源区的浅水砂体的岩性密切相关。

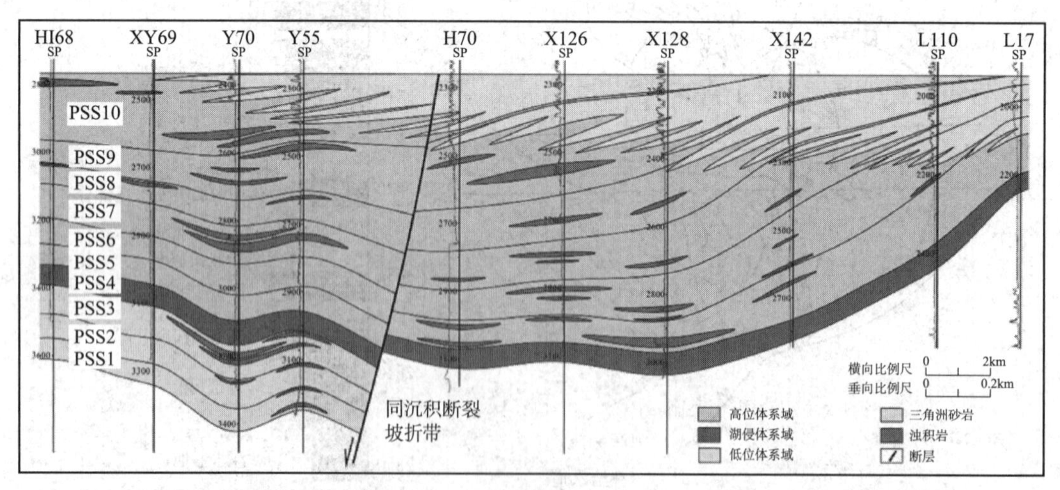

图 7-45　渤海湾盆地东营凹陷沙三中亚段三角洲前缘—重力流沉积体系(顺物源方向)
(据 Xian 等，2018)

总结该区三角洲供给型深水沉积特征如下：①受控于深水区范围小及断层活动控制的局部地貌特征，该区重力流沉积搬运距离较小，一般 <20km，甚至 <10km；②短距离搬运导

致从滑动、滑塌到碎屑流、浊流的演化过程发育不完整，而形成以碎屑流或滑塌为主的深水沉积体系；③三角洲前缘斜坡脚和同生断层下降盘最利于深水沉积，形成规模较大的滑塌和碎屑流沉积；④在断层活动性较弱、地势较稳定的深水斜坡区，重力流搬运较远，可能形成重力流水道。根据鄢继华等人的物理模拟实验结果和 Mohrig 等人提出的水下碎屑流"滑水机制"，推测重力流水道仅发育"分散状砂体"，而缺乏连续性砂岩沉积；⑤在较远距离搬运后的低洼区和断层下降盘控制的较近距离搬运后的低洼区可能形成砂质碎屑流主控的沉积朵叶体，为该区重力流砂岩油气勘探的重点(图 7－46)。

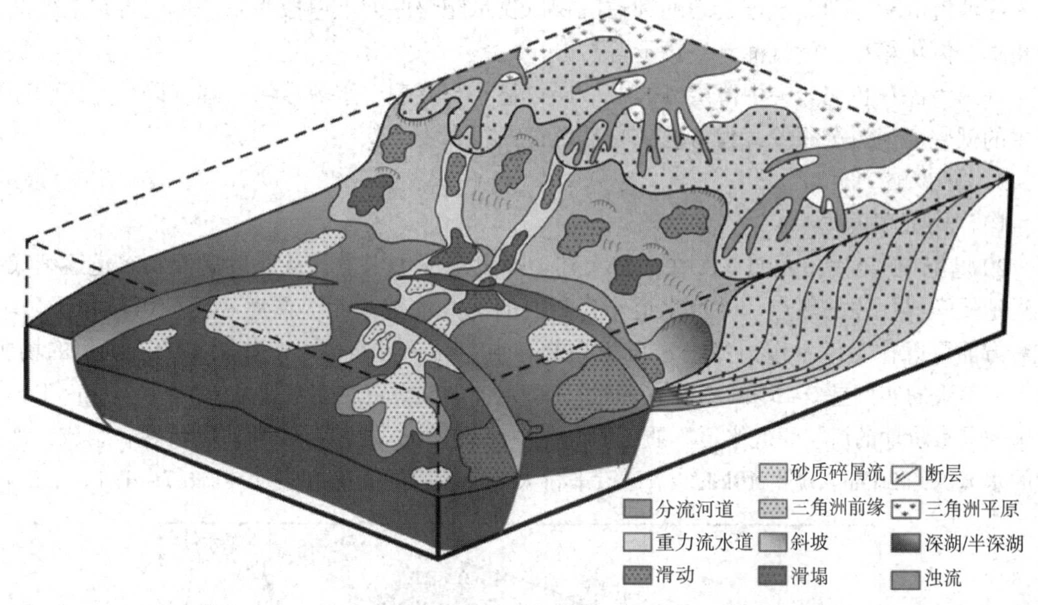

图 7－46　渤海湾盆地东营凹陷沙三段东营三角洲供给型深水沉积模式图
(据鲜本忠等，2016)

(3)近岸水下扇沉积模式。

近岸水下扇发育在陡岸靠近断层下降盘的深水区，在我国东部中新生代断陷沉积盆地中普遍发育(图 7－43)。近岸水下扇通常沿大断裂展布，其中沉积物重力流发育，岩性以暗色泥岩为背景的粗碎屑沉积为特征，构成砂砾岩、含砾砂岩、砂岩、粉砂岩和泥岩的频繁韵律沉积(张萌和田景春，1999)。

近岸水下扇的命名存在争议，文献中有水下洪积扇、水下冲积扇、水下扇、近岸扇等相似术语。在国内，早期使用的"水下冲积扇"和"近岸水下冲积扇"与本章"近岸水下扇"意义相同。泌阳凹陷南部边界大断层下降盘在渐新世核桃园组三段发育的双河镇近岸水下扇体面积 73～120km^2，厚度达 500m，平面为扇形，倾向剖面上扇体呈楔状，根部紧贴基岩断面，由近源至远源可细分为内扇(扇根)、中扇(扇中)和外扇(扇缘)三个单元。

内扇主要发育一条或几条主水道，沉积物为水道充填沉积、天然堤及漫流沉积。主要由杂基支撑的砾岩、颗粒支撑的砾岩夹暗色泥岩组成。杂基支撑的砾岩常具漂砾结构，砾石排列杂乱，甚至直立，不显层理，顶底突变或底部冲刷，并常见到大的碎屑压入下伏泥或凸于上覆层中，一般解释为碎屑流沉积。颗粒支撑的砾岩和砂砾岩多为高密度浊流沉积产物，由下往上常由反递变段和正递变段组成，有时上部还可出现模糊交错层砂砾岩。自然电位测井曲线多为低幅齿状，亦可见箱状。

中扇为辫状水道发育区，是近岸水下扇的主体。由于辫状水道缺乏天然堤，水道宽且浅，很容易迁移。水道的迁移常将水道间地区的泥质冲刷掉，因而垂向剖面上为许多砂岩层直接叠置，中间无或少泥质夹层，但冲刷面发育，形成多层楼式叠合砂砾岩体。中扇以砾质、砂质高密度浊流沉积为特色，单一沉积序列厚度多为0.5～2.0m。向盆地方向粒度变细，分选变好，水道浊积岩以砂质高密度浊流层序为主，水道不明显的浊积砂层顶部可出现低密度浊流沉积序列。水道之间的细粒沉积以显示鲍玛序列上部段为主。扇中自然电位曲线为箱形、齿化箱形、齿化漏斗—钟形等。

外扇为深灰色泥岩夹中薄层砂岩，砂层可显平行层理、水流沙纹层理，以T_{bcde}沉积序列为主的低密度浊流沉积发育为特征，自然电位曲线多为齿状。

3. 非扇相沉积模式

1）沟槽沉积模式

20世纪40年代，人们首次在北美大陆边缘发现深水水道，从此以后深水水道逐渐成为海洋地质学界关注的热点。深水水道作为重要的深海地貌单元，在海底延伸可达数千公里。其一方面可以作为深水重力流输送沉积物的通道，另一方面也可以作为重力流沉积的场所。最令人信服的实例是Hein和Walker(1982)所确定的加拿大魁北克寒武系—奥陶系Cap－Enrage组中的具有阶地的辫状海底水道砾质沉积。它由厚约270m的卵石砂岩和块状砂岩组成，恢复后的水道深约300m，宽约10km，水道沿平行大陆斜坡脚的凹槽方向延伸(图7－47)。

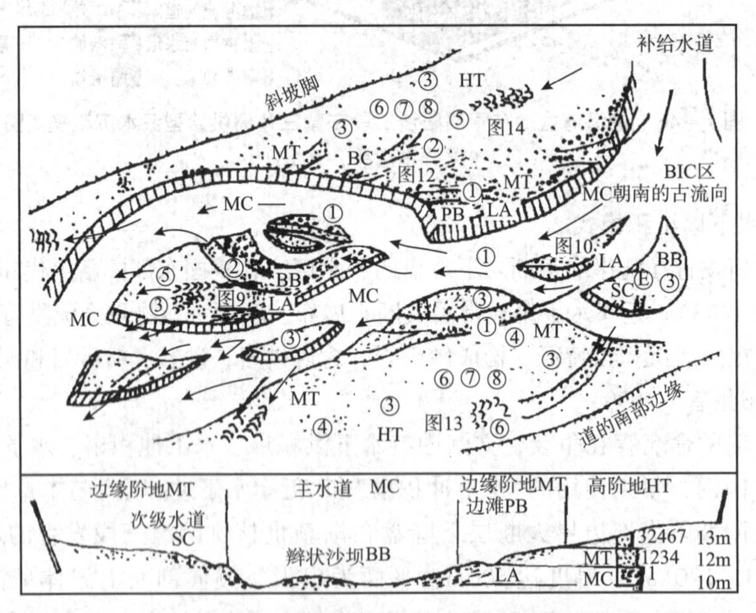

图7－47 加拿大魁北克CapEnrage组沟槽型重力流沉积相模式(据Hein和Walker，1982)

①～⑧—八种岩相类型；LA—海沟侧向加积；MC—主水道；MT—边缘阶地；HT—高阶地；SC—次级水道；BB—辫状沙坝；PB—边滩；CC—截断水道

在长形海槽盆地或湖盆中，重力流进入盆地后沿倾向搬运和沉积。如美国中部阿巴拉契亚山脉中的奥陶统马丁斯堡组浊积岩、美洲西海岸科迪勒拉山边缘带不同时代的浊积岩、横贯欧亚的阿尔卑斯—喜马拉雅山脉的特提斯海不同时代的浊积岩等。较为明确并在油气勘探中取得良好效果的是美国文图拉盆地海槽浊积砂岩(许靖华, 1980)。

从中识别出的8种岩相类型：①粗砾岩；②具粒序层理的细砾岩和卵石质砂岩；③显粒序的细砾岩和卵石质砂岩；④粒序细砾岩、卵石质砂岩和具有液体溢出的砂岩；⑤非粒序交错层细砾岩、卵石质砂岩和砂岩；⑥缺少构造的卵石质砂岩和砂岩；⑦砂和粉砂质浊积岩；⑧深水页岩。

这八种岩相类型归纳为粗粒沟道、叠覆冲刷粗砂岩和非沟道沉积3种相组合。图7-48(a)指示由于水道侧向加积形成主沟道和次要沟道的叠加作用，以向上变薄、变细层序为主；图7-48(b)指示了水道迁移到阶地上，形成向上变厚、变粗的层序。依此类推，由于构造因素导致水道迁移、充填乃至废弃，从而分别形成变厚、变粗和变薄、变细等复杂层序类型。

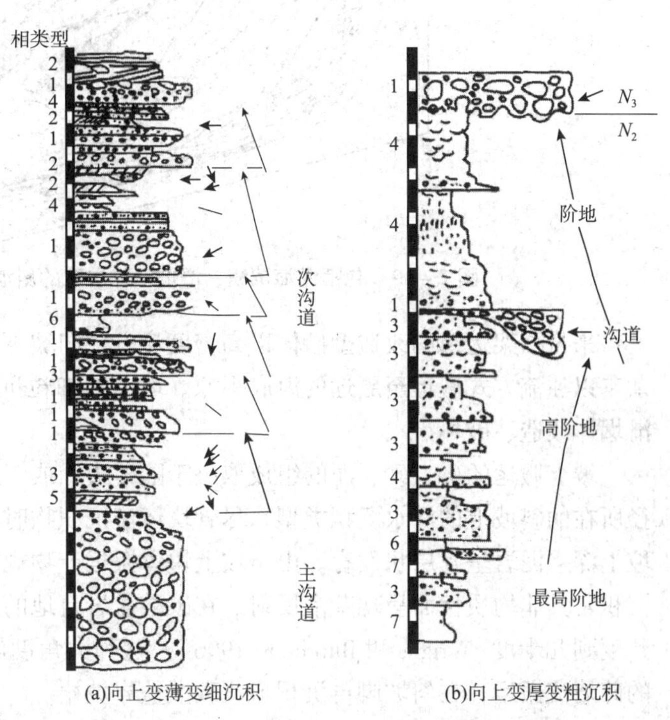

图7-48 加拿大魁北克 CapEnrage 组沟槽型重力流沉积相层序特征(据 Hein 和 Walker, 1982)

自20世纪70年代以来，出现了对我国东部一些中、新生代断陷湖盆中槽状浊积砂体的报道。如东濮凹陷古近系西部斜坡带沙河街组三段拐弯槽状重力流沉积(姜在兴等, 1988)和中央隆起带的轴向槽状重力流水道沉积(赵澄林等, 1988)。

在湖泊沉积环境，特别是我国东部断陷型湖盆中，断槽型重力流沉积最为典型。断槽按断层的发育特点可分单断式和双断式，单断式指一条断层控制形成的箕状断槽，双断式指两条倾向相反的断层控制形成的地堑状断槽，在我国断陷型湖盆以单断式断槽较常见。

断槽型重力流分布广泛，在湖盆的陡岸、中央隆起带、斜坡带均有分布。断槽型重力流的类型多样，按重力流的来源方向可分为拐弯型和直流型(图5-70)；按重力流的物质来源可分为洪水型和滑塌型。其中，洪水型断槽重力流是指山区洪水携带沉积物直接流入断槽而成；滑塌型断槽重力流是指三角洲或扇三角洲前缘发生滑塌，然后流入断槽中而成。

重力流水道砂体多分布于半深湖、深湖的暗色泥岩中，具有良好的成藏条件，并易形成岩性油气藏，是半深湖、深湖沉积区有利的含油气储集砂体。

2)斜坡裙沉积模式

斜坡裙(slope aprons)是发育在陆坡或三角洲前缘斜坡上的、由线状物源而非离散点状物源供给形成的沉积体系。其沉积过程包括海底滑动、滑塌到碎屑流等多种块体流(图7-49)(Stow, 1986)。在斜坡上，较粗的、数米到数十米宽的岩块倾向于以岩崩(avalanches）和碎屑流的方式搬运。

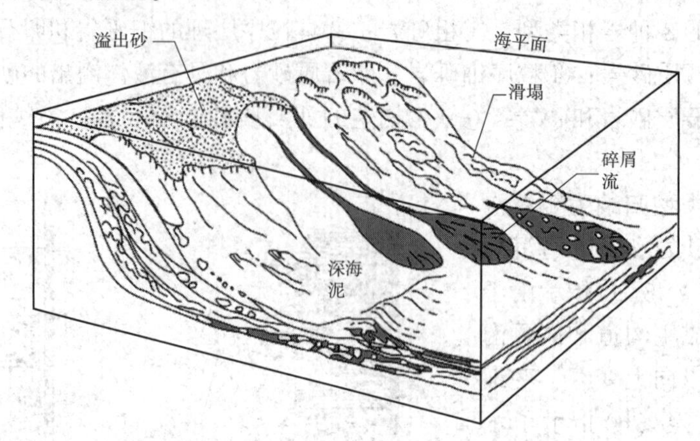

图7－49　包括深海沉积、滑塌、碎屑流的斜坡裙沉积（据 Stow，1986）

来自陆架边缘的改造型砂体以高密度流方式向坡下搬运（Stow，1986）。沉积物中的泥和杂基以浊流方式搬运至更远的海底平原。坡上的细粒沉积物常被碎屑流及更黏滞的滑动块、滑塌体改造、破坏。

坡上搬运的砾、砂、泥的组成取决于陆架边缘或三角洲前缘的沉积物供给条件和搬运路径所在的斜坡上的深水沉积类型。尽管块体流沉积物时有再次活化及变形，但也必然常常与坡上深水泥岩呈互层状发育。由于坡上块体搬运产物规模较大、内部成层性差，因此斜坡裙沉积常具非均质性而呈现杂乱反射。在碳酸盐岩台地的边缘，碳酸盐岩斜坡的角度更大，从几度到几十度（Wright 和 Burchette 1996）。这种大角度斜坡更易于发生滑塌而形成碎屑物质的碎屑流搬运，在斜坡脚再沉积形成碳酸盐岩坡裙。

考虑到斜坡块体搬运、沉积的规模巨大，Shanmugam（2000）建议将深水沉积分为水道化沉积体系和非水道化沉积体系（图7－50），强调斜坡上滑动、滑塌及碎屑流等块体搬运为主的非水道体系的独立性和重要性。

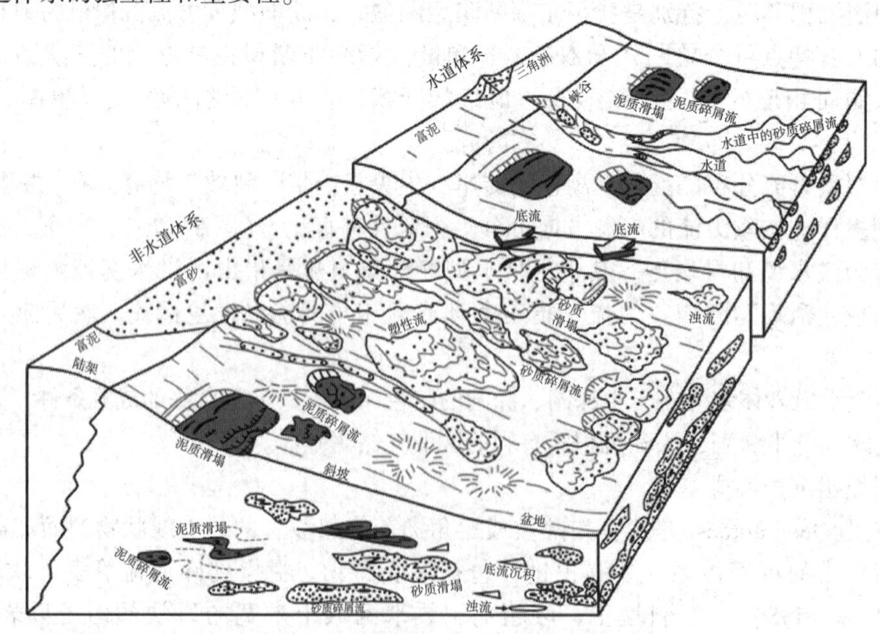

图7－50　深水水道体系与非水道体系沉积模式（据 Shanmugam，2000）

四、研究意义

(一)油气意义

据江怀友等(2008)从全球海域油气储量的发现统计结果来看，截至2008年，全球31%的油气储量发现于陆地，40%的储量发现于浅水，29%的储量发现于深水。

深水沉积油气藏的勘探和开发有悠久的历史。最早于1890年在美国加利福尼亚陆上的San Joaquin盆地发现，从此拉开了深水沉积油气勘探开发的序幕。随着20世纪70年代以来美国墨西哥湾和北海盆地油气勘探的增长，以及20世纪90年代西非海域深水油气勘探的突破，深水沉积中发现的油气资源越来越多。

全球大陆架之下的深水沉积总面积达$5500\times10^4km^2$，预测油气资源量达$(700\sim1000)\times10^8bbl(1bbl=0.159m^3)$油当量，已经在深水沉积中发现了至少872个油气田，总储量大于1370×10^8bbl油当量。其中，上述发现中80%来自海域盆地，北美发现的油气田数量和储量最多，但是西非和巴西深水油气田发现的数量在持续增长(Nilsen等，2007)。

由于深水油气资源主要分布在大西洋两岸(以西非和巴西为主)、墨西哥湾海域等地区，因此通常把西非深水、巴西深水、墨西哥湾深水称为“金三角”。统计发现，过去20年70%的深水勘探活动集中在墨西哥湾、西非和巴西深水区。

墨西哥湾深水勘探潜力巨大，拥有总数高达538×10^8bbl的预期油气资源量，主要分布在墨西哥湾深水区。墨西哥湾深水领域可勘探面积约为$53\times10^4km^2$，发育的8个盆地中有6个盆地具有含油气远景，勘探潜力巨大且勘探程度很低。近20年来，已经在墨西哥湾超深水地区发现了60多个商业油气田。

西非沿岸发育15个沉积盆地，总面积达$330\times10^4km^2$，海域面积达$258\times10^4km^2$，而深水可勘探面积达$199\times10^4km^2$。整个西非共钻探井7030口，陆地占了49%，大陆架区占了41%，而深水地区只占了10%。由此可见，西非深水地区的勘探程度仍然非常低，目前已发现38个油气田。

2006—2010年间，巴西深水区共钻探了18口探井，主要勘探目的层是盐下层系，共发现了8个巨型油田，最大的油田可采储量达到55×10^8bbl。巴西深水勘探成功率之高、油田之大令世人瞩目，也极大地激发了勘探家们对于深水勘探的热情。

半深海—深海沉积的泥岩是良好的生油岩，夹于其中的等深流、重力流碎屑物质是储集层，这种有利的组合使得半深海—深海沉积具有很好的含油气性，也是21世纪剩余油气(含天然气水合物)资源最丰富的相带和勘探目标。据Stow等统计，全球约有1300个已勘探和开发的油气田分布于深海扇浊流沉积及相关的低位体系域中。

与浅水、陆地相比，深水勘探具有明显的特点。第一，深水勘探对技术要求很高，勘探风险和投入都很大；第二，油气发现规模大，产量较高，但开发周期相对较短；第三，钻探成功率较高，墨西哥湾深水钻探成功率约为33%，巴西深水钻探成功率达50%以上，挪威和俄罗斯北极地区深水钻探成功率为42%，北海地区达24%；第四，深水油气勘探开发的平均成本呈逐年下降的趋势，每桶石油的成本从10年前的6美元下降到近年的4美元，相应的投资回报率高达19%，高出全球上游投资回报率7~9个百分点。

过去20多年，在南美、西非大西洋沿岸、墨西哥湾、北海及我国南中国海、鄂尔多斯盆地、渤海湾盆地深水沉积的油气勘探都证实，储层的预测是深水沉积重力流砂岩油藏勘探、开发的关键(庞雄奇等，2012、2007)。截至目前，我国在珠江口盆地、琼东南盆地、莺歌海盆地等海域和鄂尔多斯盆地、渤海湾盆地东等陆相沉积盆地的深水沉积的油气勘探开发均取得重要突破。

(二)深水地质灾害及工程意义

天然气水合物、海底滑坡等导致的海底失稳及事件性流体作用的发生，可能引发的深水环境中发生重大的地质灾害。国外深水油气钻探表明，大约70%的深水井都遇到过地质灾害问题。一方面，海底滑坡、浅层构造变形也常常导致深水油气钻井平台损坏；另一方面，油气钻井平台损坏或原有渗漏往往造成巨大的环境灾害，给沿海城市及海洋生物带来重大损失(Mallick 和 Dutta，2002)。因此，开展现代海洋滑动、滑塌、碎屑流、浊流等地质灾害评估，具有重要的工程意义和环境意义。

参考文献

[1]Bagnold R A. Experiments on a gravity free dispersion of large solid spheres in a Newtonian fluid under shear [C]. Proceedings of the Royal Society of London，1954，225：49 – 63.

[2]Bates C. Rational theory of delta formation[M]. AAPG Bulletin，1953，37：2119 – 2162.

[3]Beaubouef R T. Deep – water leveed – channel complexes of the Cerro Toro formation，Upper Cretaceous，southern Chile[J]. AAPG Bulletin，2004，88：1471 – 1500.

[4]Bouma A H，Moore G T，Coleman J M. Framework，Facies，and Oil – trapping characteristics of the Upper Continental Margin[J]. American Association Petroleum Geologists，Studies in Geology No. 7，Tulsa，OK，1978：326.

[5]Bouma A H. Sedimentology of Some Flysch Deposits：A Graphic Approach to Facies Interpretation[J]. Amsterdam：Elsevier，1962：1 – 168.

[6]Browne G H，Slatt R M. Outcrop and behind – outcrop characterization of a late Miocene sloe fan system，Mt. Messenger Formation，New Zealand[J]. AAPG Bulletin，2002，86：841 – 862.

[7]Carter L. A large submarine debris flow in the path of the Pacific deep western boundary current off New Zealand [J]. Geo – Marine Letters，2001，21(1)：42 – 50.

[8]Crowell J C. Origin of pebbly mudstones[J]. Geological Society of America Bulletin，1957，68：993 – 1009.

[9]Dasgupta P. Sediment gravity flow – the conceptual problems[J]. Earth – Science Reviews，2003，62(3 /4)：265 – 281.

[10]Doyle L J，Pilkey O H. Geology of Continental Slopes[M]. Tulsa：Society of Economic Paleontologists and Mineralogists Special Publication，1979：61 – 73.

[11]Elverhoi A，Issler D，De Blasio F V，et al. Emerging insights into the dynamics of submarine debris flows[J]. Natural Hazards and Earth System Sciences，2005，5 (5)：633 – 648.

[12]Flood R D，Piper D J W，Klaus A，et al. Proceedings of the Ocean Drilling Program[J]，Scientific Results. 1997，155：109 – 146.

[13]Forel F A. Le ravin sous—lacustre de Rhone dans le lac Leman[J]. Bulletin de la Societe Vaudoise Science Naturelle. 1887，23：85 – 107.

[14]Galloway W E，Hobday D K. Terrigenous Clastic Depositional Sytems[M]. 2nd Ed. NewYork：Springer – Verlag，1996.

[15]Galloway W E. Siliciclastic Slope and Base – of – Slope Depositional Systems：Component Facies，Stratigraphic

Architecture, and Classification[J]. AAPG Bulletin, 1998, 82(4): 287 - 288.

[16]Gee M J R, Masson D G, Watts A B, et al. The Saharan debris flow: an insight into the mechanics of long runout submarine debris flows[J]. Sedimentology, 1999, 46(2): 317 - 335.

[17]Georgiopoulou A, Masson D G, Wynn R B, et al. Sahara Slide: Age, initiation, and processes of a giant submarine slide[J]. Geochemistry Geophysics Geosystems, 2010, 11.

[18]Hampton M A. Competence of fine - grained debris flows[J]. Journal of Sedimentary Petrology, 1975, 45: 834 - 844.

[19]Hampton M A. The role of subaqueous debris flow in generating turbidity currents[J]. Journal of Sedimentary Research, 1972, 42(4): 775 - 793.

[20]Harbitz C B, Parker G, Elverhoi A, et al. Hydroplaning of subaqueous debris flows and glide blocks: Analytical solutions and discussion[J]. Journal of Geophysical Research - Solid Earth, 2003, 108(B7): 2349.

[21]Haughton P, Davis C, McCaffrey W, et al. Hybrid sediment gravity flow deposits - Classification, origin and significance[J]. Marine and Petroleum Geology, 2009, 26(10): 1900 - 1918.

[22]Heezen B C, Hollister C D, Ruddiman W F. Shaping of the continental rise by deep geostrophic contour currents[J]. Science, 1966, 152(3721): 502 - 508.

[23]Heezen B C, Ewing M. Turbidity currents and submarine slumps, and the 1929 Grand Banks earthquake[J]. American Journal of Science, 1952, 250: 849 - 873.

[24]Hein F J, Walker R G. The Cambro Ordovician Cap Enragé formation, Québec Canada: Conglomeratic Deposits of a Braided Channel with terrace[J]. Sedimentology, 1982, 29(3): 309 - 352.

[25]Ilstad T, Elverhøi A, Issler D, et al. Subaqueous debris flow behaviour and its dependence on the sand/clay ratio: a laboratory study using particle tracking[J]. Marine Geology, 2004, 213 (1 - 4): 415 - 438.

[26]Johnson D. The origin of submarine canyons[J]. Journal of Geomorphology, 1938, 1: 111 - 340.

[27]Kano K, Yamamoto T, Ono K. Subaqueous eruption and emplacement of the Shinjima pumice, Shinjima (moeshima) island, Kagoshima bay, SW Japan [J] . Jour. volcanol. geotherm. Res, 1996, 71 (2): 187 - 206.

[28]Kokelaar P, Busby C. Subaqueous explosive eruption and welding of pyroclastic deposits[J]. Science, 1992, 257: 196 - 201.

[29]Kokelaar P, Königer S. Marine emplacement of welded ignimbrite: the Ordovician Pitts Head Tuff, North Wales[J]. Journal of the Geological Society, 2000, 157: 517 - 536.

[30]Kuenen P H, Migliorini C I. Turbidity currents as a cause of graded bedding[J]. The Journal of Geology, 1950, 58(2): 91 - 127.

[31]Kuenen P H. Sole markings of graded greywacke beds[J]. Journal of Geology, 1957, 65: 231 - 258.

[32]Leeder M. Sedimentology and Sedimentary Basins[M]. UK: Wiley - Black well, 2011.

[33]Leggett J K, Zuffa G G. Marine clastic sedimentology: London, Graham and Trotman[J]. 1987: 1 - 38.

[34]Lorenz V. On the formation of maars[J]. Bull etin Volcanologique, 1973, 37(2): 183 - 204.

[35]Lowe D R. Sediment gravity flows: Ⅱ - depositional models with special reference to the deposits of high - density turbidity currents[J]. Journal of Sedimentary Research, 1982, 52: 279 - 297.

[36]Mallick S, Dutta N C. Shallow water flow prediction using prestack waveform inversion of conventional 3D seismic data and rock modeling[J]. Leading Edge, 2002, 21(7): 675 - 680.

[37]Marr J G, Elverhoi A, Harbitz C, et al. Numerical simulation of mud - rich subaqueous debris flows on the glacially active margins of the Svalbard - Barents Sea[J]. Marine Geology, 2002, 188(3 - 4): 351 - 364.

[38]Middleton G V, Bouma A H. Turbidites and Deep - water Sedimentation[J]. SEPM Pacific Section Short Course, Anaheim, California, 1973, 1 - 38.

[39] Middleton G V. Primary sedimentary structures and their hydrodynamic interpretation[J]. Tulsa: Society of Economic Paleontologists and Mineralogists Special Publication, 1965: 192 - 219.

[40] Milne J. Suboceanic changes[J]. Geographical Journal, 1897, 10: 129 - 146, 259 - 289.

[41] Mohrig D, Ellis C, Parker G, et al. Hydroplaning of subaqueous debris flows[J]. GSA Bulletin, 1998, 110: 387 - 394.

[42] Mulder T, Alexander J. The physical character of subaqueous sedimentary density flows and their deposits[J]. Sedimentology, 2001, 48(2): 269 - 299.

[43] Mulder T, Syvitski J P M, Migeon S, et al. Marine hyperpycnal flows: Initiation, behavior and related deposits: A review[J]. Marine and Petroleum Geology, 2003, 20: 861 - 882.

[44] Mutti E, Ricci Lucchi F. Turbidites of the northern Apennines: introduction to facies analysis (English translation by Nilsen T H, 1978)[J]. International Geology Review, 1972, 20: 125 - 166.

[45] Mutti E, Tinterri R, Remacha E, et al. An Introduction to the Analysis of Ancient Turbidite Basins from an Outcrop Perspective[J]. Tulsa: American Association of Petroleum Geologists Continuing Education Course Note Series, 1999, 1 - 61.

[46] Newton S, Mosher D, Shipp C, et al. Importance of mass transport complexes in the Quaternary development of the Nile Fan[J]. Egypt: OTC Conference proceedings, 2004, 16742, 10.

[47] Normark W R. Growth patterns of deep sea fans[J]. AAPG Bulletin, 1970, 54: 2170 - 2195.

[48] Pacht J A, Sheriff R E, Perkins B F. Stratigraphic analysis utilizing advanced geophysical, wireline and borehole technology for petroleum exploration and production, Gulf Coast Section - SEPM Foundation 17th[J]. Annual Research Conference Houston, 1996: 241 - 254.

[49] Perry C, Taylor K. Environmental sedimentology[M]. London: Black well Scientific Publications, 2007.

[50] Postma G, Nemec W, Kleinspehn K L. Large floating clasts in turbidites: a mechanism for their emplacement [J]. Sedimentary Geology, 1988, 58(1): 47 - 61.

[51] Reading H G, Richards M. Turbidite systems in deep - water basin margins classified by grain size and feeder system[J]. American Association of Petroleum Geologists Bulletin, 1994, 78: 792 - 822.

[52] Reading H G. Sedimentary environments and facies[M]. 2nd edition. Oxford: Blackwell Scientific Publications, 1978.

[53] Reading H G. Sedimentary Environments: Processes, Facies and Stratigraphy[J]. Oxford: Black - well Science, 1996.

[54] Roberts H H, Rosen N C, Fillon R H, et al. Gulf Coast Section - SEPM Foundation 23rd Annual Bob F[J]. Perkins Research Conference, 2003: 182 - 203.

[55] Schwab W C, Lee H J, Twichell D C. Submarine Landslides: Selected Studies in the U. S. Exclusive Economic Zone[J]. U. S. Geological Survey Bulletin 2002, 1993: 14 - 22.

[56] Shanmugam G. 50 years of the turbidite paradigm (1950s - 1990s): deep - water processes and facies models - a critical perspective[J]. Marine and Petroleum Geology, 2000, 17: 285 - 342.

[57] Shanmugam G. High - density turbidity currents: are they sandy debris flows? [J]. Journal of Sedimentary Research, 1996, 66: 2 - 10.

[58] Shanmugam G. The Bouma Sequence and the turbidite mind set[J]. Earth - Science Reviews, 1997, 42(4): 201 - 229.

[59] Shanmugam G. 等深流沉积：物理海洋学、过程沉积学和石油地质学[J]. 石油勘探与开发, 2017, 44(2): 177 - 195.

[60] Shipp C, Nott J, Newlin J. Variations in jetting performance in deepwater environments: geotechnical characteristics and effects of mass transport complexes[J]. OTC Conference, 2004, 16751.

[61]Shultz A W. Subaerial Debris – Flow Deposition in the Upper Paleozoic Cutler Formation, Western Colorado [J]. Journal of Sedimentary Petrology, 1984, 54(3): 759 – 772.
[62]Stanly D J, Swift D J P. Marine Sediment Transport and Environmental Management[J]. NewYork: Wiley, 1976, 197 – 218.
[63]Stow D A V, Piper D J W. Fine – Grained Sediments: Deep – water Processes and Facies[J]. Geological Society Special Publication, 1984, 15: 659.
[64]Talling P J, Masson D G, Sumner E J, et al. Subaqueous sediment density flows: Depositional processes and deposit types[J]. Sedimentology, 2012, 59(7): 1937 – 2003.
[65]Talling P J, Paull C K, Piper D J W. How are subaqueous sediment density flows triggered, what is their internal structure and how does it evolve? Direct observations from monitoring of active flows[J]. Earth – Science Reviews, 2013, 125: 244 – 287.
[66]Talling P J, Wynn R B, Masson D G, et al. Onset of submarine debris flow deposition far from original giant landslide[J]. Nature, 2007, 450: 541 – 544.
[67]Terlaky V, Arnott R W C. Matrix – rich and associated matrix – poor sandstones: avulsion splays in slope and basin – floor strata[J]. Sedimentology, 2014, 61(5): 175 – 1197.
[68]Walker R G, Cant D J. Facies Models[J]. Geosci. Can. Rept. Ser, 1979, 1: 23 – 31.
[69]Walker R G. Deep – water sandstone facies and ancient submarine fans: models for exploration for stratigraphic traps[J]. AAPG Bulletin, 1978, 62: 932 – 966.
[70]Warme J E, Douglas R G, Winterer E L. The Deep Sea Drilling Project: A Decade of Progress[J]. SEPM Special Publication, 1981, 32: 227 – 249.
[71]Weimer P, Bouma P, Perkins B F. Submarine fans and turbidite systems: Gulf Coast Section SEPM Foundation 15th[J]. Annual Research Conference, 1994: 53 – 68.
[72]Weimer P, Link M H. Seismic facies and sedimentary processes of submarine fans and turbidite systems: SpringerVerlag[J]. New York, 1991: 7106.
[73]Weimer P, Slatt R M. Petroleum geology of deepwater settings[M]. AAPG Memoir, 2006.
[74]Weimer P. Sequence stratigraphy of the Mississippi Fan (Plio – Pleistocene), Gulf of Mexico: Geo – Marine Letters[J]. 1989, 9: 185 – 272.
[75]Wohletz K H. Explosive magma – water interactions: thermodynamics, explosion mechanisms, and field studies[J]. Bulletin of Volcanology, 1986, 48(5): 245 – 264.
[76]Xian B Z, Liu J P, Dong Y L, et al. Classification and facies sequence model of subaqueous debris flows[J]. Acta Geologica Sinica (English Edition), 2017, 91(2): 751 – 752.
[77]Xian B Z, Liu J P, Wang J H, et al. Using of stratal slicing in delineating delta – turbidite systems in Eocene Dongying depression, Bohai Bay Basin: Insights for the evolution of multisource delta – turbidite systems in a fourth order sequence[J]. Journal of Petroleum Science and Engineering, 2018c, 168: 495 – 506.
[77]Xian B Z, Wang J H, Liu J P, et al. Classification and sedimentary characteristics of lacustrine hyperpycnal channels: Triassic outcrops in the south Ordos Basin, central China[J]. Sedimentary Geology, 2018a, 368: 68 – 82.
[78]Xian B Z, Wang J H, Liu J P, et al. Delta – fed turbidites in a lacustrine rift basin: the Eocene Dongying depression, Bohai Bay Basin, East China [J]. Australian Journal of Earth Sciences, 2018b, 65 (1): 135 – 151.
[79]冯增昭．沉积岩石学[M]．北京：石油工业出版社，1993.
[80]高振中．深水牵引流沉积 内潮汐、内波和等深流沉积研究[M]．北京：科学出版社，1996.
[81]洪庆玉，候方浩．桂西中三迭统浊积岩的初步研究[J]．西南石油学院学报，1979，(1)：16 – 30，

82 – 83.
[82]江怀友，赵文智，裘怿楠，等．世界海洋油气资源现状和勘探特点及方法[J]．中国石油勘探，2008，3：27 – 34，9.
[83]姜在兴，赵徵林，刘孟慧．一种沿深水箕状谷纵向搬运的重力流沉积[J]．石油实验地质，1988，2：106 – 116.
[84]李华，何幼斌．等深流沉积研究进展[J]．沉积学报，2017，35(2)：228 – 240
[85]刘敏厚，吴世迎，王永吉，等．黄海晚第四纪沉积[M]．北京：海洋出版社，1987.
[86]庞雄，陈长民，朱明，等．深水沉积研究前缘问题[J]．地质论评，2007，(1)：36 – 43.
[87]庞雄．深水重力流沉积的层序地层结构与控制因素——南海北部白云深水区重力流沉积层序地层学研究思路[J]．中国海上油气，2012，24(2)：1 – 8.
[88]沈锡昌，郭步英．海洋地质学[M]．武汉：中国地质大学出版社，1993.
[89]谈明轩，朱筱敏，耿名扬，等．沉积物重力流流体转化沉积—混合事件层[J]．沉积学报，2016，34(6)：1108 – 1119.
[90]工德坪，刘守义．东营盆地渐新世早期前三角洲缓坡区的泥石流砂质碎屑沉积[J]．沉积学报，1987，5(4)：14 – 24，165.
[91]王德坪．湖相内成碎屑流的沉积及形成机理[J]．地质学报，1991，65(4)：299 – 316，387 – 388.
[92]鲜本忠，安思奇，施文华．水下碎屑流沉积：深水沉积研究热点与进展[J]．地质论评，2014，60(1)：39 – 51.
[93]鲜本忠，王璐，刘建平，等，东营凹陷东部始新世三角洲供给型重力流沉积特征与模式[J]．中国石油大学学报(自然科学版)，2016，40(5)：10 – 21.
[94]许靖华，何起祥．薄壳板块构造模式与冲撞型造山运动[J]．中国科学，1980，11：1081 – 1089.
[95]杨田，操应长，王艳忠，等．异重流沉积动力学过程及沉积特征[J]．地质论评，2015，61(1)：23 – 33.
[96]张萌，田景春．“近岸水下扇”的命名、特征及其储集性[J]．岩相古地理，1999，19(4)：3 – 5.
[97]赵澄林，刘孟慧．东濮凹陷下第三系砂体微相和成岩作用[M]．东营：石油大学出版社，1988.
[98]赵澄林，刘孟慧，纪友亮．碎屑岩沉积体系与成岩作用[M]．北京：石油工业出版社，1992.
[99]赵澄林，刘孟慧．湖底扇相模式及其在油气预测中的应用[J]．华东石油学院学报，1984，(2).
[100]赵澄林，朱筱敏．沉积岩石学(第三版)[M]．北京：石油工业出版社，2001.

第八章　油区陆源碎屑岩古沉积条件与沉积相研究

油气的生储盖性质受控于源汇系统，因此恢复古沉积条件、进而开展沉积相研究对于油气勘探开发是非常必要的。

第一节　古沉积条件分析

一、沉积作用的控制因素

(一)沉积盆地构造

构造沉降作为形成可容纳空间的一种重要机制在层序地层学研究中已被认可，但这一过程具有更广泛的含义。简单来讲，如果没有构造作用形成地球表面的低洼区域，就不会有沉积物的长期堆积，也不会有我们所熟知的沉积岩和沉积地层。沉积物积聚的地方被称为沉积盆地，它们的规模可以从方圆几平方公里到覆盖半个地球。从地貌特征层面来定义的话，盆地可被理解为地球表面的碗状凹陷，它们可能是沉积物积聚的地方，但也可能不是。在地质学中，我们真正关心的是保存有地层，且能够记录地质历史中不断演变的沉积环境的盆地。

(二)气候、沉积物供给和基准面等

构造沉降在创造可容空间用于沉积物积聚方面所发挥的作用对沉积学和地层学而言具有根本性意义。但还有许多其他因素控制着沉积物的总量、类型和分布(图 8－1)。气候、构造、基岩地质过程和海洋有关过程(基准面)都在所有类型盆地的内部和周缘相互作用，并控制了盆地充填地层的特征。

1. 海平面变化

海平面相对变化的作用在层序地层学中已经得到广泛的关注。在浅海环境中，海平面直接决定了可用于沉积物积聚的可容纳空间的数量，但它也会影响到河流沉积和深海沉积。海平面变化不一定会影响所有的盆地，因为有些盆地完全处于内陆，与海洋没有联系或直接的水交换。这些内陆汇水盆地可以在多种构造环境下形成，主要包括裂陷盆地、前陆盆地和走滑盆地。它们可能是湖泊环境主导，但在更加干旱的气候条件下，河流作用和风成作用占支配地位。

2. 气候

在许多不同的地表过程和沉积环境中，气候作为过程控制因素的意义已被广泛认可。首先，风化过程取决于湿度和温度，在温暖、潮湿的条件下，容易形成悬浮状态的黏土矿物和

各种离子，而寒冷、干旱的条件下则容易形成粗碎屑物质。沉积物通过水、冰和风的搬运也受气候的控制，取决于湿度和温度。所有陆相环境和许多海岸环境的沉积过程对气候因素是比较敏感的，例如，潮湿环境下形成的碎屑潟湖和干旱环境下形成的蒸发潟湖对比可以说明气候对沉积相有重要的控制作用。

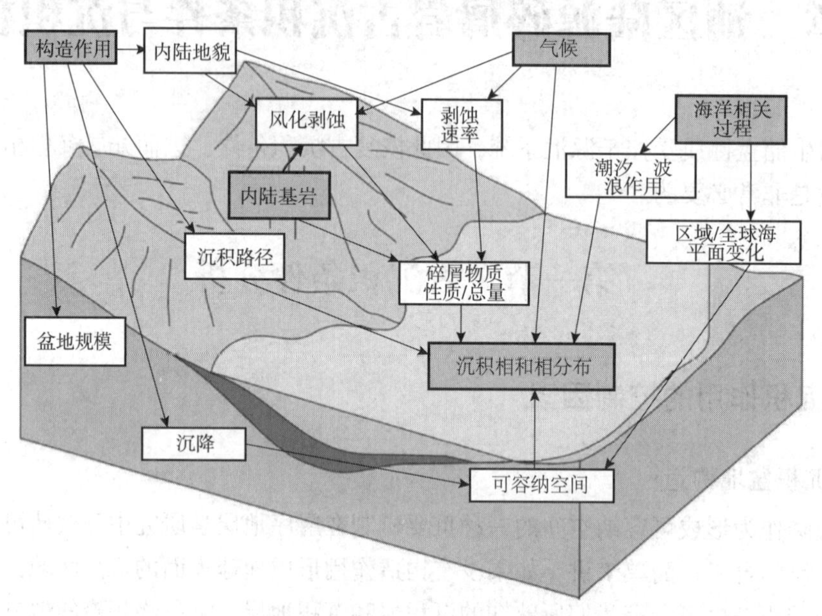

图 8－1　沉积盆地中沉积相发育及分布的控制因素（据 Nichols，2009）

3. 基岩或母岩区

沉积物供给是另一个重要因素，它关于供给碎屑物质的性质和数量。事实很明显，如果河流不供给沙子，三角洲就不可能是沙子的沉积处；同样，如果没有砾质沉积物的供给，滨岸带就不可能形成由卵石组成的前滨沉积。玄武岩风化剥蚀形成的沉积物与石灰岩风化剥蚀形成的沉积物之间具有完全不同的特征。不同沉积环境中不同沉积相的性质取决于沉积物的粒度、碎屑颗粒的矿物学和岩石学特征以及沉积水体的化学性质。此外，沉积物供给量对盆地的充填特征也有重要的影响。碎屑物质的产生首先在于有没有构造控制的内陆凸起的存在，其次气候条件和基岩性质也发挥了一定的作用。如果沉积物供给速率超过构造沉降速率，盆地就会被过度充填，且沉积相为浅海相或陆相。如果沉积物供给速率低于构造沉降速率，则会导致盆地填充不足，填充不足的海相盆地主要积聚了深水相沉积物，而填充不足的陆相盆地最终可能会低于海平面（像约旦的死海、美国的死亡谷）。

因此，古沉积条件分析是恢复沉积时的上述控制因素，包括大地构造背景、古地理、古气候、古物源和盆地古物理、化学、生物条件等。

二、古大地构造背景分析

古大地构造背景分析的任务是恢复沉积盆地当时的盆地板块构造性质。

近年来，在砂岩碎屑组分和物源区构造背景的关系上，人们做了许多工作。在现代深海砂岩的石英—长石—岩屑图版中，认为可以鉴别出五种主要的构造背景，但是这个图版存在许多的重叠区(图 8－2)。通过研究古代砂岩，判别出四种主要的物源区：稳定克拉通、基底隆升、岩浆弧和再旋回造山带。稳定克拉通和基底隆升形成大陆地块，例如，合并的古代造山带的构造压实区，它来自被动大陆边缘、走向断层、弧后岛遭受了强烈的剥蚀。岩浆弧包括大陆和岛弧和弧前—岛弧构造环境的现代深海砂的组成相关的俯冲，是喷出岩、深成岩和变质岩发育的区域。再旋回造山带是隆升的、变形的上地壳岩石形成的造山带，它们主要由沉积物组成，但是也包括火山岩和变质沉积物。来自各种物源区的碎屑通常有着特殊的组成，与沉积盆地的板块构造背景有关(表 8－1)。

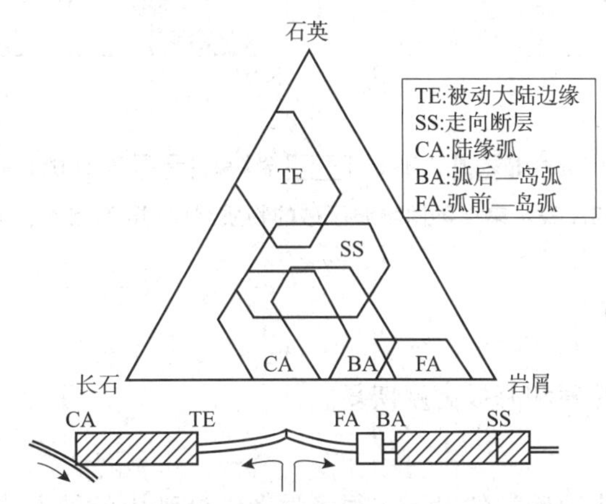

图 8－2　来自被动大陆边缘、走向断层、弧后—岛弧和弧前—岛弧构造环境的现代深海砂的组成(据 Tucker，2001)

表 8－1　主要物源区及其构造背景与典型的砂岩成分(据 Tuker，2001)

物源区类型	构造背景	砂岩的成分
稳定克拉通	大陆内部或被动边缘	石英砂岩(富 Q_t，高 Q_m/Q_p 和 F_k/F_p 比值)
基底隆升	裂谷或变形断裂	石英—长石(Q_m－F)砂岩，低 L_t，Q_m/F 和 Fk/Fp 比值与基岩类似
岩浆弧	岛弧或大陆弧	长石—岩屑(F－L)火山碎屑砂岩，高 P/K 和 L_v/L_s 比值，石英—长石(Q_m－F)深成砂岩
再旋回造山带	俯冲复合体或逆掩褶皱带	石英—岩屑(Q_t－L_t)砂岩，低 F 和 L_v，可变的 Q_m/Q_p 和 Q_p/Ls 比值

注：Q—稳定石英颗粒，包括 Q_m 及 Q_p；Q_m—单晶石英颗粒；Q_p—多晶石英质岩屑，主要为燧石质颗粒；F—单晶长石颗粒，包括 P 和 K；F_p—斜长石单晶颗粒；F_k—钾长石单晶颗粒；L—不稳定复晶岩屑，其中包括 L_v 和 L_s；L_v—火山岩屑和变质火山岩屑；L_s—沉积岩屑和变质沉积岩屑；L—岩屑总含量，相当于 L_p 与 Q_p 之和。

通过砂岩样品的分析，将颗粒的各种组合投点在三角图上，即可区分不同的物源区(图 8－3)。颗粒鉴定的种类见表 8－1。图 8－3(a)把所有石英颗粒放在一起(Q_m＋Q_p)，代表沉积物的成熟度；图 8－3(b)包含岩石颗粒的 Q_p，代表源岩。利用这些图表可以鉴别四种主要大地构造环境的砂岩。

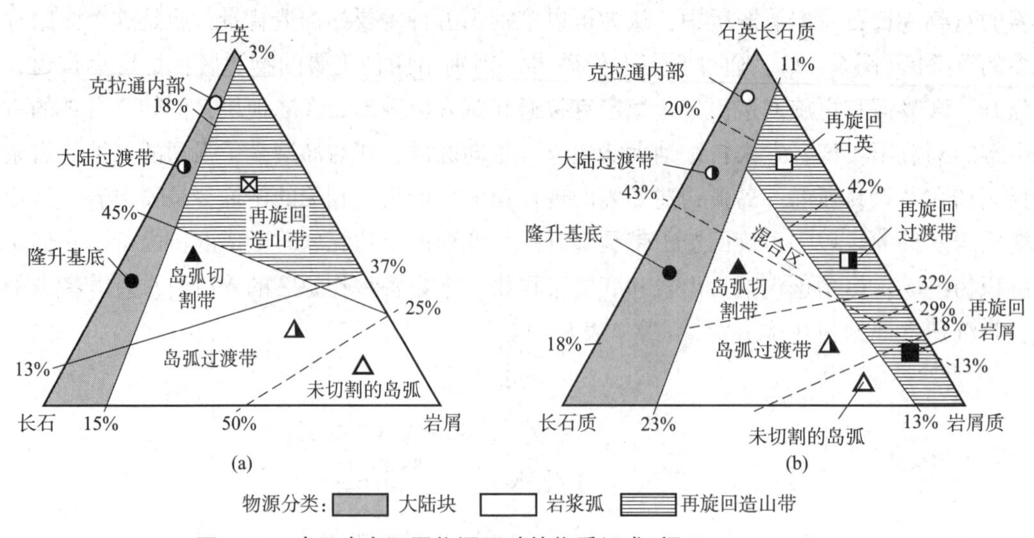

图8－3　表示来自不同物源区砂的物质组成(据 Tucker，2001)

三、古地理恢复

古地理恢复包括经纬度和海拔高度恢复。

(一)古经纬度恢复

随着计算机技术和古地磁学的发展，很多学者尝试利用各种方法重建板块的过去位置，板块不管是在俯冲还是碰撞过程中势必会留下相应的地质记录，这些地质记录可很好的约束板块重建。重建板块的过去位置主要依据下面几个领域和数据：古地磁、线性磁异常、古气候和古生物(龚福秀，2009)。

1. 古地磁学

由于同一时期生成的岩石不管其处于地球上的哪一部分，它们所获得的磁性都是由当时的地磁场所决定的，彼此相关联，且具有全球一致性。因此，可以通过各种古地磁参数，如偏角、倾角、古极位置和古纬度等的测定，推算出各岩石之间在时间空间上的相互关系。如果这些岩石获得磁性以后，经历了某种地质事件，如构造运动等，就将引起它们的各种古地磁参数发生变化。通过对这些变化的分析，可以追溯它们所经历的地质事件。在地球上任何地方，相同年代生成的岩石所获得的磁化的方向与当时当地的地磁场方向基本上是一致的。由这些磁化方向推算出的磁极位置就是当时的地磁极位置，而且所有岩石的磁化方向应该对应同一个磁极位置。如果某些岩石在磁化以后，地理位置发生了变化，如发生了地块的漂移，或在原地发生了水平面内的转动，那么保存在岩石内部的磁化方向也将随之改变其空间方位。因此，从磁化方向的易位可反推地块或地理位置的变动。

2. 线性磁异常

线性磁异常是板块重建中最精确的方法。将洋中脊一侧的磁异常和转换断层数据结合，基于一定的标准拟合计算板块旋转极。固定洋中脊一侧的洋壳，将同时代的等时线进行拟合，则另一侧洋壳可以旋转回过去位置。然后，其他的板块同样逐级相对于固定板块进行重建。再将固定板块在绝对参考框架下进行重建，这样全球板块的重建就实现了。这种成对逐级重建板块位置的方法称为“板块运动链”或“板块回路”。虽然用磁异常数据重建板块相对位置，是较精确的方法。然而，随着大洋板块的扩张，两侧的磁异常数据都俯冲到其他板块下，被破坏和消失了。磁异常数据一般只到175Ma，最老的磁异常也只是摩洛哥海岸的，在185Ma到190Ma之间。更早时间的板块重建是无法利用磁异常数据的。一般采用古地磁数据，结合古气候和古生物等数据，进行板块重建工作。

3. 古气候标志

古气候标志能提供有关古纬度方面的资料，从而可以与古地磁资料相互印证。在近十亿年来，地球上的气候地带性(纬度地带性)，即极地相对较冷、赤道相对较热的大势，在原则上与目前类同。一些沉积岩系的生成严格地依赖于气候条件，经常可以发现，这些沉积岩系目前所处的气候带，与它们生成时所要求的气候带完全不同，这正是大陆漂移的结果。据此，可以复原这些沉积岩系形成时大陆在纬度上的配置。可作为古气候标志的主要有珊瑚礁和碳酸盐岩、红层、铝土矿、磷钙矿、蒸发盐、煤、石油、冰川沉积等。研究表明，许多古气候标志与古地磁资料大体吻合，综合分析这两方面的资料，可使复原过去海陆位置的工作具有更大的可靠性。古气候资料不能确定当时大陆所处的古经度。

4. 古生物依据

在重建地质时期海陆的位置时，古生物的研究主要有两方面的意义。一是根据一些特有的生物种属和生物的分异度推断当时大陆所处的纬度。二是根据生物群的地方性组合与生物面貌的异同探讨当时的生物地理分区，查明深海大洋及高山、地峡的阻隔影响，进而推断海陆的布局和大陆的离合。一些喜寒、喜暖生物群的分布，特别是生物化石的分异度，可以提供古纬度的资料。板块活动导致大陆破裂、分离、或碰撞、聚合，从而改变了生物地理区的范围，设置或消除了生物迁移的障碍。海陆分布、相隔距离、气候差异(纬度高低)等因素控制了生物地理区的布局。

(二)古海拔高度恢复

1. 基于玄武岩中气泡的古海拔测量学

该方法主要基于熔岩顶部和底部的气泡大小，假设气泡从火山口喷出的时候并不知道它们将保存在熔岩的哪部分，因此，假定气体均匀分布在流体之中。气泡的体积也将取决于压力的大小，在熔岩顶部的气泡仅仅承受大气压力，而在底部的气泡则受到大气压力和熔岩流体压力的共同作用。由于熔岩的厚度可以测量，并且气泡大小可以在实验室中测得，假设海平面气压在新生代期间没有多大的变化，因此，可以利用玄武岩气泡来确定新生代山体古海拔高度：

$$\frac{V_{top}}{V_{base}}=\frac{P_{atm}+\rho_g h}{P_{atm}} \tag{8-1}$$

式中，ρ 为熔岩密度(玄武岩为2650kg/m^3)；g 为重力加速度；h 为熔岩厚度(可测)；P_{atm}为熔岩放置某地时的大气压；V_{top}和 V_{base}分别是熔岩顶部和底部的气泡体积，可以利用X射线方法测出，公式中各参数均可算出，因此可以算出 P_{atm}，进而可求出当时的海拔高度。

2. 基于古植物的古高度测量学

$$Z=Z_m-\frac{MAT_i+\Delta MAT_{gc}、\Delta MAT_{cd}、\Delta MAT_{pg}-MAT_m}{\gamma}+S \tag{8-2}$$

式中，Z 表示古海拔；Z_m 表示现代海拔；MAT_i 表示植物化石中的平均温度；ΔMAT_{gc}、ΔMAT_{cd}、ΔMAT_{pg}分别表示全球平均气候变化、纬向方向的大陆漂移、古地理状况改变情况下的 MAT 变化值；MAT_m表示现代的 MAT 值；γ 表示陆地气温直减率；S 表示相对于现代海平面的古海平面高度值。

3. 基于稳定同位素的古高度测量学

稳定同位素古高度测量学是建立在随着高度增加大气水蒸气、降水、降雪中氧氢同位素出现分馏的研究之上的。主要的分馏机制来自于在沿着山地坡度爬升的时候，水蒸气会变冷并且收缩，并且出现的降水会导致^{18}O 和 2H(D)等重元素沉降下来，因此高程越高，降水中所含的^{18}O 和 2H(D)就越少。历史时期记录氢氧同位素含量的自生矿物有很多，如湖泊碳酸盐、沼泽碳酸盐、土壤碳酸盐、含水硅酸盐等，利用这些自生矿物同位素含量变化可以反演古高程变化。

四、古气候恢复

古气候要素包括温度、湿度和风场。

(一) 古温度和湿度恢复

1. 同位素法

见本章第二节。

2. 孢粉法

孢粉是孢子植物的无性生殖细胞孢子和种子植物的有性生殖细胞花粉的总称。由于植物群落的生长发育直接受控于古气候环境，不同的植被类型发育于特定的自然条件和地理带，对温度和湿度条件反应敏感，且植物的生殖细胞孢粉质轻量多，易于广泛保存，故孢粉的类型组合及其丰度是指示古气候的重要而有效的指标，并已建立了其数据库 *Palaeoflora Database*。年均温(MAT)反映各植被类型最适宜发育的温度区间，最冷月均温(CMT)或最暖月均温(WMT)限定了植被发育的极限温度，因此将 MAT 与 CMT(或 WMT)相结合可反映不同植被类型对温度的响应。PER(可能蒸散率)是反映不同植被适宜生长的湿度区间的良好指标，在进行干湿气候区划时已受到广泛应用。

$$PER = \frac{PET}{P} \tag{8-3}$$

$$PET = 58.93 \times BT \tag{8-4}$$

$$BT = \frac{\sum t}{365} \text{或 } BT = \frac{\sum T}{12} \tag{8-5}$$

式中，PER 为可能蒸散率；PET 为年可能蒸散量，mm；P 为年降水量，cm；BT 为年平均生物温度，℃；t 为日平均温度；T 为月平均温度(当 t 或 T 大于 30℃时按 30℃计算，低于 0℃时按 0℃计算)。

为明确孢粉的气候指示意义，我们在对东营凹陷始新世红层研究中主要依据 MAT、CMT 和 PER 三个指标(图 8-4)将化石孢粉划分为 5 个大类(表 8-2)，其中根据温度指示意义的不同可将化石孢粉划分为喜热组、喜温组、广温耐寒组三个类别，根据湿度指示意义的不同可将化石孢粉划分为耐旱组和喜湿组两个类别。对于 MAT、CMT、PER 的定量划分依据，由于 *Palaeoflora Database* 中所检索出的每种化石孢粉的年均温 MAT、最冷月均温 CMT，以及经计算求得的年均可能蒸散率 PER 均为一定区间(图 8-4)，故对其定量划分时必须同时考虑该区间的极小值和极大值。以各参数的中位数为基准，为使量化处理简洁且规范化，对于极小值取其单位取整左区间为定量划分标准(如对于 CMT_{min}，其中位数为 -22.7℃，单位取整区间为[-25℃，-20℃]，取小于该值的最大单位 -25℃为定量划分标准)，对于极大值取其单位取整右区间为定量划分标准(如对于 PER_{max}，其中位数为2.94，单位取整区间为[2.5，3.0]，取大于该值的最小单位3为定量划分标准)。对于研究中所占量比较大而 *Palaeoflora Database* 中尚未检索到具体气候参数的杉粉属、破隙杉粉属和榆粉属，目前仅定性地根据相关文献确定杉粉属和破隙杉粉属指示暖湿的亚热带气候，属喜热、喜湿组；榆粉属母体植物广泛分布于温度适中的暖温带环境，且对湿度不敏感，属喜温组。

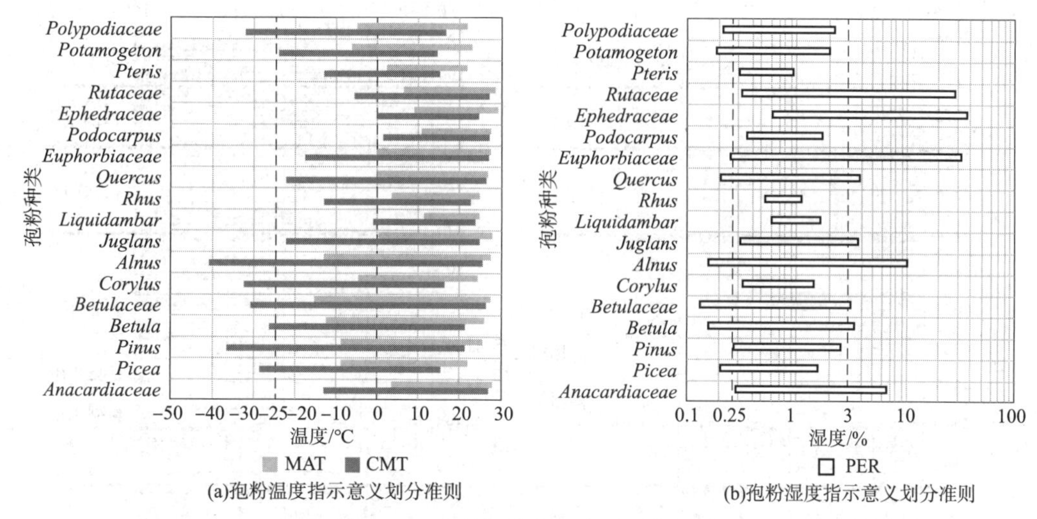

(a)孢粉温度指示意义划分准则

(b)孢粉湿度指示意义划分准则

图8-4　孢粉气候指示意义划分准则

表8-2　孢粉气候指示意义定量划分表

气候指示类型	划分依据	描　述	化石孢粉种类
喜热组	MAT>0℃，CMT>0℃	孢粉母体植物主要分布于热带及亚热带，少数可达暖温带	枫香粉属 *Liquidambarpollenites*、麻黄粉属 *Ephedripites*、罗汉松粉属 *Podocarpidites*、杉粉属 *Taxodiaceaepollenites*、破隙杉粉属 *Taxodiaceaepollenites hiatus*
喜温组	MAT>0℃，-25℃<CMT_{min}<0℃	孢粉母体植物主要分布于暖温带，少数可达寒温带或亚热带	大戟粉属 *Euphorbiacites*、栎粉属 *Quercoidites*、漆树粉属 *Rhoipites*、榆粉属 *Ulmipollenites*、胡桃粉属 *Juglanspollenites*
广温耐寒组	MAT_{min}<0℃，CMT_{min}<-25℃	孢粉母体植物广布于寒温带、暖温带、亚热带甚至热带，相比于喜热组和喜温组其耐寒能力普遍较强，可适应于严酷环境	榛粉属 *Corylus L.*、桤木粉属 *Alnipollenites*、云杉粉属 *Piceaepollenite*、双束松粉属 *Pinuspollenite*、单束松粉属 *Abietineaepollenites*、桦粉属 *Betulaepollenites*、拟桦粉属 *Betulaceoipollenites*
旱生组	PER_{min}>0.25℃，PER_{max}>3℃	孢粉母体植物适应于干旱缺水的陆地环境，如雨量稀少的荒漠或干燥的草原地区，耐旱能力强，根系发达，叶小而厚	芸香粉属 *Rutaceoipollenites*、麻黄粉属 *Ephedripites*、胡桃粉属 *Juglanspollenites*
湿生组	PER_{min}<0.25℃，PER_{max}<3℃	孢粉母体植物为湿生、沼生或水生植物	眼子菜粉属 *Potamogeton L.*、水龙骨单缝孢属 *Polypodiaceaesporites*、云杉粉属 *Piceaepollenites*、杉粉属 *Taxodiaceaepollenites*、破隙杉粉属 *Taxodiaceaepollenites hiatus*

东营凹陷 HK1 井孢粉测试数据丰富，根据上述定量分类方法，作出 HK1 井孢粉—气候分析图(图 8 -5)。HK1 井孢粉数据显示，孔一下—沙四下底段沉积期间喜热组组分长期占绝对主导地位，而后自沙四下亚段起喜热组含量逐渐降低，而喜温组组分逐渐升高并开始占主导地位，反映东营凹陷孔一下—沙三下沉积期间温度演化由初始的长期极热期转化为随后的降温期，而 HK1 井旱生组组分和湿生组组分的此消彼长则反映出东营凹陷的湿度演化经历了干湿均衡—干旱—干湿均衡—湿润的转变过程，可见温度、湿度的演化并不完全同步。

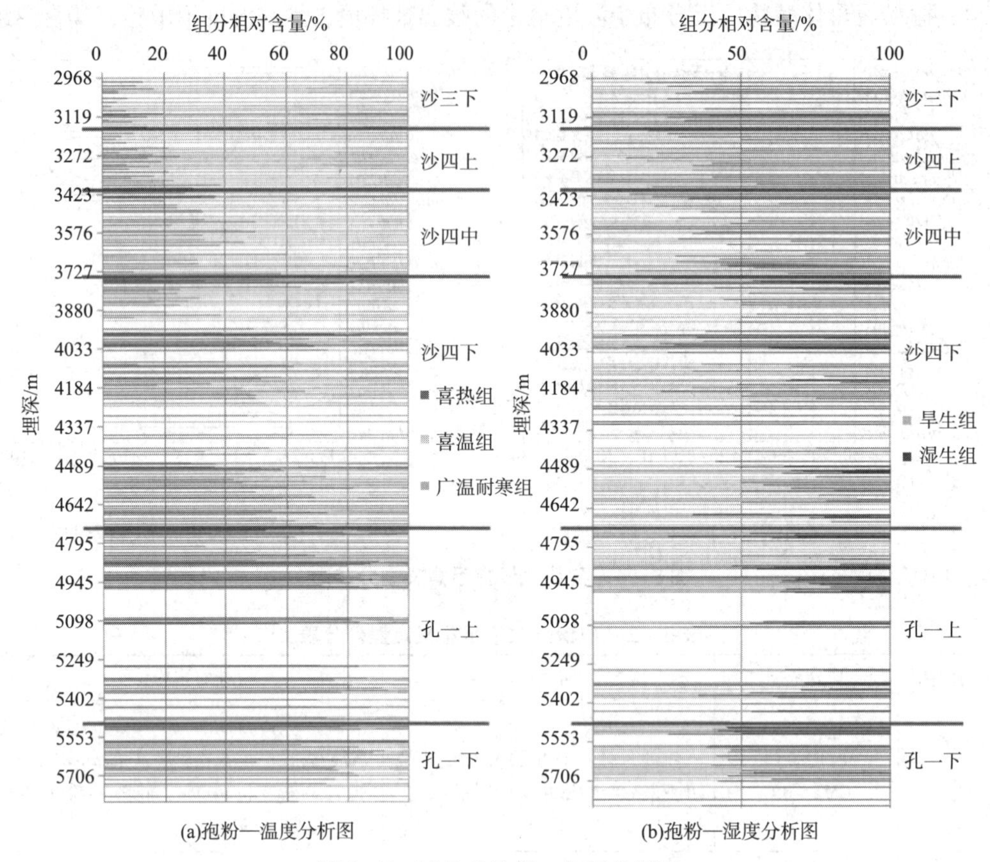

图 8 -5　HK1 井孢粉—气候分析图

为使气候演化研究更为精准与直观，本研究采用公式(8 -6)(8 -7)量化处理温度指标(*TI*)和湿度指标(*HI*)，*TI* 即为喜热组的相对含量，*HI* 即为湿生组的相对含量。同时将 *TI*、*HI* 指标与各层段的地层年龄相对应，作出 HK1 井早古近纪气候演化综合分析图(图 8 -5)，从而较准确地确定东营凹陷早古近纪时期冷 - 热、干 - 湿条件的演化。本研究中地层年龄采用自山东东营凹陷新生代天文地层表。

$$温度指标(TI) = \frac{喜热组}{喜热组 + 喜温组 + 广温耐寒组} \tag{8-6}$$

$$湿度指标(HI) = \frac{湿生组}{旱生组 + 湿生组} \tag{8-7}$$

根据 *TI* 的变化趋势，可将东营凹陷孔一下—沙三下的温度演化过程分为三个阶段，即孔一下—沙四下底段的持续极热期($Ⅰ_T$；$TI>0.6$，均值 0.752)、沙四下下段—沙四上底段的温热交替期($Ⅱ_T$；*TI* 值频繁大幅波动，多集中于 0.2 ~ 0.6，均值 0.426)、沙四上下段—

沙三下的持续温暖期（$Ⅲ_T$；$TI<0.2$，均值0.101）。

根据*HI*的变化趋势，可将东营凹陷孔一下—沙三下的湿度演化过程分为4个阶段，包括孔一下—孔一上底段的干湿交替期（$Ⅰ_H$；*HI*值在0.5附近频繁波动，均值0.514）、孔一上下段—沙四下下段的持续干旱期（$Ⅱ_H$；$HI<0.5$，均值0.293）、沙四下上段—沙四上上段的干湿交替期（$Ⅲ_H$；*HI*值频繁大幅波动，均值0.507）、沙四上顶段—沙三下的持续湿润期（$Ⅳ_H$；$HI>0.5$，均值0.732）。

湿度演化的$Ⅱ_H$、$Ⅲ_H$、$Ⅳ_H$阶段分别对应于温度演化的$Ⅰ_T$、$Ⅱ_T$、$Ⅲ_T$阶段，且分别滞后于$Ⅰ_T$、$Ⅱ_T$、$Ⅲ_T$阶段3.45Ma、0.40Ma和0.98Ma。由此可见，不同于全球范围内温度、降水变化的良好匹配性，从区域范围来看气候演化中的两大因素温度、湿度的演化并不完全同步，且湿度演化进程明显滞后于温度演化进程，而且在早古近纪的极热时期湿度演化的滞后性尤为明显。

（二）古风场恢复

古风场是大气环流的直接结果，可以为大气压力梯度、风暴路径、大气环流模式提供信息，对于了解气候变化有重要作用。古风场的研究应当基本包含两个方面的内容：古风向与古风力。

1. 古风向的恢复

1）利用风成砂岩恢复古风向

风成沉积物是在风力搬运作用下形成的。风成沉积物本身的组分特征、沉积构造和沉积序列，包含了大量的古气候信息。

具有高角度交错层理的风成砂岩被作为一种古风向重建指征。在野外和钻井岩芯中观察到的风成沙丘内部的交错层理，可用来指示沙丘的形态和移动方向，从而成为一种良好的古风向指征被广泛运用。横向沙丘的交错层理多为板状，前积纹层长而平整，倾向大多指向下风向；通过识别横向沙丘，并运用前积层倾向来重建古风向已经成为一种非常常用的方法。这类风成砂岩在地质历史时期能够长期保存，且在干旱—半干旱地区以及海（湖、河）岸物源供给充分地区分布较为广泛。目前，利用风成砂岩的倾向重建古风向已经成为运用最广泛的方法之一，尤其是重建全新世以前时期的古风向。

2）利用黏土的磁化率恢复古风向

黏土沉积的磁组构分析被运用于重建古风向。风成沉积物磁化率长轴方向和风向有较好的对应关系，其偏差不超过20°。风成沉积物天然剩磁方向和沉积过程的关系紧密，沉积后作用对其影响较小，磁化率各向异性最大磁化率方位与气流方位平行，可以用来重建古风向。

3）利用水成沉积构造间接指征古风向

风力除了直接作用于沉积物，还可以驱动其他介质运动并在沉积物中留下可以重建古风向的痕迹。面积广阔的地表水体就是一种常见的联系风力和沉积物的介质。各种地表水体中，湖泊水体运动相对简单，主要受控于风力场作用，在特定条件下通过细致分析可以提取出重建古风向的指征。

例如，提取出单纯由风浪作用形成的波痕，根据这类波痕的构造特征可以重建古风向（波脊走一般垂直于风向；不对称波痕的陡侧倾向往往与风向一致）；在开阔湖泊风驱水流的作用下，沙嘴的延伸方向也能大致反映其形成时的古风向；湖泊滨岸带破浪成因的破浪沙坝，其走向往往与波浪的传播方向，即风向垂直，并且破浪沙坝的横剖面通常表现出不对称性：迎风一侧坡度缓而延伸远，背风一侧坡度陡而延伸短(图 8－6)，因此湖泊破浪沙坝也是一种良好的古风向替代指标。

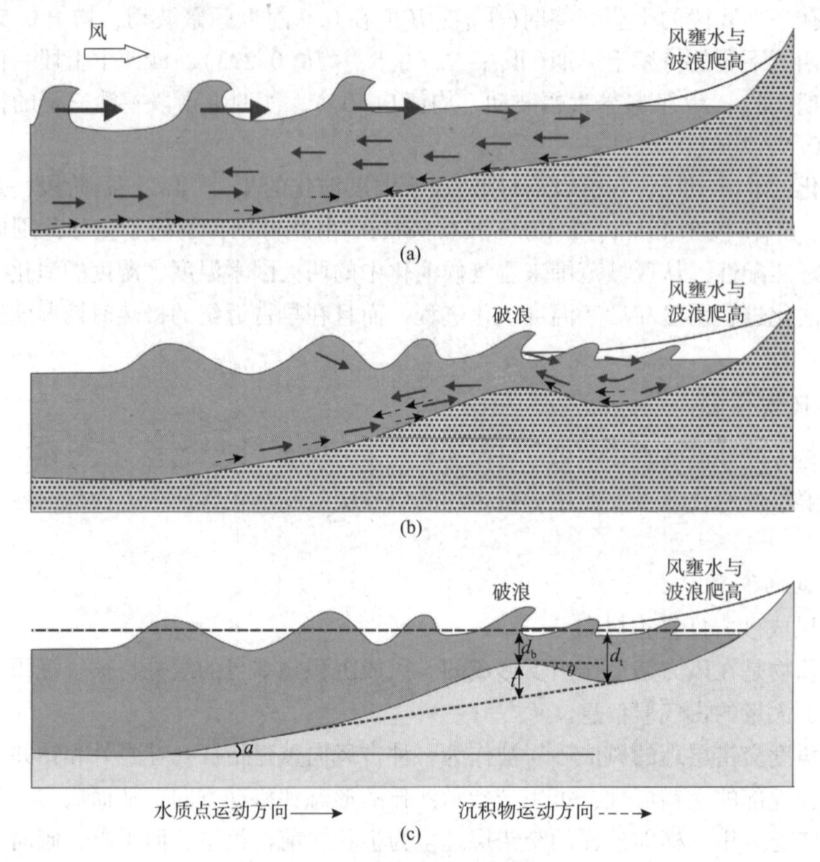

图 8－6　沿岸沙坝形成的破浪模型

(a)沉积物在向岸流与离岸流作用下搬运；(b)沉积物在破浪线附近集中形成破浪沙坝，最终破浪沙坝的形态、规模与破浪将达到平衡状态，沙坝的形态与规模得以确定；(c)图中各参数代表的意义为：t—破浪沙坝的原始厚度，m；d_b—破浪水深即破浪沙坝坝顶处水深，m；d_t—破浪沙坝向岸一侧凹槽的水深，m；α——破浪沙坝的基底坡度，θ—破浪沙坝向岸一侧的坡度

2. 古风力的恢复

姜在兴等(2016)提出了利用破浪沙坝厚度恢复古风力的方法，即解释破浪沙坝成因的“破浪模型(breakpoint model)”或“自组织模型(self－organizational model)”。破浪模型可简单表达为：沉积物从波浪对床底的扰动开始[图 8－6(a)]，在向岸流与离岸流的作用下向破浪线聚集开始形成沙坝[图 8－6(b)]，并在水动力、沉积物搬运、砂坝形态的相互反馈作用下生长，最终在坝顶破浪处达到向岸搬运与离岸搬运的平衡，在破浪线处形成沿岸沙坝，坝后形成凹槽(槽谷)。破浪沙坝的位置与规模经由破浪得以固定，理论上与破浪大小具有严格的对应关系[图 8－6(c)]。

破浪沙坝虽然受破浪的控制，但是，沙坝的形态却与波浪的大小无关，这是因为近岸带沉积物的搬运、堆积总会与波浪特征建立起一种平衡关系，这种平衡关系在破浪带更为显著。无论风浪有多大，它们形成的沙坝在形态上是相似的，只是沙坝的规模会有所不同。

风压系数 U_A 就可以求得：

$$U_A = \frac{H_s}{(5.112 \times 10^{-4}) F^{0.5}} \tag{8-8}$$

式中，F 为风区长度，m；H_s为深水区有效波高，m。

风压系数 U_A与风速有关(CERC，1984)：

$$U_A = 0.71 U^{1.23} \tag{8-9}$$

式中，U 为水面上方 10m 处的风速，m/s。

据此我们可以得到利用破浪沙坝厚度进行古风力恢复的过程及所需要的参数有：①准确识别出破浪沙坝，并测量出单期形成的破浪沙坝的最大厚度，并进行去压实校正，得到原始厚度；②确定所研究的古湖泊的古地貌与古岸线，从而得到古坡度以及古风程；③根据破浪沙坝的形态特征与古坡度参数，结合破浪临界条件，将破浪沙坝厚度转换为破浪波高；④将破浪波高转换为相应的深水区有效波高；⑤根据深水区有效波高与古风程计算相对应的风压系数；⑥根据风压系数计算出风速。

3. 利用砂砾质沿岸坝厚度恢复古风力

基于冲浪回流与沿岸砾质滩坝的关系，本文还提出了利用砂砾质沿岸坝厚度恢复古风力的方法。砂砾质沿岸沙坝的厚度(t_r)近似记录了冲浪回流的极限高度，亦即湖(海)水向陆方向侵入的极限位置。这个极限高度是风暴壅水高度(h_s)、波浪增水高度(h_{su})以及波浪爬高(h_{ru})之和(图 8－7)。

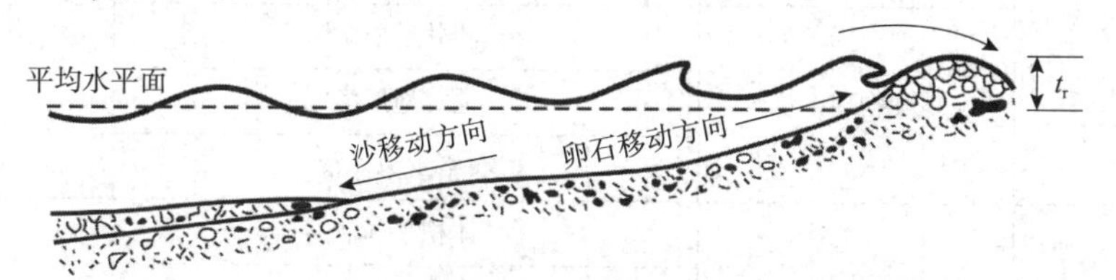

图 8－7　波浪对滨岸带沉积物的分选作用

$$t_r = \frac{KU^2F}{2gd}\cos\gamma + (1.452 \times 10^{-4}) U^{1.23}\sqrt{F} \tag{8-10}$$

由公式(8－10)可知，在古风程(F)、湖盆的古水深(d)和古风向相对于岸线的夹角(γ)已知的条件下，古风速(U)就可以由砂砾质沿岸沙坝的厚度(t_r)计算出来。

五、古物源分析方法

物源分析实际上是对沉积环境的再恢复，以古地理恢复和盆地分析为基本任务，其研究内容包括物源区的位置、母岩的性质及组合特征、物源区的气候条件和大地构造背景、沉积物的搬运过程等，在此基础上进行沉积体系分析，重建古地理面貌，进一步研究物源供给系统。因此，物源分析在沉积相及沉积体系研究中也起着非常重要的作用。

随着沉积、构造、测井、地震等多种地质方法与化学、物理、数学等学科的相互渗透；同时，电子探针、阴极发光等先进技术在地质学领域中的应用也日益广泛，物源分析方法日趋增多，并不断补充和完善，逐渐由定性描述转向半定量—定量分析，使物源分析结果更加真实可靠。常用的物源分析方法如表 8－3 所示，根据资料情况，可酌情开展物源分析工作。

表8-3　物源分析常用方法

物源方向的确定	沉积学方法	地层厚度、砂地比分析	偏重于定性描述
		古地貌分析	
		沉积相分析	
		古流向分析	
	沉积岩石学方法	碎屑岩粒度分析	
		砂岩碎屑组分分析	
		碎屑颗粒结构分析	
		砾岩组分分析	
		岩屑分析	
		造岩矿物发光性分析	
		重矿物组合分析	
	元素地球化学方法	常量元素	
		微量元素	
		稀土元素	
		同位素分析	
	地球物理方法	测井地质学	
		地震地层学	
		布格重力异常	
剥蚀量的计算	地质方法	体积平衡法	偏重于定量分析
		沉积速率法	
		未被剥蚀地层趋势延伸法	
		波动过程分析法	
	地球化学方法	镜质体反射率法	
		磷灰石裂变径迹法	
		宇宙成因核素分析法	
		流体包裹体法	
		孢粉法	
		地温法	
	地球物理方法	声波时差法	

碎屑岩沉积体物源供给系统包括物源区、沉积区、运移方向和方式。对古沉积物源系统的完全恢复有很大难度，但是，结合已知的沉积体系发育、分布与沉积物特征变化来研究物源供给系统，可以很大程度上恢复古沉积物物源系统。

1. 沉积学方法

沉积学法主要依据沉积学原理对碎屑岩进行物源分析。例如，砂分散体系分析可以为物源分析提供一定的证据，其空间结构不仅可以指示古水流方向和物源区数量，而且可以有效地揭示物源的影响范围及其随时间变化的稳定性。对同一个沉积体系而言，一般的规律是距离物源区越近，含砂率值或者砂体厚度越大，它们通常为沉积物的主要搬运通道。因此，砂分散体系的展布方向可以指示古水流方向，从而进一步的指示物源方向(王世虎等，2007)。

根据盆地钻井、测井、地震等资料，经过详细的地层对比与划分，做出某时期的地层等厚图、砂地比等值线图、沉积相展布图等相关图件，可推断出物源区的相对位置，结合岩性变化、粒径大小及所占百分比、层理及层面构造及玫瑰花状图等古流向资料、古地貌分析，使物源区分析更可靠。应用沉积学方法进行物源分析，应当基于大量的野外观测和资料统计之上，分析统计尽可能多的数据点以保证结论的可靠性。这种方法能够判断物源的大致方向，在确定物源区的具体位置、母岩性质等具体信息方面稍显弱势。

2. *岩石学方法*

传统的岩石学研究手段在物源分析中可发挥重要的作用。盆地陆源碎屑岩来自母岩，因此陆源碎屑组合可以推断物源区母岩类型。尤其是砂砾岩中的砾石成分，可直接反映基底和物源区母岩的成分，也反映磨蚀的程度、气候条件以及构造背景。因此，砾石的各种特征是判断物源区、分析沉积环境的直接标志。碎屑岩中的岩屑，也是物源的直接标志之一。岩屑的类型及含量能够准确反映物源区的岩性、风化作用的类型、程度及搬运距离。同一物源各岩屑类型及所占的比例应该存在一致性。Dickinson 等依据大量的砂岩碎屑成分统计数据，建立了砂质碎屑矿物成分与物源区之间的系统关系，绘制了多个经验判别三角图解，至今仍然被广泛应用物源区的构造背景分析，但是该方法未考虑混合物源以及风化、搬运和成岩作用等作用的影响，在应用过程中也曾出现与实际情况不符的情况。

对岩石中主要造岩矿物发光性的研究有助于判别沉积环境和岩石的成因，碎屑岩中常见的石英、长石和岩屑多随物源变化而具有不同的发光特征，故依据碎屑颗粒在阴极光激发下的颜色特征也可分析物源，但阴极发光对物源的判断受到经验和较多随机因素的影响。

重矿物一般耐磨蚀、稳定性强，能较多地保留其母岩的特征，在物源分析中占有重要地位。碎屑沉积物中重矿物的总体特征取决于母岩的性质、水体的动力条件和搬运距离。在物源相同、古水流体系一致的碎屑沉积物中，碎屑重矿物的结合具有相似性；而母岩不同的碎屑沉积物则具有不同的重矿物的组合。在矿物碎屑搬运的过程中，不稳定的重矿物逐渐发生机械磨蚀或化学分解，因而随着搬运距离的增加，性质不稳定的重矿物逐渐减少，而稳定重矿物的相对含量逐渐升高。物源分析可用砂岩的重矿物组合、ATi(磷灰石/电气石)—Rzi(TiO_2 矿物/锆石)—MTi(独居石/锆石)—CTj(铬尖晶石/锆石)等重矿物特征指数以及锆石—电气石—金红石指数(ZTR 指数)来指示物源。时代较老的沉积物，重矿物自保存至现今，会因温度、埋深等条件的不同而使其种类增多，含量分布较分散，保留源岩的信息减小，对判断物源不利。因此，沉积物时代越新，利用重矿物判断物源的准确性会越高。同时，水动力会影响沉积时重矿物性质，重矿物组合分析法对源区的精确判别仍存在一定缺陷，对于碎屑重矿物组合在物源分析中的应用，应注意不稳定重矿物的组成，因为在某种程度上，不稳定重矿物才具有判别意义。随着电子探针的应用，一些学者利用单矿物(如辉石、角闪石、电气石、锆石、石榴石等)的地球化学分异特征来判别物质来源，如利用石榴石电子探针分析结果来研究物源有其独到的优越性，可使水动力或成岩作用的影响降低到最小。

3. 元素地球化学方法

见本章第二节。

4. 地球物理方法

地球物理学在物源分析中的应用主要有测井地质学法和地震地层学法。

测井地质学法主要利用自然伽马曲线分形维数、地层倾角测井来判断物源方向。利用地震地层学确定物源和古水流方向也有成功的案例。

六、盆地古物理、化学条件恢复

(一)古地貌的恢复

古地貌是控制沉积体系发育的关键因素之一，研究古地貌有助于揭示物源体系、沉积体系的发育特征与空间配置关系。古地貌恢复是一个综合性很强的课题，也是油气勘探领域中的热点和难点问题，目前的研究大都停留在定性阶段。残留厚度和补偿厚度印模法、回剥和填平补齐法是常用的古地貌恢复方法和理论基础，但由于它们在恢复古地貌特征方面存在许多未考虑的地质因素(如不同岩性岩石沉积后遭受的压实程度不一等)，因此，它们存在诸多不足之处，导致古地貌恢复结果存在较大的误差。

目前，古地貌恢复手段正在逐步地向综合性和定量化方向发展，精度不断提高。应当通过综合沉积相、古生物分析得到的古水深数据进行校正，使恢复结果更加准确，此过程可以借助盆模软件实现。

(二)古岸线的识别

岸线是湖平面与陆地的交线，是陆上和水下沉积的分界线。古岸线即海(湖)平面在某一地质历史时期相对稳定的岸线位置。古岸线的识别主要有以下几种方法。

1. 沉积学方法

(1)特殊岩石类型：发育于岸线附近的特殊岩石类型，如泥炭层、煤层、蒸发岩、湖滩岩、沿着沿岸流方向成层分布的分选和磨圆较好的砾石层、砂岩层等，具有指示古岸线的作用，可以作为古湖岸线的判识标志。例如青海湖现今的岸线附近多处发育湖滩岩，即可作为青海湖演化过程中岸线位置的替代性指标。

(2)沉积构造：沉积构造可以记录沉积时期的水动力条件和沉积环境。如在岸线附近形成的沉积构造反过来也记录了古岸线大致的位置。例如冲洗交错层理、波痕、泥岩中的氧化条带、植物根迹、泥裂、雨痕等暴露构造以及碳酸盐岩溶蚀带等，经过综合比对，这些特征都可以作为识别古湖岸线的标志。

(3)砂体类型：岸线附近发育多种类型的沉积砂体，根据这些沉积砂体的发育情况同样可以推断古湖岸线的位置。(扇)三角洲前积体、线状分布的砾质滩以及海(湖)岸沙丘均可以作为识别古湖岸线的标志。例如，三角洲平原与前缘的界限就是湖岸线的位置，因此通过单井解释、连井对比、井震结合的方法确定三角洲平原亚相与前缘亚相的界线，可以确定古湖岸线。

2. 古生物法

岸线附近生物死亡以后保存下来的实体化石及其活动时留下的遗迹化石，可以作为古岸线的识别标志：①介(贝)壳滩是重要的滨岸标志物，相对富集的、成层状产出的、发育在滨岸环境中的双壳类和腹足类动物化石，可以作为古岸线的标志；②这些动物活动过程中形成的 *Scoyenia* 遗迹相、*Psilonichnus* 遗迹相等也记录了这些生物的生存环境乃至沉积物的沉积环境，可以作为识别古岸线的良好标志。另外，湖泊边缘常常富集着水生植物的孢粉颗粒，因此可以根据孢粉的相对富集程度来识别古湖岸线。

3. 地球物理法

地震资料是油气勘探中最重要的资料之一，滨线位置可以在斜交或者垂直于岸线走向的地震剖面中解释出来，多表现为同相轴的上超尖灭或在横向上的终止，代表着沉积物的沉积范围在横向上的终止，因此利用地震反射同相轴的上超尖灭可以识别古岸线。值得注意的是，由于岸线附近地层可能遭受剥蚀或受到压实作用，在研究地层上超和退覆点时，应对原始沉积界面坡度的变化以及地层厚度变化进行校正。

(三)古水深的恢复

1. 定性恢复古水深

1)古生物法

生物生长于特定的生活环境。同样地，不同水深环境与相应生态特征的生物构成了特定的水深与生物的组合。古水深分析方法应用较多的就是古生物方法。有的生物具有水深指示意义，比如钙藻、底栖藻、浮游有孔虫与底栖有孔虫的比值(P/B)、珊瑚群落、介形虫与颗石藻(海相)等。在古生物鉴别的基础上，可以根据不同的化石丰度及其组合(如藻类)划分出不同的水深相带。

化石群分异度与水深也具有良好的对应关系。根据现代生态研究，现代介形类的分布在浪基面附近生物最繁盛，分异度最大，其两侧，即向湖岸和较深湖区分异度逐渐减小(图8－8)。利用信息函数量化介形类化石群优势分异度，然后拟合介形类信息函数分异度值与古水深的对应关系，可以较准确地确定古水深。

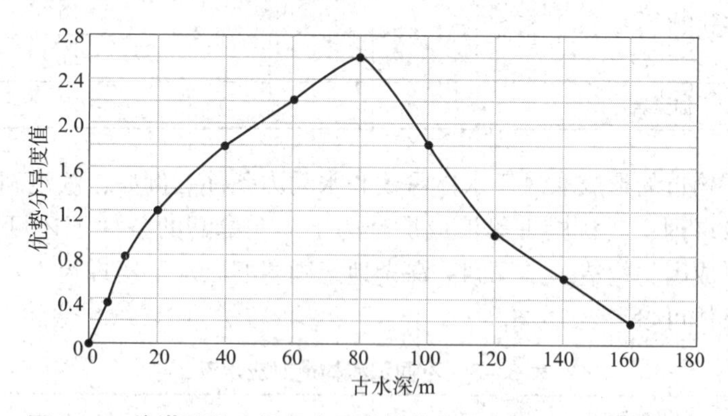

图8－8　东营凹陷古近纪介形类优势分异度与水深的对应关系

另外，在缺少实体化石的情况下，也可采用遗迹化石，确定相对古水深。例如，古生物研究认为石针迹相生物主要生活在1～2m水深，卷迹相生物主要生活在2～10m水深，伸展迹相生物主要生活在10～17m水深，始网迹相生物主要生活在17～25m水深，古网迹相生物主要生活在大于30m水深(表8－4)。

表 8-4　不同遗迹化石相与水深对应关系

遗迹化石相	水深/m
石针迹相	1~2
卷迹相	2~10
伸展迹相	10~17
始网迹相	17~25
古网迹相	>30

2)沉积学法

沉积物的分布规律可以确定水深的相对大小。一般情况下，沿浅水至深水的方向，砂砾沉积减少，泥质沉积增加，至深水区主要是泥质沉积(重力流沉积除外)。因此利用沉积岩相的分布特征，可以定性判断古水深(表 8-5)。另外，泥岩的颜色也是水深相对大小的良好指标。例如，滨湖的泥岩颜色以浅绿色为主，指示古水体深度约为 0~5m；浅湖泥岩颜色以灰色和浅灰色为主，指示古水体深度约为 5~30m；半深湖泥岩颜色以深灰色为主，指示水体深度大于 30m，也有人认为湖泊水深具有这样的分布规律：滨湖 <5m；浅湖 5~20m；深湖 >20m，具体数值的选择应当结合盆地的实际情况。对于没有岩性剖面的井，可以用测井岩相对古水深进行刻度。

表 8-5　不同岩性对应的形成水深

岩　性	水深/m
蒸发岩	0~5
砾岩、砂岩	1~10
鲕粒灰岩	1~15
泥质粉砂岩	5~20
礁灰岩	5~25
暗色泥岩	>20
油页岩	>50

各种类型沉积构造的形成取决于水体深浅和水动力条件。例如，滨浅湖地区以低角度交错层理、浪成沙纹层理、波状层理等浪成层理为主，在暴露的条件下还可能形成干裂、雨痕、细流痕等暴露成因的构造，半深湖—深湖地区则主要以水平层理为主，也可能发育重力流成因的构造。具体可参考表 8-6。

表 8-6　不同沉积构造对应水深

沉积构造	水深/m
雨痕、干裂、盐晶痕、鸟眼构造	0~1
大型交错层理	0.5~5
波状层理、平行层理	5~20
水平层理	>17
鲍玛序列、槽模、丘状交错层理	>30

3)地球化学特征法

见本章第二节。

2. 定量恢复古水深

1)相序法

根据前面讨论的滩坝发育模式，由于沿岸坝发育于冲浪回流的极限位置，可以将其底部视作平均水平面；近岸坝发育于碎浪带，假设其充分发育时达到平均水平面的位置，则近岸坝的厚度记录了其形成前的碎浪带水深，同理，远岸坝发育于破浪带，假设其充分发育时达到碎浪带水深(即远岸坝坝顶对应的水平面与近岸坝底部对应的水平面持平)，则远岸坝形成前的破浪带水深可以用近岸坝加远岸坝的厚度表达出来；同样的道理可以应用到风暴作用带并恢复风暴作用带的水深。如图 8-9 所示，近岸坝形成前的古水深为近岸坝的坝高 H_1，远岸坝形成前的古水深为近岸坝、远岸坝的坝高之和即 H_1+H_2，同样道理风暴沉积形成的古水深可以近似为风暴浪基面之上坝砂高度累加即 $H_1+H_2+H_3$(图 8-9)。

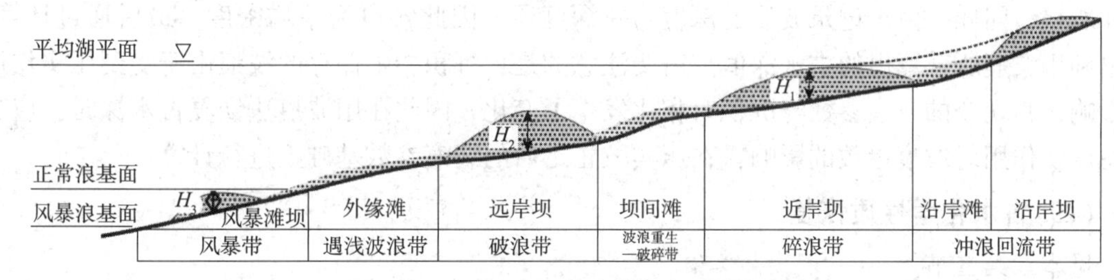

图 8-9　用坝砂厚度计算古水深模式图

针对某一研究区块，首先通过岩芯、测井、录井等资料进行单井相分析，识别出滨浅湖滩坝沉积。然后垂直岸线选择连井剖面，在准确、精细对比沉积相的基础上，进行坝砂的厚度统计，并通过去压实校正，计算出各个带的水深，可以在平面上做出古水深等值线图。

2)波痕法

保存在地质体中的振荡流成因的波痕(浪成波痕)为重塑古沉积水深参数提供了良好的基础。根据对古波痕的研究，已经可以应用数学表达式来估算古水深及古波痕的形成条件。

首先，为了比较准确地估算形成波痕时的运动水体的深度，对所选取的波痕类型需满足一定的条件：最大的波痕对称指数被限制在 1.5 内，垂直形态指数不能超过 9。

为了描述的方便，如图 8-10 是描述波痕与运动水体之间关系术语示意图。

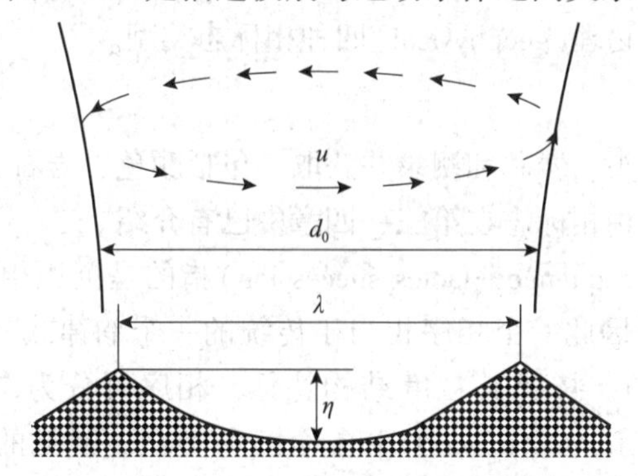

图 8-10　描述波痕术语与水介质运动关系示意图

u—水质点运动轨道速度；η—波痕高度；λ—波痕的波长；d_0—近底水质点轨道直径

相对于临界速度 U_t，所对应的深水波波长为 L_t，其有如下关系：

$$L_t = \frac{\pi g d_0^2}{2U_t^2} \tag{8-11}$$

假设波痕由碎浪形成。波浪破碎时，:

$$H_{max} = 0.142 \times L_t \tag{8-12}$$

式中，H_{max} 为碎浪的最大可能波高。

在浅水区，Diem(1985)给出的经验公式为：

$$h = H/0.89 \tag{8-13}$$

式中，H 为碎浪波高(可参考 H_{max})；h 为沉积古水深。

在计算过程中，波痕的波长 λ 为直接测量所得；沉积物颗粒直径 D 为通过沉积岩石的粒度分析数据所得，由于记录波痕的深度为一深度段，因此 D 为平均颗粒直径；水介质密度 ρ 可以根据盐度的不同合理选取，如淡水应选为 $1g/cm^3$，沉积物的密度 ρ_s 数据可由密度测井所得，同样，由于记录波痕的深度为一深度段，因此 ρ_s 也为平均密度。最后通过计算，得出利用波痕所计算出的古水深值。需要注意的是，沉积岩中保存的波痕由于受到压实作用的影响，其现今的波痕参数与沉积时相比发生了变化，因此在用波痕法恢复古水深时，应当考虑压实作用对波痕参数的影响，在压实校正之后的波痕参数基础上进行计算。

(四)古水化学性质恢复

见本章第二节。

第二节　沉积相分析与编图

沉积相控制着生油层、储集层和盖层的质量，确定沉积相类型及其成因和分布对于油气地质评价意义重大。相分析是在沉积相标志收集的基础上，与前述相模式进行对比，确定其相类型；沉积相编图的目的是为了研究相类型的时空分布和演化，为油气勘探开发服务。

一、相标志

相标志(facies marker)是指反映沉积相的一些标志，它是相分析及岩相古地理研究的基础。在上述有关章节的基础上，可归纳为岩性(lithological)、古生物(paleontological)、地球化学(geochemical)和地球物理(geophysical)四种相标志类型。

(一)岩性标志

岩性标志可以通过露头、岩芯和测录井获取，包括颜色、岩石类型、碎屑颗粒结构、原生沉积构造、相序，前四种相标志在第三、四章中已有介绍。

相序或相层序(facies sequence，facies succession)指的是沉积相的垂向构成，包括成分、结构、构造、亚(微)相，因此一个相序相当于传统的一个韵律或旋回，在层序地层学上叫一个准层序(parasequence)。按照其粒度结构特征，相序可分为向上变粗(CU，coarsening upward)、向上变细(FU，finning upward)和复合三种类型。常见的向上变粗的相序有三角洲、扇三角洲、水下扇、无障壁海岸、滩坝等，向上变细的相序有河流、冲积扇、潮坪、重力流水道沉积等，复合相序有三角洲、辫状河三角洲、扇三角洲、水下扇等。一般来说，一个相序自下而上水深总是变浅的。

（二）古生物标志

古生物标志可以通过露头和岩芯获取。

生物与其生活环境是不可分割的统一体。不同类别的生物对环境因素的要求是不一样的，因而在不同的环境中，生物类别也是有差异的。即便在同水域不同地段，由于环境的差异，不仅在生物类别方面有区别，就是在生物数量多寡和形态一构造方面也是有区别的，甚至还有明显的不同。因此，不同的生物群落或化石组合面貌，就大致可以表明其所属的生活环境或沉积相。化石是区分海相和非海相沉积环境的重要标志。

1. 大陆沉积环境的化石特征

1）湖泊相化石特征

在淡水湖泊中，生物化石丰富。淡水湖泊中的生物化石常有腹足动物、瓣鳃动物、介形虫、叶肢介、鱼、昆虫等。根据沉积的位置，滨岸沉积物中化石很少，在层面上可见少量植物碎片；浅水湖泊沉积物中植物化石不多，且不完整，但有较多的淡水动物化石；深湖沉积物中有比较多的淡水动物化石。在盐湖沉积物中含有瓣鳃动物、介形虫、植物碎片及硬鳞鱼类的鳞甲、龟类等化石。

2）河流相的化石特征

在河床沉积物中一般没有动物化石，原因是河水经常流动，动物尸体不易保存。同样，植物化石亦没有完整的，但在煤系的河床主流线沉积中可含较多的大的植物碎片。河床浅滩部分可沉积更小的植物碎片。往往在煤系地层的河床相最底部有硅化木，可作为河床相的鉴定标志，硅化木的排列方向可指示水流的方向。在河漫滩沉积物中没有动物化石，植物化石呈碎片出现，有时在淤泥中有完整的树叶。在河漫湖沉积物中出现有较丰富的生物化石，如植物叶片化石、软体动物中的瓣鳃动物和腹足动物的介壳等。

2. 过渡沉积环境的化石特征

1）滨岸相的化石特征

滨岸相沉积物中遗迹化石丰富，多分布于潮上带及潮间带。由于该区环境变化较大，底栖生物较少，仅有一些底埋底栖、钻蚀底栖生物所留下的虫穴、虫管，在沉积物中生物扰动构造也发育。

完整的化石较少，可见到海生动物介壳碎屑及陆生植物碎片等。该区由于波浪作用频繁，生物碎屑的埋藏经过了水力分选，自岸边向海洋方向，由大到小且平行于海岸具分带现象。某些长形介壳也常平行于海岸排列。

2）三角洲相化石特征

三角洲相主要生物门类化石包含有壳变形虫、陆相介形虫、海相介形虫、棘皮动物、海胆刺、蛇尾类的骨针、双壳动物、腹足动物、苔藓动物及少量有孔虫和植物碎片等。三角洲平原亚相中海相介形虫与陆相介形虫混杂，其中海相介形虫壳体细小，并有腹足动物和双壳动物的贝壳、植物碎片、虫孔遗迹化石等。三角洲前缘亚相中含有大小虫穴遗迹化石及丰富的生物扰动构造层，介壳沉积普遍。海相介形虫和有孔虫含量增加，壳体也增大。海胆刺和蛇尾类骨片增多。三角洲相外带（海方）海相化石较丰富，有双壳动物、腹足动物、介形虫、海胆、有孔虫、掘足类、苔藓虫等。陆内（陆方）有陆相介形虫、有孔虫、双壳动物以及少量的海胆等。

3. 海相沉积环境的化石特征

1）浅海相的化石特征

浅海相生物遗体化石大量保存，门类较多，如藻类、有孔虫、古杯类、珊瑚、层孔虫、具铰腕足动物、各种棘皮动物、三叶虫等适应正常盐度的底栖生物类型。在正常浅海环境中还有一部分可适应盐度变化的生物类别，如双壳动物、腹足动物和介形虫等。

浅海陆架碎屑岩内富含各种海相生物化石，有时可含较多的微小动物遗体，如有孔虫类的放射虫等。浅海陆架泥页岩内富含保存完整且有规律地平整分布的生物化石，如三叶虫、笔石等。

2）深水相的化石特征

深水环境中生物化石较少，有代表性的是含有钙质的及硅质的生物遗体，如海百合和硅质海绵等。而浮游有孔虫介壳在沉积物中逐渐占有统治地位。底栖动物中只剩下少量具薄壳的腕足动物、苔藓动物、海胆和某些小型单体珊瑚。由于光线不能达到深水，所以很少生长藻类。底栖生物不以植物为食，而是以大洋中由水域上层落下来的生物尸体或者以海底泥沙内的有机碎屑物质为食。在这里生活的生物只适应一定温度，称为定温生物。生物组合由远海自游和浮游生物组成，包括颗石藻、硅藻、放射虫，抱球虫、硅质海绵骨针、薄壳型菊石、薄壳型竹节石、牙形刺、薄壳型双壳类、薄壳型腕足类、小型角锥状单体珊瑚等（刘宝珺，1985）。

4. 遗迹相

遗迹相（又称痕迹相，指的是特定沉积环境中遗迹化石的组合。

迄今为止，国际上已建立的遗迹相类型有10种（图8－11），其中陆相1种，即*Scoyenia*（斯科阳迹）迹相（*Sc*）；过渡相3种，包括*Teredolites*（蛀木虫迹）迹相（*Te*）、*Psilonichnus*（螃蟹迹）迹相（*P*）和*Curuolithus*（曲带迹）迹相（*C*）；海相6种，包括*Trypanites*（钻孔迹）迹相（*Tr*）、*Glossifungites*（舌菌迹）迹相（*G*）、*Skolithos*（石针迹）迹相（*Sk*）、*Cruziana*（二叶石）迹相（*Cr*）、*Zoophycus*（动藻迹）迹相（*Z*）和*Nereites*（类沙蚕迹）迹相（*N*）。上述原始型遗迹相模式的分布及与沉积环境间的关系见图8－11，是再造古环境条件时很有价值的指示标志。生物成因构造与物理沉积构造相，在相分析上具有同等重要的地位，而且有时生物成因构造会更具优势。

1）*Scoyenia* 遗迹相

遗迹化石的组成以*Scoyenia gracilis*（细小斯科阳迹）和*Ancorichnus coronus*（弯曲锚形迹）或其他生态相相同的遗迹为主，其次为*Cruziana*（二叶石迹）或*Isopodichnus*（等足迹）和*Skolithos*（石针迹）等（图8－12），并往往伴生有泥裂、水平和波状纹理以及工具痕等物理沉积构造。

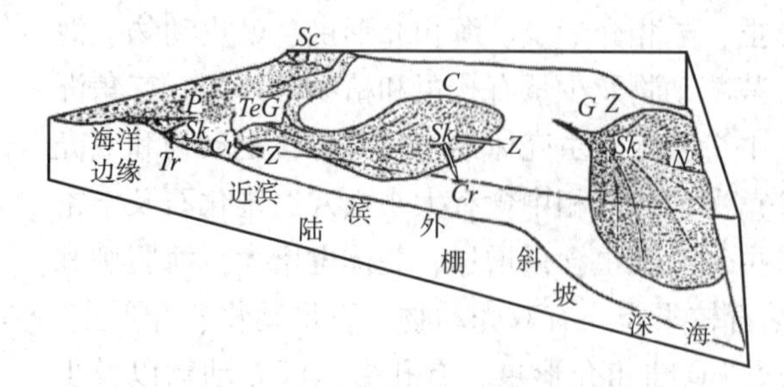

图8－11 原始型遗迹相分布示意图（据胡斌，1997）

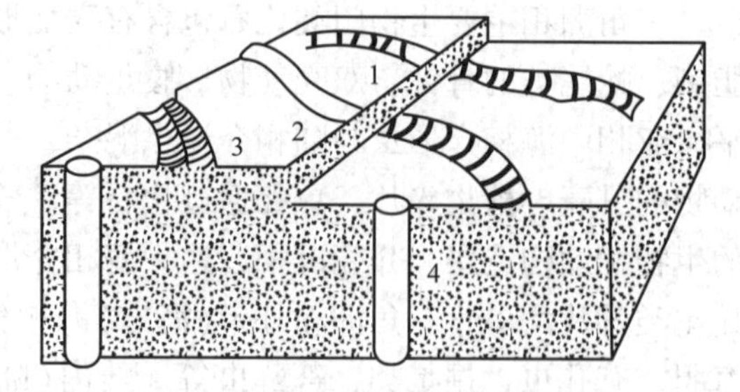

图8－12 *Scoyenia* 遗迹相特征遗迹化石

1—*Scoyenia*；2—*Ancorichnus*；3—*Cruziana*；4—*Skolithos*

遗迹化石的特征，主要是小型、水平、具衬壁和新月形回填构造的进食潜穴，其次是弯曲的爬行遗迹和垂直柱状到不规则形态的居住构造或井形穴（shafts），还可出现许多足迹和拖迹等。造迹生物大多是食沉积物和食肉的无脊椎动物，包括节肢动物、软体动物、昆虫、腹足类、双壳类及蠕虫动物等，一般分异度较低。此外，还有些食肉和食植物的爬行动物。

该遗迹相的典型沉积环境是低能的极浅水湖泊和缓流河的滨岸带，通常处于淡水水上和水下之间，并有周期性的暴露和洪水侵漫。生物活动的底层是潮湿到湿、塑性的泥质到砂质沉积底层。

2）*Teredolites* 迹相

Teredolites 迹相是一种受海洋环境影响的并以木质底层为特征的钻孔迹遗迹组合。

该遗迹相几乎全由群聚钻孔组成，典型遗迹化石为 *Teredolites clavatus*（棒形驻木虫迹），它是一种特殊的且主要以进食为目的的生物钻孔遗迹，丰度高但分异度很低（图 8－13）。其造迹生物被认为是蛀木虫（或蛀木虫类双壳类）和壳斗海笋双壳类。

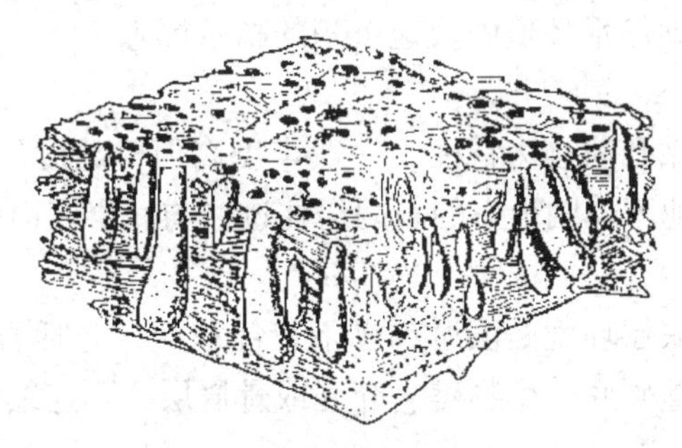

图 8－13　Teredolites 遗迹相的遗迹化石特征示意图（据胡斌，1997）

这一遗迹组合常见于河口湾、三角洲和其他障壁后（潮坪、潟湖）沉积环境，往往与泥炭沼泽环境相关，属于过渡相中的一种遗迹相模式。

3）*Psilonichnus* 迹相

Psilonichnus 迹相用来代表海陆过渡环境或海岸带受海、陆双重条件控制较明显的一种生物遗迹群落（图 8－14）。它向下（海方）往往变为 *Skolithos* 遗迹相，向上（陆方）则逐渐渡为非海相遗迹组合，如 *Scoyenia* 遗迹。

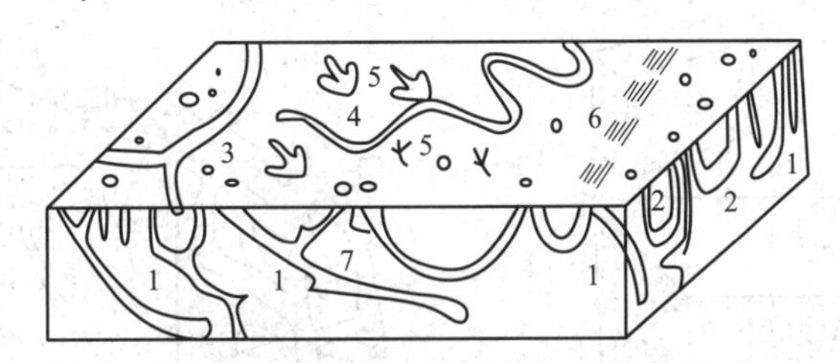

图 8－14　遗迹相的生物遗迹组成特征（据胡斌，1997）

1—*Psilonichnus*；2—*Arenicolites*；3—*Thalassinoides*；4—拖迹；5—足迹；6—爬迹；7—根迹

该遗迹相常见于前滨最上部、后滨、沙丘、冲溢扇和潮上坪等沉积环境，生物活动的底层为砂、软泥。

4）*Curvolithus* 迹相

该遗迹组合以表层内拖迹为特征，重要组成分子为 *Curvolithus*（曲带迹）、*Margaritichnus*（珍珠迹）、*Planolites*（漫游迹）、*Taenidium*（带穴迹）、*Gyrochorte*（旋草迹）、*Helminthopsis*（拟

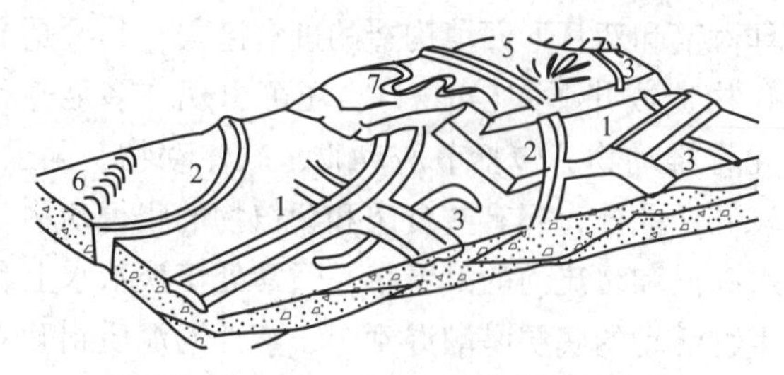

图 8－15　*Curvolithus* 遗迹相特征遗迹化石示意图（据胡斌，1997）

1—*Curvolithus*；2—*Gyrochorte*；3—*Planolites*；4—*Micatuba*；5—*Margaritichnus*；6—*Daenidium*；7—*Helminthopsis*

蠕形迹）和 *Scolicia*（环带迹）等（图 8－15）。这类遗迹一般是造迹生物在沉积物与水界面之下进行运移和进食活动产生的潜穴。造迹生物以食沉积物和食肉的动物为主，包括软体动物腹足类、环节动物多毛虫类、棘皮动物海参类和纽形动物等。

Curvolithus 遗迹相产生于三角洲和陆架浅海上部的砂质底层中，一般为受淡水排泄（接近于高能的河流）或一定能量状态（沉积作用大于物理再改造作用）影响的边缘海（三角洲至海湾或河口湾）环境。在这种环境中，盐度较低，砂和粉砂沉积物大量输入且沉积速率比较快，水动力能量较低，物理再改造作用小。因此，该遗迹相可作为古能量和古沉积速率的标志，即静水环境中快速沉积的指示标志。

5）*Trypanites* 迹相

该遗迹组合以群集的钻孔遗迹为特征，一般丰度高但分异度较低。遗迹通常是些柱状、瓶状、泪滴状、U 形和其他不规则形态的石内居住迹，与底层表面垂直或呈浅的钻孔结网系统（如海绵钻孔）（图 8－16）。

产生该遗迹相的典型底层环境是滨海和潮下带停积面，包括岩石质海岸、岩石质海滩、各种海洋硬底，诸如碳酸盐硬底、生物礁、介壳或骨屑层、不连续的间断面或不整合面等。

6）*Glossifungites* 迹相

该遗迹类型以居住迹为主，包括垂直柱状、U 形和枝形潜穴以及部分钻孔等。其造迹生物主要是食悬浮物生物和食肉生物，常为甲壳动物的虾和蟹、环节动物的多毛虫、软体动物的壳斗海笋类以及腔肠动物的海葵等。典型的遗迹化石有扇形 *Rhizocorallium*（根珊瑚迹，原定为 *Glossifungites*）、*Diplocraterion*（双杯迹）、*Skolithos*（石针迹）、*Psilonichnus*（螃蟹迹）和 *Thalassinoides*（似海生迹），以及钻孔遗迹，如双壳类造的 *Gastrochaenolites*（胃形钻孔迹）和多毛虫掘的 *Trypanites*（指状钻孔迹）等（图 8－17）。

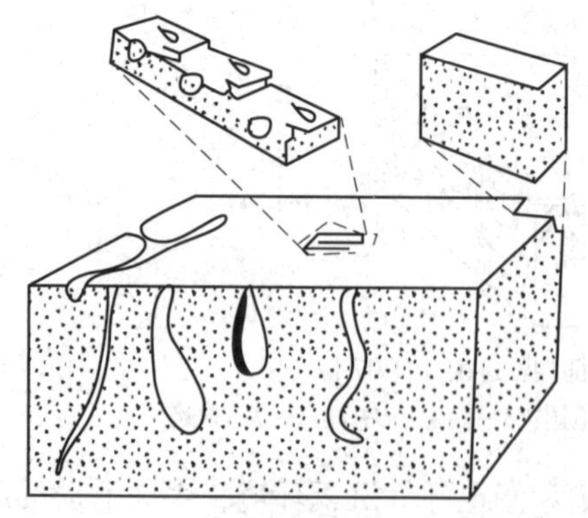

图 8－16　遗迹相的遗迹化石组合特征（据胡斌，1997）

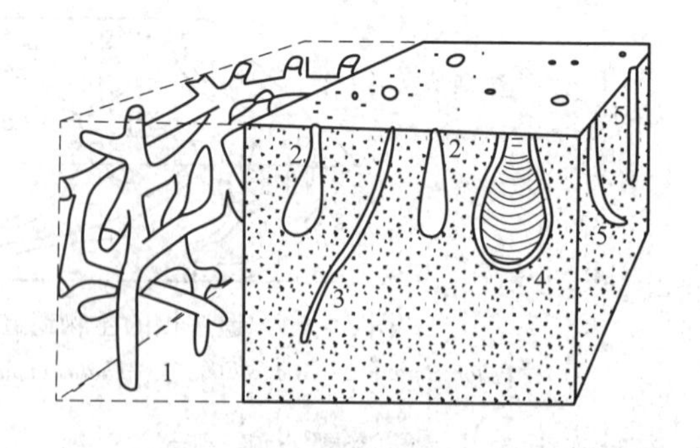

图 8－17　遗迹相的遗迹化石组合特征（据胡斌，1997）

1—*Thalassinoides*；2—*Gastrochaenolits*；3—*Trypanites*；4—*Rhizocorallium*；5—*Psilonichnus*

该遗迹相的典型底层环境是固结但非石化的滨海和潮下带停积面，特别是在半固结的碳酸盐底层或稳定的、凝结的和部分脱水的泥质底层；也可以是中等能量的环境或较高能量的地区，要求半固结的泥晶或硅质碎屑底层具有较强的抗侵蚀能力。

7) *Skolithos* 遗迹相

此组合以居住潜穴为重要特征，主要由较长的垂直的或高角度倾斜的柱状穴、U 形穴和枝形穴构成。潜穴有的具有厚的、加固的球粒状衬壁，有些发育前进式和后退式螺形（或蹼状）构造，常见遗迹化石为 *Skolithos*（石针迹）、*Diplocraterion*（双杯迹）、*Ophiomorpha*（蛇形迹）、*Monocraterion*（单杯迹）和部分 *Arenicolites*（砂蜀迹）以及逃逸构造等（图 8－18）。

Skolithos 遗迹相形成的环境条件为中等到相对较高的能量水平，底层由干净的（可含极少泥质）、分选良好的砂组成。砂的稳定性差，时常被较强的水流或波浪扰动和移动，甚至受到快速侵蚀和加积。因此，物理再改造作用强烈，从而引起底层沉积和侵蚀速率的快速变化。这种条件的典型环境为潮间带下部到潮下浅水，如海滩的前滨带和临滨带，类似的环境还有潮坪、潮汐三角洲和河口湾等较高能的地区。深水沉积中如海底峡谷和深海扇的近缘端或内扇带也存在 *Skolithos* 遗迹相，其环境可根据伴生的典型深水型遗迹来识别。

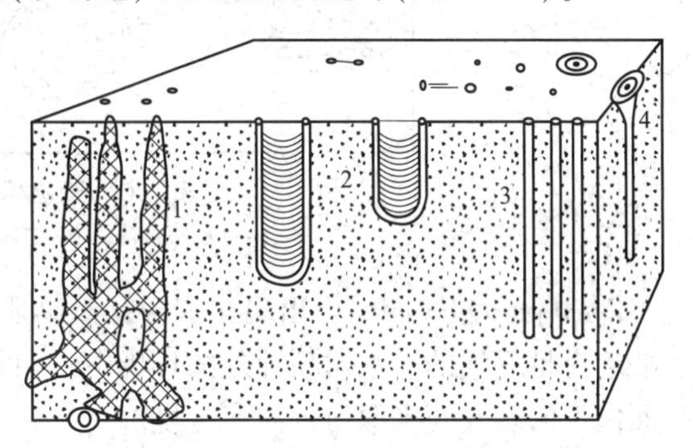

图 8－18 *Molhos* 遗迹相的遗迹化石组合特征（据胡斌，1997）

1—*Ophiomorpha*；2—*Diplocraterion*；3—*Skolithos*；4—*Monocraterion*

8) *Cruziana* 迹相

Cruziana 迹相是海洋遗迹中分布较为广泛的遗迹群落。它的丰度和分异度都比较高，几乎包括了海底底栖生物遗迹所有的生态类型，如爬行迹、停息迹、觅食迹、进食迹以及少量的居住迹和逃逸迹等，一般以表面遗迹（爬迹、拖迹和停息迹）以及水平进食潜穴为主。特征的遗迹化石有 *Cruziana*（二叶石迹）、*Dimorphichnus*（双形迹）、*Teichichnus*（墙形迹）、*Diplichifes*（双趾迹）、*Asteriacites*（似海星迹）、*Phycodes*（节藻迹）和 *Rosselia*（柱塞迹）等。其他常见遗迹还有只 *Rhizocorallium*（根珊瑚迹）、*Scolicia*（蠕形迹）、*Asterosona*（星叶迹）、*Thalassinoides*（似海生迹）、*Ophiomorpha*（蛇形迹）、*Aulichnites*（犁沟迹）、*Chondrites*（丛藻迹）、*Planolites*（漫游迹）和 *Arenicolites*（砂蜀迹）等（图 8－19）。环境主要有陆架、河口湾、潟湖等。

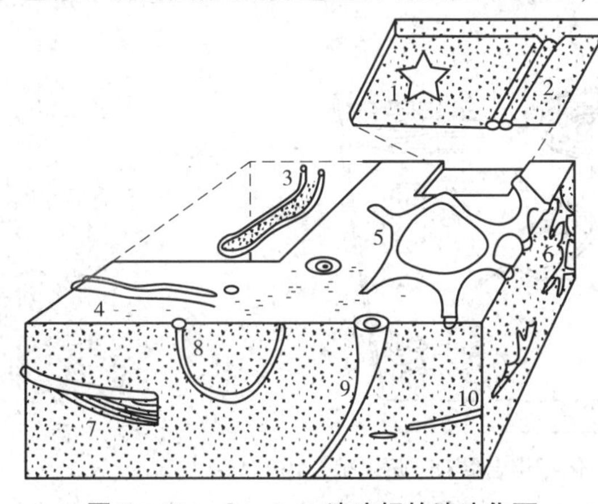

图 8－19 *Cruziana* 遗迹相的遗迹化石组合特征（据胡斌，1997）

1—*Asteriacites*；2—*Cruziana*；3—*Rhizocorallium*；4—*Aulichnites*；5—*Thalassinoides*；6—*Chondrites*；7—*Teichichnus*；8—*Arenicolites*；9—*Rosselia*；10—*Planolites*

9) *Zoophycus* 迹相

组成该遗迹相的遗迹类型主要是复杂的进食迹 *Zoophycus*(动藻迹)，它具有由平面到缓倾斜的蹼状构造，呈精美的席状、带状或倒伏的螺旋状分布。在泥质沉积物中，它有时被 *Phycosiphon*(藻管迹)取代，有的环境中还发育 *Spirophyton*(旋轮迹)(图 8-20)。造迹生物几乎全是食沉积物生物。整个组合分异度较低，但丰度有时可以很高。

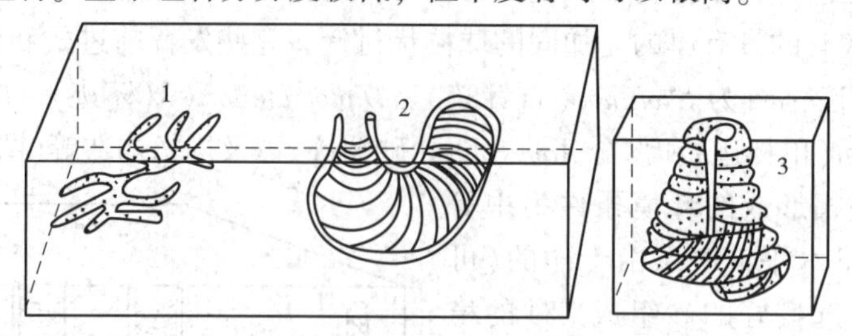

图 8-20　遗迹相的特征遗迹化石

1—*Phycosiphon*；2—*Zoophycus*；3—*Spirophyton*

Zoophycus 遗迹相主要出现在富含有机物质的泥、灰泥或泥质砂底层、静水、氧含量低或缺乏充足氧气的、水循环性差的环境中，如隔离海盆或半封闭海局限的潟湖和海湾风暴浪基面以下的滨外至半深海到深海环境。

10) *Nereites* 遗迹相

Nereites 遗迹相为深水或深海型代表。它在深海浊流沉积层序中得到大量而完善的保存。

该遗迹组合以水平、复杂的觅食迹和图案型耕作迹(*Agrichnia*)为特征。大多数遗迹呈半浮痕(*Semirelief*)，少数呈全浮痕保存。它们的造迹生物主要是食沉积物的底内动物。在组成上，这是一个分异度和丰度均比较高的遗迹化石群落，典型的组成分子有 *Nereites*(类沙蚕迹)、*Heliminthoida*(蠕形迹)、*Palaeodictyon*(古网迹)、*Cosmorhaphe*(丽线迹)、*Protopalaeodictyon*(原始古网迹)、*Spirophycos*(环线迹)、*Lophocterium*(菊瓣迹)、*Taphrhelminthopsis*(沟蠕形迹)、*Glockeria*(葛洛克迹)、*Spirophycos*(旋藻迹)、*Lorenzinia*(洛伦茨迹)、*Megagrapton*(巨画迹)以及 *Urohelminthoida*(尾蠕形迹)等(图 8-21)。

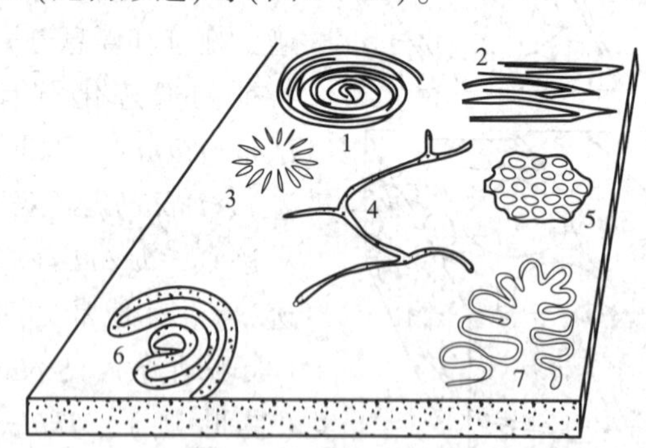

图 8-21　*Nereites* 遗迹相的遗迹化石组合特征(据胡斌，1997)

1—*Spirorhaphe*；2—*Urohelminthoida*；3—*Lorenzinia*；4—*Megagrapton*；5—*Palaeodictyon*；6—*Nereites*；7—*Cosmorhaphe*

(三) 地球化学相标志

地球化学相标志可以通过露头、岩芯和测井获取。

地球化学在古环境分析中的应用，主要包括：元素地球化学、稀土元素地球化学、稳定同位素地球化学及有机地球化学等方面。

沉积物在风化、搬运和沉积过程中，不同的元素会发生一些有规律的迁移、聚集。沉积区的大地构造背景、古气候、源区母岩性质、沉积盆地地形、沉积环境和沉积介质的物理化学性质对元素的分异和聚集均会产生影响。其中沉积环境是控制沉积岩中的元素组成、同位素组成、有机质含量以及有机化学物质组成等地球化学性质最重要的因素之一。地球化学相标志正是通过分析沉积岩中地球化学特征来揭示沉积环境的变化过程和古气候特征，进而进行相分析。地球化学相标志可以通过露头和岩芯取样测试。

1. *元素地球化学相标志*

沉积岩中的元素含量受母岩性质、古气候条件、沉积环境、生物作用和成岩作用等控制，通过研究可以了解不同构造单元、不同地区、不同沉积类型及不同沉积环境的元素分布规律，进而通过沉积岩中的元素地球化学特征反映区域化学作用和环境变化历史。目前，在判别区分海相与陆相、氧化与还原性质、水体深度和盐度等方面，元素地球化学起着越来越重要的作用。

1)古盐度判定

盐度是水体特征的一个重要参数，古盐度恢复有助于了解沉积环境特征，也是判别海相和陆相沉积环境的一个参考。使用元素地球化学方法推测沉积水体古盐度是常见的一种方法。

(1)硼法。

早在1932年，Goldschmidt 和 Peters 就提出利用硼作为泥质沉积物的古盐度指标，1945年 Landergre 进一步阐明硼和沉积环境古盐度有直接关系。Frederickson 和 Reynolds(1960)证明了现代海水中溶解的硼和盐度存在着相关性。当黏土矿物处于含硼水溶液中时，以硼酸或其离解产物形式存在的硼会吸附在黏土矿物颗粒边缘并固定下来，并且可能因为新物质围绕硼生长和硼本身的扩散而进入黏土矿物晶格。如果矿物晶格不破坏便不能重新逸出，也不因溶液中硼的浓度的降低而解析，Couch(1971)认为，水体中硼的含量与水体中的盐度存在线性关系，即水体盐度越高，硼含量就越大，沉积物吸附的硼离子就越多，可以根据黏土沉积物中的硼含量来定量推断古沉积水体的盐度。

现代海洋沉积物中硼含量一般为80~125μg/g，盐度35‰，现代淡水湖相沉积物中吸附硼的含量一般30~60μg/g，盐度<1‰。不同沉积岩中硼含量也有差别，在页岩中其含量可达135μg/g(平均值)，砂岩中较低，一般为1~40μg/g，在灰岩中硼含量平均为20μg/g。一般使用黏土矿物中硼含量计算古盐度，同时还要注意两点：一是大部分沉积物由于沉积之前所受的风化淋滤并非都十分彻底，一般都含有碎屑成因的硼，它们与沉积水介质的古盐度毫不相关，除火成岩、深变质岩直接风化产物的继承硼数量可视为零以外，一般均要对物源区黏土矿物进行测定，以确定其数量并消除黏土矿物中继承硼的影响；二是黏土颗粒大小和表面积对吸附硼的能力也有重要影响，因此硼含量分析一般使用小于1μm的黏土组分。

硼法计算古盐度原仅用于海相沉积，但根据陆相沉积的资料，只要溶液中硼浓度不超过黏土矿物平衡吸附的能力，物源区不存在硼矿体或富硼岩石，则也可用于陆相盆地。但是要特别注意取样应该尽量避开过补偿沉积区，避开砂岩发育区，尽量选择盆地中均衡补偿或者补偿较低的泥岩发育区。

(2)沉积磷酸盐法。

在沉积物中通常都含有一定量的磷酸盐矿物。Nelson(1967)通过对美国海湾、海槽、河口三角洲现代沉积物的研究，总结出古盐度的计算公式：

$$F_{ca-p}=0.09\pm0.026S_p \tag{8-14}$$

式中，F_{ca-p}为磷酸钙比值[F_{ca-p}（磷酸钙组分）= 磷酸钙/（磷酸铁 + 磷酸钙）]；S_p为古盐度,‰。

该公式适用于海陆相地层盐度的计算。该方法使用时要注意：分析的样品不能混有碎屑含磷杂质，因此河流和河口沉积物样品不适于该方法；$CaPO_4$在成岩阶段相对富集，而磷酸铁在有 H_2S 存在的还原环境中常转变为 FeS_2，这会使计算出的盐度数据高于实际值。

(3) Na^+浓度法。

自显生宙以来，海水中 Na^+浓度并没有发生明显改变，保存完好的碳酸盐类壳体化石中 Na^+浓度可能与现代贝壳的 Na^+浓度基本相同，成岩作用对其浓度的影响非常小，而且 Na^+浓度与 Sr^{2+}浓度有较好的正相关关系，因此，可以根据 Na^+浓度定性恢复古盐度。

(4)元素比值法。

B/Ga：硼是不稳定元素，活动性很强，在水中可以发生长距离迁移。硼的含量随盐度增加而增加。Ga 的活泼性较差，迁移能力要低得多，Ga 的氢氧化物在 pH =5 的弱酸性介质中很容易沉淀，Ga 在淡水成因的岩石中要比海洋环境下形成的岩石含量要高，B 与 Ga 化学性质差异是 B/Ga 值作为盐度指标的基础。值得注意的是 B/Ga 值与盐度的关系并不是绝对的，因为不同盆地不同研究地区，甚至不同层位 B/Ga 的背景值是不一样的，因此不同地区确定盐度的 B/Ga 值界限并不相同。有的区域研究表明 B/Ga < 3 为淡水相，3 ~4.5 为半咸水相，4.5 ~5 为海相；也有的研究区以 B/Ga < 4 指示淡水—微咸水沉积，大于 7 才指示海水沉积，但同一地区 B/Ga 值与盐度的关系是较为稳定的。

Sr/Ba：Sr 与 Ba 的化学性质十分相似，它们均可以形成可溶性重碳酸盐、氧化物和硫酸盐进入水溶液中。与 Sr 相比，Ba 的化合物溶解度要低，因而多数 Ba 在近岸沉积物中富集，仅有少量钡进入深海，Sr 的迁移能力要高于 Ba。因此，Sr/Ba 值也常用来作为区分淡水(Sr/Ba 小于 1)和咸水(Sr/Ba 大于 1)沉积的标志。

Sr/Ca：湖水和河水中 Sr/Ca 值较低，而海水中 Sr/Ca 值要比湖水中大。但是这个比值受 Ca 含量影响比较大，当 Ca 的含量过高时，较咸水沉积的 Sr/Ca 值可能低于淡水沉积。因此对于陆源碎屑沉积岩而言，Sr/Ca 值对古盐度的指示不如 B/Ga、Sr/Ba 好。

C/S：泥岩中黄铁矿含量的多少除与沉积物中 Fe 离子含量以及有机质的丰度有关外，水中溶解的硫酸根离子的浓度直接影响黄铁矿的形成。海水中溶解的硫酸根离子浓度明显高于淡水，丰度同样的有机质和含碎屑铁矿物的淡水沉积物比海水沉积物中的黄铁矿硫的含量要低，因此，沉积物中有机碳与黄铁矿硫(当泥岩中不含硫酸盐矿物时，黄铁矿硫也可以用泥岩中全硫含量近似代替)的比值(C/S)可指示盐度，主要用来区分淡水成因与海相成因的泥质沉积物。

除上述之外，用元素比值来恢复古盐度的方法也被不断扩展。Na/Ca 值在碳酸盐类岩石中表现出与盐度的关系较为密切，一般随盐度增加比值增大，高的 Na/Ca 值可指示超盐水的白云石化环境。若水体盐度越高，钾和钠就越易被黏土吸附或进入伊利石晶格，且钾相对钠的吸附量亦越大，因此 K/Na 值越大，介质盐度越高。Fe/Mn 值与盐度也有一定关系，一般认为 Fe/Mn 值越小，盐度越高，海相泥岩的 Fe/Mn 值要低于淡水泥岩，海洋铁锰结核中的 Fe/Mn 也要低于淡水铁锰核中的 Fe/Mn。Rb/K 值和 V/Ni 值均是海相大于淡水相。Mg/Ca 值由河水向海水方向表现为逐步增加的趋势。CaO/(Fe + CaO)也是一个反映海水盐度的指标，有学者认为其值小于0.2为低盐度，0.2~0.5为中等盐度，大于0.5为高盐度。有研究表明，MgO/Al_2O_3由淡水向海水过渡的过程中，其值随水体盐度的增大而逐渐增加：①淡水沉积环境<0.01；②陆海过渡性沉积环境为0.01~0.1；③海水沉积环境值为0.1~5；④陆表海环境(或潟湖沉积环境)>5。

需要注意的是：Sr/Ba、B/Ga等反映的是沉积介质盐度的变化，在咸化的陆相沉积环境中可具有很高比值，一般不能直接作为海陆相划分的标志，还需结合矿物岩石标志、古生物标志、沉积相标志等综合分析。除此之外，介壳类壳体的元素比值也被常用来定量模拟水体古盐度。

2)氧化—还原条件的标志

判断沉积环境的氧化—还原条件主要是根据同生矿物组合，如对介质Eh值高低反应灵敏的铁、锰矿物组合。铁在海盆中沉积具有明显的规律性，随着pH值的增大，Eh值的降低，铁矿物呈不同的相依次分布，铁的化合价态也相应变化(表8-7)。

表8-7　铁的沉积地球化学相(据黎彤，1979)

沉积相	铁离子	主要铁矿物	沉积岩	有机质	Eh	pH值
氧化相	Fe^{3+}	赤铁矿、褐铁矿(磁铁矿)	砂质粉砂质碎屑岩、有少量硅质和钙质结核	无	>0.02	7.2~8.5
过渡相	$Fe^{3+}>Fe^{2+}$到$Fe^{2+}>Fe^{3+}$	海绿石、鳞绿泥石(磁铁矿)	粉砂质、砂质碎屑岩，硅藻土和磷灰岩	少	0.1~0.2	
弱还原相	Fe^{2+}	菱铁矿、鲕绿泥石	泥质沉积	多	-0.3~0	7.0~7.8
强还原相		铁白云石	白云岩和石灰岩	很多	-0.5~-0.3	>7.8
		黄铁矿、白铁矿	有机质黏土、黑色页岩、有机岩			7.2~9.0

Fe^{2+}/Fe^{3+}常用来划分氧化-还原相。一般认为，$Fe^{2+}/Fe^{3+}\gg1$为还原环境，$Fe^{2+}/Fe^{3+}>1$为弱还原环境，$Fe^{2+}/Fe^{3+}=1$为中性环境，$Fe^{2+}/Fe^{3+}<1$为弱氧化环境，$Fe^{2+}/Fe^{3+}\ll1$为氧化环境。但在实际应用中这一指示并不理想，因影响Fe^{2+}与Fe^{3+}可逆反应的因素比较多，如介质的pH值等，当pH升高时，Fe^{2+}更易被氧化成Fe^{3+}。也研究认为可通过K_{Fe}系数，即用岩石中总铁向菱铁矿和黄铁矿的转化程度来反映环境的氧化还原程度：

$$K_{Fe}=({Fe_{HCl}}^{2+}+{Fe_{FeS}}^{2+})/FeO \tag{8-15}$$

其值越大表明还原程度越强。

Cu、Zn系铜族元素在沉积作用过程中，可因介质氧逸度的不同而产生分离，形成随介质氧逸度的降低由Cu向Zn过渡的沉积分带，即Cu/Zn比值随介质氧逸度的升降而变化。据梅水泉(1988)研究，Cu/Zn小于0.21为还原环境，0.21~0.38为弱还原环境，0.38~0.50为还原—氧化环境，0.50~0.63为弱氧化环境，大于0.63为氧化环境。

Mo、U、V元素具多种价态，受氧化还原影响明显。沉积岩或沉积物中它们多数为自生组分，成岩作用中几乎不发生迁移，保持了沉积时的原始状态，所以它们也可以作为氧化还原状态的判别指标。不同的微量元素具有不同的氧化还原敏感度，它们在不同的氧化-还原区间的表现是不同的，Cr、U和V的高价态离子可以在缺氧脱硝酸的环境下被还原并发生富集，而Ni、Cu、Co、Zn、Cd和Mo则主要富集在发生硫酸盐还原的环境中。因此，可以利用元素的这种差异将沉积环境的氧化还原程度区分开来。

此外，U/Th、V/Cr、Ni/Co 等比值也是沉积环境判别的指标，在亚氧化环境、缺氧(还原)环境下，V/Cr、Ni/Co、U/Th 分别大于 4.25、7 和 1.25；小于 2、5 和 0.75 分别对应于氧化环境；在贫氧环境下数值分别在二者之间。V/(V + Ni)小于 0.6 表示古海洋水体呈弱分层的贫氧环境，大于 0.84 则表明为静海相还原环境，而且古海洋水体呈强分层。

稀土元素(REE)特征在指示沉积环境的氧化还原状态方面效果也很明显，比如稀土 Ce、Eu 的异常，Wright(1987)曾定义铈异常(Ceanom)为 Ce 与相邻的 La 和 Nb 的相对变化，其公式：$Ceanom = \lg[3CeN/(2LaN + NdN)]$，以北美页岩为标准，规定 $Ceanom > -0.1$ 为 Ce 的富集，指示缺氧、还原的古水体环境；$Ceanom < -0.1$ 为 Ce 的亏损或负异常，指示氧化的古水体环境。

需要注意的是在利用微量元素判别环境的氧化还原状态时必须排除陆源碎屑、热液流体以及生物体来源的贡献，即剔除非自生的那部分元素含量，还需要注意成岩作用的影响，比如对 REE 的改造等，这些都会影响氧化还原的指示效果。

3)离岸距离

元素在沉积作用中所发生的机械分异作用、化学分异作用和生物、生物化学分异作用使元素的聚集—分散与离岸距离有一定的关系。大陆架陆源碎屑沉积物中化学元素含量的变化遵从"元素粒度控制律"，即元素含量随沉积物粒度变化而有规律地变化。据 Strakhov(1958)对太平洋沉积物的研究，按其含量由滨岸向远洋增加的程度，可划分出四个带，即：①Fe 族元素(Fe、Cr、V、Ge)带；②水解性元素(Al、Ti、Zr、Ga、Nb、Ta)带；③亲硫性元素(Pb、Zn、Cu、As)带；④Mn 族元素(Mn、Co、Ni、Mo)。

某些微量元素通常在深海沉积物中相比浅水沉积物中要富集，如：Cl、Br、Ag、Cd、Mo、Mn、Cu、Co 和 Ba 等。Nicholls(1967)提出，当 Mo > 5ppm，Co > 40ppm，Cu > 90ppm，Ba > 1000ppm，Ce > 1000ppm，Pr > 10ppm，Nd > 50ppm，Ni > 150ppm，Pb > 40ppm，特别是伴生有含量 < 1ppm 的 U 和含量 < 3ppm 的 Sn 时，其沉积深度可能大于 250 米。

Fe 易氧化，多在滨浅海或离岸近的地区聚集，Mn 相对 Fe 较稳定，能在远洋或离岸远的地区聚集，所以 Mn/Fe 比值从海岸到深海不断增大。从陆相到海相，沉积物中的 V/Ni 比值不断减小，特别是从海岸到深海。

对于 Sr/Ba 比值来说，首先海相沉积物中 Sr/Ba > 1，而陆相 Sr/Ba < 1；对于海洋环境来说，从海岸附近到深海中，沉积物中的 Ba 含量因大量黏土吸附而增加，而 Sr 由于主要是通过生物途径的再沉积作用减弱，其含量变化不大或略有减小，因此从海岸到深海中 Sr/Ba 比逐渐减小。Sr/Ca 比值的变化与 Sr/Ba 比值相似。

Rb 和 K 在水中的迁移和富集均与黏土密切相关，并且 Rb 比 K 更容易被黏土吸附而运移。Rb/K 比值变大，指示水体加深；比值变小，水体变浅。

Zr 是典型的亲陆性元素，以机械迁移为主，沉积于离岸较近的地区，故常被用作指示物源区远近的指标，越远离陆源区，岩石中含量越低。但沉积岩中 Zr 元素的分布受 Al 元素支配，因此 Zr/Al 的比值更能代表近距离搬运的陆源组分及水体深度的变化，Zr/Al 值越大，表示离岸越远，水体更深。

4)指示古气候特征

(1)Sr/Cu：一般而言 Sr/Cu 比值介于 1 ~ 10 之间指示温湿气候，而大于 10 指示干热气候，也有的学者将温湿气候的比值范围定在1.3～5.0，干旱气候>5.0。

(2)Sr/Ba和Sr/Ca：水体中Ba^{2+}、Ca^{2+}的碳酸盐(或硫酸盐)溶解度相对较低，在早期即沉淀析出，而Sr的盐类溶解度相对较大，之后才析出。所以它们的比值上升表明湖水盐度增加，气候干旱，蒸发强烈；比值下降则表明气候湿润。

(3)Fe/Mn：Mn在干旱环境条件下含量比较高，在相对潮湿的环境条件下含量较低，Fe在潮湿环境中易以Fe(OH)胶体快速沉淀，因而沉积物中Fe/Mn的高值对应温湿气候，低值是干热气候。

(4)Mg/Ca：这个比值对古气候的变化也非常敏感，Mg/Ca的高值指示干旱气候；低值反映潮湿气候。但在碱层出现层位该比值却呈现低值，这是因为，碱层的成分是碳钠盐岩，当这种钠盐开始沉淀时，水介质中Mg，Ca由于充分沉淀其浓度已经很小，况且Mg的活动性比Ca差得多，二者相比，前者几乎消耗殆尽，故岩层中Mg/Ca比会表现出低值或极低值。由此看来，应该对Mg/Ca的气候指标做一些必要补充，即当钠盐、钾盐等易溶性盐类不参与沉淀时，Mg/Ca的高值指示干热气候。而当它们参与沉淀时，其低值和K、Na的相对高值共同指示干热气候。

(5)Mg/Sr：Mg在水和方解石中的含量分配依赖于温度，温度上升Mg元素含量升高，反之含量较低，而Sr元素进入方解石时与温度无关，所以可利用Sr含量来校正Mg在初始溶液中的变化。这样Mg/Sr的比值即反映了碳酸钙沉淀时的变化，Mg/Sr比值升高，指示温度升高，反之指示温度降低。

(6)Al_2O_3/MgO：黏土矿物的中Al_2O_3/MgO的大小及其变化可反映沉积过程中古气候环境，其值越大，表明水体淡化，反映温湿气候；值越小，则表明干旱气候。

在潮湿气候条件下，沉积岩中Fe、Al、V、Ni、Ba、Zn、Co等元素含量较高；干燥气候条件下由于水分的蒸发，水介质的碱性增强，Na、Ca、Mg、Cu、Sr、Mn被大量析出形成各种盐类沉积在水底，所以它们的含量相对增高，对应为低湖面期，反映的气候则为暖干或干寒。在炎热气候下，水体蒸发引起盐度急剧增高，某些低等生物因不适应这种高盐度而死亡并参与成岩，从而使其层位的P元素相对富集，显然，P元素含量相对高的层位表明干旱炎热条件下的高盐度环境。

5)物源分析

沉积物中的稀土元素分布特征，主要受控于源区岩石的REE丰度以及源区的风化条件。成岩及成岩后期改造作用对其影响较小，所以沉积物中的REE分布特征是对源区的继承，其对于还原源区的特征具有重要价值。利用稀土元素判别源岩属性的方法较多，Allegre等(1978)提出的La/Yb－ΣREE源岩属性判别图解划分出碳酸盐岩、金伯利岩、沉积岩、钙质泥岩、花岗岩、碱性玄武岩、大陆拉斑玄武岩和大洋拉斑玄武岩8大物源岩性分类；以及Gu等(2002)提出的Co/Th－La/Sc源岩属性判别图解将物源岩性分为4大类：玄武岩、安山岩、长英质火山岩和花岗岩，都可用于判断岩石大类成因及物源区特征。Floyd等(1987)提出的Hf－La/Th源岩属性判别图解划分出6种物源区：拉斑玄武岩大洋岛弧物源、安山岩岛弧物源、长英质/基性岩混合物源、长英质物源、古老沉积物成分增加和被动大陆边缘物源，借此可以判断沉积物的来源。

元素E异常程度(Eu/Eu*)是一个稀土元素地球化学参数，Eu/Eu* = EuN/(SmN × GdN)1/2，Eu/Eu* >1代表Eu正异常，在配分模式图中显示“上凸性”，Eu/Eu* <1代表

Eu负异常，在配分模式图中显示“下凹性”，在表生条件下，沉积物的Eu异常主要是继承源区的特征，可以鉴别沉积物物质来源。Eu元素呈现正异常，表明其沉积物来源中基性岩/深部物质占主要地位；Eu元素呈现负异常，表明其沉积物来源当中酸性岩成分占主要地位。由于稀土元素具有较强的抗迁移性，将测试样品进行球粒陨石标准化，作出稀土元素配分曲线，与已知来源样品的稀土元素配分曲线相对比，也是确定其物源区性质及来源的重要手段。

2. 稳定同位素化学相标志

随着地球化学理论和实验室测试技术的发展，同位素地球化学在地层对比、灾变事件的确定，海平面升降分析、大陆迁移以及全球性气候和生物产率的变化等方面的研究中，已成为不可缺少的重要方法。在沉积岩古地理环境和成岩环境的重塑中，同位素标志的应用也日渐广泛。

δ值：自然界中多数元素具两个或两个以上稳定同位素，如O、H、S、C、B、Si、Se等均有其各自的同位素。在稳定同位素的测定中，某样品的稳定同位素组成是用样品的两种稳定同位素比值与标准样品同一元素两种同位素比值之差除以标准样品同位素比值来表示的，即δ：

$$\delta = [(R_{样品} - R_{标准})/R_{标准}] \times 1000 \qquad (8-16)$$

式中，$R_{样品}$、$R_{标准}$分别为测试样品和标准样品的某两种同位素的比值，如$^{13}C/^{12}C$、$^{18}O/^{16}O$、$^{34}S/^{32}S$。因此，δ值的大小实际上是指样品的同位素比值相对于标准样品的丰度大小。

同位素分馏作用：构成不同物质的元素的同位素的丰度不同，而丰度的变化则是由自然界各种物理、化学和生物化学反应过程中元素所表现出的物理化学性质的微小差异所造成的。例如，在硫化物缓慢氧化的反应中，^{32}S比^{34}S更易氧化，因而使反应后的残余硫化物由于平衡效应而逐渐富含^{34}S，组成物质的$^{34}S/^{32}S$值也就发生了变化，这就是发生了硫同位素的分馏作用。同位素发生分馏作用的机理比较多，如扩散作用、化学置换作用及由于同位素反应速度不同而引起的动力学分馏效应等。自然界中最明显的同位素分馏现象之一是由生物的生命活动过程引起的，如动植物的新陈代谢作用、光合作用、呼吸作用、微生物细菌对硫酸盐的还原作用等均可产生同位素的动力学分馏效应。了解在地质作用中同位素分馏作用机理，才能更好地运用同位素值的偏移解释沉积环境。

碳有两个稳定同位素^{12}C和^{13}C，丰度分别为98.89%，1.11%。碳同位素的国际通用标准为PDB(白垩系Pee Dee层的箭石)。氧有三个稳定同位素，其丰度分别为$^{16}O=99.763\%$、$^{17}O=0.0375\%$、$^{18}O=0.1995\%$。^{18}O和^{16}O的质量差异较明显，丰度值也大，一般用$^{18}O/^{16}O$值来表示物质氧同位素组成。氧同位素的国际通用标准为SMOW(平均标准海水的同位素组成)。

Keith和Weber(1964)在对数百个侏罗纪以来沉积的海相灰岩和淡水灰岩同位素测定的基础上，提出了一个同位素系数(Z)的经验公式：$Z=2.048(\delta^{13}C+50)+0.498(\delta^{18}O+50)$，若$Z>120$，则为海相灰岩；若$Z<120$，则为淡水灰岩。此外，单独利用碳、氧同位素也可用于古盐度的恢复，淡水沉积物中$\delta^{13}C$(‰)大多在$-5‰\sim15‰$范围内；在海相灰岩中，$\delta^{13}C$在$-5‰\sim5‰$范围内。

据严兆彬(2005)，碳酸盐岩$\delta^{13}C$值的增加表示为古海洋的生产力提高和(或)全球气候的变暖和(或)海平面的上升，$\delta^{13}C$值的降低则表示为古海洋的生产力下降和(或)全球气候的变冷和(或)海平面的下降。$\delta^{18}O$值的指示意义较差，但低值也一定程度反映海平面升高或冰川消融、盐度降低，高值则可能反映为海平面下降或为全球冰期、盐度升高；很少有学者单独用氧同位素来研究古环境，一般是综合利用碳、氧同位素进行研究。现在的很多研究表明当碳酸盐与水体达到氧同位素平衡时，如果盐度一定，碳酸盐的 $\delta^{18}O$ 随沉积温度的升高而降低。Shackleton(1974)总结的同位素计算古温度的经验公式如下：

$$T = 16.9 - 4.38(\delta C - \delta W) + 0.10(\delta C + \delta W)^2 \tag{8-17}$$

式中，δC 为25℃条件下真空中碳酸盐与纯磷酸反应时产生的 CO_2 的 $\delta^{18}O$ 值；δW 为25℃条件下所测定的 $CaCO_3$ 形成时与水平衡的 CO_2 的 $\delta^{18}O$ 值。两者标准均为PDB标准。

另外，有研究表明 $^{87}Sr/^{86}Sr$ 比值高反映海平面下降和(或)大陆抬升，水体变浅，风化剥蚀加快；比值低则对应着海平面的上升和海底火山热液来源增多。

3. 有机地球化学相标志

沉积岩中有机质类型的差异性主要与原始生物类型及其组合特征有关，而后者又主要取决于生物的生存环境。不同沉积环境有机质沉积特征也不同，如海洋环境中，近海环境与远岸环境、高能与低能滨岸环境、正常海域与非正常海域等，其生物产率、生物类型与组合特征及生物死亡后的保存条件都有明显的区别。湖泊环境中有机质来源的二元性，使其水体中陆源有机物与原地水生生物有机物共存，因而有机质类型与海洋有较大区别。不同气候条件下的湖泊、同一湖泊的不同相带，生物组合也有显著区别，因而有机质类型可作为判别沉积环境的重要标志。

1)干酪根

干酪根是沉积岩中不溶于有机溶剂的各种有机残体的集合体，根据干酪根各显微组分的相对比例可将干酪根划分为不同类型。干酪根类型主要取决于原始生态环境中水生生物和陆源植物的相对发育程度。Ⅰ型干酪根主要来源于水生浮游生物和藻类，如绿藻、蓝绿藻等群体藻类和浮游的微体生物及底栖生物等，表明水体较深、距岸较远的深水海(湖)相环境。Ⅱ型干酪根其生源母质中除包括藻类及浮游生物外，也常混有陆源组分，如草本植物和木本植物残体中的稳定组分、孢子体、树脂体等，表征原始有机质具水生生物和陆生植物两种来源，是混合型的，反映了近岸浅水相的沉积有机质特征。Ⅲ型干酪根则反映有机质主要来源于高等植物的木质素、纤维素、代表了海滨沼泽和湖沼沉积环境的有机质特征。

2)正烷烃

沉积有机质的正烷烃是重要的有机化合物之一。生油岩中正烷烃的分布受热成熟作用影响较为明显。但对于处于成熟阶段的有机质来说，能保持一定的稳定性，仍能较为明显地继承原始有机质的生化组成中烃的特征：因此处于热演化低~中成熟阶段的有机质，其正烷烃组成能较好地指示沉积有机质生源组合特征。一般认为，沉积有机质中的正烷烃主要来源于动植物体内的类脂化合物，如浮游生物中的脂肪酸、细菌内的类脂物以及陆生植物中的生物蜡、脂肪、树蜡、色素、丹宁等。不同来源的正烷烃其组成与结构也有很大差异。正烷烃分布曲线(以正烷烃碳数为横坐标，以其百分含量为纵坐标绘制的曲线)、主峰碳数(百分含量最高的正烷烃碳数) nC_{21}^{-}/nC_{22}^{+} 或 $(C_{21}+C_{22})/(C_{28}+C_{29})$ (低碳数分子与高碳数分子含量的比值)、碳数分布范围、碳优势CPI值或奇偶优势OEP值等均可用来确定有机质的生源组合特征。一般内陆湖泊三角洲平原沼泽相、湖沼相正烷烃常属后峰型奇碳优势正烷烃；前峰型奇偶优势正烷烃多出现在海相和较深水湖相沉积有机质中；水生生物和陆源双重影响的常为双峰型奇偶优势正烷烃；偶碳优势正烷烃大多是咸水湖相或盐湖相沉积的特征。

3)生物标志化合物

生物标志化合物是指存在于地壳和大气圈中，分子结构与特定天然产物之间有明确联系或与特定生物类别的分子结构之间有相关性的天然有机化合物。它来源于生物有机质，从生物有机质到沉积有机质的演化过程中，其碳－碳骨架保持不变，所以有人也称之为“分子化石”。

甾烷是反映生物有机质输入常用的参数，不同生物有机质 C_{27}、C_{28} 和 C_{29} 甾烷含量不同：水生浮游生物 C_{27} 占优势，C_{28} 和 C_{29} 的含量较低；陆源生物 C_{29} 占优势，而 C_{27} 和 C_{28} 的含量较低。类异戊二烯烷烃是一类能指示有机质生源和沉积成岩环境的生物标志化合物，烃源岩中含量最多、分布最广的类异戊二烯烃类是 iC_{19} 的姥鲛烷(Pr－Pristane)与 iC_{20} 的植烷(Ph－Phytane)。Didyk 等(1978)最早提出了 Pr/Ph 值是一种潜在的环境指标，并认为低的 Pr/Ph 值指示一种还原的环境，Powell(1988)的研究也注意到高的 Pr/Ph 值与陆相氧化环境有一定的联系。在成岩作用阶段早期，植物叶绿素上的植基侧链在微生物作用下形成植醇，如此时的环境为强还原环境，则植醇加氢还原成为二氢植醇，二氢植醇经过脱水、加氢形成植烷。如果沉积环境为弱氧化环境，则植醇被氧化成植烷酸，植烷酸脱羧、加氢形成姥鲛烷。因此，姥鲛烷、植烷及其 Pr/Ph 值常作为判断原始沉积环境氧化—还原条件及介质盐度的标志。对生油窗内的样品，高 Pr/Ph 值(>3)指示氧化条件下的陆源有机质输入，低比值(<0.6)代表缺氧的并且通常是超盐环境。

(四)地球物理相标志

地球物理相分析是用信息丰富的地球物理资料表征沉积体或地质体的方法和技术。在石油勘探领域，一般包括地震相分析和测井相分析。地球物理相标志可以通过地震和测井资料获取。

1. 地震地层学基础和地震相分析

地震地层学(seismic stratigraphy)是利用地震资料来研究地层的学科，是地震沉积相分析的基础。地震反射界面与时间地层界面和岩性界面的关系可以形成连续反射的地质界面的有层面、不整合面及流体界面，常见的是前两种。地震反射界面具有两方面含义：首先，它是一个波阻抗界面，另一方面，它是一个具有年代地层学意义的界面，这一点是地震地层学的重要基础。在此基础上可根据地震反射面建立时间地层格架，并进一步确定各成层单元中的沉积体系和沉积环境。值得注意的是，并不是所有的地震反射同相轴都平行于等时面。

1)反射终端的类型

划分地震层序的关键是确定代表层序边界的不整合和与之对应的整合面。而在地震剖面上主要依据反射终端特征来确定不整合面的位置，并进一步追踪与之对应的整合面。

地震反射终端或地层不协调接触的类型有上超、下超、顶超和削蚀(图 8－22)四种接触关系。

(1)上超是一套水平(或微倾斜)地层逆着原始倾斜沉积界面向上超覆尖灭。它代表水域不断扩大时的逐步超覆的沉积现象。

(2)下超则是一套地层沿原始沉积界面向下超覆，又称远端下超。它代表定向水流的前积作用，意味着较年青地层依次超覆在较老的沉积界面上；它常出现在三角洲沉积中。

(3)顶超是一个沉积层序中上界面处的超覆尖灭现象，它和削蚀可共存；且两者无截然界限，地震剖面上往往不易区分。它是局部基准面太低情况下沉积物过度作用的结果，表明无沉积作用或水流冲刷作用的沉积间断，常出现在三角洲平原中。

(4)削蚀(或削截)是侵蚀作用造成的地层侧向中断，代表构造运动(区域抬升或褶皱运动)造成的剥蚀性间断，是不整合的标志。

在实际划分层序过程中，可利用合成地震及垂直地震等资料，对地震反射层所对应的地质层位进行标定，建立起地震反射与地质分层之间的对应关系(图 8－22)。

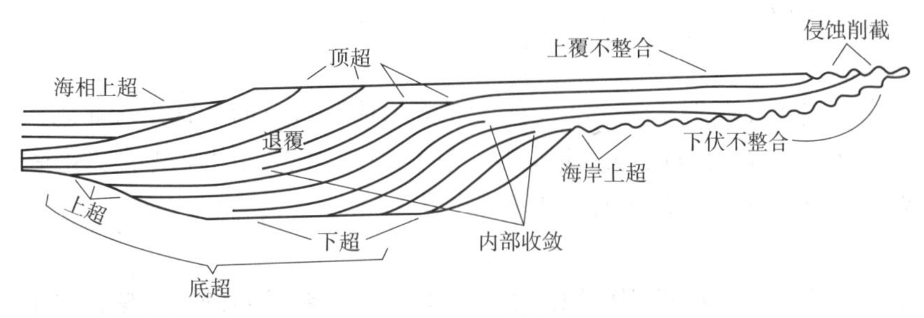

图 8－22　地震内部反射终止示意图(据 Brown，1979)

2)地震相分析

地震相分析是在地震地层学的基础上发展而来，利用地震资料进行沉积环境分析和沉积相解释。地震相参数是识别地震相的标志。在区域地震相分析中，最常用的标志包括内部反射结构、外部几何形态、连续性、振幅、频率、层速度等。

(1)内部反射结构。

反射结构是指地震剖面上层序内反射同相轴本身的延伸情况及同相轴之间的关系。它是揭示总体地震模式或沉积体系最可靠的地震相参数。根据内部反射结构的形态划分为平行与亚平行反射结构、发散反射结构、前积反射结构、乱岗状反射结构、杂乱反射结构和无反射结构几类(图 8－23)。

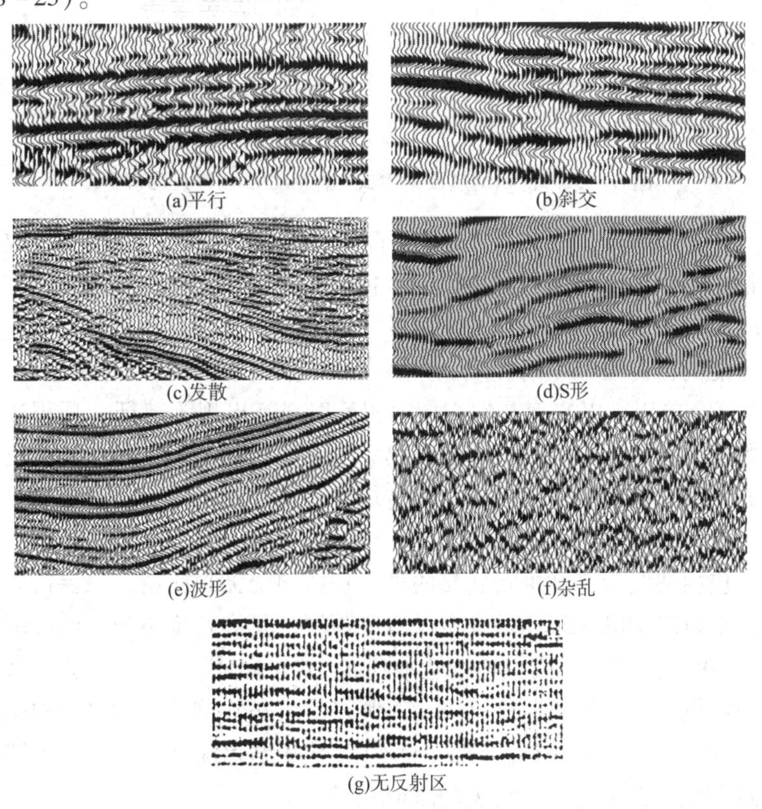

图 8－23　地震反射结构

①平行与亚平行结构。

平行与亚平行是最简单最常见的结构，反射层为平直或波状。它们往往出现在席状、披盖及充填型单元中，并可根据反射连续性和振幅进一步划分。反映均匀沉降的陆架、湖泊或盆地中的均速沉积作用。

②发散结构。

这种结构往往出现在楔形单元中，反射层在楔形体收敛方向上常出现非系统性终止现象(内部收敛)，向发散方向反射层增多并加厚。它反映了由于沉积速度的变化造成的不均衡沉积或沉积界面逐渐倾斜，分布在盆地边缘。

③前积结构。

前积结构是由沉积物定向进积作用产生的，表现为一套倾斜的反射层，每个反射层代表某地质时期的等时界面并指示前积单元的古地形和古水流方向。在前积反射的上部和下部常有水平或微倾斜的顶积层和底积层，常见近端顶超和远端下超。它往往代表三角洲沉积。

根据前积结构内部形态的差别，可进一步分为以下几种类型(图8－24)，它们反映了不同的水动力和物源供给。

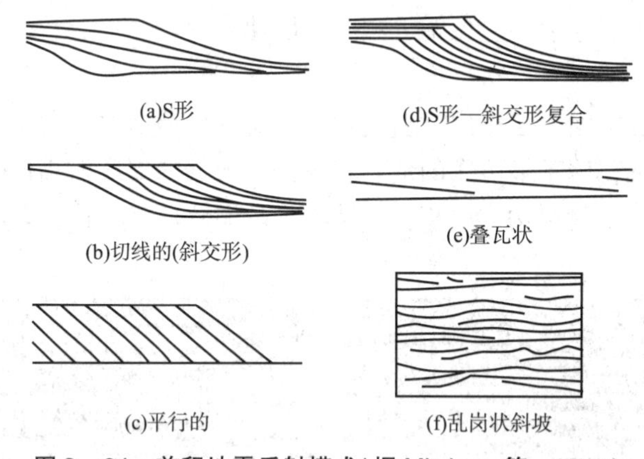

图8－24　前积地震反射模式(据Mitchum等，1977)

S形前积：总体为中间厚两头薄的梭状，前积反射层呈S形，近端整一或顶超，远端下超，一般具完整的顶积层、前积层和底积层，振幅中到高，连续性中到好。它意味着较低的沉积物供给速度及较快的盆地沉降，或快速的水面上升，是一种代表较低水流能量的前积结构，如代表较低能的富泥河控三角洲或三角洲朵状体间沉积。

S形—斜交复合前积：以S形与斜交形前积反射交互出现为特征，顶积层常不发育，底积层发育，振幅中到高，连续性好。它是由物源供给充足的高能沉积作用与物源供给减少的低能沉积作用或水流过路冲刷作用周期交替造成的。顶积层不发育，可能与水流过度冲刷作用有关。

斜交前积：包括切线斜交和平行斜交两种。切线斜交无顶积层，只保留底积层，具低角度切线状下超；平行斜交既无顶积层，也没有底积层，具高角度下超。两种斜交形前积反射的视倾角为5°～20°，振幅中到高，连续性中到好。它们都代表沉积物供给速度快的强水流环境。由于沉积物供给快，造成盆地沉降相对缓慢，沉积物接近或超过基准面，在水流过度冲刷作用下，使顶积层得不到保存。斜交前积往往代表强水流河控三角洲或浪控三角洲。平行斜交比切线斜交堆积速度更快，代表的水流能量更强。

在同一三角洲沉积中，不同部位可表现为不同类型的前积。如受主分流河道控制的建设性三角洲朵状体可能表现为斜交前积，而较低能的朵状体侧缘或朵状之间可能呈现S形前积。而较低能的朵状体侧缘或朵状之间可能呈现S形前积。

叠瓦状前积：它表现为在上下平行反射之间的一系列叠瓦状倾斜反射，这些反射层延伸不远，相互之间有部分重叠，它代表斜坡区浅水环境中的强水流进积作用，是河流、缓坡三角洲或浪控三角洲的特征。

④乱岗状结构。

它是由不规则、连续性差的反射段组成，常有非系统性反射终止和同相轴分叉现象。常出现在丘形或透镜状反射单元中。为三角洲或三角洲间湾沉积的反射特征，代表分散性弱水流沉积。冲积扇及扇三角洲沉积中也会出现这种反射结构。

⑤杂乱状结构。

它是一种不规则、不连续反射。它可以是高能不稳定环境的沉积作用，如浊流沉积；也可是同生变形或构造变形造成。滑塌、浊流、泥石流、河道及峡谷充填，大断裂及褶皱等均可造成这种反射结构。另外，许多火成岩体、盐丘、泥丘、礁等地质体，也可由于内部成层性差或不均质性造成杂乱反射。

⑥空白或无反射结构。

无反射是由于缺乏反射界面造成的，这表明地层或地质体是均质体，快速堆积的厚层砂岩或泥岩、厚层碳酸盐岩、盐丘、泥丘、礁、火成岩体等均可造成无反射。这些岩层或岩体的顶底界常有强反射。

(2)外部几何形态。

外部几何形态可以提供有关沉积体的几何特征、水动力、物源及古地理背景等。外形可进一步分为席状、席状披覆、楔状、滩状、透镜状、丘状、充填形等(图8－25)。

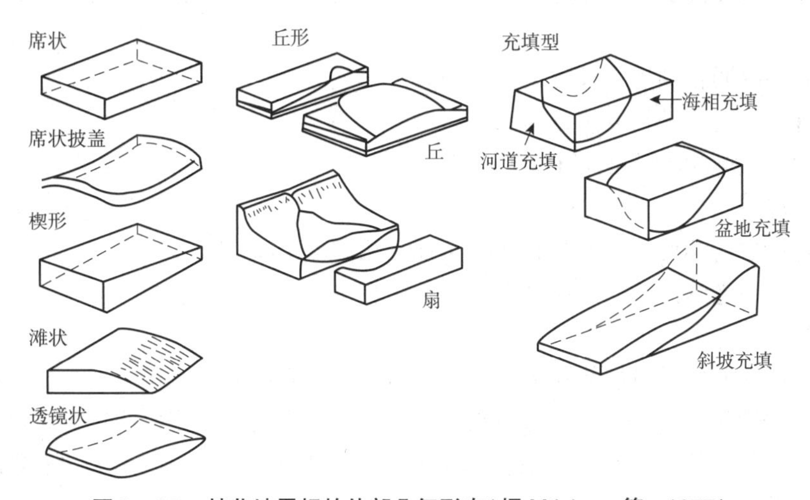

图8－25　某些地震相的外部几何形态(据Mtichum等，1977)

①席状。

席状是最常见的外形之一，常具平行结构，也可以是发散结构。席状的特点是反射单元的上下界面平行或近平行，厚度相对稳定。一般出现在均匀稳定较深水区，如陆架、陆坡及深海盆地。

②席状披盖。

它的特点是反射单元的上下界面是平行的，但整体呈弯曲状披盖在下伏不整合沉积表面上，内部结构也常由平行反射组成。它反映了静水环境中的均一垂向加积，一般沉积厚度不大。礁体、水下古隆起等地貌单元之上常出现席状披盖。

③楔形。

楔形常具发散结构。主要特点是在倾向上其厚度向一个方向逐渐增厚，向相反方向减薄，在走向上则是席状的。楔形往往出现在滨浅湖、陆架、陆坡及海底扇等环境中。

④滩状。

它是楔形的变种，一般出现在斜坡区或水下隆起边缘。

⑤透镜状。

有人称为“眼球状”或“梭状”。它的主要特点是呈中部厚两侧薄的双凸形。常具有S形前积或乱岗结构。河道充填、沿岸沙坝、小型礁等可形成透镜状反射。

⑥丘形。

丘形与透镜状的区别是具有平底，它的顶部突起，周围反射常从两侧向上超覆。丘形反射常出现在海(湖)底扇、扇三角洲、礁、火山锥、盐丘、泥丘等沉积环境或岩体中。

⑦充填形。

它又称为凹地充填，指低洼凹地中充填沉积物形成的各种反射。按沉积环境可分为河道或峡谷充填、杂乱充填、复合充填等。

(3)连续性。

反射连续性与地层本身的连续性有关，它主要反映了不同沉积条件下地层的连续程度及沉积条件变化。一般反射连续性好表明岩层连续性好，反映沉积条件稳定的较低能环境；反之，连续性差代表较高能的不稳定沉积环境。衡量连续性的标准包括长度标准和丰度标准。

①长度标准。

连续性好——同相轴连续长度大于600m。

连续中等——同相轴长度接近300m。

连续性差——同相轴长度小于200m。

②丰度标准。

连续性好——连续性好的同相轴在一个地震相中占70%以上。

连续性差——连续性差的同相轴在一个地震相中占70%以上。

(4)振幅。

振幅与反射界面的反射系数相关。振幅中包括反射界面的上下层岩性、岩层厚度、孔隙度以及所含流体性质等方面信息，可用来预测横向岩性变化和直接检测烃类。但由于振幅还受地震激发与接收条件、大地衰减及处理方法等因素影响，使用振幅时应注意排除这些干扰。振幅的标准包括强度与丰度标准。

①强度标准。

强振—时间剖面上相邻地震道振幅值重叠在一起，无法分辨；

中振幅—相邻地震道部分重叠，但可用肉眼分辨；

弱振幅—相邻地震道相互分离

②丰度标准。

在一个地震相中，强振幅同相轴占70%以上称强振幅地震相；弱振幅占70%以上时称弱振幅地震相；两者之间为中振幅地震相。

(5)频率。

频率在一定程度上和地质因素有关，如反射层间距、层速度变化等。但它与激发条件。埋藏深度，处理条件也有密切关系。因此在地震相分析中仅可作为辅助参数。频率可按波形和排列疏密程度分为高、中、低三级。频率横向变化快说明岩性变化大，属高能环境；频率稳定，属低能或稳定沉积环境。

在上述地震相参数中，反射结构和外形最为可靠，其次为连续性和振幅，频率可靠性最差。

因此在地震相命名时应以结构和外形为主，辅以连续性、振幅、频率等。为了突出主要特征，能较直接反映出地震相的地质含义，可采用以下原则：①分布较局限，具特殊反射结构或外形的地震相，可单独用结构或外形命名，如充填相、丘状相、前积相等。也可以将连续性、振幅等作为修饰词放在前面，如高振幅中连续前积相。②分布面积较广、外形为席状、反射结构为平行亚平行时，可主要用连续性和振幅命名，如高振幅高连续地震相。

3)地震相图的编制

编制地震相图是为了弄清各地震层序中地震相的平面展布规律。

编制地震相图的方法有三种。第一种是分别作出各地震层序的多种地震相参数图，如振幅分布图、连续性分布图、频率变化图、层速度变化图、内部结构类型分区图、顶底界接触类型分区图等，最后对这些图进行综合分析。这样做细致，但较烦琐且不便分析问题。第二种方法是选择最能代表地震相、最能反映沉积特征的主要参数编图。在同一张图上的不同部位可采用不同参数，如把斜交前积相、丘形相、高连续强反射相、低连续中振幅相等用不同参数命名的地震相放在同一张图中。第三种方法是采用巴博(Bubb)等的编码系统划分相区。巴博的编码系统是把要分析的地震单元的内部反射结构和它们与上、下边界的关系以分式形式表达，编码后，就可勾绘出该地震层序的地震相图。若其他参数更重要，如外形、连续性等，也可加入分式中用于绘图。

在绘出地震相后，下一步便是如何将地震相图转为沉积相图，这是地震相分析的关键。转相时应遵循以下原则：①充分利用已有的钻井、测井、古生物资料，尤其是岩芯分析资料，同地质相分析和测井相分析相互配合和验证；②解释具特殊反射结构和外形的地震相，它们往往代表盆地中的骨架沉积相，如前积地震相、丘形地震相等；③对有井区或过井剖面进行分析，确定地震相所代表的沉积相；④考虑各地震相的古地理位置(可结合地层等厚图)及各地震相的组合关系，以沉积相共生组合和沉积体系理论为指导，恢复盆地内沉积体系类型及展布，这一点对无井区的转相尤为重要。

2. 地震沉积学

地震沉积学是应用地震信息研究沉积岩及其形成过程与环境的，它将地球物理技术与沉积学研究相结合，是继地震地层学、层序地层学之后的又一门正在不断发展的交叉学科。其理论基础在于对地震同相轴穿时性的重新认识，其应用基础是基于高密度三维地震资料、现代沉积环境、露头和钻井岩芯资料建立的沉积环境模式的联合反馈。90°相位转换、地层切片和分频解释是目前地震沉积学中的几种常用的技术。

1)地层切片综合属性分析

自20世纪90年代起，大量的研究证实，地震地貌学是沉积成像研究的有力工具。地震地貌成像是沿等时沉积界面(地质时间界面)提取各类综合属性，如最大振幅、均方根振幅、正极性振幅、平均能量等等，并通过属性优化可客观地反映地震工区内沉积体系的展布范围。这样的地震切片就是地层切片(Stratal Slicing)，它是通过在2个等时界面间进行合理地内插切片来实现，这与1996年Posamentier提出的等比例切片比较类似。其他常用的切片类型包括时间切片(Time Slicing)和沿层切片(Horizon Slicing)。时间切片是沿某一固定地震旅行时对地震数据体进行切片显示，切片方向是沿垂直于时间轴的方向，它切过的不是一个具有地质意义的层面；沿层切片是沿着或平行于地震层位进行切片，更倾向于具有地球物理意义。所以，赋予地质含义的地层切片综合属性分析技术，不但可最大限度地识别并刻画沉积砂体的时空分布，且可证实砂体的物源方向(图8－26)。

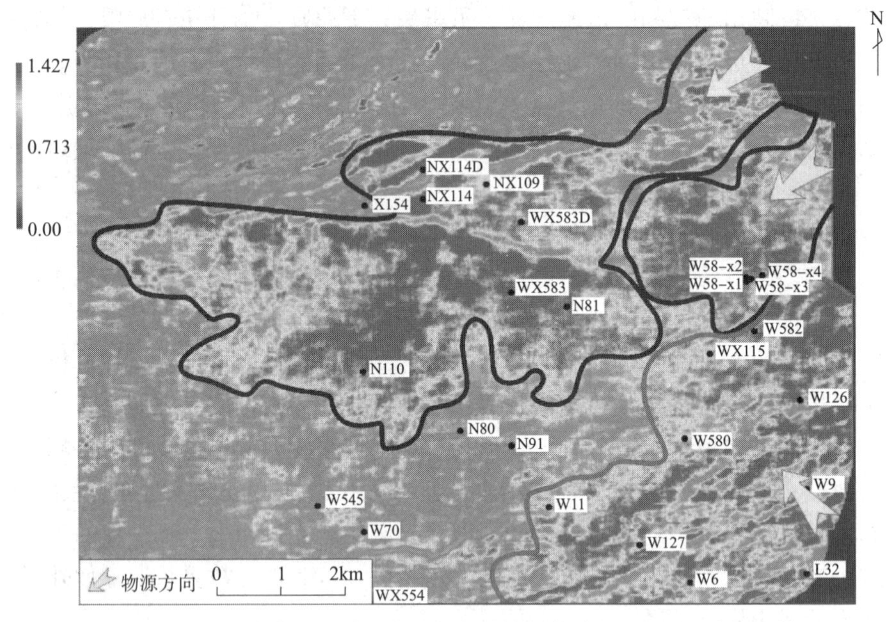

图8－26　渤海湾盆地东营凹陷砂四段储层多属性最佳优化结果(据陆永潮等，2008)

2)90°相位转换

波形和测量振幅是地震相位谱的函数。标准的地震处理通常把零相位的地震数据体作为提供给解释者的最终结果。零相位数据体在地震解释中具有很多优点，包括子波的对称性、最大振幅与反射界面一致以及较高的分辨率等。但是只有海底、主要不整合面、厚层块状砂岩顶面等单一反射界面得到的地震反射零相位数据才具有这些优点。而且，零相位地震数据中，波峰、波谷对应地层界面，岩性地层与地震相位间不存在必然的关系，要建立地震数据和岩性测井曲线间的联系很困难，尤其是在许多薄地层互层的情况下。90°相位转换的方法通过将地震相位旋转90°将反射波主瓣提到薄层中心，以此来克服了零相位波的缺点。地震反射相对于砂岩层对称而不是相对于地层顶底界面对称，这使得地震反射的同相轴与地质上的岩层对应，地震相位也就具有了岩性地层意义。这样地震相位在一个波长的厚度范围内与岩性唯一对应。Zeng和Backus(2005a、2005b)以美国Starfak油田新近系地震剖面为例，指出在零相位地震数据体中砂体与地震同相轴之间没有直接的对应关系，地震极性和振幅既不能很好地指示岩性，又不是岩相位置和形态的可信参考点，因此标准的零相位地震数据不适合做薄层岩性解释[图 8－27(a)]。采用 90°相位子波处理的地震数据就可以克服零相位子波数据的不足，当地震响应的主瓣(最大振幅)经过移动与薄层砂岩中心相对应时，主要的地震同相轴与地质上限定的砂岩层对应，解释工作(特别是地层切片解释)就变得更加准确和相对容易。图 8－27(b)所示的地震剖面是零相位地震数据经 90°相位调整之后形成的，在重新处理的地震剖面中，几乎所有井的砂岩层都对应于地震波谷。

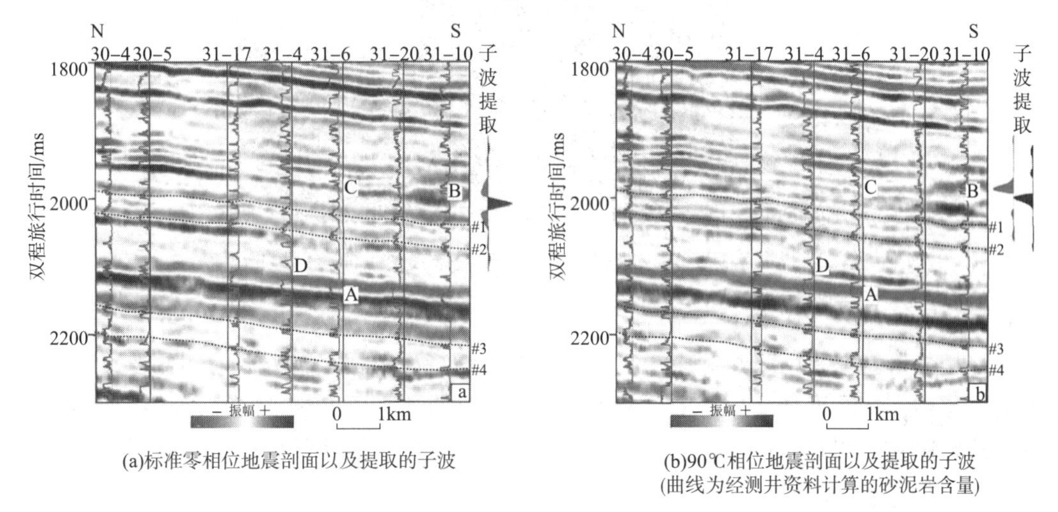

(a)标准零相位地震剖面以及提取的子波

(b)90℃相位地震剖面以及提取的子波
(曲线为经测井资料计算的砂泥岩含量)

图 8－27　美国 Starfak 油田新近系地震剖面 90°相位调整(据朱筱敏，2019；Zeng 和 Backus，2005)

3)分频解释与时频分析技术

研究表明，低频地震资料中的反射同相轴更多地反映岩性界面信息，而高频资料中的同相轴更多地反映时间界面信息。基于这一认识，采用分频解释的方法，针对不同的地质目的使用不同频段的地震数据。地震沉积学中使用的分频解释是基于地震资料的频率成分控制了地震反射同相轴的倾角和内部反射结构这一原理。一般而言，地震子波的频率越高，相应的地震资料与测井信息就吻合得越好，这就是分频解释的基本依据。因此，运用分频解释技术是地震沉积学对地震频率控制同相轴倾角和内部反射结构这一认识的一个反映。但是，地震资料中连续的频率变化本身蕴含了丰富的地质信息，不同级别的地质层序体对应着地震剖面上的不同频率特征，仅采用分频解释方法还不能将这类信息充分利用起来，而时频分析方法恰好弥补了这一缺陷。时频分析即频率时间扫描，它通过快速傅里叶变换将时间域的地震记录转化到频率域，利用时频分析技术按不同频率进行扫描分析可以识别出由大到小的各级层序体，从而得到一些地震剖面上没有的信息。由于纵向上频率变化的方向性代表了岩性粗细的变化，所以时频分析不但可以用于地层层序解释，还可以用于划分沉积旋回和推断水体变化规律及沉积环境变化。因此在地震沉积学的研究中，分频解释与时频分析技术应结合起来使用。

从哈萨克斯坦某区块的曲流河沉积例子可以看到(图 8－28)，在泛滥平原广泛发育的情况下，曲流河河道砂体厚度变化大，河道迁移速度快，多期河道相互叠致，在常规地震属性上很难准确识别，而通过分频解释得到的振幅谱可以识别地层的时间厚度变化，检测地质体横向上的非连续性。通过分频解释，在特定频率的振幅图上，可以较好地刻画出河道砂体的展布情况。

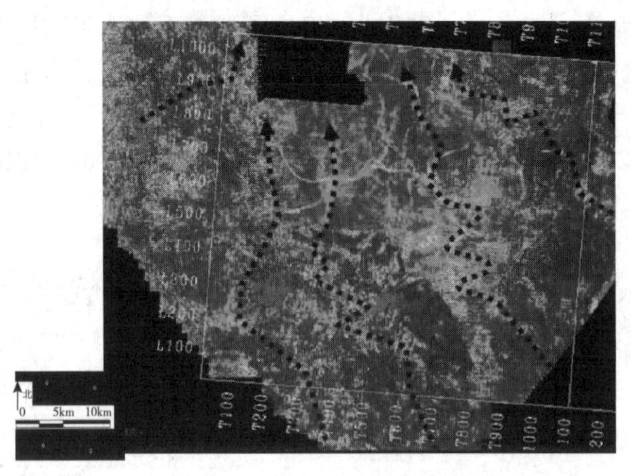

图8-28　哈萨克斯坦某区块22Hz分频振幅图上曲流河道的反映

3. 测井相分析

测井相分析就是利用测井响应的定性方面的曲线特征以及定量方面的测井参数值来描述地层的沉积相，实际确定沉积相中还有赖于地层倾角测井、自然伽马能谱等多方面的资料。测井系统愈完善，测井质量愈好，测井相图反映实际地层沉积相的程度也就愈好。

1)"测井相"概念

测井相是由法国地质学家O. Serra于1979年提出来的，目的在于利用测井资料(即数据集)来评价或解释沉积相。他认为测井相是"表征地层特征，并且可以使该地层与其他地层区别开来的一组测井响应特征集"。事实上，这是一个n维数据向量空间，每一个向量代表一个深度采样点上的几种测井方法的测量值，如自然伽马(GR)、自然电位(SP)、井径(CAL)、声波时差(AC)、密度(DEN)、补偿中子(CNL)、微球型聚焦电阻率(RXO)、中感应电阻率(RIM)、深感应电阻率(RID)这样一个9维向量就是一个常用的测井测量向量。目前已建立岩石成分、结构、构造和流体含量四个主要方面与测井响应之间的关系，测井反映的相对重要性见表8-8(重要程度随级别增加而减小)。

表8-8　对于用四种主要地质参数识别相的测井响应重要性比较(据王贵文，1984)

测井方法	代号	反映四种地质参数重要性比较(分1~4级)			
		矿物学	结构	构造	流体
电阻率	RT	4	3	3	1
自然电位	SP	2	2	2	1
自然伽马	GR	2	2	2	4
自然伽马能谱	NGS	1	4	4	3
补偿中子	CNL	4	2	4	1
体积密度	LDT	1	2	4	1
光电俘获截面	LDT	1	4	4	4
声波传播时间	BHC	2	1	4	2
声波衰减	WF	4	2	2	1
井径	CAL	3	3	4	4
温度计	HRT	3	4	4	2
高分辨率地层倾角	HDT	2	2	1	4

(1)成分。

大多数沉积物的矿物成分仅限于少数几种矿物，应用一组反映岩性与孔隙度的测井曲线就可以确定其矿物成分和孔隙的相对体积。典型的测井方法包括 LDT(岩性密度)、DEN(补偿地层密度)、CNL(补偿中子)、BHC(井眼补偿声波)和 GR(自然伽马)，还可通过自然伽马能谱方法的应用，可以提高确定黏土类型的能力。

(2)结构。

岩石的结构包括粒度、分选、粒度分布、骨架、胶结物等内容，它直接控制如孔隙度、渗透率和曲折度这样一些性质。各种测井响应和地层的同一物理特征之间存在着密切关系，例如，粒度的变化在曲线上显示斜坡，它常在每个旋回的开始和末尾有突然的变化。

(3)构造。

沉积单元构造(沉积构造)是通过该单元的几何形状、厚度、成层的程度等来了解的，许多沉积构造是通过高分辨率地层倾角测井来认识，GEODIT 和 STRATADIP 程序处理的 1/40 或更小比例尺的图上可提供分层厚度，层理发育程度、古水流沉积方向等很准确的信息。

(4)从测井相到地质相。

如果层段的划分合适，而且每个层段都有其特征，那么，测井相就可以和建立在岩芯剖面基础上的地质相联系起来。其他的测井相就可以通过已知的测井相进行归类判别。必须提到的是测井相具有多解性，他只有排除各种非地质影响因素，并在特定的地质条件下，才能合理地识别归类。

2)测井曲线形态学特征参数分析

1975 年，艾伦(D R Allen)首先将自然电位(SP)测井曲线与短电位电阻率测井曲线组合在一起，提出了五种测井曲线组合形态的基本类型：①顶部或底部渐变型；②顶部和底部突变型；③振荡形；④块状组合型；⑤互层组合型(图 8－29)。实践证明，不同沉积环境常常具有不同的测井曲线形态特征，如果预先掌握了测井曲线的形态与砂岩体沉积层序特征之间的关系，就可以利用该关系来对新获得的测井曲线作出正确的地质解释。

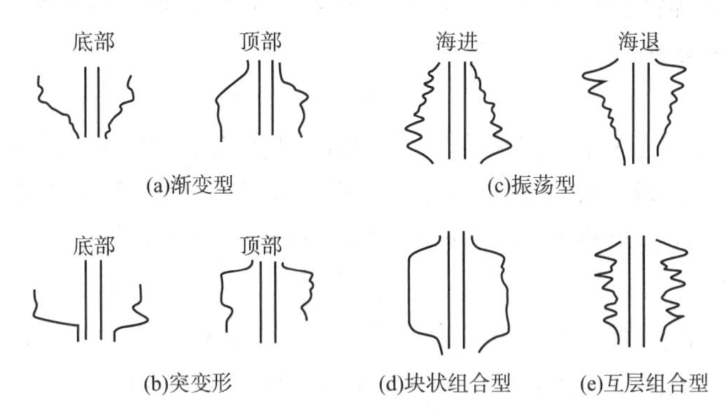

图 8－29　自然电位与电阻率测井曲线组合形态反映沉积环境的五种基本类型

通常，上述五种基本的曲线形态是由以下三种主要环境因素决定的：①顶部或底部渐变型；②搬运能量的变化；③沉积物源供应的变化。可能导致这些物理因素变化的条件是：盆地或大陆架的上升或下沉；海平面的变化；气候条件；河流水道遇阻而迁移等等。测井曲线形态分析的基本内容。

(1)幅度。

受地层岩性、厚度、流体性质等控制，可以反映出沉积物的粒度、分选性及泥质含量等沉积特征的变化，一般，颗粒粗、渗透性好的是高能环境中的产物。对油层条件，具有高的电阻率、高的自然电位异常和低的自然伽马等曲线特征，反映强水流；反之、为低幅度弱水流特征。

(2)形态。

可以分单层形态和复合形态。

①单层形态

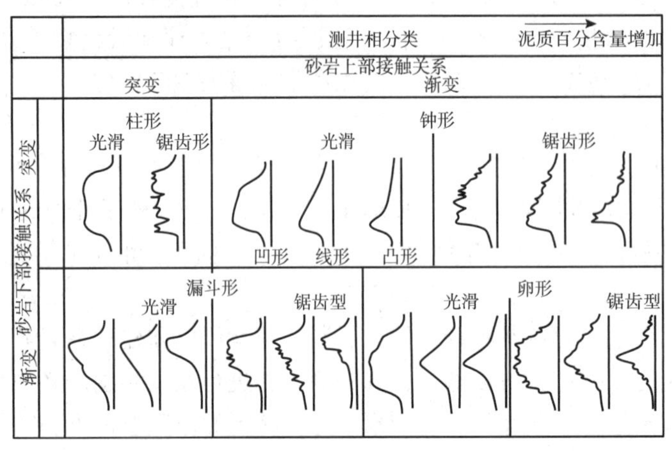

图 8－30　根据自然电位(或自然伽马)测井曲线形态状所作的测井相分类

系指单个砂层的测井曲线外形，可以进一步分出如图 8－30 的几种类型：柱形(筒形)。反映的是沉积过程中物源供应丰富和水动力条件稳定快速堆积的结果，如风成沙丘、三角洲分流河道等沉积环境。钟形(bell shape)，测井曲线幅度下部最大，往上越来越小，是水流能量逐渐减弱和物源供应越来越少的表现，垂向上是正粒序最直接的反映，如点沙坝沉积。漏斗形(funel shape)，与钟形相反，垂向上是反粒序水退层系，水流量逐渐增强和物源供应越来越丰富的环境，如分流河口沉积。

②复合形态。

为单层形态的复合，表示从一种环境到另一种环境的演变，如图 8－30 中的卵形显然就是由下部漏斗形和上部钟形组合而成。各种形态又可分光滑和锯齿两类，也可以根据曲线延伸的凹凸微起伏进一步细分。

(3)接触关系。

顶、底接触关系反映砂体沉积末期、初期水动力能量及物源供应的变化速度，有渐变和突变两类(图 8－30)，渐变分加速、直线、减速(延迟)三种，反映在曲线形态上呈凹形、直线和凸形。突变往往表示冲刷(底部突变)或物源中断(顶部突变)。

(4)曲线光滑程度。

属于曲线形态的次一级变化，可分为光滑、微齿、齿化三级。光滑代表物源丰富，水动力作用强；齿化则代表间歇性沉积的叠积，如冲积扇和辫状河道沉积。

(5)次一级齿的中线。

当齿的形态一致时，齿的中线平行反映能量变化的周期性，分为水平平行、上倾和下倾平行三类。当齿形不一致时齿中线相交，分为内、外两种收敛，各反映不同的沉积特征。

从测井曲线中可辨认的各种理论沉积模式大致可归纳下述几种，结合艾伦(1975)曲线基本类型和形态要素，针对沉积学研究中整个沉积层序呈旋回分布的颗粒大小、岩矿成分在测井曲线上的不同反映各类沉积环境的曲线组合特征及主要相标志归结于图 8－31。

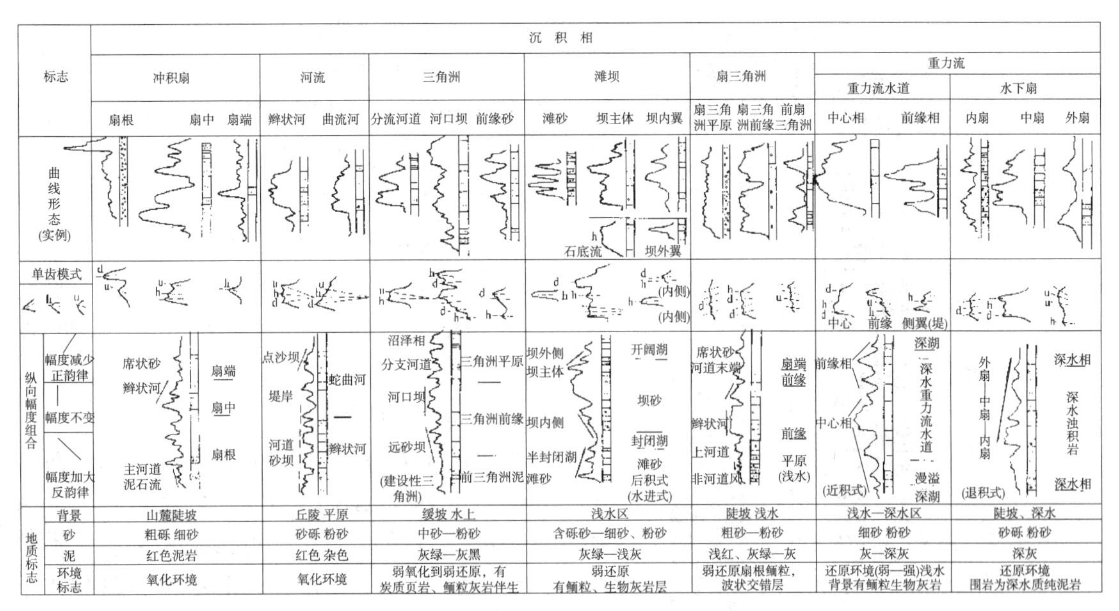

图 8－31　各种沉积环境的自然电位测井曲线形态组合图

二、相分析与编图

沉积相在时间上和空间上发展变化的有序性称为“相序递变”。沃尔索(Walther，1894)曾经指出：“只有那些没有间断的、现在能看到的相互邻接的相和相区，才能重叠在一起。”换句话说，只有在横向上成因相近且紧密相邻而发育着的相，才能在垂向上依次叠覆出现而没有间断。这就是通常所说的相序连续性原理或相序递变规律，有人也称沃尔索相律。这是相分析的基础。然而，相在垂向上的连续性受构造升降、海平面变化和沉积物供给等因素的控制，因而在多数情况下不是连续的，而是间断的(punctuated)。相分析遵循由点到线再到面的技术路线，即进行单井、连井到平面相分析和研究。

(一) 单剖面相分析

单剖面相分析就是通过对沉积剖面(露头或钻井剖面)相标志的研究，确定相类型及其垂向上变化。它是油区沉积相研究的基础，其步骤方法如下所述。

1. 确定等时单元

首先要确定等时单元，目前最先进的方法是利用层序地层学方法建立等时格架，包括三级层序、四级体系域、五级准层序组和六级准层序，进而在此格架内进行相分析和编图(图)。

2. 垂向相分析

1) 划相精度

随着油气勘探与开发工作的发展，划相的精度要求越来越高。当前研究的重点是三级相(微相)甚至四级相(岩石相)，并进一步研究砂岩体内因沉积条件的不同而引起的非均质性变化。例如，在三角洲相中，并不是整个体系都是生油和储油的有利地区，只有与相对较静的水体环境有关联的部位(如前三角洲泥质沉积区)才可能成为生油的有利地区；同样，只有与生油区相距不远的砂质沉积发育部分(如三角洲分流河道和三角洲前缘砂)才是最有利的储油部位。又如，在一个二级相(如河流相)内，河流各部位形态的不同、水流速度的季

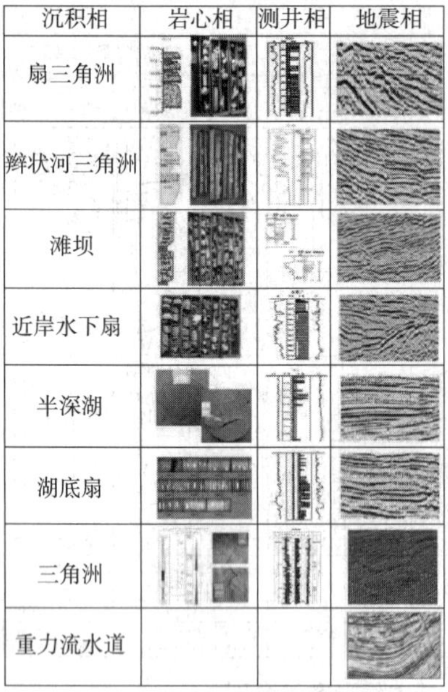

沉积相	岩心相	测井相	地震相
扇三角洲			
辫状河三角洲			
滩坝			
近岸水下扇			
半深湖			
湖底扇			
三角洲			
重力流水道			

图 8－32 沉积相类型图版示例

节性变化、沉积物供给的差异性等原因，往往造成不同部位形成不同形态和不同结构特征的三级相砂岩体(边滩或心滩等)，这些砂体的分布和变化都与油气开发关系很密切。

2)相类型的确定

首先要综合各种相标志，在油区充分利用岩芯、测录井和地震资料，对相类型进行综合判断，建立相类型图版，作为工区相类型确定的标准(图 8－32)。

3)相类型的垂向转变

要利用沃尔索相律和层序地层学的原理对垂向上相的组合和变化作出判断。另外，为了克服相分析中的主观随意性，一些沉积学家倡导了数学统计相分析法。该部分的成果图件是单井或单剖面相分析图(图 8－33)。

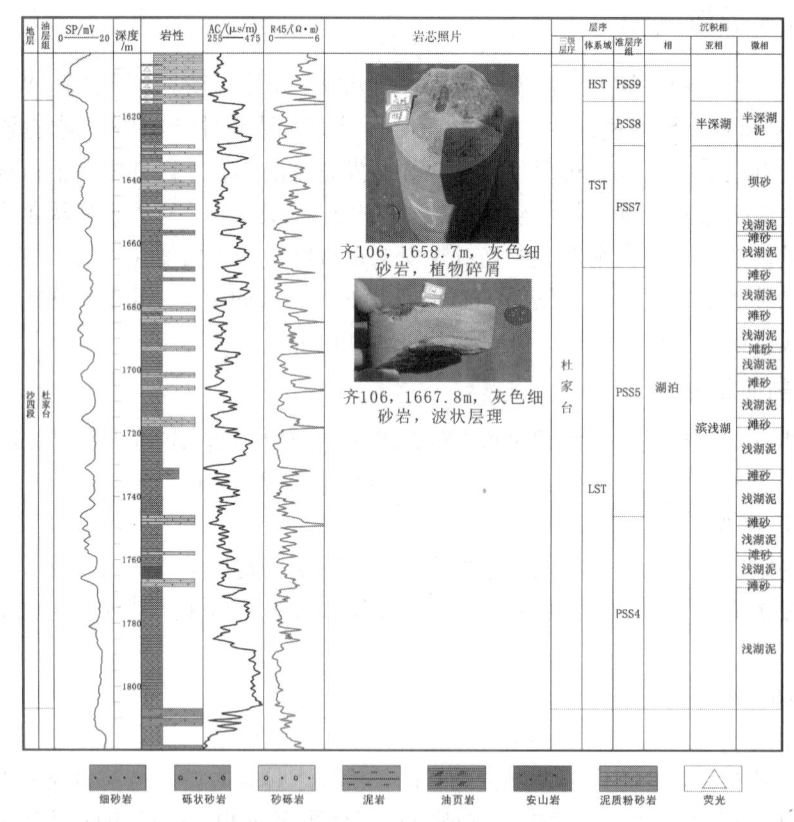

图 8－33 辽河西部凹陷齐 106 井古近系层序地层及沉积相分析图

(二)剖面对比相分析

剖面对比相分析的目的就是要搞清单剖面(井)之间相或储层的横向变化(图 8－34)。地震横向预测和数学地质方法已用于井间预测中。

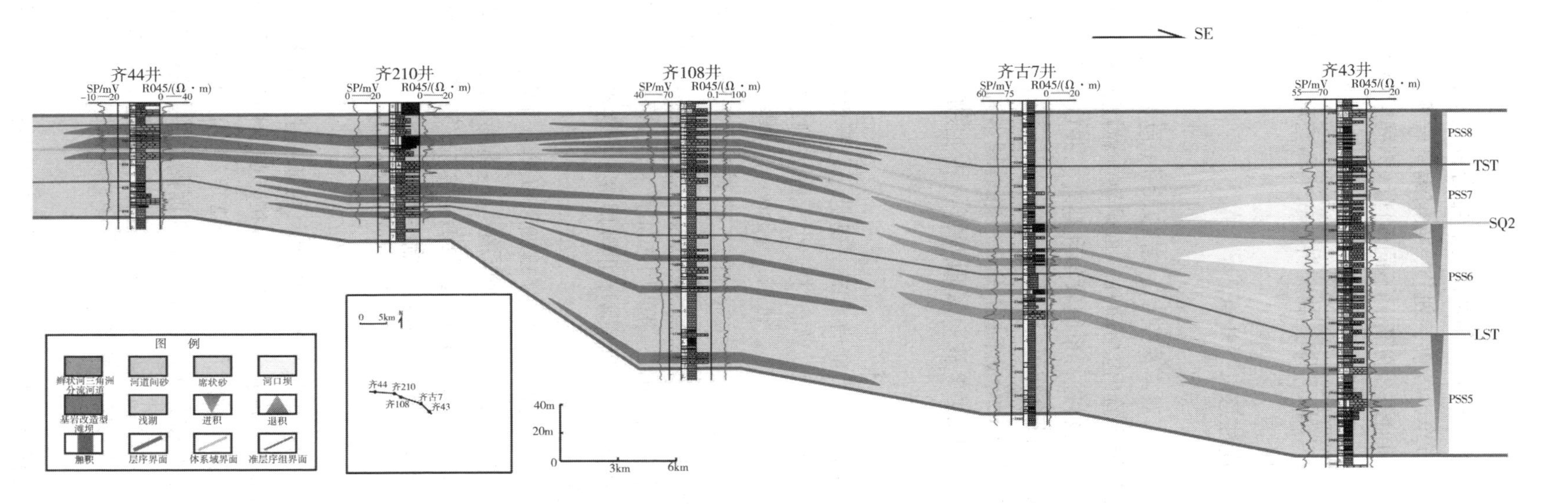

图8-34　连井剖面沉积相图示例

(三)平面相分析

平面相分析是在相标志、剖面相分析的基础上，结合古地理条件分析和有关岩相古地理平面图件，对相在平面上的分布作出分析、划分。如何编制岩相古地理图，要收集和整理哪些资料，先作哪些基础图件，如何进行分析，不同地区、不同层段以及不同的沉积相也不尽相同。这里仍以碎屑沉积盆地岩相古地理图的编制为重点加以说明。

编图程序大致经过三个基本阶段，即基础资料的收集和整理、主要基础图件的编制和分析、岩相古地理图的编制和使用。

在编制岩相古地理图时，应注意以下几点。

1. 基础资料的收集和整理

在地层划分和对比的基础上，对露头剖面、岩芯录井(包括取芯及井壁取芯)、岩屑录井、古生物及古生态鉴定、分析化验(包括薄片、重矿物、粒度分析、地球化学指标、油气水分析等)、测井及物探等方面资料进行系统收集和整理，并认真审查与核对，注意准确性与代表性，以保证编图基础资料的真实可靠。

整理原始资料，一般先建立相分析剖面和岩相古地理卡片，再逐剖面或井进行分项统计，如砂岩类型、重矿物、粒度参数、层理特征、古生物、泥岩颜色和地球化学指标等。

2. 制图单位的划分和比例尺的选择

制图单位的划分和比例尺的选择目前尚无统一规定，主要根据研究课题的需要、资料的丰富程度和地质条件的复杂情况而决定。大、中、小三种比例尺的一般划分是：

(1)小比例尺岩相古地理图：比例尺一般小于1/300万，甚至在1/1000万以下，这种图件是全国或大区域性的，是在大地构造单元划分的基础上进行编制的。制图单位的时间间隔为代或纪(级层序)，此类图件可以作为大区域油气普查预测的基础图件。

(2)中比例尺岩相古地理图：比例尺一般为1/300万~1/50万，此类图件包括范围较小，一般为一个沉积盆地。制图单位间隔为世或期(Ⅱ级层序)，这类图件可以指明进一步勘探方向，提供岩性、岩相方面的依据。

(3)大比例尺岩相古地理图：比例尺一般为1/50万以上，通常是为盆地内某一凹陷地区的深入勘探而编制的。制图单位为段、亚段或砂层组(m~Ⅳ级层序)。油气勘探开发的中后期，编图比例尺为1/10万、1/5万、1/2.5万，甚至1/1万、1/5000、1/2500。

总之，沉积剖面或钻孔越多，资料越丰富，制图比例尺可以越大。制图单位分得越详细，图件的精度也越高。

3. 主要图件

在资料收集和整理、确定制图单位和选好比例尺的基础上，先要编制各种类型基础图件，以反映盆地的各种沉积特征，并进行沉积条件分析。编制何类及多少基础图件，视研究课题及资料丰富程度而定。以油气勘探为目的时，经常要编制以下一些基础图件：层序地层和沉积相综合柱状剖面图、单井相分析图、相对比剖面图(井—震标定)、地层厚度图、砂岩厚度图、砂岩百分比图、泥岩颜色图、重矿物图、岩石类型图、有机碳等值线图、还原硫等值线图、三价铁和二价铁等值线图、锶钡比值图、化石分布图、测井相和地震相图、砂体几何形态图、沉积相图。

定量沉积相编图的原则是充分考虑砂岩百分含量、构造带位置、体系域类型和形成机制

(表8-9)。这一方法可概括为：以取芯井段和单井沉积相分析为立足点，以连井沉积相分析为桥梁，以砂岩百分含量、地层厚度、泥岩颜色为依据，由点到线，由线到面，定量编制沉积体相平面分布图，进而查明有利砂体的展布位置。

表8-9 定量沉积相平面分布划分标准

沉积相类型	砂岩百分含量/%	砾岩百分含量/%	构造带位置	水深环境	体系域类型	形成机制
近岸水下扇	50~100	40~100	陡坡带	浪基面以下	湖侵体系域、高位体系域	洪水重力流
扇三角洲	20~80	20~100	陡坡带	陆上—浪基面	低位体系域	重力流—牵引流
湖底扇	10~50	>0~20	洼陷带	深湖	各体系域	洪水重力流、滑塌重力流
三角洲	10~60	>5	缓坡带	陆上—浪基面	各体系域	牵引流
砂质滩坝	10~50	0	缓坡带及洼陷外带	浪基面以上	各体系域	沿岸流、湖流动荡水体
碳酸盐颗粒滩	碳酸盐颗粒>10	0	洼陷外带	浪基面以上	湖侵体系域	较动荡水体
正常滨浅湖	<20	0	洼陷外带	浪基面以上	各体系域	较动荡水体
正常深湖	<10	0	洼陷内带	风暴浪基面以下	各体系域	安静水体
风暴沉积	风暴沉积层>10		洼陷外带	风暴浪基面以上	湖侵体系域、高位体系域	动荡水体

4. 沉积中心和沉降中心的确定

泥岩厚度能够反映盆地的沉积中心，地层厚度能够反映盆地的沉降中心。

在泥岩厚度等值线图上(图8-35)有三个很明显的泥岩厚度的高值处，把其定为盆地的沉积中心。

在地层厚度等值线图上(图8-36)，有两个地层厚度的高值处，把其定为盆地的沉降中心

对比沉降中心和沉积中心可以看出，二者虽然并不完全一致，但是差别并不大。

5. 沉积相带的划分

沉积相带划分要根据砂岩百分含量(图8-37)、泥岩颜色分区(图8-38)以及盆地地貌综合考虑。盆地北陡南缓，C22井主体为近岸水下扇，而且在北部泥岩颜色为棕褐色(页岩)、灰色、灰黑色，反映了强还原的环境，因此在北部主要为深湖相。在盆地南部地形较缓；C28井为三角洲沉积，泥岩颜色为红色、杂色和灰绿色，反映了氧化和弱氧化—弱还原的环境，因此南部为滨浅湖相。

正常深湖砂岩百分含量小于10%，而正常滨浅湖砂岩百分含量在10%~20%，这样就可以在砂岩百分等值线图上找到10%这条等值线，在南坡大于10%的区域就为滨浅湖，而10%以北的区域就为深湖。

滨岸、浅湖、深湖泥岩颜色有很大不同，在泥岩颜色分区图上就可以找到这三者之间的界限。滨岸泥岩颜色为棕褐色和杂色；浅湖泥岩颜色为灰绿色；深湖泥岩颜色为深灰一灰黑色。

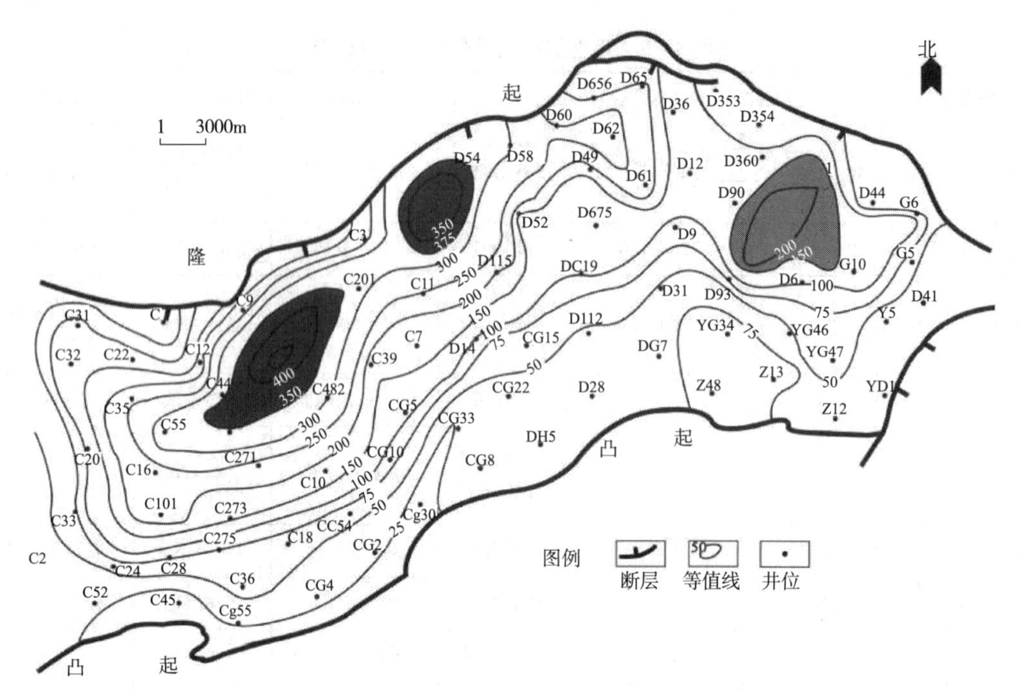

图 8－35 泥岩厚度等值线图与沉积中心(涂黑部分)

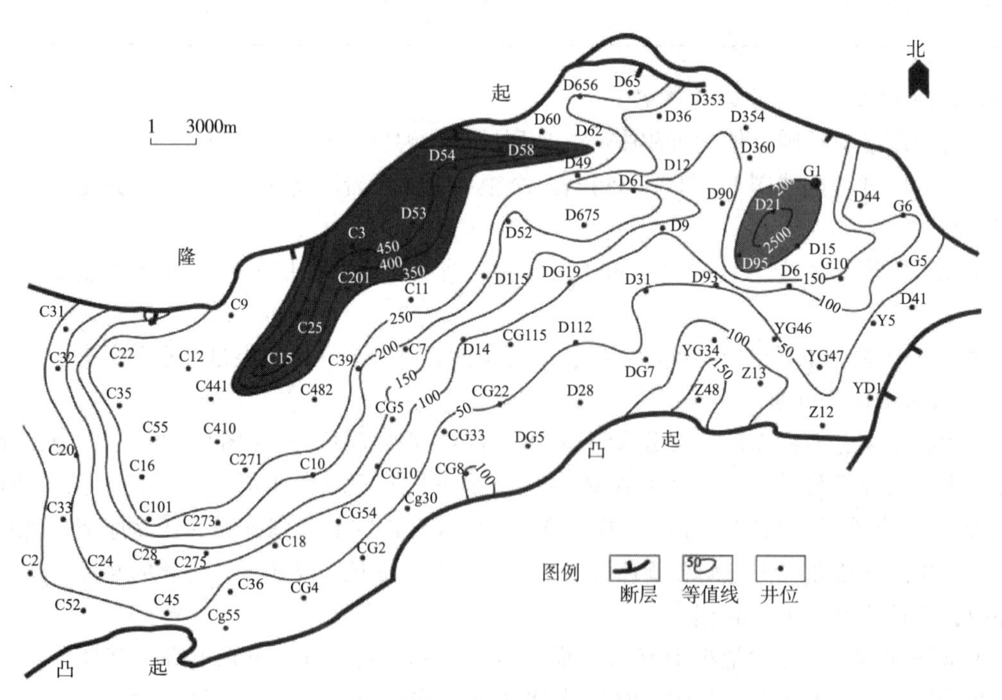

图 8－36 地层厚度等值线图与沉降中心(涂黑部分)

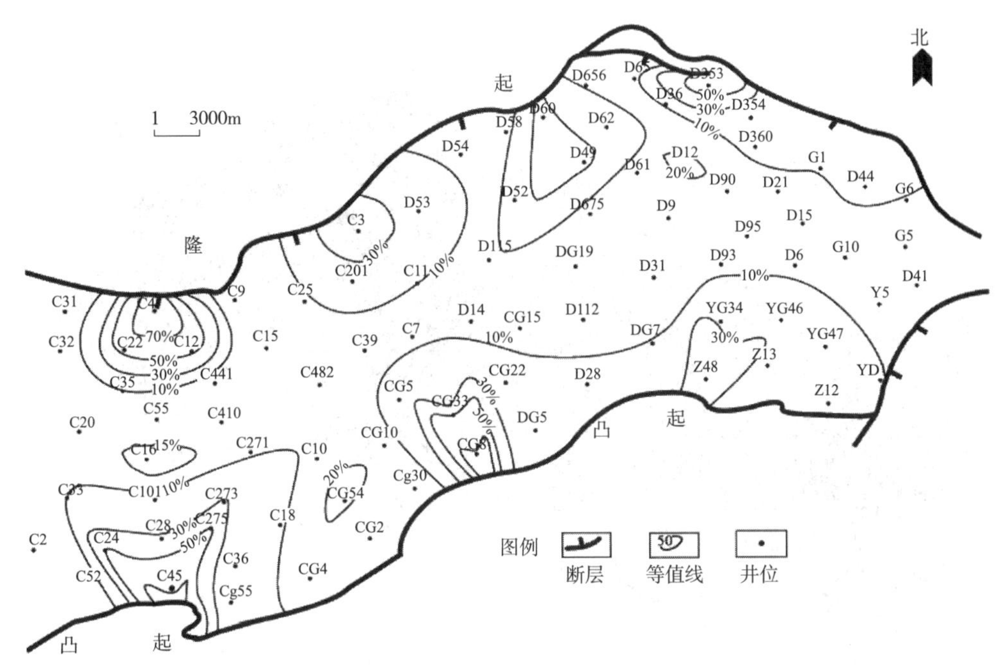

图 8－37　砂岩百分含量等值线图

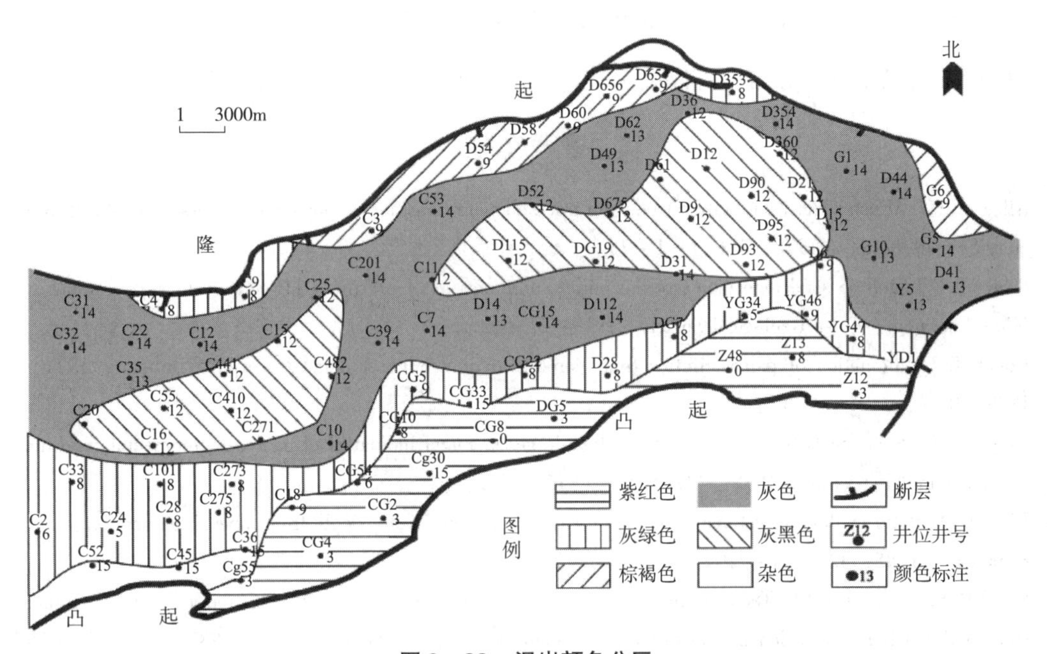

图 8－38　泥岩颜色分区

6. 平面沉积相的划分

以上述各图叠合绘制平面沉积相划分图(图 8－39)。在北部靠近断层的地方发育近岸水下扇，砂岩百分含量为 2% ~70%；在湖盆洼陷区发育滑塌浊积扇，砂岩百分含量为 15% ~25%；在南坡主要发育三角洲相，砂岩百分含量为 20% ~60%；在滨浅湖区发育滩坝相，砂岩百分含量为 2% ~30%。

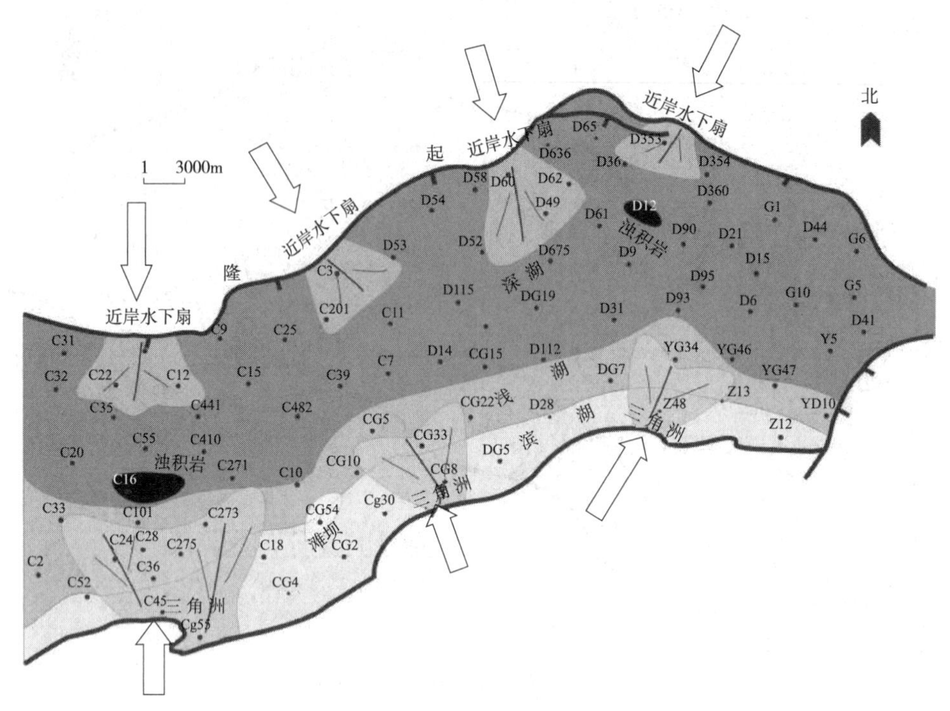

图8-39 平面沉积相图

根据平面沉积体系分布，可以确定其物源主要来自北部隆起和南部凸起区。

参考文献

[1]Allègre C J, Minster J F. Quantitative models of trace element behavior in magmatic processes[J]. Earth & Planetary Science Letters, 1978, 38(1): 1-25.

[2]Brown L F J. Deltaic sandstone facies of the mid-continent[M]// Hyne N J. Pennsylvanian sandstones of the Mid-Continent, Tulsa Geological Society, 1979: 35-63.

[3]Couch E I. Calculation of paleosalinities from boron and clay mineral data[J]. AAPG Bulletin, 1971, 55: 1829-1837.

[4]Didyk B M, Simoneit B R T, Brassell S C. Organic geochemical indicators of palaeoenvironmental conditions of sedimentation[J]. Nature, 1978, 272(5650): 216-222.

[5]Diem B. Analytic method for estimating palaeo-wave climate and water depth from wave ripple marks[J]. Sedimentology, 1985, 32: 905-720.

[6]Floyd P A, Leveridge B E. Tectonic environment of the Devonian Gramscatho basin, south Cornwall: framework mode and geochemical evidence from turbiditic sandstones[J]. J Geo Soci, London, 1987, 144: 531-542.

[7]Frederickson A F, Reynolds R C. Geochemical method for determining paleosalinity[J]. Clay Miner., 1960, 8: 203-213.

[8]Keith M L, Weber J N. Carbon and Oxygen Isotopic Composition of Selected Limestones and Fossils[J]. Geochimica et Cosmochimica Acta, 1964, 28: 1786-1816.

[9]Mitchum R M Jr, Vail P R, Thompson S. Seismic stratigraphy and global changes of sea level, Part 2: the depositional sequence as a basic unit for stratigraphic analysis[M]// Payton C E. Seismic stratigraphy-applications to exploration. American Association of Petroleum Geologists Memoir 26, 1977: 53-62.

[10]Nelson B W. Sedimentary phosphate method for estimating paleosalinities[J]. Science, 1967, 158: 917-920.

[11]Nichols G. Sedimentology and Stratigraphy, second Edition[M]. UK: Wiley - Blackwell, John Wiley & Sons Ltd, 2009.
[12]Powell T G. Pristane/phytane ratio as environmental indicator[J]. Nature, 1988, 333(6174): p. 604 - 604.
[13]Shackleton N J. Attainment of isotopic equilibrium between ocean water and benthonic foraminifera genus Uvigerina: isotopic changes in the ocean during the last glacial[M]// Les méthodes quantitatives d' étude des variations du climat au cours du Pleistocène, Gif - sur - Yvette Colloque international du CNRS 219, 1974: 203 - 210.
[14]Tucker M E. Sedimentary petrology[M]. London: Blackwell Scientific Publications, 2001.
[15] Wright J. Paletedox variations in ancient oceans recorded by rare earth elements in fossil apatite [J]. Geochim. Cosmochim. Acta, 1987, 51: 631.
[16]Zeng H, Backus M M. Interpretive advantages of 90° - phase wavelets: Part 2—seismic applications advantages of 90° - phase Wavelets: Part 2[J]. Geophysics, 2005, 70: 17 - 24.
[17]Zeng H, Backus M M. Interpretive advantages of 90 - phase wavelets: Part 1—Modeling Geophysics[J], 2005, 70: 7 - 15.
[18]龚福秀．活动古地理重建模拟系统研发[D]．北京：中国地质大学(北京)，2009.
[19]胡斌，王冠忠，等．痕迹学理论与应用[M]．徐州：中国矿业大学出版社，1997..
[20]姜在兴等．风场—物源—盆地沉积动力学：沉积体系成因解与预测新方法[M]．北京：科学出版社，2016.
[21]黎彤．海相沉积型菱铁矿矿床的成矿地球化学[J]．地质与勘探，1979，1：1 - 8.
[22]刘宝珺，曾允孚．岩相古地理基础和工作方法[M]．北京：地质出版社，1985.
[23]陆永潮，杜学斌，陈平，等．油气精细勘探的主要方法体系—地震沉积学研究[J]．石油实验地质，2008，1：1 - 5.
[24]梅水泉．岩石化学在湖南前震旦系沉积环境及铀来源研究中的应用[J]．湖南地质，1988，3：25 - 31，49.
[25]王世虎，焦养泉，吴立群．鄂尔多斯盆地西北部延长组中下部古物源与沉积体空间配置[J]．地球科学 - 中国地质大学学报，2007，2：201 - 208.
[26]严兆彬，郭福生，潘家永．碳酸盐岩 C，O，Sr 同位素组成在古气候、古海洋环境研究中的应用[J]．地质找矿论丛，2005.，20(1)：53 - 65.
[27]严兆彬，郭福生，潘家永，等．碳酸盐岩 C，O，Sr 同位素组成在古气候、古海洋环境研究中的应用[J]．地质找矿论丛，2005，1：53 - 56，65.
[28]朱筱敏，董艳蕾，曾洪流，等．沉积地质学发展新航程—地震沉积学[J]．古地理学报，2019，21(2)：189 - 201.

第三部分
沉积物工厂——内源沉积岩

第九章　内源沉积作用概述

陆源物质中的化学溶解物质通过河流被输送到海洋(湖泊)中，但海水并不是河水简单的浓缩(表9-1)，这是因为海水的化学成分除了来自河水带来之外，还有来自海水本身及沉积物与水的化学和生物化学分馏矿物反应、海水埋藏后的孔隙水变化、热液活动等。这些化学溶解物质的搬运与沉积作用包括复杂的化学、生物、生物化学等过程。

第一节　化学搬运与沉积作用

溶解物质可以呈胶体溶液或真溶液被搬运，这与物质的溶解度有关。Al、Fe、Mn、Si的氧化物难溶于水，常呈胶体溶液搬运；而Ca、Na、Mg、K的盐类则常呈真溶液搬运(图9-1)。

表9-1　海水与河水平均化学成分对比(据Leeder，2011)

离子	海水中离子浓度/(mol/kg)	海水中离子浓度丰度顺序	河水中离子浓度/(mol/kg)	河水中离子浓度丰度顺序	无循环盐类或污染物的河流净通量/(10^{12}mol/a)	海水/河水
Na^+	0.47	2	2.7×10^{-4}	4	5.91	1740
K^+	1×10^{-2}	5	5.9×10^{-5}	7	1.17	170
Ga^{2+}	1×10^{-2}	5	3.8×10^{-4}	2	12.36	26
Mg^{2+}	5.4×10^{-2}	3	1.7×10^{-4}	3	4.85	318
Cl^-	0.55	1	2.2×10^{-4}	4	3.27	2500
SO_4^{2-}	3.8×10^{-2}	4	1.2×10^{-4}	6	3.07	317
HCO_3^-	1.8×10^{-2}	6	9.6×10^{-4}	1	32.09	1.9
pH值	7.9		约为7			
离子强度	0.65		0.002			

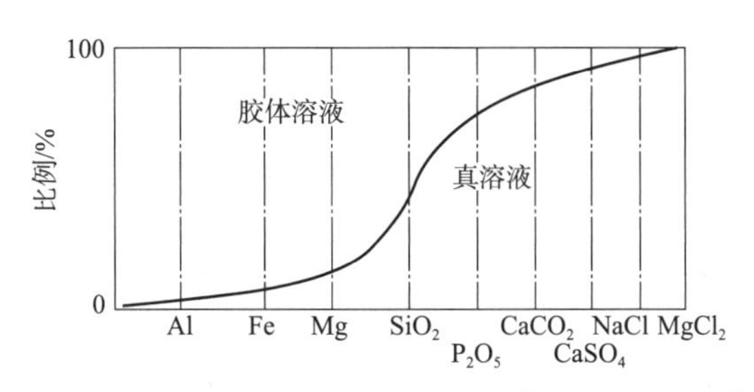

图9－1　自然界中胶体溶液与真溶液的分布情况(据曾允孚等，1986)

一、胶体溶液的搬运与沉积

低溶解度的金属氧化物、氢氧化物和硫化物常呈胶体溶液被搬运。胶体溶液的性质介于粗分散系(悬浮液)和离子分散系(真溶液)之间；胶体粒子直径介于1～100μm之间，在普通显微镜下不能识别。沉积岩中常见的胶体化合物见表9－2。

表9－2　自然界常见的正负胶体(据曾允孚等，1986)

正胶体	负胶体
$Al(OH)_3$、$Fe(OH)_3$	PbS、CuS、CdS、As_2S_3、Sb_2S等硫化物
$Cr(OH)_3$、$Ti(OH)_4$	S、Au、Ag、Pt
CeOH、$Cd(OH)_2$	黏土质胶体、腐殖质胶体
$CuCO_3$、$MgCO_3$	SiO_2、SnO_2
CaF_2	MnO_2、V_2O_5

胶体溶液与悬浮液或真溶液比较有如下一些特点：胶体粒子因细小而受重力影响极微弱；扩散能力也很弱；表面带有电荷，可分为正胶体和负胶体两类(表9－2)；天然胶体普遍具有吸附现象，这对某些有用元素的富集很有意义，如黏土质负胶体可吸附K、Rb、C、Pt、An、Ag、V等，SiO_2负胶体能吸附放射性元素，MnO_2负胶体可吸附Co、N、Cu、Zn、Hg、Li、Ti等，氢氧化铁正胶体可吸附PO_4^{3-}、VO_4^{3-}、AsO_4^{3-}、SO_4^{2-}等，腐殖质胶体的吸附现象则更广泛。

由于下列因素，胶体就稳定，溶解物质就可呈胶体溶液搬运：

(1)布朗运动的存在可抗衡重力作用，不使胶粒下沉；

(2)具有相同符号的电荷，因排斥力而避免胶粒相碰聚集成较大的粒子；

(3)由于扩散层和双电层中反离子和溶剂的亲和作用，形成一层溶剂化膜，可缓冲和阻碍粒子的碰撞。

当条件发生变化使胶体溶液失去稳定性时，胶粒就会凝聚成较大粒子，进一步凝聚成絮状物，因重力作用而下沉，称作凝聚(胶凝)作用或聚沉作用。

促使胶体凝聚和沉积的因素主要有：

(1)带有相反电荷的两种胶体相遇，因电荷中和而发生凝聚，物理化学中称“相互聚沉”。例如，带正电荷的氢氧化铁胶体与带负电荷的二氧化硅胶体中和形成含二氧化硅的褐铁矿；三氧化二铝胶体与二氧化硅胶体中和凝聚、晶化成高岭石，其反应式如下：

$$2Al_2O_3 \cdot nH_2O + 4SiO_2 \cdot nH_2O = Al_4(Si_4O_{10})(OH)_8 + nH_2O \quad (9-1)$$

自然界中负胶体多于正胶体，故正胶体易于在搬运早期就中和沉淀，而负胶体常可搬运得更远些，但某些正胶体可在腐殖酸保护下亦可迁移得较远。

(2)电解质作用。加入电解质后可使胶粒表面吸附的带相反电荷的离子中和，从而使扩散层的厚度变薄，即降低了胶粒的电动势，使得胶体失去稳定性而凝聚。海水中含有大量电解质，因此当河流携带的胶体与海水相遇时，就可形成凝胶沉淀，导致三角洲和海岸沉积中常可见到大量黏土和氧化铁等胶体沉积物，有时可聚集成铁、铝、锰等巨大沉积矿床。

(3)蒸发作用促使胶体溶液浓度增大而引起胶体凝聚。其原因一方面是因浓度增大造成胶粒碰撞机会增多，另一方面也增大了原先存在于胶体溶液中的电解质浓度。

(4)穿透能力较强的辐射线可使某些胶体凝聚，如带负电荷的β射线可使正胶体凝聚。其他如剧烈的振荡、大气放电、毛细管作用等也可促使胶体凝聚。

除上述促使胶体凝聚的主要因素外，还有其他影响因素。例如溶液的pH值，高岭石在酸性介质中($pH = 6.6 \sim 6.8$)发生凝聚，而蒙脱石则在碱性介质($pH > 7.8$)中才能凝聚。

pH值的变化对两性胶体影响尤为显著，例如$Al(OH)_3$在酸的作用下有如下反应：

$$Al(OH)_3 + HCl = Al(OH)_2Cl + H_2O \quad (9-2)$$

$$Al(OH)_2Cl = Al(OH)_2^+ + Cl^- \quad (9-3)$$

阳离子$Al(OH)_2{}^+$为$Al(OH)_3$胶核所吸附，形成具阴离子扩散层的胶团。在碱的作用下则反应为：

$$Al(OH)_3 + KOH = KAlO_2 + 2H_2O \quad (9-4)$$

$$KAlO_2 = K^+ + AlO_2^{"} \quad (9-5)$$

阴离子AlO^-为$Al(OH)_3$胶核所吸附，形成具离子扩散层的胶团。

可见，两性胶体所带电荷的性质是随溶液的pH值而异。当pH值大时，带负电荷；当pH值小时，带正电荷。改变溶液的pH值即可改变溶液中$Al(OH)^+$或AlO_2^-的离子浓度，从而改变胶粒所带电荷性质、数量和扩散层厚度，直接影响胶体的电动电势。当pH值与两性体的等电pH值(使两性体呈现中性不带电荷的pH值)相差愈大，其电动势就愈大，扩散层就愈厚，胶体稳定性就愈高而不易凝聚；反之，则胶体不稳定就易于发生凝聚下沉。当pH值等于两性体的等电pH值时，其电动势近于零，扩散层必然趋近于消失。

$Al(OH)_3$两性体的等电pH值为8.1，$Fe(OH)_3$两性体的等电pH值为7.1。因天然水的pH值近于7.0，所以自然界有大量的上述两性胶体存在。

腐殖酸能起护胶体作用，是因为它本身是一种稳定胶体。腐殖酸分子中含有羧基(—COOH)和羟基(—OH)，可电离出H^+，形成带负电荷的胶粒。由于腐殖酸胶粒的水化性很强，在水溶液中可形成很厚的溶剂化膜，因而本身很稳定。当它们包围其他胶粒时，将增加其他胶粒的溶剂化膜厚度，从而增强其稳定性。此外，腐殖酸可以与金属氢氧化物胶体中的某些金属离子以配位键结合成十分稳定的螯合物，这就相当于在氢氧化物胶体周围形成一层保护膜，从而提高了氢氧化物胶体的稳定性和迁移能力。因此，在腐殖酸保护下，铁、铝、锰等氢氧化物胶体在地表水中可被长距离搬运。

此外，当其他条件相同时，胶体凝聚强度随温度的增高而增大。这是由于温度升高会使布朗运动加剧，增加了相互碰撞聚沉的机会。

由胶体凝聚生成的沉积物和岩石具有如下特点：①未脱水硬化的凝胶呈胶状、糊状或冻状，固结成岩后常具贝壳状断口；②胶体沉积颗粒细小，孔隙度较大，因而有较强的吸收性；③由于胶体陈化脱水而常出现收缩裂隙，易敲击成尖棱角状碎块；④一般有微晶、放射状、鲕状、球粒状、扇状集合晶等结构；⑤胶体沉积可以巨厚产出，也可成透镜体、结核产出；⑥由于胶体有较强的离子交换和吸附能力，常吸附有不定量的水分、有机质以及各种金属元素，其化学成分常不固定。

二、真溶液的搬运和沉积

溶解物质中的氯、硫、钙、钠、钾、镁等成分都呈离子状态存在于水中，即呈真溶液搬运；有时，铁、锰、铝和硅也可呈真溶液搬运。

可溶物质的溶解与沉淀主要取决于溶解度，而溶解度的大小又与该物质的溶度积(K_{sp})有关。在一定温度下难溶电解质的饱和溶液中，离子浓度的乘积(相应方次)为一常数，称为难溶电解质的溶度积。当溶液中某物质的离子浓度乘积超过了该物质溶度积时，表明处于过饱和状态，该物质即可沉淀析出；反之，则要溶解。根据溶度积来判断物质的沉淀—溶解平衡移动的原理，称为溶度积规则。例如，硬石膏的溶度积为 6.1×10^{5}，当溶液中的 $K_{Sp}(CaSO_4)=[Ca^{2+}][SO_4^{2-}]>6.1\times10^{-5}$时，就有硬石膏沉淀；小于此值时，加入硬石膏会溶解；若恰相等，则无硬石膏沉淀，加入硬石膏也不溶解。

若一种物质能使两种离子同时沉淀，控制加入该物质的量使一种离子先沉淀，另一种后沉淀的现象称为分步沉淀。例如，设有 Ca^{2+} 和 Sr^{2+} 的混合液，且$[Ca^{2+}]=[Sr^{2+}]=0.1mol$，当逐渐加入 SO_4^{-}时，则将先沉淀出 $SrSO_4$，然后是 $CaSO_4$，因为：

$$K_{Sp}(SrSO_4)=2.8\times10^{-7}=[S_r^{2+}][SO_4^{2-}]=0.1mol[SO_4^{2-}] \quad (9-6)$$

则形成 $SrSO_4$时所需的$[SO_4^{2-}]=2.8\times10^{-6}mol$。

$$K_{Sp}(CaSO_4)=6.1\times10^{-5}=[Ca^{2+}][SO_4^{2-}]=0.1mol[SO_4^{2-}] \quad (9-7)$$

则形成 $CaSO_4$ 时所需要的$[SO_4^{2-}]=6.1\times10^{-4}mol$。即析出 $SrSO_4$时所需 SO_4^{2-}离子浓度要低 于析出 $CaSO_4$时 SO_4^{2-}离子浓度，因此 $SrSO_4$就要早于 $CaSO_4$沉淀出来。

当 $SrSO_4$开始沉淀后，继续加入 SO_4^{2-}，由于同离子效应，SrO_4继续析出；这样 Sr^{2+}逐渐减少而 SO_4^{2-}相对增加，其结果必然会使溶液中 Ca^{2+} 和 $SO_4{}^{2-}$ 离子乘积逐渐超过 $CaSO_4$的 溶度积，这时 $SrSO_4$与 $CaSO_4$同时析出，即所谓共沉淀。上述两种物质共沉淀时，其活度的比值等于其溶度积之比，即：当溶液中$[Ca^{2+}]$为$[Sr^{2+}]$的 217 倍时($[SO_4^{2-}]$充分时)，硬石膏和天青石可同时沉淀。

真溶液的搬运(溶解)和沉淀除了受主要因素——溶解度(溶度积)控制外，还受介质 pH 值、Eh 值、温度、压力、CO_2含量等因素的影响。

1. 介质的酸碱度

pH 值对大部分溶解物质的沉淀有显著影响，而对易溶盐影响不大。

pH 值的影响因溶解物质而异。有些物质的溶解度随 pH 值增大而增加，如 SiO_2。但有些物质恰相反，如 $CaCO_3$在 pH >8 时溶解度最小(图 9-2)。因此在酸性介质中，SiO_2沉淀而 $CaCO_3$溶解，而碱性介质中则相反。

铁、铝的沉淀方式与 pH 值关系比较复杂。铁在 pH =2 ~3 时，以 $Fe(OH)_3$的形式沉淀；pH =5 时，以 $Fe(OH)_2$的形式沉淀；当 pH =6 ~7 时，如溶液中含有 CO_2，以 $FeCO_3$ 形式沉

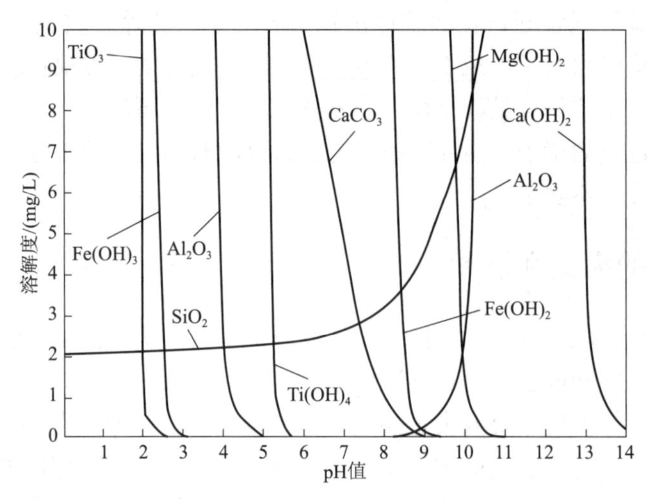

图 9-2 各种氧化物和氢氧化物的溶解度与 pH 值的关系(据曾允孚等，1986)

淀。而铝在 pH =4 ~10 时最为稳定，以 $Al(OH)_3$ 形式沉淀；而在 pH <4 或 pH >10 的强酸或强碱条件下则易溶解。磷与铝的情况类似。

大部分溶解物质从真溶液中沉淀出来都需要一定 pH 值。表 9-3 所列是常见金属氢氧化物沉淀时所需的最小 pH 值。

表 9-3 常见金属氢氧化物沉淀时所需最小 pH 值(据曾允孚等，1986)

金属氢氧化物	Fe^{3+}	Al	Cu	Fe^{2+}	Pb	Ni	Mn^{2+}	Mg
pH 值	2	4~10	5.3	5.5	6.0	6.7	8.7	10.5

表 9-4 所列部分矿物沉淀时需要的 pH 值，系根据矿物悬浮液测得，只能大致表示它们沉淀时所需的 pH 值。

表 9-4 各种矿物悬浮液的 pH 值(据曾允孚等，1986)

矿 物	pH 值	矿 物	pH 值
方解石	7.8~9.5	高岭石	6.6~6.8
白云石	7.8	水铝英石	6.6~6.8
菱镁矿	7.8	埃洛石	6.3~6.8
菱锰矿	6.6~7.4	钾盐	6.6~6.8
菱铁矿	6.6~7.4	石盐	6.6~6.8
磷灰石	7.6~8.5	萤石	6.0~6.4
蒙脱石	7.9~9.4	硬石膏	6.7~7.0
绿脱石	7.8	石膏	6.4~6.6
拜来石	6.6~6.8	重晶石	6.2~6.6
镁钙埃洛石	7.8	铝矾	4.6~4.8
钒钙铀矿	7.2	明矾石	4.4~4.8
钾钒铀矿	7.8	矾石	4.4~4.6
铜铝磷矿	6.6~7.0	黄钾铁矾	4.4~4.8

此外，某些物质沉淀时所需的 pH 值会受到其他离子的影响。例如，氢氧化铝沉淀所需的 pH >4，但若介质中存在有 PO_4^{3-} 时；则所需的 pH 值为 3.8 ~4；如有 SO_4^{2-}，则 pH 值为 4.7 ~4.8；如有 Cl^- 存在，则 pH 值为 5.8；当有 Cl^- 存在时，则所需 pH 值为 5.8 ~6。

2. 介质的氧化—还原电位

Eh 值对铁、锰等变价元素的溶解和沉淀影响很大，而对有些元素，如铝、硅等，几乎毫无影响。铁、锰等元素在氧化条件下都呈高价的赤铁矿、软锰矿沉淀；在弱氧化—弱还原条件下，则形成海绿石、鲕绿泥石；在还原条件下，都呈低价的菱铁矿、菱锰矿沉淀；在强还原条件下，则生成黄铁矿、硫锰矿。而且，低价的铁、锰矿物的溶解度比高价的要大数百倍甚至数千倍，所以不易沉淀而有利于搬运；高价的铁、锰矿物就易于沉淀而难以呈溶液搬运。

3. 温度与压力

一般地，物质的溶解度是随温度的增高而加大的。温度对钙、镁的硫酸盐，钾、钠的碳酸盐、硫酸盐和氯化物等易溶物质影响较大(表 9 -4)。但总的来说，由于地表温度变化不大，对溶解度的影响最多增加几倍。温度还可改变反应方向，降低温度有利于化学平衡向放热方向移动；反之，则相反。

当压力增大时，化学平衡向着体积减小(或气体摩尔总数减少)的方向移动；反之，则相反。压力对溶解度的影响不大，但对溶液中 CO_2 含量的影响却很大。

4. 溶液中 CO_2 含量

CO_2 含量对碳酸盐的沉淀和溶解有着很大影响，其反应式如下：

$$CaCO_3 + CO_2 + H_2O \Longleftrightarrow Ca(HCO_3)_2 \qquad (9-8)$$

当水中 CO_2 浓度增高时，平衡向右移动，生成 $Ca(HCO_3)_2$，后者比 $CaCO_3$ 溶解度大得多；反之，水中 CO_2 浓度减小，$CaCO_3$ 就沉淀。

水中的 CO_2 含量与温度、压力有关。随着温度升高，CO_2 含量减少，所以在热带及亚热带海水中可见到较多的 $CaCO_3$ 沉淀。随着压力增大，CO_2 含量也增加，因此地下水中 CO_2 含量比地面水的多，从而在石灰岩溶洞中及温泉出口处可见到较多的石钟乳、石灰华的沉淀。

5. 离子吸附作用

某些元素可通过离子吸附作用而沉淀下来，这就使得溶液中浓度不高的元素以及某些不易富集的极为稀散的元素得以沉淀，甚至富集达到工业品位。吸附能力最强的是一些胶体物质，凡是在溶液中附着于胶体的能力大于水化能力的阳离子均可被吸附于胶体表面。

由此可见，溶解物质的搬运和沉淀是与一定的地球化学条件密切相关的。因此，化学沉积物可作为判断沉积环境的良好标志之一(曾允孚等，1986)。

第二节　生物搬运与沉积作用

生物作为一种搬运营力的意义较小，但生物的沉积作用却是很重要的。它不仅可使溶解物质大量沉淀，还可使部分黏土物质和内源粒屑物质以及大量大气迁移元素沉积下来。自从地球上出现生命以来，生物就参与沉积形成作用，并且随着地质历史的进展，生物在沉积岩和沉积矿产形成作用中的意义也愈来愈大。在各类生物中，以藻类和细菌等微生物的沉积形成作用尤为巨大，不仅由于这类生物繁殖快、分布广、数量多、适应性强，而且在地质历史中出现很早，被认为是确信无疑的最早的生命记录。如南非的无花果树群中31亿年前的生物遗迹，就认为是属于蓝绿藻类的；前寒武纪地层中广泛分布的叠层石的形成即与藻类有关，早在25亿年前的太古代末期就已有叠层石出现。所以在地质历史早期，其他生物还没有大量出现之前，藻类就参与了沉积作用。微生物具有较强的环境适应性，蓝细菌、真核藻类、细菌等微生物常常是极端环境中的主导生物类群(如缺氧的湖底沉积物)。在特定的物理、化学及生化条件下，微生物的生长代谢活动可伴随产生多种矿物，包括碳酸盐、黄铁矿等。微生物成因的碳酸盐矿物常呈细粒状，可分为钙质微生物体及微生物诱导成因的碳酸盐。钙质微生物体主要指生物体自身的钙质骨架，如钙藻。生物诱导成因的碳酸盐是指微生物的代谢活动提高细胞周围微环境的碱度，通过聚集 Ca^{2+}、Mg^{2+} 等二价金属离子，以细胞膜或胞外聚合物作为成核位点形成的碳酸盐。细菌、古菌、蓝细菌、真核藻类均能够诱导产生碳酸盐。按照营养物质的不同，可分为自养型微生物和异养型微生物。

自养型微生物主要有蓝细菌、真核藻类、不产氧光合细菌和产甲烷古菌。蓝细菌又称为蓝藻，是一类进化历史悠久、能进行产氧光合作用的单细胞原核生物。真核藻类(如硅藻)在水体中广泛分布。蓝细菌和真核藻类可作为浮游藻类在水体表层，也可作为底栖藻生存于沉积物中，二者均能够利用光合作用提高环境的 pH。蓝细菌产生的碳酸盐主要为方解石(图9-3)，经沉积成岩作用，常以微晶灰岩的形式与有机质共存。不产氧型光合细菌是一类在厌氧环境中利用光能，以 H_2S、硫代硫酸盐为电子供体，以 CO_2 为电子受体合成有机物的微生物，如紫硫细菌和绿硫细菌。在厌氧环境中，硫细菌通过将 H_2S 氧化为硫单质而提高环境 pH 值，创造有利于碳酸盐析出的条件。产甲烷古菌作为专性厌氧微生物，能够利用 CO_2 和 H_2 或乙酸生成 CH_4，并获得生长代谢所需的能量，产甲烷古菌可诱导产生白云石、菱铁矿等矿物。

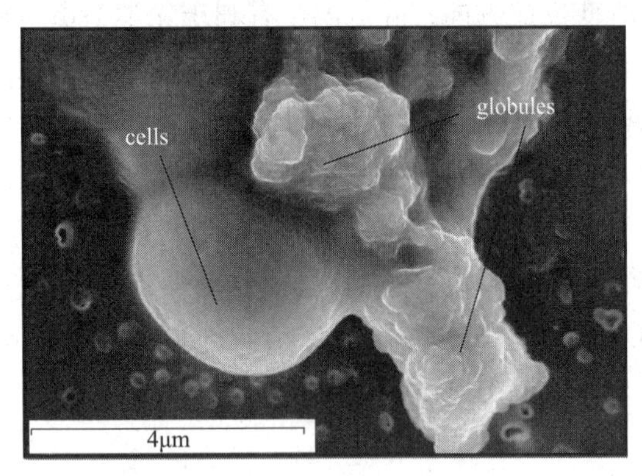

图9-3 蓝细菌诱导产生的碳酸盐
(据 Liang 等，2013)

异养型微生物种类较为丰富，主要为异养型细菌。细菌通过分解代谢有机物(如死亡的藻类)提高环境的碱度，诱导产生碳酸盐。细菌种类的差异对碳酸盐形貌及大小无规律性影响。有机物丰富时，细菌代谢旺盛，碳酸盐晶体生长过快，以至于呈无定型的棒状、球状、哑铃状等，粒径大小约在几微米至几十微米之间(图9-4)，后经重结晶作用形成具有规则晶型的碳酸盐。在有氧条件下，好氧细菌通过氨化作用、反硝化作用及对尿素和尿酸的降解产生 NH_4^+，通过呼吸作用降解有机物产生 CO_2，从而提高环境酸碱度和 HCO_3^-、CO_3^{2-} 的浓度。在还原条件下，细菌通过硫酸盐还原作用或氨化作用提高环境 pH，Ca^{2+} 存在时便可析出碳酸盐。例如，硫酸盐还原菌能够将水体中的 SO_4^{2-} 还原为 S^{2-}，以减少白云石形成过程中硫酸盐造成的化学动力学屏障，同时提高环境 pH、碱度等水化条件，促进白云石的生成。同时，异化铁还原菌可将 Fe^{3+} 还原为 Fe^{2+}，因而，白云石常伴生黄铁矿。

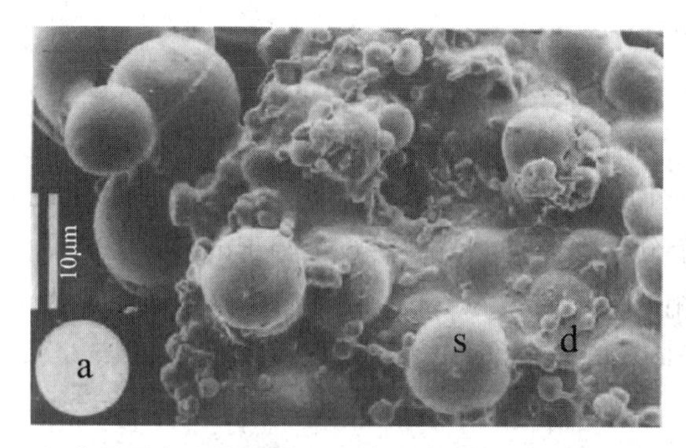

图9-4　细菌诱导产生的球状、哑铃状碳酸盐（据 Knorre 等，2000）

微生物能够影响早期成岩作用。底栖藻类在沉积物—水界面大量繁殖，可抵御外界环境对沉积物的侵蚀。微生物分泌胞外聚合物可黏结、捕获有机质、碳酸盐、黏土颗粒，从而巩固松散状态的沉积物。例如，部分具有运动性的底栖硅藻和丝状蓝细菌为获取生命活动所必需的光能，在沉积物中以一定的频率自下而上运动。藻类的运动伴随着胞外聚合物的分泌或鞘体的脱落，这些黏稠的胞外聚合物不仅可作为矿物的成核位点，又可黏结沉积物中细粒物质，鞘体可对沉积物起到一定的支撑作用，从而提高沉积物结构的稳定性。

一、生物遗体直接堆积成岩石

生物的有机质部分埋藏下来经生物化学演化后，可形成石油、天然气、煤以及油页岩等。无机的生物外壳和骨骼经富集堆积后可形成岩石或矿床，如生物骨屑灰岩、生物磷块岩、硅藻土、白垩等。有些生物原来就是营群体生活，在生活过程中通过生物分泌作用及生物黏结作用形成坚固骨架，不需要经过成岩作用即可直接成为岩石，如礁灰岩。

大部分生物的无机硬体部分是通过生物分泌作用形成的，唯有钙质藻类的“骨骼”多数是通过钙化作用形成的。藻类是植物，本身原无骨骼或硬壳。但藻类在生活活动过程中可吸收钙质沉淀于细胞内外以及叶状体表面，即钙化作用。至于钙化的机理，有人认为与藻类新陈代谢和光合作用有关，是藻类的生理作用与生物化学作用紧密结合的产物。

此外，无脊椎动物的排泄物——粪球粒也可堆积成岩石，如球粒灰岩。

实际上，生物的生长与周围介质的物理化学条件往往具有一致性，介质中某些物质的浓度高可有利于某种生物的生长繁殖。如介质中 SiO_2 或 $CaCO_3$ 浓度大，则硅质或钙质生物就繁盛。只有这样，生物才能从周围介质中吸取硅质或钙质组成其外壳；否则，即使已形成外壳，由于介质浓度低，还会发生重新溶解。

二、生物的间接沉积作用

（一）生物化学沉积作用

生物在其生命活动过程中或生物遗体分解过程中要产生大量 H_2S、NH_3、CH_4、O_2 等气体或吸收大量 CO_2 气体，会影响介质环境的物理化学条件，从而促使某些物质溶解或沉淀。

最明显的实例是 CO_2 含量变化促使 $CaCO_3$ 沉淀。例如，植物的光合作用，每生成 1g 糖类就有3.3g $CaCO_3$沉淀：

$$Ca^{2+} + 2HCO_3^- = CaCO_3 + H_2O + CO_2 \quad (9-9)$$

$$6CO_2 + 6H_2O + 2822J = C_6H_{12}O_6 + 6O_2 \quad (9-10)$$

由式(9-9)可知，介质中每少一个CO_2分子，就有一个分子的$CaCO_3$沉淀；从式(9-10)中可知，每形成一个分子的糖类，就需要6个分子的CO_2。糖类($C_6H_{12}O_6$)的相对分子质量为180，而$CaCO_3$的相对分子质量为100，两者相对分子质量比为180∶100×6=1∶3.3。

又如，还原硫酸盐细菌能将硫酸盐还原成H_2S，其反应式为：

$$SO_4^{2-} + 10H^+ + 8e = H_2S + 4H_2O \quad (9-11)$$

溶液中的金属离子就能与H_2S反应生成硫化物沉淀。

再如，铁细菌能将二价铁氧化为三价铁，从而有利于铁的沉淀。

有机质的分解使介质变成还原环境，可促使某些物质沉淀或溶解，如含铜化合物在还原条件下即易于沉淀。

有机质的吸附作用使得溶液中的低浓度元素得以沉淀，煤及黑色页岩中往往富集有各种金属元素即与有机质有关。

(二)生物物理沉积作用

1. 藻类的捕获和黏结作用

蓝绿藻能分泌黏液，在蓝绿藻构成的藻席表面形成有机质薄膜。这种黏液能捕获和黏结水中的碳酸盐颗粒，使之沉积于藻体表面。当一层藻席被新的沉积物覆盖时，藻丝体就会穿过上覆沉积物并繁殖于其表面，重新形成新的藻席，如此周而复始，形成由生物物理沉积作用形成的富藻纹层和非生物成因(机械沉积)的富屑纹层交替出现的叠层石及其他藻纹层沉积物。

此外，层孔虫可能也具有类似的捕获和黏结作用。

2. 生物障积作用

当流水流经丛生有枝状珊瑚或枝状藻类的地区时，流速受阻，流水中所携带的沉积物即沉积成障积岩。

植被造成风沙的障碍堆积，实际上就是生物障积作用(曾允孚等，1986)。

第三节　热液沉积作用

海底热液活动对海水物质及沉积作用贡献的研究近来取得了重要进展。据统计，在全球大洋中已发现了649个热液活动区或热液硫化物沉积区，主要分布在洋中脊(57.16%)、火山弧(岛弧)(22.34%)和弧后扩张中心(18.34%)等构造带上。热液活动区的分布总是和岩浆作用相伴生，除热点和岛弧之外，主要产生于张裂构造环境，在自然界中存在两种热液系统循环模式：一种是传统的浅层循环模式，可称为“海水循环模式”；该模式认为：冷的富氧海水沿裂隙下渗，在岩浆房上部受热并与周围岩石(地壳或上地幔岩石)发生反应，岩石中的大部分金属元素(如Cu、Fe、Zn、Pb等)逐步被淋滤出来，形成富含金属离子的、酸性、还原性热液流体；这种被加热了的流体受浮力作用向上运移，在渗透压力较低或裂隙通道处喷出海底，释放出热液流体；热液流体在接近或喷出海底时与周围冷的海水混合，形成热液柱，并由于温度、介质和氧化还原条件等的改变，发生热液成矿作用，沉淀生成多金属硫化物等热液产物(图 9 -5)。

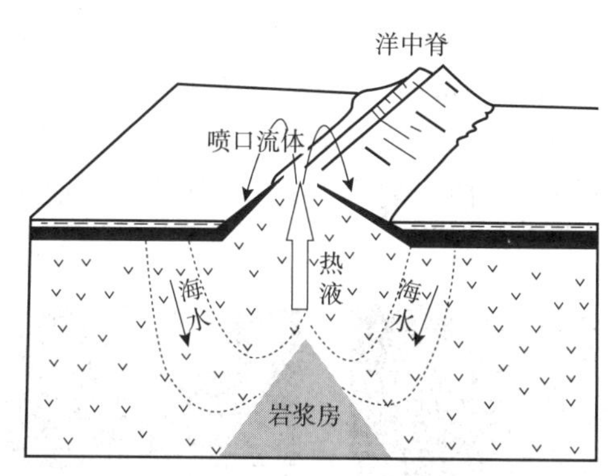

图 9 -5　现代海底热液活动成因模式示意图(据王淑杰等, 2018)

另一种是岩浆(后期)热液注入模式, 简称为“注入模式”。海水循环模式可以简单地分为海水下渗、流体与周围岩石发生水岩反应并被加热和热液流体喷出海底 3 个阶段, 这也是传统的海底热液系统循环模式. 注入模式中的热液流体来源于深部岩浆房岩浆作用后期热液及挥发性组分的直接释放, 即在现代海底热液系统中, 下部的岩浆房不仅为其提供了热源保障, 也是其热液产物的物质来源。在岩浆作用强烈、构造裂隙发育的环境中, 两种模式可能同时存在, 形成双扩散对流循环模式(据王淑杰等, 2018)(图 9 -6)。

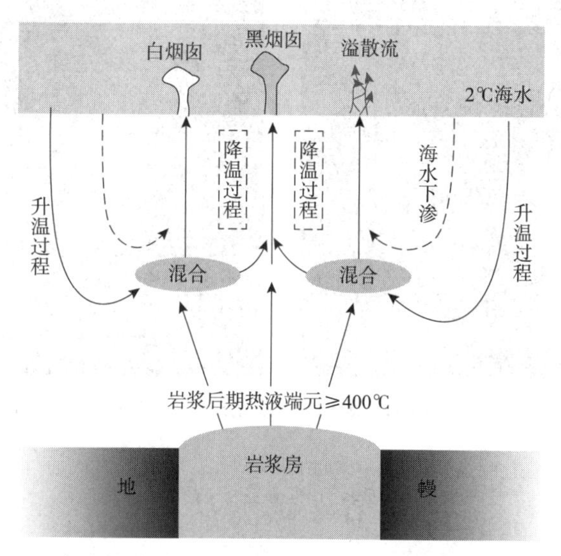

图 9 -6　海底热液活动的双扩散对流模式(据王淑杰等, 2018)

在现代海底和古代地层中, 地质学家发现一类岩石, 既不是单纯海水的生物化学沉淀产物, 也不是单纯的岩浆热液成因, 而是岩浆热液喷出与海水混合后发生的沉积作用形成的, 相当于岩浆岩与沉积岩间的过渡类型, 命名为“热水沉积岩”或“喷流岩”, 成岩过程称为“热水沉积作用”。

根据热水沉积岩的形成温度和岩石色调, 将热水沉积分为白烟囱和黑烟囱两种沉积模式: 白烟囱型热水沉积形成于低温环境(100 ~ 320℃), 主要矿物类型包括碳酸盐矿物、硅酸盐矿物和硫酸盐矿物等, 颜色较浅(图 9 - 7); 而黑烟囱型热水沉积形成于高温环境(320 ~ 400℃), 成分以金属硫化物为主, 颜色偏暗色(图 9 - 8)。

相较而言，白烟囱结构致密，不易坍塌，可形成海底白烟囱群。海底白烟囱体积巨大，可表现为宝塔、佛手、石笋和瀑布等多种形态，常由较纯的碳酸盐岩组成。且白烟囱型热液流体富含甲烷、氢气等气体，对于化能自养型微生物生存有利。

此外，白烟囱型热水沉积岩不仅在海底环境中发育，在湖相地层中也有发现，比如我国酒泉盆地青西凹陷下沟组白烟囱型白云岩发育(郑荣才等，2006)，溶蚀孔洞发育，具有良好的油气储集条件。

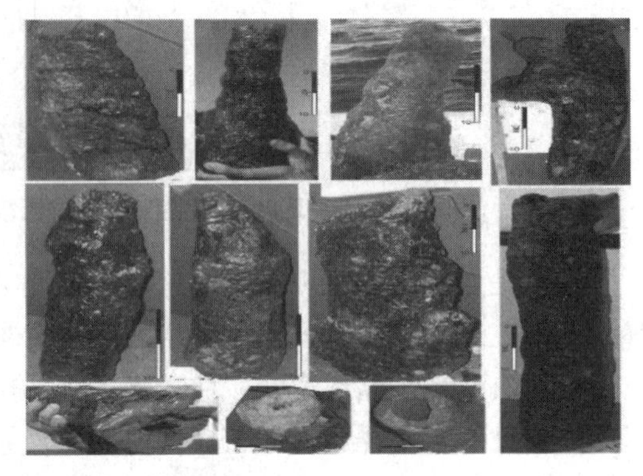

图9－7　现代海底白烟囱(据网络)

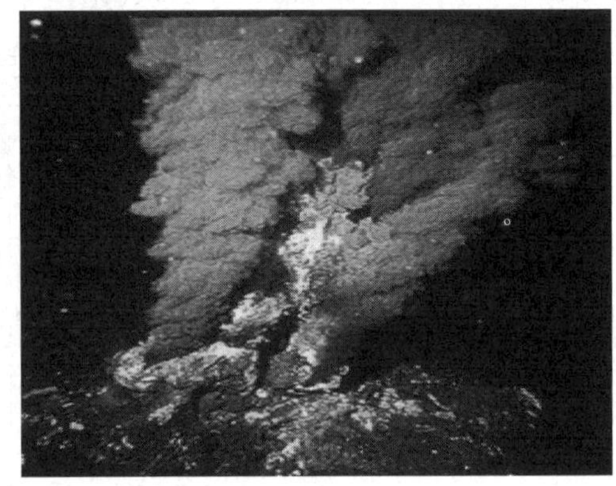

图9－8　现代海底黑烟囱(据网络)

第四节　碳酸盐工厂

海洋中的溶解物质来源多样，其沉积作用的方式是复杂的生物、生物化学和化学过程，在一定环境中大量沉积，如同工厂一样，从而形成内源沉积岩，这些环境被称为沉积物工厂。下边以广泛应用的碳酸盐工厂为例加以介绍。

碳酸盐工厂系指光照充足的相对狭窄的浅海区域(一般水深＜20m 的潮下带；James 和 Kendall，1992)，是碳酸盐系统的主要沉积窗口。不同粒径的颗粒皆产于此，既可是结晶的骨骼，亦可是从海水中直接沉淀的。大部分沉积物会滞留原地，形成广泛的“潮下沉积”或礁—丘沉积，因此它们实质上是产于“潮下工厂”。大部分的细粒沉积物会因波浪或潮汐作用发生周期性悬浮，并向陆搬运至更高(浅)区域，形成(灰)泥质潮坪。这些细粒沉积物(甚至沙粒级颗粒)也会向海搬运形成重力流，堆积在斜坡和临近的盆地边缘。暂且不论沉积相，碳酸盐沉积作用的关键取决于碳酸盐工厂的生产能力，所有的碳酸盐沉积相和地层的发育都取决于该生产单元的功能是否“健康”。一个功能健康的碳酸盐工厂需在远离广泛陆源输入区域才能建立，而碳酸盐工厂的规模受到台地大小和硅质碎屑沉积范围的控制。

浅海中，大部分生物都是喜光(或光养的)。在清澈的海水中，透光带底界可深达100m，Pomar(2001)基于水体的透光度和相应生物组合划分为真(透)光带、贫(寡)光带和无光带(euphotic，oligophotic and aphotic zones)，居住的相应生物组合为真光生物群、贫光生物群和无光生物群(图9-9)。一些学者也把真光生物群落称之为喜光动物和喜光藻类(chlorozoan and chloragal)，后二者统称为有孔生物群落或非光养生物群落(foramol or nonphototrophic biota；Lees和Buller，1972)。

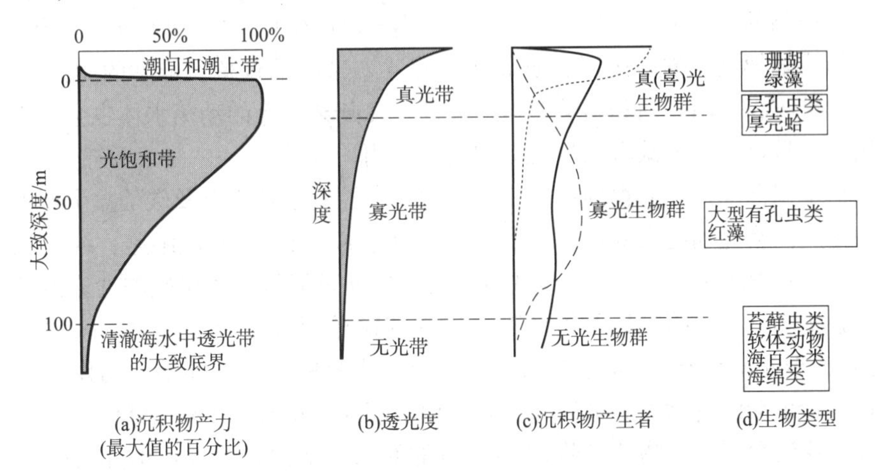

图9-9 生物群分类

(a)基于珊瑚和绿藻的碳酸盐沉积物生产力随深度变化的示意曲线(据Schlager，1999)；
(b)基于透光度对上层海洋水柱分带；(c)不同光带内的相应生物群落；
(d)不同生物组合在不同光带的分布[(b)~(d)据Pomar，2001]

海水透光度并不仅仅是控制光合钙质无脊椎动物的唯一因素，其他因素如水体温度、盐度、能量水平、水体洁净度(或浑浊度)、底质条件及营养状况也具有重要作用，其中前二者是非常重要的控制因素。每种生物都有它自己的环境偏好，而且生物对这些环境参数变化都有一定的忍耐范围，如造礁生物可以在18~36℃的温度范围和22‰~40‰的盐度范围生存，但舒适的温度范围是25~29℃和盐度是25‰~35‰，所以珊瑚在低温(和高温)水体中是非常脆弱的，特别是在低盐度海水中。盐度升高珊瑚不能存活，但藻类可以。如果海水温度下降到15℃，甚至0℃，有孔虫组合发育，沉积物主要由底栖有孔虫、软体动物以及棘皮类、藤壶、水螅类、钙质红藻、介形虫等，是现代凉水(冷水)碳酸盐沉积的主要生产者，地质历史中的凉水碳酸盐岩报道的比较少，仅在二叠系中有些报道。非骨屑颗粒、鲕粒、集合粒(如葡萄石)及粪球粒一般与喜光生物群共生，但球粒颗粒可延伸到贫光生物群活动区域。温度和盐度同样对这些非骨屑颗粒的生产具有控制作用，它们主要分布在中低纬度(10°~25°)的亚热带地区，该区域蒸发量超过降雨量、海水盐度比赤道地区要高。无机成因的灰泥也主要集中于该区域。许多生物不能容忍温度和/或盐度的波动，如果发生这种状况，生物种属会减少、分异度降低，如在局限的潟湖和潮坪环境中。在这种局限环境中，尽管生物分异度低，但种属的量会很高，如在世界许多的蒸发潮坪中拟蟹守螺属腹足占据统治地位

(Tucker 和 Wright，1990)。

浑浊的水体可由河流输入的悬浮黏土引起，但即使在硅质碎屑缺乏的陆架，波浪、风暴作用也可把灰泥搅起成悬浮物。浑浊水体会阻挡光线穿透至海底，妨碍了钙藻和海草的光合作用，从而降低碳酸盐的生产。同样，悬浮物会干扰许多钙质骨骼的底栖生物(特别是珊瑚)进食，影响他们的生长和碳酸盐沉积物的产生。

水体循环和能量水平也会影响分泌钙质生物的分布，以珊瑚为代表的一些生物往往在动荡的水体中繁盛，所以往往在陆架边缘定殖、繁殖；而其他一些生物则偏好相对安静的内陆架生活。波浪或风暴引起的动荡水体也是沉积物搬运、分选的主要地质营力，既可驱使沉积物向陆亦可向海搬运，但搬运距离还是有限的(相对硅质碎屑的远程搬运)。其中，短期的热带风暴对沉积物的搬运和沉积样式再造具有更深远的影响，岸向风会推动水体向陆流动，驱使大量潟湖或陆架沉积物搬运至泥质潮坪或海滩。当风暴衰减，堆高的岸向水体(涌浪)向海回流，携带沉积物向礁前和斜坡搬运。另外，在陆架边缘的动荡水体也会促进上层水体的脱气作用，导致该处早期碳酸钙的沉淀和胶结作用。

营养水平是以前经常被忽视的一个主要因素，在控制生物分布及碳酸盐生产方面也发挥至关重要的作用。喜光动物会利用营养素(如 N、P、Fe、Si)来合成细胞，维护生长及再生的蛋白质(Mutti 和 Hallock，2003)。这些营养素可以通过河流、滨岸碳酸盐岩淋滤、离岸海洋系统的风暴扰动、火山喷发以及海洋上升流系统输送到碳酸盐工厂(Jones，2010)。营养梯度(如寡营养至超富营养)的建立会强烈影响定殖生物的结构。浮游生物作为水柱中颗粒有机质的贡献者也会随着营养通量的增加而增加(Hallock 和 Schlager，1986)。然而，营养的增加会促进一些滤食浮游生物的动物(如海绵)的幼虫和成虫的生长，但亦会降低光照度及增强进食压力而抑制喜光生物的生长，如虫黄藻珊瑚(Hallock 和 Schlager，1986)。在清澈的寡营养热带—亚热带海水中，虫黄藻珊瑚可以非常适应这种低营养环境而繁盛。在中营养条件下，生物侵蚀作用增强，宏体藻类(包括钙质绿藻)也会增加，并导致其进食者如海百合和腹足类的相应增加。许多共生生物(如虫黄藻珊瑚)竞争不过中等富营养环境下繁盛的宏观藻类和海绵。超营养水体中由于高的叶绿体浓度会大幅降低水体的透光度，只会鼓励一些滤食底栖生物(如双壳类、海绵及海鞘类)的定殖和繁盛(Mutti 和 Hallock，2003)。由于缺乏评价古代营养水平的可靠指标，人们对古代海洋中营养输入的作用知之甚少；不过可以通过沉积学、生物学和地球化学指标综合确定古代海洋的营养通量，如晚泥盆世层孔虫—微生物(如肾形菌)组合可能代表了更高的营养梯度(Macneil 和 Jones，2008)。

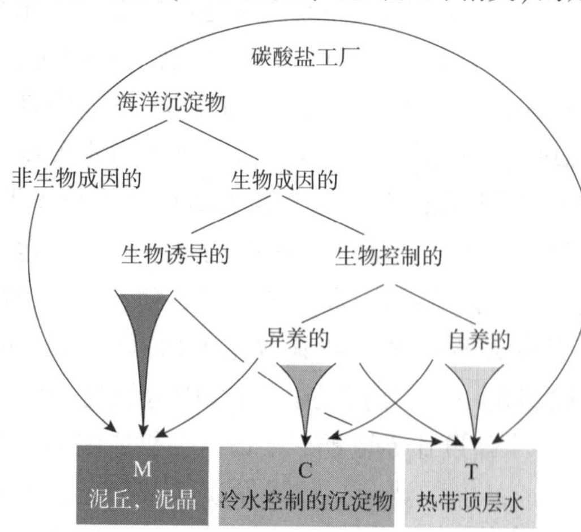

图 9-10 基于碳酸盐沉淀差异划分的碳酸盐工厂类型(据 Schlager，2003、2005)

另外，Schlager(2003、2005)根据碳酸盐矿物的沉淀方式将碳酸盐工厂分为三种类型(图 9-10)：T 型工厂(热带工厂)，C 型工厂(凉水工厂)及 M 型工厂(泥丘工厂)。T 型工厂中的 T 代表热带和水柱顶层，该工厂生产以生物控制的碳酸盐沉淀主导。

碳酸盐生产者主要为喜光自养生物，如藻类和具有光合共栖藻的动物(造礁珊瑚、部分有孔虫和软体动物)。其他的特征产物有非生物沉淀的胶结物、鲕粒。黏土级别的沉淀物(白水团 whitings)可能是非生物和生物诱导的混合沉淀物。缺乏光合共栖体的异养生物也很常见，但难以鉴别。通过生物造架和快速海底胶结作用构建的抗浪构造(礁)在陆架斜坡坡折带(或陆架边缘)很常见。

T 工厂主要局限于温暖、光照充足的海洋中，富含氧气，大气与水体处于稳态平衡、低(寡)营养，生物间竞争激烈。在现代海洋，分布于南北为 30°以内的热带和亚热带海域。T 工厂也可在水柱中向下过渡为 C 工厂，如温跃面附件。T 工厂也可存在于热带浅海的洋流上升区，营养丰富的深部低温海水被输送到该处的表层水体中。

C 型工厂中的 C 代表凉(冷)水和受控沉淀，由异养生物主导，沉积产物几乎全部为生物控制沉淀物，有时一些喜光自养生物(如红藻、微生物共栖的大型有孔虫)的贡献也很大。沉积物由砂—细砾级骨屑组成，通常缺乏浅水礁和鲕粒岩，碳酸盐泥和非生物成因的胶结物也很匮乏。凉(冷)水碳酸盐工厂可以从热带工厂边界延至两极地区，也可发育在低纬温跃面之下和洋流上升的浅表区。C 型工厂水体可以是透光的、也可无光，只是温度低至可以清除 T 型工厂的竞争者，并通过足够的簸选阻止细陆源碎屑的埋藏，营养水平通常比热带工厂的高。凉水工厂的深度变化宽，可从浅海上部延至盆地深渊。

M 工厂中的 M 暗指泥丘、泥晶和微生物。该过程的特征产物是原地沉淀的细粒的碳酸盐沉积物，随后发生硬化。它们的沉淀被认为是生物和非生物相互作用的产物，生物组织的腐烂发挥了至关重要的作用。非生物成因胶结物是该工厂次级重要产物，它们形成于坚固的自生泥晶格架的晶洞(如平底晶洞)中，生物控制的碳酸盐沉积(骨骼)也可以产出，但并不是特有的。显生宙 M 工厂的典型背景是弱光或无光的，营养丰富，氧含有低，但并未至缺氧状况。这种环境在温跃带附近比较盛行，但在前寒武纪或显生宙的生物绝灭事件后，由生物诱导的泥晶和非生物海底胶结物占主导的碳酸盐生产体系会延伸到通常是 T 工厂占据的浅海环境；但碳酸盐产物的结构、构造中并未显示光养微生物的参与，基本改变了生物诱导碳酸盐的沉淀过程，造成碳酸盐工厂生产机制的转变。

参考文献

[1]James N P，Jones B. Origin of carbonate sedimentary rocks[M]. New Jersey：John Wiley & Sons，2016：22 - 93.

[2]Knorre H V，Krumbein W E. Bacterial calcification[M]. //Riding R. E. ，Awramik S. M. Microbial Sediments. Springer，Berlin，Heidelberg，2000，25 - 31.

[3]Leeder M. Sedimentology and Sedimentary Basins[M]. UK：Wiley - Black well，2011.

[4]Liang A，Paulo C，Zhu Y，et al. $CaCO_3$ biomineralization on cyanobacterial surfaces：Insights from experiments with three Synechococcus strains[J]. Colloids and Surfaces B：Biointerfaces，2013，111：600 - 608.

[5]Sarg J F. Carbonate sequence stratigraphy[M]. Wilgus C K，Hastings B S，Kendall C G St C，Posamentier H W，Ross C A and Van Wagoner J C. Sea - Level Changes：An Integrated Approach. Tulsa：SEPM Special publication，1988，42：155 - 181.

[6]Schlager W. Carbonate sedimentology and sequence stratigraphy[M]. Concepts in sedimentology and paleontology No. 8，Tulsa：SEPM (Society for Sedimentary Geology)，2005：8 - 54.

[7]Schlager W. Sedimentation rates and growth potential of tropical，cool - water and mud - mound carbonate sys-

tems[C]//Insalaco E, Skelton P W, Palmer T J, et al. Carbonate platform systems: Components and interactions. London: The Geological Society, 2000: 217 - 227.

[8]王淑杰，翟世奎，于增慧，等．关于现代海底热液活动系统模式的思考[J]．地球科学，2018，43(3)：835 - 850.

[9]曾允孚，夏文杰．沉积岩石学[M]．北京：地质出版社，1986.

[10]郑荣才，文华国，范铭涛，等．酒西盆地下沟组湖相白烟型喷流岩岩石学特征．岩石学报，2006，(12)：3027 - 3038.

[11]Pomar L. Types of carbonate platforms: a genetic approach[J]. Basin research, 2001, 13(3): 313 - 334.

[12]Schlager W. Carbonate sedimentology and sequence stratigraphy[M]. Tulsa: SEPM(Society for Sedimentary Geology), 2005.

[13]Schlager W. Scaling of sedimentation rates and drowning of reefs and carbonate platforms[J]. Geology, 1999, 27(2): 183 - 186.

[14]Schlager W. Carbonate sedimentology and sequence stratigraphy[M]. Tulsa: SEPM(Society for Sedimentary Geology), 2005.

[15]Tucker M E, Wright V P. Carbonate Sedimentology[M]. Oxford: Blackwell 1990.

[16]Hallock P, Schlager W. Nutrient excess and the demise of coral reefs and carbonate platforms[J]. Palaios, 1986(1): 389 - 398.

[17]James N P, Kendall A C. Introduction to carbonate and evaporite facies models[M]// Walker R G, James N P, Facies Models - Response to Sea Level Change. St. John's: Geological Society of Canada, 1992, 265 - 275.

[18]Lees A, Buller A T. Modern temperate - water and warm - water shelf carbonate sediments contrasted[J]. Marine Geology, 1972, 13(5): 67 - 73.

[19]Mutti M, Hallock P. Carbonate systems along nutrient and temperature gradients: some sedimentological and geochemical constraints[J]. International Journal of Earth Sciences, 2003, 92: 465 - 474.

[20]MacNeil A J, Jones B. Palustrine deposits on a Late Devonian coastal plain—sedimentary attributes and implications for concepts of carbonate sequence stratigraphy[J]. Journal of Sedimentary Research, 2006, 76: 292 - 309.

[21]Schlager W. Benthic carbonate factories of the Phanerozoic[J]. International Journal of Earth Sciences, 2003, 92(4): 445 - 464.

第十章　碳酸盐岩岩石学

碳酸盐岩(carbonate rock 或 carbonate)是指主要由沉积的碳酸盐矿物(方解石、白云石等)组成的沉积岩，主要的岩石类型为石灰岩(方解石含量大于50%)和白云岩(白云石含量大于50%)。它们经常还和陆源碎屑及黏土组成各种过渡类型的岩石。

据统计，碳酸盐岩约占沉积岩总量的约20%，它在地壳表层的分布仅次于黏土岩和砂岩。在我国，沉积岩占全国总面积的75%，而碳酸盐岩占沉积岩覆盖面积的55%。南方的震旦系、古生界及三叠系，北方的中上元古界及古生界，都是以碳酸盐岩为主，碳酸盐岩分布比较广泛。

碳酸盐岩中赋存的矿产非常丰富，其中沉积与层状矿床有铁、铝、锰、磷、硫、石膏及硬石膏、岩盐、钾盐以及密西西比型(层控)铅锌矿床等；而且碳酸盐岩本身包括的石灰岩、白云岩、菱镁岩等也是很有价值的资源，广泛用于冶金、建筑、化工、农业等各方面。碳酸盐岩中蕴藏的石油及天然气资源也很丰富，世界上与碳酸盐岩有关的油气储量约占世界总储量的50%，产量占世界总产量的60%(Roehl 和 Choquette，1985)。因此，碳酸盐岩的研究，大多与矿产资源特别是与化石能源的开发和利用有着密切的关系。同时，碳酸盐岩(沉积物)作为化学或生物化学成因为主的岩石(沉积物)和重要的碳汇，是地球表层多圈层相互作用、碳循环(或收支)的真实记录者和珍贵档案库，对恢复现代及深时地球表生过程与多圈层相互作用具有重要的科学价值。

第一节　碳酸盐岩的成分

一、化学成分

组成碳酸盐岩的主要化学成分为 CaO、MgO 及 CO_2。其中纯石灰岩的理论化学成分为 CaO 占56%，CO_2占44%；纯白云岩的理论化学成分为 CaO 占30.4%，MgO 占21.7%，CO_2占47.9%。然而，自然界沉积形成的碳酸盐岩中时常会混入有少量陆源碎屑物、分散的酸不溶物、其他的自生矿物以及有机质等，因此碳酸盐岩的化学成分中常会含有一些数量不等的 SiO_2、TiO_2、Al_2O_3、FeO、Fe_2O_3、K_2O、Na_2O、SO_2、H_2O 和有机碳等。除此以外，还可含有少许微量元素，如 Sr、Ba、Mn、Co、Ni、Pb、Zn、Cu、Cr、Ga 和 B 等，虽然这些微量元素很少，但有时对地层划分和对比、沉积环境和成岩作用及成矿作用分析却有重要的指示意义。另外，碳酸盐岩中的 C、O 同位素组成和一些金属(如 Sr、Mg、Zn 等)同位素组成也被广泛应用于全球海洋气候、构造演化过程恢复及成岩流体表征和示踪等方面的研究。

二、矿物成分

(一)碳酸盐矿物的晶体化学

碳酸盐矿物主要由 RCO_3构成，即由二价阴离子 CO_3^{2-} 与阳离子 R^{2+} 相结合形成的无水碳酸盐矿物，组成“R”的金属阳离子有 Mg、Fe、Zn、Mn、Cd、Ca、Sr、Pb、Ba 等。组成碳酸盐矿物的晶系有三方晶系和斜方晶系。前者以方解石等为代表，故称方解石型；后者以文石为代表，故称文石型。此外，由 Ca、Mg 混合组成的白云石，由于其成分上和构造上的特殊性，又称三方晶系白云石型。

(二)碳酸盐矿物的主要类型

这里主要介绍文石、低镁方解石、高镁方解石和白云石(图 10－1)。

1. *文石(又称霰石)*(aragonite)

文石为现代碳酸钙沉积物的主要原始组成矿物。晶格中 Mg 离子含量很低，$MgCO_3$含量低于 2%(摩尔分数)。绝大多数文石呈长约 0.003mm(泥级)的细针状晶体，称为文石针；晶粒小于 0.1μm 的称为文石泥。此外，文石还可组成文石质的生物骨骼，如软体动物、绿藻、现代珊瑚和许多有孔虫的骨骼。文石还可以构成非生物成因的文石质颗粒，如鲕粒、球粒以及内碎屑颗粒等。

文石虽含 Mg 很低，但 Sr 的含量却可以很高。从热力学观点来看，文石是碳酸钙在高压下的同质异象。在现代地表条件下，文石是亚稳定的。文石的溶解度较方解石为大，易被溶解或被其他矿物所交代，因而在古代碳酸盐岩中很少见到。根据洛温斯坦(Lowenstam，1954)观察，组成现代生物介壳的文石仅在短短几年时间就可以转变为稳定的方解石。碳酸钙也能组成很不稳定的球状六方的同质球文石(vaterite)，有时称为$\mu-CaCO_3$；不过这种同质异像在自然界里很少出现。

2. *低镁方解石*(low－Mg calcite)

奇林格(Chilingar，1962)和西格尔(Siegel，1961)等人研究认为，现代浅水碳酸盐沉积物中方解石类矿物通常可以按含 4%(摩尔分数)的 $MgCO_3$为界限值区分为两 类：含 $MgCO_3$为 2%～3%(摩尔分数)的方解石称为低镁方解石；含 $MgCO_3$为 12%～17%(摩尔分数)的方解石，称为高镁方解石。

低镁方解石是最稳定的碳酸盐矿物，主要组成生物骨骼，如腕足、介形虫、三叶虫、有铰腹足类、苔藓虫、蓝藻，以及某些有孔虫等。低镁方解石在古代地层中是碳酸钙保存下来的最终矿物相(其他碳酸钙矿物均先后转变成此种方解石)，相当于一般所谓的方解石。

低镁方解石沉淀的有利条件是：①溶液中 Mg 含量低，Mg/Ca 低，Na 含量低；②介质温度低(<16℃)；③有 SO_4^{2-}存在；④低 pH 值；⑤介质中富含有机化合物，如柠檬酸钠、苹果酸钠、Na_2CO_3、$(NH_4)_2CO_3$等。

3. *高镁方解石*(high－Mg calcite)

高镁方解石是指含 $MgCO_3$在 12%～17%(摩尔分数)的方解石。现代很多海栖无脊椎动物是由高镁方解石组成的，如钙质海绵、某些有孔虫(无细孔目)、棘皮动物、八射珊瑚、某些苔藓动物、蠕虫管、珊瑚藻、某些蓝藻等。某些海藻类含 $MgCO_3$可达 25%(摩尔分数)。施罗德(Schroëder 等，1969)用电子探针和 X 射线衍射法发现海胆类咀嚼器官含 $MgCO_3$高达 43%(摩尔分数)，但也未形成白云石，因为它未破坏方解石的晶格构造，只呈固溶体加入到方解石的晶格中，只有一部分 Ca^{2+}被 Mg^{2+}置换。这种高镁的碳酸盐矿物含镁虽高，但未构成 $Mg^{2+}-CO_3^{2-}-Ca^{2+}-CO_3^{2-}$离子层的有序排列，故只能称高镁方解石。

原始沉淀的高镁方解石主要形成泥晶、陡峭菱面体和柱状晶。高镁方解石也是不稳定的矿物相，在成岩过程中可以向白云石或低镁方解石转化(新生变形)。

在自然界中，低镁方解石最稳定，文石较不稳定，而高镁方解石最不稳定。后两者在成岩过程中都向低镁方解石转变。

4. *白云石*(dolomite, the mineral)

白云石共有以下四种类型。

1)理论白云石(theoretical dolomite)

白云石的分子式为 $CaMg(CO_3)_2$，理想的白云石是 Ca^{2+}、Mg^{2+} 阳离子为 1∶1 有序结构的碳酸盐矿物。它是由阳离子层与三角形的 CO_3^{2-} 离子层交互排列的晶格构造。阳离子层中则是由纯 Ca^{2+} 层和纯 Mg^{2+} 层交替组成。这种阳离子层高度有序的交替排列，是理想白云石区别于富 Mg^{2+} 方解石的主要特征。因此，从理论上讲，$Ca-Mg-(CO_3^{2-})_2$ 是否形成理论白云石，主要因素不是 Mg^{2+} 的含量，而是取决于 Ca^{2+}、Mg^{2+} 和 $CO_3{}^{2-}$ 是否具有有序结构(图 10-1)。古代地层中的白云石一般都是具高度有序结构的。因此，理论白云石又称古代白云石。现代沉积物中的白云石大多不具有序结构，所以大都不是理论白云石。

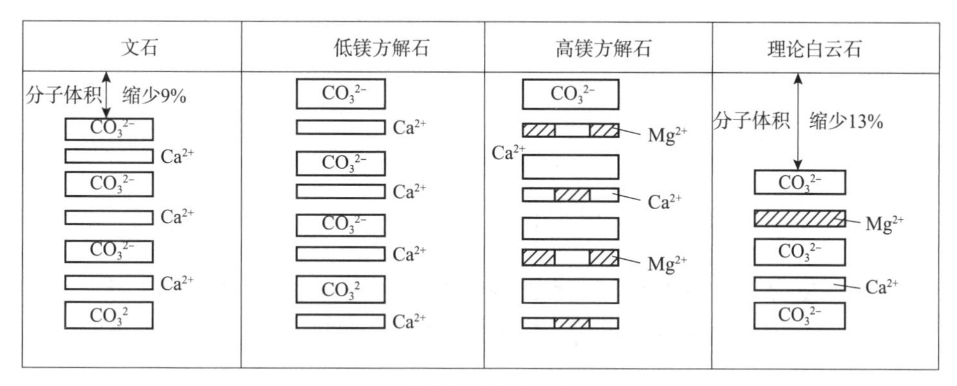

图 10-1　碳酸盐矿物内部构造示意图

2)原白云石(protodolomite)

这是 Graf 和 Goldsmith(1956)提出的。他们是在进行人工合成试验中得到这种矿物的。这种合成矿物在成分上是介于镁方解石和理论白云石之间的一种过渡性矿物，但是在 X 射线分析中有序反射性较差，因此称为原白云石。后来发现，合成的白云石和现代沉积的白云石在成分和晶体结构有序性方面都很类似。

化学分析表明，原白云石中较大阳离子 Ca^{2+}(半径 1.06Å)比较小阳离子 Mg^{2+}(半径 0.78Å)相对过剩，即 Ca^{2+} 的含量大于 50%，而 Mg^{2+} 的含量小于 50%。如 Ca^{2+} 占 56%、Mg^{2+} 占 44% 或 Ca^{2+} 占 55%、Mg^{2+} 占 45% 等。原白云石通常需要在较高的温度下(200℃以上)方能转变成完全有序的白云石。一般来说，原白云石在地表条件下是稳定的，只有将原白云石加温到 200℃以上时，才能把多余的钙去掉，所以在常温常压下原白云石是不容易向白云石转化的。

3)盐水白云石(又称无序白云石)

盐水白云石是指在高盐度环境下形成的一种白云石，一般仅见于蒸发岩盆地。

盐水白云石形成环境的 Mg^{2+}/Ca^{2+} 比值大于 5∶1 或 10∶1，其含盐度为正常海水的 5～10 倍。由于离子浓度高和结晶作用速度快，只能形成晶格不规则的无序白云石(Gregg 和

Sibley，1984；Sibley 和 Gregg，1987）。因为它的晶格是无序的，所以实际上就是一种含镁离子很高的高镁方解石。

根据现代海洋、潮坪、潟湖、湖泊和河水所取样品，可以编制出一个表示不同碳酸盐矿物（文石、方解石、白云石）形成分布与盐度和 Mg/Ca 比值之间关系的图解（Folk 和 Land，1975；图 10－2）。

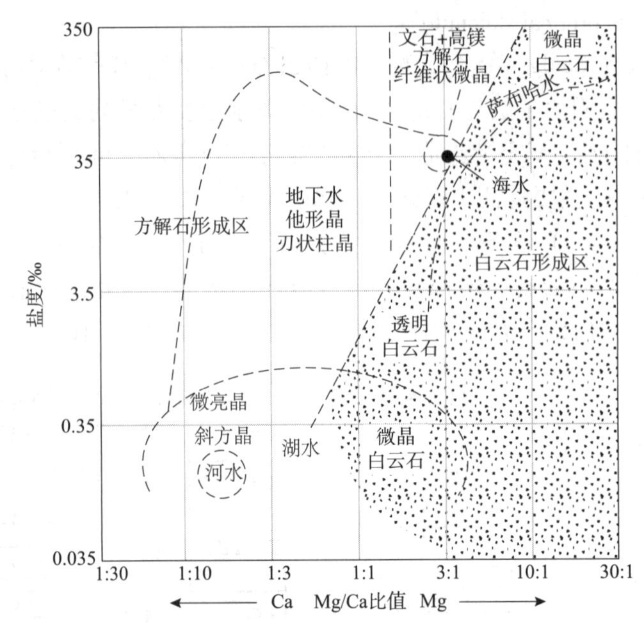

图 10－2 碳酸盐矿物（文石、方解石、白云石）形成分布与盐度和 Mg/Ca 比值之间关系图解（据 Folk 和 Land，1975）

4）淡水白云石

Folk 和 Land（1975）提出，在淡水和低盐度的地下水中，由于缺乏竞争离子和通常较缓慢的结晶速度，有利于形成晶格规则的有序淡水白云石。在现代一些河流、湖泊、洞穴及土壤硬壳及淡水环境中均已发现有淡水白云石，但量非常稀少，这些白云石的鉴定特征包括：①有完整自形晶，透明度较高，晶面平坦如镜面，无任何包裹体；②常和亮晶方解石共生，形成胶结物；③难溶，溶解度约相当于普通白云石的 1/100～1/10。但是，现在对这种类型白云石成因的质疑越来越多（Land，1991）。

（三）碳酸盐矿物的结晶习性与环境

不同碳酸盐矿物的结晶习性受两个因素影响：一方面受沉淀时水体的 Mg^{2+} 及其他离子浓度（如 Na^{+}、SO_4^{2-}、Sr^{2+} 等）的影响；另一方面受沉淀时结晶速度的影响。Mg^{2+} 的丰度对晶体生长起束缚作用。在 Mg^{2+} 浓度高的水溶液里，方解石晶体侧向生长明显受到抑制。因此，在富含 Mg^{2+} 的海滩岩和从海水中直接化学沉淀出来的方解石都形成纤维状和偏三角面体的高镁方解石。在 Mg^{2+} 及 Na^{+} 丰度比较低的淡水环境中，方解石晶体的侧向生长快，多形成多面体、菱面体，甚至形成扁平的云母片状晶形。如潮上带的淡水渗流带环境或潮上淡水流环境就是如此。在埋藏的地下卤水中，来自海水的 Mg^{2+} 在渗滤过程中被白云石化消耗或被黏土矿物所吸附，Mg/Ca 比降低到 1/4～1/2，如再有淡水混合，Mg/Ca 比可降低到 1/6，形成一种富 Na^{+} 贫 Mg^{2+} 的特殊环境。在这种环境中，胶结物的方解石晶体生长不受抑制，所以多形成等轴粒状或多面体状的亮晶。由此可见，晶体习性是环境介质 Mg^{2+} 丰度的一种标志(图 10－3)。

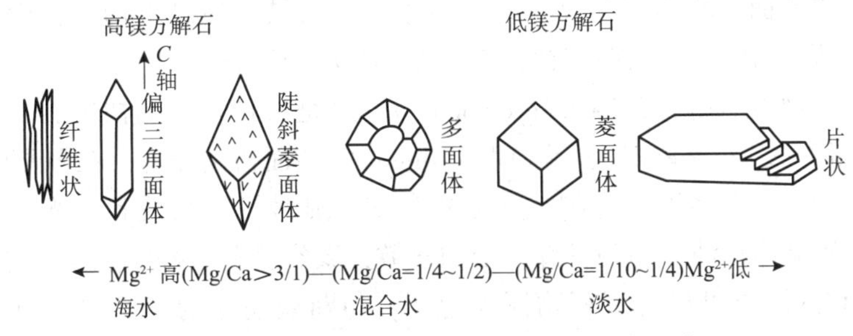

图 10－3　方解石的结晶习性与 Mg/Ca 比值的控制关系(据 Folk，1974)

沉淀环境和结晶速度对晶体大小影响很大。如从海水中沉淀，有蓝绿藻作用和细菌光合作用促进时，碳酸盐矿物由于急速沉淀所形成的晶粒都是很细的泥晶。与此相反，从孔隙水中沉淀出来的方解石，由于释放 CO_2 气体或结晶成核作用速度都比较缓慢，有利于晶体生长，形成纤维状晶囊。在近地表的淡水里，如果沉淀速度很快，则形成泥晶方解石，如在渗流带，在颗粒接触点上常形成新月形泥晶方解石的胶结物。如果是在近地表的淡水里，沉淀速度缓慢(如潜流带)，因而可以形成一个中心为粒状结构而边缘为马牙状栉壳边(即片状晶)的二世代结构。

Folk(1974)认为，白云石的结晶习性也与其形成环境有关。他认为典型原生白云石都是小于 1μm 至几毫米的完全均粒状晶体，这是由于白云石由 $Ca^{2+}-CO_3^{2-}-Mg^{2+}$ 层交替组成，所以任何从侧向来的镁都能进入相应的镁层中，侧向生长不受抑制，因而呈等大的菱形晶体。白云石晶体在 0.1～0.3mm 时，最易成自形晶，超过这一粒径时就变得易呈他形晶。原白云石常呈细粒状，因为 Ca^{2+}、Mg^{2+} 总数不相等，常引起片层间距的变形以致最后被迫停止结晶生长，所以原白云石大部分是细粒状的泥晶。但是原白云石也可以重结晶成为粗大的晶体。

Folk(1974)还分析了白云石菱形晶的不同内部构造(图 10－4)。

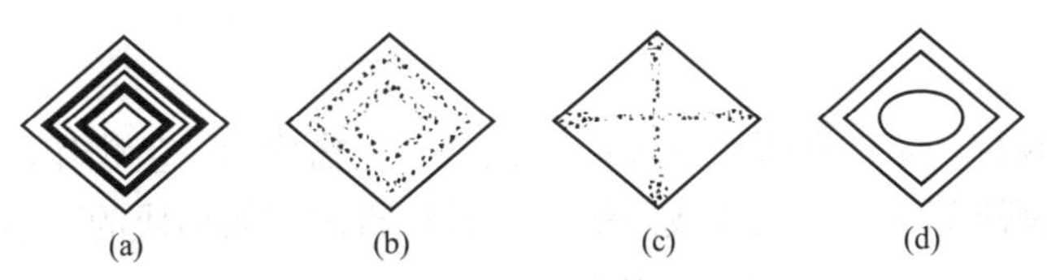

图 10－4　几种白云石菱形晶的内部构造类型(据 Folk，1974)

菱形带状构造的白云石[图 10－4(a)]：是在 Mg/Ca 比值变化的介质环境中结晶速度周期变化所致。

含铁环带构造白云石[图 10－4(b)]：有 Fe^{2+} 环带的白云石表明形成于还原环境。因 Fe^{3+} 不能进入环带，只有原生的 Fe^{2+}(出现于黄铁矿内)可以进入白云石环带，代表原始环境为还原介质性质，后期可氧化成 Fe^{3+}(变为赤铁矿—褐铁矿)。

含 Fe^{3+} 交叉带状白云石[图 10－4(c)]：Fe^{3+} 包体赤铁矿成对角线状分布，说明白云石形成于氧化环境。因 Fe^{3+} 不能进入白云石晶格内，因此只能附于晶格的四个角上，当白云石渐大时，Fe^{3+} 不断附于四个角上而呈交叉带状。

空心状白云石[图10－4(d)]：形成于超盐环境的盐水白云石，由于其结晶速度快，结构松散不稳定，易溶解。当盐水白云石形成后，如有淡水进入时，就生成淡水白云石，附生于盐水白云石晶体外面，称为附生晶。这种淡水白云石结晶慢，结构紧密而稳定，不易溶解。而盐水白云石则易溶，常被溶解掉，就形成了空心白云石。

此外，还有一种鞍形白云石(saddle dolomite)。这是一种特殊的白云石，乳白色至浅红色(与铁、锰含量有关)，晶体粗大(粒径1～20mm)，晶面扭曲成弯月(或镰刀)状，晶间常呈马鞍状(图10－5)，大多以孔缝胶结物形式存在。显微镜下具波状消光，晶体中充满了气—液包裹体，使晶体污浊，解理发育，结构松散，微裂缝多。鞍形白云石的形成温度较高(60～250℃)。它的形成可能与沉积物深埋地下，与断裂输导的较高温压热流体作用有关(Gregg和Sibley，1984；Qing等，1994；Chen等，2004；Davies和Smith，2006)。被认为是一种热流体中形成的标形矿物，常与其他热液矿物如铅锌矿、黄铁矿、石英、重晶石、萤石等共生。

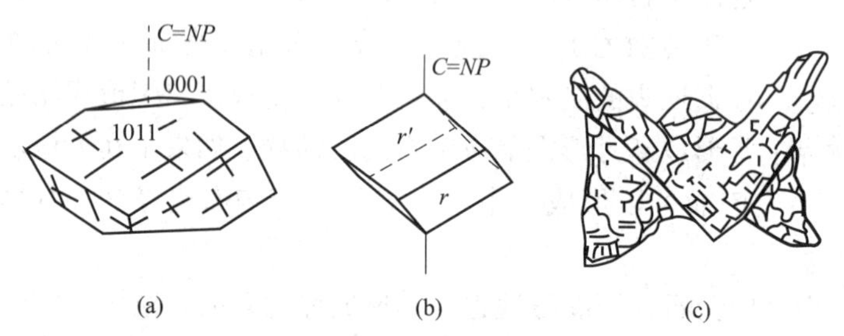

图10－5　由弯曲晶面构成的马鞍形白云石晶体(据刘孟慧，1991)

第二节　碳酸盐岩的结构组分

碳酸盐岩的结构组分主要由颗粒(grain)、泥晶(micrite)、亮晶胶结物(sparite或spar)组成。

一、颗粒

碳酸盐岩中的颗粒，是指在沉积盆地内由化学、生物化学、生物作用形成的碳酸盐沉积物在波浪、岸流、潮汐等作用下就地或经短距离搬运再沉积而形成的一系列碳酸盐颗粒。有人也称其为内颗粒。福克(Folk，1959、1962)称其为“异化颗粒”(allochem)或“异化组分”，即福克所说的“异常化学作用”所形成的颗粒或组分。它与砂岩中的颗粒有某些相似之处(如机械成因)，又有很大差别(如碳酸盐岩中的颗粒为盆内来源、既有机械的又有化学和生物化学成因)。

研究碳酸盐岩颗粒具有重要的理论和实际意义。首先，碳酸盐岩颗粒及组构特征可以反映碳酸盐岩沉积时的水动力条件(如水体能量高低、海水循环及沉积速率快慢等)，帮助识别特定的沉积相带(环境)及沉积水深，提供显生宙海洋碳酸盐矿物与海洋化学全球长期变化趋势的重要信息；其次，颗粒组合样式是重建古气候、古纬度区带的重要依据；此外，颗粒的类型、组构、矿物组成和空间展布是碳酸盐岩储集层孔隙发育的主要控制因素。

颗粒的类型多种多样，主要有非生(骨)屑颗粒和生屑颗粒两大类组成，下面对各种颗粒的特征和成因作简要介绍。

(一)非生屑颗粒

1. 碎屑(clast)

碳酸盐碎屑颗粒(limeclast)主要有两种类型：内碎屑(intraclast)和(盆)外碎屑(lithoclast, extraclast)。内碎屑主要是在沉积盆地内沉积不久的、半固结或固结的各种碳酸盐沉积物(Folk, 1959)，受波浪、潮汐水流、风暴流及重力流等的作用，破碎、搬运、磨蚀、再沉积而成的碳酸盐颗粒。常见的有潮上带弱固结的泥裂卷片，被潮汐改造就地形成扁平或板刺状的角砾或砾屑。在潮间带，高潮期或大潮期会对潮道或潮渠水道进行冲刷、改造，形成冲刷面和砾屑滞留物。在潮下带，风暴也可以对近岸特别是浪基面之下为固结的灰泥沉积进行冲刷、撕裂，就近或短距离搬运沉积的砾屑。这种砾屑一般在陆表海或缓坡碳酸盐台地比较发育，我国和美国下古生界中广泛分布的竹叶状砾屑，就是很好的实例。这种砾屑主要由泥晶组成，多呈扁饼状，长条状，似竹叶，故常称其为竹叶状砾屑(flake or edgewise pebble)，也可简称其为"竹叶"。其扁平面多与层面平行，但也有与层面斜交甚至垂直的，也有呈叠瓦状排列或旋涡状排列的(图 10－6)。有的竹叶状砾屑的表面或表层 还常呈褐色，即所说的氧化圈。砾屑之间多为灰泥基质充填，亮晶胶结物少见。当然对这种砾屑的成因也存在不同的解释(如地震)。另外，在碳酸盐台地斜坡上，重力驱动的再沉积过程(如碎屑流)也会形成内碎屑，而且往往规模比较大，且常与软沉积变形构造相伴生。

碳酸盐岩中，经常可见砾屑与砂级颗粒(如球粒)及更细颗粒共生(图 10－7)，这种砾屑往往有一定的磨圆，且与底部冲刷面相伴并发育于粒序层底部，代表曾经经历过瞬间的高能冲刷和一定距离的搬运。

图 10－6　竹叶状砾屑(撕裂的板刺状砾屑呈人字形和扇形排列，围岩为条带状泥晶灰岩；华北蓟县中元古界铁岭组顶部)

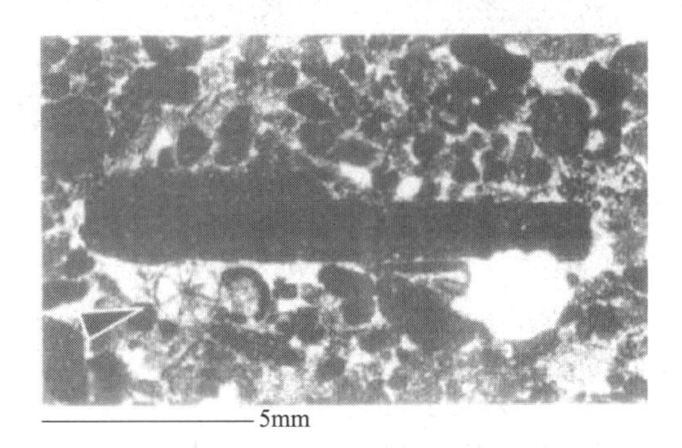

图 10－7　砾屑与球粒、鲕粒(箭头所指)共生(美国蒙大拿冰山公园前寒武系)(据 Flügel, 2004)

扁长形砾屑的排列方位对恢复古地理环境具有一定 意义。就地堆积的砾屑多作大体平行于岩层方向的排列。单向水流搬运形成的砾屑常作单向倾斜排列(叠瓦状排列)。潮汐流或正常波浪流搬运 堆积的砾屑多作双向倾斜排列。强风暴流形成的砾屑多呈放射状、扇形、菊花状排列以及杂乱堆积。

另外，外碎屑来自沉积盆地以外的较老碳酸盐岩岩屑，属于陆源岩屑颗粒。这种陆源的碳酸盐岩岩屑与在沉积盆地中形成的碳酸盐内碎屑在成分上虽然相同，即都是碳酸盐组分(灰岩或白云岩)，但形成时间明显不同，如在三叠系、第三系灰岩中含有三叶虫的岩屑颗粒。但如果缺乏明确的时限化石或岩石，判断其是否来源于盆外往往就比较困难。

2. 鲕粒(ooid)与豆粒(pisoid)

鲕粒是同时具有核心和同心纹层结构的球状颗粒，很像鱼子(即鲕)，故得名；旧时亦称为“鲕石”(oolith)，也可简称为“鲕”，由鲕粒组成的碳酸盐岩，即为鲕粒碳酸盐岩(oolite)[图10－8(a)]。鲕粒大都为中砂级到极粗砂级的颗粒(0.25～2mm)，常见的鲕粒为粗砂级(0.5～1mm)[图10－8(a)～(d)]，大于2mm的称为豆粒[图10－8(e)]。

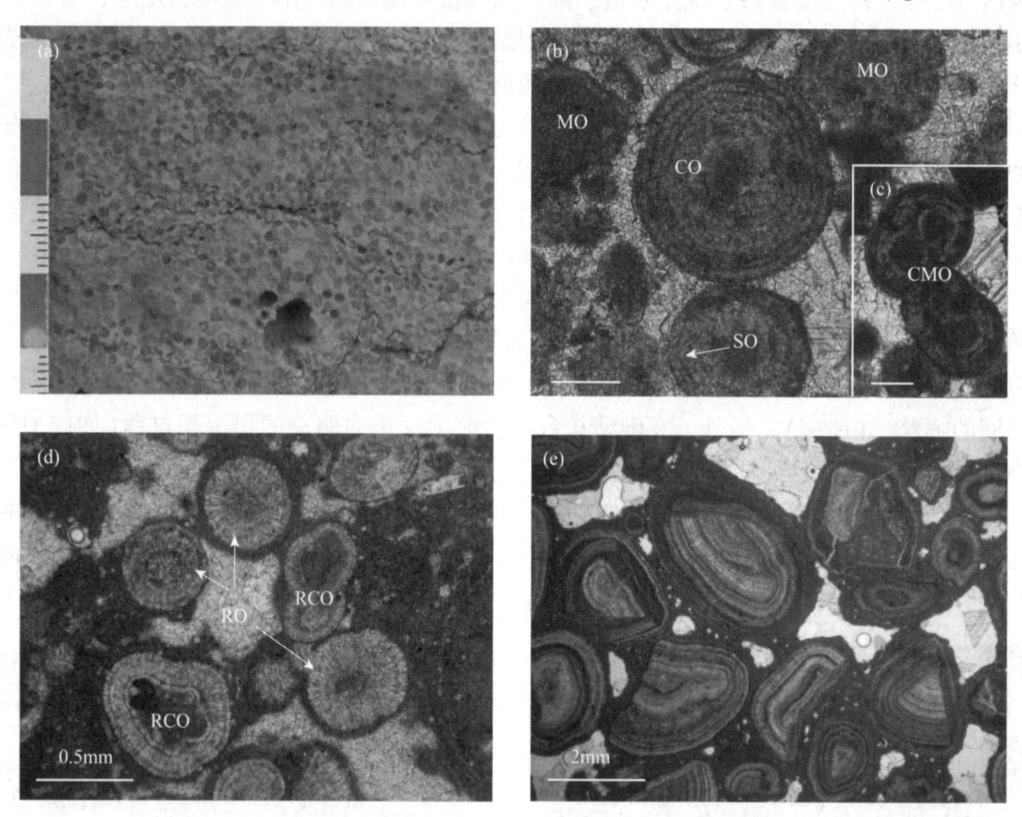

图10－8　鲕粒与豆粒

(a)宏观鲕粒(颗粒)灰岩特征(中—粗粒，毫米级比例尺)，大连中寒武统；(b)不同类型的鲕粒：具正常同心纹层鲕粒(视域中)，表皮鲕(SO)以及泥晶化鲕粒(MO)，桂林阳朔弗拉阶谷闭组，比例尺＝0.2mm；(c)由二个鲕粒组成的复鲕(CMO)，层位同(b)，比例尺＝0.2mm；(d)具放射纤维状组构的放射鲕(RO)和同时具放射状与同心纹层组构的鲕粒(RCO)，注意颗粒周缘的深色泥晶套，加拿大Williston盆地Mississipian系；(e)豆粒，注意被截断的颗粒、颗粒内的裂缝以及粒间的溶蚀孔洞(大部分被硬石膏充填)和新月形泥晶胶结物，显示其形成与暴露溶蚀作用有关，层位同(d)

鲕粒矿物组成：现代海洋环境及具高Mg/Ca比值的盐湖中的鲕粒主要由文石组成(Richter，1983；Tucker和Wright，1990)；虽然部分鲕粒由高镁方解石组成，但不常见。现代湖泊、河流、洞穴及钙质土壤形成的鲕粒一般由低镁方解石组成(Richter，1983)。鲕粒的矿物组成不仅影响成岩作用，也会影响其内部微组构。尽管豆粒在现代海洋环境不太常见，但在高盐度边缘海环境中同时存在有文石和高镁方解石组成的豆粒；而低镁方解石组成的豆粒主要见于非海相环境中，与大气淡水淋滤作用有关，而且颗粒比较粗大[图10－8(e)]。

鲕粒组构：鲕粒通常由两部分组成：内为核心，外为包壳层(cortex)。核心可以是内碎屑、化石(完整的或破碎的)、球粒、陆源碎屑颗粒等。现代海洋鲕粒包壳具有同心环状、放射状及杂乱微组构(Tuck 和 Wright，1990)。其中同心环状组构由文石针顺纹层排列所致，放射状组构由纤维状、片状文石、低镁方解石或高镁方解石组成，此种组构相对少见，主要出现在高盐度海水或湖水中。而有些鲕粒同时具有多种组构，如同时具有放射与同心环状组构。对于古老岩石中的鲕粒，一般认为其应该与现代(如巴哈马)文石质鲕粒组构类似，但需考虑地质历史中海水化学的不同(文石海、方解石海)及后期成岩的影响。

根据鲕粒的结构和形态特征，可把鲕粒进一步划分为以下几种类型：

正常鲕(真鲕)：其同心层厚度大于核心的直径，且呈球形或椭球形。一般所说的鲕粒都是指这种正常鲕[图 10－8(b)]。

表皮鲕(或表鲕)：其同心层厚度小于其核心直径。有的表皮鲕甚至只有一层同心层，即一层皮壳[图 10－8(b)]。

复鲕：在一个鲕粒中，包含两个或多个小的鲕粒[图 10－8(c)]。

放射鲕：即具有放射结构的鲕粒[图 10－8(d)]。而通常情况下，会同时具有反射结构与同心层的复合结构[图 10－8(d)]。

负鲕：即核心及同心层的大部或全部已被溶蚀的鲕粒，基本上只剩下一个外壳层，故也称为空心鲕。实际上，这是一种鲕粒内的溶蚀孔隙。

另外，在沉积期的内栖微生物泥晶化作用[图 10－8(b)]和成岩期的重结晶或白云化作用都有可能对鲕粒内部的纹层造成破坏，但大致可以从它们的外围轮廓进行判断。

关于鲕粒的成因，有许多学说和观点，但归纳起来，不外乎两种，即生物(或生物化学)说和无机说。

索尔比(Sorby，1879)是最早提出鲕粒形成于机械(无机)增生过程(即雪球生长模式)的。这种模式契合了现代海洋中鲕粒大多发现于热带浅海的动荡水体(如大巴哈马滩、波斯湾、西澳鲨鱼湾等地)的事实。卡耶(Cayeux，1935)曾提出鲕生长的必要条件是：$CaCO_3$供应丰富而且达到饱和，有充分的核心来源，水要受到搅动。在存在内核物质的前提下，鲕粒同心纹包壳的形成一般会经历搅动期沉淀、随后的憩息与休眠阶段(Carozzi，1960；Weyl，1967；Davies 等，1978；Simone，1980)。韦尔(Weyl，1967)在巴哈马地区进行了实验观察注意到，当把碳酸盐颗粒浸入温暖的饱和 $CaCO_3$ 的表层海水中，围绕这种颗粒表面的沉淀作用立刻就发生了，但几分钟以后，沉淀作用的速度就突然变慢了。这时，颗粒的表层沉淀物(即新生成的一个同心层)似乎与海水处于平衡状态。当这一新生的鲕粒(这时当然是表皮鲕)沉在海底后，虽然其粒间孔隙仍充满着海水，但这时它已变得很稳定，不再与海水发生什么作用了。假如这一表皮鲕又被动荡的海水搅动起来，又一次悬浮在饱和 $CaCO_3$ 的表层海水中，则围绕其表面的沉淀作用马上就又开始了。就这样，悬浮一次，生长一个同心层。当该地区的水动力条件不再能把它们搅动起来时，鲕粒就算最后形成，从此就长期地沉积在海底了。因此，鲕粒的同心层数 目可以表示其反复呈悬浮状态的次数，鲕粒同心层壳的厚度可以指示其处于上述反复悬浮沉积过程的时间长短。

在实验室条件下，碳酸盐矿物(文石)晶体主要沿同心纹层切线分布，与现代海相环境中的鲕粒微组构非常相似，这些发现进一步促进了鲕粒非生物成因机制的认同(Bathurst，1971；Strasser，1986)。一般而言，微生物的拓殖与活动需要周期性静水环境，而发育于涌浪或碎浪带内的鲕滩的水动力条件显然是不利的。但必须指出的是：实验条件形成的鲕粒并不能很好地反应鲕粒形成环境及内部组构的多样性，如在相对低能环境中形成的放射状或放射同心纹组构鲕粒，就很难用这种无机增生方式进行合理解释。简单化或言过其实都会掩盖一些事物的本质。

至于生物说，也是基于在鲕粒包壳中有机物质在碳酸盐富集纹层之间广泛聚焦的事实，如脂类、氨基酸、纳米级细菌成因组构、促进碳酸盐沉淀的生物膜和细菌群落以及基因功能群，所以有不少学者也认为鲕粒的形成，特别是其中碳酸盐沉淀与微生物活动有关(Fabricius，1977；Folk 等 Lynch，2001)。微生物一方面可以通过活跃的代谢作用，如光合作用、硫酸盐还原作用与反硝化作用提高海水 pH 值和碱度，促进碳酸盐沉淀；另一方面，生物膜中的胞外细胞(EPS)分泌会促进矿物晶体成核(Dupraz 等，2009)。一些学者认为是蓝细菌(cyanobacteria)的代谢活动在鲕粒形成过程中发挥了潜在作用(Fabricius，1977；Plée 等，2008)，另一些学者认为是细菌活动促进了鲕粒的形成(Folk 和 Lynch，2001；Diaz 等，2014、2015)。一些实验显示放射性鲕形成于低能、存在腐殖酸的碳酸钙饱和海水中，包壳中顺同心纹切线排列文石组构形成于动荡的饱和海水中(Davies，1978)，非定向的泥晶组构则由微生物/有机质作用形成(Newell 等，1960)。鲕粒包壳中大约含 0.3% 的酸不溶有机质(Newell 等，1960)，但这些有机质是如何进入鲕粒内部组构中的，仍然是一个争论的问题。要解决这些问题需要在不同环境背景下识别有机质来源及进入鲕粒组构的机制。总之，鲕粒形成过程中的微生物作用是客观存在的，有些是直接的，而另一些则是间接的。

3. 核形石(oncoid)

是一种由核心和非同心、不等厚包壳组成的包粒(coated grain)，纹层可以有叠覆(图 10－9)。其直径大于2mm(一般为 10～20mm)，小于 2mm 者，称为微核形石；形态多样，主要受内核形态约束。主要由核形石组成的碳酸盐岩可称之为核形石碳酸盐岩(oncolite)。核形石的核心主要是各类生物碎屑组成，如苔藓、珊瑚、层孔虫、腕足，腹足、有孔虫、藻类与蓝细菌等。包壳具有不同的组构，如致密泥晶组构，泡沫海绵组构以及孔层组构(具泥晶壁细管体)(Monty，1981)，被认为主要是通过微生物(蓝细菌)黏液机械捕获、黏结碳酸盐细粒沉积物而形成(Tucker 和 Wright，1990)。核形石主要形成于较浅水环境，特别是有点局限的潮缘环境，其形态反映了一定的水流强度。

4. 集合粒(aggregate grain)

沉积于海底的几个或多个颗粒(鲕粒、球粒、生物颗粒等)粘接或胶结在一起，形成一个集合颗粒(图 10－10)。组成颗粒一般泥晶化严重，大小介于0.5～3mm，形态不规则。由于这种颗粒外形像葡萄串，伊林(Illing，1954)称其为“葡萄石”(grapestone)，也有人称这种颗粒为复合颗粒(composite grain)。葡萄石一般形成于受保护的滩后相对低能环境，水流可以搬走细粒沉积，但不能搬走砂级颗粒。

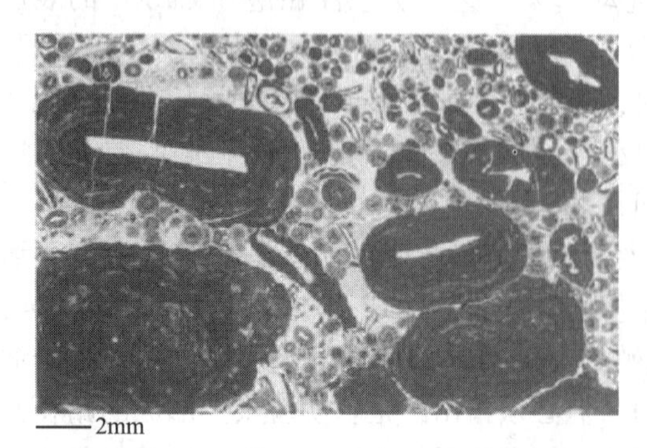

图 10－9　具骨屑及蓝细菌核心的核形石

(意大利二叠系)

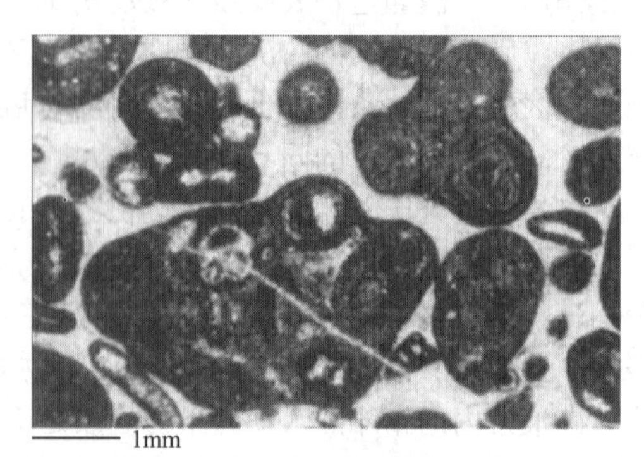

图 10－10　葡萄石

(墨西哥下白垩统)

团块(lump)是指通过葡萄石进一步胶结、凝聚或蓝细菌黏结碳酸盐颗粒和而形成的周缘轮廓更圆滑的复合颗粒，它们通常具有内部孔洞，颗粒泥晶化更强，它们是葡萄石进一步演化(熟化)的产物。与内碎屑不同，团块并不是早期固结的石灰岩层被波浪或水流破碎而成的，而是通过胶结或黏结作用原地形成的，后期可以经过搬运、磨蚀、再沉积。如果葡萄石和团块周缘有一薄层鲕状包壳，则可称之为葡萄状或鲕团块(botryoidal or ooidal lump)。

微生物/藻团块(microbial/algal lump or aggregate)是指生物膜、蓝细菌或藻类丝状体絮凝作用形成的碳酸盐颗粒，内部往往显示微生结构，周缘形态不规则。一般形成于局限的潟湖环境，往往与微生物席有关。

5. 球粒(peloid)

通常把砂级—粉砂级(一般0.1～0.5mm大小)、由灰泥组成的、不具特殊内部结构的、球形或卵形的颗粒[图10－11(a)]，叫作球粒(peloid)，该术语是一个纯粹描述性术语(Mickee和Gutschik，1969)，更细的(20～60μm)也称之为微球粒(micropeloid)[图10－11(b)]。球粒是一组多成因颗粒：①机械成因，即一些分选和磨圆都较好的粉砂级或砂级的颗粒，可以是较粗内碎屑、灰泥底质甚至微生物席的破碎、搬运形成。这种类型颗粒往往有比较好的磨圆和分选。②颗粒(如骨屑、鲕粒)的深度泥晶化也可形成似球粒的颗粒(Bathurst，1975)。其形态变化大(长条形到圆形)，往往受初始颗粒形态控制。③生物排泄成因，即由一些生物排泄的粒状粪便形成的，这种成因的球粒亦称为粪球粒(fecal pellet或pellet)。粪球粒呈卵形或椭球形，分选甚好，有机质含量一般较高，在薄片中呈暗色，这是鉴别粪球粒的重要特征。形成粪球粒的生物有多种，如一些蠕虫类、腹足类、甲壳类动物等。巴哈马台地上的粪球粒主要由软体动物和甲壳类产生；佛罗里达湾的粪球粒主要由沙蚕类蠕虫和甲壳类动物(特别是美人虾产生；波斯湾地区的粪球粒主要由腹足类蟹守螺产生。粪球粒可形成于多种环境，如潟湖、深水潮下带、深水盆地等，但由于粪球粒刚形成时是松软的，极容易破碎或压实。④微生物(细菌)诱导的球状集合粒(Chafetz，1986；Reid，1987；Riding和Tomas，2006)。这类型球粒往往粒径较小(粉砂级居多)，边缘形态模糊，并被自形或半自形亮晶方解石镶边(或环绕)[图10－11(b)]，这种类型球粒一般在微生物岩和生物礁灰岩中常见。但要严格区分碳酸盐岩中球粒的不同成因是非常困难的。

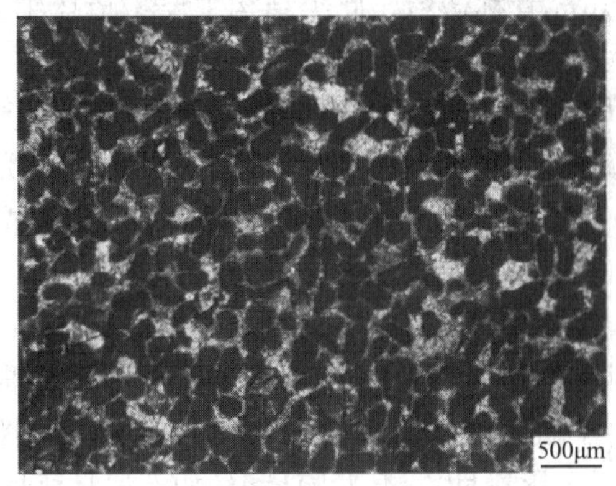

(a)来自顺南501井，7069m

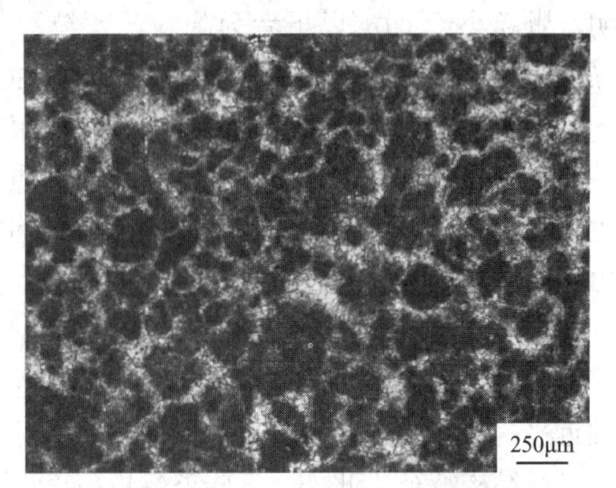

(b)来自顺南7井，7133.74m(注意其中的微生物碎屑)

图10－11　塔里木盆地下—中奥陶统一间房组复成因球粒

（二）生屑颗粒（skeletal grain）

生屑颗粒是指生物骨骼及其碎屑，也可称为“生屑”“生粒”“骨粒”“骨屑”等。生物组分（含生物颗粒和格架）是大多数碳酸盐岩内常见的组成部分，大多数无脊椎动物和造岩微生物、藻类化石都是由碳酸盐矿物组成的。

生物化石具有重要的指相意义。蓝细菌、藻类由于需要阳光进行光合作用，其生活的水深不超过10m，一般在十几米以内，尤其是蓝细菌。腕足类、有孔虫、棘皮类、三叶虫、海绵类、珊瑚、苔藓虫、层孔虫等是窄盐性（stenohaline）生物，通常生活在正常的浅海环境。其中，海绵类、珊瑚、苔藓虫、层孔虫是造礁生物，对水深、盐度、温度、水体清洁度、水体能量等要求都很严格。与之相对应的是一些广盐性（euryhaline）生物，如腹足、介形虫，可以生活在正常浅海、局限潟湖甚至半咸水中；而一些生物则营游泳（nektonic）或浮游（planktonic）生活方式，如头足类（菊石、角石）和竹节石、放射虫，往往生活在深水环境中。

生物组分的显微结构特征是显微镜下鉴定碳酸盐岩中生物化石颗粒和生物格架的主要标志之一。化石显微结构主要指生物组分组成晶体和晶体组构的形态、大小、排列方向及其相互关系。根据方解石（或文石）晶体的空间形态和排列组合，可以分为粒状、纤状、柱状、片状、单晶5大显微结构类型（戴永定，1977、1994）。

1. 粒状结构（grained texture）

由光性方位杂乱、三向大致等轴的方解石（或文石）晶体组成。它是低等生物如细菌、藻类植物、原生动物、古杯动物的主要显微结构特征，也广泛发育于海绵动物、腔肠动物和苔藓动物早生层以及腕足类和软体动物的胚壳。粒状结构按成因和粒的大小可分为以下三种。

（1）胶粒结构（agglutinated texture）：或称黏结结构，系由生物分泌有机质或非晶质矿物如硅质、磷质和钙质胶结稍大的方解石、石英粉砂、碳酸盐粒屑、骨屑等组成。此类结构仅见于最低等生物，如蓝细菌、红藻、钟纤虫、低级有孔虫（如沙盘虫超科）和多毛纲。此外，在多毛类栖管尤为发育，如帚毛虫。

（2）隐微粒结构（crypto－micrograined texture）：又称隐微粒结构，由小于10μm的均匀镁方解石、方解石（或文石）颗粒组成，常伴生较多有机质，在一般碳酸盐岩薄片中色暗不透明。颗粒小于1μm以下者为隐粒，颗粒1～5μm者称微粒。此类结构主要构成蓝细菌、红藻、褐藻、金藻、甲藻、古杯以及大部分原生动物和某些海绵的硬体。

（3）晶粒结构（crystograined texture）：系由大于5～10μm的均匀方解石颗粒镶嵌组成，单偏光下透亮。常见于绿藻、软体动物、钙质海绵、六射珊瑚、水螅等原生硬体为文石质的古生物化石中。海绵体壁和骨针多为晶粒结构。除海绵体壁和骨针外，大部分晶粒结构成因系由文石转化而成。

2. 纤状结构（fibrous texture）

此种结构系由平行或放射状排列，单向延伸的方解石（或文石）晶体组成，光性C轴与长轴近乎一致。为腔肠动物、节肢动物（钙壳）、海绵动物、无脊椎磷质壳和轮藻藏卵器的主要显微结构特征。此外，某些苔藓虫（如泡孔目、唇口目）、某些腕足类（如五房具亚目）、某些有高级有孔虫（如轮虫目）、大多数软体动物和环节动物龙介科的外壳也发育此类结构。按晶体大小和形态可分为层纤、柱纤、球纤、柱层纤、玻纤五类（图10－12）。

(a)圈球纤状结构
(b)锥球纤状结构
(c)层纤状结构
(d)柱纤状结构

图 10－12　各种纤状结构的立体图(据 Fenninger 和 Flajs，1974)

(1)球纤状结构(sphaerofibrous texture)：纤体从隐微粒基点向四周围辐射生长，直至相互嵌结为止。进一步分为圈(圆)球纤和锥球纤[图 10－12(a)(b)]，径切面分别显示圆形和扇形断面，显放射十字消光；旋切面近圆形断面，微粒状不均匀波状消光。此类结构主要见于某些无铰纲、甲壳纲、水螅纲、八射珊瑚、硅质海绵和蛋壳乳突，主要由文石质组成，但也有镁方解石组成者。

(2)层纤状结构(laminofibrous texture)：纤体由钙化基面一侧或两侧垂直生长，相互平行，并随基面弯曲而改变方向，但也有斜交基面的；由于纤体生长周期性，常形成多层纤体[图 10－12(c)]。在平行层切面中，正交偏光下显示透明微粒状。主要发育于层孔虫、横板和四射珊瑚、介形虫、钙质海绵骨针以及某些泡口目苔藓虫、某些内卷虫目和蜓目有孔虫和鱼耳石中。

(3)柱纤状结构：纤体从隐微粒基线向外、向上生长，多呈束状或喷泉状，即抛物线状，向外角度逐渐增大，到边缘近乎垂直[图 10－12(d)]。横切面显十字消光，纵切面显左右摆动消光，旋切面显不均匀波动效果。此种结构主要发育于轮藻藏卵器、海绵、水螅、层孔虫、六射珊瑚、八射珊瑚、四射珊瑚及层孔虫和某些苔藓虫。矿物成分一般为文石，其次为镁方解石。

(4)柱层纤状结构(prismolaminofibrous texture)：纤体由假想的中心线向前向外辐射生长，形成喷泉状放射纹。由于纤体生长的周期性，因而产生拱曲的层纹，当它沿一个方向连续生长时就形成柱体。其消光特征与柱纤结构基本相同。它仅见于软体动物(单板、多板、腹足、掘足、瓣鳃和头足等纲)的外层以及腹足类的口盖、鱼耳石和轮藻藏卵器中。矿物成分只有文石。

(5)玻纤状结构(hyalofibrous texture)：系由小于 1μm 的纤体垂直壳面呈螺旋形或直线延

伸排列而成。在单偏光下均一透明，不显示结构，正交偏光下，显示均匀波状消光。此结构主要为节肢动物三叶虫和大多数甲壳纲的特征。此外，轮虫目等有孔虫、塔节石目、光壳节石目、异足目、似栗蛤超科和某些贻贝超科外层等也呈此结构。

3. 柱状结构(prismatic texture)

柱体直径一般 5 ~ 300μm，断面呈多边形，四边、五边或六边形。长轴垂直或斜交壳面，*C* 轴方位不定，延长度比纤体小，可向晶粒状过渡。有铰纲类腕足(五房贝目、无洞贝目、五窗贝目和石燕贝亚目)和豆石介科的内壳层。柱体有方解石组成，由文石柱纤或柱层纤演变而来。

4. 片状结构(foliated texture)

片状结构由近乎平行、双向或单向延长的方解石(或文石)片以各种方式叠集而成(图10 - 13)。

片状结构常见于苔藓、腕足、软体和环节龙介动物硬体部位中。片状结构可以按其方解石或文石片的叠集方式分为叶状片结构、交错纹片状结构和珍珠片状结构。

(1)叶状片结构(又称平行片状结构)：由方解石(或文石)叶层叠集而成。光性 *C* 轴包含于叶层纹层中，方位不定。单偏光下叶纹面与切面垂直时(特别与下偏光垂直时)色暗；叶纹面与切面平行时则色浅透亮。在正交偏光下仅在垂直切面上可出现波状消光。叶层厚一般 0. 5 ~ 5μm。此结构常见于苔藓、腕足动物和龙介类栖管，以及竹节石目、牡蛎超目和扇贝超目中。大部分苔藓虫和腕足类为纤体或纤柱组成的叶层(故称叶纤结构)。扭月贝目腕足类和大部分窄唇纲苔藓虫由小片条组成叶层(故称叶片结构)，叶层纹大部分平行壳面分布，但也有倾斜和交错的。

(2)交错纹片状结构(crossed lamellar texture)(图 10 - 14)：交错纹由小于 1μm 的方解石(或文石)小片平行叠集而成，呈楔形或板状，厚 4 ~ 40μm，宽与壳层厚度一致，长达数毫米。纹大多数倾斜层(壳)面，但也可以近乎直立或平行。同一纹中小片 *C* 轴方位一致。在正交偏光下，交错纹作为独立消光单位。两相邻纹的小片倾斜方向相反；两相隔纹的小片排列方向相同，消光位一致。此类结构见于多板、软舌螺、腹足、掘足和瓣鳃等软体动物化石中。矿物成分由文石组成。

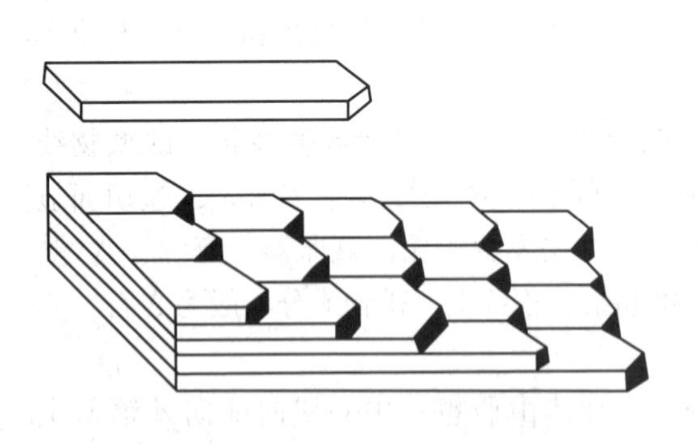

图 10 - 13　平行片状结构立体示意图
(据 Kobayashi，1971)
左上为长形板

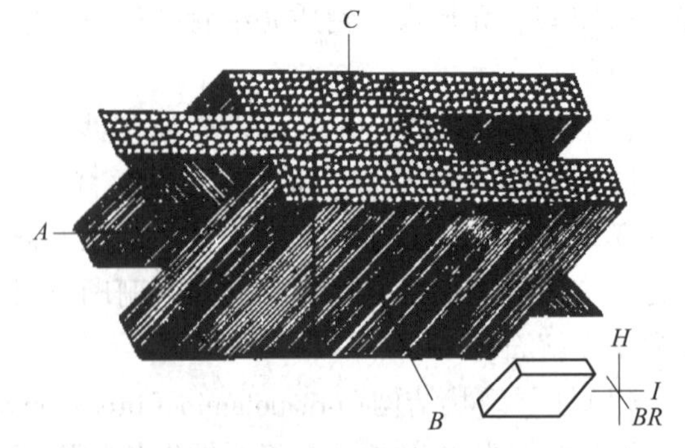

图 10 - 14　交错纹片结构立体素描图(据 Hass，1972)
见于多板目中，一级为纹，二级为片，三级为纤体；
A、*B*、*C* 代表方石拟单晶的结晶轴；*H* 代表纹的垂直轴；
I 代表纹的长水平轴；*BR* 代表纹的短水平轴

(3)珍珠片状结构(图10－15)：亦称珠母结构。由厚度小于1μm的文石片组成。根据怀斯(Wise，1970)对软体动物珍珠层扫描电镜资料分析，文石小片厚为0.3～1μm，宽5～10μm，开始呈六边形或圆形、椭圆形，在生长过程中逐渐扩大连成为一大层体。光性 *C* 轴垂直板面，*B* 轴大致与板生长方向一致。珍珠片状结构含有机质较高，其文石小片间夹有机薄膜，厚度均匀，隔若干片出现较厚的暗色有机膜，呈水平层纹。小片横向 连接处也有有机膜分离，其上下一致，往往可垂直延伸很远，甚至达整个层，并易于裂开，形成垂直节理或横裂纹。横裂纹可将珍珠层分割成柱状，每一柱体为独立的消光单位；加上水平层纹，把柱体再切成许多小方块。此结构为高级软体动物的主要特征，如组成头足壳层的主体与某些双壳类、腹足类的中层和内层。珍珠主要由这种结构组成，因而称为珍珠片状结构。

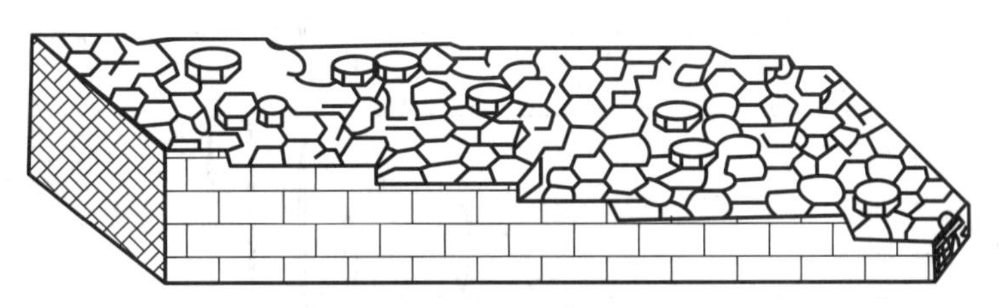

图10－15　珍珠片状结构的立体示意图(据Kobayashi，1971)

上面相当于内壳面，其珍珠片状结构已暴露，可见六边形的文石小板

5. 单晶结构(monocrystal texture)

这种结构是指骨片的全部或局部由一致消光的单一晶体或双晶组成。巴森(1963)根据X射线分析结果认为，消光一致的晶体实际上是由一般偏光显微镜下看不到的晶粒组成。有时在好的偏光显微镜下可见晶粒大小在1μm以下。其 *C* 轴几乎完全平行排列，而4轴排列方向也只有几度之差。单晶结构为棘皮动物的主要结构特征，个别软体动物种属、个别海绵骨针、盘旋虫科有孔虫和正颗石藻目也见有单晶结构(但也可能是晶粒结构重结晶而成)。按单晶形态可分简单、共轴、共轭单晶三种结构。

(1)简单单晶结构(Single monocrystal texture)：不具构架和穿孔，仅见于棘皮动物骨壳和骨骼的内外表面，疣突表面、关节表面和小刺以及某些钙质骨针和盘旋虫科有孔虫。

(2)共轴(连生)单晶结构(coaxial monocrystal texture)：骨片由单晶方解石组成，呈一致消光，有时可见解理纹。为海百合骨板的主要特征。海百合活着时，有机纤维呈网格状布满整个骨板，并将骨板包裹和连接起来，分泌而充填于有机网格中的方解石亦组成网格，其旋旋光性在整个骨板中一致。海百合骨板原生孔隙高达50%，死后有机纤维网格多被腐烂消失，仅残留有机质尘点，但有机纤维网格被保留于骨板边缘，有时孔隙被泥晶方解石充填。海参骨片和骨针与海百合相似，亦为连生单晶。根据有机质网格、尘点、次生长大、多孔隙引起的灰色色调等标志，可与非生物成因的单晶相区别。

(3)共轭(网格)单晶结构(conjugated monocrystal texture)：这是一种网格穿孔由外来单晶方解石次生充填而成的结构，其 *C* 轴与原生单晶方解石 *C* 轴相互垂直。原生单晶方解石的 *C* 轴多为弦向，也可以呈径向。此结构为海胆类骨板和棘刺的主要特征。在一些海胆中，*C* 轴方向在不同生长阶段可以改变，也有某些种 *C* 轴倾斜，其倾角逐板而异。

生物硬体的显微结构和软体一样，存在由低级到高级、从小到大、由简单到复杂的演化特点(戴永定，1977)。随着无脊椎动物由低级到高级的发展，各种原生方解石(或文石)显微结构也存在着粒状—纤(柱)状—片状—单晶结构的系统演化(图 10 - 16)。

同一门类化石的显微结构特征也存在着一定演化进程。藻类从 32 亿年前就存在最古老的胶粒结构，10 亿年前开始出现红藻的隐粒结构，晚志留世出现轮藻藏卵器外壳的纤(柱)状结构。有孔虫类从寒武纪初开始出现胶粒壳的低级种属，奥陶纪出现微粒壳，晚志留世开始出现层纤内层，二叠纪出现玻纤壳，直至中生代玻纤层越来越发育，除隐粒壳外，其他结构类型逐渐衰退。在苔藓类中，也可见到从粒状(低级种属)向纤状到平行片状的演化。

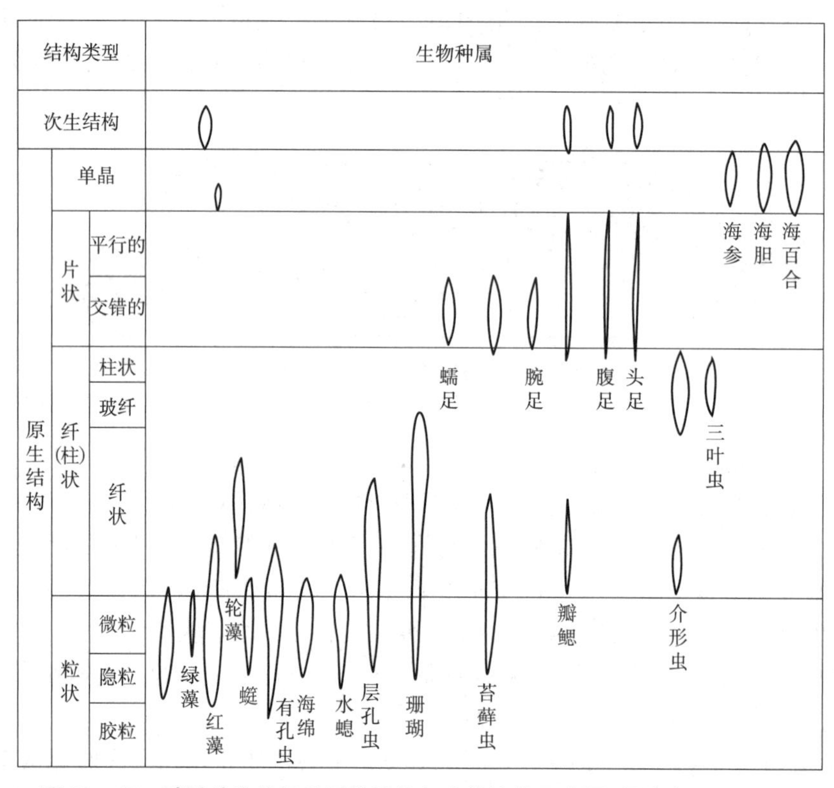

图 10 - 16　碳酸盐生物组分显微结构与生物演化示意图(据余素玉，1982)

不同种属生物形成的骨屑颗粒结构在成岩过程的保存状况在很大程度上取决于它们的初始矿物组成(图 10 - 17)。由不稳定矿物(如文石和高镁方解石)组成的骨骼和植物叶状体的原始结构很难保存，特别是文石质壳体或叶状体在成岩过程中几乎被完全溶解，并被亮晶方解石充填，即使没被完全溶解，其显微结构也被破坏殆尽，有时仅仅保存了被泥晶套限定的壳体形态(Tucker 和 Wright，1990)。泥晶套的形成与骨屑停滞海底时内栖生物(藻类、蓝细菌和真菌)的钻孔活动有关，这些数微米至数十微米的钻孔被泥晶充填，随着时间的推移，这些泥晶充填的钻孔连接成带并最终在骨屑外缘形成泥晶镶边或泥晶套[图 10 - 18(a)(b)]。在成岩期，文石质骨骼被溶解成被泥晶套限定骨屑轮廓的铸模，并被亮晶方解石充填(图 10 - 18(c)(d)；Bathurst，1966)。另外，文石也可能是通过低镁方解石的交代[小规模溶解—沉淀被(钙化作用)]的形成的，由此可保持初始壳体结构泛影[图 10 - 18(e)]，形成的方解石富含文石包体并显示多色性(Sandberg 和 Hudson，1983)。

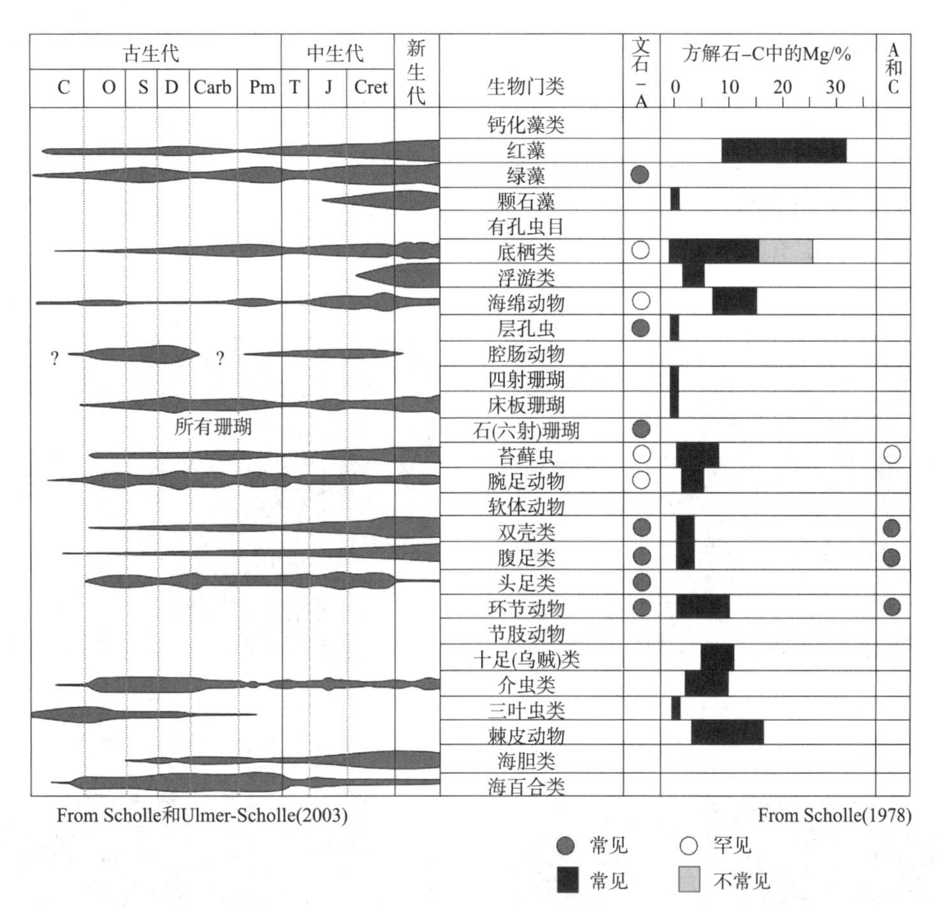

图 10－17　由骨架生物生产的碳酸盐颗粒(骨屑)的地质分布范围和矿物成分(据 Jones，2010)

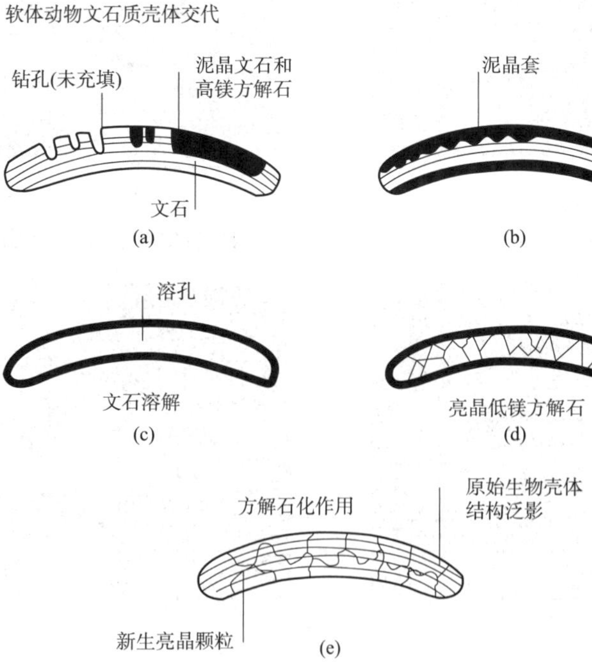

软体动物文石质壳体交代

钻孔(未充填)

泥晶文石和高镁方解石

文石

(a)

泥晶套

(b)

溶孔

文石溶解

(c)

亮晶低镁方解石

(d)

方解石化作用

原始生物壳体结构泛影

新生亮晶颗粒

(e)

图 10－18　软体动物文石质壳的交代(据 Tucker 和 Wright，1990)

(a)～(d)溶解—胶结作用过程；(e)钙化过程，保留了初始矿物的残留微结构高镁方解石组成的骨屑向低镁方解石转变时，在低倍显微镜下很难观察到结构的变化，但在扫描电镜下可以观察到清晰的超微结构变化(Sandberg，1975)。在转换过程中，二价铁离子可能被结合进方解石晶格中，形成铁方解石，这种形式的铁可以组成初始矿物消光形式的标志。由低镁方解石组成的生屑颗粒，如腕足和颗石藻，在成岩期是相当稳定的。

常见的钙质生物化石，包括腕足类、棘皮类、腹足类、头足类、瓣鳃类、三叶虫、介形虫、有孔虫、层孔虫、海绵、珊瑚、红藻、绿藻、轮藻等类型的显微镜下特征见图 10－19～图 10－34。

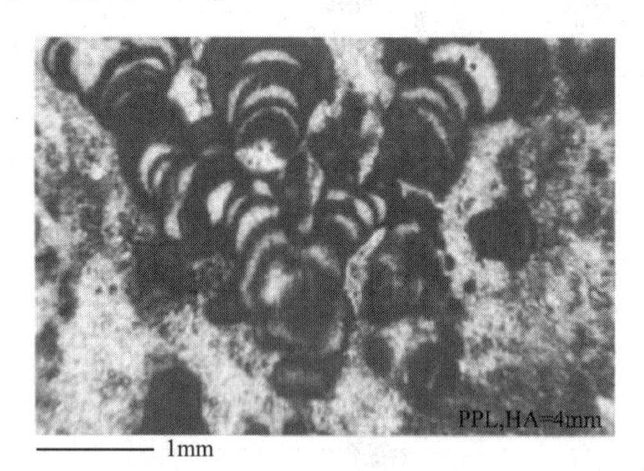

图 10－19　蓝细菌中的肾形菌
(西澳 Canning 盆地上泥盆统)

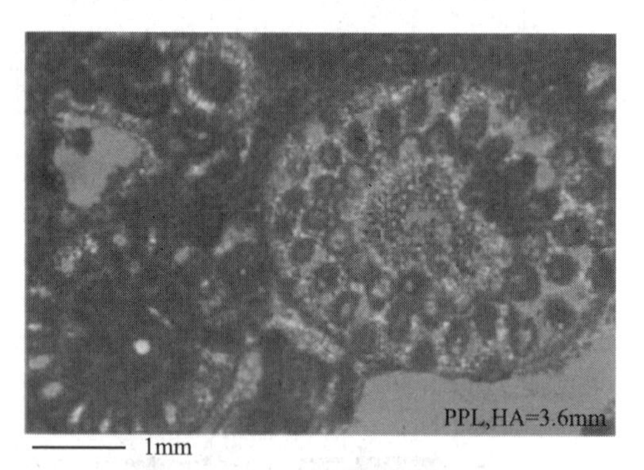

图 10－20　绿藻门之米齐藻
(美国得克萨斯州上二叠统)

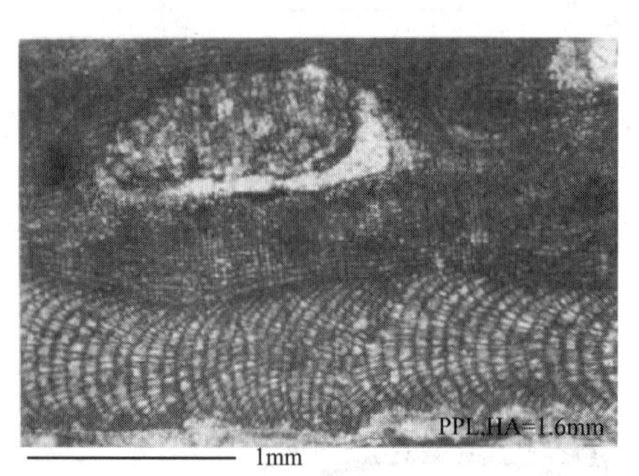

图 10－21　红藻门之珊瑚藻
(阿鲁巴岛上新统一更新统)

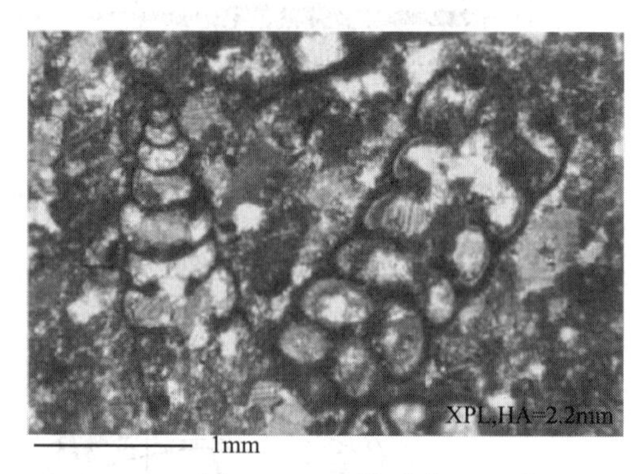

图 10－22　有孔虫
(美国犹他州东南部宾夕法尼亚亚系中统)

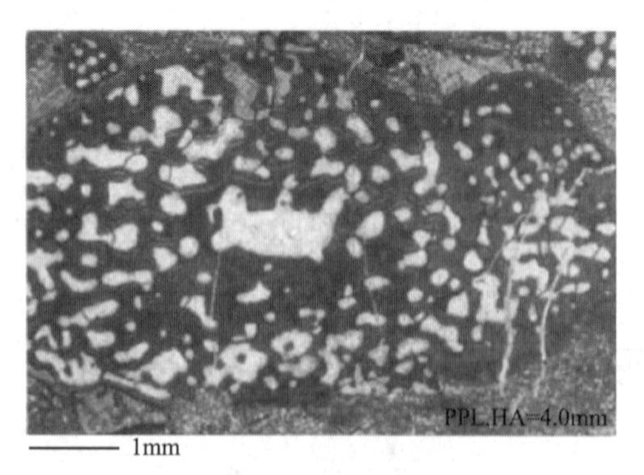

图 10－23　古杯
(加拿大拉布拉多区下寒武统)

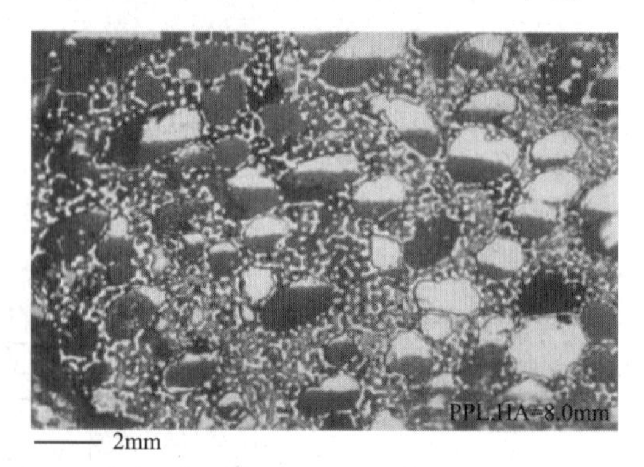

图 10－24　海绵
(突尼斯上二叠统礁体)

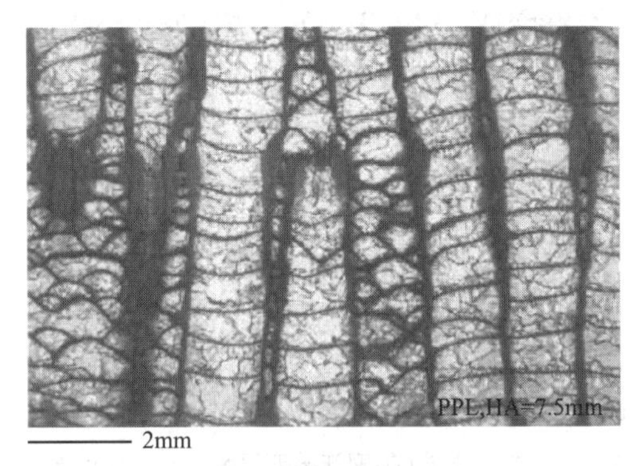

图 10－25　珊瑚(美国俄克拉何马州上奥陶统)

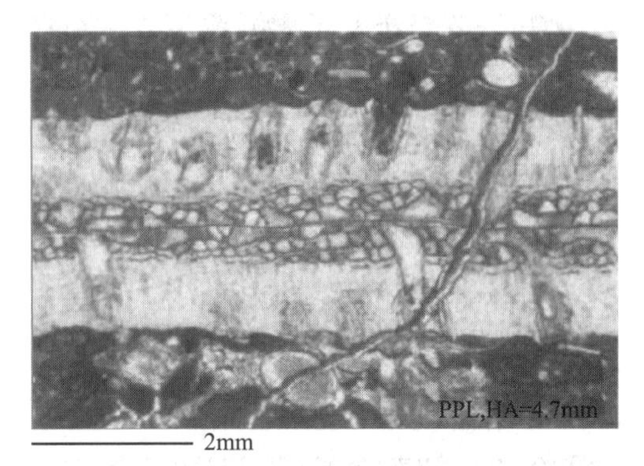

图 10－26　苔藓虫(美国得克萨斯州中二叠统)

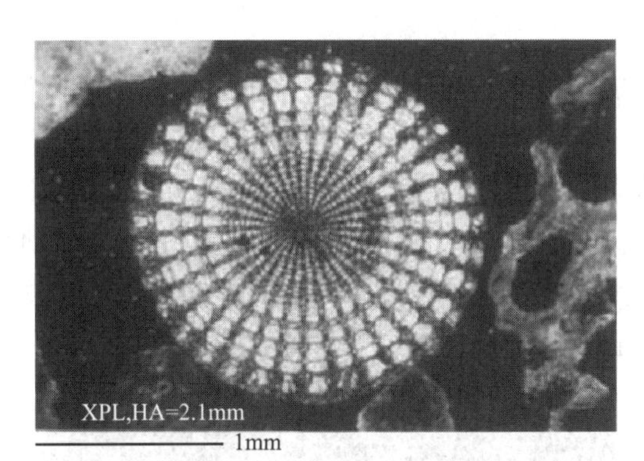

图 10－27　海胆刺(伯利兹现代沉积物)

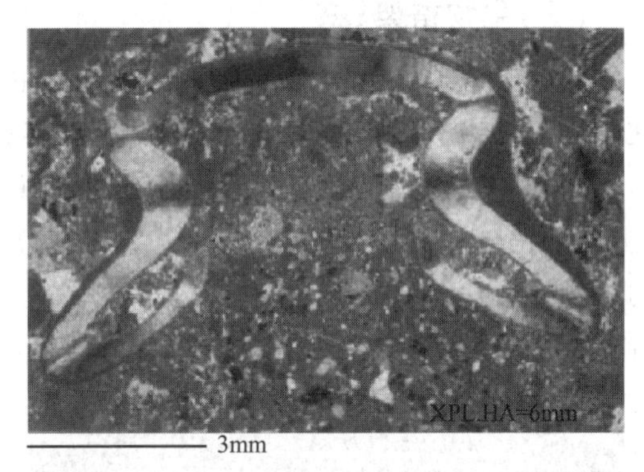

图 10－28　三叶虫(美国得克萨斯州下奥陶统)

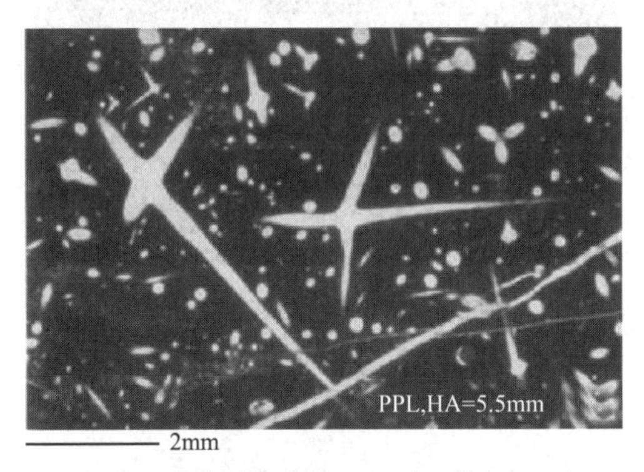

图 10－29　海绵骨针(摩洛哥下侏罗统)

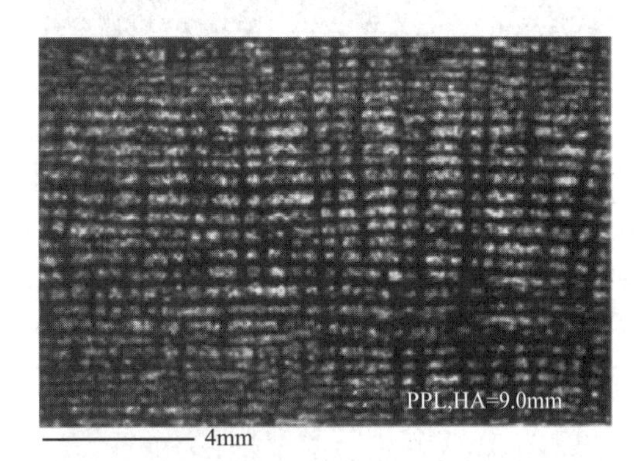

图 10－30　层孔虫(美国爱荷华上泥盆统)

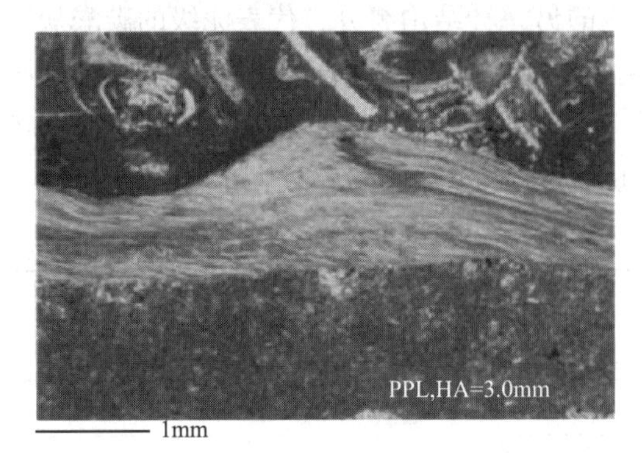

图 10－31　腕足(美国肯塔基州上奥陶统)

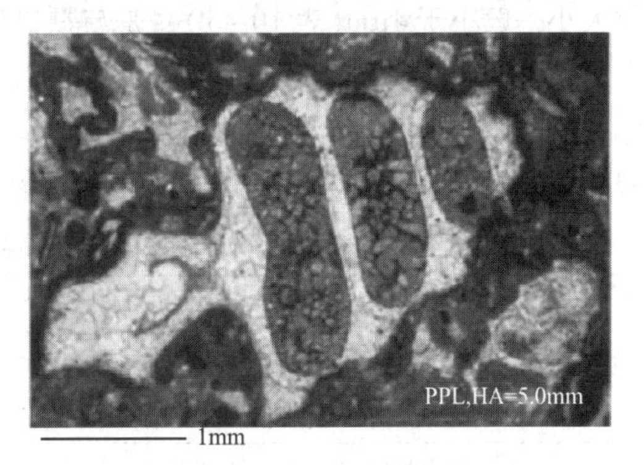

图 10－32　腹足(摩洛哥中侏罗统)

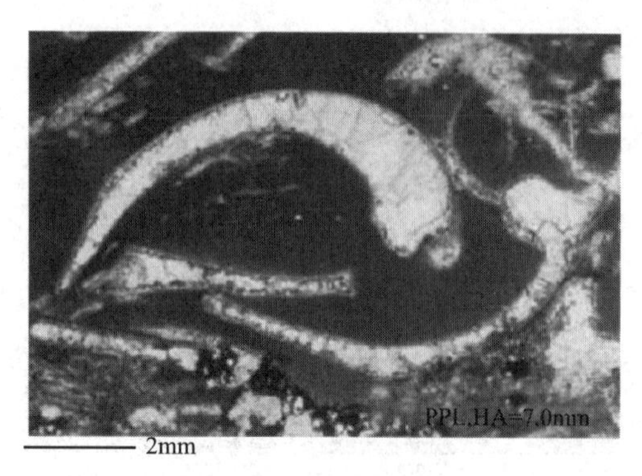

图 10－33 双壳(瓣鳃)类(波兰中三叠统)

图 10－34 海百合茎(美国新墨西哥州密西西比亚系下统)

(三)生物格架

生物格架，主要是指原地生长的群体生物(如珊瑚、苔藓、海绵、层孔虫等)，以其坚硬的钙质骨骼所形成的骨骼格架(图 10－35)。

另外，一些藻类，如蓝细菌和红藻，其黏液可以黏结其他碳酸盐组分，如灰泥、颗粒、生物碎屑等，从而形成黏结格架，如各种叠层石以及其他黏结格架(图 10－36)。这种类型的生物格架在前寒武纪以及显生宙一些重大地质转折期(如宏体生物大绝灭期)广泛发育。骨骼格架及黏结格架都是生物格架，它们是礁碳酸盐岩的必不可少的组分。

图 10－35 现代海底骨架礁

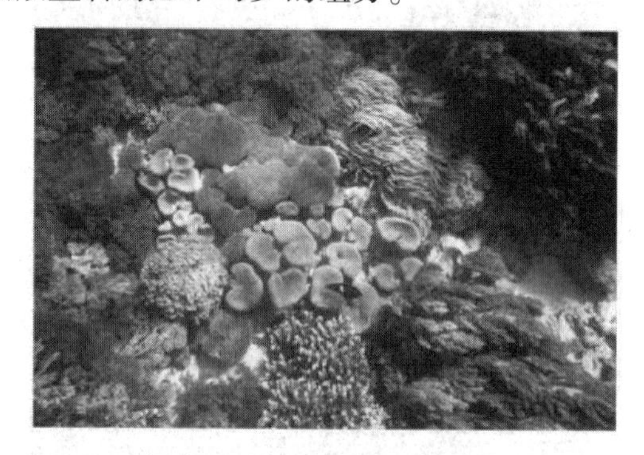
图 10－36 现代海底黏结礁

二、基质(matrix)

大部分碳酸盐岩(特别是灰岩)基质由致密、细粒的泥晶(micrite)方解石晶体组成，晶粒大小一般小于 4μm(表 10－1)，是与颗粒相对应的另一种结构组分，代表泥级的碳酸盐质点，包括灰泥(lime mud)和云泥(dolomitic mud)。电子显微镜观察表明泥晶通常是非均质的，一些区域细些，一些区域粗些。它可以与颗粒同时通过机械方式沉积并充填在颗粒之间，构成填隙物(图 10－37)，也可以独立支撑构成岩石(图 10－38)。

表 10－1 灰岩和白云岩中晶粒大小分级与术语(据 Folk，1962)

特粗晶(extremely coarsely crystalline)	>4mm
极粗晶(very coarsely crystallien)	1～4mm
粗晶(coarsely crystalline)	1～250μm
中晶(medium crystalline)	62～250μm

续表

细晶(fine crystalline)	16 ~ 62μm
极细晶(very fine crystalline)	4 ~ 16μm
隐晶(aphanocrystalline or cryptocrystalline)	1 ~ 4μm

泥晶在成岩过程中易于发生递进型重结晶作用(即新生变形作用)，形成更粗、晶面弯曲或缝合的微亮晶嵌晶。Folk(1959)曾引入了微亮晶(microspar)的术语，用于描述5 ~ 15μm的晶体颗粒(极细晶的晶粒范围)；但不同学者对此有不同的理解，有的学者把它仅限于重结晶的灰泥或泥晶。许多国内学者把该级别晶体称之为"粉晶"，但国际上很少这么用的。而对于黏土泥基质的界定，一般是指粒径小于62μm的泥级颗粒，碳酸盐岩中的泥晶粒径的定义应该小于此值为宜。一些学者把隐晶进一步细分成微晶(microcrystalline，1 ~ 10μm)和隐晶(<1μm)(Bissell 和 Chilingar，1967)，其中前者与极细晶大小存在部分重叠。

在现代碳酸盐沉积物中，灰泥大都由针状文石和高镁方解石组成，这种针状文石晶体的平均长度接近3μm，宽度约为长度的1/10。而高文石含量的灰泥容易遭受新生变形，形成微亮晶；高镁方解石在成岩过程中易被低镁方解石交代，灰泥初始镁含量会控制低镁方解石的晶体大小。

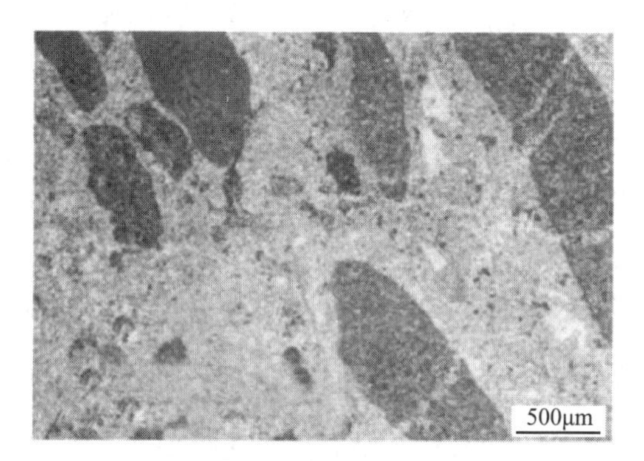

图10-37　内碎屑间的灰泥基质构成填隙物(华北古生界)

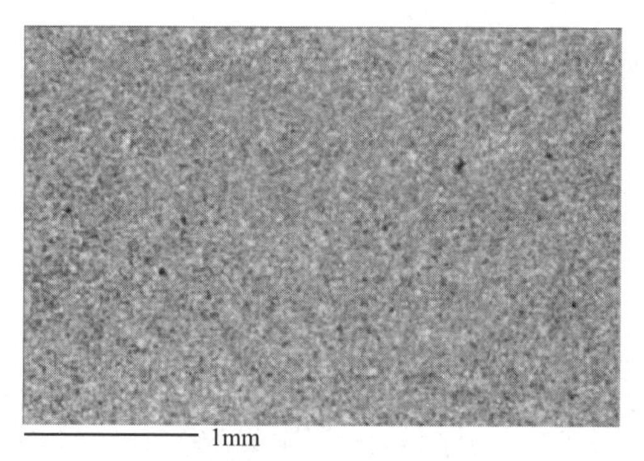

图10-38　灰泥独立支撑构成灰泥灰岩(华北古生界)

碳酸盐泥可以在现代许多环境中堆积，从潮坪、潟湖到深海海底都能见到它的身影。而泥晶的来源或成因是碳酸盐沉积学一个非常棘手的问题，主要有以下几种潜在成因的灰泥(图10-39)。①第一种是化学沉淀作用生成的灰泥，这种灰泥大都与高温度、高盐度或CO_2分压变化有关，现代许多湖泊、现代海岸潟湖，如阿拉伯湾特鲁西海岸(Trucial Coast)等高蒸发环境，沉积物中的针状文石泥可能是这样生成的，其中Sr含量高，与潟湖Sr含量的理论值非常接近。巴哈马滩偶尔出现的由灰泥云形成的白色水团(whitings)主要由悬浮的针状文石组成，有学者认为可能是无机化学沉淀形成的(Shinn等，1989)，但也有可能能是钙质绿藻的机械破碎所致。②第二种是先期沉积的颗粒(非骨屑和部分骨屑颗粒)、未固结灰泥底质的机械破碎、磨蚀作用生成的灰泥。钙质绿藻，特别是松藻科(如仙掌藻和笔藻 *Halimeda*、*Penicillus*)藻类破碎被广泛地认为是灰泥产生的主要过程，为临近的潮坪或更深的水体提供灰泥(Newmann 和 Land，1975)。③第三种是生物作用生成的灰泥，在现代海洋活的钙质藻类中，如仙掌藻和笔藻，含有大量的针状文石，再经机械破碎形成灰泥沉淀。生物对碳酸盐颗粒、底质的剐蹭、啃噬及钻孔也可以形成碳酸盐泥。潮上高盐环境和淡水湖泊环境中微生物席中微生物的光合作用、降解也可诱导(或介导)碳酸盐泥形成(Monty 和 Hardie，1976)。深海中的钙质软泥主要是颗石藻的直接堆积。总之，三种成因的灰泥都有，而且往往是复成因的，如何把这三种灰泥区分开，却并不是在任何情况下都是可以做到的，特别是经历过成岩作用后，要确认其成因几乎是不太可能的。

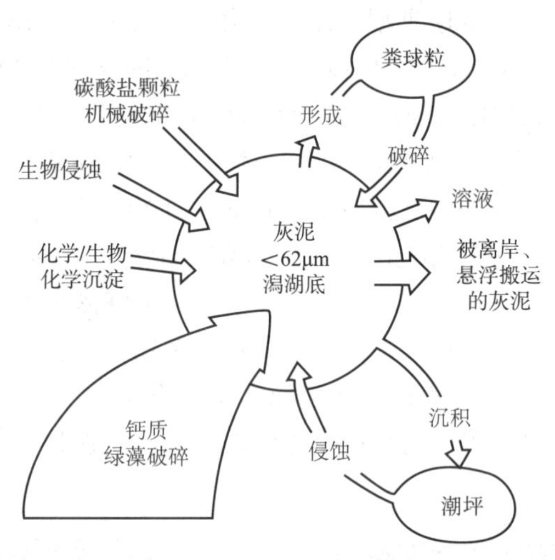

图 10－39 巴哈马滩中一个潟湖的灰泥收支状况(据 Neuman 和 Land，1975；Tucker 和 Wright，1990)

云泥的成因比灰泥的成因还要复杂，关键问题是有无原生沉淀的云泥问题，因为现代的泥晶一极细晶白云石沉积物大都是准同生交代成因的，还没有一个过硬的原生实例。

三、胶结物(cement)

亮晶胶结物(sparite)主要是指以化学方式沉淀于颗粒之间的结晶方解石或其他矿物，它与砂岩中的胶结物在成因和结构上可以类比。这种方解石胶结物的晶粒一般都比灰泥的晶粒粗大，通常都大于0.004mm(表10－1)。由于其晶体一般较清洁明亮，故常称为“亮晶方解石”“亮晶方解石胶结物”或“亮晶”(spar)。但也有泥晶级的胶结物，只是较少见。亮晶方解石胶结物是在颗粒沉积以后由颗粒之间的粒间水以化学沉淀的方式生成的，所以又常称为“淀晶方解石”“淀晶方解石胶结物”或“淀晶”。它通常是在水动力较强的沉积条件下，原始粒间的细粒灰泥质点被冲洗带出后，在成岩过程中在粒间孔隙以化学方式沉淀出的方解石。另外，海水的化学成分、盐度与温度差异也会影响颗粒粒间孔隙碳酸盐矿物类型(文石、高镁方解石抑或低镁方解石)和结晶习性(纤状、针状，片状、粒状等)。进入成岩期，富钙孔隙流体会在同生—准同生残留的孔隙中继续沉淀，形成多世代的更粗大方解石胶结物。在碳酸盐岩中，也会存在少量的白云石、硬石膏和硅质胶结物。有关胶结物的更多内容，请参见后续的“碳酸盐岩成岩作用”。

四、碳酸盐岩结构(粒径、分选和磨圆及支撑类型)

与碎屑岩相比，虽然大部分碳酸盐沉积物也经历了流水(波浪、潮汐、风暴流)的改造和搬运，但相对而言，搬运的距离是有限的，基本被限制在盆内。而且由于碳酸盐矿物沉淀的水化学(或生物化学)依赖以及广泛的生物活动和组分的存在，使得对碳酸盐岩结构特征的水动力学解释相对比较困难和不确定。比如，灰岩中的化石全部由生活在某地灰泥底质的某类介形虫或海百合径破碎原地埋藏而成，而这类异化颗粒粒度均一，分选很好，但并不能指示沉积时的水动力条件，因为二者是生物因素，而非水动力所致。另外，也可能出现相反的情况，在现代浅海环境，碳酸盐沉积物表面通常会被一层微生物膜所覆盖，这层膜的存在使其抵抗水流改造的能力得到很大的提升，这些微生物膜在埋藏和成岩阶段基本消失，所以有些粒泥岩并不像解释的那样形成于持续的低能环境，期间也许曾经历过周期性(或间歇性)动荡。

骨屑颗粒的粒径和形态变化非常大，与生物活体的大小、形态有比较大的关联。因此解释碳酸盐沉积过程很大程度上取决于颗粒的类型(骨屑抑或非骨屑)，因为这些能提供有关水深、盐度及水体动荡方面的简要信息。但这并不等于说颗粒粒径、分选和磨圆就不重要。尽管骨屑粒径很大程度上反映了生物活体时碳酸盐骨骼大小和破碎的生物因素，水动力强弱也会影响，甚至是最主要的影响。所以颗粒大小，在某些特定条件下还是会提供一些关于沉积时的水动力学信息，特别是解释非骨屑颗粒碳酸盐岩的水力学条件时，适应性更好。但是也必须记住：碳酸盐颗粒和石英颗粒对水动力条件的响应机制是有差别的，这是因为前者形态复杂，密度更低。对于一些特定环境(如陆架边缘和缓坡浅滩)的生物碎屑岩，骨屑的分选与磨圆可以指示离浅滩高能带的远近。当然对于一些灰岩，如鲕粒和球粒颗粒灰岩，其中的鲕粒和球粒分选和磨圆往往都比较好，与其形成比较高能环境的信息是吻合的。因此，在颗粒中，鲕粒，特别是正常不具放射性微组构的鲕粒，具有良好的指示环境水动力的潜力。

一般而言，相对于颗粒，灰泥或泥晶的含量能更好地反应水体的能量水平；灰泥倾向于沉积在安静低能的潮坪、潟湖、外缓坡以及台地周缘盆地沉积，在这些环境，一般倾向于形成灰泥支撑的组构样式。随着水动力增强，沉积物中灰泥含量不断减少，颗粒的分析和磨圆增强，颗粒支撑组构逐渐形成，因此颗粒间亮晶含量增加，形成我们所见的颗粒灰岩或颗粒亮晶灰岩。但有时也需谨慎，在早期成岩阶段泥晶有时也可以胶结物的形式存在。

五、碳酸盐岩的分类与命名

(一)碳酸盐岩的成因分类原则

对于结构成因分类虽然早在1904年就在葛利普(Grabau，1904)基于颗粒粒径对石灰岩的命名中加以采用，例如砾屑灰岩(calcirudite)、砂屑灰岩(calcarenite)、泥屑灰岩(calcilutite)，但这一有意义的尝试并未获得当时地质界所公认。

直到20世纪50年代，通过对巴哈马滩台地为中心的现代碳酸盐沉积作用的大规模研究工作，才使人们意识到碳酸盐岩结构(texture)的成因意义。在借鉴硅质碎屑岩，特别是砂岩的组成和形成特点基础上，提出了“异化粒”(allochemical grains)的概念(Folk，1959、1962)，并将异化粒(非生屑粒、生屑粒)、碳酸盐泥和亮晶方解石胶结物与砂岩的砂粒、黏土基质和胶结物结构组分类比。随着碳酸盐岩研究的深入，考虑到古代碳酸盐岩的矿物成分的大致均一性，碳酸盐岩分类与命名不断向着结构组分与成因紧密结合的方向发展。从20世纪50年代末开始，曾先后提出各种结构成因分类方案，诸如福克(Folk，1959、1962)、杜纳姆(Dunham，1962)、恩布里和克洛范(Embry 和 Klovan，1971)、莱顿和彭德克斯特(Leighton 和 Pentexter，1962)、比瑟和奇林格(Bissell 和 Chillingar，1967)的分类方案等。

如上所述，碳酸盐岩的各种组分和结构都与特定的形成环境密切相关，都在一定程度上反映碳酸盐岩形成的环境意义。因此，进行成因分类时，必须应用各种成因组分和结构作为划分原则和命名的标准和标志。这些重要标志和原则如下所述。

1. 以极细粒的碳酸盐组分——灰泥为标准

灰泥是碳酸盐沉积的重要成因组分，其含量代表沉积环境的动力条件，特别能代表水流输入和输出的条件。灰泥的含量指示着碳酸盐岩带出水流的强度；按其与颗粒的比率(颗粒/泥晶)，即可代表带入水流的强度。碳酸盐岩的灰泥含量是进行碳酸盐岩成因分析的重要标准，这就是为什么大部分碳酸盐岩成因分类中都重视灰泥的原因。

2. 应用碳酸盐岩填集程度、支撑关系为标准

碳酸盐颗粒组分与灰泥组分在岩石中的质点填集方式和程度是说明碳酸盐岩成因的重要特征。碳酸盐岩靠颗粒自身支持的质点填集称为颗粒支撑，一般是高能环境下的填集类型，如海滩岩。颗粒在岩石内呈漂浮状存在于灰泥之中的填集称为泥基支撑，一般是快速堆积未经分选的环境下形成的填集类型，如碳酸盐浊积岩和低能环境(潮间、潮上环境)的沉积。决定支撑类型的因素主要是颗粒的数量和形状。固体球形颗粒由自己支持的填集需要大约60%的颗粒体积。致密枝叉和弓形介壳(生物颗粒)形成的格架只需要20%～30%的颗粒体积。颗粒支撑组构在分类中占有重要的地位，福克的碳酸盐结构图谱和顿哈杜纳的分类都反映了填集观点。

3. 依据颗粒组分的结构类型为标准

碳酸盐岩具有丰富多彩的颗粒内部结构类型，代表不同的生成环境，显然是划分成因类型的重要标志，并且可以直接应用颗粒内部结构特征进行命名，如球粒泥晶灰岩(pelmicrite)、鲕粒亮晶灰岩(oosparite)等。

4. 依据碳酸盐颗粒粒度为划分标志

这种划分强调了碳酸盐岩的机械成因意义。葛利普提出一系列泥屑灰岩(calcilutite)、粉屑灰岩(calcisiltite)、砂屑灰岩(calcarenite)、砾屑灰岩(calcirudite)等术语。恩布里和克洛范(Embry 和 Klovan，1971)把杜纳姆的分类加上粒级划分和修饰，他们把没有基质或很少基质的粗砾石格架岩石称为砾岩(rudstone)，把在细颗粒(砂到泥级)的基质中漂浮有砾石的岩石称为漂浮岩(floatstone)。

5. 依据生物生长组分和黏结组分为划分标志

生物生长碳酸盐骨骼块体和生物黏结作用形成的块体是构成碳酸盐岩的重要组成部分。这些组分也是明显反映碳酸盐沉积环境的成因标志，在成因类型中必须占有相应的地位。其中很重要的类型包括有礁灰岩、叠层灰岩、凝块灰岩、介壳灰岩等。

(二)碳酸盐岩的结构—成因分类

1. 福克(Folk，1959、1962)的结构成因分类

1959年，福克在现代碳酸盐沉积研究基础上，通过与陆源碎屑岩(特别是砂岩)的结构特点与成因意义的对比，提出了一个划时代的碳酸盐岩分类方案，首次将陆源碎屑岩的结构特点引进到碳酸盐岩的分类中，提出了异化粒、泥晶基质、亮(淀)晶方解石胶结物等新术语，并以此三端元为结构组分进行分类(图10-40)，赋予了一套全新的碳酸盐岩类型复合名称系统。福克根据这三端元组分将碳酸盐岩分为：①含有异化颗粒的异常化学岩，包括亮晶胶结物胶结的亮晶灰岩(sparite，Ⅰ)和泥晶基质支撑的泥晶灰岩(micrite，Ⅱ)两大类，进

一步细分则以异化粒(内碎屑、鲕粒、化石碎屑和球粒等)为前缀(*intra* – intraclast，*oo* – ooid，*bio* – biological grain，*pel* – peloid)进一步赋名，如内碎屑亮晶灰岩/泥晶灰岩(intrasparite/intramicrite)，鲕粒亮晶灰岩/泥晶灰岩(oosparite/oomicrite)。②正常化学岩(Ⅲ)，包括以灰泥为主、无异化颗粒组分组成的泥晶灰岩(micrite)和具窗孔(或扰动)泥晶灰岩(图10 – 40)。③正常化学岩的原地礁灰岩(biolithite)(Ⅳ)、交代白云岩以及重结晶作用形成的重结晶灰岩(Ⅴ)。

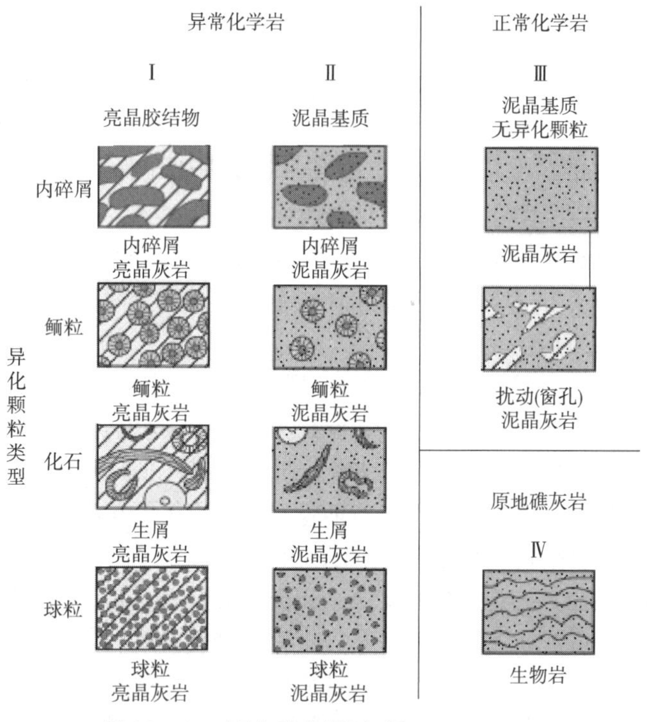

图 10 – 40　石灰岩分类图(据 Folk，1959)

灰泥基质含量大于2/3				灰泥=亮晶	亮晶胶结物含量大于2/3		
0~1%	1%~10%	10%~50%	>50%		分选差	分选好	磨圆及磨蚀
灰泥灰岩及搅动灰泥 灰岩	含化石的灰泥灰岩	稀少的生物灰泥灰岩	密集的生物灰泥灰岩	冲洗差的生物亮晶灰岩	未分选的生物亮晶灰岩	分选的生物亮晶灰岩	磨圆的生物亮晶灰岩
灰泥灰岩及搅动灰泥灰岩	含化石的灰泥灰岩	生物灰泥灰岩			生物亮晶灰岩		
黏土岩		砂质黏土岩	黏土质或不成熟砂岩		次成熟砂岩	成熟砂岩	极成熟砂岩

图 10 – 41　碳酸盐岩的结构成熟度图谱(据 Folk，1962)

福克早期分类强调了异化粒(颗粒组分)的意义，但不太关注颗粒—基质的相互关系(如支撑结构)，另外，对生物岩的多样性也是忽略的。1962 年，他并且进一步应用颗粒与灰泥含量、颗粒结构特点(分选、磨圆)，碳酸盐岩进行了详细的划分他又用图解法对这个分类和有关岩石结构进行了说明和补充(图10－41)。该分类奠定了现代碳酸盐岩的分类基础和里程碑，后来的许多分类或多或少受到该分类的影响和启发，经过改进而提出的。

福克分类揭示了机械作用对碳酸盐岩与碎屑岩形成控制的相似性，揭示了沉积岩形成过程的普遍规律性。福克应用碳酸盐岩的结构图谱的比较方法成功地分析了碳酸盐岩与陆源岩的成熟度的相应关系(图10－41)，并且总结了不同结构类型的生成环境意义：①亮晶方解石异化粒灰岩(亮晶颗粒灰岩)形成于强水流分选环境；②灰泥方解石异化粒灰岩(灰泥颗粒灰岩)形成于弱水流环境；③灰泥灰岩形成平静水环境。

2. 杜纳姆(Dunham，1962)、恩布里和克洛范(Embry和Klovan，1971)的碳酸盐岩分类体系

此方案首先由杜纳姆在1962年发表，后经恩布里和克洛范(1971)进一步补充完善(主要针对礁灰岩、砾质岩部分)，是一个非常有特色、简单实用的分类方案，也是在国际沉积学界当今流行最广的碳酸盐岩分类方案。该分类体系具有如下特点：①强调灰岩的装填样式(或支撑类型)，而非结构组分的具体含量，并以此作为分类的依据。②用支撑类型反映环境能量的指标。杜纳姆认为支撑类型更能反映能量条件，因为颗粒与灰泥量比不仅与能量条件有关，还受颗粒形态影响。例如，若颗粒为球形(鲕粒)，则颗粒支撑的岩石约含颗粒62%，颗粒/灰泥比约为2；若颗粒为枝状的藻屑或其他生物碎屑，则其颗粒支撑类型仅含颗粒20%～25%，颗粒/灰泥比只有1/4～1/3。而事实上这两类岩石经常共生，能量条件是近乎一致 的。因此，颗粒/灰泥比只有在颗粒组分相同时才具有能量意义。而杜纳姆的分类标准在某种意义上排除了颗粒种类形态对能量条件的干扰。在高能条件下，灰泥由于流水不断地再搬运作用，仅有少量粒径小于0. 02mm的细粒灰泥质点能够停积下来，而大部分却被带走，因此形成以颗粒为主并呈颗粒支撑结构类型的岩石；相反，在低能宁静水体中，可有大量的灰泥停积，形成以灰泥为主并呈灰泥支撑类型的岩石。③亮晶不作为分类依据，而只考虑灰泥的有无(表10－2)。原因是亮晶胶结物与灰泥含量互为消长关系，只需借用一种即可，而要区分胶结物亮晶和重结晶(新生变形)亮晶有时往往不易做到。④是典型的二元分类系统，相对简单，概括度高，避免了严格的组分含量统计与鉴别，易于掌握和推广。

表10－2　杜纳姆(1962)、恩布里和克洛范(1971)修改的石灰岩分类

沉积时原始组分中无生物黏结				原始组分被黏结在一起	沉积结构不可识别的结晶碳酸盐岩	原始组分无生物黏结		沉积时原始组分中有生物黏结		
含灰泥(泥晶)			无泥晶，颗粒支撑			颗粒>10% 粒径>2mm		生物起障积作用	生物结壳和黏结作用	生物建造坚固的格架
泥支撑		颗粒支撑				基质支撑	颗粒支撑，>2mm			
颗粒少于10%	颗粒多于10%									
灰泥岩	粒泥岩	泥粒岩	颗粒岩	礁灰岩	结晶岩	漂浮岩	砾灰岩	障积岩	黏结岩	格架岩

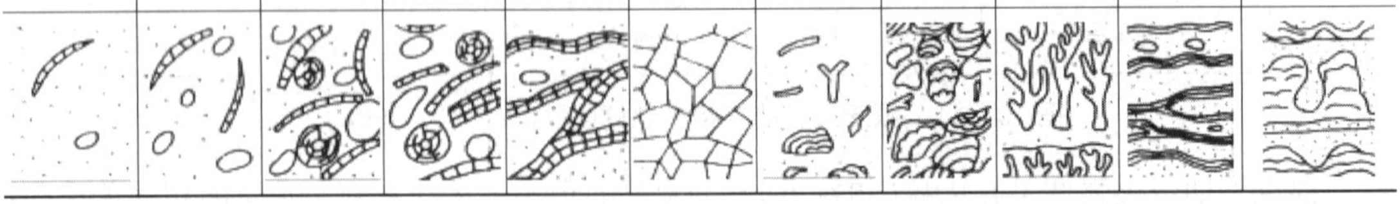

杜纳姆根(1962)据碳酸盐岩的沉积结构、支撑关系把碳酸盐岩分为两大类：第一类是颗粒

支撑的，即岩石中的颗粒或质点是相互接触的，主要由泥粒岩(packstone)和颗粒岩组成(grainstone)；第二类是灰泥支撑的("泥包粒")，即岩石中的颗粒分散在灰泥的基质中，主要由灰泥岩(lime mudstone)、粒泥岩组成(wackestone)。在此基础上，可以根据灰岩中颗粒的类型进一步细分，以该颗粒作为前缀放在这些主要灰岩类型之前，如鲕粒颗粒岩/泥粒岩/粒泥岩(ooidal grainstone/packstone/wackestone)、球粒颗粒岩(peloidal grainstone)；对于生屑颗粒岩而言，如果是某单一门类占绝对优势，也可以该门类生屑作为前缀放在主题岩石类型之前，如棘屑颗粒岩/泥粒岩/粒泥岩。但该方案对各类粒径基本没有考虑，这是其中的一个缺陷。

杜纳姆(1962)分类中的"礁灰岩"(boundstone)(为了避免 boundstone 与后述 bindstone 译名重叠，此处采用"礁灰岩"的译名)与福克(1959)分类中的"生物岩(biolithite)"基本相当，同样没有细分，过于简单，不能很好满足研究需要。基于此，恩布里和克洛范(Embry 和 Klovan，1971)根据他们的对泥盆纪生物礁研究工作，补充和完善了杜纳姆的礁灰岩的分类方案。他们把礁灰岩(boundstone)进一步细化，按生物黏结、抗浪稳固程度的不同特点又分为：①障积岩(bafflestone)，即通过原地枝状生物生物对水流的障积作用形成的岩石，如碳酸盐泥丘、枝状珊瑚构成的点礁；②黏结岩(bindstone)，即通过原地板状或层状生物结壳(encrustation)和黏结作用(binding)形成的碳酸盐岩，如海绵—微生物礁、板状层孔虫—微生物礁、叠层石礁，在该类岩石中，基质而非原地生物构建了岩石的支撑格架；③格架岩或骨架岩(framestone)，即通过块状生物建造的三维坚固格架碳酸盐岩，如珊瑚、层孔虫礁灰岩。虽然这类原地碳酸盐岩的分类不像异地碳酸盐岩的分类那样，是纯描述性的，但还是考虑了生物的生态样式，有助于进行客观描述。另外，在补充方案中，他们还将无生物黏结作用的粒径大于 2mm 的粗颗粒岩按支撑结构类型划分为两类，即基质支撑的漂浮岩(floatstone)和颗粒支撑的灰砾岩(rudstone)(表 10-2)。

福克分类和杜纳姆分类是现代碳酸盐岩岩石学中两个十分有意义的分类体系。这两种分类体系既各具特色，又可以互为补充。福克分类在颗粒碳酸盐岩发育地区，对各种颗粒类型进行详细研究和划分时最为实用。杜纳姆分类，特别是后来经过 Embry 和 Klovan 补充修改的分类更为完善。它比较全面地概括了各种成因类型的碳酸盐岩，特别是对非颗粒碳酸盐岩类的进一步划分很有意义。该分类体系简练，定义明确，成因意义清晰，因此也是国际上流行最广的一个方案。

3. 冯增昭(1993)的石灰岩分类

在福克和杜纳姆等石灰岩分类方案的基础上，冯增昭提出的分类方案见表 10-3。

该方案首先把石灰岩划分为三个大的结构类型，即颗粒—灰泥灰岩(表 10-3 中的Ⅰ)、晶粒灰岩(表 10-3 中的Ⅱ)、生物格架—礁灰岩(表 10-3 中的Ⅲ)。在第Ⅰ大类即颗粒—灰泥灰岩类型中，他根据颗粒的含量，把颗粒—灰泥灰岩划分为颗粒灰岩、颗粒质灰岩、含颗粒灰岩以及无颗粒灰岩四种岩石类型。冯增昭还根据颗粒(灰泥)的相对含量，以 90%(10%)、75%(25%)、50%(50%)、25%(75%)、10%(90%)为界限，把颗粒—灰泥灰岩再细分为六种岩石类型，即颗粒灰岩、含灰泥颗粒灰岩、灰泥质颗粒灰岩、颗粒质灰泥灰岩、含颗粒灰泥灰岩、灰泥灰岩。在颗粒—灰泥灰岩类型中，还可根据颗粒类型再进行细分。这样，在冯增昭的分类表中，就出现了 30 种颗粒—灰泥灰岩的岩石类型。在这些颗粒—灰泥灰岩类型的划分中，没有使用亮晶方解石胶结物这一结构组分，因为它不是独立的结构组分。冯增昭的第Ⅱ和第Ⅲ大类石灰岩类型概念，基本上沿用了杜纳姆的石灰岩分类方案中的相应岩石类型的内涵。

表 10－3　冯增昭的石灰岩结构分类

<table>
<tr><th colspan="3" rowspan="2">颗粒—灰泥</th><th rowspan="2">灰泥/%</th><th rowspan="2">颗粒/%</th><th colspan="5">颗　粒</th><th rowspan="2">晶粒</th><th rowspan="2">生物格架</th></tr>
<tr><th>内碎屑</th><th>生屑颗粒</th><th>鲕粒</th><th>球粒</th><th>藻粒</th></tr>
<tr><td rowspan="6">Ⅰ颗粒—灰泥灰岩</td><td rowspan="3">Ⅰ(1)颗粒灰岩</td><td>Ⅰ(2)颗粒灰岩</td><td rowspan="3">10</td><td rowspan="3">90</td><td>内碎屑灰岩</td><td>生粒灰岩</td><td>鲕粒灰岩</td><td>球粒灰岩</td><td>藻粒灰岩</td><td rowspan="6">Ⅱ晶粒灰岩</td><td rowspan="6">Ⅲ生物格架—礁灰岩</td></tr>
<tr><td>含灰泥颗粒灰岩</td><td>含灰泥内碎屑灰岩</td><td>含灰泥生粒灰岩</td><td>含灰泥鲕粒灰岩</td><td>含灰泥球粒灰岩</td><td>含灰泥藻粒灰岩</td></tr>
<tr><td>灰泥质颗粒灰岩</td><td>灰泥质内碎屑灰岩</td><td>灰泥质生粒灰岩</td><td>灰泥质鲕粒灰岩</td><td>灰泥质球粒灰岩</td><td>灰泥质藻粒灰岩</td></tr>
<tr><td>颗粒质灰岩</td><td>颗粒质灰泥灰岩</td><td>25</td><td>75</td><td>内碎屑质灰泥灰岩</td><td>生粒质灰泥灰岩</td><td>鲕粒质灰泥灰岩</td><td>球粒质灰泥灰岩</td><td>藻粒质灰泥灰岩</td></tr>
<tr><td>含颗粒灰岩</td><td>含颗粒灰泥灰岩</td><td>50</td><td>50</td><td>含内碎屑灰泥灰岩</td><td>含生粒灰泥灰岩</td><td>含鲕粒灰泥灰岩</td><td>含球粒灰泥灰岩</td><td>含藻粒灰泥灰岩</td></tr>
<tr><td>无颗粒灰岩</td><td>灰泥灰岩</td><td>90</td><td>10</td><td>灰泥灰岩</td><td>灰泥灰岩</td><td>灰泥灰岩</td><td>灰泥灰岩</td><td>灰泥灰岩</td></tr>
</table>

在国内还有许多的分类方案，但基本都是福克分类和顿哈姆分类方案的扩展和细化，内核并没有实质性不同，有点偏向前者(曾允孚，1980)，有点偏向后者，在此就不一一列举了。

为了便于同行、学者间的交流，本书不提出额外的分类方案，建议还是采用学界广泛接受的分类方案和术语系统。另外，在进行岩石命名时，需指出采用的分类方案，不同方案的术语系统不要混用，以免给读者造成不必要的混乱和困惑。

第三节　碳酸盐岩的构造

碳酸盐岩的构造十分多样，几乎具有全部沉积岩的构造类型。在这里，只讲述一些碳酸盐岩中特有的构造类型。

一、生物成因构造

生物成因构造在碳酸盐岩中非常普遍，也是沉积岩中比较独特的，常见有叠层石、凝块石、树枝石和均一石构造，现在也把它们当作岩石类型，统称为微生物岩(Riding，2000)。

(一)叠层石构造

叠层石构造也称为叠层构造，简称为叠层石(stromatolite)。叠层石构造几乎出现在所有的地质时期，特别是前寒武纪时期，具有更高的丰度和广度，经常作为地层对比和沉积环境(相)解释的标志。

叠层石由两种基本纹层(一般数毫米厚)组成：富微生物纹层，又称为暗层，微生物组分含量多，有机质高，碳酸盐沉积物少，故色暗；富碳酸盐纹层，又称为亮层，微生物组分含量少，有机质少，故色浅。这两种基本层交互出现，即成叠层石构造(图 10－42)，有时也可见到不同微生物类型(种属)组成的纹层交替出现形成的叠层石构造。由于微生物在叠层构造形成中的关键作用，具有此类构造的岩石又叫微生物岩(microbialite)。

叠层石中的微生物组分主要是丝状或球状的蓝细菌(cyanobacteria)组成。根据对现代碳酸盐沉积物中蓝细菌席的观察研究得知，这种微生物席主要生活在浅水潮下至潮间地带，营光合作用而生长，分泌大量的黏液。这种黏液可以捕集碳酸盐颗粒和泥，就像捕蝇纸粘捕苍蝇一样。一般说来，在风暴期或高潮期，被风暴水流或潮汐水流带来的碳酸盐颗粒和泥将大量地被这种富含黏液的藻席捕获，从而形成富碳酸盐的纹层；相反，在非风暴期，则主要形成富有机质的纹层。也有另外的观察表明，在白天，蓝细菌光合作用旺盛，主要形成富有机纹层；在夜间，则主要形成贫有机的纹层。

叠层石的形态由纹层的形态所决定，十分多样，主要有三种，即层状的(包括微波状的等)、穹隆状和柱状的(包括锥状的等)，及一些过渡形态。一般来说，层状(或水平状)叠层石或纹层石(以前也叫隐藻纹层石)生成环境的水动力条件较弱，多产于受保护的潮间带上部的产物，其中可见泥裂、水平窗口构造和蒸发矿物(或假晶)；穹隆状叠层石(domal stromatolite)，厘米级到米级大小，不同穹隆是相连的，个体间纹层是连续的，一般形成于潮间带至浅水潮下带。柱状形态叠层石(columnar stromatolite)柱体高度可达数米，一般由单个柱体组成，可以分叉，也可与穹隆状叠层石构成复合类型，柱体内纹层向上隆起，呈圆弧形，柱体间纹层不连续，生成环境的水动力较强，多为潮下带的产物，我国华北中元古界铁岭组中就发育非常壮观的柱状叠层石(图 10－43)。所以，叠层石的形态是一系列环境因素如水深、水动力及沉积速率综合作用的产物。一般而言，从水平，波状到穹隆状、柱状叠层石，其形成的水动力条件是逐渐增强、水深逐渐增加的。

图 10－42　穹隆状叠层构造
(新疆柯坪地区上寒武统)

图 10－43　柱状叠层石构造
(蓟县中元古界铁岭组)

为了便于对叠层石进行描述，罗根等(1964)曾对叠层石的形态进行了分类(图 10－44)，其侧向链接的半球体(LLH)即为穹隆状的叠层石，包括侧向紧密连接(LLH－C)和和稀疏连接(LLH－S)两种亚类；垂向叠置的半球体(SH)则相当于柱状叠层石，包括具稳定底部大小(SH－C)和可变底部大小(SH－V)两种亚类；而其球状构造(SS)即为核形石，具水平或不规则皱纹状纹层的纹层岩或水平叠层石。另外，在研究前寒武纪叠层石时，为了进行地层对比，一些学者还采用了基于古生物双名法（如属、种）的分类方法，如 *Conophyton*、*Baicalia* 对叠层石进行命名；但形态往往与沉积环境有关，因此这种分类在沉积学者中没有得到广泛的认同。

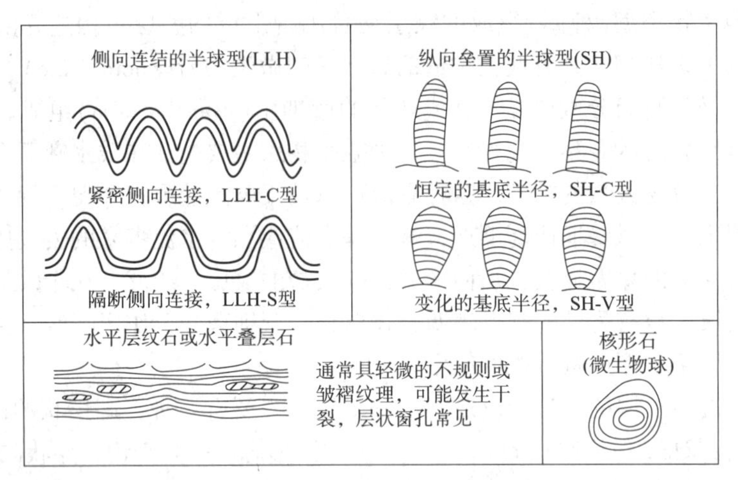

图 10－44　常见叠层石类型与术语（Logan 等，1964；Tucker，1991）

（二）凝块石构造（thrombolite）

是指微生物岩的凝块组构（Aitken，1967），这种凝块往往呈不规则斑块（或补丁），在颜色或结构上区别于周边区域，构成非成层的、斑状中观组构[图 10－45（a）（b）]，是微生物钙化或絮凝化的产物，具有这种组构的微生物岩称之为凝块石（岩）。这种构造一般单独出现，但有时也会与叠层石甚至层纹是共生或互层[图 10－45（c）]。这种微生物组构一般形成于潮下带，形成米级穹隆状、丘状以及似层状的沉积体，主要发育于新元古代—早古生代地层中。

(a)凝块石构造(新疆柯坪上寒武统)　(b)凝块石构造(新疆柯坪上寒武统)

(c)凝块石与层纹石互层(新疆柯坪上寒武统)　(d)树枝石构造(新疆柯坪上寒武统肖尔布拉克组上段)

图 10－45　生物成因构造

(三)树枝石构造(dendrolite)

由钙化微生物产生的厘米级灌丛状(中观)组构[图 10－45(d); Riding, 1991、2000]。与叠层石和凝块石构造相似，也可形成大型的穹体和柱体，甚至更广泛的礁体，与前两者不同，树形石仅由微生物钙化形成，而不是颗粒的絮凝作用形成。

(四)均一石构造(leiolite)

顾名思义，系指无构造、隐晶的宏观组构，缺乏纹理、凝块及灌丛状组构(Braga 等，1995)，可与叠层石、凝块石共生，形成大型的穹隆体或圆丘体。

二、化学(溶解、沉淀)成因构造

由于碳酸盐岩的易溶性，在碳酸盐岩中经常可以见到一些特有的溶蚀孔洞及孔洞(胶结)充填构造，常见的有如下几种：

(一)古岩溶面(paleokarst)

古岩溶面(图 10－46)是当碳酸盐沉积物发生暴露并与大气降水接触溶解而产生的不规则钵穴面。岩溶作用一般在潮湿气候背景下发育更好。这种溶解可能发生在薄土壤层下面，而且土壤本身也能被保存作为不连续的黏土膜或者是溶解面之上的黏土薄层。随着岩溶作用的继续，溶解后的不溶残留物会在岩溶表面或低洼处聚集，形成钙红土(terra rossa)。在发育好的岩溶体系中，溶蚀的坑和溶洞可能分布在表面之下几十或几百米深，角砾岩形成于岩洞的坍塌并在地下河中沉积；同时在洞穴中由于下渗水体快速减压和 CO_2 脱气会造成碳酸钙沉淀，形成洞穴沉积(如石钟乳和石笋等)和流石(flowstone)。大气淡水的溶解作用对孔隙的形成很重要，一些碳酸盐岩油藏的形成与此有关。

图 10－46　桂林象鼻山上泥盆统融县组内(弗拉阶顶部)不规则岩溶界面(手扶处)被更深水沉积覆盖(深灰色灰岩)(站立者为 M E Tucker)

在相对干燥气候条件下，暴露的碳酸盐沉积物表面经历的溶解作用相对较弱，以蒸腾作用为主，常形成纹层状结壳，称之为钙结壳(caliche or calcrete; Esteban 和 Klappa，1983; Wright，1982)。它们常与土球(glaebue)、环粒微裂缝、钙化的根菌(如 *Microcodium*)与根菌席结核(rhizocretion)、蜂巢结构(alveolar texture)、渗流豆石和黑砾共生(图 10－8D)，而与叠层石相区分。

(二)帐篷构造(tepee structure)

这是一种碳酸盐潮坪环境形成的脊型“假背斜”构造，呈不谐和的褶皱和类似尖顶状的褶皱或倒转岩层，因形似北美印第安部落的帐篷(tepee)而得名。规模从数十厘米到数米宽。在脊背上具有多角形柱状裂隙和 V 字形裂缝，并局部伴生有角砾的出现(图 10－47)。在抬升的岩片之下，可以见到渗流豆和渗流胶结物，如滴石和流石(dripstone、flowstone)。这种构造常常与水平叠层石(纹层石)、干裂收缩纹、窗孔构造共生。在现代沉积中，见于阿拉伯萨布哈潮坪环境和南澳大利亚滨岸环潟湖潮上带环境中。

图 10－47 由不规则窗孔过渡为平行窗孔灰岩构造组成的旋回（桂林上泥盆统东村组），顶部可见小型帐篷构造（箭头）（据 Chen 和 Tucker，2003）

这种构造的成因系碳酸盐沉积层发生暴露时，岩层发生固结膨胀变形或地下水上涌而形成。

（三）窗孔构造（fenestral structure）

是碳酸盐岩中一种微小的孔洞构造，在潮间—潮上环境中在泥晶的石灰岩和白云岩中或微生物纹层岩常见，由毫米级大小、多为方解石或硬石膏（少量的内沉积物）充填的孔隙，因其形似窗格，故也称为窗格构造（图 10－47），也有部分形似鸟眼，故也称鸟眼构造（birdseyes）；又因这样充填或半充填的孔隙呈白色，似雪花，故也称为雪花构造。根据窗孔的形态大致可以分为三类（图 10－47；Shinn，1983）：①不规则窗孔，即所谓的“鸟眼”，数毫米大小，等轴至不规则状；②平行状窗孔（laminoid fenestrae），拉长状或扁平形（可长达数厘米），平行层面；③管状窗孔（tubular fenestrae），直径数毫米，管体垂直或斜交层面。

主要由不规则窗孔组成的灰岩，可称之为鸟眼灰岩，这种窗孔可能是沉积物捕获的气体或微生物腐烂或干涸后，被稍后的亮晶方解石充填而成，一般作为潮坪环境的标志。平行窗孔一般发育在水平纹理的沉积物中，特别是平行叠层石（或纹层石）中，由有机质腐烂、干裂形成（Hardie，1977）。管状窗孔被认为是生物潜穴或植物根系腐烂所致，所以形成的水深可以稍深，可达浅水潮下。

（四）平底晶洞构造（stromatactis）

是在碳酸盐岩中一类比较特别的孔洞，主要产于古生代的泥丘（mud mound），海绵—微生物礁内。顾名思义，此类晶洞具有被内沉积物填平的平底和不规则、未支撑的洞顶（图10－48）。孔洞大小从数厘米到数十厘米不等。孔洞由第一世代的纤维方解石，及第二世代簇晶方解石胶结，有时也会见到更后期的巨晶方解石或其他碳酸盐矿物（如白云石）。对其成因有不同看法，主要有两种：①生物成因，早期主要认为是软体生物的腐烂，如海绵软体组织的腐烂（Bourque 和 Gignac，1983）。也有学者（Tsien，1985）认为比利时上泥盆统中的平底晶洞是藻、蓝细菌和其他细菌群落重结晶的产物。纤维状胶结物一般认为是海底胶结物（见后述），但也有人认为是微生物成因。②无机成因，主要包括：沉积物崩塌和泄水；固结壳或黏结的微生物席之下未胶结沉积物筛洗；深埋阶段的溶蚀作用。因此，很多情况下可能是一个复合过程。

图 10－48 泥丘中的平底晶洞构造（比利时阿登地区上泥盆统弗拉阶）

（五）水成岩脉（neptunian dike）

这种岩脉是被充填或胶结的海底裂缝，一般发育在台地边缘—斜坡沉积的半固结碳酸盐沉积物内，岩脉向下切穿岩层可达数米，甚至更深。如果裂缝向海底开放，在其底部可能会充填比围岩略年轻的内沉积物和化石，在缝壁甚至栖息喜阴的微生物；缝壁至中心一般被海底胶结物胶结。这种岩脉一般容易在断控型台缘—陡倾斜坡发育，轻微的构造活动和顺坡位移就会造成固结或半固结的碳酸盐沉积开裂，并被海底胶结物充填。在我国华南晚泥盆世台地边缘斜坡，阿尔卑斯的侏罗纪和三叠纪台地边缘就发育这种水成岩脉。

（六）示顶底构造（geopetal structure）

在碳酸盐岩的孔隙中，如在鸟眼孔、生物体腔孔以及其他孔隙中，常见两种不同特征的充填物。在孔隙底部或下部主要为泥晶方解石，色较暗；在孔隙顶部或上部为亮晶方解石，色浅且多呈白色。两者界面平直，且同一岩层中的各个孔隙的类似界面都相互平行（图10－49）。

这两种不同的孔隙充填物代表两个不同时期的充填作用。底部或下部的泥充填物常是上覆盖层遭受淋滤作用时由淋滤水沉淀的，上部或顶部的亮晶方解石则是后期充填的。两者之间的平直界面代表沉淀时的沉积界面，与水平面是平行的。因此，根据这一充填孔隙构造，可以判断岩层的顶底，故称为示顶底构造，亦可简称为示底构造。

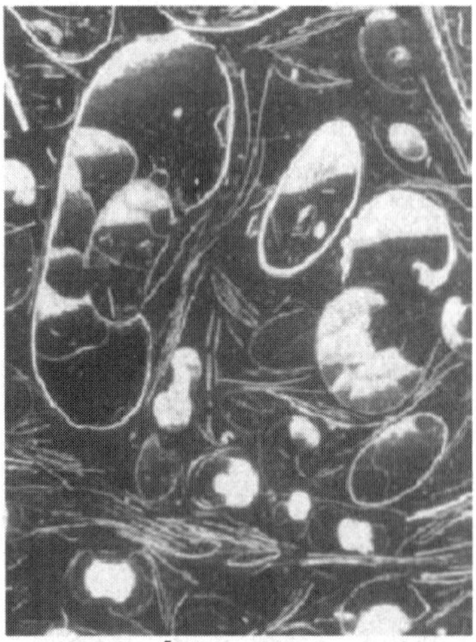

5mm

图10－49　示顶底构造
（奥地利二叠系）

（七）缝合线构造（stylolite）

缝合线构造是碳酸盐岩中常见的一种裂缝构造。在岩层的垂直切面上，它呈现为头盖骨接缝似锯齿状的裂缝，即称为缝合线。岩缝合线常因含残留的铁质和有机质或黏土物质而更加明显。在平面上，即在沿此裂缝破裂面上，它呈现为参差不平凹凸起伏的面，此即缝合面；从立体上看，这些凹下或凸起的大小不等的柱体，称为缝合柱（图10－50）。在这三种表现形式中，以缝合线最常见。缝合线构造的大小差别甚大。大者凹凸幅度可达十几厘米甚至更大［图10－50（a）（b）］；小者凹凸幅度小于1mm，仅在显微镜下才能看出［图10－50（c）～（e）］。缝合线构造的形态差别也很大，有的参差起伏十分明显，较尖锐；有的则较平坦，以至逐渐与层面一致而消失。

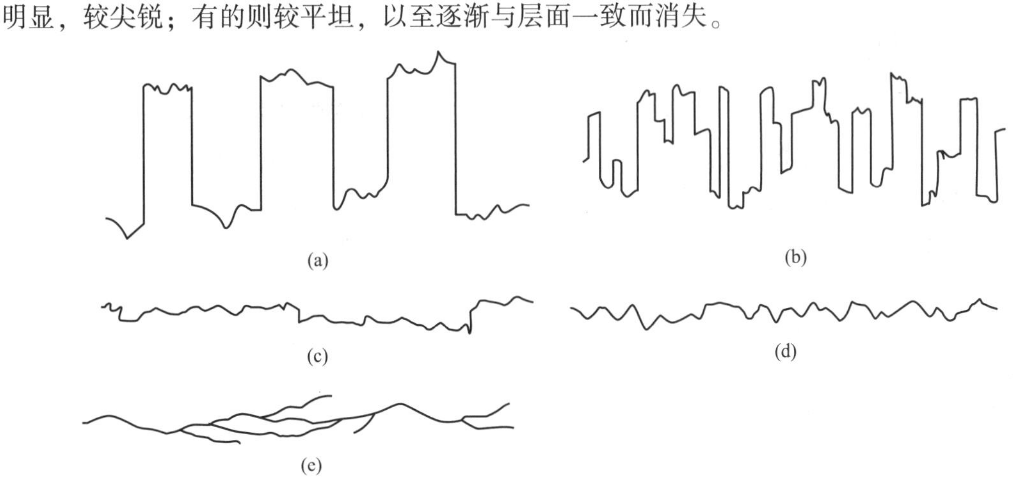

图10－50　缝合线构造类型（据Ralisback，1993）
（a）～（d）为锯齿状缝合线构造，其中前二者为高幅缝合线，后二者为低幅缝合线；
（e）波状至缓波（扁豆）状缝合线或溶解膜

关于缝合线的成因有多种观点。目前，大多数人认为缝合线构造是碳酸盐岩在(成岩期)遭到压力时发生不均匀溶解而形成的。在埋藏深度达到500m(浅埋藏)时，低幅缝合线可以形成(Lind，1993)，随着埋深增加(压力增大)，缝合线波幅会随之增大，因此，缝合线的波幅也是判断埋藏阶段(深度)的一个参考指标。压溶形成的缝合线在纵向上表现出来的“波幅”可以反映物质损失的最小厚度(Bathurst，1971)。如果缝合线切穿过二个鲕粒(或其他颗粒)，当它们呈锯齿状缝合线时，可以依此估算出缝合线形成时岩层压溶损失厚度的最低值。

缝合线构造是一种裂缝构造，因此，它有成为油、气、水运移通道的潜力。已有许多证据证明，缝合线在油气的运移和聚集上起了积极的作用。

图10-51　海蚀硬底面(箭头处)，被侵蚀砾屑和生屑覆盖，注意砾屑和硬底面之下的生物钻孔或潜穴(加拿大威利斯通盆地密西西比系)

(八)硬底构造(hardground surface)

硬底面是同沉积的胶结层，形成在沉积界面附近，是一种特殊类型的层面构造。在硬底形成的海底，它经常被固着的底栖生物(如珊瑚、龙介、牡蛎、有孔虫类和海百合)所包覆，并被多毛环节动物、双壳类和海绵动物所钻孔。硬底面构造有两类：一类是由海蚀作用形成的光滑的、平坦的面；另一类则由溶解作用形成的不规则的、成棱角状的面(腐蚀硬底面)。第一种类型在浅海沉积物中很常见，浅海的波浪和水流能够在石化的沉积物表明搬运鲕状或骨屑沙粒，形成平坦的侵蚀面(图10-51)；第二种类型(腐蚀硬底面)在深海沉积物中常见，在无沉积期会形成海底胶结和溶解。硬底面的识别很重要，因为它表明了同期沉积的海底胶结。硬底面可能被矿化或者被氢氧化铁、铁锰氧化物、磷酸盐和海绿石所浸染。随着沉积速率的减慢，松散的沉积物逐渐硬化并进一步石化，从而形成硬底面，与此相伴动物群落尤其是潜穴动物也可能发生变化。

三、物理成因构造

在碎屑岩中发育的所有的流水成因的构造几乎都可以在碳酸盐岩中出现：波浪与流水波痕，交错纹理，不同规模的交错层理，平行和水平层理，风暴成因的丘状和/或洼状层理，潮汐成因的束状体、再作用面和双向交错层理，风暴流和浊流沉积的底模构造，定向排列的内碎屑(如叠瓦状构造)，粒序层理，不同规模的冲刷沟—槽，同沉积变形构造(负载—泄水构造、滑移岩块、揉皱、垮塌体)等。相关内容可以参考前面的章节。

如同碎屑岩(特别是砂岩)中的物理成因，特别是流水成因构造，这些沉积构造在碳酸盐岩(特别是颗粒岩)的岩相解释和环境恢复中发挥着同等重要作用，可以提供诸如沉积过程，古水流方向、深度及强度方面的关键信息。但是也要注意到以下一些不同之处：在碳酸盐岩中，黏土含量低容易降低纹理内的成分差异度和显示度，成岩改造易造成原始构造的模糊和破坏，加上岩石风化表面易被苔藓覆盖，所以在野外碳酸盐岩沉积构造常常不易识别。另外，与陆源碎屑颗粒相比，由于碳酸盐颗粒的密度相对较低，而且形态不规则(特别是骨屑颗粒)，在水流牵引作用下，其运动的轨迹与硅质碎屑颗粒的运动轨迹存在差异(可能存在更多的跳跃、悬浮组分)，不易形成好的前积纹层；而且，碳酸盐沉积物埋藏后的抗压性也弱于硅质碎屑沉积，这些因素也许妨碍了碳酸盐岩中，特别是大型交错层理的发育。所以，即使在被广泛认为的高能的鲕滩灰岩中，大型的交错层理也往往比较少见，即使存在，也往往发育在滩中的潮汐水道中；不过灰质沙滩中的风成沙丘则可以发育大型交错层理，但其中常存在暴露溶蚀标志。

其次，在碳酸盐岩中，由于碳酸盐颗粒密度相对较低和潮下带生物集群的普遍性，由阵发高能水流(如风暴流)引发的沉积物撕裂、筛选容易造成灰泥组成的竹叶状内碎屑(flake)和粗的骨屑砾更为富集，形成竹叶状砾屑灰岩(flakestone)(图10－6)和骨屑砾岩/漂浮岩，这些拉长形砾屑有时会形成一些定向排列组构，指示水流方向。再者，由于台缘—斜坡碳酸盐沉积同沉积期胶结固化的普遍性，在此背景中因重力驱动的巨型、整体岩体滑移和垮塌更为普遍(Mullins等，1986；Stewart等，1993)。

第四节　碳酸盐岩成岩作用与成岩环境

与碎屑岩有所不同，碳酸盐岩成岩作用可以发生在同沉积期近地表海底、大气淡水及至深埋藏环境，涉及一系列的物理的、化学的和生物的作用，并引起碳酸盐沉积物(岩)的结构、构造、成分以及物理和化学性质的变化。

一、碳酸盐岩成岩作用的类型

碳酸盐沉积物成岩作用类型很多，主要包括下列六种类型：微生物泥晶化作用，胶结作用，新生变形作用，溶解作用，压实作用和白云化作用。现分述如下。

(一)微生物泥晶化作用

微生物泥晶化作用就是由生物活动引起的碳酸盐颗粒或矿物晶体的泥晶化(或去结晶化)过程。该过程在沉积时期就已经开始，当生物碎屑沉积于海底，内栖蓝细菌会钻入碎屑表层，形成密集的微钻孔(直径5～15μm)，并被泥晶充填，在生屑外表形成一层泥晶套(图10－52；Tucker，1991)；如果这种钻孔持续进行，就有可能造成生屑的内部组构完全破坏而完全泥晶化，形成形似球粒的泥晶化颗粒(图10－53)。在某些情况下，一些钙化的藻类、真菌类也可以形成类似的泥晶包壳。许多其他生物，如穿贝海绵、噬石双壳、多毛类，也可

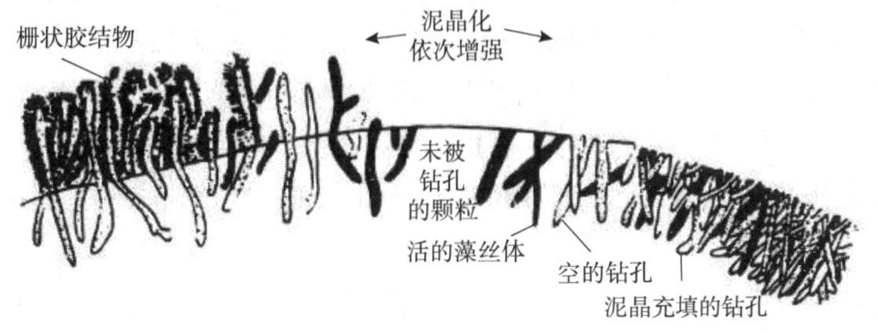

图10－52　建设型灰泥套(形成于颗粒外表)和破坏型灰泥套(形成于颗粒内侧)
(据Bathurst等，1966)

以在生屑和岩石底质中钻孔，形成比较大的钻孔或孔洞。泥晶充填可以通过物理化学或生物化学(如微生物降解)沉淀。由内栖蓝细菌形成的泥晶包壳可以作为沉积水深(透光带)的参考指标(<100～200m)，但需注意这些泥晶化颗粒也有可能被搬运到更深的区域。

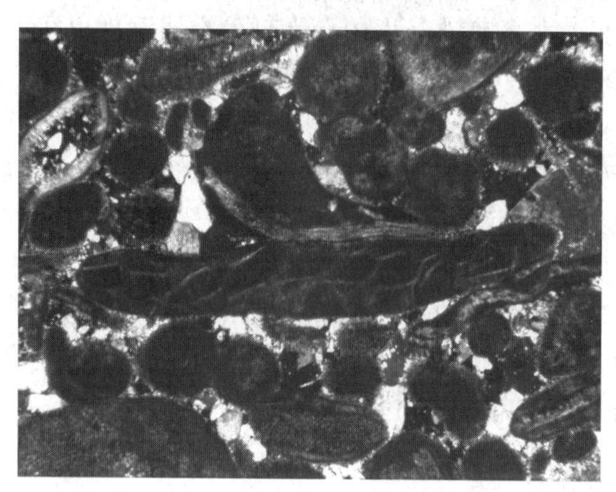

图10－53 生屑—鲕粒颗粒岩中的生屑(苔藓、介形虫)和放射鲕大部分都包裹了泥晶套

部分已完全泥晶化，特别是放射鲕，几乎泥晶化变成球粒了；粒间孔被硬石膏充填；
加拿大威利斯通盆地密西西比系；视域宽2.6mm，正交偏光

(二)胶结作用

胶结作用是一种使松散颗粒或矿物黏结在一起、并使其固结、形成岩石的作用。新鲜碳酸盐沉积物的孔隙可高达70%以上，而固化的灰岩的孔隙度一般小于5%，绝大部分原始孔隙均被胶结物充填，所以胶结作用是碳酸盐沉积最重要的成岩方式。

胶结作用的发生一定是在孔隙中，这些孔隙的类型、形态与成因多样，可以是原始的粒间孔，化石内腔孔，造礁生物格架孔隙，微生物细胞死亡腐烂后的腐孔等，也可以是各种次生的孔隙，如各种铸模孔、溶孔、收缩干裂缝、构造裂缝等。

胶结作用本质上是一种化学沉淀作用，胶结物的沉淀受控于孔隙水化学，特别是Mg/Ca比值，碳酸盐供给与沉淀速率及沉淀底质(Folk，1974；Tucker，1991)。当Mg/Ca值>3时，由于镁离子对方解石沉淀的抑制作用和对晶体的侧向束缚，只能形成纤维状、泥状的文石和高镁方解石，如现代海滩岩和海底硬底中的胶结物。而当镁离子含量很低且沉淀速率比较慢时，沉淀的就是比较明亮的等粒状方解石，就像大气淡水中所见到的那样(Folk，1974)。

另外，沉淀底质也会影响胶结矿物的形态，胶结物沉淀一般倾向于按底质晶格方向开始。鲕粒、内碎屑或球粒等颗粒表面的底质有大量方位杂乱的碳酸盐微晶，那些具有生长优势的结晶底质将会优先长大并包覆、阻碍相邻晶体的生长，最后形成栉壳状或镶嵌粒状的胶结物。当沉淀底质是单晶或*C*轴方向大致相同的纤维晶时，胶结物的沉淀将会按底质的结晶方向平行地向孔隙内推进，形成类似棘皮动物、介形虫、竹节石等共轴加大的环边胶结物。

组成碳酸盐岩胶结物的矿物很多，但主要的是碳酸盐类矿物。现代海洋碳酸盐胶结物的矿物成分主要为方解石(即低镁方解石)、文石、镁方解石(即高镁方解石)和白云石。除此，尚有少量其他矿物组成的胶结物，如铁白云石、菱铁矿、高岭石、石英、石膏或硬石膏以及

石盐等。

碳酸盐岩中大量胶结物的沉淀需要足够的碳酸钙供给和有效的流体机制。在不同的成岩环境，碳酸钙的供给和流速都存在很大差别，因而也形成了不同矿物组成和不同的形态的胶结物。反过来，我们也可以胶结物的矿物组成、形态，并结合其中的地球化学(元素与同位素地球化学)信息来推断成岩环境和流体介质的属性和流动机制。

(三)溶解(蚀)作用

碳酸盐沉积物(岩)最大的特征是具易变性和易溶性。孔隙水化学性质的变化，如盐度、温度及 P_{CO_2} 分压的变化(Moore，2004)和流动机制(开放抑或封闭)的变化，都会引起孔隙周缘碳酸盐矿物的溶解作用。溶解作用在碳酸盐沉积各个成岩环境(大气淡水、近地表和埋藏成岩环境)都可以发生，特别是在大气淡水环境，如果暴露时间足够长久，可以形成大规模的岩溶系统(图 10－46)。这种情况可以发生刚刚沉积之后的暴露，也可以发生在曾经深埋的碳酸盐岩被抬升、暴露之后，如我国西南广大地区碳酸盐岩中的岩溶系统，所以岩溶系统通常发育于不整合面之下，其规模大小取决于暴露至大气中的时间长短和气候背景(潮湿抑或干燥)。在埋藏环境，孔隙水温压的升高以及成分的变化(如酸性流体的加入)也会造成孔隙周缘碳酸盐矿物的溶解(Moore，2004)。

除此之外，不同碳酸盐矿物相在水体中的溶解度存在较大差异，从而影响溶解作用的能力和强度。碳酸盐矿物在水中的溶解度从大到小的顺序为：高镁方解石、文石、(低镁)方解石和白云石。这使得初始海洋沉积物内的不稳定组分，如高镁方解石质和文石质的生物骨骼、文石质的鲕粒和晶体，优先发生溶解，只有在得到某种(如泥晶套、有机膜或泥皮)保护的情况下才能免遭溶蚀[图 10－54(a)]。这类颗粒在选择性溶解后常常形成典型的溶蚀铸模孔隙[图 10－54(b)]。所以，同生期和成岩早期的近地表、大气淡水中的溶解作用常具组构选择性。这种溶解作用和铸模孔中稳定态的矿物(方解石)的沉淀(胶结)会使这些不稳定矿物趋向稳定(Moore，2004)。

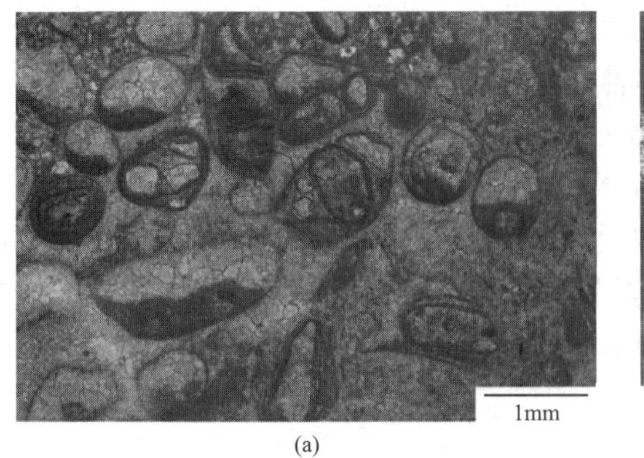

(a)

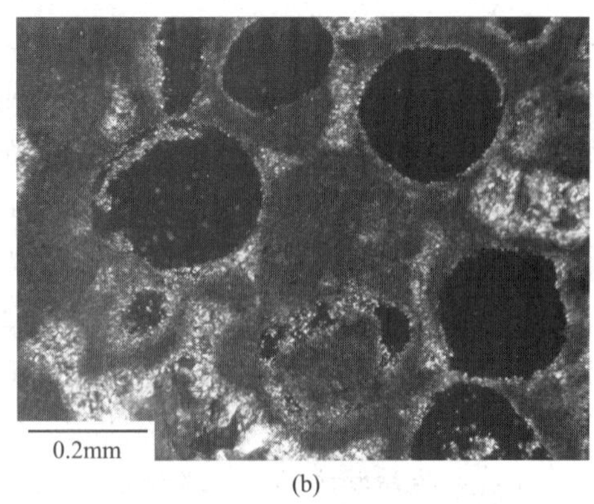

(b)

图 10－54　溶解作用

(a)鲕粒颗粒白云岩中鲕粒、其他颗粒及胶结物几乎被溶蚀殆尽，许多颗粒只剩泥晶套泛影，普遍见内沉积物，并被后期的等粒巨晶白云石充填(原始矿物可能为方解石)，颗粒间也存在大量溶蚀的粉砂级沉积物；张家界三岔震旦系灯影组；(b)球粒(包括泥晶化鲕粒)颗粒—泥粒灰岩中颗粒被强烈淋滤形成粒内溶孔(铸模孔)，部分粒间残留孔被粗晶方解石充填(标尺处)(渗流带沉淀物)；加拿大威利斯通盆地密西西比系；(a)(b)都为单偏光在埋藏成岩环境，由于不稳定组分已经转变为稳定的低镁方解石，其溶解作用多不具选择性，称为非选择性溶解(Moore，2004)。地层水沿节理、裂缝和原生孔隙流动并将它们扩大的一种溶解作用，常形成溶孔、溶缝、溶沟和溶洞，这些孔隙可以切割所有结构组分，如颗粒、胶结物和基质。

溶解作用是扩大和增加岩石孔隙的作用，形成的次生孔隙系统往往又是油气运移和储集的有效空间，因此在油气储层研究和预测中具有重要的应用价值。另外，从物质平衡角度看，溶解作用在产生次生孔隙的同时，也为流体运移路径中碳酸盐矿物的沉淀提供一定的物质供给，在合适的条件下(如温压条件改变和钙、镁离子相对碳酸盐矿物超饱和时)，就会发生碳酸盐矿物沉淀。

(四)新生变形作用(neomorphism)

新生变形作用是Folk(1965)引入的术语，系指一种广义的重结晶作用，它包括了矿物本身间的直接转变或与其多相晶体之间的转变。由此可以看出，实质上，它也包括了交代作用，即新矿物取代原矿物的作用。而狭义的重结晶作用仅指同种矿物的晶粒增粗、增大作用。

新生变形作用主要涉及两种情况：文石至方解石的湿态多相矿物转变和方解石至方解石的湿态重结晶作用，两种作用都是在有水(即湿态)的情况下通过溶解和再沉淀作用发生的。所以，成岩环境中的矿物多相转变常常是湿态转变。常见的新生变形大多为递进变形(aggrading type)，由此会导致晶体颗粒变粗。这些新生变形作用包括：①泥晶灰岩中的微亮晶或假亮晶的形成；②原始文石质骨屑的方解石化；③针状文石被纤状方解石交代。在灰岩中还有不常见的、晶体变小的退变新生变形作用(degrading neomorphism)，如在棘屑灰岩在深埋藏至早期变质阶段的晶粒变小现象。

1. 泥晶灰岩中的微亮晶或假亮晶的形成

在细粒的灰岩(如泥晶灰岩)的泥晶基质($<4\mu m$)经常可以见到微亮晶($4\sim10\mu m$)及假亮晶($10\sim50\mu m$)的斑点、透镜体甚至纹层。这些新生变形亮晶有如下特征：①不规则的或弯曲的晶间界线、常呈港湾状；②不规则的晶粒分布和斑块状镶嵌结构；③与泥晶基质的界线是渐变的；④颗粒呈漂浮状出现在假亮晶之间。

这些微亮晶及假亮晶来源于微米级的方解石溶解，并在孔隙水中发生共轴沉淀形成的，其形成受到黏土含量及附着在泥晶上的镁离子含量的影响。一般镁含量小于2%时，对微亮晶的生成有利(Bausch，1968)。一些学者(Folk，1974；Longman，1977)认为包围在泥晶方解石的镁离子罩会限制微亮晶方解石的形成，只有移除这些镁离子罩杯(如通过大气水冲洗或黏土的吸附)，微亮晶才可自由生长。

2. 骨屑和胶结物方解石化及交代作用

古代由文石组成的骨屑或鲕粒，通过文石的溶解及随后的方解石沉淀充填作用，以晶簇状亮晶方解石保存；而在没有被充填的颗粒，则保留了这些颗粒的铸模孔。但在有些情况下，这种颗粒已被方解石交代，却并未经历孔隙阶段，这种作用称为方解石化，这种作用具如下特征：①保留了介壳内部构造残余残留(生物包体中)和微小的文石晶体；②大小不均的晶体镶嵌组构，具波折、弯曲或平直的晶间界线；③残余生物假多色性致色造就的褐色新生变形晶。

3. 新生变形的纤状方解石

如前所述，放射纤状方解石胶结物是交代针状文石形成的，具有如下特征：波状消光，与纤状方解石晶体组构无关的包体样式，无平直的晶间界线，无竞争的生长组构。这种新生变形作用可能是由薄的溶液膜机制产生的，渗进微小文石晶体间的溶液膜，先溶解原生晶体，随后沉淀方解石(Tucker，1991)。这实质上相当于一种原地的交代作用。

(五)交代作用

在碳酸盐沉积物或碳酸盐岩中，原来的矿物和组分被新矿物取代的作用称为交代作用。碳酸盐岩中常见的交代作用有白云石化、去白云石化、石膏化和硬石膏化、去石膏化、硅化等。白云石化和去白云石化在本章第本节下一段中专门论述，这里只对其他诸作用介绍如下。

1. 石膏化和硬石膏化作用

石膏和硬石膏交代碳酸盐矿物或组分的现象称为石膏化和硬石膏化。这是硫酸盐化作用中最常见的类型。这种作用的发生可能与含硫酸盐的孔隙水活动有关。在地下石膏将被硬石膏交代。交代成因的石膏和硬石膏一般都具有被交代矿物或颗粒的假象。交代不完全时，晶体中保留有残余颗粒的包体，这种包体在反射光下常呈混浊状到褐色。

自生石膏和硬石膏常为板状晶体，或为纤维状、长柱状或粒状，分散或放射状分布于碳酸盐岩中，也常呈层状分布或呈结核状或“鸡雏”状结构产出。后者溶蚀后常使围岩显现为很有特点的“鸡笼铁丝”状格架的构造。

去石膏化作用

硬石膏和石膏的晶体被碳酸盐矿物交代的作用称为去石膏化作用。去石膏化常与地表淡水和细菌的作用有关。在地下，硫酸盐还原细菌与硫酸盐产生下列反应：

$$6CaSO_4 + 4H_2O + 6CO_2 \longrightarrow 6CaCO_3 + 4H_2S \ + 11O_2 + 2S$$

上式表示硫酸盐被细菌还原，产生硫化氢和/或单质硫，同时还伴生有方解石沉淀(交代石膏作用)。硫化氢随流体被带走，并有少量的单质存留在孔隙中。

2. 硅化作用

在浅埋藏和深埋藏环境下，硅化作用可以在碳酸盐岩中发生。它可以选择性交代化石或其他组构，形成燧石结核或条带；也可以胶结物的形式充填在孔缝中。前者一般由隐晶质玉髓组成，后者可以由微晶石英、自形晶石英或巨晶石英组成。玉髓可以是负延性，也可以是正延性，其中后者往往代表交代的前期矿物为蒸发岩。海绵骨针是硅的主要来源，另外放射虫及硅藻也可以提供硅藻质来源。碳酸盐岩中的硅化作用虽然比较普遍，但规模往往不是很大；但在一些特殊情况下，如持续的硅供给和有效的流体运移机制，也可以形成大规模的硅化作用，形成完全硅化的硅岩体或储层，如在塔里木盆地顺南地区发现的优质硅化岩储层(Lu 等，2017；Dong 等，2018)。

(六)压实作用

1. 物理压实作用

当沉积物被埋藏后，随着上覆沉积负载的增加，如果没有很好的胶结，就会发生颗粒间的破裂、压实和孔隙度的降低，这就是机械压实作用。这种压实作用会造成：颗粒点接触频率高、颗粒定向和变形、颗粒间线状接触或曲面接触、颗粒压平、颗粒断裂或破裂、颗粒错断或分离、颗粒表皮撕裂、颗粒表皮揉折、颗粒内部构造形变、颗粒在应力作用下发生粉碎性碎裂、有机质破碎变形为不规则细脉。

2. 化学压实

碳酸盐岩在沉积负荷或构造应力作用下，在颗粒、晶体和岩层之间的接触点上，受到最大应力和弹性应变，化学热能不断增加，使应变矿物的溶解度提高，导致在接触处发生局部溶解，即压溶作用或化学压实。化学压实会形成：拟合组构（fitted fabrics）、缝合线（见第三节）、溶解膜（dissolution seam）三种组构。在胶结物较少的颗粒岩中，颗粒间会形成缝合的凹凸接触，如果压溶增强，或形成拟合（或螯合）组构。这些组构即可是显微尺度，如在鲕粒和棘屑灰岩颗粒岩中所见，也可是宏观尺度，如泥质灰泥沉积物中的内碎屑、化石碎屑、早成岩的结核及潜穴充填物与基质间所见。

缝合线是一种锯齿状的缝合面，可以无差别地切割颗粒、胶结物以及基质，黏土、含铁矿物、有机质以及不溶残留物常常沿缝合线聚焦（溶解膜），而显著提高其辨识度。在泥质灰岩中，这些不溶残留物可以形成平滑、波状甚至交织的溶解膜。当丰富的膜状物顺颗粒和早期成岩结核边缘分布，会形成脉状（flaser）结构（构造），这些灰岩可称之为脉状灰岩（图10－50）。

影响压实、压溶作用的因素：①碳酸盐颗粒的结构、填积、排列及形状对压溶作用有明显的影响。②连续持久的埋藏将引起压实总效应的增加；地温梯度较低、颗粒表面亲水以及贫镁雨水的渗入，均有利于压溶作用的发生。③早期的胶结和白云石化作用可增加碳酸盐沉积物的强度，阻碍压溶作用发育。

二、碳酸盐成岩环境

碳酸盐沉积后作用环境简称为碳酸盐成岩环境，可将其划分为五种基本类型：①海水环境，又分为海水潜流（marine phreatic）和海水渗流（marine vadose）两个亚环境；②大气淡水环境，又分为淡水渗流（meteoric vadose）和淡水潜流（meteoric phreatic）两种亚环境；③海水—淡水混合环境；④埋藏环境，又分为浅埋藏和深埋藏两种亚环境；⑤表生环境（Tucker，1991；表10－4、图10－55）。

表10－4　成岩环境与成岩作用特征

<table>
<tr><th colspan="3">成岩环境</th><th>成岩介质的性质</th><th>成岩作用特征</th></tr>
<tr><td rowspan="3">近地表成岩环境</td><td rowspan="2">大气淡水成岩环境</td><td>淡水渗流亚环境</td><td>大气淡水充填于粒间，土壤中 CO_2 助溶，动力条件好，成岩介质
垂直分布，pH 值低，Eh≥0</td><td>溶解、去石膏化、去白云石化、硅化、褐铁矿化、膏溶角砾岩化，渗滤砂、重力、新月形和等轴粒状方解石胶结，洞缝高岭石、淡水白云石充填，白云石高价铁环边，阴极发光弱，低 Sr、B、Na、Mn，$\delta^{13}C$ 和 $\delta^{18}O$ 呈负值</td></tr>
<tr><td>淡水潜流亚环境</td><td>成岩介质流通不畅，$CaCO_3$ 饱和，沉淀和交代作用快，pH＝7左右，Eh≤0</td><td>水平溶孔，去石膏化、去白云石化、硅化，等厚刃状、粒状方解石胶结，共轴加大、连晶胶结，孔隙中心晶粒变粗，晶粒铸模，残缺颗粒晶粒修补，铁方解石、淡水白云石充填洞缝，阴极发光强度不等，Sr、B、Na 偏低，$\delta^{13}C$ 和 $\delta^{18}O$ 呈负值</td></tr>
<tr><td colspan="2">混合水成岩环境</td><td>介于海水渗流与淡水潜流环境之间，介质性质也介于两者之间</td><td>混合白云石化，溶解与沉淀，刃状胶结、叶片状胶结，阴极发光多环带，发光强，$\delta^{13}C$ 呈低负值</td></tr>
</table>

续表

成岩环境			成岩介质的性质	成岩作用特征
近地表成岩环境	海水成岩环境	海水渗流亚环境	成岩介质为海水和空气，CO_2逸出速度快，沉淀速度快，介质流动性良好	单向纤状、细柱状胶结、新月形胶结，泥晶化、准同生白云石化、石膏化，阴极发光弱，Sr、B、Na近于海水，$\delta^{13}C$多具低正值
		海水潜流亚环境	粒间充满海水，流动性质，微生物作用明显	泥晶化，纤状、柱状等厚环边胶结，胶结物具世代，准同生后白云石化、膏化，自生海绿石、石英，弱阴极发光，$\delta^{13}C$具正值，$\delta^{18}O$中负值
深埋藏成岩环境			埋深加大，温度增高，静压大，排烃作用强	应变重结晶，缝合线构造，压力影，破碎、变形、深部溶解与充填，异形白云石、自生石英、长石、伊利石，多环带强发光，$\delta^{13}C$呈正值，$\delta^{18}O$具高负值，Fe^{2+}、Mn^{2+}含量高

海洋碳酸盐沉积物沉积后经历的环境演化视埋藏条件或暴露条件的不同，表现为不同的演化系列，主要是由海水环境到埋藏环境的演化系列(由于埋藏变深)、由埋藏环境到表生环境的演化系列(由于构造抬升使埋藏变浅)以及由海水环境到淡水环境的演化系列(由于埋藏变浅)。上述各主要成岩环境的成岩介质性质与成岩作用特征见表10－4和图10－55。

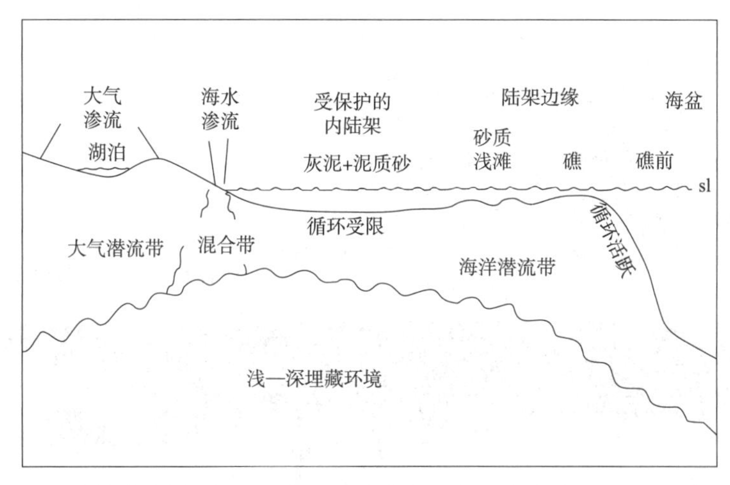

图10－55　具非受限含水层镶边台地的碳酸盐成岩环境示意图(据Tucker和Wright，1990)

(一)海水(底)成岩环境

1. 现代碳酸盐沉积物的海水成岩作用

1)潮间—潮上带成岩作用

在潮间带，松散的海滩沉积物经快速胶结成岩称为海滩岩(beachrock)。现代海滩岩大多分布于南北纬35°之间的热带和亚热带地区，也有少量出现在温带海域，表明周期性的高温蒸发有利于碳酸钙胶结作用的发生。由于海滩中的海水周期性地流进和流出，沉积物粒间的海水不断地得到更新和补充。低潮时，海滩出露在大气中，热带和亚热带的蒸发作用使水中CO_2迅速逸散，$CaCO_3$过饱和而沉淀。这种周期性的蒸发作用能使海滩沉积物很快地胶结成岩。

海滩岩通常由生物碎屑(砂屑与砾屑)组成，有时也可以由碳酸盐胶结的陆源碎屑或火山碎屑组成，甚至人类丢弃的罐头及炮弹壳。我国南海全新世海滩岩具有碳酸盐型与陆源碎屑型两种类型。

海滩岩大多成片块状散布于海滩表面，而不是覆盖在整个海滩上，一般以 3°~5°的倾角缓缓向海延伸，厚度约几十厘米至几米，表面无覆盖层，其下是未固结的海滩沉积物。胶结物为海水作用形成的文石和镁方解石。潮湿气候带的海滩常有淡水渗透，孔隙水是淡水和海水的混合，胶结作用也受淡水影响。海滩沉积物由于局部海平面下降或岸进作用完全暴露于大气中后，将形成淡水方解石胶结物。如海南岛上升海岸的海滩岩就有方解石胶结物。

文石经常以垂直底质的针状晶体环边产出，如果以等厚环边或多期胶结物产出（图 10－56）很可能是海水潜流带形成的（Tucker，1991）。而新月形和悬垂胶结则可能出现在海水渗流带。高镁方解石则以暗色的泥晶胶结物在颗粒周缘形成包壳或充填孔隙，并有可能球粒化（图 10－56）。生物泥晶化在海滩岩中常见，也可见钙化的微生物丝状体。

在潮间带上部—潮上带下部，胶结作用可形成碳酸盐胶结物结壳，其特征受气候环境的影响。在干旱气候地区，这种碳酸盐潮坪结壳在帐篷构造的角砾或多角状角砾块中十分发育，可遍布整个潮坪上部，以隐晶文石胶结物最常见，文石胶结物成悬垂状产出。如现代波斯湾南岸广泛发育此类碳酸盐潮上坪的结壳。在胶结的壳体下，也可能发育滴水（悬垂状）胶结物、渗滤豆以及文石葡萄状胶结物（图 10－56）。在巴哈马潮湿带结壳中，可以见到白云石胶结物。

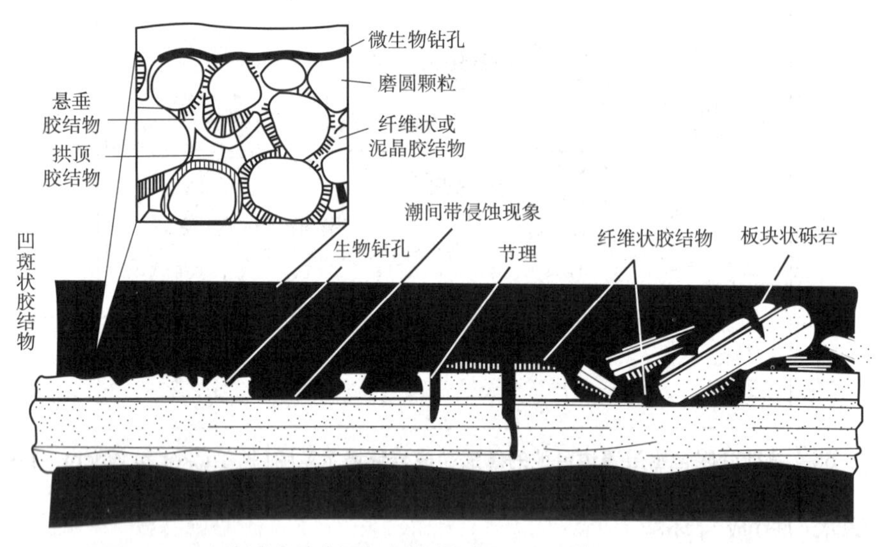

图 10－56　海滩岩的主要识别证据（据 James 和 Choquette，1990）

2）浅水潮下环境

在低纬度的浅海区域，海底成岩作用最常见的是胶结作用和微生物泥晶化作用，前者在高能区更常见，而后者在低能安静的水体更常见，如礁后或滩后潟湖。这样就能区分活跃的海底潜流环境与静止的海底潜流环境。在高纬度浅海区，由于海水中的 $CaCO_3$ 是不饱和的，所以胶结作用一般不强，而溶解作用盛行。在滞留的海底潜流环境，胶结作用可以在一些骨屑内腔与孔隙中发生，如腹足和有孔虫生屑内。由于微生物的黏结和丝状体钙化，葡萄石和集合粒的形成常见。

在浅水潮下海底，很少有松散的碳酸盐沙因胶结而形成表面结壳和石化层，但在卡塔尔半岛(Shinn，1969)和巴哈马依留塞拉(Eleuthera)浅滩附件(Dravis，1979)数米深水域也有出现。在卡塔尔半岛附件浅水的这些现代硬底层，可见生物钻孔和包壳，由于胶结层的膨胀也形成了多角形裂隙及帐篷构造。胶结物主要是针状文石和一些泥晶高镁方解石，它们的沉淀也许是由于海底的动荡水体把 $CaCO_3$ 过饱和的海水泵入海底潜流带所致。

现代生物礁内的胶结作用非常广泛(Schneiderman 和 Harris，1985；Tucker，1991)。尽管形态变化大，但矿物成分相对简单，主要由文石和方解石组成(图 10－57)。文石主要以针状环边和针状网状物产出，但有另一类更突出的葡萄状胶结物，直接可达 100mm，既可以单体存在，也可以乳突状复体发育(James 和 Ginsburg，1979)。它们由扇状纤维晶体组成，孪生晶可显示假六边形横切面。高镁方解石以片状(或刀刃状)晶产出(长 10～100μm，宽 < 10μm)，组成等厚环边(Aissaoui，1988)，在一些礁体中它们比文石胶结物更丰富，但在一些礁体中又非常稀少。高镁方解石也可以泥晶胶结物产出，构成一些颗粒的包壳和孔洞胶结环边，更常见的是形成骨架孔洞中的球粒组构以及珊瑚的表皮包壳(Tucker，1991)。这些球粒(直径 10～60μm)可以构成颗粒支撑的组构。对于这种球粒的成因存在多种观点，现在比较一致的观点是环绕细菌团块的微生物诱导的沉淀物(Macintyre，1985；Chafetz，1986)。

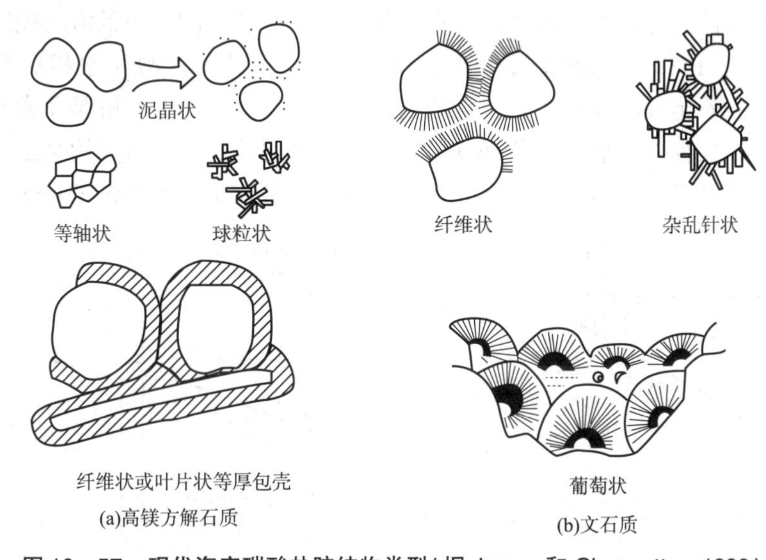

图 10－57　现代海底碳酸盐胶结物类型(据 James 和 Choquette，1990)

礁体中广泛的胶结物沉淀使得礁体骨架变得坚固，但同时也会经历广泛的生物侵蚀作用。微生物、穿贝海绵和噬石双壳都可以在生物礁骨架上布满钻孔；海绵同时会产生少许的碎屑。鱼类和其他生物也会啃噬珊瑚，产生沉积物。在骨架间原始或次生洞穴内，会发生广泛的内沉积作用，并迅速被胶结。

许多礁体中胶结物的分布似乎与海水循环有关；在迎风侧，海水被不断地泵向礁体，所以在此侧的胶结作用更强。然而，在更小的尺度，无论是范围和矿物成分、形态，胶结物的分布往往是补丁似的，如在一个孔洞中见到针状的文石胶结物，而在旁边的洞穴则是高镁方解石的球粒，而在另外的洞穴中则是空的。其中一个主要的因素就是连通性和渗透性，它们控制了流体运移速率。

浅水潮下带—潮间带文石胶结物通常含有很高的 Sr 含量，可高达 10000μg/g，Mg 含量在 1000μg/g。高镁方解石胶结物的 $MgCO_3$ 含量一般介于 14%～19%之间，但 Sr 含量比较低，大约1000μg/g。

3）更深海环境

在深达3500m的洋底曾采集到胶结的碳酸盐沉积物，大多位于沉积作用极慢的海山、海底滩和海底高原。这种灰岩主要由浮游有孔虫、软体动物及颗石藻及一些底栖生物构成，由泥晶方解石胶结组成。这些灰岩也常被生物钻孔，并可被磷酸盐与铁锰氧化物所充填。在冷的深水区，如巴哈马台地周缘700～2000m深海域，胶结物为低镁方解石，沉积物中文石质骨屑颗粒已被溶蚀，高镁方解石也去镁变成低镁方解石。在地中海和红海，现在仍有或曾有过暖的底水，石化的深海沉积物表面结壳和结核被泥晶高镁方解石胶结，而红海底上翼足类层被针状及泥晶方解石胶结。这些深水环境碳酸盐胶结物沉淀是深水低速沉积的反映。$CaCO_3$来源于海水和不稳定矿物的溶解，当海水$CaCO_3$达到过饱和时，就会发生沉淀；而胶结物的类型及其中镁含量则取决于底水的温度。

尽管在浅水区域沉积物的成岩作用以胶结作用为主，但随着水深的增加，海水中$CaCO_3$的饱和度会逐渐降低，首先会导致海水相当于文石和镁方解石的不饱和，随后是低镁方解石的不饱和（图10－58）。在巴哈马台地外海水深数百米的斜坡就发生了生屑的溶解，而在地质历史时期，海水溶解作用发生的深度更低，如在侏罗纪和奥陶纪中的海底硬底中发现的溶解作用（Palmer等，1988）。这些时期和现代海洋相似，低纬度浅海海水相对于方解石是饱和，而相对于文石不饱和。在中生代，深水远洋型灰岩的海底文石溶解是非常普遍的，文石质头足类壳体常常仅保存了底栖生物和铁锰氧化物包壳的铸模。溶解作用会随着水深的增加而增加，在碳酸盐补偿深度（CCD）之下，就基本没有碳酸盐沉积了（图10－58）。

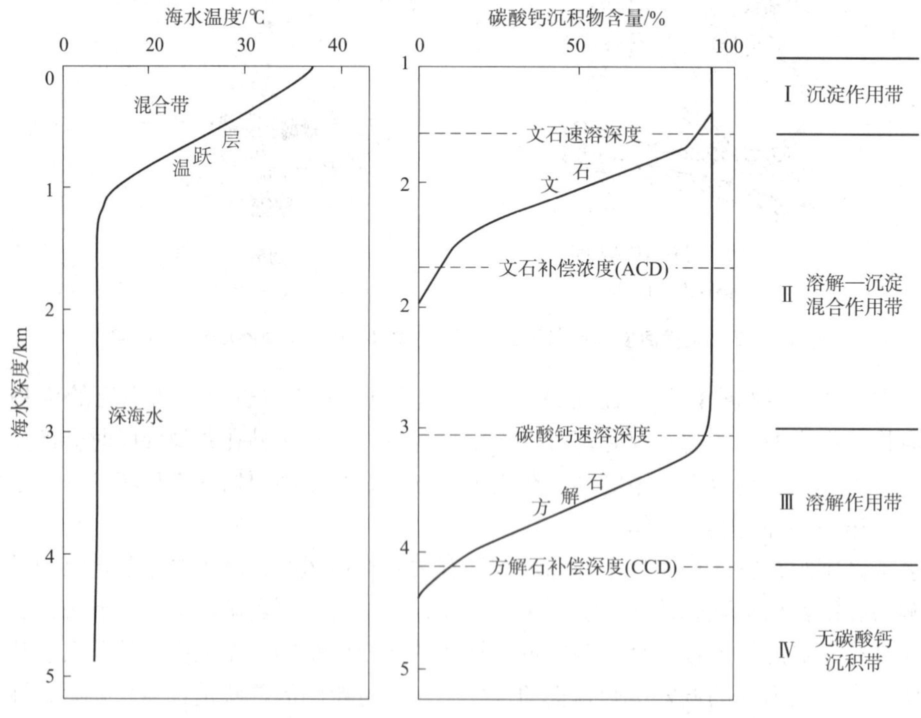

图10－58 现代热带海洋中海水深度、温度、碳酸盐溶解度以及海底成岩作用关系图（据James和Choquette，1990）

2. 古代灰岩的海水成岩作用

在许多古代灰岩中，大量的证据表明成岩作用发生于海底或之下。在地质记录中，古代的生物礁和海底硬底中海底胶结物是非常普遍的。然而，胶结物自身还是变化挺大的；一些与现代海水胶结物相似，由文石和镁方解石组成，尽管现在已经转变成方解石了。而另一方面，古代灰岩中的一些胶结物与现代海水胶结物确实不同，由方解石构成，而且组构与现代海水胶结物也有所不同。

1)古代海水文石胶结物

在古代灰岩中，由于文石的不稳定性，文石胶结物被保存得非常稀少。与文石质生物碎屑一样，文石质胶结物同样会转变成方解石，既可先全部溶解，再被亮晶方解石充填的方式；也可通过方解石化实现，即通过薄的流体膜一侧文石的溶解和另一侧方解石沉淀实现方解石交代文石(Tucker，1991)。在该过程当中，初始胶结物的结构在交代的方解石晶体内以微小的文石残余或有机体包体的形式得以保存。交代方解石晶体作为一种新生变形晶体通常显示不规则到等粒状晶形，切割初始的针状文石胶结物。这种方解石可能会继承初始文石高Sr含量(达1000μg/g)的属性。一些古代方解石化的文石胶结物具有独特的方形终止面，总体形态与现代的同类相似，如等厚环边和葡萄状。尽管在灰岩中的一些等厚环边胶结物初始是方解石组成的，但葡萄状胶结物只有文石晶体才具有。一些方解石的结构也可在大气淡水、洞穴—渗流成岩环境中出现。

2)古代海水方解石胶结物

在古代灰岩中，最常见的海水方解石胶结物是纤维状方解石，一种垂直底质生长的拉长形晶体，与更后期的方解石亮晶相比，表面更脏。有一种呈柱纤状晶体，长/宽比大于6：1，宽度大于10μm，明显比各种针状晶体的长/宽比大和宽。这种柱状纤维方解石胶结物在礁体孔洞以及古生代泥丘的平底晶洞中非常普遍(图10－59)。而另一种类型更细长，形似针状，在颗粒灰岩和礁灰岩中也比较常见。

(a)

(b)

图10－59　桂林庙门晚泥盆世法门期微生物礁灰岩孔洞中的纤维状方解石(海底)胶结物

(a)宏观岩石切片；(b)垫衬洞穴的放射纤维方解石表面略显污浊，具弯曲双晶面和波状消光，正交偏光

纤维状方解石晶体组构呈现一系列变化：具远端汇聚波状消光的放射状晶体[图10－60

(a)]、具远端发散消光的针状光纤维晶体[图 10-60(b)]以及均一消光的放射纤维状晶体，前二者双晶面弯曲，第三者的双晶面平直，也是最常见的类型。现在通常认为这种类型的方解石胶结物是原生的，其独特的组构可能由晶体分裂生长有关(Kendall，1985)。尽管放射状方解石大部分发育于前第三纪的灰岩中，但在一些更新的岩石中也有发现。

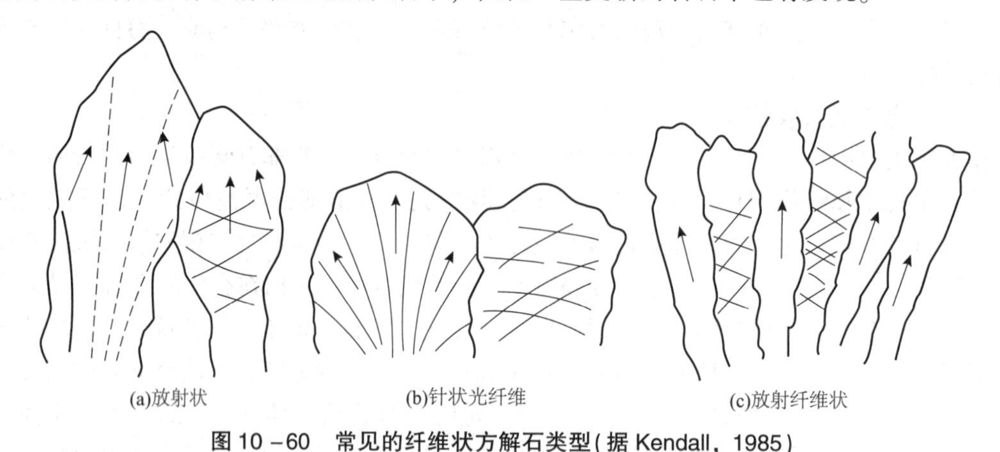

图 10-60　常见的纤维状方解石类型(据 Kendall，1985)

箭头表示(转动载物台时)消光快速震荡方向[(a)中表示晶体远端汇聚；(b)中表示远端发散；(c)中表示均一；(a)(b)中的虚线表示次晶界线]

究竟纤维状方解石来源于初始的低镁方解石还是高镁方解石？这是一个不易确定的问题，因为高镁方解石在成岩期会丢失镁离子，而转变成低镁方解石。但可以依据下列一些线索进行溯源。纤维状方解石由于富包体，表面常常比较污浊，有些可能还见到白云石微晶。如果存在微晶白云石，则表明初始方解石为高镁方解石。如果初始晶体为高镁方解石，即使成岩期转变成了低镁方解石，但 $MgCO_3$ 含量仍然比较高，但可能能见到一些新生变形现象。

除了纤维状方解石，在一些灰岩中的等粒状亮晶方解石也是海水中沉淀的，如在一些侏罗纪和奥陶纪的海底硬底中，此类方解石以第一世代胶结物存在(Wilkinson 等，1985)。棘屑周缘的同轴增生晶体，尽管也曾被认为是近地表大气淡水或埋藏环境的沉淀物，但同样出现在海底硬底层中，在其他一些灰岩中，这种增生晶体中可以见到早期海相成因的包体。

与现代生物礁具有相似结构的泥晶和球粒高镁方解石也出现在古代生物礁中，其中球粒结构在三叠纪礁体中特别常见。

3. 海相胶结物的长期变化(secular changes)

现代浅海胶结物绝大部分有文石或高镁方解石组成，在地质历史时期，初始的海水胶结物有文石、高镁方解石和低镁方解石。与鲕粒的矿物组成变化样式相似，显生宙海水胶结物的矿物变化具有相同的趋势。例如，文石葡萄体作为一种独特的海水胶结物矿物形态在新生代和二叠纪—三叠纪过渡期很常见，但在中古生代和侏罗纪—白垩纪明显缺乏，而纤维状方解石胶结物占绝对主导地位。正如鲕粒所示，控制胶结物矿物成分的因素与海水 Mg/Ca 比值、P_{CO_2} 以及碳酸盐供给速率有关(图 10-61)。文石和高镁方解石在海水 $MgCO_3$ 含量为 12% 时具有相似的稳定性，但控制它们沉淀的控制因素不是太清楚。海水中 Mg^{2+} 和 SO_4^{2-} 的存在确实会引起方解石沉淀的动力学障碍，但有利于文石沉淀。高的碳酸盐供给似乎也有利于文石的沉淀，所以在渗透性高的生物礁中，流体流动速率较快，文石和灰泥砂会优先沉淀；而高镁方解石则在渗透率略低孔洞中沉淀。在一些情况下，底质也是一个控制因素，胶结物会继承底质矿物和光学连续性，形成同轴增生的胶结物，如棘屑周缘的同轴增生方解石。

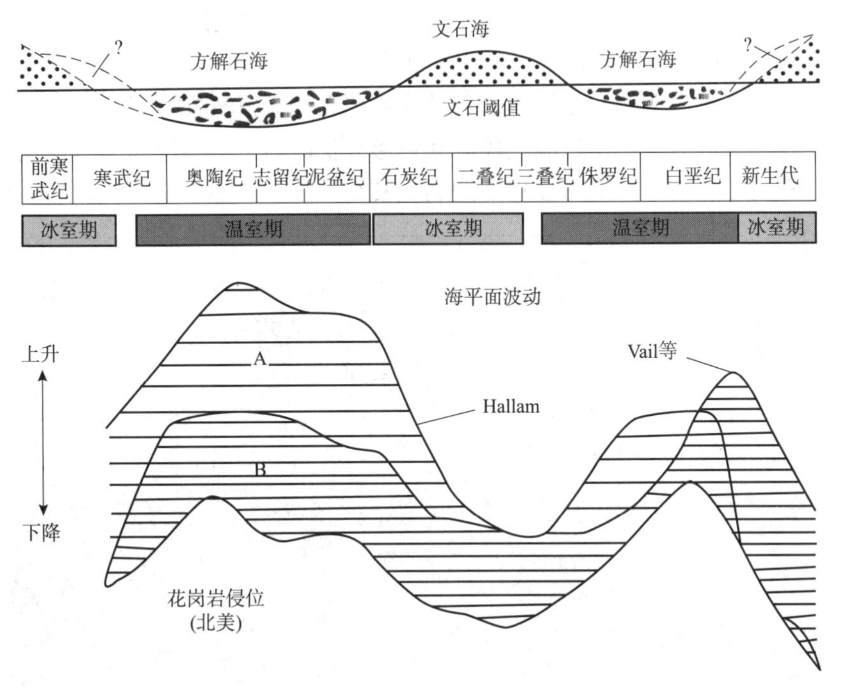

图 10-61　显生宙非骨骼(非生物)碳酸盐成分长期变化趋势及与气候、海平面变化的耦合关系(修改自 Sandberg，1983；Bates 和 Brand，1990；Tucker，1991)

碳酸盐胶结物的形态大致可以归类为针状/柱状，泥晶或等粒状，控制因素同样与Mg/Ca比值和碳酸盐供给速率有关。等轴晶一般是低生长速率的产物(低 CO_3^{2-} 供给)，所以是大气淡水、埋藏成岩环境的典型晶体属性，在这些环境中，大气淡水的低碳酸盐饱和度和成岩环境的低流体速率会形成最常见的等粒状方解石亮晶胶结物。针状—柱状和泥晶形态是高碳酸盐供给速率的典型产物，其中前者是沿 *C* 轴优先生长的产物。该轴是方解石和文石的最快生长方向，而其他晶轴方向由于海水中 Mg^{2+} 离子的毒化效应(Folk，1974)和表面电荷效应(Lahann，1978)，其生长受到抑制(图 10-3)。微晶胶结物是晶体快速成核，但生长速率又较慢的结果，Mg^{2+} 会优先进入快速沉淀的晶体，所以没有足够的时间从晶面排替过量的 Mg^{2+} 离子。

(二)大气淡水成岩环境

根据大气淡水在地下的循环状况，将大气淡水成岩环境可分三个水文带：淡水渗流、淡水潜流和混合带(图 10-62)。成岩过程主要涉及溶解作用、胶结作用和成壤作用。气候是影响大气淡水成岩环境的主控因素，不仅影响了淡水通量，也影响了温度、地表植被以及土壤的发育。

1. 淡水渗流带及其成岩作用

淡水渗流带位于地表之下，地下水位之上的地带(图 10-62)，包括上部的渗入带(infitration)和下部的渗漏带(percolation)，渗流带的淡水(主要是天水或雨水)沿粒间或裂缝垂直向下流动，是饱含气体的氧化水体，所以孔隙处于开放系统，故又称饱气带。根据孔隙水的

$CaCO_3$饱和情况，又分为溶解与沉淀两个带。在潮湿气候区，溶有 CO_2 的雨水下渗可使孔隙水的酸性增加，成岩作用主要为溶解作用，造成各种不稳定的溶解和不同规模的各种溶孔。溶解带深度一般较浅，但有时也可以延伸到地下水面。随着孔隙水的蒸发或 CO_2 脱气以及溶解的 $CaCO_3$ 聚焦，使得溶液的 $CaCO_3$ 发生饱和而发生沉淀，形成胶结物。在潮湿气候区，孔隙水垂直下渗，有利于在下部发生沉淀和胶结作用；在较干燥气候区，强蒸发作用引起孔隙水上升，在地表形成钙结层；在过渡气候区和地形起伏的地区，地下水上升溢出，在泉边形成石灰华；在石灰岩洞穴中，则形成特殊的洞穴胶结。

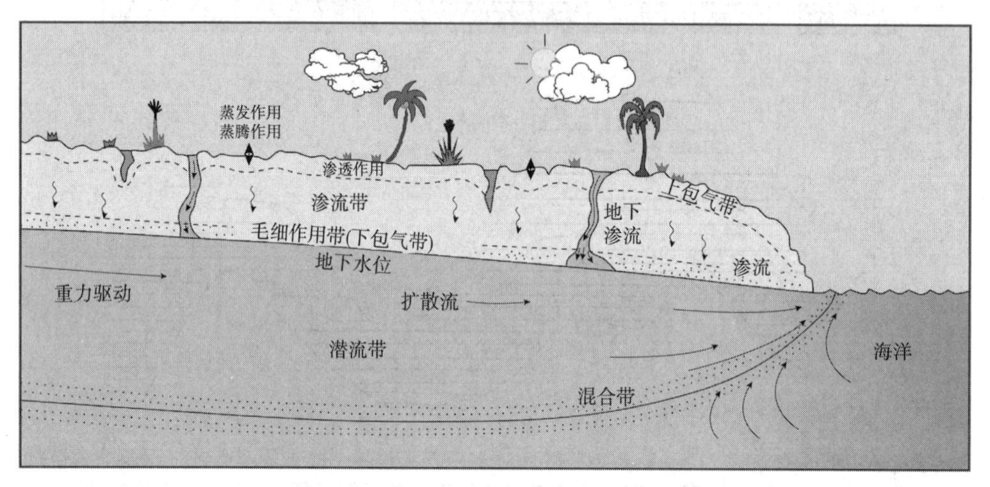

图 10-62 大气淡水系统的主要成岩环境和水文条件概念模型(据 Moore，2004)

由于大气淡水大多含镁量低，形成的胶结物主要是低镁方解石，均无铁方解石。由于孔渗水 Mg/Ca 比很低，而且流速较慢，所以一般形成等粒状的亮晶方解石胶结物(Tucker，1991)。白云石或镁方解石沉积物被淡水溶解，有可能形成文石甚至含镁方解石的胶结物(Duan 等，2017)。

渗流带的水主要沿粒间孔隙向下流动，除在颗粒接触处由于表面张力作用能保持一个极薄的向内凹的水膜外，孔隙的大部分仅有空气充填。这一特性在颗粒接触处形成了内凹的新月形(meniscus)胶结物。水稍多时，在重力影响下，在颗粒下方形成向下突起的悬挂式水滴，形成的胶结物也继承了这种形态，即悬挂式(或重力)(pendant or gravitational)胶结物(图 10-63)。

在碳酸盐岩的原始粒间或次生孔隙底部，偶见有粉砂级大小的方解石晶屑或颗粒充填，有时则为灰泥状方解石或生物细碎屑，有时还具显微纹理。其上还常被粒状亮晶方解石胶结物覆盖。因此，有人推断在渗流环境中，上述粉砂级物质是在渗流水运移过程中被搬运至岩石孔隙中堆积下来的[图 10-54(a)]。某些示底构造也可能是这种方式形成的。

在近地表大气淡水成岩环境，可以形成土壤，不同的气候背景会形成不同的土壤类型：在潮湿气候背景下，可以形成不溶残留物、并含铁质的红壤(terra rossa soil)；在干燥气候背景下会形成钙结层或钙结壳(calcrete or caliche)。在成壤作用过程中，近地表沉积物被溶解和胶结，形成一些特殊的组构，如针状纤维方解石、蜂巢状结构、渗流豆石，纹层状结壳以及钙化的根菌席(见本章第二节第二部分)。

2. 淡水潜流带及其成岩作用

淡水潜流带位于潜水面之下，仍有淡水影响，地下水主要做水平方向运动，速率较慢，溶解力不强，胶结作用明显。在近海地区，此带终止于有渗透海水的地方，即淡水与海水混合带(图 10 – 55、图 10 – 62)。自上而下可分为以下三个带。①未饱和带，位于潜流带最上部，来自渗流带的酸性水使该带处于不饱和碳酸盐状态，仍然有一定的溶解能力。②活动饱和带，孔隙被饱和碳酸钙的孔隙水充满，活跃的水循环有利于发生广泛的胶结作用，其次为新生变形和重结晶作用。③停滞饱和带，该带位于淡水潜流环境的较深部位，水的运动很缓慢。在大气水进入该带之前，来自渗流带的过剩碳酸钙沉淀已与周围沉积物建立了平衡，胶结作用已不发育，代之而起的是新生变形作用。

淡水潜流成岩作用的类型及其特征如下：①产生溶模孔隙与非组构性溶孔，其特征与淡水渗流作用类似。②形成的胶结物主要是贫镁、富锶的等粒状透明方解石。常出现世代现象，早期呈小菱形、小针状等粒薄环边胶结，向孔隙中心依次过渡为片状等厚环边以及更晚期的较粗粒晶体。③发育共轴胶结增生胶结物，以棘屑共轴胶结物最为常见和典型(图 10 – 63)，介形类、竹节石等化石周围，也可以化石中纤状方解石晶格方向往孔隙方向生长，形成纤状环边胶结物。④发生文石和镁方解石的新生变形，在停滞潜流带，由于水体运动缓慢，文石颗粒在新生变形之后仍能保存其残余原始组构，镁方解石骨壳的组构一般不遭受破坏。

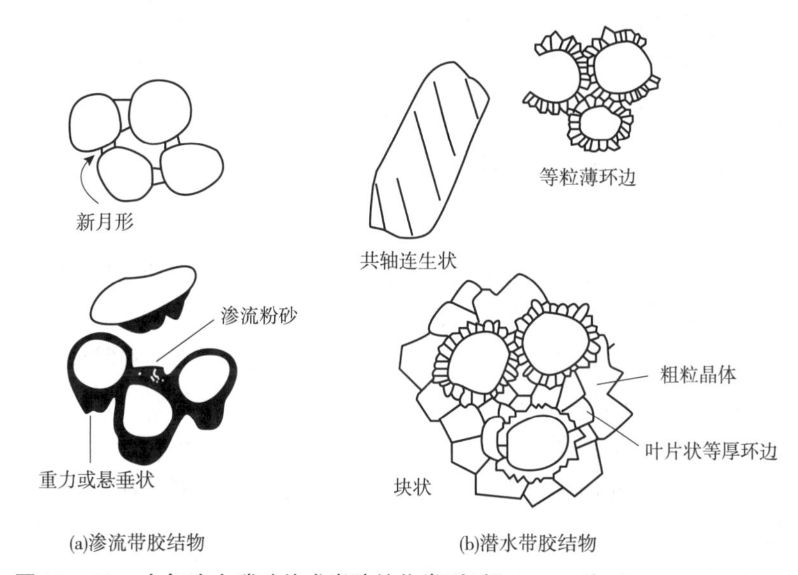

图 10 – 63　大气淡水碳酸盐成岩胶结物类型(据 James 和 Choquette，1990)

3. 海水—淡水混合带

该环境处于淡水潜流带与海水潜流带之间的过渡位置，以形成半咸水为特征。在潮湿气候区、海滨、岛屿以及海退时的礁、滩环境，都可能出现海水—淡水混合成岩环境。混合带的位置与季节降雨量相适应，随时间而变动。

混合带环境具有双重性，靠近淡水一侧，溶解作用较强，文石被溶蚀形成溶模孔隙或组构选择性溶孔。胶结作用较弱，主要形成微晶—叶片状方解石胶结物。靠近海水一端的混合水环境，则形成镁方解石的等厚环边胶结。在海水—淡水混合水环境中，主要是在咸度较低的混合水环境中，可以发生文石和镁方解石向方解石的转化。过去认为，在海水—淡水混合水环境中会发生混合白云石化作用，但现在认为此类白云化作用的热力学基础是不牢固的，也缺乏过硬的现代实例(见本节第三部分)。

(三)埋藏成岩环境

碳酸盐沉积物埋藏后达到海底作用或大气淡水和混合水作用所达不到的深度，即进入地下埋藏环境(图10－64)。在这一环境下的，经过不断压实和胶结作用，孔隙度大幅度地降低，碳酸盐沉积物石化成岩。

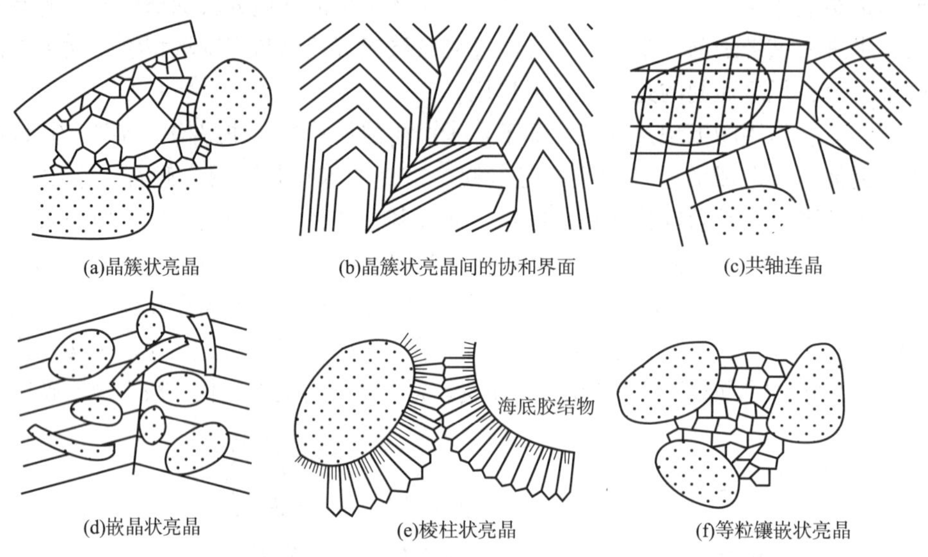

图10－64　埋藏碳酸盐成岩胶结物的常见类型(据Tucker和Wright，1990)

乔魁特等(Choquette和James，1987)将埋藏成岩环境分为浅埋藏亚环境和深埋藏亚环境两类。对这两种环境的划分标志，目前研究得尚不充分。浅埋成岩环境的深度，一般说大约是几米至几十米深，有些情况下也可以达到几百米深。

埋藏成岩作用是在近地表的淡水成岩作用带和海底成岩作用带(有时还有混合水成岩作用带)之下、在低级变质作用带之上发生的各种物理和化学的变化。

影响埋藏成岩作用的因素很多，最主要的有：上覆沉积物的负荷作用，以及由此产生的水文学、孔隙水化学、温度和压力的变化。许多成岩变化都是随着埋深增加而逐渐发生甚至增强的。成岩孔隙流体一般为卤水，盐度可高于10%，而且会随深度增加而升高。地下卤水中K^+、Mg^{2+}和SO_4^{2-}离子强烈亏损，Na^+轻度亏损，而Ca^{2+}高度富集；HCO_3^-在盐卤水中是亏损的，而在中盐度卤水中则富集。与海水相比，其Ca/Mg比值也偏高。随着沉降和沉积负载的增加，温度和压力也会随之增加；温度的增加与盆地的地温梯度有关，一般为25～30℃/km。而温度的增加，使得一些化学反应速率增加，如白云石沉淀在其动力学障碍被移除的情况下会变得更加容易。然而，方解石的溶解度会随着温度的升高而降低，所以，方解石的沉淀在深部会变得更容易和广泛。地下孔隙流体的流速一般非常缓慢，相应的胶结物的沉淀速率也非常缓慢，所以孔隙流体相对于$CaCO_3$也是饱和的，当然在某些特殊条件下，$CaCO_3$不饱和的孔隙流体也是存在的，如有机质降解释放大量CO_2和CH_4气体，在这种情况下，就会造成碳酸盐矿物(岩石)的溶解。埋藏成岩的时间可延续数百万年到数千万年，甚至数亿年。

埋藏成岩作用的类型有物理压实作用、化学压实(压溶)作用、胶结作用、矿物的新生变形和重结晶作用、埋藏白云石化作用、交代作用、有机质(或干酪根)的热成熟与油气的排替与运移、碳酸盐溶解作用和硫酸盐热化学还原作用引起的溶解与胶结作用等。

在浅埋环境，上覆岩层的负荷主要引起物理压实作用，它主要使岩层厚度明显减小和岩石孔隙度明显降低。当埋藏进一步增加，不断增加的沉积负载或构造应力的增加，会造成颗粒接触点不均匀溶解，形成不规则锯齿状的缝合线构造(见本节第一部分)。大洋钻探观察表明在埋深约500m深时(Lind，1993)，就可以形成低幅的缝合线构造，随着埋深的增加，压溶作用更加强烈，缝合线幅度也进一步增大。所以，缝合线幅度常被看作是岩石压实率或埋藏深度的一个指标。在富黏土的灰泥沉积及白垩等细粒碳酸盐沉积物中，由于进变新生变形作用，会形成微亮晶(4～10μm)和假亮晶晶斑(补丁)(10～50μm)。而另一方面，高孔隙压力可以在一定程度上保护或迟滞机械和化学压实作用以及胶结作用，有机质成熟过程中产生的CO_2和CH_4以及其他天然气会有利于孔隙高压的形成。在碳酸盐岩中，夹于压实的灰泥岩或页岩之间的颗粒灰岩或其他多孔岩石中有利于孔隙高压的形成，并使孔隙得到某种程度的保存。

在埋藏环境中，相对于$CaCO_3$或高Mg/Ca比值的孔隙水和缓慢的孔隙流速将有利于形成明亮、粗大的方解石亮晶胶结物，形成嵌晶结构(图10－64)。主要有四种类型的嵌晶：①等粒晶簇状方解石，最常见，存在于大多数灰岩中；②嵌含晶方解石；③等粒嵌晶方解石；④共(同)轴连晶方解石。一些棱柱状方解石也可能是埋藏成因，深埋白云石胶结物，如鞍形白云石，也很常见(见本节第三部分)。

等粒晶簇状方解石亮晶是一种向孔隙中心晶粒增大的特征孔隙胶结物[图10－64(a)]；这种组构是方解石沿*C*轴优先生长和竞争的产物。由于竞争生长，在晶簇嵌晶中的方解石晶体就会具有垂直底质的优势光轴，簇晶间具有典型的平直界面，被称之为和谐(或调谐)界面(compromise boundary)[图10－64(b)]。共轴连晶方解石亮晶是含有棘屑颗粒灰岩的特征，与等粒簇晶生长方式相同，环绕棘屑同轴增生晶同样具有环带，早期生长于近地表海水、大气淡水及混合带的环带一般包裹体丰富、表面混浊，而成岩期的共轴环带一般比较明亮[图10－64(c)]。在簇晶中会存在生长环带(纹)，可以通过染色和阴极发光环带进行鉴别。嵌合方解石亮晶是指大的晶体中包含有数个小的颗粒，晶体大小可达数毫米甚至更大[图10－64(d)]。棱柱状方解石由粗长晶体组成，长于孔洞壁或海水纤维状方解石之上，并进一步被亮晶方解石胶结[图10－64(e)]。有时这种棱柱状方解石可以作为海水胶结物或生屑的增生体产出，可能是早期埋藏胶结物(Choquette和James，1987)。它们可能形成于非常低的成核速率和生长速率。等粒嵌晶方解石亮晶一般不太常见，一方面可能与薄片切割方向有关，也有可能是先期胶结物的新生变形作用(重结晶)所致[图10－64(f)]。

埋藏环境因有机质分解消耗氧而增强孔隙流体还原状况，为二价铁进入碳酸盐胶结物晶格创造了条件，其二价铁和锰的含量分别超过了500μg/g和100μg/g。埋藏环境碳酸盐胶结物的其他特征是含锶量低，$\delta^{18}O$值低(代表了更高的形成温度)，阴极发光颜色分带，反映了形成时成分分带，气—液两相包裹体和碳氢化合物包裹体常见。

确定埋藏成因的亮晶方解石胶结物并不总是明确无误的，如亮晶方解石簇晶也有被认为形成于近地表大气淡水成岩环境，但更多学者认为其形成于深埋藏环境。为此，需要有一个大致的判断标准(或参考点)，一般以沉积物发生压实作用作为埋藏环境开始的参考节点(Tucker和Wright，1990)，如果亮晶方解石形成晚于机械和化学压实作用之后，就可以确认其形成于埋藏成岩环境(图10－65)。如果这种时序不能确认，其埋藏成因的判断就存在一定的不确定性。具体而言，可以根据以下些组构特点进行判别：①缝合线或者微缝合线和压溶缝终止胶结物晶体或包含于其内；②胶结物愈合(填满)了破碎的颗粒或破裂的鲕粒皮壳、泥晶包壳，即后者包含在前者之内；③胶结物在颗粒间缝隙线或凹凸接触之后沉淀。除此之外，亮晶胶结物的显微岩相学特征，特别是阴极发光显微环带也是判断成岩环境胶结物的有用指标。另外，亮晶胶结物的地球化学特征也是有力的指标，如相对比较低的 $\delta^{18}O$ 值，气—液两相包裹体的存在(形成温度大于50℃)，包裹体均一温度和盐度(明显高于近地表环境和海水成岩环境)。

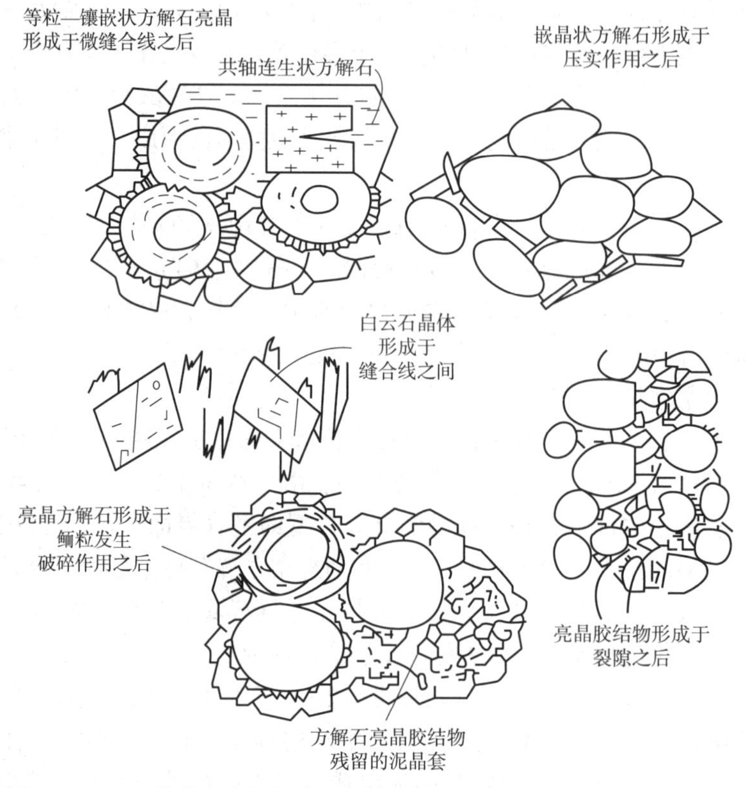

图 10-65　埋藏成岩胶结物的识别依据(据 James 和 Choquette，1990)

尽管随着埋深的增加，胶结和压实作用的增强会导致灰岩的孔隙度会大幅降低，但在一些特殊条件下，灰岩会受到溶蚀形成次生溶孔。当然，埋藏期间形成的裂缝也会形成孔隙，特别是脆性比较强的白云岩中。

在深埋环境下，$CaCO_3$的溶解一般与有机质热降解、羧化引起的孔隙水 CO_2 分压升高、有机酸增加有关，所以如果在碳酸盐岩附近发育富有机质岩石(如黑色页岩)，其中的一些溶蚀孔隙就很可能与此过程有关。热化学硫酸盐还原作用(TSR，thermal sulphate reduction)形成的强酸性流体也会对碳酸盐矿物造成溶蚀，如我国四川盆地下三叠统碳酸盐岩储层中的一些孔隙(Cai 等，2004)，围岩中存在蒸发硫酸盐矿物(如石膏或硬石膏)及烃类的参与是产生这种溶蚀作用的重要条件。热液流体也可以对灰岩或白云岩造成溶蚀，形成溶蚀孔洞，在某些情况下会同时发生 Pb - Zn 矿化(或成矿)作用。另外，蒸发硫酸盐矿物的埋藏溶蚀在形成溶蚀垮塌体的同时，也会形成富钙的流体，造成白云岩溶蚀或去白云石化。再者，流体混合或冷却(亦称递退或倒退溶解)也有可能造成碳酸盐岩的溶解(Giles 和 de Boer，1989；

Esteban和 Taberner，2003）。

在埋藏环境中，不同类型的碳酸钙矿物组分的相对溶解度略有不同，溶解度递减顺序是生物成因的方解石、方解石化的文石或镁方解石和方解石胶结物，再其次是白云石。溶解孔隙大部分是无组构选择性的，可能开始时是粒间孔或溶模孔，以后再溶蚀扩大成不规则溶孔。但生物碎屑及方解石化的颗粒在埋藏成岩环境往往可以发展为有组构选择的溶解孔隙。

（四）成岩序列和成岩阶段

任何碳酸盐岩都是多种成岩作用的综合产物。不同成岩作用随成岩环境的变迁而不断改变，同类成岩作用也可以形成于不同成岩阶段。因此，在不断演化的成岩环境控制下，每一碳酸盐岩都有其特定的成岩序列和成岩阶段。

1. 成岩序列

成岩序列是指某一固结的碳酸盐岩所经历的各类成岩事件（作用）的先后次序。由于成岩作用直接受成岩环境的控制，所以沉积物本身的组构、矿物成分以及孔隙流体性质都会对成岩过程中沉积物（或矿物）—流体相互作用产生影响，促使在不同的成岩环境或阶段碳酸盐岩形成不同的成岩矿物相、成分（元素、同位素）和结构特征。

在近地表大气淡水和海水环境中，海平面高度和气候变化以及水动力条件都是影响早期成岩作用的重要因素，并显示不同的成岩组构和矿物相。大气淡水成岩环境主要发生在高出海平面之上的沉积区，虽然溶解作用是最主要的成岩过程，但在潮湿气候和干燥气候背景下，成岩模式有很大差别，前者主要发育不同规模的岩溶系统，而后者通常发育钙结壳系统。在海水成岩环境中，气候也会起到非常重要的作用，相对干燥气候往往有利于海底胶结作用和潮上带的白云石化作用，而相对潮湿气候则更有利于混合带的白云石化（或溶解）作用。沉积时水动力强弱也会影响早期成岩作用方式与强度，在水体动荡的高能带（如礁、滩），孔隙水流速也相对较快，早期成岩速率（如海底胶结作用）更快，在沉积时就会引起沉积物的固结；而在水体相对停滞的低能环境（潟湖、深海），孔隙水流速较慢，早期成岩过程，特别是胶结作用不活跃，在潟湖中微生物泥晶化、生物扰动以及回流渗透白云化作用很常见，在深海区还会发生碳酸盐沉积的溶解作用。

早期成岩作用方式与结果也会深刻地影响更后期的成岩作用，因海水和大气淡水胶结作用显著固化的碳酸盐岩在埋藏环境中抗压能力较强。而在低能环境形成的、以泥晶为主的灰岩在埋藏环境中更易受到埋藏压实（物理和化学压实）作用的影响，形成一些特殊的成因结构（或组构），如瘤状或扁豆状结构。在埋藏阶段，埋藏历史（沉降与负载量）、构造活动方式（挤压抑或拉张）与强度、热液活动（或异常）会影响岩石破裂、流体运移通道的开启与闭合、孔隙流体成分和运移速率与路径。在含油气盆地中，有机质的成岩作用也会影响碳酸盐岩的成岩作用，当烃类物质充注到孔隙流体和孔隙中时，通常会造成碳酸盐岩胶结作用的终止。当埋藏的碳酸盐岩抬升至地表后，受地表大气淡水的溶蚀则形成溶孔、溶洞和垮塌角砾岩，并在洞穴系统中形成洞穴沉淀物（石笋、石钟乳等），去白云石化强烈时可形成次生石灰岩。

确定成岩序列（先后次序）需要遵从两个最基本的准则，即成岩产物（特别是胶结物）的叠置顺序和脉体切割关系，并兼顾不同成岩环境（阶段）碳酸盐矿物的结晶习性和组构。孔缝胶结物最里的衬边形成最早，向孔缝中心逐步变老；被切割的脉体形成较早。我国碳酸盐岩沉积类型较为复杂、多样，在主要陆块都发育大量的古老碳酸盐岩，如扬子地块古生界—

三叠系，华北地块中元古界—下古生界、塔里木盆地下古生界的碳酸盐岩，经历了长期的埋藏成岩作用和复杂的构造活动改造，因此，建立可靠的成岩序列、恢复成岩过程和演化历史是一个非常艰巨的工作。

2. 成岩阶段及其划分标志

由于碳酸盐岩各成岩阶段所经历的多为非单一的成岩环境，故其划分标志也是多种成岩环境标志的综合。

碳酸盐岩成岩阶段划分方案繁简不一，考虑到沉积期后的成岩改造是连续的地质作用过程，过细的划分方案并不具有显著的实用意义，也缺乏准确的区分标志，所以其划分日趋简化。现将国内外常见的成岩阶段划分方案简述如下(表 10 -5)。

表 10 -5　国内外成岩作用阶段划分与对比

<table>
<tr><th colspan="2">鲁欣(1956)</th><th colspan="2">叶连俊(1973)</th><th colspan="2">冯增昭(1982)</th><th colspan="2">费尔布里奇(1983)</th><th colspan="2">沙庆安(1983)</th><th>王英华(1988)</th></tr>
<tr><td rowspan="4">石化作用</td><td>同生作用</td><td rowspan="3">成岩作用</td><td>海解作用/陆解作用</td><td colspan="2">同生作用准同生作用</td><td rowspan="2">同生成岩作用</td><td>初始阶段</td><td colspan="2">同生成岩作用</td><td rowspan="2">早期成岩阶段</td></tr>
<tr><td>成岩作用</td><td>早期成岩作用</td><td colspan="2">成岩作用</td><td>早埋阶段</td><td colspan="2">再生成岩作用</td></tr>
<tr><td>进后生作用</td><td>晚期成岩作用</td><td rowspan="2">后生作用</td><td>深层后生作用</td><td colspan="2">后生成岩作用</td><td rowspan="2">早晚期表生成岩作用</td><td rowspan="2">复生成岩作用</td><td>中期成岩阶段</td></tr>
<tr><td>退后生作用</td><td colspan="2">表生再造作用</td><td>表层后生作用</td><td colspan="2">表生成岩作用</td><td>晚期成岩阶段</td></tr>
</table>

1) 早期成岩阶段

沉积物脱离沉积介质后，进入地表成岩环境直至埋藏期之前，其中包括同生期成岩作用，可称为早期成岩阶段。Choquette 和 Pray(1970)称之为始成岩阶段(eogenetic stage)。其所处的成岩环境既可为大气淡水环境或混合水环境，以及海水(浅海、深海)成岩环境。在这一阶段中发生的成岩作用复杂多样，在大气淡水环境有渗流砂结构、重力胶结、世代栉壳胶结、溶蚀孔洞及洞穴胶结物。颗粒和晶体铸模及单晶充填，混合白云石化，去白云石化，去石膏化，胶结物低 Sr、B、Na，富 Fe^{3+}，$\delta^{13}C$、$\delta^{18}O$ 等均可作为区分标志。在海相成岩环境，会发育准同生白云石化，石膏化，泥晶化，海底胶结物(如针状、葡萄状文石，泥晶、纤状—片状高镁方解石、纤状低镁方解石)，环颗粒的共轴加大胶结物。

2) 中期成岩阶段

中期成岩阶段或中成岩阶段(mesogenetic stage；Choquette 和 Pray，1970)也可称为埋藏成岩阶段，系指沉积物埋藏后表生成岩过程的主要影响界面之下发生的一系列成岩作用。根据埋藏的深度(可以根据岩层的埋藏曲线获取)也可以进一步细分，如浅埋藏和深埋藏阶段。该阶段沉积物以经历了压实及与压实作用相关的一系列其他作用过程为特征，所以是否经历过压实(如缝合线的发育)是判断进入该成岩阶段的一个标志。在埋藏阶段还会发生一系列其他成岩作用、构造破裂、交代作用(白云石化作用、硅化作用、黄铁矿化)、胶结(方解石胶结作用、白云石胶结作用)与溶蚀作用(酸溶蚀、热液溶蚀、退热溶蚀)、热液改造(重结晶)、热硫酸盐还原作用等，自生石英、长石黏土矿物等。在中成岩阶段，往往还会伴随着有机质的成熟、排替、运移与成藏以及富金属流体的运移与富集成矿(如 Pb - Zn 层控矿床)。

3)晚期成岩阶段

亦可称之为晚表生成岩阶段(telogenetic stage; Choquette 和 Pray, 1970)。系指埋藏的岩石经构造抬升重新回返大气淡水成岩环境,发生岩溶作用与成壤作用,如我国南方碳酸盐岩裸露区广布的成熟岩溶系统。岩溶作用规模取决于暴露的时间和气候条件。常见成岩类型有不同规模的溶蚀孔洞、岩溶地貌(形)、洞穴溶蚀残留物(或暗河沉积)和淡水方解石充填、岩溶垮塌体、红壤或钙结型土壤、渗流砂,硅化,褐铁矿化,去白云石化,去石膏化,膏溶垮塌角砾岩,洞缝胶结物中 Sr、B、Na 含量低,$\delta^{13}C$、$\delta^{18}O$ 呈负值等。

早、中、晚期成岩阶段各具不同的成岩环境,沉积组构随成岩阶段不同而变化,岩石中的有机成分和矿化物质亦随之转化、迁移或富集。成岩阶段的研究和划分,与有机质成熟度和成矿物质的富集规律直接有关。

目前,碳酸盐岩成岩作用的研究已超越了成岩阶段划分、区分阶段标志、一般性地讨论控制因素的阶段,而逐步深入到各类成岩作用机理的研究、成岩阶段的识别和分析阶段。

碳酸盐沉积后作用与油气储集性能的关系十分密切,因为碳酸盐岩的孔隙是油气的储集空间,这些孔隙的形成、增大、减小甚至消失的整个演化历史,除受沉积作用及沉积环境的控制外,更受碳酸盐沉积物的各种沉积后作用及其沉积后环境的控制。

三、白云石化作用与白云岩形成

(一)概述

白云岩(dolomite)是为了纪念法国博物学家 Deodat de Dolomieu(1791)年首先对意大利北部阿尔卑斯山区(现称之为“白云岩”山)的含镁碳酸盐岩的调查而命名的。需要指出的是此类岩石与白云石矿物的英文名称(dolomite)是一样的,所以使用时容易造成困惑,为示区分,学者们倾向于用复数代表岩石(1990 年代前),单数代表矿物,但对此不同意见(Machel, 2004),当然也可以在岩石和矿物后面加上英文的“rock”和“mineral”以示区别(Wright 和 Tucker, 1990)。曾有学者在20 世纪40 年代借鉴灰岩的名称,将白云岩命名为 dolostone,但随后遭到了强烈反对,因为这不符合命名的优先率;但最近二三十年来,由于混用造成的一系列困惑,该术语的接受度也在不断提升。而在中文语义中则没有这种问题。

白云岩是指主要由白云石矿物(>50%)组成的碳酸盐岩。在古代地质记录中,白云岩在时间和空间上都有着广泛的分布,但分布并不是均匀的,特别是随着时代的变老,白云岩的丰度是增加的(图 10 - 66)。在前寒武纪,白云岩产出的丰度明显比灰岩高,所以学者们认为前寒武纪不同的海水成分,使得白云石矿物可以在海水中直接沉淀或更易交代方解石。另外的观点认为当时的古地理和古气候条件更有利于白云石化环境的形成,或更简单地认为是时间效应的结果,使得灰岩有更长的时间进行白云石化。通过对显生宙白云岩分布的综合调查(Given 和 Wilkson, 1987; Sun, 1994)表明白云岩的产出有两个高峰期,即侏罗纪—白垩纪和早—中古生代(图 10 - 66),而不是简单地从前寒武纪到现代的递减。这种长期的变化趋势和全球海平面变化存在较好的匹配关系,即全球高海平面时期,白云岩形成的丰度高,而与方解石海分布、大气氧含量及铁岩丰度成大致的逆相关关系,这说明全球大地构造、水圈—大气圈化学变化对白云岩的形成产生了影响(Tucker，1991；Burns 等，2000；McKenzie 等，2009)。

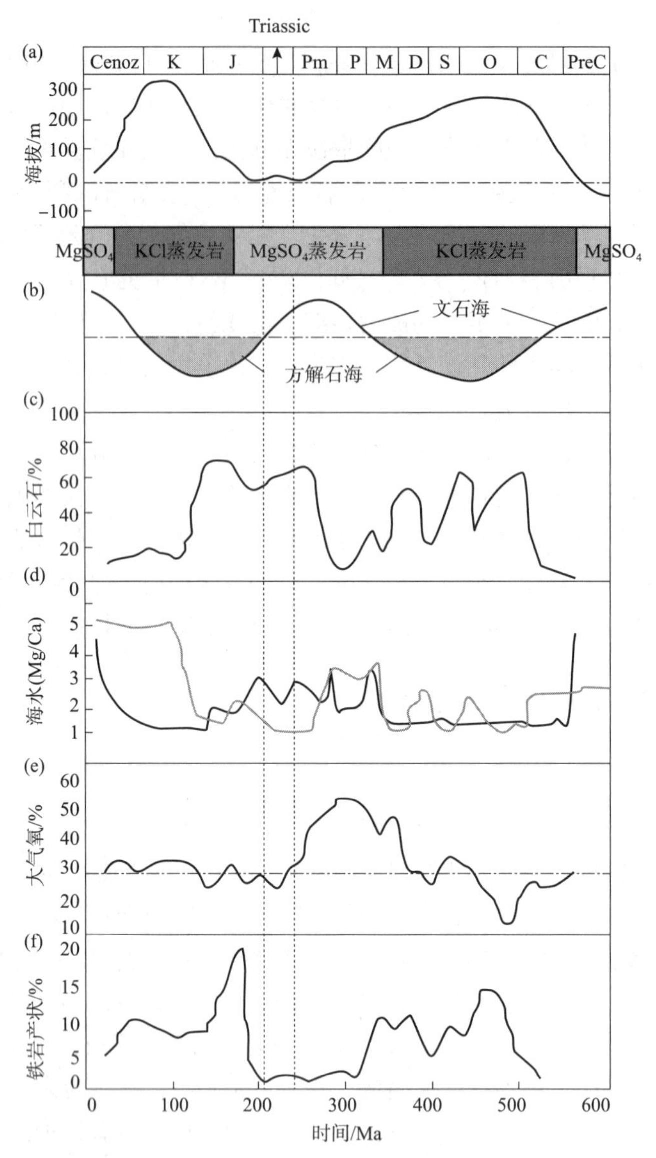

图 10-66　显生宙白云岩丰度变化(注意与一级海平面变化、文石海—方解石海及海水 Mg/Ca 比值、大气氧含量的协变关系)(据 Burns 等，2000；Mckenzie 等，2009)

在现代海洋环境中，直接从海水中沉淀的白云石非常稀少，大部分是交代灰岩形成，构成白云岩的主体或基质(matrix)，也有少量是在孔洞中从流体中直接沉淀出来、作为孔隙充填的胶结物或衬边形式存在的。白云石交代作用和胶结作用可以在沉积后不久的准同生期和早期成岩阶段(同生白云石化作用，syngenetic dolomitization)发生，也可发育在埋藏阶段(epigenetic dolomitization)发生。而所谓的原生白云石，系指从海水或湖水中直接沉淀的。严格来讲，白云石化作用只适用于白云石的交代作用；同时，热液流体引起的前期白云石(岩)重结晶作用也不宜称之为白云石化作用(Machel，2004)。

(二)白云岩的类型

1. 成因类型

维什尼亚科夫(Vishnyakov，1951)按成因将白云岩分为：原生白云岩、成岩白云岩、后生白云岩三类。鲁欣(Roenthal，1953)将白云岩分为原生沉积白云岩、同生白云岩、成岩白云岩及后生白云岩四类。福克(Folk，1962)在他的碳酸盐岩分类中，将白云岩分为原生白云岩与交代白云岩两类。弗里德曼等人(Friedman 和 Sanders，1967)根据白云岩的产状和成因，将白云岩分为同生白云岩、碎屑白云岩、成岩白云岩及后生白云岩。简单归纳起来，大致可以分为同沉积—准同生白云岩和沉积后白云岩两大类。前者系指白云岩形成于碳酸盐沉积物仍然停留在初始的沉积环境中，化学条件也基本保持不变；而后者系指沉积的碳酸盐沉积物已经脱离了初始的沉积活动带，孔隙流体性质也发生了变化。

2. 成分类型

根据碳酸盐岩中白云石的含量，可以将其划分为如下几种类型：

①灰岩：白云石含量0~10%。

②白云质灰岩：白云石含量10%~50%。

③钙质(灰质)白云岩：白云石含量50%~90%。

④白云岩：白云石含量90%~100%。

3. 结构(texture)类型

矿物组构(fabrics)主要是指晶粒(或颗粒)大小及晶粒间的关系，如等粒组构、不等粒组构[斑状组构(porphyrotopic)及嵌晶组构(poikilotopic)]；而结构(或织构)主要指晶粒的形态，如自形、半自形和它形这些描述单个晶体形状的术语(Friedman 和 Sanders，1967)，但有些学者笼统地称这些特征为结构(Gregg 和 Sibley，1984)。

白云石晶粒大小可以参考沉积物颗粒大小分级进行细分(表10-1；Folk，1962)：特粗晶(>4mm)，极粗晶(1~4mm)，粗晶(1~250μm)，中晶(62~250μm)，细晶(16~62μm)，极细晶(4~16μm)，隐晶(1~4μm)。其他学者(Friedman，1965)也提出过晶粒大小分级方案，但没有前者流行。

如果白云岩的沉积组构和织构还保存完好(至少可以识别)(图10-67左侧1、2结构类型)，一方面可以根据颗粒的大小分为：砾状白云岩，砂状白云岩，泥晶白云岩(dolorudite，dolarenite，dololutite/dolomicrite)。也可基于福克或邓纳姆灰岩分类方案进行分类，如颗粒白云岩，泥粒白云岩，粒泥白云岩，泥晶白云岩(在不同灰岩类型前加上 dolomitic 或 dolo-前缀)。

晶体结(织)构往往反映了晶体生长的动力学条件和生长速率。现在被广泛应用的白云石结构分类方案是 Sibley 和 Gregg(1987)提出的，该分类方案主要基于显微尺度，相对简单，是描述性很强的方案，但同时又携带了一些成因信息(Mazzulo，1992)。该方案的核心内容就是根据白云石晶体的晶面曲直分为直面晶(planar)和非直面晶或曲面晶(nonplanar)两大类，并结合晶体的自形程度(自形、半自形、它形)[直面—漂晶，planar-p(porphyrotopic)；直面—自形晶，planar-e(euhedral)；直面—半自形晶，planar-s(subhedral)；曲面—它形晶，nonplanar-a(anhedral)]及产状(基质和胶结物)[直面晶—胶结物，planar-c(cement)；曲面晶—胶结物(鞍形白云石)，nonplanar-c(saddle)]进行补充描述(图10-67)。从宏观尺度来看，直面—漂晶(结构3)和直面—自形晶(结构4)一般在部分白云石化的斑状白云质灰岩或灰质白云岩比较常见，白云石结构类型 5～8 一般产于完全白云石化或热液蚀变的中粗晶白云岩中，其中7、8 结构类型的丰度取决于孔、缝的发育程度(或强度)。

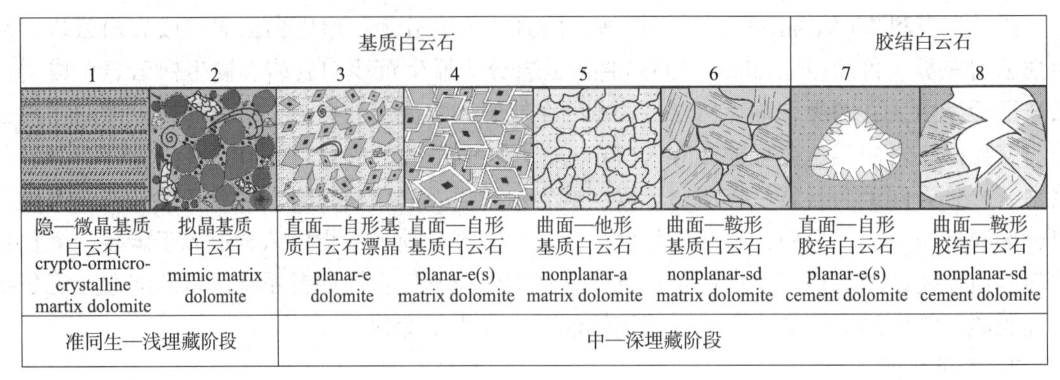

图 10－67 白云石结构类型(据 Sibbley 和 Gregg，1987；Mazzulo，1992，综合和补充)

在实际工作中，要实现对晶体结构特征进行完整的描写时需要同时把晶粒大小和形态以及产状等信息结合进来，即把组构、结构及产状信息综合，如中粗晶曲面—它形白云石(基质)，中粗晶曲面—鞍形白云石胶结物。许多白云岩内部白云石的结构、组构及产状往往显示非均质性，不同结构类型之间也存在一些过渡类型，需要对其进行准确鉴别、描述，才能准确判断成岩(白云石化)作用过程和流体性质。以上晶体结构分类对于沉积期后(埋藏期)形成的白云岩的微观描述是非常适合的，但对于拟晶(mimetic)交代，并保持了原始沉积结构残余的白云岩的微观描述，可以在结构(或岩石)前加上“拟晶”进行描述，再基于灰岩结构类型分类方案进一步命名。

另外，在描述晶体嵌晶时还有其他一些常见的术语系统(Friedman，1965；Friedman 和 Sanders，1967；Gregg 和 Sibley，1984)，如 idiotopic(自形)、hypidiotopic(半自形)、xenotopic(它形)、poikilotopic(包嵌晶)。

(三)白云岩成因与白云石化模式

白云岩在前寒武纪和古生代地层中极其普遍，但在全新世沉积中却十分罕见，而代之以大量石灰岩的沉积，其中的原因众说纷纭，尚无定论，这就是沉积学乃至地质学中著名的“白云岩(石)”问题。就白云石的成因，至今仍然是沉积学中争论不休的一个谜(Hardie，1987；Machel 和 Mountjoy，1990；Warren，2000；Machel，2004)。

从化学热力学的角度，现代海水对于白云石是过饱和的，因此，在沉淀 $CaCO_3$ 的同时，应有白云石的沉淀。然而，事实是并没有相应地见到白云石在现代海水中的沉淀。由此，人们对白云石能从海水中直接沉淀出来表示了怀疑(Von der Borch 1965；Wright，1999；Wright 和 Wacey，2005)。Land(1998)报道了在低温低压条件下，经过漫长的三十多年实验过程，也未能从过饱和的溶液中沉淀出白云石。事实上，低温条件下模拟白云石沉淀的所有物理化学实验均未取得成功，这种模拟白云石从溶液中沉淀的实验只在高温条件下取得了成功(Gaines，1980；Tribble 等，1995；Arvidson 和 Mackenzie，1999)，所以白云石的形成主要是一个动力学问题。

目前大多数学者普遍认为白云石是交代成因的，并提出了许多白云石化模式，最著名的有蒸发泵吸模式(Hsu 和 Siegenthaler，1969)、回流渗透模式(Adams 和 Rhodes，1960)和混合水白云石化模式(Badiozamani，1973)等。这些模式已为大家所熟知。这些模式中，其中一些直到现在仍然被认为是有效，但也有一些模式(如混合水模式)被认为是无效的。最近二三十年，一些学者通过实验观察发现微生物的介导作用可以在常温条件下移除白云石形成的动力学障碍(Vasconcelos 和 McKenzie，1995、1997)，在原生白云石(岩)形成方面实现了重大的理论突破。另外，从 20 世纪 80 年代以来，埋藏白云石化作用(Mattes 和 Mountjoy，1980)及构造—热液白云石作用(Qing 和 Mountjoy，1992、1994；Davis 和 Smith，2006)得到重视和发展。下面介绍一些主要的白云石化模式。

1. *蒸发白云石化作用*

1)萨勃哈模式

现代的白云石大多数形成于蒸发环境，特别是潮间带上部—潮上带，如巴哈马群岛地区潮坪、波斯湾的萨勃哈，这些区域仅在大潮或风暴期才能获得额外海水补给(Mckenzie，1981)，造成短暂的海水下渗，并在沉积物浅部形成地下水的向海运移。大部分时间，由于萨勃哈强烈的蒸发，在地下水位之上的毛细管带发生浓缩作用(capillary concentration；Shinn 和 Ginsburg，1964；Friedman 和 Sanders，1966)。这种毛细管内的向上地下水运移也被称之为蒸发泵吸作用(evaporative pumping；Hsü 和 Siegenthalar，1969)。周期性海水浸淹会造成萨勃哈区的水文和水文化学循环；一个完整的循环包括三个阶段：风暴驱动的潮上带(和潮渠)的淹没，毛细管浓缩作用和蒸发泵吸(Mckenzie，1980、1981)。当孔隙中的咸水通过海岸沉积物直接向上移动，并在沉积物—空气界面上进行蒸发，形成超盐咸水，产生了白云质沉积物，其作用机理是海岸带地表的蒸发作用。蒸发作用就像抽吸泵一样，使海水沿着沉积物的毛细管孔隙，向陆地方向不断运移，同时又使粒间水因不断蒸发而浓缩，提高盐度；通过石膏或硬石膏沉淀清除 Ca^{2+} 和 SO_4^{2-} 离子，使 Mg /Ca 比率升高，从而促进白云石形成(交代文石泥)(Mckenzie，1980、1981)或在孔隙水中直接沉淀(Hardie，1986)，在潮上带形成白云岩薄层(图 10 –68)。

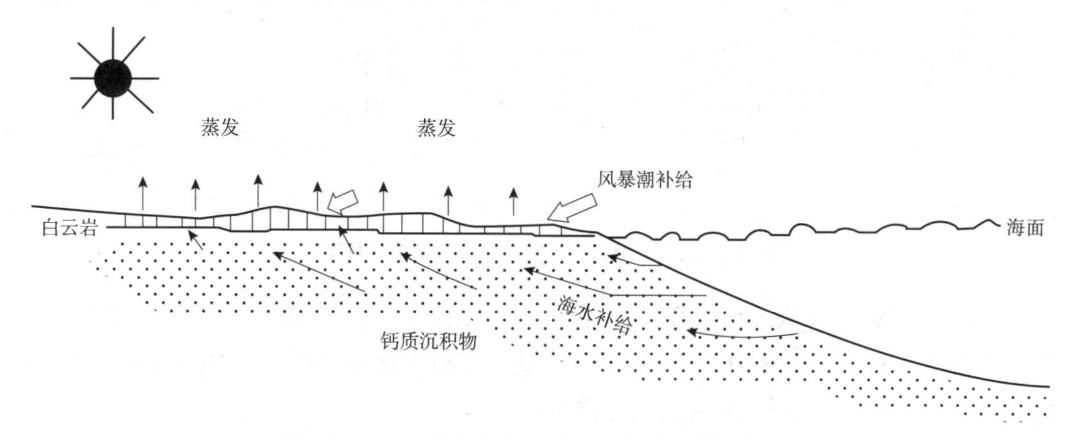

图 10 –68　潮坪环境蒸发白云石化作用模式示意图

Friedman 和 Sanders(1967)发现，这种白云石的形成与得克萨斯西部所发现的白云石钙质层的形成作用相似，白云石化的富集也主要是在沉积物的表层。如波斯湾地区的萨布哈沉积物表层 30 ~60cm 范围内，形成直径为 1 ~5μm 的微晶白云石菱面体胶结物，或交代文石而成，同时出现大量的石膏；而在表层 60 ~100cm 深的范围，文石泥和球粒沉积物中则不存在白云石和石膏。其中在横向上，白云石主要产生于潮坪带的最上部，向陆地方向白云石的含量渐增，但分布并不均匀。

近期通过对阿布扎比萨勃哈中的白云岩的再研究发现潮间带微生物席活体中白云石的形成可能与孔隙水中细菌硫酸盐还原造成的 CO_2 分压和碱度提高有关，而在潮上带或不活跃的微生物席中，微生物胞外聚合物(EPS)发挥了白云石成核模板的作用(Bontognali 等，2010)。从这个方面看，萨勃哈白云石作用也是与有机/微生物有关的白云石化作用(见后述)。

由于周期性海平面变化，萨勃哈沉积经常形成典型的向上变浅米级旋回，这些旋回下部由未被白云石化的浅水潮下或潟湖相沉积组成，上部被白云石化的潮间带微生物席及潮上带沉积覆盖(Mckenzie，1980；Montanez 和 Read，1992)。重复性的海侵与海退会造成类似旋回的垂向叠置。

2)回流渗透(seepage reflux)白云石化作用

Adams 和 Rhodes(1960)通过对美国得克萨斯州西部和新墨西哥州三叠纪礁组合的研究，以及后来 Deffeyes 等(1964、1965)对小安得列斯群岛中博内尔岛南端与石膏沉淀作用伴生的现代白云石化作用实例的研究，提出了一个符合白云石化作用条件的渗透回流作用机制(图10－69)。亚当和罗德斯假定，广阔受阻碍的海水(潟湖)的蒸发作用已经达到石膏的沉淀点，使超咸水盐度更高，Mg/Ca 比值大于 8.4 时，由于密度差，富 Mg^{2+} 的重盐水沿海底向向下渗透进表层沉积物中，并向海、向下流动，促使 Mg^{2+} 置换沉积物的 Ca^{2+}，使之白云石化。

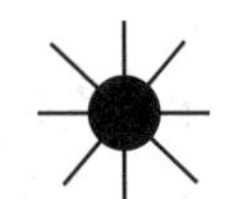

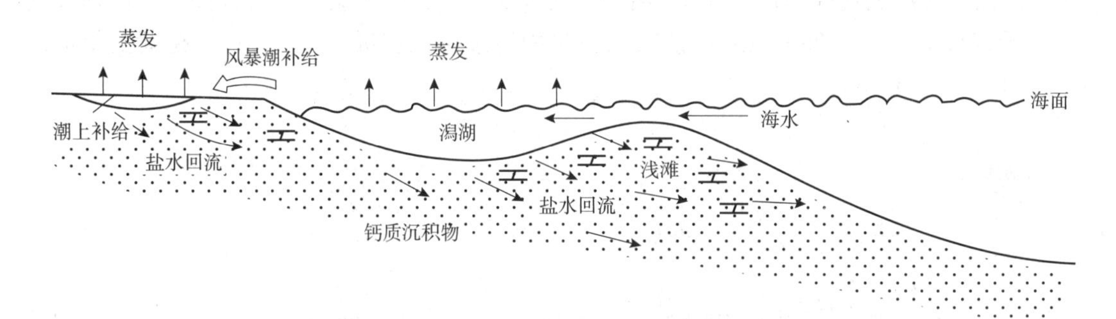

图10－69　回流渗透白云石作用模式示意图

Deffeyes 等(1965)认为，由于蒸发作用而产生重盐水，通过石膏与 $CaCO_3$ 的沉淀而消耗着水中的 Ca^{2+}，从而导致 Mg/Ca 比值的增大(超过 8.4)。这种已增大的 Mg/Ca 比率会促进方解石或文石转变为白云石，其交代反应式为：

$$2CaCO_3 + Mg^{2+} \longleftrightarrow CaMg(CO_3)_2 + Ca^{2+}$$

(方解石或文石)　　(白云石)　(卤水)

在这一反应中，$CaSO_4$(石膏)的沉淀 使得钙离子从海水中被清除，对白云石化作用是非常重要和有利的。但大量的膏岩沉淀在海底会形成隔水层，阻碍卤水向深部下渗，抑制了隔水层之下的白云石化作用，所以回流作用可能主要发生在蒸发盐—碳酸盐沉积的过渡带，并向海延伸至台地边缘。因回流渗透白云石化作用形成的白云石通常为细晶—中晶，基质选择性(优先)，原始组构保存好，并且可能与蒸发岩交替出现。

现在的研究表明在中等盐度的海水(mesohaline/penehaline)中也可以发生渗透回流，并发生白云化作用(Qing 等，2001；Melim 和 Scholle，2002)。

渗透回流作用引起的白云石化作用强度从沉积物的表层向深部逐渐增强，并向海盆地方向不断扩展、增强。渗透回流作用被认为是能够引起大规模白云石的一种有效模式。

3)蒸发潟湖(湖泊)模式(库龙模式 coorong model)

在南澳大利亚库龙的一系列季节性滨岸碱性湖泊沉积中发现与蒸发岩没有关联的白云石沉淀(Von der Borch，1976、1979)。其中，湖水 pH 值在 8 ~ 18 间，Mg/Ca 比值在 1 ~ 20 间波动，湖水同时受到海水和大陆地下水补给，每年发生洪泛—干涸循环，是一个季节性湖泊。在干燥的季节，尽管蒸发作用强，但并没有硫酸盐和岩盐沉积。形成的白云石由 0.5μm 大小的球形集合体构成，富钙(可达 8%)，有序度低，并不是严格的化学计量白云石，被称为原白云石(protodolomite)。白云石主要发育在近端(靠陆侧)每年会发生季节性暴露的湖泊，上覆于滨岸平原沉积之上的变浅序列中。其形成可能与海水与排泄到浅水湖泊的富镁大陆地下水的混合和蒸发作用有关。周缘陆地第四纪基性火山岩的淋滤作用可能提供了大部分的 Mg 离子，而高碱度也有利于白云石沉淀，同时在泮水期水草和藻类的降解也有利于清除水中的硫酸盐，促进白云石沉淀(Tucker 和 Wright，1990)。另外，在澳大利亚的 Victoria 湖泊中的咸卤水湖水下也发现有白云石的直接沉淀，该湖泊周边玄武岩的淋滤为湖泊输入的大量 Mg 离子，使得湖水 Mg/Ca 比值提高(Decker 和 Last，1989)。在一些现代浅水，周期性咸化的潟湖环境中(如巴芬湾、科威特潟湖)也发现有白云石正在形成。这些潟湖沉积有机质相对比较富集，但孔隙水中硫酸盐浓度相对海水比较低。这些白云石的碳同位素变化幅度大(-4‰ ~ +4‰)，而氧同位素比较正(4‰ ~ 5‰)，显示至少有部分有机质(或微生物)的参与。在九十年代，瑞士联邦理工大学(ETH)研究团队对巴西的 Lagoa Vermelha 浅水潟湖富有机质沉积中的白云石的研究进一步证实了微生物介导(microbially - mediated)在“原生白云石”形成中的作用(Vasconcelos 和 McKenzie 1995、1997；见后述)。

2. 混合水(mixing zone)白云石化作用

针对广泛分布于陆表海、陆棚或地貌高地近地表到浅埋藏环境形成而与蒸发岩无关的白云岩的成因，Hanshaw 等(1971)基于他们对佛罗里达第三系碳酸盐岩含水层的研究，提出了在大气淡水—海水混合带的半咸水中可以发生白云石化作用的观点，后来 Badiozamani (1973)进一步扩展、并上升为一模式级别的混合水白云石化作用机理(dorag model)，用以解释一个既不需要蒸发作用，也不需要高的 Mg /Ca 比值的盐水的一个新的混合水的大规模白云石化作用机制，并成为一个非常流行的模式。他用这一混合白云石化作用机理来解释了美国威斯康星州中奥陶统的白云岩的成因。他认为，中奥陶统的白云岩是浅海环境的碳酸盐沉积物因周期性地暴露于大气水中而发生白云石化的结果。所形成的白云岩与石灰岩的界限便是地下水透镜体的下界，而这一界面的任何变动都反映了海平面的波动(海进与海退)(图 10 -70)。

研究认为在混合带形成的白云石一般具有一些特有的岩相学和地球化学特征：晶体明亮，直面—自形或直面—半自形晶，大部分具化学计量、高有序度菱形晶体，晶体大小 1 ~ 100μm，部分可达数 mm。大部分混合带白云石主要以微裂缝、宏观孔洞、铸模孔胶结物形式存在，也有少量交代成因白云石。另外，由于流体盐度快速波动，可能造成白云石与方解

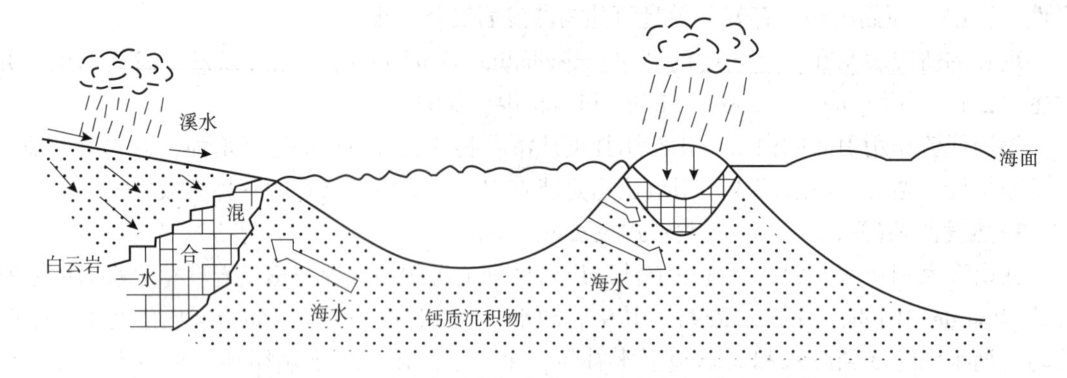

图 10－70　近地表环境混合水白云石化作用模式示意图

石的交替出现(Ward 和 Halley，1985)。

该模式的理论基础是基于对白云石和方解石形成时流体饱和度的热力学计算，计算认为当5%的海水与95%的地下水混合液时，白云石达到饱和而方解石是欠饱和的。所以在海水为5%～30%的混合液的范围内，均可发生白云石化作用[图10－71(a)]。Land(1973)运用混合水模式解释了牙买加更新世 Falmouth 组的白云石成因。此后的许多年，众多学者运用该模式解释了许多碳酸盐台地广泛的白云石化作用，并进一步通过数值模拟(Humphrey 和 Quin，1989)来解释碳酸盐台地环境滨岸混合带厚层白云岩形成的可行性以及在地质记录中的普遍性。

但后来，该模式受得了强烈的质疑(Hardie，1987；Machel 和 Mountjoy，1990；Machel，2004)，认为用该模式解释大规模白云岩形成机制的潜力被大大高估了。首先，对白云石溶解的热力学基础的假设是不正确的，在初始计算中，假设的溶解常数($K=10^{-17}$)是基于有序白云石的，而原白云石基本都是无序的，其 K 值应该调高($K=10^{-16.5}$)，用调整后的溶解常数计算的混合带白云石饱和区间极大地缩小，甚至消失[图10－71(b)]。其次，在现代碳酸盐沉积和古代地质记录中，并没有发现混合带广泛白云石化的过硬证据和实例，即使对过去宣称是混合水白云化作用的实例的再研究与查验，其证据也是存疑的，如牙买加更新世的混合水白云石(Land，1991)，而 Badiozamani(1973)引用的奥陶系白云岩实例实际是热液 Pb－Zn 矿床的容矿层，其中的氧和碳同位素负值是热流体的信号(Luczaj，2006)。相反，

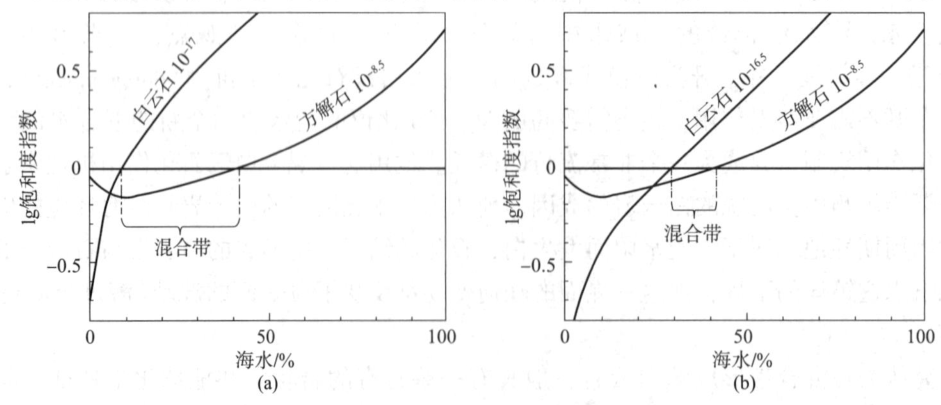

图 10－71　在25℃时，海水与大气淡水混合流体中白云石与方解石的理论饱和度关系(据 Hardie，1987)

(a)采用白云石溶解常数 $K=10^{-17}$ 计算的(白云石超饱和和方解石欠饱和)混合带区间；

(b)采用白云石溶解常数 $K=10^{-16.5}$ 计算的“无序白云石”形成的混合带区间

在这些淡水—海水混合带中发现了明显的碳酸盐钙溶解作用，甚至形成规模孔洞和随后的方解石胶结(Smart 等，1988)。所以，混合水白云石化模式基本被认为不可能形成大规模白云岩，是一个无效模式。

3. *微生物白云石化作用*(microbial - mediated dolomitization)

现代地球表面能形成白云石的环境非常稀少，主要发生在高盐度的蒸发环境中，如蒸发潮坪(萨勃哈)和潟湖环境以及与此相关的回流渗透环境，最著名的有波斯湾阿布扎比萨勃哈、澳大利亚南海岸库龙(Coorong)地区的间歇性潟湖等。因此，20 世纪60 年代流行的各种“原生或准同生”白云石成因模式基本来源于对这些环境中形成的白云石的研究。然而，在实验室模拟这种地表蒸发环境水介质条件(常温、高盐度、高 Mg/Ca 比值)中始终不能沉淀出白云石(Land，1998)。在这些实验中沉淀出的碳酸盐矿物主要是文石，而在这些有现代白云石沉淀的湖底沉积物中却并没有发现文石，而且发现石膏的存在会阻止白云石沉淀(Baker 和 Kastner，1981)。人们逐渐认识到在地表环境中，白云石的形成不是热力学问题，而是动力学问题。因此，如何在正常地表环境下清除白云石形成的动力学障碍，将是“原生白云石”能否形成的决定性因素。

为了解决这个核心科学问题，20 世纪 90 年代瑞士联邦理工学院(ETH)研究团队(Vasconcelos 和 McKenzie，1995、1997；Vasconcelos 等，2002；Van Lith 等，2003)在巴西里约热内卢以东约 90km，一个叫 Lagoa Vermelha 的浅水(水深不足 2m)小潟湖(面积只有 $1.9km^2$)的沉积物界面以下、富含硫化物的缺氧软泥中发现了有序度较低的富钙白云石和高镁方解石沉积。在沉积物界面之下的 15cm 沉积柱中，这些早期的富镁碳酸盐矿物发生熟化和有序化，使其更加接近于化学计量的白云石。越来越多的证据表明硫酸盐还原菌(SRB)直接参与了早期白云石的沉淀和此后白云石的熟化作用(图 10 - 72)。在沉积物/水界面以下的 15 ~ 40cm 的沉积物样品中，发现了脂类生物标志物和 SRB 的 16S rRNA 序列特征。利用从 Lagoa Vermelha 潟湖沉积物中分离的菌株在低温条件下所进行的实验室模拟中，在 25 ~ 30℃ 条件下，沉淀出了高镁方解石和钙白云石的混合物；而在 40 ~ 45℃ 条件下沉淀出了纯的化学计量的白云石(Van Lith 等，2003)。在缺氧水体中，SRB 的还原作用会首先造成 $Mg-SO_4$ 离子对的破裂，随后从流体介质中清除硫酸盐，并增加碳酸盐碱度和细胞表面二价离子(Mg^{2+}、Ca^{2+})的浓度，催化含镁碳酸盐矿物的成核和沉淀，因此镁方解石或白云石是在微生物介导下造成微环境改变的情况下形成的(图 10 - 72)。由 SRB 介导形成的白云石一般呈哑铃型(或纺锤形)集合体，进一步聚合成花菜型(图 10 - 73)，碳同位素比较负(-17.0‰ ~ -6.3‰)。在更深的富有机质缺氧孔隙水中，产甲烷菌的存在也可改变孔隙水微环境，促进白云石的沉淀，但在产甲烷带形成的白云石碳同位素偏正(Teals 等，2000)。

对 Coorong 地区的间歇性潟湖中形成的所谓原生白云石(Von der Borch，1976；Von der Borch 和 Lock，1979)的再研究发现，白云石颗粒的形态和大小与细菌体十分相似(Wright，1999)。这些白云石颗粒大多呈纳米级大小构成的亚微米集合体，颗粒呈次球状和椭球状的细菌形态，核心被白云石所包裹(图 10 - 74)。而且，这些矿化的、细菌形态的纳米级的颗粒与较粗的结晶白云石晶体之间存在着密切的成因联系，两类颗粒呈物理接触，部分小颗粒的表面被结合在大的白云石晶体内，残留的纳米级小颗粒的外表面可完全被包裹在大晶体的晶面内。这种纳米级细菌形态白云石小颗粒的消失和大颗粒新生白云石晶体的形成，可能代表了成岩过程中矿物颗粒的自组织作用。因此，他们认为 SRB 和其他类型微生物在白云石沉淀过程中起到了至关重要的作用，这些细菌新陈代谢的结果改变了其周围水体的性质，提高了溶液的 pH 值和碳酸盐碱度，从而克服了白云石形成过程中的化学动力学屏障，使得白云石的沉淀成为可能(Wright，1999；Wright 和 Wacey，2005)。

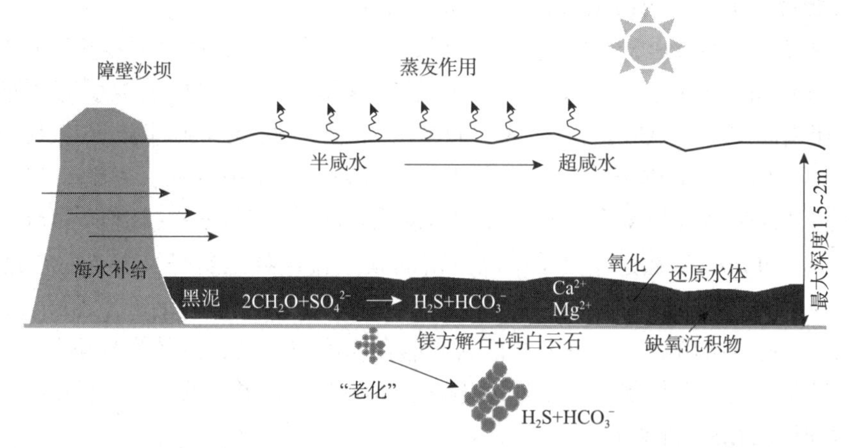

图 10-72　咸化水体中微生物介导形成白云石过程示意图(据 Vasconcelos 和 McKenzie，1997)

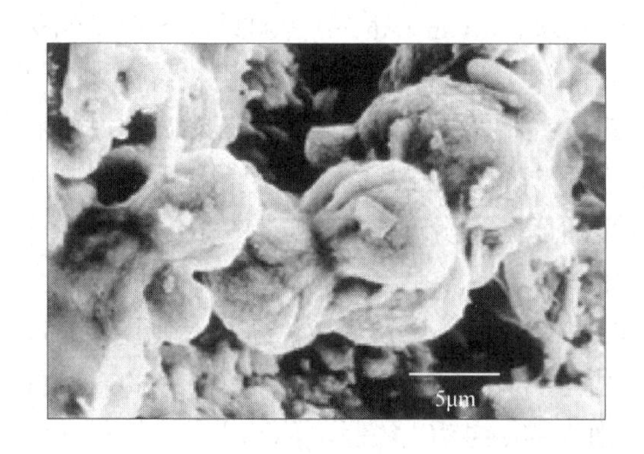

图 10-73　巴西 Lagoa Vermelha 潟湖沉积物中形成的白云石 SEM 图像(呈哑铃型和花菜型集合体形态)(据 Walthman 等，2000)

图 10-74　Coorong 潟湖中的球状、椭球状白云石集合体(具有细菌细胞的形态，被认为是细菌细胞被白云石包裹所致)(据 Wright，1999)

同样，过去广泛流行的近地表萨勃哈白云石化模式，从理论上看并没有很好解决白云石形成的动力学障碍问题。基于新的理论，对该模式起源地的波斯湾(阿布扎比)萨勃哈白云岩进行再研究将为评估该模式的有效性和适应性提供关键的证据和认识。近年来，通过对阿布扎比萨勃哈白云岩的再研究发现这些白云石与微生物席密切相关，白云石在组成微生物席的胞外聚合物(EPS)内沉淀(Bontognali 等，2010)。在当代的微生物白云石模式中，微生物活体的代谢活动非常重要，可以保持高的 pH 值和碱度，降低孔隙水的硫酸盐浓度，促进白云石沉淀(Van Lith 等，2003)。这模式可以应用到潮间带与微生物席表层有关的白云石沉淀过程，但该模式不能很好地解释潮上带形成的白云石，此处白云石主要形成于被埋、失去代谢活力的微生物席中。在这种场景，携带负电离子的 EPS 的吸附作用可能使其成为白云石成核的矿物模板(Bontognali 等，2010)。在以上几种情况中，白云石基本形成于一种缺氧的水介质中。但是，潮上带(或其他环境)沉积物界面附件氧化水介质并不罕见，其中也有大量的白云石(岩)形成，这显然不能用上述机制进行合理解释。基于地表环境(常温、常压)

的最新实验室培养和自然样品结果表明一些喜盐的需氧细菌也可以介导白云石在其细胞表面(EPS)成核及菌株本身的矿化，形成纳米级球形—卵球形白云石集合体，形成粒状(grannulated)结构(Sánchez－Román 等，2008)。这类喜盐、喜氧细菌的代谢活动会造成氨基酸的(氧化)去氨基化，形成氨气(NH_3)，在细胞周围形成碱性微环境；同时细菌的代谢会释放CO_2，造成水介质碱度提高，在 Mg/Ca 比值大于 1 的情况下，形成了有利于白云石(成核)形成的物理化学条件。

以上情况表明，在近地表浅水环境中，无论是在缺氧抑或氧化的水介质中形成的白云石(岩)，微生物(或细菌)活动在它们形成过程中都发挥了至关重要的作用，所以严格意义上讲，过去许多流行的近地表环境白云石形成模式基本都是微生物活动介导形成的(Petrash 等，2017)。

4. 埋藏白云石化作用(burial dolomitization)

常温下，迄今还不能在实验室里从水中自然沉淀出白云石，主要问题出自白云石形成的动力学障碍，但当温度高于白云石的所谓糙面温度(50～60℃)，白云石形成的动力学障碍就清除了(Gregg 和 Sibley，1984)，而这种条件在埋藏环境中(埋深 >600～1000m)基本可以得到很好的满足。按照 Machel(1999)的划分，此等埋深已经进入中等埋藏环境了。随着埋深和温度的进一步增加，白云石的形成将变得更加容易。所以在埋藏环境中形成白云石(交代、胶结作用)不是很困难的事，但能否形成大规模的白云岩仍然是一个存在争议的问题。在埋藏条件下，要形成大规模的白云岩，需要有持续的 Mg 离子供给和水文条件，所以，任何埋藏环境中的白云石化作用模式基本就是一个水文模型，区别主要在于驱动机制和流体运移途径和方向。在埋藏环境中，主要有四种流体运移类型：①压实流；②热对流；③地形驱动流；④构造驱动流(图 10－75)。在某些情况下，多种流体类型结合的复合类型也是有可能的。另外，热液流体可以通过开启的断裂系统灌注到断层周缘任何碳酸盐岩中，造成白云石化作用(或改造)。

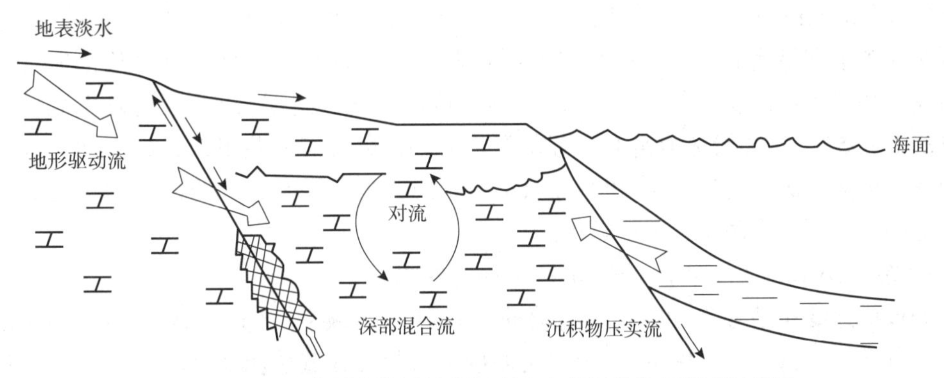

图 10－75　埋藏压实流及深部混合水白云石化作用模式示意图

1)埋藏压实(compaction)白云石化作用模式

该白云石化作用机制一般认为发生在紧邻页岩盆地的陆架边缘斜坡—台地一侧。随埋深加大，盆地泥质岩发生脱水、黏土矿物发生转化(蒙脱石向伊利石转化)，在转化的过程中会释放出镁离子进入孔隙水中，使得富镁孔隙水被排替流入盆地边缘—台地一侧的相对多孔的石灰岩中，从而导致白云石化(图 10－75；Jodry，1969；Mattes 和 Mountjoy，1980)。但从质量平衡角度来考虑，由泥质岩石压实释放出的镁离子毕竟是有限的(Morrow，1982；Land，1985)，所以，由这种机制形成的白云岩的规模也是有限，往往仅限于一些局部的白云岩。

2)热对流(thermal convection)模式

热对流是由温度的空间变化导致的孔隙水密度和水头变化驱动的。温度变化则可能由岩浆侵入相邻岩石导致热通量升高所致以及台地热水与冷海水差异所致(Kohout, 1967),或岩性控制的热导率差异引起(如被厚层蒸发岩覆盖的碳酸盐岩)。热对流有可以分为开放、封闭或者混合类型。

开放海水补给及侧向和顶部的排泄可能在碳酸盐台地(特别是一些孤立台地)形成开放对流单元(convection cell),Kohout(1967)首先识别出这种对流方式,所以也被称为Kohout对流。数值模拟(Wilson等,2001)表明碳酸盐沉积的渗透率大小和分布是控制流体运移和白云石化作用的重要参数,在没有隔水层存在的情况下,对流的深度可达2~3km。但在地层温度为50~60℃(相当于埋深0.5~1km)的沉积中白云石化作用最有利。在该区域之上,由于温度较低(和白云石形成的动力学障碍),白云石的形成非常有限;之下,由于压实造成的沉积物孔渗性降低,对流受阻,白云石的形成也同样非常有限。所以,对于大多数碳酸盐台地,即使经历过海水的热对流,也仅仅会在海水开放补给的情况下造成部分白云石化。当台地下伏火山岩侵入体或被侵入,热对流效应会明显增强,会造成更快和更广泛的白云石化作用,如阿尔卑斯三叠纪Latemar台地礁中的蘑菇状或柱状白云岩体,其中白云石的氧同位素和流体包裹体均一温度在侵入体上方呈等高性递减趋势(Wilson等,1990)。

热对流也可能在封闭单元内发生(或称自由对流)。原则上,在任何沉积盆地内,当地温梯度足够高时,在一定厚度(数十至数百米),且渗透性好、无隔水层的沉积地层中是可以形成对流的(图10-75),但这种情况在沉积盆地中是非常罕见的。所以,即使封闭对流能够建立,由于没有充足的镁离子供给,形成白云石的量也是非常有限的。

3)地形驱动模式

地形驱动的流体运移发生在经历抬升暴露、大气淡水充注的沉积盆地,规模可从数十公里至全盆地(Garven, 1995)。随着时间的推移,抬升部分可以驱动巨量的大气淡水向盆地流动,通过在含水层沿途的水—岩相互作用(特别是盐类溶解),流体盐度会逐渐升高,但只有在沿途溶解了足够的镁离子,并与灰岩相遇(或流经灰岩地层)时才可能发生规模白云化作用(图10-75)。这种情况确实不容易出现。至今,尽管有一些报道,如南加拿大落基山的寒武系—奥陶系碳酸盐岩(Yao和Demicco, 1995),但还没有充分的证据(含有充足的镁)表明广泛的白云石化作用是由地形驱动。

4)构造—刮刷(tectonically-driven squeegee)模式

汇聚板块边缘构造板片冲断挤压驱动的刮刷型(squeegee-type)流体也可以引起潜在的广泛白云石化作用(Oliver, 1988)。板片逆冲推覆引起的加载挤压及板块抬升会驱动板片底部排替的流体注入压实或地貌驱动的流体系统,向克拉通盆地边缘及更远的克拉通内部碳酸盐地层运移,沿途造成广泛的白云石化作用。Montanez(1994)运用该模式解释了石炭纪Alleghanian/Ouchita造山运动引起的挤压、加载作用,驱动流体进入对冲前陆盆地中奥陶系Knox碳酸盐岩,并引起广泛的白云石化作用。但在这种挤压背景下,由板片刮刷引起的流体通量有限,而且不同板片活动的时间也是(幕式的)不长的,所以,很难引起大规模白云石化作用,仅能造成断裂带附件的灰岩发生白云石化作用(交代与胶结)(图10-76;Machel, 2000;Dong等,2017)。如果流体注入的地层是多孔白云岩,则可能在早期因流体欠饱和而发生白云岩部分溶解及随后的热流体改造(重结晶)。

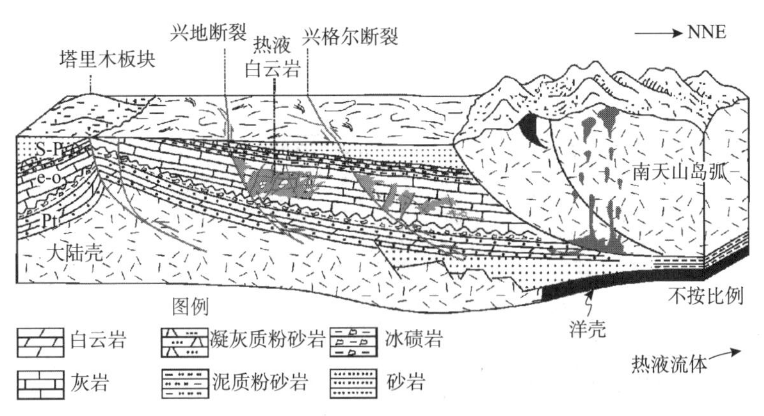

图 10－76　塔里木盆地北缘(库鲁克塔格地区)寒武系—奥陶系灰岩构造驱动白云石化作用概念模式(据 Dong 等，2017)

二叠纪早期，南天山岛弧与塔里木板块碰撞造成了库鲁克地块的块断、逆冲推覆，被排替流体沿冲断面被断块刮刷向上运移，进入次生断裂系统，造成周边灰岩的白云石化作用和沉淀

5)热液白云石化作用(hydrothermal dolomitization)或改造

热液白云石化作用是指在埋藏条件下，在温度和压力比围岩高(至少 >5 ~ 10℃)的白云石化流体中发生的白云石化作用(Davies 和 Smith，2006)；这些热液流体通常是由(隐伏和活动)断裂系统从深部输导上来的，其中以张性或扭张性断裂系统对热液流体的输导更为有利，白云石化作用主要发生在断裂系统的上盘(图 10－77)。热液白云石化作用作用的规模取决于断裂系统样式、规模与镁离子的输入通量。当镁离子供应充分，在一些大型断裂系统内也可以形成规模化的热液白云岩储层或容矿体。不过，一些大规模的多孔灰岩(如礁灰岩)也可以作为优越的热流体输导体，在富镁热流体过路时发生大规模、甚至区域性热液白云石化作用(Qing 和 Mountjoy，1992、1994)。近 20 多年来，尽管仍然存在质疑(Machel，2004)，对构造—热液白云石化作用和相关储层的兴趣在不断上升，使该类型白云化作用机理成为一种新的流行模式(Davies 和 Smith，2006)(图 10－78)。

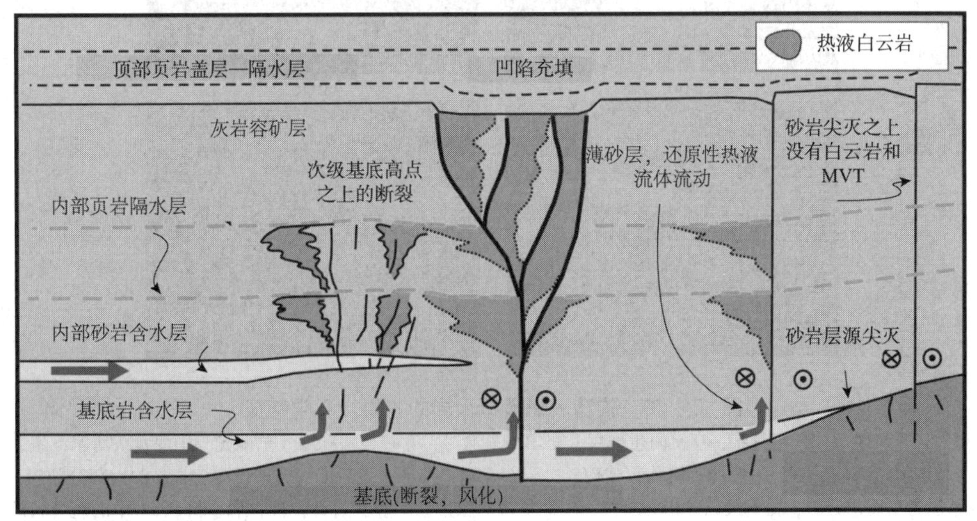

图 10－77　构造—热液白云石化作用概念模式(据 Davies 和 Smith，2006)

注意在底部含水疏导层和顶部盖层(隔水层)以及基底高点(或弧形穹隆)在热液流体系统(MVT 或热液白云岩储层)的作用，基底侧翼底部含水层变薄或尖灭时，热液流体流量大为减少，矿化和白云化作用弱和缺乏

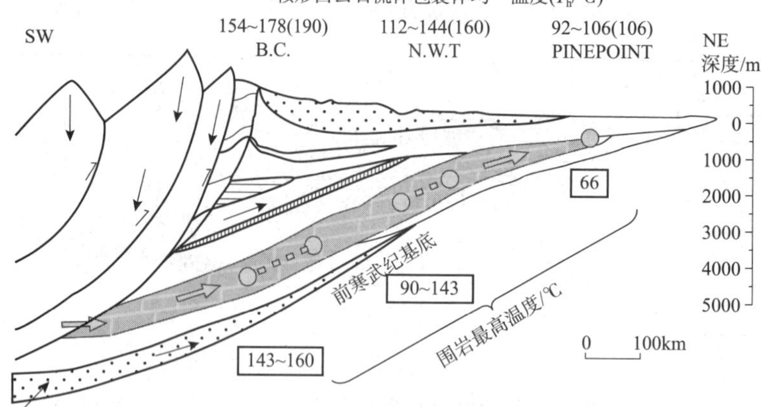

图 10－78 流体长距离运移造成沿途广泛热液白云石化作用(据 Qing 和 Mountjoy，1992、1994，修改)

Antler 造山作用的挤压和落基山脉的冲断抬升，使得沿冲断带下渗流体至深部被加热后沿中泥盆统(Presqu'le)的多孔礁灰岩带向西加盆地东侧运移，造成广泛的热液交代和鞍形白云石沉淀；在盆地不同地点形成的鞍形白云石形成温度明显高于围岩温度

热液流体中形成的白云岩与密西西比(MVT)Pb－Zn 硫化矿床的白云岩容矿层相似，以广泛发育的基质交代型和孔—缝充填的鞍形白云石(saddle or baroque dolomite)为标型特征[图 10－79(a)]，同时含有少量其他热液矿物如闪锌矿、方铅矿、石英、黄铁矿、重晶石以及萤石等，另外还经常可见被鞍形白云石充填的因剪切应力形成的微裂缝、斑马纹构造和白云岩角砾[图 10－79(b)～(d)]。由于热液流体对原碳酸盐岩(主要是灰岩)的差异性溶蚀，往往保留了未被充满的孔洞、缝，为油气的充注提供了空间。

图 10－79 构造—热液白云岩的主要岩石学特征

(a)鞍形白云石显微照片，弯月状，存在内生裂纹，充填于晶洞中，存在残留孔隙，单偏光，中泥盆统唐家湾组，桂林；(b)生物碎屑(层孔虫)溶解的铸模孔，被鞍形白云石充填，部分被更后期的方解石充填，晶洞大部分开启；黑色基质为基质白云岩，比例尺以厘米为单位，中泥盆统唐家湾组，桂林付合；(c)断裂带白云岩中的斑马状结构，浅色(粉红—乳白色)为鞍形白云石，暗色为基质(全部白云岩化)，残余孔洞被后期巨晶方解石充填，地质锤＝35cm 长，下石炭统黄金山组，桂林磨盘山；(d)断裂带白云岩角砾，被鞍形白云石胶结(被后期的岩溶浸染为粉红)，卡片＝8.5cm 宽，下石炭统黄金山组，桂林磨盘山

需要注意的是，当热流体穿越白云岩地层时，将主要引起前期白云石(岩)的重结晶(或新生变形作用)及孔缝胶结作用，这实质上是一种热液蚀变作用(hydrothermal alteration)，不宜称为热液白云石化作用(Machel，2004)。塔里木盆地下古生界白云岩广泛的重结晶作用和部分孔缝的鞍形白云石胶结作用主要是热液蚀变的结果(Dong 等，2013)。

四、碳酸盐岩孔隙

与硅质碎屑岩相比，碳酸盐岩中的孔隙系统更加复杂，主要基于：生物(或生物化学)成因的碳酸盐沉积物和碳酸盐矿物的化学反应活跃性(或不稳定性)。碳酸盐沉积物在沉积后初期的孔隙度非常高：沙粒级沉积物的孔隙为 50%，灰泥沉积物的孔隙度可高达 80%。而在随后的成岩阶段，孔隙度会因化学胶结、压实和压溶作用减少，也可通过溶解、白云石化和构造(机械)破裂作用增加，形成额外(次生)孔隙。所以，碳酸盐岩的孔隙度并不严格遵守压实—递减的简单关系，这就为在漫长的成岩期间流体的运移、流体—岩石相互作用(溶蚀、沉淀)提供了条件，使得碳酸盐岩在深埋(>3km)期间仍然能形成新的孔隙。根据碳酸盐岩中孔隙形成环境(阶段)，可以分为两大类：沉积期形成的指原生孔隙和成岩—构造期形成的次生孔隙。

(一)原生孔隙

在沉积阶段形成的孔隙称为原生孔(隙)，碳酸盐岩的原生孔隙主要有以下几种。

粒间孔隙：粒屑堆积时，由于颗粒相互支撑构成的孔隙。粒间孔隙的发育程度与粒屑的丰度(含量)、分选性、大小、排列方式以及淘洗程度等因素有关。

遮蔽孔隙：在堆积过程中，由于较大颗粒的遮挡，在其下部所保留的孔隙空间。

体腔孔隙：骨骼生物死后，软体部分腐烂留下的空间，称为生物体腔孔隙。

生物格架孔隙：主要由造礁的群体生物，如珊瑚、海绵、层孔虫、苔藓虫、钙藻(或微生物)等所筑造成的固结格架中的孔隙。

鸟眼及干缩孔隙：由未填充的鸟眼构造及干裂缝造成的孔隙。

生物钻孔(或潜穴)：由未被填充的生物钻孔形成的孔隙。

窗格和层状空洞：是由微生物(如蓝细菌)纹层间微生物腐烂或干化收缩所造成的孔隙。

重力滑动破碎形成的孔隙：这类孔隙是碳酸盐半固结软泥或固结层遭受同生和准同生重力挤压滑动，使岩层破裂而形成的(裂缝或砾间)孔隙。

(二)次生孔隙

碳酸盐岩的次生孔隙主要形成于成岩及后生作用阶段，是对原生组构溶解改造形成的孔隙。主要包括下列几种类型：

粒内溶孔：为形成于颗粒内的溶蚀孔。通常与碳酸盐岩选择性的溶解作用有关，如被溶蚀所形成的空心负鲕就是典型实例。

铸模孔(又称溶模孔)：在选择性的溶解作用下，使原生的粒屑或晶粒全部溶蚀而保留原来粒屑或晶粒外形的一种孔隙，常见的有鲕粒、生屑以及膏盐晶体铸模孔等。与一般溶蚀孔的主要区别在于铸模孔保留了原生颗粒或晶体的外形，表示原生颗粒或晶体的完全溶解。

晶间孔隙：系指碳酸盐岩的矿物晶粒之间的孔隙，从成因上看主要是成岩期白云石化(交代方解石)作用形成的。这是因为在白云石化过程中，离子半径较小的 Mg^{2+} 交代了方解石中离子半径较大的Ca^{2+}，其晶体体积缩小12%～13%，从而使碳酸盐岩的孔隙度(即次生晶间孔隙)增加10%。

裂缝孔隙：由于构造拉张或挤压造成的裂缝或溶解造成的垮塌和角砾化形成的孔隙。

Choquette 和 Pray(1970)提出了一个按孔隙形成的组构选择性和非组构选择性的划分方案(图10－80)，可供研究孔隙时参考。

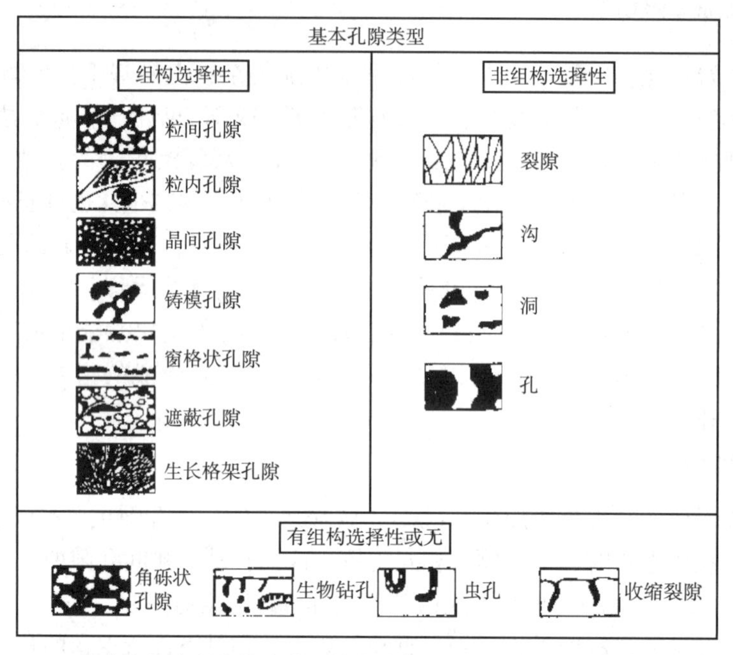

图10－80　碳酸盐岩的孔隙及孔隙系统的地质分类(据 Choquette 和 Pray，1970)

无论是原生孔隙还是次生孔隙，很大程度上都受到沉积相(或沉积环境)的影响，一些特定的相，如生物礁、前礁及鲕滩相灰岩普遍含有相对高的原始孔隙，所以在油气勘探中一般都会受到重点关注；而另外一些相的原始孔隙度则相对较低，如潟湖泥晶灰岩、外缓坡的碳酸盐岩，除非受到后期成岩—构造活动影响。通过对沉积相分布、成岩作用过程(特别是白云石化作用作用)、孔隙类型与胶结作用样式的详细研究，并结合孔隙度—渗透率的测量，将为碳酸盐岩的储层品质和储集潜力进行客观的评价。世界上石油、天然气储量有一半储存于碳酸盐岩地层中的储集孔隙中，而那些受碳酸盐岩岩层控制的层状和层控金属矿床也大多与碳酸盐孔隙有关。

参考文献

[1] Adams J E, Rhodes M L. Dolomitization by seepage refluxion[J]. AAPG Bull, 1960, 44: 1912－1920.

[2] Aissaoui D M. Magnesian calcite cements and their diagenesis: dissolution and dolomitization, Mururoa Atoll [J]. Sedimentology, 1988, 35: 821－841.

[3] Aitken J D. Classification and environmental significance of cryotalgal limestones and dolomites, with illustrations from the Cambrian and Ordovician of southwestern Alberta[J]. J. Sed. Petrol., 1967, 37 (4): 1163－1178.

[4] Arvidson R S, Mackenzie F T. The dolomite problem: control of precipitation kinetics by temperature and saturation state[J]. Am. J. Sci., 1999, 299: 257－288.

[5] Badiozamani K. The Dorag dolomitization model － application to the Middle Ordovician of Wiscosin [J].

J. Sed. Petrol. , 1973, 43: 965 –984.

[6]Baker P A, Kastner M. Constraints on the formation of sedimentary dolomite[J]. Science, 1981, 213: 214 –216.

[7]Bates N R, Brand U, Catharines St. Secular variation of calcium carbonate mineralogy; an evaluation of ooid and micrite chemistries[J]. Geologische Rundschau, 1990, 79: 27 –46.

[8]Bathurst R G C. Carbonate Sediments and Their Diagenesis[M]. Developments in Sedimentology. Elsevier, Amsterdam, 1971: 658.

[9]Bausch W M. Clay contents and calcite crystal size of limestones[J]. Sedimentology, 1968, 10: 71 –75.

[10]Bissell H J, Chilingar G V, Faibridge R W. Carbonate Rocks[M]. Elsevier, Amsterdam, 1967: 87 –168.

[11]Bontongnali T R R, Vasconcelos C, Warthmann R J, et al. Dolomite formation within microbial mats in the coastal sabkha of Abu Dhabi (Unites Arab Emirates)[J]. Sedimentology, 2010, 57 (3): 824 –844.

[12]Bourque P A, Gignac H. Sponge – constructed stromatactis mud mounds, Silurian of Caspe, Quebec[J]. J. Sed. Petrol. , 1983, 53: 521 –532; 56: 459 –463.

[13]Braga J C, Martin J M, Riding R. Controls on microbial dome fabric development along a carbonate – siliciclastic shelf – basin transect, Miocene, S. E. Spain[J]. Palaios, 1995, 10: 347 –361.

[14]Burns S J, Mckenzie J A, Vasconcelos C. Dolomite formation and biogeochemical cycles in the Phanerozoic [J]. Sedimentology, 2000, 47 (Suppl. 1): 49 –61.

[15]Cai C F, Xie Z Y, Worden R H, et al. Methane – dominated thermochemical sulphate reduction in the Triassic Feixianguan Formation East Sichuan Basin, China: towards prediction of fatal H2S concentrations[J]. Marine and Petroleum Geology, 2004, 21: 1265 – 1279.

[16]Carrozi A V. Microscopic Sedimentary Petrography[J]. New York: Wiley, 1960: 485.

[17]Cayeux L. Les Rocks Sedimentaires de France, Roches Carbonatees (Calcaires et Dolomites)[J]. Masson, Paris, 1935: 463.

[18]Chafetz H S. Marine peloids: a product of bacterially induced precipitation of calcite[J]. J. Sed. Petrol. , 1986, 56: 812 –817.

[19]Chen D Z, Qing H R, Yang C. Multistage hydrothermal dolomites in the Middle Devonian (Givetian) carbonates from the Guilin area, South China[J]. Sedimentology, 2004, 51: 1029 – 1051.

[20]Chilingar G V. Dependence on temperature of Ca/Mg ratio of skeletal structures of organisms and direct chemical precipitates out of sea water[J]. Bull. Southern Calif. Acad. Sci. , 1962, 61(1): 45 –60.

[21]Choquette P W, James N P. Diagenesis in limestones – 3, the deep burial environment[J]. Geoscience Canada, 1987, 14: 3 –35.

[22]Choquette P W, Pray L C. Geologic nomenclature and classification of porosity in sedimentary carbonates[J]. AAPG Bull. , 1970, 93: 116 –126.

[23]Davies G R, Smith L B Jr. Structurally controlled hydrothermal dolomite reservoir facies: An overview[J]. AAPG Bull. , 2006, 90: 1641 – 1690.

[24]Davies P J, Bubela B, Ferguson J. The formation of ooids[J]. Sedimentology, 1978, 25: 703 –730.

[25]Deckker P D, Last W M. Modern dolomite deposition in continental, saline lakes, Western Victoria, Australia [J]. Geology, 1988, 16: 29 –32.

[26]Deffeyes K S, Lucia F J, Weyl P K. Dolomitization: Observations on the island Bonaire, Netherlands Antitites [J]. Science, 1964, 143: 678 –679.

[27]Deffeyes K S, Lucia F J, Weyl P K. 1965. Dolomitization and Limestone Diagenesis – A Symposium[M]. SEPM Spec. Publ. , 1965, 13: 71 –88.

[28]Diaz M R, Swart P K, Eberli G P, et al. Geochemical evidence of microbial activity within ooids[J]. Sedimentology, 2015, 62: 2090 –2112.

[29] Diaz M R, Van Nordstrand J D, Eberli G P, et al. Functional gene diversity of oolitic sands from Great Bahama Bank[J]. Geobiology, 2014, 12: 231-249.

[30] Dong S F, Chen D Z, Qing H R, et al. Hydrothermal alteration of dolostones in Lower Ordovician, Tarim Basin, NW China: Multiple constraints from petrology, isotope geochemistry and fluid inclusion microthermometry[J]. Marine and Petroleum Geology, 2013, 46: 270~286.

[31] Dong S F, Chen D Z, Zhou X Q, et al. Tectonic driven dolomitization of Cambrian to Lower Ordovician carbonates of the Quruqtagh area, north-eastern flank of Tarim Basin, north-west China[J]. Sedimentology, 2017, 64: 1079-1106.

[32] Dong S F, You D H, Guo Z H, et al. 2018. Intense silicification of Ordovician carbonates in the Tarim Basin: Constraints from fluid inclusion Rb-Sr isotope dating and geochemistry of quartz[J]. Terra Nova, 2018, 30: 406-413.

[33] Dravis J. Rapid and widespread generation of Recent oolitic hardgrounds on a high energy Bahamian Platform, Eleuthera Bank, Bahamas[J]. J. Sed. Petrol., 1979, 49: 195-208.

[34] Duan W, Cai B, Tan M, et al. The growth mechanism of the aragonitic stalagmite laminae from Yunnan Xianren Cave, SW China revealed by cave monitoring[J]. Boreas, 2012, 41: 113-123.

[35] Dunham J B. Classification of Carbonate Rocks[M]. AAPG Mem. 1962, 1: 108-121.

[36] Dupraz C, Reid R P, Braissant O, et al. Processes of carbonate precipitation in modern microbial mats[J]. Earth-Sci. Rev., 2009, 96: 141-162.

[37] Embry Ⅲ A F, Klovan E. A late Devonian reef tract on northeastern Banks Island, N. W. T[J]. Bull. Can. Petrol. Geol., 1971, 19 (4): 730-781.

[38] Esteban M, Klappa C F P, Scholle, P A. Carbonate Depositional Environments[M], Mem. Am. Assoc. Petrol. Geol. 1983, 33: 1-54.

[39] Esteban M, Taberner C. Secondary porosity development during late burial carbonate reservoir as a result of mixing and/or cooling of brines[J]. J. Geochem. Expl., 2003, 78-79: 355-359.

[40] Fabricius F H. Origin of marine ooids and grapstones[J]. Contrib. Sediment., 1977, 7: 133.

[41] Flügel E. Microfacies of Carbonate Rocks: Analysis, Interpretation and Application[J]. Springer-Verlag, Berlin, 2004: 976.

[42] Folk R L, Ham W E. Classification of Carbonate rocks. Mem. Am. Assoc. Petrol. Geol., 1962, 1: 62-84.

[43] Folk R L, Land L S. 1975. Mg/Ca ratio and salinity, two controls over crystallization of dolomite[J]. Bull. Am. Assoc. Petrol. Geol., 1975, 59: 60-68.

[44] Folk R L, Lynch F L. Organic matter, putative nannobacteria and the formation of ooids and hardgrounds[J]. Sedimentology, 2001, 48: 215-229.

[45] Folk R L, Pray L C, Murray R C. Dolomitization and Limestone Diagenesis[M]. SEPM Spec. Publ., 1965, 13: 14-48.

[46] Folk R L. Practical petrographic classification of limestones[J]. Bull. Am. Assoc. Petrol. Geol., 1959, 43: 1-38.

[47] Folk R L. The natural history of crystalline calcium carbonate: effect of magnesium content and salinity[J]. J. Sedim. Petrol., 1974, 44: 40-53.

[48] Friedman G M, Sanders J E, Chilingar G V. Carbonate Rocks[M]. Elsevier, Amsterdam, A, 1967: 267-348.

[49] Friedman G M. Terminology of crystallization textures and fabrics in sedimentary rocks[J]. J. Sed. Petrol., 1965, 35: 643-655.

[50] Gaines A, Zenger D H, Dunham J B. et al. Concepts and Models of Dolomitization[M]. SEPM Spec. Publ., 1980, 28: 139-161.

[51] Garven G. Continental – scale groundwater flow and geological processes[J]. Annual Review of Earth and Planetary Sciences, 1995, 23: 89 – 117.
[52] Giles M R, de Boer R B. Secondary porosity: creation of enhanced porosities in the subsurface from the dissolution of carbonate cements as a result of cooling formation waters[J]. Mar. Petrol. Geol., 1989, 6: 261 – 269.
[53] Given R K, Wilkinson B H. Dolomite abundance and stratigraphic age, constraints on rates and mechanisms of dolostone formation[J]. J. Sediment. Petrol., 1987, 57: 1068 – 1078.
[54] Graf D L, Goldsmith J R. Some hydrothermal syntheses and protodolomite[J]. J. Geol., 1956, 64: 173 – 186.
[55] Gregg J M, Sibley D F. Epigenetic dolomitization and the origin of xenotopic dolomite texture [J]. J. Sed. Petrol., 1984, 54: 908 – 931.
[56] Haas W. Micro – and ultrastructure of recent and fossil Scaphopoda[J]. Int. Geol. Congr. 24, Sect. 7, Paleontology, 1972: 15 – 19.
[57] Hardie L A. Ancient carbonate tidal – flat deposits[J]. Quart. J. Colorado Sch. Mines, 1986, 81: 37 – 57.
[58] Hardie L A. Dolomitization: a critical review of some current views[J]. J. Sed. Petrol., 1987, 57: 166 – 183.
[59] Hardie L A. Sedimentation on the Andros Island[M]. Johns Hopkins Univ Press, 1977.
[60] Hsu K J, Siegenthaler C. Preliminary experiments on hydrodynamic movement induced by evaporation and their bearing on the dolomite problem[J]. Sedimentology, 1969, 12: 448 – 453.
[61] Humphrey J D, Quinn T M. Coastal mixing zone dolomite, forward modelling and massive dolomitization of platform – margin carbonates[J]. J. Sed. Petrol., 1989, 59: 438 – 454.
[62] Illing L V. Bahama calcareous sands[J]. Bull. Am. Assoc, Petrol. Geol., 1954, 38: 1 – 95.
[63] James N P, Choquette, Mcllreath I A, Morrow D W. Diagnesis, Geol[M]. Assoc. Can., Ottowa, Ontario, Canada, 1990.
[64] James N P, Ginsberg R N. The seaward margin of Belize barrier and atoll reefs [J]. Intl. Assoc. Sediment. Spec. Publ., 1979, 36: 191.
[65] Jodry R L. Growth and dolomitization of Silurian Reefs[J]. St. Clair County, Michigan. AAPG Bulletin, 1969, 53: 957 – 981.
[66] Jones B, James N P, Dalrymple R W. Facies Models V4[M]. Geol. Soc. Canada GEOtext 6, 2010: 341 – 370.
[67] Kendall A C, Schneidermann N, Haris P M. Carbonate Cements[M]. SEPM Spec. Publ., 1985, 36: 59 – 77.
[68] Kobayashi I, Omori M, Watabe N. The Mechanisms of biomineralization in animals and plants[M]. Tokai Univ. Press, Tokyo, 1971: 145 – 155.
[69] Kohout, F. A., 1967. Ground water flow and geothermal regime of the Florida Plateau[J]. Trans. Gulf Coast Assoc. Geol. Soc., 17, 339 – 354.
[70] Lahann R W. A chemical model for calcite growth and morphology control[J]. J. Sed. Petrol., 1978, 48: 337 – 344.
[71] Land L S, Taylor H P, O'Neil J R. Stable Isotope Geochemistry: A Tribute to Samuel Epstein [M]. Geochem. Soc. Spec. Publ., 1991, 3: 121 – 133.
[72] Land L S. Failure to precipitate dolomite at 25oC from dilute solution despite 1000 – fold oversaturation after 32 years[J]. Aq. Geochem., 1998, 4: 361 – 368.
[73] Land L S. The origin of massive dolomite[J]. J. Geol. Education, 1973, 33: 112 – 125.
[74] Land L S. The origin of massive dolomite[J]. J. Geol. Education, 1985, 33: 112 – 125.
[75] Lind I. Stylolites in chalks from Leg 130, Ontong Java Plateau[C]//Berger W H, Kroenk J W, Mayer L A, et al. Proceedings of the Ocean Drilling Program Scientific Results, 1993: 445 – 451.
[76] Logan B W, Rezaki R, Ginsberg R W. Classification and environmental significance of algal stromatolites[J]. J. Geol., 1964, 72: 68 – 83.
[77] Longman M W. Factors controlling the formation of microspar in the Bromide Formation[J]. J. Sed. Petrol.,

1977, 47: 347 -350.
[78]Lowenstam H A. Factors affecting the aragonite: calcite ratios in carbonate secreting organisms[J]. J. Geol. , 1954, 62: 284 -322.
[79]Lu Z, Chen H, Qing H, et al. Petrography, fluid inclusion and isotope studies in Ordovician carbonate reservoirs in the Shunnan area, Tarim basin, NW China: Implications for the nature and timing of silicification [J]. Sedimentary Geology, 2017, 359: 29 -43.
[80]Luczaj J. Evidence against the Dorag (mixing - zone) model for dolomitization along the Wisconsin arch - A case for hydrothermal diagenesis[J]. AAPG Bull. , 2006, 90 (11): 1719 -1738.
[81]Machel H G, BraithwaiteC G R, Rizzi G, et al. The Geometry and Petrogenesis of Dolomite Hydrocarbon Reservoir[M]. Geol. Soc. Lond. Spec. Publ. , 2004, 235: 7 -63.
[82] Machel H G. Effects of groundwater flow on mineral diagenesis, with emphasis on carbonate aquifers [J]. Hydrogeol. J. , 1999, 7: 94 -107.
[83]Machel H G. Dolomite formation in Caribbean island - driven by plate tectonics[J]. J. Sed. Res. , 2000, 70: 977 -984.
[84]Macintyre I G, Schneidermann N, Harris P M. Carbonate Cements[M]. SEPM Spec. Publ. , 1985, 36: 109 -116.
[85] Mattes B W, Mountjoy E W, Zenger D H, et al. Concepts and models of dolomitization [M]. SEPM Spec. Publ. , 1980, 28: 259 -320.
[86] Mazzullo S J. Geochemical and neomorphic alteration of dolomite - a review[J]. Carbonates and Evaporites, 1992, 7: 21 -37.
[87]McKenzie J A, Hsu K J, Schneider J F, et al. Concepts and Models of Dolomitization [M]. SEPM Spec. Publ. , 1980, 28: 11 -30.
[88]McKenzie J A, Vasconcelos C. Dolomite Mountains and the origin of the dolomite rock of which they mainly consist: historical development and new perspectives[J]. Sedimentology, 2009, 56 (1): 205 -219.
[89]McKenzie J A. Holocene dolomitization of calcium carbonate sediments from the coastal sabkha of Abu Dhabi, U. A. E. : a stable isotope study[J]. J. Geol. , 1981, 89: 185 -198.
[90]Melim L A, Scholle P A. Dolomitization of the Capitan Formation forereef facies (Permian, West Texas and New Mexico): seepage reflux revisited[J]. Sedimentology, 2002, 49: 1207 -1227.
[91]Montanez I P, Read J F. Eustatic control on early dolomitization of cyclic peritidal carbonates: evidence from the Early Orovician Upper Knox Group, Appalachians[J]. Geol. Soc. Am. Bull. , 1992, 104: 872 -886.
[92]Montanez I P. Late diagenetic dolomitization of Lower Ordovician, Upper Knox carbonates: a record of hydrodynamic evolution of the southern Appalachian Basin[J]. AAPG Bull. , 1994, 78: 1210 -1239.
[93]Monty C L V, Hardie L A, Walter M R. 1976. Stromatolites[M]. Elsevier, Amsterdam, 1976: 447 -477.
[94]Monty C L V. Spongiostromate vs. porostromate stromatolites and oncolites[M]// Monty CLV ed. Phanerozoic stomatolites. New York: Springer, Berlin Heidelberg, 1981: 1 -4.
[95]Moore C H. Carbonate Reservoirs. Developments in Sedimentology 55[J]. Elsevier, Amsterdam, 2004: 443.
[96]Morrow D W. Diagenesis 2. Dolomite - Part 1: The chemistry of dolomitization and dolomite precipitation[J]. Geoscience Canada, 1982, 9: 5 -13.
[97]Mullins H T, Gardulski A F, Hine A C. Catastrophic collapse of the west Florida carbonate platform margin [J]. Geology, 1986, 14: 167 -170.
[98]Newell N D, Purdy E G, Imbrie J. Bahama oolitic sand[J]. J. Geol. , 1960, 68: 481 -497. .
[99]Newmann A C, Land L S. Lime mud deposition and calcareous algae in the Bight of Abaco, Bahamas: a budget[J]. J. Sed. Petrol. , 1975, 45: 763 -786.
[100]Palmer T J, Hudson J D, Wilson M A. Palaeocological evidence for early aragonite dissolution in ancient cal-

cite seas[J]. Nature, 1998, 335: 379 -393.

[101]Plee K, Ariztegui D, Martini R. Unraveling the microbial role in ooid formation – results of an in situ experiment in modern freshwater Lake Geneva in Switzerland[J]. Geobiology, 2008, 6: 341 -350.

[102]Qing H R, Mountjoy E W. Large – scale fluid flow in the Middle Devonian Presqu' ile barrier, Western Canada Sedimentary Basin[J]. Geology, 1992, 20: 903 -906.

[103]Qing H, Mountjoy E W. Formation of coarsely crystalline, hydrothermal dolomite reservoirs in the Presqu' ile Barrier, Western Canada Sedimentary Basin[J]. AAPG Bulletin, 1994, 78: 55 -77.

[104]Qing H, Rose E P F, Bosence W J. Dolomitization by penesaline seawater in the Early Jurassic peritidal platform carbonates, Gibraltar, western Mediterranean[J]. Sedimentology, 2001, 48: 153 -163.

[105]Railsback L B. Lithologic controls on morphology of pressure – dissolution surfaces (stylolites and dissolution seams) in Paleozoic carbonate rocks from the Mideastern United States[J]. J. Sed. Petrol., 1993, 63(3): 513 -522.

[106]Reid R P. Nonskeletal peloidal precipitates in Upper Triassic reefs, Yukon territory (Canada)[J]. J Sediment Petrol, 1987, 57: 893 -900.

[107]Richter D K, Peryt T M. Coated Grains[M]. Berlin: Springer – Verlag,, 1983: 71 -99.

[108]Riding R. Calcareous Algae and Stromatolites[M]. Berlin: Springer – Verlag, 1991: 55 -87.

[109]Riding R. Microbial carbonates: the geological record of calcified bacterial – algal mats and biofilms[J]. Sedimentology 47 (Suppl. 1), 2000: 179 -214.

[110]Roehl P O, Choquette P W. Carbonate Petroleum Reservoirs[J]. New York: Springer – Verlag, 1985: 622.

[111]Sánchez – Román M, Vasconcelos C, Schmid T, et al. Aerobic microbial dolomite at the nanometer scale: implications for the geologic record[J]. Geology, 2008, 36: 879 -882.

[112]Sandberg P A, Hudson J D. Aragonite relic preservation in Jurassic calcite – replaced bivalves[J]. Sedimentology, 1983, 30: 879 -892.

[113]Sandberg P A. An oscillating trend in Phanerozoic non – skeletal mineralogy[J]. Nature, 1983, 305: 19 -22.

[114]Sandberg P A. New interpretations of Great Salt Lake ooids and of ancient non – skeletal carbonate mineralogy [J]. Sedimentology, 1975, 22: 497 -538.

[115]Schneimann N, Harris P M. Carbonate Cements[M]. SEPM Spec, Publ., 1985, 36: 379.

[116]Shinn E A, Steinen R P, Lidz B H, et al. Whitings, a sedimentologic dilemma[M]. J. Sed. Petrol., 1989, 59: 147 -161.

[117]Shinn E A. Birdeyes, fenetrae, shrinkage pores and loferites: a re – evaluation[J]. J. Sed. Petrol., 1983, 53: 619 -629.

[118]Shinn E A. Submarine lithification of Holocene carbonate sediments in the Persian Gulf[J]. Sedimentology, 1969, 12: 109 -144.

[119]Sibley D F, Gregg J M. Classification of dolomite rock texture[J]. J. Sedim. Petrol., 1987, 57: 967 -975.

[120]Siegel F R. Variations of Sr/Ca and Mg contents in Recent carbonate sediments of the northern Florida Keys[J]. J. Sed. Petrol., 1961, 31: 336 -342.

[121]Smart P L, Dawns J M, Whitaker F. Carbonate dissolution in a modern mixing zone[J]. Nature, 1988, 335: 811 -813.

[122]Sorby H C. The structure and origin of limestones[J]. Proc. Geol. Sco. Lond., 1879, 35: 56 -95.

[123]Stewart W D, Dixon O A, Rust B R. Middle Cambrian carbonate – platform collapse, southeastern Canadian Rocky Mountains[J]. Geology, 1993, 21: 687 -690.

[124]Strasser A. Ooids in Purbeck limestones (lowermost Cretaceous) of the Swiss and French Jura[J]. Sedimentology, 1986, 33: 711 -728.

[125] Sun S Q. A reappraisal of dolomite abundance and occurrence in the Phanerozoic[J]. J. Sed. Petrol., 1994, 64: 396-404.

[126] Teals C S, Mazzullo S J, Bischoff W D. Dolomitization of Holocene shallow-marine deposits mediated by sulfate reduction and methanogenesis in normal-salinity seawater, northern Belize[J]. J. Sed. Res., 2000, 70(3): 649-663.

[127] Tribble J S, Arvidson R S, Lane I M, et al. Crystal chemistry and thermodynamic and kinetic properties of calcite, apatite and biogenic silica: application to petrologic problems[J]. Sed. Geol., 1995, 95: 11-37.

[128] Tsien H H, Toomey D F, Nitecki M H. Paleoalgology: Contemporary Research and Application[M]. Berlin: Springer-Verlag, 1985: 274-289.

[129] Tucker M E, Wright V P. 1990. Carbonate Sedimentology[J]. Blackwell Publishing, Oxford, 1990: 482.

[130] Tucker M E. Sedimentary Petrology: an Introduction to the Origin of Sedimentary Rocks[M]. 2nd ed. Oxford: Blackwell, 1991.

[131] Van Lith Y, Warthmann R, Vasconcelos C, et al. Sulphate-reducing bacteria induce low-temperature Ca-dolomite and high Mg-calcite formation[J]. Geobiology, 2003, 1: 71-79.

[132] Vasconcelos C, Mckenzie J A, Bernasconi S, et al. Microbial mediation as a possible mechanism for natural dolomite formation at low temperatures[J]. Nature, 1995, 377: 220-222.

[133] Vasconcelos C, Mckenzie J A. Microbial mediation of modern dolomite precipitation and diagenesis under anoxic conditions (Lagoa Vermelha, Rio de Janeiro, Brazil)[J]. J. Sed. Res., 1997, 67: 378-390.

[134] Vishnyakov S G. Genetic types of dolomite rock[J]. Dokl. Akad. Nauk S. S. S. R., 1951, 76(1): 112-113.

[135] Von der Borch C C, Lock D. Geological significance of the Coorong dolomites[J]. Sedimentology, 1979, 26: 813-824.

[136] Von der Borch C C. Stratigraphy and formation of Holocene dolomitic carbonate deposits of the Coorong area, South Australia[J]. J. Sed. Petrol., 1976, 46(4): 952-966.

[137] Von der Borch C C. The distribution and preliminary geochemistry of modern carbonate sediments of the Coorong area, South Australia[J]. Geochim. Cosmochim. Acta, 1965, 29: 781-799.

[138] Ward W C, Halley R B. Dolomitization in a mixing zone of near-sea-water composition, Late Pleistocene, northeastern Yucatan Peninsula[J]. J. Sed. Petrol., 1985, 55: 407-420.

[139] Warren J. Dolomite: occurrence, evolution and economically important associations[J]. Earth Sci. Rev., 2000, 52: 1-81.

[140] Warthmann R, van Lith Y, Vasconcelos C, et al. Bacterially induced dolomite precipitation in anoxic culture experiments[J]. Geology, 2000, 28: 1091-1094.

[141] Wey P K. Proceedings of the International Conference on Tropical Oceanography: The solution behavior of carbonate minerals in sea water[C]. University of Miami, Institute of Marine Science, 1967: 178-228.

[142] Wilkinson B H, Smith A L, Lohman K C, et al. Carbonate Cements[M]. SEPM Spec. Publ., 1985, 36: 169-184.

[143] Wilson E N, Hardie L A, Phillips O M. Dolomitization front geometry, fluid flow patterns, and the origin of massive dolomite: the Triassic Latemar buildup, Northern Italy[J]. Am. J. Sci., 1990, 290: 741-796.

[144] Wright D T. The role of sulfate-reducing bacteria and cyanobacteria in dolomite formation in distal ephemeral lakes of the Coorong region South Australia[J]. Sedimentary Geology, 1999, 126: 147-157.

[145] Wright D T, Wacey D. Precipitation of dolomite using sulphate reducing bacteria from the Coorong Region, South Australia: significance and implications[J]. Sedimentology, 2005, 52: 987-1008.

[146] Wright V P. The recognition and interpretation of paleokarsts: two examples from the Lower Carboniferous of South Wales[J]. J. Sed. Petrol., 1982, 52: 83-94.

[147] Yao Q, Demicco R V. Paleoflow patterns of dolomitizing fluids and plaeohydrogeology of the southern Canadian Rocky Mountains: evidence from dolomite geometry and numerical modeling[J]. Geology, 1995, 23: 791 - 794.

[148]戴永定，陈丽华，周文宝．生物化石改造结构的分类与演化[J]. 地质科学，1977(3 - 4): 119 - 235, 355 - 362.

[149]戴永定．生物矿物学[M]. 北京：石油工业出版社，1994.

[150]冯增昭．沉积岩石学[M]. 北京：石油工业出版社，1993.

[151]刘孟慧．造岩矿物质[M]. 东营：石油大学出版社，1991.

[152]余素玉．化石碳酸盐岩[M]. 北京：地质出版社，1982.

第十一章　碳酸盐沉积(相)模式

第一节　碳酸盐沉积的控制因素

碳酸盐台地沉积受多种因素控制(图 11－1)，其中大地构造背景和气候变化是具支配地位的首要因素，它们共同制约了海平面的变化。而构造活动(包括盆地沉降)和海平面变化则控制了碳酸盐台地的初始地貌，包括台地的基底地貌形态(地形起伏)、大小、容纳(堆积)空间大小以及陆源碎屑输入通量等。而气候变化和生物演化也造就了不同时期生物种群或形式差异，从而进一步影响了碳酸盐沉积物的类型和生产量；同时气候的变化也会影响了海洋循环和水动力状况。这些因素共同制约了碳酸盐沉积物堆积场所和沉积速率，造成了丰富多彩的碳酸盐台地类型、沉积物(相带)分异和地层几何样式和叠置样式。

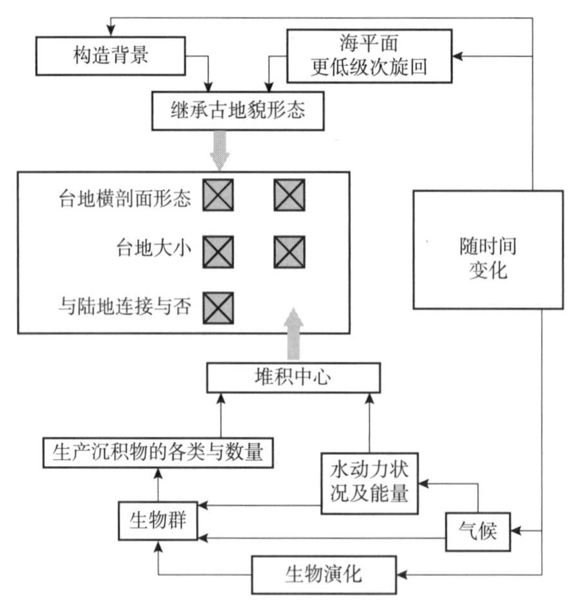

图 11－1　碳酸盐台地沉积的主控因素(据 Pomar，2001)

一、碳酸盐台地发育的构造背景

碳酸盐台地可以发育在不同的大地构造构造背景中。在离散板块边缘的伸展(或拉张)构造背景下，如果早期裂谷被碎屑岩充填补齐、基底热冷却，演化成被动陆缘的成熟陆棚，可以在此基础上发育碳酸盐缓坡，再逐渐演变为镶边碳酸盐台地[图 11－2(a)(b)]。

另外，早期裂谷中的火山岩高地、地垒(或单斜断块)，可成为碳酸盐沉积的有利初始场所，随着海水的加深和碳酸盐沉积的堆积，逐渐演变成孤立的镶边碳酸盐台地；而负向地形（地堑）中则演变为深水沉积场所（盆地）[图 11 - 2（c）]。如华南泥盆纪的碳酸盐台地即为此类型的碳酸盐台地（Chen 等，2001a、2001b）。地垒的构造地貌样式（单断抑或双断）将进一步制约碳酸盐台地类型，其中前者可发育碳酸盐缓坡，后者则有利于镶边台地的发育。

随着板块进一步扩张和海平面的快速上升，可能会使较早期的镶边陆架发生淹没直接转化成碳酸盐缓坡[图 11 - 2（d）]。如果镶边陆架后期为碎屑岩进积的区域，也可形成碳酸盐缓坡的发育基础[图 11 - 2（e）]。

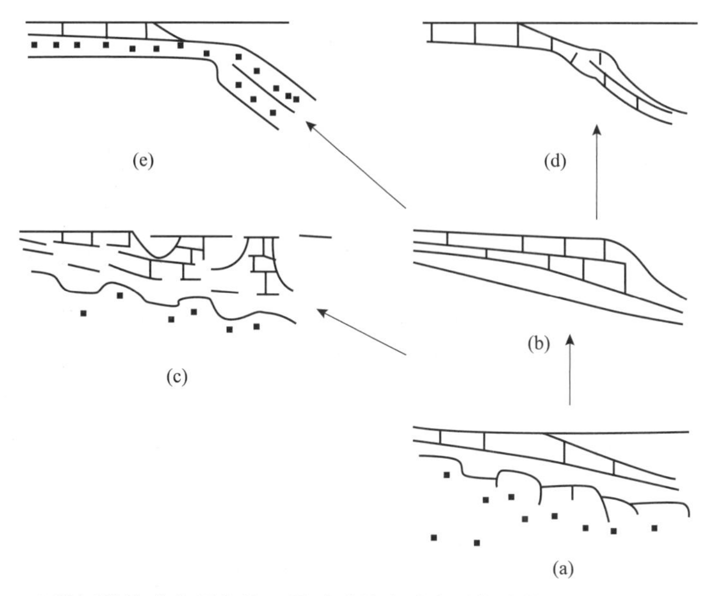

图 11 - 2　离散板块构造背景条件下是碳酸盐台地类型与演化（据 Read，1985，修改）

在聚合板块构造背景下，由于板块的俯冲，也使得火山岛弧发育。这时，在大洋盆地中的火山口（或海山）往往发育孤立的碳酸盐台地（环礁），火山岛弧两侧发育镶边台地（岸礁或大堡礁系统）[图 11 - 3（a）]。由板块进一步俯冲，相邻板块进入到岛弧—大陆或大陆—大陆间的碰撞初期阶段。大陆内侧的碳酸盐台地向外进积并进入快速充填的前渊盆地，或者是因为盆地边缘遭受抬升，使得镶边陆架可以变成缓坡[图 11 - 3（b）]。外侧的大洋台地或海洋环礁则被插入消减带，而成为增生到大陆边缘的外来地体。由于强烈的构造作用，镶边陆架与缓坡层序之间往往存在不整合接触关系，而这些缓坡在早期碰撞强烈沉降阶段又可被深水页岩和浊流成因的杂砂岩所覆盖[图 11 - 3（c）]。随着晚期进一步碰撞聚敛，大规模的逆冲断层引起斜坡倒转和紧邻前渊盆地的充填（浅海—陆相碎屑岩），此时碳酸盐缓坡加深并向克拉通方向迁移[图 11 - 3（d）]，前期被动陆缘和前陆盆地的碳酸盐岩将保存在向克拉通方向移动的逆冲推覆体内。

除了上述两种大的构造背景以外，在地质历史中（特别是早古生代）还广泛存在着以稳定克拉通盆地为构造背景的陆表海碳酸盐台地沉积，主要发育在高海平面时期的稳定大陆克拉通内部。早期，碳酸盐缓坡广泛发育于正向地区并沿沉降古斜坡向外扩展。海面上升、坡度增加、碳酸盐进积到盆地，以及盆地内补偿不足等各种沉积—构造条件的变化，均可使缓坡转变成镶边陆棚或具有高度起伏的浅滩构造。相关的研究实例极多，以华北寒武纪—奥陶纪、北美的早奥陶世的碳酸盐台地最为典型。

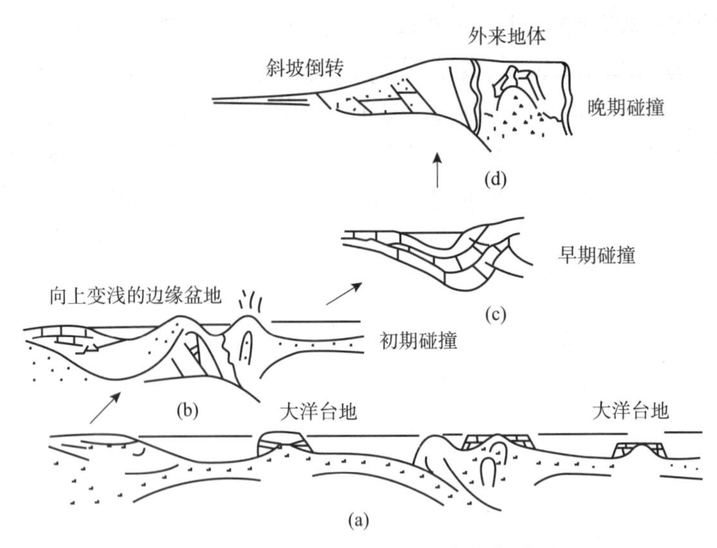

图 11－3 聚合板块构造背景下的碳酸盐台地发育与演化(据 Read，1985)

综上所述，不同构造背景和不同构造阶段都会引起碳酸盐台地类型的变化。反过来，它又可以帮助判断、分析碳酸盐岩形成时的构造背景，两者间存在一定的构造—沉积演化关系；但并不具有特定的对应关系。构造背景主要提供了盆地周缘隆起陆源的位置、高度及范围，奠定了沉降盆地的基底地貌形态、浅水碳酸盐沉积场所的初始地貌(相对正向地形)，以及海洋影响的范围与类型。每种地貌形态会造就特有的水动力条件和沉积相分布样式，由此来确定或重建碳酸盐台地类型，主要包括：镶边陆架，缓坡、陆表海台地和孤立台地(图 11－4)，不同台地类型的沉积相分布特征可以参见后面相关章节。

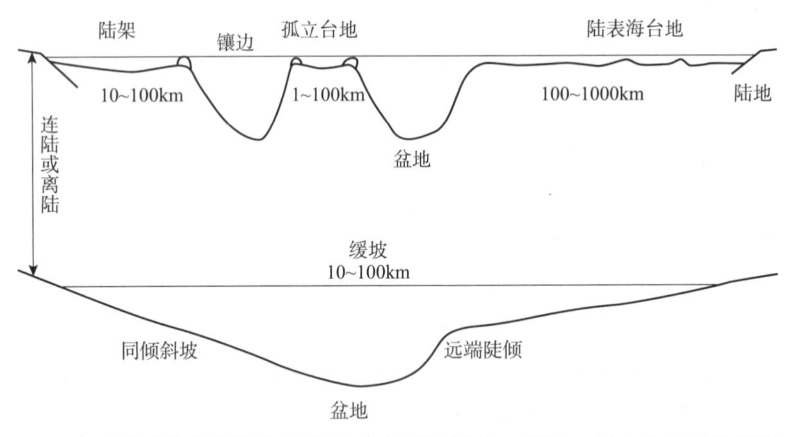

图 11－4 主要碳酸盐台地的地貌形态(包括镶边陆架、缓坡、孤立台地及陆表海台地)

除此之外，不同构造背景发育的碳酸盐台地往往具有不同的沉降机制(热冷却、地壳变薄和沉积物负载)(Allen，2005)，如裂谷盆地的热隆升引起的差异沉降和被动陆缘的热冷却引起的均匀挠曲沉降。盆地基底沉降速率取决于地壳的类型(大洋抑或大陆地壳)、它们的年龄、驱动沉降的应力类型、岩石圈的流变学特征以及在岩石圈板块内的位置。盆地沉降结合全球海平面变化在创造可用于沉积物堆积的空间(或容纳空间)中发挥了极其重要的作用(Jervey，1988)。在不同构造背景(特别是构造活动型盆地)中形成的碳酸盐台地，即使具有相同的海平面变化幅度，也会产生较大的容纳空间的侧向分异，进而会影响碳酸盐台地的沉积作用、相带分布及几何形态差异。

二、海平面变化对碳酸盐沉积的影响

针对一个具体的沉积盆地，海平面的高度(包括全球海平面+盆地沉降分量)决定了容纳空间的大小和台地内碳酸盐沉积物生产力(碳酸盐工厂)的分异(或分带)，而海平面的波动会相应地驱动沉积相带的向陆或向海迁移，影响碳酸盐沉积体的几何形态和时空分布格局。

根据海平面变化旋回周期长短可以分为五级：一级海平面变化周期时长可达数亿年，二级可达数千万年，三级时长达百万年，四级时长达十万年，五级时长达万年级别。一般认为一级海平面变化(上升与下降)与超大陆的裂解与聚合有关，显生宙经历过了两次一级海平面变化周期；二、三级与大洋中脊增生(或扩张)速率有关，其中三级海平面旋回可以在碳酸盐岩中形成显著(数十米至数百米厚)的重复性沉积序列(层序)，基于对这种级别沉积序列的识别和对比已经重建了显生宙以来的三级海平面变化曲线(Haq 等，1987、2008)。四、五级海平面变化被认为是米兰科维奇(Milankovitch)轨道旋回(偏心率、倾斜率及岁差)驱动的极地冰盖增生和消融引起的，尽管仍然存在不同观点，它们被认为是控制台地浅水碳酸盐岩中向上变浅的米级沉积序列(常称之为旋回)发育和叠置样式的主控因素，这种旋回性沉积在浅水碳酸盐台地内广泛发育。同时，它们也控制了深水、远洋盆地的韵律性沉积单元的形成。

基于层序地层学的概念(Wilgus 等，1988)，控制沉积作用的是相对海平面变化，即由全球海平面变化与盆地基底沉降的造就的可容纳空间变化共同控制。其中，层序(sequence)系指以不整合面和其对应的整合面为界所限定的具有成因联系的一套相对整合的沉积序列，由三级海平面变化驱动形成(Vail 等，1977；Sarg，1988)。基于海平面变化的不同阶段，对应的沉积体被分为不同的体系域(depositional systems tracts)。在经典的层序地层划分方案中(Sarg，1988)，一个层序被分成低位(或陆架边缘)(LST 或 SMST)、海侵(TST)和高位体系域(HST)，其中底部的体系域的类型取决于下伏层序界面的类型(类型Ⅰ，Ⅱ)，而不同层序界面的形成取决于海平面下降的速率，当全球海平面下降的速率高于沉降的速率时，就会造成陆架边缘(或退超)波折带处于海平面之上而发生暴露和河流下切，形成类型Ⅰ层序界面，随后在波折带以下的斜坡形成盆地—斜坡扇以及低位楔状体。与之相区别的是当海平面下降速率等于或小于盆底沉降速率时，波折带附近及以上并没有发生明显的暴露和河流下切，在随后的持续海平面下降过程中，在波折带附近形成陆架边缘楔状体。但现在也有一些学者把晚期高位体系称之为下降阶段体系域(FSST)或强迫海退体系域(FRST)。

与陆源碎屑体系相比，虽然基于碎屑沉积体系建立的层序地层模式也可以应用于碳酸盐沉积体系，但由于存在碳酸盐工厂对深度异常敏感的“沉积窗口”(一般1～20m 最大)和易溶蚀特点，使得碳酸盐沉积体系对海平面变化的响应存在一些自身特点，而且不同碳酸盐工厂对海平面变化的响应也存在一些差异(下面的叙述以热带碳酸盐工厂为代表)。当海平面下降至陆架边缘波折带以下时，台地发生暴露，形成不整合面(层序界面)。在潮湿气候背景下发生岩溶作用，形成不同规模的岩溶地貌和/或洞穴(取决于时间长短)，而在干燥气候背景下则形成钙结壳/钙结核或膏岩的溶蚀垮塌。在低位时期，由于台上碳酸盐工厂关闭，以及斜坡相对较陡，碳酸盐工厂规模很小，所以一般低位体系域不太发育，仅在斜坡脚发育垮塌角砾岩(Sarg，1988；图 11－5)。

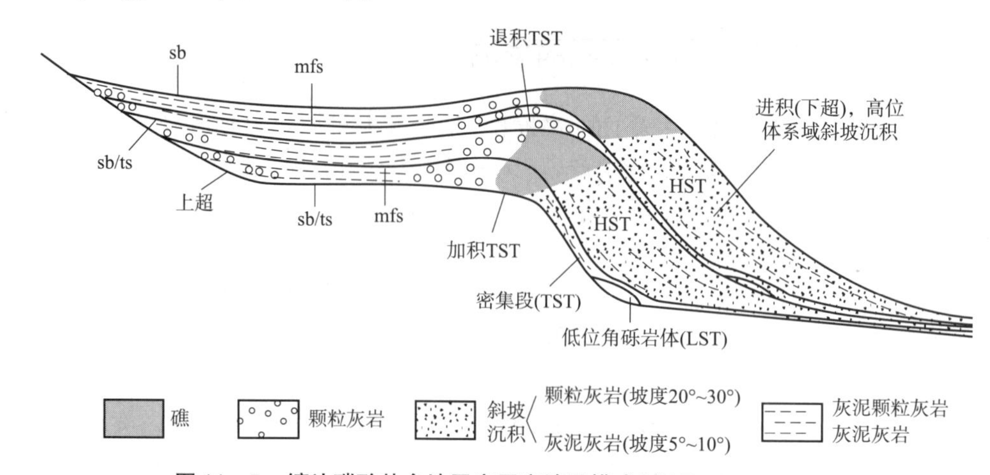

图 11－5　镶边碳酸盐台地层序层序地层模式(据 Tucker，2001)

低位体系域一般不发育，第一个海侵体系域(TST)显示加积地层样式，表明缓慢的海平面上升；而第二个 TST 则显示明显的退积地层样式，表明快速的海平面上升

在海侵阶段，海平面处于上升阶段时，缓坡、镶边陆架和孤立台地的相带都向台内或陆地方向退积甚至撤离。在海侵后期，海平面加速上升，容纳空间增加速率超过碳酸盐最佳生产和堆积速率，台地很快被淹没于透光带之下，终止了营光合作用的生物生长及碳酸盐沉积物的生产和沉积作用，取而代之的是游泳和浮游的动植物群落，造成浅水碳酸盐台地的淹没(drowning)(Schlager，1981)，其上被深海碳酸盐沉积或富有机质沉积覆盖，并有可能形成硬底、矿化结壳(如铁锰质、磷质)及侵蚀面或文石溶蚀/方解石沉淀。这些被淹没的台地，一些学者(Schlager，1981；Read，1985；Tucker 和 Wright，1990)称之为淹没台地(drowned platform)，形成的该沉积界面被称之为淹没不整合面(Schlager，1981、1989)，也被称为类型 3 层序界面(Schlager，1999)。

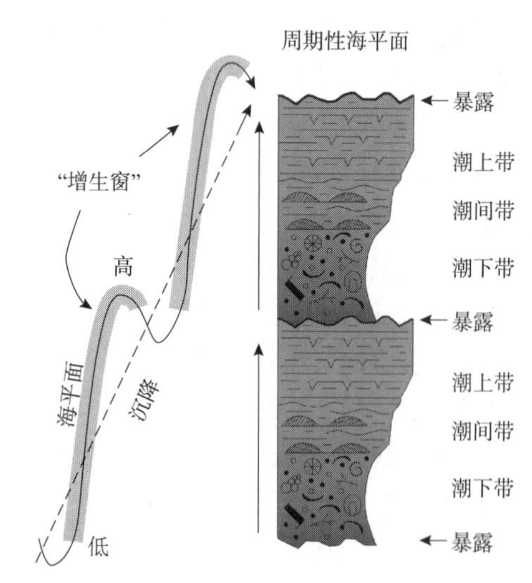

图 11－6　叠加于均一沉降之上的高频(4～5 级)全球海平面波动驱动形成的向上变浅(不对称)高频、米级旋回(据 Pratt，2010)

在高位体系域早期，当海平面缓慢上升至缓慢下降时，台地上碳酸盐生产力最大，容纳空间产生与沉积物的堆积速率能达到较好的平衡甚至造成沉积物的过剩，形成一种向上加积到向海进积的台地沉积准层序叠置样式，在后期(下降体系域或强迫海退体系域)，台地浅水区可容空间的增加速率小于碳酸盐工厂的生产速率，过剩沉积物将向台外溢出、散落，造成碳酸盐沉积体加快向台缘—斜坡的进积幅度。

构成这些体系域的次级沉积单元(准层序或准层序组)主要是由更短时间尺度(1～10 万年；4～5 级)的海平面波动驱动形成的(图 11－6)，而这种类型的海平面波动一般认为与地球轨道参数(偏心率、斜率和岁差)引起的气候变化有关，而这种不对称的米级沉积序列从某种程度上也佐证了地球轨道力驱动机制。碳酸盐沉积学者很早就注意到了这种向上变浅的不对称米级沉积序列，并被习惯性地称之为沉积旋回。这种级别的沉积旋回性是浅水碳酸盐台地的显著特点，常见有潮缘旋回和潮下旋回(peritidal and subtidal cycles)。经典的潮缘旋回是潮坪进积过碳酸盐台地形成的，所以它们的底部一般由较深的潮下带沉积开始，向上逐渐过渡到更浅的潮间带甚至潮上带沉积，部分还发生暴露(图 11 -6)，但并不是所有的潮缘旋回都始于潮下带，也有可能始于潮间带，这主要取决于进积发生的初始沉积位置。在地质历史演化的长河中，生物的面貌也发生了比较大的变化，潮缘旋回的内部岩相类型也相应发生了变化(图 11 -7)。

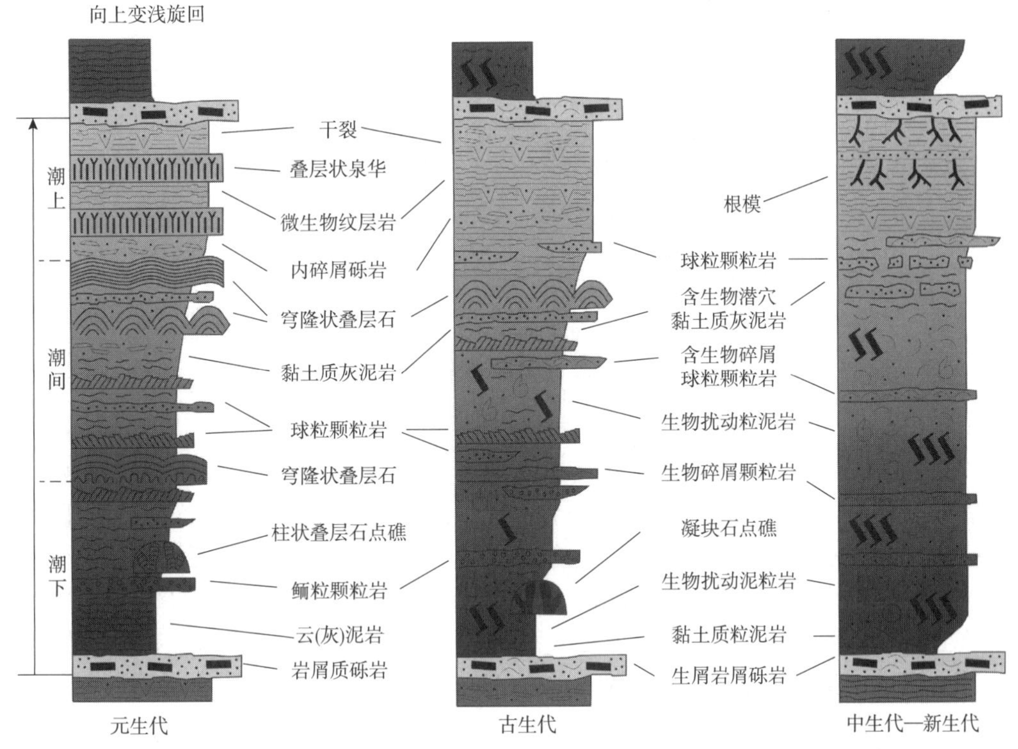

图 11 -7　基于长期地质演化(前寒武纪、古生代、中—新生代)进程中的潮缘旋回(准层序)内部沉积类型或岩相构成的演化差异(据 Pratt，2010)

另外，许多碳酸盐台地序列主要由潮下旋回组成，即全部由潮下带沉积组成的旋回(Osleger，1991)。在潮下旋回发育过程中，沉积体系从来没有机会加积到潮坪沉积的窗口。造成这种现象的原因可能与沉积系统处于相对较深的位置，沉积系统加积到与高能窗口(正常浪基面和风暴浪基面)的沉积界面而易受侵蚀或再改造有关。潮下旋回在碳酸盐缓坡中更为常见，而潮缘旋回在镶边台地中占主导。另外，长期气候背景也会影响沉积旋回类型的发育，在冰室气候背景(如石炭纪—二叠纪)下发育的碳酸盐台地，潮下旋回更发育，而在温室气候背景下发育的碳酸盐台地中，潮缘旋回更发育。

台地碳酸盐沉积序列中的高频旋回，不论其类型和构成都是叠加在低频可容空间波动之上的高频波动形成的。所以在海侵—海退旋回中的不同阶段，随着容纳空间的系统变化，旋回厚度和旋回中的沉积相(或岩相)组分配比也会发生相应变化。在海侵及高位体系域初期，较大的容纳空间增加倾向于发育比较厚的潮下旋回，而在高位体系域晚期(或下降体系域)

则主要发育厚度较薄的潮缘旋回(Jones，2010；图11－8)。有鉴于此，也可以根据台地碳酸盐沉积序列中高频、米级旋回厚度的系统变化来评估低频(如三级)的容纳空间变化，并进行沉积层序的识别和长距离对比。为此，人们发展了一种基于高频旋回厚度偏离平均旋回厚度的累积曲线判断长期容纳空间变化的图示方法，即费舍尔作图法(Fischer plot；Read和Goldhammer，1988)。

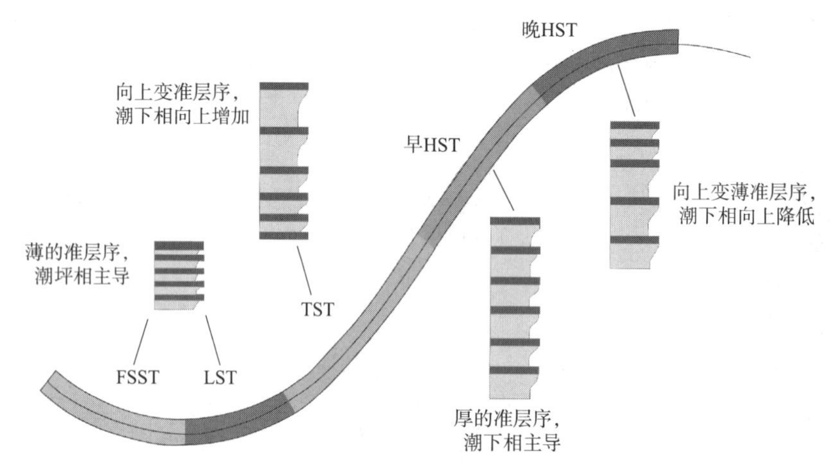

图11－8　三级海平面变化周期内不同体系域旋回(准层序)叠置样式(厚度、旋回内相组成)的系统变化(据Jones，2010)

相对海平面的变化在碳酸盐沉积的成岩作用过程中也发挥了重要的作用。当海平面长期处于上升阶段时，由于海水波浪泵水和簸选作用，在海岸带(礁、滩)发生脱气作业，促进了碳酸盐沉积物(或骨架)的早期胶结。当海平面下降时，大气水能够渗透到碳酸盐岩地层当中，在潮湿的气候条件下，就可以产生溶蚀孔隙，在地表就可以形成不同规模(取决于暴露时间)的岩溶地形，并可能在潜流带发生方解石胶结。如果气候很干旱的话，则在台地内部发生海水蒸发、浓缩，并因与正常海水的密度差发生下渗回流，造成台缘碳酸盐岩的白云石化，当盐度进一步提升，就开始形成蒸发岩(膏岩、盐岩)。当台地完全暴露(如低水位时期)，就有可能在陆架边缘外形成蒸发岩盆地。

三、气候变化

气候(结合构造背景)是决定海水循环样式、温度、盐度、营养供给、水体紊流度、风暴—潮汐—波浪作用强度的重要因素。气候会部分控制(河流、风成)搬运到陆架或盆地陆源碎屑输入速率。由于陆源碎屑可以降低水体透明度、阻塞底栖固着生物的进食和呼吸器官以及增加水体营养和颗粒有机质的通量，它们可以部分或完全抑制碳酸盐的生产，所以浅水碳酸盐沉积一般发生在陆源碎屑缺乏的区域。另外，硝酸盐和磷酸盐的增加可以导致丝状藻类对腔肠动物的置换、同时增强生物侵蚀作用(Hallock和Schlager，1986)。钙质生物的最高产率主要发生于南—北纬30°以内的低纬度(热带—亚热带)区域。一些重要的钙质生物，如珊瑚、裸松绿藻仅能生活在温暖的热带海域，而软体动物、钙质红藻则具有更强的环境容忍度，可以生活在更高纬度或更深的凉水(或冷水)海域。气候同样可以控制蒸发和降雨量和速率，从而影响陆缘和陆上浅水、特别是局限盆地的海水成分、盐度。另外，气候也会控制海洋的风暴强度和频度，从而影响碳酸盐沉积物的改造和再沉积物的厚度与范围。

第二节　海相碳酸盐沉积(相)模式

一、概述

碳酸盐岩为“原生”或内源沉积物，它们在沉积环境中最初以骨骼颗粒或沉淀物的形式存在，而陆源碎屑沉积物主要是由母岩分解产物搬运到各种沉积环境以后堆积而成的。现代海洋环境碳酸盐沉积90%以上源于生物，即这些碳酸盐岩沉积主要由生物成因(如由微生物形成的泥晶灰岩)或受生物控制(如自养和异养型骨架生物决定着碳酸盐岩组成、产出位置和时间)；有些看似“非生物成因”碳酸盐沉积(如海相灰泥)实际上还是源于生物 作用或生物体本身。碳酸盐沉积物分布于陆地和海洋，以海洋为主。碳酸盐岩主要有三种形成环境：陆地、海陆过渡带和海洋(图11－9)。

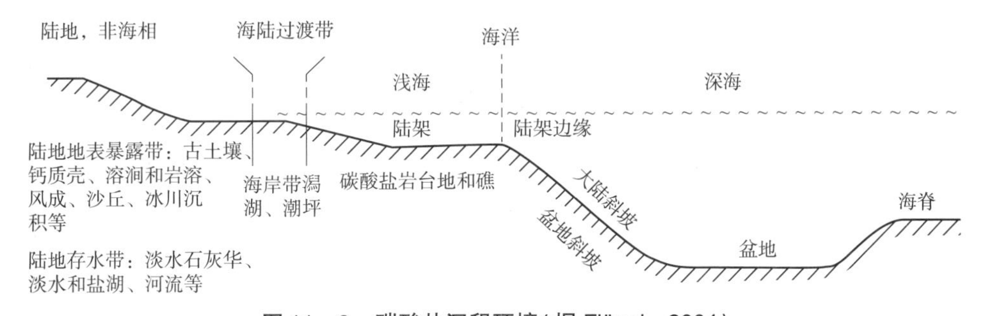

图11－9　碳酸盐沉积环境(据Flügel，2004)

海洋环境控制生物分布和沉积物堆积样式的界面有：①高潮线和低潮线，控制生物分布；②透光带底界，控制光合自养型生物分布；③正常浪基面，海洋底流和波浪侵蚀该界线以上的沉积物并影响其后期胶结；④风暴浪基面；⑤最小O_2浓度值界面，强烈限制海底及海底以下的生物；⑥温跃面(thermocline)，该位置水温很低，绝大多数造碳酸盐生物无法存活；⑦密(度)跃面(pycnocline)，该位置盐度很高，绝大多数生物也无法存活。其中，高潮线、低潮线、正常浪基面、风暴浪基面等是浅海大环境的基本分界线。

在碳酸盐岩的沉积相模式中，用于表述环境的基本要素包括：①海底地形的变化，表现为发育有明显倾角的陆架斜坡，在浅水区向深水区变化处，地形起伏具有明显的突变(即陆架坡折)；②垂向分界线，可影响到海底并由高潮海平面和低潮海平面、正常浪基面和风暴浪基面所表示的垂向分界(面)线；③侧向差异，沉积物成分和底栖生物群的侧向差异，用以区分沉积相带。

海相碳酸盐沉积可以在海陆过渡带、浅海、半深海和深海的一系列环境中沉积，但巨厚的碳酸盐沉积往往堆积在沉降的浅海环境中，通过加积或增生形成不同规模的“台地”(其中与相邻大陆相连的台地也可称之为陆架)。这里所指的碳酸盐台地引用的是Read(1985)的概念，主要指具有水平的顶和陡峻的陆架边缘的碳酸盐沉积海域，在这个边缘上具有“高能量”沉积物，而不管该海域是否与陆地毗邻和其延伸范围。碳酸盐台地(carbonate platform)可以沿被动大陆边缘、在克拉通内盆地、裂谷(或夭折裂谷)以及前陆盆地内发育。

影响台地演化的主要因素有构造背景、海平面升降、碳酸盐岩生产率和沉积物搬运、台地边缘的沉积物的性质、造礁生物随时间的演化以及成岩作用过程的变化。碳酸盐台地是随时间和空间变化的动态系统。台地可以随着它们的边缘向外生长而扩张，随着它们的边缘在原地静止而自身向上生长，或者随着边缘的向后生长而缩小自身的范围。台地有诞生阶段、生长阶段和灭亡阶段。生长是由于加积或者进积作用产生的，而消亡又是与萎缩以及碳酸盐岩生产的停止相关联的。造成碳酸盐岩停止生长的原因有：①快速的海平面上升或构造沉降而导致被淹没；②海平面下降或构造抬升引起的地表暴露；③很多硅质碎屑的输入；④古海洋作用引起的水循环、温度、盐度的变化。

根据地貌、沉积水动力条件和气候背景，可以识别出下列主要台地类型：镶边碳酸盐陆架或台地(rimmed carbonate shelf or platform)、碳酸盐缓坡(carbonate ramp)、陆表海台地(epeiric platform)、孤立台地和环礁(isolated platform and atoll)和无镶边开阔陆架或台地(non - rimmed open shelf or platform)以及淹没台地(drowned platform)。一些与大陆架分隔、周缘被深海环绕的大型孤立台地也被称为“滩”❶，如大巴哈马滩和贵州南部三叠纪的大贵州滩。

二、镶边碳酸盐台地相模式

(一)沉积相带划分

镶边碳酸盐陆架(台地)是具有明显坡折的浅水台地(图 11 - 10)，有如下特征：①沿陆架边缘高能带发育生物礁和浅滩，向海方向斜坡角的明显增加(达 60°以上)，易造成坡度失稳滑移、垮塌及碎屑流及浊流，倾泻到相邻斜坡甚至盆地中，形成块体流沉积(如碎屑流、碳酸盐巨砾岩、浊积岩、滑塌岩体)；②礁滩体系对海浪的阻挡会引起靠陆水体循环受阻，发育低能潟湖环境；③台地顶部相对平缓。现代镶边陆架在南佛罗里达、白利兹及澳大利亚昆士兰海岸(大堡礁)发育。

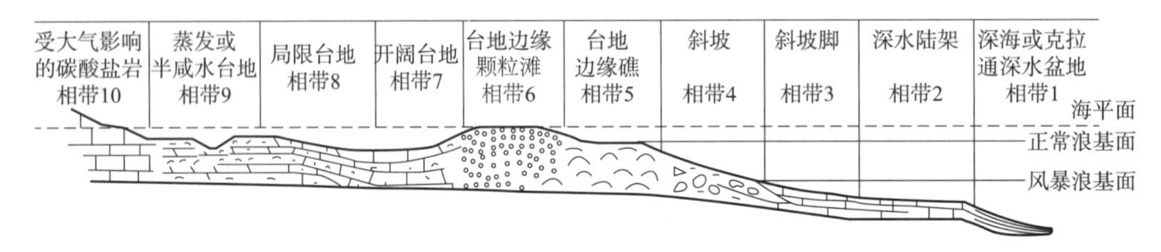

图 11 - 10　镶边碳酸盐岩台地：经修正的 Wilson 相模式的标准相带(据 Flügel，2004)

Wilson(1975)基于热带镶边碳酸盐台地上的主要相带序列建立了标准相模式。该模式自海向陆包含十个相带(图 11 - 10)，分别为：相带 1 深海或克拉通深水盆地(pelagic or cratonic deep water basin)、相带 2 深水陆架(deep shelf)、相带 3 斜坡脚(toe - of - slope)、相带 4 斜坡(slope)、相带 5 台地边缘礁(platform - margin reefs)、相带 6 台地边缘颗粒滩(platform - margin sand shoals)、相带 7 开阔台地(open marine platform)、相带 8 局限台地(restricted platform)、相带 9 蒸发或半咸水台地(evaporitic or brackish platform)、相带 10 受大气影响的碳酸盐岩(meteorically affected carbonate rocks)，现将这十个相带分述于下。

---

❶ 在碳酸盐沉积系统中，有几个与“滩”有关的术语易混淆：bank 常指周缘被深水环绕的孤立碳酸盐台地，shoal 主要指水下的高能浅滩(如礁后滩)，beach 常指暴露或间歇性暴露的沙滩，可发育风成沙丘。

(二)深海或克拉通深水盆地

深海碳酸盐沉积是由垂直沉降作用形成，它主要来源于栖息在上覆水层中的微体—超微体浮游生物骨骼物质。控制深海碳酸盐沉积作用主要由碳酸盐产力和溶解速率决定(图10－58；Reading，1986)。在海洋上部数百米内，海水相当于$CaCO_3$是饱和的，而之下是欠饱和的，其中文石(或高镁方解石)首先发生不饱和，随后是方解石。尽管$CaCO_3$在上层水体数百米就开始发生溶解，但直到更大深度(一般数千米)溶解速率才发生加速跃升(该深度为溶跃面，lysocline)。该深度之下，当碳酸盐供给速率与溶解速率达到平衡时的深度时称为碳酸盐补偿深度(CCD)。该深度在不同大洋会随钙质浮游微生物的生产力变化而变化，而生产力本身又受到营养供给和水温的控制。在赤道地区的大洋，方解石补偿深度大概位于4500～5000m间，文石的补偿深度一般小于1000m。在更高纬度的大洋中，碳酸盐的补偿深度会变浅，到达温带和两级地区，海水相对于$CaCO_3$是欠饱和的。只有当海底的深度比CCD浅，才会堆积钙质软泥；该界面之下，只有硅质软泥和红色黏土沉积。CCD的波动可能会造成钙质软泥和硅质软泥或红色黏土的交替沉积(图10－58)。

现代深海碳酸盐沉积物主要由翼足类(文石质)、颗石藻和有孔虫(低镁方解石质)组成，分布在外陆架、陆坡及陆源黏土缺乏的海底或覆盖在海底隆起、沉没的礁、海山及海岭之上。在中生代时期阿尔卑斯区域(特提斯洋)沉积有深海(远洋)灰岩，在海西期的欧洲以及其他陆块也沉积有泥盆纪和石炭纪的深海灰岩。它们沉积于淹没的礁体、碳酸盐台地及盆地中的海底高地等背景。

图11－11　瘤状灰岩夹薄层—条带状灰岩
[顶部薄层灰岩底部见砾屑，
并过渡为球粒颗粒岩(钙屑浊积岩)；
上泥盆统五指山组，桂林阳朔白沙镇]

深海灰岩的典型特征，除了具有浮游生物组合的显著标志外，就是它们的凝缩性及海底硬地、岩屑、水平和垂直(水成)岩脉的早期胶结(石化)作用以及一些特征的遗迹化石组合，如蠕形迹、古网迹和螺旋潜迹、均分潜迹为特征的生物遗迹化石。许多深海(远洋)灰岩常常具有瘤状(或假砾屑状、扁豆状)结构(图11－11)，一些含有铁锰结核或结壳。另外，在这些深海灰岩中经常会夹有再沉积层，如滑塌层、碎屑岩层及钙屑浊积岩，特别是靠近斜坡的区域。

欧洲西部和美国南部白垩纪的“白垩”大部分由颗石藻组成，所以也是一种特殊的深海(远洋)灰岩，但其沉积深度为50～150m，所以含有相当数量的底栖宏体动物，如棘皮类、双壳类和腕足类。白垩中硬底构造常见，常常被磷质和海绿石矿化(Tucker，1991)。在北海的白垩中，经常可以见到再沉积的夹层或块体，如滑移、滑塌体、碎屑流及浊流沉积，再沉积作用普遍会造成沉积序列的增厚(Watts等，1980)。

(三)深水陆架

此环境处于浪基面以下，在透光层之内或之下。水深介于几十米到几百米之间，盐度正常，含氧—次氧水体，水循环良好。该环境与深海环境之间并不经常能很好地区分，有时斜坡环境可以直接过渡到深海环境。

沉积物大多为泥灰岩或页岩与灰泥灰岩层互层的碳酸盐岩(含有很多生物灰岩)。骨屑灰泥灰岩和含有完整生物的颗粒灰泥灰岩，夹颗粒灰岩和硅质条带(或结核)。偶见生物扰动、水平纹理或瘤状构造。岩石颜色可见灰色、绿色、红色，取决于氧化还原条件。生物群由指示正常海洋条件的不同的贝壳类动物群，包括内栖和表栖动物群。可见浮游/游泳生物(如头足类)，狭盐性生物(如腕足动物、棘皮动物)常见。

(四)斜坡脚

此环境位于浪基面以下、接近有氧带底界。海底坡度中等(大于1.5°)，为台地斜坡向海的延伸。水深200~300m，相带延伸窄。

沉积物大多为纯净的薄层、板状细粒碳酸盐岩(灰泥岩)，局部含燧石质，罕见陆源泥夹层。局部夹有发育具粒序层理浊积岩(颗粒灰岩)或者碎屑流沉积(角砾岩层)透镜体。生物群大多为再沉积浅水底栖生物，有时为深水底栖生物或游泳生物。

常见岩相：灰泥灰岩、异地灰泥颗粒灰岩、颗粒灰岩和页岩夹层。

(五)斜坡

它是指陆架与深海盆地之间的陆坡地带，作为一种碳酸盐斜坡环境，主要是指迅速产生碳酸钙沉积的浅海与缓慢沉积深海灰泥的深海之间的过渡地带。在台地边缘明显地向海底倾斜(常为5°至几乎垂直)的斜坡，相带范围极窄。

沉积物最主要的是改造的台地物质和深海沉积的混合物，颗粒粒度变化范围很大。主要由两类沉积物组成：①未被破坏的深海与半深海沉积物；②块状滑移、垮塌、搬运的重力流沉积物。生物群多为再沉积的浅水底栖生物、包括陆坡底栖生物和一些深水底栖生物以及游泳生物组合。

1. 深海与半深海灰泥沉积

深海与半深海灰泥沉积由来自上覆水层中的浮游/游泳生物遗体、毗邻的浅水碳酸盐陆架或台地再搬运沉积的灰泥和灰砂组成。岩性以深灰色薄层状—板状灰泥岩为主，内部具有毫米级的微细纹层或粒序层。同时，常夹泥灰岩或钙质页岩，由于成岩差异压实，会形成呈“缎带状”或“飘带状”(ribbon - bedded)薄层。向盆地方向，随着泥质成分的增加，可过渡为扁豆状甚至瘤状灰岩(nodular limestone)。

2. 块体重力沉积

根据搬运机制，又可以将块体重力流划分成以下几种亚类。

块体整体滑动、滑塌和层内截切面：斜坡的均匀层状的灰泥岩或泥灰岩在较陡的沉积坡度条件下往往可产生顺坡向下蠕动的重力滑动作用，产生错位和位移，岩层局部变薄或尖灭，或整段岩层产生变形褶皱(图11 - 12)。如果再进一步发展，则破裂的岩块会转换成碎屑流，在斜坡下部—坡脚形成杂乱排列或略平行的板状碎块构成的角砾状灰岩。其中部分灰岩角砾具正粒序递变层理，代表了前期斜坡的浊流沉积。伴随着角砾灰岩的出现，发育了大规模的层内截切面(intraformational truncation)。这种构造的底面呈凹面明显向上的铲形不整合面，截切了下伏岩层，但其上、下岩层岩性类似，没有明显的变形现象。上覆岩层的倾斜角度向上逐渐变小，直到最上面与被截切的“底盘层”平行，显示了一种沉积充填特征(图11 - 13)。在极端情况下，在台缘—斜坡上会发生巨型岩块的整体向下滑移，并对下伏地层造成大规模(可达百米深、小十公里宽)截切，形成下凹的扇贝状刨蚀谷，导致台缘垮塌、后撤，这种现象在现代巴哈马台地边缘—斜坡和地质记录都有报道(Mullins 和 Hine，1989；

Stewart 等，1993）。

岩崩：在碳酸盐斜坡中，岩崩比陆源斜坡环境更为常见。这主要是因为陆架边缘的礁、浅滩和其他碳酸盐沉积物易于遭受海底早期胶结作用，固结石化后岩石变得又硬又脆，易于断裂和破碎，加之上部斜坡堆积速度快，前沿的地形起伏较大，所以容易产生岩崩作用。这种由大小不一、来自浅水碳酸盐环境的岩块构成的碎石裙（图 11－14），堆积在非常狭窄的坡底，形成与台地或陆架边缘陡崖平行分布的粗碎屑窄相带。

远源钙屑浊流沉积：远源钙屑浊积岩由碳酸钙角砾、微角砾、石灰砂及灰泥组成。这些盆内碎屑大都来自邻近的陆架或台地以及斜坡本身，主要缘于高水位时期浅水台地碳酸盐工厂高产能的溢出效应。本类岩石具有陆源碎屑复理石所特有的结构、构造及序列，偶尔也可以发育成具小规模的海底扇，但非常稀少，这是与硅质碎屑浊积岩的最大区别。

图 11－12　斜坡沉积（薄层—板状钙屑浊积岩）中的变形揉皱（上泥盆统谷闭组，桂林阳朔白沙镇）

图 11－13　斜坡沉积（薄层灰泥岩—粒泥岩夹中厚层状颗粒灰岩）中的层内滑移截切面（箭头）［终止于盆地方向的砾屑灰岩处（空箭头）；砖房高约 2.5m；上泥盆统，桂林奇峰镇］

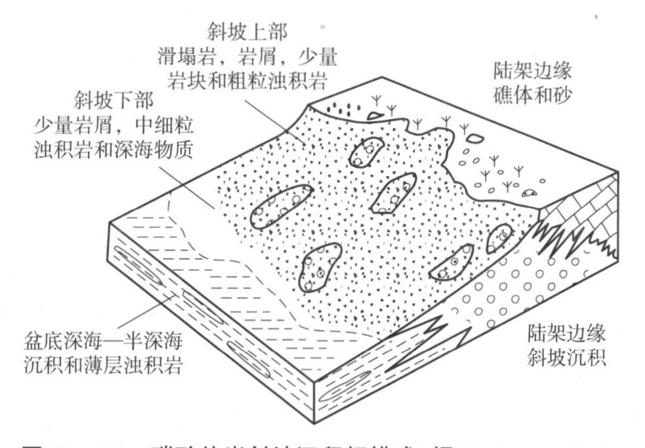

图 11－14　碳酸盐岩斜坡沉积相模式（据 Tucker，1991）

在这里斜坡相和台地边缘相相互交错，沉积物从斜坡上部搬运，沉积到斜坡底部

（六）台地边缘生物礁（建隆）

生物礁一般是指由生物原地建造的高于周缘海底、具有抗浪格架的碳酸盐建隆构造（Tucker，1991）。但生物礁或建隆可以形成于不同的沉积环境，所以可以使用生态礁或骨架礁术语（如点礁、宝塔礁、障壁礁、岸礁、环礁），使其更具有环境指示意义。另外，在文

献中经常使用其他的一些术语，如原地生长的生物丘(bioherm)和原地生长的、侧向延伸的生物层(biostrome)，生物格架可有可无。还有一类主要由灰泥(泥晶)堆积形成的泥丘(mud mound)或泥滩(mud bank)(以前也称之为圆丘礁，knoll reef)。

台地边缘礁发育在台缘面向广海一侧的浅海，经受频繁的波浪冲刷，所以往往具有稳固的抗浪的格架(或骨架)，特别是礁核部位。许多不同(底栖)生物门类在不同的时期参与了生物礁的建造，并在建造过程中分司不同的功能，如造架、黏结—包覆及障积作用。除了建设作用外，一些生物也参与了破坏作用(如微生物钻孔、啃噬作用)。在生物礁生态系统中，不同功能生物群的造礁活动造就了不同的礁灰岩类型，如骨架灰岩、障积灰岩、黏结灰岩以及受到波浪改造的岩石类型(礁角砾岩、漂浮岩)。在造礁过程中，造架和泥丘中微生物的降解都会形成丰富的特征孔洞，如格架孔和平底晶洞，充填有内沉积物和早期海底碳酸盐胶结物。这种早期的胶结作用在现代和古代生物礁中都非常普遍，是形成礁体稳固格架的关键过程。

由于礁的重要性，将在后面“关于礁”的部分详加阐述其特征和成因。

(七)台地边缘颗粒滩

台地边缘砂级颗粒滩(sandy shoal)发育于礁体内侧，在正常浪基面以上并且在透光层之内，受波浪影响很大，局部可以露出水面，形成沙滩(beach)或风成沙丘(aeolian dune)，在现代巴哈马台地和阿布扎比海岸都有发育。

沉积物主要由磨圆、分选良好的鲕粒及球粒组成，含少量生物碎屑，局部含灰质砾屑(特别是在潮汐水道中)，陆源碎屑较少。内冲刷面发育，部分具有保存较好的交错层理(特别是潮汐水道中)。当发生暴露时，易受大气淡水溶蚀影响形成溶蚀孔和大气淡水胶结物，局部可见风成交错层理。岩相主要由鲕粒颗粒岩、球粒—鲕粒颗粒岩及含砾颗粒岩组成。

(八)开阔(或半局限)台地

位于边缘颗粒滩向陆一侧，常高于正常浪基面(水深从几米到几十米之间变化)，处于透光层之内。由于被浅滩、岛或台地边缘礁遮挡，水体循环受到一定程度限制(半局限)，所以有时也可称之为半局限台地，水体盐度大致与开阔海一致或略高，所以在很多情况下台地边缘礁、滩及开阔台地可以统称为台地边缘相。

由于水动力的递减，相对于高能颗粒滩，沉积物物中灰泥有所增加，颗粒以球粒为主，鲕粒次之，局部有补丁礁。陆源的砂和泥可以在与陆地相连的台地上常见，但是与陆地分离的孤立台地(如环礁)上则没有。沉积物(或岩石中)交错层理(或纹理)稀少。常见的岩相类型有球粒颗粒灰岩，球粒泥粒灰岩等。生物组合主要由开阔和局限海的混合群落(组合)构成，如有孔虫、双壳、腹足、介形虫，也可见腕足、三叶虫及珊瑚等生物碎屑。

(九)局限台地(或潟湖)

位于礁—滩内侧，所以与开阔海的连通受到限制，而蒸发作用会导致其中水体温度、盐度增加，水体盐度取决于其开放度和气候状况(潮湿、干燥)。局限台地(潟湖)水深从几米到几十米之间，规模(大小)变化较大。因受障壁阻挡，波浪作用相对较弱，主要受到潮汐作用的影响，所以从台缘礁—滩高能环境向陆的台地内部在文献中经常被称为潮缘或环潮坪(peritidal)或潮坪(tidal flat)环境，既可出现在镶边台地内侧，也可出现在缓坡高能滩后及陆表海台地内。基于一个地区潮差大小可以区分为小潮区(潮差 <2m)，中潮区(潮差 2 ~4m)和大潮区(潮差 >4m)。在受潮汐影响的近岸环境，进一步可分为潮下带，潮间带及潮上带(图 11 -15)，其中潟湖总体处于潮下—潮间带下部，是主要的碳酸盐工厂。

在潟湖中，沉积物以灰泥为主，夹有砂级—粉砂级颗粒薄层或透镜体（高潮期或风暴期由海向滩体冲刷带入），常见陆源泥或粉砂级沉积物注入，向陆一侧可发育凝块石和穹隆状叠层石。另外，在强蒸发环境中可以见到白云石和水下蒸发矿物（石膏甚至石盐）沉淀。在该环境中，常见灰泥岩或扁豆状—飘带状泥质灰泥岩，夹球粒颗粒岩，球粒泥粒岩，微生物岩（凝块石、柱状叠层石）薄层或透镜体，局部夹膏岩或岩盐（仅强烈干燥气候背景下）。生物主要由分异度低的广盐性浅水生物群和微生物组成，如粟孔虫、介形虫、腹足动物、双壳类，藻类和蓝细菌，经常可见生物扰动。

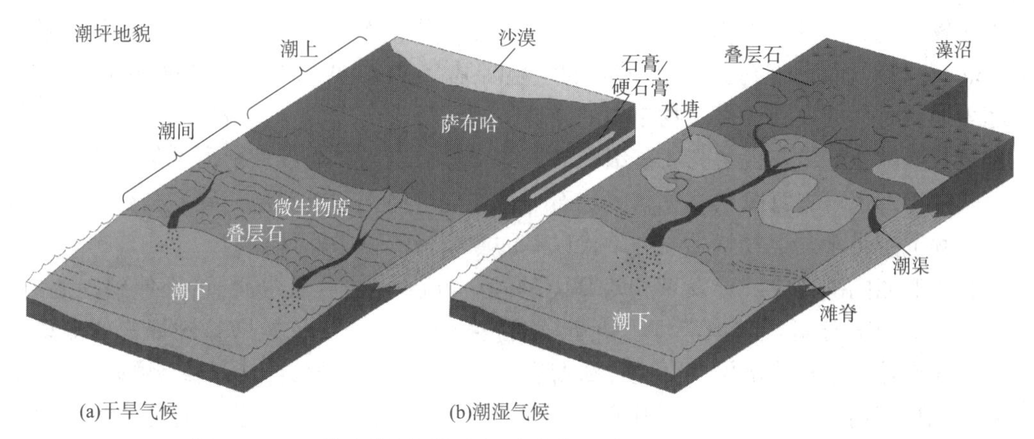

图 11－15　碳酸盐潮坪的主要地貌单元（据 Pratt，2010，修改）

（a）干燥气候潮坪环境，主要基于阿拉伯/波斯湾南部滨岸的萨勃哈；

（b）潮湿气候的潮坪环境，主要基于巴哈马安德鲁斯岛西侧的观察

（十）潮坪（潮间—潮上碳酸盐坪）

1. 干旱气候型（蒸发台地或萨勃哈）

这种类型的潮坪主要是基于波斯湾南部海岸的观察获得的认识。由于气候干旱，蒸发作用强，海水盐度超咸，潮坪上一般缺乏水塘，潮渠也不太发育［图 11－15（a）］。在潮间带，主要发育穹隆状到波状的叠层石。潮上带具有萨布哈、盐沼地性质，发育侧连更广的毯状微生物席，并经常发生暴露，同时由于蒸发浓缩，会造成石膏、硬石膏或石盐沉淀，同时发生广泛的白云石化作用，沉积物中经常混有风成沉积。更向陆，则与沙漠相连。

在垂向上，从下部的穹隆状叠层石、波状叠层石（灰岩或白云岩）向上过渡为水平纹层状的纹层白云岩（laminite），夹膏岩透镜体或条带，最上部可能被大陆红层与风成沉积覆盖。

由于环境严苛，除蓝细菌外，其他生物难以存活，仅有少量有介形虫、软体动物（腹足）以及适应高盐度环境的盐水虾（图 11－16）。

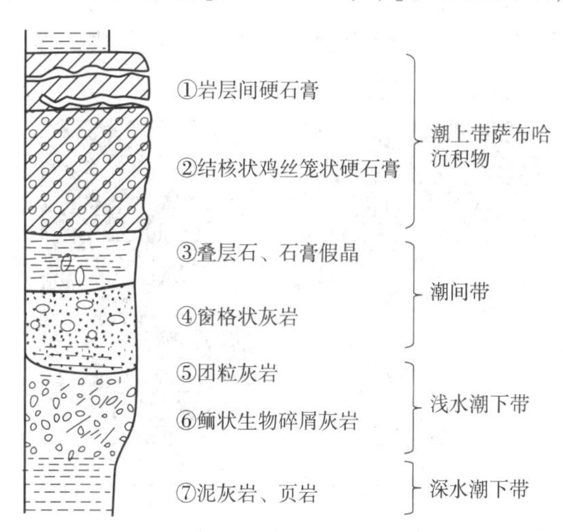

图 11－16　干旱内部台地（萨布哈）沉积相序（据 Tucker，1981，修改）

如发生淡水溶滤，层序中①和②则成为塌陷角砾岩

2. 潮湿气候型

该类型潮坪模式主要基于巴哈马安德鲁斯岛西北海岸带潮坪的观察。尽管与开阔海相连通受阻，但是由于潮湿气候，所以潟湖(潮下带)水体盐度为半咸水—咸水，在潮间带潮渠(tidal creeks)和渠间水塘(ponds)比较发育，潮上带广泛发育微生物席[图 11 -17(b)、图 11 -17]。

在早古生代及更老(如前寒武纪)地层记录中，潮间带上通常发育穹隆状及低幅的叠层石(Pratt，2010)，如塔里木盆地寒武纪的潮间带沉积(Zhang 等，2015)，这与干旱气候背景的潮坪沉积类似。另外，由凝块状、球粒泥晶组成，具有窗孔构造的窗孔灰岩在潮间—潮上坪中也比较普遍，其中潮间带的窗孔一般为不规则状，潮上带发育的窗孔则为似层纹状(laminoid)，相对而言，窗孔灰岩形成时的气候略显潮湿(参见沉积构造中的阐述)。

随着地质时代的变新，微生物丰度的降低，潮间坪中会发育一些机械成因的沉积，如波状、扁豆状或脉状球粒灰泥岩与粉砂级颗粒岩的交替，这与碎屑潮坪上所见的潮汐韵律沉积类似。其中局部也可夹穹隆状—球状叠层石，另外也可局部加以薄层内碎屑与介壳层，可能由风暴从潮下带带来。生物扰动在古生代以后的潮间带沉积中非常普遍。

在整体低能的潮坪中，会发育相对高能的潮渠(tidal creeks)，局部可延伸到潮上带[图 11 -15(b)]。相对于硅质碎屑潮坪，由于早期胶结和低能环境，碳酸盐潮坪中的潮渠相对稳定，侧向迁移小。现代潮渠底部往往滞留有内碎屑砾屑和生屑，上覆砂级颗粒，主要来自周缘潮坪沉积碎屑颗粒。地质记录中的潮渠沉积一般呈透镜体，夹于或侧向过渡为潮坪沉积，厚0.5 ~2m 常见，底部见滞留内碎屑砾石，上覆内碎屑颗粒岩和泥粒岩，常发育交错层理。内碎屑与周缘潮坪沉积密切相关(如普遍含微生物碎屑)，这种沉积在塔里木盆地寒武系、下奥陶统碳酸盐岩中有报道(图 11 -18；Zhang 等，2015；Guo 等，2018)。在潮间坪的潮渠间，甚至潮上坪的低洼处可以储水成塘，但一般很难留下沉积记录，识别将比较困难。但如果存活时间够长，在潮湿的潮间坪中的半咸水(schizohaline)水塘中，一些广盐性(euryhaline)生物，如介形虫、腹足及有孔虫会进居其中，并可能混生淡水藻类(如轮藻)，沉积以低能的灰泥岩和粒泥岩为主，间夹微生物纹层岩或窗孔灰岩，可见生物扰动，而围岩则以叠层石或微生物纹层岩、窗孔灰岩为主。相关的实例在华南上泥盆统融县组灰岩中有报道(Chen 等，2016)。

图 11 -17　巴哈马安德鲁斯岛西南海岸空中俯视图
图右上角为滩后潮下带(潟湖)，
暗色部分为微生物席覆盖的潮间区域，浅色部分水塘；
潮渠(道)切割潮坪并成为潮坪的
排—补水系统，水道两侧的浅色部分为潮上带天然堤

图 11 -18　凝块岩(白云岩)中夹有具交错层理的颗粒白云岩(潮渠沉积)
(上寒武统下丘里塔格群，新疆柯坪)

在潮上坪，由于能量更弱，仅在风暴、飓风或大潮期接受少量的沙泥质沉积，而且生态更严苛，脊椎动物基本不能生存，低幅的微生物席几乎占据整个生境，形成广泛的纹层状微生物岩(或纹层岩)。局部夹有风暴成因的砾屑灰岩(或白云岩)、颗粒灰岩薄层或条带。在这些纹层岩中，经常可以见到因收缩产生的 V 形泥裂甚至帐篷构造。

(十一)受大气降水影响的碳酸盐岩

该环境主要发育在潮上坪，由于发生长期陆上暴露，普遍会造成碳酸盐沉积的溶蚀，但溶蚀的程度与气候或降雨量有很大关系。

在干燥气候条件下，由于大气降水较低，初始暴露期会使沉积物表明发生干裂、局部膨胀、地下水上涌形成帐篷构造等。而长期暴露会使表层碳酸盐沉积发生钙结壳化，毛细管水顺裂缝下渗造成局部溶解与沉淀，在致密的结壳层(或硬盘)下形成逆粒序的豆石层和大气淡水胶结物(图 11－19)。不均匀溶解会造成表层结壳的垮塌与反转。如果初始沉积中含有较多膏岩，容易造成膏岩的优先溶解，并形成垮塌体。

在潮湿气候背景下，由于降水充沛，一般会造成表层碳酸盐岩溶蚀，形成不同规模的岩溶(喀斯特)地貌和孔洞系统(图 10－46)，而溶蚀残留物堆积则形成土壤(钙红土)。

图 11－19　具逆粒序豆石层被致密泥晶灰岩覆盖组成的钙结壳序列(加拿大 Williston 盆地密西西比系)

(十二)生物礁(建隆)

现代生物礁是海洋具独特生态系统的沉积体系，健康生态体系的建立是海洋物理、化学与生物过程相互作用的结果，是认识地球表层气候—海洋—生物多圈层作用的重要窗口。另外，地质时期的化石礁体是油气的重要储集体，贡献全球巨大的油气储量，因此得到了非同寻常的重视，往往成为油气勘探的优选目标，在此有必要作一个较为系统的介绍。

1. 生物礁术语及分类

一般所指的生物礁是指狭义的生物礁或生物骨架礁，即限于由生物建造的具有抗浪骨架的碳酸盐建隆(曾允孚，1985)，但对于古代地层礁体，要判断礁结构是否具有抗浪，也并不是很容易的事情。碳酸盐建隆(carbonate buildups)泛指具有原始地形凸起、侧向延伸受限的由生物原地堆积的灰岩体。

按建隆的生物组成和建造方式，可以将碳酸盐建隆分为：①骨架礁(skeletal or frame-building reef)；②骨架—微生物礁(skeletal－microbial reef)；③微生物礁(microbial reef)；④泥丘(mud mound)。当然，这些只是一些关键的端元类型，其中还存在很多过渡类型(James 和 Wood，2010)。现在的观点认为所有这些生物成因的构造都是“生物礁”。而在不同的地质历史时期，生物的面貌(构成)也存在很大差别，所以不同时期生物礁类型也相应发生变化，也就是说不同地质时期的生物礁往往具有独特的生物组合。从这个意义讲，生物礁是一种具有某种时限意义的特殊沉积体。

按生物礁的产出位置、形态和大小特征，礁相沉积主要有如下几种：①斑礁(点礁或补丁礁)，是孤立的小而圆形的礁体，主要形成于相对局限的潟湖；②宝塔礁(尖礁，pinnacle reef)，呈锥状的孤立的礁体；③环礁(atoll)，是礁体中心为潟湖沉积的礁，与宝塔礁一样都为孤立的碳酸盐建隆，常形成于较深水盆地或大洋海山上；④岸礁(裙礁，fringing reef)，是指直接与海岸相接的礁体，如我国海南岛三亚小东海礁体；⑤堡礁(堤礁、障壁礁，barrier reef)，实际上是由一系列礁体组成的礁带，多平行于海岸线分布，与岸之间隔有潟湖，在澳大利亚东北岸的大堡礁延长达1200km，属于现代最大的堡礁；⑥圆丘礁(knoll reef)。

此外，常使用其他术语来描述具有不同特征的碳酸盐建隆。如生物丘(bioherm)，表示生物成因的、夹于不同石灰岩之间的、形态呈透镜状的碳酸盐建隆，它们大都是由生物原地堆积作用所造成(Wilson，1975)。生物层(biostrome)，是一种真正的层状体，也是由生物生长所形成的，如介壳层、富含珊瑚层，除内部组分外，与周围同期地层在厚度等方面几乎没有区别。地层礁，也是一种横向受到局限的厚层状碳酸盐建隆，经常由几个单独的、起伏很小的生物丘叠置而成。生态礁，是在相对一段时间内形成的具有坚固的、抗浪的地形构造，所以可以看作是生物礁的同义语。近几年来，还广泛地使用了泥丘(mud mound)和礁丘或礁堆这两个术语。泥丘为大量的灰泥或泥晶灰岩堆积，可能由捕集及障积作用形成(曾允孚，1985)。

为了描述生物礁的内部岩石类型，Embry和Klovan(1971)基于礁灰岩的组构特点，提出了一个对杜纳姆(Dunham，1962)碳酸盐岩分类中有关礁灰岩(boundstone)的修改方案。在该系统中，针对与礁有关的、颗粒 >2m、含量大于10%的异地沉积，用术语漂浮岩(floatstone)代替粒泥岩，礁砾岩(rudstone)代替泥粒岩和颗粒岩。对于原地堆积的礁灰岩，基于结构特征提出了格架岩、黏结岩和障积岩的术语系统，而这些术语具有比较明显的解释意涵，但还是得到了广泛的接受(见第十章碳酸盐岩分类)。

2. 礁生长动力学

相对于其他环境，生物礁是一个更复杂的生态系统，独特的生物、物理与化学过程相互作用造就了具有稳固内部结构、构造、高于周边海底地形的碳酸盐沉积体，这些过程主要包括：①原地生物建设(造架)作用；②内部孔隙系统发育；③同沉积期的胶结与固化作用；④破坏作用。这些过程主要是建设性的，但也有一些是破坏性的(如生物腐蚀)，而且在不同的地质时期这些因素也是动态变化的。

1)原地生物建设(造架)作用

在生物礁形成过程中，不同形式的生物在建造过程在起到了核心作用，这些生物可以是钙质藻类、微生物以及不同门类的无脊椎后生动物。它们可以通过分泌钙质骨骼、包壳、捕获(黏结)、障积、提供沉积物等构建生物礁的骨架和基座。一些大型单体或群体、重度钙化的生物可以作为礁体的初始造架者，如现代生物礁中珊瑚、包壳珊瑚藻以及水螅类(如*Millepora*)。在古代生物礁中，初始的造架生物可以包括更广泛的生物类群，如腔肠动物、皱襞珊瑚、床板珊瑚、层孔虫及不同类型钙藻和钙化蓝细菌。次级的造架者则由一些包壳生物承担，现代生物礁包括包壳珊瑚藻、龙介虫、苔藓、珊瑚、有孔虫和蛇螺类腹足动物，其中许多生活在礁体洞穴中。其他一些小型或轻微钙化表栖生物或非骨骼生物可以起到障积者(捕获者)或黏结者的角色。在现代海洋中，海草是重要的沉积物黏结者，丝状蓝细菌从前寒武纪以来就发挥了类似的作用。另外，其他一些钙质生物则成为沉积物的贡献者，如一些固着表栖生物，如钙藻，它们在泥丘的形成中发挥了重要的作用。

2)内部孔隙系统发育

在造架生物向上生长过程中，个体间相互联合和交互增生会形成许多不规则的生长格架孔洞，据估计现代生物礁中大约有30%~50%的开放孔洞和沉积充填区，而由细小枝状造架生物组成的格架具有更高的孔洞率(可达60%)(Tucker和Wright，1990)。除此之外，生物腐蚀(如钻孔)也会形成一定的孔隙。这些孔洞是生物礁生长过程的一种特有隐生(cryptic)环境，其中发育特有的包壳生物群落，这种隐蔽格架被称之为生物礁的次级格架(Bosence，1984)。在包覆早期，发育的是喜光生物群落，如包壳珊瑚藻；而后期，喜阴(暗)生物群落(如肾形菌、表附菌)则更加普遍。造架生物的生长速率在骨架发育过程中发挥了非常重要的作用，骨架的保存是建设和破坏作用平衡的结果。

3)同沉积期胶结与固化

同沉积胶结作用是生物礁发育的重要过程，特别是在陡峭、抗浪构造的形成中发挥了至关重要的作用。由于波浪的泵水效应造成的高海水通量，在礁前和礁脊(坪)区域同沉积胶结作用非常普遍(Tucker和Wright，1990；Jame和Wood，2010)。不同的礁类型往往具有不同的胶结强度。与前者形成对比的是在相对宽缓的礁体中，由于波浪作用较弱，泵入到礁体中的海水量相应较少，所以胶结作用就没有那么广泛。如泥盆纪西澳坎宁盆地(Canning Basin)具陡峭前缘的生物礁发生了广泛的早期胶结作用，而在西加盆地的同期礁体(Swan Hills reef、Alberta)中就只有少量的早期胶结物，这种关系在其他时代的生物礁中也有报道。孔洞中的早期海底胶结物主要有高镁方解石、文石和低镁方解石组成，而且具有不同的结晶习性，如纤状，片状，葡萄状及球粒状，现代生物礁胶结物主要为高镁方解石和文石，在地质时期的某些时段，主要由低镁方解石组成，海底胶结物的这种矿物成分长期变化可能与海水化学成分(如Mg/Ca比值)有关(详见第十章海底成岩环境)。

4)破坏作用

在生物礁格架建造过程中，除了上述建设作用外，还要时常经历一些破坏作用。这些破坏过程既可是物理的，也可是生物的。前者尤以持续的波浪和流水冲刷常见，偶尔会受到一些瞬时的风暴和飓风的破坏，但这种短期事件的影响往往难以评估。而生物的侵蚀是非常普遍的，而且往往会留下破坏的痕迹，生物侵蚀主要通过钻孔、啃噬和捕食等方式进行，这些非建设性作用往往会降低格架的稳固性。生物礁中的钻孔生物主要包括藻、蓝细菌、真菌、海绵、星虫动物(蠕虫类)、多毛类、软体动物、藤壶以及棘皮动物。其中微生物的钻孔活动从新元古代就开始了，随后愈加广泛。虽然海绵、双壳和蠕虫动物的钻孔活动从寒武纪就开始了，但直到侏罗纪才明显增强(James和Wood，2010)。食草动物，特别是腹足、鱼类和海胆的牧草(刮、剉)活动可以清除海草、藻丛及硬化的钙藻，严重侵蚀正在生长的礁体。更为重要的是食草动物可以降低快速生长的软体藻、海草的扩散，创造有利于竞争性钙质造礁后生动物的生存空间。另外，鱼类可以啃食造礁钙质生物(如珊瑚)的肉质部分，消化后排泄成为沉积物；穿贝海绵的碎片可以构成礁沉积中主要粉砂—砂级沉积物。相反，微生物(如内栖藻)引起的生物侵蚀可以破坏掉沉积物。

5)造礁生物形态与环境之间的关系

造礁生物的形态与环境的关系是一个非常复杂的问题。根据岩石记录中古生物和周围沉积物之间的相互关系，以及现代热带生物礁中珊瑚的分布状况，James(1984)曾得出了造礁生物的外形与环境之间的关系(表 11－1、图 11－20)。

表 11－1　造礁生物的生长形态及其最常出现的环境类型

生长形状	环境	
	波浪能量	沉积作用
纤细的、分枝的	低	高
薄的、脆的、平板状的	低	低
球状的、球茎圆柱状的	中等	高
强壮的、树枝状的	中等—高	中等
半球状的、穹状的、不规则状的、块状的	中等—高	低
薄板状的、结壳状的	中等—强烈	低
厚板状的	强烈	中等—高

注：结壳状与薄板状两种形状在岩石记录中是很难区分的，但是它们却表示着很不相同的礁的环境。

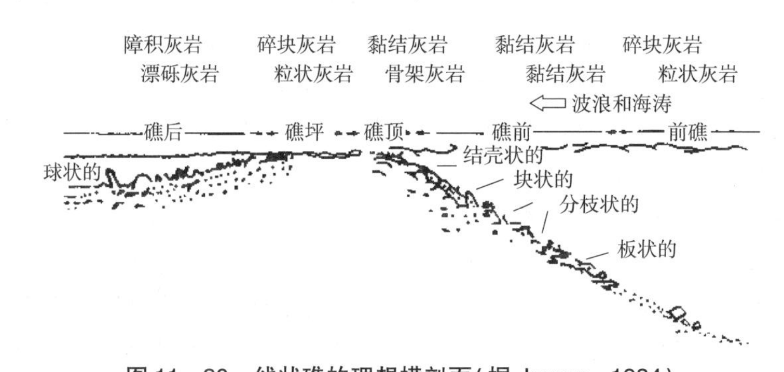

图 11－20　线状礁的理想横剖面(据 James，1984)

在现代生物礁中，水体透光度、动荡性及沉积速率是生物群落生长形态的重要控制因素。穹隆状和枝状珊瑚一般适应相对浅水环境，由于光的折射使水体显得光亮通透，而枝状形态的抗浪性要弱，所以一般在水体稍深、波浪比较弱的礁前和礁后水体中。与之相对应，在更深水体中，层状或近水平板状生长形式可以使其接收光照量最大化。但是，平卧的包壳状生长形式可以适应礁脊的高能环境，而它们的形态与板状形体有一定的相似性，这就需要综合考虑与其他形态生物群落的共生关系以及岩石组合特征(如板状生物一般发育在灰泥和黏土含量高的碳酸盐沉积中)。另外，发育在强波浪区域的生物礁趋向成平行波浪方向的长条状。

6)珊瑚礁生长的内在条件

根据对现代珊瑚礁的研究，发现温度、盐度、营养水平、碳酸盐饱和度以及水深等是控制其生长的最主要内在(autogenic)因素。

(1)光照量与水深。

为了迅速钙化，造礁珊瑚要依赖共生的虫黄藻(zooxanthellae)，后者繁衍受光合作用限制，而光照量会随深度增加呈指数降低。现代海洋造礁珊瑚和钙质绿藻生活的底限是 80～100m，在水深 30～40m 以上的浅水透光区最适合生长。

(2)温度与盐度。

珊瑚礁生长的理想温度范围是 25～29℃左右，延伸范围可从 18～36℃，而这些海水一般处于低纬度的热带地区；在更高或更低的温度下，造礁珊瑚虫将失去捕获食物的能力，也不利于钙化生物的代谢作用。珊瑚正常生长在正常盐度的海水中，盐度范围在27‰～40‰之间(在36‰最佳)，盐度升高会有利于钙质绿藻的生长。

(3)碳酸盐饱和度。

在现代海洋中，碳酸盐饱和度不但影响了碳酸盐生产率，同时也会影响生物礁的分布、珊瑚的分异度及生长速率(Kleypas，1997)。在碳酸盐饱和的海水中，珊瑚的生长速率和产率会提供3～4倍；在动荡、循环良好的超饱和水体中(如台地边缘礁体)也同样有利于发育丰富的同沉积期的孔洞胶结物，形成稳固的礁格架。所以生物礁在高能的迎风侧生长最快，但在能量最强的礁脊处，主要被包壳的珊瑚藻占据，造架速率并不高。

(4)营养水平。

三叠纪以来，基于有效的保持和营养再循环，珊瑚就在寡营养的海水中生长、繁盛(Pomar和Hallock，2008)。即使营养水平低，也可以通过高能礁体中高通量海水提供足够的营养物质。外台地上升流和/或内台地河流输入皆可引起的近岸水域营养水平的提高，这会导致礁构造的显著变化(Hallock和Schlager，1986)，特别是浮游植物的快速生长会降低水体透明度、阻碍光线到海底，同时会刺激非钙质底栖藻类和其他生物的过度增长，把底栖造礁钙质生物挤出生境。竞争压力和生物侵蚀会同时增加，大大迟滞了生物礁生长。在中等营养水平，混养生物(如珊瑚)会被更多的异养动物、造腐生物(丝状和肉质藻)及小个体食悬浮物的动物(藤壶和双壳类)替代。而食草动物对藻类的啃食使得生物礁仍然可以在这种环境生长。总之，高营养水体不利于生物礁的健康生长。而营养输入则受到海洋变化的影响，并进一步受到气候、海平面及构造活动等外在因素的制约。

7)生物礁生长的外在因素

(1)古地形。

生物礁一个会优先生长在地形高地之上生物群落，因为在水浅的区域珊瑚生长更快，所以地形高地的存在至少在早期阶段决定了礁体发育位置与生长。先期正向地形包括：①更老的礁体，当暴露的台地或陆架在海平面上升，并被再次淹没后，许多现代的生物礁都是在前期发育生物礁的位置附近再次发育，这种现象在地质记录中也非常常见。②喀斯特地貌，当碳酸盐台地或陆架经历长期暴露后会形成一些岩溶高地，当海平面再次上升并淹没这些岩溶地貌时，生物礁就会在岩溶高地优先发育。③侵蚀阶地，在滨岸地带形成的侵蚀阶地会成为后来生物礁首先定殖的地方。④硅质碎屑或火山地貌。⑤构造地貌，在一些构造活动的区域(如裂谷)，构造抬升形成的高地也会成为后期生物礁发育的优先区域。

(2)海平面变化。

大多数生物礁发育在浅水区域而且受水深控制，这使得生物礁对海平面的变化很敏感，而相对海平面的变化则受到全球海平面、构造效应及盆地沉降过程的共同制约。

海平面上升：当海平面上升速率明显高于生物礁生长速率时，生物礁会被淹没[图11－23(a)]，这种礁也被称为放弃礁(give－up reefs)(James和Macintyre，1985)。因为海平面的快速上升过程会引起透光带上移，营养物过剩，含氧量降低，造成浅水生物群的窒息而迅速消亡，最后被更深水沉积物掩埋。

当海平面上升速率比礁生长速率略高时，礁体可以在合适的地貌背景下发生向陆海侵(或退积)，并基于相对海平面上升速率大小，可以区分两种类型：撤离型(backstepping)和撤退型(retreating)礁组合[图 11 - 21(b)(c)；Playford，1980；Tucker 和 Wright，1990]。在每幕海平面上升时期，生物礁原栖息地因水深过大已经不适合生存，会被迫撤离，向陆更浅的合适地貌高地迁移、定殖与繁衍，形成向陆退积(retrogradational)的、但彼此分隔的一系列生物礁集群，保存在向陆超覆地层记录中。每次海平面上升，生物礁要被迫撤离原栖息地、尽量追赶才能在向陆方向找到合适的环境进行定殖、繁衍，所以这种类型的生物礁组合也可称为"追赶型"生物礁(catch - up reefs；图 11 - 22)。这种类型的生物礁在地层记录中比较常见，最典型的要属澳大利亚坎宁盆地和西加盆地的中晚泥盆世生物礁(Playford，1980)。

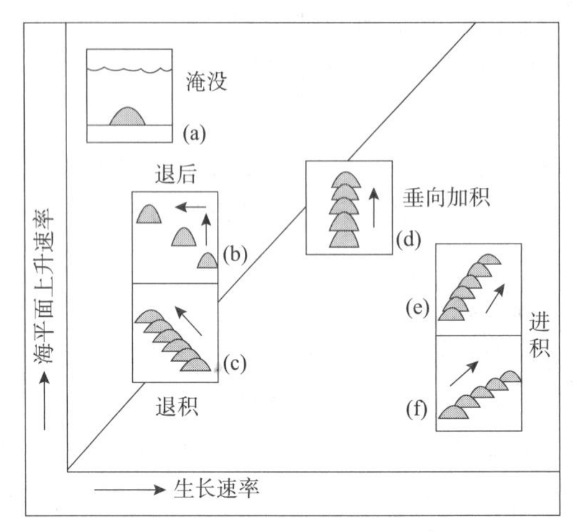

图 11 - 21　生物礁生长与地层结构对海平面上升的响应示意图

(a)海平面上升速率明显高于生物礁生长速率，生物礁被淹没；(b)海平面上升速率明显超过生物礁生长速率，生物礁被迫撤离原栖息地，朝陆合适高地重新定殖；(c)海平面上升速率略高于生物礁生长速率，生物礁向礁后方向后退或进积；(d)海平面上升速率与生物礁生长速率大致平衡，生物礁垂向加积；(e)(f)海平面上升速率低于生物礁生长速率，礁生长空间不够，驱使生物礁向更深水(斜坡)方向侧向进积

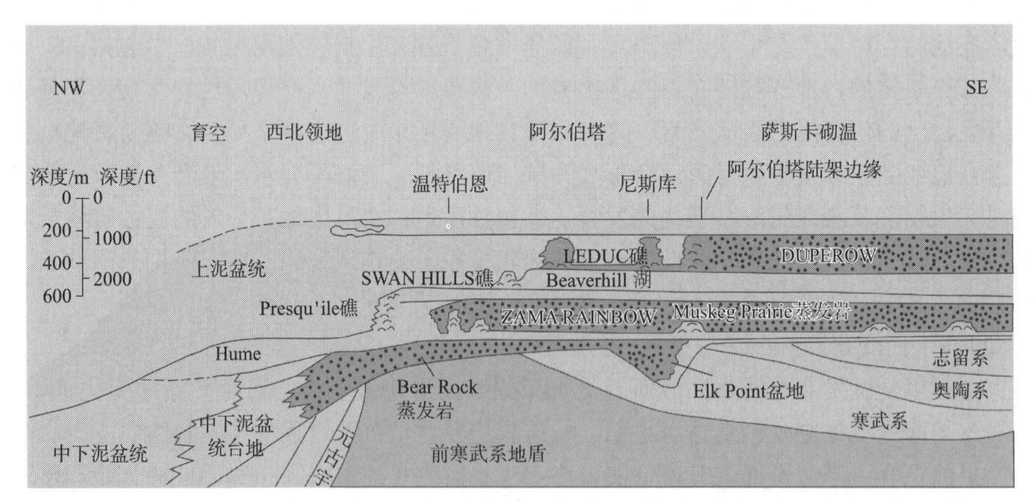

图 11 - 22　西加拿大盆地中晚泥盆世撤离型(backstepping)或追赶型(catch - up reefs)生物礁组合(据 Walls 和 Burrowes，1985；Moore，2001)

当海平面上升速率略微降低，生物礁可以在先期生物礁的向陆一侧继续定殖、繁衍，并随着海平面的幕式上升，礁核部分会持续向陆背风一侧进积，所以不同礁体相连并超覆叠

置，形成撤退型(retreating)或上超生物礁[图 11－21(c)；Tucker 和 Wright，1990]。这种类型生物礁在地质记录中比较稀少。

当海平面上升速率进一步降低并与礁生长速率大致平衡时，生物礁会随海平面波动向上幕式加积，形成垂向加积礁组合[图 11－21(d)]，一些学者称之为保持型礁(keep－up reefs)(James 和 Macintyre，1985)。

当海平面上升速率低于礁生长速率，礁体将快速生长至海平面，并向海一侧具有生长空间的区域侧向扩展，进积到自身的外侧，礁后潟湖也被填满，形成向海的、幕式进积礁组合[图 11－21(e)(f)]。向海进积、叠置礁体的高/宽比在一定程度上反映了海平面上升速率，比值逐渐降低反映了海平面逐渐降低的过程。

海平面下降：生物礁几乎生长在浅水，即使小幅度的海平面下降都会造成生物礁的暴露。当海平面开始下降，礁体就会被孤立和暴露，并停止生长。大气淡水成岩作用随之发生，广泛的淋滤、孔隙及淡水胶结作用可能发生。另外，白云石化作用也可能发生，特别是礁体内侧的海水局限性和盐度的增加，会促使海水渗透回流进入礁体。

一些陡峭(墙面)礁体即使小幅的海平面下降也可能造成礁体的向海进积，形成退覆的连续礁复合体。这些退覆的礁体也可形成阶梯状的礁复合体，其中新的礁体位置比前期礁体发育在更低的位置，如西班牙东南部 Fortuna 盆地 Messinian(中新世)时期海平面下降形成的阶梯状礁组合(Santisteban 和 Taberner，1983)。

(3)气候变化与海洋化学。

无论长、短尺度，气候都是礁演化的主要控制因素，这是由于分泌碳酸盐骨骼的生物种属的纬向分布是受温度和碳酸盐的饱和度决定的。所以生物礁的生长具有不同尺度的旋回性，既可是短尺度米兰科维奇轨道气候旋回也可是更慢的构造活动驱动的气候旋回驱动。

全球长尺度气候在温室气候和冰室气候间波动，并且与方解石海与文石海的波动相对应，而这种海洋化学的波动本质上反映的是 Mg/Ca 比值的变化，即方解石海具有低 Mg/Ca 比值，文石海具有高的 Mg/Ca 比值(图 10－66)。而这种海洋化学的波动会深刻影响造礁生物的钙化机制。

在缺乏冰盖的温室气候时期(如晚寒武世—早奥陶世、泥盆纪、三叠纪—白垩纪)，生物礁是由高频、低幅(一般 <10m)海平面波动驱动形成的。礁旋回由典型的浅水相和区域潮坪相盖帽组成，顶部具小的暴露不整合面；生物格架成分有低镁方解石占主导。礁体既可是复合型(加积＋进积)也可是进积型礁体形态，礁体生长可以很快与海平面变化达到匹配或超越。

在存在大陆冰川的冰室气候时期(晚石炭世—二叠纪，中新世—更新世)，碳酸盐台地上高频层序是时长 0.1～0.5Ma(偏心率周期)的高幅(50～100m)海平面变化形成的，大气暴露、未充填的容纳空间和区域不整合常见。礁体生物以文石质或高镁方解石骨骼的异养生物或自养为主。以加积型(保持型)礁组合占主导，礁体生长难以追赶容纳空间的增长速率。

3. 生物礁相带的划分

1)骨架礁

所谓骨架礁，系指具有稳定骨架的生物礁，常发育于陆架或台地迎风边缘，它们具有典型陡峭礁前(墙面礁，walled reef)。可以根据造架生物的构成、营养水平和生态习性进一步细分为：混养(mixotrophic)骨架礁，如珊瑚礁；异养(heterotrophic)骨架礁，如层孔虫(海绵)、床板珊瑚礁(James 和 Wood，2010)。

现代生物珊瑚礁具有深度分带的特点，根据波浪强度、透光性以及生物相互作用特点，发育于陆架或台地边缘的骨架礁可分成礁前、礁坪(或礁核)及礁后三部分(图 11－20、图 11－23)。

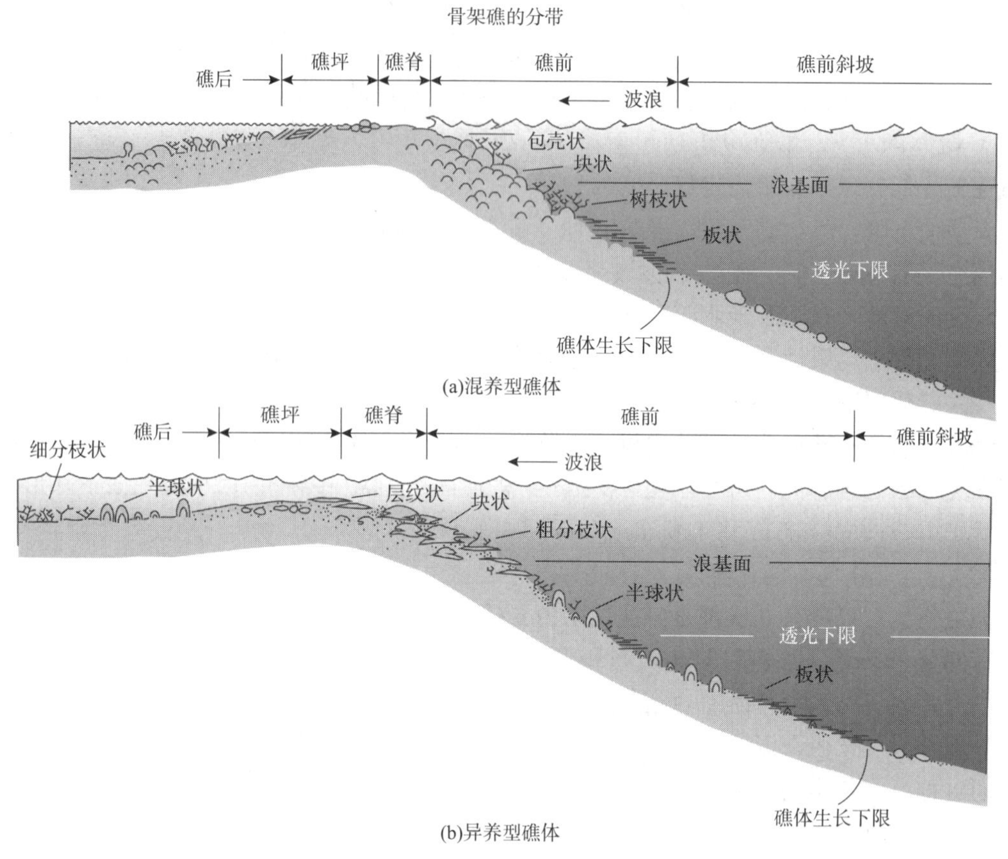

图 11－23　生长在碳酸盐台地迎风边缘的骨架生物礁的相带划分(据 James 和 Wood，2010)

(a)混养(珊瑚)礁；(b)异养(层孔虫—珊瑚)生物礁

礁前和礁脊：礁脊是迎风侧遭受最强风和波浪冲刷的区域，水深数米至 15m，只有具有包壳能力的生物(如包壳珊瑚藻)才能在这种高能环境中生存，形成层纹状的生长样式(黏结岩和格架岩)。礁前是位于 10～100m 水深的一个陡坡(有时直立)，造礁生物在其上部造礁，并出现生态分带和多样化的造架生物形态(块状、坚固枝状、半球状、柱状)，为生物礁生长和原地堆积作用最活跃的部位。次要的寄居生物包括双壳类、腹足类、海绵、珊瑚藻和钙藻。在 30m 以深区域，随着波浪和光照的减弱，造架珊瑚趋向于形成板状形体[图 11－23(a)]，对于层孔虫—珊瑚礁而言，则会出现穹隆状、球茎状及枝状生物形态，板状层孔虫则下沿到透光带之下[图 11－23(b)]。三种类型的礁灰岩(骨架岩、障积岩和黏结岩)也随着礁的分带性而呈有规律的变化。往下渐变成粗礁屑塌积的斜坡，主要为回浪造成的沟槽系统，使礁前出现沟脊相间的地貌景观，并可延伸到斜坡底。

礁坪(或礁核)：位于礁脊之后，水深不过 1～2m，在低潮时会偶尔暴露，可以进一步细分为礁铺路(reef pavement)和沙质裙边(sandy apron)亚相带。礁铺路带的沉积物主要来自前方被波浪打碎的礁块(格架生物与藻屑)，但可含有少量的原地固着生长的造礁生物。铺路带之后为砂质裙边带，水深可达10m，宽100～200m不等。相对于礁前沉积的广泛早期胶结作用，该相带砂质沉积胶结较弱，有较好的油气成储潜力(Tucker 和 Wright，1990)。岩石类型主要由颗粒岩和礁砾岩组成或二者的过渡类型。在砂质裙带远端局部可发育海草或藻席，形成生物扰动的灰泥砂。

礁后潟湖是礁脊之后受保护的低能区，其规模变化大，从小环礁后的小潟湖到堡礁后的巨大潟湖，如果礁体断续分布，与开阔海循环良好，那就和开阔陆架或港湾无异；潟湖水深一般较浅(<10m)，但也可深达70～100m。在紧邻礁坪近端，会出现抗浪性弱的原地枝状生物(图11－20、图11－23)，如枝状珊瑚、纤细枝状层孔虫(如双孔层孔虫，*Amphipora*)，沉积物以低能的细粒灰泥为主体(如漂浮岩、粒泥岩或灰泥岩)，向潟湖中心，偶夹一些瞬时高能沉积薄层(风暴沉积)；生物以低分异度、广盐性生物群落为主，在局部的一些高地可以发育小型点礁和微生物泥丘(图11－24)。

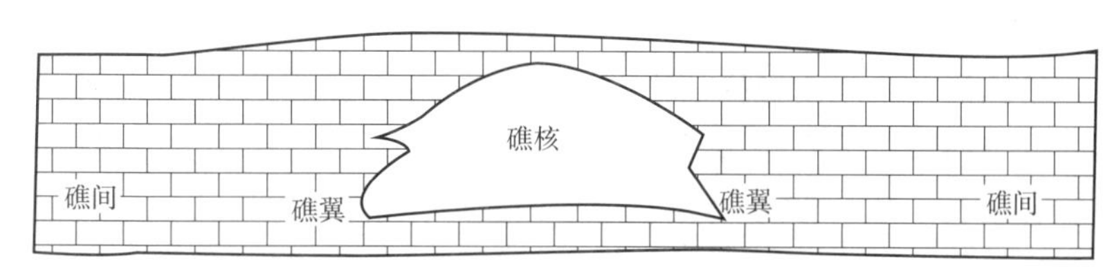

图11－24　点礁的理想剖面(据 James，1984)

2)骨架—微生物混生礁

许多古代礁含有两类重要的生物组成：小型或纤细骨架异养(海绵和苔藓类)或自养(如叶状藻)后生生物以及钙质微生物(Wood，1999)。这些礁构造具有混合的生物种群，也被称为礁丘(reef mound；James，1984；Tucker 和 Wright，1990)或生物丘，含有广泛的格架孔洞，其中具有独特的隐生生物群落和同沉积胶结物。

(1)浅水型。

无论是自养还是异养微生物群落的礁体主要发育于浅水透光带，基本没有现代可以类比的实例。古代混生骨架—自养礁主要包括晚石炭世—早二叠世叶状藻丘，这些藻类可能具混合亲缘关系，生长成层纹状、杯状、碗状及垂直的叶状形式，通常被自生泥晶包壳。这种类型的礁通常为低幅的独立隆起构造，定殖于浅水高能环境的泥粒岩和颗粒岩底质之上，泥晶和微生物包壳的快速石化使得礁体得以稳定，礁体两侧大致对称，生长过程中向丘侧翼提供骨屑(灰质砂、砾屑)来源。

混生的骨架—异养微生物礁在地质记录中常见，下寒武统的此类礁通常以小型独立的礁丘产出，主要由古杯海绵和钙质微生物组成，后者以肾形菌(*Renalcis*)和表附菌(*Epiphyton*)为代表(Roland 和 Shapiro，2002)。下奥陶统—中奥陶统礁主要由钙质微生物(或蓝细菌)和钙质海绵—珊瑚礁组成(以瓶筐石 *Calathium* 礁为代表)或二者的混生礁(Webby，2002)。一些晚泥盆世弗拉期(Frasnian)礁后浅水环境中可见大型的骨架后生动物(层孔虫及少量珊瑚)、具窗孔的微生物(细菌)和钙质微生物，可以独立构成礁丘或在穴居隐蔽生境实施包壳作业。在经历晚泥盆世生物大绝灭后的法门期，生物礁则造架者几乎被微生物(以肾形菌和表附菌为代表)所替代。早石炭世的浅水生物礁主要由一些地方属种生物建造，并有丰富的包壳生物(藻、苔藓、珊瑚和海绵)，形成纹层状的微生物丘。中晚二叠世以广泛分布的岸礁为特征，并且可见良好的相带分异，初始的造架生物包括具叶状生长习性的苔藓和钙质海绵(大多为穴居生物)，并被自生泥晶广泛包壳。管壳石(*Tubiphytes*)及其他的包壳藻类如古石孔藻(*Archaeolithoprella*)常见(Weidlich，2002)。

(2)深水型。

深水异养骨架—微生物混生礁在志留纪—泥盆纪，侏罗纪和白垩纪有报道，它们与现代深水骨架礁存在明显不同。在志留纪时，礁丘以高灰泥含量和平底晶洞构造发育为特征，同时含有丰富的石海绵类，钙质微生物，礁建造显示垂向分带，上部加积到浅水的富层孔虫礁。在中晚泥盆世，深水混生礁具有相似的生物群落，但增加了一些新的分子，如叠层石、托盘类(海绵)(*Receptaculitids*)及其他微生物。晚侏罗世深水混生礁则由凝块状—叠层状柱体建造或与管壳石、蠕虫动物(*Terebella*)以及六射—石织海绵目相关的丘体建造，一些板状珊瑚的存在显示生活在低透光的深水环境。

3)微生物礁(microbial reefs)

微生物礁的发育延续了地球的大部分时间，从太古代开始直到中奥陶世结束，在更年轻的显生宙，微生物礁仅在宏体无脊椎动物发生大规模绝灭之后的短暂时期间歇性发育。微生物礁主要由不同形态的叠层石或凝块石建造而成。从太古代至中元古代，微生物礁基本都是有一系列叠置的叠层石组成，偶见凝块石(Grotzinger 和 James，2000)。它们既没有发育孔洞，也没有同沉积的胶结物，但一些基本的架构单元显示了一系列的形貌变化，如纤细分支状、层纹状、半球形、柱状及锥状，这种形貌的变化被认为是微生物群落、水动力及沉积速率的共同作用的结果(图 11-25)。形态规模变化大，从厘米级至 10m 高。

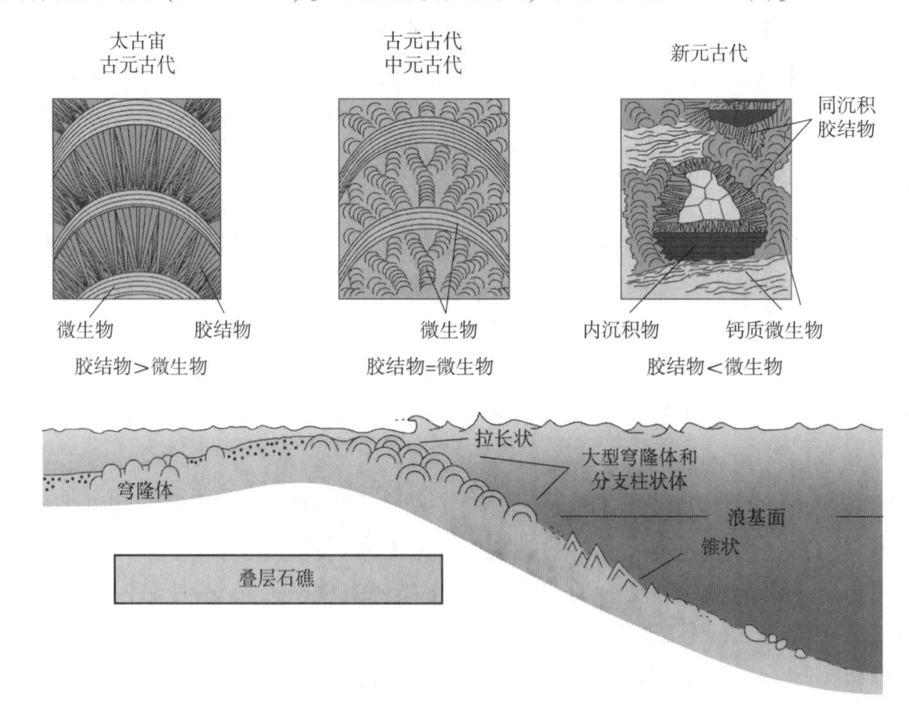

图 11-25 前寒武纪台地边缘微生物(叠层石)礁的相带分异及不同的叠层石生长形态(据 James 和 Wood，2010)

上部方块表示不同时期微生物为构造

在横切台地边缘的剖面中，叠层石的形态变化也显示了与后生动物礁的分带现象(图 11-25)。在浅水高能环境中发育的叠层石礁主要由大型独立或连接的叠层石穹隆(或丘)、柱状及分叉柱体以及拉长类型组成[图 11 -26(a)]，其中单个的叠层石相当于后生动物礁的造架者(Grotzinger，1989)。在相当于礁脊后侧的位置，强烈的风暴或波浪也可能把迎风的叠层石打碎成碎屑[图 11 -26(a)]，礁脊后局部也可见到颗粒滩，在礁后潟湖中发育穹隆状叠层石[图 11 -26(b)]。在深水潮下—斜坡(晴天浪基面之下)，则由一些锥(柱)状叠层石(*Conophytons*)构建形成的建隆(图 11 -25)。

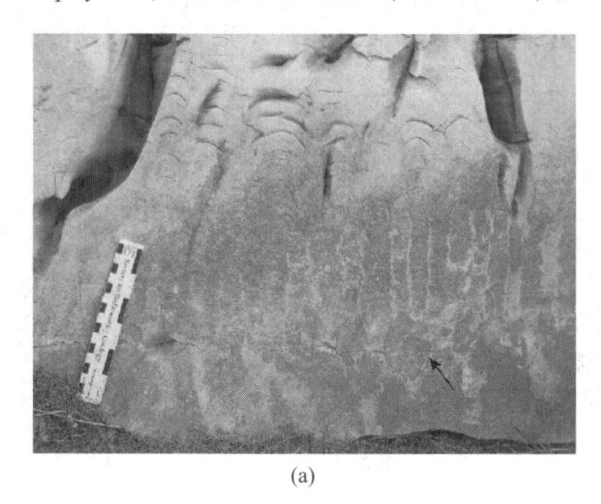

(a)

(b)

图 11 -26　叠层石

(a)柱状叠层石，从独立柱体向上变为彼此连接柱体，下部分叉柱体顶部被打碎(箭头)，说明形成于高能环境中；(b)穹隆状叠层石丘，天津蓟县中元古界铁岭组

在前寒武纪，微生物的构造也显示了长期演化的趋势(图 11 -25)。太古代和古元古代的微生物礁主要由同沉积的碳酸盐胶结物夹微生物层，微生物在古元古代和中元古代的礁构造形成中更加显著。深刻的变化则发生在新元古代，期间凝块石的重要性增加，而且还出现了钙质微生物造礁。这就导致了最早礁孔洞的形成以及充填的内沉积物和同期胶结物，这些是显生宙礁的显著特征。这些微生物群落也可以建造更大规模(可大 100m 高)的大型建隆，并在建隆中首次出现了骨骼化的后生动物(如 *Cloudina*，*Namacalathus*)。

4)泥丘

泥丘是 Wilson(1975)首先用来描述缺乏骨骼成分、灰泥占主导的碳酸盐建隆的术语，用以区别以骨架生物建造的骨架礁或生态礁。一些学者(James 和 Macintyre，1985)把它作为礁丘的一类。在此，泥丘一般指具有地形隆起、主要由碳酸盐泥、含球粒泥或泥晶(>80%)组成的碳酸盐建隆(Bosence 和 Bridges，1995)，其规模可达 100 ~ 200m 高，1km 宽。其中泥晶可以是原生的，也可以是碎屑成因的，总体显示持续加积形成高于海底的块状隆起构造，由此造就了陡峭的丘翼(35° ~ 40°)。大致平行这些加积增生面，可见丰富的席状(或长条形)晶洞，洞底面被内部沉积物填平成一平面，其余孔洞被随后的早期海底胶结物充填，形成一种独特的平底晶洞构造(图 10 -48)、局部显示斑马状构造。许多泥丘中还可见到丰富的附着动物，如海百合、床板珊瑚、海绵、苔藓和介形虫等。

泥丘常发育在透光带之下的深水环境中，所以缺乏藻和蓝细菌活动的痕迹(如泥晶套)。在局部，丘体上部显示变浅迹象，出现浅水沉积相和高能沉积相标志。比利时阿登地区的晚泥盆世弗拉斯期(Frasnian)泥丘是一个典型代表，其底部由平底晶洞丰富的红色灰泥岩、粒泥岩组成，含丰富的海绵骨针、海百合茎，这些特征显示可能形成于透光带之下的贫氧环境。向上，板状珊瑚、层孔虫增加，并被更多样化的珊瑚、层孔虫和藻屑、具平底晶洞的粒泥岩—泥粒岩所覆盖。最上部则由层孔虫、珊瑚和苔藓的格架岩组成，含有不同的微生物和钙质微生物等包覆生物(图 11－27)，这些特征显示其位于浪基面之上的透光带，偶尔处于局限的潟湖环境。

图 11－27　指示泥丘生长阶段及主要生物组成示意图

比利时阿登地区晚泥盆世弗拉期泥丘核部宏观照(大致相当于岩相 B)，
比例尺(站立者)＝1.9m；泥丘中的白色斑块为平底晶洞构造

早石炭世(或密西西比纪)泥丘(亦称 Waulsortian mounds)也显示了相似的生长序列。Lees 和 Miller(1985)提出欧洲和北美的典型 Waulsortian 泥丘可以划分为 4 个生长阶段，但许多泥丘可能只包括其中的一部分，但生物组合的系列变化总体指示泥丘加积了从深到浅的变化趋势(300～90m)；而新墨西哥州的 Muleshoe 泥丘则记录了从加积到进积的转变。泥丘内部，多成因的灰泥、早期胶结物、海绵及大型窗格苔藓虫构成了这些泥丘绝大部分成分。在泥丘顶部，大量的藻或微生物包粒和颗粒泥晶化，钙藻(如粗枝藻)、放射鲕及窗格苔藓虫的产出显示泥丘加积变浅至透光带。具有圆滑球茎形态和凝块状组构并被早期胶结的固结泥晶则视作泥丘的格架。侧向上，海百合颗粒岩层披覆在丘翼斜坡上。

深水泥丘的成因是一个令人困惑的问题，但它们成群出现的特点说明其形成是受环境调节或制约的，潜在的环境触发机制包括：幕式性营养水体的注入，台地淹没时沉积速率的降低，水体的局部贫氧等。一些学者认为微生物席在捕获、黏结灰泥中发挥了作用(Pratt，1982)。而一些泥丘往往沿断裂或裂缝分布，可能与断层向上输送的热流体有关；而一些冷泉泄漏区也发育有泥丘。说明泥丘的形成是复杂的。

泥丘在古元古代，特别是新元古代就开始出现，一直延续到中新世，但在古生代最常见，如早寒武世，早奥陶世，晚泥盆世和早石炭世。

4. 生物礁的发育演化及其在地史中的分布

1) 礁的生态演化序列

在许多古代点礁或礁丘中，其内部会发育不同的生物相和岩相序列，反映了礁生长过程中的生态演化序列。在一般情况下，独立的点礁或礁丘的发育演化大致经历定殖、拓殖、泛殖和统殖四个阶段(图 11－28；James，1984)。

阶段	灰岩的类型	种的多样性	造礁生物的形状
统殖	黏结灰岩到骨架灰岩	低到中	层状结壳状
泛殖	骨架灰岩(黏结灰岩) 没泥状灰岩到粒泥灰岩基质	高	穹状 块状 层状 分枝状 结壳状
拓殖	具有泥状灰岩到粒泥灰岩基质的障积灰岩到漂砾灰岩(黏结灰岩)	低	层状 分枝状 结壳状
定殖	粒状灰岩到碎块灰岩(泥粒灰岩到粒泥灰岩)	低	骨骼碎屑

图 11－28　点礁礁核相四个发展生态演化阶段示意图(据 James，1984)

(1) 定殖阶段(stabilization)。

这一阶段主要是有柄亚门或棘皮动物、双壳、腕足或钙藻的碎屑(到了新生代则主要是绿藻的碎片)，以及鲕粒或内碎屑组成的一系列浅滩或骨骼灰砂的堆积体。藻类、海草以及具类似形态的底栖固着造钙动物(或珊瑚、层孔虫、海绵、厚壳蛤等)在其上繁殖并扎下根基，使松散可移动的底质相互连接和固定下来。然后，星星散散的点礁生物群开始在定殖的生物之间快速生长和繁衍，形成礁基座。

(2) 拓殖阶段(colonization)。

造礁生物初期繁殖，属种较为单一，多以适宜较低能环境的、呈丛状分枝生物为主，其间生活有藻类和结壳生物。这些生物对灰泥和灰砂有强烈的障积作用，因而有较高的生长堆积速率。

(3) 泛殖阶段(diversification)。

这个阶段通常构成了礁体的大部分，也是礁体朝海面往上生长速度最快、最显著的时期。造礁生物属种明显增多，分异增加，生态各异，礁构造经常高于海底，经受的波浪作用增强，出现能量(环境)分带，由此导致礁体的各种洞、孔发育，生物碎屑多样化明显增高。

(4) 统殖阶段(domination)。

以上四个阶段是针对独立礁体同一生长发育旋回而言的，但在岩石记录中更常见到的是一种原地向上重叠的叠置礁，反映了多个生长旋回的叠置，如广西大厂龙头山马蹄形礁就是由五个生长旋回组成的叠置礁，每个生长旋回中大都可识别出 2 ~4 个发育阶段(曾允孚和田洪均，1984)。

在显生宙的各造礁期中，往往缺乏多门类的造礁生物组合，因而在礁生长旋回中，不可能都出现上述四个发展阶段。这表明地质历史长河中不仅存在有或无礁生成的时期，而且在造礁的广泛发育期，造礁生物的门类往往也是较单一的。需要指出的是，地质历史中无礁时期通常很短，一般是不宜造礁生物生存的气候或区域构造转折期。不过，在显生宙的大部分时期，存在另一种构成物，有人称为礁或滩，更多的人则称为礁丘或泥丘(图 11－29)。它们缺少属于礁的许多特征，但含有丰富的骨骼生物，并且地势高出海底。James(1984)认为，礁丘只发育了礁核演化的前两个阶段(礁先驱阶段)，这是因为环境对粗大抗浪的造礁生物生长不利，或根本没有较大的造礁生物。礁丘是扁平的透镜体或陡峭的圆锥形的丘，坡度可达40°，由分选很差的生物碎屑灰质软泥组成，并含有少量生物黏结灰岩。它们显然是在静水条件下形成的，主要出现在以下三种环境或特定的位置：①倾斜平缓的台地边缘前斜坡上部；②深的海盆；③宁静的礁潟湖中或广阔的大陆架上。只有演化进入后两个阶段才形成具有抗浪构造的礁构造(James 和 Bourque，1992)。

所以在地质记录中，生物建隆中生态序列常常是不完整的，生态序列的差异可以造成三种类型的建隆地层构造：①丘；②由丘演变为礁；③直接建造在先期地形高地上的生物礁。这些不同类型取决于局部的环境和发育的时间(图 11－29)。

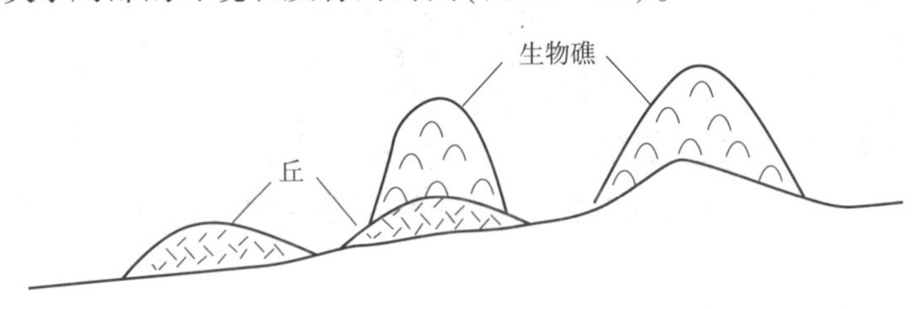

图 11－29　礁、丘地层关系示意图

丘可以单独发育也可演化为生物礁，礁可以覆盖在丘上也可直接发育在地形高地上

2)生物礁的地质演化

生物礁是一种自太古代以来直到现在都发育的、由生物参与建造的海底隆起沉积构造(建隆)，参与建造的最基本成员包括微生物、钙质藻类、后生动物及同沉积的海底胶结物。它们单独或彼此配合建造了非常多样化的建隆构造，从致密的碳酸盐泥丘至高度多样化的骨架集合体，可以生长于光照缺乏的深水区至光照充足的浅水区，并能适应从安静的潟湖到波浪强劲的台缘的一系列环境中。在地质历史的长河中，生物经历了系列的深刻演化和创新，所以生物礁也展示了高度的复杂性和多样性，并对不同尺度的物理和化学变化海洋非常敏感。不同的地质时代和环境都具有特殊的生物礁类型，每一种类型都具有其独特性(图 11－30)。

太古代—元古代以叠层石占主导的礁体系统向显生宙更加复杂和多样化生物构造的生物礁系统的转变是一个显著的演化事件，与此对应的是在新元古代这个过渡时期出现了凝块石和钙质微生物，造成了从致密微生物结构向多孔微生物建隆的根本性变化，使其具备了大部分显生宙生物建隆的特征(图 11－31)。

显生宙生物礁具有如下一些特征：骨架—微生物礁广泛存在，但微生物份子在侏罗纪后的重要性开始降低。骨架礁仅限于一些特殊地质时期，特别是一些大型群体后生动物(如珊瑚、层孔虫)发育的时期，而碳酸盐泥丘大部分发育在晚寒武世至早侏罗世，其中在中晚古生代达到高峰。

现代礁生物群开始出现于中侏罗世，但在白垩纪大量出现厚壳蛤(双壳类)生物礁时受到了压制，仅在 K－T 生物绝灭后才得以反弹。但对这些珊瑚占主导的生物群落能否在新生代以前就能建造像现代的壮观巨型生物礁系统(如西澳大堡礁)仍然存在相当多的争论。

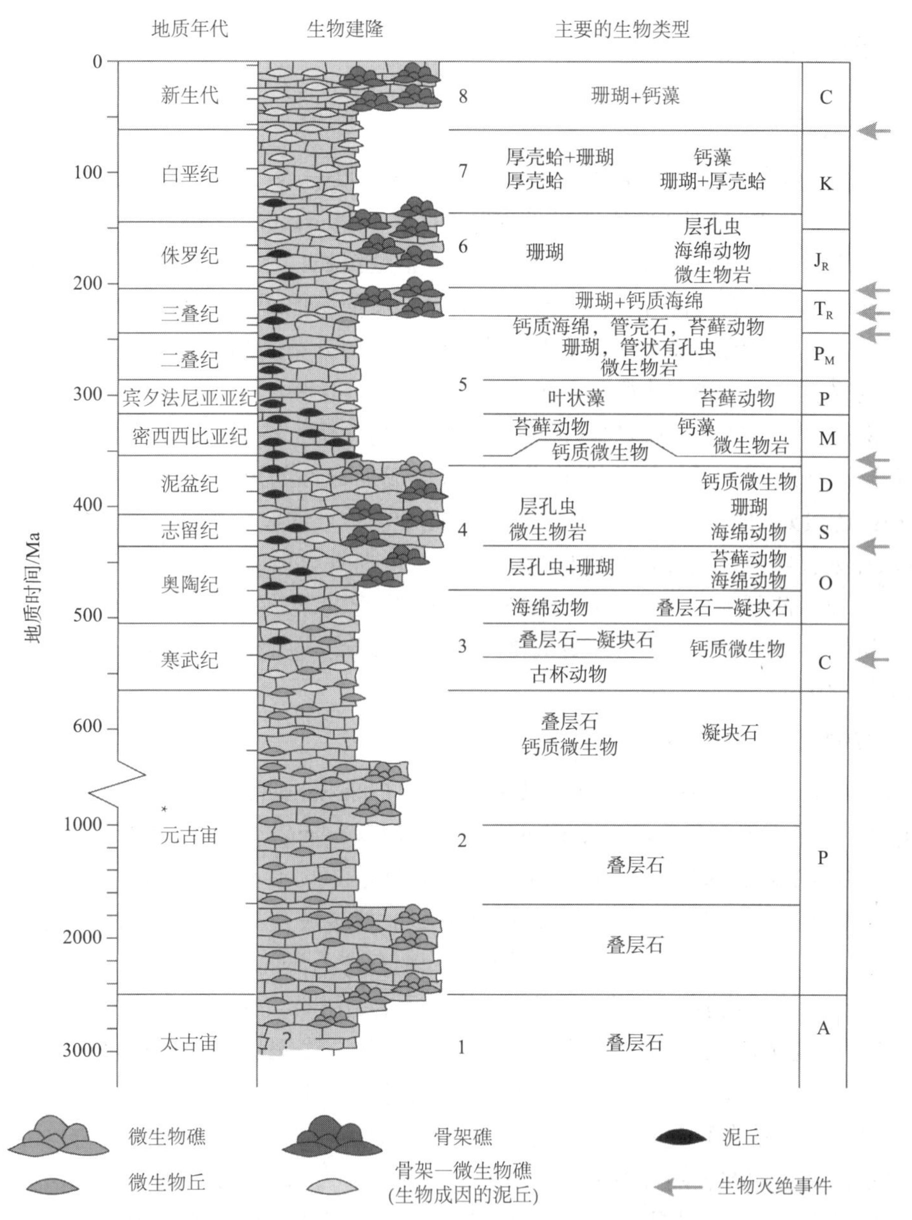

图 11－30　地质历史时期生物礁的演化趋势(据 James 和 Wood，2010，修改)

数值代表了不同的造礁或造丘生物组合，箭头代表主要的生物绝灭事件

气候和海水化学(如 Mg/Ca)的变化是礁体生长历史的重要控制因素(图 10－61)，二者复杂的反馈关系控制了骨骼矿物的分泌，从而促进了一些群体的发育，并控制了早期的石化类型。

碳酸盐台地类型与骨架礁的发育的关系也是一个引起关注的问题，大型浅水平顶台地发育时期与骨架礁发育时期存在一定的耦合，这是因为向海一侧台缘胶结良好的碳酸盐沉积底座正好是骨架礁特点。这些坚固的壁垒吸收了波浪和涌浪的动能，为台地内部平静的潟湖相发育提供了庇护。而当骨架礁缺乏时，碳酸盐缓坡就会取而代之，当然，当一些造架生物先驱在高能带定殖后、繁盛后，碳酸盐缓坡也可以演变为镶边台地。

三、碳酸盐缓坡模式

(一)一般特征

碳酸盐缓坡就是一个碳酸盐沉积的缓倾坡面，坡度一般小于1°，与前述的具有陡峭斜坡的镶边碳酸盐台地(陆架)形成明显的对比(Tucker 和 Wright，1990)。在缓坡上，浅水碳酸盐沉积向离岸方向逐渐加深，并过渡为深水及盆地沉积，之间并没有明显的坡折。在缓坡上，尽管没有镶边台地坡折带与波浪或涌浪的直接碰撞，但缓坡上逐渐变浅也能造成浅水潮下—潮间带相对较强的波浪活动，从而形成沿岸线走向分布的滨线碳酸盐砂体，并对岸后水体造成一定程度的庇护和水体循环受阻(潟湖)。

一般来讲，在缓坡中，风暴事件具有特别重要的作用，特别是，离岸的风暴涌浪是把滨线浅滩砂搬运至外(深)缓坡的重要营力，常常形成韵律性的风暴沉积夹层。现代碳酸盐缓坡发育和描述最好的是波斯湾的特鲁斯海岸，此处的缓坡向波斯湾轴心逐渐加深至海平面之下90m 水深处，在内缓坡发育鲕粒障壁—潮汐三角洲复合体系，其后发育潟湖和蒸发潮坪(萨布哈)；而墨西哥湾尤卡坦(Yucatan)东北海岸发育的碳酸盐缓坡在沙脊后直接与滨岸平原相连，相似的情形也出现在墨西哥湾佛罗里达西海岸，它们形成于小潮、相对潮湿背景之下(Jones，2010)。

(二)缓坡类型与沉积相

碳酸盐缓坡又被进一步分成两种类型：同倾(homoclinal)和远端陡倾(distally - steepened)缓坡；其中前者斜坡向海显示相对均一的倾斜度，而后者在外(深)缓坡则显示明显的坡度陡增现象(Read，1982、1985)。在第一种类型中，几乎不发育滑塌、碎屑流或浊流沉积，第二种类型的重力流沉积(再沉积物)则主要由外缓坡灰泥岩砾屑组成，几乎没有浅水沉积的砾屑，这与镶边陆架边缘斜坡上的再沉积物存在明显的区别。

基于陆架—近岸海洋水动力分带驱动的沉积作用分异(分带)作用，Tucker 和 Wright (1990)把碳酸盐缓坡沉积域由浅至深分为后缓坡相、浅缓坡相、深缓坡相及盆地相(图11 -31)，其中的后缓坡、浅缓坡对应于 Burchette 和 Wright(1992)的内缓坡，深缓坡相当于后者的中缓坡、盆地在后者的方案中进一步分为外缓坡及盆地(Jones，2010)。滩后受保护的缓坡会依次发育潟湖、潮坪及暴露有关的沉积相(如蒸发岩、风成碎屑岩或钙结岩/古岩溶)，与镶边陆架礁后沉积相分异类似(见前述)。浅缓坡发育于好天气浪基面与平均海平面之间，由于经常受到波浪的冲洗、筛选，会形成线状的浅滩或障壁滩—沙滩，局部发育点礁，潮汐水道会切割浅滩，形成垂直或斜交浅滩的涨/退潮潮汐沙坝，所以该相带以颗粒岩，特别是鲕粒岩为典型特征。深缓坡(或中缓坡)位于风暴浪基面与好天气浪基面之间，以薄层粒泥岩—灰泥岩(背景沉积)夹风暴岩(具丘状交错层理、粒序层理颗粒岩—泥粒岩或板刺砾屑灰岩)为典型特点，有时会发育泥丘或宝塔礁。盆地相发育于风暴浪基面之下，沉积以低能的灰泥岩和页岩为特征，常含硅质、黏土及浮游生物。其中，在风暴浪基面附近，经常会见到远端风暴改造的粒序层薄夹层。

在 Buchette 和 Wright(1992)的划分方案中，外缓坡系指位于风暴浪基面与海水密(度)跃面(pycnocline)之间、偶尔受到风暴影响的区域，以泥质灰泥岩、灰泥岩偶夹风暴沉积为特征。密跃面之下的盆地相只有海啸等极端事件才会波及，所以沉积以悬浮沉积(如页岩或黑色页岩)为主。

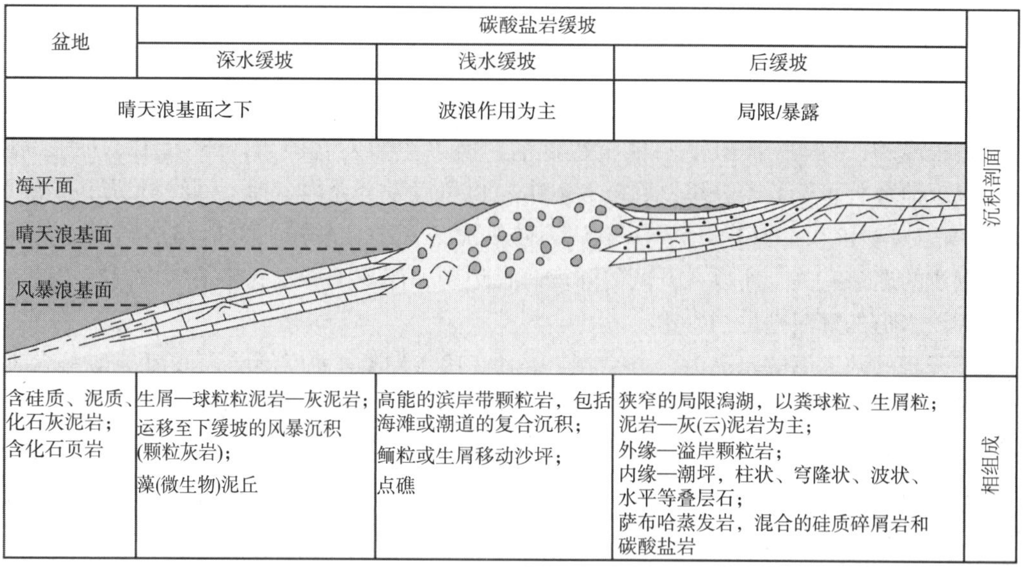

盆地
碳酸盐岩缓坡
深水缓坡
浅水缓坡
后缓坡
晴天浪基面之下
波浪作用为主
局限/暴露
沉积剖面
海平面
晴天浪基面
风暴浪基面
含硅质、泥质、化石灰泥岩；含化石页岩
生屑—球粒粒泥岩—灰泥岩；运移至下缓坡的风暴沉积(颗粒灰岩)；藻(微生物)泥丘
高能的滨岸带颗粒岩，包括海滩或潮道的复合沉积；鲕粒或生屑移动沙坪；点礁
狭窄的局限潟湖，以粪球粒、生屑粒；泥岩—灰(云)泥岩为主；外缘—溢岸颗粒岩；内缘—潮坪，柱状、穹隆状、波状、水平等叠层石；萨布哈蒸发岩，混合的硅质碎屑岩和碳酸盐岩
相组成

图 11-31　碳酸盐缓坡沉积模式(据 Tucker 和 Wright，1990，修改)

远端变陡的缓坡在近岸处类似于同倾等斜缓坡的特征，而在远离滨岸的深缓坡存在较明显的坡折，引起滑塌作用(图 11-32)，因此，堆积在远端变陡缓坡末端或盆地边缘的角砾状灰岩主要来自浪基面之下的深水缓坡沉积(板条状砾屑居多)、往往缺乏浅水礁或滩的沉积。造成缓坡远端变陡的原因可能主要由断裂两侧差异沉降引起。这与镶边陆棚或孤立台地的坡折带出现在陆棚边缘高能带前缘不同，该处破折带以下斜坡—坡脚形成的砾屑灰岩至少部分来源于台缘的礁、滩沉积。

最高波浪能量
平均海平面
风暴浪基面
陆地
潮缘沉积
滩砂
深水缓坡
远端变陡
粒序层或碎屑流

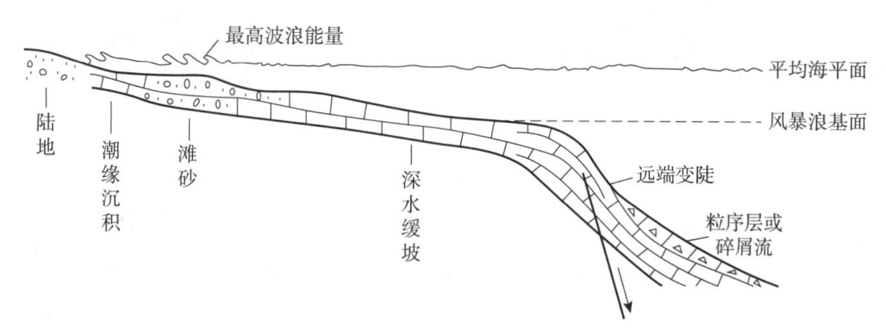

图 11-32　远端陡倾缓坡沉积模式(据 Read，1985，修改)

在地质历史记录中，首先被解释成碳酸盐缓坡沉积的就是来自美国德州—路易斯安那州—阿肯色州的侏罗系 Smackover 组(Ahr，1973)；这套碳酸盐地层由 100m 厚、宽约 30 ~ 80km、鲕粒—球粒颗粒岩组成的浅滩进积楔状体组成，更深的缓坡相由球粒—骨屑粒泥岩及灰泥岩组成，向盆地过渡为富有机质的灰泥岩。随后，在地层记录中，越来越多的古代碳酸盐缓坡沉积实例被识别出来。我国的三大陆块(扬子、华北及塔里木)，特别是前中生代地层中广泛发育碳酸盐岩，也有一些这方面的研究实例的报道，如张继庆等(1990)所建立的四川盆地吴家坪期陆缘碳酸盐缓坡、塔里木盆地的寒武系(Zhang 等，2015)和奥陶系碳酸盐岩(Guo 等，2018)中发育的碳酸盐缓坡体系。

四、陆表海碳酸盐台地模式

在地质时期(特别是早古生代)，陆表海覆盖了克拉通的广大地区，陆表海首先淹没边缘区域，然后淹没构造稳定的克拉通内部区域。这些陆表海地形起伏很小，延伸成百上千公里，水体很浅的(一般小于10m)、能量很低的，所以主要发育浅水潮下—潮间环境，潮间带也可以延伸数公里至数十公里。在陆表海中，也可以发育台内盆地，周缘被缓坡或镶边陆架环绕(Markello 和 Read，1981)。一般认为陆表海的潮差比较小，可能与广阔浅海的摩擦效应对潮汐的迟滞有关，所以在开阔的陆表海台地中，潮汐流可以忽略不计，但在宽缓潮间带内的潮汐水道的潮流则另当别论。

基于开阔的陆表海的水动力分异状况，Irwin(1965)把这种广阔陆表浅海碳酸盐台地沉积相带的简单划分为三个带(X、Y、Z)[图11-33(a)]。其中，X带为位于浪基面以下的低能量开阔海、Y带为一个相对窄的高能量区(那里波浪冲击海底产生激浪、同时具强的潮汐流)以及一个广泛伸延的Z带(具有局限的水循环、受波浪影响最小并只受幕式风暴事件的影响以及超高盐度或较高盐度条件)。

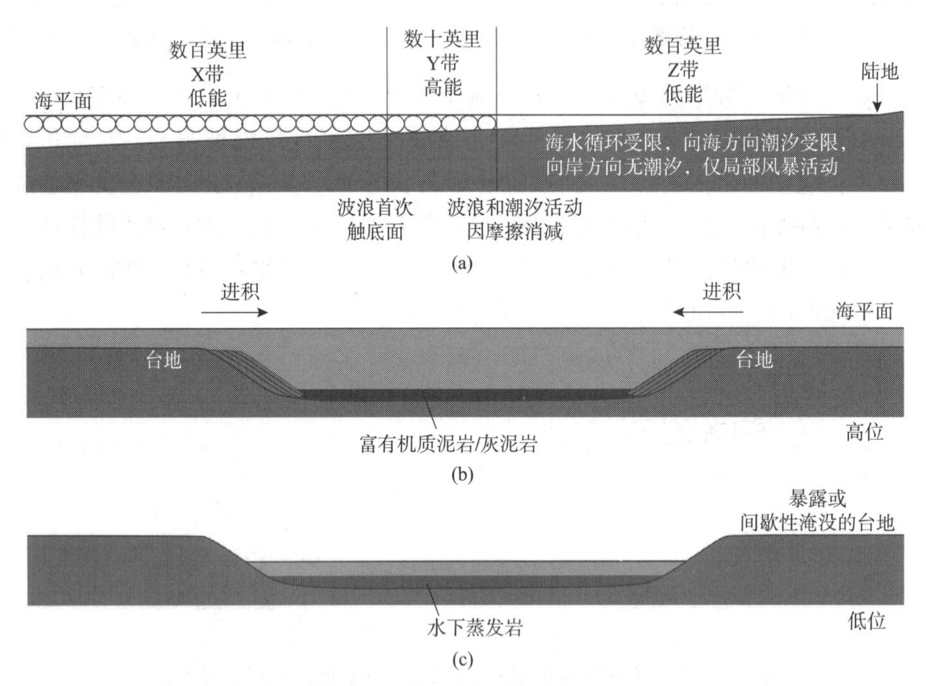

图11-33 陆表海沉积模式(据 Wright 和 Burchette，1996)

(a)Irwin(1965)建议的沉积模式；(b)(c)高位和低位阶段的陆表海模式

在无潮汐的陆表海，风暴是影响陆表海台地沉积的主导因素，它们的频率、幅度和风向受气候因素的控制。剧烈的风暴可以升高海平面数米，流速可达1m/s。当风暴持续吹过数百公里的陆表海台地，可能会造成下风口水体的堆积，同时造成上风口方向海水暂时亏空。当风暴减弱时，海水可能会发生一点程度回灌、冲刷，可能造成某种程度的沉积物均一化(Jones，2010)；但如果是逐渐减弱的话，这种回流的改造并不一定很强，所以大多数的风暴沉积时能够保存下来的，特别是开阔的潮下带(X带)和高能带后的陆表海内部(Z带)内风暴沉积往往有比较好的保存概率，如我国华北克拉通内早古生代(寒武纪—奥陶纪)时期陆表海台地内广泛发育的风暴沉积以及塔里木盆地早奥陶世末缓坡台地内部(潟湖)的广泛发育的风暴沉积(Guo 等, 2018a、2018b)。但一些学者认为陆表海台地是存在潮汐作用的,只是崎岖不平的海底才抑制了潮汐作用的影响,考虑到沉积相的侧向不连续性,一些学者(Pratt 和 James, 1986; Wright 和 Buchette, 1996)提出了陆表海潮坪岛(tidal islands)模式,认为在陆表海中存在被开阔潮下环绕的潮坪岛,从潮坪岛侧向进积就会产生向上变浅的米级沉积旋回[图 11-33(b)(c)],但该模式在其他陆表海的适用性仍然是需要仔细检验的。即使在这种潮汐环境中,风暴活动对沉积过程的影响仍然是不能忽视的。

由于陆表海台地模式没有现代可类比实例,但来源于现代环境的基本原则还是可以为认识陆表海台地沉积过程提供一些启示的。

五、孤立台地和环礁

孤立台地是由深水包围的浅海碳酸盐岩的聚集地,这种与陆地无连接(non-attached)的台地规模可大可小,大型的孤立台地也被称为"滩",如大巴哈马滩、三叠纪的大贵州滩。大多数孤立台地边缘常具有陡峭(甚至直立)斜坡,边缘高能量部分常发育边缘礁和(或)砂滩,内台地水体相对安静,常见泥质和砂质灰泥沉积物。这些沉积物在组成、沉积结构、生物群和微相类型方面存在不同。台地边缘周围的快速碳酸盐沉积以及一个稳定沉降背景可以形成一个在中心处有一个深潟湖的镶边孤立台地,这种类型的孤立台地也可称之为环礁,但现代的典型环礁往往发育在休眠、下沉的海底火山口上。

现代的孤立台地以巴哈马台地(滩)为典型代表,该台地面积达 96000km^2,与北美大陆因被佛罗里达海峡切割而分离,孤悬于佛罗里达陆架外海。沿边缘分布的沉积相很大程度上取决于边缘是否处于迎风侧或背风侧,开放抑或封闭以及潮汐是否占优势。迎风侧边缘生物礁发育更好,以垂向增生(加积)为主,背风侧的生物礁或滩则会伴随海平面变化出现进积或退积(图 11-34; Eberli 等, 2001),台地中部则发育局限的潮下水体(潟湖),环绕岛屿发育具有潮渠的潮坪(图 11-17)。另外,印度洋、南太平洋及南海的许多岛屿或水下高地、海山发育的环礁也属于孤立台地的范畴。地质历史时期也有很多孤立碳酸盐台地的实例,我国华南,特别是桂西(亦称南盘江盆地)在中晚古生代—中生代早期广泛发育有许多孤立的碳酸盐台地。中生代则以发育于特提斯域中的孤立碳酸盐台地为典型代表。

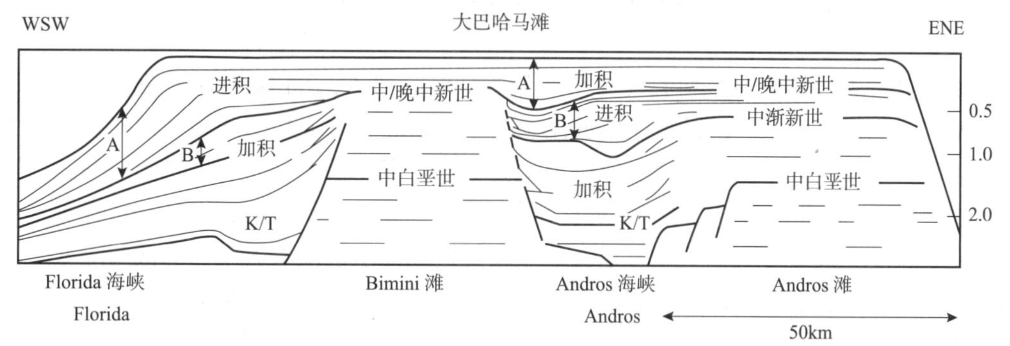

图 11-34 大巴哈马滩(包括安德鲁斯和比米尼两个孤立台地或滩)的近东西向横剖面图(据 Eberli 等, 2001)

两个孤立台地都显示不对称的地层样式,东侧迎风台缘为加积台缘,而西侧背风台缘则为进积台缘,造成西侧相邻海沟(峡)的不断充填,其中安德鲁斯海峡已经基本填平,并演变成统一的大巴哈马滩内的局限台地或潟湖

六、淹没台地

快速的相对海平面变化会造成碳酸盐台地的淹没，而快速的海平面上升则可能由断裂驱动的快速沉降和冰川驱动海平面上升或二者的共同作用所致。另外，由环境压力(如水体缺氧、水体富营养化或气候变化)引起的急速的碳酸盐生产力降低也有可能造成碳酸盐台地的淹没，在这种情况下，浅水碳酸盐沉积甚至不能赶上中等程度的海平面上升。

在海平面上升使得碳酸盐台地下沉至透光带之下的区域，许多底栖生物，特别是藻类被清除，替而代之的则是浮游和游泳动物(颗石藻、浮游有孔虫、翼足虫、薄壳的腹足和双壳及头足类)的进驻。淹没台地以深水碳酸盐相直接盖在浅水碳酸盐相之上为标志。沉积物含常含有一定黏土成分(线理或条带)，主要由细粒的薄板层至瘤状灰岩的远洋型沉积组成，局部甚至发育富有机质的页岩组成(特别是底部)；有时可以见到硬底及 Fe - Mn - P 的结核，并显示一定程度的假整合或沉积间断，所以也被称为淹没不整合(Schlager，1989)；与同期碳酸盐沉积相比，沉积厚度显著降低。

现代淹没台地在太平洋和印度洋很常见，由于火山活动的衰减，发育在休眠火山或热点上的海山的热沉降使得一些环礁和孤立台地已经沉没到透光带以下而发生淹没。在地质历史时期也有很多的淹没台地的实例(Schlager，1981)。在侏罗纪的特提斯洋和泥盆纪的西欧地块都发育有非常典型的淹没台地，它们都是在浅水碳酸盐沉积之上直接覆盖有含菊石的远洋碳酸盐沉积。

七、凉水—冷水碳酸盐台地

(一)概况

基于前人的广泛调查和现代海洋碳酸盐的分布特征，在我们的传统认识中，碳酸盐沉积(岩)主要沉积于低纬度(<30°)的热带—亚热带浅海环境。但大量的研究发现在更高纬度的温带也发现有碳酸盐沉积，特别是最近 20 年，人们对热带以外的中高纬度凉水和冷水碳酸盐沉积作用有了更清晰的认识，发现这些区域的碳酸盐沉积并不简单的受温度的约束，同时与海水营养的多寡存在密切的关系(Mutti 和 Hallock，2003)。基于海水的营养状况，James(1997)把浅海碳酸盐体系的碳酸盐生产者分成光养生物(photozoan)组合和异养生物(heterozoan)组合。

温带与热带表层海水的平均温度界线大约为 20℃，当低于此温度时，光养组合的造礁珊瑚、鲕粒和灰泥沉积及广泛的同沉积胶结物会极度缺乏，取而代之的则是异养组合的滤食生物。当然，由于营养多寡的差异，该临界值并非那么绝然。异养生物主要由底栖有孔虫、软体生物(双壳、腹足)、棘皮类、藤壶及苔藓组成，光养生物仅有珊瑚藻。这些生物不仅可生活在中纬度，甚至可延伸至两级地区。生物的代谢需求会随着温度的降低而降低，所以生物的生长和钙化也会随之降低，相应的在高纬度的碳酸盐沉积速率也会降低。

非热带碳酸盐岩大致可以分为两类：凉水(cool water)和冷水(cold water)碳酸盐相。凉水、温带碳酸盐沉积(岩)主要局限于广大的中纬度区；而冷水、极地碳酸盐沉积物(岩)则发育于高纬度冰川分布区。其中前者可以进一步细分为暖温带(warm temperate)和冷温带(cold temperate)沉积省。热温带碳酸盐相以异养生物为主，但含有高达 20% 的光养生物分子，如钙化的绿藻、虫黄藻珊瑚碎屑及大型的具光合共生体底栖有孔虫(Betzler 等，1997)，所以这些碳酸盐相是过渡型异养生物相。而冷温带相则几乎全部由异养生物组成，光养钙质成分低于1%。在现代沉积背景中，它们可堆积在更新世冰川沉积之上；在地质记录中，它们可以与冰川沉积互层。

冷水、极地碳酸盐沉积主要堆积于表层最低水温低于5℃的高纬度地区。在永久冰水陆架或海冰之下，通常极少有碳酸盐沉积，碳酸盐沉积仅局限于冰川前缘或冬季结冰区。而且碳酸盐沉积中常混杂有陆源碎屑组分及冰筏碎屑(如坠石)以及钙芒硝状方解石(glendonite)。

由于不存在生物礁和大规模的障壁滩，非热带碳酸盐沉积主要堆积于开阔的陆架或缓坡中。它们来源于碳酸盐沉积，但堆积似硅质碎屑，所以它们是一种碎屑碳酸盐沉积。它们的碳酸盐成分可反映环境分异，而床沙形态和沉积构造则可指示水动力条件。在此，仅简单介绍一下凉水(温带)碳酸盐的沉积相模式。

(二)沉积相模式

基于对海洋地质构造背景、营养状况及最低海洋表水温度，凉水、异养碳酸盐沉积相模式基本可以归类开阔海陆架，内海盆地及海道(图 11－35；James 和 Lukasik，2010)。

1. 开阔陆架(无镶边陆架)

开阔陆架或无镶边陆架台地沿中—高纬度大陆边缘或孤立台地边缘分布，以波浪作为占优势，具有相对陡峭的滨面，以宽缓或远端陡倾的缓坡状海底、缺乏陆架边缘坡折镶边为特征[图 11－35(a)]。好天气浪基面比较深(通常 50～60m 深)，该处(有时被称之为浪蚀带)沉积物处于持续的搬运中，即可离岸也可向岸搬运。风暴浪基面可达 150m 深。水柱混合良好，但夏季水体具有弱的温度分层(温跃面深 50～80m 不等)，在暖温带浅海环境，温跃面之下温度为 10～15℃左右。营养主要通过季节性上涌把中部海洋水体输送至外陆架甚至滨线附近。中—外陆架由于处于浅温跃面之下，沉积过程和特征具有相似性。

在低—中营养至中营养背景下，内陆架或滨面位于温跃面内或之上，完全处于真光带内，总体处于高能环境内(除了一些受保护的小型港湾)，具连续的波浪搅动、簸洗、磨蚀和生物侵蚀作用。滨岸线可以由岩质基底、广泛的风成岩崖壁及进积的沙滩—沙丘复合体组成，其间可发育超咸的潟湖，但缺乏泥质的潮缘体系。向海方向，可以发育具波成沙纹的生屑砂，基岩或薄片状至宽片中的海草和宏观藻类。再向海，由于强烈的簸洗，沉积物被基本清除，形成被珊瑚红藻包壳的硬底区(刮除带)。苔藓虫、海绵、双壳类、腹足、底栖有孔虫、棘皮动物是生屑砂—砾的生产者，而珊瑚红藻往往作为基岩或硬底表面的包壳生物。

中陆架位于好天气浪基面附近的宽缓区域，以广布的、具浪成沙纹生屑砂为特征，被冲刷、搬运后可以形成更大型的具有交错层理的水下沙丘。该区带是沉积物生产区，但沉积物大多并不是原地堆积的，沉积物可以搬运至更深部和内部陆架区，生物侵蚀和生物掘穴作用普遍。

外陆架很少受到日常波浪和涌浪的影响，但受到季节性风暴的强烈影响，生物侵蚀和生物掘穴作用常见。该区既是碳酸盐生产也是聚集区。苔藓虫、海绵及其他异养生物形成了碳酸盐的“黏滞带”，主要由细粒生屑砂组成，更深处主要由灰泥(由方解石质的浮游生物和骨屑碎片、硅质海绵骨针和黏土组成的混合物)组成。

陆架边缘斜坡水体更深(100～200m)，基本处于“泥线”(mudline)之下，但对其的认识也更薄弱。以灰泥质沉积为主，常含有粉砂级的生屑、硅质海绵骨针并混有远洋悬沉物，特别是颗石藻。

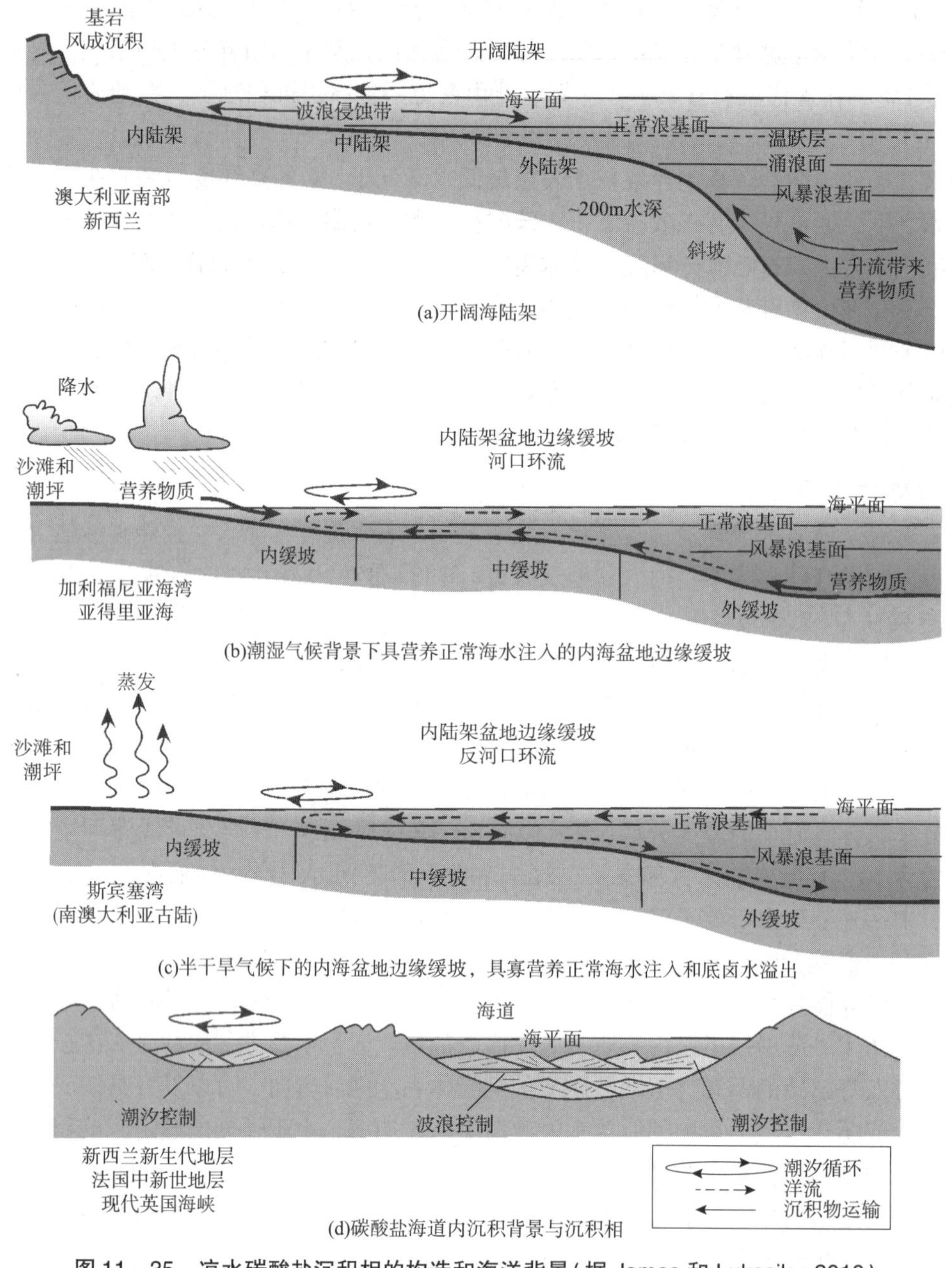

图 11－35　凉水碳酸盐沉积相的构造和海洋背景(据 James 和 Lukasik，2010)

2. 内海盆地(interior basin)模式

以地中海为代表的内海盆地包括了陆表海、前陆盆地和克拉通内盆地等伸入内陆的海域盆地。与开阔浅海陆架的主要区别在于前者为波浪作用占优或潮汐作用占优的开阔浅海环境，具有相对深的水动力分带和影响范围；而内海盆地一般形成更低能的缓坡或开阔陆架，波浪和涌浪都比较弱，但会受到季节性风暴的影响。受内海盆地地形轮廓的影响，有时内海的潮汐作用会变强。内海水循环可以顺海湾也可以逆海湾进行[图 11－35(b)(c)]。内海，特别是临滨区域容易造成季节性温度和盐度波动，同时对营养水平波动也比较敏感，局部陆源输入较大。

与开阔陆架相比，由于内海中整体相对宁静，好天气浪基面的影响可以忽略不计；冬季风暴虽然很猛烈，但影响比较局部，而且时间短暂。内海盆地中无论是缓坡还是开阔陆架，由于水动力背景差异，每种都可形成两种独特的类型：高能和低能内台地。高能内台地以紧邻软体动物、珊瑚藻碳酸盐工厂内侧广泛发育的临滨沙滩—浅滩为特征；低能内台地则以发育丰富的临滨海草滩为特征，在散落苔藓、红藻碎屑的泥质缓坡内侧缺乏广泛的颗粒浅滩。这些与开阔海陆架(台地)的碳酸盐沉积作用存在很大差别。

内台地(缓坡)：在低中营养水体中(如地中海)内台地沉积环境多样，可以发育岩质滨线、障壁岛—潟湖或沙滩(beach)，具交错层理的滨外(offshore)砂质浅滩(shoal)及生物潜穴的泥质海草层。在更局限的背景中(如南澳大利亚 Spencer 海湾)，可以发育具有典型潮缘沉积特征的泥质潮坪，只要滨外的碳酸盐工厂能产生足够的灰泥即可。在许多新生代缓坡中，在侧向上与海草层相当位置也可以发育由生屑组成的水下沙丘(Braga 等，2006)。在寡营养海底，以直立的滤食的钙质生物(如直立的苔藓)为主，而在富营养的、含更多碎屑泥质海底则以内栖生物占优势。

中台地(缓坡)：海底位于大规模海草生长之下，但局部仍然有海草生长。在中营养水体中，浪基面之下的沉积相以包壳铺路的红藻为典型，但更常见的是红藻、黏结的珊瑚藻与苔藓、软体动物及有孔虫共生。这些钙藻在昏暗但能良好生长的寡营养带(好天气浪基面与海底透光带界线之间的区域)繁盛。沉积物可以由潜穴的、厚层状到具明显交错纹理的颗粒岩和泥粒岩组成，一些砾状岩可以局部堆积成岩隆。

外台地(缓坡)一般位于风暴浪基面之下。以灰泥沉积为典型特征，含有典型的凉水滤食、内栖钙质生物以及浮游有孔虫。

Lukasik 等(2000)描述过来自澳大利亚新生代 Murray 盆地的凉水、温带碳酸盐沉积[图 11－35(b)]。该盆地是一个非常宽缓的浅水(10～20m)盆地，宽达数 100km，很低和可忽略的倾角，所以亦被称为陆表海缓坡。水体能量低，内、外缓坡以灰泥岩相为典型代表，并发生广泛的生物扰动，二者被处于波浪簸选带内滨外骨屑颗粒岩相所分隔。由风暴浪形成的颗粒沉积物常常被生物扰动所破坏。生物主要由腹足、双壳、苔藓以及棘皮类组成，底栖生物体的分布受营养水平和海洋条件所控制。该陆表海缓坡(台地)与其他的凉水碳酸盐台地存在很大不同，是另一端元的代表。

八、碳酸盐台地类型演化

现有的大量研究成果证实，除了非暖水碳酸盐沉积区，只要有充足的堆积时间，碳酸盐缓坡向台地转化是绝大多数浅水碳酸盐沉积演化的总趋势(Read，1985；Tucker，1985)。如排除构造作用因素，在这个演化过程中起决定性作用的是碳酸盐建隆的形成过程和堆积速率(图 11－20)。

当碳酸盐缓坡出现时(图 11－36 中的Ⅰ和Ⅱ)，浪基面与水下斜坡的交切处对于潮下生物碎屑浅滩和生物所营建的初期碳酸盐建隆(点礁、丘礁或岸礁)是非常有利的。随着时间的变化，由于在这个位置上极高的碳酸盐生产率以及所伴生的生物群落对沉积物所引起的障壁、圈捕和黏结作用，使那些早期建隆逐渐构筑成连续不断的水下地貌凸起，促使陆架产生分隔和沉积相发生分异，从而导致内外陆棚或局限海与开阔海发生分化(图 11－36 中的Ⅲ)。此时，由碳酸盐建隆所起的障壁作用直接影响着周围水体的能量、温度和化学作用

(氧化作用和含盐度)，以及生物的活动性，同时，也增强了边缘地形起伏，而生物建隆的早期固结使其边缘变得更陡。当建隆进一步向上和向前营建或加积时，可生长到海面，并在向海的方向形成坡度为几度至几十度的边缘(图 11 - 36 中的Ⅳ)。于是，一个镶边的碳酸盐陆架(或台地)就形成了。

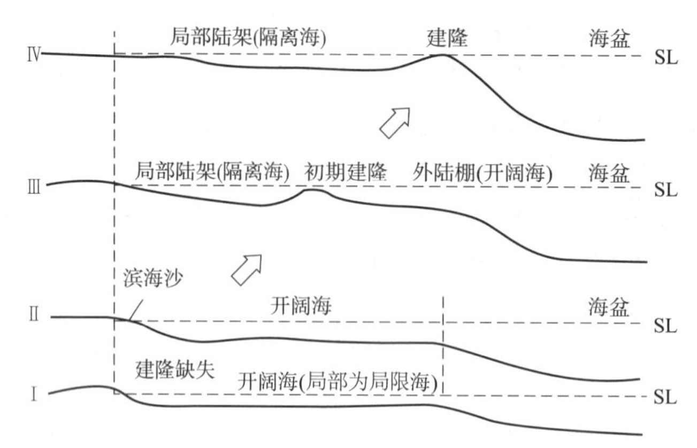

图 11 - 36　浅海陆架地貌变化与台地演化

SL—平均海平面

目前，国内外有关这方面实例较多。例如，四川盆地晚二叠世碳酸盐沉积在垂向上就显示这种由碳酸盐缓坡(吴家坪期)向镶边陆架(长兴期)演化的特征(张继庆等，1990)。

由碳酸盐台地向缓坡的逆向发展较少见(图 11 - 37)，可出现三种情况：其一是较早期的镶边陆棚发生淹没，这时往往形成 Read(1985)的远端变陡的缓坡或 Tucker(1991)所称的开阔陆架；其二是由于陆源碎屑的注入和进积，将镶边陆架掩埋藏后再发生碳酸盐沉积，可导致等斜(或同倾)缓坡的形成；其三是沿着构造枢纽线向海一侧幅度加大的差异沉降，迫使高能沉积区由坡折带向滨岸方向迅速迁移，从而使台地发展成为缓坡。

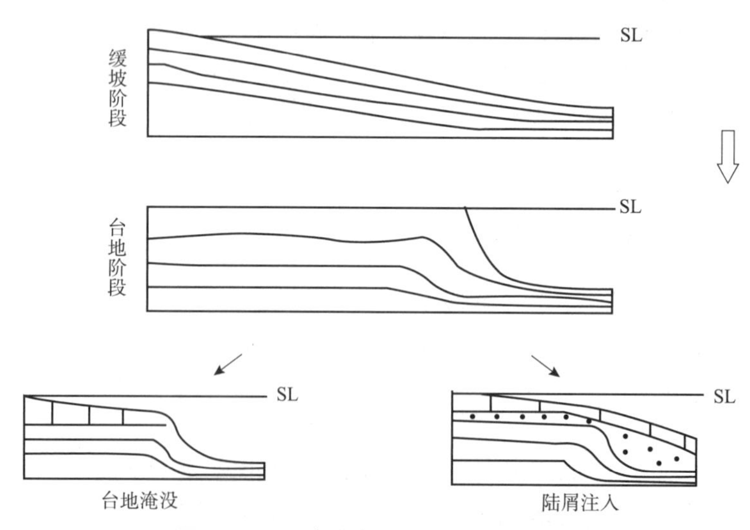

图 11 - 37　碳酸盐台地演化的两个方向

箭头表示演化方向，粗细表示发生的可能性

需要指出的是，由缓坡向镶边台地演化一般是暖水碳酸盐沉积系统的特征；而在处于中高纬度的非暖水碳酸盐沉积地区，生物礁不发育，仅发育动能较强的上升流和频繁发生的风暴流引起的沉积作用，很难形成台地型沉积，自然就不会出现上述沉积相模式的演化趋势。

第三节　碳酸盐岩岩相古地理研究方法与编图

海相碳酸盐岩沉积学是沉积学的最重要分支。第三轮全国油气资源评价显示，国内海相碳酸盐岩的原油总量为 340×10^{8} t、天然气为 24.3×10^{12} m^{3}，集中分布在塔里木盆地(轮南—塔河油田、顺北油田、和田河气田等)、四川盆地(安岳气田、元坝气田、普光气田等)和鄂尔多斯盆地(靖边气田)。因此，海相碳酸盐岩沉积研究一直是石油学界最为关注的领域之一。碳酸盐岩的起源问题(即“碳酸盐岩工厂”)是碳酸盐岩沉积学的终极命题；我国在碳酸盐岩岩石类型、台缘带礁滩模式、相控规模储层沉积环境、古老小克拉通沉积过程研究取得了较好成果。基于最新的 AAPG 年会热点与塔里木盆地的实际分析，海相碳酸盐岩及蒸发岩共生沉积模式(中—下寒武统)、层序地层格架下非均质性储层建模(沙依里克组)、基于地质—沉积—储层分析的三维数字露头建模及预测、深层—超深层碳酸盐储层形成与表征(寒武系原生礁滩体储层与白云岩储层、深埋—热液改造储层)、微生物碳酸盐岩是未来的发展方向(倪新锋，2018)。

古地理学是高度体现地层学、古生物学、岩相、沉积相、构造相和古地理条件的基础地质学科，沉积盆地中的原始构造—岩相古地理格局直接控制了烃源岩、有利储集层和盖层的发育及分布，其图件的编制对地学基础研究和矿产资源预测具有重要的指导价值。现代古地理研究开端于 20 世纪 50 年代，以《浊流作为递变层理的成因》(Kuenen，1950)为标志，A J Eardley、V N Strahov、A B Ronov、V P Vinogradov 编制了古地理图集。我国也在同一时期开展了相关工作，并伴随地质调查和油气勘探而不断系统和深入，代表性的古地理著作包括：《中国古地理图》(首部图集；刘鸿允，1955)、《中国寒武纪岩相古地理轮廓初探》(卢衍豪，1965)、《中国古地理图集》(王鸿祯，1985)、《中国南方岩相古地理图集(震旦纪—三叠纪)》(刘宝珺，1994)、《中国寒武纪和奥陶纪岩相古地理》(冯增昭，2004)等。由冯增昭(1977)提出的单因素分析、多因素综合作图法至今是岩相古地理研究的基本思路，而综合构造、层序地层、地球化学、遥感、“活动论”等要素的构造—古地理也将为古地理研究注入新的思想活力(何登发，2017；李智超，2017)。

随着大盆地的勘探走向深层和隐蔽，迫切需要加强沉积基础研究，运用新理论、新技术、新资料，开展大盆地整体性、更高精度的岩相古地理编图，支撑深层整体部署，寻找大目标、寻求大突破，具有重要意义。岩相古地理编图包括三个层次，以实现纵向上、横向上总体约束局部、逐级精细化解决油气勘探应用问题和解决关键科学问题。三个层次分别为区域、盆地和区带。

区域编图重点解决大时间跨度(纪)、跨板块的构造演化、盆地原型和宏观沉积充填特征，重点关注板块之间的构造演化关系、各板块的总体成盆与沉积充填特征。

盆地编图重点解决中等时间跨度(统、阶甚至到组)、盆地及其周缘的构造—成盆、沉积(微)相展布特征，重点关注盆地周缘、边缘的构造—沉积成因联系、盆地内部的沉积(微)相特征与展布，以发现新的烃源岩层系、新的储集类型、新的生储盖组合为应用重点。

区带编图重点解决小时间跨度(组、段甚至亚段)、盆地内部区带范围内的沉积(微)相、岩相展布特征，重点关注烃源岩、储层、盖层分布及组合关系，以发现圈闭为应用重点。

一、碳酸盐岩岩相古地理研究与编图方法

(一)编图基本要求

(1)以板内古地理再造为目标，以石油地质条件为侧重点；纵向上定时，横向上定位；基于成因联系，编制构造—沉积岩相古地理图。

(2)平面图要求标明盆地性质、盆地边界、区域构造格局，主要控盆断裂、控相断裂、地层等厚线；重点区块重点层系要求有岩相等厚图。

(3)古流向、主物源方向要与相带配套，凡是在平面图上表明了古流向的，在相应的文字报告中一定要有玫瑰花图。

(4)原型盆地的恢复，从实际资料出发，加上自己的观点，若小盆地是原来的大盆地被分割的，可以将这些小盆地用一虚线圈起来表示。

(5)多用实际剖面来反应海盆向陆盆的转化，以及各构造运动对原型盆地的建设性或破坏性。

(6)图面结构上，在古地理图下方和左侧分别绘出相应的三级或四级层序及体系域横向展布图和层序格架图，使其更客观地反映特定时间间隔内该地区的四维沉积演化史、板块构造格局、沉积盆地性质和古地理展布等，更好地揭示重点烃源岩段和储集层段的时空展布特征及其组合关系。

(二)编图的理论与实际意义

岩相古地理编图要解决一些关键科学问题，为推动沉积学理论发展服务。碳酸盐岩沉积古地理分析强调整体研究和精细编图。编图时，平面上要求全盆覆盖，纵向上要求层位精细。要充分利用野外露头、岩芯、钻井、测井、测试、化验、地震资料，在建立区域层序地层格架的基础上，分析不同层系沉积体系展布特征，解决系列科学问题。例如：①台地、斜坡、盆地之间以及内部亚相、微相组合关系及识别标志(岩相、古生物、地球化学、地球物理、其他)；②台地相内部，沉积区、沉积缺失区、后期缺失区之间的分布演化关系及其对沉积岩相的控制作用；③台地边缘和台地内部，与生物建造相关的沉积模式；④斜坡—盆地相，与凝缩段或饥饿段相当的沉积地层，其沉积中心与沉降中心的关系，以及细粒沉积相的成因机制与分布规律。

岩相古地理编图要解决油田实际问题，为油气勘探生产服务。通过岩相古地理编图，要明确研究区生储盖发育特征和配置关系，指明油气勘探方向。例如，在碳酸盐岩岩相古地理编图中，要解决下列问题：①克拉通边缘伸向内部的沟槽状结构形成的源储配置关系；②在稳定的构造背景下，由海平面升降造成的偏碳酸盐岩相与偏泥质、硅泥质相形成的源储配置的勘探意义；③台地内部的沉积相、岩相差异(如潮坪相内部的白云岩、台地内部的浅滩)所导致的储层物性差异以及能否形成岩性、地层圈闭的地质界限；④碳酸盐岩台地内部潟湖相的烃源岩发育条件及有效性；⑤常规油气与页岩油气综合立体勘探的源—储—盖时空配置关系及其沉积学依据，以及基于岩相古地理的资源潜力分析与分布预测建议；⑥地震资料的沉积解释及其在勘探区带和目标评价中的应用。

(三)编图步骤

岩相古地理编图一般包括资料收集、资料分析、编制底图，制作图件等步骤。

1. 资料收集

收集前人资料的目的，是为了全面了解和掌握前人对研究区内构造与岩相古地理方面的研究现状和工作成果，找出存在问题，对于不同系列和不同层次的编图工作都是十分重要的。因此，强调经过认真的研究和分析，充分利用现有的各类野外调查、钻(测)井和物探等实际资料，作为编(填)图的基础。收集资料的范围，包括调查区已有的区域地质、石油地质、物探等调查成果；各种实物资料，如钻井、露头、测井和地震资料，包括岩石标本和分析测试资料等。特别强调盆地内部钻井资料、盆地周缘关键露头资料、跨盆地的地震基干大剖面资料，并且强调钻井—露头对比、井—井对比、井—震结合来解决构造—沉积问题。

2. 资料分析

对不同时期形成的资料，要进行全面系统的综合分析及对比处理，特别是对前人有关地层系统含义的准确把握，以便在新的编(填)图中正确应用或修订。对前人分析测试样品的方法、精度、测试单位及其测试质量进行准确评估，以便合理利用。深部物探资料，必要时应重新处理。

3. 编图地理底图

全盆地的石油地质编(填)图，其成图的地理底图，统一采用国家测绘局出版的 1：50 万地形图或国家地理信息中心提供的 1：50 万矢量化地形图数据。重点区带和优选勘探区的地形底图，采用国家测绘局出版的 1：20 万地形图或国家地理信息中心提供的 1：20 万矢量化地形图数据。野外地质编(填)图的工作手图，采用符合精度要求的 1：5 万矢量化的地形图。

4. 岩相古地理图件类型及制作

图件类型一般分为柱状图、剖面图、平面图三种。

柱状图类包括不同构造—地层分区的基干剖面地层、层序和岩相柱状图；重点层系的层序—岩相柱状对比图等。

剖面图类包括地震解释基干剖面图、典型沉积体或成藏要素地球物理响应图、构造—盆地地质剖面图、区带和油气藏剖面图等。

平面图类包括地理底图及实际资料点图、单因素沉积图件、隆凹格局及沉积期古地貌图、构造—岩相古地理图等

1) 地理底图及实际资料点图

图层 1：地质图。

图层 2：地理信息。

图层 3：宏观的板块边界、构造—沉积单元边界。

图层 4：露头资料点位置、符号、信息。

图层 5：可公开的钻井资料点位置、符号、信息(接口 DDE)。

图层 6：内部钻井资料点位置、符号、信息。

图层 7：地震剖面位置、符号、信息。

2) 单因素沉积图件

包括地层厚度、岩性统计参数、古生物与古生态、古构造单元、古水深与古地貌、地球化学参数等定性—定量编图。

3) 隆凹格局及沉积期古地貌图

从井震地层充填论证地层厚度与隆凹关系、隆凹与岩相关系，支撑区带评价。

4)构造—岩相古地理图

多因素综合构造—岩相古地理图是综合古构造、古环境与古地理、岩相分布等形成的综合图件，图面应准确的标示如下内容：

(1)隆起剥蚀区范围。

(2)沉积相带界线(沉积体系划分至相或亚相)、岩性组合以及与油气有关的重要沉积体类型(礁、滩、膏盐层和白云岩)的分布范围。

(3)主要海侵和海退方向、物源及特殊标志(油气显示、海平面升降标志)。

(4)重要的断裂边界应表示在图面上，如现保存的盆地均不完整或以大断裂带为切割，盆地中重要的控相构造、同沉积期的断裂，后期造成大幅度缩短的断层。

(5)地层厚度等值线(地层厚度编图单元宜在充填模式指导下厘定，赋予地层厚度的准确地质意义)。

(6)构造单元及盆地类型等。

二、碳酸盐岩岩相古地理编图实例

塔里木盆地环满加尔坳陷西部台缘带是塔里木盆地下古生界油气勘探的前景区和重点研究对象，特别是塔西台地的结构变化与纵、横向迁移对全盆地寒武纪沉积格局的影响得到了关注。前人(刘存革，2016；倪新锋，2015；曹颖辉，2018)对塔河东区外围、塔中隆起东段、塔东南古城小区的三维地震与区域二维测线进行了精细解释，对塔深1井—塔参1井—古城8井一线的台缘带进行了分段刻画及评价，揭示了台缘自西向东迁移的过程，确立了满西台缘带北段(轮南段)为前景区。基本建立了塔西台地在早寒武世处于缓坡—弱镶边模式，在中寒武世处于镶边模式，在晚寒武世处于缓坡模式的台地结构模型(陈永权，2015；Gao和Fan，2015)。同时，在多轮国家课题和企业项目引领下，多位学者(冯增昭等，2006；严威，2018；陈永权，2015；李江海，2015；张光亚，2015)借助重力、磁法、电法及区域地震、钻井资料，揭示了寒武纪全盆构造古地理格局，并对台地内部与台地周缘的构造分异特征进行了刻画，初步揭示了盆地东北部发育满加尔坳陷、西北部发育阿瓦提坳陷(合称阿满过渡带)、塔西南山前发育塔西南台间陆棚、东南部发育中古台棚的观点。特别是近两年，深井资料的补充和早寒武世构造古地理格局的认识不断被深化，揭示了早寒武世早期盆地被中央古陆分隔，形成“南北分异、隆坳控盆、以缓坡陆棚沉积”为特征的非碳酸盐岩台地沉积；而在早寒武世晚期和中寒武世，逐渐形成了“海退背景弱镶边—强镶边型碳酸盐岩台地”及“西台东盆”的古地理格局(胡明毅，2019；田雷，2018)。

岩相古地理的编图工作，要围绕盆地充填演化的地质条件等科学问题，以“构造解析”和“层序—沉积体系分析”为两条主线开展研究，着重分析塔里木盆地构造—层序—沉积发育特征，强调整体研究和精细编图。具体做法如下：①利用盆地周缘露头、盆内主要钻井和区域地震大剖面，在查清各层系沉积背景、沉积相类型的基础上，从穿越全盆地的区域地震剖面解释和地震相分析入手，识别各层序的地震相类型，编制了寒武系各层序的地震相分布图；②通过地震剖面解释和追踪对比，编制了寒武系各层序的层序厚度分布图；③进而通过地震—地质综合解释，进行了各层序的沉积环境恢复，编制了寒武系各个层序的沉积体系平面展布图，并对其平面展布规律和纵向演化特点进行了分析、总结。

(一)寒武系—奥陶系沉积相类型及其纵向组合序列

塔里木寒武纪盆地具有典型的三分结构，即碳酸盐台地相区、斜坡—陆棚相区和盆地相区。根据关士聪(1980)、顾家裕(1996)等提出的中国古代海域沉积环境综合模式，结合塔里木盆地沉积相发育特点，将寒武系沉积相划分为10个相和若干亚相，并根据海域地理和地貌特征组合为三类沉积体系，即台地沉积体系、浅海陆棚沉积体系和盆地沉积体系(表11－2)。

表11－2　寒武系沉积相类型

沉积体系	相		亚相	微相
碳酸盐台地体系	台地潮坪		潮上坪	膏云坪，云坪，泥云坪，云泥坪
			潮间坪	藻坪，灰云坪，云灰坪，潮沟
	蒸发台地			
	局限海台地		潟湖	灰质潟湖，云质潟湖，灰云或云灰质潟湖
			障壁丘、滩	
	开阔海台地		台内滩、台内礁丘	砂屑滩，砾砂屑滩，生屑滩，黏结岩等
			滩间海	泥晶灰岩
	台地边缘		台缘滩	砂屑滩，砾屑滩，鲕滩，核形石滩
			台缘生物丘或礁	黏结岩，障积岩，骨架岩
浅水陆架体系	陆架内缘斜坡	沉积型缓斜坡	上斜坡灰泥丘	凝块骨架岩，凝块障积岩，凝块黏结岩，丘间泥晶灰岩
			下斜坡重力流	岩崩滑塌沉积，碎屑流—浊流沉积，较深水静水沉积
		断崖型陡斜坡	坡脚—盆地边缘	碎屑流与浊流沉积，较深水静水沉积
			生物灰泥丘	
	浅水混积陆棚			砂泥岩，泥岩，含泥灰岩，风暴岩，生物丘，粒屑滩
	较深水陆棚			泥页岩，泥—灰质粉砂岩，浊积岩，等深岩
盆地体系	半深海盆地		海底扇	内扇，中扇，外扇
	深海盆地		海底平原	泥页岩，泥晶灰岩，硅质泥岩，笔石泥页岩，放射虫硅质岩

1. 碳酸盐台地沉积体系

碳酸盐台地沉积体系是塔里木盆地寒武系—奥陶系的沉积主体，该沉积体系包括了台地潮坪、蒸发台地、局限台地、开阔台地和台地边缘五种相类型。发育于寒武纪、早中奥陶世和晚奥陶世早期。

1)台地潮坪相

台地潮坪相沿陆地边缘分布，与局限台地(或蒸发台地)相呈过渡关系，沉积界面在低潮面以上，潮汐作用的影响明显，环境闭塞，生物稀少。它主要包括平均高潮面以上的潮上亚相和平均高潮面与平均低潮面之间的潮间亚相。

2)蒸发台地相

蒸发台地相沉积界面处于平均海平面附近，海水循环差，能量较弱，加之干旱炎热，水体蒸发量大，含盐度很高。沉积物主要由层状石膏、盐岩、泥晶云岩、泥晶灰岩组成，间夹红色泥页岩。

3）局限海台地相

局限台地沉积界面处于平均海平面与平均低潮面之间。受地势和沉积物的局部阻隔，海水循环受到一定限制，与外海交换不畅通，水体能量弱，沉积物以白云岩为主，常有泥页岩及薄层灰岩伴生。局限台地相可以分为潟湖亚相和障壁丘、滩亚相。

寒武系上统丘里塔格下亚群、奥陶系下统丘里塔格上亚群均发育大套局限台地相的白云岩沉积。其中，潟湖亚相主要发育灰—深灰色含生屑的泥晶灰岩、球粒泥晶灰岩、藻屑砂屑泥晶灰岩，生物较少，主要为广盐度的蓝绿藻—介形虫组合，指示了泥晶灰岩微相、球粒泥晶灰岩微相、藻屑砂屑泥晶灰岩微相等发育；障壁滩亚相在塔中 12 井中特征突出，主要为泥晶颗粒岩、残余颗粒细晶云岩，生物含量极少，可有蓝绿藻—介形虫组合，代表着砂屑灰岩微相、残余颗粒云岩和细晶云岩微相等。

4）开阔海台地相

该相带海域广阔，海水循环较好，盐度基本正常，沉积物从粒屑到灰泥都有。根据沉积特征，可以进一步划分出台内滩、生物丘和滩间海三种亚相。

台内滩亚相粒屑较丰富，岩性以浅褐色亮泥晶粒屑灰岩为主，夹亮晶粒屑灰岩和粒屑泥晶灰岩；滩间海亚相沉积物以粒细、色暗为特征，包括泥晶灰岩、含粒屑泥晶灰岩微相等，生物以腕足类为主，其次为蓝绿藻、棘皮、介形虫、苔藓虫等；台内生物礁丘亚相在轮南地区、巴楚的方 1 井中奥陶系上统下部，巴楚地区永安坝、一间房奥陶系下统丘里塔格上亚群露头剖面上均有揭示，由隐晶形成的泥晶凝块灰岩及由古钵海绵和托盘类形成的障积岩、黏结岩组成。

5）台地边缘相

由颗粒岩和生物岩类组成，生物种类多，主要是广盐度的蓝绿藻、棘皮、腕足、三叶虫、苔藓虫、层孔虫等。该相带包括了台缘滩和台缘礁亚相。台缘滩主要由粒屑组成，以砂屑为主，鲕粒和生屑次之，有少量的核形石。

2. 浅海陆架沉积体系

寒武系—奥陶系斜坡相区主要围绕着满加尔坳拉槽分布，呈向西凸出的带状展布。在寒武系和奥陶系下统，斜坡相区表现为沉积型缓坡，至奥陶系上统，斜坡坡度增大变陡，大多数地区仍表现为沉积型斜坡，但在塔中隆起北侧，由塔中 1 号断裂构成了断崖型斜坡。

1）沉积型缓斜坡相

主要特征表现为碳酸盐碎屑流—浊流成因的灰色薄—中层细砾灰岩、砂屑类岩、呈夹层状或互层状产于较深水静水斜坡沉积的灰—深灰色薄—中层状泥质灰岩、泥晶灰岩、灰质泥岩中，包括灰泥丘亚相、深水斜坡亚相、斜坡坡角亚相。

2）断崖型陡倾斜坡相

该相带发育于塔中北坡的中奥陶系上统，表现为岩崩与滑塌成因的巨砾—粗砾的角砾云岩，夹碎屑流成因的中—细砾云岩和斜坡上静水沉积的薄层灰质粉晶云岩。

3）浅水混积陆棚相

主要分布在奥陶系上统桑塔木组，以陆源碎屑沉积为主，夹有碳酸盐岩沉积。根据沉积物特征及其所反映的水体深度，进一步分为浅水混积陆棚和较深水陆棚两种沉积相类型。

浅水混积陆棚相以深灰色泥岩为主，夹少量砂岩和灰岩，发育泥岩微相、石灰岩微相、泥—钙质砂岩微相、灰泥丘和粒屑滩微相等；较深水陆棚相以灰色、褐色泥岩、砂质泥岩为主，夹褐灰色泥质粉砂岩、粉砂岩、泥晶灰岩、泥灰岩等。

4）深水陆棚相

此相带位于海洋大陆架的外缘，沉积界面处于氧化还原界面以下，水深数十米至百余米，水体能量弱，沉积物主要为泥岩、泥质灰岩、灰岩、硅质岩及薄层粉砂岩，具水平层理及韵律层理，化石含量高。

3. 盆地沉积体系

分布于盆地东部的满加尔坳陷深海平原区。岩石类型主要为泥质灰岩和暗色泥页岩、放射虫硅质岩。根据沉积物特征、生物组合，可进一步分为半深海盆地和深海盆地两个相。

1）半深海盆地相

沉积界面从数十米至数百米不等，沉积物主要为钙屑复理石沉积或泥岩、泥质灰岩夹硅质岩。此相带以群克1井、塔中29井为代表，岩性主要为深灰色泥岩，夹灰色薄层状或条带状粉砂岩。包括静水泥岩沉积、等深流沉积和浊流沉积。

2）深海盆地相

此相带沉积界面常大于数千米，沉积物以暗色或褐色泥岩、硅质岩、泥页岩为主，夹陆源碎屑浊积岩及火山碎屑浊积岩。包括了笔石泥页岩微相和放射虫硅质岩微相。

（二）寒武系沉积相展布特征

在建立寒武系层序—沉积相连井对比剖面的基础上，对寒武系各层组沉积相平面展布作了精细刻画。

1. 寒武系下统肖尔布拉克组沉积相

肖尔布拉克组沉积时期存在两个碳酸盐岩台地，即规模较大的塔西台地及南部的塘南台地。台地内部发育开阔台地相、局限台地相以及蒸发台地相沉积（图11－38）。

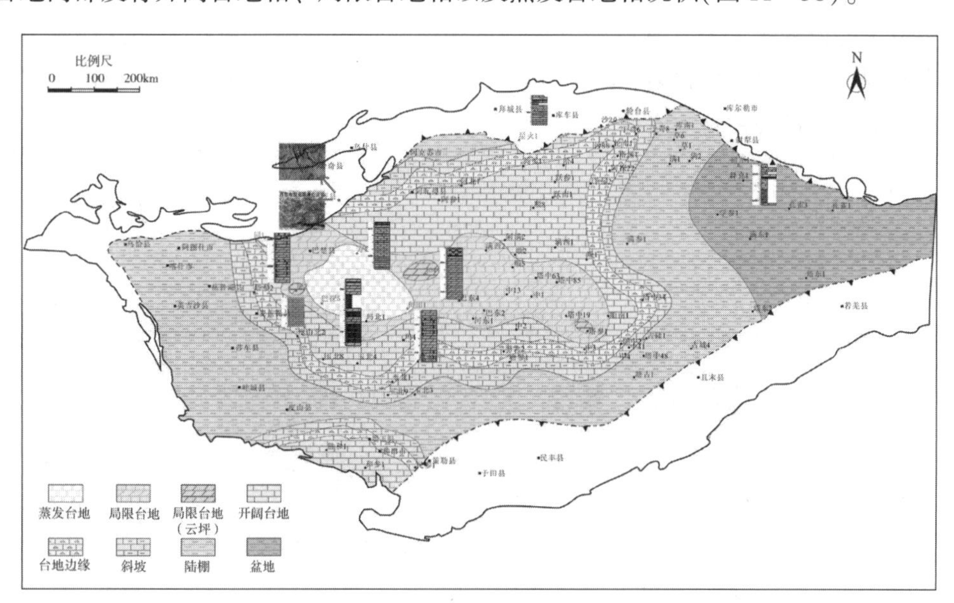

图11－38 塔里木盆地下寒武统肖尔布拉克组沉积岩相

塔西台地东部地区台缘斜坡带角度平缓，属于缓坡型碳酸盐岩台地；在巴楚—麦盖提地区台缘相对宽缓，台缘斜坡带角度不明显，也为缓坡型台地边缘。整体来看，肖尔布拉克时期台缘带沿于奇6井—塔深1井—羊屋2井—顺1井—塔中34井—塔中27井—塘北2井—玉北1井—皮山北2井—塔参2井连线分布，向西开口。台地内部巴探5等钻井证实肖尔布拉克组为以含膏白云岩、含盐白云岩沉积为主的蒸发台地相；同1井为大套膏云岩，为蒸发台地相沉积；和4井、康2井为大套厚层白云岩沉积，表明该井区为局限台地云坪亚相环境。尉犁1井肖尔布拉克组主要为硅质碎屑岩沉积，为深水盆地环境，即尉犁县—塔东2井连线以东地区为盆地相。

2. 寒武系下统吾松格尔组沉积相

吾松格尔组继承了肖尔布拉克组的沉积格局，发育中西部的塔西台地和南部的塘南台地，沉积相带包括蒸发台地相、局限台地相、开阔台地相、台地边缘相、斜坡相、陆棚相及盆地相。相对于早寒武世玉尔吐斯组—肖尔布拉克组台地分布范围，吾松格尔组的台缘—斜坡带呈继承性发育且分布范围更大

总体上，吾松格尔组继承了玉尔吐斯组—肖尔布拉克组的沉积格局，地震资料显示在吾松格尔组沉积时期，台缘—斜坡带发育有明显的前积特征，证明了吾松格尔组沉积时期处于海平面下降过程，呈现出台地范围扩张的沉积样式。

3. 寒武系中统沙依里克组沉积相

沙依里克组为寒武系中统下部地层，其上覆寒武系中统阿瓦塔格组地层，下伏寒武系下统吾松格尔组。在巴楚地区主要沉积云灰岩、灰岩，塔参1井附近沉积含膏白云岩，全盆范围整体是一套盐间灰岩沉积。

4. 寒武系中统阿瓦塔格组沉积相

寒武系中统阿瓦塔格组古地理格局依然继承了前期“西台东盆”的展布特征，但沉积中心发生了变化，向西和北东方向发生迁移。寒武纪中期，塔里木地区气候干燥炎热，盆地内沉积了数百米的以膏盐岩及含膏白云岩为主的蒸发台地—局限台地相地层，且地层厚度稳定，分布范围广，发育塔西台地和塘南台地(图11－39)。主要沉积白云岩和膏盐岩，下部为上膏盐岩段，上部为含膏云岩段。

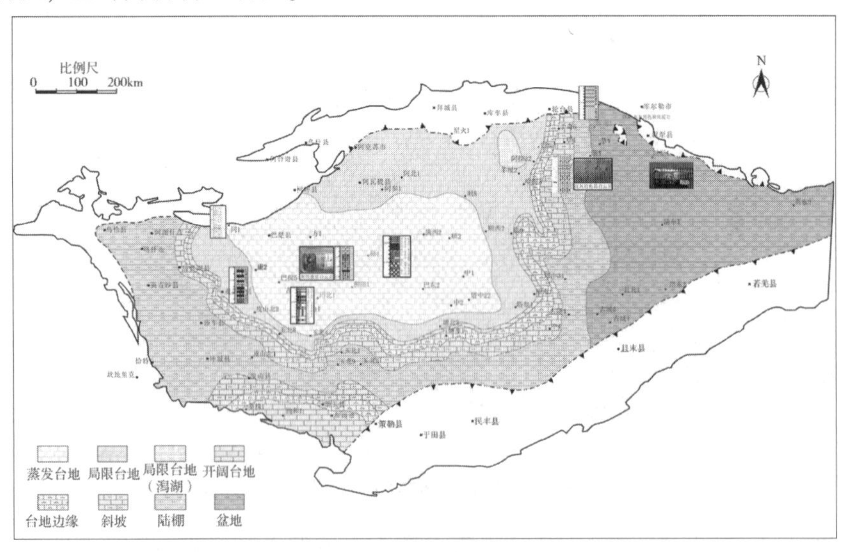

图11－39　塔里木盆地中寒武统阿瓦塔格组沉积岩相

5. 寒武系上统下丘里塔格群沉积相

寒武系上统丘里塔格下亚群发育蒸发台地相、局限台地相、开阔台地相及台内洼地、台缘相、斜坡相、陆棚相、盆地相沉积。台缘斜坡带主要沿奇6井—塔深1井—满参1井—古城4井连线分布，该带以西为台地相，以东为陆棚—盆地相。台缘带在不同地区发育特征明显不同，其中塔河主体台缘在平面上展布较宽缓，古城地区台缘斜坡角度较大。台地西部的巴探5井、玛北1井、和田1井、方1井、和4井及同1井钻遇大套泥晶白云岩夹膏岩层沉积，为蒸发台地相；塔参1钻遇厚层白云岩，为局限台地相沉积；皮山县—莎车县—喀什县连线附近地层厚度薄，推测为开阔台地台内洼沉积。东部盆地相沉积尉犁1井为大套泥质灰岩沉积。

基于威尔逊（Wilson，1975）建立的经典海相碳酸盐岩沉积相“三区九带”分类模式，根据钻井（岩芯）、露头揭示的沉积相类型和沉积相平面展布规律，结合塔里木盆地寒武系“西部发育塔西台地、东部发育塔东盆地，塔北、塔西南发育缓坡陆棚，沿塔河—轮南—古城发育台缘带”的古地理格局认识，建立了塔里木盆地中—下寒武统塔北—塔西南方向的沉积模式。

平面上，塔里木盆地自西向东依次发育了台地沉积体系、斜坡沉积体系和盆地沉积体系。在古地理格局上，玉尔吐斯组和肖尔布拉克组早期，中央隆起带以北的广大地区和塔西南地区发育缓坡背景陆棚沉积，形成了关于中央隆起带基本对称的缓坡陆棚型碳酸盐岩台地沉积模式。台缘带肖上段快速建设并横向迁移，并在吾松格尔组逐渐形成“弱镶边—镶边”碳酸盐岩台地结构和“西台东盆”的沉积格局。纵向上玉尔吐斯组发育了含磷页岩—泥灰岩系的优质海相烃源岩，上覆肖尔布拉克组逐渐开始发育微生物礁滩规模化储集体、沙依里克组发育含膏云质灰岩盐间储集体，吾松格尔组与阿瓦塔格组发育的膏盐岩、含膏泥晶白云岩等致密碳酸盐岩—蒸发岩系充当优质盖层，从而构成了中—下寒武统盐下“烃源岩—储层—盖层”成藏组合（图11-40）。

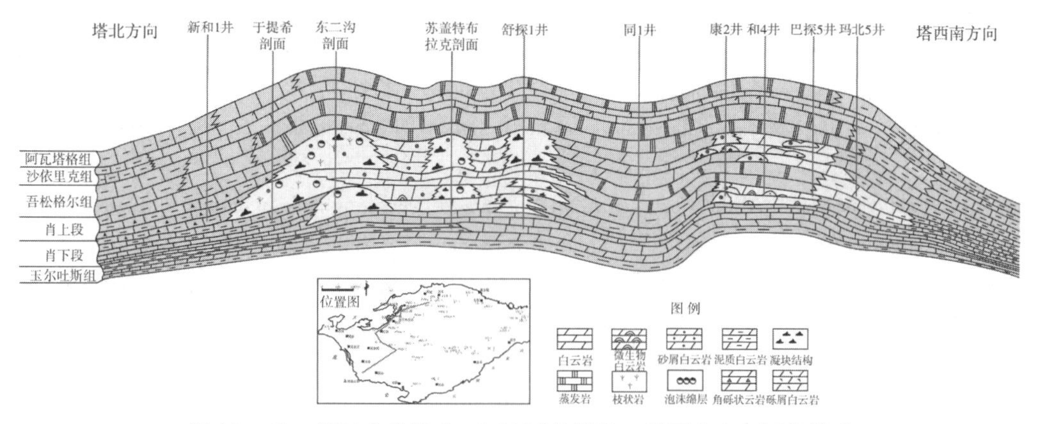

图11-40 塔里木盆地中—下寒武统塔北—塔西南方向沉积模式

参考文献

[1] Ahr W M. Carbonate Ramp - Alternative to Shelf Model[J]. AAPG Bulletin, 1973, 57(9): 1826-1827.

[2] Aurell M, Bádenas B, Bosence DW, Waltham DA. Carbonate production and offshore transport on a Late Jurassic carbonate ramp (Kimmeridgian, Iberian basin, NE Spain): evidence from outcrops and computer modelling

[C]//Wright V P, Burchette T P. Carbonate ramps. London: Geological Society, London, Special Publications, Jan 1, 1998: 137 - 161.

[3]Bádenas B, Aurell M, Rodrıguez - Tovar FJ, Pardo - Igúzquiza E. Sequence stratigraphy and bedding rhythms of an outer ramp limestone succession (Late Kimmeridgian, Northeast Spain)[J]. Sedimentary Geology, 2003, 161(1 - 2): 153 - 174.

[4]Bassant P, Harris P M . Analyzing Sequence Architecture and Reservoir Quality of Isolated Carbonate Platforms with Forward Stratigraphic Modeling[C]//Lukasik J, (Toni)Simo J A. Controls on Carbonate Platform and Reef Development. Tulsa: SEPM Special Publication, 2008: 343 - 360.

[5]Batt LS, Pope MC, Isaacson PE, Montañez IS, Abplanalp JA. Upper Mississippian Antler foreland basin carbonate and siliciclastic rocks, east - central Idaho and southwestern Montana, USA: distinguishing tectonic and eustatic controls on deposition [C]//Lukasik J, Simo J. A. Controls on carbonate platform and reef development. Tulsa: SPEM Special Publication, 2008: 147 - 170.

[6]Bergman K L, et al. Controlling parameters on facies geometries of the Bahamas, an isolated carbonate platform environment[M]// Westphal H, Riegl B, Eberli G P. Carbonate depositional systems: Assessing dimensions and controlling parameters. Dordrecht: Springer, Aug 5, 2010: 5 - 80.

[7]Bosence D, Cross N, Hardy S. Architecture and depositional sequences of Tertiary fault - block carbonate platforms; an analysis from outcrop (Miocene, Gulf of Suez) and computer modelling[J]. Marine and Petroleum Geology, 1998, 15(3): 203 - 221.

[8]Bosence D, Nichols G, Al - Subbary AK, Al - Thour KA, Reeder M. Synrift continental to marine depositional sequences, Tertiary, Gulf of Aden, Yemen[J]. Journal of Sedimentary Research, 1996, 66(4): 766 - 777.

[9]Bosence D. A genetic classification of carbonate platforms based on their basinal and tectonic settings in the Cenozoic[J]. Sedimentary Geology, 2005, 175(1/4): 49 - 72.

[10]Bosscher H, Schlager W. Computer simulation of reef growth[J]. Sedimentology, 1992, 39(3): 503 - 512.

[11]Brachert TC, Betzler C, Braga JC, Martin JM. Record of climatic change in neritic carbonates: turnover in biogenic associations and depositional modes (Late Miocene, southern Spain)[J]. Geologische Rundschau, 1996, 85(2): 327 - 337.

[12]Burchette T P. Tectonic control on carbonate platform facies distribution and sequence development: Miocene, Gulf of Suez[J]. Sedimentary Geology, 1988, 59(3 - 4): 179 - 204.

[13]Burchette TP, Wright VP. Carbonate ramp depositional systems[J]. Sedimentary geology, 1992, 9(1 - 4): 3 - 57.

[14]Burgess P M . The Signal and the Noise: Forward Modeling of Allocyclic and Autocyclic Processes Influencing Peritidal Carbonate Stacking Patterns[J]. Journal of Sedimentary Research, 2006, 76(7): 962 - 977.

[15]Burgess PM. CarboCAT: A cellular automata model of heterogeneous carbonate strata[J]. Computers & geosciences, 2013, 53: 129 - 140.

[16]Carannante G A, Cherchi A N, Graziano R O, et al. Post - Turonian rudist - bearing limestones of the peri - Tethyan region: evolution of the sedimentary patterns and lithofacies in the context of global versus regional controls[C]//Lukasik J, (Toni)Simo J A. Controls on Carbonate Platform and Reef Development. Tulsa: SEPM Special Publication, 2008: 255 - 270.

[17]Crevello P D, Wilson J L, Sarg J F, et al. Controls on carbonate platform and basin development[C]. Tulsa: SEPM Special Publication. 1989.

[18]Cross N E, Bosence D W. Tectono - sedimentary models for rift - basin carbonate systems[C]. //Lukasik J, Simo J A. Controls on carbonate platform and reef development. Tulsa: SPEM Special Publication 2008: 83 - 105.

[19]Cross N E, Purser B H, Bosence D W. The tectono – sedimentary evolution of a rift margin carbonate platform: Abu Shaar, Gulf of Suez, Egypt[C]//Purser BH, Bosence DWJ. Sedimentation and Tectonics in Rift Basins Red Sea: – Gulf of Aden. Dordrecht: Springer, 1998: 271 –295.

[20]Davies P J, Symonds P A, Feary D A, et al. The evolution of the carbonate platforms of northeast Australia [C]//Crevello P D, Wilson J L, Sarg J F. Read, J. F. Controls on carbonate platform and basin development. Tulsa: SEPM Special Publication, 1989: 233 –258.

[21]Della Porta G, Kenter J A, Bahamonde J R. Depositional facies and stratal geometry of an Upper Carboniferous prograding and aggrading high - relief carbonate platform (Cantabrian Mountains, N Spain)[J]. Sedimentology, 2004, 51(2): 267 –295.

[22]Dorobek S L. Tectonic and Depositional Controls on Syn – Rift Carbonate Platform Sedimentation[C]// Lukasik J, Simo J A. Controls on carbonate platform and reef development. Tulsa: SPEM Special Publication, 2008: 57 –82.

[23]Enos P, Sawatsky L H. Pore Space in Holocene Carbonate Sediments[J]. AAPG Bulletin, 1979, 63(3): 445 –445.

[24]Erlich R N, Barrett S F, Ju G B. Seismic and geologic characteristics of drowning events on carbonate platforms [J]. AAPG bulletin, 1990, 74(10): 1523 –1537.

[25]Gamboa L A, Truchan M, Stoffa P L. Middle and Upper Jurassic depositional environments at outer shelf and slope of Baltimore Canyon Trough[J]. AAPG bulletin, 1985, 69(4): 610 –621.

[26]Gao Z, Fan T. Carbonate platform – margin architecture and its influence on Cambrian – Ordovician reef – shoal development, Tarim Basin, NW China[J]. Marine and Petroleum Geology, 2015, 68: 291 –306.

[27]Goldhammer R K, Dunn P A, Hardie L A. Depositional cycles, composite sea – level changes, cycle stacking patterns, and the hierarchy of stratigraphic forcing: examples from Alpine Triassic platform carbonates[J]. Geological Society of America Bulletin, 1990, 102(5): 535 –562.

[28]Granjeon D, Joseph P. Concepts and Applications of a 3 – D Multiple Lithology, Diffusive Model in Stratigraphic Modeling[C]// Harbaugh J W, Watney W L, Rankey E C, et al. Numerical Experiments in Straitigraphy: Recent Advances in Stratigraphic and Sedimentologic Computer Simulations. Tulsa: SEPM Special Publications, 1999.

[29]Hallock P, Schlager W. Nutrient excess and the demise of coral reefs and carbonate platforms[J]. Palaios, 1986(1): 389 –398.

[30]Handford C R, Loucks R G. Carbonate depositional sequences and systems tracts – responses of carbonate platforms to relative sea – level changes[C]//Loucks R G, Sarg H F. Carbonate sequence stratigraphy: recent developments and applications. Tulsa: American Association of Petroleum Geologists, Memoir, 1993, 57(1): 3 –41.

[31]Harris P M, Vlaswinkel B M. Modern isolated carbonate platforms; templates for quantifying facies attributes of hydrocarbon reservoirs[C]//Lukasik J, (Toni) Simo J A. Controls on Carbonate Platform and Reef Development. Tulsa: SEPM Special Publication, 2008: 323 –342.

[32]Harris P M, Kowalik W S. Satellite images of carbonate depositional settings: Examples of reservoir – and exploration scale geologic facies variation. – AAPG Methods in Exploration Series[C]. Tulsa: American Association of Petroleum Geologists, 1994.

[33]Homewood P W, Eberli G P. Genetic stratigraphy. On the exploration and production scales[M]. France: Elf Exploration Production Editions Memoirs, 2000.

[34]Huang Y, Fan Z, He B, et al. Depositional model and controlling factors of oolithic shoal: A case study of the Lower Triassic Feixianguan Formation in the northwestern Sichuan Basin, China[J]. Interpretation, 2019, 7

(1)：T127 – T139.

[35]Insalaco E，Skelton P，Palmer TJ. Carbonate platform systems：components and interactions[C]. London：Geological Society，London，Special Publications，2000.

[36]James N P，Mountjoy E W. Shelf slope break in fossil carbonate platforms：An overview[C]//Scholle P A，Bebout D G，Moore C H . Carbonate depositional environments. Tulsa：American Association of Petroleum Geologists，1983.

[37]James N P，Coniglio M，Aissaoui D M，Purser B H. Facies and geologic history of an exposed Miocene rift – margin carbonate platform：Gulf of Suez，Egypt[J]. AAPG bulletin，1988，72(5)：555 – 572.

[38]Jansa L F. Mesozoic carbonate platforms and banks of the eastern North American margin[J]. Marine Geology，1981，44(1 – 2)：97 – 117.

[39]Kendall C G，Schlager W. Carbonates and relative changes in sea level[J]. Marine geology，1981，44(1 – 2)：181 – 212.

[40]Koerschner W F，Read J F. Field and modelling studies of Cambrian carbonate cycles，Virginia，Appalachians [J]. Journal of Sedimentary Research，1989，59(5)：654 – 687.

[41]Kuenen P H，Migliorini C I. Turbidity currents as a cause of graded bedding[J]. The Journal of Geology，1950，58(2)：91 – 127.

[42]Lasemi Z，Norby R D，Utgaard J E，et al. Mississippian Carbonate Buildups and Development of Cool – Water – Like Carbonate Platforms in the Illiinois Basin，Midcontinent，USA[C]// Permo – Carboniferous Carbonate Platforms and Reefs. Tulsa：SEPM Special Publication No. 78 and AAPG Memoir 83，2003：69 – 95.

[43]Leeder M R，Gawthorpe R L. Sedimentary models for extensional tilt – block/half – graben basins[C]//Coward M P，Dewey J F，Hancock P L. Continental Extensional Tectonics. London：Geological Society，London，Special Publications，1987：139 – 152.

[44]Lees A . Possible influence of salinity and temperature on modern shelf carbonate sedimentation[J]. Marine Geology，1975，19(3)：159 – 198.

[45]Loucks R G，Sarg J F. Carbonate sequence stratigraphy – recent developments and applications[C]. Tulsa：American Association of Petroleum Geologists，Memoir，1993.

[46]Lü C，Wu S，Yao Y，et al. Development and controlling factors of Miocene carbonate platform in the Nam Con Son Basin，southwestern South China Sea[J]. Marine and Petroleum Geology. 2013，45：55 – 68.

[47]Lukasik J，(Toni) Simo J A . Controls on carbonate platform and reef development[C]//Lukasik J，(Toni)Simo J A. Controls on Carbonate Platform and Reef Development. Tulsa：SEPM Special Publication，2008：5 – 14.

[48]Lukasik J J，James N P，McGowran B，et al. An epeiric ramp：low - energy，cool - water carbonate facies in a Tertiary inland sea，Murray Basin，South Australia[J]. Sedimentology，2000，47(4)：851 – 881.

[49]Merino - Tomé Ó S，Porta G D，Kenter J A，et al. Sequence development in an isolated carbonate platform (Lower Jurassic，Djebel Bou Dahar，High Atlas，Morocco)：influence of tectonics，eustacy and carbonate production[J]. Sedimentology，2012 Jan；59(1)：118 – 155.

[50]Mullins H T，Lynts G W. Origin of the northwestern Bahama Platform：Review and reinterpretation[J]. Geological Society of America Bulletin，1977，88(10)：1447 – 1461.

[51]Mullins H T. Comment on" Eustatic control of turbidites and winnowed turbidites[J]. Geology，1983，11(1)：57 – 58.

[52]Nairn A E M，Alsharhan A S. Sedimentary basins and petroleum geology of the Middle East[M]. Amsterdam：Elsevier，1997.

[53]Pedley M，Carannante G. Cool – water carbonate ramps[C]. London：Geological Society，London：Special

Publications, 2006.
[54]Pomar L, Bassant P, Brandano M, et al. Impact of carbonate producing biota on platform architecture: Insights from Miocene examples of the Mediterranean region[J]. Earth – Science Reviews, 2012, 113(3 –4): 186 –211.
[55]Pomar L, Brandano M, Westphal H. Environmental factors influencing skeletal grain sediment associations: a critical review of Miocene examples from the western Mediterranean[J]. Sedimentology, 2004, 51(3): 627 – 651.
[56]Pomar L. Ecological control of sedimentary accommodation: evolution from a carbonate ramp to rimmed shelf, Upper Miocene, Balearic Islands[J]. Palaeogeography Palaeoclimatology Palaeoecology, 2001b, 175(1 –4): 249 –272.
[57]Pomar L. Types of carbonate platforms: a genetic approach[J]. Basin research, 2001a, 13(3): 313 –334.
[58]Pomar L U, Kendall C G. Architecture of carbonate platforms: a response to hydrodynamics and evolving ecology[C]// Lukasik J, (Toni) Simo J A. Controls on Carbonate Platform and Reef Development. Tulsa: SEPM Special Publication, 2008: 187 –216.
[59]Rankey E C, Harris P M M . Remote Sensing and Comparative Geomorphology of Holocene Carbonate Depositional Systems[C]//Lukasik J, (Toni)Simo J A. Controls on Carbonate Platform and Reef Development. Tulsa: SEPM Special Publication, 2008: 317 –322.
[60]Read J F. Carbonate platform facies models[J]. AAPG bulletin, 1985, 69(1): 1 –21.
[61]Read J F. Carbonate platforms of passive (extensional) continental margins: types, characteristics and evolution [J]. Tectonophysics, 1982, 81(3 –4): 195 –212.
[62]Reeder S L, Rankey E C. Interactions Between Tidal Flows and Ooid Shoals, Northern Bahamas[J]. Journal of Sedimentary Research, 2008, 78(3): 175 –186.
[63]Santantonio M. Pelagic carbonate platforms in the geologic record: their classification, and sedimentary and paleotectonic evolution[J]. AAPG bulletin, 1994, 78(1): 122 –141.
[64]Sarg J F. Carbonate sequence stratigraphy[C]. //Wilgus C K, Kendall C G St C, Posamentier H W, et al. : Sea level changes: an integrated approach. Tulsa: Society of Economic Paleontologists and Mineralogists, Special Publications, 1988: 155 –181.
[65]Schlager W. Carbonate sedimentology and sequence stratigraphy[M]. Tulsa: SEPM (Society for Sedimentary Geology), 2005.
[66]Schlager W. Scaling of sedimentation rates and drowning of reefs and carbonate platforms[J]. Geology, 1999, 27(2): 183 –186.
[67]Schlager W. Sedimentation rates and growth potential of tropical, cool – water and mud – mound carbonate systems[C]//Insalaco E, Skelton P, Palmer TJ. Carbonate platform systems: components and interactions London: Geological Society, London: Special Publications, 2000: 217 –227.
[68]Scholle P A, Bebout D G, Moore C H . Carbonate depositional environments[C]. Tulsa: American Association of Petroleum Geologists, 1983.
[69]Shahzad K, Betzler C, Ahmed N, et al. Growth and demise of a Paleogene isolated carbonate platform of the Offshore Indus Basin, Pakistan: effects of regional and local controlling factors[J]. International Journal of Earth Sciences, 2018, 107(2): 481 –504.
[70]Sheridan RE, Mullins HT, Austin JA, Ball MM, Ladd JW. Geology and geophysics of the Bahamas[C]// Sheridan R E, Grow J A. The Geology of North America, Volume 1 –2, The Atlantic Continental Margin. U. S. : Geological Society of America, 1988: 329 –364.
[71]Simo J A T, Scott R W, Masse J P. Cretaceous carbonate platforms: An overview[C]//Simo J A T, Scott R

W, Masse J P. Cretaceous Carbonate Platforms. Tulsa: American Association of Petroleum Geologists, 1993: 1 - 14

[72]Smith L B, Read J F. Discrimination of Local and Global Effects on Upper Mississippian Stratigraphy, Illinois Basin, U. S. A[J]. Journal of Sedimentary Research, 2001, 71(6): 985 - 1002.

[73]Tucker M E, Wright V P. Carbonate Sedimentology[M]. Oxford: Blackwell 1990.

[74]Tucker M E, Wilson J L, Crevello P D, et al. Carbonate platforms. Facies, sequences and evolution[M]. Oxford: Intern. Ass. Sedimentologists Spec. Publ. , 1990.

[75]Warrlich G, Dan B, Waltham D, et al. 3D stratigraphic forward modelling for analysis and prediction of carbonate platform stratigraphies in exploration and production[J]. Marine & Petroleum Geology, 2008, 25(1): 35 - 58.

[76]Warrlich G M D, Waltham D A, Bosence D W J. Quantifying the sequence stratigraphy and drowning mechanisms of atolls using a new 3 - D forward stratigraphic modelling program (CARBONATE 3D)[J]. Basin Research, 2002, 14(3).

[77]Watney W L, Franseen E K, Byrnes A P, et al. Evaluating structural controls on the formation and properties of Carboniferous carbonate reservoirs in the northern Midcontinent[C]// Lukasik J, (Toni)Simo J A. Controls on Carbonate Platform and Reef Development. Tulsa: SEPM Special Publication, 2008: 125 - 145.

[78]Webster J M, Wallace L, Silver E, et al. Coralgal composition of drowned carbonate platforms in the Huon Gulf, Papua New Guinea; implications for lowstand reef development and drowning[J]. Marine Geology, 2004, 204(1): 59 - 89.

[79]Williams H D, Burgess P M, Wright V P, et al. Investigating Carbonate Platform Types: Multiple Controls and a Continuum of Geometries[J]. Journal of Sedimentary Research, 2011, 81(1): 18 - 37.

[80]Wilson J L. Characteristics of carbonate - platform margins[J]. AAPG Bulletin, 1974, 58(5): 810 - 824.

[81]Wilson J L. Carbonate facies in geologic history[M]. Berlin: Springer, 1975.

[82]Wright V P, Burchette T P. Carbonate ramps[C]. London: Geological Society, London: Special Publications, 1998.

[83]Wright V P, Burgess P M. The carbonate factory continuum, facies mosaics and microfacies: an appraisal of some of the key concepts underpinning carbonate sedimentology[J]. Facies, 2005, 51(1 - 4): 17 - 23.

[84]Wright V P, Faulkner T J. Sediment dynamics of Early Carboniferous ramps: a proposal[J]. Geological Journal, 1990, 25(2): 139 - 144.

[85]曹颖辉，李洪辉，闫磊，等．塔里木盆地满西地区寒武系台缘带分段演化特征及其对生储盖组合的影响[J]．天然气地球科学，2018，29(06)：796 - 806.

[86]陈永权，严威，韩长伟，等．塔里木盆地寒武纪—早奥陶世构造古地理与岩相古地理格局再厘定——基于地震证据的新认识[J]．天然气地球科学，2015，26(10)：1831 - 1843.

[87]冯增昭，彭勇民，金振奎，等．中国寒武纪和奥陶纪岩相古地理[M]．北京：石油工业出版社，2004.

[88]冯增昭，鲍志东，吴茂炳，等．塔里木地区寒武纪岩相古地理[J]．古地理学报，2006，(04)：427 - 439.

[89]冯增昭，何幼斌，吴胜和．中下扬子地区二叠纪岩相古地理[J]．沉积学报．1993，11(03)：14 - 23.

[90]冯增昭．华北下奥陶统岩相古地理新探[J]．华东石油学院学报，1977，(03)：57 - 79.

[91]顾家裕．塔里木盆地油气勘探的思索[J]．勘探家，1996，(02)：51 - 54 + 10.

[92]关士聪，演怀玉，丘东洲，等．中国晚元古代至三叠纪海域沉积环境模式探讨[J]．石油与天然气地质，1980，(01)：2 - 17.

[93]何登发，李德生，王成善，等．中国沉积盆地深层构造地质学的研究进展与展望[J]．地学前缘，2017，24(03)：219 - 233.

[94]胡明毅，孙春燕，高达．塔里木盆地下寒武统肖尔布拉克组构造 - 岩相古地理特征[J]．石油与天然气地质，2019，40(01)：12 - 23.
[95]李江海，周肖贝，李维波，等．塔里木盆地及邻区寒武纪——三叠纪构造古地理格局的初步重建[J]．地质论评，2015，61(06)：1225 - 1234.
[96]李智超．渭河盆地新生代岩相古地理及环境演化[D]．西安：西北大学，2017.
[97]刘宝珺，许效松．中国南方岩相古地理图集(震旦纪—三叠纪)[M]．北京：科学出版社，1994.
[98]刘存革，李国蓉，罗鹏，等．塔里木盆地北部寒武系大型进积型台地—斜坡地震层序、演化与控制因素[J]．地质学报，2016，90(04)：669 - 687.
[99]刘鸿允．中国古地理图[M]北京：科学出版社，1955.
[100]卢衍豪，朱兆玲，钱义元．中国寒武纪岩相古地理轮廓初探[J]．地质学报，1965，45(4)：349 - 357.
[101]倪新锋，陈永权，朱永进，等．塔北地区寒武纪深层白云岩构造 - 岩相古地理特征及勘探方向[J]．岩性油气藏，2015，27(05)：135 - 143.
[102]倪新锋，沈安江，韦东晓，等．碳酸盐岩沉积学研究热点与进展：AAPG 百年纪念暨 2017 年会及展览综述[J]．天然气地球科学，2018，29(05)：729 - 742.
[103]田雷，崔海峰，刘军，等．塔里木盆地早、中寒武世古地理与沉积演化[J]．石油与天然气地质，2018，39(05)：1011 - 1021.
[104]王鸿祯．中国古地理图集[M]．北京：地图出版社，1985.
[105]严威，邬光辉，张艳秋，等．塔里木盆地震旦纪 - 寒武纪构造格局及其对寒武纪古地理的控制作用[J]．大地构造与成矿学，2018，42(03)：455 - 466.
[106]张光亚，刘伟，张磊，等．塔里木克拉通寒武纪—奥陶纪原型盆地、岩相古地理与油气[J]．地学前缘，2015，22(03)：269 - 276.

第十二章　其他内源沉积岩沉积学

第一节　煤、煤层气及聚煤模式

一、概述

煤(coal)是植物遗体经过复杂的生物、地球化学、物理化学作用转变而成的可燃性岩石。从植物死亡、堆积到转变为煤经过了一系列的演变过程，这个过程称为成煤作用。成煤作用大致可分为两个阶段：第一阶段为腐泥化作用阶段或泥炭化作用阶段，第二阶段为煤化作用阶段，后者包括成岩作用和变质作用，在温度和压力的影响下，泥炭进一步变为褐煤(成岩作用)，再由褐煤变为烟煤和无烟煤(变质作用)。

成煤原始物质及形成环境不同，可以形成两类不同成因类型的煤，即腐殖煤类和腐泥煤类，前者又进一步分为腐殖煤和残植煤，后者可分为腐泥煤和胶泥煤(表 12－1)。

表 12－1　煤的成因分类

成因类型	原始物质		形成环境	形成作用
腐殖煤类	腐殖煤	高等植物的木质素和纤维素为主	滞留沼泽	泥炭化作用
	残植煤	高等植物的稳定组分为主	活水沼泽	残植化作用
腐泥煤类	腐泥煤	低等植物为主，原有结构保存	较深水沼泽、湖泊、浅海	腐泥化作用
	胶泥煤	低等植物为主，原有结构消失		

当泥炭被其他沉积物覆盖时，泥炭化阶段结束，生物化学作用逐渐减弱以至停止。代之的是在温度和压力为主的物理化学作用下，泥炭经过褐煤、烟煤转变为无烟煤的煤化作用。其中泥炭变为褐煤的过程称为泥炭的“成岩作用”，褐煤经过烟煤，转变为无烟煤的过程称为“变质作用”。成岩作用、煤化作用与变质作用的相互关系可参见图 12－1。

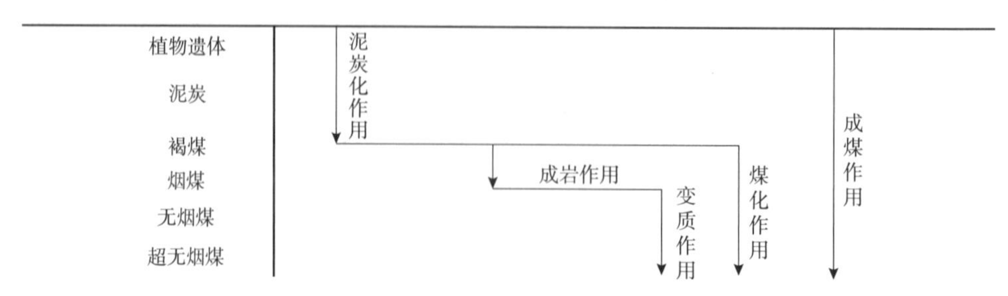

图 12－1　成煤作用的阶段划分(据杨起和韩德馨，1979)

随着煤化作用程度的增强，煤的化学性质和物理性质都在逐渐变化，目前习惯于以工业牌号表示煤的变质程度和煤化程度，而工业牌号是以煤层平均煤样的可燃基挥发分 V_r 值（%）作为主要指标的，即使用平均煤样的 V_r 值来表示煤的变质程度和煤化程度，变质程度越高，V_r 值越低。除挥发分外，煤的镜质组反射率 R_o（%）也广泛用作划分煤化程度的通用指标。

二、煤岩学基础

（一）宏观煤岩组成

1. 宏观煤岩成分

宏观煤岩成分（lithotype of coal）是用肉眼可以区分的煤的基本组成单位，包括：镜煤、亮煤、暗煤和丝炭。其中镜煤和丝炭是简单的煤岩成分，亮煤和暗煤是复杂的煤岩成分（斯塔赫，1982；中国煤田地质总局，1996）。

1）镜煤（vitrain）

镜煤呈黑色，光泽强，质均匀而脆，具有贝壳状断口。内生裂隙特别发育，内生裂隙面常呈眼球状，有时充填有方解石、黄铁矿等薄膜。在煤层中镜煤常呈透镜状或条带状，大多厚几毫米到 1 ~2cm，有时呈线理状夹在亮煤或暗煤中。

2）亮煤（clarain）

亮煤是最常见的煤岩成分。不少煤层以亮煤为主组成较厚的分层，甚至整个煤层。亮煤的光泽仅次于镜煤，性较脆，内生裂隙发育，比重较小，有时也有贝壳状断口。亮煤的均一程度不如镜煤，表面隐约可见微细纹理，亮度和内生裂隙发育程度逊于镜煤。

3）暗煤（durain）

暗煤的特点是光泽暗淡，一般呈灰黑色，致密，比重大，内生裂隙不发育，坚硬而具韧性。在煤层中，可以由暗煤为主形成较厚的分层，甚至单独成层。

4）丝炭（fusain）

外观像木炭，颜色灰黑，具有明显的纤维状结构和丝绢光泽。丝炭疏松多孔，性脆易碎，能染指。丝炭的空腔常被矿物质所充填。在煤层中，一般丝炭的数量不多，常呈扁平透镜体沿煤的层面分布，大多厚 1 ~2mm 至几毫米，有时也能形成不连续的薄层。

2. 宏观煤岩类型

宏观煤岩成分是煤的岩石分类的基本单位。通常根据煤的平均光泽强度、宏观煤岩成分的数量比例和组合情况划分出宏观煤岩类型（macrolithotype of coal），作为观察煤层的单位。所谓平均光泽强度是指同一剖面上，相同煤化程度的煤而言。宏观煤岩类型按平均光泽的强弱依次分为：光亮型煤、半亮型煤、半暗型煤和暗淡型煤四种基本类型（表 12 -2）。

表 12 -2　宏观煤岩类型的划分指标（据韩德馨，1996）

宏观煤岩类型	划分指标	
	总体相对光泽强度	光亮成分含量/%
光亮煤	强	>75
半亮煤	较强	50 ~75

续表

宏观煤岩类型	划分指标	
	总体相对光泽强度	光亮成分含量/%
半暗煤	较弱	25～50
暗淡煤	暗淡	≤25

1)光亮型煤(bright coal)

主要由镜煤和亮煤组成，光泽很强。由于成分较均一，通常条带状结构不明显。光亮型煤具有贝壳状断口，内生裂隙发育，脆度较大，容易破碎。显微镜下观察，镜质组含量一般在80%以上。

2)半亮型煤(semibright coal)

常以亮煤为主，有时由镜煤、亮煤和暗煤组成，也可能夹有丝炭。平均光泽强度较光亮型煤稍弱。半亮型煤的特点是条带状结构明显，内生裂隙较发育，常具有棱角状断口，或呈阶梯状。半亮型煤是最常见的煤岩类型，如华北晚石炭世煤层多半是由半亮型煤组成。显微镜下观察，镜质组含量为60%～80%。

3)半暗型煤(semidull coal)

由暗煤及亮煤组成，常以暗煤为主，有时也夹有镜煤和丝炭的线理、细条带和透镜体。半暗型煤的特点是光泽比较暗淡，硬度和韧性较大，比重较大。显微镜下观察，镜质组含量为40%～60%。

4)暗淡型煤(dull coal)

主要由暗煤组成，有时有少量镜煤、丝炭或夹矸透镜体，光泽暗淡，通常呈块状构造，致密，层理不显。煤质坚硬、韧性大，比重大，内生裂隙不发育。个别煤田，如青海大通煤田有以丝炭为主组成的暗淡型煤。

各种宏观煤岩类型的分层在煤层中往往多次交替出现。逐层进行观察、描述和记录，并分层取样，是研究煤层的基础工作。

(二)煤岩显微组分

普通显微镜下区别出的煤的最小组成单位，简称显微组分，由植物遗体转变而成。

煤岩显微组分在透射光下根据颜色、形态、结构的不同，可以分为3个显微组分组。根据《国际煤岩学手册》第二次第三版补充，褐煤和烟煤中显微组分的分类命名有所不同(斯塔赫，1982)：褐煤中的3个显微组分组称为腐殖组(huminite)、惰质组(inertinite)和类脂组(liptinite)；烟煤中相应称为镜质组(vitrinite)、惰质组和稳定组(exinite)。根据植物组织的分解程度和结构保存程度的不同，每个显微组分组又可进一步详细分为多种显微组分。

目前国际煤岩学术委员会的显微组分分类方案(ICCP，1998)(表12－3)是侧重于化学工艺性质的分类。该分类首先按成因和工艺性质的不同，将煤岩分为镜质组、类脂组(壳质组或稳定组)和惰质组三大组分，然后按植物组织的凝胶化与破碎程度划分显微组分亚组，再依据在显微镜下的颜色、形态、结构和突起等特征划分显微组分(Taylor等，1998)。

按照上述分类方案，各显微组分的特征如下。

表 12－3 国际硬煤的显微组分分类方案(据 ICCP，1998)

显微组分组 Group	亚组 Subgroup	显微组分 Maceral
镜质组 Vitrinite	结构镜质亚组 Telovitrinite	结构镜质体 Telinite
		胶质结构镜质体 Collotelinite
	凝胶镜质亚组 Gelovitrinite	凝胶体 Gelinite
		团块凝胶体 Corpogelinite
	碎屑镜质亚组 Detrovitrinite	胶质镜屑体 Collodetrinite
		镜屑体 Vitrodetrinite
类脂组 Liptinite		孢子体 Sporinite
		角质体 Cutinite
		树脂体 Resinite
		木栓质体 Suberinite
		藻类体 Alginite
		叶绿素体 Chlorophyllinite
		沥青质体 Bituminite
		渗出沥青体 Exsudatinite
		类脂碎屑体 Liptodetrinite
惰质组 Inertinite	具细胞结构亚组 Macerals with plant cell structures	丝质体 Fusinite
		半丝质体 Semifusinite
		真菌体 Funginite
	无细胞结构亚组 Macerals w/o plant cell structures	分泌体 Secrinite
		粗粒体 Macrinite
		微粒体 Micrinite
	碎屑惰质亚组 Fragmented inertinite	惰屑体 Inertodetrinite

1)镜质组

镜质组是腐殖煤最主要的显微组分，在中国大多数晚古生代煤中，镜质组含量在55%～80%以上。镜质组主要起源于高等植物茎干、根和叶的木质组织及薄壁组织细胞壁的木质素和纤维素，部分亦来自渗入细胞壁和充填细胞腔的丹宁、蛋白质、类脂物质(包括细菌的)，细菌、真菌的代谢产物也参与了镜质组的形成(Teichmüller，1989)。镜质组根据凝胶化作用深浅不同及分解程度不同，可划分为结构镜质亚组、凝胶镜质亚组和碎屑镜质亚组，其中结构镜质亚组包括结构镜质体和胶质结构镜质体，凝胶镜质亚组包括凝胶体和团块凝胶体，碎屑镜质亚组以胶质镜屑体及镜屑体为代表。

在低煤化烟煤中，镜质组的透光色为橙—橙红色，反射光下为灰色，无突起，油浸反射光下呈深灰色。随着煤级增高，反射色变浅，在高煤化烟煤和无烟煤中呈白色。由此看出，镜质组反射率随煤级升高而增大的规律明显。镜质组具弱荧光性或不具荧光性。荧光色多呈红橙色或红褐色，不同的镜质组组分的荧光色和荧光强度亦有所不同，其中以基质镜质体的荧光性较为明显。镜质组的荧光性亦取决于煤级和沥青化程度，在镜质组反射率为0.8%～

1.1%的烟煤中，荧光强度最大。

在各显微组分组中，镜质组的氧含量最高，氢含量和挥发分高于惰质组而低于类脂组，是天然气的主要来源之一。由于镜质组是煤中最主要的显微组分，因此其特性对煤的用途有很大影响。焦化时，中煤化烟煤中镜质组易熔，具黏结性；在加氢液化时，镜质组的转化率较高。镜质组的密度在1.27～1.80g/cm^{3}间，随煤级而异，镜质组中微孔隙发育，孔径小于2nm至大于50nm。

2)类脂组

在典型的腐殖煤中，类脂组是次要的显微组分，在腐泥煤和油页岩中富含类脂组。类脂组起源于高等植物中孢粉外壳、角质层、木栓层等较稳定的器官、组织、树脂、精油等植物代谢产物，以及藻类、微生物降解物。植物的类脂物及蛋白质、纤维素和其他碳水化合物是类脂组典型的物源。类脂组包括孢子体、角质体、树脂体、木栓质体、藻类体、叶绿素体、沥青质体、渗出沥青质体和类脂碎屑体等九种显微组分。其中，渗出沥青体是煤化过程中沥青化作用开始时形成的一种次生显微组分。

在低煤化烟煤中，类脂组在透射光下透明，呈黄到红橙色，大多轮廓清楚，外形具明显特征。反射光下呈深灰色，正突起，随反射率增高，突起降低。油浸反射光下呈黑色到很暗的灰色，反射率通常是三组显微组分中最低的，有时类脂组具有红色到橙色的内反射。随着煤化程度的增加，类脂组的反射率增长比共生的镜质组的反射率增长快，在镜质组反射率为1.3%～1.5%的煤中已经难以区别类脂组和镜质组；但在无烟煤中，由于类脂组的强各向异性已超过镜质组，仍可识别，这时可称其为各向异性类脂体，Teichmuller(1989)建议叫作Meta－exinite，译名为变壳质体或高煤化壳质体。

类脂组有明显的荧光效应，荧光强度比同一煤或岩石中的镜质组要强，其荧光特征既是区分某些类脂体的主要依据，又是鉴定煤级和源岩成熟度的主要标志。在镜质组反射率R_{omax}为1.3%～1.5%的煤和岩石中，类脂组大多已不发荧光。

在各显微组分组中，类脂组的氢含量、挥发分和产烃率最高，富含饱和烃、脂肪酸(Tissot和Welts，1984)，是源岩中主要的油源型组分。在焦化和液化时，类脂组的活性强，固体残渣少；在焦化时，类脂组具黏结性，能产生大量的焦油和气体。类脂组的密度较小，可用重液分离将其富集。

3)惰质组

惰质组又称惰性组。它是大多数煤中含量居第二位的常见显微组分组，由于在焦化过程中，大多数惰质组组分并不软化且具惰性而得名。惰质组的成因多种多样。像植物组织的火焚、腐解、受真菌侵袭，以及地球化学煤化作用和氧化作用等，都能导致惰质化。在惰质组中，进一步可分出丝质体、半丝质体、粗粒体、微粒体、真菌体、分泌体和惰屑体(惰质碎屑体)七种显微组分。

惰质组的反射率在三个显微组分组中通常是最高的，仅在高阶无烟煤阶段，镜质组和类脂组的最大反射率可超过惰质组；在同一煤层中，各种不同的惰质组组分的反射率值可有相当大的变化。惰质组的透射色呈棕色、深棕色至黑色，其反射色由浅灰色、灰白色、白色到黄白色，具正突起。惰质组无荧光或具弱荧光。惰质组的碳含量高，氧和氢含量低，芳构化程度高。

在中国西北地区早、中侏罗世煤中，惰质组含量高达35%～50%，致使大量低中煤化烟煤在分类上归属于不黏煤或弱黏煤。华北晚石炭世煤中惰质组含量大多不超过25%～30%，早二叠世山西组煤中惰质组含量不超过45%，而新生代煤中惰质组含量最低，大多低于2%。

(三)煤中矿物质

煤中除有机显微组分外，还有各种矿物质。煤的灰分和硫分主要由矿物质形成，它对煤的用途有极其不良的影响。因此，在煤田勘探中，研究煤中矿物的成分、含量及分布状态，对煤质评价，尤其是煤的可选性评价是有意义的。煤中矿物质的特征能反映成煤聚积环境的地球化学等特点，有助于阐明煤层的成因及某些伴生元素的赋存规律。

煤中常见的矿物主要有黏土、硫化物、氧化物和碳酸盐等四类。我国煤中最常见的矿物是黏土矿物、黄铁矿、石英和方解石。

(四)煤的结构和构造

煤的结构是指宏观或显微镜下所见各种煤岩成分或显微组分单体的形态、大小和内部特征。煤的构造是指各种宏观组成或显微组分的共生状态、空间分布和排列方式。

1. 宏观结构、构造

1)煤的宏观结构

最常见的煤的宏观结构有下列几种：

(1)条带状结构。

宏观煤岩成分多呈各种形状的条带，在煤层中相互交替而呈条带状结构。按条带的宽度可分为：细条带状——宽1～3mm；中条带状——宽3～5mm；宽条带状——大于5mm。条带状结构在烟煤中表现明显，尤以半亮型煤和半暗型煤中最常见。褐煤和无烟煤中条带状结构不明显。

(2)线理状结构。

镜煤、丝炭及黏土矿物等常以厚度小于1毫米的线理断续分布在煤层各部分，呈现线理状结构。半暗型煤中常见。

(3)透镜状结构。

镜煤、丝炭及黏土矿物、黄铁矿透镜体散布在暗煤或亮煤中，呈现透镜状结构，常见于半暗型煤、暗淡型煤。

(4)均一状结构。

组成较均匀。镜煤的均一状结构较典型，某些腐泥煤、腐殖腐泥煤也具有均一状结构。

(5)粒状结构。

由于煤中散布着大量稳定组分或矿物质而呈粒状。某些暗淡型煤有粒状结构，如淮南某些暗淡型煤中含有大量小孢子和木栓层而呈粒状结构。

(6)木质结构。

是植物茎部原有的木质结构在煤中的反映，一般是在泥炭化阶段由于凝胶化作用中断而保存，多见于褐煤及低煤化的烟煤。山西繁峙褐煤中保存的木质结构特别清楚，故当地称为“柴皮炭”。辽宁阜新长焰煤的镜煤中常保存良好的木质结构。

(7)纤维状结构。

经过丝炭化的植物茎部组织呈细长纤维状，疏松多孔，见于丝炭。

(8)叶片状结构。

煤中大量的角质层或木栓层沿层面分布，具有纤细的页理，能被分成薄片状或纸状、叶片状。云南禄劝角质残植煤具有叶片状结构。

2)煤的宏观构造

层理是煤层的主要构造标志。最常见的是水平层理，大多为连续水平层理，也有断续的水平层理，偶见水平波状层理和斜波状层理。这些层理反映成煤时期水流比较波动，不甚稳定。

层理不显的称为块状构造。块状构造的煤外观均一致密。腐泥煤、腐殖腐泥煤常见块状构造，它是在滞水条件下，植物有机质极缓慢而又均匀沉淀的情况下形成的。某些暗淡型煤也具有块状构造。

2. 煤的显微结构、构造

1)显微结构

显微镜下常见的结构主要有：微条状带结构、微透镜状结构、微线理状结构、微团块状结构、粒状结构、木质结构、微团粒状结构、微角砾状结构、微"斑"状结构、生物屑结构等。

2)显微构造

原生显微构造主要有：显微水平层状构造、交错层状构造、原生挠曲构造等。

煤层受地质应力作用形成的显微构造有显微断层构造和显微褶曲构造等。

(五)煤的物理性质

煤的物理性质包括：光泽、颜色、硬度、脆度、断口、比重、容重、导电性和孔隙性等等。煤的物理性质是在煤的形成和变化过程的不同阶段，受成煤原始物质、聚积环境、煤化作用等因素的影响而逐渐形成的。根据煤的物理性质可以确定煤的成因类型、宏观煤岩成分和煤化程度，作为初步评价煤质的依据，并用以研究煤层的成因和变质等地质问题。

(六)煤的化学性质

煤的化学性质主要是测定煤的水分、灰分、挥发分、固定碳这四种化学组分，有时也测定煤的黏结性、发热量等性质。

三、煤层气地质

(一)煤层气的定义及开发意义

煤层气是指赋存在煤层中以甲烷为主要成分、以吸附在煤基质颗粒表面为主，并部分游离于煤孔隙中或溶解于煤层水中的烃类气体。

开发利用煤层气的意义：①煤层气是一种新型洁净能源，其开发利用可在一定程度上弥补常规油气能源的不足；②减轻矿井灾害程度和减低矿井生产成本。③减少温室气体的排放，保护大气环境；甲烷是大气中主要的温室气体之一，对红外线的吸收能力极强，其温室效应是二氧化碳的20多倍。仅煤矿开采过程中，甲烷的排放量就占所有化石燃料排放量的一半，因此，煤层气的开发利用可有效降低温室效应(苏现波等，2001)。

(二)煤储层及煤层气的物质组成

1. 煤层气的形成

植物体埋藏后，经过微生物的生物化学作用转化为泥炭(泥炭化作用阶段)，泥炭又经历以物理化学作用为主的地质作用，向褐煤、烟煤和无烟煤转化(煤化作用阶段)，在煤化作用过程中，成煤物质发生了复杂的物理化学变化，挥发分含量和含水量减少，发热量和固定碳含量增加，同时也生成了以甲烷为主的气体。

煤层气有两种基本成因类型，即生物成因气和热成因气。

生物成因气：各类微生物经过一系列复杂作用过程导致有机质发生降解而形成的。生物成因气又可以根据产生阶段的不同分为原生生物气和次生生物气。原生生物气是在煤化作用早期(R_o<0.5%)，在较低的温度下(一般低于50℃)，在煤层埋藏较浅处(<400m)，在细菌的参与和作用下，微生物对有机质发生分解作用而形成的以CH_4为主要成分的生物生成气。Rice(1981)和Scott(1994)等认为在近地质历史时期，煤层被抬升，活跃的地下水系统和大气淡水形成了微生物活动的有利环境，在相对较低的温度下，微生物降解和代谢煤层中已经形成湿气、甲烷和其他有机化合物，生成次生生物气(主要是CO_2和CH_4)。

热成因气：指随着煤化作用进行，伴随温度升高、煤分子结构与成分的变化而形成的烃类气体。

2. 煤层气的化学组成

煤层气的化学组分有烃类气体(甲烷及同系物)、非烃类气体(二氧化碳、氮气、氢气、一氧化碳、硫化氢以及稀有气体氦、氩等)。其中，甲烷、二氧化碳、氮气是煤层气的主要成分，尤以甲烷含量最高，二氧化碳和氮气含量较低，一氧化碳和稀有气体含量甚微，各种气体的物理性质见表12-4。

表12-4　煤层气成分的物理性质(据傅当海等，2007)

气体	CH_4	CO	CO_2	H_2S	SO_2	NO	H_2
味	无	微有甜	略带酸味	臭味	酸味硫黄味	有刺激味	无
色	无	无	无	无	无	褐红色	无
相对密度	0.554	0.97	1.52	1.19	2.2	1.57	0.07
水溶性	难溶	微溶	易溶	易溶	易溶	极易溶	微溶
爆炸性	5.3~16	12.5~75	不爆	4.3~45.5	—	—	4~74.2
毒性	无	有	无	有	有	有	无

3. 煤储层的物质组成

煤储层是由煤基质块(被裂隙切割的最小基质单元)、气、水(油)三相物质组成的三维地质体。其中煤基质块则由煤岩和矿物质组成；气组分具有四种相态，即游离气(气态)、吸附气(准液态)、吸收气(固溶体)、水溶态(溶解气)；水(油)组分也有三种形态，即裂隙和大孔隙中的自由水，显微裂隙、微孔隙和芳香层缺陷内的束缚水，与煤中矿物质结合的化学水。在一定的压力、温度、电、磁场中各相组分处于动平衡状态。

(三)煤储层压力

煤层气以游离、吸附、固溶和溶解多种状态赋存于煤储层中。其中吸附状态是煤层气最主要的赋存形式，储层压力是控制煤层吸附气量的最关键因素。

煤储层压力，是指作用于煤孔隙—裂隙空间上的流体压力(包括水压和气压)，故又称为孔隙流体压力，相当于常规油气储层中的油层压力或气层压力。

煤储层压力受地质构造演化、生气阶段、水文地质条件(水位、矿化度、温度)、埋深、含气量、大地构造位置、地应力等诸多因素的影响。

煤层埋深和地应力是储层压力的主要控制因素。

(四)影响煤储层含气性的地质因素

1. 生气的有机组分—煤岩显微组分

煤岩显微组分：显微镜下煤岩成分通常划分为镜质组、惰质组、类脂组三大有机显微组分组，三种煤岩组分的烃气产率，以类脂组最高，镜质组次之，惰质组最低。

2. 变质程度及热演化

含煤盆地的构造—热演化过程直接影响着煤层的变形变质程度以及煤层气的生成、聚集和成藏，反映在煤变质程度上，煤层的生气量和储气能力都受煤变质程度的控制，所以煤变质程度对煤层气藏的形成具有重要作用。

3. 储集空间

作为煤层气储集层的煤层是一种双孔隙岩石，具有裂隙和基质孔隙。所谓裂隙是指煤中自然形成的裂缝。基质孔隙是由这些裂缝围限的基质块内的微孔隙。裂隙对煤层气的运移和产出起决定作用，基质孔隙主要影响煤层气的赋存。

基质孔隙可根据成因和大小进行分类，按成因可将孔隙区分为气孔、残留植物组织孔、溶蚀孔、晶间孔、原生粒间孔等；按孔隙大小区分为微孔、小孔(过渡孔)、中孔、大孔，据孔隙大小进行的分类有多种方案，但因研究对象、目的不同，孔隙大小界限而有所差异。

裂隙按形态和成因可分为三类：内生裂隙、外生裂隙、继承性裂隙。

4. 保存条件

1)煤储层围岩物性及封盖能力

煤层顶底板是封堵煤层气的第一道屏障，是煤储层围岩组合中最重要的岩层。其主要岩石类型有碳酸盐岩、砂岩、泥岩、油页岩及砂泥岩互层。

2)构造类型

不同类型的地质构造，在其形成过程中构造应力场特征及其内部应力分布状况的不同，均会导致煤储层和封盖层的产状、结构、物性、裂隙发育状况及地下水径流条件等出现差异，并进而影响到煤储层的含气特性。

煤层气有关的构造可归纳为向斜构造、背斜构造、褶皱—逆冲推覆构造和伸展构造四个大类，控气构造类型主要有：向斜构造(宽缓向斜、不对称向斜)、背斜构造(对称背斜、不对称背斜、次级背斜)，褶皱—逆冲推覆构造(褶皱推覆、逆冲推覆)、伸展构造(单斜断块、断陷盆地、滑动构造)。其中，向斜构造和逆冲推覆构造是有利的储气类型。

3)水文地质条件

水文地质条件是影响煤层气赋存的一个重要因素。煤层气以吸附状态赋存于煤层的孔隙中，地层压力通过煤中水分对煤层气起封闭作用。因此水文地质条件对煤层气保存、运移影响很大，对煤层气开采也至关重要。水文地质控气作用可以分为3种形式：水力运移逸散控气作用、水力封堵控气作用、水力封闭控气作用。在一定条件下煤层和上下含水层整体成为一个地下水系统，共同构成产层。煤层气产出中，水气流动机理及地下水的运动方式都会影响煤层气解吸渗流。

4）煤变质程度

煤层含气量随煤变质程度（即煤级）的增加呈现出急剧增高—缓慢增高—急剧增高—急剧降低的阶段性演化特征，某一煤变质程度阶段最高含气量的连线附近的矿区或井田均为煤储层封盖条件极好或煤储层渗透率极差的地区（图12-2）。

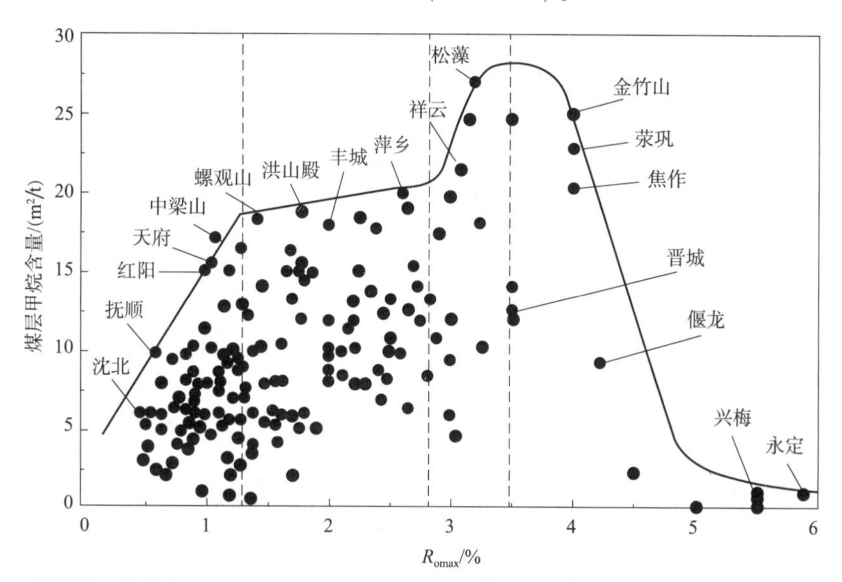

图12-2 中国煤层气含量随煤变质程度的演化趋势图（据秦勇等，1999；傅雪海等，2007，修改）

每一数据点代表一个矿区或井田的平均值

四、聚煤模式

（一）泥炭沼泽类型

泥炭沼泽广泛分布于内陆地区，其成因是由于湖泊等水体逐渐淤浅而沼泽化，或由于洼地过分湿润而沼泽化。泥炭沼泽可分为3种基本类型，即低伏泥炭沼泽、凸起泥炭沼泽和漂浮泥炭沼泽（McCabe，1984）。

低伏泥炭沼泽，也称为低位泥炭沼泽，是指位于低洼处，主要靠地下水补给的沼泽。地下水位的高度几乎与沼泽表面相等，故沼泽常被水淹没或周期性地被水淹没。由于地下水带来大量的溶解矿物质，为植物的生长提供了丰富的养料，所以这类沼泽又称为富营养沼泽。这种条件使得高等植物能够大量繁殖，可形成茂密森林沼泽，但在许多地表异常湿润的地方，则大量发育芦苇和水百合等植物，总体来说，植物类型分异度很高。沼泽通常为弱酸性，pH值为4.8～6.5。由于地下水带来大量矿物质，泥炭的灰分较高。

凸起泥炭沼泽，也称为高位泥炭沼泽，其主要特点是具有凸起的、不反映原先地形（下伏地形）的沼泽上表面。由于沼泽表面的升高，使沼泽高于地下水位，从而失去了地下水的补给。高位泥炭沼泽主要靠大气降水补给，故矿物养分低，又称贫营养沼泽。在温带地区，高位泥炭沼泽以草本的植物为主，在热带地区则是以茂密森林为特征，不论是温带还是热带地区，植物群落都呈现出明显的环状分带。由于沼泽中的水是高酸度的（pH值为3.3～4.6），这导致了在热带沼泽中植物种类的减少，以及在中间部分出现比较矮小的植物形态。

漂浮泥炭沼泽，出现在一些比较浅的湖泊或其他蓄水盆地中，有人称之为颤沼。在湖泊或其他蓄水盆地的边缘浅水带，由半水生植物形成的泥炭席，可在分解作用产生的气泡作用下，部分撕裂开并浮起到水面，形成漂浮泥炭席。当水面足够开阔时，漂浮的泥炭席可以移动，并与其他漂运的植物物质一起沿湖泊边缘堆积，甚至覆盖了整个湖泊。因漂浮泥炭席高出水面，受洪泛影响小，故灰分较低。这种泥炭的下伏沉积物通常是有机软泥。有时具有自下而上由炭质泥岩变为煤的层序。

以上这三种与泥炭堆积作用有关的沼泽类型，可以被看作是泥炭沼泽形态随时间而演化的连续系列中的一个部分或者说一个阶段(图 12－3)，洼地可以因过分湿润而发展成为低伏泥炭沼泽。随着植物遗体的不断堆积，泥炭层不断加厚，在泥炭沼泽中部养分、矿物质来源减少的情况下，发育了一些不需要很多养分的特有植物，如水苔类。这种植物抗分解能力很强，它们逐步积累可使泥炭沼泽表面逐渐凸出水面，地下水位相对下降，演化为过渡类型，最终演化成为凸起泥炭沼泽。浅湖可通过先在边缘部分发育漂浮泥炭沼泽，而后整个演化成为低伏泥炭沼泽并最终发育成为凸起泥炭沼泽。

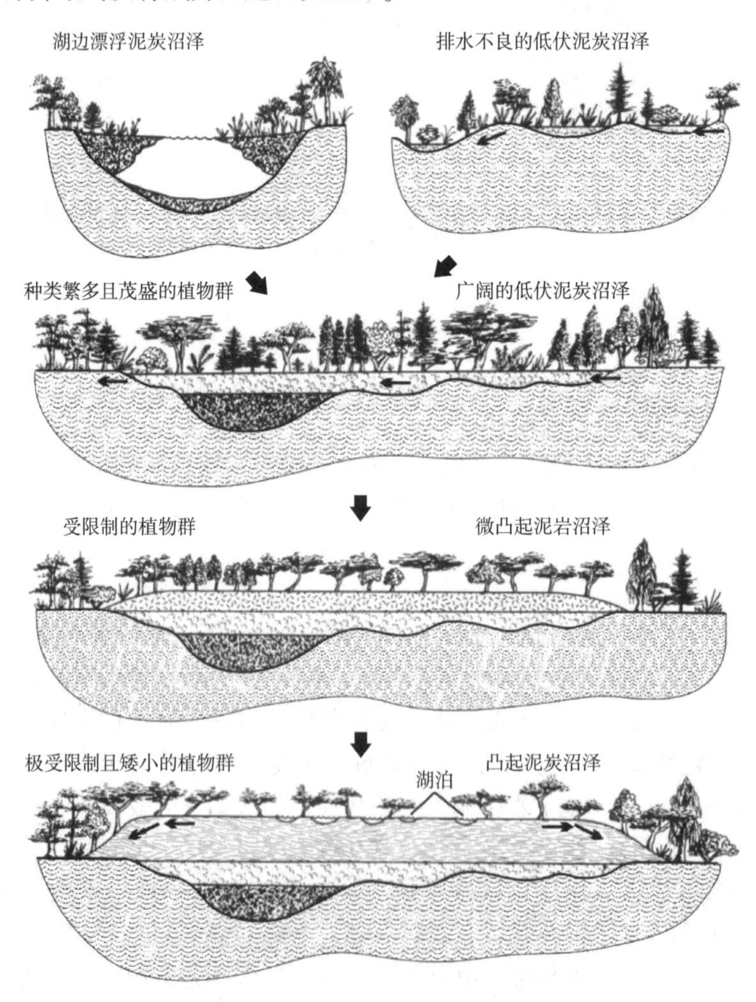

图 12－3　泥炭沼泽类型的演化序列和泥炭类型的垂直分带(据 McCabe，1984，修改)

关于含煤地层的沉积相模式研究发现，泥炭的堆积与碎屑沉积物的活跃程度有关，优质的具有成煤潜力的泥炭沼泽一般发育在没有碎屑沉积物规律性注入的区域。在凸起泥炭沼泽中，由于沼泽表面的升高而自身具有分离碎屑物质的特性，因此能够发育优质的具有成煤潜力的泥炭。腐殖化作用(泥炭剖面中有机物质的分解)在地下水位相对静止的环境下能够限制煤层的发育，使其厚度最大只能达到3m左右，因此，有学者认为厚煤层的保存依赖于地下水位的不断上升，而沼泽中基准面的上升可以直接控制地下水位的升高(McCabe和Parrish，1992)，这里提到的沼泽中的基准面是指腐殖化作用超过有机物供给的界面。沼泽在基准面持续上升的情况下可以持续发育上千年，但是当区域性的地下水位突然下降的时候，沼泽将会由于没有稳定的地下水源而逐渐消亡。除此之外，沼泽的发育也会到气候、构造、沉降速率等因素的影响。

沼泽的发育和中止与可容空间及其变化速率密切相关，高的可容空间增加速率以及相对较少的碎屑沉积物注入将有利于沼泽的发育。基准面的下降将不利于泥炭的堆积，之前堆积的泥炭可能随着基准面的下降而逐渐被氧化分解，或者随着基准面的下降而遭受河流下切的侵蚀。在低位体系域时期，下切谷被破坏并且部分被充填，横向上与之等时的河道间遭受暴露和风化，并且逐渐形成古土壤或发育薄煤层。在基准面上升阶段，下切谷被河流(上倾方向)或河口沉积物(下倾方向)回填，直到回填的沉积物部分溢出到河道间(此界面对应Van Wagoner等，1988提出的初始湖泛面或海泛面)。在海侵体系域时期，基准面的上升速率相对增加，基准面在整个海侵体系域过程中逐渐升高，河流会随着基准面的上升而逐渐退积，结果造成碎屑沉积物供应被有效地延迟(Posamentier等，1988)。此时期，河流梯度逐渐降低，悬浮载荷与床沙载荷的比值逐渐增加，可容空间向陆地方向逐渐增大，其结果形成了具有较高的地下水位并且很少或没有碎屑沉积物注入的广阔区域，从而为沼泽的发育提供了理想场所。

(二)层序地层格架下的煤层分布模式

在Bohacs和Suter(1997)的层序地层格架下煤层几何形态和厚度预测模型中(图12-4)，由于低位体系域可容空间产生速度是高位体系域可容空间产生速度的镜像，因而低位体系域和高位体系域的煤层在几何分布形态和厚度上都比较相似，均为中等厚度、连续分布的煤层；海侵体系域初期和末期，可容空间增加速率与泥炭聚集速率平衡，此时有利于形成厚且孤立的煤层，海侵体系域中期则因可容空间增加速率过快而导致形成的煤层较薄且不连续。有学者研究认为最大海(湖)泛面的位置并不是位于海(湖)侵体系域的中部，而是位于图12-4(a)中的4和5阶段相交的位置，当没有沉积物供给或供给速率极低时，最大海(湖)泛面位于海(湖)平面上升与下降的转折点，即海(湖)平面的最高点；而沉积物供给速率较高时，最大海(湖)泛面会逐渐靠近海(湖)平面上升拐点(R)，在含煤岩系中沉积物供给速率一般都相对较高，最大海(湖)泛面位置与R点位置一般极为接近，正常情况下可以将二者近似地理解为同一位置，即海侵体系域和高位体系域交界的最大海(湖)泛面位置(邵龙义等，2009)。针对该模式图，正确的理解应该是聚煤作用强度围绕着最大海泛面在海侵体系域和高位体系域表现为镜像分布。在层序地层格架中，这种可容空间增加速率与泥炭堆积速率的平衡所在的时间段即是厚煤层的位置，依据这一机理可以建立起层序地层格架中的厚煤层分布模式。

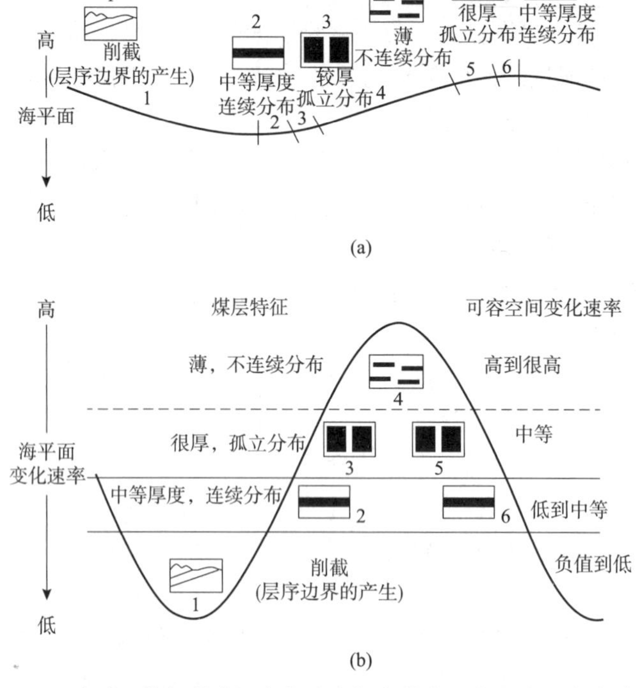

图 12－4　层序地层格架基准面变化速率与在给定泥炭聚集速率的情况下的煤层厚度及几何形态关系的预测模型(据 Bohacs 和 Suter，1997)

(三)近海型含煤岩系层序地层格架下的厚煤层分布模式

若将形成煤层的滨岸平原视为坡度一定且地形平缓的理想状态，一个三级海平面升降旋回中，在海平面从最低点向最高点运动的阶段，有利于煤层发育的过渡环境将向陆地方向迁移；而在海平面从最高点向最低点运动的阶段，有利于煤层形成的过渡环境将向海的方向迁移[图 12－5(a)]。同时，在三级海平面变化的过程中还伴有四级海平面的升降运动，在每一个四级海平面旋回中，当海平面上升导致地下水位上升，形成泥炭沼泽。由于在这种理想状态下，煤层的横向延展性在不同时期是一样的，因此海平面变化的不同阶段形成的煤层，其厚度存在一定差异(邵龙义等，2008、2017)。

邵龙义等(2009)的研究提出，不同古地理背景下及不同体系域中，可容空间增加速率与泥炭聚集速率的平衡关系是不同的，因此所形成的煤层不只是在厚度上不同，而且煤岩煤质特征也会有所不同(图 12－5)。在距物源区较近的冲积体系或滨海平原过渡相靠陆一侧的背景下，因有丰富的陆源碎屑供给而常常处于补偿或过补偿状态，即图 12－5(b)中的泥炭堆积速率大于可容空间增加速率($R_P>R_A$)，只有当海平面(基准面)上升速率相当大、可容空间快速增加时，即相当于最大海泛面位置，相对海平面上升速率/可容空间增加速率才会与泥炭堆积速率保持平衡，适于泥炭层堆积的可容空间可以持续很长时间，从而形成厚煤层。与此相反，对于远离陆源区的滨外陆棚或碳酸盐台地背景中形成的含煤岩系，可容空间增加速率大于泥炭聚集速率，即图 12－5(b)中的 $R_A>R_P$，只有相对较慢的海平面上升速率才会维持适于泥炭层堆积速率的平衡，而形成较厚煤层。相反，海平面上升速度过快，大大超过泥炭堆积速率时，水体则会变深而不适于植物生长，其结果是适于泥炭层堆积的可容空间不能长期存在，从而只能形成厚度较小的煤层。因此，在滨外陆棚和碳酸盐台地背景中，厚度较大的煤层可能只会在海侵面处形成，而在最大海泛面处形成的煤层，其厚度往往较小(邵龙义等，2009)。

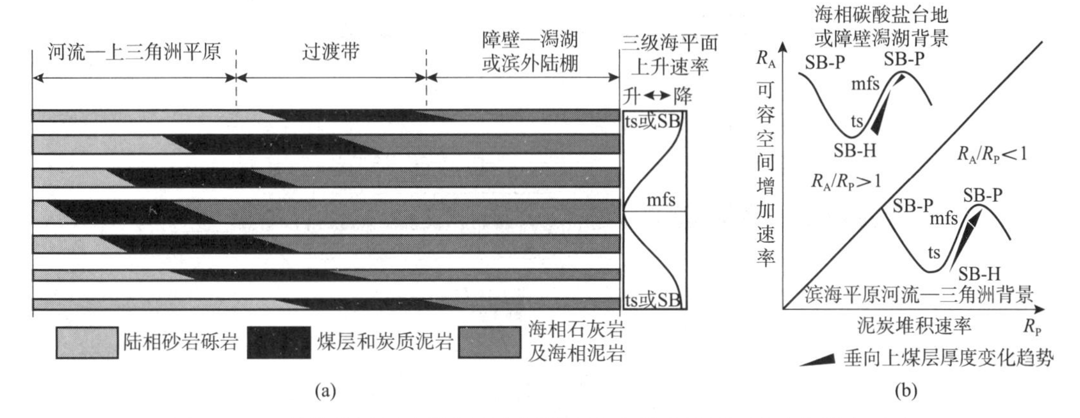

图 12－5　近海背景下含煤岩系中厚煤层分布模式及受可容空间增加速率与泥炭堆积速率平衡关系控制的煤厚变化趋势(据邵龙义等，2009、2021，修改)

SB—层序界面，SB－P—Posamentier and Allen(1999)所指的层序界面；
SB－H—Hunt 和 Tucker(1992)所指的层序界面；ts—海侵面；mfs—最大海泛面

(四)海相层滞后阶段聚煤

Shao 等(2003)提出了“海相层滞后时段聚煤”的思想，即煤层形成于海平面上升过程中的海相石灰岩沉积“滞后时段”，滞后时段(Lag Time)指在海平面上升至碳酸盐岩台地之上到碳酸盐真正开始沉积之前的一段时间。很多学者研究发现，全新世冰期后海平面上升到佛罗里达陆棚上之后，碳酸盐并没有立刻沉积，而是在数千年之后才进行沉积，在这数千年甚至更长的滞后时段中，红树林泥炭则大量发育形成了红树林泥炭层，最终的层序是沉积间断面—红树林泥炭层—海相碳酸盐沉积，这一看法可解释中国晚古生代大部分以石灰岩为煤层顶板的含煤旋回层成因。

图 12－6 可以用来说明一个典型的海平面升降旋回中含煤层序形成过程中海平面变化与聚煤作用的关系(邵龙义等，2008)，在低水位期(海平面 1)，海平面位置较低，基底暴露，广泛发育以根土岩为代表的古土壤，代表一段时间的沉积间断；在重新海侵初期(海平面 2)，在海侵造成的基准面不断抬升的过程中，聚煤沼泽中的可容空间也不断增加，形成大面积广泛展布的泥炭层；随着海平面不断抬升到高位期(海平面 3)，海平面上升速率增加，泥炭的堆积速率跟不上海平面抬升速率，泥炭沼泽发育中止，其上发育海相石灰岩或滨外陆棚泥质岩；之后海平面抬升速率变慢，水体变浅，发育障壁岛砂岩(海平面 4)、潟湖相、潮坪相或三角洲相砂岩、粉砂岩和泥岩(海平面 5)；此后的海平面下降又导致基底暴露，发育古土壤(可能会伴随有下切谷发育)，从而开始发育另一旋回。在海平面抬升到陆棚上(海平面 2)海相碳酸盐岩并没有立刻沉积，而是有一段滞后的时间(海平面 3)，在碳酸盐岩沉积“滞后时段”里，正好泥炭堆积下来，即发生聚煤作用，也就是说，煤层—石灰岩的组合是一个连续的海侵过程，煤层形成于“海相层滞后时段”。

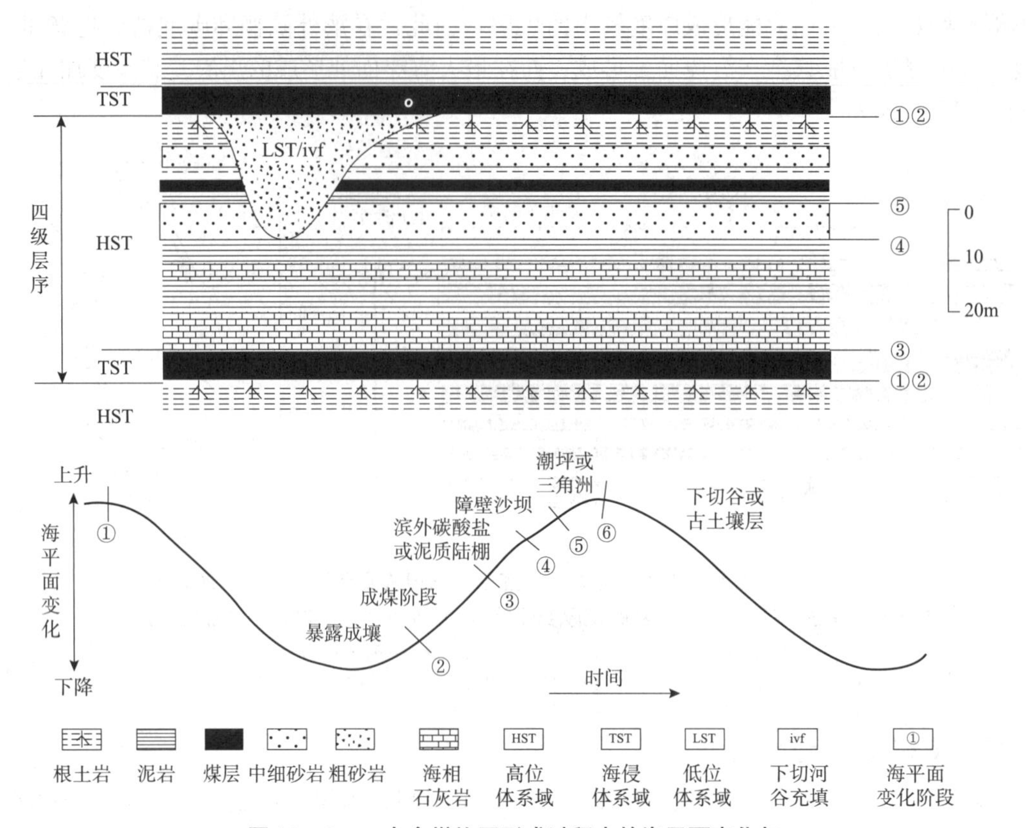

图 12-6　一个含煤旋回形成过程中的海平面变化与聚煤作用的关系示意图(据邵龙义等，2008，修改)

(五)巨厚煤层的多阶段泥炭地叠置成因模式

Jerrett 等(2011a)根据可容空间增加速率与泥炭堆积速率(R_A/R_P)之间的不平衡状态，在巨厚煤层中可识别出暴露和淹没两种间断面[图 12-7(a)]。在没有碎屑物质供给的情况下，可容空间产生速率 R_A 小于泥炭生产速率 R_P($R_A/R_P<1$)，并持续下降，当可容空间产生速率降低，泥炭也持续以减小的速率堆积，直到可容空间产生速率降为零。如果水面降至泥炭表面以下，水面以上泥炭的分解将会导致沼泽表面的风化或剥蚀，从而产生暴露间断面；如果长期的可容空间产生速率超过泥炭聚集速率($R_A/R_P>1$)，当沼泽被淹没的时候，植物由于水体的变深而不适于生长，结果导致泥炭的堆积终止，在没有碎屑物质沉积的情况下，会形成淹没间断面。这些间断面代表了成煤环境的间断，即巨厚煤层是由间断面(层序界面)分割的多个泥炭地体系聚集的煤层复合体，巨厚煤层的沉积经历了多次沉积间断，而并非是长期连续沉积的过程。

Wadsworth 等(2003)和 Jerrett 等(2011b)根据可容空间与泥炭堆积速率之间的关系(R_A/R_P)，识别出水进型和水退型成煤沼泽类型，结合煤岩显微组分在垂向上的变化趋势，识别出了厚煤层中的关键层序界面[图 12-7(b)、表 12-5]：①水退沼泽化界面(TeS)；②水进沼泽化界面(PaS)；③可容空间转换面(ARS)；④非海相洪泛面(NFS)；⑤海相洪泛面(FS)；⑥水进终止面(GUTS)；⑦暴露面(ExS)；⑧水进侵蚀面(TrE)。

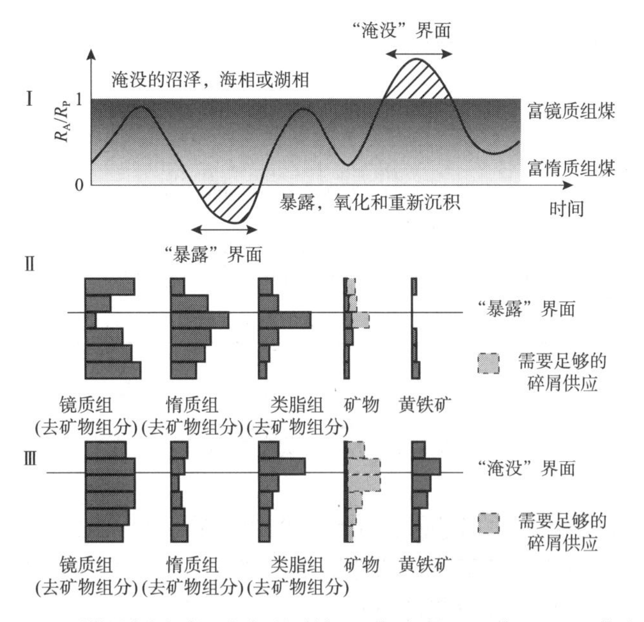

(a)巨厚煤层内部间断面的成因机制与识别标志(据Jerrett等，2011a，修改)

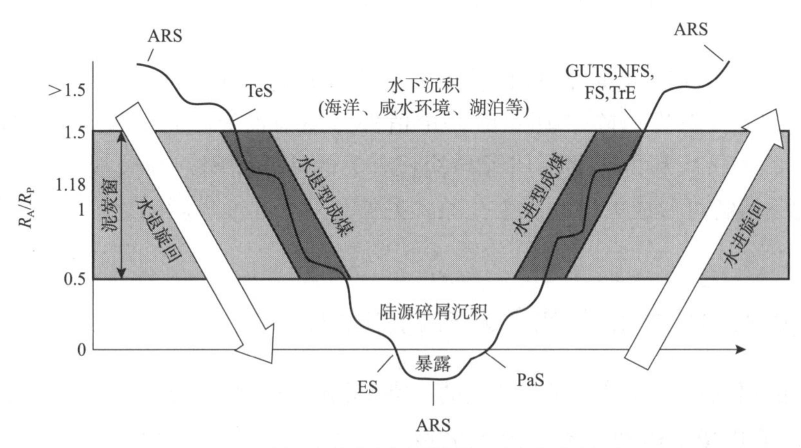

(b)可容空间变化速率与泥炭堆积速率关系示意图
（据Wadsworth 等，2003；Jerrett等，2011b，修改）

图 12－7　巨厚煤层的多阶段泥炭地叠置成因模式

ARS—可容空间转换面；TeS—水退沼泽化界面；FS—海相洪泛面；ES—暴露面；GUTS—水进终止面；PaS—水进沼泽化界面；NFS—非海相洪泛面；TrE—水进侵蚀面；R_p—泥炭堆积速率；R_A—可容空间增加速率

表 12－5　煤中关键层序界面概述

煤中关键层序界面	简　写	描　述
水退沼泽化界面	TeS	水体向上变浅而造成的碎屑沉积向泥炭堆积转换的连续界面
水进沼泽化界面	PaS	水体向上变深而造成地表以上泥炭开始堆积的界面，界面是否连续取决于碎屑沉积物的注入量
可容空间转换面	ARS	可容空间变化趋势的转换面，代表一个连续界面
非海相洪泛面	NFS	由非海相洪泛面引起可容空间突然增大，从造成泥炭终止的沉积间断面

煤中关键层序界面	简　写	描　述
海相洪泛面	FS	由海相洪泛面引起可容空间突然增大，从而造成泥炭终止的沉积间断面
水进终止面	GUTS	水面上升而造成的泥炭堆积被碎屑沉积物或水下沉积物取代的连续沉积界面
暴露面	ExS	可容空间持续降低而造成泥炭堆积终止的沉积间断面
水进侵蚀面	TrE	水进过程形成的泥炭表面侵蚀界面，代表一个间断面

第二节　蒸发岩

“蒸发岩”(evaporite)是由卤水蒸发作用形成的沉积岩。地质记录中常见含蒸发矿物的沉积岩。最早的蒸发岩沉积产于早寒武纪的地层中，那时主要沉积的是蒸发岩假晶，而非真正的盐岩。显生宙地层中发育大量的蒸发岩矿物。虽然大部分古代蒸发岩地层可能是海相或边缘海相沉积，但过去不同时期也有非海相蒸发岩沉积。海相蒸发岩往往比非海相蒸发岩更厚，横向分布更广。

人类已经开采、利用蒸发盐5000多年。石盐、石膏、天然碱和其他盐类目前具有各种工业和农业用途。蒸发岩除了具有商业价值外，还与世界上许多主要油田的碳酸盐岩伴生。盐岩沉积的挤压和再运移形成了与盐丘有关的油气圈闭；碳酸盐岩和硅质碎屑岩中蒸发矿物的地下溶解可形成大量的次生孔隙；另外蒸发岩在油气圈闭之上形成盖层，阻止油气运移。

一、天然水的化学特征和蒸发矿物的形成

不同盐盆的卤水化学组成不同，形成的盐类矿物的数量和组合特征差异也很大。

(一)海水的化学组成和蒸发矿物的形成

海水属咸水，每升海水平均含盐类35g，所含主要离子为钠离子、镁离子、钙离子、钾离子、氯离子和硫酸根离子，相应地构成海水蒸发矿物的主要组成是钠、镁、钙、钾的氯化物和硫酸盐，海水的化学组分详见表12－6。

表12－6　海水主要组分(标准含氯度19‰)(据冯增昭，1993)

离子/%		化学组分/%		离子/%		化学组分/%	
Na^{+}	10.56	NaCl	78.03	SO_4^{2-}	2.65	$CaSO_4$	3.48
Mg^{2+}	1.27	NaF	0.01				
Ca^{2+}	0.40	KCl	2.11	HCO_3^-	0.14		
K^{+}	0.38	$MgCl_2$	9.21	Br^{-}	0.065	$SrSO_4$	0.05
Sr^{2+}	0.013	$MgBr_2$	0.25	F^{-}	0.001	$CaCO_3$	0.33
Cl^{-}	18.98	$MgSO_4$	6.53			H_3BO_3	0.026

海水蒸发时，可溶盐是按溶解度由小至大的顺序依次沉淀形成蒸发矿物的。图 12－8 表示海水在浓缩蒸发过程中，蒸发矿物析出的顺序和体积的变化。根据上述海水浓缩过程，蒸发矿物结晶顺序可以分为六个阶段，即碳酸盐、石膏沉积阶段，石盐沉积阶段，石盐和硫酸钠镁盐沉积阶段（简称硫酸钠镁盐阶段），钾、镁盐沉积阶段（简称钾石盐沉积阶段），光卤石沉积阶段，水氯镁石沉积阶段。在蒸发岩剖面中，由下至上可以相应地划分出六个沉积带，其矿物组合详见表 12－7。

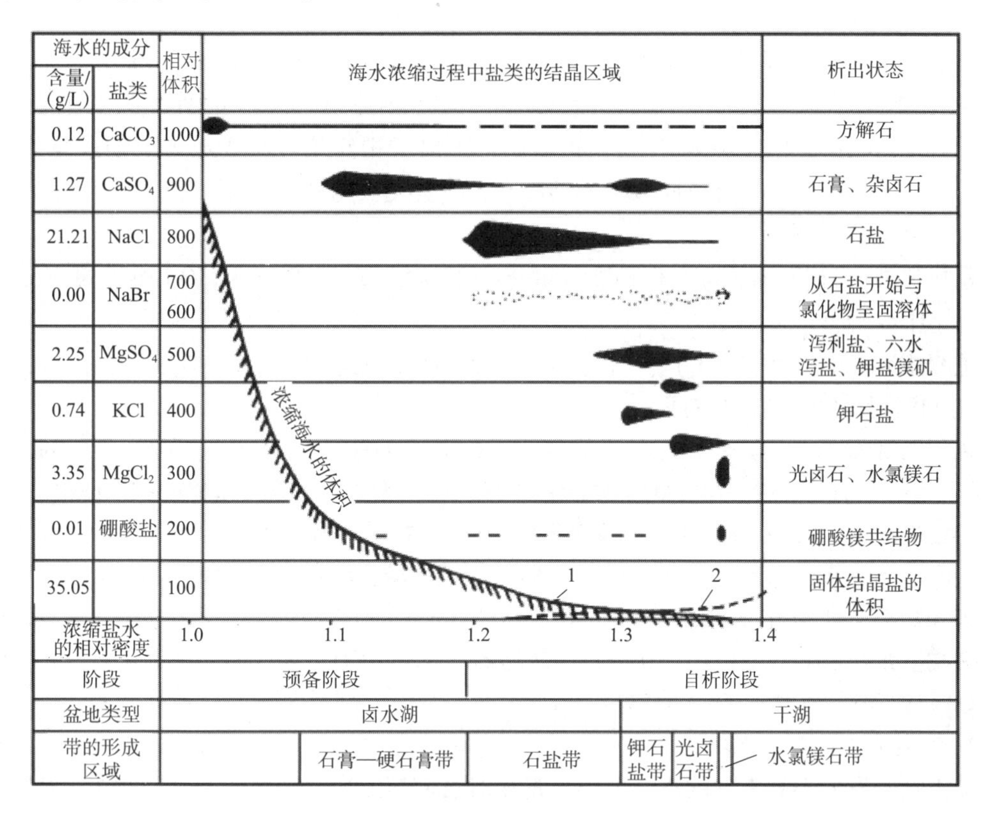

图 12－8　海水浓缩时体积的变化（曲线 1）和从其中析出的盐的体积的变化（曲线 2）以及各种蒸发矿物的结晶区（据冯增昭，1993）

表 12－7　海洋蒸发岩各个沉积带中的矿物组合、蒸发矿物及其伴生的稳定矿物（据冯增昭，1993）

沉积带	析出形态	成岩作用产物
水氯镁石带	水氯镁石、共结硼酸盐、光卤石、六水泻盐—四水化物、石盐、石膏、碱式碳酸盐	硫镁矾、菱镁矿、硬石膏
光卤石带	光卤石、六水泻盐（和其他水化物至四水化物）石盐、石膏（杂卤石）、碱式碳酸镁	硫镁矾、（钾盐镁矾）、硬石膏、菱镁矿
钾石盐带	钾石盐、六水泻盐、（泻利盐）、杂卤石、石盐、碱式碳酸镁	钾盐镁矾、无水钾镁矾、硫镁矾、菱镁矿
硫酸钠、镁盐带	泻利盐、（六水泻盐）、（白钠镁矾）、（杂卤石）石盐、石膏、碱式碳酸镁	硫镁矾、硬石膏、菱镁矿
石盐带	石盐、石膏、方解石、碱式碳酸镁	硬石膏、白云石、菱镁矿
碳酸盐—石膏带	石膏、方解石、（文石）	硬石膏、白云石、方解石

注：括号中矿物只能在该带的有限地段形成。

(二)内陆湖盆的化学特征和蒸发矿物的形成

大陆水的主要组分是CO_2^-、HCO_3^-、SO_4^{2-}、Cl^-、Ca^{2+}、Mg^{2+}、Na^+和K^+，由于湖盆所处地理位置、地质条件、气候条件和补给条件的不同，大陆水的矿化度和化学组成有很大差异。就化学组分而言，湖盆水体可分为碳酸盐型、硫酸盐型和氯化物型三种卤水，不同类型的湖水浓缩后形成的蒸发矿物及其组合特征很不一样。

(三)蒸发矿物

自然界的蒸发矿物有一百多种，较常见的约四五十种。其化学成分比较简单。组成蒸发矿物的主要离子有K^+、Na^+、Mg^{2+}、Ca^{2+}、Cl^-、SO_4^{2-}和CO_3^{2-}七种，次要的有Sr^{2+}、Ba^{2+}、Fe^{2+}、OH^-、NO_3^-和BO_3^{3-}等。这些阴、阳离子相互化合组成单盐矿物或复盐矿物。有的矿物在不同条件下含有不同数量的结晶水，故盐类矿物种类很多。

1. 主要的蒸发矿物

氯化物类：石盐($NaCl$)、钾石盐(KCl)、水氯镁石($MgCl \cdot 6H_2O$)和光卤石($KCl \cdot MgCl_2 \cdot 6H_2O$)。

硫酸盐类：硬石膏($CaSO_4$)、石膏($CaSO_4 \cdot 2H_2O$)、无水芒硝(Na_2SO_4)、芒硝($Na_2SO_4 \cdot 10H_2O$)和泻利盐($MgSO_4 . 7H_2O$)。

氯化物和硫酸盐的复盐类：钾盐镁矾($KCl \cdot MgSO_4 \cdot 3H_2O$)、钙芒硝($Na_2SO_4 \cdot CaSO_4$)、杂卤石($2CaSO_4 \cdot K_2SO_4 \cdot MgSO_4 \cdot 2H_2O$)、无水钾镁矾($K_2SO_4 \cdot 2MgSO_4$)、白钠镁矾($MgSO_4 \cdot Na_2SO_4 \cdot 4H_2O$)和软钾镁矾($K_2SO_4 \cdot MgSO_4 \cdot 6H_2O$)。

碳酸盐类：水碱即苏打($Na_2CO_3 \cdot 10H_2O$)和天然碱($Na_2CO_3 \cdot NaHCO_3 \cdot 2H_2O$)。

硝酸盐类：钾硝石(KNO_3)和智利硝石($NaNO_3$)。

硼酸盐类：硼砂($Na_2B_4O_7 \cdot 10H_2O$)、钠硼解石($NaCaB_5O_9 \cdot 8H_2O$)、硬硼钙石($Ca_2B_6O_{11} \cdot 15H_2O$)和柱硼镁石($MgB_2O_4 \cdot 3H_2O$)。

2. 蒸发岩中的其他矿物

黏土是蒸发岩中的常见的混入物，含量多时可使蒸发岩逐渐过渡为盐质黏土岩或盐质泥灰岩。混入的碎屑物质常见的有绿泥石、云母、长石、石英和副矿物等，有时还有稀有元素矿物以及有机物等混入物。

二、蒸发岩分类

蒸发岩沉积只有几个通用的岩石名称，是根据沉积物中的主要矿物进行命名的。主要由石盐组成的岩石称为石盐或盐岩。以石膏或硬石膏为主的岩石叫作石膏或硬石膏，也有些地质学家称之为岩石石膏或岩石硬石膏。少数人称之为膏岩或硬石膏岩。除硫酸钙和石盐外，几乎没有其他矿物为主构成的蒸发岩地层。虽然有时会用钾盐一词代表富钾的蒸发岩，但富含其他蒸发岩矿物的岩石还没有正式统一的名称。大多数蒸发岩矿床由硬石膏/石膏或岩盐组成。硬石膏有三种基本类型：球状(结核状)硬石膏、层状硬石膏和块状硬石膏。

球状(结核状)硬石膏由不规则形状的硬石膏块组成，硬石膏块体部分或完全被盐或碳酸盐基质隔开。镶嵌式硬石膏是球状硬石膏的一种，其中硬石膏块体大小大体一致，由极薄的黑色碳酸盐泥或黏土隔开。球状硬石膏的形成始于碳酸盐或黏土沉积物中石膏的驱替生长。随后，石膏晶体转变为硬石膏假晶，通过外部Ca^{2+}和SO_4^{2-}的供给而继续增大。这种驱替生长最终导致硬石膏分离成结核/球状块体。网状结构是形容一种特殊类型的镶嵌式或球状硬石膏的术语，由一些细长的、不规则多边形硬石膏块体组成，硬石膏块体之间由碳酸盐或黏土矿物形成的黑色细脉隔开。当球状硬石膏块体不断生长，最终相互接触影响时，则会形成这种特殊结构。大部分基质沉积物被挤压到一侧，剩余的在块体之间形成细脉。

层状硬石膏，有时也称为纹层硬石膏，由薄的、近乎白色的硬石膏或石膏层组成，与富含白云石或有机质的深灰色或黑色层相间。纹层通常只有几毫米厚，很少达到 1cm。很多薄层分布十分均匀，具有明显的层状接触，可横向长距离追踪。层状硬石膏垂向上可沉积数百米厚，包含成百上千个纹层。通常认为横向稳定发育的蒸发岩纹层是在波基面之下的静水环境中沉淀形成的。它们可形成于浅水区，以某种方式受到强底流和波浪改造的作用沉积，也可形成于深水环境。层状蒸发岩中交替出现的亮带和暗带，可能代表水体化学成分和温度的季节性变化，也可能代表周期性变化或长期的水体动荡。硬石膏层可与较厚的岩盐层同时沉积，产生层状岩盐。

有些层状硬石膏可能由球状硬石膏生长合并而成，球状硬石膏不断侧向生长，直至合并形成连续的层状。与沉淀形成的层状硬石膏相比，这种作用下形成的纹层更厚、更不明显，更不连续。现代萨布哈沉积中可观察到一种特殊类型的扭曲层理，由球状硬石膏(结核)聚集形成，结核的持续生长需要一定的空间，从而产生的侧向压力导致岩层发生扭曲，形成揉皱层理或肠状构造。

块状硬石膏无明显的内部结构。当然，纯块状硬石膏不如球状硬石膏和层状硬石膏常见，关于其成因研究的也较少。据推测，块状硬石膏代表了持续、均匀的沉积环境。

三、蒸发岩的沉积

1. 蒸发序列

海水的平均盐度为 35‰。在实验室进行海水蒸馏时，蒸发岩矿物会以特定的顺序沉淀。当海水蒸发至原始体积一半，浓度约为海水的两倍时，开始形成少量的碳酸岩矿物。当海水体积减少到最初的 20% 时开始出现石膏。此时海水浓度约为正常海水浓度的 4～5 倍(130‰～160‰)。当海水体积减少至约原始体积的 10%，或浓度达到正常海水浓度的 11～12 倍(40‰～360‰)时开始形成岩盐。海水体积至少减少到原来的 5% 时镁和钾盐才开始沉淀，此时海水浓度高达正常海水浓度的 60 倍。

虽然实验得出的理论沉积序列与实际岩石记录存在许多差异，但天然蒸发岩沉积也同样存在蒸发岩矿物沉积序列。通常，$CaSO_4$(石膏和硬石膏)在自然沉积物中占比要比理论预测的多，而晚期沉淀的钠—镁—钾硫酸盐和氯化物的占比要比理论预测的少。这种早期沉淀阶段的硫酸盐过剩，而晚期沉淀的硫酸盐缺少的现象，通常是不完全的蒸发循环所致，含大部分溶解的钠、镁和钾的卤水不断地从盆地中回流出来。成岩作用也是导致理论预测沉淀序列和实际观察到的沉积序列存在差异的原因之一。许多海相蒸发岩地层很厚，有些甚至超过了 2km，然而前人很早就意识到，1000m 的海水只能蒸发形成等面积 14～15m 的蒸发岩。例如，地中海的所有海水蒸发后只能形成约 60m 的蒸发岩。显然，厚层蒸发岩的沉积需要特殊的地质条件以及较长的时间。海相蒸发岩的沉积需要两个基本条件：①相对干旱的气候，蒸发速率应大于降水速率；②局部与开阔的海洋环境隔离的沉积盆地。通常是通过某种障壁来限制海水自由地进出局限沉积盆地。在上述受限的沉积条件下，蒸发形成的卤水无法回流至开阔的海洋，而汇集在蒸发岩矿物沉积的地方。当然非海相蒸发岩的形成需要不同的地质条件。但其厚层沉积物的形成也同样需要很强的蒸发环境，以及充足的盐水供应。

2. *蒸发岩沉积的物理过程*

虽然我们通常把蒸发岩地层简单的看作是蒸发作用下化学沉淀的产物，但很多蒸发岩的沉积并不仅仅是化学沉淀。其实，蒸发岩矿物与硅质碎屑岩和碳酸岩沉积具有相同的搬运和再沉积方式。可通过正常水流搬运，或通过团块搬运(例如滑塌或浊流)。因此，蒸发岩地层也可能表现出碎屑沉积结构，包括正、反粒序，交错层理，波痕等各种沉积构造。

四、蒸发岩的沉积模式

按照蒸发岩的形成环境，建立了陆相(内陆)、过渡相(沿岸)和水下沉积模式(图 12－9；Boggs，2009)。

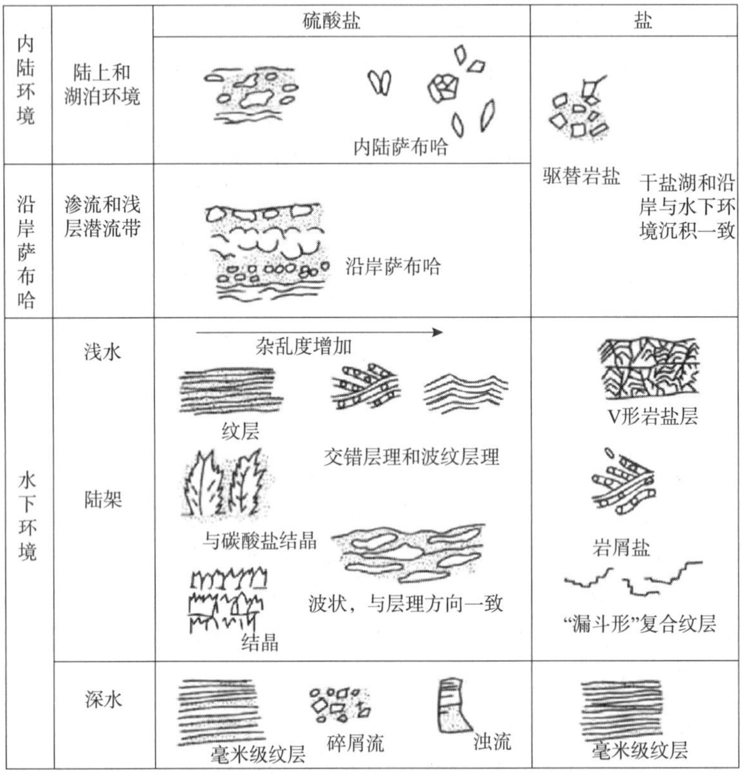

		硫酸盐	盐
内陆环境	陆上和湖泊环境	内陆萨布哈	驱替岩盐 干盐湖和沿岸与水下环境沉积一致
沿岸萨布哈	渗流和浅层潜流带	沿岸萨布哈	
水下环境	浅水	杂乱度增加 纹层 交错层理和波纹层理	V形岩盐层
	陆架	与碳酸盐结晶 波状，与层理方向一致 结晶	岩屑盐 “漏斗形”复合纹层
	深水	毫米级纹层 碎屑流 浊流	毫米级纹层

图 12－9　主要蒸发岩沉积环境中各种蒸发岩纹理和层理(据 Boggs，2009)

沉积厚层蒸发岩的古代盆地可分为三种亚型(图 12－10)。古代蒸发岩的深水、深盆沉积模型首先假设存在一个深海盆地，该盆地通过某种海底隆起与开阔的海洋分隔。这种海底隆起可看作为一种障壁，其既可以阻止海洋和盆地水自由交换，但又允许足够海水进入盆地以补偿由蒸发而消耗的水。一部分卤水向海溢出，盆地内卤水长期保持特定的浓度状态，从而使得某些蒸发岩矿物(如石膏)大量沉积。浅水、浅盆蒸发岩沉积模式假设卤水在浅水局限盆地汇聚，由于盆地基底不断下沉，导致蒸发岩沉积厚度也不断加大。浅水、深盆蒸发岩沉积模式中，盆地内卤水水位降至障壁隆起坝的沉积基底之下，这一过程称为“蒸发下降”，盆地内仅通过渗流和海洋周期性溢流作用进行水的补给。推测认为，整个盆地底部会周期性的发生干旱，从而完成一个蒸发过程，沉积包括镁和钾盐在内的一个完整的蒸发岩序列。

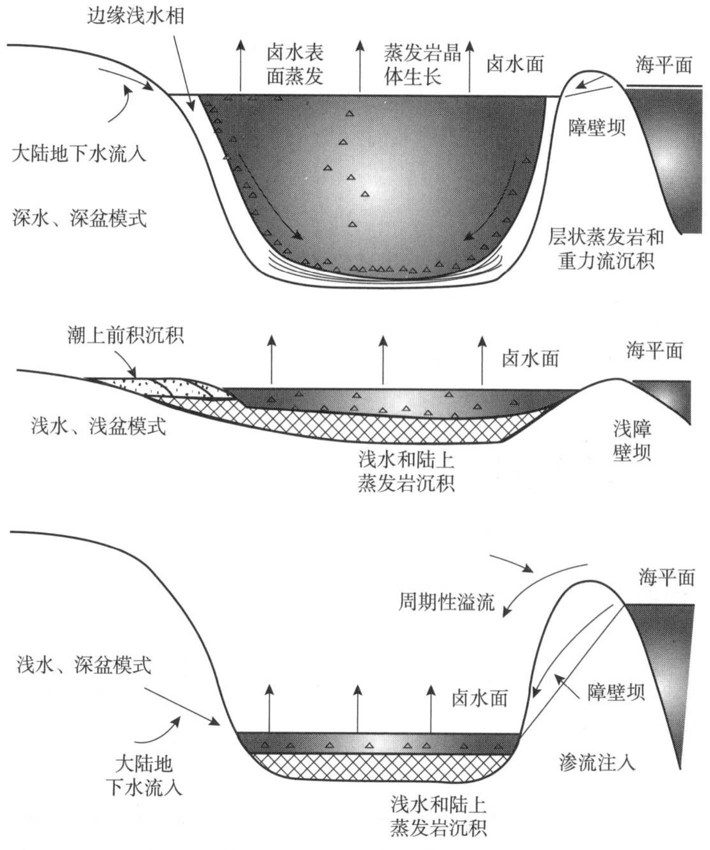

图 12－10　海相蒸发岩沉积的三种模式示意图(据 Boggs，2009)

其中障壁(sill)的存在限制了沉积盆地的水循环

第三节　硅　岩

硅岩(silicolite)主要指自生二氧化硅含量可达 70%～80%的沉积岩，不包括主要由碎屑石英组成的石英砂岩和石英岩，尽管它们的二氧化硅含量可达 95%以上。也有人把硅岩称作“硅质岩”。

一、一般特征及分类

1. 成分特征

硅岩的主要矿物成分为蛋白石、玉髓和石英。

玉髓进一步脱水重结晶而变为微—细晶石英，是蛋白石—玉髓—石英系列的最终端元。

隐—微晶及至细晶石英的集合体，通称为燧石(chert)。

硅岩的化学成分以 SiO_2 为主，有时高达 99%。常见的混入物有 Al_2O_3、Fe_2O_3、CaO 和 MgO，在一些绿色碧玉岩中，Fe_2O_3 可达 10%的硅岩，其 Al_2O_3 最高可达 8%。在硅岩中尚未发现稀有元素的特别富集。

2. 结构特征

硅岩具有非晶质结构、隐一微晶结构、鲕粒结构、碎屑结构、生物结构、隐藻结构以及交代结构等。

3. 构造特征

硅岩的形态多样，最常见的是层状、透镜状、结核状、团块状。与其他化学岩共生时，也常具有各种类型层理及波痕等。

4. 颜色

硅岩的颜色随所含杂质而异，通常为灰黑、灰白等色，有时也见灰绿色和红色。由于硅岩颜色与岩石中有无炭质、有机质、铁等金属元素或氧化物有关，所以硅岩岩系中系统的颜色变化可以提供有关局部沉积环境的信息，也可以提供有关地质时期全世界海洋地理条件的信息。

二、主要岩石类型及成因

硅岩按其成因可分为以下四种类型。

(一)生物成因的硅岩类

1. 硅藻岩(硅藻土)

硅藻岩主要由硅藻的壳体组成。矿物成分主要为蛋白石。化学成分中二氧化硅一般在70%以上，优质的可达90%以上。不同环境下形成的岩石常混入数量不等的黏土矿物、铁质矿物和碳酸盐矿物等。

硅藻是一种微体化石，大小几至几十微米，一般小于50μm，中一高倍镜下才能分辨其形状。土状硅藻岩呈白色或浅黄色，质软疏松多孔。相对密度为0.4～0.9。孔隙度极大，可高达90%以上。吸水性强、粘舌。外貌似土状。纹层状页理十分发育，薄如纸页。山东临朐的纹层状硅藻岩有“万卷书”之称。

硅藻产于海湖环境，现代硅藻主要分布在两极及中纬度的海洋中，与洋流的分布有关。根据1957年以来对我国东海海底沉积物的研究，海槽区、斜坡区和陆棚区的硅藻类型有分带现象，主要是底栖型和浮游型所占的比例不同，同时富集的有放射虫、有孔虫和鱼牙等。淡水环境硅藻主要集中分布在古近纪、新近纪和第四纪，尤以始新世最多，个别见于白垩纪地层中。

2. 海绵岩

海绵动物硬体有硅质和钙质两种，硅质海绵岩主要由海绵骨针组成。海绵骨针有大小两种，大者直径3～30μm，长100～500μm，可孤立存在或连接起来形成不同网格；小者直径只有1μm，长10～100μm，多含于肉体中。其矿物成分为蛋白石，随时代变老，多转变为玉髓。胶结物成分也为硅质矿物(蛋白石、方英石、玉髓或石英)，故通常比较坚硬。纯净疏松的海绵岩较少，混入物有砂、黏土及海绿石等，其他生物遗骸有放射虫和钙质介壳等。

硅质海绵在6.4亿年以前的南方震旦系陡山沱组黑色页岩中已经出现，但钙质海绵在寒武纪才开始出现，一直延续至今。海绵绝大部分产于海洋环境，少部分见于淡水环境，营底栖固着生活，可适应轻微的盐度变化。硅质(六射)海绵纲主要产于深海。

3. *放射虫岩*

放射虫岩主要由放射虫的壳体组成。矿物成分为蛋白石。常含硅藻、海绵骨针，少见钙质生物遗骸。生态学研究结果表明，习于深水(冷的)生活的放射虫个体较大，多为球形，其囊壁厚而简单；习于表水(温的)生活的个体较小，且多呈圆盘或长圆形，便于浮游，其囊壁薄而且多层。放射虫岩多为深灰色，也有红色的及黑色的。常为薄层状、致密坚硬。较老地层中的矿物成分(蛋白石、玉髓)多已重结晶为微晶石英。

4. *藻细胞硅岩(藻细胞燧石岩)*

藻细胞硅岩为黑色，多为层状，其中有球状体、杯状体和丝状体等细胞化石遗迹。含有碳质、氨基酸和烃类等有机物质，呈棕黄色或棕褐色。矿物成分主要是玉髓。球体的直径10~20μm，有的可以清晰分辨出细胞壁与细胞核。

(二)化学及生物化学成因的硅岩类

1. *藻叠层硅岩(层状藻叠层燧石岩)*

藻叠层硅岩和碳酸盐岩中的叠层石一样，宏观呈层状、柱状和锥状等，形态多样，大小不一。

藻叠层硅岩的暗色层主要是低等的蓝绿藻类通过生物化学作用形成的，亮色层主要是化学作用形成的。我国北方中—上元古界常见呈层状分布的硅质叠层石。

2. *藻粒硅岩(藻粒燧石岩)*

岩石主要由藻粒(藻鲕、核形石)组成。由核形石组成的藻粒呈圆形或椭圆形，单个或连生状，大小由2~3mm至10mm。内部结构具亮暗同心层，矿物成分为玉髓，含有机质。与碳酸盐矿物共生时，可分别组成亮色层或暗色层，是生物化学和机械两种作用的产物，呈层状产出。

(三)机械成因的硅岩类

1. *鲕粒硅岩(鲕粒燧石岩)*

鲕粒主要由隐—微晶石英组成，或主要由玉髓组成。常显放射球粒结构，具核心及同心层。胶结物为微—细晶石英或玉髓并呈栉壳状围绕鲕粒生长。野外显稳定层状，常见交错层理。鲕粒燧石岩广泛见于华北中—上元古界燧石—碳酸盐岩岩系中。有时也见有交代结构，不过大部分为同生—成岩期交代的。

2. *内碎屑硅岩(内碎屑燧石岩)*

内碎屑硅岩主要由硅质内碎屑组成，视粒度大小可划分为砾屑、砂屑、粉屑。矿物成分主要为玉髓，常保留原岩的结构、构造特征。分选和圆度均较差。基质成分较混杂，为玉髓、方解石或白云石，常含些泥质。在燧石—碳酸盐岩岩系中，常分布于岩性韵律的底部，系水下冲刷再沉积的产物。有时见有正递变或反递变层理，反映有重力流水流机制存在。

(四)主要是化学成因的硅岩类

属纯化学成因的硅岩可能主要是蒸发型和火山型的硅岩，如碧玉岩、火山硅质层及硅华等。

碧玉岩和硅质板岩主要由自生石英和玉髓组成，还可有方解石、菱锰矿、黄铁矿、绿泥石、氧化铁、黏土矿物、云母、有机质等混入物。碧玉岩常为隐晶或胶状结构。色多变，有红、绿、灰黄、灰黑等色，有时呈斑块状。致密坚硬，贝壳状断口。主要分布于地槽区，与火山岩系共生，形成巨厚碧玉岩建造。与大规模铁矿伴生的含铁石英岩建造也有碧玉岩产生。部分碧玉岩可能由板状硅藻岩和蛋白石岩变质而来，属生物或生物化学成因。

三、硅质与页岩气富集的关系

海相页岩中生物成因硅的存在对优质烃源岩的发育有重要影响。从焦页A井五峰组和龙马溪组页岩有机碳与硅质含量关系看，五峰组和龙马溪组下段页岩样品的TOC含量与石英含量呈明显正相关关系(图12-11)，其他学者在渝东南地区的研究也得出了相一致的结果，表明该页岩层系中生物成因硅质的富集层段也是有机碳的高值段，是优质烃源岩的发育层段。巴奈特页岩的研究结果也显示其硅质含量很高而黏土矿物含量较低，富黏土层段的有机碳(TOC)含量为3%~13%，平均为3.2%，而富硅层段的TOC含量为4%~18%，平均为7.1%，其中45%的石英为富硅的放射虫和海绵骨针残体的蚀变产物。

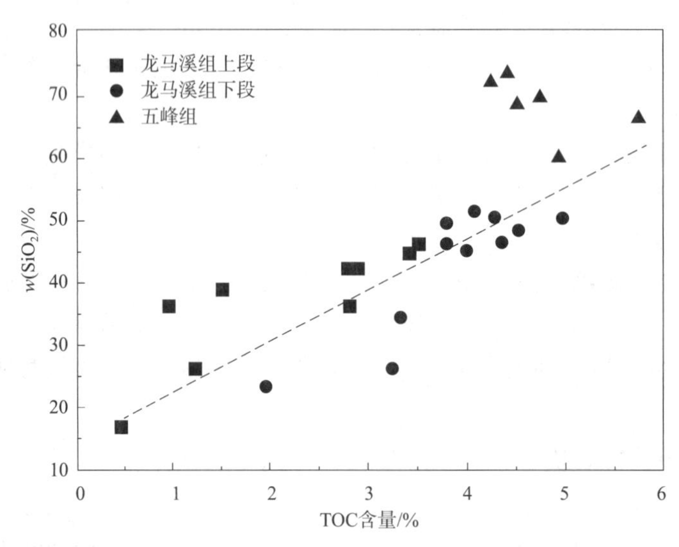

图12-11 焦页A井五峰组与龙马溪组页岩TOC含量与硅质含量关系图

渝东南地区钻井和露头分析结果显示五峰组和龙马溪组下段硅质页岩的有机碳含量普遍高于泥岩层或所夹的泥岩薄层，且电镜视域下放射虫残体平均约占40%，密集区域占到0~70%。扬子地台北缘地区略低，显微镜下放射虫碎屑平均约30%，少量达到50%以上。溶解态硅是重要的营养盐，海洋水体中较高浓度的硅不仅是放射虫、海绵骨针等硅质生物发育、富集的基本条件，而且也是其他海洋生物生长所必需的重要营养物质。在半深水沉积条件下，放射虫大量发育的环境实际代表的是一种极为有利于浮游生物，特别是浮游藻类生长的环境。大量海洋调查的结果显示硅元素含量的高低与水体中的初级生产力有良好的对应关系，硅质生物大量发育时藻类也一同繁盛，生物来源硅质的富集层多是高的初级生产力层，充足的有机物质供给为优质烃源岩发育的提供了物质保证。

放射虫，尤其是泡沫虫科放射虫，有一个显著特点，就是可以将浮游藻类吸纳到它们囊体的空腔内一同生活，彼此形成相互依赖的共生体，并通过单体的大量聚集形成数米长度的集合体。死亡后快速沉降，使得沉积有机质得以有效保存，这是富含放射虫地层有机碳含量普遍较高的另一主要原因。五峰组—龙马溪组下部有机碳含量与石英含量具有正相关关系正是大量海洋硅质生物的原地沉积作用使得硅质与藻类一体沉积、埋藏和共生的结果。

此外，放射虫是一类非常原始的海洋浮游动物，对现代放射虫的化学组成进行研究发现其体内脂类含量较高，跟硅藻的脂类含量接近，说明放射虫体内有机质不仅对总有机碳有贡献，而且还对生烃母质有贡献。因此，放射虫的富集为有机质的富集、保存和后期烃类的生成及有机孔隙的形成均提供了重要条件。

在储集空间方面，放射虫体营浮游生活，囊体表面和囊内均发育小孔和空腔，如海针膜虫盘面具圆形或椭圆形小孔，虽然在成岩过程中会被玉髓等充填，但仍有大量孔隙剩余。Slatt 等发现放射虫和海绵骨针等硅质生物的中空体腔在埋藏条件下大多能够保持开启状态，充分说明了具刚性的硅质生物囊体具有抗压实能力，有利于原生孔隙的保持和保存。对五峰组和龙马溪组下段页岩中放射虫进行高放大倍数观察，发现放射虫囊体内充填大量微晶石英，石英颗粒之间均填充热解沥青，沥青中则发育大量纳米级孔隙(图 12－12)，表明在有机质成熟转化为烃类这一阶段，放射虫囊体仍有大量剩余孔隙空间供液态烃类储集。随着成熟度升高，液态烃裂解成气，形成残余沥青和大量纳米孔隙，生成气体的同时也生成了大量页岩气的赋存空间，使得所生成的气体发生原位或近源聚集。此外，生物成因的硅质页岩由大量的硅质颗粒组成，整体上构成一个相对刚性的格架，抗压实能力较强，非常有利于有机孔隙的规模保存。

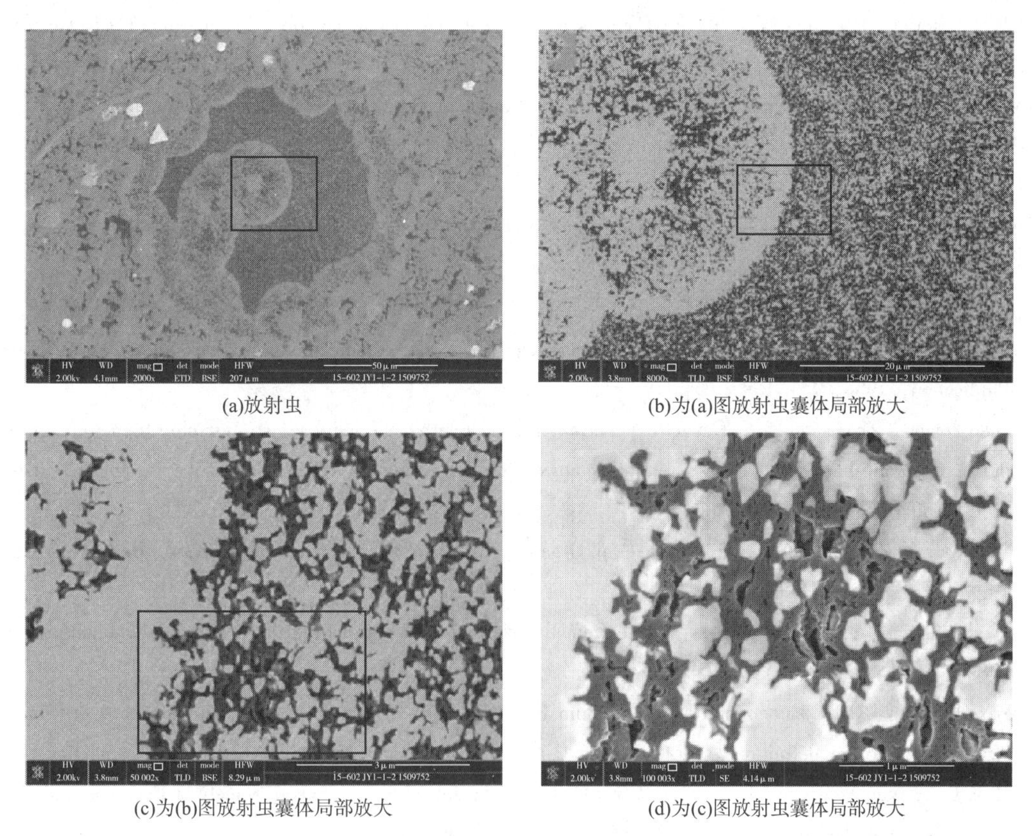

(a)放射虫　(b)为(a)图放射虫囊体局部放大

(c)为(b)图放射虫囊体局部放大　(d)为(c)图放射虫囊体局部放大

图 12－12　焦页 A 井五峰组与龙马溪组下段硅质页岩放射虫结构中有机孔隙发育特征

从上看出生物成因硅质不仅对烃源岩发育，而且对储集空间的发育均有重要影响，从而对页岩气的富集极为重要。在后期构造保存良好的条件下，生物硅质的富集层基本对应于页岩气的好产层，川东南焦石坝页岩气和北美 Woodford 页岩气均很好的证明了这一点，充分显示了生物成因硅质通过对烃源和储集空间两方面的直接影响进而起到对页岩气富集的控制作用(卢龙飞等，2018)。

参考文献

[1]Boggs S J. Petrology of Sedimentary Rocks[M]. 2nd ed. Cambridge University Press, 2009.

[2]Bohacs K, Suter J. Sequence stratigraphic distribution of coaly rocks Fundamental controls and paralic examples [J]. American Association of Petroleum Geologists Bulletin, 1997, 81: 1612－1639.

[3]Einsele G. Sedimentary Basins. Evolution, Facies, and Sediment Budget[M]. Berlin, Heidelberg, New York, London, Paris, Tokyo, Hong Kong: Springer－Verlag, 1992.

[4]Jerrett R M, Davies R C, Hodgson D M, et al. The significance of hiatal surfaces in coal seams[J]. Journal of the Geological Society, 2011a, 168(3): 629－632.

[5]Jerrett, R M, Flint S S, Davies R C, et al. Sequence stratigraphic interpretation of a Pennsylvanian (Upper Carboniferous) coal from the central Appalachian Basin, USA[J]. Sedimentology, 2011b, 58: 1180－1207.

[6]Kendall A C. Evaporites[M]// Walker R G, James Noel P ed. Facies models; response to sea level change, 1992: 375－409.

[7]McCabe P J, Parrish J T. Tectonic and climatic controls on the distribution and quality of Cretaceous coals [M]// McCabe P J, Parrish J T, ed. Controls on the Distribution and Quality of Cretaceous Coals. Geological Society of America, Special Paper, 1992, 267: 1－15.

[8]McCabe P J. Depositional models of coal and coal－bearing strata[M]// Rahmani R A, Flores R M, ed. Sedimentology of Coal and Coal－bearing Sequences. International Association of Sedimentologists, Special Publication, 1984, 7: 13－42.

[9]ICCP. The new vitrinite classification (ICCP System 1994)[J]. Fuel, 1998, 77(5): 349－358.

[10]Posamentier H W, Jervey M T, Vail P R. Eustatic controls on clastic depositional－conceptual framework [M]// Wilgus C H, Hastings B S, Kendall C G St C, Posamentier H W, Ross C A, Van Wagoner J C, ed. Sea Level Changes－an Integrated Approach. Society of Economic Paleontologists and Mineralogists, Special Publication, 1988, 42: 109－124.

[11]Shao Longyi, Zhang Pengfei, Gayer R A, et al. Coal in a carbonate sequence stratigraphic framework the Upper Permian Heshan Formation in central Guangxi, southern China[J]. Journal of the Geological Society, 2003, 160 (2): 285－298.

[12]Taylor G H, Teichmuller M, Davis A, et al. Organic Petrology[M]. Gebruder Borntraeger, Berlin, Stuttgart, 1998.

[13]Teichmüller M, 1989. The genesis of coal from the view of coal petrology[J]. Int. Journal of Lignitee Geol, 1989, 12: 1－87.

[14]Van Wagoner J C, Posamentier H W, Mitchum R M Jr, et al. An overview of the fundamentals of sequence stratigraphy and key definitions[M]// Wilgus C H, Hastings B S, Kendall C G St C, Posamentier H W, Ross C A, Van Wagoner J C, ed. Sea Level Changes－an Integrated Approach. Society of Economic Paleontologists and Mineralogists, Special Publication, 1988, 42: 39－45.

[15]Wadsworth J, Boyd R, Diessel C, Leckie D. Stratigraphic style of coal and non－marine strata high accommodation setting: Falher member and Gates Formation (Lower Cretaceous), western Canada[J]. Bulletin of Canadian Petroleum Geology, 2003, 51(3): 275－303.

[16]傅雪海，秦勇，韦重韬．煤层气地质学[M]．徐州：中国矿业大学出版社，2007.
[17]韩德馨．中国煤岩学[M]．徐州：中国矿业大学出版社，1996.
[18]姜在兴．沉积学[M]．北京：石油工业出版社，2003：220－226.
[19]卢龙飞，秦建中，申宝剑，等．中上扬子地区五峰组—龙马溪组硅质页岩的生物成因证据及其与页岩气富集的关系[J]．地学前缘，2018，25(4)：226－236.
[20]邵龙义，陈家良，李瑞军，等．广西合山晚二叠世碳酸盐岩型煤系层序地层分析[J]．沉积学报，2003，21(1)：168－174.
[21]邵龙义，鲁静，汪浩，等．2009．中国含煤岩系层序地层学研究进展．沉积学报，27(5)：904－914.
[22]邵龙义，鲁静，汪浩，等．近海型含煤岩系沉积学及层序地层学研究进展[J]．古地理学报，2008，10(6)：561－570.
[23]邵龙义，王学天，鲁静，等．再论中国含煤岩系沉积学研究进展及发展趋势[J]．沉积学报，2017，35(5)：1016－1031.
[24]斯塔赫 E. 斯塔赫煤岩学教程[M]．杨起，译．北京：煤炭工业出版社，1990.
[25]苏现波，陈江峰，孙俊民．煤层气地质学与勘探开发[M]．北京：科学出版社，2001.
[26]中国煤田地质总局．中国煤岩学图鉴[M]．北京：中国矿业大学出版社，1996.
[27]扬起，韩德馨．中国煤田地质学(上册)[M]．北京：煤炭工业出版社，1979.

第四部分
地幔来源的沉积物——火山碎屑岩

第十三章　火山碎屑岩

第一节　火山作用及其产物

熔融的岩浆从陆地或海底的裂缝中喷发而来形成喷出岩，堆积形成了火山。火山活动的产物是在凝固前流过陆地表面或海底的岩浆，或者是由冷却岩浆通过参与喷发、重力、空气、水或泥石流等作用搬运、沉积，从而组成的火山碎屑物质。在靠近火山活动的地点，喷发产物在沉积环境中占主导地位，因此在地层中也占据着主导地位。火山喷出的颗粒可以被带到大气中并分布在整个地球上，从而为全世界的所有沉积环境都贡献了一些物质。火山产物的性质取决于岩浆的化学性质和发生喷发的物理环境，并且可以识别出多种不同的喷发方式，每种喷发方式对应不同特征的火山岩及火山碎屑岩。

一、火山作用

1. 普林尼式喷发(Plinian eruptions)

普林尼式喷发是大型的爆炸性喷发，包括从安山岩到流纹岩成分的高黏度岩浆。它们包含大量的浮石组分，这些浮石被喷出以形成数百平方公里的大量浮石质火山碎屑沉积物。在火山口附近，单个喷发的沉积物可能为10～20m厚；物质的分布取决于喷发的程度，但在火山口数十公里处可以发现一米厚的沉积物。沉积物通常是由颗粒支撑的，棱状，碎裂的浮石质碎屑或火山渣碎屑。沉积物可能成块状或成层的，前者是由于持续的喷发造成的，而分层则可能是由于喷发强度或风向的波动而引起的(图13－1)。普林尼式的沉积岩层往往会覆盖地形，除非将其再次改造成洼地。来自普林尼式火山爆发的物质分布受到盛行风的强度和方向的强烈影响。

2. 斯特隆布利式(夏威夷式)喷发[Strombolian(Hawaiian) eruptions]

斯特隆布利式或夏威夷式火山爆发的特征是飞溅的熔融岩浆，凝固形成玄武岩组分的玻状、气孔状碎屑，称为火山渣(scoria)。分选差的粗粒火山砾，集块或火山弹沉积物通常与岩浆层互层，从而在靠近火山口处形成小火山锥(图13－1)。火山渣主要是从空中沉降的物质，如果在火山锥的侧面上形成了陡峭的斜坡，则可以在颗粒流中重新流动。

3. 伏尔坎宁式喷发(Vulcanian eruptions)

从玄武质到安山质的成层火山(stratovolcanoes)喷发出的火山碎屑物质通常由相对体积

较小的火山灰组成，它是从火山口通过一系列爆炸中喷出的。这些伏尔坎宁式喷发是由于堵塞火山口的物质遭周期性破坏而造成的，这些物质包括火山灰和火山角砾及岩浆岩和围岩。这些喷发的空降沉积物具有典型的分层特征，这是由于喷发是偶发性的，并且喷出物分选很差，通常是火山弹或火山集块与细粒物质共同出现(图 13－1)。

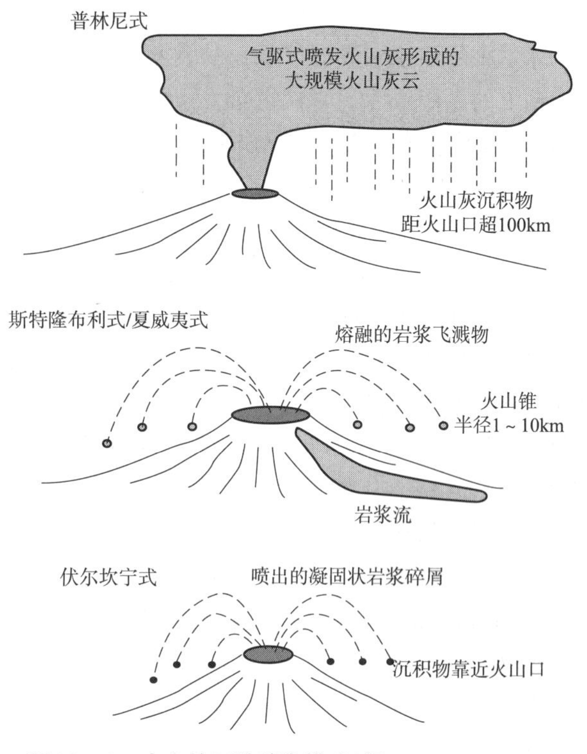

图 13－1　火山的三种喷发模式(据 Nichols，2009)

二、火山作用的产物

火山作用的结果是形成熔岩(喷出岩)和火山碎屑物质(岩)。

(一)熔岩

来自裂缝的岩浆通常具有较高的黏度，因此岩浆流为层流。这可能会导致岩浆流冷却时保留条带状构造，并可能在某些岩浆流中含有较高的二氧化硅组分。在陆地上，通常可以在岩浆流的边缘附近看到层流的证据，其边缘多形成一系列天然堤，而岩浆流的中心部分则是以简单的、没有内部变形的方式移动。流动性很强的岩浆可能会形成绳状构造(pahoehoe)，而黏性较大的岩浆流具有块状表面结构，这些特征可能保留在古代流体的顶部。如果在水下发生喷发，岩浆会迅速冷却，形成直径通常为数十厘米的枕状熔岩(pillow lava)构造，可作为水下喷发的标志。

(二)火山碎屑物质

火山碎屑物质可分为原生火山过程(primary volcanic processes)碎屑，即与火山爆发和火山物质搬运有关的碎屑；以及由于风化和陆地表面侵蚀的次生火山过程(secondary volcanic processes)而产生的碎屑。原生火山过程可以进一步划分为喷发，即产生火山碎屑(pyroclastic)物质的过程；以及与喷发事件无关的过程，称为自碎(autoclastic)过程。按大小可将这些过程的产物分为火山集块，火山角砾和火山凝灰，它们固化形成火山集块岩(agglomerate)、火山砾岩(lapillistone)或凝灰岩(tuff)。

1. 喷发火山碎屑物质

喷发过程中火山物质的碎裂可以多种方式发生。当溶解在岩浆中的气体随着岩浆上升到表面并减压从岩浆中溶出时，就会发生岩浆爆发(magmatic explosions)。当围压下降达到蒸气压≥围压的程度时，挥发性组分的溶解度降低。气体的突然释放，在岩浆内形成气泡，导致气泡和岩浆都通过裂缝或喷发口猛烈地喷出。膨胀的气泡使冷却的岩浆破碎，并产生大量碎屑物质。当该过程发生在地下浅层岩浆室(magma chamber)时，以及当岩浆内的压力超过上方岩石的强度时，岩浆室顶将被爆发性破坏。该过程中的爆发力可以将破碎的上覆岩层整合起来。当岩浆与水反应时，也会发生爆发：这些岩浆爆发发生在熔融岩石与地下水，湖，海、冰层中的浅水和潮湿沉积物的相互作用的情况下。当陆表岩浆流或热火山碎屑流进入海洋或湖泊的海岸线时，它们也会发生爆发。随着水在加热时膨胀并形成与快速冷却的岩浆相互作用的蒸汽，会发生碎屑化作用。通过火山过程加热水形成蒸汽还可以产生足够的压力，使周围的岩石碎裂，从而引起蒸汽爆发(phreatic explosion)。与蒸汽岩浆爆发(phreatomagmatic explosions)不同，这些蒸汽爆发不涉及熔融岩浆碎屑的形成。蒸汽爆发和蒸汽岩浆爆发是水火山式作用(hydro - volcanic processes)的两种类型，是火山活动与水相互作用的结果。

2. *自碎物质*(autoclastic material)

碎屑化作用也会发生在非爆发性的水火山作用中。与水接触的岩浆流表面的快速冷却导致骤冷破碎并形成各种形状和大小的玻状碎屑。这个过程可以发生在浅水中，但经常在深水中形成的岩浆中发现，那里的水柱压力抑制了爆发反应。这些自碎屑产物被称为水凝碎屑(hydroclastites)，它们是由熔融岩浆的快速淬火形成的火山玻质碎屑组成的分选极差的角砾岩。它们经常与枕状岩浆共生，填充在其之间的缝隙中。第二种自碎机制是在流动过程中发生的，因为黏性岩浆流的表面部分固化，然后随着流动的继续而破裂并变形。这种流动碎屑化(flow fragmentation)的过程也称为自成角砾岩化(autobrecciation)。

3. *表层碎屑物质*(epiclastic material)

岩浆和火山灰沉积物的表层碎屑化作用发生在火山喷发之后。火山岩迅速地被风化，尤其是具有玄武岩组分，或具有易氧化、水解的矿物组分时。因此，火山灰层或岩浆流的表面易于破裂，并形成碎屑，随后再次经过沉积以形成火山碎屑沉积层。碎屑边缘形式的变化可能说明风化作用的存在，同时碎屑的磨圆较好将表明其经历了水流的搬运过程。沉积物中存在非火山成因的碎屑也可以说明表层碎屑作用的存在，尽管这些非火山物质可能在喷发和初始搬运过程中就存在。

第二节　火山碎屑岩的特征

一、火山碎屑岩组构特征

(一)物质成分

火山碎屑岩包括火山碎屑物质及胶结物两种结构组分。其中，火山碎屑物质是火山作用过程中形成的各种碎屑，简称火山碎屑(volcaniclastic)；胶结物可以是部分火山灰分解形成的物质，也可以是部分熔岩或沉积物。

火山碎屑按其组成及结晶状况分为岩屑(岩石碎屑)、晶屑(晶体碎屑)和玻屑(玻璃碎屑)三种。此外，也还有一些其他物质成分，如正常沉积物、熔岩物质等。

1. *岩屑*

岩屑(rock fragment)是火山基底的岩石、火山通道周围的岩石、先凝结成的熔岩及火山碎屑岩在火山爆发时崩碎而形成的各种岩石碎块(图 13 - 2)。其形状多样，大小不一，可以是微细粒的火山灰，也可以是直径达数米的巨块。岩屑依其物态可分为刚性及塑性两种。

刚性岩屑是由已凝固的熔岩或火山基底和通道的围岩在火山爆炸时被冲碎而成。刚性岩屑保持了原岩的成分及结构特征，大小混杂、成分混杂，形态以不规则状或棱角状为主，不具有明显的塑性变形痕迹(图 13－2)。

图 13－2　刚性岩屑集块状火山碎屑

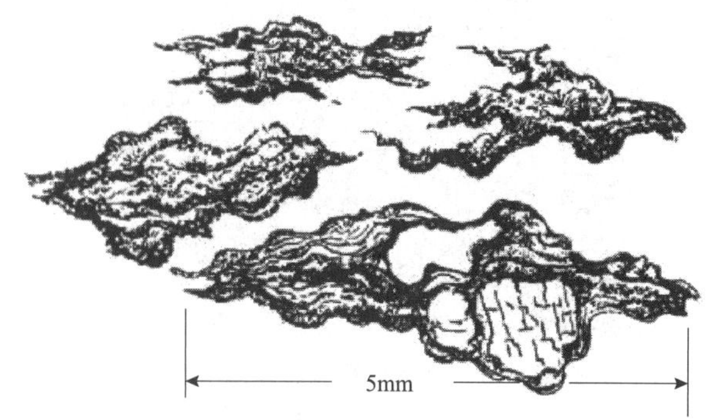

图 13－3　塑性浆屑(据冯增昭，1993)

山东昌乐西山新近系，具流纹构造，去玻化后显皱晶和球粒结构，河北下花园白垩系

塑性岩屑又称塑性玻璃岩屑、浆屑或火焰石等，是由塑性、半塑性熔浆在喷出后经塑变而成。它是未完全冷凝的熔浆团块喷发到空中，经撕裂、旋转而形成的。塑性岩屑具玻璃质结构，断面呈火焰状、撕裂状、树枝状、纺锤状、透镜状、条带状等(图 13－3)。大块的塑性岩屑由于在空中的旋转，常形成各种形状的火山弹，形如纺锤、椭球、麻花、陀螺、梨状等，表面具旋扭纹理和裂隙，有时其外表可以出现一层淬火边，大者可达数米。塑性岩屑来源于岩浆爆发过程，其成分和熔岩成分大致相同。

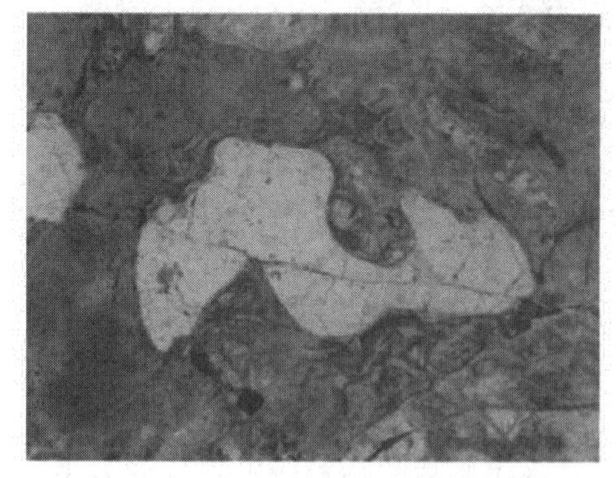

图 13－4　凝灰岩中石英晶屑的炸裂纹及溶蚀外形(浙江仙居中生界，×40)

2. 晶屑

晶屑(crystalloclast)是火山爆发时崩碎的矿物晶体碎片。晶屑大多来源于岩浆中较早结晶的斑晶，部分来源于火山通道周围的岩石。晶屑大小一般不超过 2～3mm，常呈棱角状，有时也保持原来的部分晶形。常见的晶屑在矿物成分上多为石英、长石、黑云母、角闪石、辉石等。石英晶屑表面极为光洁，具不规则裂纹及港湾状溶蚀外形(图 13－4)。

3. 玻屑

玻屑(vitric fragment)是火山爆发时形成的玻璃质碎片，其形态多样，断面多成弧形，粒度较小，通常大小在 0.01～0.1mm 之间，很少超过 2mm。0.01～2mm 者称火山灰(volcanic ash)，小于 0.01mm 者称火山尘(volcanic dust)。玻屑有刚性和塑性之分。

刚性玻屑有弧面棱角状和浮石状两种。前者出现普遍，形状多样，镜下常呈弓形、弧形、镰刀形、月牙形、鸡骨状、管状、海绵骨针状、不规则尖角状等形状(图 13－5)。后者是没有彻底炸碎的弧面棱面状玻屑，内部保留较多的气孔，经过埋藏环境改造后，多数气孔被矿物充填而形成杏仁体(图 13－6)溶孔。也可以被溶蚀而形成。

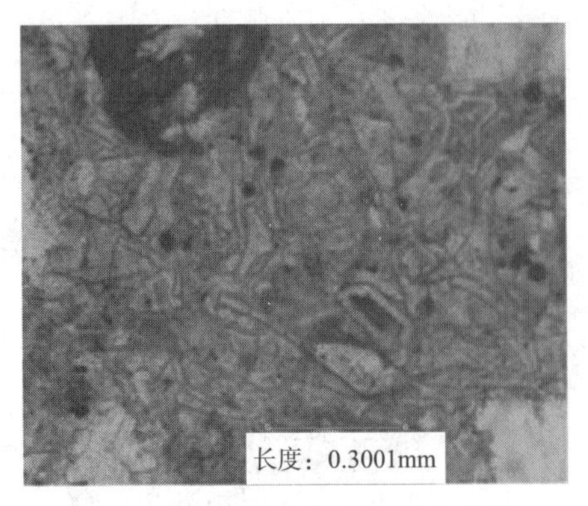

图 13－5　棱角状及弧面棱角状等形态的玻屑（山东蒙阴中生界）

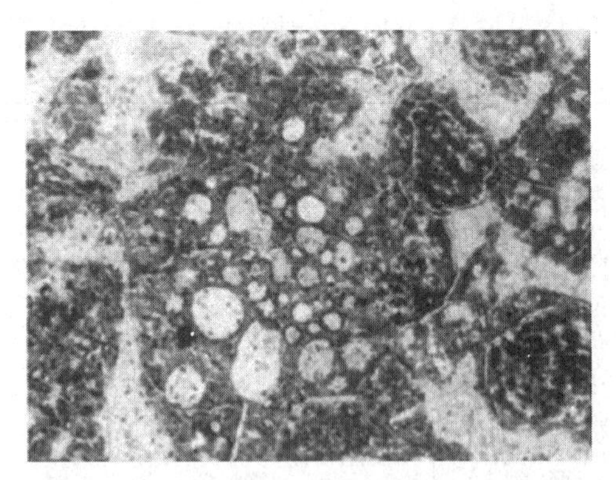

图 13－6　杏仁状玻屑（辽河盆地古近系，×40）

塑性玻屑是炽热的塑性—半塑性状态堆积的玻屑在上覆火山碎屑物的重压下，发生压扁拉长变形，并相互粘连熔结在一起而形成的，常出现半定向—定向排列特征。强烈塑变玻屑显流纹状，通称假流纹构造（图 13－7、图 13－8）。

图 13－7　安山质熔结凝灰岩中的假流纹构造（山东王台中生界）

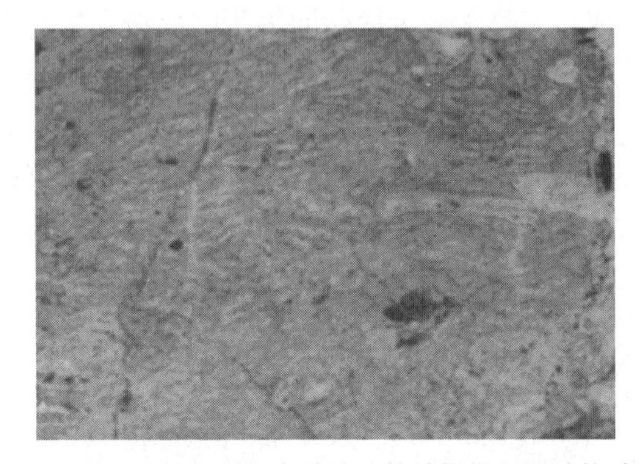

图 13－8　熔结凝灰岩中的塑性玻屑及假流纹构造（浙江仙居中生界，×40）

（二）结构构造特征

1. 结构

火山碎屑岩最重要的结构特征是由火山碎屑构成。火山碎屑根据粒级可划分为火山弹（bomb，粒径超过 256mm）、火山块（block，64～256mm）、火山砾（lapilli，2～64mm）、粗火山灰（coarse ash，0.06～2mm）、细火山尘（fine ash，粒径小于 0.06mm）五种类型（据 Nichols，2009）。

火山碎屑物的分选及圆度都很差，这是由于未经长距离搬运或就地堆积所致。

2. 构造

火山碎屑岩一般为块状构造。

（三）火山碎屑岩的分类命名

火山碎屑岩的分类首先按照结构分为火山集块岩（agglomerate）、火山角砾岩（volcanic breccia）、火山砾岩（lapillistone）、粗凝灰岩（coarse tuff）和细凝灰岩（fine tuff）（表 13－1），然后按照成分详细划分和命名。如在粗凝灰岩中，碎屑成分主要是火山灰，按其物态及相对含量进行分类，分单屑凝灰岩(玻屑凝灰岩、晶屑凝灰岩或岩屑凝灰岩)、双屑凝灰岩(两种物态碎屑均在 20% 以上)和多屑凝灰岩(三种物态碎屑均在 20% 以上)。凝灰岩中以玻屑凝灰岩、晶屑 - 玻屑凝灰岩最为常见。

表 13 - 1　火山碎屑岩的粒级划分及主要岩石类型

粒径/mm	结构名称	岩石类型
>64	火山弹	集块岩
	火山块	火山角砾岩
2 ~ 64	火山砾	火山砾岩
0.06 ~ 2	粗粒火山灰	粗粒凝灰岩
<0.06	细粒火山灰	细粒凝灰岩

第三节　火山碎屑岩的搬运与沉积作用模式

原生火山碎屑物质在搬运和沉积过程中的方式与先前各章中考虑的陆源碎屑物质之间存在一些重要差异。作为沉积过程中的重要物理参数，沉积速度与碎屑的大小、形状和密度成正比。与陆源碎屑物质不同的是，火山碎屑颗粒的密度变化很大。尤其是浮石质火山碎屑(pumice pyroclasts)的密度可能非常低，可以漂浮直到被水淹为止。同一层的火山碎屑沉积物可能会由于不同组分，分别显示出正粒序和反粒序。岩屑和晶屑具正粒序，而沉积在水中的浮石质火山碎屑可能具反粒序，因为较大的碎屑将花费更长的时间饱和水，因此将最后沉降。可以识别出三种主要的搬运和沉积方式：沉降(falls)、流动(flows)和波(surges)，但应注意的是这三种沉积方式可能在同一次沉积过程中相伴生。

一、火山碎屑沉降沉积 (pyroclastic fall deposits)

当火山喷发将碎屑物质散入空中时，火山碎屑会在重力作用下返回地面，形成火山碎屑沉积物。火山块距离火山口仅几百米至数千米，这取决于喷出的力量。细小的火山砾(lapilli)和火山灰可能会被散发到大气中数千米，并通过风力散布，而大规模喷发可能导致火山灰分布在距火山数千公里的地方。沉降沉积物的一个显著特征是，在除最陡峭的地面之外的所有表面上形成了一层均匀的层(图 13 - 9)。随着与火山口距离的增加，沉积物变得更细。火山碎屑降落的范围从小的火山锥(cinder cones)到能覆盖大面积地貌。

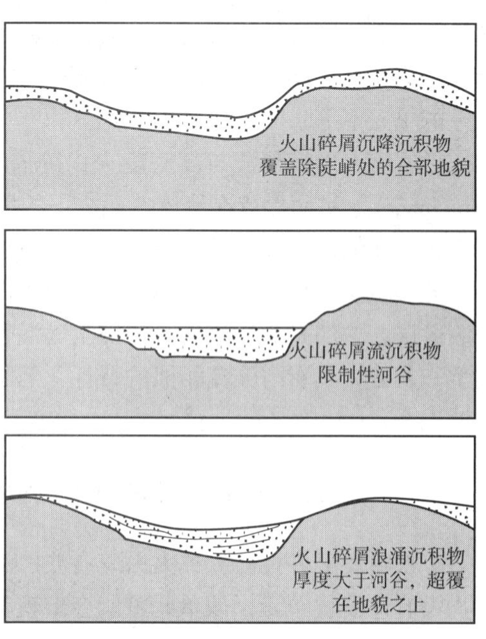

图 13 - 9　火山碎屑沉积充填模式
(据 Nichols，2009)

二、火山碎屑流沉积(pyroclastic flows)

火山颗粒和气体的混合物会形成团状物质，它们的运动方式与其他沉积物—流体混合物相同，例如沉积物重力流。如果它们的浓度很高，则可称为火山碎屑流(图 13 –7)。火山碎屑流可以通过多种方式产生，包括火山灰垂直喷发柱的坍塌，火山的侧向或倾斜爆炸，以及部分大火山的坍塌。它们可能以非常高的速度运动，最高可达300m · s^{-1}，并且温度可能超过 1000℃。

火山碎屑流沉积可以分为三类：①包含许多大碎屑的流体形成的火山块流和火山灰流(block and ash – flow)沉积物。这些分选差的集块岩具有单一的碎屑组分，并且集块中的冷却裂纹可能表明沉积时的高温度。②火山渣流(scoria – flow)沉积物是玄武质—安山质火山灰，火山砾和火山块体的分选差且通常显示出反粒序。③熔灰岩(ignimbrite)是由浮石质火山碎屑流沉积而成，其浮石质组分分选差，以块状火山砾和火山灰为主。熔灰岩通常含有足够热的碎屑物质，从而可以再沉积时融合在一起，以形成熔结凝灰岩(welded tuff)。但应注意，并非所有富浮石流沉积物都被熔结。通常情况下，火山碎屑流沉积物除了正粒序和反粒序外，没有其他沉积构造，分选差反映了它们来源于高密度流的沉积。

三、火山碎屑波沉积(pyroclastic surges)

由火山颗粒和气体组成的沉积物重力流中的低浓度颗粒被称为火山碎屑波(图 13 –7)，并且由于其稀释的性质和湍流特性而不同于火山碎屑流(Sparks，1976；Carey，1991)。蒸汽爆发(phreatic explosion)与蒸汽岩浆爆发(phreatomagmatic explosions)通常会产生由低密度火山岩屑和液体混合物组成的低云，称为底散云(base surge)：根据水的含量，可以识别“湿”和“干”底散云。它们以高速在远离喷发部位的水平方向上传播。其沉积物通常是分层的，具低角度交错层理。加积的火山砾是“湿”底散云的特征，并且在火山口附近的沉积物中可能会出现大型火山弹(volcanic bombs)。底散云的厚度范围从火山口附近的一百米到仅几厘米厚的单元不等。

低密度火山碎屑波与高密度火山碎屑流伴生很常见，既可以当作主要流体单元的前体(precursor)，从而形成在流体单元之下的沉积物，也可以作为灰—云波，其同时形成于流体上方，并在流体单元的顶部沉积波沉积物。在流体单元底部的地面波沉积物通常小于 1m 厚，分层明显，包括交错层理。在火山碎屑流单元的顶部，灰云波也形成了具交错层理的灰粉级薄层。它们是通过流体与顶部空气混合稀释而形成的，因此包含与其下流体相同的碎屑类型。灰云波具有与浊流相似的特性，但其不是碎屑与水的混合，而是火山灰与动荡悬浮气体的混合。

四、火山碎屑流、波和沉降沉积

一次喷发事件可能导致火山碎屑波、浪涌流体和沉降沉积物的组合。块体流和灰烬流沉积物没有地面波单元，该单元可能会出现在火山渣流底部或熔灰岩中。火山碎屑流单元通常无沉积构造，尽管它们可能显示出一定的粒序，在较低密度的浮石和疱状火山渣碎屑中(vesiculated scoria fragments)会出现反粒序，而在较稠密的碎屑岩中会出现正粒序。扬析过程

(elutriation)是沉积物重力流的上部与周围的空气和火山气体混合，该过程导致稀释并形成动荡的灰云波。流动产生的底床具交错层理和水平层理。流动单元通常被无任何沉积构造的沉降沉积物所覆盖。

五、火山泥石流崩塌沉积

火山部分的构造性坍塌可能导致物质顺坡运动的灾难性事件，如泥石流崩塌(debris-flow avalanche)。它们可能是由爆发性喷发，火山地震引起，或由于火山喷发过程中的额外物质而使大型火山的一侧发生削峭作用，从而使其中的一部分在重力作用下滑落而引起。大量不稳定的火山岩物质在重力作用下向下倾斜，包括可能分布在细粒火山灰中的长达数十至数百米的岩块。这些火山口的沉积物分选极差，杂乱分布，厚达可能达数十至数百米，覆盖数百平方公里。如果水进入到崩塌泥石流中，就可能成为火山泥流。

六、火山泥流沉积

火山泥流(lahars)是一种包含很大比例的火山成因物质的泥石流。它们的形成是由于未固结的火山岩与水混合，形成的致密混合物随着沉积物重力流而运动。当火山喷发时或刚喷发后，火山碎屑物质喷入水，雪或冰中，以及与喷发同时发生的大雨落在新沉积的火山灰上时，从而形成火山泥流。在受到地震干扰或因喷发物质形成的临时湖泊失效时，潮湿火山灰的运动也可能导致火山泥流。火山喷发后的任何时候都可能发生潮湿火山碎屑的迁移，并且某些火山泥流可能与火山活动无关。

火山泥流的特征与其他泥石流的特征基本相同，区别在于沉积物质的成分。其沉积物的分选非常差，并且通常是基质支撑的，没有沉积构造。火山泥流很容易与原始火山碎屑沉积物区分开，后者是陆源碎屑和火山碎屑的混合物，但是在所有物质都是火山成因时，火山泥流和火山碎屑流之间可能有相似之处。

第四节　火山碎屑岩与油气的关系

火山碎屑岩与油气关系较为密切。

全球主力页岩油气层大多伴生火山灰层，剖析火山灰的类型、成分、成因和成岩演化作用，探索火山灰与富有机质页岩的形成关系，有利于明确火山灰对页岩油气层的作用机制。李登华等(2014)通过对我国主要产页岩油气盆地的野外考察和页岩岩芯观察，应用场发射扫描电镜和能谱元素分析等技术，结合生产实践成果，研究得出了4点认识：①火山灰以中酸性为主，大多来自爆炸式火山喷发，其表面附着易溶薄层盐膜，入水后可迅速释放铁盐等营养物质，有利于促进藻类勃发；②藻类勃发不仅是优质烃源岩的主要有机物来源，而且还可促进碳酸盐岩矿物沉积，形成藻类与碳酸盐岩纹层状互层，利于发育层间孔缝，提高页岩油气层的物性和脆性；③在以缺氧环境为主的深水区，不仅厘米—毫米级火山灰层数与富有机质泥页岩厚度呈正相关关系，而且频繁的微米级火山灰沉降也能形成大面积厚层优质烃源岩；④板块运动形成的造山带与板块俯冲带具有良好的对应关系，是爆炸式火山喷发的发育带，其周边的古湖泊和海洋是形成大面积厚层优质烃源岩的有利区。

同时火山碎屑岩可以发育粒间孔隙而成为储集层、形成油气田。例如辽河西部凹陷大洼地区毗邻大型生油洼陷—清水洼陷，多级断裂及多期不整合面构成复合油气输导体系，成藏条件优越。但本区火山岩储层岩性岩相复杂、喷发环境多变。大洼地区 Mz－Ⅰ段形成于水下喷发环境，发育溢流相玻质碎屑岩亚相玄武质火山角砾岩及溢流相熔岩亚相玄武岩；Mz－Ⅱ段形成于水上喷发环境，发育爆发相凝灰亚相流纹质凝灰岩及溢流相熔岩亚相安山岩。其中玄武质火山角砾岩储集性能最好，平均孔隙度 19.3%，平均渗透率 $6.71\times10^{-3}\mu m^2$，玄武岩物性最差，平均孔隙度 9.2%，平均渗透率 $0.23\times10^{-3}\mu m^2$。根据录测井及地震资料分析，认识到大洼地区中生界火山岩具有良好源储配置关系且发育多期次断裂及不整合面组成的复合油气输导体系。结合试油试采资料进一步确定油气藏的分布，明确成藏主控因素，建立油气成藏模式。研究表明，储层品质受控于岩性岩相、火山喷发环境及构造活动，油气成藏主要受控于源储配置关系及输导体系，油藏类型为构造—岩性复合型油藏，西侧近油源且近台安—大洼断层的有利岩性岩相带为有利勘探目标区（李洪楠等，2020）。

参考文献

[1]Carey S. Transport and deposition of tephra by pyroclastic flows and surges[J]. SEPM Spec Publ., 1991, 45: 39－57.

[2] Nichols G. Sedimentology and Stratigraphy [M]. 2nd ed. UK: Wiley－Blackwell, John Wiley & Sons Ltd, 2009.

[3]Sparks R S J. The dimensions and dynamics of volcanic eruption columns[J]. Bulletin of Volcanology, 1976, 48: 3－15.

[4]冯增昭. 沉积岩石学[M]. 北京：石油工业出版社，1993.

[5]李登华，李建忠，黄金亮，等. 火山灰对页岩油气成藏的重要作用及其启示[J]. 天然气工业，2014，34(5)：56－65.

[6]李洪楠，高荣锦，张海栋，等. 辽河坳陷大洼地区中生界火山岩储层特征及成藏模式[J]. 中国地质，2020，48(4)：1280－1291.